Nr. 38
S. 10365—10636

1956
19. September

Chemisches Zentralblatt

Vollständiges Repertorium für alle Zweige der reinen und angewandten Chemie

1830 gegründet. 1897—1945 von der Deutschen Chemischen Gesellschaft fortgeführt.
Im Auftrage der Deutschen Akademie der Wissenschaften zu Berlin, der Chemischen Gesellschaft in der Deutschen Demokratischen Republik, der Akademie der Wissenschaften zu Göttingen und der Gesellschaft Deutscher Chemiker

herausgegeben von Prof. Dr. Maximilian Pflücke

127. Jahrgang

1956

Chefredakteure: Dr. Eugen Klever und Prof. Dr. Maximilian Pflücke

Akademie-Verlag GmbH., Berlin — Verlag Chemie, GmbH., Weinheim/Bergstr.

Inhalt

Namenregister

BIOCHEMIE UND PHYSIOLOGIE DES FLUORS UND DER INDUSTRIELLEN FLUOR-RAUCHSCHÄDEN

von Prof. Dr. GUSTAV BREDEMANN

Das vorliegende Werk behandelt unter Einbeziehung eigener Forschungsergebnisse zusammenfassend den gegenwärtigen Stand unserer gerade in neuerer Zeit sehr fortgeschrittenen Kenntnisse über die Biochemie und Physiologie des Fluors.

Der Verfasser schildert die Verbreitung des Fluors in der Natur, die physiologische Wirkung löslicher und „unlöslicher" Fluorverbindungen, Fluor-Rauchschäden an Pflanzen, Tieren und Menschen, Diagnose der Fluor-Rauchschäden (qualitative und quantitative Methoden zur Fluor-Bestimmung) und die Vermeidung solcher Schäden. Das Schrifttum wird vom Jahre 1932 bis zu den neuesten Veröffentlichungen ausgewertet, während bezüglich früherer Literatur auf bereits erschienene Arbeiten verwiesen wird. Dabei ist auch die ausländische Literatur weitestgehend berücksichtigt.

Das Werk ist besonders wichtig für Land- und Forstwirte, Botaniker, Zoologen, Phytopathologen, Chemiker, Pharmazeuten, Imker und Gärtner. Aber auch Ärzte, Zahnärzte und Tierärzte, Hygieniker, die chemische fluorverarbeitende Industrie und die Düngerindustrie erhalten Hinweise und Anregungen.

VIII und 160 Seiten Umfang — in Halbleinen gebunden mit Schutzumschlag 18,— DM.

Erste Auflage vergriffen. 2. neubearbeitete und erweiterte Auflage erscheint voraussichtlich im September 1956. Etwa DM 25,—

Aus dem Inhalt:

Verbreitung des Fluors in der Natur

Physiologische Wirkung löslicher und „unlöslicher" Fluorverbindungen

Fluor-Rauchschäden; Einwirkung auf den Boden, F-Rauchschäden an Pflanzen, F-Schäden bei Menschen und Nutztieren einschließlich Bienen, Fluor-Schäden an Gebäuden

Diagnose der Fluor-Rauchschäden

Vermeidung von Fluor-Rauchschäden

Rauchschadenprozesse

Schrifttum ab 1932 / Autorenverzeichnis / Sachregister

Bestellung an eine Buchhandlung erbeten

Fachurteile umseitig

AKADEMIE-VERLAG · BERLIN W 8 · MOHRENSTRASSE 39

Fachurteile

über BREDEMANN: Biochemie und Physiologie des Fluors und der industriellen Fluor-Rauchschäden. VIII und 160 Seiten — gebunden DM 18,—

Zeitschrift für Acker- und Pflanzenbau, Stuttgart

... Da mit der Ausbreitung der Industrie die Bedeutung all dieser Fragen zunimmt, so sollte im Interesse der Allgemeinheit die Forschung nicht ruhen. Das vorliegende Buch ist daher von besonderem Wert.

Berichte über die gesamte Biologie, Heidelberg

... Dabei wird die Möglichkeit der Diagnose solcher Schäden, besonders durch Fluoranalysen im Boden, organischem Material und der Luft ausführlich beschrieben, und es wird auf die Möglichkeit ihrer Vermeidung eingegangen. Das Buch ist eine ausgezeichnete umfassende Zusammenstellung der neueren Literatur über die Physiologie von Fluor und dadurch ein wichtiges Nachschlagewerk besonders für Biologen und Toxikologen ...

Chemiker-Zeitung, Gießen

... Vorliegendes Werk gibt einen ausgezeichneten Überblick über die physiologische und analytische Chemie des Fluors sowie über dessen biochemische Bedeutung, insbesondere auch für die Pflanzen- und Tierernährung. Man muß dem Verfasser dankbar sein, daß er die Mühe nicht gescheut hat, das äußere umfangreiche Schrifttum über Fluor zu sammeln und uns einen erschöpfenden Einblick in die Fülle des auf diesem Gebiete in den letzten Jahren erarbeiteten Wissens zu geben ... Das Studium des Buches ist Chemikern, Botanikern, Veterinär- und Humanmedizinern nur wärmstens zu empfehlen; nicht zuletzt wird es aber auch den Agrikulturchemiker und Landwirt interessieren ...

Deutsche Zahnärztliche Zeitschrift, München

... Besonders eindrucksvoll ist die Darstellung der physiologischen Wirkung des Fluors auf Mikroorganismen, auf die Keimung und das Wachstum der Pflanze, bei der Schädlingsbekämpfung und auf Mensch und Tier, ein Abschnitt, der sehr eingehend behandelt wird ...
Wer sich heute mit dem Fluorproblem befaßt — das ständige Wachsen der Deutschen Fluorkommission zeigt ein zunehmendes Interesse — kann an diesem grundlegenden und aufschlußreichen, an diesem anregenden und fördernden Werk nicht vorbeigehen. Wir wünschen dem Werk schnelle und weite Verbreitung ...

Zeitschrift für angewandte Botanik, Braunschweig

... Die Darstellung des Stoffes erfolgt auf breiter Basis ... Das Werk vermittelt jedem Biologen so zahlreiche interessante Aufschlüsse, daß ihm weiteste Verbreitung sicher sein dürfte ...

Landwirtschaftliche Forschung, Darmstadt

... Insgesamt ein Werk, das keines empfehlenden Hinweises bedarf! Wer auch immer sich mit dem Fluor und seiner Bedeutung in der Biologie ernstlich befaßt, wird auf das Werk BREDEMANN zurückgreifen müssen! ...

Zeitschrift für Pflanzenernährung, Düngung, Bodenkunde, Berlin

... Um so mehr ist es zu begrüßen, daß von seiten eines anerkannten Fachmanns eine Monographie dieses Gebietes in mustergültiger Form herausgegeben ist.

Nachrichtenblatt für den Deutschen Pflanzenschutzdienst, Berlin

... Für alle sich mit Hygiene, Gewerbe- und Bodenchemie sowie Pflanzenschutz befassenden Stellen ist das Werk eine Fundgrube von Kenntnissen.

III/14/8 15 4820 B 25674 53

Chemisches Zentralblatt

1956 Nr. 38 19. September

A. Allgemeine, physikalische und anorganische Chemie.

A_1. Kernphysik und Kernchemie.

F. A. E. Pirani, *Über den Energie–Impuls-Tensor und die Erzeugung von Materie in relativistischer Kosmologie.* Mathemat. Betrachtung der Beiträge der Gravitinos zur Erzeugung u. Vernichtung von Materie. (Proc. Roy. Soc. [London], Ser. A **228.** 455–62. 22/3. 1955. Dublin, Inst. for Advanced Stud.) GERHARD SCHMIDT. 80

Ezra Newman und **Peter G. Bergmann,** *Lagrange-Linearfunktionen in den „Geschwindigkeiten".* Methoden zum Aufbau eines HAMILTON-Formalismus u. Quantisierungsverfahren. (Physic. Rev. [2] **99.** 587–92. 15/7. 1955. Syracuse, N. Y., Syracuse Univ., Dep. of Phys.) GERHARD SCHMIDT. 80

G. Källén und **W. Pauli,** *Über die mathematische Struktur des T. D. Leeschen Modells einer renormalisierbaren Feldtheorie.* Mathemat. Ableitungen. (Kgl. danske Vidensk. Selsk., mat.-fysiske Medd. **30.** Nr. 7. 1–23. 1955. Kopenhagen, CERN, Theoret. Stud. Div.; Zürich, ETH.) GERHARD SCHMIDT. 80

E. G. v. Roka, *Über einen indirekten Einfluß der Sonnenaktivität auf die Intensität der kosmischen Strahlung. Theorie der 27 Tage-Variation, Existenz und Theorie einer solaren 11 Jahre-Welle der kosmischen Strahlung.* (Vgl. hierzu C. **1952.** 7442.) Zwischen Sonnenfleckenrelativzahlen bzw. den Ca-Flockencharakterzahlen u. der solaren UV-Strahlung besteht ein linearer Zusammenhang. Durch die Variation der letzteren kommt es zu Temperaturschwankungen, die die Entstehung der Mesonen beeinflussen u., wie rechner. gezeigt wird, für die 27 Tage-Variation der Höhenstrahlung verantwortlich sein können. Ferner diskutiert Vf. die 11 Jahre-Variation der Höhenstrahlung, hier besteht zwischen Jahresmitteln u. Sonnenfleckenrelativzahlen eine negative Korrelation mit dem Koeff. –0,91. (Z. Naturforsch. **5a.** 517–30. Okt. 1950. Göttingen, MPI für Phys.) M. WIEDEMANN. 85

J. K. Bøggild, J. E. Hooper, W. C. G. Ortel und **M. Scharff,** *Einige Untersuchungen über schwere Mesonen in trägerfreien Emulsionen.* Von einem Stapel trägerfreier Emulsionen, die auf bis zu 85000 ft exponiert waren, wurden 106 cm^3 durchsucht u. neben 1054 $\pi \rightarrow \mu$-Zerfällen u. 1540 σ-Sternen 17 Fälle gefunden, bei denen ein abgebremstes K-Teilchen ein schnelles einfach geladenes Sekundärteilchen zusammen mit einem oder mehreren neutralen Teilchen emittierte. Massenbestimmungen wurden nach der Meth. des konstanten Pfeils u. der mittleren Lückengröße gegen die Reichweite ausgeführt. Die Sekundärteilchen wurden identifiziert; die Sterne, aus denen die K-Mesonen stammten, sind tabelliert. Es dürfte sich um einen Zerfall nach $K_\mu \rightarrow \mu + \nu$ handeln mit einem $p\beta c$ des μ-Mesons von 224 ± 7 MeV u. einer M. des K von 990 ± 16 m_e. Ferner wurde ein χ-Zerfall festgestellt. (Kgl. danske Vidensk. Selsk., mat.-fysiske Medd. **30.** Nr. 3. 1–28. 1955.) M. WIEDEMANN. 85

Marvin L. Goldberger, *Kausalitätsbedingungen und Dispersionsbeziehungen.* 1. Mitt. *Boson-Felder.* (Vgl. C. **1956.** 4.) Die KRAMERS-KRONIG-Dispersionsbeziehung für die Photonenausbreitung, die aus der Kausalitätsforderung folgt, wird für geladene u. neutrale BOSE-Teilchen verallgemeinert u. unter Verwendung des Formalismus der Quantenfeldtheorie neu abgeleitet. (Physic. Rev. [2] **99.** 979–85. 1/8. 1955. Chicago, Ill., Univ. Inst. for Nucl. Stud. and Dep. of Phys.) M. WIEDEMANN. 90

M. L. Goldberger, H. Miyazawa und **R. Oehme,** *Anwendung der Dispersionsbeziehungen auf die Pion–Nucleon-Streuung.* (Vgl. vorst. Ref.) Die verallgemeinerten Dispersionsbeziehungen werden auf die Streuung geladener Pionen durch Nucleonen angewandt. Die Pionen werden als pseudoskalar u. die Wechselwrkg. mit den Nucleonen als ladungsunabhängig angesehen. (Physic. Rev. [2] **99.** 986–88. 1/8. 1955.) M. WIEDEMANN. 90

M. H. Kalos und **R. H. Dalitz,** *Pion–Nucleon-Streuberechnungen in der Tamm-Dancoff-Theorie.* Vff. versuchen, genaue Werte der relativist. TAMM-DANCOFF-Theorie, bes. im Resonanzbereich, u. genaue TAMM-DANCOFF-Wellenfunktionen für das Pion–Nucleon-Syst. zu erhalten. Die Ergebnisse können zur Berechnung von Matrixelementen für andere Pionenprozesse herangezogen werden. (Physic. Rev. [2] **100.** 1515–22. 1/12. 1955. Ithaca, N. Y., Cornell Univ., Labor. for Nucl. Stud.) GERHARD SCHMIDT. 90

A. N. Mitra, *Pion–Nucleon-Streuung bei hohen Energien.* Vf. versucht, daß bei der π^--p-Streuung beobachtete zweite Maximum bei $\sim$ 1 GeV nach der pseudoskalaren Theorie in der TAMM-DANCOFF-Näherung durch Resonanzwechselwrkg. im $D_{5/2,\,1/2}$-Zustand zu erklären. Die Phasenverschiebung für diesen Zustand nimmt über einen weiten Bereich von Energien u. Kopplungskonstanten monoton zu. (Physic. Rev. [2] **99.** 957–65. 1/8. 1955. Ithaca, N. Y., Cornell Univ., Labor. of Nucl. Stud.) M. WIEDEMANN. 90

Kurt Haller und **Marvin H. Friedman,** *Anomales magnetisches Moment des Nucleons.* Die Grundzustandslösung des physikal. Nucleonenproblems in der TOMONAGA-Approximation wird zur Berechnung des anomalen magnet. Moments von Nucleonen verwendet. In Anlehnung an die Daten für Meson–Nucleon-Streuung werden $+1{,}48$ für das Proton u. $-1{,}48$ Nucleonmagnetonen für das Neutron erhalten. (Physic. Rev. [2] **100.** 1501–02. 1/12. 1955. Newark, N. J., Newark Coll. of Engng.; New York, N. Y., Columbia Univ., Phys. Dep.) GERHARD SCHMIDT. 90

Daisuke Itô, *Über die doppelte Pionenerzeugung bei Nucleon–Nucleon-Stößen.* Mathemat. Ableitungen zur Berechnung der Winkelverteilung u. des Energiespektrums. (Progr. theoret. Physics [Kyoto] **13.** 123–24. Jan. 1955. Tokyo, Univ. of Educat., Phys. Inst.) G. KIRSCHSTEIN. 90

J. R. Winckler, E. N. Mitchel, K. A. Anderson und **L. Peterson,** *Messung der Čerenkov-Strahlung von positiven und negativen π-Mesonen.* Ein ČERENKOV-Zähler, bestehend aus einem 3 in. Endfenster-Photomultiplier (Typ DUMONT 6363) u. einem Lucite-Block (3 in. Durchmesser × 2 in. Dicke), wurde auf seine Eignung als Geschwindigkeitsspektrometer geprüft. Positive u. negative Pionen des Cyclotrons wurden benutzt. Die Impulsgröße variierte mit der Energie in der von der Theorie vorausgesagten Weise. Beim Abschneidwert für Lucite von 48 MeV fiel die Ausbeute auf einen sehr niedrigen Wert. Sättigung wurde jedoch bei einer etwas niedrigeren Energie als theoret. zu erwarten gefunden. Die Ggw. von μ-Mesonen im Pionenbündel als Ursache wird diskutiert. Polaritätseffekte, d. h. Unterschiede im Photoeffekt der positiven u. negativen Teilchen, wurden nicht gefunden, sie lagen unter 3%. (Physic. Rev. [2] **98.** 1411–15. 1/6. 1955. Minneapolis, Minn., Univ. of Minnesota.) M. WIEDEMANN. 90

Stanley C. Freden und **Harold K. Ticho,** *Einfang negativer K-Mesonen.* Ein Polyäthylentarget wurde mit 5,7 MeV-Protonen beschossen. Kernemulsionen wurden dem K^--Bündel ausgesetzt, dessen Impuls bei 360 MeV/c lag. Es wurden 4 K^--Einfangsterne festgestellt, deren emittierte Teilchen, meist Protonen, mit ihrer Energie tabelliert sind. Für die K^- ergab sich eine M. von $1000 \pm 80\ m_e$. (Physic. Rev. [2] **99.** 1057–58. 1/8. 1955. Los Angeles, Calif., Univ. of California, Dep. of Phys.) M. WIEDEMANN. 90

I. Solomon, *Relaxationsprozesse in einem System von zwei Spins.* Ausdehnung der Meth. zur Berechnung der longitudinalen Relaxationszeit auf die transversale Relaxationszeit u. Durchführung expliziter Rechnungen für reine Dipol–Dipol-Wechselwirkung. (Physic. Rev. [2] **99.** 559–65. 15/7. 1955. Cambridge, Mass., Harvard Univ., Lyman Labor.) GERHARD SCHMIDT. 90

J. W. Gardner, H. Gellman und **H. Messel,** *Numerische Berechnungen über das Schwankungsproblem in der Kaskadentheorie.* Vff. diskutieren die Möglichkeiten numer. Berechnungen über das Schwankungsproblem in der Kaskadentheorie u. führen als Beispiel solche Berechnungen für den Fall der Nucleonenkaskade in homogener Kernmaterie mittels elektron. u. mechan. Rechenmaschinen durch. Sie ermitteln die ersten 3 Momente der Anzahlverteilungsfunktion für Energien zwischen 10^{-1} u. 10^{-4} der des Primärteilchens u. für Tiefen bis zu 30 Zusammenstoßeinheiten. Die direkte numer. Integration u. die Ergebnisse der Sattelpunktmeth. stimmen innerhalb 5% überein. (Nuovo Cimento [10] **2.** 58–74. 1/7. 1955. Sydney, Univ., School of Phys., F. B. S. Falkiner Nucl. Res. and Adolph Basser Comput. Labors.) M. WIEDEMANN. 90

Tatuya Sasakawa, *Eine Notiz über Mehrteilchenprobleme.* Feldtheoret. Ableitungen der Determinantenform für Mehrteilchensysteme. (Progr. theoret. Physics [Kyoto] **9.** 182–84. Febr. 1953. Kyoto, Univ., Dep. of Phys. [Orig.: engl.]) GERHARD SCHMIDT. 90

David Fischer und **John Baldwin,** *Proton–Proton-Polarisation bei 170 MeV.* Mit einem Dreizählerteleskop (plast. Scintillator) u. mit Absorbern zwischen den Zählern messen Vff. die Proton–Proton-Polarisation bei 170 MeV. Die Daten werden durch eine Kurve der Form $P = \sin\Theta\cos\Theta\,(\alpha + \beta\cos^2\Theta)$ mit $\alpha = 0{,}31 \pm 0{,}09$ u. $\beta = 0{,}30 \pm 0{,}14$ wiedergegeben. Das Auftreten eines merklichen $\cos^2\Theta$-Terms zeigt einen wesentlichen Beitrag zur Streuung durch Wellen mit $l \geqslant 3$ an. (Physic. Rev. [2] **100.** 1445–47. 1/12. 1955. Berkeley, Calif., Univ. of California, Dep. of Phys., Radiat. Labor.) GERHARD SCHMIDT. 90

Suraj N. Gupta, *Über die Eliminierung von Divergenzen aus der Quantenelektrodynamik.* Die durch die Eigenenergie von Elektron u. Photon u. die Eigenladung des Elektrons auftretenden Divergenzen in der Quantenelektrodynamik lassen sich in einfacherer Weise beseitigen als von anderen Autoren angegeben. (Proc. physic. Soc., Sect. A **64.** 426–27. 1/4. 1951. Cambridge, Cavendish Labor.) O. Fuchs. 90

J. W. Gardner, *Über die Eliminierung von Divergenzen aus der klassischen Elektrodynamik.* Krit. Bemerkungen zu vorst. referierter Arbeit. (Proc. physic. Soc., Sect. A **64.** 427. 1/4. 1951. Dublin, Inst. for Advanced Stud., School of Theoret. Phys.) O. Fuchs. 90

Suraj N. Gupta, *Multiple Photonenerzeugung in der Quantenelektrodynamik.* Die multiple Photonenerzeugung bei der Vernichtung eines Elektron–Positron-Paares wird diskutiert. Die multiple Erzeugung von bis zu 4 oder 5 Photonen kann bei der Höhenstrahlung leicht eintreten, dagegen können Schauer von 15–20 Photonen auf diese Weise nicht erklärt werden. (Physic. Rev. [2] **98.** 1502–11. 1/6. 1955. Lafayette, Ind., Purdue Univ., Dep. of Phys.) M. Wiedemann. 90

A. A. Abrikossow, *Über den Compton-Effekt und die reziproke Streuung von Teilchen bei hohen Energien in der Quantendynamik und der pseudoskalaren Theorie.* Der Einfl. der höheren Näherung mit doppelt logarithm. Gliedern beim Compton-Effekt für die Fälle mit großer Energie u. kleinen Winkeln wird behandelt. Für kleine Winkel wird der Wirkungsquerschnitt vergrößert. Vf. diskutiert den Einfl. bei der Streuung von Positronen an Elektronen u. schließlich in der pseudoskalaren Mesonentheorie mit schwacher pseudoskalarer Bindung bei der Streuung von Mesonen an Nucleonen. (Доклады Академии Наук СССР [Ber. Akad. Wiss. UdSSR] **102.** 1097–98. 21/6. 1955. Wawilow-Inst. für physikal. Probleme der Akad. der Wiss. der UdSSR.) M. Wiedemann. 90

H. M. Childers und **J. D. Graves,** *Halbwinkel (bipartition angles) für Compton-Streuung durch freie Elektronen.* In der Compton-Streuung freier Elektronen werden die Halbwinkel für die Anzahl der gestreuten Photonen, die Anzahl der sek. Elektronen, die Energie der gestreuten Photonen u. die Energie der sek. Elektronen in Abhängigkeit von der einfallenden Photonenenergie von 10 keV bis 10 MeV tabelliert. Die mittlere Energie des gestreuten Photons u. diejenige des Compton-Elektrons werden berechnet. Zusätzlich stellen Vff. eine Beziehung für die Wahrscheinlichkeit auf, daß die Energie des Compton-Elektrons in das Energieintervall (E1, E2) fällt. (Physic. Rev. [2] **99.** 343–45. 15/7. 1955. Washington, D. C., Naval Res. Labor.) Gerhard Schmidt. 90

G. E. Lee-Whiting, *Thermalisierung von Positronen in Metallen.* Unter Verwendung einer ähnlichen Meth., wie sie Vf. bereits früher (vgl. Proc. Roy. Soc. [London], Ser. A **212.** [1952.] 362) benutzt hatte, wird gezeigt, daß unter der Annahme, daß die Wechselwrkg. zwischen einem Positron u. einem Leitungselektron durch ein exponentiell abgeschirmtes Coulomb-Potential approximiert werden kann, die Thermalisierungszeit eines Positrons in einem Metall $3 \cdot 10^{-12}$ sec beträgt. (Physic. Rev. [2] **97.** 1557–58. 15/3. 1955. Chalk River, Ontario, Atomic Energy of Canada Ltd., Chalk River Labor.) C. Gottfried. 90

David Layzer, *Streuung langsamer Elektronen durch Atome.* Es wird eine neue Näherung für die Berechnung der atomaren Streuquerschnitte gegenüber langsamen Elektronen angegeben. Obgleich die Näherung im wesentlichen die Gestalt der Bornschen Näherung besitzt, ist sie mit dem Ausschlußprinzip der Elektronen verträglich u. gibt nichtverschwindende Querschnitte für die Anregung von Übergängen bei n. gekoppelten Atomen durch Elektronenstoß. (Physic. Rev. [2] **84.** 1221–25. 15/12. 1951. Ann Arbor, Mich., Univ. of Michigan, Observ.) B. Müller. 90

Richard Latter, *Thomas-Fermi Modell für komprimierte Atome.* Vf. erörtert die Möglichkeiten zur Lösung der Gleichung von Thomas-Fermi u. gibt die mit Hilfe der IBM-701 Rechenmaschine erhaltene numer. Integration. Die Rechnungen wurden im Bereich $ZV = 7{,}02 \cdot 10^{-30}$ bis $1{,}29 \cdot 10^{-14}$ cm³ (ZV = Kernladungszahl·Atomvol.) mit großer Genauigkeit durchgeführt. Als Ergebnis dieser Rechnungen werden ausführliche Tabellen der Potentialverteilungen angegeben. Die Abhängigkeit des Vol. vom Druck u. die der Gesamtenergie, der potentiellen Energie u. der kinet. Energie vom Vol. sind graph. dargestellt. (J. chem. Physics **24.** 280–92. Febr. 1956. Santa Monica, Calif., Rand Corp.) H.-U. Woelk. 95

Kurt Alder und **Aage Winther,** *Zur exakten Berechnung der Coulomb-Anregung.* (Vgl. C. **1956.** 4897.) Die Berechnung des Querschnitts der Coulomb-Anregung wird auf eine Berechnung der maximalen radialen Matrixelemente zurückgeführt. Für die nicht maximalen Quadrupolmatrixelemente werden Rekursionsformeln abgeleitet. (Kgl. danske Vidensk. Selsk., mat.-fysiske Medd. **29.** Nr. 19. 1–20. 1955. Kopenhagen, CERN, Theoret. Stud. Div. und Univ., Inst. for Theoret. Phys.) K.-E. Seyb. 95

G. Igo, *Resonanzen langsamer Neutronen in Rhenium.* Mit dem Kristallspektrometer untersucht Vf. die totalen Wirkungsquerschnitte von Re für Neutronen von 1—13 eV. Resonanzen werden bei 2,156, 4,416, 5,90, 7,2, 11,1, 11,9 u. 12,8 eV nachgewiesen. Zwei Resonanzen werden analysiert, um die Parameter der Einniveauformel von BREIT-WIGNER zu erhalten. Die bei diesem Vers. gemessenen Strahlungsbreiten stimmen mit dem allg. Verh. für Strahlungsbreiten nahe A = 185 überein. Eine neue Resonanz wird bei 11,9 eV beobachtet. (Physic. Rev. [2] **100.** 1338—39. 1/12. 1955. Upton, N. Y., BNL.)
GERHARD SCHMIDT. 95

V. E. Krohn und **S. Raboy,** *Gyromagnetisches Verhältnis eines angeregten Zustandes und andere Winkelkorrelationsmessungen für ^{204m}Pb.* Zur Best. des gyromagnet. Verhältnisses im angeregten Zustand während des Kernzerfalls dienen die Winkelkorrelationen der γ-Strahlung in einem äußeren Magnetfeld. Die aus Zähler, Koinzidenzverstärkersatz u. Elektromagnet bestehende App. u. ihre Eichung mittels ^{60}Co-Strahlung wird beschrieben. An Hand des ^{204m}Pb-Zerfallsschemas u. der Winkelkorrelationen ergeben die Unterss. für das gyromagnet. Verhältnis von ^{204m}Pb $+0,054 \pm 0,005$ Kerneinheiten bzw. ein magnet. Moment von $0,22 \pm 0,02$ Kernmagnetonen. (Physic. Rev. [2] **97.** 1017—22. 15/2. 1955. Lemont, Ill., ANL.) K. REICHEL. 95

J. C. Kluyver und **C. Van der Leun,** *Die Massendifferenz ^{41}Ar–^{41}K.* In einem kleinen Zylinder wurde Ar von 25 at mit Neutronen einer 80 mC Ra–Be-Quelle in einem Wassertank beschossen. Die γ-Strahlung von ^{41}Ar (110 Min.) wurde mittels eines NaJ(Tl)-Scintillationsspektrometers oder durch Abb. der gestreckten Impulse auf dem Schirm eines selbstauslösenden Oscilloskops u. photograph. Registrierung untersucht. Der Kristall war mit 8 cm Pb abgeschirmt. Die elektr. u. photograph. Analyse der Impulshöhen ergab $E_\gamma = 1,298 \pm 0,010$ MeV. Unter Verwendung der β-Energie von $1,245 \pm 0,005$ ergibt sich eine Massendifferenz ^{41}Ar–^{41}K von $2,543 \pm 0,011$ MeV. (Physica **21.** 604. Juli 1955. Utrecht, Rijksuniv., Phys. Labor.) M. WIEDEMAEN. 95

G. Ekspong, *Eine Bemerkung über Bestimmungen der mittleren Lebensdauer an kleinen Proben radioaktiver Kerne.* Mittels statist. Methoden lassen sich Formeln für die Halbwertszeiten radioakt. Substanzen ableiten, die auch für eine sehr kleine Zahl radioakt. Atome u. für sehr lange Halbwertszeiten gelten. Vf. weist auf eine von PEIERLS gegebene brauchbare Relation hin u. leitet die gleiche Relation in elementarer Weise ab. (Ark. Fysik **9.** Nr. 23. 353—55. 1955. Uppsala, Univ., Inst. of Phys.)
GERHARD SCHMIDT. 103

Berthold Stech und **J. Hans Jensen,** *μ-Mesonenzerfall und β-Prozesse.* Es wird der μ-Mesonenzerfall betrachtet, bei dem zwei sich stark voneinander unterscheidende Spektren auftreten können. Beide Spektren sind aus Symmetriegründen möglich, denn eine experimentelle Entscheidung für eines der beiden Spektren würde eine Entscheidung darüber zulassen, ob das μ^+-Meson oder das μ^--Meson ein „Antiteilchen" ist, wenn das Elektron als „Teilchen" beschrieben wird. (Z. Physik **141.** 403—10. 1955. Heidelberg, Inst. für theoret. Phys.) E. HAHN. 103

A. S. Penfold und **B. M. Spicer,** *Detaillierte Untersuchung der Reaktion $^{16}O(\gamma, n)^{15}O$.* Vff. überprüfen die Ausbeutekurve für die Rk. $^{16}O(\gamma, n)^{15}O$ über den größten Teil des Energiebereiches von 15,6 u. 23,2 MeV. Als O-Proben werden Hohlzylinder aus H_3BO_3 von 61,3 g, innerem Durchmesser 2,06 cm, äußerem Durchmesser 3,40 cm u. von einer Länge von 7,70 cm benutzt. Die Verss. bestätigen die Ggw. bereits festgestellter Sprungstellen in der Feinstrukturkurve u. zeigen eine Anzahl neuer Sprungstellen auf. Die Ausbeutekurve wird für den Querschnitt in der Nachbarschaft einer Sprungstelle bei 16,03 MeV analysiert, wobei gefunden wird, daß der Querschnitt einen Resonanzverlauf mit einer Breite von 18 ± 5 keV aufweist. Integrierte Querschnitte, Spitzenhöhen u. Strahlungsbreiten werden für sämtliche gefundenen Niveaus geschätzt. Auf der Grundlage der Strahlungsbreiten wird geschlossen, daß unterhalb $\sim$ 19 MeV die Rk. durch Absorption von E2-Strahlung erfolgt, während zwischen 22 u. 23 MeV hauptsächlich Absorption von E1-Strahlung vorliegt. (Physic. Rev. [2] **100.** 1377—86. 1/12. 1955. Champaign, Ill., Univ. of Illinois, Phys. Res. Labor.) GERHARD SCHMIDT. 103

W. F. Hornyak und **R. Sherr,** *Unelastische Streuung von 19 MeV-Protonen an ^{16}O.* (Vgl. C. **1956.** 7132.) Die NaJ-Scintillationsspektroskopie der Protonengruppen aus der unelast. Streuung von 19 MeV-Protonen an ^{16}O liefert Niveaus in ^{16}O bei 6,14, 7,02, 8,87, 9,85, 10,34, 11,08, 11,51, 12,02, 12,53, 13,06 u. wahrscheinlich bei 13,39 MeV mit einem Fehler von ± 30 keV. Die Niveaus bei 8,87 u. 11,08 MeV sind wahrscheinlich vom 2^--Typ u. zerfallen durch γ-Kaskade über die Zustände bei 6 u. 7 MeV. Das relativ schwach angeregte Niveau bei 12,02 MeV wird wahrscheinlich von γ-Emission begleitet. Für die meisten unelast. Gruppen werden die differentiellen Querschnitte als eine Funk-

tion des Laboratoriumwinkels für die Rk. ^{16}O(p, p') angegeben. (Physic. Rev. [2] **100.** 1409—14. 1/12. 1955. Princeton, N. J., Princeton Univ., Palmer Physic. Labor.)
Gerhard Schmidt. 103

Calvin Wong, *Der β-Zerfall von* ^{20}F. (Vgl. C. **1954.** 10406.) Der β-Zerfall von ^{20}F wird mit Hilfe eines Magnetlinsenspektrometers untersucht. Er verläuft hauptsächlich zum ersten ^{20}Ne-Anregungszustand mit $E_{\beta max}$ = 5,419 ± 0,013 MeV, worauf ein γ-Strahl von 1,627 ± 0,005 MeV emittiert wird. Dieser Übergang hat bis hinunter zu 1 MeV erlaubte Gestalt. Mit Hilfe eines magnet. kompensierten Stilben-Scintillationszählers wird gezeigt, daß diejenigen Zählimpulse, die jenseits des Endpunktes der intensiven β-Komponente auftreten, hauptsächlich von gestreuten Elektronen u. vom Nulleffekt des Raumes herrühren. Für den direkten Übergang zum ^{20}Ne-Grundzustand (Q = 7,047 ± 0,014 MeV) wird eine Intensität von $< \sim 3{,}2 \cdot 10^{-4}$ derjenigen des Übergangs zum 1. Anregungszustand geschätzt. Die *ft*-Werte betragen $9{,}73 \cdot 10^4$ sec (1. Anregungszustand) u. $\gtrsim 10^9$ sec (Grundzustand). (Physic. Rev. [2] **95.** 761—64. 1/8. 1954. Pasadena, Calif., California Inst. of Technol., Kellogg Radiat. Labor.)
F. Weigel. 103

Calvin Wong, *Der β-Zerfall von* ^{17}F *und* ^{11}C. (Vgl. vorst. Ref.) Der β-Zerfall von ^{17}F u. ^{11}C wird mit Hilfe eines Magnetlinsenspektrometers untersucht. Das β^+-Spektr. von ^{17}F zeigt eine Komponente mit E_{max} = 1,748 ± 0,006. Der Übergang zum ^{17}O-Grundzustand (*ft* = 2420 sec) hat bis hinunter zu 570 keV erlaubte Gestalt. Ein zum ersten ^{17}O-Anregungszustand führender β^+-Zerfall hat, sofern er überhaupt auftritt, eine relative Intensität von < 1%, entsprechend einem *ft*-Wert $\gtrsim 2 \cdot 10^4$ sec. Das ^{11}C-β^+-Spektr. besteht aus einer Komponente mit E_{max} = 968 ± 8 keV. Der Übergang zum ^{11}B-Grundzustand (*ft* = 4170 sec) hat bis hinunter zu 255 keV erlaubte Gestalt. (Physic. Rev. [2] **95.** 765—66. 1/8. 1954.)
F. Weigel. 103

T. H. Handley und **W. S. Lyon,** *Ein langlebiges Isomer von* ^{26}Al. Vff. beschreiben die Darst. von langlebigem ^{26}Al, das chem. rein aus Al-Targets hergestellt wird. Die enthaltenen Unreinheiten sind Na, Mn, Fe, Co u. Zn. Der Hauptzerfall findet durch eine 1,30 ± 0,15 MeV-β^+-Emission in Verbindung mit einem 1,82 MeV-γ-Strahl statt. Außerdem werden noch γ-Strahlen von 0,717 u. 2,91 MeV beobachtet. (Physic. Rev. [2] **99.** 755—56. 1/8. 1955. Oak Ridge, Tenn., ORNL.)
E. Hahn. 103

J. W. Blue und **E. Bleuler,** *Radioaktivität von* ^{44}Sc. Mit einem NaJ–γ-Spektrometer u. einem Magnetlinsenspektrometer, das für Koinzidenzmessungen eingerichtet ist, wird der Zerfall von ^{44}Sc neu bestimmt. Der Hauptübergang vom ^{44}Sc-Grundzustand zum ersten angeregten Niveau von ^{44}Ca liegt bei 1,159 ± 0,003 MeV. Die Wahrscheinlichkeit für Positronenemission beträgt 0,932 ± 0,015 in Übereinstimmung mit dem theoret. Wert von 0,928 für einen erlaubten Übergang (E_{max} = 1,471 ± 0,005 MeV). Die Konversionskoeffizienten des 1,16 MeV-γ u. des isomeren Überganges in ^{44}Sc sind $6{,}3 \pm 0{,}3 \cdot 10^{-5}$ bzw. 0,139 ± 0,003, sie sind mit E 2- bzw. E 4-Übergängen verträglich. Ein schwacher erlaubter Übergang führt zu einem Niveau in ^{44}Ca bei 2,54 ± 0,03 MeV. Für die dünnsten Strahlenquellen wird $^1/_3$ der bisher angegebenen Intensität gefunden. Koinzidenzmessungen zeigen, daß mehr als $^2/_3$ der Elektronen weder mit den Positronen noch mit den γ-Strahlen koinzidieren u. daher nicht bei dem Prozeß des Positronenzerfalls emittiert werden. (Physic. Rev. [2] **100.** 1324—29. 1/12. 1955. Lafayette, Ind., Purdue Univ., Dep. of Phys.)
Gerhard Schmidt. 103

W. W. Buechner, C. M. Braams und **A. Sperduto,** *Unelastische Protonenstreuung an Vanadium.* Vff. untersuchen die tiefliegenden angeregten Zustände von ^{51}V mittels unelast. Protonenstreuung. Die Protonen werden auf 6,0, 7,0 u. 7,4 MeV im elektrostat. Generator beschleunigt, die gestreuten Protonen werden mit einem Magnetspektrographen analysiert, wobei Beobachtungen unter 90 u. 130° zum einfallenden Bündel durchgeführt werden. Es werden Protonengruppen gefunden, die Niveaus in ^{51}V bei 0,322 ± 0,002, 0,931 ± 0,003, 1,614 ± 0,005 u. 1,819 ± 0,05 MeV entsprechen. Es wird eine große Anzahl von Gruppen niedriger Energie gefunden, die mit angeregten Zuständen zwischen 1,85 u. 4,50 MeV in Zusammenhang stehen. Zwei α-Gruppen werden ebenfalls beobachtet u. dem Grundzustand u. ersten angeregten Zustand, die bei der Rk. $^{51}V(p, \alpha)^{48}Ti$ (Q = 1,161 u. 0,167 MeV) gebildet werden, zugeordnet. (Physic. Rev. [2] **100.** 1387—90. 1/12. 1955. Cambridge, Mass., MIT, Labor. for Nucl. Sci. and Dep. of Phys.)
Gerhard Schmidt. 103

A. Flammersfeld und **W. Herr,** *Bestimmung der Massenzahl der 3,9 Minuten-Aktivität des Selens.* 5—10 cm³ einer 40%ig. HBr-Säure wurden mit Li + D- u. Be + D-Neutronen bestrahlt. Es wurden 1,2 mg inakt. SeO_2 zugegeben u. die Mischung in eine sd. Lsg. von 200 mg Hydrazinsulfat in 15 cm³ W. geschüttet. Das elementare Se wurde abfiltriert, gewaschen u. die Aktivität in einem Zählrohr mit 3 mg/cm² Glimmerfenster gemessen. Neben der 57 Min.-Aktivität von $^{81}Se^*$ wurde eine sehr weiche Aktivität mit

3,9 ± 0,1 Min. Halbwertszeit gefunden, die bereits beim Beschuß von Se mit Neutronen aufgetreten war. Sie wurde dem ^{79}Se* zugeordnet. (Z. Naturforsch. **5a.** 569—70. Okt. 1950. Mainz, MPI für Chem.) M. WIEDEMANN. 103

D. E. Alburger und **B. J. Toppel,** *Radioaktiver Zerfall von ^{106}Rh und ^{106}Ag.* Mit einem Dreikristall-Paarspektrometer unter Verwendung der Graukeil-Impulshöhenanalyse, Einfach- u. Koinzidenz-Scintillationsspektrometerverff. u. einem Zwischenbild-β-Spektrometer untersuchen Vff. die Übergänge in ^{106}*Pd*, die bei den Zerfällen von ^{106}Rh u. ^{106}Ag auftreten. Neben den bekannten Linien werden γ-Strahlen von 1,77, 1,96, 2,10, 2,66 MeV u. ein möglicher γ von 1,14 MeV beim ^{106}Rh-Zerfall gefunden. Beim ^{106}Ag-Zerfall werden γ-Strahlen von 0,22, 0,409, 0,51, 0,62, 0,72, 0,805, 1,045, 1,131, 1,205, 1,23, 1,39, 1,55, 1,77, 1,85, 2,1 u. 2,63 MeV beobachtet. Die meisten Daten können durch Forderung von 3 neuen, schwach angeregten Niveaus in ^{106}Pd bei 1,85, 2,27 u. 2,66 MeV befriedigend wiedergegeben werden. Eine untere Grenze von $\sim 10^{-8}$ sec wird für die partielle Halbwertszeit des 0—0-Überganges zwischen dem zweiten angeregten u. den Grundzuständen von ^{106}Pd geschätzt. (Physic. Rev. [2] **100.** 1357—63. 1/12. 1955. Upton, N. Y., BNL.) GERHARD SCHMIDT. 103

C. H. Paris, W. W. Buechner und **P. M. Endt,** *Energieniveaus von ^{33}S, ^{35}S, ^{36}Cl, ^{38}Cl und ^{139}Ba.* Vff. beschießen $BaCl_2$-Targets mit Deuteronen, die durch einen elektrostat. Generator auf Energien zwischen 3,0 u. 7,5 MeV beschleunigt worden sind. Die geladenen Reaktionsprodd. werden mit einem magnet. Analysator hoher Auflösung beobachtet. Die folgenden Grundzustands-Q-Werte werden gemessen: ^{35}Cl(d, α)^{33}S, 8,277 ± 0,010 MeV; ^{37}Cl(d, α)^{35}S, 7,783 ± 0,012 MeV; ^{35}Cl(d, p)^{36}Cl, 6,354 ± 0,008 MeV u. ^{37}Cl(d, p)^{38}Cl, 3,881 ± 0,008 MeV. 15 Niveaus werden in ^{33}S, 4 in ^{35}S, 23 in ^{36}Cl u. 6 in ^{38}Cl beobachtet. Aus den Intensitäten der beobachteten Protonengruppen kann ein Spin von $J = 2^-$ dem ^{38}Cl-Grundzustand u. ein Spin $= 5^-$ dem tiefsten (isomeren) Niveau in ^{38}Cl bei 672 ± 5 keV zugeordnet werden. Der Grundzustands-Q-Wert der Rk. ^{138}Ba(d, p)^{139}Ba ist 2,493 ± 0,010 MeV, ein Niveau in ^{139}Ba wird bei 623 ± 8 keV beobachtet. (Physic. Rev. [2] **100.** 1317—23. 1/12. 1955. Cambridge, Mass., MIT, Phys. Dep. and Labor. for Nucl. Sci.; Utrecht, Rijksuniv., Phys. Labor.) GERHARD SCHMIDT. 103

J. P. Mize, M. E. Bunker und **J. W. Starner,** *Kernniveaus von ^{175}Cp.* Vff. untersuchen den e$^-$-Zerfall von ^{175}*Yb* (4,2 Tage) u. den Zerfall durch Hüllelektroneneinfang von ^{175}*Hf* (70 Tage) zu ^{175}Cp mit einem Magnetlinsenspektrometer, einem 180°-Spektrographen mit permanentem Magneten, mit Scintillationsspektrometern u. nach Koinzidenzverfahren. Elf γ-Energien in ^{175}Cp mit 89,3, (M 1 + E 2), 113,6 (M 1 + E 2), 137,6, 144, 229,3 (E 2), 251, 282,4 (E 1 + M 2), 318,6, 342,9 (M 1 + E 2), 396,0 (E 1 + M 2) u. 432,2 keV werden beobachtet. Auf der Grundlage dieser Messungen werden passende Zerfallsschemata für ^{175}Yb u. ^{175}Hf vorgeschlagen. Die beobachteten Kernniveaus in ^{175}Cp, die durch den radioakt. Zerfall dieser beiden Nuclide angeregte worden sind, treten bei 113,6, 251,2, 342,9, 396,0 u. 432,2 keV auf u. werden Spin- u. Paritätswerten von $9/2^+$, $11/2^+$, $5/2^+$, $9/2^-$ bzw. $5/2^+$ zugeordnet. (Physic. Rev. [2] **100.** 1390—96. 1/12. 1955. Los Alamos, N. Mex., Univ. of California, LASL.) GERHARD SCHMIDT. 103

L. L. Baggerly, P. Marmier, F. Boehm und **J. W. M. DuMond,** *Zerfall von ^{192}Ir.* Mit einer Anordnung aus einem γ-Spektrometer mit gekrümmtem Kristall, einem gleichförmigen Feld, einem Ringfokus-β-Spektrometer u. einem Koinzidenzsyst. mit Scintillationszählern untersuchen Vff. die γ-Strahlung, die dem Zerfall von ^{192}Ir folgt. Die Energien, Intensitäten, Koeffizienten der inneren Konversion u. Multipolaritäten der γ-Übergänge werden für die beteiligten Elemente (Pt u. Os) tabellar. angegeben. Für die Nachfolgekerne ^{192}*Pt* u. ^{192}*Os* werden Niveauschemata vorgeschlagen, die Spins u. Paritäten der meisten Niveaus werden angeführt. (Physic. Rev. [2] **100.** 1364—67. 1/12. 1955. Pasadena, Calif., California Inst. of Technol.) GERHARD SCHMIDT. 103

S. L. Miropolski und **M. A. Styrikowitsch,** *Anwendung von γ-Strahlen zur Untersuchung der Hydrodynamik von Zweiphasensystemen.* Die Meth. beruht auf der Best. der D. des Zweiphasenmediums nach der Schwächung der Intensität eines γ-Strahlenbündels beim Durchgang durch dieses Medium. Vff. leiten die Gleichungen für die Auswertung der Ergebnisse ab u. geben schemat. Darstellungen der verwendeten Geräte. Die Meth. ist auch bei verhältnismäßig geringen geometr. Dimensionen des Objekts anwendbar. (Известия Академии Наук СССР, Отделение Технических Наук [Nachr. Akad. Wiss. UdSSR, Abt. techn. Wiss.] **1955.** Nr. 9. 154—59. Sept. Moskau.) R. K. MÜLLER. 106

S. D. Chatterjee, N. N. Ghosh, S. Kisdnasamy und **K. G. Bandyopadhyay,** *Radiokohlenstoffdatierung des alten Pataliputra Walls.* Anordnung zur Darst. u. Messung der ^{14}C-Präpp. entspricht der von LIBBY. Altersangabe: 2115 ± 250 Jahre. (Sci. and Cult. **20.** 615—17. Juni 1955. Calcutta, Univ., Coll. of Sci., Dep. of Phys.) G. HERRMANN. 106

Leo Walter, *Verwendung radioaktiver Isotope im kanadischen Öl.* Vielseitige Verwendungsmöglichkeit radioakt. Isotope in der Ölindustrie (u. a. Dicken- u. Füllstandsmessung der Öltanks, Prüfung der Schweißnähte u. Korrosionskontrolle). (Petroleum Times **57.** 499—501. 15/5. 1953.) H. Doll. 106

Walther Gerlach, *Wesen und Bedeutung der Atomkraftwerke.* Vortrag. — 18 Abbildungen. (Dtsch. Museum, Abh. u. Ber. **23.** Nr. 2. 1—26. 1955. München.) Gerhard Schmidt. 110

W. Mościcki, *Die Verwendung von $CO_2 + CS_2$ gefüllten Geiger-Müller-Zählrohren zur Altersbestimmung.* Vf. zeigt, daß die Verwendung von Geiger-Müller-Zählrohren mit CO_2-Füllung zur Altersbest. mit ^{14}C möglich ist, wenn kleine Mengen CS_2 zugesetzt werden. Ein 400 ml-Zählrohr mit Antikoinzidenzring gibt bei 376 mm CO_2-Druck mit „jungem" CO_2 1,7 Impulse/Min. bei 10,5—11,2 Impulsen/Min. Nulleffekt. (Acta physica polon. **12.** 238—40. 1953. Poznań, Univ., Dep. of Exp. Phys.) G. Herrmann. 112

Richard F. K. Herzog, *Einfluß magnetischer Streufelder auf die Lage und Güte der Bilder bei Massenspektrographen und Spektrometern.* Es wird untersucht, welche Fehler durch Nichtbeachtung der magnet. Streufelder im Massenspektrographen entstehen, die durch sorgfältige Abschirmung zwar erheblich zu verringern aber nie ganz zu beseitigen sind, u. wie die Streufelder bei Anwendung der elementaren Theorie mitberücksichtigt werden können. Die Wrkg. magnet. Streufelder läßt sich durch zwei Zahlen beschreiben, von denen die eine die scharfe Begrenzung eines gleich starken ablenkenden Ersatzfeldes festlegt, während die andere ein Maß für die durch das Streufeld bewirkte Bildverschiebung ist. Die Bildkonstruktion unter Berücksichtigung der Streufelder wird für den allg. Fall mit schrägem Einfall u. Austritt beschrieben. Beim Mattauch-Herzog-Massenspektrographen bewirkt das Streufeld eine Verschiebung in der Lage der Bilder, die dadurch vermieden werden kann, daß die Energieintervallblende an einer bestimmten Stelle im Streufeld angebracht wird. Beim Nierschen Massenspektrometer ist eine Abschirmung nicht nötig. (Z. Naturforsch. **10a.** 887—93. Nov. 1955. Air Force Cambridge Res., Center Geophys. Res. Directorate, Air Res. and Developm. Command.) R. Conrad. 112

H. Ewald und **H. Liebl,** *Der Astigmatismus des Toroidkondensators.* Der in der Massenspektrographie verwendete Zylinderkondensator ist ein Spezielfall des allg. Toroidkondensators. Auf der Grundlage der ionenopt. Berechnungen von Herzog, Marschall, Hachenberg u. Svartholm werden die Abbildungseigg. eines Toroid-Sektorkondensators abgeleitet. Die experimentelle Erprobung eines solchen Kondensators ergab hinlängliche Übereinstimmung mit der Rechnung. (Z. Naturforsch. **10a.** 872—76. Nov. 1955. München, TH, Physikal. Inst.) R. Conrad. 112

J. Kistemaker, P. K. Rol, J. Schutten und **C. de Vries,** *Die Ionenquelle der Amsterdamer Ionentrennanlage.* Beschreibung einer Ionenquelle mit Apparatur- u. Schaltskizzen, die aus folgenden Teilen besteht: Entladungskammer mit Glühfaden, Ofen für Gas- oder Dampferzeugung, geheizte Abschirmvorrichtungen u. Labyrinthe, Beschleunigungs- u. Linsenelektrode, Stromzuführungen, Kühlsysteme u. Stabilisierungseinrichtungen. Es wurden besondere Schutzvorrichtungen gegen die verschied. Formen ungewollter Entladungen in der Nähe der auf hohem positivem Potential gegenüber der geerdeten App. befindlichen Ionenquelle eingebaut. (Z. Naturforsch. **10a.** 850—56. Nov. 1955. Amsterdam, Labor. voor Massaspectrograf., Stichting F.O.M.) R. Conrad. 112

Kineo Tsukada, *Eine Ionenquelle vom Elektronenoscillationstyp.* Eine ringförmige Anode ist von zwei koaxialen zylindr. Gittern umgeben. Den Stirnflächen der Gitter gegenüber befinden sich Oxydkathode u. ein Auffangblech auf Nullpotential. Ein Magnetfeld von $\sim$300 Gauss verläuft in Anodenrichtung. Von einem bestimmten negativen Wert des Potentials des äußeren Gitters an werden die Ionen aus dem Plasma herausgezogen, passieren das äußere Gitter u. können mit Hilfe eines Kollektors C nachgewiesen werden. 50% des Kollektorstromes I_c, der $\sim$20 mA beträgt, stammen von Ionen aus dem Plasma. Er ist unterhalb eines Anodenstroms von 250 mA diesem direkt proportional. Bei einer Zunahme der magnet. Feldstärke auf 600 Gauß sinkt I_c um 10%. Die App. arbeitet bei niedrigen Anodenspannungen von $\sim$40—70 V u. Drucken von $\sim 10^{-4}$ bis 10^{-3} mm Hg. Ein Druckanstieg auf 10^{-2} mm Hg hat eine Abnahme von Ic um einige % zur Folge. (J. physic. Soc. Japan **6.** 415—16. Sept./Okt. 1951. Tokyo, Univ. of Educat. [Orig.: engl.]) B. Müller. 112

K. Sommermeyer und **G. Heiner,** *Strahlenschutzüberwachung durch photographische Registrierung von Fluorescenz.* Die Komplikationen einer Strahlenschutzüberwachung mit Röntgenfilmen, die durch die Abhängigkeit der Schwärzung von der Strahlenart u. Quantenenergie bedingt sind, lassen sich vermeiden, wenn der Film der energiereichen Strahlung nicht direkt, sondern nur dem prim. erregten Fluorescenzlicht eines organ.

Fluorescenzstoffes ausgesetzt wird, dessen Intensität als unabhängig von der Energie der Dosisleistung proportional angenommen werden kann. Die Schwierigkeit, daß die Schwärzung für sichtbares u. UV-Licht von der zeitlichen Verteilung abhängt, wurde durch gleichzeitige Belichtung zweier Emulsionen mit unterschiedlichem Schwarzschild-Exponenten (Agfa-Raman- u. Kodak OAG-Platten) überwunden. Der Fehler der Dosisermittlung im Bereich 0,1—0,8 r war ±20%. (Naturwissenschaften **42.** 508. Sept. 1955. Freiburg/Br., Radiol. Inst.) J. Rudolph. 112

A_2. Optisches Verhalten der Materie.

Russell M. Kulsrud, *Der Gaunt-Faktor für frei–frei-Übergänge in reinem Wasserstoff.* Es wird der Gaunt-Faktor für frei–frei-Übergänge eines Elektrons im Innern eines Sternes berechnet, wobei reiner H angenommen u. die Überlagerung der Coulomb-Felder der H-Ionen berücksichtigt wird. Man findet, daß die ursprünglich von Sommerfeld für den Fall eines reinen Coulomb-Feldes erhaltenen Resultate dadurch geändert werden müssen, daß man die Elektronen-Wellenfunktionen im Unendlichen anders normiert. Es wird ein einfacher analyt. Ausdruck für den Gaunt-Faktor angegeben u. dessen Mittelwert über die Maxwell-Verteilung der Anfangsgeschwindigkeit berechnet. (Astrophysic. J. **119.** 386—92. März 1954. Yerkes Observ.) H. Preuss. 113

Sidney N. Stone und **Otto Struve,** *Das Spektrum und die Helligkeit des α-Scorpii B.* α-Scorpii B (der zur 7. Größenklasse gehörende Begleiter des Antares) wird spektrograph. im Bereich von λ 4000—4800 Å u. UV untersucht. *H-* u. neutrale *He*-Linien, *Mg* II- u. *Si* II-Linien werden in einer Tabelle angegeben. Als Ergebnis wird die Möglichkeit angedeutet, daß die interstellare Absorption gering u. der Stern schwach leuchtend ist. (Publ. astronom. Soc. Pacific **66.** 191—97. Aug. 1954. Berkeley, Calif., Univ. of California, Berkeley Astronomic. Dep.) D. Hahn. 113

Jesse L. Greenstein und **James Cuffey,** *Ein B-Typ-Stern der Häufigkeit II.* Es wird über einen Stern (Nr. 25) im galakt. Nebel NGC 1647 berichtet u. spektrograph. Beobachtungen mitgeteilt (*H-*, *He-*, *Mg* II- u. *Ca* II-Linien). Er wird als B 5 V-Stern klassifiziert. (Publ. astronom. Soc. Pacific **66.** 187—90. Aug. 1954. Carnegie Inst. of Washington, California Inst. of Technol., Mount Wilson and Palomar Observ.) D. Hahn. 113

Paul W. Merrill und **Louise Lowen,** *Die Gallium-Linie λ 4172 in Spektren von langperiodischen veränderlichen Sternen.* Die Ga-Linie λ 4172,05 ist normalerweise in den Absorptionsspektren der langperiod. Veränderlichen vom Typ M u. S enthalten. Im Minimum ist sie als Absorptionslinie beobachtet worden, zeigt jedoch später auch teilweise Emissionscharakter. Es ist zu vermuten, daß die Änderung dieser Linie während der Periode eng mit den Linien von *Ga* I λ 4032,98 u. *Mn* λ 4033,07 zusammenhängt. (Publ. astronom. Soc. Pacific **65.** 221—23. Aug. 1953. Carnegie Inst. of Washington, California Inst. of Technol., Mount Wilson and Palomar Observ.) H. Preuss. 113

N. L. Wilson, R. Tousey, J. D. Purcell, F. S. Johnson und **C. E. Moore,** *Eine revidierte Analyse des Sonnenspektrums von 2990—2635* Å. Es werden neue Sonnenspektren im Bereich von 2990—2635 Å analysiert, die bei Raketenaufstiegen aufgenommen wurden. Es wurden fast 500 Linien aufgezeichnet u. man erhält eine eingehende Kurve der spektralen Intensitätsverteilung an Stelle der sonst üblichen visuellen Schätzungen. (Astrophysic. J. **119.** 590—612. Mai 1954. Washington, D. C., Nat. Bur. of Stand., U. S. Naval Res. Labor.) H. Preuss. 113

Peter Naur, *Zwei Modelle für das Innere der Sonne.* Es werden zwei Modelle der Sonne nach neuen Daten über die Proton–Proton-Ketten-Rk. u. unter Berücksichtigung der Opazität bei frei–frei-Übergängen in H u. He berechnet. Die beiden Modelle unterscheiden sich in den für die Opazität benutzten Ausdrücken, ergeben aber beide eine Zus. für das Innere der Sonne von ca. 0,75% schweren Elementen, 75% H u. 24% He. (Astrophysic. J. **119.** 365—70. März 1954. Yerkes Observ.) H. Preuss. 113

Edward V. Ashburn, *Die Höhe der leuchtenden Schichten in der Erdatmosphäre.* Die Arbeit hat den Zweck die Argumente zu unterstützen, die Bates u. Dalgarno [1953] gegen die von verschied. Autoren durchgeführten Methoden zur Best. der Höhe, in der das Nachtleuchten entsteht, vorbrachten. Vf. diskutiert bes. die verschied. benutzten Extinktionskoeffizienten, den Einfl. der Rayleigh-Streuung u. der O_3-Absorption. (J. atmospheric terrestr. Physics **6.** 67—68. Jan. 1955. China Lake, Calif., Inyokern, U. S. Naval Ordn. Test Stat., Michelson Labor.) H. Preuss. 113

D. T. Stewart, P. W. F. Gribbon und **K. G. Emeléus,** *Anregungsbedingungen für die infraroten Nordlichtbanden des ionisierten Stickstoffs.* Die Infrarotbanden des N_2^+ wurden zuerst 1950 durch Meinel im Nordlicht erkannt. Sie entstehen wahrscheinlich durch Zusammenstöße von Elektronen mit neutralem N_2, wobei die Elektronen etwa eine Energie von 17 eV haben müssen. Einige weitere Anhaltspunkte für die Anregungsbedingungen ergaben sich aus Laboratoriumsverss., bes. für die erforderlichen Energien. (Proc. physic. Soc., Sect. A **67.** 188—89. 1/2. 1954. Belfast, Queen's Univ., Physic. Dep.) H. PREUSS. 113

A. Omholt, *Die E-Schicht-Ionisation und die Leuchtkraft der Aurora.* Die Photonenemission des ersten negativen N_2-Bandensyst. wird innerhalb eines kleinen Bereichs im Zenith gemessen u. die maximale Elektronendichte in der E-Schicht bestimmt. Zwischen diesen beiden Größen wird eine Beziehung gefunden. Der Rekombinationskoeff. in der E-Schicht während der Aurora ist $<10^{-7}$ cm^3·sec^{-1} u. die mittlere Elektronendichte $2-10\cdot10^5$ Elektronen·cm^{-3}. Ferner wird über die Radioreflektionen in der V.H.F.-Bande kurz berichtet. (J. atmospheric terrestr. Physics **7.** 73—79. Aug. 1955. Tromsö, Auroral Observ.) E. HAHN. 113

D. M. Hunten und **G. G. Shepherd,** *Schwingungstemperaturen der zweiten positiven Banden.* Es werden Messungen der relativen Intensitäten u. die daraus hergeleiteten Schwingungstempp. des zweiten positiven Bandensyst. des N_2 diskutiert. Es werden stets Tempp. zwischen 0 u. 1000°K erhalten, u. es scheint unmöglich, innerhalb dieses Bereiches zu genauen Temperaturwerten zu kommen. Man schließt daraus, daß die Schwingungstemp. mit der kinet. Temp. übereinstimmt. Es werden kurz Messungen anderer Vff. diskutiert. (J. atmospheric terrestr. Physics **6.** 64—66. Jan. 1955. Saskatoon, Canada, Univ. of Saskatchewan.) H. PREUSS. 118

C. R. Stanley, *Ein neues, bei aktivem N_2 auftretendes Leuchtphänomen.* Bei N_2-Bogenentladungen bei einigen cm Hg Druck u. einem Strom von 100 mA durch eine Quarzcapillare mit von außen angebrachter Hohlkathode entsteht ein orangefarbener Strahl bis zu 10 cm Länge, der auf das N_2-Nachglühen zurückgeführt wird. Sein Spektr. wird mit dem Bogenspektr. in Abhängigkeit von Druck u. Stromstärke verglichen. Der Abklingmechanismus folgt einer Exponentialfunktion bei einer mittleren Lebensdauer von ca. 10^{-4} Sekunden. Andere physikal. u. chem. Eigg. werden kurz diskutiert. (Proc. physic. Soc., Sect. A **68.** 709—16. 1/8. 1955. London, Imp. Coll., Dep. of Phys.) B. MÜLLER. 118

E. Miescher, *Feinstruktur von NO^+- und NO-Emissionsspektren im Schumann-Bereich.* Das in einer Hohlkathodenentladung mit schnell strömendem He u. geringem Anteil von gasförmigem NO angeregte Spektr. von NO u. NO^+ wurde mit einem Vakuumgitterspektrographen im Bereich von 2200—1350 Å aufgenommen u. die sich teilweise überlappenden NO^+- u. NO-Banden (β') einer Feinstrukturanalyse unterworfen. Die Konstanten werden angegeben. Das NO^+-Syst. entsteht aus einem $^1\Pi-^1\Sigma^+$-Übergang. (Canad. J. Physics **33.** 355—56. Juni 1955. Ottawa, Nat. Res. Council, Div. of Phys.; Basel, Univ., Phys. Anst.) G. HEINSOHN. 118

J. M. McCrea, *Innermolekulare Isotopen-Fraktionierung. Das Beispiel Distickoxyd.* Am Beispiel des N_2O wird gezeigt, wie groß die Fehler sind, wenn man bei der Berechnung der Gleichgewichtskonstanten von Isotopenaustausch-Rkk., wie z. B. $^{15}N^{14}N^{16}O \rightleftharpoons {}^{14}N^{15}N^{16}O$ sich auf lückenhaftes spektroskop. Material stützt u. deshalb verschied. Näherungen anwendet. Grundschwingungsfrequenzen, Eigenfrequenzen u. Nullpunktsenergie für die isotopen N_2O-Moll. werden angegeben. Diskutiert werden u. a. die Auswrkg. der Vernachlässigung von Anharmonizitätstermen, der Benutzung von Grundschwingungen statt Eigenfrequenzen u. bei den Valenzkraftfeldern die Vernachlässigung von Wechselwirkungskonstanten. (J. chem. Physics **19.** 48—49. Jan. 1951. Ralston, Alberta, Suffield Exp. Stat.) A. REUTER. 118

Velmer A. Fassel und **Henry J. Hettel,** *Isotopieprobe von Lithium mittels Hydrid-Bandenemissionsspektren.* Es wird eine spektrograph. Meth. zur Best. des ^{6}Li–^{7}Li-Isotopenverhältnisses beschrieben, bei der nur der Konzentrationsbereich von 8—25% ^{6}Li benutzt wird. Es besteht aber die Möglichkeit, den Meßbereich bei Benutzung desselben Linienpaares bis zu 92% ^{6}Li auszudehnen. (Spectrochim. Acta [London] **7.** 175—78. Juni 1955. Ames, Io., Iowa State Coll., Inst. for Atom. Res. and Dep. of Chem.) D. HAHN. 118

E. M. Bulewicz, *Flammenspektren von Barium: Rot- und Infrarotbanden.* Im Flammenspektr. von Ba treten breite u. diffuse Banden zwischen 7200 u. 9000 Å auf, die in ihrer Form den im blauen u. grünen Spektralbereich vorhandenen entsprechen, die dem BaOH zugeschrieben werden. Vf. vergleicht diese Banden mit denen von BaF, BaCl u. BaBr u. vermutet, daß alle diffusen Banden im Flammenspektr. des Ba durch das Mol. BaOH bedingt werden. Vf. hat ferner die Intensitäten dieser Banden in verschied. Flammen (verschied. Mischungen von H_2, O_2 u. N_2) gemessen. Die Meßergebnisse, $\log I_{\text{Bande}}$, ergeben als Funktion von 1/T°K Kurvenscharen, deren Lage durch das Verhältnis N_2/O_2 im ursprünglichen Flammengas bestimmt wird. Ähnliche Ergebnisse werden für die entsprechenden Banden von Ca u. Sr erhalten. In allen Fällen besteht ein charakterist. Zusammenhang zwischen Bandenintensität u. Flammenzusammensetzung. Die roten u. infraroten Ba-Banden entsprechen also dem allg. Schema der Hydroxylradikalbanden. (Nature [London] **177.** 670—71. 7/4. 1956. Cambridge, Univ., Dep. of Phys. Chem.) H.-U. WOELK. 118

P. F. A. Klinkenberg, *Analyse des Bogenspektrums von Cassiopeium.* 124 Linien des Bogenspektr. von Cp (Z = 71) wurden klassifiziert, 51 Niveaus identifiziert u. das Niveauschema aufgestellt. Das Ionisationspotential ergab sich zu 6,15 eV. (Physica **21.** 53—62. Jan. 1955. Amsterdam, Univ., Zeeman Labor.) G. HEINSOHN. 118

Gerold Lührs und **Andreas Steudel,** *Über das Kernquadrupolmoment des ^{139}La.* Unter Anwendung äußerster Sorgfalt wurden mit einem FABRY-PEROT-Interferometer die folgenden Linien des LaI u. LaII-Spektr. bestimmt: LaI: $5d^2\,6s\,a^4F_{3/2} - 5d^2\,6p\,y^4D^0{}_{1/2}$ 5106 Å u. $5d^2\,6s\,a^4F_{9/2} - 5d^2\,6p\,z^4G^0_{11/2}$ 6249 Å; LaII: $6s\,5d\,a^3D_1 - 5d\,4f\,z^2P^0_0$ 4809 Å u. $6s\,5d\,a^3D_1 - 5d\,4f\,z^3P^0_1$ 4804 Å. Die daraus berechneten Kernquadrupolmomente betragen LaI $(0{,}7 \pm 0{,}2)$ u. $(0{,}3 \pm 0{,}1) \cdot 10^{-24}\,cm^2$ u. LaII $(0{,}29 \pm 0{,}10)$ u. $(0{,}3 \pm 0{,}1) \cdot 10^{-24}\,cm^2$. Der mittlere quadrat. Fehler der Messungen betrug ca. $0{,}3 \cdot 10^{-3}\,cm^{-1}$. Die gemessenen Werte weichen von den von MURAKAWA (vgl. C. **1955.** 5476 u. 10431) angegebenen z. T. erheblich ab. (Naturwissenschaften **42.** 120. März 1955. Heidelberg, Univ., Phys. Inst.) B. MÜLLER. 118

H. Blades und **J. W. Hodgins,** *Absorptionsspektren von Metallen in Lösung.* Die Absorptionsspektren zwischen 0,3 u. 2,5 μ von Lsgg. des *Li, Na, K* u. *Ca* in fl. *NH_3*, *Methylamin* u. *Äthylamin* u. Mischungen der Lsgg. wurden untersucht. Es ergab sich bei NH_3 für alle untersuchten Metalle eine Bande bei 6650 cm^{-1}, bei Methylamin für Li u. Ca eine Bande bei 7680 cm^{-1}, für Na eine Bande bei 15300 cm^{-1} für K zwei Banden. Das Absorptionspektr. von K in Äthylamin hat ein Maximum bei 15300 cm^{-1}. Aus den Ergebnissen wird eine Theorie aufgebaut, die für die Variation der Spektren verschied. Typen von Energietraps verantwortlich macht. (Canad. J. Chem. **33.** 411—25. Febr. 1955. Kingston, Ont., Roy. Mil. Coll. of Can., Dep. of Chem. and Chem. Engng.) G. HEINSOHN. 118

W. A. Runciman, *Absorptions- und Emissionsspektren von mit Wismut aktivierten Phosphoren.* Das Absorptionsspektr. von CaO·Bi wurde bei tiefer Temp. gemessen. Die Banden lassen sich durch die Gleichung $\nu = 27230 + 430\,v_1 + 215\,v_2$ darstellen, während die Emissionsbanden von SrO·Bi der Form $\nu = 24320 - 400\,v_1 - 200\,v_2$ gehorchen. Für das Absorptionsspektr. wird der Elektronenübergang $1\,S_0 \rightarrow 3\,P_1{}^0$ im Bi^{3+}-Ion als verantwortlich angenommen. Abweichungen der Meßergebnisse von früheren werden auf die verschied. hohe Präparationstemp. zurückgeführt. (Proc. physic. Soc., Sect. A **68.** 647—49. 1/7. 1955. Harwell, Didcot, Berks., Atom. Energ. Res. Establ.) G. HEINSOHN. 118

David M. Mason und **Stephen P. Vango,** *Messung der optischen Extinktion von $TiCl_4$(g) im ultravioletten Bereich.* Mit dem BECKMAN-DU-Spektrophotometer untersuchten Vff. das Absorptionsspektr. des gasförmigen $TiCl_4$. Die Messungen erfolgten im Bereich von 240—360 mμ u. ergaben ein Maximum bei 280 mμ ($7{,}29 \cdot 10^3$ Liter/Mol·cm). Zur Klärung der Frage, ob feste Lsgg. von $TiCl_2$ in $TiCl_3$ möglich sind, wurde die Extinktion von hochreinem $TiCl_3$ als Funktion der Zeit bei 100° bestimmt. Nach 160 Std. wird ein scheinbares Gleichgewicht erreicht, der Partialdruck beträgt dann ca. 0,6 mm. Der Partialdruck von $TiCl_4$ über $TiCl_3$ bei 475° ergibt sich zu 0,7 mm. Die Existenz fester Lsgg. von $TiCl_2$ in $TiCl_3$ im Gleichgewicht $2\,TiCl_3 \rightleftharpoons TiCl_4 + TiCl_2$ wird von den Vff. auf Grund dieser Messungen verneint. (J. physic. Chem. **60.** 622—23. Mai 1956. Pasadena, Calif., California Inst. of Technol., Jet Propuls. Labor.) H.-U. WOELK. 118

Serge Nikitine und **Guy Perny,** *Untersuchung des Linien-Absorptionsspektrums von PbJ_2 bei tiefen Temperaturen.* Das Absorptionsspektr. einer polykrist. PbJ_2-Schicht zeigt bei tiefen Tempp. (fl. H_2, He) nahe der Absorptionskante vier enge Linien λ_1 bis λ_4 bei 4947, 4896, 4858 u. 4845 ± 1 Å, die sich mit Ausnahme der intensiven Linie λ_1 durch eine dem H_2-Spektr. entsprechende Beziehung $\nu_n = 20711 - 1144/n^2$ mit n = 2, 3, 4 darstellen lassen. Die Linien sind offenbar Excitonen zuzuschreiben. (C. R. hebd. Séances Acad. Sci. **240.** 64—66. 3/1. 1955.) J. RUDOLPH. 118

Serge Nikitine, René Reiss und **Guy Perny,** *Untersuchung der Absorptionslinien der „grünen Serie" des Kupferoxyduls Cu_2O bei tiefen Temperaturen.* Es werden durchsichtige, 15—25 μ dicke Cu_2O-Filme durch Oberflächenoxydation von elektrolyt. poliertem Cu hergestellt, an denen bei Tempp. des fl. He H_2 u. N_2 die in der Nähe der Absorptionskante liegenden Linien der „grünen Serie" gemessen werden. Ihre Lage folgt bei der Temp. des fl. He u. H_2 der Beziehung $\nu_n = 18598 - 1242/n^2$ in cm^{-1} für n = 2, 3, 4 u.

entsprechend bei der Temp. des fl. N_2 der Beziehung $\nu_n = 18514 - 1252/n^2$. (Vgl. nachst. Ref.) (C. R. hebd. Séances Acad. Sci. **240.** 505—07. 31/1. 1955.) J. RUDOLPH. 118

Serge Nikitine und **Manuel Sieskind,** *Beitrag zur Untersuchung des Dichroismus im Linienspektrum von HgJ_2-Einkristallen.* An Einkristallen von HgJ_2 (hergestellt durch langsame Fällung u. Wachsen in gesätt. CH_3J-Lsgg.) wird die Absorption bei tiefen Tempp. gemessen. Das durch einen Dichroismus gekennzeichnete Spektr. besteht bei der Temp. des fl. N_2 aus schmalen Linien nahe der Absorptionskante um 5330 Å für den außerordentlichen u. 5371 Å für den ordentlichen Strahl. Bei der Temp. des fl. He wird die Linie 5330 Å nach 5296 Å bei gleichzeitigem Auftreten von zwei Begleitlinien um 5309 u. 5321 Å verschoben. Die Linien werden einem Excitonenspektr. zugeschrieben (vgl. auch nachst. Ref.) (C. R. hebd. Séances Acad. Sci. **240.** 1324—26. 21/3. 1955.) J. RUDOLPH. 118

Serge Nikitine, *Näherungstheorie des Excitonenspektrums eines einachsigen Kristalls.* Die MOTTsche Theorie des Excitonenspektr. wird im Zusammenhang mit Beobachtungen über das Linienspektr. von HgJ_2 (vgl. vorst. Ref.) für einen einachsigen Kristall erweitert, u. die s-, p- u. d-Niveaus in erster Näherung erhalten. Die Beobachtungen an HgJ_2 sind mit dem sich aus der Theorie ergebenden Auftreten einer Serie starker Dubletts u. schwacher Linien, verbunden mit einem Dichroismus, qualitativ im Einklang. (C.R. hebd. Séances Acad. Sci. **240.** 1415—17. 28/3. 1955.) J. RUDOLPH. 118

Kazuko Kubo, *Über das von transparenten, dünnen Filmen reflektierte polarisierte Licht.* Es werden Polarisatoren beschrieben, die auf der Reflexion oder Transmission transparenter, dünner Filme beruhen. Der Brechungsindex des Films n_0 wird zu 2,20, der der Trägerglasplatte zu 1,50 gewählt. Für den Fall der Reflexion an einer Platte wurde ein Polarisationsgrad von 100% bei einem reflektierten Anteil von 34% des natürlichen Lichtes gefunden. Für den Fall der Transmission durch 4 beiderseitig bedampfte, planparallele u. zueinander parallele Platten ergibt sich 99,74% bei 50% Durchlässigkeit für $\lambda = \lambda_0$. Wird im zweiten Fall ein Einfallswinkel von 66° benutzt, so sind Polarisationsgrad u. Durchlässigkeit im ganzen sichtbaren Bereich fast konstant. Die Berechnungen basieren auf den FRESNELschen Formeln. (J. sci. Res. Inst. [Tokyo] **47.** 1—6. März 1953. [Orig.: engl.]) H. LINDBERG. 119

J. M. Naish und **E. R. Webb,** *Spannungsbilder in Glas.* Fällt planpolarisiertes Licht unter großen Einfallswinkeln durch unter Spannung stehendes Glas, so kann ohne zusätzlichen Analysator das Spannungsbild klar gesehen werden. Die Glas–Luft-Grenzfläche des Glases wirkt als Analysator. Eine zusätzliche parallel orientierte, spannungsfreie Glasplatte erhöht die Kontraste. Drehung der Polarisationsebene um 2π zeigt 2 Maxima u. 2 Minima der Intensität für jeden Punkt des Bildes übereinstimmend mit der Beziehung von SCHUSTER (1904). (Proc. physic. Soc., Sect. B **65.** 457. 1/6. 1952. Hants, South Farnborough, Roy. Aircraft Establishm.) H. LINDBERG. 119

A. M. Vergnoux und **M. Pouzol,** *Die Doppelbrechung von Kristallen im nahen Ultrarot.* Es wurde die Ultrarotdoppelbrechung solcher Kristalle untersucht, die in dünnen Blättchen mit einer opt. Symmetrieachse in der Flächennormalen vorliegen. Messung der Durchlässigkeit u. Doppelbrechung von Gips zwischen 0,6 u. 20 μ ergibt mit wachsender Wellenlänge eine Abnahme der Doppelbrechung von 0,0091 auf ca. 0,008. Weitere Anomalien im Verlauf der Dispersionskurve entsprechen der klass. Dispersionstheorie. (J. Physique Radium **15.** 541—42. Juni 1954. Montpellier, Univ.) H. C. WOLF. 119

Jean-Charles Pariaud, *Anwendung des Beerschen Gesetzes auf die Absorptionsspektren im Infrarot.* Vf. weist darauf hin, daß eine Reihe von Stoffen, z. B. Alkohole in Lsg. oder Bzl. als Gas bzgl. einiger ihrer Infrarotabsorptionsfrequenzen, Abweichungen vom BEERschen Gesetz aufweisen, deren Ursache nicht auf Assoziationsvorgänge zurückgeführt werden kann. (C. R. hebd. Séances Acad. Sci. **238.** 1649—51. 21/4. 1954.) J. RUDOLPH. 120

E. J. Stansbury, M. F. Crawford und **H. L. Welsh,** *Bestimmung der Beträge der Polarisierbarkeitsänderung aus Raman- und Rayleigh-Intensitäten.* Vff. bestimmen für H_2, D_2, HCl, HBr, N_2, O_2, CO_2 u. CH_4 aus dem Verhältnis der RAMAN- u. RAYLEIGH-Intensitäten in Gasen die Mittelwerte für den Betrag der Polarisierbarkeitsänderung hinsichtlich des internuclearen Abstands. Sie finden für H_2: $1,2 \cdot 10^{-16}$ cm², D_2: 1,1, HCl: 1,0, HBr: 1,2, N_2: 1,6, O_2: 1,4, CO_2: (ν_1-Schwingung) 4,2, CH_4: 4,1 (ν_1-Schwingung). (Canad. J. Physics **31.** 954—61. Sept. 1953. Toronto, Ont., Univ., McLennan Labor.) E. HAHN. 120

Lester Kuhn und **Ellis R. Lippincott,** *Das Schwingungsspektrum und die Struktur des Hyponitritions.* Vff. vergleichen drei mögliche Strukturen des Hyponitritions (cis- u. trans-Form sowie eine mit CO_3^{2-} u. NO_3^--Ion isoelektr. Struktur) mit den Infrarotspektren von $Na_2N_2O_2$, $Ag_2N_2O_2$ u. $Hg_2N_2O_2$ im Bereich von 400—4000 cm⁻¹, sowie mit dem

Raman-Spektr. einer wss., ca. 1 mol. $Na_2N_2O_2$-Lösung. Daraus ergibt sich, daß diesem Ion die Transkonfiguration zugeschrieben werden muß. Zuordnung der beobachteten Infrarot- u. Raman-Frequenzen (in cm^{-1}) zu einzelnen Schwingungszuständen (Intensitätsbezeichnung: s = stark, m = mittel, w = schwach): N=N-Schwingung: $Na_2N_2O_2$ 1392 (Raman); antisymm. NO-Schwingung: $Na_2N_2O_2$ 1035 s, $Ag_2N_2O_2$ 1058 s, $Hg_2N_2O_2$ 1138 s; symm. NO-Schwingung: $Na_2N_2O_2$ 958 m (Raman); NNO-Deformationsschwingung $Na_2N_2O_2$ 629 m, $Ag_2N_2O_2$ 571 s, $Hg_2N_2O_2$ 618 s; ONNO-Verdrehung: $Na_2N_2O_2$ 492 w, $Ag_2N_2O_2$ 422 w, $Hg_2N_2O_2$ 418 w; außerdem $Na_2N_2O_2$ 1090 mw, 885 w u. $Ag_2N_2O_2$ 1075 mw. Aufnahme der Infrarotspektren mit Perkin-Elmer-Doppelstrahlspektrometer, der Raman-Spektren mit Hilger-Spektrograph 612 mit Hg 4358 Å u. Hg 4047 Å. Überraschend ist die niedrige N=N-Frequenz von 1392 cm^{-1} (vgl. N=N in Azomethan: 1576 cm^{-1}); Vff. interpretieren dies durch die Annahme einer Resonanz zwischen den Strukturen $^{-}O-\overline{N}-N=O \rightleftharpoons O=N-\overline{N}-O^{-}$. (J. Amer. chem. Soc. **78.** 1820—21. 5/5. 1956. Aberdeen Proving Ground and College Park, Md., Univ. of Maryland, Ballistic Res. Labor. and Dep. of Chem.) D. Ertel. 120

Dowell E. Martz und **Robert T. Lagemann,** *Infrarotspektren von Thionylchlorid und Sulfurylchlorid.* Die Ultrarotspektren von $SOCl_2$ u. SO_2Cl_2 in gasförmigem u. fl. Zustand wurden zwischen 2 u. 25 μ gemessen. Für $SOCl_2$ werden drei, für SO_2Cl_2 vier Fundamentalschwingungen gefunden. Ihre Symmetrieeigg. werden unter Verwendung der Raman-Daten von Vogel-Högler (C. **1948.** E. 720) u. unter der Annahme bestimmt, daß $SOCl_2$ zur Symmetriegruppe C_s, SO_2Cl_2 zur Gruppe C_{2v} gehört. (J. chem. Physics **22.** 1193—95. Juli 1954. Nashville, Tenn., Vanderbilt Univ., Dep. of Phys. and Astron.) H. C. Wolf. 120

Claude Haeusler, *Eichung der Ammoniakbande bei 1,98 μ.* Mit Hilfe eines Gitterspektrographen (600 Striche/mm) wird die NH_3-Bande um 1,98 μ aufgenommen. Aus dem Vgl. mit den gleichzeitig aufgenommenen bekannten CO-Banden (1,96 u. 2,01 μ) werden die Wellenzahlen der einzelnen Bandenglieder mit einer Genauigkeit $< {}^1/_{10}$ cm^{-1} bestimmt. Die Bande kann als eine Überlagerung von drei Kombinationsbanden betrachtet werden, deren Zentrenlage annähernd gegeben ist durch: $\nu_1 + \nu_4 = 4963,4$ cm^{-1}, $\nu_3 + 2\nu_2 = 5011$ cm^{-1}, $\nu_3 + \nu_4 = 5041,5$ cm^{-1}. (C. R. hebd. Séances Acad. Sci. **240.** 507 bis 508. 31/1.1955.) J. Rudolph. 120

L. A. Woodward und **H. L. Roberts,** *Der Raman-Effekt des Borohydrid-Ions in flüssigem Ammoniak.* Die mit Hg 4358 Å u. Hg 4046 Å aufgenommenen Raman-Spektren einer ca. 2 mol. KBH_4-Lsg. in fl. NH_3 bei ca. -40^0 liefern neben den bekannten Raman-Frequenzen des Lösungsm. in beiden Fällen eine zusätzliche Frequenz $\Delta\nu = 2270 \pm 3$ cm^{-1}; aus mit polarisiert einfallendem Licht erhaltenen Spektrogrammen ergibt sich eindeutig, daß die Linie polarisiert ist. Vff. schreiben die gefundene Frequenz der symm. Schwingung ν_1 (A_1) des regulärtetraedr. BH_4^--Anions zu u. diskutieren die Verteilung bereits bekannter Infrarotfrequenzen auf einzelne Schwingungszustände. In einer vergleichenden Betrachtung wird gezeigt, daß für die isoelektron. Verbb. BH_4^-, CH_4 u. NH_4^+ (bzw. $AlCl_4^-$, $SiCl_4$ u. PCl_4^+) die Bindungskraftkonstanten in gleicher Reihenfolge zunehmen, wobei der prozentuale Anstieg von BH_4^- zu CH_4 (bzw. $AlCl_4^-$ zu $SiCl_4$) bedeutend größer ist als der von CH_4 zu NH_4^+ (bzw. $SiCl_4$ zu PCl_4^+). (J. chem. Soc. [London] **1956.** 1170—72. Mai. Oxford, Inorg. Chem. Labor.) D. Ertel. 120

Lars Åkerlind, *Die Rotationsanalyse des Singulett-Systems B des Zirkoniumoxyds.* Kurze vorläufige Mitteilung. Die Banden 0,0 u. 1,0 wurden analysiert, sie besitzen je einen R- u. einen P-Zweig. Die vorläufigen Werte der Konstanten ($^{90}Zr^{16}O$) sind $B_0'' = 0{,}416_8$, $B_v' = 0{,}396_4 - 0{,}002_6\,(v' + {}^1/_2)$, $D_0'' \sim 0{,}4 \cdot 10^{-6}$, $D_v' \sim 0{,}4 \cdot 10^{-6}$. Eine isolierte Bande bei $\lambda = 8192$ Å wurde ebenfalls analysiert. (Naturwissenschaften **43.** 103. 1. März-H. 1956. Stockholm, Univ., Physikal. Inst.) R. Stein. 120

E. F. G. Herington und **W. Kynaston,** *Die Infrarotspektren einiger Verbindungen mit der Pentacyanoferratgruppe.* Vff. untersuchen die Infrarotspektren folgender Pentacyanoferrate: $Na_3[Fe(CN)_5NH_3]6H_2O$ (I), $Na_2[Fe(CN)_5NH_3]$, H_2O (II), $Na_3[Fe(CN)_5 \cdot H_2O]$, H_2O (**III**), $Na_2[Fe(CN)_5H_2O]$ (**IV**), $Na_2[Fe(CN)_5NO] \cdot 2\,H_2O$ (**V**). Die CN-Banden wurden bei folgenden Wellenzahlen gefunden: 2036 (I), 2126 (II), 2043 (III), 2120 (IV), 2152 (**V**). Durch Vgl. mit $Na_4[Fe(CN)_6]$ u. $Na_3[Fe(CN)_6]$ (Miller u. Wilkins, C. **1953.** 6103) wird festgestellt, daß Lage, Intensität u. Form der CN-Bande nur von der Wertigkeit des Fe u. nicht der des komplexen Anions abhängen. Das Spektr. von **V** spricht dafür, daß die Mesomerie $[(CN)_5Fe-N{\equiv}O]^{2-}$—$[(CN)_5Fe=N=O]^{2-}$ vorliegt. (J. chem. Soc. [London] **1955.** 3555—56. Okt. Teddington, Middlesex, Chem. Res. Labor.) H.-J. Becher. 120

Earl H. Gilmore, George E. Gibson und **Donald S. McClure,** *Errata: Absolute Quantenausbeuten der Luminescenz organischer Moleküle in fester Lösung.* Für die in der früheren Arbeit (vgl. C. **1953.** 5794) ermittelten Quantenausbeuten η der Fluorescenz verschied. organ. Stoffe in fester glasiger Lsg. muß nach Vff. auf Grund einer erneuten Betrachtung des Winkelverhältnisses bei Übergang des Fluorescenzlichtes vom opt. dichteren zum opt. dünneren Medium ein Korrekturfaktor in der Größe 1,42—1,47 (je nach Fluorescenzstoff) angebracht werden. Auch für die Zeitkonstanten der Luminescenz werden korrigierte Werte angegeben. (J. chem. Physics **23.** 399. Febr. 1955. Berkeley, Calif., Univ., Dep. of Chem. and Chem. Engng.) J. RUDOLPH. 125

Howard G. Hanson, *Auslösung der NaJ-Fluorescenz durch H_2, HCl, CO_2 und H_2O.* Die opt. Dissoziation von NaJ-Moll. in ein angeregtes Na*-(3^2P) u. ein n. J-Atom wird bzgl. relativer Ausbeute η der Na-D-Linienemission als Funktion der dissoziierenden Wellenlänge λ (H_2-Kontinuum, 2100—2600 Å) sowie bzgl. der Löschwrkg. von Fremdgasen wie H_2, HCl, CO_2 u. H_2O untersucht. Mit Hilfe dieser Abhängigkeit des η von λ wird die Potentialkurve des Na* zusammen mit der des J im Grundzustand konstruiert u. daraus die kinet. Energie der Na*-Atome nach der Dissoziation, die aus dem Überschuß der UV-Energie stammt, ermittelt. Schließlich wird die Änderung des Löschquerschnitts σ für die verschied. Fremdgase als Funktion der relativen Geschwindigkeit v der Na*-Atome u. Gasmoll. bestimmt. Für HCl u. CO_2 nimmt σ mit wachsendem v ab. Bei H_2 ändert sich σ wenig, H_2O zeigt nur geringe Löschwirkung. (J. chem. Physics **23.** 1391—97. Aug. 1955. Duluth, Minn., Univ., Duluth Branch.) J. RUDOLPH. 125

Keichi Oshima und **Hiroshi Nagano,** *Magnetismus bei optischer Erregung von manganaktivierten Zinksulfidphosphoren.* Zwecks Unters. der Frage, ob in Mn-aktivierten ZnS-Phosphoren Multiplizitätsänderungen des angeregten Mn-Zustandes bei der Mn-Erregung akt. beteiligt sind, werden Unterss. der magnet. Susceptibilität χ während der Erregung ausgeführt. Bei Mn-Konzz. $C > 9 \cdot 10^{-4}$ wird eine Zunahme von χ mit C beobachtet ähnlich der Zunahme der Emission J, aber im Gegensatz zur Konzentrationsauslöschung von J bei hohem C wächst χ weiter an. Vff. schließen daraus, daß die strahlungslosen Prozesse bei der Konzentrationsauslöschung die Anregungswahrscheinlichkeit u. Lebensdauer derjenigen Anregungszustände nicht beeinflussen, die für die Susceptibilitätsänderungen maßgebend sind. (J. chem. Physics **23.** 1473—75. Aug. 1955. Tokyo, Univ., Inst. of Sci. and Technol.) J. RUDOLPH. 125

S. Larach, W. H. McCarroll und **R. E. Shrader,** *Luminescenzeigenschaften gemischter Zinkchalkogenide.* 1. Mitt. *Zinksulfidtelluridphosphore.* Vff. berichten über Messungen der Luminescenz verschied. Zn(S, Te)-Phosphore. Untersucht wurden: 1. Phosphore ohne Aktivator- u. Flußmittelzusatz, 2. Phosphore mit NaCl-Zusatz (als Flußmittel), u. zwar a) ohne Aktivator, b) mit Cu bzw. Ag als Aktivatoren, 3. mit Mn aktivierte Phosphore mit u. ohne Flußmittelzusatz. — Die Grenze der Löslichkeit von ZnTe in ZnS wurde röntgenograph. zu ca. 8 Mol-% gefunden. Die Ergebnisse zeigen, daß allg. mit steigendem ZnTe-Geh. das Maximum der Emission nach längeren Wellenlängen hin verschoben wird. Bei Phosphoren mit Mn-Aktivierung treten zwei Emissionsbanden auf, von denen die eine (bei ca. 4800 Å) von Vff. der durch Mn-Zusatz beeinflußbaren Eigenemission von Zn(S, Te), NaCl zugeschrieben wird, während die andere (bei ca. 5950 Å) durch die Mn-Zentren selbst verursacht, aber durch Cl-Zusatz gestört wird. Die Ergebnisse werden kurz diskutiert. (J. physic. Chem. **60.** 604—08. Mai 1956. Princeton, N. J., Radio Corp. of America, RCA Labors.) R. STEIN. 125

A_3. Elektrizität. Magnetismus. Elektrochemie.

Hans Kuhn, *Verfeinertes eindimensionales Elektronengasmodell. Verzweigungsbedingung und Orthogonalitätsrelation.* Für den Fall eines π-Elektronengases, dessen Ladungswolke sich über n, in einem Verzweigungspunkt zusammentreffende Äste erstreckt, wird für den Zustand eines Elektrons die Wellenfunktion im Bereich eines Astes als alleinige Funktion ψ einer Lagekoordinate entlang diesem Ast ermittelt. Es wird gezeigt, daß ψ ein Syst. orthogonaler Funktionen darstellt u., daß die bei Verfeinerung des Elektronengasmodells eingeführten ψ-Funktionen physikal. sinnvoll sind. (Z. Naturforsch. **9a.** 989—90. Nov. 1954. Marburg, Univ., Physikal.-chem. Inst.) J. RUDOLPH. 130

Moréno Papoular, *Eine Methode zur Messung der Geschwindigkeit von Elektronen großer Energie.* Vf. schlägt vor, mit Hilfe des klass. Carcinotrons die Geschwindigkeitsmessung in der Nähe der Lichtgeschwindigkeit auf eine Frequenzmessung zurückzuführen, die dann mit hoher Genauigkeit erfolgen kann. (C. R. hebd. Séances Acad. Sci. **239.** 1194—96. 8/11. 1954.) GRETCHEN MÜLLER. 131

August Esprester und **Albert Haug,** *Der Einfluß der Inhomogenität eines Plasmas auf seine Resonanzfrequenz.* Berücksichtigt man die Inhomogenität der Elektronendichte im Plasma, so ergeben sich Änderungen der Resonanzfrequenz um 50—100%. Damit können die zwischen LANGMUIR-Beziehung u. Experiment auftretenden quantitativen Unstimmigkeiten teilweise erklärt werden. Dagegen erweist sich der Einfl. der Dämpfung als unbedeutend. Die Vernachlässigung aller magnet. Effekte bei der Ableitung der Resonanzfrequenz wird diskutiert. (Z. angew. Physik **7.** 180—83. 1955. München, TH, Inst. für Theoret. Phys.) B. MÜLLER. 131

A. B. Stewart, *Resonanz in Glimmentladungen.* Die Charakteristiken von Glimmentladungen in *Ar, He, Ne, Kr, Hg* u. (Ar + He) bei 2—30 Torr u. Stromstärken von 1—200 mA zwischen Zr- u. Fe-Elektroden wurden bei Wechselspannung u. modulierter Gleichspannung untersucht. Wenn die Frequenzen der Wechselspannung von der Größenordnung der bei Gleichspannung auftretenden spontanen Oscillationen in diesen Gasen sind, erscheint eine bemerkenswerte stehende period. Intensitätsverteilung der Lichtemission, deren Gestalt von den jeweiligen Bedingungen im Entladungsrohr abhängt. Tabellen für Stromstärke, Frequenz, Wellenlänge u. Phasengeschwindigkeit der stehenden Entladungen werden angegeben. (J. opt. Soc. America **45.** 651—57. Aug. 1955. Baltimore, Md., Johns Hopkins Univ.) B. MÜLLER. 131

Franz Ollendorff, *Relativistische Elektronenbahnen im ebenen Magnetron.* Die Elektronenbewegung in einem homogenen elektr. u. dazu senkrechten magnet. Feld (ebenes Magnetron) wird unter Vernachlässigung der Raumladung, aber unter Berücksichtigung der Massenveränderlichkeit des Elektrons berechnet. (Elektrotechn. u. Maschinenbau **70.** 213—16. 15/5. 1953. Haifa, Hebräische TH, Elektrotechn. Labor.) F. LENZ. 131

B. N. Kljarfeld, A. A. Timofejew, N. A. Neretina und **L. G. Gussewa,** *Charakteristiken von Sonden bei positiven Potentialen und Messung der Gasdichte bei der Entladung.* Die Entladungserscheinungen an Sonden, die ein positives Potential gegenüber dem Plasma aufweisen, u. die Volt–Ampere-Charakteristiken werden behandelt, dabei wird zwischen dem Regime der Sonde u. dem der Anode unterschieden. Der Potentialunterschied zwischen der Sonde u. dem Plasma wächst mit Verringerung der Gasdichte u. mit Erhöhung der Dichte des Entladungsstroms. Eine hierauf beruhende Meth. zur Messung der Dichte von Gasen u. Dämpfen wird eingehend geschildert. (Журнал Технической Физики [J. techn. Physik] **25.** 1581—96. Sept. 1955.) M. WIEDEMANN. 131

Th. Wasserrab, *Die positive Säule bei veränderlichem Entladungsstrom.* Eine Betrachtung von zeitlich veränderlichen Niederdruckgasentladungen zeigt, daß eine sehr einfache u. übersichtliche Beschreibung möglich ist, wenn die zeitliche Änderung der Elektronentemp. dabei vernachlässigt werden kann. Unter dieser Voraussetzung wird eine „quasistationäre" Theorie entwickelt u. mit deren Hilfe der zeitliche Verlauf der Trägerdichte während der Kommutierung eines Hg-Dampf-Stromrichters berechnet. Das Ergebnis wird in guter Übereinstimmung mit der Messung gefunden. (Z. angew. Physik **7.** 176—79. 1955. Baden bei Zürich, Brown, Boveri & Cie.) B. MÜLLER. 131

J. D. Cobine und **E. E. Burger,** *Untersuchung der Elektrodenphänomene eines Starkstrombogens.* Die Unters. der Elektrodenphänomene eines Kurzzeit-Starkstrombogens zeigt, daß die aufgewendete Energiedichte, bezogen auf die wirksame Anodenfläche, ca. $5 \cdot 10^4$ bis $1 \cdot 10^6$ W/cm^2 beträgt. In erster Näherung kann ein vollkommener Energieverbrauch durch Verdampfen angenommen werden. Verluste durch Strahlung u. Energieableitung in das Metall sind im betrachteten Arbeitsbereich vernachlässigbar. Bei den meisten Stoffen ist die Temp. des Anodenkraters beträchtlich oberhalb des Siedepunktes. Es spielt sich ein Gleichgewicht zwischen Verdampfungswärme u. Eingangsenergie ein, durch welches eine konstante Anodentemp. bestimmt wird. Auf Grund experimenteller Daten wird für alle Metalle eine Anodentemp. angenommen, für welche die „D." der Verdampfungswärme $3 \cdot 10^5$ W/cm^2 beträgt. Für *Cu* wird eine Temp. zwischen 2490 u. 3040° K theoret. berechnet, während experimentell 2920° K gefunden wurden. Analoge Daten werden für *Ag, Al, C, Fe, Mo, Sn, Ti, W, Zn* u. *Zr* angegeben. Es wird gezeigt, daß bei einem maximal zu erwartenden Energieeintritt an der Kathode die Stromstärke der Glühemission gegenüber der tatsächlich beobachteten Stromstärke sehr klein ist. (J. appl. Physics **26.** 895—900. Juli 1955. Schenectady, N. Y., Gen. Electr. Res. Labor.) B. MÜLLER. 131

B. D. Khosla und **N. A. Ramaiah,** *Untersuchung der sekundären Prozesse in Niederfrequenzentladungen zwischen Glaselektroden.* Niederfrequenzentladungen (∼50 Hz) zwischen Glaselektroden in J_2-Dampf wurden mit u. ohne Bestrahlung der Entladungsstrecke mit Hilfe eines Kathodenstrahloscillographen untersucht. Dabei wurden zwei verschied. Typen von Stromstößen verschied. Ursprungs beobachtet: 1. starke Stromstöße bei niedrigen Spannungen ohne, Bestrahlung erzeugt durch von der Kathode infolge positiven Ionenbombardements ausgehende Elektronenlawinen, 2. schwächere Stromstöße, die innerhalb des Plasmas durch Strahlungsprozesse entstehen. Der zeit-

liche Verlauf eines Stromstoßes, der ca. $2 \cdot 10^{-4}$ sec dauert, wird untersucht. Die Erzeugung von Elektronenlawinen im Plasma durch Photonen einer Na-Dampflampe (~2 eV) in J_2-Dampf (Ionisierungsenergie = 9,7 eV) beweist den Verlauf über verschied. Anregungszustände. (Z. physik. Chem. **204.** 233—34. Mai 1955.)
B. MÜLLER. 131

N. A. Ramaiah, B. D. Khosla und **H. C. Gaur,** *Abhängigkeit der Hysteresis bei Niederfrequenzentladungen von der Elektrodenoberfläche.* Messungen der Hysteresisschleife bei Niederfrequenzentladungen von 50 Hz in J_2-Dampf von 0,44 Torr bei 30° zwischen Glaselektroden zeigen eine Abhängigkeit von der Elektrodenoberfläche, bes. von adsorbierten H_2O-Schichten. Bei n. Füllung ohne besondere Vorbehandlung des Entladungsrohres wird eine Zündspannung V_s von 910 V u. eine um ca. 250 V niedrigere Löschspannung V_m der gezündeten Entladung gefunden. Nach vorherigem Ausheizen im Vakuum bei 200° mit vorgeschalteter Kühlfalle mit fl. Luft betrug V_s 700 V, eine Differenz V_s-V_m konnte nicht mehr festgestellt werden. (Current Sci. **24.** 160—61. Mai 1955. Delhi, Univ., Dep. of Chem.) B. MÜLLER. 131

Yasushi Watanabe und **Haruhiro Kobayashi,** *Einige Bemerkungen zur Theorie der Kathodenzerstäubung in Glimmentladungen.* Einige theoret. Betrachtungen über die Kathodenzerstäubung werden wiedergegeben, deren Resultate über ein weites Gebiet des Gasdruckes anwendbar sind. Verss. mit einem zylindr. Entladungsrohr mit *Ar*-Füllung von 2,24 mm Hg, planparallelen Elektroden u. *Ni* als Kathodenmaterial bestätigen die Theorie, daß der Anteil der an den Wandungen kondensierten Atome des zerstäubten Kathodenmaterials exponentiell entlang der Rohrachse abnimmt. Die Neigung der im halblogarithm. Maßstab aufgetragenen Kurve beträgt —0,57 gegenüber einem theoret. berechneten Wert von —0,45. Die Zahl der von der Kathode abgetrennten Ni-Atome pro auftreffendes Ar-Atom beträgt 0,02. Der Wert für den Diffusionskoeff. wird zu ca. 150 cm²/sec gefunden. (Technol. Rep. Tôhoku Univ. Sendai, Japan **16.** Nr. 2. 69—78. 1952.) B. MÜLLER. 131

Erich Bagge, *Die Messung von Stromstößen freier atomarer Ladungsträger mit dem Induktometer.* Beim Durchtritt freier atomarer Ladungsträger durch die freie Öffnung einer Ringspule treten an ihren Enden Spannungsstöße auf, die verstärkt u. registriert werden können. Bei Verwendung einer Ringspule von 4 cm Ringradius u. 2 cm Durchmesser des Spulenquerschnitts mit 2500 Windungen u. einer 30000fachen Verstärkung konnte noch in 50 cm Entfernung vom Austrittsfenster eines Betatrons ein Spannungsstoß von 10^{-4} V gemessen werden. Die Anordnung arbeitet nahezu trägheitslos u. registriert nur schnell bewegte Teilchen, die durch den Meßvorgang selbst prakt. nicht beeinflußt werden. (Naturwissenschaften **42.** 120. März 1955. Hamburg, Phys. Staatsinst.) B. MÜLLER. 131

Milton Burton und **John L. Magee,** *Stufenweise Anregung durch Elektronen geringer Energie: Allgemeines Prinzip.* Freie Elektronen, deren Energie unterhalb der Anregungsenergie des betrachteten Syst. liegen (~0,5—4 eV), können durch Stöße anregen, wenn das Syst. zwischen dem Grundzustand A^0 u. dem angeregten Zustand $A^{(n)}$ eine Reihe von realisierbaren Zwischenzuständen A′, A″, A‴ . . . einnehmen kann, deren Niveauunterschiede gering sind u. deren Übergang in den nächst höheren Energiezustand durch Elektronenstoß gegenüber dem Übergang in den nächst niederen unter Ausstrahlung bevorzugt ist, d. h. schneller verläuft. Bei Erreichen von $A^{(n)}$ tritt Zerfall in entsprechende Prodd. ein. Bei n zwischen 2 u. 5 wird eine erforderliche Zahl von inelast. Stößen zur Erreichung des „Halbzerfalls" von maximal 10 angenommen. Die Geschwindigkeitskonstante des betrachteten Reaktionsmechanismus ist direkt proportional der Elektronenkonzentration. (J. chem. Physics **23.** 2194—95. Nov. 1955. Notre Dame, Ind., Univ., Dep. of Chem.) B. MÜLLER. 131

Milton Burton und **John L. Magee,** *Stufenweise Anregung durch Elektronen geringer Energie: Anwendung auf die elektrische Entladung in CH_4.* (Vgl. vorst. Ref.) Nach Annahme der Vff. verläuft die Bldg. von C_2H_2 aus CH_4 innerhalb der Entladungsstrecke zwischen zwei ebenen Elektroden über CH_2 im angeregten Zustand, der über vier Zwischenzustände durch unelast. Stöße mit Elektronen geringer Energie erreicht wird, über eine angeführte Reihe von chem. Reaktionsstufen. Die Anzahl der angeregten CH_2-Radikale ist proportional zum Strom, der Teil, der davon in den Grundzustand zurückfällt, ohne zur Bldg. von C_2H_2 beigetragen zu haben, ist proportional zur CH_4-Konzentration. (J. chem. Physics **23.** 2195—96. Nov. 1955.) B. MÜLLER. 131

J. Weiss und **W. Bernstein,** *Energie zur Erzeugung eines Ionenpaares für verschiedene Gase.* Absol. Werte für die zur Erzeugung eines Ionenpaares notwendige Energie wurden für verschied. Gase bestimmt. Zur Messung diente eine Extrapolations-Ionisationskammer mit parallelen Elektroden in Verbindung mit einem $FeSO_4$-Dosimeter. Untersucht wurden *Luft*, N_2, O_2, CO_2, *Ar*, CH_4, C_2H_4. Die absol. Werte für die Ionisierungsenergie betragen: 33,9, 34,8, 30,9, 32,6, 25,5, 26,8 u. 26,3 eV. (Physic. Rev. [2] **98.** 1828—31. 15/6. 1955. Upton, N. Y., Brookhaven Nat. Labor.) B. Müller. 131

E. A. Secco, *Dissoziation von Wasserdampf in einer elektrischen Entladung.* In einer früheren Unters. (Giguère, Secco u. Eaton, C. **1955.** 10439) wurde der Energiebetrag zur Dissoziation von 15 g H_2O in einer Hochfrequenzentladung zu 430 kcal bestimmt. Als Reaktionsmechanismen werden die beiden Prozesse 1. $H_2O + e \rightarrow H + OH^+ + 2e$ u. 2. $H_2O + e \rightarrow OH + H^+ + 2e$ in Betracht gezogen. Beide Prozesse erfordern eine Energie von 360 kcal, so daß 70 kcal bei der Energieübertragung verlorengehen. Eine Entscheidung, welche Bedeutung dem einzelnen Prozeß zukommt, ist wegen der Energiegleichheit nicht möglich. (J. chem. Physics **23.** 1734. Sept. 1955. Bloomington, Ind., Indiana Univ., Dep. of Chem.) W. Krönert. 131

Wilfried Köhrmann, *Über den elektrischen Durchschlag in Luft bei kleinen und mittleren Überspannungen.* Durch sorgfältige Messung der Durchbruchspannung in trockener Luft wurde festgestellt, daß die von Schumann („Elektr. Durchbruchfeldstärke in Gasen", Berlin 1923) angegebenen Werte in dem untersuchten Gebiet ($500 < pd < 1500$ Torr·cm) um ca. 5% zu groß sind. Damit ergibt sich ein anderes Bild für den Einsatz des Kanalaufbaus. Es wird angenommen, daß die früher angegebene Grenze von $pd > 1000$ Torr·cm für den stat. Durchbruch als Kanalaufbau wesentlich höher liegt, sicher oberhalb der Grenze des untersuchten Gebietes. Weiter wurden im gleichen pd-Gebiet mit einer besonderen Stoßschaltung (die eine sehr genaue Einstellung der Spannung gestattet) Aufbauzeiten über einen sehr großen Bereich der Überspannung gemessen. Aus der Größenordnung der Aufbauzeit läßt sich entnehmen, daß bei kleinen Überspannungen Townsend-Aufbau vorliegt. Bei höheren Überspannungen wurde Kanalaufbau gefunden. Es wird versucht, eine Grenze für beide Aufbaumechanismen zu geben. Der stufenweise Spannungsrückgang scheint eine besondere Erscheinung des Townsend-Aufbaus zu sein. (Z. angew. Physik **7.** 187—94. 1955. Hamburg, Univ., Inst. für angew. Phys.) B. Müller. 131

Henry S. Frank, *Thermodynamik einer Flüssigkeit im elektrostatischen Feld.* Es wird eine Anordnung zur Ausführung eines Gedankenexperiments beschrieben, in der die Gesamtmenge einer Flüssigkeitsprobe einem einheitlichen elektrostat. Feld unter kontrollierbaren Bedingungen ausgesetzt werden kann. Die dazu notwendige Arbeit kann in Form fundamentaler thermodynam. Gleichungen dargestellt werden, so daß die Möglichkeit besteht, die Feldstärke E als Zustandsvariable in wesentlich gleicher Weise wie Druck u. Temp. Zustandsvariable sind, auszudrücken. Auf diese Weise erhält man eine Reihe von Differentialkoeffizienten, von denen einige neu erscheinen. Die Beziehung zwischen „Elektrostriktionsdruck", elektrostat. abgeleitet, u. thermodynam. Druck wird diskutiert. Die Anwendung der Theorie auf ein Mehrkomponentensyst. wird durch die Diskussion der Änderung der Zus. einer bin. Flüssigkeitsmischung durch Aufladung der Platten eines kleinen, in ein großes Vol. der Fl. eintauchenden Kondensators illustriert. Die Darstellung der Energiedichte in einem Feld durch $E^2K/8\pi$ (K = DK.) wird diskutiert u. in ihrer formalen Gültigkeit begrenzt gefunden im Falle, daß das Feld inhomogen ist, Aufladung unter Volumenänderung stattfindet oder dielektr. Sättigung in Betracht gezogen wird. (J. chem. Physics **23.** 2023—32. Nov. 1955. Pittsburgh, Pa., Univ., Dep. of Chem.) B. Müller. 131

A. A. Worobjew und **Je. K. Sawadowskaja,** *Elektrische Festigkeit und chemische Stabilität von Verbindungen.* (Vgl. C. **1952.** 3445 u. Sawadowskaja, C. **1952.** 5690. 6651.) Die Bildungswärme eines festen Stoffes, z. B. eines Metallhalogenids, aus Metall u. gasförmiger Substanz wird überwiegend durch die Ionisationsenergie W_i des Metallatoms u. die Gitterenergie U bestimmt, innerhalb einer Reihe von Metallen mit gleicher Valenz (nur wenig verschied. U) vor allem durch W_i. Es werden Diagramme der Beziehung der elektr. Festigkeit E (mV/cm) zur Bildungswärme Q_m der Alkalihalogenide in Dampfform, ihrer Sublimationswärme Q_s bei 18° u. ihrer Bildungswärme Q_f in fester Form gegeben. In allen Fällen steigt E mit den Q-Werten an. Bei gleichem Alkalimetall nimmt E mit der Elektronenaffinität des Halogens zu, bei gleichem Halogen mit abnehmendem Ionisationspotential des Alkali ab. Dieselben Gesetzmäßigkeiten gelten auch für andere Dielektrica, z. B. Erdalkalioxyde, Ca-Aluminate usw. Q_m kann bei einer Verb. AX_n, wenn X die Valenz Z hat, berechnet werden nach $Q_m = Z^2 e^2 A\beta/(R_1 + R_2)$, wobei R_1 u. R_2 die Ionenradien sind, A die Avogadro-Zahl, β ein Faktor analog dem Madelungschen Faktor α. (Журнал Физической Химии [J. physik. Chem.] **28.** 1210—12. Juli 1954. Tomsk, Polytechn. Inst.) R. K. Müller. 132

D. A. Bell, *Phänomenologische Näherungen des Stromrauschens.* Vf. gibt grobe Abschätzungen des gesamten Rauschens über alle Frequenzen u. der Zahl N der Ladungsträger. Die relativen Schwankungen sind $\gg 1/N$. Ein möglicher Mechanismus des f^{-n} Spektr. wird diskutiert. (Brit. J. appl. Physics **6.** 284—87. Aug. 1955. Birmingham, Univ., Electr. Engng. Dep.) H. LIEPACK. 135

Julian Kamecki, *Die Elektrochemie der Kristallionen.* Übersicht; Störungen im Raumgitter u. deren Diffusion sowie Mechanismus der Ionen- u. Elektronenleitung. — 52 Literaturangaben. (Wiadomści chem. **9.** 197—219. April 1955.) O. POLLAK V. EMHOFEN. 135

Krzysztof Pigoń, *Die elektrische Leitfähigkeit der Erdalkalititanate.* Die Temperaturabhängigkeit der elektr. Leitfähigkeit (σ) der Metatitanate des Ba, Ca, Sr u. Mg wurde mit Gleich- u. Wechselstrom gemessen, wobei übereinstimmende Ergebnisse erzielt wurden. Die Kurve der Abhängigkeit von log σ von 1/T besteht bei $BaTiO_3$ u. $CaTiO_3$ aus 2, bei $SrTiO_3$ u. $MgTiO_3$ aus 3 sich schneidenden Geraden. Die 1. Gerade entspricht der durch Verunreinigungen (TiO_2) verursachten σ vom n-Typ beim $BaTiO_3$, die 2. Gerade stellt die Eigen-σ dar, deren Grundband aus den O^{2-}-Energieniveaus u. das Leitfähigkeitsband aus den Niveaus von Ti^{3+}-Ionen besteht, was durch die aus den Messungen errechnete Aktivierungsenergie für $BaTiO_3$ von 2,02 $\pm$ 0,04 eV bestätigt wird. Die Bedeutung der 3. Geraden konnte nicht geklärt werden. Die gemessene positive Thermokraft der Titanate im Bereich 400—950° von ca. 0,1 mV/Grad zeugt von einer größeren Beweglichkeit der positiven „Löcher" als der Elektronen im Leitfähigkeitsband. (Roczniki Chem. [Ann. Soc. chim. Polonorum] **28.** 611—28. 1954. Wrocław [Breslau], Politechn., Kat. Chem. Fiz.) F. URBAN. 135

Joachim Appel, *Über elektrische und optische Eigenschaften des Silbertellurids Ag_2Te.* Unterss. der Leitfähigkeit u. des HALL-Effektes der bei Tempp. > 149,5° auftretenden α-Form des Ag_2Te (Verh. der β-Form unterhalb dieser Temp. vgl. C. **1956.** 2373) ergeben für die stöchiometr. Verb. außer in der Nähe des Umwandlungspunktes eine reine Elektronenleitung ohne merklichen Ionenleitungsanteil. Mit wachsendem Te-Geh. tritt bis zu den Verbb. Ag_7Te_4 u. Ag_5Te_3 eine zunehmende Ionenleitung auf, die dann mit weiterem Te-Geh. wieder abnimmt; AgTe besitzt bei kleinen Stromdichten Löcherleitung, bei größeren zusätzlich noch Ionenleitung. Die aus HALL-Messungen ermittelten Aktivierungsenergien sind bei hohen Tempp. 0,15—0,2 eV, bei Te-Überschuß ca. 0,98 eV. Die HALL-Beweglichkeiten μ betragen 1600 cm^2/Vsec bei einer scheinbaren M. $m^* = 0,4/m$. Mit Sb, Sn oder Ge gedopte Proben zeigen für die β-Form mehr oder weniger große Elektronenkonzentrationszunahmen; bei den Ge-haltigen Proben nimmt auch μ bis 6400 cm^2/Vsec (gegenüber 5000 des reinen Ag_2Te) zu. Opt. Bestimmungen des Energiebandabstandes mittels Reflexions- u. Transmissionsmessungen (1—13 μ) ergeben entsprechend einer Grundgitterabsorptionsgrenze bei 1,85 μ den Wert 0,67 eV für das β-Ag_2Te. Der Brechungsindex wird zu $n_\infty = 3,4$ bestimmt. (Z. Naturforsch. **10a.** 530—41. Juli 1955. Braunschweig, TH, Inst. für Techn. Phys.) J. RUDOLPH. 135

Hermann Bruns und **Günter Lautz,** *Untersuchungen zum Leitungsmechanismus intermetallischer Verbindungen.* Nach umfassender Diskussion der Bindungsverhältnisse im Festkörper werden Herst. u. Unters. metall. bzw. halbleitender Verbb. *InBi, $AuSb_2$* bzw. *ZnSb* beschrieben. ZnSb ist nur bei stöchiometr. Zus. ein Halbleiter; die Proben können neben ZnSb noch Zn_4Sb_3 u. Zn_3Sb_2 enthalten u. zeigen dann temperaturabhängig teils metall., teils Halbleitung. Ein Vgl. zwischen ZnSb u. dem gleichfalls halbleitenden CdSb ergibt Hinweise auf die Bindungsart beider Substanzen. InBi leitet im Gegensatz zu InSb metall.; der Ersatz des Sb durch Bi bewirkt, möglicherweise infolge des großen Bi-Ionenradius, eine entsprechende Bindungsänderung. Umgekehrt tritt diese bei Ersatz des Bi durch Sb im $AuSb_2$ nicht auf; Au_2Bi u. $AuSb_2$ leiten metallisch. (Abh. braunschweig. wiss. Ges. **6.** 47—61. 1954.) H. BOEHM. 136

Marc Erny, *Veränderung des elektrischen Widerstandes dünner Platinschichten unter der Wirkung einer relativ hohen Gleichspannung.* Es wurden aufgedampfte Pt-Schichten an Spannungen von 300—500 V untersucht. Je nach der Schicht bleibt auch bei längeren Versuchsdauern der Widerstand konstant, oder er verändert sich bei konstanter Spannung monoton. Spannungsänderungen verursachen Sprünge im über viele Std. untersuchten Widerstandsverlauf. Diese irreversiblen Änderungen dürften durch die JOULEsche Wärme bedingt sein: Schichten mit sehr hohen Widerständen erwärmen sich kaum u. ändern sich deshalb auch nicht. Etwas dichtere Schichten mit etwas geringerem Widerstand kristallisieren unter der Erwärmung mit Abnahme des Widerstandes. Die Schichten mit niedrigstem Widerstand werden durch die zu starke Erwärmung zerstört. Alle diese Resultate gelten für ausreichend gleichmäßige Schichten; ungleichmäßige können lokale Änderungen erleiden. (C. R. hebd. Séances Acad. Sci. **237.** 387—89. 3/8. 1953.) C. REUBER. 136

M. R. Schafroth, *Theorie der Supraleitung.* Vf. hat (C. **1956.** 10168) ausgeführt, daß ein geladenes Bosonengas unterhalb seines Kondensationspunktes ein Supraleiter ist. Hieraus folgt eine Theorie der Supraleitung, wenn gezeigt werden kann, daß in einem Metall bei tiefen Tempp. ladungstragende Bosonen auftreten, welche bei einer krit. Temp. T_c kondensieren. Es wird jetzt gezeigt, daß, wenn die gesamte Wechselwrkg. zwischen Elektronen (COULOMB-Wechselwrkg., Wechselwrkg. infolge Gitterschwingungen u. andere Effekte) einen Resonanzzustand der Elektronenpaare ergibt, dann der Einsatz von Supraleitung zu erwarten ist. (Physic. Rev. [2] **96.** 1442. 1/12. 1954. Sydney, New South Wales, Univ. of Sydney, F. B. S. Falkiner Nucl. Res. and Adolph Basser Comput. Labor., School of Phys.) J. v. HARLEM. 136

Bernard Jouvet, *Die neue Eichinvarianz des Elektromagnetismus und die Supraleitung.* Im Rahmen der vom Vf. neu entwickelten Formulierung der Eichinvarianz (C. **1954.** 8963) wird gezeigt, daß die LONDONsche Gleichung der Supraleitung sich nun zwanglos der Theorie des Elektromagnetismus einfügt. (C. R. hebd. Séances Acad. Sci. **238.** 454—56. 25/1. 1954.) G. KIRSCHSTEIN. 136

Kanetaka Ariyama und **Shoichi Mase,** *Berechnung und modellmäßige Beschreibung der elektronischen Leitfähigkeit und der diamagnetischen Susceptibilität von Graphit.* Graphit ist ein Gemisch verschied. Kristallformen; die darin überwiegende zeigt metall. Leitung bzw. bei tiefen Tempp. unter Umständen Störstellenhalbleitung. Fehlen die Störstellen (N, B), bestimmen entartete Elektronen im Leitfähigkeitsband die Leitfähigkeit vom Nullpunkt bis zu einer „Sprungtemp." von ca. 100° K. Der spezif. Widerstand parallel zur kristallograph. hexagonalen Hauptachse u. dessen Temperaturabhängigkeit unterscheiden sich von den entsprechenden Größen senkrecht zur Hauptachse infolge der in beiden Richtungen verschied. freien Weglängen, u. zwar in verschied. Maße in Ein- u. Polykristallen. Die diamagnet. Susceptibilität in magnet. Feldern senkrecht zur Hauptachse ist temperaturabhängig u. wird im wesentlichen von Valenzelektronen getragen, anders in Richtung der Hauptachse; die Susceptibilitätsanisotropie ist kleiner als die der Widerstände. (Progr. theoret. Physics [Kyoto] **12.** 246—48. Aug. 1954. Tokyo, Nagoya Univ., Dep. of Phys.) H. BÖHM. 137

J. G. Powles und **H. S. Gutowsky,** *Protonenmagnetische Resonanz der CH_3-Gruppe.* 3. Mitt. *Mechanismus der Umorientierung in festen Körpern.* (2. vgl. C. **1955.** 52.) Aus der Linienform der kernmagnet. Resonanz wird geschlossen, daß in CH_3CCl_3, $(CH_3)_2C\cdot(NO_2)_2$ u. $(CH_3)_2CClNO_2$ die Umorientierung der Protonen im Gitter wahrscheinlich mittels des Tunneleffektes erfolgt, während in $(CH_3)_2CCl_2$ ein klass. Modell sich besser als das quantenmechan. zur Deutung der Protonenbewegung eignet. (J. chem. Physics **23.** 1692—99. Sept. 1955. Urbana, Ill., Univ. of Illinois, Noyes Chem. Labor.) G. KIRSCHSTEIN. 137

H. Bloom und **N. J. Doull,** *Messungen der Überführungszahlen in reinen geschmolzenen Salzen.* Die Fehler, die bei Überführungsmessungen durch die Strömung bewirkt werden, die der Transportrichtung durch den elektr. Strom entgegengerichtet ist, lassen sich nach Ansicht der Vff. durch Anwendung exakt horizontaler Zellen vermeiden. Mit einer derartigen Zelle wurden die Überführungszahlen des Chlorions in geschmolzenem $PbCl_2$ u. $CdCl_2$ durch Messung der Elektrolytströmung in einer Capillare ermittelt. Dabei wurden die folgenden Werte erhalten: $0{,}393 \pm 0{,}01$ bzw. $0{,}382 \pm 0{,}01$ in $PbCl_2$ bei 527—529° bzw. 602—608° u. $0{,}340 \pm 0{,}007$ in $CdCl_2$ bei 602—608°. Auf Grund ihrer Ergebnisse vermuten Vff., daß die Annahme, daß die untersuchten Salze vorwiegend Anionenleiter sind, nicht richtig ist. Auch die Bldg. von Autokomplexen, etwa $PbCl_6^{4-}$ ist nach Ansicht der Vff. auszuschließen. Spannungsänderungen während der Messungen zwischen 0,2 u. 6 V hatten keinen Einfl. auf die Größe der Überführungszahlen. (J. physic. Chem. **60.** 620—22. Mai 1956. New Zealand, Auckland Univ. Coll., Dep. of Chem.) H.-U. WOELK. 138

W. H. McCoy und **W. E. Wallace,** *Aktivitätskoeffizienten in konzentrierten wässerigen KCl-KBr-Lösungen bei 25°.* Auf der Grundlage der von MCKAY u. PERRING (C. **1956.** 8816) angegebenen Gleichung haben Vff. die Aktivitätskoeffizienten von KCl-KBr-Lsgg. bei hohen Konzz. (oberhalb 2,0 mol. bis zur Sättigung) bestimmt. Im Bereich der Gesamtkonz. von 2,0—5,9 mol. ergibt sich eine lineare Abhängigkeit derselben von m_1 (KCl-Konz.) bzw. m_2 (KBr-Konz.). Wenn die Gesamtkonz. konstant ist, steigt γ_1 ebenfalls linear mit m_1 an, jedoch ändert sich die Neigung der Geraden bei höheren Konzentrationen. Es gelten die Beziehungen $\log \gamma_1 = \log \gamma_{(0)1} + \alpha_{12}$ m u. $\log \gamma_2 = \log \gamma_{(0)2} + \alpha_{12} m_2$. Die Theorie von BRÖNSTED ist im Konzentrationsbereich 2,0—2,5 (Gesamtkonz.) gültig. (J. Amer. chem. Soc. **78.** 1830—33. 5/5.1956. Pittsburgh, Pa., Univ., Dep. of Chem.) H.-U. WOELK. 139

Colette Bertin, *Säure–Base-Reaktionen in mit Wasser gemischten Lösungsmitteln.* Vf. bestimmte in Mischungen von W. mit Aceton die Konstante des relativen Säuregrades verschied. Säure–Base-Paare im Vgl. zum Paar H_3O^+/H_2O mittels der DK. D. Zur Anwendung kamen zwei Methoden, u. zwar die konduktometr. u. die potentiometr. mit Hilfe der Glaselektrode. Die Glaselektrode wurde vorher in W.–Aceton-Mischungen geprüft. Die untersuchten Säuren vom Typ $R \cdot NH^+$ werden im Verhältnis zum Vergleichspaar stärker, wenn die DK. abnimmt. Die Säure $Be^{2+} \cdot$aq. scheint auch stärker zu werden. Der relative Säuregrad der nicht oder negativ geladenen Säuren nimmt mit D ab. Die Abnahme läuft der von D etwa parallel. HCl ist eine starke Säure, wenn die DK. größer als 24 ist. Das Ionenprod. des W. ändert sich nur wenig, wenn die DK. von 80 auf 47 sinkt. Bei Verwendung von W.–Dioxan-, W.–Methanol- u. W.–A.-Mischungen erhält man Änderungen der Konstanten des relativen Säuregrades, welche von derselben Größenordnung wie die bei den W.–Aceton-Mischungen sind. (Analytica chim. Acta [Amsterdam] **7.** 105—25. Aug. 1952. Paris, École Sup. de Phys. et Chim. Ind.)
H.-G. PLUST. 139

G. Passoth, *Zu einem Versuch zur experimentellen Bestimmung der Potentialdifferenz an der Oberfläche von Wasser.* Besitzen die Moll. einer Fl. ein elektr. Dipolmoment, dessen eine Komponente senkrecht zur Oberfläche gerichtet ist, bildet sich eine Potentialdifferenz zwischen dem Inneren u. der äußersten Oberflächenschicht der Fl. aus. Durch Parallelorientierung der Dipole kann ferner eine Verringerung der DK. in der Oberflächenschicht gegenüber der im Inneren der Fl. bewirkt werden. Bei W. z. B. geht die DK. der Luft stetig in den Wert im Inneren des Wasservol. über. Vf. betrachtet eine Wasseroberfläche als Dielektricum zwischen den Platten eines Kondensators (Luft u. Wasservol.) u. berechnet die Potentialdifferenz zwischen dem Inneren des W. u. seiner Oberfläche zu $\psi = 0,2—0,3$ Volt. Dieser Wert ist jedoch mit erheblichen Unsicherheiten behaftet. Mit der von GUYOT beschriebenen Meth. hat Vf. die Voltaspannungen zwischen einer KCl-Bezugslsg. u. der mit Filterpapier abgedeckten Oberflächen verschied. Elektrolytlsgg. gemessen. Bei höheren Salzkonzz. ergibt sich eine logarithm. Abhängigkeit der Voltaspannung von der Aktivität der Lsg., bei kleinen Konzz. ist sie von dieser unabhängig. Die Reproduzierbarkeit der Messungen ist in den verschied. Konzentrationsbereichen verschieden. Vf. vermutet, daß die beobachtete Konzentrations- u. Zeitabhängigkeit des Potentials ψ auf Verunreinigungen der Oberfläche durch organ. Substanzen zurückgeführt werden kann. Auch die Messungen von CHALMERS u. PASQUILL [1937] sind durch derartige Verunreinigungen fehlerhaft. (Z. Elektrochem., Ber. Bunsenges. physik. Chem. **60.** 420—23. Mai 1956. Berlin, Humboldt-Univ., I. Phys. Inst.) H.-U. WOELK. 140

H. J. V. Tyrrell, D. A. Taylor und **C. M. Williams,** *Der Seebeck-Effekt in einem reinen Ionensystem.* Vff. haben die EMK. $\Delta\varphi$ von Ketten der allg. Form

Ag, AgX | wss. Lsg. MX | Austauschharz in der M^+-Form | wss. Lsg. MX | Ag, AgX
T^0 C T^0 $T^0+\Delta T^0$ C T^0

als Funktion der Temperaturdifferenz (20—55°) für eine Reihe von Elektrolyten ermittelt. $\Delta\varphi$ ist eine lineare Funktion von ΔT, $\Delta\varphi/\Delta T$ ist für die einzelnen Systeme gut reproduzierbar. Die thermoelektr. Kraft hängt logarithm. von der Konz. von M^+ ab. Vff. erörtern diese Ergebnisse in Verbindung mit den an metall. Thermoelementen beobachteten Gesetzmäßigkeiten. Eine direkte Beziehung zwischen den untersuchten Ketten u. einer Nervenfaser zwecks Deutung der Heiß–Kalt-Empfindung scheint nicht zu bestehen. Die beobachteten Potentiale sind wesentlich kleiner als sie zur Fortleitung eines Nervenimpulses nötig sind. (Nature [London] **177.** 668—69. 7/4. 1956. Univ. of Sheffield, Dep. of Chem.; Univ. of Oxford, Dep. of Anatomy.) H.-U. WOELK. 140

J. E. Verschaffelt, *Die Thermomechanik der Elektrolyse.* Ableitung von Gleichungen für die Strömungsintensität in einer Fl., in der Temp. u. Druck von den Raumkoordinaten, aber nicht von der Zeit abhängen. Anwendung auf den Fall einer metall. leitenden Flüssigkeit. (Bull. Cl. Sci., Acad. roy. Belgique [5] **40.** 219—25. 1954.)
G. KIRSCHSTEIN. 141

H. Boer, *Die Darstellung von Ozon durch Elektrolyse.* 2. Mitt. (1. vgl. C. **1949.** II. 734.) Die O_3-Ausbeuten sind von Stromdichte, D. der H_2SO_4 u. Temp. der Anode u. des Elektrolyten abhängig. Um diese Veränderlichen in gewünschten Grenzen zu halten, wurden in der Konstruktion des in der 1. Mitt. beschriebenen O_3-Generators einige Verbesserungen angebracht. Mit Hilfe einer Kompensationsschaltung mit Drossel konnte der aus einer Wechselstromquelle stammende, durch einen Metallgleichrichter nur grob gleichgerichtete Strom geglättet werden; die O_3-Ausbeute stieg um 10%. Störungen, wie Angriff der Pt-Anode u. damit zusammenhängendes Aussickern des Kühlwassers in den Elektrolyten, Pt-Abscheidung an der als Kathode wirkenden Pb-Kühlschlange wurden bei geglättetem Strom nicht beobachtet. Die apparative Anordnung wird ausführlich beschrieben. Zur Steigerung der O_3-Bldg. wird empfohlen, die Pt-Anode elektrolyt. zu polieren. Als geeignete Stromstärke werden 15—20 A angegeben. Weiter wird ein App. für halbmikrochem. Zwecke beschrieben. Die Anode bilden hier 5 runde, gezähnte Pt-Folien von 30 mm Durchmesser, 0,01 mm dick, die im Abstand von 13 mm in eine Glasröhre eingeschmolzen werden. Die Schmelzgrate werden dann soweit abgeschliffen, bis die Ränder der gezähnten Folien frei liegen. Als Kathode dient wieder eine Pb-Schlange, die durch ein Glasgewebediaphragma getrennt wird. Elektrolyt. Polieren ist hier nicht erforderlich. Der Elektrolyt wird durch Eiswasser auf 2—3° gehalten. Bei 3½—4 A u. 7 V wird eine O_3-Bldg. bis zu 3½ mmol/Std. mit einem O_3-Geh. von ca. 13% erreicht, wenn die Säuredichte D_{18} 1,108 beträgt. (Recueil Trav. chim. Pays-Bas **70.** 1020—32. Nov. 1951. Amsterdam, Koninklijke Shell Labor.) H. ENDRASS. 141

Stefan Minc und **Stanisław Kurowski,** *Untersuchungen des Tautomerie-Gleichgewichts der ionisierten und nichtionisierten Form der Salpetersäure im polarisierten Kathodenraum mit Hilfe des Raman-Spektrums.* Durch Intensitätsmessung des RAMAN-Spektr. der HNO_3 wurde festgestellt, daß an stark polarisierten Kathoden die nichtionisierte Form $HO—NO_2$ 17mal schneller verschwindet als die ionisierte Form. Die Geschwindigkeit des kathod. Vorgangs ist also von der Abnahme der $HO–NO_2$-Form abhängig. (Roczniki Chem. [Ann. Soc. chim. Polonorum] **28.** 629—33. 1954. Warszawa, Zakł. Fiz. Chem. Proc. Elektrod. PAN.) F. URBAN. 142

Willi Hans und **Werner Henne,** *Die Randbedingungen für die Berechnung der Diffusionsströme an der Tropfelektrode.* Die experimentell bestimmte polarograph. Stromstärke–Zeit-Kurve eines Einzeltropfens zeigt bei kleinen t-Werten einen flacheren Verlauf als die nach der korr. ILKOVIČ-Gleichung berechnete Kurve. Zur Deutung wird angenommen, daß nur beim 1. Tropfen die zugrunde gelegte Randbedingung der ILKOVIČ-Gleichung gilt: für $t = 0$ ist $c_0 = c_L$ (c_0 = Konz. des Depolarisators an der Kathode, c_L = Konz. in der Lsg.). Der nachfolgende 2. Tropfen findet eine durch Red. am vorhergehenden Tropfen verarmte Lsg. vor, die sich noch nicht durch Konvektion ausgeglichen hat. Die experimentellen Unterss. in einer Lsg. von 10^{-3}mol. $CdCl_2$, 0,1 mol. KCl u. 0,01% Gelatine bestätigten diese Theorie. (Naturwissenschaften **40.** 524. Okt. 1953. Bonn, Univ., Inst. für physik. Chem.) H.-J. HEINRICH. 142

D. J. Ferrett und **G. W. C. Milner,** *Die Polarographie des Niobs.* In einer Reihe von Lösungsmitteln untersuchten Vff. das polarograph. Verh. des Nb. Es wurden die Halbwellenpotentiale in hochkonz. HCl- u. H_2SO_4-Lsgg. sowie in Weinsäure- u. Oxalsäurelsgg. bestimmt. Die beobachteten Reduktionsstufen sind jedoch nicht eindeutig u. reversibel u. daher nicht prakt. anwendbar. In *Äthylendiamintetraessigsäure* existieren dagegen stabile Nb-Komplexe, die zu 2 eindeutigen polarograph. Stufen führen. Die Änderung der Halbwellenpotentiale mit dem p_H-Wert der Lsg. entspricht der an entsprechenden Ti-Komplexen beobachteten. Vff. vermuten, daß in erster Stufe die Rk. $Nb^{5+} \rightarrow Nb^{4+}$ erfolgt, die bei p_H 3,2 u. niedriger reversibel ist. Die 2. Stufe tritt bei höheren p_H-Werten auf, wahrscheinlich entspricht sie der Rk. $Nb^{4+} \rightarrow Nb^{3+}$. Bes. stabile Nb-Komplexe werden aus Citronensäurelsgg. erhalten. Zu ihrer Herst. muß jedoch von Nb-Metall ausgegangen werden. Die Reduktionsstufe der Nb-Citronensäurekomplexe ist in weiten Bereichen von p_H- u. Citronensäurekonzz. erhältlich. Bei p_H 1,0 u. 0,2 in Citronensäure liegt sie bei —0,86 V, bei p_H 4,0 bei —1,13 V (gemessen gegen die gesätt. Kalomelelektrode). Durch die Ggw. von U, Mn, Ni, W, Cr u. Fe wird diese zwischen 0,1 u. 250 μg Nb analyt. verwendbare Stufe nicht gestört. Vff. erweitern diese Unterss. auch auf andere α-Oxysäuren (*Äpfel-*, *Milch-* u. *Gluconsäure*). Die dabei beobachteten polarograph. Stufen entsprechen alle der Rk. $Nb^{5+} \rightarrow Nb^{4+}$. (J. chem. Soc. [London] **1956.** 1186—92. Mai. Harwell, Berks., AERE.) H.-U. WOELK. 142

A_4. Thermodynamik. Thermochemie.

L. Rothhardt, *Bemerkungen über die additive Zusammensetzung der adiabatischen Kompressibilität in binären Flüssigkeitsgemischen.* (Vorl. Mitt.) Aus einem Vgl. der Ergebnisse eigener Arbeiten (C. **1956.** 1523) mit kürzlich veröffentlichten Unterss. von DANUSSO (C. **1955.** 11166) ergibt sich durch kurze Überlegungen, daß für die Diskussion der Kompressibilitätskennlinien zusammenfassend folgendes gilt: Nichtassoziierte Gemische lassen sich durch die sogenannte Gleichung der v-Additivität darstellen, soweit ihre Komponenten ähnlich sind; Abweichungen treten auf, wenn Assoziation vorliegt, aber auch bei Unterschieden in Gestalt u. Größe der Moll. der Mischungspartner. (Z. physik. Chem. **205.** 244—45. März 1956. Jena, Univ., Phys. Inst.) W. NIEMITZ. 148

Bertil Jacobson, *Über die adiabatische Kompressibilität wässeriger Lösungen.* Theoret. kann die Kompressibilität β von bin. Lsgg. sich entweder additiv aus den Kompressibilitäten der Komponenten zusammensetzen, oder sie kann dadurch beeinflußt werden, daß der gelöste Stoff Wasserstoffbindungen im Lösungsm. aufbricht oder daß im Lösungsm. infolge der Polarität der gelösten Moll. Elektrostriktion auftritt. Die für diese 3 Fälle aufgestellten Formeln werden durch Messung der Schallgeschwindigkeit bei 1 MHz in mehreren Systemen realisiert. Wasserstoffbindungen beeinflussen die Kompressibilität der wss. Lsgg. von *Methanol, A., n-Propanol, Isipropanol* u. *Aceton,* wo ein Minimum von β bei den Konzz. 31,5 bzw. 31,3 bzw. 19,3 bzw. 19,5 bzw. 29,7 Vol.-% zu beobachten ist. Im Syst. CH_3OH-C_2H_5OH kompensieren sich die Wirkungen der während des Lösungsvorgangs aufbrechenden u. neu entstehenden Wasserstoffbindungen, so daß β eine additive Funktion ist. Als Beispiele der Lsgg. mit Elektrostriktion werden die wss. Lsgg. von *Glykolamid, Glycin, Lactamid,* α- u. *β-Alanin* untersucht; danach ändert sich β infolge der Elektrostriktion um $1{,}1 \cdot 10^{-10}$ cm^2/dyn. Aus Messungen an wss. Lsgg. von *Pferdeserumalbumin, Oxyhämoglobin* u. *Hämocyanin* wird die Kompressibilität dieser Stoffe (in 10^{-12} cm^2/dyn) zu 9,1, 9,8 u. 10,6 berechnet. Abschließend wird am Beispiel der *Desoxyribonucleinsäure* gezeigt, daß Kompressibilitätsmessungen über enzymat. Rkk. Aufschluß geben können. (Ark. Kemi **2.** 177—210. 1950. Stockholm, Karolinska Inst., Biochem. Dep.) G. KIRSCHSTEIN. 148

Robert Gomer und **Lothar Meyer,** *Energieaustausch zwischen kalten Gasmolekülen und einer heißen Graphitoberfläche.* Im Zusammenhang mit der Darst. von *Graphit* (I) in Faserstruktur durch Zers. von KW-stoffen an C-Drähten bei 1500° wird der Energieaustausch zwischen einem erhitzten, glatten I-Draht u. verschied. Gasen bei niedrigen Drucken untersucht. Der Wärmetransport wird durch Messung der Stromstärke verfolgt. Es ergibt sich, daß der Wärmetransport bei Tempp. zwischen 850° u. 1500° nur von der Natur des Gases abhängig ist, dagegen von der Temp. des I-Drahtes T_f prakt. nicht beeinflußt wird. Für jedes Gas wird mittels einer Gleichung eine charakterist. Temp. T_e definiert, die von dem VAN DER WAALSschen Potential zwischen der I-Oberfläche u. den Gasmoll. abhängig ist. Falls $T_f > T_e$ wird vermutet, daß der Energieaustausch unabhängig von T_f durch Adsorption u. Wiederverdampfen der Gasmoll. erfolgt. (J. chem. Physics **23.** 1370. Juli 1955. Chicago, Ill., Univ. of Chicago, Inst. for Study of Met.) GÜNTER LANGE. 149

Robert L. Sells, C. W. Harris und **Eugene Guth,** *Die Molekelpaar-Verteilungsfunktion für ein eindimensionales Gas.* Die Gleichungen von BORN u. GREEN (Proc. Roy. Soc. Ser. A [London] **198.** [1946.] 10) u. von KIRKWOOD (J. chem. Physics **14.** [1946.] 180) benutzen als Näherung das Superpositionsprinzip, nach dem die Verteilungsfunktion für Molekültripletts auf diejenige für Molekülpaare zurückgeführt wird. Im eindimensionalen Gas ist diese Zurückführung streng möglich. Die entsprechende Verteilungsfunktion wird entwickelt für ein Molekülmodell mit kastenförmiger Potentialmulde für die intermol. Wechselwirkung. Sie kann zur Ermittlung der Lichtstreuung für dieses Modell dienen. Die Zustandsgleichung für den eindimensionalen Fall erweist sich als allein abhängig von der Verteilungsfunktion für Paare dicht benachbarter Moleküle. (J. chem. Physics **21.** 1422—23. Aug. 1953. Notre Dame, Ind., Univ., Dep. of Phys.) E. U. FRANCK. 149

C. W. Harris, Robert L. Sells und **Eugene Guth,** *Die „Random Walk"-Theorie für eindimensionale Gase.* Es wird gezeigt, daß die vorher von Vff. (vgl. vorst. Ref.) sowie von SALSBURG u. Mitarbeitern (C. **1954.** 3867) gefundenen Ableitungen für Verteilungsfunktionen eindimensionaler Gase Spezialfälle der Theorie eindimensionaler freier Schritte („Random Walk") sind, wie sie zur Herleitung von Zustandsgleichungen für bewegliche Kettenmoll. von JAMES u. GUTH (J. chem. Physics **11.** [1943.] 455) vielfach benutzt wurde. (J. chem. Physics **21.** 1617—18. Sept. 1953. Notre Dame, Ind., Univ., Dep. of Phys.) E. U. FRANCK. 149

Ziro Mikura, *Einige Bemerkungen über die spezifische Wärme von flüssigem ^{3}He.* Der temperaturabhängige Anteil der spezif. Wärme, der sich vor allem oberhalb 1° K bemerkbar macht, wird mit der therm. Anregung longitudinaler DEBYE-Wellen erklärt. (Progr. theoret. Physics [Kyoto] **13.** 120—22. Jan. 1955. Sendai, Tohoku Univ., Res. Inst. for Iron, Steel and other Met.) G. KIRSCHSTEIN. 149

Ziro Mikura, *Über die spezifische Wärme einer Lösung von ^{3}He in flüssigem ^{4}He.* (Vgl. vorst. Ref.) Für eine 2,5%ig. Lsg. von ^{3}He in ^{4}He wird die spezif. Wärme zwischen 1° K u. dem λ-Punkt berechnet. Der Vgl. des Ergebnisses mit den Beobachtungen von DOKOUPIL u. Mitarbeitern macht es wahrscheinlich, daß die ^{3}He-Atome sich in dieser Lsg. wie ein nichtentartetes ideales Gas verhalten. (Progr. theoret. Physics [Kyoto] **13.** 122—23. Jan. 1955.) G. KIRSCHSTEIN. 149

B. N. Jesselsson und **B. G. Lasarew**, *Erstarrung der Gemische von Heliumisotopen.* (Vgl. C. **1955.** 11513.) Nach der Meth. der Capillarblockierung wurde die Abhängigkeit des Druckes P bei beginnender Erstarrung von der Temp. T an reinem ^{4}He sowie an Gemischen mit ^{3}He untersucht. Die Erstarrungskurven der Gemische mit 0,018 u. 0,18% ^{3}He fielen prakt. mit der Kurve von reinem ^{4}He zusammen. Mit zunehmendem Geh. an ^{3}He (2,4; 31,7; 37,0; 63,8%) wurden die Kurven nach tieferen Tempp. verschoben. Aus den Kurven P–c (Konz. von ^{3}He) geht hervor, daß das Zustandsdiagramm der fl. u. festen Phase im Syst. ^{3}He–^{4}He eine Zigarrenform mit geringem Entmischungsgebiet aufweist. Durch Extrapolation der Kurven P–c wird eine Erstarrungskurve für ^{3}He erhalten, welche eine Fortsetzung der von WEINSTOCK u. Mitarbeitern (C. **1954.** 8518) erhaltenen experimentellen Kurve für den Temperaturbereich 0,16—1,5° K darstellt. (Доклады Академии Наук СССР [Ber. Akad. Wiss. UdSSR] [N. S.] **97.** 61—64. 1/7. 1954. Physikal.-Chem. Inst. der Akad. der Wiss. der UkrSSR.) O. LEBTAG. 149

M. A. Weinberger und **W. G. Schneider**, *Die Flüssigkeit–Dampf-Koexistenzkurve von Xenon im Gebiet der kritischen Temperatur.* Vff. bestimmten die Koexistenzkurven von fl. u. gasförmigem sehr reinen Xe in Bomben verschied. Länge u. unterschiedlicher Lage. Bei horizontal gelagerten u. kurzen vertikalen (1,2 cm) Bomben wurden Koexistenzkurven mit parabol. Maxima beobachtet, während bei längeren vertikalen Gefäßen (19 cm Länge) abgeflachte Maxima auftraten. Unter Berücksichtigung der durch die Schwerkraft bedingten Effekte konnten Vff. die abgeflachten Maxima im wesentlichen mittels der VAN DER WAALSschen Theorie deuten. Die Änderung der Breite der abgeflachten Maxima mit der Länge der vertikalen Bomben wurde berechnet. Vff. ermittelten für Xe eine krit. D. von $\varrho_c = 1{,}105$ g/cm^3 u. eine krit. Temp. von $T_c = 16{,}590 \pm 0{,}001^0$. (Canad. J. Chem. **30.** 422—37. Mai 1952. Ottawa, Can., Div. of Chem., Nat. Res. Labor.) E. WASSERROTH. 149

C. R. Wilke und **C. Y. Lee**, *Bestimmung des Diffusions-Koeffizienten für Gase und Dämpfe.* Zur Best. des Diffusionskoeff. von Gasen u. Dämpfen ziehen Vff. vergleichsweise die Methoden von GILLILAND, ARNOLD u. HIRSCHFELDER, BIRD u. SPATZ heran. Vff. geben eine rechner. Ableitung u. modifizieren die letztere Methode. Die damit erhaltenen Bestimmungen setzen sie in Vgl. mit experimentell an 64 Systemen ermittelten Werten. Diagramme mit Auswertung im Original. (Ind. Engng. Chem. **47.** 1253—57. Juni 1955. Berkeley, Calif., Univ. of California, Div. of chem. Engng.)
K. O. MÜLLER. 149

Bogdan Baranowski, *Phänomenologische Theorie der Elektrothermodiffusionsmethode in Flüssigkeiten.* Unter den Voraussetzungen eines kleinen Capillardurchmessers u. des linearen Zusammenhangs von Konz. u. Zeit entwickelt Vf. eine Theorie der Elektrothermodiffusion, mit der der Temperaturgradient u. die maximale Temperaturdifferenz in der Capillare, die Geschwindigkeit des Konvektionsstromes in der Capillare u. die Konzentrationsänderung in den Reservebehältern berechnet werden kann. Die Theorie kann auch auf Metall- u. Salzschmelzen angewendet werden. (Roczniki Chem. [Ann. Soc. chim. Polonorum] **28.** 587—600. 1954. Kraków, Uniw., Kat. Chem. Teoret.)
F. URBAN. 149

Ysusi Tanasawa und **Kiyosi Kobayasi**, *Über die Verdampfungsgeschwindigkeit eines Flüssigkeitstropfens in einem Gas hoher Temperatur.* Vff. leiten unter der Annahme, daß Druck u. Temp. eines hocherhitzten Gases nicht verändert werden, wenn ein Flüssigkeitstropfen injiziert wird, u. daß Strahlung u. Konvektion innerhalb des Tropfens vernachlässigbar sind, eine Gleichung zur Berechnung der Verdampfungsgeschwindigkeit des Tropfens u. damit auch zur Berechnung der zum Verschwinden des Tropfens notwendigen Zeit ab. Weiter wird eine graph. Meth. entwickelt zur Ermittlung der Oberflächentemp. u. an einer Reihe numer. Beispiele geprüft. Die Differenz zwischen Lsgg. mit u. ohne Berücksichtigung der Leitung innerhalb des Tropfens liegt für Fll., deren Verhältnis zwischen der latenten Wärme u. der therm. Leitfähigkeit groß ist, nur wenig über 10% (z. B. W. oder A.), während sie bei Fll. mit einem kleineren Verhältnis dieser Größen wie bei den Brennstoffen der Petroleum-Reihe nicht vernachlässigt werden kann. Bei genügend hoher Temp. des Gases kann die Oberflächentemp. des Flüssigkeitstropfens gleich dem Kp. gesetzt werden, bei kleineren Temperaturunterschieden dagegen nicht. (Technol. Rep. Tôhoku Univ. Sendai, Japan **14.** Nr. 2. 55—67. 1950. [Orig.: engl.])
W. NIEMITZ. 150

Robert J. Peavler und **Alan W. Searcy**, *Abhängigkeit von Dissoziationsdruckmessungen nach der Effusionsmethode von Knudsen vom Flächeninhalt der Effusionsöffnung. Der Dissoziationsdruck von Mo_3Ge.* Die für die Best. von Dampfdrucken von KNUDSEN (Ann. Physique [4] **28.** [1909.] 999) entwickelte Effusionsmeth. kann auch für Dissoziationsdruckmessungen von Rkk. des Typs $MX_{(fest)} \rightarrow M_{(fest)} + X_{(gasf.)}$ verwendet werden. Der Druck P_k innerhalb der KNUDSEN-Zelle ist gegeben durch $P_k = Z(2\pi MRT)^{1/2}$;

Z ist der Gewichtsverlust pro Zeiteinheit u. pro Flächeneinheit des Effusionslochs, M das Mol.-Gew. des entweichenden Dampfes, R die Gaskonstante u. T die absol. Temperatur. P_k ist jedoch nicht gleich dem Gleichgewichtsdruck P_e, da das Entweichen des Dampfes durch die Effusionsöffnung der KNUDSEN-Zelle den Druck unter den Gleichgewichtswert absinken läßt. Vff. entwickeln eine Formel, mit deren Hilfe Gleichgewichtsdissoziationsdrucke aus den (mit Effusionsöffnungen verschied. Flächeninhalts erhaltenen) scheinbaren Drucken berechnet werden können. Der mittels der KNUDSENschen Effusionsmeth. gemessene Ge-Dampfdruck der Rk. $Mo_3Ge_{(fest)} \rightarrow 3\ Mo_{(fest)} + Ge_{(gasf.)}$ erweist sich als vom Flächeninhalt des Effusionsloches der Zelle abhängig; dies scheint durch die Verarmung von Mo_3Ge an der Oberfläche der Probe u. die dadurch hervorgerufene Red. der wirksamen Verdampfungsfläche bedingt zu sein. Der Dissoziationsdruck von Mo_3Ge ist gegeben durch $\log P = -2{,}14 \cdot 10^4/T + 6{,}68$. Die Bildungswärme von Mo_3Ge aus $Mo_{(fest)}$ u. $Ge_{(flüss.)}$ bei 1800° K beträgt $-14{,}5 \pm 5$ kcal/Mol. (J. Amer. chem. Soc. **78.** 2076—78. 20/5. 1956. Berkeley, Calif., Purdue Univ., Dep. of Chem.) D. ERTEL. 150

D. R. Douslin und **Guy Waddington,** *Zwischenmolekulare Potentialenergien dipolarer Gase aus Wärmekapazitätsdaten.* Die Wärmekapazitätsfunktion für ein STOCKMAYER-6–12)-Potential für dipolare Gase, $\log_{10}\partial^2F(r, t)/\partial T^2$ wurde für den Bereich $0{,}5 < r < 3$ u. $0 < t < 1{,}6$ berechnet u. tabelliert. Durch graph. Anpassen dieser theoret. Kurven an $\log_{10}[T\lim_{p\rightarrow 0}(\partial Cp/\partial P)_T] - \log_{10}$ T-Kurven ist es möglich, die Parameter b_0, Θ u. t aus Wärmekapazitätsdaten zu eliminieren. In der Praxis ist es am zweckmäßigsten aus Wärmekapazitätsdaten u. zweiten Virialkoeff. gemeinsam die Parameter zu berechnen, die für beide Größen zutreffend sind. Eine Prüfung der Meth. an *Nitromethan* ergab gute Übereinstimmung zwischen Experiment u. Theorie. Das Dipolmoment von Nitromethan ergab sich zu 3,61 DEBYE-Einheiten. (J. chem. Physics **23.** 2453—54. Dez. 1955. Bartlesville, Okla., Bur. of Mines, Petroleum Exp. Stat.) I. KARUTZ. 151

Howard C. Mel, Z. Z. Hugus jr. und **Wendell M. Latimer,** *Die Thermodynamik des Thiosulfations.* Bei 25°, 122,5° u. 195° haben Vff. die Rk. $2\ Ag + S_2O_3^{2-} = Ag_2S(\alpha) + SO_3^{2-}$ (I) untersucht. Bei 122,5° erfordert die Gleichgewichtseinstellung 50—70 Tage, abhängig vom Konzentrationsverhältnis $SO_3^{2-}/S_2O_3^{2-}$. Bei 25° konnte das Gleichgewicht nur von einer Seite erreicht werden. Aus den Temperaturkoeffizienten der Gleichgewichtskonstanten werden die Reaktionswärmen berechnet. Durch calorimetr. Messungen haben Vff. ferner die Wärmetönung der Oxydation von $S_2O_3^{2-}$ durch Br_3^- ermittelt u. die Bildungswärme des $S_2O_3^{2-}$, ΔH_f, berechnet. Während die Gleichgewichtsunterss. zu einem Wert für ΔH_f von $-155{,}9$ kcal/Mol führen, ergeben die calorimetr. Messungen $-152{,}0$ kcal/Mol. Diese Differenz läßt sich einerseits auf die Unsicherheiten der Gleichgewichtsunters. bei 25°, andererseits auf eine ungenügende Kenntnis der thermodynam. Daten für die HSO_4^--Dissoziation, der Verdünnungswärmen u. ä. zurückführen. Mit dem Mittelwert für ΔH_f von $-154{,}0 \pm 2$ kcal/Mol ergibt sich die Wärmetönung der Rk. I zu $-5{,}5$ kcal/Mol. Die freie Energie u. die partielle molare Entropie des $S_2O_3^{2-}$-Ions berechnen Vff. aus diesen Werten zu $\Delta F^0 = -122{,}7$ kcal/Mol u. $S^0 = 15$ Entropieeinheiten bei 298,16° K. (J. Amer. chem. Soc. **78.** 1822—26. 5/5. 1956. Berkeley, Calif., Univ., Dep. of Chem. and Chem. Engng., Radiat. Labor.) H.-U. WOELK. 156

Edward P. Egan jr., Zachary T. Wakefield und **Kelly L. Elmore,** *Wärmekapazität, Entropie, Bildungs- und Hydratationswärmen von Monocalciumphosphat bei niedrigen Temperaturen.* Vff. haben die Wärmekapazitäten u. Entropien von $Ca(H_2PO_4)_2$ sowie die Hydratationswärme zum Monohydrat u. die Bildungswärmen des wasserfreien Salzes u. des Monohydrates ermittelt. Die Wärmekapazitäten wurden im Temperaturbereich von 10—345° K bestimmt. Für das Monohydrat ergibt sich die Entropie zu $62{,}10 \pm 0{,}10$ cal/Mol·Grad, die Wärmekapazität beträgt 9950 cal/Mol bei 298,16° K. Die Wärmetönung der Rk. $(2\ H_3PO_4 \cdot 1{,}0055\ H_2O) + Ca(OH)_2 \rightarrow Ca(H_2PO_4)_2 \cdot H_2O + H_2O$ wurde durch Messung der Differenz zwischen der Summe der Lösungswärmen der Reaktionsprodd. u. der Summe der Lösungswärmen der Reaktionsteilnehmer in 4 mol. HCl bei 25° bestimmt. Sie beträgt -746040 cal/Mol. Die Wärmetönung der Rk. $(2\ H_3PO_4 \cdot 1{,}0055\ H_2O) + Ca(OH)_2 = Ca(H_2PO_4)_2 + 2\ H_2O$ ergibt sich zu -816820 cal/Mol. Die Hydratationswärme des Monocalciumphosphats wird zu -2460 kcal/Mol ermittelt. (J. Amer. chem. Soc. **78.** 1811—13. 5/5. 1956. Alabama, Wilson Dam, Tennessee Valley Authority, Div. of Chem. Developm.) H. U. WOELK. 156

James C. M. Li, *Die thermodynamischen Eigenschaften von $Cd(CH_3)_2$: Wärmekapazitäten von 14—291° K, Umwandlungswärme, Schmelzwärme und Verdampfungswärme, Dampfdruck bis 296° K und Entropie des idealen Gases.* Die Wärmekapazitäten des festen u. fl. $Cd(CH_3)_2$ werden gemessen. Es wird ein scharfer Umwandlungspunkt bei 254,35 ± 0,05° K beobachtet mit einer Umwandlungswärme von 363,5 ± 0,5 cal · mol⁻¹. Der Schmelzpunkt wird zu 270,48 ± 0,05° K bestimmt mit einer Schmelzwärme von 1873 ± 1 cal · mol⁻¹. Der Dampfdruck wird vom F_p bis 296° K gemessen u. folgt der Gleichung: $\log {}_{10}P_{cm} = 24{,}6096 - 2759/T - 6 \log T$. Die Verdampfungswärme bei 291,5° K beträgt 9153 ± 30 cal · mol⁻¹. Bei 298,16° K u. 1 at ergab sich für die Entropie der Fl. u. des idealen Gases 48,25 ± 0,1 bzw. 72,40 ± 0,20 cal · mol⁻¹ · Grad⁻¹. Der letzte Wert wird mit Rechnungen aus Moleküldaten verglichen u. zeigt auf der Basis der freien inneren Rotation gute Übereinstimmung. (J. Amer. chem. Soc. **78.** 1081–83. 20/3. 1956. Berkeley, Calif.) W. KAUFMANN. 156

W. I. Blinow, *Über die Veränderungen der Zusammensetzung binärer Flüssigkeitsgemische bei der Verbrennung.* Es wurden Gemische von 96%ig. *A.* mit *Propyl-*, *Butyl-* u. *Isoamylalkohol*, mit *Bzl.*, *Toluol*, *Anilin*, *Glycerin* u. *W.* in Glas- u. Fe-Röhren (Wanddicke u. Durchmesser variierten) gefüllt u. am oberen Rohrende abgebrannt; durch einen Gummirohranschluß (mit Hg gefüllt) wurde während der Verbrennung die Brennoberfläche konstant am oberen Rohrende gehalten. Nach Abbrennen eines Teils (80 bis 20%) des Flüssigkeitsgemisches wurden Proben des unverbrannten Restes aus verschied. Tiefe herauspipettiert u. die Zus. des Restes ermittelt. Die Ergebnisse wurden sodann an Formeln geprüft, die für den Fall einer vollständigen Durchmischung (während des Brennens), für Konzentrationsänderungen nur in der obersten (brennenden) Schicht sowie für den Fall des Fehlens konvektiver Strömungen aufgestellt worden waren. — Es zeigte sich, daß in allen prakt. wesentlichen Fällen konvektive Strömungen stattfinden. Die vollständigste Durchmischung erfolgte bei A. + W., unvollständig war sie bei A. + Glycerin u. Anilin (schwere Fll.); eine Konzentrationsänderung nur in der obersten Schicht trat bei A. + Butyl- u. Isoamylalkohol sowie Toluol auf. (Доклады Академии Наук СССР [Ber. Akad. Wiss. UdSSR] [N. S.] **89.** 101–04. 1/3. 1953.) A. v. WILPERT. 157

Ja. K. Troschin und **K. I. Schtschelkin,** *Die Struktur der Kugelflammenfront und die Instabilität des normalen Brennens.* Bei der Unters. von brennenden C_2H_2–O_2- (37,5:62,5, 50:50) u. CH_4–O_2-Gemischen (30:70, 10:90) werden an der Oberfläche der Flammenfront kleine Wirbel beobachtet, die im Laufe der Zeit spontan wachsen, wenn eine REYNOLDS-Zahl $\sim 10^4$ erreicht ist. Mit zunehmendem Radius der Flammenkugel nimmt auch die Dimension der Wirbel zu. (Известия Академии Наук СССР, Отделение Технических Наук [Nachr. Akad. Wiss. UdSSR, Abt. techn. Wiss.] **1955.** Nr. 9. 160–66. Sept. Moskau.) R. K. MÜLLER. 157

J. B. Opfeli, Kazuhiko Sato und **B. H. Sage,** *Die Temperaturgradienten in turbulenten Gasströmungen. Der Erholungsfaktor (= Recovery factor) im stetigen, gleichmäßigen Strom.* Mathemat. Behandlung des Problems des Fließens einer inkompressiblen Fl. in einer Richtung zwischen unendlich langen parallelen Platten in einem Kanal konstanten Querschnitts. (Ind. Engng. Chem. **47.** 1243–48. Juni 1955. Pasadena, Calif., California Inst. of Technol.) E. ROEDER. 157

James W. Moyer und **William A. Riemen,** *Wärmeübertragungsmessungen an der Grenzfläche zwischen Natrium und rostfreiem Stahl.* Der App., in dem die Wärmeübertragung gemessen wurde, ist beschrieben u. abgebildet. Der Temperaturverlauf im rostfreiem Stahl u. im fl. Na wurde gemessen. Bei der 1. Unters. trat bei 375° eine plötzliche Erhöhung des Wärmeübergangskoeff. der Grenzschicht auf, so als ob dieser Film nicht mehr existierte. Beim 2. Vers. wurde die Fläche der Grenzschicht vergrößert, u. wurden Messungen bis 500° ausgeführt. Ob die Oberfläche des Stahls zum Teil auf Hochglanz poliert oder oxydiert, trocken oder naß war, war ohne Einfluß. Die Wärmequelle war einmal im Stahl, einmal im Na. Beim 3. Vers. wurde He über das Na geleitet, um die Verdampfung zurückzudrängen, damit das Resultat nicht gefälscht würde. Beim 2. u. 3. Vers. wurde eine Temperaturabhängigkeit der therm. Impedanz der Grenzschicht überhaupt nicht beobachtet, sie entsprach nur etwa der von 0,02 bzw. 0,01 in. rostfreiem Stahl. Benetzung spielt somit anscheinend keine Rolle. (J. appl. Physics **25.** 400. März 1954. Schenectady, N. Y., Knolls Atom. Power Labor.) H. MIETHING. 158

L. P. Filippow, *Über die Veränderung der Wärmeleitfähigkeit von Flüssigkeiten. Messung der Wärmeleitfähigkeit von Elektrolyten nach der relativen Methode der zylindrischen Schicht.* Beschreibung der Konstruktion u. Arbeitsweise einer App. zur Best. der Wärmeleitfähigkeit von Fll., mit deren Hilfe Messungen bis 100° mit 2–3% Genauigkeit möglich sind. Die experimentellen Werte für das bin. Syst. *Anilin–Essigsäure* werden mit Literaturwerten verglichen. Die experimentellen Wärmeleitfähigkeitswerte für wss. H_2SO_4-Lsgg. weisen keine Besonderheiten auf. Im Unterschied zu den meisten Nichtelektrolyt-Fll. (Abnahme der Wärmeleitfähigkeit mit steigender Temp.) wird bei H_2SO_4 ein großer positiver Temperaturkoeff. beobachtet. (Вестник Московского

Университета, Серия Физико-Математических и Естественных Наук [Nachr. Moskauer Univ.] **9.** Nr. 6. [physik.-math. naturwiss. Ser.] Nr. 4. 59—61. Juni 1954. Lehrstuhl für Molekül- u. Wärmeerscheinungen.) O. LEBTAG. 158

A. K. Abass-Sade, *Untersuchung der Wärmeleitfähigkeit einiger Flüssigkeiten und ihrer Dämpfe im kritischen Gebiet.* Vf. untersuchte die Wärmeleitfähigkeiten (W.L.) von *Aceton, A., Methylalkohol* u. des *Ä.* Die Messungen führt er nach der Meth. des „erhitzten Drahtes" aus u. benutzt dazu einen App. eigener Konstruktion mit einem u. mit zwei Autoklaven. Die Verbb. wurden im fl. u. im dampfförmigen Zustand im krit. Gebiet untersucht. Vf. konnte folgendes feststellen: Die W.L. der ungesätt. Dämpfe oben angeführter Stoffe ist kleiner als der gesättigten. Die W.L. der angeführten organ. Verbb. fällt im fl. Zustand mit der Temperaturerhöhung u. steigt im dampfförmigen. Wird der Druck erhöht, so steigt die W.L. dieser Fll. u. ihrer Dämpfe. Im Gebiet des kontinuierlichen Übergangs vom fl. in den gasförmigen Zustand, d. h. im krit. Gebiet, beobachtet man ein monotones Fallen des W.L.-Koeff. von Werten die charakterist. für Fll. sind bis zu den Werten die für ihre Dämpfe charakterist. sind. Daher fallen im krit. Gebiet die W.L.-Kurven im fl. u. im gasförmigen Zustand zusammen u. man erhält eine Kurve. Die Änderung der W.L.-Kurven zeigt, daß es im krit. Gebiet kein Maximum gibt. Die W.L. der angeführten Stoffe hat im krit. Gebiet einen reellen Wert, der ca. 1/3 des Wertes der W.L. der gegebenen Fl. unter n. Bedingungen beträgt. (Доклады Академии Наук СССР [Ber. Akad. Wiss. UdSSR] [N. S.] **99.** 227—30. 11/11. 1954. Aserbeidschan, Staatl. Pädagog. Lenininst.) E. STEINBERG. 158

A. W. Ioffe und **Ss. Ss. Ssinani,** *Wärmeleitfähigkeit von Oxyden der Elemente der zweiten Gruppe des periodischen Systems.* Aus den Oxyden *BeO, MgO, CaO, ZnO, SrO, CdO, BaO* u. *HgO* wurden Tabletten gepreßt u. diese erhitzt. An Proben von 10×15 mm^2 u. 10 mm Länge wurden bei $5 \cdot 10^3$ u. $10 \cdot 10^3$ at die Wärmeleitfähigkeit gemessen. Die D. der Proben betrug zwischen 50 u. 81% der der Kristalle. Von Abweichungen bei BeO u. MgO abgesehen, fällt die Wärmeleitfähigkeit regelmäßig mit steigendem mittlerem Atomgewicht der Oxyde (28,0 bei CaO bis 108,3 bei HgO) ab. (Журнал Технической Физики [J. techn. Physik] **25.** 1659—60. Sept. 1955.) M. WIEDEMANN. 158

A. M. Bontsch-Brujewitsch und **W. A. Moltschanow,** *Lichtbeugungsmodulator.* Zur Beugungsmodulation wird die period. Veränderung der Intensität in den Maxima bei der Beugung von Licht an stehenden Ultraschallwellen benützt. Vff. verwandten eine Metallküvette, der Piezoquarz war fest angeordnet, als Medium diente Xylol; die Frequenz lag bei 6 MHz. Die Abhängigkeit der Tiefe der Modulation von der Frequenz wird behandelt, die letztere muß auf 10^{-4}—10^{-5} konstant gehalten werden. Weiterhin gehen Vff. auf die Phasendifferenzen ein. (Журнал Технической Физики [J. techn. Physik] **25.** 1653—58. Sept. 1955.) M. WIEDEMANN. 159

Hugo Josef Seemann und **Werner Bentz,** *Untersuchungen über den Einfluß des Gefüges auf die Extinktion von Ultraschallwellen in metallischen Stoffen.* Es wird der Einfl. der Korngröße auf die Ultraschallextinktion von *Al* (99,95%), *Elektrolyt-Cu, Armco-Fe* u. ferrit. *Chromstahl* experimentell unter Verwendung eines handelsüblichen Ultraschallimpulsgeräts untersucht. Je nachdem die akust. Wellenlänge größer oder kleiner als der Korndurchmesser ist, wobei nicht die mittlere Korngröße entscheidend ist, sondern die Verteilung der Korngrößen innerhalb eines Bereichs von Körnern, ist die Streuung von Ultraschallwellen als eine Art von RAYLEIGH-Streuung oder als Streureflexion aufzufassen. Die Stärke der Streuwrkg. u. der Einfl. der Korngröße auf die Extinktion wird maßgeblich von der elast. Anisotropie beeinflußt. Bei schwacher Anisotropie wird die Extinktion durch die Streuwrkg. wenig beeinflußt, während sich durch Gefügeänderungen hervorgerufene Änderungen des Streuanteils bei starker Anisotropie schärfer ausprägen. (Z. Metallkunde **45.** 663—69. Dez. 1954. Saarbrücken, Inst. für Metallforsch.) F. VIER. 159

A₅. Kolloidchemie. Grenzschichtforschung.

W. Prins und **J. J. Hermans,** *Ladungseffekte bei der Lichtstreuung kolloider Lösungen.* Die Unters. der Ladungseffekte koll. Partikel auf die Lichtstreuung durch MYSELS (C. **1954.** 8520) wird krit. betrachtet. (J. physic. Chem. **59.** 576. Juni 1955. Leiden, Univ., Labor. of Inorgan. and Phys. Chem.) E. MOISAR. 163

Sven-Eric Dahlgren, *Über den Zusammenbruch von thixotropen Materialien.* Vf. gibt eine analyt. Behandlung des Zusammenbruchs der Thixotropie unter dem Einfl. eines Schergefälles. Der thixotrope BINGHAM-Körper wird vollständig durch 8 Konstanten in einem einzigen Diagramm beschrieben, in dem die plast. Viscosität gegen den Logarithmus der Zeit mit der Schergeschwindigkeit als Parameter aufgetragen ist. Die Änderung der plast. Viscosität ist innerhalb eines bestimmten Bereiches proportional dem

Logarithmus der Zeit wie dem der Geschwindigkeit (Konstanten B u. M). Jeder BINGHAM-Körper besitzt ein thixotropiefreies Zustandsgebiet. Der Bereich wird durch eine kleinste Schergeschwindigkeit R_0 u. die plast. Viscosität η_{pc_0} begrenzt, unterhalb derer kein thixotroper Effekt mehr beobachtbar ist. Diesem Punkt entspricht die Fließgrenze β_0. Die Eigg. des BINGHAM-Körpers ändern sich unter der Wrkg. eines Schergefälles nur innerhalb einer gewissen Zeit $0 < T_0 < T < T_E$. Schließlich muß man zur vollständigen Beschreibung noch die Gleichgewichtsscherbeschleunigung a_E bestimmen. Alle Temperatureinfll. sind bei der Analyse außer acht gelassen. Sie wurden bei den zugrundeliegenden Messungen mit einem Rotationsviscosimeter möglichst eliminiert. (Chalmers Tekn. Högskolas Handl. **1955.** Nr. 159. 1–8. Acta polytechn. [Stockholm], Chem. includ. Metallurgy Ser. **4.** Nr. 8. 1–18. 1955. Göteborg, Inst. för Silikatkem. Forskn.)

H. LIST. 163

Charles B. Hurd und **Stephen H. Laning,** *Untersuchungen an Kieselsäuregelen. 18. Mitt. Die Einwirkung von Natriumhydroxyd auf das Gel.* (17. vgl. C. **1954.** 6434.) In Umkehrung der n. Bildungs-Rk. von Siliciumoxydgelen beobachten Vff. die Einw. 1n Na(OH) auf verschieden lang gealterte Gelfilme. Die Zeit bis zum Auftreten der 1. Risse in den Folien steht in einem direkten (prakt. linearen) Zusammenhang mit der Alterungszeit der Gele. (J. physic. Chem. **58.** 914–15. Okt. 1954. Schenectady, N. Y., Chem. Labor., Union Coll.)

H. LIST. 164

L. D. Woljak, *Über einen präzisen Ausdruck für die Abhängigkeit der Oberflächenspannung einer Flüssigkeit von ihrem reduzierten Volumen.* Die vom Vf. früher (C. **1953.** 5299) abgeleitete Formel für die Abhängigkeit der Oberflächenspannung einer Fl. σ vom red. Vol. ergibt, daß beim krit. Punkt σ nicht gleich Null ist. Damit die Gleichung der Grenzbedingung $\sigma = 0$ bei $V_{fl} = V_k$ (V_{fl} u. V_k = spezif. bzw. krit. Vol. der Fl.) genügt, muß sie wie folgt lauten: $\sigma = A\,(^{12,1\,(V_{fl}/V_k} - e^{-12,1\,(V_{fl}/V_k)})$. Aus den Werten für H_2O geht hervor, daß der 2. Ausdruck in der Klammer nur in der Nähe des krit. Punktes von Bedeutung ist, im übrigen Bereich vernachlässigt werden kann, so daß die Gleichung die früher (l. c.) abgeleitete Form annimmt. (Журнал Физической Химии [J. physik. Chem.] **28.** 1095–97. Juni 1954. Moskau, Luftfahrt-Inst.)

O. LEBTAG. 166

R. P. Mitra und **A. R. Gupta,** *Elektrochemische Eigenschaften von Silberchloridhydrosolen.* Durch Einw. von $AgNO_3$ auf überschüssige Salzsäure werden AgCl-Sole hergestellt u. nach dialyt. Entfernung von überschüssigem HNO_3 u. HCl mit Standardbasen titiert. Der p_H-Wert, die spezif. Leitfähigkeit, die kataphoret. Wanderungsgeschwindigkeiten u. die Aktivität des Kations wurden in Abhängigkeit von der zugesetzten Basenmenge bestimmt. (Naturwissenschaften **42.** 69. Febr. 1955. Delhi, Univ., Dep. of Chem.)

H.-J. HEINRICH. 168

Alexander Kolin, *Elektrophoretische „Linienspektren“.* Vf. erweitert seine Meth., die durch Stromfluß zur Trennung von Proteinen in einer Lsg. mit verschied. p_H-Werten führt (C. **1955.** 6767). Durch Kombination des p_H-Gradienten mit einem Leitfähigkeitsgradienten können auch Nichtproteine in Schichten angereichert werden. (J. chem. Physics **23.** 407–08. Febr. 1955. Chicago, Ill., Univ.) GRETCHEN MÜLLER. 168

B. N. Ghosh, *Ableitung eines Ausdrucks zur Bestimmung des wahren ζ-Potentials von 2 in Serie verbundenen Poren mit unterschiedlichem durchschnittlichen Durchmesser.* Ausgehend von einer früher entwickelten Gleichung für die Leitfähigkeit einer Lsg. innerhalb einer Pore erhält Vf. für das ζ-Potential eines Syst. aus 2 in Serie miteinander verbundenen Poren mit verschied. Durchmesser (Diaphragmen) den vereinfachten Ausdruck $\zeta = \zeta_a\,[1 + \alpha(2\chi/r_2 s)]$ mit $\alpha = 3r_2/(2a_2\,R)$. Dabei ist a das Verhältnis der Phasenvolumina (Flüssig/Fest), s die spez. Leitfähigkeit der in den Poren befindlichen Lösung. Das elektroosmot. Verh. eines derartigen Syst. wird demnach durch die Pore mit dem kleineren mittleren Durchmesser bestimmt. Die physikal. Bedeutung des Faktors α interpretiert Vf. dahingehend, daß α das Verhältnis der Oberflächengröße einer Pore der einen Capillare mit gleichem Volumen u. gleicher Länge darstellt. Eine exakte Best. von ζ setzt ferner voraus, daß a in den einzelnen Schichten eines Diaphragmas nicht zu unterschiedlich ist. (Naturwissenschaften **43.** 104. März 1956. Calcutta, Univ., Coll. of Sci., Dep. of Phys. Chem.)

H.-U. WOELK. 168

Alvin G. Winger, Ruth Ferguson und **Robert Kunin,** *Der elektroosmotische Wassertransport durch Ionenaustauschermembranen.* Es werden potentiometr. Unterss. über den elektroosmot. Transport von W. durch *Amberplex C-1-* u. *A-1-* (zum Teil mit 4, 8,5 oder 15% Divinylbenzol vernetzt) Kationenaustauschermembrane in Abhängigkeit von der internen u. externen Elektrolytkonz., der Stromdichte sowie der Art des Elektrolyten u. der Austauschermembran beschrieben u. diskutiert. Folgende Elektrolyten wurden untersucht: NaCl, KCl, LiCl, RbCl, CsCl, $(CH_3)_4NCl$, $C_6H_5CH_2(CH_3)_3NCl$, HCl,

$CoCl_2$, $NiCl_2$. Die Ergebnisse werden unter der Annahme gedeutet, daß die Nettomenge des transportierten W. die Differenz aus den Wassermengen bildet, die unter dem Einfl. der beweglichen Kationen u. Anionen in entgegengesetzter Richtung transportiert werden. Die durchschnittliche Zahl der pro Ion transportierten Wassermoll. wird für jede Ionenart berechnet u. zu den entsprechenden Ionenpotentialen der nichthydratisierten Ionen sowie zu den Verhältnissen der Ionenbeweglichkeiten zueinander innerhalb der Membran in Beziehung gebracht. Einzelheiten vgl. Original. (J. physic. Chem. **60.** 556—58. Mai 1956. Philadelphia, Pa., Rohm & Haas Co.) H. HOFMANN. 170

P. C. Carman und **R. A. W. Haul,** *Messung von Diffusionskoeffizienten.* Vff. entwickeln auf Grund theoret. Betrachtungen Gleichungen für die Messung der Diffusionskoeffizienten bei der Diffusion von Stoffen aus dem Gaszustand oder aus fl. Lsg. bei konstantem Vol. in einen Festkörper. Die Anwendung der gefundenen Beziehungen wird an einigen typ. Versuchsergebnissen gezeigt. Die Meth. ist auch im Falle einer Konzentrationsabhängigkeit des Diffusions- u./oder des Sorptionskoeff. anwendbar, sofern die Sorption in passend gewählten Stufen erfolgt. (Proc. Roy. Soc. [London], Ser. A **222.** 109—18. 23/2. 1954. Pretoria, South African Council for Sci. and Ind. Res., Nat. Chem. Res. Labor.) R. STEIN. 171

L. A. Girifalco, *Temperaturabhängigkeit der Vicosität und ihre Beziehung zum Dampfdruck bei assoziierten Flüssigkeiten.* Vf. leitet auf Grund einer auf dem Wechselspiel zwischen Dipolwechselwirkungen u. Dispersionskräften beruhenden Modellvorstellung eine theoret. Gleichung für die Beziehung zwischen Viscosität (V) u. Temp. assoziierter Fll. ab, die zusammen mit einer kürzlich von MITRA u. CHAKRAVARTY (C. **1955.** 11165) angestellten Betrachtung über die Beziehung zwischen V u. dem Dampfdruck trotz ihres Näherungscharakters die experimentellen Daten gut wiederzugeben imstande ist. (J. chem. Physics **23.** 2446—47. Dez. 1955. Cleveland, O., Nat. Advis. Comm. for Aeronaut., Lewis Flight Propuls. Labor.) W. NIEMITZ. 172

Arthur K. Doolittle, *Untersuchungen über Newtonsches Fließen.* 3. Mitt. *Die Abhängigkeit der Viscosität von Flüssigkeiten vom Molekulargewicht und freiem Raum (bei einer homologen Reihe).* (1. vgl. C. **1956.** 8003.) Genaue D.- u. Viscositätsmessungen an Gliedern der homologen Reihe von *n-Paraffinen* wurden ausgewertet. Aus der Beziehung zwischen der Viscositätsänderung nur bei Temperaturänderung u. dem freien Raum $\ln \eta = B\ (v_0/v_f) + \ln A$ (η = Viscositätskoeff.; v_f/v_0 = relativer freier Raum für eine einzige Substanz bei bestimmtem Druck, A u. B = Konstanten für eine einzige Substanz; vgl. 2. Mitt.) wurde eine Beziehung für die Viscosität als Funktion des Mol.-Gew. u. des freien Raums für n-Paraffine abgeleitet, die zwar nur im Mol.-Gew.-Bereich von 100—240 gilt, aber dabei die gemessenen Werte mit einer Genauigkeit $\leqq 1\%$ wiedergibt. In diesem Bereich schneiden alle $\ln\eta/(v_0/v_f)$-Geraden die senkrechte Achse nahezu in einem gemeinsamen Punkt. Aus diesem Befund u. aus der Darst. der Neigung dieser Geraden als Funktion des Mol.-Gew. wurde dann die folgende Gleichung entwickelt: $\ln\eta = C\,[\exp(-K/m^{1/20})]\ (v_0/v_f) + \ln A$ (m = Mol.-Gew.; C u. K = Konstanten, u. zwar 2401 bzw. 10,239; $\ln A = -7{,}6500$). (J. appl. Physics **23.** 236—39. Febr. 1952.) R. SCHÄFF. 173

A. Packter, *Fließgrenze der Systeme Ton–Wasser.* Zur Klärung der Frage, ob die optimale Fließgrenze S im Syst. Ton–W. eine einfache Funktion der Wechselwirkungen zwischen den Tonteilchen ist, hat Vf. die rheolog. Eigg. von aus verschied. Na- u. Na–Ca-Montmorilloniten hergestellten wss. Suspensionen untersucht. Es ergibt sich eine Variation der Fließgrenze mit dem jeweiligen Zustand von Peptisation oder Koagulation der Tonmicellen. Innerhalb weiter Konzentrationsbereiche gilt die Beziehung $s = \varrho\bar{\eta}_{sp}$, worin $\bar{\eta}_{sp}$ die Wechselwirkungen zwischen den Teilchen repräsentiert. ϱ ist eine Stoffkonstante und steht in Beziehung zur Form der Teilchen. Die Heterokoagulation, die bes. an Suspensionen von Na-Montmorillonit in aq. dest. beobachtet werden konnte, wird durch Wärmebehandlung (95°) oder Zugabe stark absorbierbarer Anionen (z. B. Carboxymethylcellulose) aufgehoben. Die obige Gleichung für die Fließgrenze läßt sich auf Grund der Versuchsergebnisse in die allg. Form $S = k'\,\varrho'\,[p^2/\bar{d}]^2$ überführen. Der Formfaktor ϱ' hat für einen konstanten Wert des die Anisometrie berücksichtigenden Faktors p seinen größten Wert für plättchenförmige Teilchen, seinen kleinsten Wert für kugelförmige. d berücksichtigt die Teilchentrennung. (Nature [London] **177.** 144—45. 21/1. 1956. London.) H.-U. WOELK. 173

P. Royen, A. Orth und **K. Ruths,** *Untersuchungen von Oberflächen nach der Methode von Brunauer, Emmett und Teller.* 1. Mitt. *B-Punktsdrucke als charakteristische Konstanten.* Es wurden die spezif. Oberflächen von gesintertem Fe_2O_3 (Sintertemp. 400—1100°), NiO (400—1000°), Cr_2O_3 (400—1100°) sowie feinverteiltem *Ni*, *Fe* u. Fe_3O_4 nach der B.E.T.-Meth. bestimmt. Dabei zeigte sich, daß der Gleichgewichtsdruck der adsorbierten

Dämpfe (N_2 bei -196^0, Bzl. bei $+16{,}00^0$) unabhängig von der Oberflächenentfaltung bei abgeschlossener unimol. Bedeckung („B-Punktsdruck") für das jeweilige Syst. aus Prüfdampf u. fester Phase einen konstanten Wert hat. Diese Konstanz der B-Punktsdrucke folgt nicht aus der B.E.T.-Gleichung. Der B-Punktsdruck kann als Gleichgewichtsdruck an den inaktivsten Stellen der Präparatoberfläche verstanden werden. Bei gleicher, unvollständiger Bedeckung weisen die B-Punktsdrucke innerhalb einer Sinterreihe charakterist. Unterschiede auf. Der aus der Flüssigkeitsdichte berechnete Flächenbedarf der Benzolmoll. beträgt 41 Å (statt der bisher angenommenen 31 Å). Die aus der röntgenograph. bestimmten mittleren Primärteilchengröße berechneten spezif. Oberflächen von bei 400^0 gesinterten Fe_2O_3- u. NiO-Präpp. stimmen bemerkenswert gut mit den nach der B.E.T.-Meth. gewonnenen Werten überein. (Z. anorg. allg. Chem. **281**. 1–17. Okt. 1955. Frankfurt/M., Univ., Inst. für Anorgan. Chem.) M. SCHENK. 175

E. A. Flood, *Einige thermodynamische Betrachtungen von Oberflächenbereichen. Oberflächenspannung, Adsorption und Adsorptionshysterese.* Vf. entwickelt die thermodynam. Beziehungen, die das Gleichgewicht zwischen 2 Körpern beschreiben unter Berücksichtigung der zwischen ihnen wirkenden Potentialfelder. Das Ergebnis dieser Betrachtungen wird zur quantitativen Beschreibung der Oberflächenspannungsphänomene herangezogen. Dabei ergeben sich Beziehungen für das Potential als Funktion des senkrechten Abstandes von der Oberfläche, die eine Deutung der Vorgänge an der Grenzfläche Flüssigkeit–Dampf ermöglichen. Auch die Adsorptionsvorgänge u. Adsorptionshysterese betrachtet Vf. unter dem Gesichtspunkt der zwischen 2 Körpern vorhandenen Potentialfelder. Die Möglichkeiten, Adsorptionsisothermen thermodynam. abzuleiten, werden erörtert. (Canad. J. Chem. **33**. 979–1001. Mai 1955. Ottawa, Nat. Res. Council, Div. of pure Chem.) H.-U. WOELK. 176

G. J. Young, J. J. Chessick und **F. H. Healey**, *Adsorptionswärmen aus der Lösung aus Immersionswärmewerten.* Unter den Annahmen, daß die Immersionswärme ein Maß für die Wechselwirkungsenergie der adsorbierten Atome mit der Oberfläche ist, u. daß die Wechselwirkungen selbst gleich sind in der adsorbierten Schicht u. in der Lösung, gilt $\Delta H_1 = \Delta H_w + \Delta H_D$. ΔH_1 ist der gesamte, meßbare Wärmeefekkt. ΔH_w stellt die Enthalpieänderung während der Benetzung dar, ΔH_D berücksichtigt die durch Verdünnung der Lsg. als Folge der Adsorption einer Komponente bedingte Enthalpieänderung. Der für ΔH_w angegebene Ausdruck enthält u. a. Faktoren für die Enthalpieänderung während der Adsorption der ersten Molekülschicht u. für die Enthalpieänderung während der Bldg. der Grenzschicht zwischen adsorbierter Substanz u. Lösung. Die experimentell bei 25^0 ermittelte Adsorptionsisotherme für *n-Butylalkohol* an *Kohle* aus wss. Lsg. stimmt sehr gut mit der von HANSEN (J. physic. Chem. **58**. [1954.] 211) angegebenen überein. Ferner werden die Lösungswärmen von *n-Butanol* in *W.* u. die Immensionswärmen von Kohle in wss. Butylalkohollsgg. bestimmt. Aus diesen experimentellen Werten lassen sich die Faktoren der von Vff. angegebenen Gleichung für ΔH_w ermitteln. Vff. vergleichen die so erhaltenen Werte mit den direkt bestimmten (Abzug der Verdünnungswärme von der gesamten Wärmetönung) u. erhalten sehr gute Übereinstimmung. In dieser Übereinstimmung sehen Vff. eine Bestätigung der Annahme, daß die Immersionswärme im wesentlichen durch die bei den Wechselwirkungen zwischen der Oberfläche u. den adsorbierten Moll. auftretenden Energieänderungen bestimmt wird. Bei anderen Systemen (polare oder nichtpolare Lösungsmittel u. Adsorbate, heterogene Adsorbentien) braucht dies nicht der Fall zu sein u. es werden kompliziertere Ausdrücke erforderlich. (J. physic. Chem. **60**. 394–97. April 1956. Bethlehem, Pa., Lehigh Univ., Surf. Chem. Labor.) H.-U. WOELK. 176

O. M. Todess und **Ju. Ss. Lesin**, *Dynamik der Adsorption bei hohen Konzentrationen und Wärmeentwicklung.* Aus den Gleichungen für die Geschwindigkeiten der Sorptionswellen v_1 u. v_2 u. der Gleichung für die Adsorptionsisotherme geht hervor, daß zwischen den Geschwindigkeiten der Sorptions- u. Wärmefronten die folgende Beziehung besteht: $v_1 > v > w > v_2$. Aus Berechnungen folgt, daß bei Anwendung solcher Sorbenten wie *Kohle* u. *Silicagel* für die meisten leicht sorbierbaren Stoffe selbst im Gebiet der Rekuperationskonzz. der Größenordnung 50 mg/Liter folgende Beziehung gilt: $h_g/H > c_0/a_0$, wenn h_g = spezif. Wärme des Gases, H = spezif. Gesamtwärme, a_0 = stat. Aktivität des Sorbenten, c_0 = Anfangskonz. des Sorptives im Strom. Die Wärmewelle bewegt sich hierbei rascher als die Sorptionswelle; die ausgeschiedene Wärme ist von keinem wesentlichen Einfl. auf die Dynamik der Adsorption. Nur bei sehr großen c_0-Werten ist die 2. Art der Adsorptionsdynamik möglich ($v > w$). Beide Adsorptionsmöglichkeiten werden durch Verss. über die Adsorption von *A.* u. *Bzl.* an *Aktivkohle* bestätigt. (Доклады Академии Наук СССР [Ber. Akad. Wiss. UdSSR] **106**. 307–10. 11/1. 1956.) O. LEBTAG. 176

M. M. Dubinin, *Oberflächenoxyde und Adsorptionseigenschaften von Aktivkohlen.* Übersicht unter besonderer Berücksichtigung der Arbeiten des Vf. u. seiner Schule. (Vgl. hierzu C. **1955.** 11517 u. **1956.** 9641.) – 40 Literaturangaben. (Успехи Химии [Fortschr. Chem.] **24.** 513–26. 1955.) O. Lebtag. 176

F. F. Wolkenstein und **Ss. S. Roginski**, *Über die Ionenbindung bei der chemischen Adsorption an Halbleitern.* (Vgl. C. **1955.** 2612. 9265.) Ein einwertig elektropositives Atom A kann an der Oberfläche eines Ionenkristalls nach 3 Typen chem. adsorbiert werden: 1. kovalente 1-Elektronbindung (relativ schwach) durch Anziehung des Valenzelektrons von A an einem Atom des Gitters; 2. kovalente 2-Elektronenbindung (fester) durch Lokalisierung eines freien Elektrons des Gitters am adsorbierten Atom A; 3. Ionenbindung durch Einfang des Atoms A in einem freien Loch oder Überführung des Valenzelektrons von A in die Leitfähigkeitszone. Fall 3 ist neben 2 dadurch möglich, daß A bei der Adsorption an der Oberfläche eine Beimengung von Acceptor- u. Donortyp zugleich darstellt, u. zwar beim Übergang von Fall 1 zu Fall 2 als Acceptor, beim Übergang von Fall 2 zu Fall 3 als Donor wirkt. Die verschied. 3 Fälle entsprechen verschied. Anregungsniveaus, zwischen denen Übergänge therm. Ursprungs stattfinden. Die Verteilung der adsorbierten Atome auf die 3 Bindungstypen hängt von der Konz. des Elektronengases auf der Kristalloberfläche u. den dafür maßgebenden Faktoren ab (Temp., Menge der Beimengungen im Kristall usw.). (Журнал Физической Химии [J. physik. Chem.] **29.** 485–95. März 1955. Moskau, Inst. für physik. Chem. der Akad. der Wiss. der UdSSR.) R. K. Müller. 176

G. E. Myers und **G. E. Boyd**, *Eine thermodynamische Berechnung von Kationenaustauschselektivitäten.* Es wird eine vollständige, thermodynam. exakte Ableitung der Selektivkoeffizienten D für den Austausch von H^+-, Li^+-, K^+- u. Cs^+- gegen Na^+-Ionen an sulfonierten Polystyrolkationenaustauschern mit verschied. Vernetzungsgrad unter Verwendung der Gibbs-Donnan-Gleichung angegeben. Genaue Auswertungen der freien osmot. Energien u. der Verhältnisse der Aktivitätskoeffizienten der Austauscher werden mit den für tern. Gemische gültigen Kreuzdifferentialbeziehungen (cross-differentiation relationship) durchgeführt. Ein Vgl. dieser berechneten mit eigenen experimentell bestimmten D-Werten zeigt mit Ausnahme gewisser Diskrepanzen bei stärker vernetzten Prodd. eine befriedigende Übereinstimmung innerhalb der experimentellen Fehlergrenzen. Vff. schließen daraus, daß Kationenaustauscher, die durch Sulfonierung von Polystyrol–Divinylbenzol-Mischpolymerisaten dargestellt werden, verschiedenartige ionogene Gruppen in ihrer Struktur enthalten. (J. physic. Chem. **60.** 521–29. Mai 1956. Oak Ridge, Tenn., Oak Ridge Nat. Labor., Chem. Div.) H. Hofmann. 177

O. D. Bonner und **Frances L. Livingston**, *Kationenaustauschgleichgewichte für einige zweiwertige Ionen.* Es werden Unterss. der Austauschgleichgewichte von Cu^{2+}-, Ba^{2+}-, Sr^{2+}- u. Ca^{2+}-Ionen an *Dowex-50* Austauscherharzen mit einem Geh. von 4, 8 oder 16% *Divinylbenzol* bei konstanter Ionenstärke von ca. 0,1 beschrieben u. an Hand der Ergebnisse die Selektivitätskoeffizienten für verschied. Harzbeladungen sowie die charakterist. maximale Wasseraufnahme der Harze in diesen Ionenformen berechnet. (J. physic. Chem. **60.** 530–32. Mai 1956. Columbia, S. C., Univ. of South Carolina, Dep. of Chem.) H. Hofmann. 177

D. A. Everest, *Angaben über Ionenaustausch bei einfachen Oxalatlösungen.* Es wurde die Sorption von Oxalationen aus zwei verschied. konz. Lsgg. durch das stark bas. Ionenaustauschharz *Amberlite IRA 400* in Abhängigkeit vom p_H-Wert der Lsg. gemessen. Oxalationen wurden als Na-Oxalat u. Harz-Oxalat zugegeben, durch Oxalsäure wurde der p_H-Wert der Lsgg. variiert. Es wurden mehr als 0,5 Mol Oxalationen pro Äquivalent Austauschharz sorbiert. Mit abnehmendem p_H-Wert der Lsg. zeigte sich Zunahme der Oxalatmenge im Harz, bedingt durch den fortschreitenden Ersatz von $C_2O_4^{2-}$-Ionen gegen $HC_2O_4^-$-Ionen. Polymeres Oxalat konnte nicht gefunden werden. (Res. Corresp., Suppl. zu: Research **8.** Nr. 11. S 58–59. Nov. 1955. London, Battersea Polytechnic.) W. Penk. 177

Ss. Je. Bressler und **G. W. Ssamssonow**, *Die Theorie der Chromatographie.* Zusammenfassender Übersichtsbericht über die theoret. Grundlagen der Chromatographie (35 Literaturzitate). (Успехи Химии [Fortschr. Chem.] **24.** 985–1009. 1955. Leningrad.) R. Wittwer. 177

A. K. Wiebe, *Elutionszeit und Trennvermögen bei der Dampfphasenchromatographie.* Es werden Unterss. über den Einfl. verschied. Variabler auf die Elutionszeit u. das Trennvermögen bei der Dampfphasenchromatographie beschrieben u. unter Berücksichtigung theoret. Gesichtspunkte diskutiert. Die Verss. wurden an einem Gemisch aus *Bzl.*, *n-Heptan*, *Toluol*, *Äthylbenzol* u. *p-Xylol* unter Verwendung von N_2 als Trägergas u. *Dioctylphthalat* auf *Celite* als chromatograph. Säule durchgeführt. Auf Grund der Ergebnisse wird gezeigt, daß die Elutionszeit der Strömungsgeschwindigkeit des Trägergases umgekehrt, der Säulenlänge direkt u. dem reziproken Wert der absol. Temp. exponentiell proportional ist. Es wird eine Gleichung abgeleitet, die die Beziehung dieser Variablen zu der freien Energie wiedergibt. Das Trennvermögen nimmt mit Zunahme der Säulenlänge zu, mit steigender Temp. ab u. durchläuft mit zunehmender Strömungsgeschwindigkeit des Trägergases ein Maximum. Die Zunahme des Trennvermögens ist jedoch der Säulenlänge anscheinend nicht direkt proportional. Das Trennvermögen einer Säule scheint einem Grad zuzustreben, über den hinaus geringe Verbesserungen nur auf Kosten einer relativ langen Eluierzeit u. unter beträchtlicher Verdünnung durch das Trägergas (Zonenverbreiterung) zu erreichen sind. Eine Definition der Wirksamkeit einer Säule wird vorgeschlagen, bei der das Trennvermögen in direkte Beziehung zu den Verteilungskoeffizienten der jeweiligen Verbb. sowie zu den Dampfdrucken von Gruppen untereinander ähnlicher Verbb. gebracht wird. (J. physic. Chem. **60.** 685—88. Mai 1956. Wilmington, Del., Hercules Powder Co., Hercules Exp. Stat.)

H. Hofmann. 177

Betty Jean Ackerman und **Harold G. Cassidy,** *Anstiegs- und Geschwindigkeitsverhältnisse in der Papierchromatographie.* Die Arbeit wurde durchgeführt, um Gesetzmäßigkeiten für die Wahl eines geeigneten Laufmittels herauszufinden. Sie umfaßt eine quantitative Unters. an 10 handelsüblichen Papiersorten über die Dicke der Flüssigkeitsschicht, die von der Laufisg. in bestimmtem Abstand auf dem Papier gebildet wird, u. eine qualitative Unters. über die Laufgeschwindigkeit von 141 verschied. Laufisgg. an Whatman No. 1. Im Gegensatz zur Säulenchromatographie ist bei der Papierchromatographie der Querschnitt an benetzter Fläche von Oberflächenkräften des Laufmittels abhängig. Dieser Querschnitt ist nicht konstant, sondern nimmt im Papier von der Laufmitteloberfläche bis zur Laufmittelfront ab. Für W. u W.–Phenol-Gemische wurde der Massengradient, das ist das Verhältnis des Wassergewichtes zum Papiergewicht, gegen die Wegstrecke aufgetragen. Die Messungen erfolgten unter verschied. Bedingungen, wie aufsteigend, absteigend u. bei verschied. Temperaturen. Es wird stets ein im Prinzip S-förmiger Kurvenverlauf gefunden. Für die Laufgeschwindigkeit bei den unterschiedlichsten Laufmitteln ergaben sich drei Regelmäßigkeiten. Bei organ. Laufmitteln nimmt innerhalb einer homologen Gruppe die Laufgeschwindigkeit schnell mit wachsender C-Atomanzahl ab, mit Ausnahme der ersten drei Verbb. der Reihe. Beim Vgl. eines bestimmten Wegstrecken–Zeitverhältnisses, dh/dt = 6 cm, mit der Zahl der C-Atome im Mol. zeigte sich für korrespondierende Verbb. ein Zunehmen der Laufgeschwindigkeit mit Abnahme der Polarität der betreffenden Substanz. Die korrespondierenden Verbb. oder Homologenreichen ergaben für die Größe der Laufgeschwindigkeit: KW-stoffe > Äther > Ester, Halogene, Ketone > Säuren > Alkohole. (Analytic. Chem. **26.** 1874—76. Dez. 1954. New Haven, Conn., Yale Univ., Sterling Chem. Labor.)

E. Blasius. 177

A_6. Strukturforschung.

G. Möllenstedt, *100 keVolt-Elektronen im elektrostatischen Elektronenmikroskop* (*Zwischenbeschleuniger*). Bei der Durchstrahlung relativ dicker elektronenmkr. Objekte ist aus Gründen der Bildaufhellung u. der Kleinhaltung der Objektbelastung in vielen Fällen eine Durchstrahlung des Objektes mit hoher Strahlspannung (100 kV) wünschenswert. Empfindlichkeit u. Auflösungsvermögen von Leuchtschirmen u. photograph. Schichten sind dagegen bei niedrigeren Spannungen (50 kV) günstiger. Ein elektrostat. Elektronenmikroskop mit Zwischenbeschleuniger wird beschrieben, in welchen das Objekt mit 100 kV-Elektronen durchstrahlt werden kann, welche später den Leuchtschirm mit 50 kV erreichen. Die Kathode des Strahlerzeugers liegt hierbei auf — 50 kV, das Objekt auf + 50 kV gegen Erde. (Optik **12.** 441—66. 1955. Oberkochen, Elektronenopt. Abt. der Carl-Zeiss-Werke; Tübingen, Univ., Lehrstuhl für angew. Phys.)

F. Lenz. 181

J. Picht, *Über eine Methode zur systematischen Errechnung einer elektronenoptisch abbildenden Feldverteilung mit bestimmten geforderten Abbildungseigenschaften.* Gibt man Dingebene, Bildebene u. Abbildungsmaßstab bei der elektronenopt. Abb. vor, so läßt sich immer ein magnet. Linsenfeld angeben, das eine solche Abb. vermittelt. (Optik **12.** 433—40. 1955. Potsdam, PH, Inst. für theoret. Phys. u. Forschungsinst. für Phys., Math. u. Optik.)

F. Lenz. 181

W. Lippert, *Zur Wirkungsweise des Möllenstedtschen Geschwindigkeitsanalysators.* In ähnlicher Weise, wie es früher (vgl. C. **1956.** 6308.) für rotationssymm. elektrostat. Filterlinsen geschehen ist, werden hier für elektrostat. Zylinderlinsen hoher Brechkraft einfache Näherungsformeln für die asymptot. Brennweite u. Brennpunktslage abgeleitet.

Mit Hilfe dieser Formeln wird die Elektronenbewegung in Analysatorlinsen für die hochauflösende Geschwindigkeitsanalyse nach MÖLLENSTEDT (vgl. C. **1953.** 7244) untersucht. Eine Abschätzung für das optimal erreichbare chromat. Auflösungsvermögen liefert Werte von derselben Größenordnung wie die von LENZ (C. **1954.** 8522) auf anderem Wege berechneten. (Optik **12.** 467—75. 1955. Frankfurt/M., Max Planck-Inst. für Biophys.) F. LENZ. 181

E. H. Boult, *Petroläther (80° bis 100° C) als Dispersionsmittel für die Untersuchung partikelhafter Substanz durch Elektronenmikroskopie und Elektronenbeugung.* Es wird eine Meth. zur Herst. elektronenmkr. Präparate von pulverförmigen Substanzen angegeben, bei der die Dispergierung durch PAe. geschieht. Damit erhält man von in PAe. unlösl. Substanzen rasch durchstrahlbare Präparate mit sehr viel feinerer Teilchenverteilung als aus wss. Suspension. Untersucht wurden Oxyde von Mg, Ag, Pb, Ni, V, Tonmineralien, Pyranthrone, Flavanthrone u. anderes. (Nature [London] **177.** 484. 10/3. 1956. Boult, Newcastle-upon-Tyne, Kings Coll., Dep. of Chem.) H. C. WOLF. 181

Robert B. Fischer und **Joseph E. Ellinger,** *Ein Abdruckverfahren zur Untersuchung chemischer Fällungsprozesse.* Eine modifizierte Abdrucktechnik für Teilchen wird beschrieben, die bei der Mischung chem. Reagenzlsgg. ausfallen. Der Abdruck wird gebildet, während die Teilchen noch in der Mutterlsg. sind. Die Deutung der elektronenmkr. Aufnahmen u. der Anwendungsbereich werden diskutiert. (J. appl. Physics **24.** 113. Jan. 1953. Bloomington, Ind., Indiana Univ., Chem. Dep.) W. SCHEFFELS. 181

R. M. Fisher, *Ein „Extraktions-Abdruckverfahren" für die Metallographie mit Elektronen.* Die Unters. u. Identifizierung feiner Abscheidungen in Metallen mit dem Kunststoffolien-Abdruckverf. ist möglich, wenn die Probe nochmals durch die Abdruckhaut hindurch geätzt u. so die Metalloberfläche von den Abscheidungen befreit wird. Die eigentlichen abgeschiedenen Teilchen bleiben in der Abdruckhaut eingebettet. Die Abdrucke können bedampft werden. Ferner wird am RCA-EMU-Mikroskop eine Änderung für Feinstrahlbeugung beschrieben, mit welcher die Identifikation unbekannter Abscheidungen gelingt. Eine Anzahl von Anwendungsbeispielen auf die Metallurgie des Eisens wird veranschaulicht, einschließl. der B-Phase in B-Stahl u. der Abscheidung, welche die Versprödung bei hochlegiertem Cr-Stahl verursacht. (J. appl. Physics **24.** 113. Jan. 1953. Kearney, N. J., US. Steel Co., Res. Labor.) W. SCHEFFELS. 181

W. L. Grube und **S. R. Rouze,** *Vorbedampfte Abdrucke für die Elektronenmetallurgie.* Unmittelbar abziehbare, vorbedampfte Abdrucke von metallograph. Oberflächen erhält man, wenn eine oberflächenaktive Trennschicht verwendet wird. Die Auflsg. ist nicht durch plast. Struktur begrenzt. Die Präparationstechnik wird beschrieben, die Bilddeutung wird diskutiert u. Anwendungsbeispiele bei der Unters. der Feinstruktur von Stählen werden gegeben. (J. appl. Physics **24.** 113. Jan. 1953. Detroit, Gen. Motors Corp., Res. Labor. Div.) W. SCHEFFELS. 181

W. N. Filipowitsch, *Zur Theorie der Streuung von Röntgenstrahlen in Gasen, Flüssigkeiten, amorphen festen Stoffen, Polykristallen.* 1. Mitt. Die Beugung von Röntgenstrahlen an makroskop. isotropem Material, wie amorphen Festkörpern, polykristallinem Material, Kristallpulvern, Flüssigkeiten u. Gasen wird allg. sowohl unter großen wie unter kleinen Winkeln behandelt. Es wird eine Meth. der FOURIER-Analyse verwandt, die die Struktur der Körper charakterisierende Funktion φ (r) erscheint als verallgemeinerte PATTERSON-Funktion. Die Vorteile gegenüber der Wahrscheinlichkeitsmethode, die eine radiale Verteilungsfunktion benützt, werden diskutiert; vor allem werden Fehler bei der Abschätzung des Einflusses der Interferenzen zwischen den Teilchen bei sehr kleinen Streuwinkeln vermieden. Als Beispiel wird SiO_2 herangezogen. Die falschen Maxima, die äquidistant sind u. deren Amplitude mit $1/r^2$ zunimmt, werden erörtert. (Журнал Технической Физики [J. techn. Physik] **25.** 1604—21. Sept. 1955.) M. WIEDEMANN. 181

W. N. Filipowitsch, *Zur Theorie der Streuung von Röntgenstrahlen in Gasen, Flüssigkeiten, amorphen festen Stoffen, Polykristallen.* 2. Mitt. Die entwickelten Prinzipien werden auf die Röntgenanalyse von polykristallinem Material angewandt. Es wird eine Theorie der Verbreiterung der Beugungslinien in Abhängigkeit von den Kristall-Dimensionen u. einigen inneren Gitterfehlern entwickelt. Die erhaltenen Formeln werden mit denen anderer Autoren verglichen. (Журнал Технической Физики [J. techn. Physik] **25.** 1622—38. Sept. 1955.) M. WIEDEMANN. 181

A. J. B. Cruickshank und **D. H. Everett,** *Die Theorie der Flüssigkeiten und der flüssigen Mischungen.* Literaturüberblick (105 Zitate) über die neuere Entw. auf dem Gebiet der Theorie der Fll. u. der fl. Mischung. (Annu. Rep. Progr. Chem. **50.** 80—88. 1953, ausg. 1954.) W. NIEMITZ. 186

M. H. Fraser, *Eine nützliche Wechselbeziehung einiger physikalischer Eigenschaften von Flüssigkeiten.* Bei einem Überblick von Angaben über Flüssigkeitseigenschaften bei gleicher Temp. wurde die Beziehung $\eta^2 p^\alpha = \beta\gamma$ gefunden, in der α u. β Konstanten, η die Viscosität in Poise, p der Dampfdruck in mm Hg u. γ die Oberflächenspannung in dyn/cm bedeuten. Bei der graph. Darstellung von log (η^2/γ) gegen log p werden Geraden erhalten, so daß unzugängliche Daten ermittelt werden können. Wasser gibt über den ganzen Temperaturbereich wegen Inkonstanz der Assoziation in genannter Darstellung keine Gerade. (Res. Corresp., Suppl. zu: Research **8.** Nr. 11. S 57–S 58, Nov. 1955. London, Imp. Coll. of Sci. and Technol, High Speed Fluid Kinet. Labor.) W. PENK. 186

E. U. Condon, *Physik des Glaszustandes.* 1. Mitt. *Konstitution und Struktur.* Überblick über die modernen Anschauungen von der Konst. u. Struktur der anorgan. Gläser, über die zur Glasherst. benutzten Oxyde sowie über die Abhängigkeit der D. u. der Wärmekapazität des Glases von der Zusammensetzung. — 13 Literaturzitate. (Amer. J. Physics **22.** 43–53. Febr. 1954. Corning, N. Y., Corning Glass Works.) R. STEIN. 188

E. U. Condon, *Physik des Glaszustandes.* 2. Mitt. *Das Transformationsgebiet.* (1. vgl. vorst. Ref.) Überblick über Nichtgleichgewichtszustände sowie die Kinetik der im sogenannten Transformationsgebiet (ca. 400–600°) ablaufenden Vorgänge. — Zahlreiche Literaturzitate.) (Amer. J. Physics **22.** 132–42. März 1954.) R. STEIN. 188

E. U. Condon, *Physik des Glaszustandes.* 3. Mitt. *Festigkeit des Glases.* (2. vgl. vorst. Ref.) Überblick über die statist. Theorien u. die wesentlichsten experimentellen Beobachtungen zur Festigkeit des Glases sowie die Einfll. von adsorbierter Feuchtigkeit u. von Säurebehandlungen. — Zahlreiche Literaturzitate. (Amer. J. Physics **22.** 224–32. April 1954.) R. STEIN. 188

E. U. Condon, *Physik des Glaszustandes.* 4. Mitt. *Strahlungsempfindliche Gläser.* (3. vgl. vorst. Ref.) Überblick über die Photochemie der Gläser, bes. die sogenannte Polarisation des Glases sowie über die von STOOKEY (vgl. Ind. Engng. Chem. **41.** [1949], 856) entwickelten lichtempfindlichen Gläser der Corning Glass Works. (Amer. J. Physics **22.** 310–17. Mai 1954.) R. STEIN. 188

W. W. Tarassow, *Quantentheorie der Wärmekapazität und die Struktur von Silicatgläsern.* Vf. weist auf die Resultate der Quantentheorie der Wärmekapazität bei Unterss. von Ketten- u. Schichtenstrukturen hin. Bei Na-Metasilicat wurde Übereinstimmung des Silicatskeletts mit dem von $MgSiO_3$ gefunden, was darauf hindeutet, daß die Rolle der Kationen im Skelett von geringer Bedeutung ist. Durch Vergrößerung des Verhältnisses O : Si im reinen SiO_2-Skelett werden die aus 5 oder mehr SiO_2 bestehenden Ringe aufgespalten u. gehen schließlich in ein Kettenanion über. Die Kettengliederung von $Na_2Si_2O_5$ läßt sich aus der bisher üblichen sechsgliederigen Ringstruktur durch Trennung in parallel oder antiparallel gestellte sich verzweigende Kettenglieder mit je 2 Si darstellen. (Стекло и Керамика [Glas u. Keram.] **11.** Nr. 2. 6–9. Febr. 1954.) J. v. SCHROEDER. 188

H. Pfeiffer und **B. Ilschner,** *Beitrag zur Frage des Materietransports durch Zunderschichten.* Vf. versuchen die Frage zu klären, wie zum Teil erhebliche Materiemengen durch Zunderschichten hindurch zu einer Metalloberfläche gelangen können. Hierzu wurden 0,4 mm starke Fe-Drähte (Armco) zwischen 500° u. 1000° C oxydiert. Nach völliger Durchzunderung zwischen 700 u. 1000° bilden sich Hohlräume, die dem ursprünglich vom Draht eingenommenen Volumen entsprechen. Eine exponentielle Abnahme der Wachstumsgeschwindigkeit wird aber nicht beobachtet. Erfolgt die Verzunderung zwischen 500 u. 600° bilden sich dagegen keine Hohlräume, das gebildete Oxyd füllt den gesamten Raum aus. Das Problem der Wanderung durch die Deckschicht tritt auch bei der Rk. mit S auf. Vff. lassen während der Schwefelung von Fe bei 670° radioaktiven S auf die ca. 0,1 mm starke Sulfidschicht einwirken. Nach Beendigung des Versuchs wird die Sulfidschicht abgehoben u. die Strahlungsintensität auf der Außen- u. der Innenseite der Deckschicht gemessen. In der Gleichheit dieser Meßwerte sehen Vff. eine Bestätigung des Materietransports durch die Zunderschicht. Eine Wanderung durch Risse in der Sulfidschicht als Folge des Metallabbaues an der Phasengrenze ist aber unwahrscheinlich. Durch besondere thermodynam. Verhältnisse in der Nähe von Spalten oder Hohlräumen erscheint jedoch die Bldg. von Anionenleerstellen möglich. (Z. Elektrochem., Ber. Bunsenges. physik. Chem. **60.** 424–27. Mai 1956.) H.-U. WOELK. 190

Jean Jaffray, *Über eine Umwandlung von Quecksilberchloridkristallen.* Vf. hat mit Hilfe der therm. Analyse, unter Berücksichtigung der latenten, wie auch der Anomalien der spezif. Wärme festgestellt, daß eine von verschied. Autoren vermutete polymorphe Umwandlung des *Quecksilberchlorids* zwischen 100 u. 150° nicht stattfindet. Dilatometr. Messungen u. Untersuchungen der elektr. Leitfähigkeit bestätigten dieses Ergebnis. (J. Physique Radium **13.** 92 S–93 S Febr. 1952.) M. KLUGE. 190

K. W. Mitrofanowa, *Neue Daten zur Photogoniometrie von Diamanten.* Es werden Photogramme von 4 mehr oder weniger abgerundeten Diamanten analysiert. Bei einer Probe, die eine Kombination eines Oktaedroids mit kleinen ebenen Oktaederflächen darstellt, ergeben sich im Mittel D'D'' = 4°30', C'C'' = 15°10', bei einer anderen, einem typ. Dodekaedroid, D'D'' = 8°27', C'C'' = 35°27', AB = 60°15'. (Записки Всесоюзного Минералогического Общества [Schr. Allunions mineralog. Ges.] [2] **84.** 220–23. 1955. – 2 Tafeln.) R. K. MÜLLER. 190

W. C. Leslie, K. G. Carroll und **R. M. Fisher,** *Beugungsbilder und Kristallstruktur von Si_3N_4 und Ge_3N_4.* Ein Nitrid, wahrscheinlich Si_3N_4, wird aus drei nitrierten Stählen mit 0,013–0,073% C u. 0,58 bzw. 1,21 bzw. 3,20% Si herausgetrennt. Ge_3N_4 wird aus reinem Ge hergestellt. Ein Vergleich der Beugungsbilder zeigt, daß die beiden Nitride isomorph sind: es wird eine orthorhomb. Struktur an Stelle der früher für Ge_3N_4 angegebenen rhomboedr. Struktur vorgeschlagen. (J. Metals **4.** Trans. AIME 204–06. Febr. 1201. Nov. 1952. Kearny, N. J., U. S. Steel Co.) H. HOCHSTEIN. 195

Louis R. Lavine und **William N. Lipscomb,** *Die Molekularstruktur des B_5H_{11}.* (Vgl. hierzu C. **1955.** 8099.) Durch 3 dimensionale FOURIER-Analyse der Röntgendiagramme von B_5H_{11}-Einkristallen wird dessen Struktur ermittelt. Die Einheitszelle ist monoklin mit den Parametern a = 6,76, b = 8,51, c = 10,14 Å, β = 94,3°. Raumgruppe $P\,2_1/n$. Die Lage der B-Atome u. im Anschluß daran die Lage der H-Atome wird ermittelt u. folgende Abstände festgestellt: B_IB_{III} = 1,865 ± 0,005 Å; B_IB_{II} = 1,72 ± 0,02 Å; $B_{II}B_{II}$ = 1,77 Å; $B_{II}B_{III}$ = 1,75 ± 0,02 Å; BH = 1,07 ± 0,04 Å; BH (Brücke) = 1,24 ± 0,07 Å. (J. chem. Physics **21.** 2087–88. Nov. 1953. Minneapolis, Minn., Univ. of Minnesota, School of Chem.) H.-J. BECHER. 195

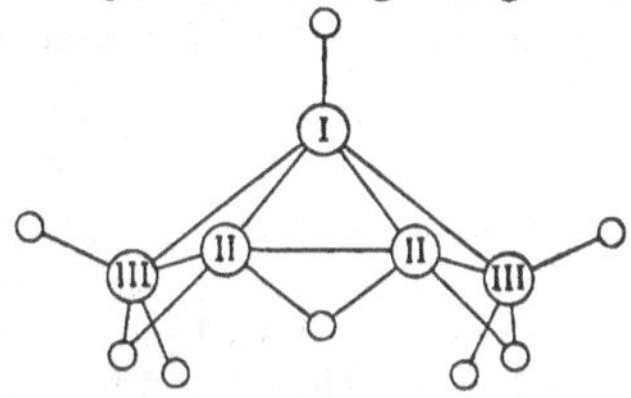

R. F. Smirnowa, I. M. Rumanowa und **N. W. Below,** *Kristallstruktur von Cuspidin.* Für die Zellenparameter von Cuspidin, $Ca_4Si_2O_7F_2$, ergibt die Röntgenunters. a = 7,53, b = 10,41, c = 10,83 Å, β = 69°56', Raumgruppe C^5_{2h} – $P\,2_1/c$. Bei D. = 2,97 bis 2,99 würde die Elementarzelle 4 Moll. enthalten. Auf Grund dieser Analyse u. der der einzelnen Reflexe werden die Koordinaten der Ca-, Si-, O- u. F-Atome ermittelt, tabellar. u. in Strukturprojektionen dargestellt mit bes. Berücksichtigung der Anordnung der Diorthogruppe $[Si_2O_7]$ gegenüber den Ca-Oktaedern. (Записки Всесоюзного Минералогического Общества [Schr. Allunions mineralog. Ges.] [2] **84.** 159–69. 1955. Inst. für Kristallogr. der Akad. der Wiss. der UdSSR.) R. K. MÜLLER. 195

F. D. Rosi, B. H. Alexander und **C. A. Dube,** *Kinetik und Orientierungsbeziehungen der sekundären Rekristallisation in Silber.* Die Erscheinung der sek. Rekristallisation in 999,9 feinem Silber wurde in kaltgewalzten Proben untersucht, welche bei 433–533° länger geglüht waren. Die Form der Sekundärkörner ist ellipsenförmig mit einer maximalen Wachstumsgeschwindigkeit in Walzrichtung. Orientierungsunterss. zeigten, daß die Sekundärkörner eine bevorzugte Orientierung besitzen, welche genau der der ursprünglichen Verformungstextur entspricht. Das vergröberte Gefüge kann auf Komponenten des Primärrekristallisationsgefüges durch eine Drehung um eine [1 1 1]-Achse bezogen werden. Unter Annahme, daß die Korngrenzen-Beweglichkeit abhängig von der Grenzenergie u. der Krümmung ist, wird eine Gleichung zur Berechnung der Wachstumsgeschwindigkeit abgeleitet. (J. Metals **4.** Trans. AIME 189–96. Febr. 1206. Nov. 1952. Bayside, N. Y., Sylvania Electric Products Inc.) H. HOCHSTEIN. 197

R. S. Busk, *Der Einfluß der Temperatur auf die Gitterparameter von Magnesium-Legierungen.* Das Achsenverhältnis c/a wird in Abhängigkeit von der Temp. für drei Mg-Legierungen mit entweder 0,18% Ag oder mit 0,10% Sn oder mit 1,87% Al bestimmt u. kurvenmäßig aufgetragen. Hierbei zeigte sich, daß das c/a-Verhältnis für die Mg-Legierung mit 1,87% Al im Gebiete von 300–500° fast linear von 1,6241 auf 1,6247 ansteigt, während die beiden anderen Legierungen in den Kurven starke Knicke zeigten, u. zwar bei der Mg-Legierung mit 0,18% Ag bei etwa 430° u. bei der Mg-Legierung mit 0,10% Sn bei 355°. (J. Metals **4.** Trans. AIME 207–09. Febr. 1223–25. Nov. 1952. Midland, Mich., Dow Chemical Co.) H. HOCHSTEIN. 197

W. Rostoker, *Beobachtungen über Gitterparameter der festen α-Lösung im Titan–Aluminium-System.* Untersucht wird der Einfl. des Al-Geh. auf die Gitterparameter von Ti–Al-Legierungen. Die Ergebnisse werden kurvenmäßig aufgetragen. Hier zeigt sich, daß eine ungewöhnliche Änderung der Neigung in der Kurve für den C-Parameter bei hohen Al-Gehh. auftritt. Die weiteren Ergebnisse lassen erkennen, daß Elektronen-

Einfll. in der Stabilität der α-Phase von Bedeutung sind. Die größte Löslichkeit tritt sehr kurz nach dem Verschwinden der Überschiebung auf. (J. Metals **4**. Trans. AIME 212–13. Febr. 1952. Chicago, Ill., Illinois Inst. of Technol.). H. HOCHSTEIN. 197

Paul Pietrokowsky, *Kristallstruktur von Ti_3Sn.* Ti_3Sn ist isomorph mit Mg_3Cd vom Typ DO_{19}. Die Struktur besteht aus Atomschichten in der Reihenfolge ABABAB, wobei jede Schicht ein Verhältnis von 3 Ti-Atomen zu einem Sn-Atom besitzt. Diese kristallograph. Anordnung kann als eine Über-Elementarzelle vom A3-Typ, Mg-Struktur, betrachtet werden. Die DO_{19}-Struktur ist aus vier A3-Typ Elementarzellen zusammengesetzt, die so angeordnet ist, daß die neue Elementarzelle die doppelte ursprüngliche Achsenlänge a_0 hat. Bekannte, mit Ti_3Sn isomorphe Verbb. sind: Mg_3Cd, $MgCd_3$, Ni_3Sn, Co_3Mo, Co_3W, Hg_3Li, $Mn_{11}Sn_3$, Ti_4Pb, Ti_4Sb, Ni_3In u. Fe_3Sn. – Schrifttumsangaben. (J. Metals **4**. Trans. AIME 211–12. Febr. 1952. Pasadena, Calif., California Inst. of Technol). H. HOCHSTEIN. 197

W. Rostoker, *Beobachtungen über das Erscheinen von Ti_2X-Phasen.* Die Familie der Strukturen, die mit Fe_3W_3C isomorph sind, kann an der provisor. Zus. von Ti_4X_2O bis Ti_3X_3O erkannt werden. Das Vorkommen hängt von dem Metall X ab. Wenn X Cu oder Ni ist, tritt diese Struktur mit oder ohne O auf. Wenn X Co, Fe oder Mn ist, tritt die Struktur nur mit O auf. Die Struktur tritt jedoch niemals auf, wenn X Cr oder V ist. (J. Metals **4**. Trans. AIME 209–10. Febr. 1952. Chicago, Ill., Illinois Inst. of Technol.) H. HOCHSTEIN. 197

W. I. Iweronowa und **A. A. Katznelsson,** *Kristallgitterverzerrungen in festen Lösungen von Kobalt und Palladium in Eisen.* Durch Messung der mittleren Atom-FOURIER-Amplitude an Fe + 4 At.-% Pd, Fe + 5% Co bzw. + 20, 30, 50% Co u. durch Messung bei verschied. Tempp. werden die stat. bzw. dynam. Verschiebungen der Atome bestimmt. Beim Syst. Fe–Co wächst der stat. Koeff. bis 20% Co u. bleibt dann prakt. konstant; die Gitterkonstante bleibt dagegen konstant bis 20% Co u. beginnt dann zu fallen. Die Ergebnisse werden mit Aussagen früherer Autoren verglichen u. bzgl. der Voraussetzungen diskutiert. (Доклады Академии Наук СССР [Ber. Akad. Wiss. UdSSR] [N. S.] **99**. 391–94. 21/11. 1954. Moskau, Staatl. Lomonossow-Univ.) K. SCHUBERT. 197

N. A. Galaktionowa, *Über den Einfluß von Wasserstoff auf die Eigenschaften von Legierungen.* Untersucht wurden die Veränderungen von Härte, Kerbzähigkeit, Koerzitivkraft u. Remanenz einer Magnetlegierung der Zus.: Ni 25, Al 15, Cu 3, Fe 57% in Abhängigkeit vom H_2-Gehalt. Die Sättigung der gegossenen (4–5 mm dicken) Proben mit H_2 erfolgte elektrolyt. bei Raumtemp., die jeweils aufgenommene Menge wurde nach der Heißextraktions-Meth. im Vakuum bei 1600–1700° bestimmt. Es wird eine außerordentlich starke Aufnahmefähigkeit der Legierung für H_2 (ein Vielfaches derjenigen von Armco- bzw. Transformatoren-Fe) festgestellt. Mit steigendem H_2-Geh. der Proben nehmen Härte u. Koerzitivkraft zu, Kerbzähigkeit u. Remanenz ab. Vor u. nach der Sättigung aufgenommene Röntgenogramme zeigen, daß die Anreicherung mit H_2 eine Aufweitung der Interferenzlinien zur Folge hat. Dies wird im Zusammenhang mit den Veränderungen der mechan. u. magnet. Eigg. auf, durch H_2-Aufnahme im Kristallgitter entstandene, zusätzliche innere Spannungen zurückgeführt. Nach überschlägiger Berechnung können dieselben Werte von 8–10 Hg/mm² erreichen. (Доклады Академии Наук СССР [Ber. Akad. Wiss. UdSSR] [N. S.] **99**. 411–14. 21/11. 1954.) V. EHMCKE. 197

Jean-Jacques Trillat und **Noboru Takahashi,** *Kontinuierliche Registrierung von chemischen oder physikalischen Umwandlungen durch Elektronenbeugung und Anwendungen.* Vff. untersuchten die Umwandlung eines Gemisches von 50% Cu u. 50% Al in $CuAl_2$, eines Gemisches von 60% Cu u. 40% Al in CuAl, die Umwandlung von amorphem in kristallines Sb sowie die allotrope Umwandlung von hexagonalem in kub. Co. Weitere Anwendungsmöglichkeiten der Meth. werden kurz besprochen. (Acta crystallogr. [Copenhagen] **7**. 15–16. Jan. 1954. Bellevue, C.N.R.S., Labor. des Rayons X.) C. GOTTFRIED. 197

T. Lebedew, *Über die Entwicklung des Zustandsdiagrammes von binären Legierungen im Zusammenhang mit der Wechselwirkung zwischen den Teilchen der sich legierenden Elemente.* An Hand von 40 Zustandsdiagrammen von bin. Legierungen wird gezeigt, daß eine Systematisierung der Diagramme nach dem Grad der Wechselwrkg. zwischen den Elementen möglich ist. Die Zustandsdiagramme zeigen eine Entw. von der völligen Trägheit der Elemente bis zur vollständigen Rk. im fl. u. schließlich festen Zustand an. (Журнал Общей Химии [J. allg. Chem.] **25** (**87**). 898–902. Mai 1955. Leningrad, Polytechn. Kalinin-Inst.) O. LEBTAG. 197

J. A. Verö, *Dilatometrische Bestimmung der Solidus-Temperatur.* Die Messung der Solidustemp. eutekt. u. peritekt. Al-Legierungen in unbearbeitetem Zustand mit dem BOLLENRATH-Dilatometer von LEITZ ergab bei Al–Cu-Legierungen gute Übereinstimmung mit Meßergebnissen von DIX u. RICHARDSON [1926]. Bei Al–Zn-Legierungen sind die gefundenen Werte kleiner als die von GAYLER-SUTHERLAND, PELZEL u. GEBHARDT. (Acta techn. Acad. Sci. hung. **2.** 97–113. 1951. Sopron, T. U. Inst. for Metallogr.) M. BLUTH. 197

Georges Chaudron, *Beitrag zum Problem der letzten Spuren von Verunreinigungen in Metallen.* Vf. berichtet im einzelnen über die Reinigung von gewöhnlich raffiniertem 99,998% ig. *Al* nach der Zonenschmelzmeth., wobei die Erhitzung des Metalls durch Hochfrequenzenergie erfolgt, u. bestimmen nach der Aktivierung im Atommeiler (vgl. ALBERT, C. **1954.** 1874) durch Messung der Abnahme der Radioaktivität die letzten Verunreinigungen an *Cu, Na, Si* u. *Seltenen Erden.* Die Analysenergebnisse sind tabellar. zusammengestellt. Des weiteren wird die Reinheit des nach diesem Verf. gewonnenen Al durch Messung der elektr. Leitfähigkeit R bei tiefer Temp. an Hand des Verhältnisses R 288° K/R 22,2° K(bei fl. H_2), das für das endgereinigte Al den Wert 1450 hat, diskutiert. Ab –20° krist. das Al grobkörnig aus. Da nach obiger Meth. sehr reines Fe nicht darzustellen ist, wird ein Fe-Oxyd in HCl gelöst u. die Lsg. elektrolysiert. Die erhaltenen Fe-Blättchen werden dann etliche Std. lang unter H_2 bei hoher Temp. erhitzt. Die letzten Spuren von C werden durch seine Umwandlung unter Einfl. eines Neutronenstroms in ein radioakt. N-Isotop nachgewiesen. Es wird schließlich festgestellt, daß das so gereinigte Fe bei relativ niedrigen Tempp. eine Korn-Polygonisation zeigt. (Bull. Soc. chim. France, Mém. [5] **21.** 419–22. April 1954.) H. SURAWSKI. 197

Ss. S. Bokstein, Ss. T. Kischkin, L. M. Moros und **T. I. Gudkowa,** *Untersuchung der Diffusion im Volumen und an den Grenzen von Metallkörnern nach der Methode der Autoradiographie.* Eine Schliffprobe von Fe bzw. Ni auf Glasplatte wird elektrolyt. mit radioakt. Sn in sehr dünner Schicht (Bruchteile eines μ) überzogen, eine gleiche Sn-freie Platte aufgelegt u. im Vakuum auf 900° erhitzt. Bei Fe findet reine Raumdiffusion statt, bei Ni anfangs auch, aber in größerer Tiefe Grenzdiffusion, wie durch Photometrieren der Kontaktabdrucke festgestellt wird. Der Diffusionskoeff. von Sn u. Fe beträgt für das Korn $D_k = 3{,}1 \cdot 10^{-11}$ (cm²/Sek.), für die Grenze $D_{gr} = 8{,}3 \cdot 10^{-11}$; bei Ni sind die entsprechenden Werte $5{,}1 \cdot 10^{-11}$ u. $3{,}5 \cdot 10^{-10}$. Das unterschiedliche Verh. von Fe u. Ni kann vielleicht durch verschied. oberflächenakt. Eigg. beider Elemente erklärt werden; Ni u. Sn stehen sich in der Oberflächenspannung näher als Fe u. Sn (Werte: 1350, 1100, 525 Dyn/cm). Daneben ist sicher auch der Unterschied im Gitterbau an der Grenze u. im Vol. zu beachten. (Доклады Академии Наук СССР [Ber. Akad. Wiss. UdSSR] **102.** 73–77. 1/5. 1955 — 1 Tafel.) R. K. MÜLLER. 197

P. L. Grusin und **W. I. Meschkow,** *Selbstdiffusion des Tantals.* Zur Best. der Selbstdiffusionskoeff. des Ta wurden Ta-Platten mit metall. Ta eingerieben, welches ^{182}Ta enthielt (Halbzerfall 117 Tage; ein elektrolyt. Auftragen stößt auf große Schwierigkeiten). Die Messung erfolgte sodann nach 170–320 Std. Erhitzen auf 1200 – 1250 — 1300° u. ergab den Wert $\sim 10^{-13}$ bei 1000° für den Selbstdiffusionskoeff.; für dessen Temperaturkoeff. wurde gefunden: $D = 13 \cdot 10^2 \cdot e^{-110\,000/RT}$ cm²/Sekunde. Beim F. wurde hingegen für $D \sim 10^{-5}$ gefunden – ein besonders niedriger Wert; daraus folgt, daß die Regel von der Gleichheit der Diffusionskoeffizienten der Metalle beim F. einer Korrektur bedarf u. nur für Metalle mit annähernd gleichem F. gilt. (Вестник Академии Наук Казахской ССР [Nachr. Akad. Wiss. KasachSSR] **1955.** Nr. 4. 85–87. April.) A. v. WILPERT. 197

Norman H. Nachtrieb und **George S. Handler,** *Selbstdiffusion in Blei.* (Vgl. C. **1956.** 5485.) Mittels *RaD* wurde die Geschwindigkeit der Selbstdiffusion in Einkristallen von Pb hoher Reinheit im Temperaturbereich 174–322° gemessen. Die Meßwerte werden am besten durch die nach der Meth. der kleinsten Quadrate verbesserte Beziehung $D = 0{,}281 \cdot \exp(-24210/RT)$ cm²·sec⁻¹ beschrieben. (J. chem. Physics **23.** 1569–70. Sept. 1955. Chicago, Ill., Univ. of Chicago, Inst. for Study of Metals.) G. RUBAN. 197

A. D. Le Claire und **A. H. Rowe,** *Die Diffusion von Argon in Silber.* Obwohl Ag im üblichen Sinne für Ar undurchlässig ist, diffundiert doch dieses Gas in Ag hinein, wenn es in das Metallgitter eingebaut wird. Es wird ein Verf. zur Messung des Diffusionsbeiwertes beschrieben. Ar enthaltende Ag-Folien werden durch Beaufschlagung von Ag mit Ar-Ionen in einer Entladungsröhre vorbereitet. Die Geschwindigkeit, mit der Ar aus den Folien während des Glühens bei erhöhter Temp. frei wird, wird mit einem Verf. der Radioaktivierung durch die Neutronen von Ar sowie durch Zählen des entwickelten Gases mit dem GEIGER-MÜLLER-Zählrohr bestimmt. (Rev. Métallurgie **52.** 94–104. Febr. 1955.) H. HOCHSTEIN. 197

Erich Fitzer, *Die Platzwechselreaktionen im System Eisen–Silicium.* Es wird der Ablauf von Diffusionsvorgängen in mehrphasigen Systemen besprochen. Experimentelle Ergebnisse über Platzwechselvorgänge im Syst. Fe–Si ergaben eine starke Konzentrationsabhängigkeit des Diffusionskoeffizienten. Die beobachtete unsymm. Diffusion bewirkt eine Materialverschiebung vom Eisen in den Si-Spender. Hieraus folgen Porenbildungen u. eine Zerstörung des festen Eisens in Berührung mit Si-abgebenden Partnern u. eine Volumenvergrößerung der letzteren. Die Platzwechsel-Rkk. zwischen Fe u. Siliciden sind durch die überaus schnelle Ausbldg. einer breiten mit dem Fe nicht fest verbundenen Fe_3Si-Schicht gekennzeichnet. (Z. Metallkunde **44.** 462–72. Okt. 1953. Wien, TH.) H. Hochstein. 197

A. P. Guljajew und **W. M. Salkin,** *Über die Kinetik der isothermen Bildung von Austenit.* Nach einem krit. Hinweis auf die einschlägigen Arbeiten verschied. Forscher berichten Vff. über eigene Unterss. über den zeitlichen Verlauf der isothermen perlit. Austenitumwandlung, die an Proben aus C-Stahl (0,8% C, lamellarer Perlit, als Ausgangsgefüge) bei 745, 755 u. 770° u. direkter Elektroerhitzung (60°/Sek. Erhitzungsgeschwindigkeit) durchgeführt wurden. Hierbei wurde der Erfassung der zwischen Ac_1 u. der Temp. der beginnenden isothermen Umwandlung entstandenen Austenitmenge durch parallel laufende Verss. mit kontinuierlicher Erhitzung mit gleicher Geschwindigkeit besonders Rechnung getragen. Die Best. der jeweils, in Abhängigkeit von der Zeit, entstehenden Austenitmenge erfolgte metallograph. an den von der Umwandlungstemp. abgeschreckten Proben. Die Ergebnisse werden an Hand von Schaubildern: Austenitmenge–Zeit u. Temp.–Zeit näher besprochen; der Einfl. der Erhitzungsgeschwindigkeit auf die Kinetik der Austenitbldg. wird in einem Diagrammschema dargestellt. (Известия Академии Наук СССР, Отделение Технических Наук [Nachr. Akad. Wiss UdSSR, Abt. techn. Wiss.] **1955.** Nr. 6. 114–18. Juni.) V. Ehmcke. 197

W. I. Prosswirin, *Über die Periodizität beim Zerfall von festen Lösungen.* Unter Hinweis auf die beim Austenitzerfall metastabiler austenit. Stähle beim Erwärmen auf bestimmte krit. Tempp. beobachteten period. Schwankungen der Eigg. (Mikrogefüge, Härte, Magnetisierbarkeit) wird versucht, diese Erscheinungen theoret. zu deuten. Grundlegend ist hierbei die Annahme größerer Konzentrationsunterschiede innerhalb der einzelnen Austenitkörner schon vor Eintritt des Zerfalls, wodurch die Ausscheidung der zweiten Phase u. deren teilweises Wiederinlösunggehen, entsprechend den sich period. ändernden Konzentrations- u. Gleichgewichtsverhältnissen, maßgeblich beeinflußt würde. An Hand einiger schemat. Diagramme werden der so gesehene Zusammenhang zwischen Konzentrationsänderung u. Schwankungen der physikal. Eigg. u. die sich hierbei abspielenden Zerfallsvorgänge näher besprochen. (Известия Академии Наук СССР, Отделение Технических Наук [Nachr. Akad. Wiss. UdSSR, Abt. techn. Wiss.] **1955.** Nr. 6. 149–50. Juni.) V. Ehmcke. 197

Samuel J. Rosenberg, *Thermische Stabilisierung austenitischer Eisen–Kohlenstoff–Nickel-Legierungen.* Es wurde gefunden, daß der „Martensitpunkt" (Temp. der Martensitbldg.) von der Art des Abschreckmittels abhängt, so daß die Abkühlungsgeschwindigkeit durch den *Austenit*-Bereich einen Einfl. auf die Martensitbldg. haben muß. Die Unterdrückung der *Martensit*-Bldg. ist eine Folge der Austenitstabilisierung, die während der Abkühlung innerhalb eines bestimmten Temperaturbereiches oberhalb des Martensitpunktes erfolgt. Unterss. verschied. Forscher brachten widersprechende Ergebnisse hinsichtlich des Einfl. der Korngröße auf die Martensitbldg. u. der Höhe des Martensitpunktes. (Acta metallurg. [New York] **1.** 376. Mai 1953.) H. Schöberl. 197

M. P. Braun und **Je. Je. Maisstrenko,** *Festigkeits- und Plastizitätseigenschaften von komplex legiertem Konstruktionsstahl.* Die Unters. wurde an 21 im 150 kg-Hochfrequenzofen erschmolzenen Stählen mit 0,35–0,39% C; 0,17–0,37% Si; 0,63–1,48% Mn; 1,01–1,65% Cr; 1,30–2,61% Ni; mit Zusätzen von bis 0,09% Ti; 0,1% V; 0,58% W.; 0,29% Mo; 0,17% Nb durchgeführt. Es wurden die Fertigkeitseigg. (Streckgrenze, Festigkeit, Dehnung, Einschnürung u. Kerbzähigkeit nach Messungen) an auf 20 mm vierkant ausgeschmiedeten Stäben nach Ölhärtung u. Anlassen auf 200–650° mit Ofenabkühlung bestimmt u. die Ergebnisse in Form von Anlaßkurven dargestellt. Die Wirkungsweise der verschied. Legierungselemente wird an Hand der Anlaßkurven u. unter Berücksichtigung theoret. Gesichtspunkte (Kristallgitterart, Atomradius usw.) näher besprochen. Eine besonders günstige Kombination der Festigkeits- u. Zähigkeitseigg. wird bei den Stählen auf Grundlage CrMnNiW u. CrMnNiNb festgestellt u. u. a. hervorgehoben, daß Mo in CrNiMo-Stählen ohne Qualitätsbeeinträchtigung durch W voll ersetzt werden kann. (Известия Академии Наук СССР, Отделение Технических Наук [Nachr. Akad. Wiss. UdSSR, Abt. techn. Wiss.] **1955.** Nr. 6. 119–26. Juni.) V. Ehmcke. 200

T. Broom und **V. N. Whittaker,** *Gleiten während der Ermüdung einer durch Altern gehärteten Legierung.* Das bisher unbekannte Gleitverh. in durch Alterung gehärteten Legierungen wurde an Al-Legierungen untersucht. Dabei zeigte sich, daß Ermüdungsbrüche im Material von Gleitbändern begleitet sind. Deren kristallograph. Orientierung wird bestimmt. Die Existenz zahlreicher möglicher Gleitbänder nach einer Alterung erklärt das im Vgl. zu ihrer Festigkeit schlechte Ermüdungsverh. vieler Legierungen. (Nature [London] **177.** 486—87. 10/3. 1956. Birmingham, Univ., Dep. of Ind. Metall.) H. C. WOLF. 200

I. R. Kramer und **R. Maddin,** *Die Verzögerungszeit für den Beginn der Gleitung in Metalleinkristallen.* Untersucht wird die Verzögerungszeit für den Beginn der Gleitung in Einkristallen von *α-Messing, Al* u. *β*-Messing. Eine solche Zeit wurde in *β*-Messing gefunden, wenn die Proben unter Raumtemp. geprüft wurden; jedoch konnte sie für α-Messing u. Al nicht gefunden werden. Es wird eine allg. Theorie für die Existenz der spröden Übergangstemp. vorgeschlagen. (J. Metals **4.** Trans. AIME 197—203. Febr. 1200—01. Nov. 1952. Princeton, N. J., Horizons Titanium, Inc.; Baltimore, Univ.) H. HOCHSTEIN. 200

Piero Giorgio Bordoni, *Untersuchungen über den festen Zustand bei hoher Temperatur mit Hilfe von Ultraschall.* (Vgl. C. **1956.** 1521.) Mittels Ultraschall untersuchte Vf. die elast. u. unelast. Eigg. von *Sn, Pb, Zn, Bi, Cd, Mg, Al* u. *Cu* in der Nähe der FF. der Metalle. Aus den bisherigen Unterss. ergab sich, daß mit steigender Temp. die Zug- u. Torsionsmoduln einem von Null verschied. Grenzwert zustreben; sie folgen hierbei einem Gesetz allg. Typs, das sich aus der statist. Mechanik herleiten läßt. Die Streuung der elast. Energie wächst regelmäßig mit der Temperatur. (J. Physique Radium **16.** 285—91. April 1955. Roma, Ist. Naz. di Ultracustica „O. M. Corbino".) C. GOTTFRIED. 200

A₇. Gleichgewichte. Kinetik.

I. L. Krupatkin, *Über die Regel der umgekehrten Ähnlichkeit.* Zur Best. der Art der Rk. in einem bin. Syst. wird die Entmischbarkeit seiner Komponenten in einem Medium einer dritten Komponente untersucht. Danach erfolgt eine Klassifizierung der tern. Systeme nach 3 Gruppen (1. keine Entmischung der bin. Systeme, aber des Gemisches; 2. Entmischung in einem der bin. Systeme; 3. Entmischung in 2 bin. Systemen) u. 5 Reihen (1. keine chem. Verbb.; 2. im tern. Syst. tern. krit. Punkt oder geschlossene Isotherme; 3. rationelles überwiegendes Syst.; 4. irrationales überwiegendes Syst.; 5. Verb. des überwiegenden Syst. in der 3. Komponente unbeschränkt lösl.). Als „Regel der umgekehrten Ähnlichkeit" wird abgeleitet: wenn im Konzentrationsdreieck eines tern. Syst. mit Gleichgewicht zwischen fl. Phasen parallel zur Seite des bin. überwiegenden Syst., etwa in der Mitte der von den Löslichkeitskurven begrenzten Fläche, eine Gerade gezogen wird, teilt diese „Isokonzentrate" die Löslichkeitsisotherme in 2 Zweige, die einander qualitativ ähnlich, aber in der Krümmung u. in der Lage ihrer geometr. Elemente entgegengesetzt sind. Mittels dieser Regel lassen sich Voraussagen über die Möglichkeit oder Unmöglichkeit von Gleichgewichten fl. Phasen in bin. Systemen (nicht aber in Systemen mit 3 fl. Phasen) treffen, wie an Beispielen gezeigt wird. (Журнал Общей Химии [J. allg. Chem.] **25** (**87**). 2420—26. Dez. 1955. Tscherkass. Pädagog. Inst.) R. K. MÜLLER. 221

F. H. C. Kelly, *Phasengleichgewichtsdiagramme für Mehrkomponentensysteme.* Methoden der graph. Darst. von 3- bis 5-Komponentensystemen werden diskutiert u. bes. auf die Arbeiten von JÄNECKE [1906] verwiesen. (J. chem. Educat. **31.** 637—40. Dez. 1954. Hobart, Australien, Univ. of Tasmania.) H.-G. MOSLÉ. 221

Sirozi Hatta, *Vorteile der Methode zur Darstellung eines Dreikomponentensystems mit Hilfe eines rechtwinkligen Dreiecks.* Es werden die Vorteile der an sich alten Darst. von Dreikomponentensystemen mit Hilfe eines rechtwinkligen Dreiecks im Vgl. zu der allg. üblichen Meth. mit Hilfe gleichseitiger Dreiecke diskutiert, bes. in Hinblick auf die Anwendung im Chemie-Ingenieurwesen, sowie kurz die Darst. eines Vierkomponentensyst. mit Hilfe eines rechtwinkligen Tetrahedrons erläutert. (Technol. Rep. Tôhoku, Univ. Sendai, Japan **14.** Nr. 2. 1—9. 1950. [Orig.: engl.]) W. NIEMITZ. 221

Ss. D. Gromakow, *Methoden zur Berechnung der Eigenschaften von ternären Systemen nach den Daten für binäre Systeme.* Als Beispiel werden tern. reziproke Systeme AX + BY = AY + BX + Q (kcal/Mol) (A, B = Kationen, X, Y = Anionen) behandelt, z. B. KCl + NaBr = NaCl + KBr + 1,7 kcal/Mol. Es werden Gleichungen für die Berechnung der Liquidusoberfläche u. anderer Eigg. der tern. Systeme aus den experimentellen Daten für die einzelnen bin. Systeme abgeleitet. Diese Gleichungen können zur Best. der chem. Rk. zwischen den Komponenten verwendet werden, wie sie z. B. im Syst. AgCl + NaBr = AgBr + NaCl + 5,5 kcal/Mol stattfindet. (Журнал Физической Химии [J. physik. Chem.] **28.** 1257—65. Juli 1954. Kasan, Univ.) R. K. MÜLLER. 221

I. L. Krupatkin, *Über die Anwendung der Regel von W. F. Alexejew auf ternäre Systeme.* An den Systemen *H_2O–A.–Triäthylamin* u. H_2O–*1.2-Dichloräthan–Caprolactam* wird die Anwendbarkeit der von ALEXEJEW [1885] aufgestellten Regel auf die tern. Systeme mit einem Gleichgewicht zwischen den fl. Phasen gezeigt. Zwischen der Lage der Konnoden, des krit. Punktes der isothermen Auflösung u. der Mittellinie (die Mitte der Konnoden schneidende Linie) besteht eine enge Beziehung, wodurch eine Beschreibung des Chemismus im tern. Syst. von einem beliebigen geometr. Element aus möglich ist. Der physikal.-chem. Sinn der Mittellinie liegt darin, daß sie einen bestimmten Winkel zum bin. vorherrschenden Syst. bildet. Die Mittellinie beginnt in der Mitte der Grenzkonnode u. endet im krit. Punkt der isothermen Auflösung. (Журнал Общей Химии [J. allg. Chem.] **25** (**87**). 2023–28. Okt. 1955. Tscherkassy, Pädagog. Inst.) O. LEBTAG. 221

Ely Gonick, W. Conrad Fernelius und **Bodie E. Douglas,** *Gleichgewichtskonstanten für die Bildung von Komplexen zwischen 1.3-Diaminopropanol-(2) und verschiedenen Metallionen.* Es werden die Gleichgewichtskonstanten (log K_1 u. log K_2) für die Bldg.von Komplexen zwischen *1.3-Diamino-2-propanol* u. folgenden Ionen bei verschied. Tempp. ermittelt: H^+ 0° (10,65 u. 9,14); 30° (9,68 u. 8,23) u. 50° (9,11 u. 7,69); Ag^+ 30° (5,80 u. —); Ca^{2+} 30° (3,90 u. 3,24); Ni^{2+} 0° (6,19 u. 4,88); 30° (5,64 u. 4,38) u. 50° (5,37 u. 4,01) sowie Zn^{2+} 30° (4,60 u. 4,42). Die Ergebnisse werden kurz diskutiert u. mit den früher an den etwas stärkeren Basen *1.3-Diaminopropan* u. *2.2-Dimethyl-1.3-propandiamin* gefundenen (vgl. C. **1955.** 6716) verglichen. (J. Amer. chem. Soc. **77.** 6506–07. 20/12. 1955. State College, Pa., Pennsylvania State Univ., Coll. of Chem.) W. NIEMITZ. 223

K. Bril, S. Bril und **P. Krumholz,** *Die Kinetik der Verdrängungsreaktionen bei Metallkomplexen der Äthylendiamintetraessigsäure.* 2. Mitt. (1. vgl. C. **1956.** 2677.) Für die Anfangsgeschwindigkeit v_0 der Rk. $Me_{(1)}^{2+} + [Me_{(2)}Y]^{2-} \rightarrow Me_{(2)}^{2+} + [Me_{(1)}Y]^{2-}$ (Y = Äthylendiamintetraessigsäure; Me-Paar z. B. Cu–Cd) gilt im p_H-Bereich 5–6: $v_0 = (Me_{(1)})(Me_{(2)}Y)\ \{k_1^+ + k_2^+ [H] + k_3^+ [H]/(Me_{(2)})\}$. Das letzte Glied mit k_3^+ kann durch die Rk. $[Me_{(2)}Y]^{2-} + H^+ \rightleftharpoons Me_{(2)}^{2+} + YH^{3-}$; $Me_{(1)}^{2+} + YH^{3-} \rightleftharpoons [Me_{(1)}Y]^{2-} + H^+$ interpretiert werden. Vff. weisen in ihrer Arbeit experimentell nach, daß für die letztere Rk. der Ausdruck $v_0 = [k_a/k_b(Me_{(2)}) + k_c(Me_{(1)})]\,[Me_{(2)}Y]\,[Me_{(1)}]\,[H]$ ohne Einschränkung bzgl. der Konz. u. Me-Ionenpaar gültig ist. (J. physic. Chem. **60.** 251–52. Febr. 1956. São Paulo, Res. Labor. of Orquima S. A.) H.-G. PLUST. 223

I. M. Korenman, *Löslichkeitsprodukt der Hydroxyde einiger seltener Elemente.* Auf Grund des p_H bei beginnender Fällung werden folgende Löslichkeitsprodd. (Mittelwerte bei 18°) errechnet: $La(OH)_3$ $5 \cdot 10^{-21}$; $Ce(OH)_3$ $5 \cdot 10^{23}$; $Pr(OH)_3$ $7 \cdot 10^{-24}$; $Nd(OH)_3$ $5 \cdot 10^{-24}$; $Sm(OH)_3$ $2 \cdot 10^{-24}$; $Y(OH)_3$ $1 \cdot 10^{-24}$; $Th(OH)_4$ $4 \cdot 10^{-45}$; $Ce(OH)_4$ $2 \cdot 10^{-48}$; $Zr(OH)_4$ $8 \cdot 10^{-52}$. Unter den Hydroxyden der Seltenen Erden ist $La(OH)_3$ die stärkste Base. Bei $Me(OH)_4$ ist das Löslichkeitsprod. durchweg erheblich kleiner als bei $Me(OH)_3$. (Журнал Общей Химии [J. allg. Chem.] **25** (**87**). 1859–61. Sept. 1955. Gorki, Univ.) R. K. MÜLLER. 224

Arnold E. Levitt und **Harry Freund,** *Lösungsextraktion von Zirkonium mit Tributylphosphat.* Vff. studieren den Einfl. verschied. Variablen auf die Extraktion von Zr aus salzsauren Lsgg. mit n-Tributylphosphat (TBP) mit dem Ziel, den Reaktionsmechanismus bei der Extraktion aufzuklären. Die Änderung des Verteilungskoeff. D für Zr mit der TBP-Konz. in TBP-Bzl.-Lsgg. läßt auf ein Mol-Verhältnis TBP : Zr = 2 : 1 in der extrahierten Verb. schließen. Das Mol-Verhältnis Cl : Zr in der organ. Phase beträgt 4 : 1. Eine Unters. der Änderung von D mit der Cl^--Ionenkonz. der wss. Phase bei konstanter Acidität u. Ionenstärke sowie der Einfl. der Acidität der wss. Phase auf D bei konstanter Cl^--Ionenkonz. u. Ionenstärke zeigen, daß die extrahierte Verb. in der organ. Phase die Zus. $ZrCl_4(TBP)_2$ hat. Eine Abnahme von D mit steigender Zr-Anfangskonz. bei konstant gehaltener HCl-Konz. der wss. Phase u. konstanter TBP-Konz. der organ. Phase weist auf ein größeres Ausmaß von Zr-Polymerisation in der wss. Phase hin. (J. Amer. chem. Soc. **78.** 1545–49. 20/4. 1956. Amherst, Mass., Univ. of Massachussetts, Dep. of Chem.; Corvallis, Oreg., Oregon State Coll., Dep. of Chem.) D. ERTEL. 224

Miles Fors, *Reaktionskinetik, eine Übersicht.* Vortrag über Entw. u. Grundtatsachen der Reaktionskinetik: Reaktionsordnung; Best. der Ordnungszahl; Komplikationen; Beispiele von Ketten-Rkk.; Bedeutung der Temp.; Kollisions- u. „Transition state"-Theorie. (Farmac. Revy **54.** 453–56. 28/7. 470–72. 4/8. 485–90. 11/8. 1955.) R. K. MÜLLER. 225

M. C. R. Symons, *Kaliumpermanganat – eine mögliche Quelle von freien OH-Radikalen.* (Vgl. C. **1955.** 9275.) Vf. nimmt auf Grund der folgenden Rkk. die Bldg. von OH-Radikalen (**I**) aus $KMnO_4$ (**II**) in alkal. Lsg. an. 1. Beim Zusetzen von **II** zu einer 3 mol. Lsg. von KOH u. Acrylnitril findet teilweise Polymerisation statt. 2. Die Rk. $4\ KMnO_4 + 4\ KOH \rightarrow 4\ K_2MnO_4 + 2\ H_2O + O_2$ ist 1. Ordnung bzgl. **II** u. wird durch Licht katalysiert. Hier nimmt Vf. eine Intermediasverb. $(MnO_4 \cdot OH)^{2-}$ an. 3. Bei der Oxydation von

Carbonsäuren der Formel $RR_1CH-(CH_2)_nCOOH$ zu $RR_1C(OH)-(CH_2)_nCOOH$ kann möglicherweise das intermediär entstehende Radikal $RR_1\dot{C}(CH_2)_nCOOH$ auch durch Angriff von I auf die Carbonsäure entstehen. (Res. Corresp., Suppl. zu: Research **6.** Nr. 1. 5 S—6 S. Jan. 1953. London, Battersea Polytechnic, Chem. Dep.) J. KLEINWÄCHTER. 225

J. Dereń, J. Haber, A. Halpern und **A. Polaczek,** *Untersuchung der Austauschreaktion von Brom im System Hg_2Br_2-Brom-Dampf mit radioaktiven Isotopen.* Nach SZILARD-CHALMERS mit radioakt. Br angereichertes Hg_2Br_2 wurde in inakt. Br-Dampf bei verschied. Temp. bis 190° erhitzt. Die nach je $1^1/_2$ Std. gemessenen Aktivitäten im Br-Dampf zeigten einen Br-Austausch zwischen 17 u. 24% ohne eindeutige Temperaturabhängigkeit, was vorwiegend auf eine Oberflächen-Rk. zurückzuführen ist. (Roczniki Chem. [Ann. Soc. chim. Polonorum] **28.** 673—75. 1954. Kraków, Uniw., Kat. Chem. Jądr., Chem. Ogóln., Chem. Nieorgan.) F. URBAN. 225

Gerhart Jander und **Karl Kraffczyk,** *Ionenreaktionen in absolutem Diäthyläther als Lösungsmittel.* 2. Mitt. *Konduktometrische Titrationen von einigen organischen und anorganischen Verbindungstypen mit Lithiumaluminiumhydrid in absolutem Diäthyläther.* (1. vgl. C. **1956.** 9916.) Die Umsetzung von $LiAlH_4$ mit *Aceton, Essigsäureäthylester, Acetonitril, Acetamid* u. *Nitrobenzol,* ferner mit $AgClO_4$, ZnJ_2 u. $GaBr_3$ in äther. Lsg. wird durch Messung der elektr. Leitfähigkeit verfolgt. Auf Grund der guten Leitfähigkeit äther. $LiAlH_4$-Lsgg. ist es bequem möglich, die Rkk. in kurzer Zeit fortlaufend zu verfolgen. Die Rkk. verliefen durchweg rasch nach Art von Ionenreaktionen. (Z. anorg. allg. Chem. **283.** 217—29. Jan. 1956. Berlin, TU, Anorgan.-chem. Inst.) G. HARTMANN. 225

M. B. Neiman, *Kinetische Methode der Anwendung von markierten Atomen zur Untersuchung des Mechanismus komplizierter chemischer und biochemischer Prozesse.* 1. Mitt. *Theorie der Methode.* (Vgl. C. **1955.** 9289.) Für den Fall einer Rk., bei der aus den Ausgangsstoffen A_1 u. A_2 ein Zwischenprod. X entsteht, das in 2 Verbb. B_1 u. B_2 übergehen kann, werden Gleichungen der Reaktionsgeschwindigkeit dx/dt abgeleitet u. auf den Fall der Anwendung eines durch Verwendung eines radioakt. Isotopen markierten Zusatzes $\overset{*}{X}$ übertragen. Als Sonderfall wird der einer stationären Konz. von X behandelt. Die Best. der Reaktionsgeschwindigkeitskonstanten aus kinet. Daten wird erläutert. Als Beispiel der experimentellen Nachprüfung der kinet. Meth. werden Kurven der zeitlichen Veränderung der spezif. Aktivität der P-Verbb. im Blutplasma u. in verschied. Körperorganen (Lunge, Niere, Muskel, Rückenmark, Gehirn) weißer Ratten gezeigt u. ihre Auswertung beschrieben. Die möglichen Anwendungen der kinet. Meth. werden erörtert. (Журнал Физической Химии [J. physik. Chem.] **28.** 1235—42. Juli 1954. Moskau, Inst. für chem. Physik der Akad. der Wiss. der UdSSR.) R. K. MÜLLER. 225

M. B. Neiman, Ju. M. Schapowalow und **W. B. Miller,** *Untersuchung des Einflusses der Molekülstruktur auf die Geschwindigkeit von Ionen- und Atomreaktionen mit Isotopenaustausch.* 1. Mitt. *Einfluß der Verlängerung der Kohlenstoffkette des Alkylradikals auf die Geschwindigkeit des Isotopenaustausches des Halogenradikals mit Halogenionen.* (Vgl. C. **1954.** 9965.) Es wird der Halogenaustausch zwischen Halogenalkylen RX ($R = CH_3$, C_2H_5, n-C_3H_7; X = Br, J) u. NaBr bzw. NaJ mit radioakt. Halogenion in wss.-alkoh. Lsg. untersucht. Die Rk. verläuft nach einem Mol.-Ionenmechanismus. Ihre Geschwindigkeitskonstante nimmt mit zunehmender Länge der Alkylkette ab. Sie ist (bei 50°) bei CH_3Br 200($\cdot 10^{-5}$), Aktivierungsenergie 17500 (cal/Mol), Entropie des aktivierten Komplexes S = 19,5 (cal/Mol·Grad), C_2H_5Br 17; ~18000; ~22,7; C_3H_7Br 14; 18400; 22,0; (bei 20°) CH_3J 630; 15400; 19,5; C_2H_5J 13; ~19000; ~17,4; C_3H_7J 10; 19300; 13,3. Der hemmende Einfl. der Verlängerung der Alkylkette ist also am größten beim Übergang von CH_3 zu C_2H_5. (Журнал Физической Химии [J. physik. Chem.] **28.** 1243 bis 1256. Juli 1954. Moskau, Inst. für chem. Physik der Akad. der Wiss. der UdSSR.) R. K. MÜLLER. 225

M. B. Neiman, W. B. Miller und **Ju. M. Schapowalow,** *Untersuchung des Einflusses der Molekülstruktur auf die Geschwindigkeit von Ionen- und Atomreaktionen mit Isotopenaustausch.* 2. Mitt. *Einfluß der Isomerisation des Radikals und der Einführung einer Doppelbindung auf die Geschwindigkeit des Isotopenaustausches eines Halogenalkyls mit Halogenionen.* (1. vgl. vorst. Ref.) Ausführlichere Wiedergabe der C. **1951.** II. 2858; **1954.** 9965 referierten Arbeiten. Bei der Rk. zwischen *Isopropylbromid* u. $Na^{82}Br$ (I) ist die Aktivierungsenergie $E = 19000 \pm 125$ (cal/Mol), $k = 1,6 \cdot 10^8 \cdot e^{-19000/RT}$, bei der Rk. zwischen *Isopropyljodid* u. $Na^{131}J$ ist $E = 20000 \pm 231$, $k = 6 \cdot 10^9 \cdot e^{-20000/RT}$, bei der Rk. von *Allylbromid* mit I ist $E = 16000 \pm 123$, $k = 2,8 \cdot 10^8 \cdot e^{-16000/RT}$. Isomerisierung des Alkylradikals erhöht E u. verlangsamt die Ionen-Rk. des Isotopenaustausches der Halogene. Einführung einer Doppelbindung in β-Stellung zum Halogen beschleunigt den Ionenisotopenaustausch. (Журнал Физической Химии [J. physik. Chem.] **29.** 892—97. Mai 1955. Moskau, Inst. für chem. Physik der Akad. der Wiss. der UdSSR.) R. K. MÜLLER. 225

H. M. Neumann und **Harmon Brown,** *Die Geschwindigkeit des radioaktiven Austausches zwischen Antimon(III) und Antimon(V) in chlorwasserstoffsaurer Lösung.* Unter Berücksichtigung bereits bekannter Gleichgewichts- u. kinet. Daten, die Vff. auf das Sb(V)-Syst. anwenden, wird gezeigt, daß alle experimentell erhaltenen Ergebnisse gedeutet werden können, wenn angenommen wird, daß das $SbCl_6^-$-Anion das allein wirksame Sb(V)-Agens ist, welches den radioakt. Austausch mit Sb(III) vermittelt. Die beobachtete Kompliziertheit der Austausch-Rk. beruht auf der Tatsache, daß unter gewissen Bedingungen die Bildungsgeschwindigkeit von $SbCl_6^-$ geschwindigkeitsbestimmend ist, während unter anderen Bedingungen der Austauschvorgang selbst der geschwindigkeitsbestimmende Schritt der Rk. ist. Führt man die Austausch-Rk. unter Bedingungen durch, bei denen kein chem. Gleichgewicht existiert, zeigt sich, daß die Austauschgeschwindigkeit zwischen $SbCl_6^-$ u. Sb(III) mit ansteigender Acidität abnimmt. Vff. vermuten daher, daß $SbCl_3$ die zum Austausch befähigte Sb(III)-Form ist u. diskutieren einige mögliche Zwischenstadien der Reaktion. (J. Amer. chem. Soc. **78.** 1843—47. 5/5. 1956. Evanston, Ill., Northwestern Univ., Chem. Labor.) D. Ertel. 225

D. G. Tuck, Charles D. Coryell und **John W. Irvine jr.,** *Der schnelle Chloridaustausch zwischen Salzsäure und Gold(III)-chlorwasserstoffsäure in β.β'-Dichlordiäthyläther.* Es werden Unterss. über die Austauschgeschwindigkeit von Cl^- zwischen ^{38}Cl-markierter HCl u. $HAuCl_4$ in β.β'-Dichlordiäthyläther- (I)-Lsg. bei Raumtemp. beschrieben u. diskutiert. Dazu wurde das Gemisch aus je einem ml der markierten HCl- u. der $HAuCl_4$-Lsg. in I innerhalb $\geqq$ 30 Sek. durch eine Ionenaustauschersäule (7 cm lang, 0,4 cm Durchmesser) von *Dowex-1*, NO_3-Form (10% vernetzt, 100—200 mesh) gesaugt, HCl mit wss. HNO_3 eluiert u. im Eluat $^{38}Cl^-$ gezählt. Das ausgetauschte $^{38}Cl^-$ in $HAuCl_4$ wurde direkt in der Harzphase nach deren Entfernung von der Säule gezählt. Aus den Ergebnissen geht hervor, daß im Konzentrationsbereich von 0,01 f die Halbwertszeit des HCl-$HAuCl_4$-Austausches ca. 10 Sek. beträgt. $HAuCl_4$ existiert in **I** vermutlich als solches oder als assoziiertes Ionenpaar (H^+) ($AuCl_4^-$). Über die Rolle von assoziiertem W. besteht keine völlige Klarheit. (J. physic. Chem. **60.** 378—79. März 1956. Cambridge, Mass., MIT, Dep. of Chem. and Labor. of Nucl. Sci.) H. Hofmann. 225

Mary L. Kilpatrick, Claude C. Herrick und **Martin Kilpatrick,** *Die Zersetzung von Ozon in wässeriger Lösung.* Vff. untersuchen die Zerfallsgeschwindigkeit von O_3 in 0,01 mol. wss. $HClO_4$ mit spektrophotometr., jodometr. u. manometr. Methoden u. finden, daß $-dc_{O_3}/dt$ proportional $c_{O_3}^{3/2}$ ist. Dieses Ergebnis stimmt mit dem von Weiss (Trans. Faraday Soc. **31.** [1935.] 668) angegebenen mutmaßlichen Reaktionsschema überein. Im Zusammenhang mit kinet. Experimenten wird der mol. Extinktionskoeff. für (0,5—7)$\cdot 10^{-5}$ mol. O_3-Lsgg. in 0,01 mol. $HClO_4$ bei 260 mμ u. 24,9 ± 0,05° zu 2930 ± 32 Liter/Mol·cm gemessen. Ferner bestimmen Vff. für verschied. Tempp. die Konstante des Henryschen Gesetzes $K_{O_3} = P_{O_3}/c_{O_3}$ für O_3-Lsgg. in 0,01 mol. $HClO_4$ u. geben folgende Werte $K_{O_3}\cdot 10^{-4}$ in Liter/Mol an: 15,2°: 5,4; 20°: 6,8; 25°: 7,6; 29,4°: 8,4. Ähnlich wie bei H_2O_2 ist es schwierig, reproduzierbare Zerfallsgeschwindigkeiten zu erhalten. (J. Amer. chem. Soc. **78.** 1784—89. 5/5. 1956. Chicago, Ill., Illinois Inst. of Technology, Dep. of Chem.) D. Ertel. 225

Kenzi Tamaru, *Die thermische Zersetzung von Zinnhydrid.* Vf. untersuchte mit einer stat. Meth. die Kinetik der SnH_4- bzw. SnD_4-Zersetzung. In bezug auf SnH_4 ist die Zers. eine Rk. 1. Ordnung, die unabhängig vom H_2-Druck ist u. deren Aktivierungsenergie 9,1 kcal/Mol zwischen 35 u. 100° beträgt. Ein Austausch von H_2 gegen D_2 konnte in meßbarem Umfang bei 60°, wo SnH_4 schnell zers. wird, nicht festgestellt werden; wenn SnD_4 in Ggw. von H_2 zers. wird, findet sich im Reaktionsprod. ebenfalls kein HD. Werden andererseits Mischungen von SnH_4 u. SnD_4 der Zers. unterworfen, bildet sich HD. Vf. untersuchte ferner den Einfl. von O_2 auf die Zers. u. stellte fest, daß bereits geringe Mengen O_2 die Zers. völlig zum Stillstand bringen können, indem ein Oxydfilm auf der Sn-Oberfläche gebildet wird. Als geschwindigkeitsbestimmenden Schritt der Gesamt-Rk. betrachtet Vf. die Chemisorption von SnH_4 an eine Sn-Oberfläche. (J. physic. Chem. **60.** 610—12. Mai 1956. Princeton, N. J., Princeton Univ., Frick Chem. Labor.) D. Ertel. 225

H. M. Neumann und **R. W. Ramette,** *Kinetik der Hydrolyse von Hexachlorantimonat(V).* Hinsichtlich ihrer Anwendbarkeit zur Unters. der Kinetik der Hydrolyse des $SbCl_6^-$-Anions prüfen Vff. 3 Methoden: 1. Lösungsmittelextraktion von $SbCl_6^-$ mit Bzl., 2. amperometr. $SbCl_6^-$-Best. mittels rotierender Pt-Elektrode, 3. Spektrophotometrie im Bereich 290—320 mμ bei 25° ± 0,2°. Da letzteres Verf. den anderen Methoden überlegen ist, wird es von Vff. ausschließlich für ausgedehnte kinet. Unterss. verwendet. Die Geschwindigkeitskonstante der Hydrolyse von $SbCl_6^-$ bei einer totalen Cl^--Konz. von 6 Mol/Liter beträgt $k_h = (3{,}9 + 0{,}8\,c_{H^+})\cdot 10^{-3}$ (min^{-1}), bei 9 mol. Cl^--Gesamtkonz. dagegen $k_h = (5{,}3 + 1{,}6\,c_{H^+})\cdot 10^{-3}$ (min^{-1}). H^+ u. Sb^{3+} beschleunigen die Hydrolyse, letzteres wahrscheinlich in Form von $SbCl_3$. Mit diesen Beobachtungen in Einklang stehende mutmaßliche Reaktionsmechanismen werden kurz diskutiert. (J. Amer. chem. Soc. **78.** 1848—51. 5/5. 1956. Evanston, Ill., Northfield, Minn., Northwestern Univ. and Carleton Coll., Chem. Labor.) D. ERTEL. 225

Walter Roth und **Walter H. Bauer,** *Die explosive Oxydation von Diboran.* Vff. untersuchen die Oxydation von Diboran im Bereich der zweiten Druck-Explosions-Grenze. Das Verh. stöchiometr. Mischungen von B_2H_6 u. O_2 bei 23 Torr, sowie der Einfl. von Fremdgaszusätzen (5, 10 u. 20% N_2, He, Ar bzw. H_2) auf diese Grenze führt zu der Annahme, daß ein Reaktionsmechanismus mit bimol. Kettenverzweigung u. trimol. Kettenabbruch vorliegt; N_2, He u. Ar wirken dabei als „dritte Körper" in Übereinstimmung mit Voraussagen der Stoßtheorie. H_2-Zusatz bis zu 10% vermindert die Explosionstemp., bei ca. 20% H_2 erfolgt dagegen ein Ansteigen dieser Temperaturgrenze. Vff. erklären diesen Effekt durch die verzögernde Wrkg. relativ geringer H_2-Konzz. auf die Rk. $BH_3 + B_2H_6 \rightarrow B_3H_7 + H_2$, die den Kettenträger BH_3 in geringem Umfang entfernt. Bei höheren H_2-Konzz. können dagegen O-Atome weggefangen werden durch die Start-Rk. $O + H_2 \rightarrow OH + H$, gefolgt von $OH + H_2 \rightarrow H_2O + H$ u. $H + O_2 + M \rightarrow HO_2 + M$ ($M = N_2$, He oder Ar). Das würde den Anstieg der Explosionstemp. bei höheren H_2-Konzz. erklären. Anscheinend konkurrieren die Rkk. $O + H_2 \rightarrow OH + H$ u. $O + B_2H_6 \rightarrow BH_2OH + BH_3$ bei der Entfernung der O-Atome in H_2-haltigen Systemen. (J. physic. Chem. **60.** 639—41. Mai 1956. Troy, N. Y., Rensselaer Polytechn. Inst., Walker Labor.) D. ERTEL. 225

Armando Andreotti, *Die chemische Wirkung des Lichtes.* Zusammenfassende Darstellung der chem. Wrkg. des Lichtes mit bekannten Beispielen aus der Photochemie. Weiterhin werden Chemoluminescenz u. Biolumineseenz behandelt. (Chimica [Milano] [N. S.] **7** (**28**). 280—83. 1952.) J. GOUBEAU. 226

Robert J. Carter, William H. Hamill und **Russell R. Williams jr.,** *Die Kinetik heißer Deuteriumatome bei der Photolyse von Deuteriumjodid.* D-Atome hoher kinet. Energie werden durch Photolyse von DJ-Gas erzeugt. Die Rk. dieser heißen D-Atome mit H_2, CH_4, C_2H_6 u. *Neopentan* wurde in Abhängigkeit von der Zus., λ (**1849, 2537,** 2950 Å), Temp. (Zimmertemp. u. 100°) u. Zusatz von Edelgasen untersucht. An den H-haltigen Substraten wurde das Verhältnis der Rk. heißer Atome unter Bldg. von HD zur Moderierung unter Bldg. therm. D-Atome gemessen. Die Abhängigkeit des Verhältnisses D_2/HD von den experimentellen Bedingungen wird durch einen einfachen Mechanismus beschrieben. Die Wirksamkeit der Moderatoren wird in Beziehung zu ihren mol. Eigg. gebracht. (J. Amer. chem. Soc. **77.** 6457—60. 20/12. 1955. Notre Dame, Ind., Univ., Dep. of Chem.) M. SCHENK. 226

Edwin J. Hart, *„Radiation"-Chemie des wässerigen Systems Ameisensäure–Eisen (III)-Sulfat.* Vf. untersucht die von γ-Strahlen eingeleitete Rk. zwischen Ameisensäure (**I**) u. $Fe_2(SO_4)_3$ im p_H-Bereich von 0,3—2,5. Die Strahlungsausbeute an CO_2, H_2 u. Fe^{2+} wird angegeben als Funktion der Konz. an **I** u. $Fe_2(SO_4)_3$. Die ablaufenden Rkk. sind vom jeweiligen Verhältnis **I**/$Fe_2(SO_4)_3$ abhängig. Bei niedrigem Verhältnis kann die Rk. wiedergegeben werden durch: $2\,Fe^{3+} + HCOOH = 2\,Fe^{2+} + 2\,H^+ + CO_2$, bei größerem Verhältnis läuft die Rk. $2\,Fe^{3+} + 2\,HCOOH = 2\,Fe^{2+} + 2\,CO_2 + H_2 + 2\,H^+$ ab. Vf. diskutiert den Reaktionsmechanismus unter Einbeziehung von H_2, H_2^+ u. den Radikalen OH u. HCOO. (J. Amer. chem. Soc. **77.** 5786—88. 20/11. 1955. Lemont, Ill., Argonne Nat. Labor., Chem. Div.) MAX SCHMIDT. 226

I. A. Subowitsch, *Adsorptionsmischkatalysatoren.* 1. Mitt. *Aktivität von Metallmischkatalysatoren auf Erdalkalisulfaten bei der Zersetzung von Wasserstoffperoxyd.* Der Einfl. von *Ag* u. *Au* auf die katalyt. Wrkg. von *Pt* u. *Pd* auf $CaSO_4$, $SrSO_4$ u. $BaSO_4$ (**I**) bei der Zers. von H_2O_2 wird im Temperaturgebiet 15—50° untersucht. Ag u. Au sind selbst inakt. u. wirken beide desaktivierend auf Pt, wobei im Falle des Ag schon sehr geringe Mengen (0,0275—0,055% bezogen auf **I**) genügen, um die Wrkg. von Pt völlig aufzuheben, während Au mit Pt weniger akt. Katalysatoren ergibt als Pt allein. Bei Pd verhält sich Ag ebenfalls völlig desaktivierend, während Au im Verhältnis Pd : Au 1 : 2 die katalyt. Wrkg. des Pd verstärkt. Der Einfl. von Ag zeigt sich in der Zunahme der Aktivierungsenergie von 6,6 (kcal/Mol) bei reinem Pt auf **I** auf 21,5 bei Pt : Ag = 1 : 1. Bei Pt–Pd-Mischkatalysatoren ergibt sich die katalyt. Wrkg. annähernd additiv. (Журнал Физической Химии [J. physik. Chem.] **29.** 917—29. Mai 1955. Jarosslawl, Technol. Inst.) R. K. MÜLLER. 227

Alfons Krause und **Włodzimierz Wolski,** *Über katalytische Amphoterie der Mn^{2+}-Ionen und die Aktivität von Mikrospuren dieses Elementes.* Während freie Mn^{2+}-Ionen in Spuren den H_2O_2-Zerfall nicht katalysieren, sind sie auf Kalkstickstoff als Träger bei 21° bis zu der Konz. 10^{-7} g als Zersetzungskatalysator wirksam. Unterhalb dieser Konz. dagegen hemmen sie die Zers. von H_2O_2, u. zwar bis zur Konz. 10^{-13} g gleich stark. Die

hemmende Wrkg. ist noch bei der Verdünnung 1 : 1,5·10^{15} erkennbar. Es handelt sich hier um eine echte Spurenkatalyse, deren Konzentrationsgrößenordnung bei anorgan. Katalysatoren bisher noch nicht beobachtet worden war. (Roczniki Chem. [Ann. Soc. chim. Polonorum] **28.** 539–48. 1954. Poznań [Posen], Uniw., Zakł. Chem. Nieorgan.)
F. Urban. 227

A. N. Gerassenkowa, M. T. Russow und **O. A. Strelzow,** *Kinetik der Ammoniaksynthese an einer glatten Eisenkatalysatoroberfläche.* (Vgl. C. **1955.** 5019. 7862.) Die Kinetik der NH_3-Synth. an einer mit Al_2O_3 aktivierten glatten Fe-Folie wird bei gewöhnlichem Druck im Temperaturgebiet 400–500° bei Gasströmungsgeschwindigkeiten von 3,5–22 Liter/Std. unter isothermen Bedingungen untersucht. Bei $N_2 : H_2 = 1 : 3$ wird die Aktivierungsenergie E für die NH_3-Zers. zu 59 ± 1,0 (kcal/Mol), für die NH_3-Synth. zu E = 37 ermittelt. Bei Verss. mit N_2-Gehh. von 25–75% im Gemisch wird ein Maximum der NH_3-Bldg. bei $N_2 : H_2 = 2 : 3$, also 40% N_2, gefunden; die Reaktionsgeschwindigkeit ist hier um ~12% größer als beim stöchimetr. Gemisch. Bei Vergleichsverss. im strömenden Syst. mit u. ohne Kreislauf ist die NH_3-Ausbeute im einfachen Durchgang (ohne Kreislauf) ~25–30% höher. Strömungsgeschwindigkeit u. NH_3-Konz. sind aber ohne Einfl. auf die Geschwindigkeitskonstante, die nach Temkin u. Pyshew (C. **1941.** I. 2350) zu $k = -0{,}5\cdot P^{0,5}\cdot u\cdot \log(1 - x^2)$ bzw. bei Kreislauf zu $k = P^{0,5}\cdot u\cdot[x/(1 - x^2)]$ berechnet wird. (Журнал Физической Химии [J. physik. Chem.] **29.** 898–903. Mai 1955. Kiew, Pissarshewski-Inst. für physik. Chem. der Akad. der Wiss. der UkrSSR.)
R. K. Müller. 227

Kenzi Tamaru, *Zersetzung von Ammoniak an Germanium.* Es wurde mittels einer stat. Meth. die Zers. von Ammoniak an Ge bei 278° untersucht. Vf. stellte fest, daß bei Berührung von Ge-Oberflächen mit NH_3 neben sehr wenig N_2 hauptsächlich H_2 gebildet wird. Anfangs ist dieser Effekt sehr stark, sinkt aber im Laufe der Zeit langsam bis zu einem Sättigungswert ab, der unabhängig vom NH_3-Druck ist. Die Anzahl der adsorbierten NH_3-Moll. entspricht meist genau der Hälfte der in der Oberfläche vorhandenen Zahl von Ge-Atomen. Hinsichtlich der H_2-Adsorption an der Oberfläche konnte Vf. zeigen, daß die Zahl der H_2-Moll. annähernd halb so groß ist wie die der adsorbierten NH_3-Moleküle. Es wird angenommen, daß das chemisorbierte NH_3 die gesamte Ge-Oberfläche bedeckt, u. daß eine Dissoziation in NH_2 u. H stattfindet; ein Teil des letzteren desorbiert wieder u. bildet H_2. (J. physic. Chem. **60.** 612–14. Mai 1956. Princeton, N. J., Princeton Univ., Frick Chem. Labor.) D. Ertel. 227

Louis F. Heckelsberg, Alfred Clark und **Grant C. Bailey,** *Elektrische Leitfähigkeit und katalytische Aktivität von Zinkoxyd.* Vff. berichten über Messungen der elektr. Leitfähigkeit (zwischen 200 u. 550°) u. der katalyt. Aktivität (untersucht am H_2–D_2-Austausch zwischen –10 u. 320°) von verschied. ZnO-Präpp., die durch therm. Zers. von Zn-Nitrat bzw. -Oxalat hergestellt worden waren. Durch Erhitzen in H_2-, N_2- oder O_2-Atmosphäre bzw. durch Einbau geringer Mengen anderwertiger Kationen (Li, Al) wurden in der üblichen Weise Gitterstörungen erzeugt. Die Ergebnisse der Unterss. sprechen dafür, daß bei Erhöhung der Störstellenkonz. im Gitter nicht nur die elektr. Leitfähigkeit, sondern auch die katalyt. Aktivität zunimmt. (J. physic. Chem. **60.** 559–61. Mai 1956. Bartlesville, Okla., Philips Petroleum Co., Res. Div.) R. Stein. 227

Günther Rienäcker und **Gudrun Schneeberg,** *Über die Beeinflussung oxydischer Katalysatoren durch Zuschläge.* 3. Mitt. *Die Oxydation des Kohlenoxyds an Silber–Chrom-Oxydmischkatalysatoren.* (2. vgl. C. **1950.** II. 1903.) Die katalyt. Oxydation des CO wurde an Ag–Cr-Oxydmischkontakten in Abhängigkeit von ihrer Darstellungsart u. Vorbehandlungsweise untersucht. Gegenüber den reinen Komponenten besitzen die Mischkatalysatoren erhöhte Aktivität u. wesentlich herabgesetzte Aktivierungsenergie. – Die Ergebnisse werden im Zusammenhang mit früheren Unterss. an anderen Mischoxyden besprochen; die beobachtete gute Wirksamkeit der Mischkatalysatoren wird bes. unter Berücksichtigung der Bindungsfestigkeit des O in diesen Oxyden diskutiert. (Z. anorg. allg. Chem. **282.** 222–31. Dez. 1955. Rostock, Dtsch. Akad. der Wiss., Inst. für Katalyseforsch., u. Berlin, Humboldt-Univ., I. Chem. Inst.) M. Schenk. 227

Hilton A. Smith, Andrew J. Chadwell jr. und **S. S. Kirslis,** *Die Rolle des Wasserstoffs in Raney-Nickel-Katalysatoren.* Der Wasserstoffgeh. des Raney-Ni wurde gemessen; er beträgt 0,5–1 H-Atom pro Ni-Atom. Die Formel NiH_2 konnte nicht bestätigt werden. Die Katalysatoraktivität ist dem H-Geh. proportional. Schnelles Freiwerden des H_2 führt zur Explosion des Katalysators. Die gefundenen Phänomene lassen sich am besten durch die Annahme erklären, daß atomarer H in metastabilem Zustand an das Ni gebunden ist. Verantwortlich für Explosionen ist die stark exotherme Rekombination der H-Atome. Es wurde ferner die Verkleinerung der Oberfläche mit abnehmendem H-Geh. des Katalysators gemessen. (J. physic. Chem. **59.** 820–22. Sept. 1955. Knoxville, Tenn., Univ. of Tennessee, Dep. of Chem.) Peter Wolf. 227

K. P. Lawrowski und **A. L. Rosental**, *Kinetik der Regeneration von staubförmigen Katalysatoren.* Bei der Regeneration von gebrauchten (mit Koks beladenen) Katalysatoren aus der Spaltung von KW-stoffen (Al-Silicat, Al_2O_3–Cr_2O_3) mit Luft bei 540–665° wird die Ein- u. Ausgangskonz. des O_2 (c_0 bzw. c) u. der Geh. an CO u. CO_2 im abgehenden Gas bestimmt. Bei geringer Koksmenge (g) hängt $\log c_0/c$ linear von der C-Menge im App. ab, die gesamte M. des Kokses ist gleich zugänglich. Zur Gasgeschwindigkeit w u. zu g besteht die Beziehung $\log \text{nat}\, c_0/c = -k\, g/w$, wobei die Konstante k nur von der Temp., nicht von den Teilchendimensionen abhängt. Die Oxydation ist eine Rk. 1. Ordnung, auf O_2 bezogen. Bei period. Regeneration gilt $-dg/dt = \gamma w(c_0 - c)$, wobei t = Zeit, γ = von den stöchiometr. Verhältnissen abhängiger Koeff., bzw. $-dg/dt = \gamma\, w\, c_0 (1 - e^{-kg/w})$; daraus folgt bei $w \to \infty$ die Gleichung $-dg/dt = c_0 \gamma\, k\, g$; da die O_2-Konz. proportional dem Druck zunimmt, steigt auch die Regenerationsgeschwindigkeit dem Druck proportional an. (Известия Академии Наук СССР, Отделение Техничестих Наук [Nachr. Akad. Wiss. UdSSR, Abt. techn. Wiss.] **1955.** Nr. 6. 140–48. Juni. Moskau.) R. K. MÜLLER. 227

A_8. Präparative anorganische Chemie. Komplexchemie. Metallorganische Verbindungen.

K. Seshadri, *Stabilisierung von Wasserstoffperoxyd.* Vf. untersucht 66 Stabilisatoren auf ihre Wirksamkeit bei Lagerung bis zu 2 Jahren u. bei mehrstd. Kochen. Die Siedemeth. erwies sich als brauchbar für Schnellteste. Die besten Stabilisatoren waren die von der DEGUSSA vorgeschlagenen: *8-Oxychinolin, Nipagin, Acetanilid, Sulfanilamid* u. *Phenacetin,* jeweils mit gewissen Zusätzen bestimmter *Phosphate.* Die Wrkg. wird zurückgeführt auf Komplexbldg. mit den die Zers. katalysierenden Metallionen. (J. sci. ind. Res. [New Delhi] **13 B.** 575–80. Aug. 1954. Bangalore, Indian Inst. of Sci.) H. ECKHARD. 241

A. P. Purmal, *Zur Frage der Existenz von H_2O_4.* (Vgl. C. **1956.** 6045.) In einer Diskussionsbemerkung tritt Vf. den von MIRONOW (C. **1955.** 11352) geäußerten Zweifeln an der Existenz von H_2O_4-Moll. in wss. H_2O_2-Lsgg. entgegen. Allerdings hält es auch Vf. für recht unbefriedigend, daß sich die Annahme der Existenz von H_2O_4-Moll. in den diesbzgl. Arbeiten verschied. Forscher ausschließlich auf die Differenz zwischen der volumetr. u. titrimetr. ermittelten H_2O_2-Konzz. stützt. (Журнал Физической Химии [J. physik. Chem.] **29.** 744. April 1955. Chem.-Technolog. Mendelejew-Inst.) E. KORDES. 241

I. I. Wolnow, *Thermographie von Peroxydverbindungen.* An Beispielen mit dem registrierenden KURNAKOW-Pyrometer wird gezeigt, daß Perhydrate (also mit Kristallisations-H_2O_2) nur einen exotherm. Effekt, dem Zerfall des H_2O_2 in H_2O u. ½ O_2 entsprechend, aufweisen [Beispiele $Na_2CO_3 \cdot 2H_2O_2$ u. $CO(NH_2)_2 \cdot H_2O_2$], während der Zerfall echter Metallperoxyde nur einen endothermen Effekt zeigt; Beispiele Li_2O_2, SrO_2. Peroxydhydrate zeigen beide Effekte: erst den endo-, dann exothermen Sprung (die auch recht weit auseinander liegen können) u. gehören im ganzen mehr zu den Hydroperoxydaten (mit Kristallisations-H_2O_2); Beispiele $ZnO_2 \cdot 2\,H_2O$, $CdO_2 \cdot 2H_2O$, $MgO_2 \cdot 2H_2O$. (Доклады Академии Наук СССР [Ber. Akad. Wiss. UdSSR] [N. S.] **94.** 477–79. 21/1. 1954. Kurnakow-Inst. für allg. u. anorgan. Chemie der Akad. der Wiss. der UdSSR.) A. v. WILPERT. 241

Roger Adams und **B. K. Brown**, *Hydrazinsulfat.* Durch Erhitzen eines Gemisches aus wss. NH_4OH, 10%ig. Gelatinelsg. u. NaOCl-Lsg., Einengen u. Zufügen von konz. H_2SO_4; 34–37% (Ausbeute). (Org. Syntheses **1.** 309–10. Okt. 1951.) I. AHRLÉ. 243

Waldo L. Semon, *Hydroxylaminhydrochlorid und Acetoxim.* Durch Einleiten von SO_2 in ein Gemisch aus $NaNO_2$ u. $NaHSO_3$ in W./Eis bei 0–2°, nach Zufügen von Aceton Erwärmen auf 70°, Neutralisieren u. Wasserdampfdest. zur Entfernung des *Acetoxims* [Kp. 133–136°; F. 60–61°; 67–76% (Ausbeute)]. Durch Einengen des Rückstandes $NH_2OH \cdot HCl$; F. 150–154°; 49–77%. (Org. Syntheses **1.** 318–21. Okt. 1951.) I. AHRLÉ. 243

A. A. Woolf, *Die Cyanhalogenide.* 1. Mitt. *Ein Vergleich mit den Interhalogenverbindungen und mit Nitrosylhalogeniden.* Vf. berichtet über Messungen der elektr. Leitfähigkeit bei verschied. Tempp. von fl. Halogen–Cyan-Verbb. (CNCl, CNBr u. CNJ) u. vergleicht die Ergebnisse sowie andere Eigg., wie Bildungswärmen, freie Dissoziationsenergien u. Atomabstände, mit den an JCl, JBr, FCl, BrF, NOCl u. NOBr gefundenen Werten aus der Literatur. Die Leitfähigkeitsdaten werden in Zusammenhang gebracht mit der Dissoziation zu freien Halogenen, wobei ein Teil der Leitfähigkeit einer Selbstionisation zugeschrieben wird. Schließlich werden Verss. beschrieben, diese Ionisation durch Polyhalogenidbldg. zu stabilisieren. (J. chem. Soc. [London] **1953.** 4121 bis 4128. Dez. Manchester, Univ.) W. NIEMITZ. 243

A. A. Woolf, *Die Cyanhalogenide. 2. Mitt. Das positive Cyan-Ion.* (1. vgl. vorst. Ref.) Vf. gibt Hinweise auf die mögliche Existenz eines positiven Cyanions in Lösung. *CNCl* bildet u. a. Doppelhalogenide analog den Nitrosoniumsalzen. Energet. Betrachtungen zeigen, daß diese Verbb. in festem Zustand kaum als Salze zu bezeichnen sind. Die Tatsache der Erhöhung der Leitfähigkeit von CN durch diese Verbb. im Gegensatz zu den keine Komplexe bildenden Chloriden spricht für eine Ionisation in der Lsg., die bei der Elektrolyse der Al- u. Fe-Komplexe zu einem Aniontransport des CN-Ions führt. Die Darst. der Komplexverbb. des CNCl mit BCl_3, $AlCl_3$, $TiCl_4$, $SnCl_4$, $SbCl_3$, $AuCl_3$ u. $FeCl_3$ wird beschrieben. Ähnlich verhält sich *CNBr*, jedoch werden die Unterss. hieran durch Polymerisationsvorgänge erschwert. Leitfähigkeitsunterss. in organ. Lösungsmitteln, aromat. Substitution mittels Doppelhalogenidverbb. nach FRIEDEL-CRAFTS sowie die Rkk. des CNCl mit organometall. Verbb. verlaufen in Übereinstimmung mit der Auffassung der Existenz eines positiven CN-Ions in der Lösung. Schließlich werden Verss. zur Darst. des CNF u. seiner komplexen F-Verbb. beschrieben. (J. chem. Soc. [London] **1954**. 252—65. Jan. Manchester, Univ.) W. NIEMITZ. 243

Alexander I. Popov und **Norman E. Skaelly,** *Untersuchungen über die Chemie der Halogene und Polyhalogenide. 4. Mitt. Über das Verhalten von Jod und Jodhalogeniden in Acetonitril.* (3. vgl. C. **1956**. 10169.) Mit einem CARY-Spektralphotometer wird die Umwandlungsgeschwindigkeit von *JCl* u. JCl_2^- in Acetonitril bestimmt. Dabei zeigte sich, daß in $4 \cdot 10^{-5}$mol. Lsgg. nach 17 Tagen 93% umgewandelt waren, während bei $5 \cdot 10^{-4}$mol. nach 29 Tagen nur 13% umgewandelt waren (gemessen an der JCl_2^--Bande 227 mμ). Bei 8 u. $10 \cdot 10^{-5}$mol. Lsgg. trat nach 10 Tagen die Bande des J_3^- auf. Die elektr. Leitfähigkeit in Acetonitril war, wie zu erwarten, klein, stieg mit der Verdünnung stark an, doch es war nicht möglich, auf Λ_∞ zu extrapolieren. Die Leitfähigkeit war ferner stark zeitabhängig (bei $1{,}52 \cdot 10^{-2}$mol. Lsg. von $2{,}01 \cdot 10^{-5}\ \Omega^{-1} \cdot cm^{-1}$, auf $11{,}36 \cdot 10^{-5}\ \Omega^{-1} \cdot cm^{-1}$ nach 82,5 Std.). In einer geschlossenen App. war die Änderung wesentlich geringer. *JBr* u. J_2 verhielten sich sowohl spektroskop. als auch in bezug auf ihre Leitfähigkeit analog. Die Änderung der Leitfähigkeit bei J_2 war weniger auffällig (6% in 24 Std.). *JCN* in Acetonitril zeigte nur eine geringe Leitfähigkeit (0,448 mol. Lsg. $3{,}15 \cdot 10^{-6}\ \Omega^{-1} \cdot cm^{-1}$). An Hand der obigen Daten wird eine Rk. der Jodhalogenide mit dem Lösungsm. u. der Luftfeuchtigkeit diskutiert. (J. Amer. chem. Soc. **77**. 3722—24. 20/7. 1955. Iowa City, Io., State Univ., Dep. of Chem.) V. BRAUN. 245

Alexander I. Popov und **Robert F. Swensen,** *Untersuchungen über die Chemie der Halogene und Polyhalogenide. 5. Mitt. Spektrophotometrische Messungen an Polyhalogenkomplexen in Acetonitril und Äthylendichlorid.* (4. vgl. vorst. Ref.) Es wurde das Spektr. von JBr_2^-, J_2Br^-, $JBrCl^-$, J_2Cl^-, J_3^- u. Br_3^- in einem unpolaren Lösungsm. (Acetonitril, $\varepsilon_{25°} = 36{,}5$) u. einem polaren Lösungsm. (Äthylendichlorid, $\varepsilon_{25°} = 10{,}2$) gemessen. Als Substanzen dienten die entsprechenden Tetramethyl- u. Tetrabutylammoniumverbindungen. Dabei wurde das *Tetramethylammoniumdijodchlorid* erstmalig hergestellt: Zu einer Lsg. von Tetramethylammoniumchlorid in Isopropanol wurde unter Kühlung Jod gegeben. Über Nacht scheiden sich bronzefarbene Kristalle ab mit einem F. von 102°. Die Verb. ist instabil; sie gibt langsam J_2 ab. Zur Zurückdrängung der Dissoziation bei den spektrophotometr. Messungen wurde so lange das entsprechende Ammonsalz zugegeben, bis sich das Spektr. nicht mehr änderte. Maxima in mμ u. dahinter in Klammern mol. Extinktionskoeffizienten: In Acetonitril: JCl_2^-: 336 (310), 227 (54500). Br_3^-: 269 (55000). J_3^-: 360 (25500), 291 (38800). J_2Br^-: 351 (11600), 280 (40600). $JBrCl^-$: 356 (413), 237 (38700). JBr_2^-: 370 (606), 256 (54000). J_2Cl^-: 360 (9800) 288 (23000), 261 (19000), 227 (10000). In Äthylendichlorid: JCl_2^-: 338 (414), Br_3^-: 273 (54000). J_3^-: 362 (25000), 292 (45800). $JBrCl^-$: 357 (427), 242 (35000). JBr_2^-: 370 (639), 260 (55000). Für JCl_2^- konnte eine Disproportionierung in JCl + Cl^-, für J_2Br^- in J_2 + Br^- nachgewiesen werden, während $JBrCl^-$ in JBr_2^- u. JCl_2^- zerfällt. Bei J_2Cl^- in Acetonitril treten die langwellige Bande des JCl_2^- u. des J_3^- auf. Da die Lage der Banden in beiden Lösungsmitteln fast gleich ist, kann geschlossen werden, daß die Assoziation in Äthylendichlorid, die durch Leitfähigkeitsverss. nachgewiesen ist, ohne merklichen Einfl. auf das Spektr. ist. (J. Amer. chem. Soc. **77**. 3724—26. 20/7. 1955.) V. BRAUN. 245

Alexander I. Popov und **Norman E. Skaelly,** *Untersuchungen über die Chemie der Halogene und Polyhalogenide. 6. Mitt. Die elektrische Leitfähigkeit der Polyhalogenidkomplexe in Äthylendichlorid.* (5. vgl. vorst. Ref.) Es wurde die Leitfähigkeit von Polyhalogenkomplexen in Äthylendichlorid, einem Lösungsm. niederer DK. ($\varepsilon = 10{,}23$), gemessen. Folgende Verbb. wurden untersucht: $(CH_3)_4NJBrCl$ (**I**), $(n\text{-}C_3H_7)_4NJBr_2$ (**II**), $(n\text{-}C_4H_9)_4 \cdot NBr_3$ (**III**), $(n\text{-}C_4H_9)_4NJCl_2$ (**IV**). Äthylendichlorid zeigte eine spezif. Leitfähigkeit, die besser als $10^{-9}\ \Omega^{-1}\ cm^{-1}$ war. Die Leitfähigkeit der Komplexe weicht beträchtlich von der KOHLRAUSCHschen Geraden ab, was durch Ionenpaarassoziation in den konz. Lsgg. erklärt wird. Die extrapolierten Λ_0-Werte betrugen für **I** 81,6, **II** 68,3, **III** 62,2, **IV** 64,5. Setzt man die von TUCKER u. KRAUS (J. Amer. chem. Soc. **69.** [1947.] 454) bestimmten Ionenäquivalentleitfähigkeiten der Kationen ein, so erhält man für die Polyhalogenidanionen für **I** 39,0, **II** 36,8, **III** 36,0, **IV** 38,3, ferner eine Dissoziationskonstante (nach FUOSS u. Mitarbeitern, J. Amer. chem. Soc. **55.** [1933.] 476; **57.** [1935.] 488) $K \cdot 10^4$ für **I** 0,68, **II** 2,11, **III** 2,05, **IV** 2,27. (J. Amer. chem. Soc. **77.** 5506—07. 5/11. 1955.)

V. BRAUN. 245

Ulrich Wannagat und **Gerhard Hohlstein,** *Reaktionen des Dinitrosyldisulfats.* Das feste, farblose, verhältnismäßig leicht zugängliche, aber sehr hygroskop. Dinitrosyldisulfat (**I**), $(NO)_2S_2O_7$, setzt sich, oft recht heftig (a—f), mit einer Vielzahl von Stoffen um. Hierbei spielen sich verwickelte Rkk. ab, die in der Mehrzahl im Einschlußrohr bei Überschuß des Reaktanten untersucht wurden. Die quantitative Erfassung der Reaktionsprodd. führte zu folgenden Gesamtgleichungen der Umsetzungen: a) mit W.: $3I + 7H_2O \rightarrow 4NO + 2NO_3^- + 6SO_4^{2-} + 14H^+$; b) mit Basen: $I + 6OH^- \rightarrow 2SO_4^{2-} + 2NO_2^- + 3H_2O$; c) mit Methanol: $10I + 34CH_3OH \rightarrow 3N_2 + 2N_2O + 10NO + 9HCOOCH_3 + 16CH_3OSO_3H + 4H_2SO_4 + 14H_2O$; als Primärprod. trat hierbei CH_3ONO auf; d) mit Äthanol entstanden N_2, N_2O, NO u. unter Aufspaltung der C–C-Bindung $HCOOC_2H_5$, HCOOH, HCHO, $C_2H_5OSO_3H$, H_2SO_4, als Primärprod. C_2H_5ONO; e) mit NH_3 bei Kühlung mit fl. Luft unter prim. Bldg. von $NONH_2$: $5I + 30NH_3 \rightarrow 9N_2 + NH_4NO_2 + 7(NH_4)_2SO_4 + 3NH_4SO_3NH_2 + 6H_2O$; f) mit Methylamin u. a. N_2, N_2O (kein NO), NO_2^-, $(CH_3NH_3)_2SO_4$; g) mit Hydroxylamin in CCl_4-Suspension: $I + 2NH_2OH \rightarrow 2N_2O + H_2O + 2H_2SO_4$; h) mit Hydrazinsulfat in fl. SO_2: $I + N_2H_6 \cdot SO_4 \rightarrow N_2 + N_2O + 3H_2SO_4$; i) mit Anilin in fl. SO_2: $I + 2C_6H_5NH_2 \rightarrow 2[C_6H_5N_2] \cdot SO_4H + H_2O$; j) mit α-Naphthylamin in fl. SO_2 u. a. 4-Amino-1.1'-azonaphthalin; k) 1-Amino-2.4-dibromnaphthalin reagierte mit **I** zu 2.4-Dibrom-1-diazoniumhydrogensulfat, $C_{10}H_6O_4N_2Br_2S$, F. 122°, farblose Kristalle; l) **I** setzte sich mit $SiCl_4$ bei wenig erhöhter Temp. unter Bldg. von NOCl zu festen, weißen Körpern der wahrscheinlichen Zus. $Cl_3Si-OSO_2OSO_2O-SiCl_3$ u. $[-Cl_2Si-OSO_2OSO_2O-]_n$ um. m) **I** reagierte nicht mit CCl_4, C_2H_5Cl, C_6H_{12} u. Dioxan u. schien auf Bzl., Anisol, Diphenyläther u. Essigester nur oberflächlich einzuwirken. Heftig reagierten dagegen Ae., Aceton, Acetessigester, Acetylaceton, Malonester, Äthylnitrit, Isonitrosoacetessigester unter Entw. von N_2, N_2O u. NO in wechselnden Mengen u. Verhältnissen; organ. Derivv. ließen sich aus den öligen bis harzigen Umsetzungsprodd. nicht isolieren. Zum Vgl. wurden Umsetzungen von $NOHSO_4$ u. $NOBF_4$ mit denselben organ. Verbb. herangezogen; die Reaktionsfreudigkeit nimmt von $NOBF_4$ über $NOHSO_4$ zum $(NO)_2S_2O_7$ zu. (Z. anorg. allg. Chem. **284.** 177—90. April 1956. Aachen, TH, Inst. für Anorgan. Chem. u. Elektrochem.)

U. WANNAGAT. 253

Margot Goehring und **Joachim Heinke,** *Über das Trischwefeldistickstoffdioxyd.* 2. Mitt. (1. vgl. C. **1956.** 7471.) Das in der 1. Mitt. (l. c.) beschriebene, aus $(SN)_4$ bzw. $(S_4N_3)Cl$ mit $SO_2 + SOCl_2$ dargestellte *Trischwefeldistickstoffdioxyd* (**I**), $S_3N_2O_2$, wurde auf seine Bildungs-Rkk. näher untersucht. Durch Anwendung von $^*SOCl_2$ bzw. von $^*SO_2$ ($^*S = {}^{35}S$) ergab sich, daß $^*SO_2$ nicht in **I** eingebaut wird. Mit SO_2Cl_2 an Stelle von $SOCl_2$ bildete sich $(NSCl)_3$. SO_2 ließ sich für die Darst. von **I** auch durch $AsCl_3$ oder NO, wenn auch mit schlechteren Ausbeuten, ersetzen; mit PCl_3 dagegen bildete sich $(NPCl_2)_3$. $SOCl_2$ allein setzte sich mit $(SN)_4$ nur zu $(S_4N_3)Cl$ um. $^*SOCl_2$ in Ggw. von SO_2, NO oder $AsCl_3$ wurde in **I** eingebaut, das dann im feuchten N_2-Strom nach $2S_2N_2{}^*SO_2 \rightarrow (SN)_4 + 2{}^*SO_2$ zerfiel. Der Bildungsmechanismus für **I** verläuft demnach offensichtlich über folgende Stufen: $(SN)_4 \rightarrow 2(SN)_2$; $^*SOCl_2 \rightleftharpoons {}^*SOCl^+ + Cl^-$; $(SN)_2 + {}^*SOCl^+ + Cl^- \rightarrow \{II\} + Cl_2$; $Cl_2 + SO_2\,(AsCl_3; 2NO) \rightarrow SO_2Cl_2\,(AsCl_5; 2NOCl)$; $2\{II\} \rightarrow I + {}^*S + (SN)_2$. Das DEBYE-SCHERRER-Diagramm für **I** wird mitgeteilt. (Z. anorg. allg. Chem. **278.** 53—57. Jan. 1955. Heidelberg, Univ., Chem. Inst., Abt. für Anorg. u. Analyt. Chem.)

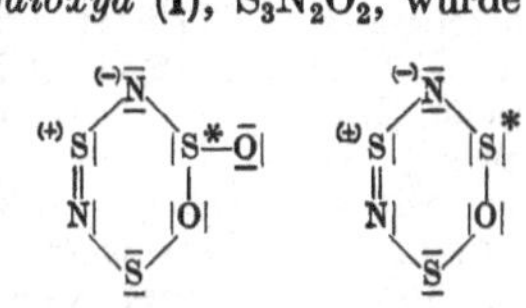

I II

U. WANNAGAT. 253

W. J. McDowell und **C. W. Keenan,** *Die Ammonolyse von Bortrijodid in flüssigem Ammoniak.* Die Ammonolyse von BJ_3 liefert NH_4J u. Borimid nach der Reaktionsgleichung: $2BJ_3 + 9NH_3 \rightarrow B_2(NH)_3 + 6NH_4J$. Die Rk. ist so exotherm, daß das Imid direkt gebildet wird, im Gegensatz zu BCl_3 u. BBr_3, deren Ammonolyse nach JOANNIS (C. R. hebd. Séances Acad. sci. **135.** [1902.] 1106) $B(NH_2)_3$ liefert. Mit Lsgg. von K in NH_3 bei —33 bzw. 25° reagiert $B_2(NH)_3$ nicht. (J. Amer. chem. Soc. **78.** 2069. 20/5. 1956. Knoxville, Tenn., Univ. of Tennessee, Dep. of Chem.) D. ERTEL. 258

Charles P. Kempter und **C. Alvarez-Tostado,** *Reaktionen von Silicium mit den Alkalicarbonaten.* Es werden Unterss. über die Rkk. von pulverisiertem *Si* mit wasserfreien *Alkalicarbonaten* bei 600—900° unter trocknem N_2 bzw. He beschrieben u. diskutiert. Auf der Grundlage der Si–Na_2CO_3-Schmelze wird folgende allg. Reaktionsgleichung $2 Na_2CO_3 + 2 Si = Na_2Si_2O_4 + 2 Na + 2 CO$ u. als mögliche Neben-Rkk. $2 CO = CO_2 + C$; $2 Na + CO = Na_2O + C$; $Si + 2 CO = SiO_2 + 2 C$ vorgeschlagen. $Na_2 \cdot Si_2O_4$ gleicht in seinen Eigg. dem von STOCK u. SOMIESKI (Ber. dtsch. chem. Ges. **53.** [1920.] 759) beschriebenen Na-Silicooxalat. (Z. anorg. allg. Chem. **284.** 203—07. April 1956. Stanford, Calif., Stanford Univ., Dep. of Chem. and Chem. Engng.)

H. HOFMANN. 261

Oscar T. Quimby, *Lösliche kristalline Polyphosphate, ihre Reinigung, Analyse und Eigenschaften.* Bei der Reinigung von handelsüblichem $Na_5P_3O_{10}$ kommt man durch 3—5 Umkristallisationen aus W.–A.-Gemischen, wobei das Salz als Hexahydrat anfällt, auf einen Reinheitsgrad von 99%. Durch Zusatz von $Na_2H^{32}PO_4$, $(Na^{32}PO_3)_3$ u. $Na_4{}^{32}P_2O_7$ wurde gezeigt, daß sich $Na_5P_3O_{10}$ von Trimeta- u. Orthophosphat relativ leicht reinigen läßt, von Pyrophosphat weniger leicht, das sich zudem während des Reinigungsprozesses durch spurenweise Hydrolyse von $Na_5P_3O_{10}$ wieder neu bildet (wahrscheinlich durch oberflächliche Zers. während des Trocknens von $Na_5P_3O_{10} \cdot 6 H_2O$ an der Luft). $Na_4P_2O_7$ läßt sich durch Umkristallisieren leicht auf einen Geh. von 99,9% bringen. — Als spezif. Analysenmethoden zur Best. von Triphosphat neben anderen Phosphaten (Unters. von techn. $Na_5P_3O_{10}$) kommen in Frage: 1. die Röntgenanalyse, die außerdem den Geh. an den beiden Modifikationen von $Na_5P_3O_{10}$ (Phase I u. II) sowie an (durch Feuchtigkeitsaufnahme gebildetem) Hexahydrat erfaßt (Genauigkeit 3—5%), 2. die BELLsche Zinkfällungsmeth. (ungenau), 3. die Fällung mit Tris-(äthylendiamin)-Co(III)-Ion nach WEISER (ungenau, jedoch für empir. Analysen verwendbar, wenn keine höher kondensierten Phosphate vorliegen), 4. die Meth. der Isotopenverdünnung nach QUIMBY, MABIS u. LAMPE, 5. die Papierchromatographie nach EBEL u. Mitarbeitern bzw. WESTMAN u. Mitarbeitern. Die Löslichkeit von $Na_5P_3O_{10} \cdot 6 H_2O$ in W. bei Tempp. zwischen 0 u. 50° wurde untersucht: Sie ist nur wenig temperaturabhängig u. zeigt ein Maximum bei ca. 20° (um 13%). — Die Unters. der Hydrolysenbeständigkeit von $Na_5P_3O_{10} \cdot 6 H_2O$ in wss. Lsg. ergab, daß im ersteren Fall immer mol. gleiche Mengen Pyro- u. Orthophosphat entstehen u. daß die Hydrolysenkonstante anscheinend bei höheren Konzz. einen etwas höheren Wert hat als bei niedrigeren, daß aber im 2. Fall unterhalb der Rekombinationstemp. die Rk. nicht nur im Sinne der Gleichung $Na_5P_3O_{10} \cdot 6 H_2O = Na_4P_2O_7 + NaH_2PO_4 + 5 H_2O$ verläuft, sondern daneben nach einem mehr Pyrophosphat liefernden Mechanismus, wahrscheinlich $2 Na_5P_3O_{10} \cdot 6 H_2O = Na_4P_2O_7 + 2 Na_3HP_2O_7 + 11 H_2O$. — Die Rk. zwischen Ca^{2+} u. Triphosphationen in Lsg. wird kurz behandelt. In Lsg. soll der Komplex $[CaP_3O_{10}]^{3-}$ (mit einer Dissoziationskonstante $= 3{,}1 \cdot 10^{-7}$ bei 30°) vorliegen. 2 Typen von Fällungsprodd. sollen erhältlich sein, von denen das eine röntgenamorph ist, luftgetrocknet 20—21% H_2O enthält u. etwa der Formel $Ca_3(P_3O_{10})OH \cdot 5 H_2O$ entspricht, während das andere kristallin ist, luftgetrocknet 16—17% H_2O u. meist beträchtliche Mengen Na enthält, jedoch weniger, als der Formel $NaCa_2P_3O_{10} \cdot 4 H_2O$ entspricht. In beiden Typen liegen starke Schwankungen in der Zus. vor. — Aus dem bei der alkal. Hydrolyse von Tetrametaphosphat erhältlichen Prod., das schon früher von THILO u. RÄTZ als Tetraphosphat identifiziert worden war, wurden zum erstenmal krist. Tetraphosphate dargestellt bes. das *Hexaguanidiniumtetraphosphat*, das aus formamidreichen Formamid–W.- oder Formamid–W.–A.-Mischungen umkrist. werden kann u. mit Vorteil als Quelle für Tetraphosphatreagens dienen kann; auch ein krist. *Tetraacridiniumdihydrogentetraphosphat* wurde dargestellt, das aber nicht beständig ist u. beim Trocknen an der Luft amorph wird. — Die Analyse von Tetraphosphat wird papierchromatograph. durchgeführt. Die Löslichkeit von Na-, Li- u. Guanidiniumtetraphosphat ist sehr hoch. — Tetraphosphat ist weniger hydrolysenbeständig als Triphosphat, dieses weniger als Pyrophosphat. Bei der Hydrolyse in alkal. Medium bei Tempp. unterhalb 60° wird Tetraphosphatanion in 2 Pyrophosphatanionen gespalten, bei höheren Tempp. liegen auch Anzeichen für eine Spaltung in 1 Triphosphat- u. 1 Orthophosphatanion vor. (J. physic. Chem. **58.** 603—18. 18/8. 1954. Cincinatti, O., Procter & Gamble Co., Miami Valley Labors.)

W. DEWALD. 264

A. W. Pamfilow und **N. M. Dombrowski,** *Über das Natriumhexametaphosphat.* Es wurde eine thermograph. Unters. der Umwandlungen bei 15 — 650 — 900° der verschied. Phosphate ineinander durchgeführt, die beim Erhitzen von Mononatriumphosphat entstehen: bei 43,5° tritt das erste Mol H_2O aus, bei 78,5° (70—80°) das zweite; es bildet sich eine gesätt. Lsg. des wasserfreien Mononatriumphosphats, die bei 114° zu sd. beginnt, bei 198—206° entsteht saures Pyrophosphat, bei 298—338° Metaphosphat, wobei ab 322° (endotherm. Effekt) ein Übergang des *Na-Hexametaphosphats* (I) in *Tri-*

metaphosphat (II) stattfindet, zu dessen Darst. ein 3—5 Min. Erhitzen von I auf 330° genügt; hingegen wird I erhalten, wenn Mononatriumphosphat auf 620—630° kurze Zeit erhitzt wird (es genügen 10 Min.), dabei entstehen 90,1—90,7% I u. 9,9—9,3% II, u. zwar in konstantem Verhältnis selbst bei 6std. Erhitzen auf 900°. Der Nachw. von I u. II erfolgte nach JONES (1942): I kann mit $BaCl_2$ bei p_H 2,5—3 ausgefällt werden, II gibt keinen Niederschlag. I besitzt keinen F., vor dem Übergang in II bei 330° findet jedoch Erweichen statt. (Журнал Общей Химии [J. allg. Chem.] **23** (**85**). 1249—53. Aug. 1953. Tschernowitz, Univ.) A. v. WILPERT. 264

I. G. Drushinin und **A. P. Janko**, *Löslichkeitsisothermen des ternären Systems Lithiumchlorid–Lithiumsulfat–Wasser bei 25°*. Die erstmalig aufgenommene Isotherme $LiCl–Li_2SO_4–H_2O$ bei 25° ergab ein starkes Abfallen der Löslichkeit des Li_2SO_4 in Ggw. von LiCl: 9,47 — 17,92 — 40,92 — 45,52 Gew.-% LiCl (in der Lsg.) senkten die Löslichkeit des Li_2SO_4 von 25,69% auf 11,2 — 2,52 — 0,02 — 0,02%. Man kann demnach Li_2SO_4 mit gesätt. LiCl-Lsg. weitgehend ausfällen: es scheidet sich $Li_2SO_4 \cdot H_2O$ aus. Neben dem Monohydratzweig des Li_2SO_4 zeigt die Isotherme noch einen LiCl-Zweig. (Доклады Академии Наук СССР [Ber. Akad. Wiss. UdSSR] [N. S.] **94.** 481—83. 21/1. 1954. Chem. Inst. der Kirgis. Zweigstelle der Akad. der Wiss. der UdSSR; Irkutsk, Shdanow-Univ.) A. v. WILPERT. 273

A. P. Janko und **I. G. Drushinin**, *Löslichkeit der schwefelsauren Salze des Lithiums und Kaliums im Wasser bei 25°*. 2. Mitt. (1. vgl. vorst. Ref.) Erstmalig wurde das Syst. $Li_2SO_4–K_2SO_4–H_2O$ (in einem Wasserthermostat) bei 25° untersucht u. die Löslichkeitsisotherme aufgezeichnet. Dabei wurden 3 Kristallisationszweige gefunden: Ausscheidung des wasserfreien K_2SO_4, des Monohydrats $Li_2SO_4 \cdot H_2O$ u. der festen Lsgg. m-Li_2SO_4·n-K_2SO_4, als deren Sonderfall das einzige Doppelsalz (des Syst.) $Li_2SO_4 \cdot K_2SO_4$ zu betrachten ist, das sich in Form 6eckiger Täfelchen am besten aus Lsgg. der Zus. 10,76% Li_2SO_4, 10,46% K_2SO_4, 78,78% H_2O ausscheidet. Die kristallopt. Messung ergab: Winkel ϱ 62° 40′, a : c = 1 : 1,675, Brechungsindices n_q 1,474, n_p 1,471. Das Gebiet der festen Lsgg. umfaßt die Lsgg. der Zus. K : Li = 1 : 1 bis 1,08. Li wurde als Perjodat, K als Co-Nitrit, SO_4 als $BaSO_4$ bestimmt. (Журнал Общей Химии [J. allg. Chem.] **25** (**87**). 17—19. Jan. 1955. Chem. Inst. der Kirgis. Zweigstelle der Akad. der Wiss. der UdSSR.) A. v. WILPERT. 275

Je. K. Akopow und **A. G. Bergman**, *Komplexbildung zwischen den Lithium-, Natrium- und Kaliumchloriden und -sulfaten in der Schmelze*. (Vgl. C. **1955**. 9751.) Nach dem visuell-polytherm. Verf. wurden die Systeme Li, Na || Cl, SO_4, Li, K || Cl, SO_4 u. Na, K || Cl, SO_4 untersucht. Danach gehört Li, Na || Cl, SO_4 zu den irreversibel-reziproken Systemen. Das Gleichgewicht ist nach dem stabilen Paar Na_2Cl_2–Na_2SO_4 (I) verschoben. Im Syst. Li, K || Cl, SO_4 entsteht neben $Li_2SO_4 \cdot K_2SO_4$ (II) der Komplex $2\,Li_2SO_4 \cdot K_2SO_4$. Erstmalig konnte in diesem Syst. eine II-Umwandlung 2. Art festgestellt werden. Das Schmelzdiagramm weist 9 Kristallisationsfelder auf, darunter 2 polymorphe Varietäten von Li_2SO_4, 2 homöomorphe Formen von II u. 2 Formen von LiCl. Stabiler Hauptschnitt ist der adiagonale Schnitt II–K_2Cl_2 mit dem eutekt. Punkt 585°. Das Syst. gehört zum adiagonalen reziproken Typ mit untergeordneter Diagonale. Im Syst. Na, K || Cl, SO_4 beobachtet man eine Zers. der festen Lsgg. der Chloride von Na u. K in ihre Komponenten bei 622° u. eine Zers. derselben Sulfate bei 706° unter Bldg. der Phase X, die bei 512—706° ausgeschieden wird u. annähernd der Zus. $2\,Na_2SO_4 \cdot K_2SO_4$ oder $3\,Na_2SO_4 \cdot K_2SO_4$ entspricht. Dieses Syst. gehört zu den reversibel-adiagonalen. (Доклады Академии Наук СССР [Ber. Akad. Wiss. UdSSR] **102.** 81—83. 1/5. 1955. Rostow/Don, Molotow-Univ., Kuban. Landwirtsch.-Inst.) O. LEBTAG. 275

L. N. Usspenskaja und **A. G. Bergman**, *Visuell-polythermische Untersuchung der Löslichkeit von Salzen im reziproken System aus den Nitraten und Chloriden des Kaliums und Natriums bei 80, 100 und 125°*. (Vgl. C. **1956**. 8286.) Durch Unterss. über die Löslichkeiten wird festgestellt, daß im reziproken Syst. Na, K || Cl, NO_3–H_2O keine chem. Rk. zwischen den Komponenten im Bereich 80—125° stattfindet. Aus den Isothermen für 80, 100 u. 125° geht hervor, daß mit einer Erhöhung der Temp. das Feld von KNO_3 abnimmt. (Журнал Общей Химии [J. allg. Chem.] **25** (**87**). 2028—38. Okt. 1955. Rostow/Don, Univ.) O. LEBTAG. 275

Adelheid Kofler, *Mikrothermoanalyse des Systems $NaNO_3$–KNO_3*. Eine weitere rhomboedr. Modifikation des KNO_3 wurde aufgefunden, die im Gebiet 126,5—128,0° stabil ist u. sich gegenüber den beiden bisher bekannten Modifikationen enantiotrop verhält. — Die Mikrothermalanalyse des Syst. KNO_3–$NaNO_3$ wird sehr ausführlich besprochen u. festgestellt, daß dieses Syst. dem ROOZEBOOMschen Typ III (lückenlose Mischkristallbldg.) angehört. (Mh. Chem. **86.** 643—52. 1955. Innsbruck.) H.-G. MOSLÉ. 275

W. W. Konstantinow, *Über den Einfluß des Lösungsprozesses auf die Hydratation von Gipshalbhydrat.* Verss. mit *Gipshalbhydrat* (I) mit 36,92 (Gew.-%) CaO, 0,80 MgO, 2,0 SiO_2, 51,60 SO_3, 6,5 H_2O u. 0,33 R_2O_3 ergaben, daß beim Anmachen mit dest. W., entsprechend W./I = 0,7, die Temp. des Gipsteiges im Mittel nur um 1° niedriger ist als beim Anmachen mit gesätt. *$CaSO_4$* (II)-Lösung. Eine andere Wrkg. des W. oder des Lösungsprozesses auf die Kurve der Hydratationstemp. wird nicht beobachtet. Hieraus ist zu schließen, daß Hydratation u. Auflösung von I gleichzeitig erfolgen, daß der Lösungsprozeß ohne wesentlichen Einfl. auf die Hydratation ist. Die nach einiger Zeit einsetzende Beschleunigung der Hydratation ist auf die Bldg. einer neuen Phase, krist. Gipsdoppelhydrat (III; Kristallisationzentren), zurückzuführen, nicht auf die Sättigung der Lsg. mit II, wie bisher angenommen wurde. Wird I mit W. unter Zusatz von III angemacht, so erfolgt ein stetiger Temperaturanstieg. Der ohne Zusatz bei I eintretende Haltepunkt auf der Temperaturkurve wird bei III-Zusatz nicht beobachtet. Die Verzögerung der Wärmefreisetzung zu Beginn der Hydratation von I ohne Zusatz von III ist dadurch bedingt, daß erst eine genügende Menge III als Reaktionsprod. angereichert werden muß. (Вестник Академии Наук Казахской ССР [Nachr. Akad. Wiss. KasachSSR] **11.** Nr. 6. 79–82. Juni 1954.) O. LEBTAG. 283

F. C. Whitmore, Frances H. Hamilton und **N. Thurman,** *p-Tolylquecksilberchlorid.* Aus Na-p-Toluolsulfonat u. $HgCl_2$: F. 233°; 51–57% (Ausbeute). (Org. Syntheses **1.** 519–20. Okt. 1951.) I. AHRLÉ. 290

H. O. Calvery, *Diphenylquecksilber.* Aus Brombenzol u. Na-Amalgam in Toluol: F. 121–123°; 32–37% (Ausbeute). (Org. Syntheses **1.** 228–29. Okt. 1951.) I. AHRLÉ. 290

F. C. Whitmore, N. Thurman und **Frances H. Hamilton,** *Di-p-tolylquecksilber.* Durch 15std. Erhitzen von p-Tolylquecksilberchlorid u. NaJ: F. 238°; 78–85% (Ausbeute). (Org. Syntheses **1.** 231–32. Okt. 1951.) I. AHRLÉ. 290

Cyrill Brosset, *Über die Reaktionen des Aluminiumions mit Wasser.* Vf. untersucht das Gleichgewicht Al^{3+}/OH^- durch p_H-Messungen in gemischten wss. Lsgg. von $Al(ClO_4)_3$, NaOH u. $NaClO_4$ bei 40°. Die Gesamtkonz. der Lsgg. ist 2,02 molar. Es wird die Zahl $\bar{n}$ der gebundenen OH-Ionen pro Al-Atom berechnet. Die Messungen werden in Abwesenheit von festem, krist. Al-Hydroxyd ausgeführt. Der zeitliche Verlauf der Konz. der ungebundenen OH-Ionen $[OH^-]$ wird bis zur Gleichgewichtseinstellung verfolgt. Dabei zeigen sich je nach der Größe von $\bar{n}$ ganz verschied. Verhältnisse. Vf. nimmt auf Grund seiner Ergebnisse an, daß bei $\bar{n} < 3$ eine Protolyse mit anschließender protolyt. Assoziation vorliegt u. stellt hierfür ein Reaktionsschema auf u. berechnet die dazugehörigen Gleichgewichtskonstanten. Die Berechnungen stimmen im allg. mit den experimentellen Ergebnissen gut überein. Analog wird ein allg. Gleichgewichtssyst. für amphotere Hydroxyde aufgestellt. (Acta chem. scand. **6.** 910–40. 1952. Stockholm, Univ., Inst. of Inorg. and Phys. Chem.) R. LACMANN. 294

O. A. Jessin und **B. I. Lepinskich,** *Über den Zustand der Tonerde in geschmolzenen Schlacken.* Nach den früheren Befunden von JESSIN u. Mitarbeitern (vgl. C. **1954.** 2577) liegt in fl. Schlacken $(AlO_2^-)_p$ vor. Um zu klären, ob neben $CaO \cdot Al_2O_3$ auch die Anionen von *$5\,CaO \cdot 3\,Al_2O_3$* (I), *$2\,CaO \cdot Al_2O_3 \cdot SiO_2$* (II) u. *$CaO \cdot Al_2O_3 \cdot 2\,SiO_2$* in den Schmelzen vorhanden sind, wurde bei 1450° die Abhängigkeit der EMK. der Schlacken aus CaO, MgO, Al_2O_3 (III) u. SiO_2 vom III-Geh. untersucht. Zwei deutlich ausgeprägte Umkehrpunkte der Kurven zeigen, daß in der fl. Schlacke die Anionen von I u. II vorliegen. (Доклады Академии Наук СССР [Ber. Akad. Wiss. UdSSR] [N. S.] **91.** 1187–90. 11/8. 1953. Inst. für Chem. u. Metallurgie der Uraler Zweigstelle der Akad. der Wiss. der UdSSR.) O. LEBTAG. 294

James R. Bercaw und **A. B. Garrett,** *Einige Komplexverbindungen von Sauerstoffbasen mit Aluminiumchlorid in Benzol.* Vff. bestimmen bei 25 ± 0,1° die Löslichkeit von wasserfreiem Al_2Cl_6 in den benzol. Lsgg. folgender, in ihrer Basizität stark unterschiedlicher, organ. Sauerstoffbasen: *H_2O, CH_3OH, Ae., Tetrahydrofuran, Dioxan, Äthylenglykoldiäthyläther, Perfluordibutyläther* (I) u. *Heptafluordiäthyläther* (II) ($CF_3 \cdot CH_2 \cdot O \cdot CF_2 \cdot CF_2H$). Dabei erweist sich die Löslichkeit von Al_2Cl_6 als eine lineare Funktion der Konz. der zugefügten Sauerstoffbasen. Bei H_2O-Zusatz bildet sich *$AlCl_2OH$* unter HCl-Entw., während Vff. für Methanol, Ae. u. Tetrahydrofuran das Mol-Verhältnis $AlCl_3$ zu Sauerstoffbase = 1 : 1 erhalten u. die Existenz einer Verb. $R_2O \cdot AlCl_3$ annehmen. Die bifunktionellen Äther lösen mehr als 1 Äquivalent $AlCl_3$, dagegen bildet I mit Al_2Cl_6 keine benzollösl. Verbindung. II reagiert mit Al_2Cl_6 unter Verharzung u. Bldg. einer intensiv weinrot gefärbten Lsg., der wahrscheinlich eine tern. Komplexverb. zugrunde liegt. (J. Amer. chem. Soc. **78.** 1841–43. 5/5. 1956. Columbus, O., Ohio State Univ., McPherson Chem. Labor.) D. ERTEL. 294

B. Post, D. Moskowitz und **F. W. Glaser,** *Boride der Seltenen Erdmetalle.* Es wird die Darst. u. röntgenograph. Unters. der *Hexaboride* von *La, Pr, Sm, Gd, Yb* u. *Th,* die durch Red. der entsprechenden Seltenen Erdoxyde mit C bzw. B erhalten werden, sowie der mit CeB_4, ThB_4 u. UB_4 isomorphen *Tetraboride* von *Pr, Sm, Gd* u. *Yb* beschrieben. Ferner finden Vff. eine Reihe von isomorphen Boriden MeB_x(Me = La, Pr, Gd, Yb; x wahrscheinlich 3 oder 4) eines bisher in der Literatur noch nicht erwähnten Strukturtyps. Der genaue B-Geh. dieser Verbb. konnte noch nicht bestimmt werden; die Reproduzierbarkeit ihrer Darst. u. die Konstanz der Gitterdimensionen zeigt, daß diese Verbb. enge Homogenitätsbereiche besitzen müssen. Röntgenograph. Daten (Gitterkonstanten in Å): Hexaboride (kub.): PrB_6: a = 4,130, SmB_6: a = 4,129. Tetraboride (tetragonal): PrB_4: a = 7,20, c = 4,11; SmB_4: a = 7,12, c = 4,07; GdB_4: a = 7,12, c = 4,05; YbB_4: a = 7,01, c = 4,00. MB_x-Phasen: LaB_x (tetragonal): a = 3,82, c = 3,96; PrB_x (kub. oder pseudokub.): a = 3,81; GdB_x (tetragonal): a = 3,79, c = 3,63; YbB_x (tetragonal): a = 3,77, c = 3,56. (J. Amer. chem. Soc. **78.** 1800—02. 5/5. 1956. Yonkers, N. Y., Amer. Electro Metal Corp.) D. ERTEL. 303

P. M. Ambrose, J. C. Barrett, R. W. Huber, David Schlain und **V. C. Petersen,** *Untersuchung des Unfalls mit Titan und roter rauchender Salpetersäure am 29/12. 1953.* Bei der Durchführung von Korrosionsunterss. an Ti in rauchender HNO_3 bei Zimmertemp. trat eine explosionsartige Rk. ein, deren Ursachen nicht geklärt werden konnten. Während Ti im allg. von HNO_3 nicht angegriffen wurde, zeigte sich bei diesen Unterss. stärkere Korrosion, bes. an stark mit Fe u. C verunreinigtem Metall. Die Bldg. explosiver Zersetzungsprodd. der HNO_3, wie Hydrazinsäure, kann nicht ausgeschlossen werden. Die Reaktionskette ist zweifellos durch mechan. Bewegung ausgelöst worden. (U. S. Dep. Interior, Bur. Mines, Inform. Circ. Nr. **7711.** 1—34. März 1955. College Park, Md., Metallurg. Div.; Phys. Metallurgy Branch; Metals and Alloys Sect.; Galvan. Corrosion Sect.; Bur. of Mines.) D. BREDTSCHNEIDER. 321

John H. Carpenter und **Alan W. Searcy,** *Darstellung, Identifizierung und chemische Eigenschaften der Niobgermanide.* Nb-Germanide verschied. Zus. wurden aus den Elementen durch Erhitzen im Vakuum auf Tempp. über 1000° in Graphit- bzw. W-Tiegeln hergestellt. Mit Hilfe röntgenograph. Unterss. wurden die Verbb. $NbGe_{0,67\pm0,05}$, $NbGe_{0,54\pm0,06}$, Nb_3Ge sowie das schon länger bekannte $NbGe_2$ gefunden. $NbGe_{0,54}$ u. $NbGe_{0,67}$ kristallisieren beide in einer Struktur, für die die Idealzus. Nb_5Ge_3 ist. $NbGe_{0,54}$ ist bis 1910 ± 15° u. $NbGe_{0,67}$ bis 1650° stabil. Nb_3Ge, das die β-W-Struktur mit a = 5,168 ± 0,002 Å hat, ist ebenfalls bis 1910° beständig. $NbGe_2$ schließlich wird bei 1483 ± 15° zers. u. krist. hexagonal entweder in der Raumgruppe $D_6^4 - P\,6_2\,2\,2$ oder $D_6^5 - P\,6_4\,2\,2$ mit a = 4,966 ± 0,003 Å u. c = 6,781 ± 0,003 Å. Das Verh. der Nb-Germanide gegen verschied. chem. Reagentien wird beschrieben (geschmolzenes Na_2CO_3 u. NaOH, HF-, H_2O_2-, NaOH-, HCl-, H_2SO_4-, HJ-, HNO_3-Lsgg., Königswasser). (J. Amer. chem. Soc. **78.** 2079—81. 20/5. 1956. Berkeley, Calif., Purdue Univ., Dep. of Chem., u. Univ. of California, Div. of Mineral Technol.) H. W. LEVI. 331

I. N. Beljajew und **M. L. Scholochowitsch,** *Komplexbildung und Austauschzersetzung im reziproken System aus Pyrophosphaten und Molybdaten des Natriums und Kaliums.* Es wurde das Syst. Na, K/MoO_4, P_2O_7 nach der visuellen polytherm. Schmelzmeth. untersucht. Für die Sonderfälle (Doppelseiten) K–Na–MoO_4, K–MoO_4–P_2O_7 u. K–Na–P_2O_7 werden einige Sonderpunkte gegeben; für den 4. Sonderfall Na–P_2O_7–MoO_4 wird die chem. Verb. $Na_4P_2O_7\cdot(Na_2MoO_4)_2$ (1 : 1) nachgewiesen, die bei 820° kongruent schmilzt. Im gesamten reziproken Syst. Na, K/MoO_4, P_2O_7 werden die beiden Diagonalschnitte $(K_2MoO_4)_2$–$Na_4P_2O_7$ u. $(Na_2MoO_4)_2$–$K_4P_2O_7$ geführt. Das Syst. ist daher ein Beispiel halbumkehrbarer adiagonaler Systeme. Im ganzen wurden 19 (adiagonale) Schnitte untersucht; es wurden 2 tern. eutekt. (635 u. 698°) sowie 1 tern. Übergangspunkt (720°) nachgewiesen. (Журнал Общей Химии [J. allg. Chem.] **23** (**85**). 1265—73. Aug. 1953. Rostow, Molotow-Univ.) A. v. WILPERT. 336

D. V. Ramana Rao, *Isopolymolybdänsäuren.* Frühere Unterss. der Isopolyanionen des Mo befaßten sich nur mit Lsgg. (vgl. JANDER, Ber. dtsch. chem. Ges. **194.** [1930.] 383). Vf. gelang es nun, durch langes Stehenlassen von gepufferten Molybdatlsgg. bei p_H 4,6 u. 2 zwei feste Substanzen zu isolieren. Auf Grund des Gewichtsverlustes beim Erhitzen ergeben sich dafür die Formeln (bei p_H 4,6) $H_4Mo_3O_{11}$ u. (bei p_H 2) entweder $NH_4H_5\cdot Mo_6O_{21}$ entsprechend der JANDERschen Formulierung als Hexamolybdat in diesem p_H-Bereich oder $(NH_4)_2H_4Mo_7O_{24}$, da Röntgenunterss. auf eine Mo_7-Einheit hinweisen. (Analytica chim. Acta [Amsterdam] **12.** 211—14. März 1955. Cuttack, India, Ravenshaw Coll., Dep. of Chem.) F. UMLAND. 336

James M. Schreyer und **L. R. Phillips,** *Die Löslichkeit von Uran(IV)-orthophosphaten in Perchlorsäurelösungen.* Vff. untersuchten das tern. Syst. $U(HPO_4)_2$–Cl_2O_7–H_2O bei

$25 \pm 0,1^0$ im Konzentrationsbereich von 1,0—11,86 mol. $HClO_4$. Das Ergebnis dieser Unters. wird an Hand von Dreiecksdiagrammen diskutiert. Durch chem. u. röntgenograph. Analyse konnten die folgenden Bodenkörper analysiert werden: $U(HPO_4)_2$, $U(HPO_4)_2 \cdot 2\,H_2O$, $U(H_2PO_4)_2(ClO_4)_2 \cdot 6\,H_2O$ (I) u. $U(H_2PO_4)_2(ClO_4)_2 \cdot 4\,H_2O$. Die Verb. I existiert in verschied. polymorphen Formen, abhängig von der Konz. der Lsg. an $HClO_4$. $U(HPO_4)_2$ ist über den ganzen Konzentrationsbereich metastabil. (J. physic. Chem. **60.** 588—91. Mai 1956. Oak Ridge, Tenn., Nat. Labor., Union Carbide Nucl. Comp.) H.-U. WOELK. 339

Kundan Lal und **Gurdev Singh**, *Die Wirkung von schwefliger Säure auf alkalische Kaliumpermanganatlösung.* (Vgl. C. **1956.** 2684.) Bei Einw. von n-H_2SO_3 auf 1%ig. $KMnO_4$-Lsg. in Ggw. variierender Mengen KOH bis zur Entfärbung bildet sich ein Nd. der allg. Zus. $x\,K_2O \cdot y\,MnO \cdot z\,MnO_2$, der das gesamte Mn enthält, während in Lsg. nur K_2SO_4 verbleibt. Die analoge Rk. im sauren Medium führt dagegen zur Bldg. von K_2SO_4 u. $MnSO_4$ neben $K_2S_2O_6$. Die Mechanismen beider Rkk. werden kurz diskutiert. (J. Indian chem. Soc. **32.** 65—67. Jan. 1955. Hoshiarpur, Punjab Univ. Coll., Chem. Dep.) H. HOFMANN. 350

T. S. Piper und **G. Wilkinson**, *Cylopentadienylstickoxyddischwefelmangan.* Durch 2-tägiges Rückflußkochen von $(C_5H_5)_3Mn_2(NO)_3$ mit verschied. Mengen Schwefel in CS_2 entstanden stets — nach Extraktion des überschüssigen Schwefels mit sd. PAe. vom Reaktionsprod. u. Umkristallisation aus CH_2Cl_2 unter N_2 — opake braunschwarze Kristalle der Summenformel $C_5H_5MnNOS_2$ (I), deren Ausbeute 40%, bezogen auf den Mn-Geh., betrug. Beim Erhitzen zers. sich I ohne zu schmelzen. Die Best. des Mol.-Gew. ergab den Wert 1100—1200. I ist diamagnetisch. Das UV-Spektr. zeigt eine breite Absorption von 2300—4000 Å ($\varepsilon = 5-10000$) ohne einzelne Spitzen. Auch das Infrarotspektr. wurde aufgenommen. Vermutlich besteht die Verb. aus dem Hexameren von I oder aus einem Gemisch von diesem u. Tetrameren. Im einzelnen ist in I ein Mn-Atom an eine NO- u. an eine C_5H_5-Gruppe gebunden; ferner besteht eine Bindung vom Mn zur S—S-Gruppe. Eine genaue Strukturangabe, die eindeutig, ist noch nicht möglich. (J. Amer. chem. Soc. **78.** 900. 5/3. 1956. Cambridge, Mass., Harvard Univ., Mallinckrodt Chem. Labor.) L. FISCHER. 350

O. I. Worobjewa und **L. R. Ossanowa**, *Das System $BeSO_4-MnSO_4-H_2O$* (25^0). Es wurden die Löslichkeits- u. Dichteisothermen bei 25^0 aufgezeichnet, die Zus. der festen Phasen kristallopt. u. graph. nach der Restmeth. bestimmt. — Es konnten weder Doppelsalzbldg. noch das Auftreten fester Lsgg. nachgewiesen werden. Die beiden Sulfate $BeSO_4$ u. $MnSO_4$ senken gegenseitig ihre Löslichkeit; sie treten als feste Phasen bei 25^0 in den Formen $BeSO_4 \cdot 4\,H_2O$ u. $MnSO_4 \cdot 5\,H_2O$ sowie (metastabil) $MnSO_4 \cdot 4\,H_2O$ auf. (Журнал Общей Химии [J. allg. Chem.] **23** (**85**). 1288—89. Aug. 1953.) A. v. WILPERT. 350

A. W. Nowosselowa, O. I. Worobjewa, N. N. Knjasewa und **L. N. Passkutzkaja**, *Das System $BeSO_4$-$FeSO_4$-H_2O.* Bei der Unters. des Syst. $BeSO_4$-$FeSO_4$-H_2O bei 25 u. 60^0, wurden die Isothermen der Löslichkeit, der D. u. der Brechungsindices aufgenommen. Die Zus. der Phasen wurde nach der Restmeth. von SCHREINEMAKERS u. aus dem kristallopt. Analysenbefund erschlossen. In den Lsgg. wurde Fe chromatometr., Fe + Be alkalimetr. (Be aus der Differenz) bestimmt. App.: Pyknometer u. ABBE-Refraktometer. — Eine Bldg. von Doppelsalzen u. festen Lsgg. zeigte sich nicht. Als feste Phasen traten die Kristallhydrate $BeSO_4 \cdot 4\,H_2O$ u. $FeSO_4$ (mit $7\,H_2O$ bei 25^0, mit $4\,H_2O$ bei 60^0) auf: beide Sulfate setzen gegenseitig ihre Löslichkeit herab. (Журнал Общей Химии [J. allg. Chem.] **23** (**85**). 1284—87. Aug. 1953. Moskau, Univ.) A. v. WILPERT. 354

P. Royen und **H. Reinhardt**, *Die Beeinflussung des Oxydationsgleichgewichtes von Eisen durch Zusätze von Gold, Silber, Kupfer oder Nickel.* Die Beeinflussung des Gleichgewichts $3\,Fe + 4\,H_2O \rightleftharpoons Fe_3O_4 + 4\,H_2$ durch metall. Zusätze von Au, Ag, Cu oder Ni wurde erstmalig im Gebiet akt. Zustände untersucht. Eine Verschiebung der Gleichgewichtslage des Grundsyst. durch die zugesetzten Metalle kann nur erfolgen, wenn sie Mischkristalle mit dem Fe zu bilden vermögen. Als Modellsubstanzen für diese Studien dienten Fe-Ni-Mischkristalle mit maximal 4% Ni. Bei der Red. der feinverteilten Oxydmischungen wurde bei Tempp. bis maximal 550^0 Mischkristallbldg. mit Cu, Ag oder Au über die n. Löslichkeitsgrenze hinaus beobachtet. Beim Anlassen dieser Mischkristalle fand eine Ausscheidung der jeweiligen Zusatzkomponenten bis zur n. Löslichkeit statt. Der damit verbundene Rückgang der Veredlung des Fe konnte durch Messung der Gesamtdrucke der Gasphase ($p_{H_2O} + p_{H_2}$) genau verfolgt werden. Das Auftreten dieser scheinbar übersättigten Mischkristalle ist nach den vorliegenden Unterss. an den akt. Zustand des Fe gebunden. Auf der Basis von Gleichgewichtsmessungen konnte eine Meth. zur Best. kleiner Löslichkeiten von Zusatzkomponenten ausgearbeitet werden. Die Löslichkeit des Cu in Fe bei 450° wurde zu 0,15 ± 0,02 Gew.-% ermittelt. (Z. anorg. allg. Chem. **281.** 18—36. Okt. 1955. Frankfurt/Main, Joh. Wolfgang Goethe-Univ., Inst. für Anorgan. Chem.) M. SCHENK. 354

T. S. Piper, D. Lemal und **G. Wilkinson,** *Eine Siliciumeisenverbindung; eine Fe-Si σ-Bindung.* Vff. bereiten *π-$C_5H_5Fe(CO)_2Si(CH_3)_3$*, (I), aus einer Lsg. von 7,08 g *π-$C_5H_5Fe(CO)_4FeC_5H_5$-π* in ca. 130 ml Tetrahydrofuran, die in N_2 15 Std. mit 160 g 6%ig. Na-Amalgam gerührt wird. Zu der entstandenen Suspension von *π-$C_5H_5Fe\cdot(CO)_2Na$* werden dann tropfenweise 10—15 ml $Si(CH_3)_3Cl$ zugefügt u. 2 Std. gerührt. Nach Entfernung des Lösungsm. im Vakuum kann I bei 60—80° sublimiert u. aus Petroleum (30—60°) durch Kühlen auf —75° umkristallisiert werden. I bildet orangegelbe Nadeln vom F. ~70°, die sich bei ~200° unter Schwarzfärbung zersetzen. Es ist unlösl. in W., lösl. in vielen organ. Lösungsmitteln, sehr empfindlich gegen Luftsauerstoff. Das Infrarotspektr. enthält ähnliche Linien wie andere einkernige π-Cyclopentadienylverbindungen. Diese Tatsache wie auch die beiden CO-Bindungen lassen eine ähnliche Struktur vermuten wie bei den entsprechenden Fe–Alkyl- u. Arylverbindungen. (Naturwissenschaften **43.** 129. März 1956. Cambridge, Mass., Harvard Univ., u. London, Imp. Coll. of Sci. and Technol., Chem. Dep.) H. PLUSKAL. 354

S. K. K. Jatkar und **B. N. Mattoo,** *Eisen(III)-thiocyanatkomplexe.* Vff. messen die Lichtabsorption (500 mμ) mit einem photoelektr. KLETT-SOMMERSON Colorimeter von 1/4000 mol. $FeCl_3$-Lsgg. mit HCl (0,0083 n.) in Abhängigkeit von der zugesetzten Menge an 1/80 mol. NH_4CNS-Lsg. u. berechnen daraus die Gleichgewichtskonstante der Rk. $Fe^{3+} + CNS^- \rightleftharpoons Fe(CNS)^{2+}$ zu $2{,}2-2{,}5\cdot10^{-3}$. Die Messung der EMK. der Kette Pt/Lsg./KCl (gesätt. Lsg.)/n. KCl, $HgCl_2$/Hg (Lsg.: 40 ml 1/70 mol. Fe^{3+}, 0,558 n. HCl mit 0—7 ml 0,5 mol. NH_4CNS) bestätigt an Hand der EMK./Volumenkurve (Vol. = Zugesetztes Vol. an 0,5 mol. NH_4CNS) die schrittweise Komplexbldg. nach BABKO (vgl. Журнал Общей Химии [J. allg. Chem.] **16.** [1946.] 1549, die zu den Verbb. $Fe(CNS)_n^{(3-n)+}$ (n = 1—6) führt. (J. Indian chem. Soc. **31.** 299—304. April 1954. Poona, Univ. of Poona, Dep. of Chem.) R. LACMANN. 354

Warren W. Brandt und **Jack P. Wright,** *Das Eisen-2.2'.2''-terpyridylsystem.* Es wurde das Oxydationspotential, die Säureäquivalenz, die Dissoziationskonstante u. die Instabilitätskonstante von Eisen(II)-bis-(2.2'.2''-Terpyridyl) bestimmt u. seine Stickstoffbasizität mit derjenigen ähnlicher Komplexe verglichen. Die Unähnlichkeit des Bis- u. Terpyridyls mit 1.10-Phenanthrolinen wird auf die Verschiedenheit der Ringsysteme zurückgeführt. (J. Amer. chem. Soc. **76.** 3082—83. 5/6. 1954. Lafayette, Ind., Purdue-Univ., Dep. of Chem.) K. L. WOLF. 354

Birger Adell, *Über die Isomerisationsgeschwindigkeit einiger komplexer Dinitritokobalt(3)-salze in wässeriger Lösung.* Es werden extinktiometr. Unterss. über die Umwandlung von *1.2-* (I) u. *1.6-Dinitritodiäthylendiaminkobalt(III)-nitrat* in wss., mit Essigsäure–Acetat gepufferten Lsgg. in die entsprechenden *Dinitroverbb.* bei 20° bzw. bei 20 u. 30° beschrieben u. diskutiert. Die Umlagerung vollzieht sich bis zu einem sehr hohen %-Geh. der Dinitroform genau wie eine Rk. 1. Ordnung. Die Geschwindigkeitskonstanten sind erheblich größer als die der früher untersuchten Mononitritokobalt(III)-salze (vgl. ADELL, C. **1953.** 8024). Für I stimmt die Geschwindigkeitskonstante mit der einer Versuchslsg. überein, die aus einem 12 Std. auf 40° vorgewärmten I-Präp. hergestellt wurde. Letzteres kann wegen der Isomerisation in festem Zustande nur die Nitronitrito- u. Dinitroisomeren enthalten. (Z. anorg. allg. Chem. **284.** 197—202. April 1956. Lund, Univ., Chem. Inst., Anorg. Abt.) H. HOFMANN. 355

Yoichi Shimura, *Die Beziehung zwischen der geometrischen Konfiguration anorganischer Komplexe und ihren Absorptionsbanden.* 1. Mitt. *Die dritte Absorptionsbande von trans-Dirhodanato-bis-äthylendiaminkobalt(III)-chlorid.* Im Gegensatz zur Hypothese von TSUCHIDA (vgl. Bull. Chem. Soc. Japan **11.** [1936.] 721; **13.** [1938.] 388. 436; **15.** [1940.] 427) konnte BASOLO (vgl. C. **1948.** E. 1385 u. **1951.** II. 3412) im Absorptionsspektr. von trans-$[Co\,en_2(SCN)_2]SCN$ u. trans-$[Co\,en_2SCN\cdot Cl]SCN$ keine 3. Bande im nahen UV finden, da diese durch ein breites Absorptionsband der koordinativ gebundenen SCN-Gruppen im Bereiche von $80-110\cdot10^{13}$ Hz überdeckt wird. Die 3. Bande von Cl^-–SCN^--Paaren liegt im Gebiet längerer Wellenlänge als die 3. Bande von NO_2^-–NO_2^- oder NO_2^-–Cl^- in trans-$(Co\,en_2\,(NO_2)]^+$ bzw. trans-$[Co\,en_2\cdot NO_2\cdot Cl]^+$. — Vff. beobachten in wss. Lsg. im Bereich von $50-125\cdot10^{13}$ Hz die Absorptionsspektren von trans- (I)- u. cis-$[Co\,en_2(SCN)_2]Cl\cdot H_2O$ (II) sowie $[Co(NH_3)_5SCN]SO_4$ u. erörtern die Beziehungen zwischen der spezif. Absorptionsbande u. der geometr. Struktur bei Co(III)-Komplexen. Für I liegt das Absorptionsmaximum der 3. Bande bei ca. $108\cdot10^{13}$ Hz, d. h. in einem ähnlichen Bereiche wie das von KUROYA u. TSUCHIDA für $[Co\,en_2SCN\cdot Cl]^+$ angegebene. Die Analyse der Absorptionskurve von II ergab in Übereinstimmung mit der Beobachtung von BASOLO keine 3. Bande. — Die Zusammenstellung der rhodanato- bzw. nitrospezif. Banden verschied. cis–trans-Co(III)-Komplexionen zeigt, daß die Bande der trans-Form jeweils bathochromer ist als die der cis-Form: **II**: ν_{SCN} (max.) 10^{13} Hz = 96,6; log ε_{SCN} (max.) 3,53. **I**: 94,0; 3,44. [Coen$_2$ SCN·Cl]$^+$, cis-Form: 98,5; 3,34. trans-Form: 92,5; 3,36. [Co en$_2$ SCN·NH$_3$]$^{2+}$, cis-Form: 92,9; 3,30. trans-Form: 90,4; 3,55. [Coen$_2$ (NO$_2$)$_2$]$^+$ cis: 92,9; 3,68. trans: 88,6; 3,44. [Co(NH$_3$)$_4$(NO$_2$)$_2$]$^+$, cis: 91,5 3,90; trans: 86,8; 3,90. [Co en$_2$ NO$_2$·Cl]$^+$, cis: 89,0; 3,26. trans: 88,2; 3,14. [Co(NH$_3$)$_2$(NO$_2$)$_3$]$^-$, cis: 92,3; 3,65. trans: 88,2; 3,65. Dies gilt auch für Komplexe mit nur einer SCN^- oder NO_2^--Gruppe. Bei diesen Verbb. haben die Gruppen Cl^- oder NH_3 mit der Existenz spezif. Banden an sich nichts zu tun. Die vorst. Beziehung zwischen spezif. Absorptionsbande u. cis–trans-Isomerie ist aber auch hier gegeben u. kann deshalb allg. zur Konfigurationsbest. in Co(III)-Komplexen herangezogen werden. (J. Amer. chem. Soc. **73**. 5079–82. Nov. 1951. Osaka, Univ., Dep. of Chem.) G. BANKWITZ. 355

A. K. Babko und **M. W. Korotun**, *Kupferkomplexe mit Dimethylglyoxim*. Es wurde die Cu-Komplexbldg. mit Dimethylglyoxim (Dm) bei verschied. Säuregraden der Lsg. untersucht. Es zeigte sich, daß die bekannte Verb. Cu(HDm)$_2$ in Ggw. eines Überschusses an Cu-Salz (Cu^{2+}-Ionen in schwachsaurem Medium) löslicher wird, wobei die Lichtabsorption zunimmt. Daraus u. aus der Wanderung der gefärbten Schicht bei der Elektrolyse ergab sich, daß eine weitere Verb. CuHDm$^+$ entsteht, deren Dissoziationskonstante K = [Cu^{2+}] [HDm$^+$]/[CuHDm$^+$] opt. den Wert $0{,}8\cdot10^{-10}$, aus der Löslichkeit der Komplexverb. Ni(HDm)$_2$ in Cu-Salzen einen solchen von $1{,}5\cdot10^{-10}$ zeigte. In alkal. Lsgg. sind die komplexen Cu-Dioximine beständiger (es treten neue intensiv gefärbte Verbb. auf), auch in Ggw. großer Überschüsse an wein- u. citronensauren Salzen (rotbraune Färbung), während in schwachsauren Lsgg. der weinsaure Cu-Komplex stabiler ist (Grünfärbung). — Die opt. Dichten wurden in den Bereichen 436 u. 465 mμ gemessen u. wiesen die mit steigendem p_H für die Bldg. mehrerer Verbb. kennzeichnende Mehr-(zwei)stufigkeit des Verlaufs auf. (Журнал Общей Химии [J. allg. Chem.] **23** (**85**). 1302–13. Aug. 1953. Kiew, Univ.) A. v. WILPERT. 358

James J. Renier und **Don S. Martin jr.**, *Die Löslichkeit von Silberjodat in Jodatlösungen. Jodatkomplexe des Silbers.* Unter Verwendung von ^{110}Ag bestimmten Vff. die Löslichkeit von AgJO$_3$ in wss. Lsgg. von LiJO$_3$ bzw. LiJO$_3$ + LiClO$_4$ mit einer radiochem. Meth. bei 25,0, 35,0 u. 50°. Die Ionenstärken der LiJO$_3$ + LiClO$_4$-Lsgg. waren stets 1,0. Die Funktion log[Ag]$_{gesätt.}$/log[JO$_3$] zeigt ein deutliches Minimum auch in Ggw. des LiClO$_4$. Für die Löslichkeitsprodd. des AgJO$_3$ in LiJO$_3$-Lsgg. werden die Werte $3{,}0\pm0{,}15\cdot10^{-8}$, $6{,}3\pm0{,}3\cdot10^{-8}$ u. $17{,}4\pm1{,}0\cdot10^{-8}$ bei den oben angeführten Tempp. erhalten. Bei höheren Jodatkonzz. lassen sich die Gleichgewichte in der Lsg. durch die folgenden Gleichungen beschreiben: $Ag^+ + JO_3^- \rightleftharpoons AgJO_3$ (aq) u. $Ag^+ + 2\,JO_3^- \rightleftharpoons Ag(JO_3)_2^-$. Die Entropieänderungen beim Ablauf dieser Rkk. ergeben sich zu −6 bzw. −21,6 Entropieeinheiten. Die freien Energien u. Enthalpien dieser Rkk. betragen $\Delta F_{35^0} = -1{,}13\pm0{,}18$ kcal/Mol u. ΔH_{35^0} $5{,}1\pm4{,}5$ kcal/Mol bzw. $\Delta F_{35^0} = -2{,}53\pm0{,}04$ kcal/Mol u. $\Delta H_{35^0} = -5{,}20\pm0{,}79$ kcal/Mol. Die Tendenz der Ag-Ionen, Jodatkomplexe zu bilden, ist also geringer als die zur Bldg. von Chloridkomplexen. (J. Amer. chem. Soc. **78**. 1833–37. 5/5. 1956. Iowa State Coll., Inst. for Atomic Res. and Dep. of Chem.) H.-U. WOELK. 359

I. M. Kolthoff und **J. T. Stock**, *Gleichgewichte in alkalischen Cyanoargentatlösungen.* In Ggw. starker Basen reagieren Silber- u. Dicyanoargentationen nach der Reaktionsgleichung: $Ag^+ + 2\,OH^- + [Ag(CN)_2]^- \rightleftharpoons 2[Ag(OH)(CN)]^-$. Die Gleichgewichtskonstante dieser Rk. haben Vff. bei $25{,}0\pm0{,}1^0$ bestimmt zu $K_A = [\{Ag(OH)(CN)\}^-]^2/[Ag^+][OH^-]^2[Ag(CN)_2^-] = 3{,}4\cdot10^6\pm0{,}8$, während sie für die Instabilitätskonstante des Hydroxycyanoargentations bei der gleichen Temp. $K_{Hy} = [Ag^+][OH^-][CN^-]/[\{Ag(OH)(CN)\}^-] = 6\cdot10^{-14}$ erhalten. Eine Berechnung des Löslichkeitsprod. von AgCN lieferte den Wert $[Ag^+][CN^-] = 2{,}3\cdot10^{-16}\pm1$ (bei 22–24°). (J. Amer. chem. Soc. **78**. 2081–85. 20/5. 1956. Minneapolis, Minn., Univ. of Minnesota, School of Chem.) D. ERTEL. 359

A₉. Mineralogische und geologische Chemie.

G. L. Wasbutzki, *Was sind Subindividuen?* Die Entw. des von SADEBECK 1876 in die Kristallographie eingeführten Begriffs der Subindividuen wird unter Erörterung der Theorie der Häufung u. der Anschauungen über die Komplexentw. des Kristalls bis in die heutige Zeit verfolgt. (Записки Всесоюзного Минералогического Общества [Schr. Allunions mineralog. Ges.] [2] **84**. 228–37. 1955.) R. K. MÜLLER. 372

K. V. Suryanarayana, *Zwischendurchdringungszwillinge bei Plagioklas-Feldspäten.* In einem Dolerit mit glasiger Grundmasse, der am ersten Meilenstein der Closepet-Kankahallistraße in einem rosa prophyr. Granit aufsitzt, wurden Plagioklaszwillinge gefunden, die einander durchdringen. Die Individuen 1 u. 2 sind nach dem Karlsbader-, 2 u. 2′ nach dem Albit- u. 2′ u. 1 nach dem Albit/Karlsbader Komplexgesetz verzwillingt. Das Individuum 3 u. 4 folgt dem Albitgesetz. Die Durchdringungsebene ist 0 2 1. (Current Sci. **24.** 120—21. April 1955. Bangalore, Central Coll., Dep. of Geol.) K. LÖFFLER. 372

N. S. Jewsikowa, *Fall von gesetzmäßigen Verwachsungen von Phlogopit und Apatit.* Aus Unterss. über die Spaltblättchen von Phlogopit (I) vom Sljudjanka-Vorkommen (am Baikalsee) mit Apatit (**II**)-Einschlüssen geht hervor, daß die in der {0 0 1}-Ebene von **I** liegende c-Achse von **II** entweder parallel oder senkrecht zu den Flächen [1 1 0], [1 $\bar{1}$ 0] u. [1 0 0] von **I** ist, also in der Richtung der Schlagfigurenstrahlen, c ‖ [1 1 0], [1 $\bar{1}$ 0], [1 0 0], u. der Druckstrahlen, c ⊥ [1 1 0], [1 $\bar{1}$ 0], [1 0 0], liegt. Die Gesetzmäßigkeit der Verwachsungen von **I** u. **II** u. das Vorherrschen solcher **II**-Einschlüsse, die nach den Schlagfiguren orientiert sind, lassen sich mit der Epitaxie erklären. (Записки Всесоюзного Минералогического Общества [Schr. Allunions mineralog. Ges.] [2] **83.** 255—60. 1954.) O. LEBTAG. 372

S. H. U. Bowie und **D. Atkin,** *Eine ungewöhnlich radioaktive Fischversteinerung von Thurso, Schottland.* Viele Fischversteinerungen im roten Sandstein an der Nordostküste Schottlands zeigen abnorm hohe Radioaktivität. Vff. untersuchten eine Homostius-Platte. Proben davon enthalten 0,32% U_3O_8 u. 0,51% ThO_2. Das Knochenmaterial wurde als Carbonat–Fluorapatit identifiziert. In den Knochenkanälen befinden sich KW-stoffe. Die KW-stoffe enthalten neben wenig U das gesamte Th. Im Apatit ist nur U enthalten. Sowohl Th als auch U bilden danach Komplexe mit den KW-stoffen. Vff. erklären die Fixierung des U mit der Annahme, daß das Ion UO_2^{2+} sich mit zwei Phosphatgruppen an der Oberfläche der Apatitkristalle verbindet u. ein Ca verdrängt. Dieser Mechanismus erklärt die Konz. von U an Apatitkristallen, an versteinerten Zähnen usw. u. die Tatsache, daß das U des Grundwassers in gewöhnlichen Ca-Mineralien das Ca nicht ersetzt. (Nature [London] **177.** 487—88. 10/3. 1956. London, Geolog. Surv. and Museum, Atom. Energy Div.) MAX SCHMIDT. 378

Eduard Wenk, *Berechnung von Stoffaustauschvorgängen.* An 6 Gesteinsproben gleicher stratigraph. Position aber ungleichen Metamorphosegrades aus Ost-Grönland werden die Möglichkeiten u. Verf. der Berechnung von Stoffaustauschvorgängen diskutiert. Vf. zeigt, daß durch die Anwendung der „One-Cation-Oxydes" nach ESKOLA ein unmittelbarer u. vollständiger Aufschluß über die Austauschvorgänge gegeben wird u. daß sie die geeignetste Art der Repräsentation von chem. Daten u. die beste Grundlage für Berechnungen u. Vergleiche bilden. (Schweiz. mineralog. petrogr. Mitt. **34.** 309—18. 1954. Basel.) J.-E. HILLER. 378

A. W. Trofimow, *Umsatz und geologische Erhaltung des Sauerstoffes fester Carbonate in wässerigen Lösungen.* Im 212 Tage langen Vers. zeigten die mit ^{18}O angereicherten *$CaCO_3$* (I), *$BaCO_3$* (II), *Na_2CO_3* (**III**) u. *$MgCO_3 \cdot xMgO$* (**IV**) sehr starke Unterschiede im Austausch mit feuchtem CO_2. Er betrug in % des möglichen Austausches: I $\leqq$ 1; **II** 19; **III** 71; **IV** 70. Frisch gefälltes **II** zeigt mit $NaHCO_3$ einen viel stärkeren Austausch als **II**, das lange Zeit mit $Ba(OH)_2$-Überschuß gestanden hatte oder als getrocknetes **II**. In Ggw. von Lauge erfolgt beim frisch gefällten **II** selbst in 210 Tagen kein Austausch. Naturkreide von der Korngröße $<0,25$ zeigt bei dem bei 100° durchgeführten 17tägigen Vers. folgende Austauschwerte (in %): gekochtes H_2O 0,7; 0,01n HCl in H_2O 1,5; 5%ig. $NaHCO_3$ in gekochtem H_2O 3; 0,002n $Ba(OH)_2$ in gekochtem H_2O 0. Bei 20° ist in 7 Monaten der Austausch von Kreide der Korngröße 2—3 mm in Ggw. von H_2O (in allen behandelten Fällen handelt es sich um Schweres Wasser) +0,01 n HCl prakt. nicht nachweisbar. Bei der Fraktion $<0,25$ erreicht der Austausch in diesem Zeitraum $\sim$1,3%. Kreide von der Korngröße $<0,02$ mm zeigt bei 100° in 17 Tagen in Ggw. von $NaHCO_3$ einen Austausch von nur $\approx$6%, die gröberen Fraktionen gar keinen Austausch. Die gewonnenen Ergebnisse werden in ihrer Anwendung auf die Kreidezers. in geolog. Zeiträumen diskutiert. (Доклады Академии Наук СССР [Ber. Akad. Wiss. UdSSR] [N. S.] **98.** 237—40. 11/9. 1954. Vernadsky-Inst. für analyt. u. Geochem. der Akad. der Wiss. der UdSSR.) O. LEBTAG. 378

A. I. Ginsburg, *Über Mineralien als geochemische Indicatoren und ihre Bedeutung bei der Suche nach Erzen seltener Metalle in Pegmatiten.* Das Auftreten von verschieden gefärbten Turmalinen in den Pegmatitadern spricht für die Möglichkeit einer Ggw. von bestimmten Erzen der seltenen Elemente. Treten schwarze Phosphate auf, so ist die Ggw. von Be, *Columbit* u. *Spodumen* zu vermuten. Das Auftreten dieser oder jener seltenen Metalle in den Pegmatiten ist weitgehend abhängig von der Zus. der accessor. Mineralien der Magmagesteine u. den mit dem Magmaherd zusammenhängenden hydrothermalen u. pneumatolyt. Bildungen. *Lepidolith* kann als geochem. Indicator auf Cs angesehen werden, *Muskovit* auf Pb, *Spessartin* auf Y, *Orthit* auf Sc. (Доклады Академии Наук СССР [Ber. Akad. Wiss. UdSSR] [N. S.] **98.** 233—35. 11/9. 1954. Mineralog. Museum der Akad. der Wiss. der UdSSR.) O. Lebtag. 378.

R. A. Borukajew, Ss. M. Bandaletow, G. F. Ljapitschew und **I. F. Nikitin,** *Über einen Fall von Turmalinerz-Mineralisation im unteren Paläozoikum von Zentralkasachstan.* Die nordöstlich Karaganda festgestellten turmalinhaltigen Gesteine hängen räumlich u. genet. mit der Intrusion von Syeniten u. Plagiosyeniten des unteren Paläozoikums (vermutlich unterkambr.) zusammen. Die Turmalinisierung der Syenite erfolgte in einer ziemlich mächtigen Zone. (Вестник Академии Наук Казахской ССР [Nachr. Akad. Wiss. KasachSSR] **11.** Nr. 6. 75—79. Juni 1954.) O. Lebtag. 378

K. A. Wlassow, *Bildungsfaktoren verschiedener Typen von Granitpegmatiten und seltenen Metallen.* Die früher vom Vf. (C. **1956.** 9392) mitgeteilten empir. Verallgemeinerungen des Tatsachenmaterials zur Genesis der Seltenmetallgranitpegmatite werden theoret. gedeutet. Dies erfolgt durch eine theoret. Erörterung der nachst. Fragen: Die Rolle der Tektonik bei der Pegmatitbldg.; ursprüngliche chem. Zus. der Pegmatitschmelze; die flüchtigen u. leichtschmelzbaren Verbb.; Beziehung der Pegmatitkörper zu den Mutterintrusionen; Umfang, Form u. Geschwindigkeit der Erstarrung der Pegmatitkörper; Struktur u. Textur; die kristallchem. Eigg. der Mineralien als Faktor der Konz. u. Streuung der seltenen Elemente. (Известия Академии Наук СССР, Серия Геологическая [Nachr. Akad. Wiss. UdSSR, geol. Ser.] **21.** Nr. 1. 65—89. Jan. 1956. Moskau, Akad. der Wiss. der UdSSR, Labor für Mineral. u. Geochem. der seltenen Elemente.) O. Lebtag. 378

Helmut G. F. Winkler, *Synthese von Hornblende und Biotit.* Durch hydrothermal durchgeführte künstliche Metamorphose von Olivinbasalt oder Feldspatbasalt konnten Hornblende u. Biotit aus der fluiden Phase erzeugt werden. Die Verss. wurden bei 2000 Bar Wasserdampfdruck u. 740 bzw. 640° durchgeführt. Nach 12tägiger Versuchsdauer war aus einem Feldspatbasalt ein *Amphibolit* mit 40% Hornblende, 10% Biotit, 45% *Plagioklas* u. etwas Erz entstanden. (Naturwissenschaften **41.** 574—75. Dez. 1954. Marburg, Univ., Mineralog. Inst.) H. Pluskal. 378

Derek Flinn, *Über die zeitlichen Zusammenhänge zwischen Regionalmetamorphose und Durchdringung in Delting, Shetland.* (Quart. J. geol. Soc. London **110.** 177—201. 25/11. 1954.) F. Ensslin. 378

P. Schaufelberger, *Verwitterung und Bodenbildung auf basischen Eruptivgesteinen.* Bei der Verwitterung bas. Eruptivgesteine findet sowohl allit. u. siallit. Verwitterung statt. Zwischen der Bodenbldg. in den verschied. geograph. Zonen besteht kein prinzipieller, sondern ein gradueller Unterschied. In der gemäßigten Zone verläuft die Bodenbldg. langsamer, u. die Lithosole überwiegen. In den Tropen u. im perhumiden gemäßigten Klima finden sich auch bereits Klimasole auf basenreichen Muttergesteinen. Bei allit. Verwitterung in Abwesenheit von Humus ist der *Hydrargillit* beständig. Bei der siallit. Verwitterung finden wir in Böden mit freier Basenabfuhr Tonminerale der *Kaolinit*-Gruppe. In Wannen mit seitlicher Basenzufuhr u. gehemmter Basenabfuhr bilden sich Tonminerale der *Montmorillonit*-Gruppe. Charakterist. für den verschied. Verwitterungsablauf ist das Verh. der Kieselsäure, der Erdalkalien u. der Alkalien. (Schweiz. mineralog. petrogr. Mitt. **34.** 319—35. 1954. Chinchina.) J.-E. Hiller. 378

Robert L. Parker, *Über Apatit von Val Casatscha.* Vf. berichtet von Apatitfunden aus der Val Casatscha. Es sind klar durchsichtige, sehr flächenreiche Kristalle mit einer kräftigen amethystvioletten Farbe. Das Achsenverhältnis wird zu 1:0,7337 bestimmt, die Berechnungsindices zu $n_\varepsilon = 1{,}6351$, $n_\omega = 1{,}6381$. (Schweiz. mineralog. petrogr. Mitt. **34.** 498—501. 1954. Zürich, ETH, Mineralog. Sammlung.) J.-E. Hiller. 380

M. W. Kusmenko, *Beryllit, ein neues Mineral.* Das 1951 entdeckte Mineral *Beryllit* (**I**) ist weich, feinfaserig, von weißer Farbe u. Seidenglanz; direkte Auslöschung; opt. zweiachsig negativ; $N_g = 1{,}560 \pm 0{,}002$; $N_m = 1{,}553 \pm 0{,}002$; $N_p = 1{,}541 \pm 0{,}003$. Die chem. Zus. entspricht der Formel $Be_3SiO_4(OH)_2 \cdot H_2O$. Spektralanalyt. wurden außerdem gefunden: Ba, Mn, P u. Cu. Aus der Entwässerungskurve geht hervor, daß das an **I** gebundene W. erst bei hoher Temp. entweicht. **I** unterscheidet sich vom nahestehenden *Bertrandit* durch eine geringere Brechungszahl, geringeren Winkel der opt. Achsen, geringeres D u. geringeren SiO_2-Geh. sowie durch einen erhöhten Wassergehalt. **I** kommt in Natrolith–Albit–Pegmatit-Adern vor (in der Zentralzone) u. ist mit feinkörnigem *Albit* u. *Epididymit* assoziiert. (Доклады Академии Наук СССР [Ber. Akad. Wiss. UdSSR] [N. S.] **99.** 451—54. 21/11. 1954.) O. Lebtag. 380

J. R. Harpum, *Die Bildung des Epidots in Tanganyika.* Epidote bilden sich bei der Kataklase kalkhaltiger Gesteine. Sie entstehen nicht aus Plagioklas unter dem Einfl. von W. auch bei hohen Tempp. u. Drucken. Hierzu ist Materialzufuhr u. Scherdruck notwendig. Metasomatose u. progressive Metamorphose sowie Granitisierung führen zur Epidotbildung. Epidot u. *Chinozoisit* sind in einer Grünschieferphase u. in der Albit–Epidot-Amphibolitphase beständig, nicht aber in der Almandin–Diopsid-Amphibolit- u. der Amphibolitphase. Epidot in dem anatekt. Granit entsteht durch Aufschmelzen. Die Epidotmineralien bilden sich zwischen 300° u. 500°. Bei starken Scherdrucken entstehen monokline Epidole. (Bull geol. Soc. America **65.** 1075–92. Nov. 1954. Dodoma, Tanganyika, Eastafrican Geol. Surv.) F. ENSSLIN. 380

A. Frei, *Die Mineralien der schweizerischen Gips- und Anhydritlagerstätten.* Es werden die Minerale der schweizer. Gips- u. Anhydritlagerstätten beschrieben. Bei den Sedimenten des Schweizer Juras werden *Fasersteinsalz, Glauberit* u. *Glaubersalz* gefunden. Von ihnen wird Glauberit das erstemal als Schweizer Mineral beschrieben. Anhydritkristalle werden im Jura nicht beobachtet. In den alpinen Vorkk. haben die Lagerstätten durch Faltungsvorgänge Umwandlungen erfahren. Statt der leicht lösl. Na-Salze finden sich schwerer lösl. Minerale, wie *Baryt, Cölestin, Dolomit* u. Anhydrit in Kristallen. Typ. ist auch derber *Schwefel.* In dem Gipslager Granges werden auch Gipskristalle gefunden. (Schweiz. mineralog. petrogr. Mitt. **34.** 280–99. 1954. Frick.) J.-E. HILLER. 380

Pierre Bellair, *Über die Bildung der rezenten und älteren Gipslagerstätten.* Ein Teil der Gipsablagerungen ist sicher nicht durch Austrocknen von Lagunen entstanden, sondern verdankt seine Bldg. der Verwitterung von Kalk-SiO_2-Gesteinen durch aufsteigende Wässer in aridem Klima. Dadurch läßt sich das Vork. von bipyramidalem Quarz in dem Gips zwanglos erklären. (C. R. hebd. Séances Acad. Sci. **239.** 1059–61. 27/10. 1954.) F. ENSSLIN. 380

David M. Baird, *Die Magnetit- und Gipslagerstätten des Sheep Brook-Lookout Brook Gebiets.* Der Magnetit, der teilweise reichlich mit *Ilmenit* durchsetzt ist, bildet bauwürdige Lagerstätten u. ist grob kristallin. Er ist wahrscheinlich durch eine Kombination hydrothermaler Vorgänge mit magmat. Injektionen in einem *Anorthosit* entstanden. Gips tritt sehr rein in zwei Lagern auf. In den unteren Zonen werden wechselnde Mengen *Anhydrit* gefunden. (Canada, Dep. Mines techn. Surv., geol. Surv. Canada, Bull. **27.** 20–41. 1954.) F. ENSSLIN. 380

Virgil E. Barnes, *Phosphorit in dem östlichen Llano-Aufbruch von Central-Texas.* Der Phosphorit bildet eine kleine, arme Lagerstätte. Er enthält bei einem Glühverlust von 22,7% ca. 14–15% P_2O_5. Außerdem wurden 0,029% U_3O_8 gefunden. Es ist durchaus möglich, weitere Lager in der dortigen Gegend zu finden. (Univ. Texas, Bureau econom. Geol., Rep. Invest. **1954.** Nr. 23. 5–9. April.) F. ENSSLIN. 380

M. L. Woronowa, *Zur Frage des Vorkommens von Polyhalit und Kainit in der salzführenden Sulfatschicht von Usun-Su.* In den tert. salzführenden Sedimenten von Usun-Su (Turkmenien) wurden erstmalig Kainit (I) u. Polyhalit (II) gefunden. Im gleichen Bohrloch wurden in 52 m Tiefe Salzlaugen mit 0,25% K gefunden. I befindet sich in Paragenese mit *Halit, Astrakanit, Epsomit, Glauberit,* II u. *Thenardit.* Die gleiche Paragenese beobachtet man (mit Ausnahme der K-Salze) in den Salzablagerungen von Karabogasgol. Die chem. Analyse des I-Gesteins ergab (in %): 35,44 SO_4^{2+}, 18,1 Cl^-, 0,028 Br^-, 0,48 Ca^{2+}, 6,85 Na^+, 6,99 Mg^{2+}, 13,62 K^+, 1,51 unlösl. Rückstand, 16,89 Konstitutionswasser. Es ergibt sich folgende Salzzus. (in %): 1,63 $CaSO_4$, 34,70 $MgSO_4$, 25,90 KCl, 9,48 NaCl, 9,73 Na_2SO_4. Hieraus ergibt sich ein I-Geh. von ca. 70%. I ist prim. aus der Salzlauge während ihrer höchsten Konz. entstanden. Dies wird dadurch bestätigt, daß im Halit feine horizontale Zwischenschichten von II vorkommen. Aus der Ggw. von I u. II in der salzführenden Sulfatschicht von Usun-Su ist zu schließen, daß auch in der Karabogasgol-Bucht bei weiterer Konzentrierung der Salzlauge K-Salze in Form von I u. II ausfallen werden. (Доклады Академии Наук СССР [Ber. Akad. Wiss. UdSSR] [N. S.] **99.** 449–50. 21/11. 1954. Allunions Wiss. Forschungsinst. für Halurgie.) O. LEBTAG. 380

P. C. Mathur, *Zirkon in Bundelkhand-Graniten und assoziierten Gesteinen.* In den Bundelkhan-Graniten u. den assoziierten Gneisen, xenolith. Quarziten u. Schiefern von Mahoba u. angrenzenden Gebieten im Hamirpur District, Ukar Pradeon, wurden in der Schwermineralfraktion farblose, dunkel pigmentierte, hellgelbe, malvenfarbene u. hellbräunliche *Zirkone* von gedrungenem u. nadeligem Habitus mit u. ohne Zonarstruktur sowie mehrfachen Einschlüsen von älteren Zirkonen u. Magnetit gefunden. Zum Teil tritt neben der pyramidalen Begrenzung auch die Basis 0 0 1 auf. (Current Sci. **24.** 119–20. April 1955. Lucknow, Univ., Dep. of Geol.) K. LÖFFLER. 380

P. R. Jagapathi Naidu, *Die Mineralien der indischen Charnockite.* Vf. untersucht die opt. u. chem. Eigg. der Minerale in den Charnockit-Vorkk. von Madras, Vellore, Salem, Nilgiri Hills u. Orissa-Provinz. Ausführlich werden die *Plagioklas-Feldspäte* u. die perthit. Feldspäte besprochen, von den anderen Mineralen: *Hypersthen, Klinopyroxene,* *grüne u. blaue Amphibole, Glimmer* u. *Granat*. Die chem. Verhältnisse zwischen diesen Mineralen u. ihren Gesteinen werden untersucht. Ferner werden einige mikrometr. Analysen der Gesteine u. Gefügeregelungsdiagramme angegeben. (Schweiz. mineralog. petrogr. Mitt. **34**. 203—79. 1954. Bangalore.) J.-E. HILLER. 380

A. B. Edwards und **G. C. Carlos**, *Der Selengehalt einiger australischer Sulfidablagerungen.* Nach dem Vorgang von GOLDSCHMIDT u. Mitarbeitern [1933] untersuchen Vff. 170 Erzproben auf S- u. Se-Geh., letzteren mit 0,0001% Genauigkeit nach näher beschriebener Meth. u. leiten aus dem S–Se-Verhältnis Schlüsse auf die Entstehung der Se-Ablagerungen ab. (Australas. Inst. Mining Metallurgy, Proc. **1954**. Nr. 172. 31—64. März—Juni. Commonw. Sci. and Ind. Res. Org.) H. ECKHARD. 380

Helgi Johnson, *Die Strontiumlagerstätten der Port au Port Halbinsel.* An Hand von Bohrkernen wurden beträchtliche $SrSO_4$-Lagerstätten als Verdrängungslagerstätten in Kalken festgestellt. Der *Cölestin* kommt in Mischung mit Kalken u. Schwerspat vor, deren Verwachsung oft so stark ist, daß sie nicht mehr mit Hand geschieden werden können. (Canada, Dep. Mines techn. Surv., geol. Surv. Canada, Bull. **27**. 1—19. 1954. New Brunswick, Bur. of Min. Res., Rutgers Univ.) F. ENSSLIN. 380

R. F. Lethbridge und **F. G. Percival**, *Eisenlagerstätten bei Fort Gouraud, Mauretanien, Französisch Westafrika.* (Vgl. C. **1954**. 11392.) Erwiderung auf die Diskussionsbemerkungen zu der gleichnamigen Arbeit. (Bull. Instn. Mining Metallurgy Nr. 576. Trans. **64**. 78—81. Nov. 1954.) F. ENSSLIN. 380

Allen V. Heyl und **John J. Ronan**, *Die Eisenlagerstätten des Indian-Head-Gebiets.* Die Eisenerze kommen als *Magnetit* u. *Hämatit* in Linsen vor. Die Unters. an Hand von Bohrkernen ergab Fe-Gehh. bis ca. 70% mit wechselnden Gehh. an SiO_2 (2—20%). Der P-Geh. ist mit 0—0,4 stark schwankend. Charakterist. ist der durchweg sehr hohe Geh. an TiO_2 (2—7%), welcher in Form von *Ilmenit* vorkommt. (Canada, Dep. Mines techn. Surv., geol. Surv. Canada, Bull. **27**. 42—62. 1954.) F. ENSSLIN. 380

W. W. Lawrow, *Morphogenetische Klassifikation der Oligozän–Oolith-Eisensteine vom kontinentalen Flachlandtyp.* Die vom Aral bis zum Irtysch in den kontinentalen Oligozänschichten vorkommenden *Eisensteine* (**I**) von *Hydrogoethit–Siderit–Leptochlorit*-Zus. mit oolith. Struktur gehören zu dem selbständigen kontinentalen Flachlandtyp. Sie können in 3 Hauptgruppen eingeteilt werden. 1. prim.; 2. an Ort u. Stelle degradiert; 3. degradiert u. umgelagert. Zu Gruppe 1 gehören die Oxyduloxyd-**I** u. die Oxydul-**I**. Ihre Umwandlung liefert die sek. **I**. Bei der Degradation der prim. **I** werden die Fe(II)-Carbonate u. -Silicate oxydiert u. zerstört unter Freisetzung der Kiesel- u. Kohlensäure u. Bldg. von braun gefärbten **I**. Endstufe der Degradation sind die (möglicherweise nontronitisierten) weichen Brauneisensteine, bei denen eine oolith. Struktur nur noch schwer erkennbar ist. In Gruppe 3 ist die Umlagerung mit einer Umgruppierung des klast. Materials verbunden unter Verarmung oder Anreicherung der **I**. Die Auswaschung der weichen **I** der höchsten Degradation kann zu einer teilweisen oder völligen Vernichtung des Erzlagers führen, wobei das Einschlußgestein durch das gestreute Fe-haltige Material rostbraun gefärbt wird. (Вестник Академии Наук Казахской ССР [Nachr. Akad. Wiss. KasachSSR] **10**. Nr. 9. 103—06. Sept. 1953.) O. LEBTAG. 380

H. Huttenlocher und **Th. Hügi**, *Über den Goldfund im Gotthardtunnel vom Jahre 1873.* Es wird eine Goldstufe des Goldfundes im Gotthardtunnel untersucht u. beschrieben. Nach dem Reflexionsvermögen wird der Ag-Geh. zu 50—75% ermittelt. Nach der D. = 14,3 ist der Ag-Geh. 43%. Das Gold bildet gekrümmte, wellige Bleche in grobkörnigem *Kalkspat*. Die Bleche entsprechen wahrscheinlich der Oktaederfläche. Wo Gold durch nachträglich zirkulierende Lsgg. beeinflußt worden ist, erscheint seine Oberfläche rauh u. von kleinen selbständigen Oktaedern (0,07—0,3 mm) in gegenseitiger Parallelorientierung bedeckt. Es wurde eine qualitative Spektralanalyse gemacht, die Al, Ba, Bi, Ca, Cr, Cu, Fe, Ir, Mg, Mo, Ni, Pb, Sc, Sr u. Te ergab. (Schweiz. mineralog. petrogr. Mitt. **34**. 505—12. 1954. Bern, Univ., Mineralog. Petrograph. Inst.) J.-E. HILLER. 380

A. B. Edwards und **G. Baker**, *Die Oxydation von Zinnkieserz in der Sardine-Zinngrube, Queensland.* Eingehende mineralog. Unters. der an Verwerfungen in oxydierter Form auftretenden prim. Mineralien. (Australas. Inst. Mining Metallurgy, Proc. **1954**. Nr. 172. 65—79. März/Juni. Commonw. Sci. and Ind. Res. Org.) H. ECKHARD. 380

Robert Michel, *Geologische und petrographische Untersuchung der Intrusion von Mirefleurs (Comté d'Auvergne).* Die Lava ist eine Intrusion eines *Hauyn* führenden *β'-Andesits* aus den oberen Stampien. (Bull. Soc. géol. France [6] **4**. 139—43. Nov. 1954.) F. ENSSLIN. 382

Albert Streckeisen, *Das Nephelinsyenitmassiv von Ditro (Siebenbürgen).* 2. Mitt. (1. vgl. C. **1955**. 1699.) Das Nephelinsyenit-Massiv von Ditro enthält folgende Gesteine: Nephelinsyenite, Alkalisyenite, Alkaligranite, Ditro-Essexite, ultrabas. Gesteine, Cam-

tonite u. Spessartite, Tinguaite, Nephelinsyenitaplite, Nephelinsyenitpegmatite u. Sodalithadern. Die Verbandsverhältnisse u. der Mineralbestand dieser Gesteine werden ausführlich behandelt. Außerdem wird auf den petrochem. Charakter der Gesteinsassoziation eingegangen. Die Arbeit enthält eine größere Anzahl Mineral- u. Gesteinsanalysen. (Schweiz. mineralog. petrogr. Mitt. **34.** 336–409. 1954. Bern.)
J.-E. HILLER. 385

N. M. Kisselew, *Zur Frage der Verteilung von Seifen der Bodenschätze in Zentralkasachstan.* An Hand der Sarytau-Intrusion wird gezeigt, daß die hieraus freiwerdenden Bodenschätze in allen lockeren Formationen, auch in den tert., vorkommen können. Die älteren Seifen sind hierbei im mittleren u. unteren Teil der engen Täler zu erwarten. Die quartären Seifen kommen ausschließlich an den Oberläufen der Engtäler vor. (Вестник Академии Наук Казахской ССР [Nachr. Akad. Wiss. KasachSSR] **1955.** Nr. 5. 54–61. Mai.)
O. LEBTAG. 385

P. Reasbeck und **K. I. Mayne,** *Wirkungen von Höhenstrahlen in Meteoriten.* Vff. untersuchen den Geh. von Meteoriten an He u. Ne u. die Isotopenzus. dieser Gase. Die Vorgänge, die zur Bldg. von Ne aus Fe führen, werden verglichen mit denen, die in photograph. Platten in großer Höhe die „Sterne" hervorrufen. Aus den statist. Daten der Verss. mit photograph. Platten wurde das Maß der Bldg. von Ne aus Fe in nicht abgeschirmten Meteoriten durch Höhenstrahlen abgeschätzt. Unter Annahme der Bldg. der Meteorite durch Zerfall des Mutterplaneten vor $2 \cdot 10^8$ Jahren erhält man aus diesen Werten den Ne-Geh. u. die Isotopenzuss., die mit den experimentell gefundenen befriedigend übereinstimmen. Die Befunde werden auch mit neuen Experimentalbefunden der Rkk. von Protonen in Cu verglichen. Vff. sagen voraus, daß der Ar-Geh. der Meteorite ca. 4–5mal so hoch sein muß wie der Ne-Geh. u. daß in diesem Ar ^{36}Ar u. ^{38}Ar viel häufiger sein muß als im atmosphär. Argon. (Nature [London] **176.** 733–34. 15/10. 1955. Birmingham, Univ., Physics Labor.; Oxford, Univ., Clarendon Labor.)
MAX SCHMIDT. 388

Claude Lalou, *Über die Möglichkeit einer bakteriellen Wirkung bei der Bildung von Carbonatablagerungen ohne Mitwirkung von Organismen.* Die Fällung des Calciumcarbonats aus Meerwasser kann durch die Einw. von Bakterien geschehen. Versetzt man Meerwasser mit Glucose, so fällt nach einiger Zeit $CaCO_3$ in Form von Kalkspat, Aragonit u. Dolomit aus. Gleichzeitig macht sich ein Geruch nach H_2S bemerkbar u. der p_H-Wert der Lsg. nimmt zu. Durch die Bakterien wird das $CaSO_4$ unter Entw. von H_2S red. u. die Alkalität der Lsg. steigt. Durch den Abbau der Glucose wird CO_2 entwickelt u. es kommt zu einer Fällung der oben genannten Mineralien. (C. R. somm. Séances Soc. géol. France **1954.** 369–72.)
F. ENSSLIN. 390

A. B. Bekturow, A. I. Mun und **B. A. Beremshanow,** *Physikalisch-chemische Untersuchung der Salzquellen von Tschul-Adyr.* Es wurden 76 Grundwasserquellen über einem Salzlager von 15–20 km Ausdehnung untersucht. Gesamtgeh. an gelösten Salzen betrug: 0,30–12,82 Gew.-%; der Geh. an Cl^- bis zu 4,31 Gew.-%; SO_4^{2-} 0,19–4,99%; HCO_3^- 0,01–0,15%; Mg^{2+} bis zu 0,15%; Ca^{2+} 0,03–0,10%. Das Verhältnis $NaCl/Na_2SO_4$ wechselt von 0–11,5, meistens aber < 1. Zieht man die größere Löslichkeit der Chloride in Betracht, so deutet der hohe Sulfatgeh. des Quellwassers auf einen großen Sulfatüberschuß in den Salzschichten hin. Durch Vgl. mit dem Löslichkeitsdiagramm des Syst. $2\,NaCl + MgSO_4 \rightleftharpoons Na_2SO_4 + MgCl_2$ wird gefolgert, daß das Mineral größtenteils als *Thenardit* u. *Mirabilit* vorliegt. Aus dem Quellwasser scheidet sich bei Abkühlung (0°) Mirabilit in großen Mengen aus u. bildet Ablagerungen an der Oberfläche. (Вестник Академии Наук Казахской ССР [Nachr. Akad. Wiss. KasachSSR] **1955.** Nr. 12. 85–92. Dez.)
H. HUBER-EMDEN. 393

I. P. Nowochatski und **Ss. K. Kalinin,** *Über den Fluorgehalt in einigen natürlichen Wässern von Kasachstan nach den Daten der Spektralanalyse.* Zusammenstellung einiger Ergebnisse der Analyse von 350 Proben: Eindampfen u. Messen der Intensität der grünen Linie 5291,0 Å des Radikals CaF im Quarzspektrographen „ISsP-22". Die größten F-Mengen (bis über 1% im Rückstand) enthielten Thermalquellen, die von Graniten des Tjan-Schan u. einigen Granitspalten der Stadt Karkaralinsk stammten — also überhaupt von Graniten kommen. (Доклады Академии Наук СССР [Nachr. Akad. Wiss. UdSSR] [N. S.] **93.** 289–91. 11/11. 1953. Alma-Ata, Akad. der Wiss. der KasachSSR).
A. v. WILPERT. 393

Motoharu Tanaka, *Aluminium in Seewässern.* Aus Unterss. des Vf. über die Verteilung des Al in Seewässern geht hervor, daß bes. nach der Herbstzirkulation eine Anreicherung des mit Fe u. Mn zusammen ausfallenden Al in den bodennahen Schichten erfolgt, während der Geh. an gelöstem Al in den oberen Schichten oft viel größer ist. Während der Stagnationsperiode beträgt im Kizaki-See der Geh. an gelöstem, ionisiertem Al in den Bodenschichten 50–60% des Gesamt-Al, während zu anderen Zeiten der Prozentsatz ionisierten Al in allen Wasserschichten nur bei ca. 10% liegt. Die organ. Substanzen spielen offensichtlich eine wichtige Rolle beim Anwachsen des Geh. an ionisiertem Al in der Stagnationsperiode. (Bull. chem. Soc. Japan **27**. 98—102. März 1954. Nagoya, Univ., Fac. des Sci., Inst. de Chim. [Orig.: französ.]) W. NIEMITZ. 393

Motoharu Tanaka, *Über den Zustand des Eisens in Seewässern.* Vf. berichtet über Zentrifugenverss. u. chem. Analysen bzgl. des Fe-Geh. von Seewasserproben, aus denen hervorgeht, daß im allg. größere Mengen des in Oberflächenwassern enthaltenen Gesamteisens in den oberen Wasserschichten in unlösl. Form vorliegen, entsprechend seiner unter $\sim$4,0—8,7·10^{-18} liegenden Dissoziationskonstanten. Bei fortschreitendem Abbau nach der Seesohle hin wird der lösl. Anteil immer größer. Die Unters. des Anteils an 2wertigem Fe in den untersten Wasserschichten bzw. auch im Schlammwasser beweist, daß in Brackwasserseen das 2wertige Fe hauptsächlich aus oberen Schichten nachgeführt wird, bes. durch die im Herbst stattfindende Zirkulation, u. hier weitgehende Bindung im Schlamm als FeS erfolgt (S-Bldg. durch bakterielle Red. der reichlich vorhandenen SO_4-Ionen), während in Süßwasserseen reichlich 2wertiges Fe in den untersten Wasserschichten u. im Schlammwasser enthalten ist. (Bull. chem. Soc. Japan **27**. 89—93. März 1954. Nagoya, Univ., Fac. des Sci., Inst. de Chim. [Orig.: französ.]) W. NIEMITZ. 393

Willy Bruhns, Kristallographie. 4. Aufl. Neubearb. v. P. Ramdohr. Berlin: de Gruyter. 1954. (k. S. m. 163 Abb.) 8° = Sammlung Göschen. Bd. 210. DM 2,40.

B. Allgemeine und theoretische organische Chemie.

William T. Simpson, *Resonanzkrafttheorie der carotinoiden Pigmente.* Vf. entwickelt mit Hilfe des Resonanzkraftmodells (vgl. C. **1954**. 1908) eine Theorie der Elektronenspektren der carotinoiden Pigmente, die die Doppelbindungen derselben als nahezu voneinander unabhängige, nur schwach miteinander in Wechselwrkg. stehende Systeme behandelt (in 1. Näherung nur elektrostat. Kräfte zwischen benachbarten Doppelbindungen). Die Wellenfunktionen der individuellen Teile eines solchen Syst. besitzen die gleiche Energie u. wirken wechselseitig aufeinander ein; ihre Linearkombinationen werden durch Anwendung der Störungstheorie erhalten. Die degenerierten höheren Zustände spalten in der Weise auf, daß die ungestörte Energie in der Mitte liegt u. gleich derjenigen der 1. erlaubten Übergangsenergie für eine isolierte Doppelbindung (6,135·10^{-4} cm^{-1}) ist, wenn die Grundzustandsenergie als Nullpunkt angenommen wird. Bei n Doppelbindungen ist die Entartung des höheren Zustandes gleich n; man wird also n/2 (n gerade) bzw. (n — 1)/2 (n ungerade) Übergänge erwarten müssen, die vom angenommenen Zentrum aus gesehen im langwelligeren Gebiet liegen. Unabhängig von der Größe von n sollten alle angeregten Niveaus zwischen $+2H'$ u. $-2H'$ (Wechselwirkungsintegral $H' = 2{,}050 \cdot 10^{-4}$ cm^{-1}) liegen. Der Vgl. der experimentellen Befunde (vgl. ZECHMEISTER, Chem. Reviews **34**. [1944.] 267) mit der Theorie zeigt, daß das Resonanzkraftmodell die Spektren zufriedenstellend beschreibt. Eingehender diskutiert werden die Lage der Energieniveaus (für n = 9, 11, 13), die ster. Konfiguration im Grundzustand, die Isomerisationsprozesse, die Intensitäten u. Intensitätsänderungen. (J. Amer. chem. Soc. **77**. 6164—68. 5/12. 1955. Seattle, Wash., Univ., Dep. of Chem.) K. FRENKLER. B 114

A. D. Cohen und **C. Reid,** *Das langwellige Ultraviolettspektrum des Formaldehyds.* Vff. untersuchen das langwellige UV-Absorptions- u. Emissionsspektr. des *Formaldehyds* (I) sowohl in der gasförmigen als auch in der fl. Phase. In der Gasphase werden in der Nähe der α-Bande drei weitere Banden beobachtet (β_1 3790; β_2 3855 u. β_3 3965 Å), deren Intensität, relativ zur A-Bande (3500 Å), unabhängig von der Temp. ist. In der fl. Phase verschwindet in saurer Lsg. von I die langwellige Absorption, da das einsame Elektronenpaar des O ein Proton anlagert. Viele polare Lösungsmittel beeinflussen das Absorptionsspektr. des I ähnlich. Das Emissionsspektr. läßt die Anwesenheit zweier sich überlappender Übergänge vermuten; saure Solventien scheinen die Intensität derselben stark zu beeinflussen. In H_2SO_4 wird nur der langwellige Teil des Emissionsspektr. beobachtet. Vff. führen das Auftreten der Emission in diesem Bereich darauf zurück, daß ein Mol. mit dem angelagerten Proton angeregt wird u. das Proton verliert, bevor die Emission eintritt. — Der Temperaturkoeff. der α-Bande zeigt, daß es sich um eine „heiße"-Bande handelt. Die Differenz von 1280 cm^{-1} zwischen der α- u. der A-Bande entspricht einem Grundzustand, in dem die antisymm. Spreizschwingung ν_5 angeregt ist. Der absol. Wert des Extinktionskoeff. beim Bandenmaximum ist $\simeq$5, der integrierte Extinktionskoeff. $\int \varepsilon_{(\nu)} d\bar{\nu} \simeq 20000$, entsprechend einer Lebensdauer τ von $5 \cdot 10^{-5}$ Sekunden. Die mit β bezeichneten Banden haben ein Maximumsextinktionskoeff. von 0,007 u. könnten einem T ← S-Übergang angehören (wahrscheinlich $^3A_2 \leftarrow {}^1A_1$). Die Absorption ist Singulett–Singulett, schwingungsmäßig erlaubt für die α- u. schwächer erlaubt für die A-Serien wegen der Abweichung von der C_{2v}-Symmetrie im höheren Zustand. Das Emissionsspektr. bei Zimmertemp. ist ebenfalls Singulett–Singulett u. kann ohne Annahme zweier emittierender Zustände zugeordnet werden. Das entsprechende Triplettniveau liegt wahrscheinlich bei 4100 Å. Die Differenz von nur 3000 cm^{-1} ist geringer als die übliche S – T-Aufspaltung für $\pi - \pi$-Zustände u. größer als für einen n – π-Übergang zu erwarten wäre. (J. chem. Physics **24.** 85 – 88. Jan. 1956. Vancouver, Can., Univ. of British Columbia, Dep. of Chem.) K. FRENKLER. B 118

J. Nils Ospenson, *Untersuchungen über Azofarbstoffe.* 2. Mitt. (1. vgl. C. **1952.** 3475.) Vf. untersuchte den Effekt der linear anellierten Benzolkerne auf die Azo-Hydrazon-Tautomerie von o- u. p-Oxyazofarbstoffen. Es wurden die Absorptionskurven von *4-Phenylazophenol*; *-naphthol-(1)* u. *-anthrol-(1)*; *2-Phenylazophenol, 1-Phenylazonaphthol-(2)* u. *-anthrol-(2)* sowie ihrer Methyläther untersucht. Durch Vgl. mit den OCH_3- u. NCH_3-Derivv. werden die Azo- bzw. Hydrazonbanden lokalisiert, die Hydrazonbanden liegen langwelliger. Die Verschiebung der Lage der Azo- u. Hydrazonbanden, die durch lineare Anellierung verursacht wird, erklärt Vf. durch Resonanz. Die Azobanden zeigen ein lineares Anwachsen mit der Zahl der Kerne, die Hydrazonbanden nicht. Das Azo-Hydrazon-Gleichgewicht verschiebt sich zur Hydrazonform, je mehr Benzolringe linear anelliert sind. Dies wird durch folgende drei Faktoren erklärt: 1. die relativ größere Stabilität der Hydrazongruppierung; 2. die relative Stabilität der chinoiden Struktur in der Hydrazonform u. 3. einen Faktor, der von dem Mechanismus oder der Schnelligkeit der Gleichgewichtseinstellung abhängt. — Folgende Verbb. wurden hergestellt: *Na-Anthracen-2-sulfonat* (**I**), $C_{14}H_9SO_3Na$, aus Na-Anthrachinon-2-sulfonat durch Red. nach LIEBERMANN. *β-Anthrol* (**II**), $C_{14}H_{10}O$, F. 253 – 254°, aus **I** durch Schmelzen mit KOH. *α-Anthrol* (**III**), $C_{14}H_{10}O$, F. 150 – 151°, analog aus Na-Anthrachinon-(1)-sulfonat. *4-Phenylazophenol* (**IV**), $C_{12}H_{10}ON_2$, F. 151 – 152°, [λ_{max}] 349 (mμ). *Methyläther*, F. 52 – 53° (PAe.); 343; aus **IV** mit Diazomethan. *4-Phenylazonaphthol-(1)* (**V**), $C_{16}H_{12}ON_2$, F. 205 – 206° (Bzl.), 410, 470; aus α-Naphthol u. Benzoldiazoniumchlorid (**VI**). *Methyläther*, F. 82 – 83°; 392; aus **V** mit Dimethylsulfat (**VIII**). *4-Phenylazoanthrol-(1)* (**VII**), $C_{20}H_{14}ON_2$; 506. *Methyläther*, $C_{21}H_{16}ON_2$, F. 140 – 141° (Bzl.); 442; aus **VII** mit **VIII**. — *2-Phenylazophenol*, F. 81 – 82°; 325, 373. *Methyläther*, 322. *1-Phenylazonaphthol-(2)* (**IX**), $C_{16}H_{12}ON_2$, F. 131 – 132°; 422, 480. *Methyläther*, F. 61 – 62°; 380; aus **IX** u. **VIII**. *1-Phenylazoanthrol-(2)* (**X**), $C_{20}H_{14}ON_2$, F. 199°; 511; analog **VII**. *Methyläther*, 435. Aus **X** mit **VIII** oder mit Methyljodid u. Silberoxyd wurde keine kristalline Verb. erhalten. (Acta chem. scand. **5.** 491 – 509. 1951. Stockholm, Högskola och Svenska Träforskningsinst.) M. L. KLAAR. B 118

Kazuo Nakamoto, *Eigentümlichkeit des Dichroismus von aromatischen Molekülverbindungen.* 2. Mitt. *Der Dichroismus von symm.-Trinitrobenzol–Anthracen und 4.4'-Dinitrodiphenyl–Diphenyl.* (1. vgl. C. **1952.** 7147.) Nach der von Vf. früher (vgl. C. **1952.** 6988) beschriebenen Meth. wurde an Mikrokristallen der Mol.-Verb. *symm.-Trinitrobenzol–Anthracen* quantitativ der Dichroismus gemessen. Die durch linear polarisiertes Licht mit den elektr. Vektoren parallel zu den b- u. c-Achsen erhaltenen Absorptionsspektren zeigen Banden zwischen 500—400 mμ, u. zwar ist die c-Absorption bathochrom, die b-Absorption hyperchrom. Diese Ergebnisse bestätigen die Gültigkeit der von dem Vf. in der 1. Mitt. aufgestellten allg. Regel für den Dichroismus von Mol.-Verbb., wenn man die von HERTEL u. RÖMER (Z. physik. Chem. Abt. B **19.** [1932.] 255) angegebene Kristallstruktur als richtig annimmt, nach der die beiden Komponenten mit ihren Molekülebenen parallel zueinander abwechselnd entlang der c-Achse angeordnet sind. — Von der Mol.-Verb. *4.4'-Dinitrodiphenyl–Diphenyl* wurde der Dichroismus im UV-Gebiet untersucht. Die Struktur dieser Verb. ist nach der Unters. von SAUNDER (vgl. Proc. Roy. Soc. Edinburgh, Sect. A **188.** [1946.] 31) vollkommen verschieden von der typ. Mol.-Verbindungen. In diesem Gitter bilden die Dinitrodiphenylmoll. Schichten in flächenzentrierter Anordnung, liegen übereinander u. erzeugen röhrenförmige Hohlräume, in denen die Diphenylmoll. nahezu senkrecht zu den Ebenen der anderen Moll. liegen. In diesem Fall ist die Absorption parallel zu der Mol.-Ebene des Dinitrodiphenyls bathochrom u. die Absorption senkrecht hierzu hyperchrom. Die Messungen führen zu dem Ergebnis, daß in Richtung senkrecht zu der Mol.-Ebene des Dinitrodiphenyls keine $\pi - \pi$-Anziehung besteht. Es handelt sich demnach bei dieser Mol.-Verb. um eine Art von Mischkristallen, die nur durch die Geometrie der Kristallstruktur ein definiertes Molekülverhältnis besitzt. (Bull. chem. Soc. Japan **26.** 70—72. Febr. 1953. Osaka, Univ., Fac. of Sci., Dep. of Chem. [Orig.: engl.]) C. GOTTFRIED. B 119

W. Theilacker, G. Kortüm und **H. Elliehausen,** *Zur Frage der Thermochromie.* 3. Mitt. *Ist die thermochrome Form des Dehydrodianthrons ein Triplettzustand bzw. ein Biradikal?* (2. vgl. KORTÜM u. Mitarbeiter, C. **1954.** 10674.) Auf Grund magnet. Messungen des in Dimethylphthalat leichtlösl. *Dehydrodianthroncarbonsäure-(3)-methylesters* ist die thermochrome Form ein diamagnet. Zustand des Moleküls. (Z. Naturforsch. **9b.** 167–68. Febr. 1954. Hannover, TH, Organ.-chem. Inst.; Tübingen, Univ., Physik.-chem. Inst.) K. LEHMSTEDT. B 119

Robert H. Krupp, Salvador M. Ferigle und **Alfons Weber,** *Berechnung der Depolarisationsfaktoren der Raman-Linien von CBr_3X-Molekülen.* Es wurde das RAMAN-Spektr. von CBr_3H u. CBr_3Cl neu aufgenommen u. die Depolarisationsfaktoren für die totalsymm. Schwingungen berechnet. Die Depolarisationsfaktoren dieser Schwingungen obiger Verbb. u. von CBr_3D wurden außerdem theoret. nach Ansätzen berechnet, die von den Autoren früher veröffentlicht worden sind (vgl. FERIGLE, Canad. J. Physics **32.** [1954.] 799 u. WEBER u. FERIGLE, J. chem. Physics **23.** [1955.] 2207). Die Übereinstimmung zwischen berechneten u. beobachteten Depolarisationsfaktoren ist nur für die Valenzschwingungen gut, für die Spreizschwingungen treten große Abweichungen auf. (J. chem. Physics **24.** 355–57. Febr. 1956. Chicago, Ill., Inst. of Technol., Dep. of Phys., Spektrosc. Labor.) L. FISCHER. B 120

N. K. Roy, *Das Ramanspektrum des festen Methacrylsäuremethylesters bei — 180°.* Von monomerem u. polymeren *Methacrylsäuremethylester* wurden die RAMAN-Spektren bei Zimmertemp. u. bei —180° aufgenommen. Bei der Polymerisation verschwindet die Linie der C=C-Bindung (1640 cm^{-1}), die Linie der C=O-Bindung (1721 cm^{-1}) wird schwächer. Beim Abkühlen des Monomeren sinkt auch die Intensität von 1640 cm^{-1} auf die Hälfte, während 1721 sich auf 1700 cm^{-1} erniedrigt. Im Spektr. des Polymeren erniedrigen lediglich einige CH- u. CC-Schwingungen ihre Frequenzen bei tiefen Temperaturen. (Indian J. Physics Proc. Indian Assoc. Cultivat. Sci. **27.** 167–72. April 1953. Calcutta, Ind. Assoc. for Cult. Sci., Opt. Dep.) J. GOUBEAU. B 120

C. G. Cannon, *Frequenzverschiebungen im Infrarot und Wechselwirkungen von Amidgruppen.* Vf. vermutet, daß die Lage der Valenzschwingungsbande ν(C=O) von Amiden außer von der innermol. Umgebung hauptsächlich durch die zwischenmol. Wechselwrkg. der $^-OCN^+$-Dipole trans-ständiger CONH-Gruppen bestimmt wird u. nicht, wie KRIMM (C. **1956.** 1040) annimmt, von der Bldg. von H-Brücken abhängig ist. Folgende Beobachtungen stützen diese Vermutung: Es fehlt eine Beziehung zwischen ν(C=O) u. dem Abstand O···N. ν(C=O) verschiebt sich nach kleinerem ν beim Übergang von der α- zur β-Form von Polypeptiden, ohne daß sich ν(NH) ändert. Durch Assoziation wird ν(C=O) relativ stark nach kleinerem ν verschoben. Dieses $\Delta\nu$(C=O) ist bei kolinearer Lage der $^-OCN^+$-Dipole (z. B. β-Form von Polypeptiden) am größten. Aus theoret. Gründen ist das Amid-NH nicht zur Bldg. von H-Brücken befähigt. Interessant ist ferner noch, daß ν(NH) von assoziierten Amiden als scharfe Bande auftritt, während ν(OH) von Carbonsäuren mit H-Brücken eine breite Bande darstellt. (J. chem. Physics **24.** 491–92. Febr. 1956. Pontypool, Brit. Nylon Spinners Ltd., Res. Dep.) L. FISCHER. B 120

Jiro Tanaka, Saburo Nagakura und **Michio Kobayashi,** *Ultraviolett- und Infrarotabsorptionsspektren von substituierten Acetophenonen und Benzoesäuren.* Vff. nahmen die UV-Absorptionsspektren der nachst. Verbb. zwischen 200 u. 400 mμ bei Zimmertemp. in n-Heptan, A., W. u. H_2SO_4 im Konzentrationsbereich 10^{-4} bis 10^{-2} Mol/Liter auf. Es treten jeweils 3 Absorptionsbanden auf, die zugeordnet werden. Außerdem wurde an den gleichen Verbb. die Lage der Valenzschwingungsfrequenzen der Carbonylgruppe (C=O) im Infrarotabsorptionsspektr. in CCl_4 im Bereich 0,1–0,2 Mol/Liter bestimmt. Es ergaben sich folgende Werte (UV-Spektren in n-Heptan): *Acetophenon* (**I**; $Kp._{16}$ 96°), λ_{max} 238 ($\log \varepsilon = 4{,}10$), 279 (2,95) u. 320 m$\mu$ (1,61), 1692 cm^{-1} (Absorptionskoeff. 160); *p-Methyl-* ($Kp._{12}$ 109°), 247 (4,16), 274 (2,92) u. 318 mμ (1,73), 1688 cm^{-1} (160); *p-Chlor-* ($Kp._{24}$ 126°, Kp. 232°), 249 (4,22), 274 (2,98) u. 318 mμ (1,83), 1693 cm^{-1} (200); *p-Brom-* (F. 50°, $Kp._{17}$ 117°), 253 (4,27), ≈280 (2,90) u. 320 mμ (1,82), 1693 cm^{-1} (250); *p-Jod-* (F. 85°), 263 (4,30), Schulter bei ca. 270 (4,1) u. 326 mμ (1,91), 1689 cm^{-1} (190); *p-Oxy-* (F. 109°), 258 (4,1), überdeckt u. 301 mμ (1,79); *p-Amino-* (F. 120°), 284 (4,29), Schulter bei ca. 330 mμ (2,2) u. Schulter; *p-Nitro-* (F. 81°), 258 (4,15), Schulter bei ca. 300 mμ (3,2) u. Schulter 1700 cm^{-1} (150); *p-Phenyl-* (F. 121°), 276 (4,31), überdeckt u. 320 mμ 1689 cm^{-1} (160); *p-Methoxy-* (F. 38°, $Kp._{26}$ 152°), 1683 cm^{-1} (220); *m-Nitro-* (F. 80°), 1699 cm^{-1} (160); *p-Cyan-* (F. 60°), 1697 cm^{-1} (180); *2.4.6-Trimethylacetophenon* ($Kp._1$ 102°, $Kp._{758}$ 237°), 1705 cm^{-1} (200). Im UV-Spektr. der *p-Aminoverb.* wurde außerdem noch ein Maximum bei 223 mμ (4,02) u. in dem des *p-Jodderiv.* eine Dublettbande bei 216 u. 222 mμ (4,00) beobachtet. — Wie Vff. bereits früher gezeigt haben (vgl. NAGAKURA, C. **1954.** 8997 u. **1956.** 3520), können die Elektronenverschiebungen in den monosubstituierten Derivv. von **I** u. von Benzoesäure (**II**) als eine Wechselwrkg. zwischen dem höchsten besetzten Zustand in den entsprechenden Benzolderivv. (H_B) u. dem niedrigsten freien π^*-Zustand der CO-Gruppe in **I** u. **II** (V_S) aufgefaßt werden. Aus Ionisierungspotentialen u. Elektronenabsorptionsspektren wurden die Werte für H_B der monosubstituierten

Benzolderivv. u. für V_B vom Aceton bzw. der Essigsäure berechnet u. zu einem Molekülenergieniveaudiagramm zusammengefaßt. V_B beträgt $-5,23$ eV in Aceton u. $-4,67$ eV in der COOH-Gruppe. Aus dieser Wechselwrkg. zwischen V_B u. H_B resultieren zwei neue Molekülzustände (Grund- u. Anregungszustand, W_n u. W_e). Da der Übergang $W_n \rightarrow W_e$ (Anregung) mit einer erheblichen Elektronenüberführung verbunden ist, schlagen Vff. dafür den Namen „innermol. Ladungsüberführungsspektr." vor. Dieser $W_n \rightarrow W_e$-Übergang findet sich nun im Spektr. der Derivv. von I als kurzwelligsten der oben angeführten Maxima. Die theoret. berechneten Energien stimmen mit denen gut überein, die sich aus der Größe von λ_{max} ergeben. Analog wurden auch die Spektren einiger Derivv. von II mit guten Erfolg gedeutet. Die anderen zwei Banden im UV-Spektr. der Derivv. von I wurden wie folgt zugeordnet: die 270–290 mμ-Bande entspricht dem $A_{1g} \rightarrow B_{2u}$-Übergang im Bzl. u. die sehr schwache Bande bei 320 mμ dem $n \rightarrow \pi^*$-Übergang der Carbonylgruppe. – Die Lage von ν(C=O) im Infrarotspektr. der Derivv. von I ließ sich in einfacher Weise mit der Bindungsordnung der CO-Gruppe verknüpfen. Mit zunehmender Bindungsordnung nahm auch ν(C=O) zu. (J. chem. Physics **24.** 311–15. Febr. 1956. Tokyo, Univ., Inst. of Sci. and Technol. u. Fac. of Sci., Dep. of Chem.)
L. Fischer. B 120

Guy Vigneron, *Beitrag zur Untersuchung des Ramanspektrums von Rotenon.* Mit zwei verschied. Spektrographen wurde das Raman-Spektr. des *Rotenons* in Chloroformlsg. aufgenommen u. zwei Linien (1609 u. 1673 cm^{-1}) beobachtet (Infrarotspektr. vgl. C. **1952.** 3139). (Bull. Cl. Sci., Acad. roy. Belgique [5] **38.** 978–83. 1952. Louvain, Univ., Inst. Phys., Inst. Chim. gén. u. Inst. de Rech. chim. du Minist. des Colonies.)
J. Goubeau. B 120

Bhola Nath, *Untersuchung der Infrarotspektren von Aconitin, Delphinin und ihren Alkaminen.* Vf. untersuchte die Infrarotspektren von *Aconitin* (**I**), *Delphinin* (**II**), *Aconin* (**III**) u. *Delphonin* (**IV**). Aus der Lage der Banden konnten folgende Einzelheiten über funktionelle Gruppen u. Kerne geschlossen werden: Alle 4 Verbb. zeigen eine Bande bei 3,03 μ, die einer OH-Gruppe zugeordnet wird, welche Teil eines Chelatringes sein muß. Dieser Chelatring bleibt bei der Red. von **I** zu **III** bzw. **II** zu **IV** erhalten. **I** besitzt überdies typ. starke Banden bei 9,62, 8,77 u. 7,69 μ, welche nach Ansicht des Vf. auf eine unterschiedliche Funktion der 3 freien in **I** enthaltenen OH-Gruppen hinweisen. Eine Bande, die bei **I** u. **II** im Bereich 5,89–6,04 μ auftritt, läßt an sich auf eine Carbonyl- bzw. nichtkonjugierte C=C-Bindung schließen. Diese Bande tritt jedoch auch in **III** u. **IV** auf, deren Carbonylgruppe red. ist. Außerdem wurde eine starke Bande bei 9,17 μ im Spektr. von **II** u. **IV** u. bei 9,10 μ in **I** u. 9,12 μ in **III** gefunden, die einer aliphat. Ätherbindung bzw. den Methoxygruppen zugeordnet wird. – **IV**, $C_{24}H_{39}O_7N$, F. 76–77°, aus **II** in Ae. mit $LiAlH_4$, 20 Std. unter Rückfluß gekocht. – **III**, F. 129–131°, analog aus **I** in Bzl., 6 Stunden. (J. Indian chem. Soc. **32.** 75–78. Febr. 1955. Poona, Nat. Chem. Labor.) M.-L. Klaar. B 120

Dilip Kumar Ghosh, *Absorption von Mikrowellen und ultrahochfrequenten Radiowellen in Phenol, Cyclohexanol und 1-Brom-2-chloräthan.* Es wurde die Absorption von Radiowellen (250–800 MHz) u. 3,18 cm-Mikrowellen in *Phenol* (**I**) u. *Cyclohexanol* (**II**) sowie von 3,18 cm-Wellen in *1-Brom-2-chloräthan* (**III**) untersucht. **I** u. **II** zeigen unterhalb 50° im 3,18 cm-Gebiet keine Absorption. Bei Erhöhung der Temp. tritt Absorption auf, deren Maximum für **I** bei 80°, für **II** bei 95° liegt. Das Absorptionsmaximum von **III** liegt bei 10°. Die Radien der Rotoren der 3 Verbb. sind 1,49; 1,36 bzw. $1,61 \cdot 10^{-8}$ cm. Da die Radien der Moll. von **I** u. **II** sehr viel größer sind als diese Werte, können die Rotoren nicht die ganzen Moll. sein; die Absorptionsmaxima entsprechen offensichtlich der Rotation der OH-Gruppe um eine Achse, die im Falle von **I** mit dem Durchmesser des Benzolringes zusammenfällt. Da der Radius des Rotors derselbe ist u. die Frequenz der Mikrowellen auch konstant gehalten wird, ist maximale Absorption infolge der Rotation der OH-Gruppe nur für einen bestimmten Wert der Viscosität zu erwarten. Tatsächlich treten die Maxima für **I** u. **II** bei Tempp. auf, bei denen die Viscositäten der beiden Fll. fast ident. sind. Die bei **III** beobachtete maximale Absorption ist wahrscheinlich auf die Rotation einer Hälfte des Mol. um die C–C-Achse zurückzuführen; der beobachtete Radius des Rotors ist eine Stütze dieser Hypothese. Im ultrahochfrequenten Gebiet wurden für **I** u. **II** keine Absorptionsmaxima beobachtet. Es sind jedoch Anzeichen dafür vorhanden, daß Maxima oberhalb 850 MHz auftreten. Nimmt man ein Maximum bei ca. 900 MHz an, dann sind die Radien der Rotoren für **I** 2,72 Å u. für **II** 1,27 Å. Im Falle von **II** fällt der Wert des Rotorradius entsprechend maximaler Absorption im ultrahochfrequenten Gebiet fast genau mit dem der Absorption im 3,18 cm-Gebiet gefundenen Wert zusammen. Dies besagt, daß das Absorptionsmaximum in beiden Fällen dem gleichen Rotortyp zuzuschreiben ist. Bei **I** ist der Wert des gefundenen Rotorradius von derselben Größenordnung wie der Radius des einzelnen Moleküls. (Indian J. Physics Proc. Indian Assoc. Cultivat. Sci. **29/38.** 161–66. April 1955. Calcutta, Ind. Assoc. Cult. Sci., Optics Dep.) C. GOTTFRIED. B 121

A. H. Sharbaugh, J. K. Bragg und **R. W. Crowe,** *Abhängigkeit der elektrischen Festigkeit von Flüssigkeiten vom Elektrodenabstand.* Die elektr. Durchschlagsfestigkeit E von fl. *Hexan* (I), *Heptan* (II) u. *Tetradecan* (III) wurde mit einer Stoßmeth. für sehr kleine Elektrodenabstände ($d = 2-200\ \mu$) gemessen. E ändert sich mit 1/log d, in Übereinstimmung mit der Theorie. Bei gleichem d steigt E in der Reihenfolge **I, II, III** an. Die mittlere freie Elektronenweglänge in **II** berechnet sich zu ca. $9 \cdot 10^{-7}$ cm; beim Durchschlag tritt bei **II** eine Elektronenvervielfachung um den Faktor 9 auf. (J. appl. Physics **26.** 434–37. April 1955. Schenectady, N. Y., Gen. Electr. Res. Labor.) O. FUCHS. B 132

R. H. Knipe, *Über die semiempirische Behandlung der π-Elektronen einiger halogensubstituierter Benzole.* Vf. untersucht die Dipolmomente mono- u. dihalogensubstituierter Benzole. Die bekannten Momente werden mit den vorausgesagten verglichen, indem die σ-Momente (unter Annahme, daß sie gleich der Vektorensumme der aus aliphat. Verbb. abgeleiteten Bindungsmomente) geschätzt u. von den beobachteten Momenten abgezogen werden, um geschätzte π-Momente zu erhalten. Das Gesamtmoment sollte als Vektorensumme der Bindungsmomente darstellbar sein: aus dem mittels einer semiempir. Mol.-Zustandsmeth. berechneten Bindungsmoment $'\mu = (e a \delta_k/3) - (e a \varrho_k^2/3)[(2/\delta_x + 2) - (1/\delta_x + 1)] - (e[a + b]\varrho_k^2/3)[(1/\{\delta_x + 2\}^2) + (2/\{\delta_x + 1\}^2)]$ u. dem geschätzten π-Moment. Bei der Ableitung vorst. Formel, worin e die Elektronenladung, a der Abstand vom Zentrum des Ringes bis zu einem C-Atom, b der Abstand vom Halogenatom zum substituierten C-Atom, δ_x, δ_k u. ϱ_k die diesem Substitutionspunkt zugehörigen Elektronegativitäts- u. Austauschparameter, werden diejenigen Wechselwrkgg. zwischen σ- u. π-Elektronen, die bei der Substitution sich ändern könnten, vernachlässigt; in ihrer Größe gleich bleibende Wechselwirkungen sind näherungsweise durch δ_k eingeführt. Vf. findet, daß die Differenzen zwischen den Momenten der mono- u. metadisubstituierten Halogenbenzole, die von der semiempir. Meth. vorausgesagt werden, gut mit den geschätzten (auf Messungen des Gesamtdipolmomentes beruhenden) Differenzen übereinstimmen, wenn für δ_x ein Wert von ca. 2 angenommen wird. Die Differenzen zwischen den mono- u. orthodihalogensubstituierten Benzolen werden durch die Theorie nicht zufriedenstellend wiedergegeben. Als Gründe hierfür werden der Induktionseffekt u. ein ster. Effekt angeführt, die nicht von der Theorie vorausgesehen werden. (J. chem. Physics **23.** 2089–96. Nov. 1955. Durham, N. C., Duke Univ., Dep. of Phys.) K. FRENKLER. B 132

Hans Meier, *Über den Einfluß von Gasen auf den Sperrschichtphotoeffekt organischer Farbstoffe.* An Sperrschichtphotozellen aus organ. Farbstoffen (10^{-3} bis 10^{-5} cm dicke Schichten zwischen Metall- u. halbdurchlässiger Rh-Elektrode) wird der Einfl. der Ggw. verschied. Gase wie Luft, O_2, N_2, H_2 u. CO_2 auf die Photospannung E u. den Kurzschlußstrom J gemessen. Untersucht wurden *Rose bengale, Phloxin, Pinachrom, Safranin T, Fuchsin, Kristallviolett, UR-Sensibilisator S 936, Pinacyanolblau, Diamantfuchsin* u. andere. Es wird gezeigt, daß E u. J bei Druckminderung stark abnehmen, bei Druckerhöhung wieder reversibel ansteigen, ein Verh., das zur Annahme einer aktiven Grenzschicht zwischen Metall u. Farbstoff in Form einer Gashaut führt. Als akt. Grenzschicht sind wirksam O_2 u. H_2, wobei H_2 einen Effekt mit entgegengesetzter Stromrichtung verursacht, wenig CO_2 u. prakt. nicht N_2. Außer dem Sperrschichtphotoeffekt, dessen Mechanismus diskutiert wird, wird auch der innere Kristallphotoeffekt bei einer Reihe von Farbstoffen durch die Gase beeinflußt, u. zwar durch alle Gase im Sinne einer Desaktivierung. (Z. Elektrochem., Ber. Bunsenges. physik. Chem. **59.** 1029–37. 1955. Bamberg, Staatl. Forschungsinst. für Geochem.) J. RUDOLPH. B 134

Herbert Segall und **J. G. Aston,** *Untersuchung der Kernresonanz des unterkühlten Rotationsüberganges von 2.3-Dimethylbutan.* Die magnet. Protonenresonanzkurven bei Umwandlung des unterkühlten 2.3-Dimethylbutan zum Normalzustand wurden untersucht. Die Resonanzliniengestalt wird theoret. auf der Grundlage eines Überganges an FRENKEL-Löchern gedeutet. (J. chem. Physics **23.** 528–31. März 1955. State College, Pa., Pennsylvania State Univ., Coll of Chem. and Phys.) K. REICHEL. B 137

Paavo Lumme, *Untersuchungen über die Ionisation und Chelatbildung der Chinolin-2-, -6- und -8-carbonsäure.* Aus Unterss. an der *Chinolin-2-* (I), *-6-* (II) u. *-8-carbonsäure* (III) ergibt sich, daß Ausbeute, Reinheit u. Reaktionszeit des aus Anthranilsäure, Glycerin u. As_2O_5 synthetisierten **III** (F. 186–187,2° aus W.) stark von der Temp. abhängen. Die Bromierung von **I** u. **III** verläuft nicht quantitativ. Aus spektrophotometr. u. potentiometr. Messungen läßt sich nur bei **III** die 1. scheinbare Ionisationskonstante in KCl-Lsgg. bestimmen, während die 2. für **I, II** u. **III** in KCl-, NaCl- u. $NaClO_4$-Lsgg. bestimmt werden kann. Ihre Abhängigkeit von der Ionenstärke läßt sich durch der DEBYE-

HÜCKEL-Gleichung analoge Formeln wiedergeben. Weiter werden die UV-Absorptionsspektren der 3 Carbonsäuren in verschied. Pufferlsgg. im Bereich von 260—350 mμ bzw. mit Ausnahme von **II** auch von 220—260 mμ gemessen u. diskutiert. Dabei ergibt sich, daß **I** u. **II** in ihren isoelektr. wss. Lsgg. prakt. vollständig in ihrer Dipol-Ionenform existieren, während das bei **III** nur zu ca. 70—80% der Fall ist. Weiter wird mittels potentiometr. Messungen die Stabilitätskonstante (SK) der 1. Chelatverb. bzw. soweit möglich auch der 2. von **I** u. **III** mit Mg, Ca, Sr, Ba, Mn, Fe(II), Co, Ni, Cd u. Pb u. für **III** auch mit Zn ermittelt u. der Einfl. von KCl untersucht. Auch diese Ergebnisse lassen sich gemäß DEBYE-HÜCKEL wiedergeben. Spektrophotometr. werden die SK der 1. Chelatverb. von **I** mit Fe(II), Cu, Zn u. Pb u. von **III** mit Cu bestimmt. Absorptionsspektrometr. Messungen der 1. u. 2. Chelatverb. von **I** u. **III** mit Mg, Ca, Sr, Ba, Mn, Co, Ni, Cu, Zn u. Cd, sowie der 1. von **I** mit Pb u. Fe zeigen, daß die Art der Bindung zwischen Metallion u. Ligand vorwiegend ionogen ist. **II** bildet mit den untersuchten Metallen prakt. keine Chelatverbb., ebensowenig die 3-, 4-, 5- u. 7-Carbonsäure. Auch die ermittelten Löslichkeitprodd. der 2. Chelatverb. von **I** u. **III** mit Co, Ni, Cu, Zn, Cd u. Pd in W. u. in wss. KCl-Lsgg. lassen sich ebenfalls gemäß DEBYE-HÜCKEL wiedergeben. Die 2. Chelatverbb. des Co mit **I** u. **III** werden zwischen 20 u. 25° in 2 verschied. Modifikationen ausgeschieden, von denen im Fall von **I** eine wasserfrei u. die andere mit 2 Moll. W. kristallisiert. Die Löslichkeiten von **I**, **II** u. **III** in W. bei 25° werden mittels einer spektrophotometr. Meth. bestimmt. Abschließend werden die Ergebnisse der SK- u. Löslichkeitsmessungen in ihren Beziehungen zur Chelatringgröße u. zur Basizität des Metallatoms diskutiert, sowie die analyt. Verwendung der 3 Säuren besprochen. (Suomalaisen Tiedeakatemian Toimituksia [Ann. Acad. Sci. fennicae], Sarja A. II. **1955**. Nr. 68. 1—72. Helsinki.) W. NIEMITZ. B 139

V. Mathot, L. A. K. Staveley, J. A. Young und **N. G. Parsonage,** *Thermodynamische Eigenschaften des Systems Methan–CO bei 90,67°K.* Der Gewinn an freier Energie u. die Volumenkontraktion sind als Funktion der Konz. aufgetragen; die erhaltenen Kurven bestätigen die Zellentheorie. (J. chem. Physics **23**. 1551. Aug. 1955. Oxford, Inorgan. Chem. Labor.) G. KIRSCHSTEIN. B 148

Werner Junghans und **Ulrich von Weber,** *Das binäre System Äthylbenzol–Styrol. Dampf–Flüssigkeits-Gleichgewichte bei 30, 60, 90 und 120° nach einer Mitführungsmethode und Mischungswärmen bei 20°.* Die nach einer Überführungsmeth. mit H_2 als Trägergas bei 30, 60, 90 u. 120°, durchgeführten Messungen der Fl.-Dampf-Gleichgewichte von *Äthylbenzol–Styrol*-Mischungen verschied. Zus. werden eingehend beschrieben. Die Mischungswärmen bei 20° als Funktion des Molenbruches wurden calorimetr. bestimmt. Nach Vff. ist das untersuchte Syst. in erster, für die Praxis der Rektifikation ausreichender Näherung ideal, in zweiter Näherung ein reguläres Syst. ohne Überschußentropie, in dem die Flüchtigkeit durch den Ausdruck $\alpha = p_1^0/p_2^0 \exp A(1-2x)^2/R \cdot T$ mit $A =$ 11,5 cal/Mol beschrieben werden kann. (J. prakt. Chem. [4] **2**. 265—73. Nov. 1955. Leuna b. Merseburg u. Rostock, Univ., Inst. für phys. Chem.) I. KARUTZ. B 150

Norbert W. Luft, *Bildungswärmen der Alkoxyradikale und OO-Dissoziationsenergien.* Aus thermochem. u. kinet. Daten (Literaturwerte) für den Zerfall von organ. Nitriten, Nitraten, Peroxyden, Alkoholen u. Äthern berechnete Vf. die Bildungsenthalpien ΔHf (in kcal/Mol) nachst. Alkoxyradikale u. einige Dissoziationsenergien D (in kcal/Mol): *CH_3O* ΔHf +2,5, D ($CH_3O \cdots H$) 103,3, D ($CH_3 \cdots O$) 89, D (H—C) 20,2, D ($CH_3O \cdots CH_3$) 81,2; *C_2H_5O*, ΔHf —3,5, D ($C_2H_5O \cdots H$) 104,8, D ($C_2H_5 \cdots O$) 89, D (H—C) 16,8, D (CH_3—C) 7,5, D ($C_2H_5O \cdots CH_3$) 83; *n-C_3H_7O*, ΔHf —9,5, D ($C_3H_7O \cdots H$) 103,6, D ($C_3H_7 \cdots O$) 90, D (H—C) 17, D ($C_3H_7O \cdots CH_3$) 83; *n-C_4H_9O*, ΔHf —15, D($C_4H_9O \cdots H$) 106, D ($C_4H_9 \cdots O$) 90; *iso-C_3H_7O*, ΔHf —12,5, D ($C_3H_7O \cdots H$) 105, D ($C_3H_7 \cdots O$) 88, D (H—C) 16,1, D (CH_3—C) 5,5; *tert.-C_4H_9O*, ΔHf —22, D ($C_4H_9O \cdots H$) 107, D ($C_4H_9 \cdots O$) 87, D (CH_3—C) 6,6. Die relativ niedrigen Werte für D ($O \cdots O$) u. D ($O \cdots N$) sind teilweise durch die elektrostat. Abstoßungskräfte zwischen den Substituenten u. teilweise durch die Elektronenanordnung in den gebildeten Spaltprodd. unter Energiegewinn bedingt. Der Beitrag der Resonanzenergie bei den Alkoxyradikalen scheint nur gering zu sein. (Z. Elektrochem., Ber. Bunsenges. physik. Chem. **60**. 94—100. Febr. 1956. Cheadle Hulme, Cheshire, England.) L. FISCHER. B 156

A. McL. Mathieson, *Die direkte Bestimmung von Molekularstruktur und Konfiguration von nicht zu komplexen organischen Verbindungen.* Zusammenfassende Übersicht an Hand der vorliegenden Literatur. — 83 Literaturangaben. (Rev. pure appl. Chem. **5**. 113—42. Juni 1955. Melbourne, C.S.I.R.O., Div. of Ind. Chem., Chem. Phys. Sect.) C. GOTTFRIED. B 182

H. C. Lefkovits, Janice Fain und **F. A. Matsen,** *Vollständige π-Elektronenbehandlung des Allylradikals und des Allylions.* Die Wellenfunktionen des Allylradikals u. -ions sind Linearkombinationen aller unabhängigen antisymm. Prodd. von Wellenfunktionen der

π-Elektronen. Die Energie des Grundzustandes beträgt für das Radikal 3 W_{2p} — 28,963 eV u. für das Ion 2 W_{2p} — 30,471 eV. Wird $-W_{2p}$ gleich der Ionisationsenergie von Methyl gesetzt, so beträgt die berechnete Ionisationsenergie von Allyl 8,44 eV, der experimentelle Wert zum Vgl. 8,16 eV. Die Resonanzenergie des Ions wird um ca. 1,50 eV größer als die des Radikals errechnet. Ein auf Methyl basierender, jegliche Kompressionsenergie vernachlässigender experimenteller Vgl. liefert ca. 1,70 eV. (J. chem. Physics **23.** 1690—92. Sept. 1955. Austin, Tex., Univ. of Texas, Dep. of Chem., u. Dep. of Phys.)
G. Ruban. B 182

M. D. Danford und **R. L. Livingston,** *Die Molekülstruktur von Methylcyanid und Trifluormethylcyanid, bestimmt aus der Elektronenbeugung.* Aus Elektronenbeugungsaufnahmen ergeben sich für *Methylcyanid* (CH_3—CN) die Parameter C—C 1,465 $\pm$ 0,02 Å u. C—N $1{,}15_5 \pm 0{,}03$ Å unter der Annahme von C—H 1,10 Å u. $\sphericalangle$ HCH 109,5°. Diese Ergebnisse weichen von früheren Elektronenbeugungsunterss. ab, stimmen aber mit den Werten der Mikrowellenunters. (C—C 1,460 Å, C—N 1,158 Å) von Kessler, Trambarulo u. Gordy (Physic. Rev. **72.** [1947.] 1262) sehr gut überein. — Für die Atomabstände in *Trifluormethylcyanid* (CF_3—CN) ergeben sich die Werte C—F 1,33 $\pm$ 0,02 Å, C—C $1{,}50_5 \pm 0{,}06$ Å, C—N 1,15 $\pm$ 0,06 Å u. $\sphericalangle$ FCF 108,5 $\pm$ 1,5°. Die Kombination dieser Werte für C—C u. $\sphericalangle$ FCF mit den Ergebnissen der Mikrowellenunters. von Sheridan u. Gordy (C. **1953.** 1459) führt zu einem C—C-Abstand von 1,475 Å unter der Annahme eines C—N-Abstandes von 1,16 Å. (J. Amer. chem. Soc. **77.** 2944—47. 5/6. 1955. Lafayette, Ind.; Purdue Univ., Dep. of Chem. u. Purdue Res. Found.)
E. Forche. B 182

Walter Neudert und **Horst Röpke,** *Über die Hydratstrukturen des Dinatriumsalzes des Adipinsäure-bis-[2.4.6-trijod-3-carboxyanilids].* (Vgl. C. **1954.** 8535.) Vff. untersuchen eingehend die Hydratstrukturen des *Dinatriumsalzes* (I) von *Adipinsäure-bis-[2.4.6-trijod-3-carboxyanilid]* (III) sowie des entsprechenden *Bis-[methylglykamin]-salzes* (II). Die beiden Salze I u. II treten in zwei Hydratformen auf, I mit 2 u. 10 (I^2 u. I^{10}), II mit 1,5 u. 3 ($II^{1,5}$ u. II^3) Moll. Wasser. In keinem Falle gelang es Vff., das wasserfreie Salz ohne merkliche Zers. darzustellen; bei der freien Säure III kann keine Hydratbldg. festgestellt werden. Die Löslichkeits-Temp.-Kurven von I u. II zeigen analogen Verlauf, wobei die Löslichkeiten bei II allg. höher liegen; das höhere Hydrat (I^{10} bzw. II^3) hat einen positiven, das niedere einen negativen Löslichkeits-Temperaturkoeff.; daraus folgt, daß unterhalb der Umwandlungstemp. (für I 41°, für II 34°) das höhere Hydrat stabil ist u. umgekehrt; beide Hydratformen neigen stark zur Übersättigung, wodurch beide Salze für organ. Substanzen verhältnismäßig extrem breite „metastabile Gebiete" aufweisen. Die Messungen an II zeigen, daß die untersuchten Erscheinungen qualitativ mit dem Anion zusammenhängen, während das Kation nur graduellen Einfl. hat. — Vff. untersuchen ferner die Infrarotspektren von I^2, I^{10}, III u. von *Adipinsäure-bis-[3-carboxyanilid]* (IV). Die NH-Valenzschwingungsbande liegt bei allen Verbb. über 3 μ, d. h. es liegt H-Brückenbindung vor; bei den beiden Na-Salzen ist die genaue Zuordnung nicht möglich, weil Überlagerung mit den OH-Banden des Hydratwassers vorliegt. Bemerkenswert ist die geringe Intensität der Amid-I-Bande von III bei 5,96 μ; diese Bande ist nach Rot verschoben, sobald die Jodsubstitution fehlt (IV, 6,04 μ) oder wenn die CO_2H-Gruppe ionisiert ist (I^2 6,05 μ bzw. I^{10} 6,10 μ). — Aus vorst. Ergebnissen u. bei Betrachtung von Molekülmodellen ergeben sich nach Vff. als bes. günstig erscheinende Stelle für die elektrostat. Wasseranlagerung die beiden Amidgruppen einschließlich des benachbarten J-Atoms. Bei cis-Anordnung der Amidgruppe entsteht ein Ladungsdreieck, welches sich mit einem Wassermol. (im Modell) sowohl bzgl. der Atomabstände als auch die reziproke Ladungsverteilung betreffend gut deckt. Die resultierende Bindung des Wassermol. ist verhältnismäßig stark, wie die Dehydratationsverss. von I^2 ergeben; zur Wasserabspaltung ist mindestens die gleiche Temp. erforderlich wie zur Spaltung der C—J-Bindung im Ring. Für die Bindung der weiteren acht Wassermoll. in I^{10} kann sowohl eine intra- wie intermol. Struktur in Erwägung gezogen werden. Ähnliche Überlegungen lassen sich auch für $II^{1,5}$ bzw II^3 anstellen; durch das Methylglykamin stehen jedoch in diesem Falle soviel OH-Gruppen zur Verfügung, daß sich ein Einbau von Wassermoll. z. T. erübrigt. — Einzelergebnisse: Verbrennungswärmen von I^2 2166 kcal/Mol, I^{10} 2157 kcal/Mol, III 2169 kcal/Mol. Dichten I^2 $D.^{20}$ 2,52, I^{10} $D.^{20}$ 2,29. (Chem. Ber. **89.** 845—52. 3/4. 1956. Berlin, Schering A. G., Hauptlabor.) G. Winkler. B 182

A. J. Owen, *Die Ionisationskonstanten von Guanidin und Alkylguanidinen.* Theoret. Betrachtungen. Die Ionisationskonstanten von *Guanidin* (I) u. den *Alkylguanidinen* werden auf Grund der Molekülbahntheorie berechnet u. interpretiert. Danach ergibt die Differenz zwischen der 1. u. 2. Ionisationskonstanten von I $\Delta pK_1'' = pK_a'' - pK_a'$ einen Wert von 24,4—26,4 in guter Übereinstimmung mit dem experimentell gefundenen Wert von 24,6. Diese Differenz wird durch 2 Faktoren von etwa gleicher Größenordnung bestimmt, von denen der eine durch elektrostat. Effekte, der andere durch Änderungen der Resonanzenergie bedingt wird. (J. physic. Chem. **59.** 797. 24/8. 1955. Waltham, Abbey, Essex.) H. HOFMANN. B 182

B. A. Arbusow und **W. Ss. Winogradowa,** *Untersuchung der β-Ketophosphonsäureester nach der Methode der Bromtitration.* Mittels der Br-Titration nach MEYER u. KAPPELMEIER (Ber. dtsch. chem. Ges. **44.** [1911.] 2718) sollte geprüft werden, ob bei den Verbb. vom Typus $RCOCH_2P(=O)(OR')_2$ (R = Alkyl, Aryl u. C_2H_5O) isomere, ungesätt. Formen realisiert sind; als solche kommen $RC(OH)=CHP(=O)(OR')_2$ u. $RCOCH=P(OH)(OR')_2$ in Frage. Zur Herst. dienen die Rkk. $RCOCH_2Br + P(OR')_3 \rightarrow RCOCH_2P(=O)(OR')_2 + R'Br$ (**A**), $RCOCH_2Br + NaOP(OR')_2 \rightarrow RCOCH_2P(=O)(OR')_2 + NaBr$ (**B**) u. (für die Alkylsubstitutionsprodd.) $RCOCH_2P(=O)(OR')_2 + K + R''Br \rightarrow RCOCH(R'')P(=O)\cdot(OR')_2 + H + KBr$. Außerdem werden α.α-Dialkylsubstitutionsprodd. u. Phosphonsäureester von Cyclopentanonen u. Cyclohexanonen untersucht. Zum Vgl. sind die Titrationsergebnisse der entsprechenden Ketocarbonsäureester mitgeteilt. Bei den 2 Verbindungsklassen wird Analogie insofern festgestellt, als sich im Falle eines ungesätt. Ketocarbonsäureesters meist auch der Ketophosphonsäureester als ungesätt. erweist; verschieden ist nur der Grad der Ungesättigtheit. Unerwarteterweise erscheinen $CH_3COC(CH_3)_2P(=O)\cdot(OC_2H_5)_2$ u. 2-Methylcyclohexanonyl-(2)-phosphonsäurediäthylester, die keine Isomeren des angegebenen Typus bilden können, bei der Titration als ungesätt.; vielleicht enthalten diese aber schwer abtrennbare Beimengungen von an sich ungesätt. Verbindungen. In diesem Zusammenhang wird darauf hingewiesen, daß nach PUDOWIK u. LEBEDEWA (vgl. C. **1956.** 687) bei der Herst. der Ketophosphonsäureester auch eine andere Rk. ablaufen kann, die zu Estern der H_3PO_4 mit einem ungesätt. Alkyl führt: $RCOCH_2Br + P(OR')_3 \rightarrow RC(=CH_2)OP(=O)(OR')_2 + R'Br$. Wo demnach Ungesättigtheit festgestellt wird, kann nach dem bisher vorliegenden Versuchsmaterial nicht ohne weiteres auf isomere Formen geschlossen werden. — Nachst. wird bei den Ketocarbonsäureestern der Enolgeh. bzw. bei den Ketophosphonsäureestern die Ungesättigtheit in % angegeben. $C_2H_5OCOCH_2\cdot CO_2C_2H_5$, 0. — $C_2H_5OCOCH_2P(=O)(OC_2H_5)_2$; Herst. nach **B**; 0. — $C_2H_5OCOCH(CH_3)\cdot CO_2C_2H_5$; 0. — $C_2H_5OCOCH(CH_3)P(=O)(OC_2H_5)_2$; nach **C**; 0. — $C_2H_5OCOC(CH_3)_2CO_2\cdot C_2H_5$; 0. — $C_2H_5OCOC(CH_3)_2P(=O)(OC_2H_5)_2$; nach **C**; 0. — $CH_3COCH_2CO_2C_2H_5$; 7,5. — $CH_3COCH_2P(=O)(OC_2H_5)_2$; nach **A**: Kp.$_{1,5}$ 99—100°; D.$^{20}_0$ 1,1574; n_D^{20} 1,4400; 1,1; nach **B**: Kp.$_{8,5}$ 106—106,5°; D.$^{20}_0$ 1,1127; n_D^{20} 1,4332; 1,8. — $CH_3CH_2COCH_2CO_2C_2H_5$; —. $CH_3CH_2COCH_2P(=O)(OC_2H_5)_2$; nach **A**; 5. — $CH_3COCH(CH_3)P(=O)(OC_2H_5)_2$; nach **A**: Kp.$_{0,5}$ 92°; D.$^{20}_0$ 1,0820; n_D^{20} 1,4342; schwankend; nach **B**: Kp.$_8$ 108—110°; D.$^{20}_0$ 1,0863; n_D^{20} 1,4350; 3; nach **C**: Kp.$_6$ 115—116,5°; D.$^{20}_0$ 1,0815; n_D^{20} 1,4368; 1. — $CH_3COC(CH_3)_2CO_2C_2H_5$; 0. — $CH_3COC(CH_3)_2P(=O)(OC_2H_5)_2$; nach **A**: Kp.$_{17}$ 123 bis 125,5°; D.$^{20}_4$ 1,0518; n_D^{20} 1,4293; 21; nach **B**: Kp.$_5$ 103—103,5°; D.$^{20}_4$ 1,0592; n_D^{20} 1,4360; 2; nach **C**: Kp.$_8$ 114°; D.$^{20}_0$ 1,0645; n_D^{20} 1,4380; 0,4. — $C_6H_5COCH_2CO_2C_2H_5$; 21,4. — $C_6H_5COCH_2P(=O)(OC_2H_5)_2$; nach **A**: Kp.$_{2,5}$ 170—173°; D.$^{20}_0$ 1,1650; n_D^{20} 1,5120; 9; nach **B**: Kp.$_5$ 165°; D.$^{20}_4$ 1,1615; n_D^{20} 1,4990; 7,2. — $C_6H_5COCH(CH_3)CO_2C_2H_5$; —. — $C_6H_5COCH(CH_3)P(=O)(OC_2H_5)_2$; nach **A**; 3. — $C_6H_5COC(CH_3)_2CO_2C_2H_5$; —. — $C_6H_5\cdot COC(CH_3)_2P(=O)(OC_2H_5)_2$; nach **A**; 0. — *1-Carbäthoxycyclopentanon-(2)*; 4,6. — *Cyclopentanonyl-(2)-phosphonsäurediäthylester*; nach **B**; 5. — *1-Carbäthoxycyclohexanon-(2)*; 74. — *Cyclohexanonyl-(2)-phosphonsäurediäthylester*; nach **B**; 7,7. — *1-Methyl-1-carbäthxycyclohexanon-(2)*; —. — *2-Methylcyclohexanonyl-(2)-phosphonsäurediäthylester*; nach **A**; 10. —

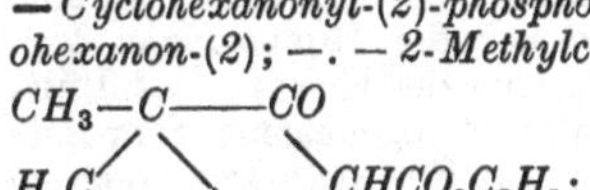
; 0,5. —
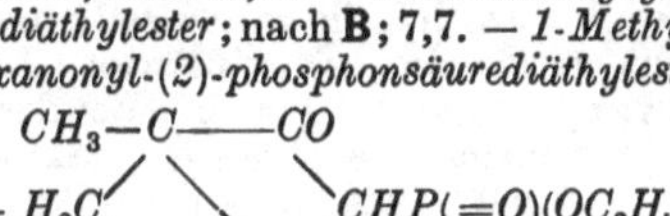
; nach **B**; 1,1. —

Ester der Phosphorsäure mit ungesätt. Alkyl: *Diäthylisopropenylphosphat*, Kp.$_{18}$ 107,5 bis 109°; D.$^{20}_0$ 1,0757; n_D^{20} 1,4200; 81. — *Diäthylisobutenylphosphat*; Kp.$_{10}$ 112—113,5°; D.$^{20}_0$ 1,0602; n_D^{20} 1,4270; 73. (Доклады Академии Наук СССР [Ber. Akad. Wiss. UdSSR] **106.** 263—66. 11/1. 1956. Kasan, Uljanow-Lenin-Univ., Wiss. Butlerow Forschungsinst.) R. KNOBLOCH. B 182

T. R. Lomer, *Elementarkörperdimensionen von γ-Laurin- und γ-Myristinsäure.* Proben von *α-Laurin-* (**I**) u. *α-Myristinsäure* (**II**) wurden nach 2jähriger Aufbewahrung mittels Pulveraufnahmen untersucht. **II** zeigt noch das Diagramm der α-Form, **I** nicht mehr; nach einigen Tagen Stehen im pulverisierten Zustand gab auch **II** ein neues Diagramm, das nahezu ident. mit dem der **I** war. Diese neue Form ist demnach die stabile Form bei Zimmertemp., obwohl man die α-Form bei der Rekristallisation aus Lösungsmitteln sowie aus der Schmelze erhält. Für **I** wurde die Zelle $a = 22,1 \pm 0,1$ Å; $b = 5,24 \pm 0,05$ Å; $c = 32,0 \pm 0,1$ Å; $\beta = 99^0\,58'$; $\alpha = \gamma = 90^0$; $Z = 12$ erhalten, für **II** $a = 22,2 \pm 0,1$ Å; $b = 5,14 \pm 0,05$ Å; $c = 37,2 \pm 0,1$ Å; $\beta = 100^0\,50'$; $\alpha = \gamma =$

90° u. Z = 12. Die umgewandelte **II** hat einen langen Netzebenabstand von 36,5 Å u. läßt sich leicht in die α-Form durch Erhitzen bis auf wenige Grade an den F. umwandeln. Damit ist erwiesen, daß die neue Form die von THIBAUD u. DUPRÉ LA TOUR (C. R. hebd. Séances Acad. Sci. **190.** [1930.] 945) gefundene γ-Form ist. (Nature [London] **176.** 653—54. 1/10. 1955. London, St. Mary's Hosp. Med. School, Phys. Dep.) C. GOTTFRIED. B 190

O. J. Wehrhahn und **M. v. Stackelberg,** *Zur Kristallstruktur des Phenols und der Einschlußverbindungen des Phenols.* Vff. finden für die Kristallstruktur des Phenols eine fast rhomb. Symmetrie, die vielleicht nur monoklin ist, mit den Gitterkonstanten a = 6,04; b = 9,22; c = 15,26 Å. Die Zelle enthält 6 Moll., von denen je 3, deren Benzolkerne fast senkrecht stehen, eine Schraube um eine verzerrte dreizählige Schraubenachse bilden, wobei OH-Gruppen zu dieser Pseudoachse hin gerichtet sind u. in (1 0 0)-Richtung eine endlose Schraube von Wasserstoffbrückenbindungen bilden. Die O—H—O-Abstände betragen 2,62 Å mit 124°-Winkeln an den O-Atomen. Dies stimmt überein mit nadelförmigem Wachstum u. Richtung der Spaltbarkeit der Kristalle sowie einer photograph. FOURIER-Synth. einer (1 0 0)-Projektion nach HUGGINS [1941]. Die Einschlußverbb. des Phenols mit den Gasen CO_2, SO_2, HBr, HJ, H_2S, H_2Se, X sind isomorph, die Elementarzelle rhomboedr. (a = 12,15 Å, α = 86° 50′ bei der SO_2-Verb.) u. enthält 12 Phenol- u. 4—6 Gasmolekeln. LAUE-Symmetrie C_3, Raumgruppe C_3^4 oder C_{3i}^2. (Naturwissenschaften **41.** 358. 1. Aug.-H. 1954. Bonn, Inst. für Physik. Chem.) M. ROTHE. B 190

J. Willems, *Über orientierte Aufwachsungen von Paraffinen auf aromatischen Kohlenwasserstoffen und Alkalihalogeniden.* Vf. berichtet zuerst über orientierte Aufwachsungen von *n-Octadecan, n-Tetraeikosan* u. *n-Octaeikosan* auf *Anthracen* u. *Phenanthren.* Die Verwachsungen traten beim Aufbringen einer Schmelze des betreffenden Paraffins auf die einige Grade unterhalb des F. des jeweils angewandten Paraffins erwärmten „Abreißfilme" (vgl. hierzu BRANDSTÄTTER, Mikrochem., verein. Mikrochim. Acta **33.** [1947.] 184) ein. Ebenso konnten Orientierungen der 3 obigen Paraffine durch Aufbringen der Schmelze auf die Spaltflächen (1 0 0) von *NaCl, KCl* u. *LiF* erhalten werden. Dabei genügte es, die Trägerkristalle auf wenige Grade unterhalb des F. des betreffenden Paraffins zu erhitzen. (Naturwissenschaften **42.** 176—77. 1. April-H. 1955. Krefeld.) C. GOTTFRIED. B 190

Einar Wang Lund, *1e.2e-Dichlor-4e.5e-dibromcyclohexan, eine regellose Kristallstruktur.* Bei der Addition von Br_2 an 1.2-Dichlorcyclohexen-(4) entstehen 2 verschied. 1.2-Dichlor-4.5-dibromcyclohexane, eines mit F. 171°, das andere mit F. 240°. Die Verb. mit F. 171° wurde von HASSEL u. LUND (vgl. C. **1954.** 8773) als 1a.2a-Dichlor-4e.5e-dibromcyclohexan erkannt. Die Verb. mit F. 240° ist dimorph mit einer unterhalb 90—95° stabilen α-Modifikation u. einer bei höherer Temp. stabilen β-Modifikation. Entsprechende α- u. β-Phasen existieren für die entsprechende Tetrachlor- u. Tetrabromverbindung. Die Kristalle der α-Modifikationen der drei Verbb., sowie die der β-Modifikationen sind isomorph. Beide Strukturen kristallisieren monoklin. Da beide Modifikationen in der Raumgruppe $P\,2_1/c$ mit Z = 2 vorliegen, folgt, daß das Zentrum des Mol. in der zweizähligen Lage liegt, die ein Symmetriezentrum verlangt. Im Falle einer gemischten Verb. vom Typ 1.2-Dichlor-4.5-dibromcyclohexan muß geschlossen werden, daß die Struktur derart regellos ist, daß die mittlere Symmetrie einem Symmetriezentrum entspricht. Untersucht wurde die α-Modifikation. Die Zelle hat die Dimensionen a = 6,29 Å; b = 6,93 Å; c = 10,81 Å; β = 98°. Bei der Berechnung der theoret. Strukturfaktoren wurde ein gemeinsamer Atomstreufaktor für alle Halogenatome zugrunde gelegt, u. zwar das arithmet. Mittel der f-Werte für Cl u. Br. Aus FOURIER-Diagrammen ergaben sich die folgenden Parameter: $Halogen_{(1)}$ (x =) —0,305; (y =) 0,322; (z =) 0,094; $Halogen_{(2)}$: —0,294; —0,121; 0,211; $C_{(1)}$: —0,195; 0,138; 0,021; $C_{(2)}$: 0,088; 0,050; 0,111; $C_{(3)}$: 0,003; —0,178; 0,054. Aus den FOURIER-Diagrammen ist ersichtlich, daß die 2 kristallograph. nichtäquivalenten Halogenmaxima etwa dieselbe Höhe haben. Rohe Berechnungen geben je 25 Elektronen pro Maximum. In der Verb. mit F. 171° haben die nichtäquivalenten Halogenmaxima 1 u. 5 verschied. Höhen, die maximalen Werte stehen im Verhältnis 1 : 1,6 u. die Anzahl der Elektronen pro Maximum beträgt 17 bzw. 35. Dies ist eine weitere Bestätigung, daß die vorliegende Struktur in der Raumgruppe $P\,2_1/c$ von regellosem Typ ist. (Acta chem. scand. **8.** 1378—82. 1954. Blindern-Oslo, Univ., Kjemiske Inst.) C. GOTTFRIED. B 195

H. M. Powell und **B. D. P. Wetters,** *Kristallographische Untersuchung einiger Einschlußverbindungen.* Die bereits von DIANIN [1914] festgestellten Mol-Verhältnisse Chromanderiv./addierte Verb. in den Addukten des *Oxyphenylchromans* (**I**) (vgl. BAKER u. MCOMIE, Chem. and Ind. **1955.** 256) lassen sich durch ganze Zahlen ausdrücken. Durch opt. goniometr. u. Röntgenunterss. wurde gezeigt, daß sowohl die Addukte als auch **I** ohne eingeschlossene Moll. ähnliche Kristallformen aufweisen u. einige auch gleichdimensionierte Elementarzellen haben. Da auch mit CO_2 u. Ar definierte Addukte erhalten wurden, schließen Vff., daß es sich um Einschlußverbb. vom Clathrattyp handelt. Für die Struktur dieser Verbb. wird angenommen, daß die Hydroxylgruppen von 6 Moll. **I**, durch H-Brücken zusammengehalten, ein Sechseck bilden. Der entstandene Hohlraum wird begrenzt teils durch die Chromanreste der eigenen, teils durch die der benachbarten Einheit von 6 Moll. **I**. In dem Hohlraum können 1, 2 oder 3 Moll. eingeschlossen werden. (Chem. and Ind. **1955**. 256—57. 5/3. Oxford, Chem. Crystallogr. Labor., Univ. Museum.) S. BRANDT. B 195

R. Haberl, F. Grass, O. Hromatka, K. Brauner und **A. Preisinger,** *Über die Struktur des 2.5-Dimethyl-2.5-dioxy-1.4-dithians.* 6. Mitt. *über α-Oxomercaptane.* (5. vgl. Mh. Chem. **85**. [1954.] 1088.) In der Literatur werden 2 Acetonylmercaptane beschrieben, eine von GROTH (Dissertation, Stockholm, 1926) dargestellte Verb. (**II**) mit F. 80—82° u. eine von HROMATKA u. ENGEL (vgl. C. **1948**. E. 2030) synthetisierte Verb. (**I**) mit F. 109 bis 111°. Vff. stellten die Verb. nach den beiden Methoden erneut her, gereinigtes **I** hat F. von 117—118°, gereinigtes **II** F. 136—138°. Beide Verbb. konnten als *2.5-Dimethyl-2.5-dioxy-1.4-dithian* identifiziert werden, was schon SCHOTTE (vgl. C. **1958**. 5320) gefolgert hatte. Die Infrarotspektren beider Verbb., die in Paraffinöl, KBr u. CCl_4 untersucht wurden, sprechen für die angenommene Konst. (OH-Bande von **I** in Paraffinöl bei 3,03 μ, von **II** bei 2,98 μ, im Doppelbindungsgebiet keine Banden). Es wird darauf hingewiesen, daß bei intensivem Verreiben von **I** unter Paraffinöl Umwandlung in **II** stattfindet, was an Hand der Spektren verfolgt werden konnte. Auch beim Umkristallisieren von **I** aus absol. Pyridin findet Umlagerung in **II** statt, die Infrarotspektren der Pyridinlsg. zeigten eine starke CO-Frequenz bei 5,83 μ sowie eine OH-Bande im 3μ-Gebiet. Daraus kann man auf ein Gleichgewicht in der Lsg. schließen. — Die Pulveraufnahmen von **I** u. **II** weisen charakterist. Unterschiede auf. Eine kristallograph. u. röntgenograph. Unters. von **I** ergab monokline Blättchen mit (0 0 1) als Blättchenebene. Die Zelle hat die Dimensionen a = 8,64 Å; b = 8,64 Å; c = 11,85 Å; β = 108° 36′. Raumgruppe ist C_{2h}^5 — P 2_1/c; Z = 4. **II** krist. in triklinen Stäbchen mit [0 0 1] als Stäbchenrichtung. Die Zelldimensionen sind a = 5,81 Å; b = 5,91 Å; c = 6,22 Å; α = 90°; β = 91°; γ = 98° 35. Raumgruppe ist C_i^1 — P $\bar{1}$; Z = 1. Unter Zugrundelegung der von MARSH (vgl. C. **1955**. 10227) gefundenen Struktur des 1.4-Dithians, sowie aus den Zelldimensionen, den Symmetrieoperationen u. den Abständen innerhalb des Mol. läßt sich der folgende strukturelle Aufbau ableiten: In dem Gitter von **I** ist 1 Mol. von 4 anderen etwa eben umgeben. Der Zusammenhalt benachbarter Moll. erfolgt durch S-Atome u. OH-Gruppen verschied. Moleküle. Da die S—O-Abstände geringer sind als n. VAN DER WAALSsche Abstände, muß auf eine H-Brückenbindung zwischen S u. OH geschlossen werden. In **II** sind die Moll. kettenartig angeordnet; jedes Mol. hat daher 2 Nachbarn. Die Bindung erfolgt auch hier durch H-Brücken von S u. OH des einen Mol. zu OH u. S des anderen Moleküls. Aus Intensitätsberechnungen geht hervor, daß in **I** beide OH-Gruppen axial angeordnet sind, während sie in **II** äquatorial liegen. Es handelt sich in dem vorliegenden Fall um die ersten Beispiele für H-Brücken zwischen O u. S in organ. Verbindungen. (Mh. Chem. **86**. 551—63. 1955. Wien, Univ., I. Chem. Labor. u. Mineral. Inst.) C. GOTTFRIED. B 195

P. H. Calderbank und **N. S. Nikolov,** *Die Harnstoff–Kohlenwasserstoff-Addukte.* Vff. prüften die Rolle des Lösungsm. für *Harnstoff* (**I**) bei der Adduktbldg. von **I** mit KW-stoffen, indem sie die Dreikomponentenphasendiagramme der Systeme: **I**–*n-Hexan* (**II**)- bzw. *n-Octan* (**III**)–*Methanol* bei 0 u. 25°, sowie **I**–**III**–*Isooctan* (**IV**) bzw. -*Bzl.* bei 25° konstruierten. Das *Addukt* 4,54 Mol **I**–1 Mol **II** war nur bei 0°, das *Addukt* 7 Mol **I**–1 Mol **III** jedoch bei beiden Tempp. beständig. Aus dem Diagramm von **I**–**III**–**IV** folgte, daß sich mit Hilfe des **I**–**III**-Adduktes **III** nur bis auf 4% aus **III**–**IV**-Gemischen abtrennen läßt. Ähnlich liegen die Verhältnisse beim Syst. **I**–**III**–Benzol. Das Lösungsm. spielte bei den Adduktbildungen keine Rolle, d. h. es handelt sich um eine Zweiphasen-Rk. zwischen festem **I** u. fl. KW-stoff. Die Partikelgröße von **I** mußte ≧ 150 mesh sein, damit die Adduktbldg. eintrat. Dies wird so erklärt, daß die Adsorptionswärme die nötige Energie zur Umwandlung von tetragonalem in hexagonalen **I** liefern muß. Nach dieser Umwandlung wandert dann der adsorbierte KW-stoff in das Kristallgitter von **I**. Für die Diffusion von **III** in **I** in benzol. Lsg. wurde die Diffusionskonstante zu 3,5 · 10^{-10} foot²/Std. bei 0 u. 25° ermittelt. Aus Adsorptionswärmemessungen folgte eine Reaktionswärme für die Adduktbldg. aus **I** u. **III** von —1106 cal/Mol **I**. Der Vers., diesen Wert aus Einzelwerten für gewisse Reaktionsschritte zu berechnen, lieferte unbefriedigende Resultate. (J. physic. Chem. **60**. 1—6. Jan. 1956. Toronto, Can., Univ., Dep. of Chem. Engng.) L. FISCHER. B 223

Joseph L. Schweppe und **James R. Lorah,** *Das ternäre System Äthylalkohol-n-Heptan–Wasser bei 30°.* Vff. geben das Phasendiagramm sowie die Dichten u. Brechungsindices des Syst. *A.–n-Heptan–W.* bei 30° an. (Ind. Engng. Chem. **46.** 2391–92. Nov. 1954. Columbia, Mo., Univ. of Missouri.) S. v. SCHIESZL. B 224

A. I. Johnson, W. F. Furter und **T. W. Barry,** *Eine Phasengleichgewichtsuntersuchung des Systems n-Octan–Wasser–Propionsäure.* Vff. geben die bin. Dampf–Fl.-Gleichgewichte bei atmosphär. Druck für das Syst. *n-Octan* (**I**)–*Propionsäure* (**II**) für 125,8 bis 141,1° u. für das Syst. *W.* (**III**)–**II** zwischen 100–141,1° sowie das tern. Phasendiagramm für **I**–**II**–**III** bei 25° an. Mit Hilfe der Meth. von SCHEIBEL u. FRIEDLAND (Ind. Engng. Chem. **39.** [1947.] 1329) wird versucht, die Verteilung von **II** zwischen der **I** u. der **III**-reichen Phase vorauszusagen. Die errechneten u. gemessenen Daten stimmen gut überein. (Canad. J. Technol. **32.** 179–86. Sept. 1954. Toronto, On., Univ., Dep. of Chem. Engng.) S. v. SCHIESZL. B 224

W. Langenbeck und **W. Pritzkow,** *Untersuchungen über den Mechanismus der Paraffinoxydation.* 1. Mitt. Vff. untersuchten an Modellkörpern eine Arbeitshypothese über den Mechanismus der Paraffinoxydation. Danach greift in der Primär-Rk. der Sauerstoff irgendeine Methylengruppe der KW-stoffkette an. Das gebildete Hydroperoxyd zers. sich in der zweiten Reaktionsstufe unter Bldg. eines Ketons. In der dritten Reaktionsstufe wird das Keton in α-Stellung an der aktivierten Methylengruppe angegriffen. In der vierten Stufe zerfällt das α-Ketohydroperoxyd unter Umlagerung in je ein Mol Aldehyd u. Fettsäure. Die Richtigkeit der Hypothese wurde für die erste Stufe am Beispiel des Tetralins, für die zweite am Tetralinhydroperoxyd, für die dritte am Cyclohexanon, für die vierte Stufe am KOHLERschen Peroxyd *β.β-Diphenylpropiomesitylenhydroperoxyd* untersucht. – 7 Abbildungen. (Fette Seifen einschl. Anstrichmittel **55.** 435–40. Juli 1953. Rostock, Inst. für Katalyseforschung.) G. KÜHNHANSS. B 225

W. Langenbeck und **W. Pritzkow,** *Untersuchungen über den Mechanismus der Paraffinoxydation.* 2. Mitt. (1. vgl. vorst. Ref.) Nach Besprechung der BAEYER-VILLIGER-Rk. beschreiben Vff. ihre Oxydationsverss. an *TTH*-Paraffin. Es konnte gezeigt werden, daß die Esterbldg. bei der Paraffinoxydation (PO) nur durch eine direkte Rk. erklärt werden kann u. nicht durch eine nachträgliche Umsetzung von Säuren mit Alkoholen. Die durch Mn beschleunigte PO verläuft vermutlich über einen Radikalkettenmechanismus, die durch Säuren beeinflußte PO verläuft dagegen unter Beteiligung von Ionen oder Kryptoionen. Wiedergabe eines Reaktionsschemas. Der wesentliche Teilschritt der PO ist die Zers. des sek. Alkylhydroperoxyds nach der Gleichung $R_1-CH(OOH)-CH_2-R_2 \rightarrow R_1-CHO + R_2-CH_2-OH$. Die Ergebnisse der Unters. an *TTH*-Paraffin zeigten ein Gleichbleiben von OHZ. u. SZ., wodurch bewiesen ist, daß bei der PO in der Hauptsache sek. Alkohole gebildet werden. Ein starkes Ansteigen der EZ. erklären Vff. durch die Tatsache, daß bei der PO auch Säureanhydride entstehen, die durch die Rk. zwischen Persäuren u. 1.2-Diketonen gebildet werden. Die Säureanhydride reagieren dann mit den sek. Oxygruppen unter Esterbildung. Zur Unterstützung ihrer Verss. führten Vff. Modellverss. durch Oxydation von Cyclohexanon durch. (Fette Seifen einschl. Anstrichmittel **55.** 506–11. Aug. 1953. Rostock, Inst. für Katalyseforsch.) F. ROSENDAHL. B 225

Paul D. Bartlett und **John D. McCollum,** *Hydrid-Übergangsmechanismen in stark sauren Medien. Die Reduktion von Carboniumionen durch Alkohole und eine Berechnung der Basenstärke von Isopropylalkohol.* Di-p-anisylcarbinol (**I**) wurde in einer Schmelze mit der äquimol. Menge Trichloressigsäure-d disproportioniert zu *p.p'-Dimethoxybenzophenon* u. *Dianisylmethan,* das kein Deuterium enthielt. Triphenylcarbinol (**II**) ging in Ggw. von Propanol-(2)-2d (87% D-Geh.) in 50%ig. H_2SO_4 quantitativ in *Triphenylmethan* (**V**) über, das 0,798 D-Atome pro Mol. enthielt. In beiden Fällen zeigt das Ausbleiben des Austausches mit dem sauren H des Mediums, daß H nicht als Proton übertragen wird. Diese Redox-Rkk. bestehen vielmehr in einem Hydridübergang von der α-Stellung eines Alkohols zum positiv geladenen Zentrum eines Carboniumions. Das Verschwinden der Farbe des Triphenyl- (**III**) u. Di-p-anisylcarboniumions in Ggw. von Alkoholen wird in einer Reihe von H_2SO_4–W.-Gemischen kinet. verfolgt. Die Rk. zwischen Carboniumion u. Alkohol ist 2. Ordnung. In Lsgg., in denen **II** im wesentlichen dissoziiert ist, nimmt die Reaktionsgeschwindigkeit mit zunehmender H_2SO_4-Konz. ab, während der Alkohol in zunehmendem Maße in sein Oxoniumion übergeführt wird. Aus der Reaktionsgeschwindigkeit als Funktion von H_0 u. dem Ionisationsgrad des Carbinols lassen sich die Geschwindigkeitskonstanten für den Hydridübergang vom neutralen Alkohol zum Carboniumion sowie pK_a des Alkyloxoniumions berechnen; die Aktivierungsenergien $\Delta H^{\neq}$ [kcal/Mol] u. -entropien [cal/Grad·Mol] für die Rkk. folgender Alkohole u. Äther mit **III** betragen: *A.* 16,8, –22; *n-Propyl-* 17,5, –20; *Isobutyl-* 17,9, –23, *Isopropyl-* (**IV**) 14,3, –26; *sek.-Butylalkohol* 14,5, –26; *Ae.* 18,9, –15 u. *Diisopropyläther* 16,8, 21. Die Basizität von **IV** entspricht einem pK_a-Wert für das Isopropyloxoniumsalz von –3,2. Dioxan u. Methanol erweisen sich als Donatoren von Hydridionen in vorliegendem Fall als nicht geeignet. Während gegenüber **III** sich Aceton inreaktiv verhält, wird **I** bei $H_0 = -3,20$ nach einer Rk. 1. Ordnung entfärbt. Das entstehende *p-Dianisylketon* wurde UV-spektrophotometr. [λ_{max} 405 mμ, $\varepsilon = 3880$] identifiziert. Diese Rk. ist offenbar das kation. Gegenstück zu den anion. Carbinol–Carbinyl-Wechselwirkungen, die in stark bas. Medien verlaufen. Geringe Zusätze von Alkoholen rufen starke Abnahme der Indicatoraciditäten von H_2SO_4–W.-Gemischen hervor, was den sich ändernden Aktivitätskoeffizienten der Indicatorbase u. der konjugierten Säure zuzuschreiben ist. Wegen der schnellen säurekatalysierten Umlagerung von Triphenylmethylhydroperoxyd sind stark saure Lsgg. von **II** überaus empfindlich gegenüber geringen Mengen von H_2O_2 u. anderen Peroxyden. Um die Möglichkeit des intramol. Hydridübergangs zu prüfen, wurde *2.2-Di-p-anisyltetrahydrofuran* dargestellt u. untersucht. Die beobachtete Reaktivität bestätigt den angenommenen Mechanismus. Die Red. von **II** durch **IV** zeigt einen Isotopeneffekt k_H/k_D von 1,84–2,58.

Versuche: *Di-p-anisylmethan*, F. 46–47°, aus Di-p-anisylcarbinol [**I**, F. 70–71° (Methanol), aus Di-p-anisylketon (F. 143–144°) mit $LiAlH_4$] mit Trichloressigsäure-d [F. 1,1°, aus Trichloressigsäureanhydrid mit D_2O (D.$^{20}{}_4$ 1,10514)] unter N_2, 6 Std. bei 40°. – *Triphenylmethan* (**V**), F. 51–51,5° (Cyclohexan), aus **II** u. **IV** in verd. H_2SO_4; daneben *Aceton* (**VI**), *2.4-Dinitrophenylhydrazon*, F. 125–126° (A.). – **V**-*d*, aus **II** u. α-Deuteroisopropylalkohol (Kp. 80–82°, aus **VI** mit $LiAlD_4$, n_D^{20} 1,3772); 98% (Ausbeute), Infrarotbande bei 4,78 μ. – *2.2-Di-p-anisyltetrahydrofuran*, $C_{18}H_{20}O_3$, F. 62,7 bis 63,0° (Cyclohexan), aus γ-Butyrolacton u. p-Anisyl-MgBr in Ae., 2 Std. Erhitzen am Rückfluß, Infrarotspektrum. – *Benzophenon*, F. 46–47°, aus **II** u. 30%ig. wss. H_2O_2 in verd. H_2SO_4; daneben nach Bromierung *2.4.6-Tribromphenol*, F. 91–93°. (J. Amer. chem. Soc. **78.** 1441–50. 5/4. 1956. Cambridge, Mass., Harvard Univ., Converse Mem. Inst.) J. Knaul. B 225

Nicholas A. Milas, Pauls Davis und **John T. Nolan jr.,** *Organische Peroxyde. 20. Mitt. Peroxyde durch Ozonisierung von Olefinen in Gegenwart von Carbeniumionen.* (19. vgl. C. **1956.** 10473.) Im Gegensatz zu den Ergebnissen der Ozonisierung von Olefinen $R_1R_2C=CR_3R_4$ in indifferenten Lösungsmitteln wurden beim Arbeiten in Ggw. von tert.-Butylcarbeniumionen (Lösungsm. tert.-Butanol + H_2SO_4) weder Ozonide noch Alkylidenperoxyde, sondern statt dessen isomere Peroxyde vom Typ $(CH_3)_3R_1R_2COC-OO-CR_3R_4OH$ (**I**) u. $R_1R_2(OH)C-OO-CR_3R_4OC(CH_3)_3$ (**II**) in guten Ausbeuten als Primärprodd. erhalten. Ihre Bldg. wird durch die Rk. des Carbeniumions mit den Zwitterionen $R_1R_2(O^-)C-OO-C^+R_3R_4$ u. $R_1R_2C^+-OO-C(O^-)R_3R_4$ erklärt. Die Zwitterionen $R_3R_4C^+-OO^-$ u. $R_1R_2C^+-OO^-$ dagegen werden unter diesen Bedingungen offenbar nicht erzeugt, denn es konnten keine Derivv. des tert.-Butylhydroperoxyds gefunden werden. War erst in reinem Chlf. ozonisiert worden, so blieb der nachfolgende Zusatz von Carbeniumionen ohne Wrkg. auf die gebildeten Alkylidenperoxyde. Entsprechend ihrer Struktur als Halbperketale bzw. Halbperacetate spalten die **I** u. **II** bes. im Hochvakuum leicht ein Mol Keton oder Aldehyd ab u. gehen in die entsprechenden tert.-Butoxyhydroperoxyde $RRC{<}^{OOH}_{OC(CH_3)_3}$ (**III**) über. Die Konstitutionsbest. der Reaktionsprodd. erfolgte durch Abbau sowie infrarotspektrophotometr., *tert.-Butoxymethylhydroperoxyd* wurde zudem auf einem unabhängigen Weg synthetisiert. Die geringe Ausbeute an Alkylidenperoxyden bei der Ozonisierung mehrerer Olefine in nichtwss. Lösungsmitteln wird als Hinweis angesehen, daß die Hauptprodd. unter diesen Bedingungen die Ozonide waren. – Eine Gegenstrommeth. für die wirkungsvolle Ozonisierung von Olefinen wird ausführlich beschrieben.

Versuche: *Peroxyd* $C_{10}H_{22}O_4$ (entsprechend Struktur **I**) aus Tetramethyläthylen; 57% (Ausbeute), daraus bei 25° im Hochvakuum *Peroxyd* $C_7H_{16}O_3$ (**III**), n_D^{25} 1,4250. – Aus 2-Methylbuten-(2): $C_9H_{20}O_4$ (**I** oder **II**); 45%. Aus α-Methylstyrol: $C_{13}H_{20}O_4$ (**I** u. **II**), n_D^{27} 1,4936; 86%. Gemisch von 2 Isomeren, wie aus den Zersetzungsprodd. hervorgeht (u. a. *Hydroperoxyd* $C_{12}H_{18}O_3$, n_D^{25} 1,5024 als nichtflüchtiger Rückstand, *Dioxydimethylenperoxyd* (**V**), F. 60–62° (Ae.) u. *tert.-Butoxymethylhydroperoxyd* (**IV**), $C_5H_{12}O_3$, Kp.$_4$ 31–33°, n_D^{25} 1,4131). Aus 1.1-Diphenyläthylen: $C_{18}H_{22}O_4$ (**I** u. **II**), 100%. Ist Gemisch zweier isomerer Peroxyde, da es im Vakuum in **IV** u. ein *Hydroperoxyd* $C_{17}H_{20}O_3$, n_D^{25} 1,5534, neben Formaldehyd u. Benzophenon zerfällt. Aus Styrol: $C_{12}H_{12}O_4$ (**I** oder **II**); 92%. Aus D-Limonen: $C_{14}H_{26}O_4$ (**I** oder **II**); 85,7%. Aus $\Delta^{4,(8)}$-p-Menthen: $C_{14}H_{28}O_4$ (**I** oder **II**); 68%, daraus im Vakuum $C_{11}H_{12}O_3$. – **IV**, aus einer konz. Lsg. von **V** u. tert.-Butanol. (J. Amer. chem. Soc. **77.** 2536–41. 5/5. 1955. Cambridge, Mass., Inst. of Technol., Dep. of Chem.) G. Lohaus. B 225

Harold Kwart und **Peter S. Francis,** *Einfluß der Kernsubstitution auf die Oxydationsgeschwindigkeit von α-Phenyläthanol durch Chromtrioxyd.* Es wurden die Geschwindigkeitskonstanten (k) der Oxydation von *α-Phenyläthanol*, *α-p-Methoxy-*, *α-p-tert.-Buty-*

α-p-Methyl-, *α-p-Chlor-* (**I**), *α-m-Brom-* u. *α-p-Nitrophenyläthanol* (**II**) mit CrO_3 gemessen; Bedingungen: a) in 30%ig. Essigsäure (0,250 mol. an $HClO_4$), $\mu = 0{,}40$ ($NaClO_4$) bei 30,1 ± 0,05°, HAMMETTscher ϱ-Wert −1,01. b) in Pyridin + Bzl. (40 u. 60%) bei 30,1 ± 0,05°, $\varrho = -0{,}37$. c) in Bzl. ohne Katalysator bei 29,7 ± 0,05°; die k-Werte gelten hier für die Zers. des Chromsäureesters des substituierten Phenyläthanols, $\varrho = -0{,}52$. Vff. nehmen an, daß sich intermediär ein Chromsäureester bildet (vgl. WESTHEIMER u. Mitarbeiter, J. Amer. chem. Soc. **74.** [1952.] 4387 u. früher). Wenn ein Chromsäurediester eines dieser sek. Alkohole mit einem substituierten 2-Phenylpropanol-(2) behandelt wird, so vermindert sich seine Zersetzungsgeschwindigkeit. Ferner wurde gefunden, daß die Natur des Substituenten eine große Rolle spielt, wenn man feststellen will, wieviel tert. Alkohol benötigt wird, um die Zers. auf ein bestimmtes Ausmaß zu reduzieren. Für die Rk. $[X \cdot C_6H_4 \cdot C(CH_3)_2O]_2CrO_2 + I \rightleftharpoons ClC_6H_4CH(CH_3)OCrO_2OC(CH_3)_2 \cdot C_6H_4X + X \cdot C_6H_4 \cdot C(CH_3)_2OH$ bei 29,7 ± 0,05° in Bzl. (X = p-NO_2, m-Br, p-Cl, p-H, p-CH_3, p-C_4H_9, ferner wurde *tert.-Butylalkohol* [**III**] umgesetzt) wurden die k-Werte u. Gleichgewichtskonstanten bestimmt. Die Geschwindigkeit der Zers. des Chromsäureesters wurde als Maß für die Lage des Gleichgewichts genommen. Weiterhin wurde eine Verzögerung der Oxydationsgeschwindigkeit von **II** in 88,2%ig. Essigsäure durch einen Zusatz von **III** festgestellt (in 50%ig. Essigsäure dagegen keine Verzögerung). Die Ergebnisse zeigen, daß die beobachteten ϱ-Werte der durch Säuren bzw. Basen katalysierten Rkk. sich aus einem ϱ-Wert für die Oxydation u. einem ϱ-Wert für den anfänglichen Veresterungsschritt der Rk. zusammensetzen. — *2-[p-Nitrophenyl]-propanol-(2)*, Kp.$_2$ 120,5 bis 121°, durch langsames Zugeben von CrO_3 zu einer Lsg. von p-Nitrocumol in Acetanhydrid + Essigsäure bei 20—30°; $n_D^{19,2}$ 1,5552; 48% (Ausbeute). (J. Amer. chem. Soc. **77.** 4907—12. 20/9. 1955. Newark, Del., Univ. of Delaware, Dep. of Chem.) G. CLEVE. B 225

René Lombard und **Lucie Rommert,** *Untersuchungen auf dem Gebiet der Autoxydation. 2. Mitt. Der Mechanismus der Katalyse der Autoxydation durch Kobaltverbindungen.* (1. vgl. C. **1954.** 8546.) Vff. untersuchten die Oxydation von reinem *Pinen* (**I**; aus Pinus halepensis: $[\alpha]_j$ +51°; aus Pinus maritima: $[\alpha]_j$ −46°) durch O_2 bei n. Druck u. 20° im Dunkeln. Als Katalysatoren wurden folgende Kobaltsalze verwendet: „*Co-Stearat A*" (**A**), erhalten aus $Co(NO_3)_2 \cdot 6\,H_2O$ u. $C_{17}H_{35}COOK$ in A., violettes Pulver; „*Co-Stearat B*" (**B**), wie vorst., aber unter Zusatz von H_2O_2, grünes Pulver; $K_2[Co \cdot (C_2O_4)_2(H_2O)_2] \cdot 4\,H_2O$, violett; $K_3 \cdot [Co(C_2O_4)_3] \cdot 3{,}5\,H_2O$ (SÖRENSEN [1896]); $K_4[Co_2(C_2O_4)_4(OH)_2] \cdot 3\,H_2O$ (PERCIVAL u. WARDLAW [1927]); nebenst. Strukturen wurden **A** u. **B** zugeschrieben.

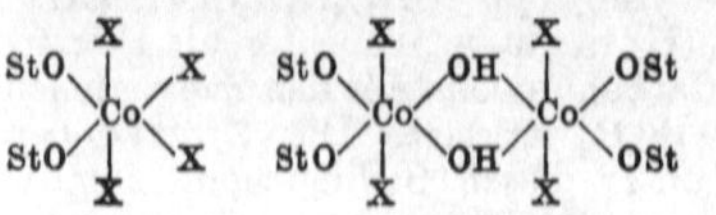

A B

St = $C_{17}H_{35}CO$
X = A. oder W.

Die Induktionsperiode der Rk. zwischen **I** u. O_2 in Ggw. von **A** beträgt 8 Std.; in Ggw. von **B** reagiert **I** sofort. Die Oxydation erfolgt in fl. Phase, da die Reaktionsgeschwindigkeit gleich der Lösungsgeschwindigkeit von O_2 in **I** ist; die Löslichkeit von O_2 in **I** ist 20 cm³ in 100 g bei n. Temp. u. Druck. Der Reaktionsmechanismus wird diskutiert; die Wertigkeitsänderung des Metalls findet innerhalb des Komplexes statt. Durch Benzoylperoxyd kann der Katalysator regeneriert werden. (Bull. Soc. chim. France [5] **1956.** 36—38. Jan. Strasbourg, Fac. des Sci., Inst. de Chim.) J. ROTHE. B 225

R. H. Meen und **George F. Wright,** *Die Nitrierung schwach basischer sekundärer Amine.* Vff. untersuchen die UV-Spektren, die Leitfähigkeit u. das kryoskop. Verh. der Nitrate (N.) einiger sek. Amine in absol. Essigsäure (Es) u. bestimmen die Geschwindigkeit der Nitrierung von *Imino-bis-2.2.2-trifluoräthan* (**I**) sowie (unvollständig) die Kristallstruktur des **I**-Nitrats. UV-Spektren der N. der stärker bas. Amine, in [ ] Medium, λ_{max} ± 10 Å, E_{max}: *β-Imino-bis-propionitril* (**II**), [Es: 2950; 7,7], *Morpholin* (**III**) [Es: 2960; 7,6; A.: 3010; 6,7], *Piperidin* [Es: 2960; 8,1], *Di-n-butylamin* (**IV**) [A.: 3010; 6,8; W. 3010; 7,7], *Diisopropylamin* [A.: 3010; 6,6], *Diallylamin* [Es: 2960; 8,1], *Dibenzylamin* [Es: 2960; 8,6] u. NH_3 (**V**) [Es: 2950; 8,2]. Die Spektren zeigen die charakterist. Absorptionsbande des Nitrations bei ca. 3010 Å (in Es um 50 Å nach kürzeren Wellen verschoben). Das Maximum der N. der schwächer bas. Amine, **I** [Es: 2670; 9,3; Es + 2% Es-anhydrid: 2670; —; Ae.: 2680; 9,6; absol. A.: 2710; 9,3; wss. 97% A.: 2800; 6,2; wss. 65% A.: 3010; 7,2], *Imino-bis-dimethylacetonitril* (**VI**) [A.: 2700; 9,5], *Imino-bis-methylacteonitril* (F. 68°) [A.: 2700; 9,2] u. *Imino-bis-acetonitril* (**VII**) [Es: 2670; 9,5] liegt in wss.-alkoh. Lsg. nahe dem des Nitrations, in nichtwss. Lsg. dagegen mit 2670—2710 Å bei dem der absol. HNO_3 [Es: 2670; 9,2]. Die Äquivalentleitfähigkeit in Es der N. von **IV** u. **V** ist mit ~ 0,250 um eine Zehnerpotenz größer als die der N. von **VII** mit 0,013 u. **I** mit ~ 0,020. Auch die kryoskop. Unterss. bestätigen das grundsätzlich verschied. Verh. der N. stärker u. schwächer bas. Amine in Essigsäure. Während erstere in Es entweder ionisiert oder in Ionenpaaren, durch H-Brücken verbunden, vorliegen, verhalten sich letztere in Es,

A. oder Ae. wie freie Amine u. freie HNO_3. — Die Geschwindigkeit der Nitrierung von I bei 25° in Essigsäureanhydrid ist sehr groß u. 1. Ordnung in bezug auf I u. HNO_3 (k = 18,0 ± 0,22 beim Mischen der Komponenten bei 25°; k = 23,2—23,9 Liter·Mol^{-1}·min^{-1} beim Mischen bei —50 bis —80°); sie wird von $NaClO_4$ stark beschleunigt, von Nitrationen stark verzögert. Der wahrscheinliche Reaktionsmechanismus wird diskutiert.

Versuche: *2.2.2-Trifluoräthylaminhydrochlorid*, $C_2H_5NClF_3$, aus 135 g wasserfreiem NH_3 u. 90 g Trifluoräthylbromid bei Ggw. von NaJ, 60 Std. bei 130—140° im Autoklaven; 60 g (Ausbeute) verunreinigt mit NH_4Cl. — *N-[2.2.2-Trifluoräthyl]-trifluoracetamid*, $C_4H_3ONF_6$, F. 51,3—52,3, Kp. 143—144°, aus 40,5 g vorst. Verb. u. 32,0 g Trifluoracetamid, 1 Std. im Bombenrohr bei 240°; lösl. in NaOH; Reinigung durch Sublimation. — *Imino-bis-2.2.2-trifluoräthan* (I), $Kp._{761}$ 82,0°, durch Red. von 50 g vorst. Verb. mit $LiAlH_4$ in Ae., 9 Std. am Rückfluß; n_D^{20} 1,3013; 32,9 g. *Nitrat*, $C_4H_6O_3N_2F_6$, sublimiert bei 140°/760 mm u. 60°/10 mm; hygroskop.; Raumgruppe D_2^2 (P_{2221}) mit orthorhomb. Zelle: a = 14,47 ± 0,02; b = 16,69 ± 0,02; c = 5,65 ± 0,005 Å. — *N.N-Bis-[2.2.2-trifluoräthyl]-N'-phenylharnstoff*, $C_{11}H_{10}ON_2F_6$, F. 115,5—116,5° (Di-n-butyläther), aus 1,13 g vorst. Verb. u. 0,74 g Phenylisocyanat, 15 Std. im Bombenrohr bei 95°; 1,40 g. — *Nitrimino-bis-2.2.2-trifluoräthan*, $C_4H_4O_2N_2F_6$, Kp. 43—45°, aus 3,66 g I u. 0,72 ml 99%ig. HNO_3 in Essigsäureanhydrid, ½ Std. bei 15°, 2 Std. bei 25°; F. 0,0—1,1° (Dichlormethan); 2,84 g. (J. org. Chemistry **19.** 391—402. März 1954. Toronto, Can., Univ., Dep. of Chem.) G. PÖTZSCHER. B 225

Irving S. Bengelsdorf, *Alkalische Hydrolyse von Trichlormethylphosphonsäureestern.* (Vgl. C. **1956.** 2985.) Die alkal. Hydrolyse (0,5n KOH in A.) von Trichlormethylphosphonsäuredimethyl- bzw. -diäthylester verläuft über folgende Zwischenstufen: $2\,(RO)_2(O)\cdot PCCl_3 + 2\,OH^- \rightarrow 2\,CCl_3H + 2\,(RO)_2(O)PO^-$; $2\,CCl_3H + 2\,OH^- \rightarrow 2\,H_2O + CCl_2 + 2\,Cl^-$; $2\,CCl_2 + 5\,OH^- \rightarrow CO + HCOO^- + 4\,Cl^- + H_2O$; insgesamt: $2\,(RO)_2(O)PCCl_3 + 9\,OH^- \rightarrow CO + HCOO^- + 2\,(RO)_2(O)PO^- + 6\,Cl^- + 4\,H_2O$. Dafür sprechen folgende Argumente: Die beobachtete VZ. ($^2/_9$ Mol des Mol.-Gew.) entspricht dem erwarteten Wert. Chlf. ist nur zu Beginn der Rk. nachzuweisen, gegen Ende nicht. Das Hydrolysat enthält Formiat u. Chlorid, dagegen kein Phosphat. Saure Hydrolyse des alkal. Hydrolysats liefert Phosphorsäure. (J. Amer. chem. Soc. **77.** 6611—12. 20/12. 1955. Los Angeles, Calif., Univ., Dep. of Chem.) F. SCHAUDER. B 225

H. K. Hall jr., *Kinetik der Reaktion von Acylchloriden.* 3. Mitt. *Hydrolyse von Phosphinylchloriden.* (2. vgl. J. Amer. chem. Soc. **78.** [1956.] 1450, vgl. auch C. **1956.** 5515.) Vf. untersuchte die Kinetik der Hydrolyse von *N.N.N¹.N¹-Tetramethylphosphorsäurediamidchlorid* (I, $C_4H_{12}ON_2ClP$, n_D^{30} 1,4625) in Wasser. Die Rk. verläuft nach der 1. Ordnung; die Reaktionsgeschwindigkeit wird durch Zusatz von OH^-, m-Kresol (II) oder Pyrrolidin (III) nicht beeinflußt. Reaktionsprodd. mit II oder III konnten nicht isoliert werden. Vf. erklärt das Verh. von I dadurch, daß I nicht linear ist. Die Aktivierungsenergie $\Delta E^{\ddagger}$ u. -entropie $\Delta S^{\ddagger}$ betragen 18,8 kcal/Mol u. 6,7 cal/Grad·Mol; die Hydrolysengeschwindigkeit in Ggw. von II bei 20,1° $k_1 = 5{,}32\cdot 10^{-3}\,sec^{-1}$. (J. org. Chemistry **21.** 248—49. 17/2. 1956.) J. KNAUL. B 225

B. Capon und **N. B. Chapman,** *Kinetik der Reaktionen von Chlordinitrotoluolen mit nucleophilen Reagentien.* Der Einfl. kernständiger Methylgruppen auf die nucleophile aromat. Substitution wird an verschied. Chlordinitrotoluolen untersucht. Folgende Aktivierungsenergien (kcal/Mol) u. log Häufigkeitsfaktor für die Rk. mit Piperidin in 98%ig. A. (20—40°) werden angegeben: *5-Chlor-2.4-* (I) 11,6; 6,3, *3-Chlor-2.6-* 14,9; 6,3 u. *2-Chlor-3.5-dinitrotoluol* (II) 14,5; 6,6, *tert.-Butyl-5-chlor-2.4-dinitrobenzol* 13,0; 6,2. Für die Rk. mit Anilin in 99,8%ig. A.: I 11,1; 3,5, II 12,6; 3,6. Für *3-Chlor-6-nitrotoluol* betrugen die Daten bei der Substitution durch Piperidin 22,9; 7,7 u. durch CH_3O^- in CH_3OH 24,5; 10,9. (Chem. and Ind. **1955.** 683. 11/6. Southampton, Univ., Dep. of Chem.) G. LOHAUS. B 225

J. H. Boyer, F. C. Canter, J. Hamer und **R. K. Putney,** *Säurekatalysierte Reaktionen aliphatischer Azide.* Vff. zeigen, daß neben Benzylazid (CURTIUS u. EHRHART, 1922) u. Äthylazid (HOUPT u. BROWNE, 1940) auch n-Butylazid (I) mit konz. H_2SO_4 entweder durch Wasserstoff- oder durch Alkylwanderung eine Umwandlung in Aldimine erfährt. Wegen der für größere Alkylgruppen zunehmenden Schwierigkeit, von Kohlenstoff an Stickstoff zu wandern, werden von n-Hexyl- u. n-Dodecylazid unter gleichen Bedingungen Aldimine erhalten (isoliert als die entsprechenden Aldehyde), die nur aus einer Wasserstoffwanderung resultieren. Es gelingt Vff. nicht, Reaktionsprodd. der Azide mit Benzaldehyd (II) zu isolieren. Die Bldg. von *Hexahydro-1.3.5-triazin* (isoliert als Tribenzoylderiv.) bei der Zers. von I in Ggw. von II bestätigt das Fehlen einer Wechselwrkg. zwischen Aldehyd u. Azid u. die intermediäre Bldg. von Formaldehyd u. NH_3. Triphenylmethylazid wird mit konz. H_2SO_4 bei 150° quantitativ zu Triphenylcarbinol (F. 162—162,5°) hydrolysiert. — Alicycl. Azide (Cyclopentyl-, -hexyl- u. -heptylazid) geben hauptsächlich Polymere der prim. durch Ringerweiterung entstehenden Prodd. 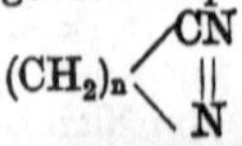 (**A**), daneben die entsprechenden Aldimine. — Mit 1-Azidopropanol-(2) (**III**) u. 1-Azidopropanol-(3) **IV**) werden in Ggw. von m-Nitrobenzaldehyd (**V**) u. p-Nitrobenzaldehyd (**VI**) in guten Ausbeuten die entsprechenden Oxazoline bzw. Dihydrooxazine erhalten; keine Oxazoline oder Amide werden dagegen mit Cyclohexenazidohydrin, α-Azido-α-phenyläthanol, α-Azido-α-phenylessigsäure, 1-Azido-2-bromäthan u. 1-Azido-2-aminoäthan in Ggw. von **II** gebildet. Vff. führen die Sonderstellung von **III** u. **IV** auf eine erhöhte Stabilität der Azidogruppe infolge intramol. Wasserstoffbindung zurück, die eine N_2-Abspaltung aus dem protonierten Azid verzögert u. die Reaktionsmöglichkeit mit der konjugierten Säure des Aldehyds erhöht.

Versuche: Die Darst. der nachst. Azide erfolgte nach Henkel u. Weygand (Ber. dtsch. chem. Ges. **76.** [1943.] 812): *Cyclopentyl-*, $C_5H_9N_3$, Kp.$_{63}$ 67—68°, D_{25}^{25} 0,9798, n_D^{25} 1,4615, 51% (Ausbeute); *Cyclohexyl-*, $C_6H_{11}N_3$, Kp.$_{21}$ 68,5—69°, D_{25}^{25} 0,9855, n_D^{25} 1,4690, 68% (gibt bei Red. mit $LiAlH_4$ *Cyclohexylamin; Hydrochlorid*, F. 205,5—206°, 83%); *Cycloheptyl-*, $C_7H_{13}N_3$, Kp.$_{19}$ 83,4—83,8°, D.$_{25}^{25}$ 0,9866, n_D^{25} 1,4793, 55%; *n-Hexyl-*, $C_6H_{13}N_3$, Kp.$_{3,5}$ 80°, n_D^{25} 1,4305, 93%; *Triphenylmethylazid*, $C_{19}H_{15}N_3$, F. 64—65°, 89%. — *Cyclohexenazidohydrin*, Kp.$_{0,7}$ 68°, durch 12 std. Erwärmen von 2-Chlorcyclohexanol mit NaN_3/NaOH in A./W. auf dem Wasserbad, D.^{30} 1,1112, n_D^{32} 1,4902, 61%. — *n-Capronaldehyd*, aus n-Hexylazid in konz. H_2SO_4; *2.4-Dinitrophenylhydrazon*, F. 106°, 73%. — *Laurinaldehyd*, aus n-Dodecylazid (gibt bei Red. mit $LiAlH_4$ *n-Dodecylamin*, F. 26—26,5°, 84%) wie vorst. (*2.4-Dinitrophenylhydrazon*, F. 105—106°, 84%); beim Kochen des Reaktionsprod. mit starkem Alkali wird *2-n-Decyltetradecen-(2)-al* ($C_{24}H_{46}O$, Kp.$_{0,2}$ 170—200°, n_D^{25} 1,4646) erhalten. — *n-Propylamin*, aus **I** wie vorst. (*Phenylharnstoffderiv.*, F. 63°), daneben Aldehyd u. NH_3; bei Rk. von **I** in Ggw. von **II** wird *1.3.5-Tribenzoylhexahydro-1.3.5-triazin*, $C_{24}H_{21}O_3N_3$, F. 225—226° (A.), erhalten. — *Cyclopentanon*, durch Umsetzung von Cyclopentylazid in $CHCl_3$ mit konz. H_2SO_4 bei 15—20° (*2.4-Dinitrophenylhydrazon*, F. 145—146°, 2,2%); daneben *Piperidein*, 79,8%, welches sich rasch polymerisiert zu *Isotripiperidein*, F. 97,5—99,0°. — *Cyclohexanon*, Kp.$_{13}$ 70—73°, aus Cyclohexylazid wie vorst. (*2.4-Dinitrophenylhydrazon*, F. 160—162°, 19,5%), daneben *polymeres Prod.* ($C_{14}H_{24}O_2N_2$) kein definierter F. — *Cycloheptanon*, aus Cycloheptylazid wie vorst. (*2.4-Dinitrophenylhydrazon*, F. 147—149°, 4,6%), daneben *polymeres Prod.* $(C_7H_{13}N)_n$ (entweder Polymeres von N-Dehydroheptamethylenimin oder lineares Polymeres von ω-Aminoheptaldehyd). — *5-Methyl-2-[3-nitrophenyl]-Δ^2-oxazolin*, F. 86°, aus **III** in Bzl. mit konz. H_2SO_4 in Ggw. von **V**, 56%; *Pikrat*, F. 152°. — *5-Methyl-2-[4-nitrophenyl]-Δ^2-oxazolin*, F. 135—136°, aus **III** wie vorst. in Ggw. von **VI**, 53%; *Pikrat*, 187°. — *2-[m-Nitrophenyl]-Δ^2-dihydro-1.3-oxazin*, $C_{10}H_{10}O_3N_2$, F. 94—95°, aus **IV** wie vorst. mit **V**, 82%. — *2-[p-Nitrophenyl]-Δ^2-dihydro-1.3-oxazin*, $C_{10}H_{10}O_3N_2$, F. 143,5—144,5°, aus **IV** u. **VI**, 70%; *Pikrat*, $C_{16}H_{13}O_{10}N_5$, F. 173—174°. (J. Amer. chem. Soc. **78.** 325—27. 20/1. 1956. New Orleans, La., Tulane Univ.; Univ. of Michigan.) G. Winkler. B 225

Hikoji Tada, *Hexamin—Phenol-Harze.* 6. Mitt. *Zersetzung des 1.3.5-Trimethyltriazacyclohexans durch Säure.* (5. vgl. J. chem. Soc. Japan, ind. Chem. Sect. [Kōgyō Kagaku Zassi] **55.** 1952.] 360.) Durch Zugabe von Säure (0,1 n HCl) verwandelt sich *1.3.5-Trimethyl-1.3.5-triazacyclohexan* (B) sofort in ein Kation BH^+, das weiter zerfällt. Die Rk. ist eine Rk. 1. Ordnung, mit der Aktivierungsenergie von 19 kcal/Mol u. dem Stoßzahlfaktor von $7,1 \cdot 10^{12}$. (J. chem. Soc. Japan, ind. Chem. Sect. [Kōgyō Kagaku Zassi] **56.** 88—90. Tokyo, TH. [Orig.: japan.]) L. Schuler. B 225

Bertrand de Surville, *Über die Polymerisation der Linolensäure.* Vf. untersucht den Einfluß der Temp., der Zeit u. den des Wassergehaltes auf die Polymerisation eines aus den öligen Fettsäuren der Baumwolle gewonnenen *Linolensäure* (73%)—*Oleinsäure* (23%)-Gemisches (JZ. 156, SZ. 189) unter N_2. Danach werden die Linolensäurepolymerisate (C_{18}, C_{36}, C_{54}) durch Molekulardest. isoliert. Die Polymerisation verläuft erst ab 340° merklich (JZ. sinkt auf 98) u. ist bei 360° befriedigend (JZ. sinkt auf 83). Sie erreicht nach 4 Std. ihren Maximalwert. Eine 7 std. Polymerisation bei 360° bei Wassergehalten von 0—20% zeigt, daß mit steigendem Wasserzusatz die Menge der C_{36}-Fraktion von 38 auf 17,5% sinkt. Die Ausbeute an *Dilinolensäure* sinkt dabei von 31,5% auf 16,5%, gleichzeitig geht die Menge an decarboxylierten Prodd. von 17% auf 2,5% zurück. Die besten Ausbeuten an Dilinolensäure werden in 5—7 Std. bei 360° mit einem Wassergeh. von 5% erzielt. (C. R. hebd. Séances Acad. Sci. **235.** 724—26. 6/10. 1952.) H. Liebig. B 225

K. W. Toptschijewa und **Jun-Pin**, *Kinetik der Dehydratation von Äthylalkohol an Aluminiumoxyd und am Aluminiumsilicatkatalysator.* (Vgl. C. **1953.** 4841.) Bei der in

2 Stufen (1. A. → Ae.; 2. Ae. → C_2H_4) verlaufenden Dehydratation des *A.* an Al_2O_3 u. Al-Silicat wird die Anwendbarkeit der von Pantschenkow (vgl. C. **1948.** E 368.) für den Fall geringer Adsorption des Ausgangsstoffes u. starker Adsorption der Reaktionsprodd. abgeleiteten Gleichung untersucht. Sie gilt für die 1. Stufe, während für die Gesamt-Rk. A. → C_2H_4 ein Faktor einzuführen ist, der die Zwischenbldg. von Ae. berücksichtigt. Für die 1. Stufe wird eine noch genauere mehrgliedrige Gleichung entwickelt, in der ein aus der Gleichgewichtskonstanten K_g abgeleiteter Faktor $n = (1 + K_g^{1/2})/(1 - K_g)$ den Zustand des Nullwerdens der Reaktionsgeschwindigkeit berücksichtigt. (Вестник Московского Университета, Серия Физико-Математических и Естественных Наук [Nachr. Moskauer Univ.] **8.** Nr. 2. [physik.-math. naturwiss. Ser.] Nr. 1. 89 bis 97. Febr. 1953. Moskau, Univ., Lehrstuhl für physik. Chem.) R. K. Müller. B 225

Harlan L. Goering und **Herbert H. Espy,** *Die Solvolyse und basenkatalysierte Dehydrohalogenierung von 1.1- und 1.2-Dihalogencyclohexanen.* Vff. bestimmten die relativen Geschwindigkeitskonstanten der Dehydrohalogenierung von *1.1-Dibrom-* (**I**; Kp.$_{8,5}$ 76—77°, n_D^{25} 1,5406), *1.1-Dichlor-* (Kp.$_{739}$ 161—170°, n_D^{25} 1,4788), *1-Brom-1-chlor-* (**II**; Kp.$_{17}$ 77,5, n_D^{25} 1,5093), *cis-* (**III**; Kp.$_{10,5}$ 107—108, n_D^{25} 1,5516), *trans-1.2-Dibrom-* (**IV**), *cis-*, *trans-1.2-Dichlor-*, *cis-* (**V**), *trans-1-Brom-2-chlorcyclohexan* (**VI**; Kp.$_9$ 76°, n_D^{25} 1,5173; Kp.$_{13,5}$ 82,4° n_D^{25} 1,5168], *Cyclohexylbromid* (**VII**; Kp.$_{57}$ 83,0—83,5°, n_D^{25} 1,4936) u. *-chlorid* (**VIII**; Kp.$_{735}$ 139°, n_D^{25} 1,4604) in einem A.–W.-Gemisch (Volumenteile 4:1), das 0,1 Mol NaOH enthielt. Die Aktivierungsenergien $\Delta H^{\ddagger}$ [kcal; ± 0,4) u. -entropien $\Delta S^{\ddagger}$ (cal/Grad·Mol; ± 1) betragen in obiger Reihenfolge: 22,3, 7; 24,7, — 8; 21,9, — 8; 19,1, — 7; 23,1, — 7; 22,9, — 6; 26,3, — 7; 19,3, — 9; 23,3, — 9; 22,0, — 9 u. 24,9, — 9. Die Rkk. verlaufen nach der 2. Ordnung; die E 2-Eliminierung wird nicht von einer S_N 2-Substitution begleitet. Letztes ergibt sich aus der Bldg. der äquimol. Menge *Cyclohexen* bei der Rk. von **VII** u. **VIII**. Zur Best. des Ausmaßes der Solvolyse-Konkurrenz-Rk. wurden die Reaktionsgeschwindigkeitskonstanten der Solvolyse von **I**—**VI** in A.–W. (Volumenteile 4:1) gemessen. Die Aktivierungsenergien $\Delta H^{\ddagger}$ (kcal; ± 0,5) u. -entropien $\Delta S^{\ddagger}$ (cal/Grad. Mol.; ± 1) betragen: **I** 25,1, — 10, **II**; 25,4, — 8; **III**; 32, — 1; **IV**; 27, — 15 u. **VII** 24,3, — 15. Die Reaktivitäten der Solvolyse zeigen, daß unter den Bedingungen der Dehydrohalogenierung die E 2-Rkk. mit Ausnahme der Rkk. der 1.1-Dihalogencyclohexane vollständig isoliert sind von konkurrierender Solvolyse. Die Reihenfolge der Reaktivität für die E 2-Dehydrohalogenierung der isomeren Dihalogenide ist: cis-1.2- ≫ 1.1- > trans-1.2. Während die 1.1- u. cis-1.2-Dihalogencyclohexane unter den Reaktionsbedingungen 1 Mol Halogenwasserstoff abspalten, ergeben die trans-1.2-Dihalogencyclohexane 2 Mol Halogenwasserstoff. Es liegt also bei den Rkk. eine trans-Eliminierung vor. Aus den relativen Geschwindigkeitskonstanten der basenkatalysierten Dehydrohalogenierung u. denen der Solvolyse bei gleichen Tempp. ergeben sich durch Betrachtungen der Konformation die Einfll. der α- u. β-Halogenatome auf die Geschwindigkeit der Dehydrohalogenierung; Ersatz eines α-e-H-Atoms durch Halogen verringert sie, Ersatz eines β-e-Atoms erhöht sie. (J. Amer. chem. Soc. **78.** 1454—60. 5/4. 1956. Madison, Wis., Univ. of Wisconsin, Dep. of Chem.) J. Knaul. B 225

Norman Davidson und **Tucker Carrington,** *Jodinhibierung bei der Lichtblitzphotolyse von Methyljodid.* Die Photolyse von CH_3J liefert infolge der Jodinhibierung hauptsächlich CH_4 u. J_2. Durch Verwendung einer UV-Blitzlampe von hoher Intensität mit einer Blitzdauer von 5 μsec kann jedoch die $\cdot CH_3$-Konz. derart gesteigert werden, daß daraus durch Folge-Rk. noch Äthan u. Äthylen entstehen, die massenspektrograph. nachgewiesen werden. Die Abhängigkeit der J_2-Konz. von Temp. u. Anzahl der Blitze wird untersucht u. aus den Ergebnissen die Reaktionskette u. ihre Kinetik abgeleitet. u. diskutiert. (J. Amer. chem. Soc. **74.** 6277—79. 20/12. 1952. Pasadena, Calif., Inst. of Technol., Gates u. Crellin Labor. of Chem.) H. Macholdt. B 226

G. Büchi und **D. E. Ayer,** *Lichtkatalysierte organische Reaktionen.* 4. Mitt. *Die Oxydation von Olefinen mit Nitrobenzol.* (3. vgl. Helv chim. Acta 38. [1955.] 1338; 2. vgl. C. **1956.** 9190.) Vff. erhalten beim Bestrahlen eines Reaktionsgemisches (1:4) von Nitrobenzol (**III**) u. 2-Methylbuten-(2) mit einer Hg-Lampe bei Zimmertemp. *Aceton, Acetaldehyd, N-Phenylacetamid* (**VI**, F. 114—115°), *Azobenzol* (**II**, F. 66°) u. ein Neutralprod. (**I**). Beim Bestrahlen eines 1:3-Gemisches von **III** u. Cyclohexen werden **II** u. *Adipindialdehyd* (*Dioxim*, F. 170—172°; *Adipinsäure*, F. 150—152°) in 10%ig. Ausbeute erhalten. — Als vorläufiger, zum größten Teil hypothet. Reaktionsmechanismus wird von Vff. diskutiert: a) prim. Bldg. eines 1.3.2-Dioxazolidin-Zwischenprod. (**IV**), b) Zerfall von **IV** (möglicherweise in einer Dunkel-Rk.) in zwei Zwitterionen u. die entsprechenden Carbonylverbb. (für die erstere Rk.: Aceton u. Acetaldehyd), c) gefolgt von einer

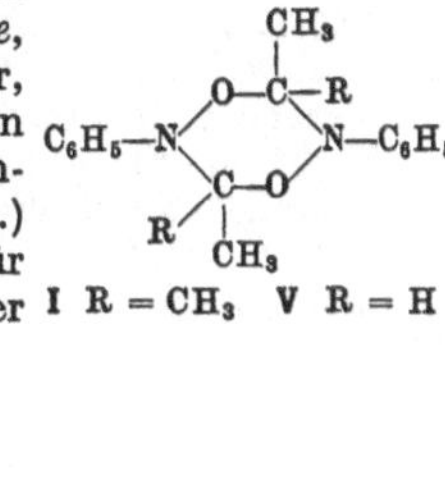

I R = CH_3 **V** R = H

weiteren Zers. zu Carbonylverbb. u. C_6H_5N, welches sich zu **II** dimerisiert, d) Dimerisierung der Zwitterionen zu den bisher nicht beschriebenen heterocycl. Verbb. **I** u. **V**, von denen **I** infolge Fehlens aktivierter H-Atome stabil ist, **V** dagegen in zwei Moll. **VI** zerfällt. — *Neutralprod.* **I**, $C_{18}H_{22}O_2N_2$, F. 169—170°, λ_{max} 246 mμ, ε 10600; gibt beim Kochen mit HCl *p-Chloranilin*, F. 70—71° u. *Aceton*. (J. Amer. chem. Soc. **78.** 689—90. 5/2. 1956. Cambridge, Mass., Inst. of Technol., Dep. of Chem.)
G. WINKLER. B 226

G. Büchi, James T. Kofron, E. Koller und **David Rosenthal,** *Lichtkatalysierte organische Reaktionen.* 5. Mitt. *Die Addition von aromatischen Carbonylverbindungen an ein disubstituiertes Acetylen.* (4. vgl. vorst. Ref.) Vff. erhalten bei Bestrahlung eines Reaktionsgemisches von Benzaldehyd (**I**) bzw. Acetophenon (**II**) u. Decin-(5) (**III**) mit einer Hg-Lampe $\alpha.\beta$-ungesätt. Ketone des Typs $(C_6H_5)R'C{=}C(R)CO{-}R$ als Gemische von cis- u. trans-Isomeren. Mit monosubstituierten Acetylenen werden unter gleichen Bedingungen an Stelle der erwarteten 1:1-Addukte die symm. Acyloine erhalten. — Vff. nehmen als Reaktionsmechanismus an, daß durch Lichtabsorption die aromat. Carbonylverbb. in einen biradikal. Triplettzustand überführt werden, der mit **III** zu entsprechenden Oxetenen (**IV**) reagiert, die entweder in die Reaktionsprodd. zerfallen oder die Ausgangsprodd. zurückliefern. Das Zwischenprod. **IV** konnte nicht isoliert werden.

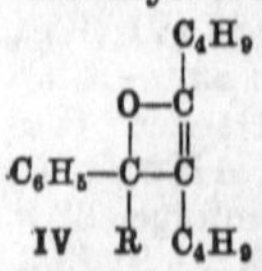

Versuche: *6-Benzylidendecanon-(5)*, $C_{17}H_{24}O$, Kp.$_{0,1}$ 108—111°, durch 96std. Bestrahlen eines Gemisches von **I** u. **III** (3:1) mit einer Hg-Resonanzlampe bei 40°, 13% (Ausbeute), ferner durch Kondensation von *α-Butylcinnamoylchlorid* (Kp.$_{0,35}$ 85°, aus trans-α-Butylzimtsäure u. $SOCl_2$) mit Dibutyl-Cd (*2.4-Dinitrophenylhydrazon*, $C_{23}H_{28}O_4N_4$, F. 116—117°); gibt bei katalyt. Hydrierung über Pd/CdO_3 in A. *Dihydroderiv.* $C_{17}H_{26}O$. — *2-Phenyl-3-n-butylocten-(2)-on-(4)*, $C_{18}H_{26}O$, Kp.$_{0,15}$ 112—114°, Kp.$_{0,35}$ 120—125°, durch 84std. Bestrahlen eines Gemisches von **II** u. **III** (1:1), ferner aus α-n-Butyl-β-methylcinnamoylchlorid mit Dibutyl-Cd, katalyt. Hydrierung über Pd/$CaCO_3$ liefert die *gesätt. Verb.* $C_{18}H_{28}O$, Red. mit $NaBH_4$ gibt *2-Phenyl-3-n-butylocten-(2)-ol-(4)* (*3.5-Dinitrobenzoat*, $C_{25}H_{30}O_6N_2$, F. 109—110°). — *2-Oxy-2-phenyl-3-carbäthoxyheptan*, $C_{16}H_{24}O_3$, aus α-Bromcapronsäureäthylester u. **II** nach REFORMATSKI, gibt bei Dehydratisierung mit J_2 *α-n-Butyl-β-methylzimtsäureäthylester*, $C_{16}H_{22}O_2$, daraus durch alkal. Hydrolyse die *freie Säure* (*Amid*, $C_{14}H_{19}ON$, F. 164—164,5°). (J. Amer. chem. Soc. **78.** 876—77. 20/2. 1956.)
G. WINKLER. B 226

M. G. Horowitz und **I. M. Klotz,** *Phototropes Verhalten von 4-[p-Dimethylaminobenzolazo]-phenylmercuriacetat.* Die Absorptionsspektren von *p-Dimethylaminobenzolazophenylquecksilberacetat* in Dimethylformamid u. Pyridin nach Lichteinstrahlung u. unter Abschirmung von Lichteinfl. wurden untersucht. Dabei zeigt die im Dunkeln aufbewahrte Lsg. ein Maximum bei 420 mμ, das auf die Anwesenheit der trans-Form zurückgeführt wird. Nach Lichteinwrkg. nimmt das Maximum bei 420 mμ unter gleichzeitiger Ausbldg. eines Maximums bei 380 mμ infolge der Bldg. der cis-Form ab. Lösungsmittel mit Protonendonator-Charakter begünstigen die Bldg. der trans-Form. Die Kinetik der cis–trans-Isomerisation in Dimethylformamid u. Pyridin wurde bei Abwesenheit von Lichteinfl. untersucht. In jedem Falle handelt es sich um eine Rk. 1. Ordnung, deren Geschwindigkeitskonstante bei 19,4° u. 35,4° $k_{(Pyridin)}$ = 8,81 u. 53,3 $\cdot 10^{-5}$ sec^{-1} u. $k_{(Dimethylformamid)}$ = 3,68 u. 21,0$\cdot 10^{-5}$ sec^{-1} beträgt; Aktivierungsentropie, -enthalpie u. freie Energie der Aktivierung: (Pyridin) — 9,9 [cal/Mol·Grad], 19600 u. 22500 [cal/Mol]; (Dimethylformamid) — 14,0, 18900 u. 23000. (J. Amer. chem. Soc. **77.** 5011—12. 5/10. 1955. Evanston, Ill., Northwestern Univ., Dep. of Chem.)
B. MÜLLER. B 226

Robert H. Schuler, *Der Einfluß von Jod auf die Radiolyse des Benzols.* Vf. setzt Proben von *Bzl.*, ohne oder mit Zusatz von Jod in verschied. Konzz. (0,020—0,206 mol.) der γ-Strahlung von ^{60}Co (276000 r/Std.) aus. J_2 beeinflußt mit Ausnahme bei hohen Konzz. (wo die H_2- u. C_2-Ausbeute erniedrigt wird) die H_2-Ausbeute aus der Radiolyse nur geringfügig. Es muß deshalb angenommen werden, daß die bei dieser Reaktion auftretenden H-Atome keine wesentliche Rolle als Intermediärprodd. spielen. (J. physic. Chem. **60.** 381—82. März 1956. Upton, L. I., N. Y., Brookhaven Nat. Labor., Chem. Dep.)
K. FRENKLER. B 226

A. J. Swallow, *Reduktion von Riboflavin zu einem stabilen freien Radikal mittels Röntgenstrahlen.* Zur Prüfung der Annahme, daß bei Bestrahlung von verd. wss. A. mit ionisierender Strahlung die im Primärprozeß gebildeten H- u. OH-Radikale *Oxyäthyl* (**I**)-Radikale erzeugen u. daß ein zweiter, in wesentlich geringerer Konz. gelöster Stoff vornehmlich durch diese **I**-Radikale angegriffen wird, bestrahlt Vf. luftfreie 10^{-4} mol. Lsgg. von *Riboflavin* (**II**) in 2n H_2SO_4, die 5$\cdot 10^{-1}$ mol. an A. ist, mit Röntgenstrahlen (16000 r) u. beobachtet eine Rotfärbung der **II**-Lösungen. An Hand der Absorptionsspektren zwischen 300 u. 500 mμ zeigt Vf., daß hierbei das gleiche stabile freie Semichinonradikal gebildet wird wie bei der Red. von **II** mit Zn. In beiden Fällen wird bei Einw. von Luft auf die Radikallsg. wieder das **II**-Spektr. zurückgebildet. Aus den Verss. schließt Vf., daß **I**, wie viele organ. Radikale, reduzierende Eigg. hat, obwohl im untersuchten Fall die Mitwrkg. von H-Atomen oder sek. Elektronen nicht ganz ausgeschlossen werden kann. (Nature [London] **176.** 793—94. 22/10. 1955. Cambridge, Univ., Dep. of Radiotherap.) K. PRCHAL. B 226

A. A. Altschudshan, *Untersuchung der Kinetik und des Mechanismus der Reaktionen der katalytischen Hydrierung von Kohlenwasserstoffen.* 9. Mitt. *Untersuchung des festen Systems Pd–H als Hydrierungskatalysator.* (8. vgl. C. **1955.** 9771.) Es wird gezeigt, daß bei langer Aufbewahrung des Katalysators Pd–H (Pd-Schwamm) bei Zimmertemp. in H_2-Atmosphäre die katalyt. Wrkg. infolge Bldg. der β-Phase von Pd–H stark, mitunter bis Null, abnimmt. Mit beginnender Hydrierung von Bzl. am inaktivierten Pd–H wird die β-Phase zerstört, so daß die Geschwindigkeit der Hydrierung allmählich ansteigt u. bei ca. 200° konstant wird oder zunächst über ein Maximum geht u. bei ca. 224° konstant wird. Durch Behandlung des Katalysators bei Zimmertemp. oder 200° mit Luft nimmt die Aktivität zu. Durch Behandlung mit Dämpfen von Bzl. u. Cyclohexan nimmt die Aktivität des Katalysators bei 200° weniger als bei 224° ab, mit Cyclohexan weniger als mit Benzol. In beiden Fällen steigt die Aktivität während der Hydrierung rasch an. Im Vgl. zu Pd führt diese Behandlung bei Ni zu einer stärkeren Abnahme der Aktivität. Die Änderung der Aktivität während der Hydrierung ist nicht wesentlich abhängig von der Adsorption u. Desorption von Bzl. u. Cyclohexan. Bei Zugabe von H_2O-Dämpfen zum Gemisch H_2 + Bzl. nimmt die Aktivität des Katalysators rasch u. stark ab u. wird nach beendeter Wasserzufuhr ebenso wiederhergestellt. (Журнал Физической Химии [J. physik. Chem.] **26.** 1591—99. Nov. 1952. Moskau, Lomonossow-Univ. u. Erdölinst. der Akad. der Wiss. der UdSSR.) O. LEBTAG. B 227

A. A. Altschudshan, *Untersuchung der Kinetik und des Mechanismus der Reaktionen der katalytischen Hydrierung von Kohlenwasserstoffen.* 10. Mitt. *Untersuchung des festen Systems Pd–H als Hydrierungskatalysator. Untersuchung der Wirkung der Behandlung mit Wasserstoff und Stickstoff bei 300—350° auf die katalytische Aktivität von Pd–H.* (9. vgl. vorst. Ref.) Die Aktivität von Pd–H wird durch Behandlung mit H_2 bei 300 bis 350° nicht völlig irreversibel stark vermindert. Die Abnahme ist von der Behandlungsdauer abhängig. Bei tiefen Tempp. nimmt die Aktivität des so inaktivierten Katalysators allmählich bis zu einem bestimmten Grenzwert zu, entsprechend der Verweilzeit bei tiefer Temp., unabhängig davon, ob eine Hydrierung von Bzl. stattfindet oder nicht. Die Reaktivierung des Katalysators wird durch die Bzl.-Hydrierung beschleunigt. Bei der Behandlung von Pd–H mit N_2 bei 350° wird der Katalysator nicht inaktiviert, sondern sogar aktiviert, da die inakt. Phase von Pd–H als Folge des verminderten H_2-Druckes zerstört wird. Die Aktivität von Pd–H, erhalten durch direkte Behandlung von Pd-Schwarz (nicht Pd-Schwamm) mit H_2 bei 350°, wird selbst bei 18std. Aufbewahrung in H_2 bei Zimmertemp. nicht wieder hergestellt. Die Aktivität dieses Präp. nimmt bei der Hydrierung von Bzl. zu. Die Aktivität von Pd-Schwarz sinkt bei 1std. Erhitzen auf 350° auf fast $^1/_4$ des Anfangswertes. (Журнал Физической Химии [J. physik. Chem.] **26.** 1600—09. Nov. 1952.) O. LEBTAG. B 227

C. Präparative organische Chemie. Naturstoffe.

János Kollonitsch, Oszkár Fuchs und **Valéria Gábor,** *Neue und bekannte komplexe Borhydride und einige Anwendungen bei organischen Synthesen.* Alkoh. Lsgg. von *Lithiumborhydrid* (**I**) werden bei Zusammengabe von $NaBH_4$ u. LiCl in absol. A. bei —10° erhalten. Es tritt hierbei eine Umsetzung bis zu 85—90% ein. Bei 2- bis 4std. Stehen dieser Lsgg. bei 0° zeigt sich keine Zers. von **I**. Analog **I** wurden Lsgg. von $Ca(BH_4)_2$ (**II**) u. $Mg(BH_4)_2$ (**III**) bei — 50 bis — 20° hergestellt. Die alkoh. Lsgg. von **I**, **II** u. **III** finden als Reduktionsmittel, bes. für Aldehyde u. Ketone, Anwendung. Die Erdalkaliborhydride können wegen der neutralen Rk. ihrer Lsgg. im Gegensatz zu $LiBH_4$ zur Red. von Zuckerderivv. verwendet werden. — Als Beispiele werden angeführt: *3β.17β-Dioxy-Δ⁵-androsten,* aus 3β-Oxy-17-keto-Δ⁵-androsten (Dehydroandrosteron) mit **I**-Lsg. (oder mit **II** oder **III**) in fast theoret. Ausbeute; daneben wenig *3β.17α-Diol.* — *p-Nitrobenzylalkohol,* aus p-Nitrobenzoesäureäthylester in Tetrahydrofuran durch Zugabe von $NaBH_4$ u. LiJ in 80%ig. Ausbeute. (Nature [London] **173.** 125—26. 16/1. 1954. Budapest, Res. Inst. of the Pharmaceut. Ind.) J. FESTL. 460

J. H. Amin, R. D. Desai, K. Parekh und **K. Venkataraman,** *Die Fries-Reaktion.* 6. Mitt. *Die Umlagerung von Aryl-p-toluolsulfonaten und eine bequeme Methode für die Synthese von Oxydiarylsulfonen.* (4. vgl. C. **1956.** 2140.) Vff. untersuchen die FRIESsche

Verschiebung der p-Toluolsulfonate von Phenol, o-, m- u. p-Kresol, Salicylsäuremethylester u. Salicylanilid bei 130—140°. Die Rk. verläuft bei dieser Temp. glatt, sie ist eine bequeme Meth. zur Herst. von *Oxydiarylsulfonen.* Beim Salicylanilid-p-toluolsulfonat verläuft die FRIESsche Verschiebung in Nitrobenzol glatt. Bei den meisten Rkk. tritt der Substituent in p-Stellung zur Hydroxylgruppe.

Versuche: *p-Oxyphenyl-p-tolylsulfon* (I), $C_{13}H_{12}O_3S$, F. 125° (verd. A. oder Ligroin), aus 5 g Phenyl-p-toluolsulfonat u. 5,3 g $AlCl_3$ durch langsames Erhitzen, Zers. nach 1 Std. bei 140° mit HCl in der Kälte, Lösen in 1%ig. NaOH, Filtrieren u. Ansäuern; 2,5 g (Ausbeute). — *4-Methoxyphenyl-p-tolylsulfon,* $C_{14}H_{14}O_3S$, F. 122° (verd. A.), aus I in 10%ig. NaOH mit Dimethylsulfat. — *4-p-Toluolsulfonylphenoxyessigsäure,* $C_{15}H_{14}O_5S$, F. 177° (verd. A.), aus Monochloressigsäure u. I in 30%ig. Sodalsg.(1 Std. auf dem Wasserbad) u. Ansäuern mit HCl. — *2'.5'-Dichlorbenzolazo-4-oxyphenyl-p-tolylsulfon,* $C_{19}H_{14}O_3N_2Cl_2S$, F. 179—180°, aus 0,8 g diazotiertem 2.5-Dichloranilin (III) durch Zugabe zu einer alkal. Lsg. von I, orangefarbene Nadeln aus A.; 1,6 g; ließ sich nicht mit Dimethylsulfat methylieren. — *4-Oxy-3-methylphenyl-p-tolylsulfon* (II), $C_{14}H_{14}O_3S$, F. 132° (verd. A.), durch FRIESsche Verschiebung aus o-Kresyl-p-toluolsulfonat; 40%. — *Methyläther,* $C_{15}H_{16}O_3S$, F. 110°. — *Verb.* $C_{20}H_{16}O_3N_2Cl_2S$, F. 188—189°, aus II u. diazotiertem III; aus A. orangefarbene Schuppen. — *4-Oxy-2-methylphenyl-p-tolylsulfon,* $C_{14}H_{14}O_3S$, F. 144° (verd. A.), aus m-Kresyl-p-toluolsulfonat; 30%. *Methyläther,* $C_{15}H_{16}O_3S$, F. 132° (verd. A.). — *2-Oxy-5-methylphenyl-p-tolylsulfon* (IV), $C_{14}H_{14}O_3S$, F. 130° (verd. A.), aus p-Kresyl-p-toluolsulfonat, 30%. *Methyläther,* $C_{15}H_{16}O_3S$, F. 143—144° (verd. A.). — *4-Methyl-2-p-toluolsulfonylphenylessigsäure,* $C_{16}H_{16}O_5S$, F. 174° (verd. A.), aus IV u. Chloressigsäure wie oben. — *Verb.* $C_{20}H_{16}O_3N_2Cl_2S$, F. 250°, aus IV u. diazotiertem III; dunkelrote Nadeln aus A., nicht mit Dimethylsulfat methylierbar. — *o-[p-Toluolsulfonyl]-methylsalicylat,* $C_{15}H_{14}O_5S$, F. 88° (A.) aus Salicylsäuremethylester u. p-Toluolsulfonylchlorid (V) in Ae. durch Zugabe von 20%ig. Na_2CO_3-Lsg. unter Rühren u. 2std. Erwärmen auf dem Wasserbad; 50%. — *5-p-Toluolsulfonylsalicylsäure,* $C_{14}H_{12}O_5S$, F. 239—240° (verd. A.), aus vorst. Verb durch FRIESsche Verschiebung; 35%. — *o-[p-Toluolsulfonyl]-salicylanilid,* $C_{20}H_{17}O_4NS$, F. 105° (verd. A.), aus Salicylanilid u. V in Aceton durch Zugabe von 25%ig. K_2CO_3-Lsg. unter Rühren; 50%. — *5-p-Toluolsulfonylsalicylanilid,* $C_{20}H_{17}O_4NS$, F. 225° (A)., aus vorst. Verb. u. $AlCl_3$ in frisch dest. Nitrobenzol durch 2std. Erhitzen auf 125° u. Zers. mit HCl in der Kälte; 25%; rötlichbraune Farbe mit $FeCl_3$ in alkoh. Lsg.; *Methyläther,* $C_{21}H_{19}O_4NS$, F. 185° (verd. A.), durch 12std. Kochen in Aceton mit Dimethylsulfat in Ggw. von wasserfreiem K_2CO_3. (J. sci. ind. Res. [New Delhi] **13 B.** 181—83. März 1954.) J. MATTNER. 470

Andrew Streitwieser jr., *$D_{6(1.1.1.8.8.8)}$-Octan.* Korksäuredimethylester wurde mit $LiAlD_4$ zu *$D_{4(1.1.8.8)}$-Octandiol-(1.8)* deuteriert, dieses in das *Di-p-toluolsulfonat* übergeführt u. mit $LiAlD_4$ in schlechter Ausbeute weiter reduziert. Das Prod. enthält 90,9% *$D_{6(1.1.1.8.8.8)}$-Octan.*

Versuche: *$D_{4(1.1.8.8)}$-Octandiol-(1.8),* F. 58—58,5° (Bzl.-Hexan), aus Korksäuredimethylester u. $LiAlD_4$ in Ae.; 79% (Ausbeute). *Di-p-toluolsulfonat,* F. 68—70,8°; 84%. — *$D_{6(1.1.1.8.8.8)}$-Octan,* Kp. 121°, durch Extraktion von 20,7 g vorst. Esters mit äther. $LiAlD_4$ im Soxhlet (48 Std.); n_D^{25} 1,3945, $D._4^{25}$ 0,7354; 0,6 cm³. (J. Amer. chem. Soc. **77.** 195—96. 5/1. 1955. Berkeley, Calif, Univ., Dep. of Chem. and Chem. Engng.) H.-U. SCHIMPFLE. 480

David W. Goheen und **Wyman R. Vaughan,** *Darstellung einiger homologer flüssiger Kohlenwasserstoffe.* Die einfach verzweigten homologen fl. KW-stoffe $C_9H_{19}CHRC_{10}H_{21}$ ($R = C_5H_{11}$ bis C_9H_{19}) wurden dargestellt durch GRIGNARD-Rk. von *Eikosanon-(10)* mit RMgBr, Dehydratisierung der entstandenen Carbinole u. Hydrierung der gebildeten Alkengemische.

Versuche: *Eikosanon-(10),* $C_{20}H_{40}O$, F. 54—54,5°, durch Umsetzung von 1-Brom- u. 1-Chlordecan mit Mg in Ae., Zugabe von $CdCl_2$ u. dann von Decanoylchlorid; $Kp._1$ 155 bis 162°, Plättchen aus Methanol; 58,5% (Ausbeute). — *10-n-Pentyleikosanol-(10),* $Kp._{0,2}$ 183—187°, aus vorst. Verb. mit n-Amyl-MgBr; 66%. — *10-n-Pentyleikosen,* $C_{25}H_{50}$, $Kp._{0,05}$ 147°, durch 2std. Erhitzen vorst. Verb. mit $CuSO_4$ unter N_2 auf 170°; n_D^{25} 1,4542; 88,5%. — *10-n-Amyleikosan,* $C_{25}H_{52}$, $Kp._{0,15}$ 161°, aus vorst. Prod. durch Hydrierung in Ggw. von RANEY-Ni bei 85°/100 at ohne Lösungsm.; Analog: *10-n-Hexyleikosanol-(10),* $Kp._{0,2}$ 188—194°; 75%. — *10-n-Hexyleikosen,* $Kp._{0,3}$ 168—173°; 65%. — *10-n-Hexyleikosan,* $C_{26}H_{54}$, $Kp._{0,15}$ 166°, n_D^{25} 1,4481, $D._4^{22,5}$ 0,8012. — *10-n-Heptyleikosanol-(10),* $Kp._{0,3}$ 197—202°; 71%. — *10-n-Heptyleikosen,* $Kp._{0,08}$ 165—168°; 92%. — *10-n-Heptyleikosan,* $C_{27}H_{56}$, $Kp._{0,15}$ 173°, n_D^{25} 1,4487, $D._4^{22,5}$ 0,8025. — *10-n-Octyleikosanol-(10),* $Kp._{0,25}$ 202 bis 206°; 66%. — *10-n-Octyleikosen,* $Kp._{0,08}$ 172—174°; 92,5%. — *10-n-Octyleikosan,* $C_{28}H_{58}$, $Kp._{0,15}$ 180°, n_D^{25} 1,4496, $D._4^{22,5}$ 0,8043. — *10-n-Nonyleikosanol-(10),* $Kp._{0,2}$ 206—209°; 69%. — *10-n-Nonyleikosen,* $Kp._{0,2}$ 184—187°; 91%. — *10-n-Nonyleikosan,*

$C_{29}H_{60}$, Kp.$_{0,1}$ 183°, n_D^{25} 1,4503, $D._4^{22,5}$ 0,8060. — *10-n-Decyleikosanol-(10)*, Kp.$_{0,25}$ 213—217°; 42%. — *10-n-Decyleikosen*, Kp.$_{0,25}$ 213—217°; 77%. — *10-n-Decyleikosan*, $C_{30}H_{62}$, Kp.$_{0,15}$ 193°, n_D^{25} 1,4510, $D._4^{22,5}$ 0,8070. (J. org. Chemistry **20.** 1016—18. Aug. 1955. Ann Arbor, Mich., Univ., Chem. Labor.) W. JANICKE. 510

J. von Braun, *Pentamethylendibromid.* Aus Benzoylpiperidin u. PBr_5: Kp.$_{20}$ 108—110°; 65—72% (Ausbeute). (Org. Syntheses, collect. Vol. **1.** [**1.**—**9.** 2. Aufl.] 428—30, ausg. Okt. 1951.) I. AHRLÉ. 510

John R. Johnson und **W. L. McEwen,** *1.2.3-Tribrompropan.* Aus Allylbromid in CCl_4 u. Br_2 bei — 5 bis 0°: Kp.$_{18}$ 100—103°; 96—98% (Ausbeute). (Org. Syntheses, collect. Vol. **1.** [**1.**—**9.** 2. Aufl.] 521—22, ausg. Okt. 1951.) I. AHRLÉ. 510

C. S. Marvel und **H. O. Calvery,** *Trimethylenchlorhydrin.* Durch Einleiten von HCl in auf 150—170° erhitztes Trimethylenglykol u. fraktionierte Dest.: Kp.$_{10}$ 60—64°; 50—60% (Ausbeute). (Org. Syntheses, collect. Vol. **1.** [**1.**—**9.** 2. Aufl.] 533—35, ausg. Okt. 1951.) I. AHRLÉ. 560

J. B. Conant und **O. R. Quayle,** *Glycerin-α.γ-dichlorhydrin.* Aus Glycerin u. HCl u. fraktionierte Dest.: Kp.$_{14}$ 70—73°; 55—57% (Ausbeute). (Org. Syntheses, collect. Vol. **1.** [**1.**—**9.** 2. Aufl.] 292—94, ausg. Okt. 1951.) I. AHRLÉ. 560

Tod W. Campbell und **Galvin M. Coppinger,** *Darstellung und Eigenschaften einiger Allylperoxyde. Allyl-tert.-butylperoxyd* (**I**) u. *Cyclohexenyl-tert.-butylperoxyd* (**II**) wurden aus den ungesätt. Bromiden u. K-tert.-Butylperoxyd (**III**) dargestellt. **I** u. **II** können unter vermindertem Druck dest. werden, sie zersetzen sich jedoch schon bei Raumtemp. langsam, schneller bei erhöhter Temp. zu *tert.-Butanol* (**IV**) u. *ungesätt. Carbonylverb.*, vermutlich über Alkoxyradikale, die dann unter Übertragung eines H-Atoms vom Allyloxy- zum Butyloxyradikal disproportionieren. Verss. zur Darst. verschied. substituierter Benzyl-tert.-butylperoxyde nach der gleichen Meth. ergaben direkt die entsprechenden Aldehyde.

V e r s u c h e (Lsgg. von **III** neigen zu unkontrollierter, teilweise explosionsartiger Zers.): *Allyl-tert.-butylperoxyd* (**I**), $C_7H_{14}O_2$, Kp.$_{75}$ 55°, n_D^{25} 1,4015, $D.^{25}_4$ 0,8262, durch Zusatz von Allylbromid zu **III** in Methanol u. Aceton unter Kühlung, Verdünnen mit W. u. Extraktion mit Bzl.; 46% (Ausbeute); nahezu quantitative Zers. von **I** zu *Acrolein* u. **IV** während 72 Std. bei 60°. — *Cyclohexenyl-tert.-butylperoxyd* (**II**), $C_{10}H_{18}O_2$, Kp.$_6$ 63°, analog aus 3-Bromcyclohexen, 45%; Zers. zu *Cyclohexenon* u. **IV** durch 30 Min. Kochen unter n. Druck. — Aus Benzylchlorid; 23% (Ausbeute), p-Nitrobenzylchlorid (32%), 2-Chlormethyltetralin (56%), o-Chlorbenzylchlorid (74%), Chlormethylmesitylen (58%) entstanden beim Umsatz mit **III** die entsprechenden Aldehyde. — *Tetralin-2-aldehyd-2.4-dinitrophenylhydrazon*, $C_{17}H_{16}O_4N_4$, F. 199—200°. (J. Amer. chem. Soc. **73.** 1788—89. April 1951. Albany, Calif., West. Reg. Res. Labor.) G. LOHAUS. 560

J. B. Conant und **O. R. Quayle,** *Glycerin-α-chlorhydrin.* Aus Glycerin u. HCl: Kp.$_{14}$ 114—120°; 66% (Ausbeute). (Org. Syntheses, collect. Vol. **1.** [**1.**—**9.** 2. Aufl.] 294—96, ausg. Okt. 1951.) I. AHRLÉ. 570

H. B. J. Schurink, *Pentaerythrit.* Aus Paraformaldehyd, Acetaldehyd u. $Ca(OH)_2$ (< 55°): F. 258—260; 55—57% (Ausbeute). (Org. Syntheses, collect. Vol. **1.** [**1.**—**9.** 2. Aufl.] 425—27, ausg. Okt. 1951.) I. AHRLÉ. 580

Bernard Fiszer, Jan Michalski und **Jan Wieczorkowski,** *Organophosphorverbindungen des Schwefels und Selens.* 1. Mitt. *Synthese der Tetraalkylthiopyrophosphate.* Zur Darst. von Tetraalkylthiopyrophosphaten werden 3 Methoden beschrieben: 1. Kondensation von Na-O.O-Dialkylthiophosphat mit Dialkylchlorphosphat. 2. Einw. von H_2S auf Dialkylchlorphosphat in Ggw. eines tert. Amins. 3. Einw. von H_2S auf Dialkylphosphit u. CCl_4 in Ggw. eines tert. Amins. Diese Meth. hat keine prakt. Bedeutung wegen kleiner Ausbeuten u. schwieriger Reinigung der Produkte. Die dargestellten Verbb. werden auf ihre Toxizität u. enzymat. Wrkg. im Tiervers. geprüft: Sie hemmen die Aktivität der Cholinesterase im Rattenhirn ähnlich dem „Parathion". Die Thiol- bzw. Thionform der Verbb. wird diskutiert.

V e r s u c h e: 1. Kondensation von Na-O.O-Dialkylthiophosphat mit Dialkylchlorphosphat in trockenem Ae. unter Rückfluß (30 Min.): *Tetraäthylthiopyrophosphat*, $C_8H_{20}O_6SP_2$ (**I**), Kp.$_{0,5}$ 120—122°, $D.^{25}_4$ 1,1855, n_D^{25} 1,4490; 65% (Ausbeute). — *Tetramethylthiopyrophosphat*, $C_4H_{12}O_6SP_2$ (**II**), Kp.$_2$ 128—130° (Zers.), Kp.$_{0,02}$ 68—69°, $D.^{25}_4$ 1,3360, n_D^{25} 1,4519; 21%, gelbe Flüssigkeit. — *Dimethyldiäthylthiopyrophosphat*, $C_6H_{16}O_6SP_2$ (**III**), Kp.$_{0,5}$ 116°, $D.^{25}_4$ 1,2536, n_D^{25} 1,4499; 50%. — *Diäthyldi-n-propylthiopyrophosphat*, $C_{10}H_{24}O_6SP_2$ (**IV**), Kp.$_{0,001}$ 103,5°, $D.^{25}_4$ 1,1347, n_D^{25} 1,4429; 77%. — Diäthyldi-n-butylthiopyrophosphat konnte nicht rein gefaßt werden. — 2. Rk. von trockenem H_2S-Gas (90 Min.) mit Dialkylchlorphosphat in Ggw. von Pyridin, N-Methylmorpholin, Triäthylamin in Pyridin bzw. Bzl. bei 10—15°: **I** mit Pyridin, 74%. — **I** mit N-Methylmorpholin, 85%. — *Tetraisopropylthiopyrophosphat*, $C_{12}H_{28}O_6SP_2$ (**V**), Kp.$_{0,01}$ 82—84°,

$D._4^{25}$ 1,0885, n_D^{25} 1,4370, mit Pyridin; 70%. — *Tetra-n-butylthiopyrophosphat*, $C_{16}H_{36}O_6 \cdot SP_2$ (**VI**), $Kp._{0,01}$ 112—114°, $D._4^{25}$ 1,0374, n_D^{25} 1,4517, mit Pyridin, gelbe Flüssigkeit; 72%. — *Tetraisobutylthiopyrophosphat*, $C_{16}H_{36}O_6SP_2$ (**VII**), $Kp._{0,01}$ 96—98°, $D._4^{25}$ 1,0488, n_D^{25} 1,4463, mit Pyridin; 72%. — 3. **I** aus Diäthylphosphit, CCl_4, Triäthylamin bei 3 std. Durchleiten von H_2S; 65%. (Roczniki Chem. [Ann. Soc. chim. Polonorum] **27**. 482—93. 1953. Łódź, Politechn., Zakl. Chem. Organ.) F. URBAN. 590

J. B. Conant und **Neal Tuttle**, *Mesityloxyd*. Durch fraktionierte Dest. von Diacetonalkohol mit Jod: Kp. 126—130°; 65% (Ausbeute). (Org. Syntheses, collect. Vol. **1**. [**1.—9.** 2. Aufl.] 345—47, ausg. Okt. 1951.) I. AHRLÉ. 710

J. B. Conant und **Neal Tuttle**, *Diacetonalkohol*. Durch 95—120 std. Erhitzen von Aceton in Ggw. von $Ba(OH)_2$ u. Dest.: $Kp._{23}$ 71—74°; 71% (Ausbeute). (Org. Syntheses, collect. Vol. **1**. [**1.—9.** 2. Aufl.] 199—201, ausg. Okt. 1951.) I. AHRLÉ. 740

Henry Gilman und **R. H. Kirby**, *dl-Methyläthylessigsäure*. Durch Einleiten von CO_2 in sek.-Butyl-MgCl bei —12° u. Hydrolyse mit 25%ig. H_2SO_4: Kp. 173—174°; 76—86% (Ausbeute). (Org. Syntheses, collect. Vol. **1**. [**1.—9.** 2. Aufl.] 361—64, ausg. Okt. 1951.) I. AHRLÉ. 810

G. D. Beal, *Myristinsäure*. Durch Erhitzen von Trimyristin mit 10%ig. NaOH: F. 52—53°; 89—95% (Ausbeute). (Org. Syntheses, collect. Vol. **1**. [**1.—9.** 2. Aufl.] 379 bis 380, ausg. Okt. 1951.) I. AHRLÉ. 810

G. D. Beal, *Trimyristin*. Durch Ae.-Extraktion von Muskatnüssen: F. 54—55°. (Org. Syntheses, collect. Voll **1**. [**1.—9.** 2. Aufl.] 538—41, ausg. Okt. 1951.) I. AHRLÉ. 810

H. T. Clarke und **Anne W. Davis**, *Oxalsäure* (*wasserfrei*). Durch Erhitzen von Oxalsäuredihydrat; 96—98% (Ausbeute). (Org. Syntheses, collect. Vol. **1**. [**1.—9.** 2. Aufl.] 421—25, ausg. Okt. 1951.) I. AHRLÉ. 820

H. T. Clarke und **Anne W. Davis**, *Oxalsäurediäthylester*. Durch langsame Dest. von Oxalsäure u. 95%ig. A.: $Kp._{25}$ 106—107°; 80—83% (Ausbeute), oder aus wasserfreier Oxalsäure u. absol. A.: $Kp._{21}$ 98—101°; 80—90%. (Org. Syntheses, collect. Vol. **1**. [**1.—9.** 2. Aufl.] 261—65, ausg. Okt. 1951.) I. AHRLÉ. 820

J. K. H. Inglis, *Cyanessigsäureäthylester*. Aus Na-Chloracetat u. NaCN unter Kühlen, 5 Min. langes Kochen u. Verestern mit absol. A. u. konz. H_2SO_4: $Kp._{16}$ 97—98°; 77—80% (Ausbeute). (Org. Syntheses, collect. Vol. **1**. [**1.—9.** 2. Aufl.] 254—56, ausg. Okt. 1951.) I. AHRLÉ. 820

G. Malcolm Dyson, *Thiophosgen. Thiocarbonylperchlorid*, CCl_4S, Kp. 149°, durch Chlorieren von CS_2 innerhalb 40 Std., Wasserdampfdest. u. Destillation. Hieraus durch Red. mit Sn/HCl u. fraktionierte Dest. *Thiophosgen*, Kp. 73—76°; 24% (Ausbeute). (Org. Syntheses, collect. Vol. **1**. [**1.—9.** 2. Aufl.] 506—11, ausg. Okt. 1951.) I. AHRLÉ. 880

A. W. Ingersoll und **B. F. Armendt**, *Nitroharnstoff*. Durch Rühren von Harnstoffnitrat mit konz. H_2SO_4 bei 0°: F. 150—164°; 70—87% (Ausbeute). (Org. Syntheses, collect. Vol. **1**. [**1.—9.** 2. Aufl.] 417—18, ausg. Okt. 1951.) I. AHRLÉ. 880

Tenney L. Davis, *Guanidinnitrat*. Aus Dicyandiamid u. NH_4NO_3: F. 213—214°; 85—92% (Ausbeute). (Org. Syntheses, collect. Vol. **1**. [**1.—9.** 2. Aufl.] 302—04, ausg. Okt. 1951.) I. AHRLÉ. 880

Tenney L. Davis, *Nitroguanidin*. Durch Stehen von Guanidinnitrat mit konz. H_2SO_4 u. Gießen auf Eis: F. 232° (Zers.); 73—75% (Ausbeute). (Org. Syntheses, collect. Vol. **1**. [**1.—9.** 2. Aufl.] 399—400, ausg. Okt. 1951.) I. AHRLÉ. 880

A. W. Ingersoll, **L. J. Bircher** und **M. M. Brubaker**, *Semicarbazidsulfat*. Durch elektrolyt. Red. von Harnstoffnitrat in Ggw. von H_2SO_4: F. 144—145° (Zers.); 61 bis 69% (Ausbeute). (Org. Syntheses, collect. Vol. **1**. [**1.—9.** 2. Aufl.] 485—88, ausg. Okt. 1951.) I. AHRLÉ. 880

K. Ziegler, *Blausäure* (*wasserfrei*). Aus NaCN u. wss. H_2SO_4: F. —15 bis —14,5°; 93—97% (Ausbeute). (Org. Syntheses, collect. Vol. **1**. [**1.—9.** 2. Aufl.] 314—16, ausg. Okt. 1951.) I. AHRLÉ. 890

E. B. Vliet, *Diallylcyanamid*. Durch Erhitzen von Na_2NCN u. Allylbromid in A., Entfernen des A. u. Aufnehmen in Bzl.: $Kp._{18}$ 105—110°; $Kp._{57}$ 128—133°, $Kp._{90}$ 140 bis 145°; 52—56% (Ausbeute). (Org. Syntheses, collect. Vol. **1**. [**1.—9.** 2. Aufl.] 203 bis 204, ausg. Okt. 1951.) I. AHRLÉ. 890

J. F. Arens, **J. G. Bouman** und **D. H. Koerts**, *Die Chemie der Acetylenäther*. 15. Mitt. *Die Reaktion von Äthoxyacetylen mit wässerigen Lösungen tertiärer aliphatischer Amine*. (14. vgl. SINNEMA, Recueil Trav. chim. Pays-Bas **74**. [1955] 901.) Äthoxyacetylen (**I**) reagiert mit tert. aliphat. Aminen u. W. unter Bldg. von [*α-Äthoxyvinyl*]-*trialkylammoniumhydroxyden*. So reagiert **I** mit Trimethylamin u. W. heftig unter Bldg. von [*α-Äthoxyvinyl*]-*trimethylammoniumhydroxyd* (**II**), während die analoge Rk. mit Triäthyl- bzw. Tri-n-butylamin träge verläuft. Anwendung höherer Tempp. erwies sich bei letzterer Umsetzung als ungünstig. Aromat. Amine wie Dimethylanilin u. Pyridin setzen sich mit I u. W. nicht um. II zers. sich beim Erhitzen; in den Zersetzungsprodd. wurden *Äthylacetat*, I, *Tetramethylammoniumhydroxyd* u. *Dimethylamin* nachgewiesen. Letztere zwei Verbb. entstehen aber nicht nebeneinander, sondern nacheinander, so daß der Zersetzungsverlauf unklar erscheint. II ergab eine Reihe stabiler krist. Salze. Die Konstitutionszuordnung wird dadurch bestätigt, daß bei der katalyt. Red. des Jodids von II *Ae.* u. *Trimethylammoniumjodid* entstehen. [β-Äthoxyvinyl]-trimethylammoniumjodid müßte durch Red. den stabilen Äthyläther des Cholinjodids ergeben, der, wie gezeigt wurde, unter Reduktionsbedingungen beständig ist.

Versuche: *[α-Äthoxyvinyl]-trimethylammoniumhydroxyd* (II), aus I u. 30%ig. wss. Trimethylaminlsg. durch Schütteln unter gelegentlicher Kühlung in 4 Std. als wss. Lsg.; 73% (Ausbeute). *Sulfat, Chlorid* u. *Bromid* sind nur über H_2SO_4 im Vakuum kristallin u. zerfließen an der Luft. *Pikrat*, $C_7H_{16}ON \cdot C_6H_2O_7N_3$, F. 107—108° (gelbe Kristalle aus W.), durch Fällen der wss. Lsg. mit Pikrinsäure. *Jodid*, $C_7H_{16}ONJ$, F. 136,5 bis 137° (Kristalle aus 60%ig. A.). *Perchlorat*, $C_7H_{16}ON \cdot ClO_4$, F. 131° (Kristalle aus W.). — *[α-Äthoxyvinyl]-triäthylammoniumhydroxyd*, aus I u. Triäthylamin durch 8tägiges Schütteln mit W. bei Raumtemp. als wss. Lsg.; 55%. *Perchlorat*, $C_{10}H_{22}ON \cdot ClO_4$, F. 203° (W.). *Pikrat*, $C_{10}H_{22}ON \cdot C_6H_2O_7N_3$, F. 92,5—93,5° (gelbe Kristalle aus A.). *Jodid*, $C_{10}H_{22}ON \cdot J$, F. 142,5—144° (Aceton). — *[α-Äthoxyvinyl]-tri-n-butylammoniumhydroxyd*, aus I u. Tri-n-butylamin durch 40tägiges Schütteln u. 6monatiges Stehen mit W. als wss. Lsg.; *Reineckat*, F. 151—153° (rosafarbene Kristalle aus W.). (Recueil Trav. chim. Pays-Bas **74.** 1040—44. Aug./Sept. 1955. Groningen, Univ., Labor. for organ. Chem.) H. BERTSCH. 920

F. P. Doyle, D. O. Holland, W. Marflitt, J. H. C. Nayler und **C. M. O'Connor**, *Syntheseversuche von DL-Isoleucin.* Da das nach den bekannten Methoden zur Synth. von Aminosäuren dargestellte *DL-Isoleucin* (I) auf Grund mikrobiol. Bestimmungen stets erhebliche Mengen *DL-Alloisoleucin* (II) enthält, wird versucht, reines I aus reinen cis-trans-Isomeren α.β-ungesätt. Zwischenprodd. durch stereospezif. Red. u. Hydrolyse zu gewinnen. Das aus Hippursäure u. Äthylmethylketon (V) erhaltene *4-sek.-Butyliden-2-phenyloxazolon-(5)* liefert bei der Behandlung mit rotem P u. HJ ein 50% I enthaltendes Aminosäuregemisch, bei der Hydrolyse ein Gemisch isomerer *α-Benzamido-β-äthyl-β-methylacrylsäuren*, von denen das reine Isomere von F. 221—222° bei der Hydrierung über RANEY-Ni u. anschließenden Hydrolyse ein 78% I enthaltendes Gemisch, ein Isomerengemisch von F. 203°, bei der Hydrierung ein Gemisch der *Benzoylderivv.* von I u. II gibt. Bei Verss. mit den reinen Benzoylderivv. wird gefunden, daß während der Hydrolyse eine geringe Inversion eintritt, doch verläuft auch die Hydrierung über RANEY-Ni nicht ganz stereospezifisch. Das nicht in die Isomeren trennbare 4-sek.-Butyliden-2-thionothiazolidon-(5) gibt mit rohem P u. HJ nur 48%ig. I, mit methanol. KOH *5-Äthyl-5-methyl-2-thionothiazolidincarbonsäure-(4)* (III), die mit HCl in *α-Amino-β-mercapto-β-methylvaleriansäure* (IV) übergeführt wird. IV läßt sich weder mit RANEY-N noch mit rotem P u. HJ in I oder II verwandeln. Zur Darst. von IV-*Methylester* wird III am S methyliert, verestert, red. u. der gebildete *5-Methyl-5-äthylthiazolidincarbonsäure-(4)-methylester* (VII) mit $HgCl_2$ behandelt. Die Anwendung der SCHMIDTschen Rk. auf α-sek.-Butylacetessigsäureäthylester führt zu einem 72%ig. I.

Versuche: *Isoleucin* (I; *α-Amino-β-methylvaleriansäure*), a) aus α-sek.-Butylacetessigsäureäthylester u. HN_3 in Chlf. mit konz. H_2SO_4 in Chlf. bei —5 bis 0° u. Hydrolyse des gebildeton *α-Acetamido-β-methylvaleriansäureäthylesters* mit sd. 5n HCl; 46% (Ausbeute), Reinheit 72%; b) aus nachst. Verb. in Essigsäure mit 55%ig. HJ u. rotem P (90 Min. kochen); 42%, Reinheit 58%. *4-sek.-Butyliden-2-phenyloxazolon-(5)*, $Kp._{0,15}$ 107—120°, aus Hippursäure, V, Acetanhydrid u. wasserfreiem Na-Acetat (2 Std. am Rückfluß); blaßgelbes Öl, das teilweise erstarrt; 43—49%. — *α-Benzamido-β-äthyl-β-methylacrylsäure*, $C_{13}H_{15}O_3N$, F. 221—222° (A.), aus vorst. Verb. in CH_3OH mit 2nNaOH (45 Min. kochen); 89%; daneben *Isomerengemisch* vom F. 203°. *Methylester*, $C_{14}H_{17} \cdot O_3N$, F. 158°. — *N-Benzoyl-DL-isoleucin* (*α-Benzamido-β-methylvaleriansäure*), $C_{13}H_{17}O_3N$, F. 136—138°, a) aus reinem I; aus 30%ig. A. Tafeln; gibt bei der Hydrolyse mit sd. 20%ig. HCl 90%ig. I; b) aus vorst. Verb. mit H_2 in 1%ig. NaOH über RANEY-Ni; 90%; gibt bei der Hydrolyse 89% 78%ig. (→ 88%ig.) I; c) aus roher vorst. Verb. (F. 192—193°, Zers.) wie unter b); 86%; gibt bei der Hydrolyse 82% 62%ig. I; d) aus vorst. Isomerengemisch wie unter b); 89% (F. 116—118°). Als Nebenprod. wird jeweils die nachst. Verb. bzw. bei der Hydrolyse II erhalten. — *N-Benzoyl-DL-alloisoleucin*, F. 126—127°, aus reinem II; aus Bzl. Nadeln. Gibt bei der Hydrolyse II, das 17% I enthält. — *4-sek.-Butyliden-2-thionothiazolidon-(5)*, $C_7H_9ONS_2$, F. 180—181°, a) aus 2-Thionothiazolidon-(5) (VI) in V mit Benzylamin; aus A. strohgelbe Plättchen; 59—94%; b) aus VI mit wasserfreiem $ZnCl_2$ in V (6 Std. am Rückfluß); 70%. Gibt bei der Red. in sd. Essigsäure mit rotem P u. 40%ig. HJ (6 Std.) 62% 48%ig. I. — *5-Äthyl-5-methyl-2-thionothiazolidin-*

carbonsäure-(4) (III), aus vorst. Verb. mit sd. methanol. KOH; Isolierung als *Phenäthylaminsalz*, $C_{15}H_{22}O_2N_2S_2$, F. 182—183° (Zers.); 77%. — *α-Amino-β-mercapto-β-methylvaleriansäure* (IV), *Hydrochlorid*, $C_6H_{14}O_2NClS \cdot H_2O$, F. 114—116° (Acetonitril), aus III mit konz. HCl im Rohr (40 Std. bei 120°); 54%. *Methylesterhydrochlorid*, C_7H_{16}·O_2NClS, F. ca. 153—155° (Zers.; abhängig von der Erhitzungsgeschwindigkeit), aus VII mit $HgCl_2$ in sd. CH_3OH (2 Std.); aus Äthylacetat Nadeln; 71%. — *5-Äthyl-5-methyl-2-methylmercapto-Δ²-thiazolincarbonsäure-(4)*, $C_8H_{13}O_2NS_2$, F. 101—103°, aus III in Aceton mit K_2CO_3 u. CH_3J (2 Std. am Rückfluß). — *5-Äthyl-5-methylthiazolidincarbonsäure-(4)-methylester* (VII), $C_8H_{15}O_2NS$, Kp.$_{0,2}$ 74°, aus vorst. Verb. mit äther. CH_2N_2 u. anschließende Red. in CH_3OH mit Al-Amalgam; n_D^{25} 1,4992, 64%. (J. chem. Soc. [London] **1955**. 1719—23. Juni. London, C. L. Bencard Ltd., u. Betchworth, Surrey, Beecham Res. Labor. Ltd., Med. Chem. Div.) R. BORCHARDT. 950

John C. Sheehan, Murray Goodman und **George P. Hess**, *Oxyaminosäuren enthaltende Peptidderivate.* Durch Umsetzung von Phthalsäureanhydrid (I) in absol. Dioxan mit L-Threonin bzw. O-Acetyl-L-serin werden in guter Ausbeute *Phthaloyl-L-threonin* (VI) bzw. *-O-acetyl-L-serin* (II) erhalten, die bei der Rk. mit freien Aminosäureestern in Ggw. von N.N'-Dicyclohexylcarbodiimid (V) opt.-akt. *Phthaloyldipeptidester* geben. Bei Durchführung der Peptidsynth. aus VI in Dioxan oder Tetrahydrofuran trat als Nebenprod. *Phthaloyl-L-threonyl-N.N'-dicyclohexylharnstoff* [$C_{25}H_{33}O_5N_3$, F. 210—211°, $[\alpha]_D^{26}$ —74,0° (0,0350 g in 1,5 ml absol. A.); 20% (Ausbeute)] auf, das beim Arbeiten in reinem Methylenchlorid oder Acetonitril nicht gefunden wurde. Carbobenzoxy-L-oxyprolin gibt mit L-Phenylalaninmethylester (IV) analog den entsprechenden *Dipeptidester*, aus Phthaloyl-L-threonyl-L-phenylalanin wird *Phthaloyl-L-threonyl-L-phenylalanyl-L-phenylalaninmethylester* erhalten.

Versuche (FF. korr.): *Phthaloyl-L-threonin* (VI), $C_{12}H_{11}O_5N$, F. 143—144° (Aceton/W. oder A./W.), durch Zugeben von L-Threonin zu I in trockenem Dioxan, 5std. Erhitzen auf 105° im Ölbad unter starkem Rühren u. Einengen; $[\alpha]_D^{26,0}$ —36,7° (0,0480 g in 1,5 ml absol. A.); 94% (Ausbeute). — *O-Acetyl-L-serin*, $C_5H_9O_4N$, Zers. bei 167—168° (W./A.), durch Sättigen von L-Serin in Eisessig bei 0° mit HCl, 15std. Stehen bei Raumtemp., Einengen, Wiederholung vorst. Operation u. Zers. des gebildeten *O-Acetyl-L-serinhydrochlorides* [Zers. bei 160° (A./Ae.), $[\alpha]_D^{27}$ —7,4° (0,0334 g in 1,5 ml absol. A.); 99%] mit Triäthylamin; $[\alpha]_D^{27}$ +9,15° (0,0268 g in 1,5 ml 0,1 n HCl); 98%. — *Phthaloyl-O-acetyl-L-serin* (II), $C_{13}H_{11}O_6N$, F. 151—153° (A./W.), durch Zugeben vorst. Verb. zu I in trockenem Dioxan, 12std. Erhitzen auf 95° (Ölbad) unter starkem Rühren, Einengen, Aufnehmen des Öls in Ae./Chlf. (3:1), Filtration, Säulenchromatographie an Silicagel, Waschen mit Ae. u. Extraktion mit Ae./Chlf. (3:1); $[\alpha]_D^{27}$ —63,1° (0,0363 g in 1,5 ml absol. A.); 63%. — *Phthaloyl-L-threonyl-L-phenylalaninmethylester* (III), $C_{22}H_{22}O_6N_2$, F. 153—154° (Aceton/Ae.), durch Versetzen von VI in Methylenchlorid mit IV u. V, 5std. Stehen bei Raumtemp., Abfiltrieren des als Nebenprod. gebildeten *N.N'-Dicyclohexylharnstoff*, successive Extraktion der Lsg. mit n-HCl, n-$KHCO_3$ u. W. u. Einengen; $[\alpha]_D^{27}$ 1,93° (0,0986 g in 1,5 ml Dimethylformamid); 91%. — *Phthaloyl-L-threonyl-L-leucinbenzylester*, $C_{25}H_{28}O_6N_2$, F. 109—110° (Acetonitril/W. u. Aceton/Ae./Hexan), aus L-Leucinbenzylester, V zu VI in Acetonitril analog vorst. Verb., Einengen u. Extraktion der Essigesterlsg.; $[\alpha]_D^{26}$ —16,7° (0,0770 g in 1,5 ml absol. A.); 89%. — *Phthaloyl-L-threonyl-L-phenylalanin*, $C_{21}H_{20}O_6N_2$, F. 207—208° (A./W.), durch Zugeben von W. u. konz. HCl zu III in Aceton, 2½std. Kochen, Einengen, Aufnehmen in Essigester, Ausziehen mit $NaHCO_3$, Ansäuern, Extraktion mit Essigester u. Eindampfen; $[\alpha]_D^{27}$ +23,2° (0,025 g in 1,5 ml absol. A.); 64%. — *Phthaloyl-L-threonyl-L-phenylalanyl-L-phenylalaninmethylester*, $C_{31}H_{31}O_7N_3$, F. 147,2—148° (A./W.), aus vorst. Verb., IV u. V in Methylenchlorid analog III; $[\alpha]_D^{27}$ —25,6° (0,0271 g in 1,5 ml absol. A.); 92%. — *Phthaloyl-O-acetyl-L-seryl-L-phenylalaninmethylester*, $C_{23}H_{22}O_7N_2$, F. 131—132° (A./W.), analog aus II; $[\alpha]_D^{27}$ 14,7° (0,0395 g in 1,5 ml absol. A.); 89%. — *Carbobenzyloxy-L-oxyprolyl-L-phenylalaninmethylester*, $C_{23}H_{26}O_6N_2$, F. 114—115° (Essigester u. Aceton/Ae./Hexan), aus Carbobenzyloxy-L-oxyprolin; $[\alpha]_D^{27}$ —29,2° (0,0416 g in 1,5 ml absol. A.); 86%. (J. Amer. chem. Soc. **78**. 1367—69. 5/4. 1956. Cambridge, Mass., Inst. of Technol., Dep. of Chem.) W. GEHRMANN. 950

A. P. Kreschkow, W. I. Jelinek, I. P. Smirenkina und **W. D. Matwejew**, *Thermographische Untersuchungen einiger Alkoxysilane im Bereich des Phasenüberganges vom flüssigen zum dampfförmigen Zustand.* Die Unters. der Si-organ. Verbb. auf ihre Reinheit erfolgt erstmalig durch thermograph. Registrierung der Erwärmungs- u. Siedeprozesse mit Hilfe des selbstschreibenden KURNAKOW-Pyrometers. Es werden die Thermogramme von techn. u. gereinigtem *Tetramethoxy-* (I), *Tetraäthoxy-* (II), *Tetrabutoxy-* (III), *Tetraisobutoxy-* (IV), *Tetraisoamyloxysilan* (V) sowie von Gemischen aus techn. u. ge-

reinigtem Alkoxysilan aufgenommen. Für **I–IV** dient als Standard **V**, für **V** Tetraphenoxysilan. Bei chem. reinem **II** wird auf der Kurve eine horizontale Stufe beobachtet, deren Höhe dem Kp. 166,1° entspricht. Beim techn. **II** ist die Stufe geneigt. Hier beginnt das Sieden bei 177,3° u. ist bei 191,0° beendet. Im Gemisch von 90% reinem u. 10% techn. **II** beginnt das Sieden bei 166,8° u. ist bei 169,2° beendet. Bei reinem **III** entspricht der horizontale Abschnitt dem Kp. 273°, beim techn. **III** dem Kp. 274,5–282°. Die Form der Thermogramme ermöglicht demnach eine qualitative u. halbquantitative Beurteilung der Reinheit von Si-organ. Verbindungen. Dies wird durch die Thermogramme von **I**, **IV** u. **V** bestätigt. Es können nach diesem Verf. so geringe Beimengungen festgestellt werden, die keine merkliche Verschiebung des Kp. bewirken. Bei allen Alkoxysilanen beobachtet man einen starken Krümmungsradius beim Übergang vom fast geradlinigen Bereich der Temperaturänderung zu dem dem Kp. entsprechenden horizontalen Abschnitt. Bei nicht polymerisierenden Fll., wie A. u. H_2O, erfolgt dieser Übergang sehr rasch bei einem geringen Krümmungsradius. (Журнал Физической Химии [J. physik. Chem.] **29.** 368–73. Febr. 1955. Moskau, Chem.-technol. Mendelejew-Inst.)
O. LEBTAG. 980

John E. Noll, *Die Synthese der [Silylmethyl]-thiocyanate und -isothiocyanate.* Die Isothiocyanate werden aus den entsprechenden [Silylmethyl]-aminen mit CS_2 u. Chlorameisensäureäthylester erhalten, wobei als Zwischenstufe [Silylmethyl]-dithiocarbamate entstehen. Die Thiocyanate entstehen aus den [Chlormethyl]-silanen u. K-Thiocyanat.
Versuche: *Na-N-[Trimethylsilylmethyl]-dithiocarbamat,* $C_5H_{12}NS_2SiNa$, aus [Trimethylsilylmethyl]-amin in alkoh. NaOH u. CS_2 bei 0°; 90% (Ausbeute). – *[Trimethylsilylmethyl]-isothiocyanat,* $C_5H_{11}NSSi$, Kp.$_{741}$ 199°, Kp.$_{25}$ 90°, aus einer wss. Lsg. vorst. Verb. u. Chlorameisensäureäthylester; n_D^{25} 1,4984; D.$^{25}_4$ 0,938; 91%. – *N-Phenyl-N'-[trimethylsilylmethyl]-thioharnstoff,* $C_{11}H_{18}N_2SSi$, F. 122–123°, aus vorst. Verb. u. Anilin. – *[Triäthoxysilylmethyl]-isothiocyanat,* $C_8H_{17}O_3NSSi$, Kp.$_3$ 120°, Behandeln des aus Trimethylamin, [Triäthoxysilylmethyl]-amin u. CS_2 in Bzl. erhaltenen Carbamats mit Chlorameisensäureäthylester; n_D^{25} 1,4558; D.$^{25}_4$ 1,034; 50%. – *Tetramethyldisiloxan-1.3-bis-[methylthiocyanat],* $C_8H_{16}ON_2S_2Si_2$, durch 24std. Kochen von Bis-[chlormethyl]-tetramethyldisiloxan mit einer Acetonlsg. von K-Thiocyanat; n_D^{25} 1,4843; D.$^{25}_4$ 1,083; 40%. – *[Trimethylsilylmethyl]-thiocyanat,* $C_5H_{11}NSSi$, Kp.$_{741}$ 199°, beim Kochen von [Chlormethyl]-trimethylsilan mit K-Thiocyanat in Aceton; n_D^{25} 1,4650; D.$^{25}_4$ 0,943; 90%. (J. Amer. chem. Soc. **77.** 3149. 5/6. 1955. Pittsburgh, Pa., Mellon Inst., Corning Glass Works and Dow-Corning Corporation's Multiple Fellowship.)
I. AHRLÉ. 980

Henry Gilman und **W. E. Catlin,** *n-Propylbenzol.* Unter Rühren Zugeben von Diäthylsulfat zu Benzyl-MgCl in Ae. u. Gießen auf Eis/HCl: Kp. 155–160°; 70–75% (Ausbeute). (Org. Syntheses, collect. Vol. **1.** [**1.**–**9.** 2. Aufl.] 471–73, ausg. Okt. 1951.)
I. AHRLÉ. 1010

H. T. Clarke und **E. R. Taylor,** *m-Nitrotoluol.* Durch Diazotieren einer alkoh. Lsg. von m-Nitro-p-toluidin, dann Erhitzen: Kp.$_{15}$ 113–114°; F. 16°; 62–72% (Ausbeute). Org. Syntheses, collect. Vol. **1.** [**1.**–**9.** 2. Aufl.] 415–16, ausg. Okt. 1951.) I. AHRLÉ. 1010

H. T. Clarke und **W. W. Hartman,** *1.3.5-Trinitrobenzol.* Durch Erhitzen von Trinitrobenzoesäure mit 15%ig. NaOH: F. 121–122°; 43–46% (Ausbeute). (Org. Syntheses, collect. Vol. **1.** [**1.**–**9.** 2. Aufl.] 541–42, ausg. Okt. 1951.) I. AHRLÉ. 1010

W. W. Hartman, *p-Kresol.* Durch Schmelzen von Na-p-Toluolsulfonat mit NaOH/KOH bei 300°, Neutralisieren mit konz. H_2SO_4, Wasserdampfdest. u. Dest.: Kp.$_{15}$ 95 bis 96°, F. 31°; 63–72% (Ausbeute). (Org. Syntheses, collect. Vol. **1.** [**1.**–**9.** 2. Aufl.] 175–76, ausg. Okt. 1951.) I. AHRLÉ. 1060

F. C. Whitmore und **E. R. Hanson,** *o-Jodphenol.* Aus o-Chlormercuriphenol u. J_2 in $CHCl_3$: F. 43°; Kp.$_{18}$ 130°, Kp.$_{160}$ 186°; 63% (Ausbeute). (Org. Syntheses, collect. Vol. **1.** [**1.**–**9.** 2. Aufl.] 326–27, ausg. Okt. 1951.) I. AHRLÉ. 1060

R. H. F. Manske, *m-Nitrophenol.* Durch Erhitzen einer diazotierten Lsg. von m-Nitranilin mit konz. H_2SO_4/W.: Kp.$_{12}$ 160–165°; F. 95–96°; 81–86% (Ausbeute). (Org. Syntheses, collect. Vol. **1.** [**1.**–**9.** 2. Aufl.] 404–06, ausg. Okt. 1951.) I. AHRLÉ. 1060

M. S. Kharasch, Guido Stampa und **Walter Nudenberg,** *Faktoren, die den Verlauf und Mechanismus von Grignard-Reaktionen beeinflussen.* 21. Mitt. *Reaktion von Halogenalkylphenyläthern mit Grignard-Reagentien in Gegenwart von Kobalt (II)-Halogeniden.* (20. vgl. C. **1956.** 381.) 2-Bromäthyl- u. 3-Brompropylphenyläther (**II**) reagieren mit GRIGNARD-Reagentien in Ggw. von $CoCl_2$ unter Bldg. von *Phenol* (**I**), *Äthylen* bzw. *Cyclopropan* u. *Propylen,* neben geringen Mengen *Äthylphenyläther* (Kp.$_{18}$ 67–70°; *p-Nitroderiv.,* F. 58°) bzw. *Propylphenyläther* u. Spuren *1.6-Bis-[phenoxy]-hexan* (F. 80°). 4-Halogenbutyl- u. 5-Chlorpentylphenyläther geben ein Gemisch von *Phenoxybutan* u. *-buten* bzw. *-pentan* u. *-penten* neben Spuren **I** u. *1.8-Bis-[phenoxy]-octan* (F. 80–81°)

bzw. *1.10-Bis-[phenoxy]-decan* (F. 81—82°). 6-Bromhexylphenyläther reagiert analog, gibt aber bedeutende Mengen *1.12-Bis-[phenoxy]-dodecan* (F. 85—86°). n-Hexylmagnesiumbromid liefert mit Methylbromid in Ggw. von $CoCl_2$ ein Gemisch von *Hexan* u. *Hexen* neben Spuren *Nonan.* Methylmagnesiumbromid reagiert mit Methylbromid u. Dodecanal in Ggw. von $CoCl_2$ zu *Tridecanol-(2)*, daneben *Methan, Äthan* u. *Äthylen.*

Versuche: *2-Bromäthylphenyläther*, F. 32°, aus Na-Phenolat u. dem entsprechenden Dihalogenid; $Kp._{10}$ 114—115°. — *3-Brompropylphenyläther* (II), $Kp._{13}$ 132—133°, analog. — *4-Brombutylphenyläther*, $C_{10}H_{13}OBr$, F. 39—40°, $Kp._{18}$ 153—156°. — *4-Chlorbutylphenyläther*, $C_{10}H_{13}OCl$, $Kp._9$ 133—134°. — *5-Chlorpentylphenyläther*, $C_{11}H_{15}OCl$, $Kp._9$ 139—141°. — *6-Bromhexylphenyläther*, $C_{12}H_{17}OBr$, $Kp._1$ 132—133, n_D^{20} 1,530. — *Propylphenyläther*, $C_9H_{12}O$, Kp. 64—66°, aus II u. Phenylmagnesiumbromid in Ggw. von $CoCl_2$; 27% (Ausbeute). — *Tridecanol-(2)*, $C_{13}H_{28}O$, $Kp._{0,5}$ 95—96°, aus Methylmagnesiumbromid u. Methylbromid in Ae. u. Zusetzen von 16 g Dodecanal in Ae. nach der Gasentw.; 10 g (Ausbeute). *Saures Phthalat*, vermutlich *Monohydrat*, $C_{21}H_{32}O_4 \cdot H_2O$, F. 54—56° (A.). (J. org. Chemistry **18**. 575—81. Mai 1953. Chicago, Ill., Univ., George Herbert Jones Labor.) B. Witt. 1060

T. S. Wheeler und **F. G. Willson**, *α-Phenoxyglycerin.* Durch Zufügen von Glycerin-α-chlorhydrin zu Na-Phenolat in absol. A. u. Dest. der filtrierten Lsg.: $Kp._{15}$ 185—187°; F. 48—53°; 61—64% (Ausbeute). (Org. Syntheses, collect. Vol. **1**. [**1**.—**9**. 2. Aufl.] 296—98, ausg. Okt. 1951.) I. Ahrlé. 1070

Frank C. Whitmore und **Frances H. Hamilton**, *Na-p-Toluolsulfinat.* Durch Red. von p-Toluolsulfochlorid mit Zn-Staub; 64% (Ausbeute). (Org. Syntheses, collect. Vol. **1**. [**1**.—**9**. 2. Aufl.] 492—94, ausg. Okt. 1951.) I. Ahrlé. 1090

M. Clarita Mangold, Rosemary Weber und **Constance Williams**, *Neue Salze der p-Xylolsulfonsäure.* Vff. teilen eine Vorschrift zur Herst. von p-Xylolsulfonsäure (I) aus p-Xylol u. zur Herst. von verschied. Salzen von I mit. Es wurden die Cd-, Co(II)-, Al-, Mg-, Mn(II)-, Ni-, Zn-, Cu(II)-, Sb(III)-, Fe(III)-, Pb(II)-, Sr-, Zr(IV)-, NH_4-, Bi- u. Sn(II)-Salze hergestellt; Kristallform, Farbe u. Löslichkeit in W., A. u. Ae. werden mitgeteilt. (J. chem. Educat. **31**. 644—45. Dez. 1954. Buffalo, N. Y., Rosary Hill Coll.) H.-G. Moslé. 1090

E. B. Vliet, *Chinon.* Durch Oxydation von Hydrochinon mit $Na_2Cr_2O_7/H_2SO_4$; 76—81% (Ausbeute). (Org. Syntheses, collect. Vol. **1**. [**1**.—**9**. 2. Aufl.] 482—84, ausg. Okt. 1951.) I. Ahrlé. 1190

Frederick D. Greene, *Reaktion von Hydratropoylchlorid mit Natriumperoxyd.* Es wurde versucht, Dihydratropoylperoxyd (**V**) darzustellen, doch ist schon bei —20° die Zers. dieser Verb. schneller als die Bildung. Bei der Rk. von Hydratropoylchlorid (I) mit Na_2O_2 entstehen *Hydratropasäure* (**VI**) u. ihr *α-Phenyläthylester* [„*Hydratropylester*" (**IV**; beide Racemate)], *Styrol* (**VII**), *α-Phenyläthanol* (**II**), *meso-* u. *dl-2.3-Diphenylbutan* (**III**) u. *Acetophenon* (**VIII**). Bei Verwendung von opt.-akt. **I** hatte der alkoh. Anteil von **IV** seine Konfiguration beibehalten (nur 9%ig. Inversion), auch **II** u. **III** waren noch teilweise akt. mit der ursprünglichen Konfiguration. Die Bldg. von **IV** läßt sich nur erklären, wenn intermediäre Bldg. von **V** angenommen wird: **V** → $C_6H_5CH(CH_3)\cdot + CO_2 + C_6H_5CH(CH_3)\cdot CO_2\cdot$ → **IV** + CO_2. Wenn diese Radikalkombination in „Lösungsmittelkäfigen" erfolgt, bevor die α-Phenyläthylradikale statist. Orientierung gegenüber den Hydratropoylradikalen erreicht haben, kann in dem gebildeten **IV** die Alkoholkomponente ihre Konfiguration noch z. T. beibehalten haben. Die anderen Prodd. können ebenfalls von α-Phenyläthylradikalen herrühren. Mögliche Mechanismen für die Bldg. von **II** u. **III** werden diskutiert.

Versuche: *1.2-Diphenylpropandiol-(1.2)*, F. 102—104° (CH_3OH), aus Benzoin u. CH_3MgJ. — *2.2-Diphenylpropionaldehyd*, $Kp._1$ 111—113°, aus vorst. Verb. durch Kochen in 50%ig. wss. Oxalsäure; n_D^{25} 1,5800. — *trans-2.3-Diphenylbuten*, F. 104—105° (Hexan), durch Überführen vorst. Verb. mit CH_3MgJ in *2.2-Diphenylbutanol-(3)* u. Dest. in Ggw. einer kleinen Menge H_2SO_4. — *dl-2.3-Diphenylbutan* (dl-**III**), F. 12—13°, durch Hydrieren vorst. Verb. in Äthylacetat über Pd bei 40 lbs./sq.in. (30 Min.); n_D^{25} 1,5530. — *meso-2.3-Diphenylbutan* (meso-**III**), F. 125—126° (Hexan), nach Conant u. Blatt [1928]. — *Hydratropasäure* (**VI**), aus Hydratropaaldehyd ($Kp._{12}$ 93—94°). Opt. Spaltung über die *Strychninsalze* gab (+)-**VI**, $Kp._{0,5}$ 121—123°, n_D^{25} 1,5211, $[\alpha]_D^{25,5}$ +98,72° (rein), krist. nach einigen Monaten bei 0°. — *opt.-akt. Hydratropoylchlorid* (I), $Kp._{11}$ 93—96°, aus **VI** ($[\alpha]_D^{23,5}$ —55,34°) u. $SOCl_2$, 2 Tage bei 25°; n_D^{25} 1,5216. — Rkk. von **I** mit Na_2O_2: a) Zufügen von 1,67 g Na_2O_2 u. 0,23 g W. zu 6,0 g **I** in Ae. u. 48std. Rühren bei 0° gab 1,25 g **VI**, 0,46 g **II** (*Phenylurethan*, F. 93—94° [Hexan]), **VII** (1,30 g *Styroldibromid*, F. 73—74° [A.-W.]), 0,30 *meso-* + *dl*-**III**, 0,84 g Gemisch diastereoisomerer **IV** u. 0,19 g **VIII**. Aus dem Estergemisch *DL.LD*-**IV**, $C_{17}H_{18}O_2$, $Kp._{0,05}$ 95—96°, u. *DD,LL*-**IV**, $C_{17}H_{18}O_2$, F. 74—75° (CCl_4 u. Hexan). Bei Verwendung von 55%ig. opt.-akt. (—)-I wurde u. a. *LL*-**IV**, $C_{17}H_{18}O_2$, F. 94—95° (PAe.), $[\alpha]_D^{25}$ + 24,6° (c = 3,05; Bzl.) gewonnen; 21% (bei

26% hiervon war Inversion eingetreten). Aus opt.-reinem (+)-I *DD*-**IV**, $C_{17}H_{18}O_2$, F. 93,5 bis 94,5° (PAe.), $[\alpha]_D^{27}$ −23,4° (c = 5,1; Bzl.); 37% (84% *DD*- u. 16% *DL*-**IV**). b) Zufügen von 6,0 g rac. **I** in Ae. zu 16 g Na_2O_2 u. 3,1 g W. in Ae., 24std. Rühren: 1,42 g **VI**, 0,17 g **VII**, 0,24 g **VIII**, 0,20 g **II**, 0,30 g *meso*- + *dl*-**III** u. 0,82 g **IV**. c) Zufügen von 7,5 ml 30%ig. H_2O_2 u. 50 ml 3,5n NaOH zu 5,64 g rac. **I**; isoliert wurden 0,18 g *meso* + *dl*-**III** u. 1,00 g **IV**. Durch analoge Rk. von opt. -akt. **I** [aus D (+)-**IV** von 92,8%ig. Reinheit]: 0,23 g *meso*- + *dl*-**III** (enthielt *l*-**III**) u. 1,14 g **IV** (91% hiervon hatten die Konfiguration beibehalten). d) Zufügen von 6,0 g rac. **I** zu 4 g Na_2CO_3 + 60 ml wasserfreiem Ae. + 0,0195 Mol H_2O_2 (48std. Rühren bei 0°): 23% **VI**, 15% **VII**, 4% **VIII**, 15% **II**, 8% **III** u. 19% **IV**. (J. Amer. chem. Soc. **77**. 4869–73. 20/9. 1955. Cambridge, Mass., Inst. of Technol., Dep. of Chem.) G. CLEVE. 1210

André Viout und **Henry Gault**, *Über einige substituierte Benzyloxyessigsäuren.* Durch Rk. von substituierten Benzylchloriden mit der Na-Verb. des Glykolsäureäthylesters in Toluol (6–8 Std. am Rückfluß) wurden mit 41–63% Ausbeute im Kern substituierte Benzyloxyessigsäureäthylester u. daraus die freien Säuren dargestellt. Phytohormonale Eigg., wie bei den Phenoxyessigsäuren, waren durch Erbsen- u. Maistest nicht nachzuweisen. — *Benzyloxyessigsäure*, $Kp._{0,2}$ 136°. *Äthylester*, $Kp._9$ 136–138°. *Amid*, F. 91°. — B e n z y l o x y e s s i g s ä u r e n: *p-Chlor-*, F. 74°. *Äthylester*, $Kp._8$ 156 bis 157°. *Amid*, F. 113°. — *p-Brom-* (**I**), F. 80°. *Äthylester*, $Kp._{20}$ 190°. *Amid*, F. 124°. — *p-Methoxy-*, F. 53°. *Äthylester*, $Kp._9$ 174°. *Amid*, F. 118°. — *o-Chlor-*, F. 54,5°. *Äthylester*, $Kp._9$ 154–156°. *Amid*, F. 93°. — *o-Brom-*, F. 70°. *Äthylester*, $Kp._{10}$ 164–166°. *Amid*, F. 106°. — *o-Methoxy-*, F. 58°. *Äthylester*, $Kp._{11}$ 171°. *Amid*, F. 78°. — *p-Brombenzyloxypropionsäure*, F. 55°, aus **I** nach ARNDT-EISTERT. (C. R. hebd. Séances Acad. Sci. **237**. 1162–64. 9/11. 1953.) K. BECKER. 1250

E. Profft, F. Runge und **A. Jumar**, *Zur Kenntnis der Falicaine.* 4. Mitt. *Über 4-Alkoxyphenylvinylketone.* (3. vgl. C. **1956**. 7269.) Ausgehend von Acrylnitril wird über *β-Chlorpropionitril* das *β-Chlorpropionylchlorid* (**VIII**) hergestellt, das mit Phenoläthern oder Thiophenoläthern nach FRIEDEL-CRAFTS *4-Alkoxy-* bzw. *4-Alkylmercapto-β-chlorpropiophenone* gibt. Aus diesen Verbb. entstehen durch HCl-Abspaltung *4-Alkoxyphenylvinylketone*, die mit HCl die Ausgangsverbb. zurückgeben. Lediglich aus *4-Dodecyloxy-β-chlorpropiophenon* (**I**) entsteht dabei *4-Dodecyloxy-β-oxypropiophenon*. Bei der langsam verlaufenden Hydrierung der Vinylketone werden die entsprechenden *Propiophenone* erhalten, Addition von Br_2 führt zu *4-Alkoxy-α.β-dibrompropiophenonen*, die sich über die *Hexamethylentetraminaddukte* in die *α.β-Diaminoverbb.* überführen lassen. Mit alkal. H_2O_2 werden die *Epoxyde* erhalten, die zu *dl-Dioxyverbb.* hydrolysiert werden können. Hydroxylamin u. Phenylhydrazin reagieren mit den Vinylketonen unter Bldg. substituierter *Isoxazoline* bzw. *Δ^2-Pyrazoline*. Die gleichen Umsetzungen können auch mit den *β*-Chlorpropiophenonen in Ggw. von überschüssigem Alkali vorgenommen werden; mit NH_2OH entsteht dabei als Nebenprod. das entsprechende *N.N-Bis-[β-4-alkoxybenzoyläthyl]-hydroxylamindioxim*, das mit HCl das *freie Diketon* gibt. Die durch Alkali katalysierte Addition von aromat. Aminen an die Vinylketone führt zu n. *β-Anlagerungsprodukten*. Mit prim. aliphat. Aminen entstehen *sek.* u. *tert. Amine* nebeneinander. Das aus Propoxybenzol dargestellte *4-Propoxybenzylamin* läßt sich nicht anlagern, besitzt aber selbst im Tierverss. gute analget. Eigenschaften. Die Anlagerung sek. aliphat. Amine liefert in einheitlicher Rk. die teilweise schon früher (vgl. C. **1956**. 6955) durch MANNICH-Kondensation dargestellten anästhet. hochwirksamen *β-Ketobasen* (*Falicaine*). Dabei nimmt bei gleichbleibender Aminkomponente die Wirksamkeit der Verbb. mit steigender Kettenlänge (C_1–C_5) des Alkoxyrestes zu, wobei zwischen den n- u. Isoalkoxyverbb. kein festes Verhältnis besteht. Bei gegebener Alkoxygruppe, z. B. n-Propoxy, nimmt bei wechselnder *β*-Aminokomponente die Wirksamkeit in der Reihenfolge Piperidino > Hexamethylenimino > Pyrrolidino > Morpholino > Diäthylamino > Dimethylamino ab. Die entsprechenden „*Thiofalicaine*" (*p-Alkylmercapto-β-sek.-aminopropiophenone*) zeigen durchweg eine beträchtliche Steigerung bzgl. Anästhesiestärke u. Wirkungsbreite; durch Oxydation des Sulfid-S zur Sulfongruppe geht die anästhet. Wrkg. verloren. Die aus den *β*-Halogenpropiophenonen erhaltenen *Pyridiniumsalze* besitzen fast die gleiche anästhet. Wrkg. wie die entsprechenden Piperidinderivv. u. übertreffen diese z. T. in ihrer Wirkungsdauer. Beim Vers. der Red. von *p-n-Propoxy-β-piperidinopropiophenon* (**II**) zum Alkohol wurde nur das *Dehydratationsprod.* erhalten. Das *Anlagerungsprod.* von Thioharnstoff an *4-Isoamyloxy-β-chlorpropiophenon* (**III**), das *p-Isoamyloxybenzoyläthylisothioharnstoffhydrochlorid*, besitzt gute baktericide Eigg. gegen *Staphylococcus aureus* u. *Bacterium coli* bei gleichzeitigem vorzüglichem Schaum- u. Netzvermögen. Es werden ferner die Prodd. aus einigen *β*-Chlorpropiophenonen mit Alkoholen, Mercaptanen, HCN, Theophyllin u. Veronal sowie aus den Vinylketonen mit Nitromethan, Phenylnitromethan u. Cyanacetamid beschrieben.

Versuche: *β-Chlorpropionylchlorid* (**VIII**), Kp. 144–145°, aus Acrylnitril mit konz. HCl u. Rk. der gebildeten *β-Chlorpropionsäure* mit $SOCl_2$; 72–85% (Ausbeute). – 4-Alkoxy-β-chlorpropiophenone, aus **VIII** u. dem entsprechenden Phenyläther mit $AlCl_3$ in CS_2 (FF. aus PAe.): *4-Methoxy-*, $C_{10}H_{11}O_2Cl$, F. 65°, mit Anisol; 53–60%. Gibt mit sd. konz. HNO_3–W. (1 : 1) *p-Oxybenzoesäure*, F. 215°, mit sd. 2nHNO_3 *Anissäure*, F. 185°. – *4-Äthoxy-*, $C_{11}H_{13}O_2Cl$, F. 45°, mit Phenetol; 42–46%. – *4-n-Propoxy-* (**IV**), $C_{12}H_{15}O_2Cl$, F. 52,5°, mit n-Propylphenyläther; 77–84%. – *4-n-Butoxy-*, $C_{13}H_{17}O_2Cl$, F. 53,5–54,5°, mit n-Butylphenyläther; 83–90%. – *4-Isobutoxy-*, $C_{13}H_{17}O_2Cl$, F. 56,5–57°, mit Isobutylphenyläther; 45%. – *4-n-Amyloxy-*, $C_{14}H_{19}O_2Cl$, F. 45°, mit n-Amylphenyläther; 30%. – *4-Isoamyloxy-* (**III**), $C_{14}H_{19}O_2Cl$, F. 52,5°, mit Isoamylphenyläther; 72–80%. – *4-n-Dodecyloxy-* (**I**), $C_{21}H_{33}O_2Cl$, F. 69°, mit n-Dodecylphenyläther; 70–72%. – 4-Alkylmercapto-β-chlorpropiophenone, analog vorst. Verbb., aber mit Thiophenoläthern: *4-Isopropylmercapto-*, $C_{12}H_{15}OClS$, F. 59–59,5°, mit Isopropylphenylsulfid; 68%. – *4-n-Butylmercapto-*, $C_{13}H_{17}OClS$, F. 69°, mit n-Butylphenylsulfid; 84%. – *4-Isoamylmercapto-*, $C_{14}H_{19}OClS$, F. 56–56,5°, mit Isoamylphenylsulfid; 81%. – *4-n-Propoxyphenylvinylketon* (**V**), $Kp._{0,9}$ 110–111°, $Kp._{20}$ 193–194°, aus **IV** mit K-Acetat in sd. CH_3OH (für weitere Umsetzungen Verwendung dieser Lsg.); Öl von charakterist. süßlichem, etwas stechendem Geruch; n_D^{20} 1,5427, $D.^{20}$ 1,0450. Gibt mit konz. HCl **IV**. – *4-Isoamyloxyphenylvinylketon* (**VI**), $Kp._{0,6}$ 122 bis 123°, Darst. aus **III** u. Eigg. analog vorst. Verb.; n_D^{20} 1,5278, $D.^{20}$ 1,0030. – *4-n-Dodecyloxy-β-oxypropiophenon*, $C_{21}H_{34}O_3$, F. 59°, aus **I** mit KOH in sd. Methanol; aus PAe. Nadeln. – *4-Propoxypropiophenon*, $C_{12}H_{16}O_2$, $Kp._{13}$ 157–160°, F. 31°, durch Hydrierung von **V** in A. in Ggw. von RANEY-Ni; n_D^{23} 1,5292; 82%. *Oxim*, F. 129–130°, aus A. Nadeln. – *dl-4-Propoxy-α.β-dibrompropiophenon*, $C_{12}H_{14}O_2Br_2$, F. 58–59° (Bzn.), aus **V** u. Br_2 in $CHCl_3$. – *dl-4-Propoxy-α.β-diaminopropiophenondihydrochlorid*, $C_{12}H_{20}O_2N_2Cl_2$, F. 204–205° (A.), aus vorst. Verb. mit Hexamethylentetramin in Chlf. u. anschließende Spaltung mit konz. HCl in A.; wirkt anästhesierend; 41%. – *dl-4-n-Propoxy-α.β-dioxypropiophenon*, $C_{12}H_{16}O_4$, F. 122°, aus **V** u. H_2O_2 in A. in Ggw. von 15%ig. NaOH u. anschließende Hydrolyse des gebildeten *Epoxyds* (gelbes Öl) mit 0,1n HCl; 33%. – *3-[4-Propoxyphenyl]-isoxazolin*, $C_{12}H_{15}O_2N$, F. 73°, a) aus **IV** in A. mit Hydroxylaminhydrochlorid u. KOH in W.; aus A. oder Aceton glänzende Blättchen; 49%; b) analog aus 4-Propoxy-β-acetoxypropiophenon; 61%, daneben *N.N-Bis-[β-4-propoxybenzoyläthyl]-hydroxylamindioxim*, $C_{24}H_{33}O_5N_3$, F. 148° (aus Methanol. *Freies Diketon*, $C_{24}H_{31}O_5N$, F. 131–132°, gelbe Nadeln aus Methanol). – 4-[Alkoxyphenyl]-1-phenyl-Δ^2-pyrazoline, aus den entsprechenden 4-Alkoxyphenylvinylketonen oder den 4-Alkoxy- bzw. 4-Alkylmercapto-β-chlorpropiophenonen mit Phenylhydrazin in A.; 80–95%: *3-[4-Methoxyphenyl]-*, F. 142,5–143°. – *3-[4-Äthoxyphenyl]-*, F. 127°. – *3-[4-n-Propoxyphenyl]-*, F. 137°. – *3-[4-n-Butoxyphenyl]-*, F. 126,5–127°. – *3-[4-Isobutoxyphenyl]-*, F. 143–144°. – *3-[4-Isoamyloxyphenyl]-*, F. 122–123°. – *3-[4-n-Dodecyloxyphenyl]-*, F. 111°. – *3-[4-n-Butylmercaptophenyl]-*, F. 127–128°. – *3-[4-n-Butylsulfonylphenyl]-*, F. 117°. – *3-p-Tolyl-*, F. 128–129°. – *1-[p-Nitrophenyl]-3-[p-n-propoxyphenyl]-Δ^2-pyrazolin*, F. 132–133°, aus **IV** u. p-Nitrophenylhydrazin; 63%. – *1-[2.4-Dinitrophenyl]-3-[4-propoxyphenyl]-Δ^2-pyrazolin*, F. 176°, aus **IV** in methanol. K-Acetat mit 2.4-Dinitrophenylhydrazin in Eisessig; aus CH_3OH–Pyridin orangerote Kristalle. – *β-[α-Naphthylamino]-4-propoxypropiophenon*, $C_{22}H_{23}O_2N$, F. 101,5° (A.), aus **V** u. α-Naphthylamin in A.; 92%. – 4-Aminophenylalkyläther, aus 4-Aminophenol durch Acetylierung, Alkylierung u. Hydrolyse: *-n-propyläther*, $Kp._{11}$ 137°, mit Propylbromid. – *-n-butyläther*, $Kp._{23}$ 155–157°, mit Butylbromid. – *-n-amyläther*, $Kp._{24}$ 180°, mit Amylbromid. – *-n-dodecyläther*, F. 96–96,5°, mit Dodecylbromid. – β-[4-Alkoxyanilino]-4-propoxypropiophenone, aus vorst. Verbb. u. **V** in A. (aus A. umkristallisiert): *β-Anilino-*, F. 156,5–157°, mit Anilin; 94%. – *β-[4-Methoxyanilino]-*, F. 142,5°, mit 4-Aminophenylmethyläther; 96%. – *β-[4-Äthoxyanilino]-*, F. 149°, mit 4-Aminophenyläthyläther; 93,5%. – *β-[4-n-Propoxyanilino]-*, F. 143,5°; 94%. – *β-[4-n-Butoxyanilino]-*, F. 134°; 98%. – *β-[4-n-Amyloxyanilino]-*, F. 134–135°; 90%. – *β-[4-n-Dodecyloxyanilino]-*, F. 118°; 98%. – *4-[γ-(4-n-Propoxyphenyl)-γ-oxopropylamino]-benzoesäure-β-diäthylaminoäthylester*, $C_{25}H_{34}O_4N_2$, F. 141,5 bis 142°, aus **V** u. 4-Aminobenzoesäure-β-diäthylaminoäthylester (Novocain) in A.; aus A. Blätter; 65%. *Hydrochlorid*, Gallerte, wirkt auf der Zunge etwas anästhesierend. – *4-[γ-(4-Isoamyloxyphenyl)-γ-oxopropylamino]-benzoesäure-β-diäthylaminoäthylester*, $C_{27}H_{38}O_4N_2$, F. 144°, aus **VI** analog vorst. Verb.; 62%. – *β-[3-Oxy-4-carboxyanilino]-4-isoamyloxypropiophenon*, $C_{21}H_{25}O_5N$, Zers. bei 175–181° (A.–Aceton), aus **VI** in methanol. K-Acetat u. p-Aminosalicylsäure in A.; 97%. – *β-[4-Amidosulfonylanilino]-4-propoxypropiophenon*, $C_{18}H_{22}O_4N_2S$, F. 204° (A.), aus **V** u. Sulfanilamid in A.; 96%. – *Bis-[β-4-propoxybenzoyläthyl]-aminhydrochlorid*, $C_{24}H_{32}O_4NCl$, F. 184° (A.), aus NH_4Cl in

W., Paraformaldehyd u. Propoxyacetophenon in A.; 24%. — *4-Propoxy-β-phthalimidopropiophenon*, $C_{20}H_{19}O_4N$, F. 136—137° (Ae.), aus **IV** u. Phthalimid-K in Dimethylformamid; 90%. — *4-Propoxy-β-aminopropiophenon, Hydrochlorid*, $C_{12}H_{18}O_2NCl$, F. 167 bis 168° (A.–Aceton), aus vorst. Verb. mit konz. HCl u. Eisessig (60 Std. kochen); 61%. *Acetylderiv.*, $C_{14}H_{19}O_3N$, F. 100,5—101°. — *4-Isoamyloxy-β-aminopropiophenon, Hydrochlorid*, $C_{14}H_{22}O_2NCl$, analog vorst. Verb. aus **III**. *Acetylderiv.*, F. 93°. — *Bis-[β-(4-propoxybenzoyl)-äthyl]-methylamin*, F. 117°, *Hydrochlorid*, $C_{25}H_{34}O_4NCl$, F. 163° (Aceton), a) aus **IV** in CH_3OH mit K-Acetat u. Methylamin in A.; 25%. b) aus 4-Propoxyacetophenon, Formaldehyd u. Monomethylammoniumchlorid. — *N-[4-Propoxybenzyl]-phthalimid*, F. 90—91° (A.), a) aus Propylphenyläther u. Chlormethylphthalimid mit $ZnCl_2$; b) aus 4-Propoxybenzylchlorid u. Phthalimid-K. — *4-Propoxybenzylamin*, Kp.$_{1,4}$ 95°, aus vorst. Verb. mit wss.-alkoh. NaOH unter N_2. Gibt beim Stehen an der Luft das *Carbonat*, F. 102—102,5°. *Hydrochlorid*, $C_{10}H_{16}ONCl$, F. 258—259° (A.–Aceton). *Acetylderiv.*, F. 96 bis 96,5°. — β-Substituierte p-Alkoxy- bzw. p-Alkylmercaptopropiophenone, aus den entsprechenden 4-Alkoxy- bzw. 4-Alkylmercapto-β-chlorpropiophenonen in methanol. K-Acetat mit Dimethylamin, Diäthylamin, Piperidin, Morpholin, Pyrrolidin oder Hexamethylenimin in A.; Kristallisation der Hydrochloride aus A., Aceton oder A.–Aceton: *p-n-Propoxy-β-dimethylamino-, Hydrochlorid*, F. 141—143°; 85%. — *p-n-Propoxy-β-diäthylamino-, Hydrochlorid*, F. 123—124°; 50%. — *p-n-Propoxy-β-piperidino-* (**II**), *Hydrochlorid*, F. 164—165°; 88%. — *p-Isoamyloxy-β-piperidino-*, F. 71,5°. *Hydrochlorid*, F. 172,5—173°; 85%. — *p-Methyl-β-piperidino-*, F. 49°; 89%. *Hydrochlorid*, F. 176°. — *p-Methoxy-β-morpholino-, Hydrochlorid*, F. 207,5°; 85%. — *p-Äthoxy-β-morpholino-, Hydrochlorid*, F. 193°; 82%. — *p-n-Propoxy-β-morpholino-, Hydrochlorid*, F. 176 bis 177°; 87%. — *p-n-Butoxy-β-morpholino-, Hydrochlorid*, F. 171°; 78%. — *p-Isobutoxy-β-morpholino-, Hydrochlorid*, F. 190°; 95%. — *p-n-Amyloxy-β-morpholino-, Hydrochlorid*, F. 159°; 83%. — *p-Isoamyloxy-β-morpholino-*, F. 55°; 81%. *Hydrochlorid*, F. 178°. — *p-n-Dodecyloxy-β-morpholino-*, F. 39°; 56%. *Hydrochlorid*, F. 151,5°. — *p-Isobutoxy-β-pyrrolidino-, Hydrochlorid*, F. 153°; 32%. — *p-Isoamyloxy-β-pyrrolidino-, Hydrochlorid*, F. 137—138°; 80%. — *p-n-Propoxy-β-hexamethylenimino-, Hydrochlorid*, F. 156°; 65%. — *p-Isoamyloxy-β-hexamethylenimino-*, F. 52°; 75%. *Hydrochlorid*, F. 154—155°. — *p-n-Butylmercapto-β-diäthylamino-, Hydrochlorid*, F. 126—127°; 61%. — *p-Isopropylmercapto-β-piperidino-, Hydrochlorid*, F. 174—175°; 60%. — *p-n-Butylmercapto-β-piperidino-* (**VII**), F. 48°; 80%. *Hydrochlorid*, F. 150°. — *p-Isoamylmercapto-β-piperidino-*, F. 46°; 45%. *Hydrochlorid*, F. 153°. — *p-n-Butylmercapto-β-morpholino-, Hydrochlorid*, F. 167,5—168°; 45%. — *p-Isoamylmercapto-β-morpholino-, Hydrochlorid*, F. 178°; 79%. — *n-Butyl-[4-β-piperidinopropionylphenyl]-sulfon*, $C_{18}H_{27}O_3NS$, F. 97—97,5°, aus **VII** u. 30%ig. H_2O_2 in Eisessig; aus Bzn. hellgelbe Kristalle. *Hydrochlorid*, F. 172—173° (A.). — *β-Piperidinopropionsäure, n-Propylesterhydrochlorid*, $C_{11}H_{22}O_2NCl$, F. 130—131° (Aceton), aus n-Propanol u. **VIII** u. Rk. des gebildeten *β-Chlorpropionsäure-n-propylesters* mit Piperidin in A.; 86%. *Isoamylesterhydrochlorid*, $C_{13}H_{26}O_2NCl$, F. 165—166°, analog mit Isoamylalkohol; 84%. — *4-n-Propoxystyryl-β-piperidinoäthylketonhydrochlorid*, $C_{19}H_{28}\cdot O_2NCl$, F. 197,5° (A.), aus 4-Propoxybenzaldehyd in Aceton, A. u. W. mit 10%ig. NaOH (3 Tage stehen) u. Rk. des gebildeten *4-n-Propoxybenzalacetons*, F. 56°, mit Piperidinhydrochlorid u. Paraformaldehyd in A. (2½ Std. unter Rückfluß); 66%. — N-[p-Alkoxybenzoyläthyl]-pyridiniumchloride, aus den entsprechenden 4-Alkoxy-β-chlorpropiophenonen mit Pyridin; Kristallisation aus A. oder A.–Aceton: *N-Benzoyläthyl-*, $C_{14}H_{14}ON\cdot Cl$, F. 195 bis 196°, aus β-Chlorpropiophenon; 70%. — *N-[p-n-Propoxybenzoyläthyl]-*, $C_{17}\cdot H_{20}O_2NCl$, F. 165—166°; 82%. — *N-[p-Isoamyloxybenzoyläthyl]-*, $C_{19}H_{24}O_2NCl$, F. 174°; 84%. — *1-p-Propoxyphenyl-2-piperidinomethyläthylen*, F. 30,5°, Kp.$_{0,3}$ 144—148°, a) aus **II** mit H_2 in W. in Ggw. von HCl über Pd-Kohle; 38%; b) aus **II** mit Isopropanol u. Al-Isopropylat. *Hydrochlorid*, $C_{17}H_{26}ONCl$, F. 223—224°, Blätter aus Aceton oder Essigester. — *1-p-Propoxyphenyl-3-piperidinopropanhydrochlorid*, $C_{17}H_{28}ONCl$, F. 175—177° (A.), aus vorst. Verb. in A. durch Hydrierung in Ggw. von RANEY-Ni. — *1.3-Dimethyl-7-[4-isoamyloxybenzoyläthyl]-xanthin*, $C_{21}H_{26}O_4N_4$, F. 171° (A.), aus **III** u. Theophyllin-Na in A. (10 Std. kochen); 93%. — *1.3-Bis-[4-propoxybenzoyläthyl]-5.5-diäthylbarbitursäure*, $C_{32}H_{40}O_7N_2$, F. 112° (A.), aus **IV** u. Veronal-Na in sd. wss. A.; 65%. — *4-Isoamyloxybenzoyläthylisothioharnstoffhydrochlorid*, $C_{15}H_{23}O_2N_2ClS$, F. 151—151,5° (A.), aus **III** u. Thioharnstoff in A.; 96%. — *4-Propoxy-β-äthoxypropiophenon*, $C_{14}H_{20}O_3$, F. 58,5 bis 59° (A.), aus **IV** u. sd. absol. A. (5 Std.); 93%. *β-Methoxyverb.*, $C_{13}H_{18}O_3$, F. 44°. — *4-Propoxy-β-äthylmercaptopropiophenon*, $C_{14}H_{20}O_2S$, F. 40—40,5° (A.), aus **IV** in A. u. Äthylmercaptan in wss. KOH; 94%. *4-Isoamyloxyverb.*, $C_{16}H_{24}O_2S$, F. 36—37°. — *β-4-Propoxybenzoyläthyläthylsulfon*, $C_{14}H_{20}O_4S$, F. 95° (A.), aus vorst. Verb. mit 30%ig. H_2O_2 in Eisessig; 47%. — *4-Propoxy-β-acetoxypropiophenon*, $C_{14}H_{18}O_4$, F. 80,5°, aus **IV** u. K-Acetat in Eisessig; Platten aus Methanol; 92%. — *4-Isoamyloxy-β-cyanpropiophenon*,

$C_{15}H_{19}O_2N$, F. 71,5°, aus **III** in A. u. KCN in W.; aus A. Nadeln; 82%. — *β-[4-Isoamyloxybenzoyl]-propionamid*, $C_{15}H_{21}O_3N$, F. 139—140° (unter Blaufärbung; A.), aus vorst. Verb. mit 90%ig. H_2SO_4; 84%. — *β-[4-Isoamyloxybenzoyl]-propionsäure*, $C_{15}H_{20}O_4$, F. 120° (A.), a) aus vorvorst. Verb. mit konz. HCl (4 Std. kochen); 85%; b) aus Isoamylphenyläther u. Bernsteinsäureanhydrid in Tetrachloräthan u. Nitrobenzol in Ggw. von $AlCl_3$; 91%. — *Diäthylaminoäthylester*, $C_{21}H_{33}O_4N$, Kp.$_{0,6}$ 178—182°, aus dem Ag-Salz mit Diäthylaminoäthylchlorid in Bzl.; gelbes Öl; 44% (*Hydrochlorid*, F. 114,5—115°, aus Aceton). — *β-[4-Propoxybenzoyl]-propionsäure*, $C_{13}H_{16}O_4$, F. 114—115°, aus Phenylpropyläther analog vorvorst. Verb., b). — *4-Nitro-1.7-di-[4-propoxyphenyl]-heptandion-(1.7)*, $C_{25}H_{31}$·O_6N, F. 99—100° (CH_3OH), aus **IV** u. Nitromethan in Methanol in Ggw. von NaOH; 73%. — *dl-γ-Nitro-γ-phenyl-4-propoxybutyrophenon*, $C_{19}H_{21}O_4N$, F. 82,5°, aus **V** u. Phenylnitromethan in A. in Ggw. von Na-Methylat; Nadeln aus Methanol; 71%. — *dl-2-[4-Propoxyphenyl]-5-phenyl-Δ¹-pyrrolin*, $C_{19}H_{21}ON$, F. 102—103° (A. oder Aceton), aus vorst. Verb. durch Hydrierung in A. in Ggw. von Raney-Ni; 79%. *Pikrat*, $C_{25}H_{25}$·O_8N_4, F. 174,5°. *Benzoylderiv.*, $C_{26}H_{25}O_2N$, F. 168° (Aceton). — *α-Cyan-α.α-di-[4-propoxybenzoyläthyl]-acetamid*, $C_{27}H_{32}O_5N_2$, F. 238—240° (A.), aus **V** u. Cyanacetamid in Methanol in Ggw. von 20%ig. Na-Methylat, 83%. (J. prakt. Chem. [4] **1**. 57—86. Nov. 1954. Magdeburg, VEB Fahlberg-List, Wiss. Abt.; Halle-Wittenberg, Univ., Inst. für techn. Chem.) H. J. Bestmann. 1340

Henri Goldstein und **Roland Jaunin**, *Über die 4.5-Dinitroanthranilsäure.* Durch Nitrierung von 4-Nitro-2-acetamidobenzoesäure (**I**) wurde *4.5-Dinitro-2-acetamidobenzoesäure* (**II**) erhalten, deren Verseifung *4.5-Dinitroanthranilsäure* (**III**) ergibt. Der Eintritt der NO_2-Gruppe in 5-Stellung ergibt sich durch Oxydation von 4.5-Dinitro-2-acetamidotoluol (**IV**), die ident. **II** liefert. In **III** ist die 4ständige Nitrogruppe beweglich; **III** läßt sich mit NH_4OH in *5-Nitro-2.4-diaminobenzoesäure* verwandeln. **II** reagiert analog zu *5-Nitro-4-amino-2-acetamidobenzoesäure* (**VI**). Zum Beweis, daß Austausch der 4-Nitrogruppe stattfand, wird **VI** in das *Diacetylderiv.* verwandelt, das sich auch durch Oxydation von 5-Nitro-2.4-diacetamidotoluol (**VIII**) gewinnen läßt. Einw. von Anilin auf **III** tauscht die 4ständige Nitrogruppe gegen die Phenylaminogruppe zu *5-Nitro-4-anilino-2-aminobenzoesäure* (**IX**) aus; aus **II** u. Anilin erhält man *5-Nitro-4-anilino-2-acetamidobenzoesäure*, deren Verseifung **IX** ergibt. Mit methanol. KOH bilden **II** u. **III** *5-Nitro-4-methoxy-2-aminobenzoesäure* (**VII**). Diazo-Rk. von **VII** liefert *5-Nitro-4-methoxy-2-jodbenzoesäure*, während bei der Diazotierung von **III** durch Eliminierung der 5ständigen Nitrogruppe *4-Nitro-2.5-diazooxydbenzoesäure* (**V**) entsteht. Die große Beweglichkeit der 5ständigen Nitrogruppe resultiert aus dem Einfl. der p-ständigen Diazogruppe. Einw. von A. auf **V** tauscht die Diazogruppe aus unter Bldg. von *4-Nitro-3-oxybenzoesäure*. Mit verd. H_2SO_4 u. $CuSO_4$ erhitzt, geht **V** über in *4-Nitro-2.5-dioxybenzoesäure*; Einw. von konz. HCl u. Cu-Pulver auf **V** führt zu *4-Nitro-5-oxy-2-chlorbenzoesäure*; mit KJ in verd. H_2SO_4 gibt **V** *4-Nitro-5-oxy-2-jodbenzoesäure*, die mit Diazomethan u. nachfolgender Verseifung *4-Nitro-5-methoxy-2-jodbenzoesäure* liefert. In stark salzsaurer Lsg. ist die Diazotierung von **III** begleitet vom Ersatz der 5ständigen Nitrogruppe durch Cl, u. Einw. von A. eliminiert die Diazogruppe unter Bldg. von *4-Nitro-3-chlorbenzoesäure*. Durch Einw. von Cu-Pulver auf die salzsaure Diazoniumlsg. wurde *4-Nitro-2.5-dichlorbenzoesäure* erhalten; Red. von **V** mit SO_2 in wss. NaCl-Lsg. führt zu *4-Nitro-5-chlor-2-hydrazinobenzoesäure*, die sich beim Erhitzen in HCl zu *6-Nitro-5-chlorindazolon* cyclisiert.

Versuche (FF. korr.): *4-Nitro-2-acetamidotoluol*, F. 151—152°, gelbliche Nadeln, aus 25 g 4-Nitro-2-aminotoluol (roh), durch Kochen in Bzl. u. Acetanhydrid (30 Min.); 25—26 g (Ausbeute). — *4-Nitro-2-acetamidobenzoesäure* (**I**), aus 35 g vorst. Verb. nach Wheeler u. Johns [1910]; 32—33 g. — *4.5-Dinitro-2-acetamidobenzoesäure* (**II**), C_9H_7·O_7N_3, F. 238—240° (Zers.; wss. Dioxan), glänzende gelbe Blättchen, a) aus 10 g **I** durch Nitrierung mit HNO_3 (D. 1,52; 4 Std. bei 0°, 2 Std. bei 20°), Zusatz von Eis; 2,5 g; b) aus **IV** durch Oxydation mit $KMnO_4$; ca. 15%. — *4.5-Dinitroanthranilsäure* (**III**), C_7H_5·O_6N_3, F. 263—265° (Zers.; wss. A.), goldgelbe Blätchen, mit heißer NaOH Zers. unter Bldg. von NH_3, aus **II** durch Verseifen mit alkoh. HCl 90%. — *5-Nitro-2.4-diaminobenzoesäure*, $C_7H_7O_4N_3$, F. 283—284° (Zers.), mikrokrist. gelbes Pulver, aus 1 g **III** u. konz. NH_4OH durch Erhitzen im Bombenrohr (3 Std. Wasserbad), wobei 0,79 g des *Ammoniumsalzes* (orangefarbene Nadeln oder Blättchen) entstehen, Überführung in das *Ba-Salz* (orangefarbene Nadeln aus W.) u. Behandeln mit verd. CH_3COOH. — *5-Nitro-4-amino-2-acetamidobenzoesäure* (**VI**), $C_9H_9O_5N_3$, F. 283—284° (Zers.), teilweise Sublimation über 220°, gelbe Mikrokristalle, aus **II** u. konz. NH_4OH durch Erhitzen im Bombenrohr (1 Std. Wasserbad), wobei 74% *Ammoniumsalz* erhalten werden (kleine Nadeln oder gelbe Blättchen aus W.), u. Rk. mit verd. HCl. — *5-Nitro-2.4-diacetamidobenzoesäure*, $C_{11}H_{11}O_6N_3$, F. ca. 135° unter Bldg. einer zähen Schmelze, die bei höherer Temp. erstarrt, dann Zers. bei 217–219°, kleine gelbe Nadeln aus W., a) aus **VI** u. wasserfreiem Na-Acetat in Acetanhydrid (45 Min. Kochen); 71%; b) aus **VIII** durch Oxydation mit $KMnO_4$; 58%. — *5-Nitro-4-anilino-2-aminobenzoesäure* (**IX**), $C_{13}H_{11}O_4N_3$, F. 280–282° (Zers.; absol. A.), orangefarbene Nädelchen, a) aus **III** u. wasserfreiem K_2CO_3 in Anilin (5 Min. Sieden); 83%; b) durch Verseifung nachst. Verb. mit alkoh. HCl; 90%. — *5-Nitro-4-anilino-2-acetamidobenzoesäure*, $C_{15}H_{13}O_5N_3$, F. 252–253° (Zers.), gelborangefarbene Nadeln aus A., aus **II** u. K_2CO_3 in Anilin (30 Min. kochen); 92%. — *5-Nitro-4-methoxy-2-aminobenzoesäure* (**VII**), $C_8H_8O_5N_2$, F. 252–253° (Zers.), gelbe Mikrokristalle aus verd. Methanol, a) aus **III** u. methanol. KOH (1 Std. Sieden); 71%; b) ebenso aus **II**; weniger rein; 45%. — *5-Nitro-4-methoxy-2-jodbenzoesäure*, $C_8H_6O_5NJ$, F. 264–266° (Methanol), schwach gelbliche Blättchen, aus **VII** in H_2SO_4 mit $NaNO_2$ u. KJ, kurz aufkochen; 89%. — *4-Nitro-2.5-diazooxydbenzoesäure* (**V**), F. 170–180° (Verpuffen), gelbliche Blättchen aus W., a) durch Diazotieren von **III** in H_2SO_4 mit $NaNO_2$ (1 Std. bei 20°); 82–87%; b) wie a), aber mit $^1/_4$ der Nitritmenge u. 4 Std. stehenlassen; 82%; c) mit Eisessig anstatt H_2SO_4; 82%; Bräunung innerhalb einiger Std.; mit alkal. β-Naphthol dunkelrote Kupplungsverbindung. — *4-Nitro-3-oxybenzoesäure*, F. 230–231° (W.), aus frisch dargestelltem **V** durch 3 Std. Kochen in absol. A.; 51%; Zusatz von Cu-Pulver verkürzt die Reaktionszeit auf einige Min., Prod. aber unrein. — *4-Nitro-2.5-dioxybenzoesäure*, $C_7H_5O_6N$, F. 238–240° (Zers.), orangefarbene Nadeln aus verd. Essigsäure, sublimiert oberhalb 170° (rote Kristalle), a) aus **V** in H_2SO_4 durch Eintropfen in die sd. Lsg. von $CuSO_4$ in W. u. Extraktion mit Ae.; 74%; b) durch Oxydation von 4-Nitrosalicylsäure mit alkal. K-Persulfat; die Verb. red. ammoniakal. $AgNO_3$ in der Kälte, FEHLINGsche Lsg. in der Wärme. — *4-Nitro-5-oxy-2-chlorbenzoesäure*, $C_7H_4O_5NCl$, F. 150–151° (W.), Sublimation oberhalb 135° in feinen Nadeln, gelbe Nadeln, aus **V** (frisch dargestellt) in konz. HCl- mit Cu-Pulver (2 Min. kochen); 48%. — *4-Nitro-5-oxy-2-jodbenzoesäure*, $C_7H_4O_5NJ$, F. 156–157°, gelbe Nadeln oder Blättchen aus verd. H_2SO_4, aus **III** analog der Rk. zu **V**, aber ohne Isolierung von **V**, mit KJ-Lsg.; 81%. — *4-Nitro-5-methoxy-2-jodbenzoesäuremethylester*, $C_9H_8O_5NJ$, F. 144°, gelbliche Nadeln aus Methanol, aus vorst. Verb. u. CH_2N_2 in Ae. (12 Std. bei Raumtemp.); 80%. *Freie Säure*, $C_8H_6O_5NJ$, F. 223–224°, kleine gelbe Prismen aus CH_3OH; 90%. — *4-Nitro-2.5-dichlorbenzoesäure*, $C_7H_3O_4NCl_2$, F. 205–206°, lange Nadeln aus W., durch Zutropfen von konz. HCl zu **III** in 2nNaOH + $NaNO_2$ bei 0° u. Versetzen nach 4std. Stehen in der Kälte u. Filtration mit Naturkupfer C; 48%. — *4-Nitro-5-chlor-2-hydrazinobenzoesäurehydrochlorid*, Zers. bei 135 bis 140°, durch Diazotierung von **III** wie vorst., Versetzen mit W., Filtration u. Eingießen der Diazolsg. in wss. NaCl-Lsg. unter Einleiten von SO_2. — *Aceton-2-carboxy-5-nitro-4-chlorphenylhydrazon*, $C_{10}H_{10}O_4N_3Cl$, F. 238–239° (Zers.), orangefarbene Nadeln aus A., aus vorst. Verb. u. Aceton (10 Min. kochen); 30% (bezogen auf **III**). — *6-Nitro-5-chlor-indazolon*, $C_7H_4O_3N_3Cl$, F. 266–268° (Zers.), gelbe Plättchen aus wss. CH_3OH, krist. aus CH_3OH mit Kristallmethanol, wie vorvorst. Verb., dann 20 Min. kochen mit konz. HCl; 62–71%. (Helv. chim. Acta **34**. 1860–66. 18/10. 1951. Lausanne, Univ., Labor. de Chim. organ.) G. SEELIGER. 1350

T. A. Faworskaja, I. L. Anissimowa und **S. A. Scheinberg,** *Untersuchung der Bedingungen für die Formylierung von Acylaminosäuren.* Diphenacetursäureäthylester (I) reagiert mit Äthylformiat in Ggw. von Na-Äthylat bei Zimmertemp. hauptsächlich unter Bldg. von *α-Formyldiphenacetursäureäthylester* (**II**), während beim Erhitzen *N-Formyldiphenacetursäure* (**III**) u. *Diphenylessigsäureäthylester* erhalten werden. Die Struktur von **II** wird durch Red. mit Al-Amalgam zu *N-Diphenylacetylserinäthylester* bewiesen, der mit verd. H_2SO_4 unter Bldg. von *Serin* u. *Diphenylessigsäure* hydrolysiert wird. **I** wird durch Kondensation von Glykokollesterhydrochlorid mit Diphenylacetylchlorid dargestellt. **III** zeigt keine Enol-Rk. u. gibt keine Ketonderivate. Auch die Rk. von Hippursäureäthylester mit Äthylformiat ist temperaturabhängig. In der Kälte wird *α-Formylhippursäureäthylester* erhalten, beim Erhitzen entstehen *Benzoesäure, Äthylbenzoat* u. eine *Verb.* $C_7H_8O_6N_2$, vermutlich *1.2.4-Triformylglycylglycin. N-Formylhippursäure* wird durch Rk. von Na-Hippursäureäthylester mit Äthylformiat dargestellt. Sie gibt keine Enol-Rk. u. keine Ketonderivate.

V e r s u c h e: *Diphenacetursäureäthylester* (**I**), $C_{18}H_{19}O_3N$, F. 115–116° (A.); aus Diphenylacetylchlorid u. Glykokolläthylesterhydrochlorid in Bzl. in Ggw. von Soda; 78% (Ausbeute). — *α-Formyldiphenacetursäureäthylester* (**II**); zu Na-Äthylat (1,3 g Na, 4 ml A.) in 40 ml Ae. gibt man 5 ml Äthylformiat u. 15,5 g **I**, läßt 10 Tage stehen, verd. mit W. u. äthert aus; 9 g; *2.4-Dinitrophenylhydrazon*, $C_{25}H_{23}O_7N_5$, F. 188–189° (A.); *Semicarbazon*, F. 133–134°. — *N-Diphenylacetylserinäthylester*, $C_{19}H_{21}O_4N$, F. 99–100° (Bzl.); durch Red. von 5 g **II** mit Al-Amalgam; 2,2 g. Gibt bei der Hydrolyse mit verd. H_2SO_4 (1:10; 4 Std. Kochen) *Diphenylessigsäure*, F. 144–145°, u. Serin, das unter den

Reaktionsbedingungen verharzt. — *Diphenylessigsäureäthylester*, F. 57—58° (A.); zu Na-Äthylat (2,8 g Na, 30 ml A.) gibt man 11 ml Äthylformiat u. nach 2 Std. 16,3 g **I**, erhitzt 2 Std. auf 60—80°, läßt über Nacht stehen u. zers. mit Eiswasser; 5,2 g. Aus dem Filtrat durch Ansäuern mit verd. H_2SO_4 u. Extraktion mit Ae. *N-Formyldiphenacetursäure* (**III**), $C_{17}H_{15}O_4N$, F. 156—157° (A.); 4,8 g. *Ag-Salz*, $C_{17}H_{14}O_4NAg$. — *1.2.4-Triformylglycylglycin* (?), $C_7H_8O_6N_2$, F. 204—205° (A.); analog Vorst. aus 17,4 g Hippursäureäthylester u. 13 ml Äthylformiat in Ggw. von Na-Äthylat bei 60—80°; 1,3 g. Daneben *Benzoesäure* u. *Äthylbenzoat*. In der Kälte entsteht *α-Formylhippursäureäthylester*, 88,5%. *N-Formylhippursäure* $C_{10}H_9O_4N$, F. 135—136° (50%ig. A.); zu einer sd. Lsg. von 20 g Hippursäureäthylester gibt man 2,3 g Na u. nach beendeter Rk. 8,7 g Äthylformiat u. läßt 12 Std. stehen; 4 g. (Журнал Общей Химии [J. allg. Chem.] **25** (**87**). 551—58. März 1955. Leningrad, Univ.) H. HINTZ. 1350

A. G. Brook, *Thermische Umlagerungen von Organosilicium- und Organogermaniumverbindungen*. (Vgl. C. **1956**. **6375**.) Triphenylsilancarbonsäure (**I**, F. 180°) zers. sich bei 190° unter Bldg. von *CO*, *HCOOH*, *Triphenylsilylformiat* (**II**; 38%), *Triphenylsilanol* (**III**; 22%) u. *Hexaphenyldisiloxan* (**V**, F. 223—225°; 19%). Es wurde gefunden, daß diese Prodd. unter den Reaktionsbedingungen nicht miteinander reagieren; dies bedeutet, daß jedes einzelne durch einen bes. Reaktionsschritt entstanden sein muß. Beim Erhitzen von **I** in Toluol wurden **II** (55%), **III** (F. 148—151°; 27%) u. *CO* erhalten. Triphenylsilancarbonsäuretriphenylsilylester (**IV**) zers. sich schon beim F. (134°) unter Bldg. von **V** (98%) u. *CO*. Vf. nimmt daher an, daß bei der Zers. von **I** unter Abspaltung von HCOOH intermediär **IV** gebildet wird, aus dem dann **V** entsteht. Triphenylgermanol u. Triphenylgermancarbonsäure (**VI**) geben beim Erhitzen auf 160° *Triphenylgermancarbonsäuretriphenylgermylester* (**VIII**, F. 161—163° [Bzl.-PAe.]; 84%), der in 92%ig. Ausbeute auch bei der Zers. von **VI** bei 200° entsteht. **VIII** gibt beim Erhitzen auf 200—250° *Hexaphenyldigermoxan* (**VII**, F. 179—181°; 69%) u. *CO*, daneben 27% unveränderter **VIII**. Bei der therm. Zers. der Methylester von **I** u. **VI** bei 150—230° bzw. 250° entstehen *CO* u. *Triphenylmethoxysilan* (72%) bzw. *Triphenylmethoxygerman* (73%). Vf. nimmt an, daß alle α-Silan- u. α-Germancarbonsäuren u. deren Derivv. ähnliche 1.2-Umlagerungen erleiden. Die Ge-Verbb. sind etwas stabiler als die analogen Si-Verbb., dies beruht vermutlich auf der niedrigeren ster. Spannung in den Ge-Verbindungen.

V e r s u c h e (FF. korr.): *Triphenylsilylformiat* (**II**), $C_{19}H_{16}O_2Si$, F. 68,5—70° [PAe.], durch 44 std. Rühren von trockenem HCOOAg (aus $AgNO_3$ u. HCOONa) mit Triphenylchlorsilan (**IX**) in Bzl.; 83% (Ausbeute). — *Triphenylsilancarbonsäuretriphenylsilylester* (**IV**), $C_{37}H_{30}O_2Si_2$, F. 133—134° (Chlf.-PAe.), aus **I** u. **IX** in Bzl. + Pyridin; 51%. — *Triphenylmethoxygerman*, $C_{19}H_{18}OGe$, F. 66—67° (PAe.), aus Triphenylbromgerman u. $NaOCH_3$ in CH_3OH; 97%. Wird an feuchter Luft in 3 Std. zu **VII** (83%) hydrolysiert. (J. Amer. chem. Soc. **77**. 4827—29. 20/9. 1955. Toronto, Can., Univ., Dep. of Chem.) G. CLEVE. 1380

W. G. Christiansen und **A. J. Norton**, *Na-p-Oxyphenylarsonat*. Aus Phenol u. sirupöser H_3AsO_4; 33% (Ausbeute). (Org. Syntheses, collect. Vol. **1**. [**1**.—**9**. 2. Aufl.] 490—92, ausg. Okt. 1951.) I. AHRLÉ. 1380

W. A. Jacobs und **M. Heidelberger**, *Na-p-Arsono-N-phenylglycinamid* (*Tryparsamid*). Durch Erhitzen von Arsanilsäure u. Chloracetamid in alkal. Lsg., Zufügen von 20%ig. HCl u. Behandeln des Nd. mit 25%ig. NaOH; 38—40% (Ausbeute). (Org. Syntheses, collect. Vol. **1**. [**1**.—**9**. 2. Aufl.] 488—89, ausg. Okt. 1951.) I. AHRLÉ. 1380

G. S. Hiers, *Triphenylantimon*. Aus $SbCl_3$ u. Phenyl-MgBr in Ae.: F. 50°; 82 bis 90% (Ausbeute). — Analog: *Tri-p-tolylantimon*, F. 125—126°; 77—80%. (Org. Syntheses, collect. Vol. **1**. [**1**.—**9**. 2. Aufl.] 550—51, ausg. Okt. 1951.) I. AHRLÉ. 1380

Robert E. Lyle und **Leo P. Paradis**, *Säurekatalysierte Kondensationen*. 2. Mitt. *Die Kondensation von Benzaldehyd mit substituierten Acetophenonen*. (1. vgl. C. **1955**. 9324.) Durch bis zu 5tägiges Stehen von Benzaldehyd mit substituierten Acetophenonen in HCl-gesätt. Ae., Verdünnen mit W., Dampfdest. der unveränderten Ausgangskomponenten, Neutralisieren der Destillierrückstände mit Soda, Ausäthern u. Kristallisation aus PAe. oder Ae. entstehen folgende *substituierte Chalkone*: *p-Nitro-*, F. 146—147°; 100% (Ausbeute). — *m-Nitro-*, F. 129—130°; 100%. — *o-Nitro-*, F. 125—126°; 98%. — *p-Dimethylamino-*, *Hydrochlorid*, F. 165—167°; 76%. — *p-Oxy-*, F. 171—174°; 68%. — *p-Jod-*, F. 112—113°; 88%. — *p-Brom-*, F. 102—104°; 70%. — *p-Chlor-*, F. 97—98°; 69%. — *p-Fluor-*, F. 77—79°; 55%. — *m-Jod-*, F. 83—84°; 46%. — *m-Brom-*, F. 92—94°; 22%. — *m-Chlor-*, F. 93—94°; 51%. — *m-Fluor-*, F. 62—63°; 28%. — *p-tert.-Butyl-*, F. 97—98°; 54%. — *p-Isopropyl-*, F. 64—65°, Kp.$_{12}$ 233°; 68%. — *p-Äthyl-*, F. 59—61°, Kp.$_4$ 213°; 59%. — *m-Methyl-*, F. 59—60°, Kp.$_2$ 206°; 65%. — p(?)-Oxy-, p-Methyl-, p-Amino- u. o-Aminoacetophenon konnten unter diesen Bedingungen nicht kondensiert werden; Acetophenon lieferte *β-Chlor-β-phenylpropiophenon*. Als Nebenprodd. entstehen in den meisten Fällen nichtkrist., Cl-enthaltende Öle, vermutlich Additionsverbb. mit HCl, die durch Dest. zers. werden können. Diese sind mit Ausnahme der m-substituierten Verbb. um so stabiler, je größer die Elektronendichte in der Nachbarschaft der CO-Gruppe ist. (J. Amer. chem. Soc. **77.** 6667—68. 20/12. 1955. Durham, New Hampshire, Univ., Dep. of Chem.) H. LEHWALD. 1560

Ss. N. Uschakow und **O. F. Ssolomon,** *Polymerisation von Cyclooctatetraen. Cyclooctatetraen* (I) wird nicht durch Wärme (90—180°) oder UV-Licht oder in Ggw. von typ. Polymerisationskatalysatoren ($AlCl_3$, $FeCl_3$, NH_4F) polymerisiert. In Ggw. von 0,1—5% Na tritt dagegen beim Erhitzen auf 90—120° im Rohr Polymerisation zu einem festen, schmelzbaren u. lösl. Polymeren (Mol.-Gew. 300—1000) ein, das je Grundmol. **I** über 2 bromierbare Doppelbindungen verfügt. (Журнал Прикладной Химии [J. angew. Chem.] **27.** 959—64. Sept. 1954.) G. FROELICH. 1810

Irwin Hornstein, *Nomenklatur und Struktur der 1.2.3.4.5.6-Hexachlorcyclohexane.* Übersicht. (Science [Washington] **121.** 206—07. 11/2. 1955. Beltsville, Md., U. S. Department of Agriculture.) W. SCHICKE. 1810

A. E. Osterberg, *Cyclohexenoxyd.* Durch Rühren von 2-Chlorcyclohexanol in NaOH-Lsg.: Kp. 129—134°; 70—73% (Ausbeute). (Org. Syntheses, collect. Vol. **1.** [**1.**—**9.** 2. Aufl.] 185—86, ausg. Okt. 1951.) I. AHRLÉ. 1860

Arthur C. Cope und **Warren N. Baxter,** *Reaktion von Cycloheptenoxyd mit Ameisensäure.* Bei der Umsetzung von Cycloheptenoxyd (**I**) mit Ameisensäure (**II**) tritt keine transannulare Rk. ein. Bei Zugabe von **II** zu **I** entstanden 42% *trans-Cycloheptandiol-(1.2)-monoformiat* (**III**) u. 28,5% *2.2'-Dioxydicycloheptylätherdiformiat* (**IV**). Bei Zugabe von **I** zu **II** wurden 60% **III** u. 19% **IV** erhalten. Die Konst. von **III** wurde durch Verseifung zu *trans-Cycloheptandiol-(1.2)* (**V**) u. durch Synth. aus **V** u. **II** bewiesen. Die vorwiegende Bldg. von **III** führen Vff. auf Wasserstoffbrückenbldg. zwischen Hydroxyl- u. Carbonylgruppe zurück. **IV** ergab durch Verseifung *2.2'-Dioxydicycloheptyläther* (**VI**), welcher wieder zu **IV** verestert werden konnte. Aus **I** u. **V** konnte in Ggw. von BF_3 **IV** erhalten werden.

V e r s u c h e (FF. korr.): *Cycloheptenoxyd* (**I**), $Kp._{50}$ 83—85°, aus Cyclohepten u. 40%ig. Peressigsäure in Ggw. von Na-Acetat; n_D^{25} 1,4615—1,4620; 80% (Ausbeute). — *trans-Cycloheptandiol-(1.2)-monoformiat* (**III**), $C_8H_{14}O_3$, $Kp._{0,5}$ 82°, a) aus **I** durch Zugabe von 87%ig. **II** bei 100° unter Rühren in 30 Min. u. 30 Min. Kochen; 42%; b) aus **I** durch Zutropfen zu 87%ig. **II** innerhalb 20 Min. unter Kühlung im Eisbad u. 30 Min. Erwärmen auf dem Dampfbad; 60%; c) aus **V** durch 1std. Kochen mit 87%ig. **II**; n_D^{25} 1,4641; $D.^{25}_4$ 1,1202; 88%. — *2.2'-Dioxydicycloheptylätherdiformiat* (**IV**), $C_{16}H_{26}O_5$, $Kp._{0,25}$ 155°, a) neben **III** nach a); n_D^{25} 1,4861, $D.^{25}_4$ 1,0734; 28,5%; b) neben **III** nach b); 19%; c) aus **VI** durch 1std. Kochen mit **II**; 82%. — *trans-Cycloheptandiol-(1.2)* (**V**), F. 62,1—63° (Toluol), a) aus **III** durch 15 Min. Erhitzen mit 10%ig. NaOH unter Rühren auf dem Dampfbad; 85%; b) aus **I** durch Hydrolyse mit 0,1nHCl durch mehrstd. Kochen; 87%. — *2.2'-Dioxydicycloheptyläther* (**VI**), $C_{14}H_{26}O_3$, F. 85,7—86,2° (PAe.), a) aus **IV** durch 20std. Kochen mit 20%ig. wss.-alkoh. KOH; 73%; b) aus **V** u. **I** in Ae. durch Zugabe von BF_3-Ätherat u. 3tägiges Kochen; 59%. (J. Amer. chem. Soc. **76.** 279—80. 5/1. 1954. Cambridge, Mass., Inst. of Technol., Dep. of Chem.) H. BERTSCH. 1860

Henry Gilman und **W. E. Catlin,** *Cyclohexylcarbinol.* Aus Cyclohexyl-MgBr u. Paraformaldehyd: $Kp._{18}$ 88—93°; 64—69% (Ausbeute). (Org. Syntheses, collect. Vol. **1.** [**1.**—**9.** 2. Aufl.] 188—90, ausg. Okt. 1951.) I. AHRLÉ. 1870

I. N. Nasarow und **Ss. I. Sawjalow,** *Synthese von Steroid- und verwandten Verbindungen.* 27. Mitt. *Kondensation cyclischer β-Diketone mit Vinylketonen und Umwandlungen der Kondensationsprodukte.* 2. Mitt. (26. vgl. C. **1955.** 5057.) Bei der Rk. von Methylvinylketon mit Dihydroresorcin in methanol. KOH entstehen *1-[γ-Ketobutyl]-cyclohexadion-(2.6)* (**I**) u. *1.1-Bis-[γ-ketobutyl]-cyclohexandion-(2.6)* (**II**). Aus Methylvinylketon u. Dimedon werden *4.4-Dimethyl-1-[γ-ketobutyl]-cyclohexandion-(2.6)* (**III**) u. *4.4-Dimethyl-1.1-bis-[γ-ketobutyl]-cyclohexandion-(2.6)* (**IV**) erhalten; **IV** läßt sich beim Behandeln mit K_2CO_3-Lsg. bei 80—100° in **III** zurückverwandeln. **I, III** u. der Methyläther der Enolform von **III** konnten nicht zu den entsprechenden 1.6-Diketooktalinderivv. cyclisiert werden. Beim Erhitzen von Methyldihydroresorcin [1-Methylcyclohexandion-(2.6)] mit 1-Diäthylamino-3-ketobutan wird das als Zwischenprod. gebildete 1-Methyl-1-[γ-ketobutyl]-cyclohexandion-(2.6) unter dem Einfl. des in der Rk. entstehenden $(C_2H_5)_2NH$ sofort zu *9-Methyl-1.6-diketo-$\Delta^{5,10}$-oktalin* cyclisiert. Aus Dimedon u. 1-Diäthylamino-3-ketobutan entsteht nur **III**; aus Dihydroresorcin wird ein Gemisch von Verbb. erhalten, aus dem sich eine *Carbonsäure $C_{14}H_{18}O_3$* nicht ermittelter Konst. isolieren läßt. Wird Methyldihydroresorcin mit Vinyl-[carbäthoxymethyl]-keton in Ggw. von CH_3ONa behandelt, so entsteht *1-Methyl-1-[δ-carbäthoxy-γ-ketobutyl]-cyclohexandion-(2.6)*, außerdem aus diesem durch Ringschluß *9-Methyl-5-carbäthoxy-1.6-diketo-*

$\Delta^{5,10}$-oktalin. Zum Konstitutionsbeweis wird letztgenannte Verb. zu *9-Methyl-5-carbäthoxy-1.6-diketodekalin* hydriert, dieses verseift u. decarboxyliert, wodurch das früher beschriebene *cis-9-Methyl-1.6-diketodekalin* erhalten wird. Vinyl-[γ-carbomethoxypropyl]-keton lagert sich an Methyldihydroresorcin in Ggw. von CH_3ONa an; das entstehende Prod. liefert beim Erhitzen mit Oxalsäure *9-Methyl-5-[β-carbomethoxyäthyl]-1.6-diketo-$\Delta^{5,10}$-oktalin.* Schließlich wird Divinylketon unter den üblichen Bedingungen mit Methyldihydroresorcin zur Rk. gebracht; erhalten wird *α.ε-Bis-[1-methyl-2.6-diketocyclohexyl-(1)]-γ-ketopentan,* bei dem der Ringschluß sich nicht durchführen ließ. Methyldihydroresorcin wird durch Methylierung von Dihydroresorcin mit $CH_3J + CH_3ONa$ gewonnen; die geringe Ausbeute ist auf die gleichzeitige Bldg. von *Dimethyldihydroresorcin [1.1-Dimethylcyclohexandion-(2.6)]* zurückzuführen, dessen Konst. durch hydrolyt. Aufspaltung zu *γ-Isobutyrylbuttersäure* gesichert wird. Der isomere *Methyläther* der *Enolform* von *Methyldihydroresorcin* entsteht aus diesem durch Methylierung mit Diazomethan; er wird durch Hydrolyse nicht zu vorst. Säure aufgespalten, sondern liefert Methyldihydroresorcin zurück.

Versuche: *Methyldihydroresorcin,* F. 208—209°; aus 11,2 g Dihydroresorcin u. 16 g CH_3J in CH_3ONa-Lsg. (2,3 g Na; 25 ml CH_3OH) bei 3std. Kochen; 5 g (Ausbeute) neben 0,7 *Dimethyldihydroresorcin,* $C_8H_{12}O_2$, F. 39—40° (PAe.); Kp.$_{10}$ 98—100°. — *Methyläther* der *Enolform* von *Methyldihydroresorcin,* $C_8H_{12}O_2$, F. 43—44° (Hexan); Kp.$_3$ 98—99°. — *1-[γ-Ketobutyl]-cyclohexandion-(2.6)* (*γ-Ketobutyldihydroresorcin;* **I**), $C_{10}H_{14}O_3$, Kp.$_{0,2}$ 137—140°; durch 3std. Kochen von 11 g Dihydroresorcin u. 20 g Methylvinylketon mit methanol. KOH (1 g in 80 ml CH_3OH); die Trennung von **II** beruht auf der Löslichkeit von **I** (Unlöslichkeit von **II**) in K_2CO_3-Lsg.; n_D^{20} 1,5400; 7 g (neben 9 g **II**). Verdrängt CO_2 aus ihren Salzen; wird durch $FeCl_3$ dunkelviolett gefärbt. — *1.1-Bis-[γ-ketobutyl]-cyclohexandion-(2.6)* (**II**), $C_{14}H_{20}O_4$, F. 123—124° (wss. Methanol); Kp.$_{0,5}$ 140—143°; entsteht auch aus **I** u. Methylvinylketon in methanol. KOH. — *4.4-Dimethyl-1-[γ-ketobutyl]-cyclohexandion-(2.6)* (*γ-Ketobutyldimedon;* **III**), $C_{12}H_{18}O_3$, F. 100 bis 101° (wss. Methanol); aus Dimedon (14 g) u. Methylvinylketon in sd. methanol. KOH; 11 g neben 12 g *4.4-Dimethyl-1.1-bis-[γ-ketobutyl]-cyclohexandion-(2.6)* (**IV**), F. 106 bis 107° (wss. Methanol.) — *Methyläther* der *Enolform* von **III**, $C_{13}H_{20}O_3$, F. 75—76° (PAe. + Bzl.), Kp.$_2$ 148—151°; aus **III** u. CH_2N_2 in Äther. — *Carbonsäure $C_{14}H_{18}O_3$,* F. 162—163° (wss. Methanol); man dest. von einer Lsg. von 5,3 g Dihydroresorcin u. 7 g 1-Diäthylamino-3-ketobutan in 50 ml Bzl. 40 ml ab, säuert an u. verdampft die Benzollsg. zur Trockne; 1,5 g. Beim Hydrieren (Pt; CH_3OH) wird 1 Mol H_2 aufgenommen. — *9-Methyl-1.6-diketo-$\Delta^{5,10}$-oktalin,* F. 48—50°; durch 2std. Erhitzen von 3 g Methyldihydroresorcin mit 5 g 1-Diäthylamino-3-ketobutan auf 80—90°; man säuert an, extrahiert mit Bzl. u. fraktioniert im Vakuum; 0,3 g. — *γ-[Äthoxymethyl]-acetessigsäureäthylester,* $C_9H_{16}O_4$, Kp.$_2$ 80—84°; zu einer Suspension von Na-Acetessigester in Ae. (2,3 g Na; 13 g Ester) wird unter Rühren u. Kühlen eine Lsg. von 14 g β-Äthoxypropionylchlorid in Ae. zugetropft; nach 24 Std. wird NaCl abfiltriert, mit NH_3-Gas unter Eiskühlung gesätt. (Abspaltung der CH_3CO-Gruppe), mit verd. HCl u. Na_2CO_3-Lsg. gewaschen u. im Vakuum fraktioniert; n_D^{21} 1,4361; 4,5 g. — *Vinyl-[carbäthoxymethyl]-keton,* $C_7H_{10}O_3$, Kp.$_{18}$ 76—78°; 3 g vorst. Verb. werden in Ggw. von 0,04 g p-Toluolsulfonsäure bei 120—130°/18—20 mm langsam dest.; n_D^{20} 1,4585; 1,8 g. Polymerisiert sich bei langem Aufbewahren. — *1-Methyl-1-[δ-carbäthoxy-γ-ketobutyl]-cyclohexandion-(2.6),* $C_{14}H_{20}O_5$, F. 113—114° (Methanol); aus 6,5 g Methyldihydroresorcin u. 7,5 g vorst. Verb. in CH_3ONa-Lsg.; nach Beendigung der exotherm. Rk. wird ½ Std. auf 50—55° erwärmt; 4 g (neben 3,8 g nachst. Verb.). Gibt bei Zimmertemp. keine Färbung mit $FeCl_3$; bei 50—60° Rotfärbung. — *9-Methyl-5-carbäthoxy-1.6-diketo-$\Delta^{5,10}$-oktalin,* $C_{14}H_{18}O_4$, Kp.$_{0,5}$ 178—183°; entsteht auch bei der Dest. vorst. Verb. im Vakuum (2 g aus 4 g); n_D^{20} 1,5250. *2.4-Dinitrophenylhydrazon,* $C_{20}H_{22}O_7N_4$, F. 208—210° (Zers.). — *9-Methyl-5-carbäthoxy-1.6-diketodekalin,* $C_{14}H_{20}O_4$, Kp.$_1$ 158—162°; durch Hydrieren vorst. Verb. (Pt-Oxyd; CH_3OH; 1 Std.); n_D^{20} 1,5168. — *cis-9-Methyl-1.6-diketodekalin,* F. 65—67°; durch 6std. Kochen vorst. Verb. (1,3 g) mit verd. HCl (1 : 1); Isolierung als *Bis-semicarbazon,* F. 222 bis 223° (Zers.), 0,3 g. — *Vinyl-[γ-carbomethoxypropyl]-keton,* $C_8H_{12}O_3$, Kp.$_2$ 70—71°; a) man sättigt eine Lsg. des Hydrochlorids (40 g) von γ-[β'-Piperidinopropionyl]-buttersäure in Methanol mit HCl-Gas, setzt den entstehenden *Methylester* mit NaOH in Freiheit, behandelt ihn in äther. Lsg. mit CH_3J bei Zimmertemp. u. dest. das *Jodmethylat* im Vakuum; 15 g; b) man gibt zu der Na-Verb. von γ-[Äthoxymethyl]-acetessigester (0,2 g Na; 5 g Ester) 3 g Acrylsäuremethylester, erwärmt 4 Std. auf 60—65°, kocht das Anlagerungsprod. [$C_2H_5OCH_2CH_2COCH(CO_2C_2H_5)CH_2CH_2CO_2CH_3$], ohne es zu isolieren, 5 Std. mit verd. HCl (1 : 1), entfernt die flüchtigen Prodd. im Vakuum, behandelt den Rückstand ($C_2H_5OCH_2CH_2COCH_2CH_2CH_2CO_2H$) mit HCl-Gas in Methanol bis zur Sättigung u. dest. den entstehenden *Methylester* bei 15 mm in Ggw. von wenig p-Toluolsulfonsäure; 0,7 g. n_D^{20} 1,4481. *Semicarbazon*, $C_9H_{15}O_3N_3$, F. 187—188°. — *9-Methyl-5-[β-carbomethoxyäthyl]-1.6-diketo-$\Delta^{5,10}$-oktalin*, $C_{15}H_{20}O_4$, F. 168—169°; das aus 8,7 g Methyldihydroresorcin u. 10 g vorst. Verb. in sd. CH_3ONa-Lsg. entstehende Prod. (dickes Öl; n_D^{22} 1,4860; 15 g) läßt sich in hohem Vakuum nicht dest.; 3 g hiervon werden mit 1 g Oxalsäure 2½ Std. auf 140—150° erhitzt; aus Bzl. Kristalle; 0,4 g. — *Divinylketon*, Herst. nach NASAROW u. TORGOW (Известия Академии Наук СССР, Отделение Химических Наук [Bull. Acad. Sci. URSS, Cl. Sci. chim.] **1947**. 495). — *α.ε-Bis-[1-methyl-2.6-diketocyclohexyl-(1)]-γ-ketopentan*, $C_{19}H_{26}O_5$, F. 100—101° (wss. Methanol); 7 g Methyldihydroresorcin u. 2 g Divinylketon in sd. CH_3ONa-Lsg.; Kristalle; 1,7 g. (Жунал Общей Химии [J. allg. Chem.] **23** (**85**). 1703—12. Okt. 1953. Inst. für Organ. Chem. der Akad. der Wiss. der UdSSR.) R. KNOBLOCH. 1970

R. Giuliano und **G. Leonardi**, *Über die Darstellung einiger Derivate der Cyclopentanol-(1)-carbonsäure-(1)*. (Vgl. C. **1953**. 5492.) Vff. stellten verschied. Derivv. der *Cyclopentanol-(1)-carbonsäure-(1)* (I) dar, die auf ihre pharmazeut. Anwendbarkeit geprüft werden sollen.

Versuche: *Cyclopentanol-(1)-carbonsäure-(1)* (**I**). Cyclopentanon wird mit $Na\cdot HSO_3$-Lsg. in die Bisulfitverb. übergeführt u. diese mit festem NaCN behandelt, wobei sich das *Cyclopentanoncyanhydrin* (**I**-Nitril) als klare gelbe Fl. abscheidet. Das Nitril wird mit konz. HCl durch ¼std. Erhitzen auf dem Wasserbad verseift; 85% (Ausbeute). *Äthylester* (**Ia**), $Kp._{20}$ 99°, $Kp._{30}$ 105°, $Kp._{40}$ 118°; *Phenylurethan*, $C_{15}H_{19}O_4N$, F. 101°, aus PAe. glänzende Nadeln. — **I**-*Amid*, $C_6H_{11}O_2N$, F. 131°, aus **Ia** u. 30%ig. NH_3; aus Bzl. glänzende Kristalle. — **I**-*Hydrazid*, $C_6H_{12}O_2N_2$, F. 80°, aus **Ia** u. Hydrazinhydrat in absol. A. durch 4std. Erhitzen; Kristalltafeln. *Benzalverb.*, F. 186—187° (A.). — *1-Acetoxycyclopentancarbonsäure-(1)* (**II**), $C_8H_{12}O_4$, F. 118°, aus **I** u. CH_3COCl bei 0° u. anschließend 1std. Erhitzen; aus W. Nadeln. *Äthylester*, $C_{10}H_{16}O_4$, $Kp._{35}$ 134—135°, aus **Ia**, Acetanhydrid u. Na-Acetat in trockenem Xylol durch 8std. Kochen; schwachgelb gefärbtes Öl von angenehmem Geruch. — **II**-*Amid*, $C_8H_{13}O_3N$, F. 134°, aus Bzl. glänzende Schuppen. — **II**-*Chlorid* (**IIa**), $Kp._{50}$ 130°, aus **II** u. $SOCl_2$ in Benzol. — **II**-*Diäthylamid*, $C_{12}H_{21}O_3N$, $Kp._3$ 137—138°, aus **IIa** u. Diäthylamin in Benzol. — **II**-*Diäthylaminoäthylester*, $C_{14}H_{25}O_4N$, $Kp._{10}$ 147°, aus **IIa** u. Diäthylaminoäthanol in Bzl. bei 0° u. anschließend 3std. Erhitzen auf dem Wasserbad. (Farmaco [Pavia] **7**. 29—34. Jan./Febr. 1952. Roma, Univ., Ist. di Chim. farmaceut. e tossicol.) H. IPPEN. 2050

Eugene F. Bonner, Adolf G. Finkensieper und **Ernest I. Becker**, *Reaktionsfähigkeit von Tetraphenyl-o-xylol-α.α'-diol, bezogen auf Tetraphenylphthalsäureanhydrid.* Tetracyclon gibt mit Butindiol-(1.4) *Tetraphenyl-o-xylol-α.α'-diol* (**I**), das bei der Oxydation mit CrO_3 abgebaut wird. Tetraphenylphthalsäureanhydrid wird durch $LiAlH_4$ zunächst nur zu *Tetraphenylphthalid* (**II**) red., das bei weiterer Red. **I** gibt. **I** bildet ein *Diacetat*, was beweist, daß die o-Phenylgruppen die CH_2OH-Gruppen ster. nicht behindern.

Versuche: *Tetraphenyl-o-xylol-α.α'-diol* (**I**), $C_{32}H_{26}O_2$, F. 249,5—250° (Aceton), a) aus Tetracyclon u. Butin-(2)-diol-(1.4) in Cymol (11 Std. kochen); aus Aceton gelbe Kristalle des *1 : 1-Solvats*, aus Bzl. Nadeln oder Stäbe; 58% (Ausbeute); b) aus **II** mit $LiAlH_4$ in Ae.; 53%. *Diacetat*, $C_{36}H_{30}O_4$, F. 204—205° (A.), mit Acetanhydrid in Pyridin; 89%. — *Tetraphenylphthalid* (**II**), $C_{32}H_{22}O_2$, F. 249,5—250°, aus Tetraphenylphthalsäureanhydrid u. 3 Mol $LiAlH_4$ in Ae. (6 Std. kochen); Platten aus A., Würfel aus Bzl.; 86%. — Die Infrarotspektren von **I** u. **II** sind angegeben. (J. org. Chemistry **18**. 426—31. April 1953. Brooklyn, N. Y., Polytechn. Inst., Chem. Labors.) H. LEHWALD. 2270

D. C. Gregg, K. Hazelton und **T. F. McKeon jr.**, *Triphenylmethylarylsulfide*. 3. Mitt. *Einige Oxydationen in saurem Medium.* (2. vgl. C. **1953**. 5175.) Vff. oxydieren *Aryltritylsulfide* in Eisessig mit CrO_3, $FeCl_3$, $KMnO_4$ u. mit heißer verd. HNO_3 u. erhalten hauptsächlich *Triphenylcarbinol* (**I**) *neben Arylsulfonsäuren* u. *Diaryldisulfiden*. Das von KNOLL (C. **1926**. II. 1144) dargestellte *Phenyltritylsulfoxyd* wurde bei Nacharbeit der Vorschrift nach wiederholten Verss. nicht erhalten.

Versuche: Oxydation von *Phenyltritylsulfid* (**II**) mit CrO_3 (vgl. KNOLL, l. c.): Zu 3 g **II** in 100 cm³ CH_3COOH werden bei 80° 0,86 g CrO_3 (1 Mol) in 25 cm³ W. hinzugefügt, die Mischung wird 15 Min. auf 70—80° belassen, in W. gegossen u. ausgeäthert; nach Eindampfen u. Aufnehmen in warmem Cyclohexan werden 54% *Triphenylcarbinol* (**I**) erhalten, aus dem Filtrat durch Eindampfen u. Aufnehmen in warmem A. 13% unumgesetztes **II**, aus der Mutterlauge 27% *Diphenyldisulfid* (**III**); aus der ausgeätherten wss. Lsg. durch Eindampfen, Zugabe von NH_4OH, Eindampfen des Filtrats, Versetzen mit NaOH, erneutes Eindampfen u. Entfernen der Acetationen mit konz. HCl 25% *Na-Benzolsulfonat* (**IV**), identifiziert als *S-Benzylthiuroniumbenzolsulfonat*, F. 146—148°. Bei Verwendung von 1,72 g CrO_3 (2 Mol) werden 90% **I**, 21% **III** u. 48% **IV** gebildet. Analog aus *o-Tolyltritylsulfid* (**V**) 88% **I**, aus *m-Tolyltritylsulfid* 91% **I**, aus *p-Tolyltritylsulfid* (**VI**) mit 1 Mol CrO_3 48% **I**, 33% *p.p'-Ditolyldisulfid* (**VII**) u. 24% *Na-p-To-*

luolsulfonat (**VIII**), mit 2 Mol CrO_3 92% **I**, 18% **VII** u. 51% **VIII**. — Oxydation von **V** mit wss. HNO_3: 20 g **V** werden mit 200 cm³ 4n HNO_3 4 Std. gekocht; 92% **I** u. 74% *Na-o-Toluolsulfonat* (**IX**) werden erhalten, analog aus **VI** 94% **I** u. 75% **VIII**. — Oxydation von **VI** mit $KMnO_4$: Zu 10 g **VI** in 200 cm³ CH_3COOH werden 8,64 g $KMnO_4$ hinzugefügt; 1 Std. wird auf 80° gehalten; 77% **I** u. 58% **VIII** werden gebildet, analog aus **II** 72% **I** u. 57% **IV**. — Oxydation von **II** mit $FeCl_3$: Zu 10 g **II** in 300 cm³ CH_3COOH werden 73 g $FeCl_3 \cdot 6H_2O$ gegeben, die Lsg. wird auf 80—85° erhitzt u. in die Mischung von 390 cm³ W. u. 10 cm³ konz. HCl gegossen; 84% **I** u. 90% **III** werden isoliert, analog aus **VI** 87% **I** u. 95% **VII**. (J. org. Chemistry **18**. 36—39. Jan. 1953. Burlington, Vt., Univ., Dep. of Chem.) H. ULRICH. 2290

Calvin L. Stevens und **Allan E. Sherr**, *Die Chlor-α.α-diphenylacetone. Darstellung, Strukturbeweis und Reaktionen mit Basen.* Vff. beschreiben eine Meth. zur Darst. u. den Strukturbeweis für α- (**III**) u. *α'-Chlor-α.α-diphenylaceton*). Bei der Rk. mit Basen entsteht aus beiden Isomeren hauptsächlich *β.β-Diphenylpropionsäure* bzw. ein Deriv. hiervon.

V e r s u c h e : *Brenztraubensäureäthylester*, $Kp._{32}$ 63—69°, $n_D^{15,6}$ 1,4096, aus Brenztraubensäure u. absol. A. unter Zugabe von Bzl.; 95% (Ausbeute). — *α.α-Diäthoxypropionsäureäthylester*, $Kp._{26}$ 93—94°, $D.^{32}_4$ 0,9750, n_D^{25} 1,4115, aus vorst. Verb., Orthoameisensäuretriäthylester u. absol. A. in Ggw. von konz. H_2SO_4 durch 24std. Stehen u. 8std. Kochen; 79%. — *1.1-Diphenyl-2.2-diäthoxypropanol-(1)* (**I**), $C_{19}H_{24}O_3$, $Kp._{0,6}$ 135 bis 137°, F. 73—74° (A.), $D.^{30}_4$ 1,0522, n_D^{25} 1,5490, durch Zugabe vorst. Verb. in Ae. zu einer gekühlten C_6H_5MgBr-Lsg. in Ae. innerhalb von 2 Std. unter Rühren, 2std. Kochen, Hydrolyse mit gesätt. NH_4Cl-Lsg. u. fraktionierte Dest.; 61,5%. — *α-Oxy-α.α-diphenylaceton* (**II**), $C_{15}H_{14}O_2$, F. 66—67° (Ae.-Aceton), durch 3std. Kochen von **I** u. A. in Ggw. von verd. HCl; 98%. *Oxim*, F. 161—162°; 80%. *Semicarbazon*, F. 174 bis 176°; 80%. — *1-Chlor-1.1-diphenyl-2.2-diäthoxypropan*, $C_{19}H_{23}O_2Cl$, F. 71—72° (Heptan–Aceton), durch Zugabe von $SOCl_2$ in Bzl. zu einer auf 0° gekühlten Lsg. von **I** in Bzl. u. wasserfreiem Pyridin u. 3std. Erhitzen auf 50—60°; 76,5%. — *α-Chlor-α.α-diphenylaceton* (**III**), $C_{15}H_{13}OCl$, F. 65—66° (Heptan–Aceton), a) durch 3std. Leiten von wasserfreiem HCl durch vorst. geschmolzene Verb.; 67%; b) aus **II** u. $SOCl_2$ analog vorst. Verb.; 83,3%. — *β.β-Diphenylpropionsäure*, F. 153—154° (verd. A.), durch 4std. Rühren von **III** u. NaOH in absol. Ae., Gießen in W. u. Ansäuern; 55%. *Amid*, F. 123—124°; 67%. *Anilid* (2 Formen), F. 164—165° u. 174—175°; 25%. *Äthylester*, $C_{17}H_{18}O_2$, $Kp._{0,3}$ 129—133°, n_D^{25} 1,4850, a) aus **III** in absol. A. u. Na-Äthylat; 85%; b) durch Zugabe von Na-Äthylat zu einer Lsg. von nachst. Verb. in absol. A. u. 4 Min. kochen; 69%. — *α'-Chlor-α.α-diphenylaceton*, $C_{15}H_{13}OCl$, F. 66—67°, durch Zugabe von Diphenylacetylchlorid in Ae. zu einer Lsg. von Diazomethan in Ae. innerhalb von 15 Min. unter Rühren, 2std. Stehen, Kühlen, 3std. Durchleiten von HCl u. Zugabe von W.; 98%. — *Diphenylessigsäure*, F. 145—146° (Nadeln), aus 4 g **III** neben dem Ester vorst. Verb.; 0,5 g. (J. org. Chemistry **17**. 1228—34. Sept. 1952. Detroit, Mich., Wayne Univ., Dep. of Chem.) E. VOGEL. 2360

Reynold C. Fuson und **Donald E. Brasure**, *Die reduktive Spaltung der Ester und Lactone durch Grignard-Reagentien.* Während Triphenylessigsäuremethylester beim Behandeln mit tert.-Butyl-MgCl *Triphenylmethan* u. *1.1.1-Triphenyl-2.2-dimethylpropan* gibt, wird 3.3-Diphenylphthalid in *o-Benzhydrylbenzoesäure* gespalten. 9-Acetoxyanthracen liefert *Anthracen.*

V e r s u c h e : *o-Benzhydrylbenzoesäure*, F. 160—162°, aus 3.3-Diphenylphthalid u. tert.-Butyl-MgCl; 14% (Ausbeute). — *Anthracen*, F. 214—217°, durch 1std. Kochen von 9-Acetoxyanthracen mit tert.-Butyl-MgCl. — *9-Acetoxyanthracen*, $C_{16}H_{12}O_2$, F. 133 bis 134°, aus Essigsäureanhydrid u. Anthron in sd. Pyridin (15 Min.); gelbe Nadeln aus A.; 44%. — *Dioxolanon aus Benzaldehyd u. Mandelsäure*, $C_{15}H_{12}O_3$, F. 104—105°; 50%. (J. Amer. chem. Soc. **77**. 3131—32. 5/6. 1955. Urbana, Ill., Univ. of Illinois, Noyes Chem. Labor.) I. AHRLÉ. 2450

D. Sch. Rosina und **R. P. Lasstowski**, *Synthese einiger Derivate von 4-Aminodiphenyl.* Zur Erhöhung der Beständigkeit von 4-Aminodiphenyl (**I**) gegenüber Oxydation u. zur Unters. der tuberkulostat. Eigg. werden aus **I** durch Rk. mit Glucose, 4-Acetylaminosalicylaldehyd u. 4-Chloracetylaminosalicylsäure *4-Aminodiphenylglucosid* (**II**), *4-[4'-Acetylaminosalicylidenamino]-diphenyl* (**III**) bzw. *4-[4'-Diphenylaminoacetylamino]-salicylsäure* (**IV**) dargestellt. **II** red. FEHLINGsche Lsg. u. wird durch 5%ig. HCl leicht gespalten, so daß die Struktur eines Azomethins auszuschließen ist. **II**—**IV** zeigen in vitro antituberkulöse Aktivität. An Mäusen wird keine Aktivität beobachtet.

V e r s u c h e : *4-Aminodiphenylglucosid* (**II**), $C_{18}H_{21}O_5N$, F. 111—112° (Zers.); aus 33,8 g **I** u. 36 g Glucose in 200 ml A. (6 Std. Kochen); 52—53 g (Ausbeute). — *4-Acetylaminosalicylsäure*, $C_9H_9O_4N$, F. 225—226° (35%ig. A.); aus 87,5 g Na-4-Aminosalicylat

in 450 ml W. mit 60,6 g $(CH_3CO)_2O$ (5 Std. Rühren bei 20°); 75,6%. — *4-[4'-Acetylaminosalicylidenamino]-diphenyl* (III), $C_{21}H_{18}O_2N_2$, F. 233—234° (A.); zu 17,85 g vorst. Verb. in 900 ml 0,6%ig. Sodalsg. gibt man bei 80° 24 g **I**, dann bei 50—55° 225 g NaCl u. im Verlauf von 2 Std. 370 g 2%ig. Na-Amalgam in 120 g Borsäure, so daß die Lsg. stets sauer bleibt, u. rührt noch 2 Std. bei 50—55°; 14—14,5 g. — *4-Chloracetylaminosalicylsäure*, $C_9H_8O_4NCl$, F. 235—236°; man gibt zu einer Lsg. von 25 g Na-4-Aminosalicylat in 280 ml W. bei 35—40° 32 g $NaHCO_3$, gibt bei 20° langsam 32 g Chloracetylchlorid zu u. rührt 1 Std.; 69,5—72%. — *4-[4'-Diphenylylaminoacetylamino]-salicylsäure* (IV), $C_{21}H_{18}O_4N_2$, F. 231,5—132°; aus 17,3 g vorst. Verb. in 300 ml A. u. 25,5 g **I** (7 Std. Kochen); Reinigung durch Auskochen mit Bzl., A. u. Ae.; 12 g. (Журнал Общей Химии [J. allg. Chem.] **24** (**86**). 2063—66. Nov. 1954. Wiss. Forschungsinst. für chem. Reagentien.)
O. POLLAK v. EMHOFEN. 2510

Henry Gilman und **T. C. Wu**, *Reaktionen von Triphenylsilylkalium mit Benzophenon und mit 4.4'-Dimethylbenzophenon.* $(C_6H_5)_3SiK$ (I) lagert sich an die CO-Gruppe des Benzophenons (II) u. des 4.4'-Dimethylbenzophenons (III) nicht in üblichem Sinne $[(C_6H_5)_3SiK + R_2CO \rightarrow R_2C(OK)Si(C_6H_5)_3]$, sondern unter Bldg. einer *Siliciumalkoxylverb.*, $R_2C(K)OSi(C_6H_5)_3$, an. Die Hydrolyseprodd. zeigen im Infrarotspektr. keine OH-, dafür aber SiO-Linien, sie sind ferner ident. mit den Reaktionsprodd. aus Triphenylchlorsilan (IV) u. $R_2CH(ONa)$. Alkoh. KOH spaltet nach $(C_6H_5)_3SiOCH(C_2H_5)_2$ (V) + HOH → $(C_6H_5)_3SiOSi(C_6H_5)_3$ (VI) + $(C_6H_5)_2CHOH$ (VII). Vff. diskutieren als möglichen Reaktionsmechanismus die n. Addition als Primärschritt u. sofortige Umlagerung des Anions $(C_6H_5)_2C[Si(C_6H_5)_3]O^-$ in das durch Resonanz u. höhere SiO-Bindungsenergie begünstigte Ion $(C_6H_5)_3SiO(C_6H_5)_2C^{\cdot}$.

Versuche: *Benzhydryloxytriphenylsilan* (*Diphenylmethoxytriphenylsilan*; V), $C_{31}H_{26}OSi$, aus **IV** u. dem Na-Salz des Benzhydrols (27% [Ausbeute]) sowie aus **I** u. **II** in Ae. u. nachfolgende Hydrolyse (40%); F. 83—84° (A.). Als Nebenprodd. treten *Hexaphenyldisiloxan* (VI), F. 227—229°, *Benzhydrol* (VII), F. 68—69°, u. *Triphenylsilanol*, F. 150—151°, auf. *Bis-[4-methylphenyl]-methoxytriphenylsilan*, $(CH_3C_6H_4)_2CH \cdot OSi(C_6H_5)_3$, $C_{33}H_{30}OSi$, aus **III** u. **I** in Ae. u. Hydrolyse; F. 111—112° (A.); 26%. (J. Amer. chem. Soc. **75**. 2935—36. 20/6. 1953. Ames, Io., Iowa State Coll., Chem. Labor.)
U. WANNAGAT. 2580

L. H. Sommer und **N. S. Marans**, *Organosiliciumverbindungen.* 30. Mitt. *Silylindene und Silylindane.* (29. vgl. C. **1954**. 989.) *1-Silylindene* u. *1.1-Disilylindene* sowie einige Diindenyl-(1)-silane wurden hergestellt durch Rk. zwischen 1-Indenylnatrium (III) oder -lithium (V) bzw. 1.1-Indenyldinatrium (IV) oder -dilithium (VI) mit Alkylhalogensilanen. Die *Silylindene* lassen sich mit RANEY-Ni unter leichtem Druck zu den *Silylindanen* hydrieren. Wie in Allyltrimethylsilan (vgl. C. **1948**. E. 1811) wird die Indenyl-C-Bindung durch verschied. elektrophile u. nucleophile Reagentien gespalten.

Versuche: *1-Indenylnatrium* (III), aus 0,55 Mol Inden (I) u. 1,17 g-Atom Na u. Erhitzen auf 140—150°. — *1.1-Indenyldinatrium* (IV), analog mit der doppelten Menge Na. — *1-Indenyllithium* (V), aus n-Butyllithium u. **I** in Xylol während 12 Std. bei 90°. — *1.1-Indenyldilithium* (VI), analog. — *1-[Trimethylsilyl]-inden* (VII), $Kp._4$ 87°, $Kp._3$ 76°, aus **III** u. Trimethylchlorsilan in Xylol während 12 Std. bei 100° u. Zers. mit Eiswasser; oder analog aus **V**; $D.^{20}_4$ 0,945, n_D^{20} 1,5423, 1,5426, Mol.-Refr. 62,7; 54,7 bzw. 59% (Ausbeute). — *1-[Dimethylchlorsilyl]-inden* (XI), $Kp._3$ 92°, $Kp._1$ 70°; aus **V** bzw. **III** u. Dimethyldichlorsilan in Xylol durch 24std. Erhitzen auf 100°; $D.^{20}_4$ 1,076, 1,071, n_D^{20} 1,5535, 1,5525, Mol.-Refr. 62,4; 64,2 bzw. 14,5%. — Nachst. Verbb. wurden analog aus **III** bzw. **IV** hergestellt, in () sind die Ausbeuten aus Synthesen mit **V** bzw. **VI** angegeben: *1-[Triäthylsilyl]-inden* (VIII), $Kp._3$ 121°, $Kp._2$ 113°, $D.^{20}_4$ 0,950, n_D^{20} 1,5412, 1,5420, Mol.-Refr. 76,2; 49,3% (49,5%). — *1.1-Bis-[trimethylsilyl]-inden* (IX), $Kp._3$ 106°, $D.^{20}_4$ 0,930, n_D^{20} 1,5307, 1,5300, Mol.-Refr. 86,3; 17,7% (15,4%). — *1.1-Bis-[triäthylsilyl]-inden* (X), $Kp._6$ 190°, $Kp._3$ 170°, $D.^{20}_4$ 0,940, 0,939, n_D^{20} 1,5335, 1,5330, Mol.-Refr. 113,9; 27,1% (27,5%). — *1-[Methyldichlorsilyl]-inden* (II), $Kp._2$ 84°, $Kp._3$ 92°, $D.^{20}_4$ 1,200, 1,201; 27,8% (73,6%); als Nebenprod. bildete sich *1-[Indenyl-(1)-methylchlorsilyl]-inden*, $Kp._2$ 179°, $D.^{20}_4$ 1,137; 11%. — *1-[Indenyl-(1)-dimethylsilyl]-inden*, $Kp._4$ 155°, $D.^{20}_4$ 1,060, n_D^{20} 1,6110, Mol.-Refr. 94,4; (24%). — *Hexamethyldisiloxan*, $Kp._{730}$ 99°, n_D^{20} 1,3770, bzw. *Hexaäthyldisiloxan*, n_D^{20} 1,3370, entstanden in wechselnder Menge bei der Behandlung von **VII**, **IX** bzw. **VIII** mit konz. H_2SO_4, verd. H_2SO_4 oder 20%ig. NaOH; *Trimethylbromsilan*, C_3H_9BrSi, $Kp._{729}$ 78°, bzw. *Triäthylbromsilan*, $C_6H_{15}BrSi$, $Kp._{23}$ 62°, bildeten sich beim Behandeln von **VII** bzw. **VIII** mit Brom. Absol. A. reagiert weder mit **VII** noch mit **IX** oder **X**. — *Trimethylchlorsilan*, C_3H_9ClSi, $Kp._{734}$ 56°, aus **VII** u. $SnCl_4$; 29,8%. — **I** entstand aus **XI** u. wss. NaOH neben nichtidentifizierten hochsd. Fraktionen; analog verlief die Rk. mit fl. NH_3, während CH_3MgBr **VII** ergab; 75%. — *1-(Methyldichlorsilyl)-inden* (**II**) gab mit wss. NaOH u. W. nur **I**, CH_3MgBr bildete **VII**. — *1-[Methyldi-n-butoxysilyl]-inden*, Kp.$_{1,5}$ 130°, n_D^{20} 1,5015, $D.^{20}_4$ 0,976, Mol.-Refr. 92, u. *1-[Dimethyl-n-butoxysilyl]-inden*, Kp.$_3$ 113°, n_D^{20} 1,5165, $D.^{20}_4$ 0,964, Mol.-Refr. 77,2, entstanden aus **II** bzw. **XI** mit n-Butanol u. Pyridin; 53,5 bzw. 49,4%. — Durch katalyt. Hydrierung mit Raney-Ni in A. (bzw. Ae.) bei 25° u. 3 at entstanden nachst. Indane: *1-[Trimethylsilyl]-indan*, Kp.$_{1,5}$ 64°, Kp.$_3$ 76°, $D.^{20}_4$ 0,931, n_D^{20} 1,5205, Mol.-Refr. 62,1; wird durch 20%ig. NaOH nicht hydrolysiert; 61,9% (65%). — *1-[Triäthylsilyl]-indan*, Kp.$_3$ 120°, Kp.$_2$ 109°, $D.^{20}_4$ 0,942, n_D^{20} 1,5250, Mol.-Refr. 75,5; 43,5% (76,3%). — *1.1-Bis-[trimethylsilyl]-indan*, Kp.$_2$ 94°, $D.^{20}_4$ 0,920, n_D^{20} 1,5135, Mol.-Refr. 85,6; 24%. — *1.1-Bis-[triäthylsilyl]-indan*, Kp.$_2$ 155°, $D.^{20}_4$ 0,941, n_D^{20} 1,5270, Mol.-Refr. 113,1; 49%. — *1-[Methyldi-n-butoxysilyl]-inden*, Kp.$_3$ 117°, $D.^{20}_4$ 0,952, n_D^{20} 1,5003, Mol.-Refr. 91,5; 82%. — *1-[Dimethyl-n-butoxysilyl]-indan*, Kp.$_2$ 134°, $D.^{20}_4$ 0,963, n_D^{20} 1,4869, Mol.-Refr. 76,7; (85,3%). (J. Amer. chem. Soc. **73**. 5135—38. Nov. 1951. State College, Pa., Whitmore Labor.) H. W. Zimmer. 2650

Alexander Schönberg, Ahmed Mustafa und **Ahmed Fathy Abdel Maugoud Shalaby**, *Untersuchungen an sterisch behinderten Phenolen.* 1. Mitt. *Instabilität von 1-Triphenylmethyl-β-naphthol gegen Säuren. 1-Triphenylmethylnaphthol-(2)* (**I**) wird mit HCl zu *β-Naphthol* u. *Triphenylcarbinol* hydrolysiert. **I** läßt sich acylieren u. gibt die Platkowskaja-Rk. (vgl. C. **1938**. I. 3367). Dieses zeigt, daß **I** in der phenol. Form vorliegt, obwohl es in wss. Alkalien prakt. unlösl. ist.

Versuche: *1-Triphenylmethylnaphthol-(2)* (**I**), $C_{29}H_{22}O$, F. 155° (Bzn.), aus Phenyl-MgBr u. o-Naphthofuchson in Bzl.; *p-Nitrobenzoat*, $C_{36}H_{25}O_4N$, F. 200° (Essigsäure), aus **I** in Pyridin u. p-Nitrobenzoylchlorid (4 Std. auf dem Wasserbad) u. Gießen in Eiswasser. — Hydrolyse von **I** durch Einleiten von HCl in die erhitzte Lsg. von **I** in konz. HCl → *β-Naphthol*, F. 121° (PAe.) u. *Triphenylcarbinol* (F. 160° (CCl_4). (J. Amer. chem. Soc. **77**. 5756—57. 5/11. 1955. Giza, Cairo, Univ., Fac. of Sci., Dep. of Chem.) O. Wolf. 2700

Arthur G. Anderson jr. und **David O. Barlow**, *Dekalindiol-(2.7) und Dekalindion-(2.7).* Hochdruckhydrierung von 2.7-Dioxynaphthalin [aus dem Di-Na-Salz der Naphthalindisulfonsäure-(2.7); 43% (Ausbeute)] mit Raney-Ni W-4 in absol. A. bei 150° u. 170 at Anfangsdruck gab in 5 Std. 63% *Dekalindiol-(2.7)*, $C_{10}H_{18}O_2$, F. 108—110°. *Dibenzoat*, $C_{24}H_{26}O_4$, F. 102,5—13,5° (50%ig. A.). — Durch Oxydation mit CrO_3 in verd. H_2SO_4 bei 0° (2 Std.) entstand daraus *Dekalindion-(2.7)*, $C_{10}H_{16}O_2$, F. 62—64°, sublimiert; 43%. — Die Konfigurationen wurden nicht bestimmt. (J. Amer. chem. Soc. **77**. 5165—66. 5/10. 1955. Seattle, Wash., Univ., Dep. of Chem.) J. Rothe. 2700

T. R. Govindachari und **N. Arumugam**, *Versuch der Synthese von 9.10-Dihydro-7.8.2'.3'-tetramethoxy-10-methyl-1.2-benzophenanthridin über die Pschorr-Reaktion.* 1.2.3.4-Tetrahydro-1-oximino-6.7-dimethoxynaphthalin (**I**) wurde mit Na-Amalgam zur 1-Aminoverb. reduziert. Mit HCOOH ließ sich das Amin nicht formylieren, sondern die Aminogruppe wurde eliminiert. Dagegen war das Acetylderiv. leicht zu erhalten. Bei seiner Dehydrierung zu *N-Acetyl-6.7-dimethoxy-α-naphthylamin* entstand gleichzeitig 2.3-Dimethoxynaphthalin. Die Acetylgruppe wurde hydrolyt. abgespalten, die Aminogruppe formyliert u. mit $LiAlH_4$ zu *6.7-Dimethoxy-N-methyl-α-naphthylamin* reduziert. Mit 2.3-Dimethoxy-6-nitrobenzoylchlorid entstand hieraus in 30%ig. Ausbeute *N-[2'.3'-Dimethoxy-6'-nitrobenzoyl]-6.7-dimethoxy-N-methyl-α-naphthylamin*, dessen Nitrogruppe red. wurde. Das Reduktionsprod. wurde der Pschorr-Rk. unterworfen. Nach Chromatographie wurde keine krist. Substanz erhalten.

Versuche: *N-Acetyl-1.2.3.4-tetrahydro-6.7-dimethoxy-α-naphthylamin*, $C_{14}H_{19}O_3N$, F. 149°; bei 60° wird zur alkoh. Lsg. von **I** in kleinen Anteilen Na-Amalgam zugegeben u. durch zeitweisen Zusatz von 50%ig. Essigsäure die saure Rk. aufrechterhalten; nach Abtrennen des Hg u. Abtreiben des A. wird alkal. gemacht, mit Ae. extrahiert u. die Base mit Acetanhydrid acetyliert; aus Bzl./PAe. Nadeln. — *N-Acetyl-6.7-dimethoxy-α-naphthylamin*, $C_{14}H_{15}O_3N$, F. 185°, durch 8std. Rückflußkochen vorst. Verb. mit Pd-Kohle in p-Cymol; in der p-Cymolmutterlauge *2.3-Dimethoxynaphthalin*, F. 116°. — *6.7-Dimethoxy-α-naphthylamin*, $C_{12}H_{13}O_2N$, F. 130°, durch Hydrolyse der Acetylverb. mit 20%ig. H_2SO_4. *Formylderiv.*, $C_{13}H_{13}O_3N$, F. 175°. — *6.7-Dimethoxy-N-methyl-α-naphthylamin*, $C_{13}H_{15}O_2N$, F. 154°, durch Red. des Formylderiv. mit $LiAlH_4$ in Tetrahydrofuran; Nadeln aus CH_3OH. Hieraus mit 2.3-Dimethoxy-6-nitrobenzoylchlorid in Bzl. u. K_2CO_3 das *2.3-Dimethoxy-6-nitrobenzoylderiv.*, $C_{22}H_{22}O_7N_2$, F. 216°; 30% (Ausbeute). — *N-[6'-Amino-2'.3'-dimethoxybenzoyl]-6.7-dimethoxy-N-methyl-α-naphthylamin*, $C_{22}H_{24}O_5N_2$, F. 154°, durch Red. vorst. Verb. über PtO_2. *Hydrochlorid*, $C_{22}H_{25}O_5N_2Cl$, F. 215° (Zers.). (J. chem. Soc. [London] **1955**. 2534—35. Juli. Madras, Presidency Coll., Dep. of Chem.) K. Nezel. 2700

Eugen Bamann, Karl Schriever und **Günther Müller,** *Einfluß der Sulfonsäuregruppe bei der Hydroxylierung von Aminonaphthalinsulfonsäuren.* 9. Mitt. *Zum Mechanismus der Hydroxylierung von Naphthylamin und dessen Derivaten.* (8. vgl. C. **1956.** 9435.) Die Rk. der Hydroxylierung durch Ozon oder O_2 in $Na_2S_2O_4$-Lsg. bei p_H 6,0–6,2 zwischen 0 u. 40° wurde auf alle isomeren Aminonaphthalinsulfonsäuren ausgedehnt. Als Maß der Reaktionsstärke der Isomeren diente eine Änderung des Reduktionsvermögens der Lsg. gegenüber Phosphormolybdänsäure; das entstehende Molybdänblau wurde colorimetr. bestimmt. SO_3H-Gruppen, die der Substitutionsstelle nahestehen, hemmen die Rk. stärker als entferntere; dies wird durch den I-Effekt der SO_3H-Gruppe erklärt, dazu kommen teilweise noch ster. u. M-Effekte. Im einzelnen fiel das Reduktionsvermögen der Lsg. in folgender Reihenfolge: *1-Aminonaphthalinsulfonsäure-(5)* („*1.5-Isomeres*") = *α-Naphthylamin* > *1.4-* > *1.6-* > *1.7-* > *2.6-Isomeres* = *β-Naphthylamin* > *2.1-* > *2.5-* > *2.7-* > *1,8-* > *1,2-* > *1.3-Isomeres.* Folgende Verbb. wurden als Reaktionsprodd. isoliert: *2-Oxy-1-aminonaphthalinsulfonsäure-(4)*, aus α-Naphthylamin 20% (Ausbeute), aus Naphthionsäure 35%, nachgewiesen durch Oxydation zu *β-Naphthochinonsulfonsäure-(4)* u. Kuppeln mit Anilin zu *4-Anilinonaphthochinon-(1.2)*. — *2-Oxy-1-aminonaphthalinsulfonsäure-(6)*, aus dem 1.6-Isomeren 10–12%, identifiziert als *4-Anilinonaphthochinon-(1.2)-sulfonsäure-(6)*. — *2-Oxy-1-aminonaphthalinsulfonsäure-(5)*, aus dem 1.5-Isomeren 30–35%, identifiziert als *β-Naphthochinon.* — Die 2-Aminonaphthalinsulfonsäuren neigen zur Bldg. von Kondensationsprodd., z. B. Naphthazindisulfonsäuren; *1.2;5.6-Dibenzophenazin,* F. 284° (Eisessig), aus dem 2.5-Isomeren durch Lösen des Reaktionsprod. in NaOH u. Abspaltung der SO_3H-Gruppen mit 2%ig. Na-Amalgam; 2–5%. — Gleiche Ausbeuten der entsprechenden Naphthazindisulfonsäuren aus dem 2.6- u. 2.7-Isomeren. (Arch. Pharmaz. Ber. dtsch. pharmaz. Ges. **288/60.** 276–80. 1955. München, Univ., Inst. für Pharmaz. u. Lebensmittelchem.)
J. ROTHE. 2700

L. A. Bigelow und **H. H. Reynolds,** *Chinizarin.* Durch Erhitzen von p-Chlorphenol, Phthalsäureanhydrid, krist. H_3BO_3 u. 95%ig. H_2SO_4 auf 200°: F. 200–202° (Eisessig); 68–74% (Ausbeute). (Org. Syntheses **1.** 476–78. Okt. 1951.) I. AHRLE. 2800

Roderick A. Barnes und **Mark D. Konort,** *Synthese von Phenanthrenen.* **4.** Mitt. *8-Chlor-4a-methyl-1.2.3.4.4a.9.10.10a-oktahydrophenanthren.* (3. vgl. C. **1953.** 7792.) Durch Ringschluß von *2-[β-(2'-Chlorphenyl)-äthyl]-1-methylcyclohexanol* (**I**) u. von *1-[β-(2'-Chlorphenyl)-äthyl]-2-methylcyclohexanol* (**II**) wird dasselbe *8-Chlor-4a-methyl-1.2.3.4.4a.9.10.10a-oktahydrophenanthren* (**III**) erhalten. Das Cl in **III** läßt sich durch H ersetzen. Die so erhaltene Verb. (**IV**) erwies sich als verschieden von dem durch Ringschluß von 2-Methyl-1-[β-phenyläthyl]-cyclohexanol gewonnenen Stereoisomeren (vgl. 2. Mitt., C. **1953.** 2437).

Versuche (FF. korr.): *β-[2-Chlorphenyl]-äthylbromid* (**V**), C_8H_8ClBr, Kp.$_{10}$ 113 bis 115°, durch Bromierung des Ag-Salzes von β-[2-Chlorphenyl]-propionsäure (**VI**) in sd. CCl_4 (1 Std.) u. 3std. Rühren unter Rückfluß; $NaHCO_3$-Extraktion des Filtrats ergab beim Ansäuern 8% **VI**; aus der CCl_4-Lsg. **V**, n_D^{25} 1,5701; 63% (Ausbeute); das Mg-Deriv. aus **V** gibt mit Trockeneis **VI**. — *2-Keto-1-[β-(2'-chlorphenyl)-äthyl]-cyclohexancarbonsäure-(1)-äthylester,* $C_{17}H_{21}O_3Cl$, Kp.$_{1,2}$ 178–185°, aus Cyclohexanoncarbonsäure-(2)-äthylester mit **V** u. K in Toluol oder tert.-Butanol; 48 bzw. 55%. *2.4-Dinitrophenylhydrazon,* $C_{23}H_{25}O_6N_4Cl$, F. 127–128° (A.). — *2-[β-(2'-Chlorphenyl)-äthyl]-cyclohexanon,* $C_{14}H_{17}OCl$, Kp.$_{0,8}$ 144–146°, durch Verseifung vorst. Verb. nach RENFROW u. Mitarbeitern (C. **1952.** 1480); n_D^{25} 1,5400; 45%. *2.4-Dinitrophenylhydrazon,* $C_{20}H_{21}O_4N_4Cl$, F. 149,5–150,5° (A.–Essigester). — *8-Chlor-4a-methyl-1.2.3.4.4a.9.10.10a-oktahydrophenanthren* (**III**), $C_{15}H_{19}Cl$, Kp.$_{0,6}$ 126–128°, a) durch Eintropfen vorst. Verb. in Ae. unter Eiskühlung in die Ätherlsg. von CH_3MgJ, 1std. Kochen, Gießen in Eiswasser–H_2SO_4, Ausäthern des rohen **I** (99%; ohne Dehydratisierung nicht zu reinigen), Eintropfen von **I** bei 5–7° in 90%ig. H_2SO_4 (3 Std.), 1std. Stehen bei dieser Temp., 3std. Rühren bei Raumtemp. u. Extraktion mit PAe.; n_D^{25} 1,5671; 82%; b) durch Zutropfen von 2-Methylcyclohexanon (**VII**) in Ae. bei 0–5° zu der GRIGNARD-Verb. aus **V** in Ae. getropft, 4std. Kochen, Zers. mit gesätt. NH_4Cl-Lsg., Isolierung u. Cyclisierung des rohen **II** wie **I** bei a); neben **II** wurden isoliert: Eine Fraktion vom Kp.$_{0,4}$ 33–36°, Kp. 169 bis 173°, n_D^{25} 1,4790 (wahrscheinlich Gemisch von o-Chloräthylbenzol u. **VII**) u. *1.4-Bis-[o-chlorphenyl]-butan,* $C_{16}H_{16}Cl_2$, Kp.$_{0,5}$ 156–162°, F. 51–52°, das zum Vgl. durch Kupplung von **V** mit Mg + $CuCl_2$ in Ae. dargestellt wurde; 21%. — *4a-Methyl-1.2.3.4.4a.9.10.10a-oktahydrophenanthren* (**IV**), $C_{15}H_{20}$, Kp.$_{0,5}$ 100–103°, aus **III** in sd. absol. A. durch Zufügen von Na, Einengen, Ansäuern mit CH_3COOH u. Extraktion mit PAe.; n_D^{25} 1,5453; gibt mit Pd-Kohle bei 280–320° als Sublimat *Phenanthren.* — *9-Keto-4a-methyl-1.2.3.4.4a.9.10.10a-oktahydrophenanthren,* Kp.$_{0,5}$ 130–132°, aus 1,3 g **IV** in CH_3COOH mit CrO_3 in 80%ig. CH_3COOH (10 Std. bei 0° u. 3 Tage bei Zimmertemp.);

n_D^{25} 1,5675; 0,5 g. *2.4-Dinitrophenylhydrazon*, $C_{21}H_{22}O_4N_4$, F. 209,5–210,5° (A.-Essigester). (J. Amer. chem. Soc. **75.** 303–05. 20/1. 1953. New Brunswick, N. J., Rutgers Univ., School of Chem.) K. Lehmstedt. 2850

A. Zinke, K. Holzer und **E. Ziegler,** *Untersuchungen über Perylen und seine Derivate.* 61. Mitt. *Über den oxydativen Abbau des 2.3.8.9-Dibenzperylens.* (60. vgl. C. **1956.** 1875.) Der aus *Phenanthren* bzw. *9-Bromphenanthren* mit $AlCl_3$ erhältliche KW-stoff ist *2.3;8.9-Dibenzperylen* (**I**; vgl. C. **1950.** I. 974) u. nicht *2.3;10.11-Dibenzperylen* (**II**; vgl. Clar, Ber. dtsch. chem. Ges. **65.** [1932.] 846). **II** ist von Zinke (l. c.) über 9.9′-Diphenanthryl synthetisiert u. nicht mit **I** identisch. Die Konst. des **I** wird durch oxydativen Abbau zu Pentacenderivv. bewiesen. Mit Chromsäure in Eisessig entsteht eine *Säure* **III**, ein *Chinon* **IV**, ein *Oxychinon* **V** u. ein *Lacton* **VI** sowie *Phthalsäureanhydrid* (**VII**) in geringer Menge. **III** ist ein Pentacenderiv., da sie bei der Zinkstaubdest. das *Naphthobenz-*

II

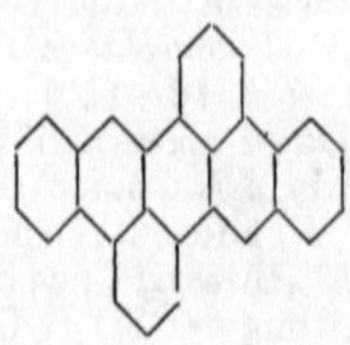
I

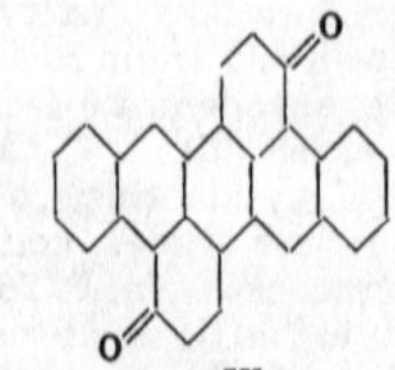
IV

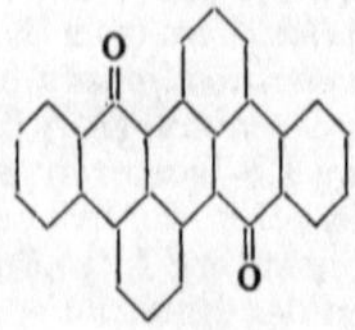
XII

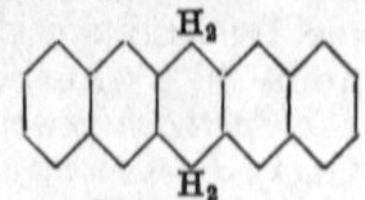
X

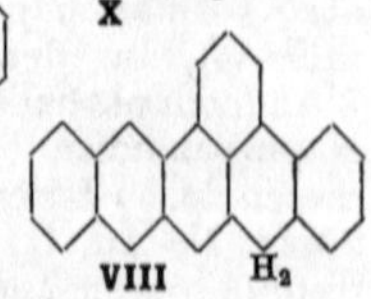
VIII

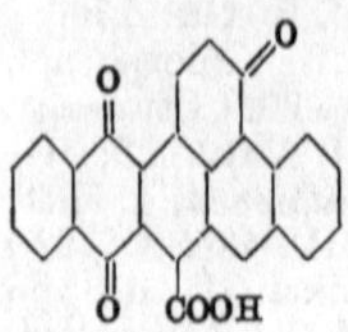
III

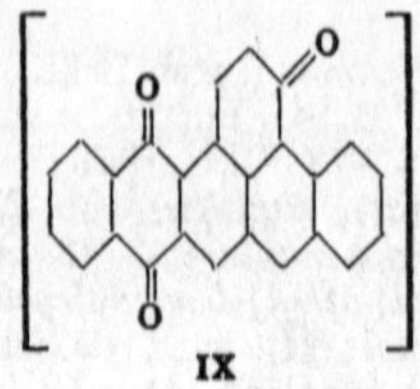
IX

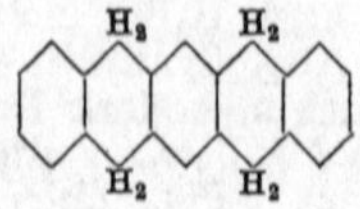
XI

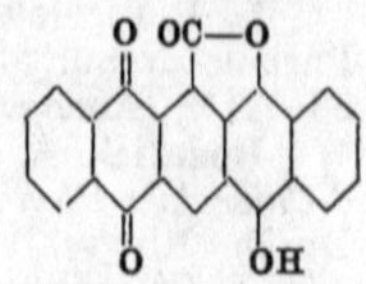
VI

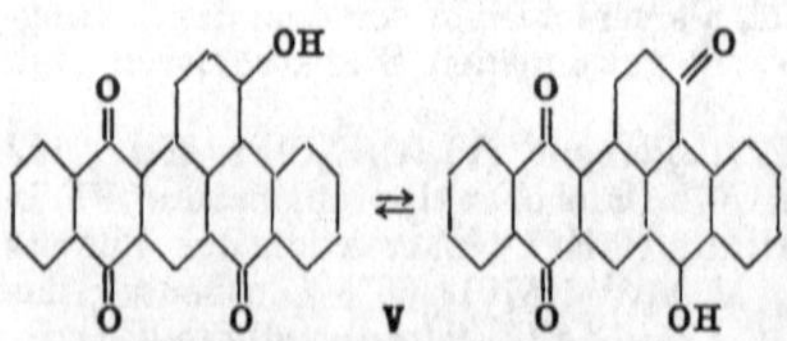
V

anthren **VIII** liefert. Daraus folgt ihre Konst. als *Benzpentacenchinonmonocarbonsäure* **III**. Sie wird über ein nichtgefaßtes *Chinon* **IX** zu **V** decarboxyliert u. oxydiert. **V** gibt bei der Zn-Staubdest. ebenfalls **VIII**. Durch weitere Oxydation entsteht aus **V** *5.14-Dioxypentacen-7.12-chinon-6-monocarbonsäurelacton* (**VI**), das bei der Zinkstaubdest. in das aus den beiden Hydropentacenen **X** u. **XI** bestehende KW-stoffgemisch übergeht, das auch aus Pentacenchinon mit HJ nach Mills (J. chem. Soc. [London] **101.** [1912.] 2194) entsteht. Bei der Chromsäureoxydation des Chinons **IV** wird auch **III**, **V** u. **VI** gefaßt. **IV** könnte auch ein *Dibenzperylen-1.7-chinon* (**XII**) sein, doch spricht das Spektr. eher für ein 4.10-Chinon. Mit Chromsäure geht **V** ausschließlich in **VI** über.

V e r s u c h e: *2.3;8.9-Dibenzperylen* (*5.6;12.13-Dibenzpentacen*, **I**), aus *Phenanthren*, Bzl., Brom u. $AlCl_3$, nach Aufhören der HBr-Entw. 1 Std. Rückfluß, nach Zers. mit Eis-HCl, Wasserdampfdest., Benzolextraktion, Sublimation des Unlösl. (12 mm/360°) goldgelbe Nadeln aus sd. Nitrobenzol, F. 347–348°; 5% (Ausbeute). – Oxydation des **I** in sd. Eisessig mit CrO_3 in Eisessig (3 Std.); bei heißem Filtrieren hinterbleibt *Dibenzperylenchinon* (**IV**), braune Nadeln nach Umküpen u. Umkristallisieren aus Nitrobenzol, F. 377–378°. Aus den Mutterlaugen nach Versetzen mit W. **III**, **V**, **VI** u. **VII**. Trennung in das NaOH-lösl. **VI** u. die -unlösl. **III** u. **V** mit viel 2%ig. NaOH; in beiden Anteilen ist *Phthalsäure* enthalten. – *5.14-Dioxypentacen-7.12-chinon-6.5-carbonsäurelacton* (**VI**), $C_{23}H_{10}O_5$, aus dem NaOH-Lösl. mit HCl, nach Extraktion mit Na_2CO_3 wird in W. gelöst u. durch Ansäuern gefällt, nach Sublimation bei 360° (Vakuum, CO_2-Strom) u. Umlösen aus Xylol braune Nadeln, F. 396–398°, sublimieren ab 250°, Löslichkeiten vgl. Original; liefert bei der Zn-Staubdest. das KW-stoffgemisch **X** u. **XI** (Philippi, Mh. Chem. **35.** [1914.] 375), F. 240–260°. – *5.6-Benzpentacen-1′-on-7.12-chinon-13-carbonsäure* (**III**), $C_{26}H_{12}O_5$, aus dem Unlösl. (vgl. oben) durch Extraktion mit sd. W. über das in feinen gelben Nadeln krist. Na-Salz, ziegelrote Blättchen, F. 297°. – *Naphtho-[2′.3′;2.3]-benzanthren* (**VIII**), $C_{25}H_{16}$, aus **III** durch

Zn-Staubdest., blaßgelbe Nadeln aus Bzl.-A. (1:2), F. 204–205°, fluoresciert in konz. H_2SO_4 kirschrot, in organ. Lösungsmitteln blau. *Pikrat*, rotbraune Nadeln. — *?-Oxy-5.6-benzpentacen-14-on-7.12-chinon* (V), $C_{25}H_{12}O_4$, aus dem Extraktionsrückstand von III nach Kochen mit verd. HCl u. Sublimation bei 360° (Vakuum, CO_2-Strom) zur Abtrennung von **VII** (sublimiert bei 150–200°) u. nach Umküpen, nach Umlösen aus Xylol–Eisessig gelbe Nadeln oder rote, 6eckige Stäbchen, F. 316–320° bzw. 303°; liefert mit Zn-Staub **VIII**, mit CrO_3 **VI**. (Mh. Chem. **82**. 645–51; S.-B. österr. Akad. Wiss., math.-naturwiss. Kl., Abt. IIb **160**. 645–51. 1951. Graz, Univ., Inst. für organ. u. pharmazeut. Chem.) H. A. OFFE. 2950

Gordon N. Walker, *Hydrierung von Purpurogallin und seinen Derivaten.* Purpurogallin (I) gibt bei der Hydrierung über Pd-Kohle *Tetrahydropurpurogallin* (II). Der Benzolring wird hierbei nicht angegriffen, da **II** bei der Methylierung der phenol. OH-Gruppen mit CH_2N_2 in *2.3.4-Trimethoxybenzsuberon-(5)-ol-(6)* (III) übergeht, das bei der anschließenden milden Oxydation mit Bi_2O_3 in der für Acyloine typ. Rk. *2.3.4-Trimethoxybenzsuberdion-(5.6)* liefert. Durch Hydrieren von **III** in Äthylacetat über Pd-Kohle entsteht *2.3.4-Trimethoxybenzsuberdiol-(5.6)* u. nach anschließender Dehydratisierung *2.3.4-Trimethoxybenzsuberon-(6)* (IV), in Essigsäure wird **III** dagegen zu *2.3.4-Trimethoxybenzsuberanol-(6)* hydriert. Aus **I** entsteht beim Methylieren mit CH_2N_2 *2.3.6-Trimethylpurpurogallin* (V), das in Äthylacetat bei Raumtemp. zu *2.3.6-Trimethyltetrahydropurpurogallin* (VI), bei 80° zu *2.3.6-Trimethoxy-4.5-dioxybenzsuberan* u. in Essigsäure bei 80° zu *2.3.6-Trimethoxy-4-oxybenzsuberan* hydriert wird. Im Infrarotspektr. von **V** u. **VI** fehlen Carbonyl- u. Hydroxylbanden bei 5,95 u. 2,89 μ, das abnorme Verh. der 4-Oxygruppe wird durch die Fähigkeit zur Chelatbldg. mit der CO-Gruppe erklärt, was durch die Hydrierung des I-Tetraacetylderiv. zu *2.3.6-Triacetyltetrahydropurpurogallin* (ebenfalls aus **II** durch Acetylierung erhältlich) bestätigt wird. Befindet sich dagegen am $C_{(6)}$ eine freie OH-Gruppe, so reagiert die 4-OH-Gruppe normal.

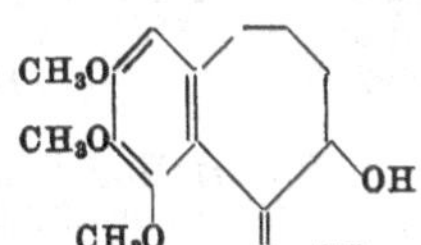

III

V e r s u c h e (FF. korr.): *Tetrahydropurpurogallin* (II), $C_{11}H_{12}O_5$, F. 230–232° (Zers.; Äthylacetat), durch 3std. Hydrieren von I in Äthylacetat–absol. A. (1:1) über 10%ig. Pd-Kohle bei 80°; 75% (Ausbeute); $FeCl_3$-Rk. *rot–grün*; beim Hydrieren in Essigsäure 51%. — *2.3.4-Trimethoxybenzsuberon-(5)-ol-(6)* (III), $C_{14}H_{18}O_5$, F. 109 bis 111° (Cyclohexan), aus 8,8 g II in CH_3OH + 5 g CH_2N_2 in Ae. in 4 Tagen, Einengen u. Ausziehen mit CH_3OH zu *3(?)-Methyltetrahydropurpurogallin* [$C_{12}H_{14}O_5$, F. 202–204° (Äthylacetat); 6 g] u. erneute Methylierung mit 7 g CH_2N_2; 27%; bei der Methylierung mit $(CH_3)_2SO_4$ in KOH entstehen nur geringe Ausbeuten. — *2.3.4-Trimethoxybenzsuberdion-(5.6)*, *2.4-Dinitrophenylhydrazon*, F. 179–181°, aus **III** durch Erwärmen mit Bi_2O_3 in Essigsäure, Verdünnen, Ausäthern (gelbes Öl) u. Behandeln mit 2.4-Dinitrophenylhydrazin; gelborangefarbene Kristalle aus A.–Äthylacetat; 65% (bezogen aufs Keton). — *2.3.4-Trimethoxybenzsuberdiol-(5.6)* (wahrscheinlich *cis-Isomeres*), $C_{14}H_{20}O_5$, F. 178–181° (Äthylacetat), durch 2std. Hydrieren von 1 g **III** über 10%ig. Pd-Kohle bei 80° in Äthylacetat; 0,95 g. — *2.3.4-Trimethoxybenzsuberon-(6)* (IV), *2.4-Dinitrophenylhydrazon*, $C_{20}H_{22}O_7N_4$, F. 176,5–177,5°, durch Erwärmen von 0,8 g vorst. Verb. in 50%ig. H_2SO_4, Verdünnen u. Ausäthern (gelbes Öl; 0,75 g) u. Behandeln mit 2.4-Dinitrophenylhydrazin; 95% (bezogen aufs Keton). — *2.3.4-Trimethoxybenzsuberanol-(6)*, $C_{14}H_{20}O_4$, F. 98,5–99,5° (Cyclohexan), durch $1^3/_4$std. Hydrieren von **III** in Eisessig bei 80° über Pd-Kohle. — *2.3.6-Trimethylpurpurogallin* (V), F. 175,5–178°, aus **I** + CH_2N_2 in Ae. (12std. Stehen); organgefarbene Kristalle aus CH_3OH; 69%. — *Tetramethylpurpurogallin*, F. 92–93° (Ae.–Cyclohexan), aus **V** oder **I** u. $(CH_3)_2SO_4$ in 20%ig. KOH. — *2.3.6-Trimethoxy-4-oxybenzsuberon-(5)* (VI), F. 86–88° (Cyclohexan), durch Hydrieren von 2,3 g **V** über 5- oder 10%ig. Pd-Kohle in Äthylacetat bei 25°; 2,3 g. *2.4-Dinitrophenylhydrazon*, $C_{20}H_{22}O_8N_4$, F. 156–158°. — *2.3.6-Trimethoxy-4.5-dioxybenzsuberan*, $C_{14}H_{20}O_5$, F. 129–131° (Cyclohexan), durch $1^1/_2$std. Hydrieren von 1 g **V** in Äthylacetat über 10%ig. Pd-Kohle bei 80°; 0,4 g. — *2.3.6-Trimethoxy-4-oxybenzsuberan*, $C_{14}H_{20}O_4$, F. 91–93,5°, Kp.$_{0,65}$ 150–165°, durch 2std. Hydrieren von 2,7 g **V** in Eisessig über Pd-Kohle bei 80° u. Aufnehmen des abfiltrierten u. eingedampften Materials in Ae.–Äthylacetat; gelbliche Kristalle aus Cyclohexan–Äthylacetat. — *Tetraacetylpurpurogallin*, $C_{19}H_{16}O_9$, F. 188–190°, aus 4,2 g **I** + Acetanhydrid ($2^1/_2$std. Kochen); gelbe Kristalle aus Äthylacetat; 4,4 g. — *Triacetylpurpurogallin*, $C_{17}H_{14}O_8$, F. 160–162°, aus 1,7 g **I** + Acetanhydrid–CH_3OH (1std. Kochen); orangefarbene Kristalle aus Äthylacetat; 1,3 g. — *2.3.6-Triacetyltetrahydropurpurogallin*, $C_{17}H_{18}O_8$, F. 169,5–171° (CH_3OH), durch $^1/_2$std. Hydrieren von 2,2 g vorst. Tetraacetylverb. in Äthylacetat über Pd-Kohle; 0,6 g. Angaben über die Infrarotspektren vgl. Original. (J. Amer. chem. Soc.

77. 6699—6702. 20/12. 1955. Bethesda, Md., Public Health Serv., Nat. Inst. of Health, Nat. Heart Inst., Labor. of Chem. of Natural Prod.) H. LEHWALD. 2950

H. T. Clarke und **W. W. Hartman,** *Epichlorhydrin.* Durch 4std. Ruhen eines Gemisches aus NaOH u. Glycerin-1.3-dichlorhydrin in Ae. u. fraktionierte Dest.: Kp. 115 bis 117°; 76—81% (Ausbeute). (Org. Syntheses, collect. Vol. **1.** [**1.**—**9.** 2. Aufl.] 233—34, ausg. Okt. 1951.) I. AHRLÉ. 3030

V. P. Wystrach und **F. C. Schaefer,** *Darstellung von wasserfreiem Äthylenimin: Eine Korrektur.* (Vgl. C. **1956.** 10480.) Die l. c. gegebene Vorschrift zur Darst. von wasserfreiem *Äthylenimin* ist fehlerhaft u. kann zu heftigen Explosionen führen. Die berichtigte Vorschrift muß lauten: Eine Lsg. von 694 g β-Chloräthylaminhydrochlorid in 1400 cm³ W. wird unter Rühren in die Lsg. von 600 g NaOH in 900 cm³ W. bei <50° eingetragen, die Lsg. 2 Std. auf 50° erhitzt u. unter vermindertem Druck (Kp. 30—35°) 680 cm³ Destillat abgezogen. Mischen des Destillats mit 350 g NaOH u. Dest. bei Normaldruck über eine Kolonne unter gleichzeitigem Eintragen von 50% NaOH am Kolonnenkopf gibt 187 g (73% Ausbeute). Stabilisierung durch wenig festes NaOH. (J. Amer. chem. Soc. **78.** 1263. 20/3. 1956. Stamford, Conn., Amer. Cyanamid Co., Res. Div.) W. RUSKE. 3030

Robert Rothstein und **Jacqueline Ficini,** *Über die Öffnung von Äthylenoxyden durch Natriummalonester. Synthese von Dihydrojasmon.* (Vgl. C. **1952.** 7488.) Zur Unters. der Gesetzmäßigkeiten bei der Kondensation substituierter Äthylenoxyde mit Na-Malonester stellen Vff. durch GRIGNARD-Rk. an Chloraceton eine Anzahl *Chlorhydrine* $CH_3-C(OH)R-CH_2Cl$ (**I**) dar. Diese verwandeln sie durch Dest. über Alkali in äther. oder wss. Lsg. in die *Epoxyde* **II** u. kondensieren sie mit Na-Malonester zu *Lactonestern* **III**. Nach Verseifung u. Decarboxylierung entstehen hieraus die nachst. *Lactone.* Die Richtigkeit der Struktur der Lactone wird durch Vgl. der physikal. Eigg. mit denen der auf anderem Wege erhaltenen Lactone bestätigt.

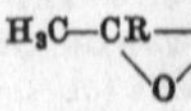
II

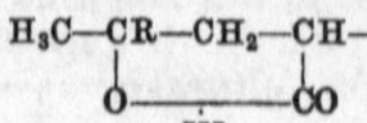
III

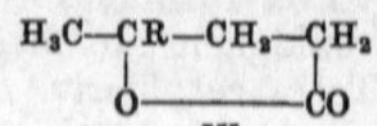
IV

— Nachst. Derivv. von **I** wurden dargestellt: $R = C_2H_5$, Kp.$_{15}$ 52°; n_D^{20} 1,4458; D.$^{20}_4$ 1,0130. $R = iso\text{-}C_3H_7$, Kp.$_{20}$ 65—66°; n_D^{20} 1,4459; D.$^{20}_4$ 1,0079. $R = iso\text{-}C_4H_9$, Kp.$_{15}$ 67—68°; n_D^{22} 1,4470; D.$^{22}_4$ 0,9861. $R = n\text{-}C_4H_9$, Kp.$_{20}$ 90; n_D^{22} 1,4484; D.$^{22}_4$ 0,9879. $R = iso\text{-}C_5H_{11}$, Kp.$_{12}$ 82°; n_D^{20} 1,4500; D.$^{20}_4$ 0,9762. $R = C_6H_{13}$, Kp.$_{10}$ 99—100°; n_D^{25} 1,4502; D.$^{25}_4$ 0,9598. $R = C_6H_5$, Kp.$_{13}$ 124 bis 129°; n_D^{21} 1,5460; D.$^{21}_4$ 1,1584. — Hieraus nachst. Derivv. von **II**: $R = C_2H_5$, Kp. 81 bis 82°; n_D^{17} 1,4130; D.$^{17}_4$ 0,8570. $R = iso\text{-}C_3H_7$, Kp. 101—102°; n_D^{17} 1,4112; D.$^{17}_4$ 0,8371. $R = iso\text{-}C_4H_9$, Kp. 123°; n_D^{20} 1,4068; D.$^{20}_4$ 0,8215. $R = n\text{-}C_4H_9$, Kp. 135°, n_D^{23} 1,4020; D.$^{23}_4$ 0,8195. $R = iso\text{-}C_5H_{11}$, Kp. 149°; n_D^{21} 1,4140; D.$^{21}_4$ 0,8236. $R = C_6H_{13}$, Kp.$_{10}$ 63 bis 65°; n_D^{26} 1,4196; D.$^{26}_4$ 0,8271. $R = C_6H_5$, Kp.$_{17}$ 85°; n_D^{20} 1,5208; D.$^{20}_4$ 1,0228. — Hieraus nachst. Verbb. von **III**: $R = C_2H_5$, Kp.$_{11}$ 147—149°; n_D^{23} 1,4465; D.$^{23}_4$ 1,0785. $R = iso\text{-}C_3H_7$, Kp.$_5$ 145°; n_D^{24} 1.4511; D.$^{24}_4$1,0678. $R = iso\text{-}C_4H_9$, Kp.$_5$ 152°; n_D^{20} 1,4481; D.$^{20}_4$ 1,0386. $R = n\text{-}C_4H_9$, Kp.$_2$ 145°; n_D^{21} 1,4503; D.$^{21}_4$ 1,0443. $R = iso\text{-}C_5H_{11}$, Kp.$_2$ 135°; n_D^{26} 1,4489; D.$^{26}_4$ 1,0236. $R = C_6H_{13}$, Kp.$_1$ 133°; n_D^{18} 1,4535; D.$^{18}_4$ 1,0187. $R = C_6H_5$, Kp.$_1$ 163,5°; n_D^{19} 1,5130; D.$^{19}_4$ 1,1552. Nachst. Verbb. von **IV**: $R = C_2H_5$, Kp.$_{22}$ 113°; n_D^{20} 1,4420; D.$^{20}_4$ 1,0025. $R = iso\text{-}C_3H_7$, Kp.$_{13}$ 110°; n_D^{17} 1,4473; D.$^{17}_4$ 0,9862. $R = iso\text{-}C_4H_9$, Kp.$_9$ 111°; n_D^{20} 1,4457; D.$^{20}_4$ 0,9654. $R = n\text{-}C_4H_9$, Kp.$_{14}$ 128°; n_D^{25} 1,4554; D.$^{24}_4$ 0,9661. $R = iso\text{-}C_5H_{11}$, Kp.$_{10}$ 130°, n_D^{26} 1,4452; D.$^{26}_4$ 0,9508. $R = C_6H_5$, Kp.$_{0,5-1,0}$ 123°; n_D^{22} 1,5310; D.$^{22}_4$ 1,1105. $R = C_6H_{13}$, Kp.$_{11}$ 148—149°; n_D^{28} 1,4469; D.$^{28}_4$ 0,9412. — *Dihydrojasmon,* $C_{11}H_{18}O$, Kp.$_9$ 117°; durch Kochen vorst. Verb. mit P_2O_5 bei 15 mm nicht über 125°; n_D^{18} 1,4810; D.$^{18}_4$ 0,9165; 66%. *Semicarbazon,* F. 177—178°. (C. R. hebd. Séances Acad. Sci. **234.** 1694—96. 21/4. 1952.) H. LEHWALD. 3030

W. C. Wilson, *Furan.* Durch Erhitzen von Furan-2-carbonsäure auf 200°: Kp.$_{745}$ 31—34°; 72—78% (Ausbeute). (Org. Syntheses, collect. Vol. **1.** [**1.**—**9.** 2. Aufl.] 274—75, ausg. Okt. 1951.) I. AHRLÉ. 3061

Angelo Mangini und **G. Modena,** *Über einige Furylstilbenfarbstoffe.* Bei der Einw. von BAUMGARTEN-Reagens (Pyridin–SO_3) u. Na_2CO_3 auf 2-[2.4-Dinitrostyryl]-furan entsteht über das *Pyridinsalz* ($C_{17}H_{13}O_8N_3S$) das *Na-Salz von 2-[2.4-Dinitrostyryl]-furan-5-sulfonsäure* (**I**; $C_{12}H_7O_8N_2SNa$) mit dem Absorptionsmaximum $\lambda = 385$ mμ in wss. Lösung. Durch Red. von **I** mit Glucose, Anilin oder anderen aromat. Basen erhält man gelbbraune, nicht waschechte Farbstoffe, mit Alkalisulfiden rote bis braune, manchmal graue Farbstoffe (je nach S-Geh. des Sulfids u. Einwirkungsdauer), die ebenfalls wenig waschecht sind. Durch Diazotieren auf der Faser u. Kuppeln mit Phenolen u. Aminen, besser noch mit β-Naphthol, 2-Oxy-3-naphthoesäure oder SCHÄFFER-Säure gelangt man jedoch zu absol. waschechten Farbstoffen von verschied. Rottönen, die den Mikadofarbstoffen nahestehen; mit Benzoylchlorid in alkal. Lsg. entsteht ein Benzoylderiv. mit

Absorptionsmaximum $\lambda = 460$ mμ. (Ricerca sci. **23.** 1649—51. Sept. 1953. Bologna, Univ., Ist. di Chim. Industr.) R. K. Müller. 3061

M. Spillmann und **K. Hoffmann**, *Über Alkyleniminderivate.* 10. Mitt. *Synthese antifibrillatorisch wirksamer Substanzen.* (9. vgl. Tripod, Experientia [Basel]. **10.** [1954.] 262.) Es wird über die Synth. einer Reihe antifibrillator. wirksamer Verbb. vom Typ des substituierten *β-Phenyläthylamins* berichtet. Durch Tetrahydrofurfuryl- bzw. Furfurylgruppen substituierte Verbb. entstehen durch Kondensation von Furfurol mit dem entsprechenden Phenyläthylamin u. anschließende Hydrierung u. Methylierung oder aus Tetrahydrofurfurylchlorid u. dem Amin oder aus dem β-Phenyläthylchlorid u. Tetrahydrofurfurylmethylamin. Reduzierende Alkylierung von α-Indanon gibt α-[*N-Phenyläthyl-N-methyl*]-*aminoindane.* Die Red. der entsprechenden Phthalimidderivv. mit $LiAlH_4$ führt zu N-substituierten *Isoindolinen.* Von den beschriebenen Verbb. besaß *N-[β-(3.4-Methylendioxyphenyl)-äthyl]-N-tetrahydrofurfurylmethylamin* die günstigste pharmakol. Wrkg. (vgl. l. c.).

Versuche: N-[β-Aryläthyl]-N-tetrahydrofurfurylmethylamine: *N-[β-Phenyläthyl]*-, Kp.$_{0,04}$ 103—108°, a) aus β-Phenyläthylamin u. Tetrahydrofurfurylbromid in Ggw. von $KHCO_3$ (1—2 Std. bei 120°), Dest. u. Methylierung mit $HCOOH/CH_2O$ (3 Std. bei 90°) (Meth. **a**); 50—70%; b) mit N-Methyl-β-phenyläthylamin nach **a**, aber ohne Methylierung; 70%; c) aus N-Methyltetrahydrofurfurylamin u. β-Phenyläthylchlorid mit $KHCO_3$; 65%. *Hydrochlorid*, $C_{14}H_{22}ONCl$, F. 126—128°. — *N-[β-(2.3-Dimethoxyphenyl)-äthyl]*-, $C_{16}H_{25}O_3N$, Kp.$_{0,15}$ 131—133°, aus β-[2.3-Dimethoxyphenyl]-äthylamin (**I**) u. Tetrahydrofurfurylchlorid (2 Std. bei 150—160°), Dest. u. Methylierung mit $HCOOH/CH_2O$ (Meth. **b**); 40—60%. *Hydrochlorid*, hygroskopisch. — *N-[β-(3.4-Dimethoxyphenyl)-äthyl]*-, Kp.$_{0,02}$ 141—144°, mit β-[3.4-Dimethoxyphenyl]-äthylamin (**II**) nach **a**. *Hydrochlorid*, $C_{16}H_{26}O_3NCl$, F. 140—142°. — *N-[β-(2.3.4-Trimethoxyphenyl)-äthyl]*-, Kp.$_{0,15}$ 140—142°, mit β-[2.3.4-Trimethoxyphenyl]-äthylamin nach **b**. *Hydrochlorid*, $C_{17}H_{28}O_4NCl$, F. 113—114°. — *N-[β-(3.4-Methylendioxyphenyl)-äthyl]*-, $C_{15}H_{21}O_3N$, Kp.$_{0,15}$ 130—131°, aus Homopiperonylamin (**III**) nach **a** oder **b** bzw. mit Furfurol in A. (kurz aufkochen) durch Hydrierung über Rupe-Ni bei 40—50° u. 40—50 at u. anschließende Methylierung; ca. 60%; oder durch Hydrierung in Isopropanol über 5%ig. Pd-Kohle bei 90° u. 50 at u. Methylierung; 70—80%. *Hydrochlorid*, $C_{15}H_{22}O_3NCl$, F. 138—139°. *Oxalat*, $C_{17}H_{23}O_7N$. — N-[β-Aryläthyl]-N-furfurylmethylamine, aus dem entsprechenden Phenyläthylamin u. Furfurol in A. (kurz aufkochen) durch Hydrierung über Rupe-Ni bei 40—50° u. n. Druck u. Methylierung; 40—50%: *N-[β-(2.3-Dimethoxyphenyl)-äthyl]*-, $C_{16}H_{21}O_3N$, Kp.$_{0,08}$ 129—130°. *Hydrochlorid*, hygroskopisch. — *N-[β-(3.4-Methylendioxyphenyl]-äthyl]*-, $C_{15}H_{17}O_3N$, Kp.$_{0,08}$ 130—131°. *Hydrochlorid*, hygroskopisch. — N-[β-Aryläthyl]-N-methyl-α-aminoindane, aus α-Indanon u. **I**, **II**, **III** oder β-[3.4.5-Trimethoxyphenyl]-äthylamin (**IV**) mit H_2 in A. über vorhydriertem PtO_2 u. anschließende Methylierung des gebildeten *sek. Amins* (60—90%) mit $HCOOH/CH_2O$; 70—90%: *N-[β-(3.4-Dimethoxyphenyl)-äthyl]*-, F. 58—59°. *Hydrochlorid*, $C_{20}H_{26}O_2NCl$, F. 150—151°. — *N-[β-(2.3-Dimethoxyphenyl)-äthyl]*-, $C_{20}H_{25}O_2N$, Kp.$_{0,1}$ 165—170°. *Hydrochlorid*, hygroskopisch. — *N-[β-(3.4.5-Trimethoxyphenyl)-äthyl]*-, Kp.$_{0,1}$ 185—190°. *Hydrochlorid*, $C_{21}H_{28}O_3NCl$, F. 188—189°. — *N-[β-(3.4-Methylendioxyphenyl)-äthyl]*-, *Hydrochlorid*, $C_{19}H_{22}O_2NCl$, F. 178—179°. — α-[*N-Tetrahydrofurfuryl-N-methyl*]-*aminoindan*, Kp.$_{0,15}$ 128—130°. *Oxalat*, $C_{17}H_{23}O_5N$, F. 173—174°. — N-[β-Aryläthyl]-isoindoline, aus Phthalsäure- bzw. Hemipinsäure- bzw. m-Hemipinsäureanhydrid (aus den Säuren durch Verkochen mit Acetylchlorid) u. **I**, **II**, **III** oder **IV** in sd. Äthylacetat (1 Std.), Überführung des entstandenen *Monoamids* in das *Imid* (1 Std. bei 200°/12 mm; 70—80%) u. Red. mit $LiAlH_4$ in Ae.; im Soxhlet (60—80%) bzw. in Dioxan mit äther. $LiAlH_4$ (20—80%): *N-[β-(3.4-Methylendioxyphenyl)-äthyl]*-, *Hydrochlorid*, $C_{17}H_{18}O_2NCl$, F. 194—195°. — *N-[β-(2.3-Dimethoxyphenyl)-äthyl]*-, F. 75—76°, Kp.$_{0,1}$ 172—175°. *Hydrochlorid*, $C_{18}H_{22}O_2NCl$, F. 133 bis 134°. — *N-[β-(3.4-Methylendioxyphenyl)-äthyl]-4.5-dimethoxy*-, F. 60—61°. *Hydrochlorid*, $C_{19}H_{22}O_4NCl$, F. 154—155°. — *N[β-(3.4-Dimethoxyphenyl)-äthyl]-4.5-dimethoxy*-, Kp.$_{0,15}$ 203—205°. *Hydrochlorid*, $C_{20}H_{26}O_4NCl$, F. 164—165°. — *N-[β-(2.3-Dimethoxyphenyl)-äthyl]-4.5-dimethoxy*-, Kp.$_{0,15}$ 185—190°. *Oxalat*, $C_{22}H_{27}O_8N$, F. 147—148°. — *N-[β-(3.4.5-Trimethoxyphenyl)-äthyl]-4.5-dimethoxy*-, Kp.$_{0,15}$ 212—215°. *Hydrochlorid*, $C_{21}H_{28}O_5NCl$, F. 196—197°. *Methobromid*, $C_{22}H_{30}O_5NBr$, F. 188—189°. — *N-[β-(3.4-Methylendioxyphenyl)-äthyl]-5.6-dimethoxy*-, *Hydrochlorid*, $C_{19}H_{22}O_4NCl$, F. 228—229°. — *N-[β-(3.4.5-Trimethoxyphenyl)-äthyl]-5.6-dimethoxy*-, *Hydrochlorid*, $C_{21}H_{28}O_5NCl$, F. 228 bis 229°. — *N-Tetrahydrofurfurylphthalimid*, F. 80—81°, aus Phthalimid-K u. Tetrahydrofurfurylchlorid in sd. Dimethylformamid (3 Std.); 69%. — *N-Tetrahydrofurfurylisoindolin*, Kp.$_{0,12}$ 107—110°, aus vorst. Verb. mit $LiAlH_4$ in Ae.; 43%. *Hydrochlorid*, $C_{13}H_{18}ONCl$, F. 153—154° (A.-Ae.). (Helv. chim. Acta **37.** 1699—1706. 15/10. 1954.) H.-J. Koch/Berlin. 3061

D. Richard Smith und **Chester J. Cavallito,** *Diquaternäre Alkylen-bis-[thenyl-(2)-ammonium]-salze. Thenyl-(2)-substituierte quaternäre Ammoniumsalze* werden dargestellt u. ihre curareähnlichen Wirksamkeiten verglichen. Bei den Bis-thenyldimethylammoniumsalzen stieg die Aktivität mit steigender C-Zahl der Alkylenkette, die Aktivität der entsprechenden Bis-benzyldimethylammoniumderivv. war von der gleichen Größenordnung. Bei den C_{10}-Bis-thenylammoniumsalzen nahm die Aktivität mit dem Grad der ster. Hinderung am N-Atom in der Reihenfolge Dimethyl-, Diäthyl- u. Cyclohexamethylenverb. ab. Alle Verbb. setzen in Dosen von 2 mg/kg den Blutdruck für 5 bis 30 Min. herab.

Versuche (FF. korr. [aus n-Propanol]; DL = DL_{50} in mg/kg Maus): Thenyl-(2)-amine, aus Thienyl-(2)-aldehyd in HCOOH u. dem entsprechenden sek. Amin am Rückfluß bzw. im Rohr (10 Std.): *N.N-Dimethyl-*; 70% (Ausbeute); *Methojodid*, C_8H_{14}·NJS, F. 167–168°. — *N.N-Diäthyl-*, $C_9H_{15}NS$, Kp.$_{1,5}$ 40°, n_D^{20} 1,5095; 65%; *Methojodid*, $C_{10}H_{18}NJS$, F. 156°. — *N.N-Cyclohexamethylen-*, $C_{11}H_{17}NS$, Kp.$_{1,5}$ 72–73°, n_D^{23} 1,5375; 44%. — α.ω-Alkylen-bis-[thenyl-(2)-dimethylammoniumbromide], aus dem entsprechenden Alkylendibromid u. Dimethylthenylamin in n-Propanol am Rückfluß: *Trimethylen-*, F. 219°, in 23 Std.; 60%. — *Tetramethylen-*, F. 223°, 8 Std.; 85%. — *Pentamethylen-*, F. 111–114°, 8 Std.; 75%. — *Hexamethylen-*, F. 218–220°, 3 Std. (im Rohr); DL_8; 70%. — *Nonamethylen-*, F. 226°, 35 Std.; DL_2; 50%. — *Dekamethylen-*, F. 200°; 7 Std. (im Rohr); DL_1; 60%. — *α.ω-Dekamethylen-bis-[thenyl-(2)-diäthylammoniumbromid]*, F. 176–180°, 50 Std.; DL_2; 40%. — *α.ω-Dekamethylen-bis-[thenyl-(2)-cyclohexamethylenammoniumbromid]*, F. 201–204°, 24 Std.; DL_{10}; 45%. — α.ω-Alkylen-bis-[benzyldimethylammoniumbromide], analog aus Benzyldimethylamin: *Pentamethylen-*, F. 218–220°, 8 Std.; 85%. — *Hexamethylen-*, F. 226°, 8 Std.; 90%. — *Dekamethylen-*, F. 208°, 8 Std.; 70%. (J. Amer. chem. Soc. **75.** 3033–34. 20/6. 1953. Decatur, Ill., Irwin Neisler & Co.) I. AHRLÉ. 3071

S. M. McElvain und **K. M. Bolliger,** *Pyrrol.* Durch Einengen von Schleimsäure u. wss. NH_4OH, Mischen des Rückstandes mit Glycerin u. Dest.: Kp. 127–131°; 37–40% (Ausbeute). (Org. Syntheses, collect. Vol. **1.** [**1.—9.** 2. Aufl.] 473–74, ausg. Okt. 1951.) I. AHRLÉ. 3081

Paul M. Maginnity und **J. B. Cloke,** *Die Einwirkung von Methylmagnesiumjodid auf substituierte Pyrroline und verwandte Verbindungen.* Zum Beweis, daß die aus γ-Chlorbutyronitril (**I**) bzw. γ-Chlorpropylketiminen mit den entsprechenden GRIGNARD-Verbb. (vgl. CLOKE u. Mitarbeiter, J. Amer. chem. Soc. **67.** [1945.] 2155 u. früher) erhaltenen 2- bzw. 2.3-substituierten *Pyrroline* eine Azomethinbindung (Δ^1-Struktur) besitzen u. keine sek. Aminogruppe (Δ^2-Struktur) enthalten, werden *2-Methyl-, 2-Äthyl-, 2-Propyl-, 2-Amyl-, 2-Benzyl-, 2-Phenyl-* (**II**), *2-[Naphthyl-(1)]-, 2.3-Diphenyl-* u. *2.3-Diphenyl-3-äthylpyrrolin* dargestellt u. ebenso wie die bekannten Azomethinverbb. *Acetophenonanil, Benzalanilin, Benzophenonanil* u. *Benzylidenäthylamin* nach ZEREWITINOFF mit CH_3MgJ umgesetzt. Bei allen genannten Verbb. konnte prakt. kein akt. H nachgewiesen werden, doch verbrauchten die Verbb. 1 Mol CH_3MgJ unter Bldg. einer *Additionsverb.*, die im Falle von **II** isoliert wurde.

Versuche: *2-Äthylpyrrolin*, $C_6H_{11}N$, Kp.$_{765}$ 127,5–128,3° (korr.), aus C_2H_5·MgBr (aus 273 g C_2H_5Br u. Mg in Ae.) in Isoamyläther (Dest. bis 54°) mit 103,5 g **I** u. anschließende Zers. mit fl. NH_3; n_D^{25} 1,4732, $D._{25}^{25}$ 0,8540; 29 g (Ausbeute). *Chloroplatinat*, $C_{12}H_{24}N_2Cl_6Pt$, F. 177–178° (korr.; A.). *Pikrat*, $C_{12}H_{14}O_7N_4$, F. 86–87° (korr.; Eisessig). — *2-Amylpyrrolin*, $C_9H_{17}N$, Kp.$_{22,5}$ 88–91°, aus Amyl-MgJ u. 52 g **I** in Ae. (2½ Std. kochen), Zers. mit fl. NH_3; 14 g. *Chloroplatinat*, F. 170–170,5° (korr.). *Pikrat*, $C_{15}H_{20}O_7N_4$, F. 82–82,5° (A.). — *2-[Naphthyl-(1)]-pyrrolin*, $C_{14}H_{13}N$, F. 37°, aus α-Naphthyl-MgBr mit **I** in Ae. u. Zers. mit fl. NH_3; aus 95%ig. A. blaßbraune Kristalle. *Chloroplatinat*, F. 166–168° (Zers.). *Pikrat*, F. 176°. — *2.3-Diphenylpyrrolin*, aus Phenylcyclopropylphenylketimmoniumchlorid durch Umlagerung bei 140° (5 Min.) unter Ae.-Dampf. — *Benzylidenäthylamin*, $C_9H_{11}N$, Kp.$_{9-10}$ 73–74°, aus 212 g Benzaldehyd u. 135 g sd. 70%ig. wss. Äthylamin; 119 g. — *2-Phenylpyrrolin–Methyl-MgJ-Additionsverb.*, $C_{11}H_{14}NJMg$, aus **II** u. CH_3MgJ in Ae.; färbt sich an der Luft gelb. — *2-Phenylpyrrolin–Isoamyl-Mg-Br-Additionsverb.*, $C_{15}H_{22}NBrMg$, analog vorst. Verbindung. (J. Amer. chem. Soc. **73.** 49–51. Jan. 1951. Chestnut Hill, Mass., Rensselaer Polytechn. Inst., Walker Labor.) A. BRUCK. 3081

W. A. Noyes und **P. K. Porter,** *Phthalimid.* Durch Erhitzen von Phthalsäureanhydrid mit 28%ig. wss. NH_4OH, F. 232–235°; 95–97% (Ausbeute), oder aus Phthalsäureanhydrid u. $(NH_4)_2CO_3$. (Org. Syntheses, collect. Vol. **1.** [**1.—9.** 2. Aufl.] 457–59, ausg. Okt. 1951.) I. AHRLÉ. 3081

A. E. Osterberg, *Phthalimidomalonsäurediäthylester.* Aus Phthalimid-K u. Brommalonsäurediäthylester, F. 73–74°; 67–71% (Ausbeute). (Org. Syntheses, collect. Vol. **1.** [**1.—9.** 2. Aufl.] 271–72, ausg. Okt. 1951.) I. AHRLÉ. 3081

Göran Claeson, *1.2-Dithiolan-3-carbonsäure.* Durch Rk. von *α.γ-Dibrombuttersäuremethylester* mit K-Thiolacetat u. Hydrolyse erhielt Vf. *α.γ-Dimercaptobuttersäure* (I), die durch Oxydation mit J_2, O_2 oder H_2O_2 neben viel Polymerprod. *1.2-Dithiolan-3-carbonsäure* (II; *1.2-Dithiacyclopentan-3-carbonsäure*) ergab. Beim Erhitzen oder Destillieren polymerisiert sich II. Red. von II mit Zn in ammoniakal. Lsg. ergab I, wodurch die Struktur $>S=S$ ausgeschlossen wird. II wurde in zwei verschied. schm. Formen erhalten. Das UV-Spektr. u. die Dissoziationskonstante von II wurden bestimmt. Mit Cinchonidin konnte eine teilweise Spaltung in die opt. Antipoden erreicht werden, mit Brucin, Chinidin u. (+)-α-Phenäthylamin konnte keine Spaltung erzielt werden.

Versuche: *α.γ-Dibrombuttersäuremethylester*, $Kp._9$ 101—102°, aus α.γ-Dibrombutyrylchlorid ($Kp._9$ 106—107°) u. absol. CH_3OH; 100% (Ausbeute). — *α.γ-Bis-[acetylmercapto]-buttersäuremethylester*, $Kp._{10}$ 178—179°, aus vorst. Verb. in CH_3OH mit K-Thiolacetat (aus Thiolessigsäure u. methanol. KOH) u. Stehen über Nacht; 80%. — *α.γ-Dimercaptobuttersäure* (I), a) aus 55 g vorst. Esters mit methanol. 2n NaOH u. Stehen über Nacht, Abdest. des CH_3OH unter N_2, Behandeln mit verd. H_2SO_4 u. Extraktion mit Ae.; 38 g; b) aus II durch Red. mit Zn. — *1.2-Dithiolan-3-carbonsäure* (II), $C_4H_6O_2S_2$, F. 81—82° (blaßgelbe Kristalle aus Cyclohexan–Bzl.) u. F. 147° (Kristalle aus Aceton.) a) aus I durch Neutralisieren mit $NaHCO_3$-Lsg., Zugabe von $FeCl_3$, Zugabe von 30%ig. H_2O_2 unter Rühren u. Kühlung bis zum Verschwinden der Blaufärbung, Ansäuern u. Extraktion mit Bzl.; 15%; b) analog durch Oxydation mit O_2 in Ggw. von $FeCl_3$ oder durch Jodoxydation; mit Cinchonidin ließ sich eine Spaltung bis zu $[\alpha]_D^{25}$ +158° (A.), F. 60—62°, erreichen. (Acta chem. scand. **9.** 178—80. 1955. Uppsala, Univ., Chem. Inst.)

H. BERTSCH. 3112

Graham Edgar und **W. S. Hinegardner,** *Kreatinin.* Durch 24std. Erhitzen von Kreatinhydrat in konz. HCl u. Zufügen von wss. NH_4OH bei 0°; 80—81% (Ausbeute). *$ZnCl_2$-Deriv.*, 76—78%. *Pikrat*, F. 220°; 89—90%. (Org. Syntheses, collect. Vol. **1.** [**1.**—**9.** 2. Aufl.] 172—75, ausg. Okt. 1951.) I. AHRLÉ. 3122

Guglielmo Stagno d'Alcontres, *Über Nitriloxyde.* 7. Mitt. *Benzonitriloxyd und Olefine.* (6. vgl. QUILICO u. Mitarbeiter, Gazz. chim. ital. **82.** [1952.] 349; 5. vgl. C. **1954.** 1719.) In Fortführung der Arbeiten über die Addition von Benzonitriloxyd (I) an Äthylenverbb. bringt Vf. einige einfache aliphat. Monoäthylenverbb. mit I zur Rk. u. erhält in guter Ausbeute *3-Phenyl-Δ²-isoxazoline.* Bei Verwendung von Alkenen-(1) trägt das Prod. die restliche Alkylgruppe nur in 5- u. nicht in 4-Stellung. Aus Butylen-(2) entsteht wahrscheinlich ein Gemisch von *cis-* u. *trans-3-Phenyl-4.5-dimethyl-Δ²-isoxazolin.* Bei der Kondensation von I mit einem Gemisch von Undecen-(1) u. Undecadien-(1.10) entsteht neben *5-Nonyl-3-phenyl-Δ²-isoxazolin* erwartungsgemäß *1.7-Bis-[3-phenyl-Δ²-isoxazolyl-(5)]-heptan.*

Versuche: *3-Phenyl-Δ²-isoxazolin*, C_9H_9ON, F. 66—67°, durch $2^1/_2$std. Einleiten von Äthylen bei Zimmertemp. in eine äther. Lsg. von I u. Abdampfen des Ae.; glänzende sechsseitige Blättchen aus Ligroin; wird durch $KMnO_4$ oder durch Kochen mit $K_2Cr_2O_7$ in 10%ig. H_2SO_4 zu *Benzoesäure* oxydiert; läßt sich nicht bromieren u. bei n. Temp. u. Druck nicht hydrieren. — *3-Phenyl-5-methyl-Δ²-isoxazolin*, $C_{10}H_{11}ON$, F. 49 bis 50°, aus I u. Propylen wie vorst.; aus PAe. Blättchen. — *3-Phenyl-5-äthyl-Δ²-isoxazolin*, $C_{11}H_{13}ON$, F. 52°, $Kp._4$ 178°, aus I u. Buten-(1) unterhalb 30° u. Dest.; glänzende Blättchen aus Ligroin. — *3-Phenyl-5.5-dimethyl-Δ²-isoxazolin*, $C_{11}H_{13}ON$, F. 41—42°, aus I u. Isobutylen; aus PAe. glänzende Nadelbüschel. — *3-Phenyl-4.5-dimethyl-Δ²-isoxazolin*, $C_{11}H_{13}ON$, $Kp._6$ 183°, aus I u. Buten-(2) (aus n-Butanol durch Leiten des Dampfes über auf 300° erhitzten, mit H_3PO_4 gesätt. Bimsstein). — *3-Phenyl-5-isopropyl-Δ²-isoxazolin*, $C_{12}H_{15}ON$, F. 56°, aus I u. 3-Methylbuten-(1) (durch Dehydratisieren von Isoamylalkohol); aus Bzl. Blättchen. — *3-Phenyl-5-n-propyl-Δ²-isoxazolin*, $C_{12}H_{15}ON$, F. 60,5°, aus I u. Penten-(1) (aus Allylbromid u. Äthyl-MgBr), 2 Std. unter Rückfluß; aus Bzl. Blättchen. — *3-Phenyl-5-eikosyl-Δ²-isoxazolin*, $C_{29}H_{49}ON$, F. 134,5°, aus Dokosen-(1) u. I; aus Bzl. glänzende rhomb. Blättchen. — *1.7-Bis-[3-phenylisoxazolin-(5)]-heptan*, $C_{25}H_{30}O_2N_2$, F. 138—139°, aus einem Gemisch von Undecen-(1) u. Undecadien-(1.10) u. I; aus Bzl. hexoganale glänzende Blättchen. Aus der Mutterlauge *3-Phenyl-5-nonyl-Δ²-isoxazolin*, $C_{18}H_{27}ON$, F. 68—69°, Blättchen aus Ligroin. (Gazz. chim. ital. **82.** 627—34. Okt. 1952. Milano, Politecn. Ist. di Chim. gen., u. Centro di Chim. industr. del C.N.R.)

H. LEHWALD. 3132

William Ibrahim Awad und **Abdel Rehim Abdel Raouf,** *Untersuchungen an Chrysenoxazolen.* (Vgl. J. Amer. chem. Soc. **77.** [1955.] 1013.) Zur weiteren Unters. der ungleichen Reaktionsfähigkeit der Carbonylgruppen im Chrysenchinon (I) ließen Vff. I mit Alkylaminen unter Druck reagieren. Auch unter diesen Bedingungen bilden sich die entsprechenden *Oxazole* u. nicht Imidazole. *2-Methylchrysenoxazol* wurde durch Einw. von Diazomethan auf Chrysenchinonimin (II) erhalten. Chrysenchinondiiminacetat konnte durch

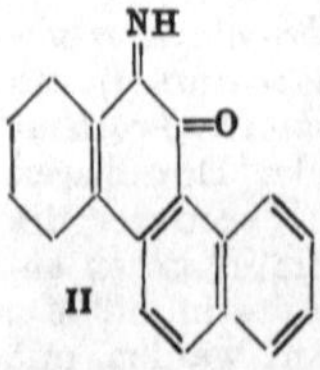

II

Rk. von **I** mit NH_4-Acetat in Essigsäure nicht dargestellt werden. Das Reaktionsprod. dieser Umsetzung war mit der durch Dehydratisierung von **II** mittels Acetanhydrids erhaltenen Verb. ident. u. wird als *Chrysenchinoniminanhydrid* angesehen. Vff. nehmen auf Grund der Bindungslängen u. van der Waalsschen Radien an, daß die Carbonylgruppe in **I**, die dem Naphthalinring benachbart ist, stärker ster. gehindert ist, u. formulieren **II** wie angegeben. Die Oxazole werden von dieser Struktur abgeleitet. Auf Grund gleicher Überlegungen ist für die Lage der Iminogruppe in Retenchinonimin die 9-Stellung anzunehmen; daher sind auch Retenoxazole im Gegensatz zu früheren Annahmen [vgl. Schönberg u. Awad (C. **1951.** II. 1580 u. früher)] von dieser Konst. abzuleiten. Für das Aminoretenol von Steck u. Day (J. Amer. chem. Soc. **65.** [1943.] 452) ist in Analogie Retenchinoniminanhydridstruktur wahrscheinlicher.

Versuche: *2-Methylchrysenoxazol*, $C_{20}H_{13}ON$, F. 167° (blaßgelbe Nadeln aus A.), a) aus 0,5 g **I** u. 25%ig. Äthylamin in A. durch 6std. Erhitzen auf 100° im Rohr; 0,2 g (Ausbeute); b) aus 0,2 g **II** in äther. Suspension durch Rk. mit äther. Diazomethanlsg. unter Eiskühlung u. 6std. Stehen; 0,1 g. — *2-Äthylchrysenoxazol*, $C_{21}H_{15}ON$, F. 156° (blaßgelbe Kristalle aus CH_3OH–Bzl.), aus 0,5 g **I** u. n-Propylamin in Bzl. durch 6std. Erhitzen im Rohr auf 100°; 0,3 g. — *2-n-Propylchrysenoxazol*, $C_{22}H_{17}ON$, F. 116—117° (blaßgelbe Nadeln aus CH_3OH), aus 0,5 g **I** u. n-Butylamin analog vorst. Verb.; 0,4 g. — *2-Phenylchrysenoxazol*, F. 268—269° (Xylol), aus 0,5 g **I** u. Benzylamin in Bzl. durch 8std. Erhitzen auf 120° im Rohr; 0,3 g. — *Chrysenchinoniminanhydrid*, $C_{36}H_{20}ON_2$, F. 320° (gelbe Kristalle aus Nitrobenzol), a) aus 1 g **II** durch 20 Min. Erhitzen mit Acetanhydrid auf dem Wasserbad; 50%; b) aus 2 g **I** durch 1std. Kochen mit NH_4-Acetat in Eisessig; 1,8 g. (J. Amer. chem. Soc. **77.** 3913—15. 20/7. 1955. Cairo, Abbassia, A'in Shams Univ., Dep. of Chem.) H. Bertsch. 3132

R. A. Jeffreys, *Oxazol–Cyanin- und -Merocyaninfarbstoffe und Zwischenprodukte.* Vf. stellte eine Reihe verschied. *Oxazolbasen* nach bekannten Methoden dar u. erweiterte die von Davidson u. Mitarbeitern (C. **1938.** I. 2710) u. von Jepp u. Murray [1893]

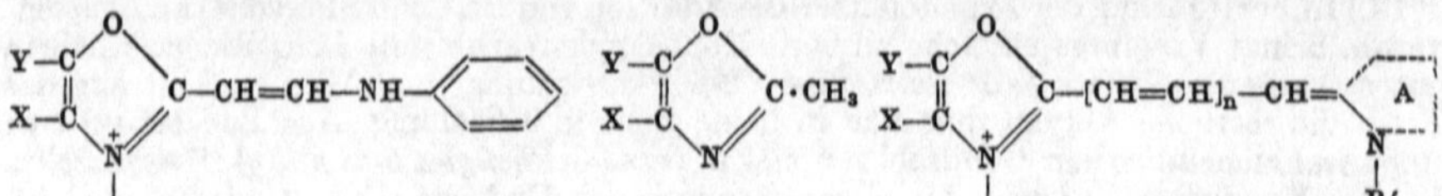

I II III

gefundenen allg. Darstellungsweisen von Oxazolderivv. auf die *4-* u. *4.5-substituierten Verbb.* wie auf die *2.4-* u. *2.4.5-Trialkyloxazole.* So gelang es z. B., *4-[p-Methoxyphenyl]-2-methyl-* u. *4-[p-Methoxyphenyl]-2-methyl-5-phenyloxazol* aus den entsprechenden Phenylacylbromiden durch Umsatz mit Ammonacetat in Essigsäure in 80—90%ig. Ausbeute zu synthetisieren. — Nach Quaternieren der Oxazolbasen mit Alkyltoluolsulfonaten wurden die entstandenen Prodd. entweder mit Äthylisoformanilid zu *2-[2'-Anilinovinyl]-oxazolsalzen* (**I**) umgesetzt oder direkt mit Farbstoffkomponenten kondensiert. Die Darst. der *Merocyanine* (**IV**) u. der *symm. Carbocyanine* erfolgte durch Acetylierung der Anilinovinylverbb. u. Weiterkondensation mit den entsprechenden Komponenten nach bekannten Verfahren. Viele der so erhaltenen 4.5-diarylsubstituierten Farbstoffe sind in organ. Lösungsmitteln leichter lösl. als ihre Benzoxazol-Analogen. — An Hand der Absorptionsmaxima (Tabellen) wurde der Einfl. der 4- u. 5-ständigen Arylreste in den Oxazolbasen auf die Lage der Maxima untersucht.

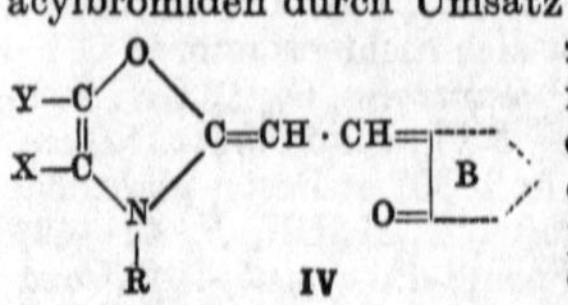

IV

Versuche: *2.2'-Thienoinacetat*, $C_{12}H_{10}O_3S_2$, F. 103° (A.), Platten, durch 1std. Erwärmen von 2.2'-Thienoin mit Essigsäureanhydrid; 93% (Ausbeute). — Verss., *α-[1-Iminoäthoxy]-desoxybenzoinhydrochlorid* aus Benzoin u. Acetonitril darzustellen, schlugen fehl; beim Einleiten von HCl in die Lsg. der Komponenten in sd. CH_3COOH wurde nur *Benzoinacetat*, F. 82°, isoliert. — Synth. der *4.5-substituierten 2-Methyloxazole* der allg. Formel **II**: Verf. **A**: 1std. Erhitzen von 1 Mol Aryloinacetat u. 5 Mol Ammoniumacetat in Eisessig, Eintragen in W., Extraktion mit Bzl. u. Vakuumdest.; Verf. **B**: $1^1/_2$std. Erhitzen eines Mols eines substituierten ω-Bromacetophenons mit 4 Mol Ammonacetat in Eisessig; weiter wie bei **A**; Verf. **C**: Eintragen eines Gemisches von 1 Mol Acyloin oder Aryloin u. 2,6 Mol Acetonitril in $H_2SO_4 < 60°$, mehrstd. Stehen, Eingießen in Eiswasser, Alkalisieren, Extraktion mit Chlf., Vakuumdest. bzw. Kristallisation. — *2-Amino-1.2-di-[furyl-(2')]-vinylacetat*, $C_{12}H_{11}O_4N$, F. 136°, bräunlich aus Bzl., als Nebenprod. bei der Darst. des 4.5-Di-[furyl-(2')]-2-methyloxazols (**V**) aus 2.2'-Furoinacetat nach **A**. — *2-Methyl-4.5-di-[thienyl-(2')]-glyoxalin*, $C_{12}H_{10}N_2S_2$, F. 188°, hellgraubraune Nadeln aus Bzl., bei der Darst. des entsprechenden Oxazols nach **A** (2 Std.) als Nebenprod.; 18% (Ausbeute). An Hand einer Versuchsreihe wurde nachgewiesen, daß längere Reaktionszeiten die Glyoxalinbldg. durch Aufspaltung des Oxazolringes begünstigen. So bilden sich beim 1std. Kochen von Benzoinacetat u. Ammoniumacetat in Eisessig 85% *2-Methyl-4.5-diphenyloxazol* (**VI**) u. 8,1% *2-Methyl-4.5-diphenylglyoxalin* (**VII**), F. 239°, Nadeln aus Essigester, bei 8std. Kochen 80% **VI** u. 13,7% **VII**, u. 4tägiges Kochen von **VI** mit CH_3COONH_4 in Eisessig liefert 37,2% **VII**. — *Verbb.* **II**: $X = Y = H$, F. 87—88°, nach CORNFORTH u. CORNFORTH (C. **1948**. I. 678); 74%. — $X = C_6H_5$, $Y = H$, F. 46°, nach BLÜMLEIN [1884]. — $X = p\text{-}CH_3O\ C_6H_4$, $Y = H$, $C_{11}H_{11}O_2N$, F. 100—101°, Nadeln aus Ligroin, nach **A** 49%, **B** (aus ω-Brom-p-methoxyacetophenon) 42%. — $X = H$, $Y = C_6H_5$, F. 58°, nach ZINSSTAG u. PRIJS (C. **1949**. E. 234); 33%. — $X = H$, $Y = p\text{-}CH_3O\cdot C_6H_4$, $C_{11}H_{11}O_2N$, F. 94°, Prismen aus Leichtbenzin, nach ZINSSTAG u. PRIJS (l. c,); 16%. — $X = Y = n\text{-}Propyl$ (**X**), $C_{10}H_{17}ON$, Kp.$_{16}$ 80°, aus n-Butyroin nach **C**; 31%. — $X = Y = Furyl\text{-}(2')$ (**V**), $C_{12}H_9O_3N$, F. 56—58°, brauner Körper aus Leichtbenzin, nach **A**; 29%. — $X = Y = Thienyl\text{-}(2')$, Öl, nach **A**; 28%. — $X = Y = Phenyl$ (**VI**), F. 28°, nach **A** u. **C**; 85%. — $X = Y = \beta\text{-}C_{10}H_7$, F. 69—72°, amorph aus Ligroin, nach **A**; 49%. *Hydrochlorid*, $C_{24}H_{17}ON\cdot HCl$, aus CH_3OH–Ae. Nadeln, F. 220° (Zers.). — $X = p\text{-}OCH_3\cdot C_6H_4$, $Y = C_6H_5$, $C_{17}H_{15}O_2N$, Kp.$_{12}$ 227—228°, **A** 77%; **B** (aus α-Brom-4-methoxydesoxybenzoin) 87%. — $X = p\text{-}(CH_3)_2N\cdot C_6H_4$, $Y = C_6H_5$ (**VIII**), $C_{18}H_{18}ON_2$, F. 108°, Nadeln aus A.; **C** 60%. — $X = 3.4.1\text{-}(CH_3O)_2\cdot C_6H_3$. $Y = C_6H_5$, F. 16°, nach **B** (aus α-Brom-3.4-dimethoxydesoxybenzoin); 85%. *Hydrochlorid*, $C_{18}H_{17}O_3N\cdot HCl$, F. 179° (Zers.), Nadeln aus A./Äther. — **VI**-*Ätho-p-toluolsulfonat* (**IX**), Prismen, durch 2std. Erwärmen von Äthyl-p-toluolsulfonat u. **VI** auf 140° u. Auskochen des dicken Öles mit Äther. — *4-[p-Dimethylaminophenyl]-2-methyl-5-phenyloxazol* (**VIII**)-*Äthoperchlorat*, $C_{20}\cdot H_{23}O_5N_2Cl$, F. 162°, hellbraune Nadeln aus A./Ae., nach 2std. Erhitzen von **VIII** mit Äthyl-p-toluolsulfonat auf 100° u. Umsetzen des Reaktionsprod. mit wss. $KClO_4$; Rk. des Oxazols mit 2 Mol Toluolsulfonat bei 140° liefert ein *diquaternäres Salz*. — *2-[2'-Anilinovinyl]-4.5-diphenyloxazolätho-p-toluolsulfonat*, $C_{32}H_{30}O_4N_2S$, F. 209°, citronengelbe Nadeln aus A.–Ae., durch 1std. Erhitzen von 1 Mol **IX** mit 1,1 Mol Äthylisoformanilid auf 140° unter Abspaltung von A.; 94%. — Analog wurden nachst. Verbb. vom Typ **I** ($R = C_2H_5$, $Z = p\text{-}CH_3\cdot C_6H_4SO_3$) dargestellt: $X = Y = H$, $C_{20}H_{22}O_4N_2S$, F. 147°, glänzende, strohgelbe Platten; 94%. — $X = C_6H_5$, $Y = H$, $C_{26}H_{26}O_4N_2S$, F. 176°, orangefarbene Prismen; 71%. — $X = p\text{-}CH_3O\cdot C_6H_4$, $Y = H$, $C_{27}H_{28}O_5N_2S$, F. 185°, glänzende, gelbbraune Platten; 60%. — $X = H$, $Y = C_6H_5$, $C_{26}H_{26}O_4N_2S$, F. 177°, gelbe, fluorescierende Nadeln; 96%. — $X = H$, $Y = p\text{-}CH_3O\cdot C_6H_4$, $C_{27}H_{28}O_5N_2S$, F. 201°, gelbe, fluorescierende Blättchen; 88%. — $X = Y = n\text{-}Propyl$: Das **X**-Quatersalz reagiert nicht mit Äthylisoformanilid. — $X = Y = Furyl\text{-}(2')$, $C_{28}H_{26}O_6N_2S$, F. 227°, orangefarbene, fluorescierende Nadeln; 51%. — $X = Y = Thienyl\text{-}(2')$, $C_{28}H_{26}O_4N_2S_3$, F. 196°, olivgrüne Nadeln; 98%. — $X = Y = \beta\text{-}C_{10}H_7$, $C_{40}H_{34}O_4N_2S$, F. 226°, gelbe, fluorescierende Prismen; 96%. — $X = p\text{-}CH_3O\cdot C_6H_4$, $Y = C_6H_5$, $C_{33}H_{32}O_5N_2S$, F. 230°, citronengelbe, fluorescierende Nadeln; 97%. — $X = p\text{-}(CH_3)_2N\cdot C_6H_4$, $Y = C_6H_5$. zerfließendes gelbes Prod., über Perchloratsalz dargestellt; 72%. — $X = p\text{-}C_6H_4\cdot N(CH_3)_3\cdot p\text{-}CH_3\cdot C_6H_4SO_3^-$, $Y = C_6H_5$, gelbes, zerfließliches Produkt. — $X = 3.4.1\text{-}(CH_3O)_2\cdot C_6H_3$, $Y = C_6H_5$, $C_{34}\cdot H_{34}O_6N_2S$, F. 228°, gelbe Nadeln; 92%. — *2-[p-Dimethylaminostyryl]-4.5-diphenyloxazoläthoperchlorat*, $C_{27}H_{27}O_5N_2Cl$, F. 152°, kleine, orangefarbene Prismen aus A./Ae., nach 1std. Erhitzen von **IX** mit p-Dimethylaminobenzaldehyd in Ggw. von wenig Piperidin u. Eintragen in $KClO_4$-Lsg.; λ_{max} 470 mμ in Methanol. — *4-[p-Dimethylaminophenyl]-2-[p-dimethylaminostyryl]-5-phenyloxazoläthoperchlorat*, $C_{29}H_{32}O_5N_3Cl$, F. 286°, rote Nadeln mit orangefarbenem Reflex aus A., wie vorst. aus **VIII**-Äthoperchlorat; λ_{max} 481 mμ in Methanol. — *[3-Äthyl-4.5-diphenyl-2-oxazol]-[1-methyl-2-chinolin]-methincyaninjodid*, $C_{28}H_{25}ON_2J$, F. 286° (Zers.), orangefarbene Nadeln aus Methanol, nach 15 Min. Erwärmen von 2,2 g **IX**, 1,6 g 2-Methylmercaptochinolinmethojodid u. 0,7 cm³ Triäthylamin in A.; λ_{max} 452 mμ in CH_3OH (ε_{max} $4{,}1\cdot 10^{-4}$); 76%. — Analog wurden folgende *[1-R'-2-Chinolin]-[3-R-4-X-5-Y-2-oxazol]-methincyanine* (**III**; $n = 0$, $A = 2\text{-}Chinolin$) dargestellt: $X = Y = H$, $R = C_2H_5$, $R' = CH_3$, $Z^- = ClO_4$, $C_{16}H_{17}O_5N_2Cl$, F. 235°, gelbe Prismen aus Methanol; 40%; [λ_{max} mμ in CH_3OH] 430, 415 Inflexion [$\varepsilon\cdot 10^{-4}$] 3,49. — $X = Y = n\text{-}Propyl$, $R = R' = CH_3$, $Z^- = ClO_4$, $C_{21}H_{27}O_5N_2Cl$, F. 200°, orangefarbene Nadeln aus A.; 435, 3,2. — $X = p\text{-}CH_3O\cdot C_6H_4$, $Y = C_6H_5$, $R = R' = C_2H_5$, $Z^- = ClO_4$, $C_{30}H_{29}O_6N_2Cl$, F. 227°, orangefarbene Nadeln aus A.; 27%; 451, 3,5. — $X = p\text{-}CH_3O\cdot C_6H_4$, $Y = C_6H_5$, $R = C_2H_5$, $R' = CH_3$, $Z^- = ClO_4$, $C_{29}H_{27}O_6N_2Cl$, F. 270°, orangefarbene Prismen aus Pyridin/Methanol; 45%; 458, 2,1. — $X = p\text{-}(CH_3)_2N\cdot C_6H_4$, $Y = C_6H_5$, $R = C_2H_5$, $R' = CH_3$, $Z^- = J$, $C_{30}H_{30}ON_3J$, F. 290°, rote Nadeln aus A.; 470, 3,4. — $X = p\text{-}C_6H_4\cdot N(CH_3)_3J$, $Y = C_6H_5$, $R = C_2H_5$, $R' = CH_3$, $Z^- = J$, $C_{31}H_{33}ON_3J_2$, F. 271°, orangefarbene Nadeln aus wss. A.; 450,7,0. – *Bis-[3-äthyl-4.5-diphenyl-2-oxazol]-trimethincyaninperchlorat*, $C_{37}H_{33}O_6N_2Cl$, F. 242° (Zers.), braune Prismen mit grünem Reflex aus Pyridin–A.–Ae., durch 1 std. Erwärmen von **IX**, 2-[2'-Acetanilidovinyl]-4.5-diphenyloxazolätho-p-toluolsulfonat (**XI**) u. Triäthylamin in A. u. Überführen des Reaktionsprod. in das ClO_4-Salz; 507 mμ, 486 mμi [Inflexion]; 49%. – Analog wurden folgende *Bis-[3-R-4-X-5-Y-2-oxazol]-trimethincyaninperchlorate* dargestellt: $R = C_2H_5$, $X = C_6H_5$, $Y = H$, $C_{25}H_{25}O_6N_2Cl$, F. 226° (Zers.), orangefarbene Nadeln mit purpurnem Reflex aus A.; 460, 10,1. – $R = C_2H_5$, $X = H$, $Y = C_6H_5$, $C_{25}H_{25}O_6N_2Cl$, F. 221° (Zers.), rote Blättchen aus Methanol; 500, 8,1. – $R = C_2H_5$, $X = H$, $Y = p\text{-}CH_3O\cdot C_6H_4$, $C_{27}H_{29}O_8N_2Cl$, F. 260° (Zers.), orangefarbene Kristalle aus Pyridin–Ae.; 510, 490i, 7,4. – $R = C_2H_5$, $X = p\text{-}CH_3O\cdot C_6H_4$, $Y = C_6H_5$, $C_{39}H_{37}O_8N_2Cl$, F. 220°, orangebraun aus A.; 10%; 507, 486i, 8,2. – $R = C_2H_5$, $X = 3.4.1\text{-}(CH_3O)_2C_6H_3$, $Y = C_6H_5$, $C_{41}H_{41}O_{10}N_2Cl$, F. 237° (Zers.), orangefarbene Blättchen mit goldenem Reflex aus Pyridin–Ae.; 30%; 510, 486i, 12,8. – *[3-R-4-X-5-Y-2-Oxazol] [3-äthyl-2-benzoxazol]-trimethincyanin-Farbstoffe* (**III**; n = 1, A = 2-Benzoxazol): $R = C_2H_5$, $X = Y = H$, $Z^- = ClO_4$, $C_{17}H_{19}O_6N_2Cl$, F. 236°, orangebraune Blättchen aus Methanol; 33%; 460, 444i, 9,1. – $R = C_2H_5$, $X = C_6H_5$, $Y = H$, $Z^- = ClO_4$, $C_{23}H_{23}O_6N_2Cl$, F. 192°, leuchtendbraune Platten aus A.; 71%; 469; 457i, 6,9. – $R = C_2H_5$, $X = p\text{-}CH_3O\cdot C_6H_4$, $Y = H$, $Z^- = ClO_4$, $C_{24}H_{25}O_7N_2Cl$, F. 259° (Zers.), orangerot aus A.; 482, 468i, 12,5. – $R = C_2H_5$, $X = H$, $Y = C_6H_5$, $Z^- = ClO_4$, $C_{23}H_{23}O_6N_2Cl$, F. 159°, orangefarbene Blättchen aus A.; 489, 5,7. – $R = C_2H_5$, $X = H$, $Y = p\text{-}CH_3O\cdot C_6H_4$, $Z^- = J$, $C_{24}H_{25}O_3N_2J$, F. 218°, orangefarben aus A.; 490, 475i, 7,8. – $R = C_2H_5$, $X = Y =$ *Furyl-(2')*, $Z^- = J$, $C_{25}H_{23}O_4N_2J$, F. 209°, orangebraun aus A.; 56%; 491, 7,9. – $R = C_2H_5$, $X = Y = C_6H_5$, $Z^- = J$, $C_{29}H_{27}O_2N_2J$, F. 145°, rote Prismen aus A.–Ae.; 490. 474i, 8,3. – $R = C_2H_5$, $X = p\text{-}CH_3O\cdot C_6H_4$, $Y = C_6H_5$, $Z^- = ClO_4$, $C_{30}H_{29}O_7N_2Cl$, F. 168°, carminrote Prismen aus A.; 44%; 491, 474i, 7,9. – $R = C_2H_5$, $X = p\text{-}(CH_3)_2N\cdot C_6H_4$, $Y = C_6H_5$, $Z^- = ClO_4$, $C_{31}H_{32}O_6N_3Cl$, F. 252°, rote Prismen aus A.; 16%; 488. – $R = C_2H_5$, $X = p\text{-}C_6H_4\cdot N(CH_3)_3\cdot ClO_4$, $Y = C_6H_5$, $Z^- = ClO_4$, $C_{32}H_{35}O_{10}N_3Cl_2$, F. 276°, orangerot aus A.; 497, 478i, 9,6. – $R = C_2H_5$, $X = 3.4.1\text{-}(CH_3O)_2\cdot C_6H_3$, $Y = C_6H_5$, $Z^- = ClO_4$, $C_{31}H_{31}O_8N_2Cl$, F. 230°, orangerote Nadeln aus A.; 40%; 490, 475i, 7,3. – *Asymm. Carbocyanin-Farbstoffe* (**III**; n = 1): *[3-R-4-X-5-Y-2-Oxazol]-[3-methyl-2-thiazolin]-trimethincyaninsalze*: $R = C_2H_5$, $X = Y =$ *Furyl-(2')*, $Z^- = J$, $C_{20}H_{21}O_3N_2SJ$, F. 205°, sepiafarbene Nadeln aus A.–Ae.; 20%; 469. 5,5. – $R = C_2H_5$, $X = Y = C_6H_5$, $Z^- = J$, $C_{24}H_{25}ON_2SJ$, F. 241°, orangerote Nadeln aus A.; 461, 479i, 6,3. – $R = C_2H_5$, $X = p\text{-}CH_3O\cdot C_6H_4$, $Y = C_6H_5$, $Z^- = ClO_4$, $C_{25}H_{27}O_6N_2SCl$, F. 203°, orangebraune Blättchen aus Methanol; 58%; 463, 6,0. – $R = C_2H_5$, $X = p\text{-}(CH_3)_2N\cdot C_6H_4$, $Y = C_6H_5$, $Z^- = ClO_4$, $C_{26}H_{30}O_5N_3SCl$, F. 240°, orangefarbene Prismen aus A.; 26%; 476, 4,8. – *[3-Äthyl-4-(p-methoxyphenyl)-5-phenyl-2-oxazol]-[3-äthyl-4.5-diphenyl-2-oxazol]-trimethincyaninperchlorat*, $C_{38}H_{35}O_7N_2Cl$, F. 210°, dunkelorange aus Methanol; 18%; 504, 482i, 8,1. – *3-Äthyl-5-[3-äthyl-4.5-diphenyloxazolinyliden-(2)-äthyliden]-2-thiooxazolidon-(4)*, $C_{24}H_{22}O_3N_2S$, F. 232°, lange, orangerote Nadeln aus A., durch 15 Min. Erhitzen von äquimol. Mengen **XI** u. 3-Äthyl-2-thiooxazolidon-(4) mit Triäthylamin in A.; 58%; 490, 8,9. – Analog wurden die folgenden *Farbstoffe* [**IV**; B = *3-Äthyl-2-thiooxazolidon-(4)*, $R = C_2H_5$] dargestellt: $X = Y = H$, $C_{12}H_{14}O_3N_2S$, F. 149°, orangefarbene Nadeln aus Bzl.; 470, 3,0. – $X = C_6H_5$, $Y = H$, $C_{18}H_{18}O_3N_2S$, F. 219°, orangefarbene Nadeln aus A.; 68%; 471, 458i, 5,4. – $X = p\text{-}CH_3O\cdot C_6H_4$, $Y = H$, $C_{19}H_{20}O_4N_2S$, F. 187°, orangefarbene Nadeln aus A.; 72%; 472, 6,9. – $X = H$, $Y = C_6H_5$, $C_{18}H_{18}O_3N_2S$, F. 200°, orangefarbene Nadeln aus A.; 43%; 493, 476i, 5,8. – $X = H$, $Y = p\text{-}CH_3O\cdot C_6H_4$, $C_{19}H_{20}O_4N_2S$, F. 219°, ziegelrot aus Bzl.–Leichtbenzin; 41%; 490, 6,4. – $X = Y =$ *Furyl-(2')*, $C_{20}H_{18}O_5N_2S$, F. 213°, rotbraune Nadeln aus A.; 487, 5,4. – $X = Y =$ *Thienyl-(2')*, $C_{20}H_{18}O_3N_2S_3$, F. 248°, smaragdgrüne Prismen aus Bzl.–Leichtbenzin; 490, 6,8. – $X = Y = \beta\text{-}C_{10}H_7$, $C_{32}H_{26}O_3N_2S$, F. 136°, ziegelrot aus Bzl.–Leichtbenzin; 500, 7,0. – $X = p\text{-}CH_3O\cdot C_6H_4$, $Y = C_6H_5$, $C_{25}H_{24}O_4N_2S$, F. 229°, dunkelrotbraune Prismen aus Bzl.–Leichtbenzin; 52%; 491. – $X = 3.4.1\text{-}(CH_3O)_2\cdot C_6H_3$, $Y = C_6H_5$, $C_{26}H_{26}O_5N_2S$, F. 238°, orangefarbene Prismen aus Bzl.–Leichtbenzin; 60%; 490, 478i, 6,2. – *3-n-Alkyl-5-[3-äthyloxazolinyliden-(2)-äthyliden]-1-phenyl-2-thiohydantoine* (**IV**; B = *3-Alkyl-1-phenyl-2-thiohydantoin*): $X = C_6H_5$, $Y = H$, A *(3-n-Alkylgruppe)* $= n\text{-}C_7H_{15}$, $C_{29}H_{33}O_2N_3S$, F. 135°, orangefarbene Nadeln aus Ligroin; 486, 6,9. – $X = p\text{-}CH_3O\cdot C_6H_4$, $Y = H$, $A = n\text{-}C_7H_{15}$, $C_{30}H_{35}O_3N_3S$, F. 136°, orangefarben aus Essigester–Leichtbenzin; 35%; 489, 7,5. – $X = H$, $Y = C_6H_5$, $A = n\text{-}C_7H_{15}$, $C_{29}H_{33}O_2N_3S$, F. 210°, ziegelrot aus Bzl.–Leichtbenzin; 67%; 505, 7,4. – $X = H$, $Y = p\text{-}CH_3O\cdot C_6H_4$, $A = n\text{-}C_7H_{15}$, $C_{30}H_{35}O_3N_3S$, F. 206°, ziegelrot aus Bzl.–Leichtbenzin; 29%; 510i, 6,8. – $X = Y =$ *Furyl-(2')*, $A = C_2H_5$, $C_{26}H_{23}O_4N_3S$, F. 210°, purpurne Prismen aus Methanol; 501, 6,4. – $X = Y = C_6H_5$, $A = C_2H_5$ $C_{30}H_{27}O_2N_3S$, F. 237°, orangefarbene Prismen aus Bzl.–PAe.; 503i, 7,9. – $X = Y = \beta\text{-}C_{10}H_7$, $A = n\text{-}C_7H_{15}$, $C_{43}H_{41}O_2N_3S$, F. 213°, rot aus Bzl.–PAe.; 54%; 510 i, 9,0. – $X = p\text{-}CH_3O\cdot C_6H_4$,

Y = C_6H_5, *A* = C_2H_5, $C_{31}H_{29}O_3N_3S$, F. 231°, dunkelrotbraune Prismen aus Bzl.–PAe.; 505i, 7,1. – *X* = *p*-$CH_3O\cdot C_6H_4$, *Y* = C_6H_5, *A* = *n*-C_7H_{15}, $C_{36}H_{39}O_3N_3S$, F. 265°, orangefarbene Nadeln aus Bzl.–PAe.; 508i, 9,2. – *X* = *3.4.1*-$(CH_3O)_2C_6H_3$, *Y* = C_6H_5, *A* = *n*-C_7H_{15}, $C_{37}H_{41}O_4N_3S$, F. 183°, orangerot aus A.; 504, 483i, 7,5. – *3-Alkyl-5*(u. *4*)-[*3-äthyloxazolinyliden-*(*2*)*-äthyliden*]*-2-thiothiazolidone-4*(u. *5*) (**IV**), aus *3-Carboxymethyl-2-thiothiazolidon-*(*4*): *X*=*Y* = C_6H_5, $C_{24}H_{20}O_4N_2S_2$, F. 258°, dunkelrotbraune Blättchen aus A.; 512i, 8,0. – *X* = *p*-$CH_3O\cdot C_6H_4$, *Y* = C_6H_5, $C_{25}H_{22}O_5N_2S_2$, F. 238°, rotbraune Blättchen aus Methanol; 40%; 513i, 8,0. – Aus *3-Äthyl-2-thiothiazolidon-*(*4*): *X*=*Y* = *Furyl-*(*2'*), $C_{20}H_{18}O_4N_2S_2$, F. 211°, dunkelrotbraune Nadeln aus Bzl.–PAe.; 70%. – *X*=*Y* = C_6H_5, $C_{24}H_{22}O_2N_2S_2$, F. 231°, rote Nadeln mit blauem Reflex Bzl.–PAe.; 51%; 514i, 4,7. – *X*=*Y* = *β*-$C_{10}H_7$, $C_{32}H_{26}O_2N_2S_2$, F. 225°, grüne Blättchen aus Bzl.–PAe.; 62%; 521i. – *X* = *p*-$CH_3O\cdot C_6H_4$, *Y* = C_6H_5, $C_{25}H_{24}O_3N_2S_2$, F. 205°, dunkelrotbraune Blättchen aus Bzl.–PAe.; 82%; 514i, 8,0. – Aus *3-Äthyl-2-thiothiazolidon-*(*5*) (vgl. J. chem. Soc. [London] **1952**. 4632): *X* = *p*-$C_6H_4\cdot N(CH_3)_2\cdot C_2H_5J$, *Y* = C_6H_5, $C_{28}H_{32}O_2N_3S_2J$, F. 233°, braune Nadeln mit grünem Reflex aus A.; 513i, 9,1. – *X*=*Y* = *β*-$C_{10}H_7$, $C_{32}H_{26}O_2N_2S_2$, F. 247°, schokoladefarben aus Bzl.–PAe.; 10%; 530i. – Aus *3-Cyclohexyl-2-thiothiazolidon-*(*5*) (vgl. l. c.): *X*=*Y* = C_6H_5, $C_{28}H_{28}O_2N_2S_2$, F. 286°, rotbronzene Blättchen aus Bzl.–PAe.; 522i, 6,7. – *X* = *p*-$(CH_3)_2N\cdot C_6H_4$, *Y* = C_6H_5, $C_{30}H_{33}O_2N_3S_2$, F. 286°, dunkelrotbraune Nadeln mit goldenem Reflex aus Bzl.–PAe.; 525. – *Verschied. Merocyaninfarbstoffe* vom Typ **IV**: *4-*{*3-Äthyl-4.5-di-*[*furyl-*(*2'*)]*-oxazolinyliden-*(*2*)*-äthyliden*}*-2-phenyloxazolon-*(*5*), $C_{24}H_{18}O_5N_2$, F. 205°, rotbraune Blättchen aus A.; 20%; 499, 476 (Minimum); 7.5.—*4.-*{*3-Äthyl-4.5-di-*[*furyl-*(*2'*)]*-oxazolinyliden-*(*2*)*-äthyliden*}*-2-äthylmercaptothiazolon-*(*5*), $C_{20}H_{18}O_4N_2S_2$, F. 166°, grüne Nadeln aus Methanol; 504,478i, 5,7. – *4-*[*3-Äthyl-4.5-diphenyloxazolinyliden-*(*2*)*-äthyliden*]*-2-äthylmercaptothiazolon-*(*5*), $C_{24}H_{22}O_2N_2S_2$, F. 230°, rote Nadeln aus A.; 58%; 502, 481i, 7, 7. – *5-*[*3-Äthyl-4.5-diphenyloxazolinyliden-*(*2*)*-äthyliden*]*-2-diphenylaminothiazolon-*(*4*), $C_{34}H_{27}O_2N_3S$, F. 203°, orange aus Bzl.; 493; 2,8. – *4-*[*3-Äthyl-4.5-diphenyloxazolinyliden-*(*2*)*-äthyliden*]*-3-methyl-1-phenylpyrazolon-*(*5*), $C_{29}H_{25}O_2N_3$, F. 246°, lachsfarbene Platten aus A.; 36%; 449, 5,0. – *1.3-Diäthylhexahydro-4.6-diketo-5-*[*3-äthyl-4.5-diphenyloxazolinyliden-*(*2*)*-äthyliden*]*-2-thiopyrimidin*, $C_{27}H_{27}O_3N_3S\cdot 5\,C_2H_5OH$, F. 163°, orangegelbe Nadeln aus A.–Ae.; 53%; 388, 444i, 6,0. – *4-*[*3-Äthyl-4-*(*p-methoxyphenyl*)*-5-phenyloxazolinyliden-*(*2*)*-äthyliden*]*-2-phenyloxazolon-*(*5*), $C_{29}H_{24}O_4N_2$, F. 218°, sintert ab 210°, rote Nadeln aus A.; 78%; 501, 474 (Minimum), 8,2. – *4-*[*3-Äthyl-4-*(*p-methoxyphenyl*)*-5-phenyloxazolinyliden-*(*2*)*-äthyliden*]*-2-äthylmercaptothiazolon-*(*5*), $C_{25}H_{24}O_3N_2S_2$, F. 194°, rotbraune Nadeln aus Bzl.–PAe.; 39%; 500, 482i, 6,2. – *4-*[*3-Äthyl-4-*(*p-methoxyphenyl*)*-5-phenyloxazolinyliden-*(*2*)*-äthyliden*]*-3-methyl-1-phenylpyrazolon-*(*5*), $C_{30}H_{27}O_3N_3$, F. 191°, sintert ab 132°, orangerote Nadeln aus A.; 34%; 452, 5,0. – *4-*[*3-Äthyl-4-*(*p-methoxyphenyl*)*-5-phenyloxazolinyliden-*(*2*)*-äthyliden*]*-3-methyl-1-*(*p-sulfophenyl*)*-pyrazolon-*(*5*), $C_{30}H_{27}O_6N_3S$, F. 298°, hellgelbe Prismen aus Nitrobenzol; 63%; 450, 4,6. – *5-*[*3-Äthyl-4-*(*p-methoxyphenyl*)*-5-phenyloxazolinyliden-*(*2*)*-äthyliden*]*-1.3-diäthylhexahydro-4.6-diketo-2-thiopyrimidin*, $C_{28}H_{29}O_4N_3S$, F. 275°, gelbe Nadeln aus A.; 84%; 442, 3,6. (J. chem. Soc. [London] **1952**. 4823–32. Dez. Harrow, Middlesex, Kodak Ltd., Res. Labors.)

M. KÜHNEL. 3132

Edward B. Knott, *Polymethinfarbstoffe aus 4.5-disubstituierten Thiazolen.* In Hinblick auf ihre Eigg. als photograph. Sensibilisatoren stellte Vf. eine Reihe von *Cyaninen, Carbocyaninen* u. *Dimethinmerocyaninen* her, die durch Quaternisierung mit Toluolsulfonsäureestern aus *4.5-Diphenyl-*, *4-Aryl-5-aryloxy-2-methyl-*, *4-Aryl-2-methyl-5-*[*p-tolylmercapto*]- u. *4.5-Diaryl-2-methylthiazolen* erhalten wurden. Sie besitzen gegenüber den Farbstoffen mit 4-Arylthiazol-, Benzothiazol- u. Naphthothiazolkernen eine weitaus größere Löslichkeit in organ. Lösungsmitteln u. niedrigere FF., was Vf. auf nichtplanare Anordnung der Arylgruppen im Mol. zurückführt.

Versuche: *α-Brom-2.5-dimethyl-α-phenylacetophenon* (**II**), $C_{16}H_{15}OBr$, F. 47°, durch Bromierung von 2.5-Dimethyl-α-phenylacetophenon in Chlf. bei 20°; Platten aus PAe.; 79% (Ausbeute). – *4-*[*p-Methoxyphenyl*]*-2-methyl-5-phenylthiazol* (**III**)*-Hydrobromid*, $C_{17}H_{16}ONBrS$, F. 214°, durch kurzes Erwärmen von α-Brom-p-methoxy-α-phenylacetophenon mit Thioacetamid (**I**) in Methanol; Nadeln auf A.; 77%. *Base*, $C_{17}H_{15}ONS$, F. 45°, mit Sodalsg.; aus PAe. dicke, glasige Prismen. — *4-*[*3.4-Dimethoxyphenyl*]*-2-methyl-5-phenylthiazol*, $C_{18}H_{17}O_2NS$, F. 98°, aus α-Brom-3.4-dimethoxy-α-phenylacetophenon, **I** u. Na_2CO_3 nach 15 Min. Erhitzen in A.; glasige Kristalle aus Methanol; 76%. In einem Falle wurde eine *Verb.* mit F. 153° erhalten. — *2-Methyl-5-phenyl-4-*[*p-xylyl*]*-thiazol* (**IV**), $C_{18}H_{17}NS$, F. 72,5°, aus **II** u. **I** in A. über das *Hydrobromid*; 66,5%. *Base*, Nadeln aus Leichtbenzin. — Die *α-Aryloxyacetophenone* der allg. Formel $R'O\cdot CH_2\cdot CO\cdot R$ werden durch Rk. von 1 Mol des entsprechenden Phenols mit 1 Mol KOH in sd. A., Abkühlen auf 30°, Zugabe von 1 Mol des Phenacylbromids u. Kristallisation aus A. erhalten: *R* = C_6H_5, *R'* = *p*-$C_6H_4 \cdot C(CH_3)_2 \cdot CH_2 \cdot C(CH_3)_3$, $C_{22}H_{28}O_2$, F. 76°, flache Nadeln; 50%. – *R* = *p*-$C_6H_4 \cdot OCH_3$, *R'* = *p*-$C_6H_4 \cdot C(CH_3)_2 \cdot CH_2 \cdot C(CH_3)_3$, $C_{23}H_{30}O_3$, F. 102°, Platten; 90%. – *R* = C_6H_5, *R* = *p*-$C_6H_4 \cdot C_6H_5$, $C_{20}H_{16}O_2$, F 94°, Flocken; 65%. – *R* = *R'* = *p*-C_6H_4Cl, $C_{14}H_{10}O_2Cl_2$, F. 132–133°, Nadeln; 52%. – *R* = *R'* = *p*-C_6H_4Br, $C_{14}H_{10}O_2Br_2$, F. 133–135°, Latten; 63%. – *R* = *3.4.1*-$(CH_3O)_2 \cdot C_6H_3$, *R'* = *p*-$C_6H_4 \cdot OC_2H_5$, $C_{18}H_{20}O_5$, F. 103°, Fäden; 70%. – *R* = C_6H_5, *R'* = β-$C_{10}H_7$, $C_{18}H_{14}O_2$, F. 59°, Latten; 79%. – In gleicher Weise werden die folgenden *α-[p-Tolylmercapto]-acetophenone* $CH_3 \cdot C_6H_4 \cdot S \cdot CH_2 \cdot CO \cdot R$ dargestellt: *R* = C_6H_5, $C_{15}H_{14}OS$, F. 40°, Nadeln; 98,5%. – *R* = *2.4.1*-$C_6H_3(CH_3)_2$, $C_{17}H_{18}OS$, F. 56°, Flocken; 88%. – *R* = β-$C_{10}H_7$, $C_{19}H_{16}OS$, F. 63°, Flocken; 93%. – Die *α-Brom-α-aryloxyacetophenone* der Formel $R'O \cdot CHBr \cdot CO \cdot R$ wurden durch Bromierung in CS_2 oder in Chlf. als oft zersetzliche Prodd. erhalten: *R* = *R'* = C_6H_5, $C_{14}H_{11}O_2Br$, F. 72°; Reaktionstemp. 5–10°; Nadeln aus Leichtbenzin; 67,5%. – *R* = C_6H_5, *R'* = *p*-$C_6H_4 \cdot C(CH_3)_2 \cdot CH_2 \cdot C(CH_3)_3$, $C_{22}H_{27}O_2Br$. Reaktionstemp. 20°; Öl; 95%. – *R* = *p*-$CH_3O \cdot C_6H_4$, *R'* = C_6H_5, $C_{15}H_{13}O_3Br$, F. 80–81°; Reaktionstemp. 5°; Nadeln aus Leichtbenzin; 87%. – *R* = *p*-$CH_3O \cdot C_6H_4$, *R'* = *p*-$C_6H_4 \cdot C(CH_3)_2 \cdot CH_2 \cdot C(CH_3)_3$, $C_{23}H_{29}O_3Br$; Reaktionstemp. 5°; Öl; 93%. – *R* = C_6H_5, *R'* = *p*-$C_6H_4 \cdot C_6H_5$, $C_{20}H_{15}O_2Br$, F. nicht bestimmbar; Reaktionstemp. 20°; 81%. – *R* = *3.4.1*-$(CH_3O)_2 \cdot C_6H_3$, *R'* = *p*-$C_2H_5O \cdot C_6H_4$; Öl; Reaktionstemp. 35°; 85%. – *R* = *R'* = *p*-C_6H_4Cl, $C_{14}H_9O_2Cl_2Br$, F. 158°; Reaktionstemp. 60°; beständige Platten aus A.; 92,5%. – *R* = *R'* = *p*-C_6H_4Br, $C_{14}H_9O_2Br_3$, F. 157°; Reaktionstemp. 55°; beständige Nadeln aus A.; 64%. – Ebenso die *α-Brom-α-[p-tolylmercapto]-acetophenone* *p*-$CH_3 \cdot C_6H_4 \cdot S \cdot CHBr \cdot CO \cdot R$: *R* = C_6H_5, $C_{15}H_{13}OBrS$, F. 79–81°; Reaktionstemp. 10°; Nadeln aus A.; 94%. – *R* = *p-Xylyl*, $C_{17}H_{17}OBrS$, F. 110°; Reaktionstemp. 30°; beständige Prismen aus Leichtbenzin; 73%. – *R* = β-$C_{10}H_7$, F. 119–121°; Reaktionstemp. 5°; beständige Flocken aus Leichtbenzin; 80%. –

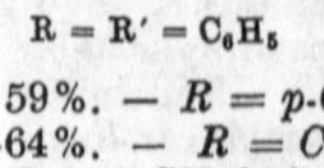

R = R' = C_6H_5

4-Aryl-5-aryloxy-2-methylthiazole nebenst. Formel wurden durch Rk. vorst. Bromketone mit **I** in A. in Form ihrer *Hydrobromide* erhalten, die in die *Basen* übergeführt wurden; Kristallisation im allg. aus A.: *R* = *R'* = C_6H_5, $C_{16}H_{13}ONS$, F. 63°; Kristalle aus Leichtbenzin; 59%. – *R* = *p*-$CH_3O \cdot C_6H_4$, *R'* = C_6H_5, $C_{17}H_{15}O_2NS$, F. 90°; Nadeln aus Leichtbenzin; 64%. – *R* = C_6H_5, *R'* = *p*-$C_6H_4 \cdot C(CH_3)_2 \cdot CH_2 \cdot C(CH_3)_3$; Rohprod. als Öl; 87%. – *R* = *p*-$CH_3O \cdot C_6H_4$, *R'* = *p*-$C_6H_4 \cdot C(CH_3)_2 \cdot CH_2 \cdot C(CH_3)_3$, *Hydrobromid*, $C_{25}H_{31}O_2NS \cdot HBr$, F. 186–188°; Platten; 34%. *Base*, $C_{25}H_{31}O_2NS$, F. 65–72°; Nadeln; 30%. – *R* = C_6H_5, *R'* = *p*-$C_6H_4 \cdot C_6H_5$, $C_{22}H_{17}ONS$, F. 102–105°; Platten; 25%. – *R* = *3.4.1*-$(CH_3O)_2C_6H_3$, *R'* = $C_2H_5O \cdot C_6H_4$, $C_{20}H_{21}O_4NS$, F. 71–72°; Nadeln; 26%. – *R* = *R'* = *p*-C_6H_4Cl, $C_{16}H_{11}ONCl_2S$, F. 100–101°; Rhomben; 33%. – Ebenso nachst. *4-Aryl-2-methyl-5-[p-tolylmercapto]-thiazole*: *R* = C_6H_5, $C_{17}H_{15}NS_2$, F. 41–42°, $Kp._6$ 200°; Prismen aus Leichtbenzin; 82,5%. – *R* = *3.4.1*-$(CH_3O)_2 \cdot C_6H_3$, $C_{19}H_{19}O_2NS_2$, F. 59–60°; Nadeln aus Leichtbenzin; 58%. – *R* = β-$C_{10}H_7$, $C_{21}H_{17}NS_2$, F. 93–94°; Nadeln aus Leichtbenzin; 57%. – *2-[2'-Anilinovinyl]-4.5-diphenylthiazol-ätho-p-toluolsulfonat*, $C_{32}H_{30}O_3N_2S_2$, F. 233°, aus 2-Methyl-4.5-diphenylthiazol (**VI**) u. p-Toluolsulfonsäureäthylester durch 4std. Schmelzen bei 170° u. weitere 15 Min. Erwärmen bei dieser Temp. nach Zugabe von Äthylisoformanilid (**V**); gelbe Nadeln aus A.; 66%. – *2-[2'-Anilinovinyl]-4-[p-methoxyphenyl]-5-phenylthiazol-ätho-p-toluolsulfonat*, $C_{33}H_{32}O_4N_2S_2$, F. 250°, wie vorst. aus **III**; gelbbraune Nadeln aus A.; 84%. *Metho-p-toluolsulfonat*, $C_{32}H_{30}O_4N_2S_2$, F. 246°; glänzendgelbe Nadeln aus Alkohol. – *2-[2'-Anilinovinyl]-5-phenyl-4-[p-xylyl]-thiazoläthojodid*, $C_{27}H_{27}N_2JS$, F. 226°, durch 30 Min. Schmelzen von 2,74 g **IV** mit 1,4 cm³ Diäthylsulfat bei 150° u. weiterem ½std. Erhitzen nach Zugabe von 1,7 cm³ **V**; nach Lösen der Schmelze in A. werden 2 g KJ in W. hinzugegeben; violette Kristalle aus A.; 3,25 g. *Methojodid*, $C_{26}H_{25}N_2JS$, F. 247°; hellgelbe Nadeln aus Alkohol. – *2-[2'-Anilinovinyl]-4-[3.4-dimethoxyphenyl]-5-phenylthiazoläthо-p-toluolsulfonat*, $C_{34}H_{34}O_5N_2S_2$, F. 161°; kleine gelbe Nadeln aus Alkohol. – *2-[2'-Anilinopropenyl]-4-[p-methoxyphenyl]-5-phenylthiazoläthojodid* (**IX**), $C_{27}H_{27}ON_2JS$, F. 233°, aus **III**-Ätho-p-toluolsulfonat durch 1std. Verschmelzen mit Äthylisothioacetanilid bei 175° u. Zugabe eines Überschusses von KJ-Lsg. zu der alkoh. Lsg. der Schmelze; hellrote Kristalle aus A.; 68%. –

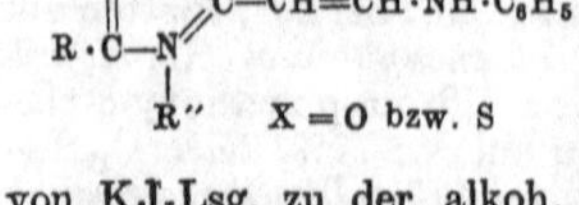

X = O bzw. S

2-[2'-Anilinovinyl]-4-aryl-5-aryloxy(bzw. *arylmercapto*)*-thiazoliumsalze* nebenst. Formel wurden durch mehrstd. Verschmelzen obenst. Basen mit dem entsprechenden Alkylester bei 150–170° u. anschließendes weiteres Erhitzen mit **V** auf 150° unter A.-Abspaltung dargestellt; nichterstarrende Schmelzen wurden in A. gelöst u. mit KJ-Lsg. in die entsprechenden *Jodide* übergeführt u. aus A. krist.; alle Verbb. sind gelb u. kristallisieren meist in Nadeln. – *X* = *O*: *R* = *R'* = C_6H_5, *R''* = C_2H_5J, $C_{25}H_{23} \cdot ON_2JS$, F. 196°; 32%. – *R* = *p*-$CH_3O \cdot C_6H_4$, *R'* = C_6H_5, *R''* = C_2H_5J, $C_{26}H_{25}O_2N_2JS$, F. 196°;

38%. — $R = p\text{-}CH_3O \cdot C_6H_4$, $R' = C_6H_5$, $R'' = CH_3 \cdot p\text{-}CH_3 \cdot C_6H_4 \cdot SO_2$, $C_{32}H_{30}O_5N_2S_2$, F. 202°; 83%. — $R = C_6H_5$, $R' = p\text{-}C_6H_4 \cdot C(CH_3)_2 \cdot CH_2 \cdot C(CH_3)_3$, $R'' = C_2H_5J$, $C_{33}H_{39}ON_2JS$, F. 176°; 25%. — $R = p\text{-}CH_3O \cdot C_6H_4$, $R' = p\text{-}C_6H_4 \cdot C(CH_3)_2 \cdot CH_2 \cdot C(CH_3)_3$, $R'' = CH_3\ p\text{-}CH_3 \cdot C_6H_4 \cdot SO_2$, $C_{40}H_{46}O_5N_2S_2$, F. 236°; 42%. — $R = C_6H_5$, $R' = p\text{-}C_6H_4 \cdot C_6H_5$, $R'' = CH_3J$, $C_{30}H_{25}ON_2JS$, F. 266°; 72%. — $R = R' = p\text{-}C_6H_4Cl$, $R'' = C_2H_5J$, $C_{25}H_{21}ON_2Cl_2JS$, F. 247°; 46%. — $R = 3.4.1\text{-}(CH_3O)_2 \cdot C_6H_3$, $R' = p\text{-}C_2H_5O \cdot C_6H_4$, $R'' = C_2H_5J$, $C_{29}H_{31}O_4N_2JS$, F. 185°; 48%. — $X = S$, $R' = p\text{-}CH_3 \cdot C_6H_4$: $R = C_6H_5$, $R'' = C_2H_5J$, $C_{26}H_{25}N_2JS_2$, F. 225°; 57%. — $R = C_6H_5$, $R'' = CH_3J$, $C_{25}H_{23}N_2JS_2$, F. 243°; 55%. — $R = p$-*Xylyl*, $R'' = C_2H_5J$, $C_{28}H_{29}N_2JS_2$, F. 168°; 47%. — $R = p$-*Xylyl*, $R'' = CH_3J$, $C_{27}H_{27}N_2JS_2$, F. 230°; 45%. — $R = \beta\text{-}C_{10}H_7$; $R'' = C_2H_5J$, $C_{30}H_{27}N_2JS_2$, F. 234°; 54%. — Methincyaninjodide: *[3-Methyl-2-benzothiazol]-[3-äthyl-4-(p-methoxyphenyl)-5-phenyl-2-thiazol]-*, $C_{27}H_{25}ON_2JS_2$, F. 304°, aus **III**-Ätho-p-toluolsulfonat u. 2-Methylmercaptobenzothiazolmetho-p-toluolsulfonat durch 30 Min. Kochen in A. in Ggw. von Triäthylamin u. Zugabe von KJ; grüngelbe Nadeln aus Methanol; λ_{max} 425 mμ (CH_3OH). — *[1-Methyl-2-chinolin]-[3-äthyl-4.5-diphenyl-2-thiazol]-*, $C_{28}H_{25}N_2JS$, F. 271°, aus **VI**-Äthoäthylsulfat u. 2-Methylmercaptochinolinmetho-p-toluolsulfonat; orangefarbene Nadeln aus A.; λ_{max} 490 mμ. — *[1-Methyl-2-chinolin]-[3-äthyl-4-(p-methoxyphenyl)-5-phenyl-2-thiazol]-*, $C_{29}H_{27}ON_2JS$, F. 267°; orangefarbene Nadeln aus A.; λ_{max} 490 mμ. — *[1-Methyl-2-chinolin]-[3-äthyl-5-phenoxy-4-phenyl-2-thiazol]-*, $C_{28}H_{25}ON_2JS$, F. 258°; orangefarbene Nädelchen aus A.; λ_{max} 480 mμ. — *[1-Methyl-2-chinolin]-[3-äthyl-5-phenyl-4-(3.4-dimethoxyphenyl)-2-thiazol]-*, $C_{30}H_{29}O_2 \cdot N_2JS$; flache, rostrote Nadeln aus Methanol; λ_{max} 490 mμ. — *[1-Äthyl-2-chinolin]-[3-methyl-4-phenyl-5-(p-tolylmercapto)-2-thiazol]-*, $C_{29}H_{27}N_2JS_2$, F. 227—228°; flache, glänzende rote Nadeln aus Methanol; λ_{max} 485 mμ. — Nachst. Trimethincyaninjodide wurden durch Acetylierung der 2-[2'-Anilinovinyl]-derivv. u. Behandeln der entstandenen Verbb. mit dem entsprechenden 2-Methylthiazoliumsalz in Ggw. von alkoh. Triäthylamin gewonnen: *Bis-[3-äthyl-4.5-diphenyl-2-thiazol]-*, $C_{37}H_{33}N_2JS$, F. 180°, mattgoldene Nädelchen aus A.; λ_{max} 588 mμ. — *Bis-[3-äthyl-4-(p-methoxyphenyl)-5-phenyl-2-thiazol]-*, $C_{39}H_{37}O_2N_2JS_2$, F. 181°, purpurne Nädelchen aus Methanol; λ_{max} 590 mμ. — *Bis-[3-äthyl-4-(p-methoxyphenyl)-5-phenyl-2-thiazol]-β-methyl-*, $C_{40}H_{39}O_2N_2JS_2$, F. 249°; grüne Kristalle aus A.; λ_{max} 561 mμ. — *Bis-[3-äthyl-4-(3.4-dimethoxyphenyl)-5-phenyl-2-thiazol]-*, $C_{41}H_{41}O_4N_2JS_2$, F. 179°; brilliantgrüne Kristalle aus Methanol; λ_{max} 590 mμ. — *Bis-[3-äthyl-5-phenyl-4-(p-xylyl)-2-thiazol]-, Perchlorat*, $C_{41}H_{41}O_4N_2ClS_2$, F. 225°; violettes Pulver aus A.; λ_{max} 592 mμ. — *Bis-[4-(p-methoxyphenyl)-3-methyl-5-phenoxy-2-thiazol]-, Perchlorat*, $C_{37}H_{33}O_8N_2ClS_2$, F. 240°; bronzefarbene Kristalle aus Methanol; λ_{max} 580 mμ. — *Bis-[3-methyl-4-phenyl-5-(p-tolylmercapto-2-thiazol]-*, $C_{37}H_{33}N_2JS_4$, F. 224°, flache bronzefarbene Nadeln aus A.; λ_{max} 585 mμ. — *Bis-[3-äthyl-4-(β-naphthyl)-5-(p-tolylmercapto-2-thiazol]*, $C_{47}H_{41}N_2JS_4$, F. 194°; bronzefarbene Kristalle aus Methanol; λ_{max} 585 mμ. — *[3-Äthyl-2-benzothiazol]-[3-äthyl-4-(β-naphthyl)-5-(p-tolylmercapto-2-thiazol]-, Perchlorat*, $C_{34}H_{31}O_4N_2ClS_2$, F. 205°, grüne Prismen aus Methanol; λ_{max} 565 mμ. — *[3-Äthyl-2-benzothiazol]-[3-äthyl-4-phenyl-5-(p-tolylmercapto-2-thiazol]-*, $C_{30}H_{29}N_2JS_3$, F.

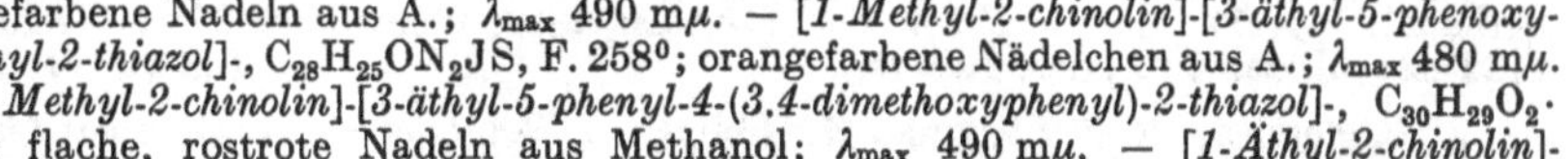

VII VIII

195°; flache bronzefarbene Nadeln aus Methanol; λ_{max} 560 mμ. — *Dimethinmerocyanine*, die sich vom *3-Äthyl-2-thiothiazolidon-(4)* (*3-Äthylrhodanin*) u. dem *2-Äthylmercaptothiazolon-(5)* entsprechend den Formeln **VII** u. **VIII** ableiten, wurden aus den 2-[2'-Acetanilidovinyl]-Verbb. der quaternären Thiazole mit Ketomethylenverbb. bzw. aus den 2-Methylderivv. der quaternisierten Thiazole mit 4-Äthoxymethylen-2-äthylmercaptothiazolon-(5) nach bekannten Methoden dargestellt u. aus Bzl. oder Bzl./Methanol als als Nadeln erhalten. Folgende *3-Äthyl-5-[G-thiazolinyliden-(2)-äthyliden]-2-thiothiazolidone-(4)* (**VII**) wurden synthetisiert: *G = 3-Äthyl-4.5-diphenyl-*, $C_{24}H_{22}ON_2S_3$, F. 242°; magentafarben; λ_{max} 550 mμ. — *G = 4-[p-Methoxyphenyl]-3-methyl-5-phenyl-*, $C_{24}H_{22} \cdot O_2N_2S_3$, F. 216°; rot; λ_{max} 552 mμ. — *G = 3-Äthyl-4-(p-methoxyphenyl)-5-phenyl-*, $C_{25}H_{24}O_2N_2S_3$, F. 197°; rot; λ_{max} 548 mμ. — *G = 4-[3.4-Dimethoxyphenyl]-3-äthyl-5-phenyl-*, $C_{26}H_{26}O_3N_2S_3$, F. 199°, grün; λ_{max} 554 mμ. — *G = 3-Methyl-5-phenyl-4-[p-xylyl]-*, $C_{25}H_{24}ON_2S_3$, F. 111°, grün; λ_{max} 552 mμ. — *G = 3-Äthyl-5-phenyl-4-[p-xylyl-*, $C_{26}H_{26}ON_2S_3$, F. 190°; grünbraun; λ_{max} 554 mμ. — *G = 3-Äthyl-5-phenoxy-4-phenyl-*, $C_{24}H_{22}O_2N_2S_3$, F. 174°, grün; λ_{max} 554 mμ. — *G = 4-[p-Methoxyphenyl]-3-methyl-5-phenoxy-*, $C_{24}H_{22}O_3N_2S_3$, F. 186°, grün; λ_{max} 547 mμ. — *G = 3-Äthyl-4-[p-methoxyphenyl]-5-phenoxy-*, $C_{25}H_{24}O_3N_2S_3$, F. 150°, purpur; λ_{max} 544 mμ. — *G = 4-[p-Methoxyphenyl]-3-methyl-5-[1.1.3.3-tetramethylbutyl]-phenoxy-*, $C_{32}H_{38}O_3N_2S_3$, F. 161°, trübrot-

λ_{max} 546 mμ. — *G = 3-Äthyl-4-phenyl-5-[p-tolylmercapto]-*, $C_{25}H_{24}ON_2S_4$, F. 165°; bronzefarben; λ_{max} 544 mμ. — *G = 3-Äthyl-4-[β-naphthyl]-5-[p-tolylmercapto]-*, $C_{29}H_{26}ON_2S_4$, F. 198°; rot; λ_{max} 544 mμ. — *G = 3-Äthyl-4-[p-methoxyphenyl]-*, $C_{19}H_{20}O_2N_2S_3$, F. 225°, rot; λ_{max} 540 mμ. — *2-Äthylmercapto-4-[G-thiazolinyliden-(2)-äthyliden]-thiazolone-(5)* (**VIII**): *G = 3-Äthyl-4.5-diphenyl-*, $C_{24}H_{22}ON_2S_3$, F. 208°, violett; λ_{max} 547 mμ. — *G = 3-Äthyl-4-[p-methoxyphenyl]-5-phenyl-*, $C_{25}H_{24}O_2N_2S_3$, F. 181°, purpur; λ_{max} 548 mμ. — *G = 4-[3.4-Dimethoxyphenyl]-3-äthyl-5-phenyl-*, $C_{26}H_{26}O_3N_2S_3$, F. 229°, rot; λ_{max} 550 mμ. — *G = 3-Methyl-5-phenyl-4-[p-xylyl]-*, $C_{25}H_{24}ON_2S_3$, F. 108°; graurot; λ_{max} 548 mμ. — *G = 4-[p-Methoxyphenyl]-3-methyl-5-phenoxy-*, $C_{24}H_{22}O_3N_2S_3$, F. 168°; rot, grüner Oberflächenglanz; λ_{max} 543 mμ. — *G = 3-Äthyl-4-[p-methoxyphenyl]-5-phenoxy-*, $C_{25}H_{24}O_3N_2S_3$, F. 164°; purpur; λ_{max} 542 mμ. — *G = 3-Methyl-4-phenyl-5-[p-tolylmercapto]-*, $C_{24}H_{22}ON_2S_4$, F. 133°, blaugrün; λ_{max} 544 mμ. — *G = 3-Methyl-4-[β-naphthyl]-5-[p-tolylmercapto]-*, $C_{28}H_{24}\cdot ON_2S_4$, F. 180°; violett; λ_{max} 544 mμ. — *G = 3-Äthyl-4-[p-methoxyphenyl]-*, $C_{19}H_{20}O_2N_2S_3$, F. 182°; rotbraun; λ_{max} 527 mμ. — *3-Äthyl-5-[3-äthyl-4-(p-methoxyphenyl)-5-phenylthiazolinyliden-(2)-isopropyliden]-2-thiothiazolidon-(4)*, $C_{26}H_{26}O_2N_2S_3$, F. 168°; violette Nadeln aus Bzl./Leichtbenzin, aus **IX** durch ½std. Kochen mit Acetanhydrid, Eindampfen u. Rk. mit 3-Äthylrhodanin; λ_{max} 535 mμ. — *4-[3-Äthyl-4-(p-methoxyphenyl)-5-phenylthiazolinyliden-(2)-isopropyliden]-2-äthylthiothiazolon-(5)*, $C_{26}H_{26}O_2N_2S_3$, F. 236°, violette Nadeln aus Bzl./Methanol; λ_{max} 550 mμ. (J. chem. Soc. [London] **1952**. 4099—4106. Nov. Wealdstone, Middlesex, Kodak Ltd., Res. Labors.) M. KÜHNEL. 3142

A. L. Morrison, R. F. Long und **M. Königstein,** *Reduktion von Amiden mit Lithiumaluminiumhydrid.* 3-Keto-4-methyl-2.2-diphenylmorpholin (**I**) wird durch $LiAlH_4$ im Überschuß zu einem Gemisch von *3-Oxy-4-methyl-2.2-diphenylmorpholin* (**II**) u. *4-Methyl-2.2-diphenylmorpholin* (**III**) reduziert. **II** läßt sich zu **III** weiterreduzieren. Bei der Behandlung von α-[2-Dimethylaminoäthoxy]-α.α-diphenylacetopiperidid (**IV**) mit $LiAlH_4$ entsteht neben dem erwarteten *2-[2-Dimethylaminoäthoxy]-2.2-diphenyl-1-piperidinoäthan* (**V**) unter Umlagerung *3-Dimethylamino-1.1-diphenylpropanol* (**VII**), das auch bei Einw. von gepulvertem Na auf *[2-Dimethylaminoäthoxy]-diphenylmethan* (**VI**) erhalten wird.

Versuche: *1-Methyl-3.3-diphenylpyrrolidin*, $C_{17}H_{19}N$, Kp.$_1$ 140—142°, durch Red. von 1,6 g 1-Methyl-3.3-diphenylpyrrolidon-(2) mit $LiAlH_4$ in sd. absol. Ae. unter N_2 (20 Std.); 0,7 g (Ausbeute). *Pikrat*, $C_{23}H_{22}O_7N_4$, F. 162—163° (A.). — *3-Oxy-4-methyl-2.2-diphenylmorpholin* (**II**), $C_{17}H_{19}O_2N$, F. 97—99° (PAe.), durch Red. von **I** wie vorst., in 24 Std.; 32%. *Hydrochlorid*, $C_{17}H_{20}O_2NCl$, F. 194—195° (Zers.; A.-Ae.). *Pikrat*-$C_{23}H_{22}O_9N_4$, F. 164—165° (A.). — *4-Methyl-2.2-diphenylmorpholin* (**III**), $C_{17}H_{19}ON$, F. 79—80° (PAe.), a) aus den PAe.-Mutterlaugen von **II**; 39%; b) durch Hydrierung von **II** in A. über 5%ig. Pd-Kohle in 5 Std.; Kp.$_{0,5}$ 140—150°; c) aus **II** mit $LiAlH_4$ in 14 Std.; 88%. *Hydrochlorid*, $C_{17}H_{20}ONCl$, F. 266—268° (Zers.). *Pikrat*, $C_{23}H_{22}O_8N_4$, F. 233—234°. — *4-Methyl-3-nitromethyl-2.2-diphenylmorpholin*, $C_{18}H_{20}O_3N_2$, F. 144 bis 145° (A.), durch 1std. Kochen von **II** in Nitromethan; 92%. — *3-Aminomethyl-4-methyl-2.2-diphenylmorpholin*, Kp.$_{0,2}$ 156—160°, aus vorst. Verb. in feuchtem Ae. mit Al-Amalgam. *Dihydrochlorid*, $C_{18}H_{24}ON_2Cl_2$, F. 200—203°; 63%. — *4-Methyl-2.2-diphenyl-3-isopropylaminomethylmorpholin*, Kp.$_{0,3}$ 180—184°, durch Hydrierung von Aceton in Ggw. vorst. Verb. in A. über red. PtO_2; 68%. *Dihydrochlorid*, $C_{21}H_{30}ON_2Cl_2$, F. 242—244° (Zers.). — *Diphenylacetopiperidid*, $C_{19}H_{21}ON$, F. 107—108° (PAe.), aus Diphenylacetylchlorid u. Piperidin in Äther. — *1.1-Diphenyl-2-piperidinoäthan, Hydrochlorid*, $C_{19}H_{24}NCl$, F. 145—147°, aus vorst. Verb. mit $LiAlH_4$; 65%. — *α-Oxy-α.α-diphenylacetopiperidid*, $C_{19}H_{21}O_2N$, F. 121—122° (PAe.), aus Phenyl-MgBr u. 1-Äthoxalylpiperidin in Ae.; 68%. — *1-Oxy-1.1-diphenyl-2-piperidinoäthan*, $C_{19}H_{23}ON$, F. 65—66° (Bzl.-PAe.), durch Red. vorst. Verb. mit $LiAlH_4$ u. Zers. mit verd. H_2SO_4 als *Hydrogensulfat*, $C_{19}H_{25}O_5NS$, F. 165 bis 166° (A.-Ae.); 54,5%; aus dem Filtrat die freie Base; 21%. — *2-[2-Dimethylaminoäthoxy-]-2.2-diphenyl-1-piperidinoäthan* (**V**), *Hydrochlorid*, $C_{23}H_{34}ON_2Cl_2\cdot C_2H_6O$, F. 221 bis 222°, aus **IV** mit $LiAlH_4$ als in PAe. lösl. Base; 28%. *Pikrat*, F. 180°. — *3-Dimethylamino-1.1-diphenylpropanol-(1)* (**VII**), $C_{17}H_{21}ON$, F. 164—165° (PAe.), neben **V** als in PAe. unlösl. Base. *Hydrochlorid*, $C_{17}H_{22}ONCl$, F. 204—205°. *Pikrat*, $C_{23}H_{24}O_8N_4$, F. 151 bis 152°. Aus der alkal.-wss. Phase wurde nach der Ae.-Extraktion von **V** u. **VII** *Piperidin* isoliert; *Reineckat*, $C_9H_{18}N_7S_4Cr$, F. 256—257°. — **VII**, aus **VI** in sd. Toluol mit gepulvertem Na unter N_2 (8 Std.); 30%. — *Allyldimethyl-[3.3-diphenyl-3-oxypropyl]-ammoniumbromid*, $C_{20}H_{26}ONBr$, F. 229°, aus **VII** in Bzl. u. Allylbromid. — *2-Dimethylaminoäthanthiol, Hydrochlorid*, $C_{14}H_{12}NClS$, F. 144—147°, durch 2½std. Kochen von 7 g [2-Dimethylaminoäthyl]-diphenylmethylsulfid mit Na in Toluol unter N_2, Extraktion mit W., Zugabe von $HgCl_2$-Lsg. u. Zers. des Hg-Salzes mit 20%ig. HCl u. H_2S; 0,6 g; 2,3 g Ausgangsmaterial wurden zurückgewonnen. (J. chem. Soc. [London] **1951**. 952—55. April. Welwyn Garden City, Herts., Roche Prodd. Ltd., Res. Dep.) I. FROHLOFF. 3200

Nicholas A. Milas, Robert L. Peeler jr. und **Orville L. Mageli,** *Organische Peroxyde.* 19. Mitt. *α-Hydroperoxyäther und verwandte Peroxyde.* (18. vgl. J. Amer. chem. Soc. **75.** [1953.] 5970.) Die Darst. verschied. α-Hydroperoxyäther gelang durch die Addition von H_2O_2 an die entsprechenden Vinyläther in Ggw. von Spuren H_2SO_4. Die Konst. dieser Verbb. wurde durch ZEREWITINOFF-Best. u. Infrarotspektren gesichert. *α-Hydroperoxyäthyläther* (**I**) wird beim Erhitzen mit W. zu *Acetaldehyd, A.* u. *H_2O_2* hydrolysiert, mit Fe^{2+} entsteht bei 0—5° vorwiegend Äthylacetat. *2-Hydroperoxytetrahydropyran* (**II**) u. *tert.-Butyltetrahydropyranyl-(2)-peroxyd* (**III**) entstanden bei der Addition von H_2O_2 bzw. tert.-Butylhydroperoxyd an 2.3-Dihydropyran. **II** zerfällt bei Raumtemp. langsam in *2-Oxytetrahydropyran,* gibt dagegen bei höheren Tempp. ebenso wie mit Fe^{2+} überwiegend *δ-Valerolacton.* **III** liefert bei der therm. Zers. bei 250° *Aceton, 2-Methoxytetrahydropyran, δ-Valerolacton, Bis-[tetrahydropyranyl-(2)]-äther* u. wahrscheinlich *Äthan.* Für diese Rk. wird ein mehrstufiger Mechanismus über freie Radikale angegeben. Aus Furan entstehen bei der Behandlung mit H_2O_2, offenbar als Sekundärprodd., *1-Oxy-1.4-bis-[hydroperoxy]-buten-(2)* (**IV**) u. *1.4-Dioxy-1.4-exocycloperoxen-(2)* (**V**). Beide Verbb. gehen beim Stehen bei Raumtemp. teilweise in *Maleinsäure* über, **V** läßt sich mit $Pd/BaSO_4$ zu *Maleindialdehyd* hydrieren. Beim 2-Methylfuran konnte das Primärprod. der H_2O_2-Addition, *2-Methyl-2-hydroperoxy-2.5-dihydrofuran* als amorphes Pulver isoliert werden.

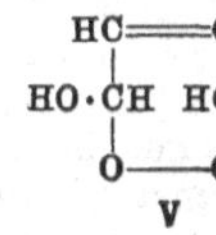

V

V e r s u c h e: *α-Hydroperoxyäthyläther* (**I**), $C_4H_{10}O_3$, aus 100 g 48%ig. H_2O_2 + 0,37 g 95,5%ig. H_2SO_4 durch Zutropfen von 72 g Äthylvinyläther unter Rühren bei 0° in 2½ Std., Zusatz von gesätt. $(NH_4)_2SO_4$-Lsg., Extraktion mit Ae. u. Dest. bei 40—45° (Bad)/2 mm; n_D^{25} 1,4091, $D.^{25}_4$ 1,005; 24,8 g (Ausbeute). — *2-Hydroperoxytetrahydropyran* (**II**), $C_5H_{10}O_3$, $Kp._3$ 58—59°, wie **I** aus 2.3-Dihydropyran. — *2-Oxytetrahydropyran,* $C_5H_{10}O_2$, $Kp._{3-4}$ 78—80°, durch längeres Aufbewahren von **II** bei Raumtemp.; n_D^{25} 1,4550, $D.^{25}_4$ 1,099. — **II** gibt mit 2.4-Dinitrophenylhydrazin *δ-Oxyvaleraldehyd-2.4-dinitrophenylhydrazon,* $C_{11}H_{14}O_5N_4$, F. 69—70° (A.). *δ-Valerolacton,* $C_5H_8O_2$, $Kp._{2-3}$ 70—75°, durch Zers. von **II** mit $FeSO_4$; n_D^{25} 1,4358, $D.^{25}_4$ 1,004. — *tert.-Butyltetrahydropyranyl-(2)-peroxyd* (**III**), $C_9H_{18}O_3$, $Kp._2$ 40—41°, aus tert.-Butylhydroperoxyd, H_2SO_4 u. Dihydropyran bei 0°; n_D^{25} 1,4355, $D.^{25}_4$ 0,956; 60—70%. — *2-Methoxytetrahydropyran,* $C_6H_{12}O_2$, $Kp._{15}$ 45—48°, entsteht bei der therm. Zers. von **III** bei 245—255°. — *1-Oxy-1.4-bis-[hydroperoxy]-buten-(2)* (**IV**), $C_4H_8O_5$, aus H_2O_2, H_2SO_4 u. Furan; gelbes Öl. — *1.4-Dioxy-1.4-exocycloperoxen-(2)* (**V**), $C_4H_6O_4$, gelbes Öl, n_D^{25} 1,4947, entsteht neben **IV**. — *2-Methyl-2-hydroperoxy-2.5-dihydrofuran,* $C_5H_8O_3$, Pulver, Zers. bei 80—100°, explodiert beim Erhitzen; aus H_2O_2, H_2SO_4 u. 2-Methylfuran bei 0 ± 5°. (J. Amer. chem. Soc. **76.** 2322—25. 5/5. 1954. Cambridge, Mass., Inst. of Technol., Dep. of Chem.) G. LOHAUS. 3211.

E. B. Vliet, *4-Methyläsculetin.* Durch Zufügen von 75%ig. H_2SO_4 zu einem Gemisch aus Acetessigester u. Oxyhydrochinontriacetat: F. 272—274°; 92% (Ausbeute). (Org. Syntheses, collect. Vol. **1.** [**1.—9.** 2. Aufl.] 360—61, ausg. Okt. 1951.) I. AHRLÉ. 3211

A. F. Holleman, *Xanthon.* Durch Erhitzen von Salicylsäurephenylester auf 275 bis 285°: F. 173—174°; blaßgelbe Nadeln; 61—63% (Ausbeute). (Org. Syntheses, collect. Vol. **1.** [**1.—9.** 2. Aufl.] 552—53, ausg. Okt. 1951.) I. AHRLÉ. 3211

A. F. Holleman, *Xanthydrol.* Durch Red. von Xanthon mit Na-Amalgam: F. 121 bis 123°; 91—95% (Ausbeute). (Org. Syntheses, collect. Vol. **1.** [**1.—9.** 2. Aufl.] 554—55, ausg. Okt. 1951.) I. AHRLÉ. 3211

Franz Melichar, *Über hochsiedende Pyridinbasen.* 2. Mitt. *Die Reaktion des Kollidins und der Nitrokollidine mit Formaldehyd.* (1. vgl. PROFFT, C. **1956.** 6953.) Die Umsetzung von 2.4.6-Kollidin (**I**), 3-Nitro-2.4.6- (**II**) u. 3-Nitro-2.5.6-kollidin (**III**) mit Formaldehyd (**IV**) wird beschrieben. **I** u. **IV** geben bei 200° *2.4-Dimethyl-6-[β-oxyäthyl]-pyridin,* das sich leicht zu *2.4-Dimethyl-6-vinylpyridin* dehydratisieren läßt. **II** liefert mit **IV** bei 140° in geringer Ausbeute *3-Nitro-2.4-dimethyl-6-[β-oxyäthyl]-pyridin,* das sich über *3-Nitro-2.4-dimethylpyridin* zu *2.4-Dimethylpyridin* (*2.4-Lutidin*) abbauen läßt. Analog werden aus **III** mit 1 oder 2 Mol **IV** *3-Nitro-2.5-dimethyl-6-[β-oxyäthyl]-* bzw. *-6-[β.β'-dioxyisopropyl]-pyridin* erhalten, die beide bei der Oxydation *3-Nitro-2.5-dimethylpyridincarbonsäure-(6)* geben, die weiter unter Entfernung der Carboxyl- u. der Nitrogruppe zu *2.5-Dimethylpyridin* (*2.5-Lutidin*) abgebaut wird.

V e r s u c h e: *2.4-Dimethyl-6-[β-oxyäthyl]-pyridin,* $C_9H_{13}ON$, $Kp._{13}$ 132°, $Kp._2$ 113°, F. 51—55°, aus **I** u. 27%ig. **IV** bei 200° im Rohr; 46,5% (Ausbeute). — *2.4-Dimethyl-6-vinylpyridin,* $Kp._{13}$ 76—78°, aus vorst. Verb. u. KOH bei 170°; 89%. — *3-Nitro-2.4-dimethyl-6-[β-oxyäthyl]-pyridin,* $Kp._5$ 150—154°, aus 20 g **II** u. **IV** bei 140°; 3,7 g (roh). *Pikrat,* F. 144° (A.). *Benzoylverb.,* $C_{16}H_{16}O_4N_2$, F. 86° (verd. CH_3OH); *Pikrat,* F. 133° (A.). — *3-Nitro-2.5-dimethyl-6-[β-oxyäthyl]-pyridin,* $C_9H_{12}O_3N_2$, F. 86° (W.), aus **III** u. **IV**; 37,6%. *Pikrat,* F. 122,5° (A.). — *3-Nitro-2.5-dimethylpyridincarbonsäure-(6),* F. 166° (W.), aus vorst. Verb. u. HNO_3 bei 100° (2 Mol). — *3-Nitro-2.5-dimethyl-6-[β.β'-dioxyisopropyl]-pyridin*, F. 96°, aus **III** u. **IV**. bei 150—160° im Rohr; aus PAe. Schüppchen; 18,4%. *Dibenzoylverb.*, $C_{24}H_{22}O_6N_2$, F. 139° (A.). (Chem. Ber. **88**. 1208—10. 1955. Leipzig, Univ., Organ.-Chem. Inst.) J. KLEINWÄCHTER. 3231

E. Sury und **K. Hoffmann**, *Über Alkyleniminderivate*. 11. Mitt. *Piperidinderivate mit zentral erregender Wirkung*. 1. Mitt. (10. vgl. SPILLMANN, C. **1956**. 10463.) Die Darst. einer Reihe von *2-Diarylmethylpiperidinen* durch Kondensation von Diarylacetonitrilen mit 2-Brompyridin, Verseifung u. Decarboxylierung der gebildeten *2-Diarylcyanmethylpyridine* u. anschließende Hydrierung der *2-Diarylmethylpyridine* wird beschrieben. Die entsprechenden *Arylalkylmethylverbb.* lassen sich analog oder aus Phenylpyridyl-(2)-acetonitril mit Alkyl-, Cycloalkyl- oder Aralkylhalogeniden gewinnen. *2-Diphenylmethylpiperidin* (**I**) gibt bei der Hydrierung *2-[Phenylcyclohexylmethyl]-piperidin*. Bei der Best. der Spontanmotilität bei der Maus wurde die ED_{2000} 0,001 (mg/kg, subcutan; 8. Mitt., vgl. TRIPOD, Experientia [Basel] **10**. [1954.] **261**) von **I** als der am stärksten wirksamen Verb. mit der von *3-* (0,006) u. *4-Diphenylmethylpiperidin* (0,100) bzw. dessen *N-Methylderiv.* (0,015) sowie mit der von N-Diphenylmethylpiperidin (0,100), Ritalin [Phenylpiperidyl-(2)-essigsäuremethylester] (0,002) u. Diphenylpiperidyl-(2)-carbinol (0,002) verglichen. Die bei einigen asymm. substituierten Verbb. durchgeführte Trennung in die Diastereoisomeren durch fraktionierte Kristallisation der Hydrochloride oder Pikrate ergab einen deutlichen Unterschied der beiden Racemate in chem. u. pharmakol. Hinsicht. Es werden ferner *9-[α-Piperidyl]-* u. *9.9-Bis-[α-piperidyl]-fluoren* durch Kondensation von Fluoren mit 2-Brompyridin u. anschließende Hydrierung dargestellt.

Versuche: 2-[Diaryl- bzw. 2-[Arylalkylcyanmethyl]-pyridine, a) aus dem entsprechenden Diarylacetonitril mit $NaNH_2$ in Dioxan (4 Std. bei 110—120°) u. 2-Brompyridin bei 90—100°, dann 4—5 Std. bei 110—120°; b) analog aus Phenylpyridyl-(2)-acetonitril u. Alkyl-, Cycloalkyl- oder Aralkylhalogeniden, aber Zugabe des Halogenids bei 20°; Umkristallisation aus CH_3OH oder A.: *2-[Diphenylcyanmethyl]-*, F. 123—125°. — *2-[Phenyl-p-chlorphenylcyanmethyl]-*, F. 82—83°. — *2-[Bis-(p-chlorphenyl)-cyanmethyl* u. *2-[Di-p-tolylcyanmethyl]-* wurden roh verseift. — *2-[Phenyl-m.p-xylylcyanmethyl]-*, F. 101—102°. — *2-[Bis-(p-methoxyphenyl)-cyanmethyl]-*, F. 120—121°. — *2-[α-Phenyl-α-cyanäthyl]-*, $Kp._{12}$ 186—190°. — *2-[α-Phenyl-α-cyan-n-propyl]-*, $Kp._{0,02}$ 170 bis 173°. — *2-[α-Phenyl-α-cyan-n-butyl]-*, $Kp._{0,02}$ 139—146°. — *2-[α-Phenyl-α-cyanisobutyl]-*, $Kp._{0,02}$ 138—140°. — *2-[α-p-Chlorphenyl-α-cyanisobutyl]-*, F. 89—90°. — *2-[α-Phenyl-α-cyanisoamyl]-*, $Kp._{0,01}$ 135—143°. — *2-[α-Phenyl-α-cyanisohexyl]-*, $Kp._{0,02}$ 153 bis 155°. — *2-[Phenylcyclohexylcyanmethyl]-*, F. 134—135°. — *2-[α-Phenyl-α-cyan-δ-piperidino-n-butyl]-*, $Kp._{0,05}$ 198—204°. — *2-[Phenylbenzylcyanmethyl]-*, F. 108—109°. — 2-[Diaryl- bzw. 2-[Arylalkylmethyl]-pyridine, aus vorst. Verbb. mit 70%ig. H_2SO_4 (5—6 Std. bei 150°) oder mit wss.-methanol. KOH im Autoklaven (5—6 Std. bei 215—225°): *2-[Diphenylmethyl]-*, F. 60—61°, $Kp._{0,02}$ 157—159°. — *2-[Phenyl-p-chlorphenylmethyl]-*, F. 82—83°, $Kp._{0,01}$ 182—185°. — *2-[Bis-(p-chlorphenyl)-methyl]-*, $Kp._{0,01}$ 194—195°. — *2-[Di-p-tolylmethyl]-*, $Kp._{0,01}$ 182—183°. — *2-[Phenyl-m.p-xylylmethyl]-*, F. 81—82°, $Kp._{0,03}$ 194—195°. — *2-[Bis-(p-methoxyphenyl)-methyl]-*, $Kp._{0,02}$ 198—201°. — *2-[α-Phenyläthyl]-*, $Kp._{12}$ 142—143°. — *2-[α-Phenyl-n-propyl]-*, $Kp._{0,01}$ 104—106°. — *2-[α-Phenyl-n-butyl]-*, $Kp._{12}$ 158—162°. — *2-[α-Phenylisobutyl]-*, $Kp._{12}$ 153—155°. — *2-[α-p-Chlorphenylisobutyl]-*, $Kp._{14}$ 179—180°. — *2-[α-Phenylisoamyl]-*, $Kp._{12}$ 157—162°. — *2-[α-Phenylisohexyl]-*, $Kp._{12}$ 172—174°. — *2-[Phenylcyclohexylmethyl]-*, F. 73—74°, $Kp._{0,01}$ 148—151°. — *2-[α-Phenyl-δ-piperidino-n-butyl]-*, $Kp._{0,04}$ 177—178°. — *2-[Phenylbenzylmethyl]-*, $Kp._{0,03}$ 170—171°. — 2-[Diaryl- bzw. 2-[Arylalkylmethyl]-piperidine, aus vorst. Verbb. mit H_2 a) in Eisessig über PtO_2 bei 40°; b) in A. über RUPE-Ni (oder RANEY-Ni) bei 95—100° u. 100 at; die Methylierung erfolgte mit $HCOOH/CH_2O$ (4 Std. bei 100—120°); oder aus den Pyridinverbb. mit Dimethylsulfat in Äthylacetat u. anschließende Hydrierung der *Pyridiniumsalze* in CH_3OH–Äthylacetat über PtO_2, andere Alkylierungen mit dem entsprechenden Halogenid in sd. Bzl. (1—10 Std.): *2-[Diphenylmethyl]-* (**I**), F. 65—67°, $Kp._{0,01}$ 150—151°. *Hydrochlorid*, $C_{18}H_{22}NCl$, F. 286—287°. *Pikrat*, $C_{24}H_{24}O_7N_4$, F. 199 bis 200°. *N-Methylderiv.*, F. 62—64°, $Kp._{0,03}$ 152—154° (*Pikrat*, $C_{25}H_{26}O_7N_4$, F. 181 bis 182°; *Methochlorid*, $C_{20}H_{26}NCl$, F. 220—222°; *Methobromid*, $C_{20}H_{26}NBr$, Hydrat, F. 211 bis 213°). *N-Allylderiv.*, $Kp._{0,03}$ 170—172° (*Pikrat*, $C_{27}H_{28}O_7N_4$, F. 193—194°). *N-Benzylderiv.*, $C_{25}H_{27}N$, F. 126—127° (*Hydrochlorid*, F. 261—263°). — *2-[Phenyl-p-chlorphenylmethyl]-*, $Kp._{0,01}$ 168—170°. *Hydrochlorid*, $C_{18}H_{21}NCl_2$, F. 283—285°. *N-Methylderiv.*, $Kp._{0,02}$ 165—167° (*Pikrat*, $C_{25}H_{25}O_7N_4Cl$, F. 195—196°). — *2-[Bis-(p-chlorphenyl)-methyl]-*, F. 105—106°, $Kp._{0,01}$ 192—194°. *Hydrochlorid*, $C_{18}H_{20}NCl_3$, F. 270—271°. *N-Methylderiv.*, $Kp._{0,01}$ 196—197° (*Hydrochlorid*, $C_{19}H_{22}NCl_3$, F. 261—262°; *Methojodid*, $C_{20}H_{24}NCl_2J$, F. 154—155°). —*2-[Di-p-tolylmethyl]-*, F. 105—106°. *Hydrochlorid*, $C_{20}H_{26}$-

NCl, F. 295—296°. — *2-[Phenyl-m.p-xylylmethyl]-*, $Kp._{0,01}$ 186—187°. *Hydrochlorid*, $C_{20}H_{26}NCl$, F. 284—286°. — *2-[Bis-(p-methoxyphenyl)-methyl]-*, F. 88—89°, amorph, $Kp._{0,1}$ 235—238°. *Oxalat*, $C_{22}H_{27}O_6N$, F. 120° (Zers.). *N-Methylderiv.*, $C_{21}H_{27}O_2N$, F. 88 bis 89°, $Kp._{0,1}$ 230—233° (*Methobromid*, $C_{22}H_{30}O_2NBr$, Hydrat, F. 55—57° [Zers.]). — *2-[Bis-(p-oxyphenyl)-methyl]-*, *Hydrochlorid*, $C_{18}H_{22}O_2NCl$, F. 291—292°. — *2-[α-Phenyläthyl]-*, $Kp._{12}$ 132—135°. *Diastereomere Hydrochloride*, $C_{13}H_{20}NCl$, F. 201—202° bzw. F. 164—166°. *N-Methylderiv.*, $Kp._{12}$ 139—140° (*Pikrat*, $C_{20}H_{24}O_7N_4$, F. 150—151°; *Methobromid*, $C_{15}H_{24}NBr$, Hydrat, F. 166—168°). — *2-[α-Phenyl-n-propyl]-*, $Kp._{12}$ 138 bis 140°. Ein diastereomeres *Hydrochlorid*, $C_{14}H_{22}NCl$, F. 180,5—182°. Zwei *diastereomere Pikrate*, $C_{20}H_{24}O_7N_4$, F. 177—178° bzw. F. 167—168°. — *2-[α-Phenyl-n-butyl]-*, $Kp._{12}$ 153 bis 154°. Ein diastereomeres *Hydrochlorid*, $C_{15}H_{24}NCl$, F. 202—203°. — *2-[α-Phenylisobutyl]-*, $Kp._{12}$ 149—150°. Zwei *diastereomere Hydrochloride*, $C_{15}H_{24}NCl$, F. 266—267° bzw. F. 234—235°. — *2-[α-p-Chlorphenylisobutyl]-*, $Kp._{12}$ 166—168°. Ein diastereomeres *Hydrochlorid*, $C_{15}H_{23}NCl_2$, F. 252—254°. — *2-[α-Phenylisoamyl]-*, $Kp._{12}$ 158—160°. Zwei *diastereomere Hydrochloride*, $C_{16}H_{26}NCl$, F. 238—239° bzw. F. 223—224°. — *2-[α-Phenylisohexyl]-*, $Kp._{14}$ 172—174°. Zwei *diastereomere Hydrochloride*, $C_{17}H_{28}NCl$, F. 179—180° bzw. F. 199—200°. — *2-[Phenylcyclohexylmethyl]-*, $Kp._{0,01}$ 150—151°. Zwei *diastereomere Hydrochloride*, $C_{18}H_{28}NCl$, F. 289—290° bzw. F. 266—267°. — *2-[α-Phenyl-δ-piperidino-n-butyl]-*, $C_{20}H_{32}N_2$, $Kp._{0,05}$ 167—170°. — *2-[Phenylbenzylmethyl]-*, $C_{19}H_{23}N$, $Kp._{0,02}$ 158 bis 159°. *Oxalat*, F. 207—208°. Zwei *diastereomere Hydrochloride*, $C_{19}H_{24}NCl$, F. 220—221° bzw. F. 193,5—195°. *N-Methylderiv.*, $C_{20}H_{25}N$, $Kp._{0,03}$ 154—155° (*Pikrat*, $C_{26}H_{28}O_7N_4$, F. 185—186°). — *9-[α-Pyridyl]-fluoren*, $Kp._{0,01}$ 187—200°, aus 83 g Fluoren in Toluol mit $NaNH_2$ (je 1 Std. bei 60—90° u. bei 90—130°) u. 2-Brompyridin bei 70—85°, dann 3 Std. bei 120—130°; 28 g (Ausbeute), daneben 15 g *9.9-Bis-[α-pyridyl]-fluoren*, $C_{23}H_{16}N_2$, F. 213—214°. *Pikrat*, $C_{24}H_{16}O_7N_4$, F. 182—184° (A.). — *9-[α-Piperidyl]-fluoren*, F. 104 bis 105° (PAe.), $Kp._{0,01}$ 175—177°, aus vorst. Verb. in Eisessig mit H_2 über PtO_2 bei 40 bis 45°. *Hydrochlorid*, $C_{18}H_{20}NCl$, F. 217—218° (CH_3OH-Ae.). — *9.9-Bis-[α-piperidyl]-fluoren*, F. 150—151° (Ae.), aus vorvorst. Bis-Verb. analog vorst. Verbindung. *Hydrochloridhydrat*, $C_{23}H_{30}N_2Cl_2 \cdot H_2O$, F. 190—191° ($CH_3OH$-Ae.). — *4-[Diphenylcyanmethyl]-pyridin*, aus 128 g Diphenylacetonitril in Dioxan mit $NaNH_2$ u. 83 g 4-Chlorpyridin; 126 g. — *4-Diphenylmethylpyridin*, $C_{18}H_{15}N$, F. 121—122° (CH_3OH-Ae.), aus 126 g vorst. Verb. mit 80%ig. H_2SO_4 bei 150—160°; 85 g. — *4-Diphenylmethyltetrahydropyridin*, $Kp._{0,02}$ 155—170°, aus 32 g vorst. Verb. mit Na in n-Butanol; 20,7 g. — *4-Diphenylmethylpiperidin*, F. 98—99°, aus vorst. Verb. mit H_2 in Eisessig über PtO_2. *Hydrochlorid*, $C_{18}H_{22}NCl$, F. 259—260°. *N-Methylderiv.*, *Hydrochlorid*, $C_{19}H_{24}NCl$, F. 287—288°. — *3-Diphenylmethylpiperidin*, $C_{18}H_{21}N$, F. 74—76°, aus 6,1 g 3-Diphenylmethylpyridin mit H_2 in Eisessig über PtO_2 bei 40—45°; aus Isopropyläther Plättchen; 4,2 g. (Helv. chim. Acta **37**. 2133—45. 1/12. 1954.) H. J. KOCH/Berlin. 3231

S. M. McElvain, *Nicotinsäure.* Durch Oxydation von Nicotin mit konz. HNO_3: F. 230—232°; 50—60% (Ausbeute). (Org. Syntheses, collect. Vol. **1.** [**1.**—**9.** 2. Aufl.] 385—87, ausg. Okt. 1951.) I. ARHLÉ. 3231

David Libermann, Françoise Grumbach und **Noel Rist,** *Über monosubstituierte Hydrazinoäther und über die Untersuchung der tuberkulostatischen Wirkung der entsprechenden Isonicotinsäurehydrazinoäther.* Isonicotinsäurehydrazid reagiert als Na-Deriv., $NC_5H_4C(ONa){=}NNH_2$, mit 2 Mol n-Butylbromid in absol. A. zu *Isonicotinsäure-n-butylhydrazino-n-butyläther* (F. 122°; 80% [Ausbeute]). Analog reagiert Benzhydrazid mit n-Propylbromid in Ggw. von $NaOC_2H_5$ zu *Benzoesäure-n-propylhydrazino-n-propyläther* (F. 101° [PAe.]; *Dihydrobromid*, F. 208°; die beiden isomeren Benzoesäuredipropylhydrazide schm. bei 129 u. 127°). Desgleichen entsteht mit Isoamylbromid *Isonicotinsäureisoamylhydrazinoisoamyläther*, $C_{16}H_{27}ON_3$, F. 119,5; 80% Analog nachst. I s o n i c o t i n s ä u r e d e r i v v. *-isobutylhydrazinoisobutyläther*, F. 96—97°. — *-n-heptylhydrazino-n-heptyläther*, F. 70—71°. — *-n-octylhydrazino-n-octyläther*, F. 70—71°. — *-n-laurylhydrazino-n-lauryläther*, F. 74°. — *-benzylhydrazinobenzyläther*, F. 160—161°. — *-phenyläthylhydrazinophenyläthyläther*, F. 150°. *Dihydrochloride: -äthylhydrazinoäthyläther-*, F. 191—192°. — *-isopropylhydrazinoisopropyläther-*, F. 194°. — *-n-propylhydrazino-n-propyläther-*, F. 208—209°. — *-sek.-butylhydrazino-sek.-butyläther-*, F. 222°. (C. R. hebd. Séances Acad. Sci. **237**. 338—39. 27/7. 1953.) H. LEHWALD. 3231

H. T. Clarke und **Anne W. Davis,** *Chinolin.* Aus Anilin u. Glycerin in Ggw. von Nitrobenzol/$FeSO_4$/konz. H_2SO_4: $Kp._{14}$ 110—114°; 84—91% (Ausbeute). (Org. Syntheses, collect. Vol. **1.** [**1.**—**9.** 2. Aufl.] 478—82, ausg. Okt. 1951.) I. AHRLÉ. 3231

C. I. Brodrick und **W. F. Short,** *Amidine.* 16. Mitt. *Eine neue Synthese von 1-Alkyl- und 1-Aryl-3.4-dihydroisochinolinen.* (14. vgl. OXLEY u. SHORT, C. **1951.** I. 1297; vgl. auch E. P. 642 286, C. **1955.** 3687.) Durch Abspaltung von NH_3 mittels $POCl_3$ aus den N-2-Aryläthylderivv. aliphat. u. aromat. Amidine vom Typ **I**, die aus Nitrilen u. 2-Aryl-

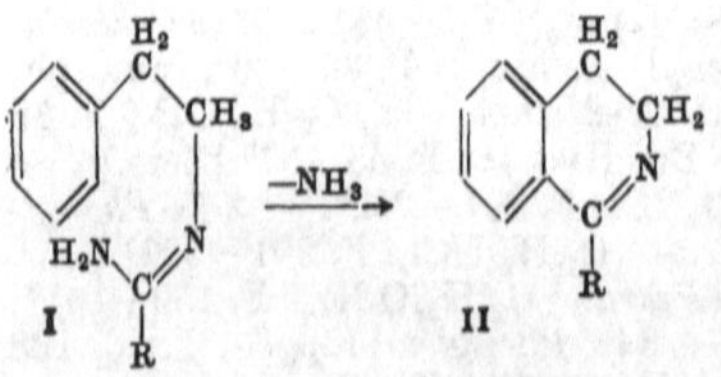

I II

äthylaminen in Ggw. von $AlCl_3$ erhalten werden können (vgl. J. chem. Soc. [London] **1947.** 1110), entstehen 3.4-Dihydroisochinoline der allg. Formel II (vgl. auch WHALEY u. HARTUNG, J. Org. Chemistry **14.** [1949.] 650).

Versuche: *N-[2-Phenyläthyl]-benzamidiniumchlorid* (I·HCl, R = C_6H_5), $C_{15}H_{17}N_2Cl$, aus Benzonitril u. 2-Phenylätylamin (III) mit $AlCl_3$ bei 220°, Extrahieren der freien Base aus der alkal. Lsg. des Reaktionsprod. mit Bzl. u. Fällen aus Ae. mit HCl, aus Methanol + Ae. Prismen, F. 182–183°. *Pikrat*, $C_{21}H_{19}O_7N_5$, aus A. gelbe Prismen, F. 173–174°. – *N.N'-Bis-[2-phenyläthyl]-benzamidiniumpikrat*, $C_{29}H_{27}O_7N_5$, aus der Mutterlauge vorst. Verb. mit Pikrinsäure, aus A. gelbe Prismen, F. 170–171°. – *α-Phenyl-N-[2-phenyläthyl]-acetamidiniumchlorid*, $C_{16}H_{19}N_2Cl$, aus Benzylcyanid u. III mit $AlCl_3$ (240°), Prismen, F. 173,5–174,5°; 21% (Ausbeute). *Pikrat*, $C_{22}H_{21}O_7N_5$, aus A. Nadeln, F. 113 bis 114°. – *p-Methylsulfonyl-N-[2-phenyläthyl]-benzamidiniumchlorid* (IV), $C_{16}H_{19}O_2N_2 \cdot ClS$, aus p-Cyanphenylmethylsulfon u. III (190°), aus Methanol + Ae. Tafeln, F. 264 bis 265°; 55%. *Pikrat*, $C_{22}H_{21}O_9N_5S$, aus A. Tafeln, F. 168–168,5°. – *p-Methoxy-N-[2-phenyläthyl]-benzamidiniumchlorid* (V), $C_{16}H_{19}ON_2Cl$, aus p-Methoxybenzonitril u. III (140°), aus Methanol + Ae. Nadeln, F. 223–223,5°; 52,5%. – *N-[2-(3.4-Dimethoxyphenyl)-äthyl]-benzamidiniumchlorid*, $C_{17}H_{21}O_2N_2Cl$, aus Benzonitril u. Homoveratrylamin (210°) u. Isolieren der freien Base mit Chlf., aus Methanol + Ae. Tafeln, F. 200,5 bis 201,5°; 13%. *Pikrat*, $C_{23}H_{23}O_9N_5$, aus A. orangegelbe Nadeln, F. 165–166°. – *N-[2-Phenyläthyl]-nicotinamidin*, $C_{14}H_{15}N_3$, aus 3-Cyanpyridin u. III (210°), aus Bzl. u. Essigester Prismen, F. 131–131,5°; 36%. *Dipikrat*, $C_{26}H_{21}O_{14}N_9$, aus A. Prismen, F. 174 bis 175°. – *N-[2-Phenyläthyl]-hexanamidinbenzolsulfonat*, $C_{20}H_{28}O_3N_2S$, aus Amylcyanid u. III (170°), aus W. Tafeln, F. 74–75°; 22%. – *3.4-Dihydro-1-phenylisochinolin*, $C_{15}H_{13}N$, aus I (R = C_6H_5) mit $POCl_3$ in sd. Nitrobenzol (2½ Std.), nach dem Abdest. des Lösungsm., Kp.$_{0,75}$ 139–142°; 47,8%. *Pikrat*, $C_{21}H_{16}O_7N_4$, F. 173–174°. *Hydrochlorid*, $C_{15}H_{14}NCl$, F. 236–238°. – *3.4-Dihydro-1-[p-methylsulfonylphenyl]-isochinolin*, $C_{16}H_{15}O_2NS$, analog aus IV (4 Std.), in Nitrobenzol mit P_2O_5 oder in Xylol mit $POCl_3$, aus Methanol u. Essigester + Leichtbenzin, Nadeln, F. 156,5°; 70, 15 bzw. 13%. *Pikrat*, $C_{22}H_{18}O_9N_4S$, aus Methanol + Aceton gelbe Tafeln oder Nadeln, F. 192–192,5° bzw. F. 193–194°. *Hydrochlorid*, $C_{16}H_{16}O_2NClS$, aus Methanol + Ae. Prismen, F. 267 bis 268° (sintert bei 262°). – *3.4-Dihydro-1-[p-methoxyphenyl]-isochinolinhydrochlorid*, $C_{16}H_{16}ONCl$, aus V u. $POCl_3$ in sd. Nitrobenzol (5 Std.) u. Überführen in das Hydrochlorid, aus Methanol + Ae. Prismen mit 1 Kristallmethanol, F. 199–200°, methanolfrei F. 212–214°; 31%; liefert leicht ein Dihydrat. *Pikrat*, $C_{22}H_{18}O_8N_4$, aus Methanol Nadeln, F. 161,5°. – *3.4-Dihydro-6.7-dimethoxy-1-phenylisochinolin*, $C_{17}H_{17}O_2N$, analog, aus Bzl. + Leichtbenzin Nadeln, F. 119,5–120,5° (42%). – *3.4-Dihydro-1-pyridyl-(3')-isochinolin*, $C_{14}H_{12}N_2$, analog, Kp.$_{0,8}$ 155–159°; 51%. *Dipikrat*, $C_{26}H_{18}O_{14}N_8$, aus A. + Aceton Nadeln, F. 196–197°. – *1-Amyl-3.4-dihydroisochinolin*, analog als Harz; 43,5%. *Pikrat*, $C_{20}H_{22}O_7N_4$, aus A. Nadeln, F. 112,5–113°. (J. chem. Soc. [London] **1951.** 1343–45. Mai.) H. GOLD. 3231

J. Chesterfield, J. F. W. McOmie und **E. R. Sayer,** *Pyrimidine.* 8. Mitt. *Halogen- und Hydrazinopyrimidine.* (7. vgl. MC OMIE, C. **1955.** 4594.) 4-Oxypyrimidin reagiert in Eisessig, nicht aber in wss. Lsg., mit Cl_2 bzw. Br_2 unter Bldg. von *5-Chlor-* bzw. *5-Brom-4-oxypyrimidin,* die sich durch Einw. von $POCl_3$ in Ggw. von Dimethylanilin in *4.5-Dichlor-* bzw. *5-Brom-4-chlorpyrimidin* (I) überführen ließen. Durch Rk. von 2-Amino-5-brompyrimidin mit HNO_2 wurde *5-Brom-2-oxypyrimidin* dargestellt. Durch geeignete Wahl der Reaktionsbedingungen konnten bei der Chlorierung von Uracil 70% *5.5-Dichlor-5.6-dihydro-6-oxyuracil* (II) oder 55% *5-Chloruracil* (III) erhalten werden. III ließ sich am besten durch Behandlung mit einem Gemisch von $POCl_3$ u. PCl_5 in *2.4.5-Trichlorpyrimidin* überführen; beim Vers., diese Verb. aus Uracil durch Rk. mit einem großen Überschuß $POCl_3$–PCl_5 zu erhalten, bildete sich nur *2.4-Dichlorpyrimidin*; auch II ließ sich nicht direkt in die Trichlorverb. überführen. Bromierung von 4.6-Dioxypyrimidin ergab das *5-Bromderiv.* (IV), während die Einw. von Cl_2 bei verschied. Tempp. in W., wss. HCl oder Eisessig zum totalen Abbau führte. Das *5-Chlorderiv.* (V) konnte durch mit Cl_2 u. J_2, am besten als JCl, erhalten werden. Die Hydroxylgruppen in IV u. 5-Chlor-Rk. 4.6-dioxypyrimidin (V) konnten durch $POCl_3$ in Ggw. von Dimethylanilin gegen Cl ausgetauscht werden. Die Rk. von 4.6-Dioxypyrimidin mit viel überschüssigen $POCl_3$–PCl_5-Gemisch ergab an Stelle des erwarteten 4.5.6-Trichlorderiv. *4.6-Dichlorpyrimidin.* Die Halogenpyrimidine sind tränenreizend u. müssen vorsichtig gehandhabt werden. Bei allen untersuchten Rkk. der neu dargestellten Halogenpyrimidine ist das Halogenatom in 5-Stellung nicht reakt., I gibt mit NH_3 *4-Amino-5-brompyrimidin*. Eine Reihe von *Hydrazinoderivv.* wurde durch Rk. der Halogenpyrimidine oder Methoxypyrimidine mit Hydrazinhydrat dargestellt. Die bakteriolog. Prüfung der Hydrazinopyrimidine hatte keine günstigen Ergebnisse.

V e r s u c h e : *5-Chlor-4-oxypyrimidin*, $C_4H_3ON_2Cl$, F. 177–179° (Prismen aus W.), aus 2 g 4-Oxypyrimidin in Eisessig durch Einleiten von Cl_2 u. Zers. des Hydrochlorids mit $NaHCO_3$; 0,8 g (Ausbeute). – *5-Brom-4-oxypyrimidin*, $C_4H_3ON_2Br$, F. 199–200° (Blättchen oder Nadeln aus W.), aus 8 g 4-Oxypyrimidin in Eisessig durch langsame Zugabe von Br_2 in Eisessig, mehrstd. Stehen u. Umkristallisieren des *Hydrobromids* [$C_4H_3ON_2Br \cdot HBr$, F. 243–246° (Zers.; Nadeln aus A.)] aus W.; 6 g. – *5-Brom-2-oxypyrimidin*, $C_4H_3ON_2Br$, F. 241–243° (W.), aus 2 g 2-Amino-5-brompyrimidin durch Lösen in heißer wss. H_2SO_4, rasches Kühlen, langsame Zugabe von wss. $NaNO_2$-Lsg. unter Schütteln bei 5–10°, Stehen über Nacht, Zugabe von NH_4OH bei 75–85° u. Zers. mit Eisessig; 0,5 g. – *5-Brom-4-chlorpyrimidin* (I), $C_4H_2N_2ClBr$, Kp.$_{16}$ 87°, aus 5-Brom-4-oxypyrimidin durch 3std. Erhitzen mit $POCl_3$ in Ggw. von Dimethylanilin; 50%. – *4.5-Dichlorpyrimidin*, $C_4H_2N_2Cl_2$, Kp.$_{34}$ 82°, analog I; erstarrte nach 1 Monat zu leuchtend gelber M.; 48%. – *5-Chloruracil* (III), F. 314–318° (Zers.; W.), durch Einleiten von Cl_2 in eine Suspension von 5,6 g Uracil in 100 cm³ W. bei 80–85° bis zur vollständigen Lsg. u. beginnenden Abscheidung von III; 4 g. – *5.5-Dichlor-5.6-dihydro-6-oxyuracil* (II), *Monohydrat*, F. 216–218° (schwache Zers.; W.), a) durch Einleiten von Cl_2 in eine Suspension von 5 g Uracil in 40 cm³ W. unter Rühren auf dem sd. Wasserbad bis zur Lsg.; 6,9 g; b) neben III, 1,5 g. – *2.4.5-Trichlorpyrimidin*, $C_4HN_2Cl_3$, Kp.$_3$ 73–74°, aus 10 g III durch 1½std. Erhitzen mit $POCl_3$ u. PCl_5 auf dem Dampfbad u. 24std. Erhitzen auf 135–140° Badtemp.; 7,6 g. – *5-Brom-4.6-dioxypyrimidin* (IV), $C_4H_3O_2N_2Br$, F. 263–264° (blaßgelbe Prismen aus W.), aus 12 g 4.6-Dioxypyrimidin in Essigsäure durch langsame Zugabe von Br_2 in Essigsäure unter Schütteln bei 70° u. Stehen über Nacht; 10,5 g. – *5-Chlor-4.6-dioxypyrimidin* (V), $C_4H_3O_2N_2Cl$, Zers. bei 230° (gelbe Kristalle aus W.), durch Zugabe von JCl in Essigsäure zu einer Suspension von 5,6 g 4.6-Dioxypyrimidin in Essigsäure u. 2½std. Erhitzen auf dem Dampfbad; 3,8 g. – *5-Brom-4.6-dichlorpyrimidin*, $C_4HN_2Cl_2Br$, F. 75–76° (Sublimation), aus IV u. $POCl_3$ durch 3std. Kochen in Ggw. von Dimethylanilin; 46%. – *4.5.6-Trichlorpyrimidin*, $C_4HN_2Cl_3$, F. 49–51° (Nadeln nach Sublimation), aus V analog vorst. Verb.; 77%. – *4-Amino-5-brompyrimidin*, $C_4H_4N_3Br$, F. 208–210° (Zers.; gelbliche Nadeln aus W.); aus I u. NH_4OH durch Zugabe von A. bis zur Lsg. u. 48std. Stehen; 41%. – *4-Amino-5-chlorpyrimidin*, $C_4H_4N_3Cl$, F. 192–194° (Blättchen), analog vorst. Verb.; 65%. – *5-Chlor-4-mercaptopyrimidin*, $C_4H_3N_2ClS$, F. 212° (schwache Zers.; grünlichgelbe Blättchen aus A.), aus 4.5-Dichlorpyrimidin u. Thioharnstoff in A. durch 1std. Kochen; 68%. – *5-Chlor-2.4-dimethoxypyrimidin*, $C_6H_7O_2N_2Cl$, F. 72–73° (Nadeln nach Sublimation), aus 2.4.5-Trichlorpyrimidin durch langsame Zugabe zu methanol. Na-Methylatlsg. u. 15 Min. Kochen; 74%. – *2-Hydrazinopyrimidin*, $C_4H_6N_4$, F. 108–110° (Nadeln aus Bzl.–CH_3OH), aus 2,4 g 2-Methoxypyrimidin, $NH_2 \cdot NH_2$-Hydrat u. CH_3OH durch 2std. Erhitzen, Abdest. des CH_3OH u. mehrtägiges Stehen; hygroskop.; 0,5 g. – *4-Hydrazinopyrimidin*, F. 132–134° (Zers.), analog vorst. Verb.; 55%. – *5-Chlor-4-hydrazinopyrimidin*, $C_4H_5N_4Cl$, F. 190–192° (Nadeln aus W.), durch versichtige Zugabe von Hydrazinhydrat zu 4.5-Dichlorpyrimidin in A. u. mehrstd. Stehen; 38%. – *5-Brom-4-hydrazinopyrimidin*, $C_4H_5N_4Br$, F. 185–187° (Zers.; Nadeln), analog aus I; 48%. – *4-Hydrazino-5-phenylpyrimidin*, $C_{10}H_{10}N_4$, F. 140–141° (Nadeln), aus 4-Chlor-5-phenylpyrimidin in langsamer Rk.; 54%. – *6-Chlor-4-hydrazinopyrimidin*, $C_4H_5N_4Cl$, F. 177° (Zers.; Nadeln), aus der 4.6-Dichlorverb.; 34%. – *2.5-Dichlor-4-hydrazinopyrimidin*, $C_4H_4N_4Cl_2$, Nadeln, wird oberhalb 220° schwarz aus dem Trichlorderiv.; 62%. – *2-Hydrazino-4-phenylpyrimidin*, $C_{10}H_{10}N_4$, F. 115° (Nadeln), aus 2-Chlor-4-phenylpyrimidin; 25%. (J. chem. Soc. [London] **1955**. 3478–81. Okt. Bristol, Univ.) H. Bertsch. 3272

R. G. W. Spickett und **G. M. Timmis**, *Quaternäre Salze von 2-Chlor-5-nitropyrimidinen.* 1. Mitt. *Darstellung und einige Reaktionen.* 2.4-Dichlor-5-nitropyrimidin (I) reagiert bei 0° in CH_3OH mit 2 Mol 2-Aminopyridin (II) hauptsächlich unter Bldg. von *2-Amino-1-[5-nitro-4-(pyridyl-(2)-amino)-pyrimidyl-(2)]-pyridiniumchlorid* (III) neben wenig *2-Chlor-5-nitro-4-[pyridyl-(2)-amino]-pyrimidin* (IV). – III wird auch durch Rk. von IV mit 1 Mol II oder Rk. von I mit 3 Mol II in der Hitze erhalten. Gegen eine Formulierung des Reaktionsprod. von I u. II als 5-Nitro-2.4-bis-[pyridyl-(2)-amino]-pyrimidin-hydrochlorid sprechen die Umsetzungen von 4 Mol 2-Amino-6-methylpyridin (V) mit I bzw. 2.4-Dichlor-6-methyl-5-nitropyrimidin (VI) in der Hitze, die das wasserunlösl. *2.4-Bis-[6-methylpyridyl-(2)-amino]-5-nitropyrimidin* (VII) bzw. *6-Methyl-2.4-bis-[6-methylpyridyl-(2)-amino]-5-nitropyrimidin* ergaben u. die Unterschiede im UV-Spektr. von *2-Amino-3-methyl-1-[5-nitro-4-(3-methylpyridyl-(2)-amino)-pyrimidyl-(2)]-pyridiniumchlo-*

rid u. **VII**. Analog **I** reagiert **VI** in der Kälte unter Bldg. des *quaternären Salzes* (**IX**) mit **II**. Beim Kochen von **I** mit 4 Mol **II** in CH_3OH fällt **III** aus, das sich allmählich unter Bldg. von *2-Methoxy-5-nitro-4-[pyridyl-(2)-amino]-pyrimidin* (**VIII**) löst. **VIII** wurde auch aus **III** durch Kochen mit **II** in CH_3OH oder aus **IV** durch Rk. mit Na-Methylat dargestellt. Analog ließen sich in sd. CH_3OH **I** sowie **VI** mit 2-Amino-3- (**X**) bzw. -4-methylpyridin (**XI**) umsetzen. In sd. A. wurden die entsprechenden *Äthoxypyrimidine* erhalten. 2-Amino-4-chlor-6-methyl-5-nitropyrimidin gab durch Rk. mit **II** dieselbe Verb., die durch Erhitzen von **IX** mit methanol. NH_3 erhalten wurde. Da das Umsetzungsprod. von 4-Amino-2-chlor-5-nitropyrimidin mit **II** nicht mit dem Reaktionsprod. von **III** mit NH_3 ident. ist, muß im letzteren Fall *2-Amino-5-nitro-4-[pyridyl-(2)-amino]-pyrimidin* entstanden sein. Mit Anilin reagiert **III** analog. Während **VI** mit **II**, **X** u. **XI** nur die *quaternären Salze* ergab, reagieren **I** u. **VI** mit **V** nicht unter Salzbldg., sondern nur unter Substitution von einem oder beiden Chloratomen, was auf die ster. Wrkg. der beiden zum Pyridin-N o-ständigen Substituenten zurückgeführt wird. 6-Amino-2.4-dichlor-5-nitropyrimidin reagiert mit **II** bei 0° unter Bldg. von *6-Amino-2-chlor-4-[pyridyl-(2)-amino]-5-nitropyrimidin* (**XII**); bei langer Reaktionszeit bei Raumtemp. bildet sich ein Gemisch von **XII** u. dem quaternären Salz. Es tritt also immer nur Bldg. des Salzes mit dem 2ständigen Cl-Atom u. nie mit dem eventuell durch die Nitrogruppe in 5-Stellung behinderten 4-Chloratom ein.

Versuche: *2-Amino-1-[5-nitro-4-(pyridyl-(2)-amino)-pyrimidyl-(2)]-pyridiniumchlorid* (**III**), $C_{14}H_{12}O_2N_7Cl$, F. 249° (Zers.; gelbe Nadeln aus W. oder verd. HCl), a) durch langsame Zugabe von 4,1 g **II** in CH_3OH zu 4,2 g **I** in CH_3OH bei 0° u. 2std. Stehen bei 0°; 3,6 g (Ausbeute); b) aus **II** u. **I** (3:1) in sd. CH_3OH; 100%; c) aus **IV** u. **II** in heißem CH_3OH. *Bromid*, $C_{14}H_{12}O_2N_7Br$, F. 262° (Zers.; Nadeln aus W.). *Jodid*, $C_{14}H_{12}O_2N_7J$, F. 252° (Zers.; orangefarbene Nadeln aus W.). — *2-Chlor-5-nitro-4-[pyridyl-(2)-amino]-pyrimidin* (**IV**), $C_9H_6O_2N_5Cl$, F. 156° (gelbe Prismen aus A.), neben **III** nach a); 0,9 g. — *2-Methoxy-5-nitro-4-[pyridyl-(2)-amino]-pyrimidin* (**VIII**), $C_{10}H_9O_3N_5$, F. 148° (gelbe Platten aus A.), a) aus 0,98 g **I** in CH_3OH durch Zugabe von 1,9 g **II** u. längeres Kochen; b) durch Zugabe methanol. Na-Methylatlsg. zu **IV** in CH_3OH u. 2std. Kochen. — *2-Äthoxy-5-nitro-4-[pyridyl-(2)-amino]-pyrimidin*, $C_{11}H_{11}O_3N_5$, F. 131° (blaßgelbe Nadeln aus A.), aus **IV** durch 2std. Kochen mit alkoh. Na-Äthylatlsg. oder durch Kochen von **III** mit **II** in C_2H_5OH. — *2-Amino-1-[6-methyl-5-nitro-4-(pyridyl-(2)-amino)-pyrimidyl-(2)]-pyridiniumchlorid* (**IX**), $C_{15}H_{14}O_2N_7Cl$, F. 215° (Zers.; gelbe Nadeln aus W.), aus **VI** in kaltem CH_3OH mit **II**. — *2-Methoxy-6-methyl-5-nitro-4-[pyridyl-(2)-amino]-pyrimidin*, $C_{11}H_{11}O_3N_5$, F. 137° (gelbe Prismen aus A.), aus **II** u. **VI** (4:1) durch Kochen in CH_3OH. — *2-Äthoxy-6-methyl-5-nitro-4-[pyridyl-(2)-amino]-pyrimidin*, $C_{12}H_{13}O_3N_5$, F. 113—114° (gelbe Nadeln aus A.), analog vorst. Verb. in A. u. chromatograph. Reinigung. — *4-Amino-5-nitro-2-[pyridyl-(2)-amino]-pyrimidin*, $C_9H_8O_2N_6$, F. 276° (blaßgelbe Nadeln aus wss. Pyridin), aus 2-Chlor-4-amino-5-nitropyrimidin u. **II** durch 1std. Erhitzen auf 120—130°. — *2-Amino-5-nitro-4-[pyridyl-(2)-amino]-pyrimidin*, $C_9H_8O_2N_6$, F. 251—252° [gelbe Platten aus Butanol-(1)], a) aus **IV** durch 2std. Kochen mit methanol. NH_3; b) durch Behandlung einer Suspension von **III** in CH_3OH mit konz. NH_4OH u. 2std. Kochen. — *2-Anilino-5-nitro-4-[pyridyl-(2)-amino]-pyrimidin*, $C_{15}H_{12}O_2N_6$, F. 218° (gelbe Nadeln aus A.), a) durch 2std. Kochen von **III** mit Anilin in A. oder 50%ig. wss. Aceton; b) analog durch 2std. Schütteln bei Raumtemp.; c) durch 10 Min. Erhitzen von **III** mit Anilin auf 125°. — *2-Amino-6-methyl-5-nitro-4-[pyridyl-(2)-amino]-pyrimidin*, $C_{10}H_{10}O_2N_6$, F. 230° (gelbe Prismen aus Butanol), a) aus **IX** durch 1std. Erhitzen mit gesätt. methanol. NH_3-Lsg. auf 100° im Rohr; b) aus 2-Amino-6-methyl-4-chlor-5-nitropyrimidin u. **II** durch 30 Min. Erhitzen auf 125°. —*2-Chlor-4-[6-methylpyridyl-(2)-amino]-5-nitropyrimidin*, $C_{10}H_8O_2N_5Cl$, F. 144° (gelbe Nadeln aus A.), aus 1,9 g **V** in CH_3OH u. 2 g **I** durch 2std. Stehen bei 0°; 2 g. — *2.4-Bis-[6-methylpyridyl-(2)-amino]-5-nitropyrimidin* (**VII**), $C_{16}H_{15}O_2N_7$, F. 318° (gelbe Nadeln aus Eisessig), aus **V** u. **I** (4:1) durch 5std. Kochen in CH_3OH. — *2-Amino-3-methyl-1-[5-nitro-4-(3-methylpyridyl-(2)-amino)-pyrimidyl-(2)]-pyridiniumchlorid*, $C_{16}H_{16}O_2N_7Cl$, F. 250° (Zers.; gelbe Prismen aus W.), aus **I** u. 2—3 Mol **X** in CH_3OH bei 0°. — *2-Methoxy-4-[3-methylpyridyl-(2)-amino]-5-nitropyrimidin*, $C_{11}H_{11}O_3N_5$, F. 110° (gelbe Prismen aus PAe. oder W.), aus **I** u. 4 Mol **X** durch Kochen in CH_3OH. — *2-Amino-4-methyl-1-[5-nitro-4-(4-methylpyridyl-(2)-amino)-pyrimidyl-(2)]-pyridiniumchlorid*, $C_{16}H_{16}O_2N_7Cl$, F. 237—238° (Zers.; gelbe Prismen aus W.), aus **I** u. 3 Mol **XI** in eiskaltem CH_3OH. — *2-Methoxy-4-[4-methylpyridyl-(2)-amino]-5-nitropyrimidin*, $C_{11}H_{11}O_3N_5$, F. 180° (gelbe Prismen aus Butanol), aus **I** u. 4 Mol **XI** in heißem CH_3OH. — *2-Chlor-6-methyl-4-[6-methylpyridyl-(2)-amino]-5-nitropyrimidin*, $C_{11}H_{10}O_2N_5Cl$, F. 120° (gelbe Nadeln aus Ae.), aus 2 g **VI** in Ae. durch Zugabe von **V** in CH_3OH u. 1std. Stehen bei 0°; 2 g. — *6-Methyl-2.4-bis-[6-methylpyridyl-(2)-amino]-5-nitropyrimidin*, $C_{17}H_{17}O_2N_7$, F. 180° (gelbe Nadeln aus A.), aus **VI** u. 4 Mol **V** durch Kochen in CH_3OH. — *2-Amino-1-[5-nitro-6-amino-4-(pyridyl-(2)-amino)-pyrimidyl-(2)]-pyridiniumchlorid*, $C_{14}H_{13}O_2N_8Cl$, F. 271° (Zers.; gelbe Prismen aus A.–Ae.), aus 1 g 6-Amino-2.4-dichlor-5-nitropyrimidin u. **II** in Aceton durch 4tägiges Stehen bei Raumtemp.; 0,3 g. *Jodid*, $C_{14}H_{13}O_2N_8J$, F. 265° (orangefarbene Prismen aus W.). — *6-Amino-2-chlor-4-[pyridyl-(2)-amino]-5-nitropyrimidin* (**XII**), $C_9H_7O_2N_6Cl$, F. 239° (gelbe Nadeln aus Butanol), a) neben vorst. Verb.; 1 g; b) aus 2 Mol **II** u. 1 Mol 6-Amino-2.4-dichlor-5-nitropyrimidin in eiskaltem CH_3OH. — *1-[5-Nitro-4-(pyridyl-(2)-amino)-pyrimidyl-(2)]-pyridiniumchlorid*, $C_{14}H_{11}O_2N_6Cl$, F. 220° (Zers.; gelbe Prismen aus A.–Ae.), aus 0,5 g **IV** u. Pyridin in heißem Bzl.; 0,6 g. — *1-[5-Nitro-4-anilinopyrimidyl-(2)]-pyridiniumjodid*, $C_{15}H_{12}O_2N_5J$, F. 215° (Zers.; orangefarbene Platten aus W.), aus 0,3 g 4-Anilino-2-chlor-5-nitropyrimidin in heißem Bzl. u. Pyridin u. Rk. des entstehenden Salzes mit NaJ-Lsg.; 0,2 g. — *1-[5-Nitro-4-(6-methylpyridyl-(2)-amino)-pyrimidyl-(2)]-pyridiniumchlorid*, $C_{15}H_{13}O_2N_6Cl$, F. 200° (Zers.; gelbe Nadeln aus A.–Ae.), aus 2-Chlor-4-[6-methylpyridyl-(2)-amino]-5-nitropyrimidin u. Pyridin in Benzol. — *1-[6-Methyl-5-nitro-4-(6-methylpyridyl-(2)-amino)-pyrimidyl-(2)]-pyridiniumjodid*, $C_{16}H_{15}O_2N_6J$, F. 224° (Zers.; scharlachrote Nadeln aus W.), aus 2-Chlor-6-methyl-4-[6-methylpyridyl-(2)-amino]-5-nitropyrimidin u. Pyridin in heißem Bzl. u. Behandlung des entstehenden Prod. mit gesätt. NaJ-Lösung. — *1-[5-Nitro-4-aminopyrimidyl-(2)]-pyridiniumchlorid*, $C_9H_8O_2N_5Cl$, F. 255—256° (Zers.; Nadeln aus A.–Ae.), aus den Komponenten in Aceton. — *1-[5-Nitro-4-aminopyrimidyl-(2)]-2aminopyridiniumchlorid*, $C_9H_9O_2N_6Cl$, F. 273—274° (Zers.; orangegelbe Kristalle aus W.), analog vorst. Verbindung. — *1-[5-Nitro-4-anilinopyrimidyl-(2)]-2-aminopyridiniumchlorid*, $C_{15}H_{13}O_2N_6Cl$, F. 200 bis 202° (Zers.; gelbe Prismen aus A.–Ae.). *Jodid*, $C_{15}H_{13}O_2N_6J$, F. 213—214° (Zers.; orangefarbene Kristalle aus W.). — *1-[5-Nitro-4-(6-methylpyridyl-(2)-amino)-pyrimidyl-(2)]-2-aminopyridiniumchlorid*, $C_{15}H_{14}O_2N_7Cl$, F. 222—223° (Zers.; gelbe Prismen aus A.–Ae.). *Jodid*, $C_{15}H_{14}O_2N_7J$, F. 252° (Zers.; orangefarbene Nadeln aus W.). (J. chem. Soc. [London] **1955**. 4354—59. Dez. London, Chester Beatty Res. Inst., Inst. of Cancer Res., Royal Cancer Hospital. H. Bertsch. 3272

Henry Gilman und **John Eisch**, *Untersuchungen in der 10-Äthylphenothiazinreihe: Reduktive Halogenierung und N-Äthylierung.* Die Einw. von Halogenwasserstoffsäuren auf *10-Äthylphenothiazin-5-oxyd* (**I**) wurde untersucht. HCl u. HBr bewirken reduktive Halogenierung von **I**, wobei das Halogen in 3-Stellung tritt, HJ bewirkt nur Red. zu *10-Äthylphenothiazin* (**II**). Verd. Säuren sind zu dieser Rk. geeigneter, da bei Einw. konz. Säuren Spaltung der Sulfidbindung u. Verharzung beobachtet wurden. Aus **I** wurden durch Rk. mit verd. HCl 77% *3-Chlor-10-äthylphenothiazin*, durch Rk. mit verd. HBr 44% *3-Bromderiv.* (**III**) erhalten. Die Konst. von **III** wurde durch Grignardierung u. Überführung in *10-Äthylphenothiazin-3-carbonsäure* bewiesen. Die Einw. von HJ auf **I** ergab neben **II** eine Verb. (**IV**), die ein Salz von **I** u. HJ zu sein scheint. Bei mäßigem Erhitzen von **IV** entweichen J_2-Dämpfe, Einw. von Alkali ergibt **I**, wobei durch Abspaltung der Äthylgruppe u. oxydative Halogenierung durch Hypojodit-Ion, das aus freiem J_2 stammen muß, geringe Mengen CHJ_3 nachgewiesen wurden. Die für die reduktive Halogenierung vorgeschlagenen Reaktionsmechanismen werden diskutiert. Durch Abfangen des freien Broms oder unterbromiger Säure bei der Rk. von **I** mit verd. HBr durch Phenol konnte gezeigt werden, daß es sich um einen elektrophilen Angriff des Halogens auf das Phenothiazinsyst. handelt. Die Rk. mit HCl verläuft so rasch, daß Phenol mit dem Heterocyclus nicht als Elektronendonator konkurrieren kann. J_2 ist unfähig, das Phenothiazinsyst anzugreifen, da die direkte Jodierung von **II** nicht gelang. Da in **I** die Sulfoxydgruppe die entstehende HJ verbraucht, läßt sich **I** mit geringer Ausbeute in *3-Jod-10-äthylphenothiazin* überführen. *3-Amino-10-äthylphenothiazin* konnte aus 3-Nitro-10-äthylphenothiazin-5-oxyd durch Rk. mit Sn u. HCl dargestellt werden. *Phenothiazin-5-oxyd* (**V**) ließ sich in fl. NH_3 mit $NaNH_2$ in Äthylbromid nur zu 7% äthylieren, *Phenothiazin-5-dioxyd* überhaupt nicht. Die Gründe für dieses Verh. werden diskutiert.

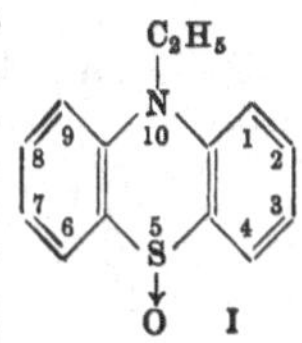

I

Versuche (FF. korr.): *10-Äthylphenothiazin-5-oxyd* (**I**), F. 162—163° (Nadeln aus CH_3OH), a) aus **II**; 94% (Ausbeute), b) durch portionsweise Zugabe von **V** zu einer Lsg. von $NaNH_2$ in fl. NH_3, 2std. Rühren, Zugabe von Äthylbromid u. 8std. Rühren; 6,9%; daneben 90,7% **V** zurück. — *3-Chlor-10-äthylphenothiazin*, F. 116—117,5° (Nadeln aus A.), a) aus **I** durch 30 Min. Rühren mit 6n HCl u. 1std. Kochen; 77%; b) analog mit konz. HCl; 65%. — *3-Brom-10-äthylphenothiazin* (**III**), $C_{14}H_{12}NBrS$, F. 123—124° (Nadeln aus PAe.), aus **I** u. 24%ig. HBr durch 30 Min. Rühren bei Raumtemp. u. 1std. Kochen; 44%. — *10-Äthylphenothiazin-3-carbonsäure*, F. 198—199,5° (citronengelbe Blättchen aus Eisessig), aus **III** durch Grignardieren in Ae. unter N_2 u. Eingießen in ein Gemisch von Trockeneis–Ae. u. Hydrolyse mit verd. HCl; 39%. — *10-Äthylphenothi-*

azin (II), F. 106—107° (Prismen aus A.), aus I u. 24%ig. HJ durch 20 Min. Rühren unter Kochen u. Extraktion des Reaktionsprod. mit Ae.; 22%; daneben Verb. **IV**, die durch Behandlung mit 20%ig. NaOH 55% I zurückliefert u. Spuren CHJ_3. — *p-Bromphenoxyessigsäure*, F. 158—159° (W.), aus I u. 24%ig. HBr durch 30 Min. Rühren bei Raumtemp. u. 1 std. Kochen in Ggw. von Phenol u. Umsetzung des gebildeten p-Bromphenols mit Chloressigsäure; 41%. — Daneben II u. III. — *3-Jod-10-äthylphenothiazin*, F. 125 bis 127° (PAe.), aus 20 g I u. J_2 in Chlf. durch 60 std. Kochen; 1,3 g. — *3-Amino-10-äthylphenothiazin*, $C_{14}H_{14}N_2S$, F. 139,5—141° (Nadeln aus A.), durch langsame Zugabe von konz. HCl zu einem Gemisch aus 3-Nitro-10-äthylphenothiazin-5-oxyd u. Sn in W. u. 20 Min. Kochen; 22%. *Acetylderiv.*, F. 193—193,5° (Blättchen aus wss. A.). (J. Amer. chem. Soc. **77**. 3862—65. 20/7. 1955. Ames, Io., Iowa State Coll., Chem. Labor.) H. BERTSCH. 3292

Kurt Rehnelt, *Über 1.3.5-Triazine und deren papierchromatographische Trennung.* Als Modellsubstanzen für die Trennung der Methylolmelamine dienten eine Reihe von *2-Alkyl-4.6-diamino-1.3.5-triazinen* (I), die nach der Meth. von NENCKI [1874] z. T. früher (vgl. REHNELT, C. **1954**. 9763), z. T. neu dargestellt u. über verschied. Salze charakterisiert wurden. Als Nebenprodd. treten bei dieser Rk. *Ammelin* (II) u. *Melamin* (III) auf. Alle I geben im Gegensatz zu III keine Addukte mit 2.6-Dinitro-3-oxy-1-methyl-4-isopropylbenzol. Die Papierchromatographie erfolgte auf Papier der Sorte SCHLEICHER u. SCHÜLL 2043b nach der aufsteigenden Meth. mit W.-n-Propanol-Gemisch (2:8). Die Sichtbarmachung erfolgte durch Überführung der I in ihre *Tetramethylolderivv.* durch Besprühen mit 1%ig. CH_2O-Lsg., Trocknen bei 110° u. erneutem Besprühen mit SCHIFFschem Reagens, das den bei der Polykondensation der Tetramethylolderivv. frei werdenden CH_2O nachweist. Die I erscheinen als rote Flecken. II u. *2-Chlor-4.6-diamino-1.3.5-triazin* sind jedoch nach dieser Meth. nicht zu trennen. Die Trennung von II u. III gelingt in einem Gemisch aus 0,1 n NaOH u. n-Propanol (2:8). II hat dabei R_F 0,03, III 0,16. Ferner wurde auch die Trennung auf horizontal angeordneten Papierstreifen sowie Rundfilterchromatogrammen durchgeführt u. die Abhängigkeit der R_M-Werte [$R_M = \log(1/R_F) - 1$] von g (n) mit n = Zahl der C-Atome der Seitenkette ermittelt. Diese Abhängigkeit zeigt keinen linearen Verlauf, das Diagramm ist jedoch besser als das entsprechende bei den Fettsäuren.

Versuche (FF. auf dem Heizmikroskop): *4.6-Diamino-2-oxy-1.3.5-triazin* (II), $C_3H_5ON_5$, aus der auf 230° erhitzten Schmelze von 90 g Guanidincarbonat u. 46 g Ameisensäure durch Extraktion mit wss. KOH. *Hydronitrat*, $C_3H_5ON_5 \cdot HNO_3$. *Argentoammelinnitrat*, $C_3H_5O_4N_6Ag$. Daneben laugeunlösl. *2.4-Diaminotriazin*; R_F 0,31 [*Monooxalat*, $C_3H_5N_5 \cdot C_2H_2O_4$, F. 260—263° (Cu-Block), rhomb. Tafeln. *Chromat*, $C_3H_5N_5H_2 \cdot CrO_4$, gelborangefarbene Blättchen. *Flavianat*, $C_3H_5N_5 \cdot C_{10}H_6O_8N_2S \cdot 2H_2O$, gelbe Nadeln, u. *p-Methyl-o.o'-dicarboxyphenoxyacetat*, $C_3H_5N_5 \cdot C_{11}H_{10}O_7$, F. 254—255° (Zers.; feine Nadeln). — *4.6-Diamino-2-methyl-1.3.5-triazin*, $C_4H_7N_5$, sublimiert bei 218°, F. 272—274° (KOFLER-Block), rhomb. Tafeln, R_F 0,41. *o-Bromthymol-p-sulfonat*, $C_4H_7N_5 \cdot C_{10}H_{13} \cdot O_4BrS \cdot \frac{1}{2}H_2O$, F. 261°, glänzende Nadeln. — *4.6-Diamino-2-äthyl-1.3.5-triazin*, $C_5H_9N_5$, sublimiert bei 250°, plattige Kristalle, R_F 0,57. — *4.6-Diamino-2-[n-butyl]-1.3.5-triazin*, $C_7H_{13}N_5$, F. 209—212°, R_F 0,76, aus 40 g Guanidincarbonat u. 20 g n-Valeriansäure ($Kp._{14,3}$ 87°) bei 240—250°, Extrahieren mit u. Fällen mit NaOH; quadrat. dicke Platten, bei schneller Abkühlung sternförmige Warzen, 1,9 g. Daneben entsteht in geringer Menge eine bei 163—165° schm. Verb., die nach BANDROWSKI [1876] das *2'-Methylpropylderiv.* (F. 172—173°) darstellen dürfte. *Sesquioxalat*, $2C_7H_{13}N_5 \cdot 3C_2H_2O_4 \cdot 3H_2O$, rhomb. Blättchen. *Monopikrat*, $C_7H_{13}N_5 \cdot C_6H_3O_7N_3$, F. 237—240° (Zers.). Aus dem Filtrat der NaOH-Fällung 1,7 g eines Triazingemisches, aus dem *2.4.6-Triamino-1.3.5-triazin* (III)-*hydrochlorid*, $C_3H_6N_6 \cdot HCl \cdot \frac{1}{2}H_2O$, isoliert wurde. — *4.6-Diamino-2-[n-pentyl]-1.3.5-triazin*, $C_8H_{15}N_5$, R_F 0,82. *o-Bromthymol-p-sulfonat*, $C_8H_{15}N_5 \cdot C_{10}H_{13}O_4BrS$, F. 215°, Nadelbüschel. *Pikrat*, $C_8H_{15}N_5 \cdot C_6H_3O_7N_3$, F. 238—240° (Zers.), aus A. hellgelbe Nadeln. — *4.6-Diamino-2-[n-hexyl]-1.3.5-triazin*, $C_9H_{17}N_5$, F. 160—161°, rhomb. Tafeln, R_F 0,85. *Monoflavianat*, $C_9H_{17}N_5 \cdot C_{10}H_6O_8N_2S$, F. 208—212° (Zers.), dottergelbe Prismen. *Pikrat*, $C_9H_{17}N_5 \cdot C_6H_3O_7N_3$, F. 236° (Zers.) nach teilweiser Sublimation bei 210° hellgelbe Nädelchen. — *2.6-Dinitro-3-oxy-1-methyl-4-isopropylbenzol* wurde nach MAZZARA (C. **1890**. I. 1021) dargestellt; 88%. Über das NH_4-Addukt wurde das *Ba-Salz* erhalten. — *2.4.6-Triamino-1.3.5-triazin* (III)-*aci-o.p-dinitrothymolat*, $C_{13}H_{18}O_5N_8$, F. 210° (Zers.) nach Weißfärbung ab 150°, orangegelbe Nadeln, aus dem Ba-Salz vorst. Verb. u. dem Sulfat von **III**. — *o-Bromthymol-p-sulfonsäure*, $C_{10}H_{13}O_4BrS \cdot 3H_2O$, F. 48°. *Nickelsalz*, $C_{20}H_{24}O_8Br_2S_2Ni \cdot 5\frac{1}{2}H_2O$, hellgrüne Prismen oder Säulchen. (Mh. Chem. **86**. 653—61. 1955. Düsseldorf-Holthausen.) W. RUSKE. 3313

V. P. Wystrach, Donald W. Kaiser und **Fred C. Schaefer,** *Darstellung von Äthylenimin und Triäthylenmelamin. Triäthylenmelamin* (*2.4.6-Tris-[aziridinyl-(1)]-symm.-*

triazin; I) wurde ursprünglich durch Kondensation von Cyanurchlorid (II) u. Äthylenimin (III) in Ggw. von Triäthylamin in benzol. Lsg. dargestellt (vgl. HEYNE u. WEIBEZAHN, D. B. P. 859 025; C. **1953.** 4780 sowie BESTIAN, C. **1950.** II. 636) u. als *Persistol Hö 1/193* zur Vernetzung von Wolle oder als Hydrophobierungsmittel für regenerierte Cellulose verwendet. Neuerdings wird **I** als Chemotherapeuticum gegen verschied. Typen von Carcinom eingesetzt (vgl. nachst. Ref.). Die ursprüngliche Darstellungsmeth. ist wegen der Verwendung von Bzl., der tox. Eigg. sowie der mitunter explosiv auftretenden Polymerisation von **III** im techn. Maßstab ungünstig. Vff. verwenden für diese Rk. als Lösungsm. W. u. umgehen die Verwendung von wasserfreiem **III** (vgl. WYSTRACH u. KAISER, A. P. 2 520 619, C. **1951.** I. 2083, u. KAISER u. SCHAEFER, A. P. 2 653 934, C. **1954.** 4041). Die Verwendung von W. ist auf Grund der Reaktionsgeschwindigkeit bei 0° sowie der guten Löslichkeit von **I** in diesem Lösungsm. möglich. Diese Eig. von **I** ist insofern ungewöhnlich, als das strukturell verwandte Hexamethylmelamin in W. unlösl. ist. Die Extraktion mit Chlf. liefert **I** in hohem Reinheitsgrad. Ferner wurden für die Umsetzung mit **II** verwendbare verd. Lsgg. von **III** durch Rk. von 2-Chlor- (**IV**) oder 2-Bromäthylamin bzw. von 2-Aminoäthylhydrogensulfat mit wss Alkali bei 50, 33 bzw. 100° erhalten, die zu der Suspension von **II** in kaltem W. zugegeben wurden. Die Ausbeuten an **I** sind jedoch bei diesem Verf. etwas geringer als bei Verwendung von wasserfreiem **III**.

Versuche (FF. korr.): *2-Chloräthylamin-* (**IV**)*-hydrochlorid*, F. 148,5—150° (A.), sehr hygroskop., durch Überführen von Monoäthanolamin in absol. A. mit HCl-Gas bei 25—30° in das *Hydrochlorid* [F. 82—86°; 85—90% (Ausbeute)], Suspendieren von 1180 g davon in Toluol u. Eintragen von $SOCl_2$ bei 20—35° während einer Std.; dann während $^3/_4$ Std. auf 75—80° erhitzen u. 5 Std. bei dieser Temp. halten, im Vakuum überschüssiges $SOCl_2$ abziehen u. kühlen; 97%; Lösen von 11 g des rohen Salzes in 100 cm³ 3n NaOH u. Erhitzen für 80 Min. auf 50° gibt eine **III**-Lsg., deren Geh. durch Titration des noch vorhandenen NaOH mit 0,5n Säure bestimmt wurde; aus rohem Salz 90—94%, aus reinem Salz 99,8%. — *2-Bromäthylaminhydrobromid*, F. 170—173°, durch Zufügen von 500 g dest. Monoäthanolamin zu 5 kg 40%ig. techn. HBr bei 10—20°, Abtrennen des W. u. der überschüssigen HBr bei 100—100,5° bzw. 125—126° durch Fraktionieren, Kühlen auf ~100° u. Versetzen mit 1650 cm³ Aceton; 69%. — *Äthylenimin* (**III**), F. 56—57°, in wasserfreier Form durch 2std. Erhitzen von 694 g **IV** HCl, 600 g NaOH u. 900 cm³ W. auf 50° Abdest. von 680 cm³ bei 30—35 mm, Mischen des gekühlten Destillats mit 350 g NaOH u. Abdest. von **III** über eine Kolonne bei Normaldruck unter langsamem Eintragen von 50%ig. NaOH-Lsg. am Kolonnenkopf u. Trocknen über festem NaOH; 73%. **III** stellt eine sehr tox. u. leicht polymerisierende Verb. dar. — *Triäthylenmelamin* (**I**), $C_9H_{12}N_6$, Zers. bei 139°, durch Eintragen von 18,4 g **II** in Dioxan in Eis u. W. unter Rühren, weiteres Eintragen von 14 g **III** u. 44,5 g K_2CO_3 in wenig W. bei 0—5°, Entfärben mit Kohle u. Extraktion mit Chlf.; 98%, oder durch Lösen von 222 g K_2CO_3 in W. bei 0°, Eintragen von 94 g **II** u. Eintropfen von 67,5 g **III** bei 1—2°; durch Isolierung wie vorst. 88% **I**. Die Ausbeute ist durch Teilen der Mengen an **II** u. **III** in 4 Teile u. wechselweises Zugeben nach jeweiliger Rk. auf 91,9% zu steigern, oder durch Lösen von 111 g **IV**·HCl in der wss. Lsg. von 126 g KOH u. 133 g K_2CO_3, 1std. Erhitzen auf 50°, Absaugen, Zugeben dieser Lsg. zu 55,3 g **II** in W. bei 0—5°, 1std. Rühren bei 5°, Absaugen von unlösl. Material u. Extraktion wie vorst.; 86%. **I** muß vorsichtig behandelt werden, da es schwere allerg. Erscheinungen bei empfindlichen Personen bewirken kann. Umkrist. **I** ist beim Aufbewahren bei 5° bzw. 25° unter Luftzutritt oder bei 5° unter N_2 stabil. Bei 75° aufbewahrtes **I** polymerisiert mit einer Geschwindigkeit von ~0,25%/Tag. Die Polymerisation wird durch Luft-O_2 scheinbar verhindert. *2.4-Bis-[aziridinyl-(1)]-6-chlor-symm.-triazin*, $C_7H_8N_5Cl$, F. 139° (Zers.; CCl_4), durch Aufarbeiten obigen Ansatzes sofort nach Zugabe von **III** neben 57,5% **I**. Das Cl-Deriv. ist in W. unlöslich. (J Amer. chem. Soc. **77.** 5915—18. 20/11. 1955 Stamford, Conn., Amer. Cyanamid Co., Res. Div.) W. RUSKE. 3313

Fred C. Schaefer, John T. Geoghegan und **Donald W. Kaiser**, *Mono- und Bis-[aziridinyl-(1)]-symm.-triazine*. Zur klin. Überprüfung von Triäthylenmelamin, das als Therapeuticum bei Carcinomfällen verwendet wird, synthetisieren Vff. eine Reihe von *Mono-* u. *Bis-[aziridinyl-(1)]-symm.-triazinen* durch Umsetzung von Äthylenimin (**I**) mit Cyanurchlorid (**II**) über *2-[Aziridinyl-(1)]-4.6-dichlor-* (**III**) bzw. *2.4-Bis-[aziridinyl-(1)]-6-chlor-symm.-triazin* (**IV**), deren Cl-Atome gegen andere Gruppen ausgetauscht werden, oder durch Umsetzung entsprechender 2.4-Dichlor- bzw. 2-Chlortriazine mit **I**. **III** konnte nicht in stabiler Form isoliert werden, **IV** ist hingegen beim Aufbewahren recht stabil. Bei Umsetzungen, bei denen Amine als HCl-abbindende Mittel verwandt werden, traten verschiedentlich Umlagerungen der Aziridinyl-(1)-triazine ein (vgl. nachst. Ref.), die zur Zers. der erwarteten Prodd. führten. Zur Abschätzung des Geh. an Aziridinylgruppen in den synthetisierten Triazinen wurden diese mit Na-Thiosulfat bei p_H 5 gemäß

$$\begin{array}{l} -\underset{=N}{\overset{}{N}}{=}\underset{|}{C}-N\underset{CH_2}{\diagdown\diagup}CH_2 + Na_2S_2O_3 + H_2O \rightarrow -N{=}\underset{\underset{=N}{|}}{C}-NH-CH_2-CH_2-S-SO_3Na + NaOH \end{array}$$

umgesetzt u. das unverbrauchte Thiosulfat jodometr. bestimmt.

Versuche (FF. korr.): *2-Amino-4.6-bis-[aziridinyl-(1)]-symm.-triazin* (**V**), $C_7H_{10}N_6$, F. 231° (Zers.; Methanol–W. 2:1), durch Zufügen von **I** in NaOH zu der Suspension von 2-Amino-4.6-dichlor-symm.-triazin in Eis–W. während 1½ Std.; 65% (Ausbeute). — *2.4-Diamino-6-[aziridinyl-(1)]-symm.-triazin*, $C_5H_8N_6$, F. 220° (Zers.; W.), durch Erhitzen einer Mischung von 2.4-Diamino-6-chlor-symm.-triazin, **I** u. NaOH während 10—15 Min. auf 85°, weitere 20 Min. bei 85° u. Aufnehmen des Rückstandes in sd. W.; 34%. — *2.4-Bis-[aziridinyl-(1)]-6-phenyl-symm.-triazin*, $C_{13}H_{13}N_5$, F. 142° (Zers.; Bzl.–Heptan 8:5), durch Zufügen von **I** u. Triäthylamin in Bzl. zu *2.4-Dichlor-6-phenyl-symm.-triazin* [F. 121—123° (Bzl.), durch 20std. Kochen von 2.4-Dioxy-6-phenyl-symm.-triazin mit $POCl_3$ u. Zers. des überschüssigen $POCl_3$ mit Eiswasser; 72%] in Bzl. bei 15—20°, dann 35° (1 Std.) u. schließlich 50° (½ Std.), Absaugen des Triäthylaminhydrochlorids u. Einengen des Filtrats im Vakuum; 40%. — *2.4-Bis-[aziridinyl-(1)]-symm.-triazin*, $C_7H_9N_5$, F. 147—148° (Zers.; Bzl.), durch 80 Min. langes Erhitzen von 2-Chloräthylaminhydrochlorid in NaOH u. Na_2CO_3 auf 50°, Kühlen auf 3°, Eintragen von 2.4-Dichlor-symm.-triazin (dargestellt nach Hechenbleikner, C. **1954**. 11441) in Acetonitril bei 3—4° innerhalb 40 Min., 80 Min. langes Erwärmen auf 19°, Abtrennen der unlösl. Salze u. Extraktion mit Chlf.; 59%. — *2.4-Bis-[aziridinyl-(1)]-6-chlor-symm.-triazin* (**IV**), $C_7H_8N_5Cl$, F. 145° (Zers.; Methanol), durch Eintragen von **II** in warmem Dioxan in gerührtes Eiswasser, Zugabe von **I** in K_2CO_3-Lsg. bei 0—2° während ½ Std. u. Extrahieren mit CCl_4–Chlf. (3:2); 47%. Die Verb. ist gegen sd. Methanol beständig. — *2.4-Bis-[aziridinyl-(1)]-6-methoxy-symm.-triazin*, $C_8H_{11}ON_5$, F. 117—119° (Bzl.–Heptan), durch Zufügen von **I** in NaOH zu in Eiswasser suspendiertem 2.4-Dichlor-6-methoxy-symm.-triazin bei 20—25°, ½std. Rühren bei Zimmertemp. u. Extrahieren des Filtrats mit Chlf.; 44%. — *2-[Aziridinyl-(1)]-4.6-dimethoxy-symm.-triazin*, $C_7H_{10}O_2N_4$, F. 121—123° (Bzl.–Heptan 5:1), analog aus **I** u. 2-Chlor-4.6-dimethoxy-symm.-triazin bei 25—30° u. kurzes Erwärmen auf 55°; 69%. — *2-[Aziridinyl-(1)]-4.6-bis-[dimethylamino]-symm.-triazin*, $C_9H_{16}N_6$, F. 55—57° (Hexan); **II** in Aceton–Dioxan (2:3) wird in gerührtes Eiswasser eingetragen, die Suspension auf —10° gekühlt u. **I** in K_2CO_3-Lsg. zugefügt; nach 20 Min. langem Rühren Zugabe von 41%ig. wss. Dimethylaminlsg. u. K_2CO_3 1½std. Stehen bei 10—20°, dann einige Min. bei 50° u. Extraktion des Filtrats mit Chlf., den Rückstand mit Bzl. u. nochmals mit Hexan; ~12%. Das Intermediärprod. **III** konnte nicht rein isoliert werden, es wurde ein unlösl., bei 90—110° schm. *Prod.* erhalten, das sich beim Umkristallisieren in Bzl. oder CCl_4 zersetzt. — **IV** wurde mit Methyl-, Dimethyl-, Diäthyl- u. β-Chloräthylamin in W. bei 0—10° in Ggw. von K_2CO_3 kondensiert u. die Prodd. durch Extraktion mit Chlf. isoliert. In jedem Falle blieb eine beträchtliche Menge **IV** unverändert. Verss. zur Umsetzung von **IV** mit β.β'-Iminodipropionitril oder NH_3 führten nicht zu isolierbaren Produkten. Das gleiche Ergebnis gab die Umsetzung mit Octadecylamin, Anilin u. dem Na-Salz der Sulfanilsäure. Die Rk. von Allyl- oder Diäthylamin mit **IV** in Bzl. in Ggw. von überschüssigem Amin oder Triäthylamin führte nur zu sehr unreinen Prodd.; p-Chloranilin reagiert unter diesen Bedingungen nicht. Ein 3facher Überschuß von 28%ig. wss. NH_4OH in Methanol u. **IV** bei 50—60° gab 30% **V**. Mit β-Naphthylamin, p-Chloranilin u. p-Toluidin in sd. Methanol u. **IV** in Ggw. von Triäthylamin tritt keine Rk. ein. — *2.4-Bis-[aziridinyl-(1)]-symm.-triazine*: *6-Methylamino-*, $C_8H_{12}N_6$, F. 128,5—131,0° (Toluol–Cyclohexan); 38%. — *6-Dimethylamino-*, $C_9H_{14}N_6$, F. 67—69° (Bzl.); 73%. — *6-Diäthylamino-*, $C_{11}H_{18}N_6$, F. 66,5—68,0° (Hexan); 44%. — *6-[β-Chloräthylamino]-*, $C_9H_{13}N_6Cl$, F. 87—88° (Toluol); 46%. — 2.4-Dichlor-6-methylphenylamino-symm.-triazin reagiert mit **I** in W. bei 0—25° in Ggw. von NaOH nicht. In benzol. Lsg. u. in Ggw. von Triäthylamin reagiert das Triazin mit **I** unter schrittweisem Austausch der Cl-Atome, wobei das erste bei 10—15°, das zweite bei 25° ausgetauscht wird, die erwarteten Verbb. konnten jedoch nicht isoliert werden. (J. Amer. chem. Soc. **77**. 5918—22. 20/11. 1955. Stamford, Conn., Amer. Cyanamid Co., Res. Div.) W. Ruske. 3313

Fred C. Schaefer, *Umlagerungsreaktionen der Aziridinyl-(1)-symm.-triazine. Dihydroimidazo-[1.2:a]-symm.-triazine.* Die Unters. der Eigg. verschied. Aziridinyl-(1)-symm.-triazine (**I**) ergab ihre relativ leichte Umwandlung in *Dihydroimidazo-[1.2:a]-symm.-triazine.* 50—85%ig. H_2SO_4 überführt allg. C-Amino- oder C-Iminogruppen in C-Oxy- bzw. C-Oxogruppen, während Alkyl- oder Arylgruppen an den Ring-N-atomen nicht angegriffen werden. Die Isolierung eines Isocyanursäureesters deutet daher auf bereits vor der Hydrolyse vorliegende Substituenten am Ring-N. Analoge Verss. mit **I**

führten zu ähnlichen, aber anfangs mißdeuteten Ergebnissen: 2.4.6-Tris-[aziridinyl-(1)]-symm.-triazin (**II**) ergab *1-[β-Aminoäthyl]-2.4.6-trioxohexahydro-symm.-triazin* (**III**), 2-Amino-4.6-bis-[aziridinyl-(1)]-symm.-triazin (**IV**) wurde in *1.3-Bis-[β-aminoäthyl]-2.4.6-trioxohexahydro-symm.-triazin* u. 2.4-Diamino-6-[aziridinyl-(1)]-symm.-triazin (**V**) in *Cyanursäure* übergeführt. Cyanursäure entstand ebenfalls aus 2-[Aziridinyl-(1)]-4.6-dimethoxy-symm.-triazin (**VI**), während 2.4-Bis-[aziridinyl-(1)]-6-methoxy-symm.-triazin (**VII**) in **III** übergeführt wurde. Der Vers., **II** durch katalyt. Hydrierung bei 100° unter Druck mit RANEY-Ni in 2.4.6-Triäthylamino-symm.-triazin zu überführen, war ergebnislos; es wurde kein H_2 aufgenommen, aber in 40% ig. Ausbeute ein Isomeres (**VIII**) von **II** isoliert, das gegen $Na_2S_2O_3$ inert ist u. auch durch Cyclisierung von 2.4.6-Tris-[β-oxyäthylamino]-symm.-triazin mit $POCl_3$ erhalten wurde. **VIII** stellt daher das *2.3.6.7.10.11-Hexahydro-tris-imidazo-[1.2:a; 1'.2':c; 1''.2'':e]-symm.-triazin* dar. Die Unters. der Bedingungen für die Umlagerung **II** → **VIII** ergab, daß gleichzeitige Anwesenheit von W., RANEY-Ni u. H_2 erforderlich ist. Wärme allein führt zu keiner Umlagerung, wie Verss. mit **II** in Dioxan bei 100° zeigten. Höhere Tempp. waren wegen der dann einsetzenden Polymerisation nicht anzuwenden. Da **V** therm. wesentlich stabiler ist, wurde versucht, diese Verb. bei 130—175° (in o-Dichlorbenzol), bei 132° (in Chlorbenzol) u. 135° (in 2-Äthoxyäthanol) in *5.7-Diamino-2.3-dihydroimidazo-[1.2:a]-symm.-triazin* (**IX**) umzulagern. Diese Verss. führten jedoch nicht zur Bldg. von **IX**, sondern von relativ stark bas. Verbb., die durch intermol. Alkylierungs-Rkk. entstanden u. für die eventuell Struktur **X** anzunehmen ist. **IX** wurde hingegen durch Kondensation von β-Chloräthylaminhydrochlorid mit dem K-Salz des Dicyanguanidins erhalten. Die Umlagerung von **II** u. **V** in **VIII** bzw. **IX** trat auch beim Erwärmen in Acetonitril in Ggw. von Triäthylaminhydrochlorid ein, während die Umlagerung von **II** in Ggw. des Aminhydrochlorids, jedoch in benzol. Lsg., nicht erfolgte, so daß die Löslichkeit der Aminsalze für die Umlagerung erforderlich zu sein scheint. Mit verd. HCl reagieren **II**, **IV** u. **V** ähnlich. Aus der Lsg. von **I** konnte jedoch keine definierte Verb. isoliert werden. Die Hydrolyse der Umsetzungsprodd. mit starker H_2SO_4 führte zu Spuren von **III**. Im Falle von **V** wurde **IX** isoliert. Diese Ergebnisse werden mit einer Ringöffnung der Aziridinylgruppe zur β-Chloräthylaminogruppe u. Cyclisierung zum Dihydroimidazotriazin erklärt. Daneben scheint gleichzeitig die Ringöffnung unter Bldg. einer β-Oxyäthylaminogruppe zu verlaufen. Die Umlagerungs-Rkk. sind demnach säurekatalysierte Rkk., für die ein Mechanismus abgeleitet wird. Die Umlagerung unter Einfl. von Ni u. H_2 kann jedoch nicht zwanglos nach diesem Mechanismus gedeutet werden, wenn auch Anzeichen dafür vorliegen, daß im oder am Ni-Kontakt H^+-Ionen vorliegen u. beobachtet wurde, daß dieses Syst. H-Austausch-Rkk. katalysiert, die andererseits auch durch Säuren katalysiert werden. Die Säureempfindlichkeit der **I** ist bei der therapeut. Verabreichung dieser Verbb. zu beachten. Allg. wird **II** daher gemeinsam mit Bicarbonat Personen im nüchternen Zustand verabreicht. Die Darst. von β-Chloräthylaminotriazinen zu Vergleichszwecken gab keine befriedigenden Ergebnisse, da sie sehr leicht zu den Imidazoderivv. cyclisieren. 2-Amino-4.6-bis-[β-oxyäthylenamino]-symm.-triazin lieferte mit $POCl_3$ *9-Amino-2.3.6.7-tetrahydro-bis-imidazo-[1.2:a;1'.2':c]-symm.-triazin-* (**XI**) *-dihydrochlorid* als eine sehr leicht in W. lösl. Verb., die mit überschüssigem NaOH in das etwas weniger lösl. *Monohydrochlorid* übergeführt wird. Diese Verb. wird auch bei der Umsetzung des 2-Chlor-4.6-bis-[β-chloräthylamino]-symm.-triazins mit überschüssigem NH_3 bei 90° erhalten. Die Kristallisation des Monohydrochlorids aus überschüssigem HCl gibt nicht das Dihydrochlorid zurück. 2-[β-Chloräthylamino]-4.6-dimethoxy-symm.-triazin wird durch NaOH in wss. Methanol in *5(7)-Oxy-7(5)-methoxy-2.3-dihydroimidazo-[1.2:a]-symm.-triazin* (**XIIa**) bzw. das tautomere *5-Oxo-7-methoxy-1.2.3.5-tetrahydroimidazo-[1.2:a]-symm.-triazin* (**XIIb**) übergeführt. Diese Verb. entsteht auch bei der Umsetzung des Na-Salzes des 2.4-Dimethoxy-6-[β-sulfatoäthylamino]-symm.-triazins mit wss. NaOH. Die bei diesen Rkk. eintretende Desmethylierung ist insofern bemerkenswert, als allg. Alkoxy-symm.-triazine gegen Alkali recht stabil sind. Welche CH_3-Gruppe abgespalten wird, ist nicht zu entscheiden, obwohl theoret. die Abspaltung der 5ständigen Methylgruppe zu erwarten ist.

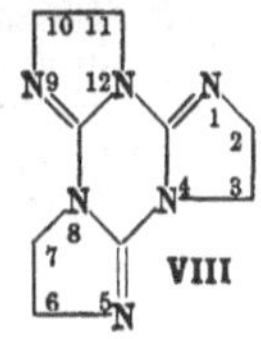
VIII

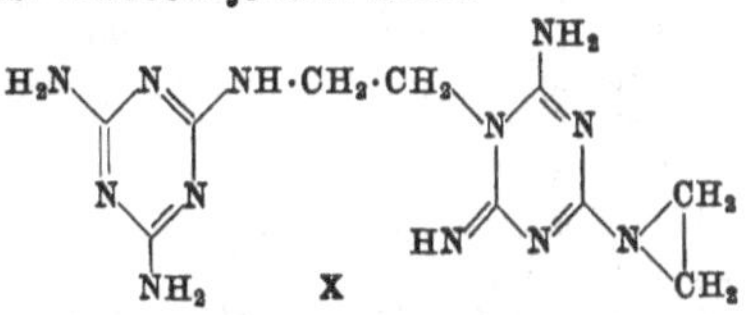
X

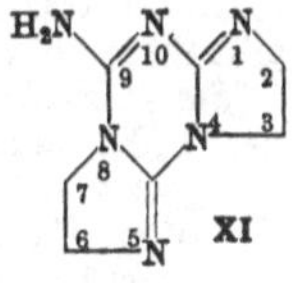
XI

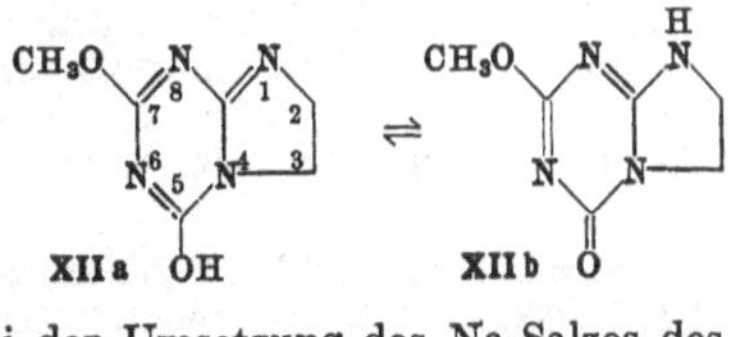
XIIa ⇌ XIIb

Versuche (FF. korr.): *1-[β-Aminoäthyl]-2.4.6-trioxohexahydro-symm.-triazin* (III), $C_5H_8O_3N_4$, F. 280–281° (wss. A. oder W.), durch Zugabe von 14 g **II** zu 100 cm³ 65%ig. H_2SO_4, 20std. Erhitzen auf 145°, Aufgießen auf Eis, Fällen mit $Ba(OH)_2$, Eindampfen u. Digerieren mit Methanol; 2,3 g (Ausbeute), oder analog aus 10 g **VII** mit 85%ig. H_2SO_4; 0,4 g, oder aus *N-Benzoyläthylendiamin* [aus Äthylbenzoat u. überschüssigem Äthylendiamin; *Hydrochlorid*, F. 164–166° (Dioxan); 48%], durch Umsetzung von 30,1 g Hydrochlorid mit 22,1 g K-Dicyanguanidin u. 8,03 g NH_4Cl in 2-Äthoxyäthanol bei 127–132° für 10 Std. zum *2-Benzamidoäthylisomelaminhydrochlorid* (68%), Überführen mit 3%ig. NaOH bei 30–50° in die *Freie Base* [$C_{12}H_{15}ON_7$, F. 240–241° (2-Methoxyäthanol)] u. Erhitzen von 15 g der Base für 16 Std. in 50%ig. H_2SO_4 auf 115°, Gießen auf Eis, Extrahieren der Benzolsäure mit Chlf., Neutralisieren mit $Ba(OH)_2$ u. Eindampfen 1,5 g. Sämtliche so dargestellten **III**-Proben zeigen das gleiche Infrarotspektrogramm. — *1.3-Bis-[β-aminoäthyl]-2.4.6-trioxohexahydro-symm.-triazin*, $C_7H_{13}O_3N_5$, F. 213–214° (W.), durch Hydrolyse von 15 g **IV** mit 85%ig. H_2SO_4; ~4 g. — *Cyanursäure*, durch 18std. Hydrolyse von 10 g **V** mit 65%ig. H_2SO_4; 5,1 g, oder durch Hydrolyse von 10 g **VI**; 1,3 g. — *2.3.6.7.10.11-Hexahydro-tris-imidazo-[1.2:a;1'.2':c;1''.2'':e]-symm.-triazin* (**VIII**), $C_9H_{12}N_6$, F. 322–324° (W., dann Trocknen des *Dihydrats* bei 105°), pK_a ~5,8, durch 7std. Erhitzen von 10,2 g **II** in Dioxan mit 0,9 g W. u. ~4 g RANEY-Ni unter 1200 lbs./sq.in. auf 100°, Extrahieren des Rückstandes mit A., Vereinigen des A. mit der Dioxanlsg. u. Einengen; 4,3 g, oder durch Zugabe von 200 cm³ $POCl_3$ zu 94 g 2.4.6-Tris-[β-oxyäthylamino]-symm.-triazin während ½ Std., 2std. Kochen, Abdest. des überschüssigen $POCl_3$, Gießen des Rückstandes auf Eis u. Fällen mit überschüssigem NaOH; 57,5%. — *5.7-Diamino-2.3-dihydroimidazo-[1.2:a]-symm.-triazin* (**IX**), $C_5H_8N_6$, F. 308–310°, pK_a 10,7, durch 18std. Kochen von 116 g β-Chloräthylaminohydrochlorid, 147 g K-Dicyanguanidin u. 53,5 g NH_4Cl in 2-Äthoxyäthanol u. Absaugen als *Hydrochlorid* [$C_5H_9N_6Cl$, F. >360° (W.)]; warme wss. KOH führt in **IX** über. — Hinsichtlich der Rkk. von **I** mit Triäthylaminhydrochlorid sowie mit verd. HCl vgl. Original. — *2-Chlor-4.6-bis-[β-chloräthylamino]-symm.-triazin*, $C_7H_{10}N_5Cl_3$, F. 163° (Zers.; aus Dioxan), durch Zufügen einer Lsg. von 8 Mol NaOH in 1000 cm³ W. bei 0–5° zu einer Mischung von 2 Mol Cyanurchlorid u. 4 Mol β-Chloräthylaminhydrochlorid in Aceton–W. (1:4) u. 3½std. Rühren bei 45–50°; 62%. — *9-Amino-2.3.6.7-tetrahydro-bis-imidazo-[1.2:a;1'.2':c]-symm.-triazin* (**XI**)*-hydrochlorid*, $C_7H_{11}N_6Cl$, F. 350° (W.), durch Rk. vorst. Verb. in Dioxan mit überschüssigem NH_3 bei 90° unter Druck; ~25%, oder als *Dihydrochlorid*, $C_7H_{12}N_6Cl_2$, F. 340–345° (Zers.; aus W.), pK_a 3,0 u. 9,0, durch Umsetzung von 20 g 2-Amino-4.6-bis-[β-oxyäthylamino]-symm.-triazin mit $POCl_3$, Abdampfen des überschüssigen $POCl_3$ u. Verdünnen mit Methanol; ~7 g. Wird mit NaOH bei p_H 6–8 in das Monohydrochlorid übergeführt. — *2.4-Diamino-6-[β-oxyäthylamino]-symm.-triazin*, $C_5H_{10}ON_6$, F. 225–227°, aus 2.4-Diamino-6-chlor-symm.-triazin u. Äthanolamin. Gibt mit $POCl_3$ kein **IX**. — *2.4-Dichlor-6-[β-chloräthylamino]-symm.-triazin*, $C_5H_5N_4Cl_3$, F. 111,5 bis 113°, aus Cyanurchlorid u. β-Chloräthylamin in Ggw. von NaOH in wss. Aceton bei 0–5°; 83%. — *2.4-Dimethoxy-6-[β-chloräthylamino]-symm.-triazin*, $C_7H_{11}O_2N_4Cl$, F. 95–97°, aus vorst. Verb. mit Methanol u. NaOH; 89%. — *5-Oxy-7-methoxy-2.3-dihydroimidazo-[1.2:a]-* bzw. *5-Oxo-7-methoxy-1.2.3.5-tetrahydroimidazo-[1.2:a]-symm.-triazin* (**XII**), $C_6H_8O_2N_4$, F. 229–231° (W.), durch 2std. Kochen von 69,6 g der vorst. Verb. in 3,06n NaOH u. A. (1:3), Kühlen u. Einengen; 70%; Hydrolyse mit 65%ig. H_2SO_4 gibt **III**; ferner durch 55 Min. langes Erhitzen von 30,2 g des *Na-Salzes* des *2.4-Dimethoxy-6-[β-sulfatoäthylamino]-symm.-triazin* [$C_7H_{11}O_6N_4SNa$, F. 166–168° (A., dann Trocknen bei 110°), aus 2-Chlor-4.6-dimethoxy-symm.-triazin u. β-Aminoäthylhydrogensulfat in Ggw. von NaOH in W. bei 35°; 82%] mit 4,4 g NaOH in W., Neutralisieren u. Eindampfen; Extraktion u. fraktionierte Kristallisation aus A., in geringer Menge neben einer nicht identifizierten *Verb. vom F. 157–157,5°*. (J. Amer. chem. Soc. **77**. 5922–28. 20/11. 1955. Stamford, Conn., American Cyanamid Co., Res. Div.) W. RUSKE. 3313

Paul Fleury, Jean Courtois und **Albert Bieder**, *Vergleichende Versuche über die Einwirkung von Perjodsäure auf stereoisomere Zucker.* Inhaltlich ident. mit der C. **1953**. 1652 referierten Arbeit. (C. R. hebd. Séances Acad. Sci. **233**. 1042–44. 29/10. 1951.) H. ROSSOW. 3400

B. Helferich und **W. Schäfer**, *α-Methyl-d-glucosid.* Aus d-Glucose u. CH_3OH/HCl: F. 165°; 48,5–49,5% (Ausbeute). (Org. Syntheses, collect. Vol. **1**. [**1**.–**9**. 2. Aufl.] 364 bis 366, ausg. Okt. 1951.) I. AHRLÉ. 3400

C. S. Hudson, *α-d-Methylmannosid.* Aus Elfenbeinnußabfällen u. 85%ig. H_2SO_4 bei 30–35° (1–2 Std.) u. 8std. Erhitzen mit Methanol u. konz. HCl: F. 188–189° (80%ig. A.), $[\alpha]_D^{20}$ +80,8°. (Org. Syntheses, collect. Vol. **1**. [**1**.–**9**. 2. Aufl.] 371–72, ausg. Okt. 1951.) I. AHRLÉ. 3400

M. L. Wolfrom, R. C. Burrell, A. Thompson und S. S. Furst, *Verbesserte Herstellung von Stachyose.* Vff. gewinnen aus einem Extrakt der Knollen von Stachys tuberifera durch Adsorption an einer Kohlesäule u. nachfolgende Eluierung mit A. wachsender Konz. nach dem allg. Verf. von WHISTLER u. DURSO (C. **1950.** II. 2718) Eluate, aus denen das Tetrasaccharid *Stachyose* zur Kristallisation gebracht werden kann.

Versuche: *Stachyosetetrahydrat,* F. 101—105° (im zugeschmolzenen Röhrchen), $[\alpha]_D^{23}$ +131,3° (c = 4,5; W.) durch Extraktion der gemahlenen Knollen von Stachys tuberifera mit sd. 85%ig. A., (80 Min.) in Ggw. von gefälltem $CaCO_3$, nachfolgende Extraktion mit 75%ig. A., (60 Min.) Eindampfen der vereinigten Extrakte unter vermindertem Druck zu einem Sirup, Lösen in W., Adsorption an einer Säule von Darco G-60 zu Celite (1 : 1), Eluieren mit W., 5%ig. A., 10%ig. A. u. 20%ig. A., Eindampfen der alkoh. Extrakte u. Umkristallisieren aus W. + Alkohol. (J. Amer. chem. Soc. **74.** 6299. 20/12. 1952. Columbus, O., Ohio State Univ., Dep. of Chem. and of Agric. Biochem.)

R. LORENZ. 3400

Raymond F. Tietz und William E. McEwen, *Reduktionsprodukte des Rubremetinium-kations.* Auf Grund einander widersprechender Literaturangaben (vgl. KARRER u. RUTTNER, C. **1951.** I. 1736; OPENSHAW u. WOOD, C. **1952.** 6218) untersuchen Vff. erneut die Red. von Rubremetinium (**I**)-Salzen. Die katalyt. Hydrierung von Dehydrohalorubremetin (**II**; vgl. HASLETT, C. **1952.** 1827) im größeren Maßstab führte unter Aufnahme von 1,8 Mol H_2 zu dem bereits bekannten *rac. Tetrahydrodehydrohalorubremetin* (*rac.* **III**) u. daneben zu einer weiteren *Base* gleicher Zus., deren Infrarotspektr. ident. mit dem von rac. **III** ist, deren UV-Spektr. aber geringe Abweichungen aufweist. Es wird angenommen, daß es sich um eine akt. Form von **III** handelt. Bei der Hydrierung von **I**-Chlorid nach OPENSHAW (l. c.) über PtO_2 werden in der ersten Std. 1 Mol, in 29 Std. nur 1,5 Mol u., mit neuem Katalysator, in 110 Std. weitere 0,5 Mol H_2 aufgenommen. Die Färbung der Lsg. verschwindet nach der Aufnahme von 1,2 Mol H_2. Es muß also wenigstens ein Teil des **I**-Kations bei der Aufnahme des ersten Mols H_2 zum Tetrahydroderiv. red. worden sein. Aus der Reaktionslsg. wurden *Isotetrahydrodehydroemetin* (**V**), ident. mit „α-Dihydrorubremetin" von OPENSHAW (l. c.), u. *Tetrahydrodehydroemetin* (**VI**) isoliert. Da das von OPENSHAW gleichzeitig erhaltene „β-Dihydrorubremetin" (**IV**) nicht isoliert werden konnte, scheint dieses ein echtes Dihydroderiv. zu sein. Bei Verwendung von A. als Lösungsm. zur Red., in dem **IV** schwer lösl. ist, konnte **IV** als Nd. gefaßt u. identifiziert werden. Demzufolge ist auch die von OPENSHAW erwähnte Komplexverb. ein Gemisch aus 1 Mol **IV**, 1 Mol **V** u. 2 Mol CH_3OH. Bei der Red. von **I**-Chlorid nach KARRER (l. c.) zunächst mit $LiAlH_4$, dann katalyt., entstehen ebenfalls **V** u. **VI**, doch nimmt das bei der $LiAlH_4$-Behandlung zunächst entstehende „o-Dihydrodehydroemetin" bei der Weiterred. 2 u. nicht 1 Mol H_2 auf u. ist daher eher als Prod. einer Eliminierungs-Rk. anzusehen. Für **I** wird eine von WOODWARD aufgestellte, bisher unveröffentlichte Strukturformel **B** vorgeschlagen, aus der sich die Bldg. von **V** u. **VI**, die die Struktur **A** besitzen, erklären läßt. Für **II** kann noch keine Struktur vorgeschlagen werden.

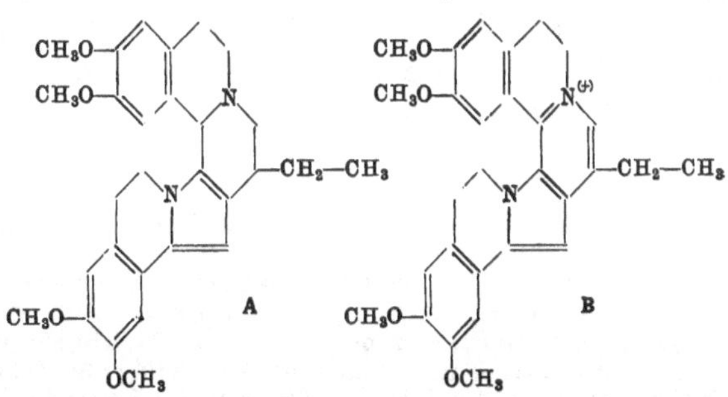

Versuche (FF. korr.): *Tetrahydrodehydrohalorubremetin* (**III**), *rac. Form,* $C_{29}H_{34}O_4N_2$, F. 179,2—180,2°, aus **II** (F. 150—157° bei sehr langsamem Erhitzen) durch Hydrieren über PtO_2 in A. (75 Std. bei 50 lbs./sq.in.) u. fraktionierte Kristallisation gelbe Nadeln. *akt.* **III**, F. 165,8—166°, $[\alpha]_D^{23}$ +11,4° (c = 2,10; Aceton); aus der Mutterlauge. — „*o-Dihydrodehydroemetin*", F. 156,5—157,5, aus 2,3 g **I**-Chlorid in Ae. u. $LiAlH_4$ unter N_2 (2½ Std. kochen); aus Ae. 1,1 g gelbe Kristalle. — *Isotetrahydrodehydroemetin* (**V**), F. 195—195,5°, aus 0,96 g vorst. Verb. durch 12std. Hydrierung über ADAMS-PtO_2 in Eisessig; Nadeln aus absol. A.; 0,1 g. — *Tetrahydrodehydroemetin* (**VI**), F. 131,4—132,4°, a) aus der äther. Mutterlauge von **V**; $[\alpha]_D^{26}$ +47,5° (c = 0,464; absol. A.); b) durch Hydrierung von 4 g **I**-Chlorid in absol. A. in Ggw. von Na-Acetat u. ADAMS-Katalysator (nach 29 Std. Zufügen von neuem Katalysator u. weitere 120std. Hydrierung), Filtrieren, Einengen u. kontinuierliche Extraktion des Abdampfrückstandes (F. 127,5—130,6° [CH_3OH]; 2,14 g) mit Ae.; aus der methanol. Mutterlauge **V**. — „*β-Dihydrorubremetin*" (**IV**), F. 201,5—202,5°, aus **I**-Chlorid durch Hydrierung wie vorst. u. Abbrechen der Rk.

nach Aufnahme von 1 Mol H_2; Nadeln aus absol. A.; $[\alpha]_D^{21}$ +402° (c = 0,189; Aceton). (J. Amer. chem. Soc. **75.** 4945—49. 20/10. 1953. Lawrence, Kans., Univ., Chem. Dep.)
H. LEHWALD. 3500

T. D. Perrine und **Lyndon F. Small,** *Oxydation von Acetyldihydrocodein: N-Formyldihydronorcodein.* Bei der Oxydation von 6-Acetyldihydrocodein (**I**) mit CrO_3 in Pyridin wird *N-Formyl-6-acetyldihydronorcodein* (**II**) erhalten, dessen Struktur durch Synth. u. Abbau bewiesen wird. Das aus Dihydronorcodein (**III**; vgl. v. BRAUN [1914]) u. Methylformiat gebildete *N-Formyldihydronorcodein* gibt bei milder Acetylierung **II**. Gleichzeitige Red. beider Acylgruppen von **II** mit $LiAlH_4$ führt zu *Dihydrocodein* (**IV**); die alkal. Hydrolyse von **II** liefert **III**. *N-Cyandihydronorcodein* läßt sich direkt aus **IV** mit CNBr oder aus **I** über dessen *N-Cyanderiv.* gewinnen. **III** kann leicht zum *N-Acetylderiv.* acetyliert werden.

Versuche (FF. nach KOFLER; $[\alpha] = [\alpha]_D^{20}$, c = 1,0; Chlf.): *Dihydronorcodein* (**III**), F. 198—201°, aus **II** mit sd. 2,5n NaOH. — *N-Formylderiv.*, $C_{18}H_{21}O_4N$, F. 256—257° (nach Sublimation bei 200°/10^{-4} mm), aus **III** mit sd. Ameisensäuremethylester (16 Std.); $[\alpha]$ —190°. *N-Formyl-6-acetylderiv.* (**II**), $C_{20}H_{23}O_5N$, F. 217—218° (Aceton), a) aus **I** in Pyridin mit CrO_3 (24 Std. rühren); $[\alpha]$ —212°; b) aus vorst. Deriv. mit sd. Acetanhydrid (5 Min.). *N-Cyan-6-acetylderiv.*, F. 232—233°, aus **I** mit CNBr nach v. BRAUN (l. c.). *N-Cyanderiv.*, $C_{18}H_{20}O_3N_2$, F. 230—233° (aus A., dann Vakuumsublimation), a) aus **IV** analog vorst. Deriv.; $[\alpha]$ —176°; b) aus vorst. Deriv. durch Hydrolyse. *N-Acetylderiv.*, $C_{19}H_{23}O_4N$, F. 197—198° (nach Sublimation bei 190°/10^{-4} mm), aus **III** mit Acetanhydrid/Pyridin; $[\alpha]$ —214°. — *Dihydrocodein* (**IV**), F. 110—112° (Ae.), aus **II** mit $LiAlH_4$ in Tetrahydrofuran. *Bitartrattrihydrat*, F. 189—193°. — Die Infrarotabsorptionsmaxima der Verbb. werden diskutiert. (J. org. Chemistry **21.** 111—12. Jan. 1956. Bethesda, Md., Nat. Inst. of Arthrit. and Metabol. Dis.)
ANTJE SCHMIDT. 3500

Shojiro Uyeo und **Haruaki Yajima,** *Lycorisalkaloide.* 31. Mitt. *Eine strukturelle Beziehung zwischen Lycorin und Lycorenin.* (30. vgl. TAYLOR u. Mitarbeiter, J. chem. Soc. [London] **1955.** 2962.) Vff. bestätigen die in der 29. Mitt. (KITAGAWA, C. **1956.** 9730) aufgestellte Strukturformel **I** des *Lycorenins* durch folgende Reaktionsfolge: HUANG-MINLON-Red. von **I** gab die *Dihydrodesoxyverb.* **II**, die zu *1-Methyl-7-[2-methyl-4.5-dimethoxyphenyl]-indol* (**III**) dehydriert wurde. **III** entstand auch aus der EMDE-Base **IV** des Lycorins durch Abspaltung der Methylengruppe durch $AlCl_3$, Methylierung u. Dehydrierung.

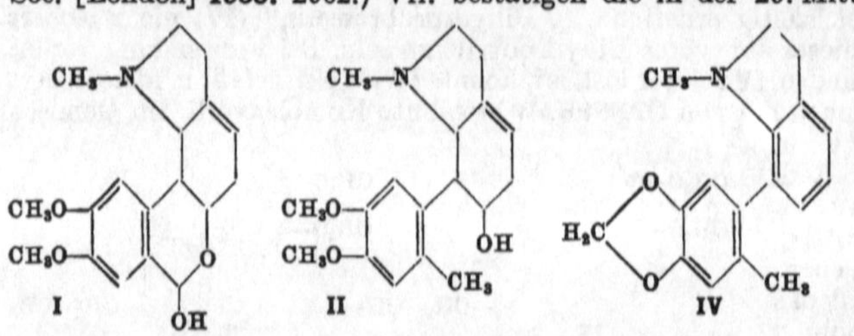

Versuche (UV-Spektren sind graph. dargestellt): **II**, $C_{18}H_{25}O_3N$, F. 126—128°, Prismen (Ae.-PAe.), durch 1½std. Erhitzen von 0,6 g **I** u. 92%ig. $N_2H_4 \cdot H_2O$ in Diäthylenglykol (130°), Zugabe von Na, 3std. Erhitzen auf 190—195°, Verdünnen mit W., Ae.-Extraktion u. chromatograph. Reinigung; $[\alpha]_D^{24,5}$ —146,8° (c = 0,374; A.); 0,27 g (Ausbeute). — *1-Methyl-7-[2-methyl-4.5-dimethoxyphenyl]-indol* (**III**), $C_{18}H_{19}O_2N$, F. 116—118° (Ae.) bzw. 98—99° (Ae.-A.; dimorph), durch 10 Min. Erhitzen von 0,13 g **II** mit 30%ig. Pd-Kohle unter N_2 auf 250—260° u. chromatograph. Reinigung; 36 mg (roh); mit $(CH_3)_2NC_6H_4CHO + H_2SO_4$ Rosafärbung, positive Fichtenspanreaktion. Daneben *1-Methyl-6-oxy-7-[2-methyl-4.5-dimethoxyphenyl]-indol*, $C_{18}H_{19}O_3N$, F. 168 bis 169° (CH_3OH), Trennung von **III** mit Bzl. an Al_2O_3; mit $FeCl_3$ Grünfärbung, positive EHRLICH-Reaktion. — *1-Methyl-7-[2-methyl-4.5-dioxyphenyl]-2.3-dihydroindol*, $C_{16}H_{17} \cdot O_2N$, F. 159—161° (Bzl.), aus 1 g **IV** u. $AlCl_3$ in sd. Chlorbenzol (3 Std.); 0,526 g. — *1-Methyl-7-[2-methyl-4.5-dimethoxyphenyl]-2.3-dihydroindol*, $C_{18}H_{21}O_2N$, F. 69—71°, Würfel (Ae.), aus 0,3 g vorst. Verb. u. CH_2N_2 (4 Tage Stehen); 0,198 g. *Pikrat*, $C_{18}H_{21}O_2N \cdot C_6H_3O_7N_3$, F. 169° (Zers.), gelbe Nadeln (A.). — Dehydrierung von 0,15 g vorst. Verb. mit 30%ig. Pd-Kohle (8 Min. bei 200—210°) unter N_2 gab 0,109 g **III**. — *1-Methyl-7-[2-methyl-4.5-methylendioxyphenyl]-indol*, $C_{17}H_{15}O_2N$, F. 65—67° (Ae.-A.), aus 0,2 g **IV** u. 30%ig. Pd-Kohle (8 Min. bei 200°) unter N_2; 0,184 g. (J. chem. Soc. [London] **1955.** 3392—95. Okt. Osaka, Japan, Univ., School of Pharm.) J. ROTHE. 3500

L. T. Sandborn, *l-Menthon.* Durch Oxydation von Menthol mit $Na_2Cr_2O_7$/konz. H_2SO_4 u. Dest. des Ae.-Rückstandes: Kp.$_{18}$ 98—100°; 83—85% (Ausbeute). (Org. Syntheses, collect. Vol. **1.** [**1.**—**9.** 2. Aufl.] 340—41, ausg. Okt. 1951.) I. AHRLÉ. 3600

F. Tatibouët, *Untersuchung des Limonenmonohydrochlorids und des Menthylchlorids. Versuche zur asymmetrischen Synthese.* Vf. untersucht den Einfl. des Lösungsm. (CS_2, PAe., CCl_4) sowie den Einfl. der Temp. u. der Kontaktdauer mit PAe. als Lösungsm. auf die opt. Aktivität des *Limonenmonohydrochlorids* (I), das bei der Anlagerung von HCl an Limonen [Kp. 173—174°, $[\alpha]_{578}$ +105,5° (l = 10)] erhalten wird. Während die Temp. (0, —5, —10 u. —15°) keine wesentliche Rolle spielt, ist die Kontaktdauer u. mehr noch die Art des Lösungsm. ausschlaggebend für die Racemisierung. Durch Hydrolyse von I u. Best. des Drehwertes des erhaltenen *Carvomenthens* kann das Ausmaß der Racemisierung bestimmt werden; die Red. von n-Butylphenylketon u. p-Bromacetophenon mit der Mg-Verb. von I liefert die entsprechenden *Carbinole*, die keine nennenswerte opt. Aktivität aufweisen. Dagegen wurde bei der Red. von tert.-Butylphenylketon mit der Mg-Verb. des bei der Umsetzung von Menthol mit PCl_5 entstehenden Gemisches von *Menthylchlorid* u. *Neomenthylchlorid* [Kp. 90—95°, $[\alpha]_{578}$ —17° (l = 17 cm)] *akt. tert.-Butylphenylcarbinol* [$Kp._{15}$ 112—115°, $[\alpha]_{578}$ —10° (c = 10; Dibuthyläther)] erhalten; aus dem Vgl. der Drehwerte ergibt sich eine 27%ig. asymm. Synthese. Da bei der Umsetzung der restlichen Mg-Verb. mit CO_2 wahrscheinlich *Menthancarbonsäure* mit $[\alpha]_{578}$ —50° (c = 10; Bzl.) entstand, nimmt Vf. an, daß nur Neomenthyl-MgCl als Reduktionsmittel wirkt. (Bull. Soc. chim. France, Mém. [5] **18.** 867—68. Nov./Dez. 1951. Paris, Fac. des Sci., Labor. d'Analyses et Mesures chim.) W. LINDENBERG. 3600

F. Tatibouët, *Über Bornyl- und Isobornylchlorid und Camphenhydrochlorid. Versuche zur asymmetrischen Synthese.* (Vgl. vorst. Ref.) Vf. fand, daß das Rotationsvermögen u. damit der Grad der asymm. Synth. des durch Red. von tert.-Butylphenylketon (**III**) mit Bornyl-MgCl erhaltenen *tert.-Butylphenylcarbinols* (**IV**) dem Rotationsvermögen des verwendeten Bornyl-MgCl proportional ist. Aus Bornylchlorid [F. 125°, $[\alpha]_{578}$ —28° (Toluol)] wurde zu 20% racemisiertes *Camphen* (F. 158°, $[\alpha]_{578}$ —80° [c = 10; A.], —87° [c = 10; Bzl.]) erhalten, das in PAe. mit HCl-Gas bei —30 bis —40° *Camphenhydrochlorid* (**I**; $[\alpha]_{578}$ +46,6°, $[\alpha]_{436}$ +92° [c = 10; Bzl.]) gab, aus dem sich nur mit geringer Ausbeute die Mg-Verb. darstellen ließ. Durch 5tägiges Stehen von **I** in Ae. mit methanol. HCl (gesätt.) bei Raumtemp. entstand *Isobornylchlorid* (**II**; $[\alpha]_{578}$ +43,3° [c = 4; A.], +50° [c = 4; Bzl.]). Aus **II** über die Mg-Verb. u. Borneol dargestellter *Campher* ($[\alpha]_{578}$ —18° [c = 10; A.]) hatte 43% der opt. Aktivität des Naturproduktes. Die Mg-Verb. von **II** (55% Ausbeute) ist wie Bornyl-MgCl nicht einheitlich, da die Carbonierung mit wechselnden Mengen CO_2 *Camphercarbonsäure* mit verschied. Drehwerten ergab; **III** wurde mit der Mg-Verb. von **II** zu **IV** mit $[\alpha]_{578}$ +8°, $[\alpha]_{436}$ +12,5° (c = 10; Dibutyläther) red., also mit einer asymm. Ausbeute von 22% bzw. von 52% unter Berücksichtigung der Tatsache, daß **II** selbst nur 43% des Rotationsvermögens der reinen opt.-akt. Verb. besaß. Aus den Verss. folgt, daß die Isobornylform schneller als die Bornylform reduziert. (Bull. Soc. chim. France, Mém. [5] **18.** 868—70. Nov./Dez. 1951.) W. LINDENBERG. 3600

F. Tatibouët, *Über die Chlor- und Homopinene und -pinane. Versuche zur asymmetrischen Synthese.* (Vgl. vorst. Ref.) *3-Chlorpinan* ($Kp._{2,5}$ 55—57°, $[\alpha]_{578}$ +5,5°) wurde aus (—)-Pinan ($[\alpha]_{578}$ —19,24°) durch Chlorierung in Licht dargestellt u. von 7- u. 8-Chlorpinan u. Polychlorpinanen durch Dest. getrennt. Die Red. mit Zn-Pulver ergab nichtracemisiertes Pinan zurück; die mit 31%ig. Ausbeute leicht erhältliche Mg-Verb. red. tert.-Butylphenylketon zu *opt.-inakt. tert.-Butylphenylcarbinol* ($Kp._{15}$ 112—115°). *N-Bromsuccinimid* (F. 172°), für welches ein verbessertes Darstellungsverf. u. eine Bestimmungsmeth. angegeben werden, gibt mit Pinen ein *Brompinen* ($Kp._{14}$ 95—100°), das das Br-Atom möglicherweise tert. (an dem der Doppelbindung benachbarten Brücken-C) gebunden enthält; die opt. Drehung des Prod. ist stark von den Reaktionsbedingungen abhängig. Analog wurde mit N-Chlorsuccinimid ein *Chlorpinen* ($Kp._{15}$ 95 bis 100°) erhalten. Die Mg-Verbb. von Brompinen, Homopinan, Chlorpinen u. Chlorpinan bildeten sich leicht, aber nur in Ausbeuten bis zu 15% u. waren für asymm. Synthesen nicht brauchbar. Brom- u. Chlorpinan wurden aus den ungesätt. Verbb. durch katalyt. Hydrierung erhalten, wenn die Rk. vor der 2. Stufe der Hydrierung (Abspaltung von Halogenwasserstoff u. weitere Sättigung) abgebrochen wurde. (Bull. Soc. chim. France, Mém. [5] **18.** 871—72. Nov./Dez. 1951.) W. LINDENBERG. 3600

B. A. Arbusow und **L. A. Muchamedowa,** *Einwirkung von Alhoholen auf Oxyde bicyclischer Terpene.* 3. Mitt. *Acetale des Camphenilanaldehyds.* (2. vgl. Журнал Общей Химии [J. allg. Chem.] **19** (**81**). [1949.] 893.) Vff. stellten durch Einw. der entsprechenden prim. Alkohole auf Camphenoxyd (**I**) in Ggw. von H_2SO_4 *Camphenilanaldehyddiäthylacetal, -di-n-butylacetal, -diisobutylacetal* u. *-di-n-octylacetal* dar. Bei der Einw. von Isopropylalkohol fand nur Isomerisation von **I** in Camphenilanaldehyd (**II**) ohne Acetalbldg. statt. Zum Vgl. des Geruchs der Dialkylacetale mit den cycl. Acetalen von **II**

wurden durch Einw. von Äthylenglykol, Propylenglykol-(1.2), Trimethylenglykol u. Butylenglykol-(1.3) auf **II** in Ggw. von H_3PO_4 die entsprechenden cycl. Acetale gewonnen. Beide Acetalreihen hatten Camphergeruch.

Versuche: Darst. der Dialkylacetale: Man gibt zu dem betreffenden Alkohol einige Tropfen H_2SO_4 u. läßt eine Lsg. von **I** in vorst. Alkohol zutropfen, wobei Selbsterwärmung eintritt. Nach dem Abkühlen neutralisiert man mit dem Na-Salz des betreffenden Alkohols. Alle Prodd. sind farblose, ölige Flüssigkeiten. *Camphenilanaldehyddiäthylacetal*, $C_{14}H_{26}O_2$, a) Kp.$_{8,5}$ 113—114,5°, aus A. u. **I**; D.$^{20}_4$ 0,9414; n_D^{20} 1,4610; 35,9% (Ausbeute); b) Kp.$_{8,5}$ 113—115°, aus 10 g **II** u. 30 ml A. in Ggw. von H_2SO_4; D.$^{20}_4$ 0,9418; n_D^{20} 1,4612; 4 g. — *Camphenilanaldehyddi-n-butylacetal*, $C_{18}H_{34}O_2$, Kp.$_6$ 149—151°, aus n-Butylalkohol u. **I**; D.$^{20}_4$ 0,9264; n_D^{20} 1,4650; 26,2 %.— *Camphenilanaldehyddiisobutylacetal*, $C_{18}H_{34}O_2$, Kp.$_7$ 140—141°, aus Isobutanol u. **I**; D.$^{20}_4$ 0,9196; n_D^{20} 1,4612; 36,3%) — *Camphenilanaldehyddi-n-octylacetal*, $C_{26}H_{50}O_2$, Kp $_{4,0}$ 217—218°, aus n-Octanol u. **I**; D $^{20}_4$ 0,8995; n_D^{20} 1,4665; 28,1%. — Darst. der cycl. Acetale von **II**: Man läßt zu einem Gemisch von **II** u. dem Glykol H_3PO_4 zutropfen u. erhitzt über 100° zur Entfernung des W.: *Äthylenglykolacetal*, $C_{12}H_{20}O_2$, Kp.$_{14,5}$ 120 bis 121°, aus Äthylenglykol u. **II**; ölige Fl.; D.$^{20}_4$ 1,0386; n_D^{20} 1,4877; 69,8%. — *Propylenglykol-(1.2)-acetal*, $C_{13}H_{22}O_2$, Kp.$_{12}$ 118—119°, aus Propylenglykol-(1.2) u. **II**; D.$^{20}_4$ 1,0100; n_D^{20} 1,4805; 86%. — *Trimethylenglykolacetal*, $C_{13}H_{22}O_2$, Kp.$_{12}$ 127,5—128,5°, aus Trimethylenglykol u. **II**; D.$^{20}_4$ 1,0285; n_D^{20} 1,4890; 63%. — *Butylenglykol-(1.3)-acetal*, $C_{14}H_{24}O_2$, Kp.$_{11}$ 126,5—127,5°, aus Butylenglykol-(1.3) u. **II**; D.$^{20}_4$ 1,0013; n_D^{20} 1,4815; 72%. (Известия Академии Наук СССР, Отделение Химических Наук [Nachr. Akad. Wiss. UdSSR, Abt. chem. Wiss.] **1954.** 442—47. Mai/Juni. Kasan, Lenin-Univ.) CH. WEISKE. 3600

R. Norman Jones, P. Humphries, F. Herling und **Konrad Dobriner,** *Untersuchungen über den Steroidstoffwechsel.* 12. Mitt. *Die Bestimmung der Struktur der Seitenketten der C-21-Steroide durch Infrarotspektrometrie.* Die Best. der strukturellen u. stereochem. Beziehungen zwischen den CO-, Äthylen- u. OH-Gruppen in den Seitenketten der C_{21}-Steroide bereitet häufig erhebliche Schwierigkeiten. An Hand von zahlreichen Beispielen — geprüft werden Stoffwechselprodd. der Nebennierenrindenhormone, die aus Harn isoliert worden waren, u. verschied. synthet. C_{21}-Steroide — kann gezeigt werden, daß durch Ermittlung der Absorptionsmaxima im Infrarot Strukturbestimmungen der Seitenketten wesentlich erleichtert werden. Angegeben sind vor allem die Lagen der ν(C=O) u. ν(C=C) von 20- u. 21-Acetaten; 20-Keto-21-methylverbb.; 17-α-Oxy-20-keto-; 21-Acetoxy-20-keto-; Δ^{16}-20-Keto-; 17-Vinyl- u. 17-Äthinylgruppierungen. (J. Amer. chem. Soc. **74.** 2820—28. 5/6. 1952. New York, N. Y., Sloan-Kettering Inst. for Cancer Res., u. Ottawa, Can., Nat. Res. Council, Div. of Chem.)
H. P. FIEDLER. 3700

R. Norman Jones, D. A. Ramsay, F. Herling und **Konrad Dobriner,** *Die Infrarotspektren von α-bromierten Ketosteroiden.* Vff. zeigen, daß der Einfl. einer Bromierung des α-C-Atoms auf die CO-Bande des Infrarotspektr. von Ketosteroiden von der stereochem. Konfiguration der C–Br-Bindung abhängig ist. Eintritt des Br in äquatoriale Stellung bewirkt Frequenzerhöhung um ca. 20 cm^{-1}, in polarer Stellung nur geringe Änderung. Die ν(C=O) der 20-Ketogruppe wird durch Bromierung am $C_{(21)}$ ebenfalls um 20 cm^{-1} verlagert, durch Substitution in 17α aber kaum beeinflußt. (J. Amer. chem. Soc. **74.** 2828—32. 5/6. 1952.) H. P. FIEDLER. 3700

Warren F. McGuckin und **Harold L. Mason,** *Analoge der Nebennierenhormone: 16α.17α-Epoxy-11-dehydrocorticosteronacetat und Δ^{16}-11-Dehydrocorticosteronacetat.* Eine Partialsynth. von *21-Acetoxy-16α.17α-epoxy-Δ^4-pregnen-3.11.20-trion* (**I**; *16α.17α-Epoxy-11-dehydrocorticosteronacetat*) u. *21-Acetoxy-$\Delta^{4.16}$-pregnadien-3.11.20-trion* (**II**; *Δ^{16}-11-Dehydrocorticosteronacetat*) aus 21-Acetoxy-16α.17α-epoxypregnan-3.11.20-trion (**III**) bzw. 21-Acetoxy-12α-brom-Δ^{16}-pregnen-3.11.20-trion (**IV**) wird beschrieben: **III** u. **IV** werden in ihre 4β-Bromderivv. (**VI** bzw. **IX**) übergeführt, aus diesen wird nach der Meth. von MCGUCKIN u. KENDALL (C. **1954.** 558) HBr abgespalten zu **I** (Gesamtausbeute 31%) bzw. *21-Acetoxy-12α-brom-$\Delta^{4.16}$-pregnadien-3.11.20-trion* (**V**). **V** wird mit $CrCl_2$ zu **II** entbromiert. **I** u. **II** beeinflussen weder das Leberglykogen noch die Cortisonacetatwirkung.

Versuche (opt. Drehungen mit c = ca. 1 bei ca. 25°): *21-Acetoxy-16α.17α-epoxy-4β-brompregnan-3.11.20-trion* (**VI**), durch Zugabe von **III** zu HBr/Eisessig, dann von Br_2 u. Na-Acetat in Essigsäure unter starkem Rühren bei Raumtemp. u. Verdünnen mit W.; körniges, nichtkrist. Prod.; 78% (Ausbeute). — *21-Acetoxy-16α.17α-epoxy-Δ^4-pregnen-3.11.20-trion-3-[2.4-dinitrophenylhydrazon]* (**VII**), $C_{29}H_{32}O_9N_4$, F. 261—262°, aus rohem **VI** in Chlf./Eisessig/W. mit 2.4-Dinitrophenylhydrazin u. Na-Acetat bei 15° unter Durchleiten von CO_2; 59%. — *21-Acetoxy-16α.17α-epoxy-Δ^4-pregnen-3.11.20-*

trion-3-semicarbazon (VIII), $C_{24}H_{31}O_6N_3$, F. 223—225°, aus VI u. Semicarbazid in tert. Butanol/Chlf. unter Durchleiten von CO_2; 79%. — *21-Acetoxy-16α.17α-epoxy-Δ⁴-pregnen-3.11.20-trion* (I), $C_{23}H_{28}O_6$, F. 193—194°, a) aus VIII durch kurzes Erwärmen mit Brenztraubensäure in Essigsäure/W. auf 40°, dann 8 Std. bei Raumtemp., Zugabe von W., Extraktion mit Chlf. u. Ausfällung mit Ae.; 88%; b) aus VII in Eisessig/Chlf. mit wss. Brenztraubensäure bei 45° (17 Std.) unter CO_2; $[\alpha]_D$ +206 ± 4° (A.); 68%. — *21-Acetoxy-4β.12α-dibrom-Δ^{16}-pregnen-3.11.20-trion* (IX), $C_{23}H_{28}O_5Br_2$, F. 177—178°, aus IV analog VI; $[\alpha]_D$ +67 ± 2° (Aceton); 96%. — *21-Acetoxy-12α-brom-$\Delta^{4.16}$-pregnadien-3.11.20-trion-3-[2.4-dinitrophenylhydrazon]* (X), $C_{29}H_{31}O_8N_4Br$, F. 264—265° (Essigsäure), aus IX analog VII; 58%. — *21-Acetoxy-12α-brom-$\Delta^{4.16}$-pregnadien-3.11.20-trion-3-semicarbazon* (XI), $C_{24}H_{30}O_5N_3Br$, F. 228—229° (Zers.), aus IX analog VIII; $[\alpha]_D$ +119 ± 2° (Dioxan), +147 ± 2° (c = 0,3; tert.-Butanol); 86%. — *21-Acetoxy-12α-brom-$\Delta^{4.16}$-pregnadien-3.11.20-trion* (V), $C_{23}H_{27}O_5Br$, F. 172—173°, aus X oder XI analog I; $[\alpha]_D$ +94 ± 2° (Aceton); 76 bzw. 91%. — *21-Acetoxy-$\Delta^{4.16}$-pregnadien-3.11.20-trion* (II), $C_{23}H_{28}O_5$, F. 183—184°, aus V in 95%ig. A. durch Zutropfen einer 0,3n $CrCl_2$-Lsg. in A. unter CO_2; $[\alpha]_D$ +220 ± 2° (A.); 78%. — Die UV-Maxima von I, II, V, VII, VIII, IX, X u. XI sind angegeben. (J. Amer. chem. Soc. **77.** 1822—24. 5/4. 1955. Rochester, Minn., Mayo Clin., Sect. of Biochem.) S. TODT. 3750

Hans von Euler und **Hans Hasselquist,** *Ascorbinsäure, Dehydroascorbinsäure und Diketo-L-gulonsäure.* Bei der Alkalibehandlung von Dehydroascorbinsäure (I) wird unter Aufspaltung des Lactonringes pro Mol I 1 Mol Säure gebildet, im Papierchromatogramm wird nach der Behandlung kein I mehr gefunden. Die dabei gebildete *Diketo-L-gulonsäure* spaltet beim Ansäuern 1 Mol CO_2 ab. Zum Vgl. der Lactonspaltung von I mit der Spaltung der Halbacetalformen der Zucker werden orientierende papierchromatograph. Verss. mit *Glucose* u. *Triosereduktion* (II) angestellt. Mit NaOH behandeltes II (R_f 0,68) liefert nur einen Flecken mit dem R_f-Wert 0,64. *Glucuron* bildet bei der Alkalibehandlung eine Endiolgruppe, die 1 Mol TILLMANNs Reagens verbraucht. Das gleiche Verh. zeigt die *Glucuronsäure.* (Vgl. C. **1953. 2611.**) (Ark. Kemi **5.** 49—55. 1953.) H.-J. KOCH/Berlin. 3800

I. Ribas und **E. Seoane,** *Über die Chemie des Korks.* 11. Mitt. *Ungesättigte Säuren.* (10. vgl. SEOANE, C. **1954.** 6249.) Aus depolarisiertem Korkmehl (vgl. 7. Mitt., SEOANE, C. **1952.** 3828) wurden *Phloion-* (I) u. *Phloionolsäure* als wasserlösl. Ca-Salze abgetrennt u. die in kaltem A. lösl., die ungesätt. Säuren enthaltende Fraktion mit Pb-Acetat in eine in A. lösl. u. eine in A. unlösl. Pb-Salzfraktion getrennt. Zers. der unlösl. Pb-Salze mit verd. HNO_3, Ae.-Extraktion, Neutralisation des Ae.-Rückstandes mit KOH u. $KMnO_4$-Oxydation bei niedriger Temp. lieferte ein *Stereoisomeres* (II) von I, $C_{18}H_{34}O_6$, F. 158° (Aceton + 10% CH_3COOH), das als wasserlösl. Ca-Salz abgetrennt wurde; II-*Dimethylester*, $C_{20}H_{38}O_6$, F. 101° (PAe. + 14% Aceton). Die Struktur von II wurde durch Perjodatspaltung zu *Azelainaldehydsäure* (identifiziert als *Semicarbazon,* F. 163°, u. als *Azelainsäure,* F. u. Misch-F. 107°; *p-Bromphenacylester,* F. 131°) sichergestellt. Die Oxydation der Säuren aus der unlösl. Pb-Salzfraktion mit 30%ig. H_2O_2/Eisessig ergab I, $C_{18}H_{34}O_6$, F. 124° (CH_3OH–W.); *Dimethylester,* $C_{20}H_{38}O_6$, F. 76° (Chromatographie); *p-Bromphenacylester,* F. 151°. I u. II sind opt.-inakt.; da die Permanganatoxydation üblicherweise eine cis-, die Persäureoxydation eine trans-Hydroxylierung bewirkt, dürfte I *rac.-* u. II *meso-9.10-Dioxyoctadecandisäure-(1.18)* sein; Verss. zur opt. Spaltung von I gelangen nicht. Aus den in A. lösl. Pb-Salzen wurden durch analoge Oxydation u. Fraktionierung I, II sowie 2 *Trioxystearinsäuren,* $C_{18}H_{36}O_5$, F. 86° (*Methylester,* F. 73°) u. F. 133° (*Methylester,* F. 108°) isoliert. — Aus den Ergebnissen wird geschlossen, daß im Kork ca. 1% *cis-* u. 0,4% *trans-Octadecen-(9)-disäure-(1.18)* vorhanden sind. (An. Real Soc. españ. Física Quím., Ser. B **50.** 963—70. Dez. 1954. Santiago de Compostela, Univ., Fac. de Cienc., u. Inst. „Alonso Barba", Secc. de Quím. Orgán.) J. ALTPETER. 3950

I. Ribas und **E. Seoane,** *Über die Chemie des Korks.* 12. Mitt. *18-Oxyoctadecen-(9)-säure und Derivate.* (11. vgl. vorst. Ref.) Es wird gezeigt, daß die *Trioxystearinsäure vom F. 133°* (I; vgl. l. c.) eine *9.10.18-Trioxystearinsäure* u. damit ein Stereoisomeres der Phloionolsäure (III) ist. Der Vorläufer von I im Kork, *18-Oxyoctadecen-(9)-säure* (II), konnte nach Abtrennung von *Phellon-, Phellogen-* u. *Phloionsäure* sowie III in üblicher Weise durch Fraktionierung der Pb- u. Ba-Salze angereichert u. als unreiner *Methylester* ($C_{19}H_{36}O_3$, $Kp._{0,5}$ 170—174°, n^{19} 1,4636, $D.^{19}$ 0,9326) isoliert werden. Dessen Hydrierung (CH_3OH, PbO_2) lieferte *18-Oxyoctadecansäuremethylester* [F. 63° (PAe.); *freie Säure,* F. 87—88° (Chlf.)]. $KMnO_4$-Oxydation von II gab I. I wurde mit Na-Perjodat in *Azelainaldehydsäure* (*Semicarbazon,* $C_{10}H_{19}O_3N_3$, F. 164°; *Azelainsäure,* $C_9H_{16}O_4$, F. 107°; *p-Bromphenacylester,* F. 171°) u. *9-Oxypelargonaldehyd* [*Semicarbazon,* F. 90° (W.); *2.4-Dinitrophenylhydrazon,* F. 70° (70%ig. CH_3OH); *Dimedonderiv.,* F. 92° (50%ig. A.)] gespalten. (An. Real Soc. españ. Física Quím., Ser. **50.** 971—76. Dez. 1954.) J. ALTPETER. 3950

D. Makromolekulare Chemie.

G. V. Schulz, *Über die Bestimmung des mittleren Molekulargewichts* (M_n) *von polymolekularen Stoffen.* Es wird gezeigt, daß die einfachste u. sicherste Meth., um den Gewichtsdurchschnitt (M_w) einer hochpolymeren Substanz festzustellen, die durch Ultrazentrifuge oder Lichtzerstreuung geeichte Viscosimetrie ist u. daß z. Z. der Zahlendurchschnitt P_n nur aus der Verteilungskurve ausgerechnet werden kann. Die osmometr. Meth. liefert einen Durchschnittswert, der nur unter einschränkenden Bedingungen als Zahlendurchschnitt zu bezeichnen ist. Ist die Durchlässigkeit der Membran für polymere Anteile zu hoch, dann ist $M_{osm} > M_n$. Eine „ideal" halbdurchlässige Membran, die alles außer dem Lösungsm. zurückhält, liefert wegen der Überbewertung niedermol. Anteile einen Durchschnitt, der keinen Zusammenhang mit der Verteilungsfunktion des eigentlichen makromol. Stoffes hat. Auf Grund der Betrachtung von zwei Beispielen vor allem, nämlich der Massenverteilungsfunktion von *Polystyrol III* (*BASF*) u. der eines *Fichtenzellstoffes,* ergibt sich die Aufgabe, Membranen zu konstruieren, die eine definierte u. experimentell bestimmbare untere Durchlässigkeitsgrenze besitzen. Die von anderen Autoren gegen die Herst. derartiger Membranen erhobenen Einwände, daß es keine scharfe Grenze der Durchlässigkeit bei einem bestimmten Mol.-Gew. gibt u. daß man, wenn ein Teil der Moll. diffundiert, nicht mehr $\overline{P}_n$, sondern ganz undefinierte Werte erhält, werden diskutiert. (Z. Elektrochem., Ber. Bunsenges. physik. Chem. **60.** 199–207. 1956. Mainz, Univ., Inst. für physik. Chem.) H. Surawski. 4000

O. Fuchs, *Bestimmung der Molgewichtsverteilung durch Lösungsfraktionierung.* Vf. beschreibt im einzelnen die Arbeitsweise bei der Lösefraktionierung u. diskutiert an Hand einer Gegenüberstellung die Vor- u. Nachteile der Fäll- u. Lösemethode. Es folgt daraus, daß letztere arbeitstechn. wesentliche Vorteile aufweist, was sie vor allem für Serienunterss. geeignet macht. Experimentelle Ergebnisse der nachfolgenden Verbb. werden mitgeteilt: 1. Niedermol. *Polyvinylacetat* (**I**; fraktioniert bei Raumtemp. mit Methylacetat [II] + PAe.); 2. hochmol. **I** (fraktioniert bei Raumtemp. mit **II** + PAe.); 3. *Polystyrol* (fraktioniert bei Raumtemp. mit CS_2 + PAe.); *4. Polyamid* (fraktioniert bei 90° mit Dimethylformamid + Butylacetat); 6. *Polyäthylenglykolterephthalat* (fraktioniert bei 95° mit Phenol + Tetrachloräthan im Verhältnis 3:2 + Nonan); 7. *Polyäthylen* (fraktioniert bei 120° mit p-Xylol + Butanol, das 2% W. enthält); 8. *Polymethacrylsäuremethylester* (fraktioniert bei Raumtemp. mit Chlf. + PAe.); 9. *Copolymeres aus Vinylchlorid, Vinylacetat u. Maleinsäureanhydrid* im Verhältnis 86:13:1 (fraktioniert bei 20° mit Aceton + PAe.) u. 9. partiell verseiftes **I** (fraktioniert bei Raumtemp. mit **II** + Methanol im Verhältnis 3:1 + W.). – Im Anfang wird noch kurz auf die Erscheinung der Inklusion beim Trocknen von Hochpolymeren u. deren Behebung eingegangen. (Z. Elektrochem., Ber. Bunsenges. physik. Chem. **60.** 229–36. 1956. Farbwerke Hoechst.) H. Surawski. 4000

E. Hunter, *Polythen einundzwanzig Jahre nach ihrer Entdeckung.* Überblick über Entw., Eigg., Verwendung, Reaktionskinetik u. Thermochemie des Polyäthylens. – 24 Literaturangaben. (Chem. and Ind. **1955.** 396–403. 9/4. Northwich, Cheshire, Imp. Chem. Ind. Ltd., Alkali Div.) H. Korbanka. 4010

S. Kut, *Die Reaktion zwischen Styrol und ungesättigten Fettsäuren.* 2. Mitt. (1. vgl. C. **1954.** 8566.) Es wird eine Meth. zur Trennung von *Polystyrol* u. *Copolymeren* aus *Styrol* u. *Fettsäuren* trocknender Öle beschrieben. Zuerst werden die Öl- oder Fettsäuren mittels alkoh. KOH in ihre Kaliumsalze übergeführt. Diese Kaliumsalze des Copolymerisats werden mit wasserfreiem Essigester behandelt, wobei etwa vorhandenes Polystyrol in Lsg. geht. Durch Zugabe einer bestimmten, kleinen H_2O-Menge lösen sich die K-Salze ebenfalls zu einer homogenen Lösung. Auf Zusatz von wenig wasserfreiem $CaCl_2$ fallen die styrolisierten Öl- u. Fettsäuren nahezu quantitativ in Form der Ca-Salze aus, während Polystyrol in Lsg. bleibt. (Paint Varnish Product. **43.** Nr. 12. 33–35. Dez. 1953. London, Univ.) G. Eberhardt. 4010

J. W. McNabb und **Henry F. Payne,** *Reaktion von Styrol mit Estern von Diphenol–Epichlorhydrin-Kondensaten.* Durch Nachpolymerisation der Fettsäureester sogenannter *Eponharze* (Kondensationsprodd. von *Diphenolen* mit *Epichlorhydrin*) mit *Styrol* (**I**) wird die Güte dieser Polymerisate erhöht. Verwendet wurden mit Fettsäuren von dehydratisiertem Ricinusöl (**IV**) verestertes *Epon 1001* (**II**) u. *Epon 1004* (**III**).

Versuche: *Epon 1001-Fettsäureester* (**V**), aus äquivalenten Mengen *Epon 1001* (**II**) u. Fettsäuren von dehydratisiertem Ricinusöl (**IV**) bei 245°; n_D^{25} 1,5146; SZ. 35,1; Viscosität einer 75%ig. Lsg. in Solvesso 150 (**VI**) 11 Poise. – *Epon 1004-Fettsäureester* (**VII**), analog **V** aus **III** u. **IV**; n_D^{25} 1,5250; SZ. 30; Viscosität einer 75%ig. Lsg. in

VI 55 Poise. — Nachpolymerisation mit *Styrol* (I) bei 145° u. 3% Katalysator [*Benzoylperoxyd* (VIII) oder *Di-tert.-butylperoxyd* (IX)], bezogen auf I. Die Verss. wurden entweder mit reinem I oder mit einem Gemisch von 65% I u. 35% *α-Methylstyrol* (X) durchgeführt, um ein Gelieren zu vermeiden. Die Polymerisation erfolgte in VI als Lösungsm., wobei I mit dem Katalysator in die erhitzte Esterlsg. innerhalb 3 Std. zugetropft wurde. Die Abnahme an eingesetztem I wurde gegen die Zeit graph. aufgetragen. Es wurden jeweils 250 g V oder VII verwendet bei einem Geh. von 40,63—200 g I (entsprechend der Zugabe von X) u. einer Katalysatormenge von 1,88—6,0 g VIII bzw. IX, wobei IX die besten Resultate ergab. Die mit IX erhaltenen Reaktionsprodd. waren intensiver gefärbt u. viscoser. — Bei einem Vers. ohne Katalysator war das Reaktions-Prod. leicht trüb u. enthielt ca. 10% weniger I gebunden als bei den übrigen Versuchen. — Die Nachpolymerisation ergab insgesamt folgende Ergebnisse: Reaktionszeit 11—24 Std., Geh. an aufgenommenem I 15,1—46,2%, nichtflüchtige Bestandteile 36,2—46,4%, Viscosität 1,1—15,0 Poise, SZ. 17,8—28,6. Das höchstviscose Prod. (15,0 Poise) entstand bei Verwendung von 80 Teilen I u. X auf 100 Teile VII sowie IX als Katalysator mit einem Geh. an gebundenem I von 42,2% u. einer SZ. von 17,6. (Ind. Engng. Chem. **44.** 2394—97. Okt. 1952. Brooklyn, N. Y., Polytechn. Inst.) W. MEYER. 4010

Kurt Edelmann, *Das Erkennen der Uneinheitlichkeit von synthetischen Hochpolymeren aus rheologischen Messungen.* Das Fließverh. von konz. Lsgg. von *Polyacrylonitril* (Konz. bis 8%) erlaubt Rückschlüsse auf die Uneinheitlichkeit der Polymeren zu ziehen (UMSTÄTTER, Einführung in die Viscosimetrie, Berlin 1952). Wenn man Geschwindigkeitsgefälle gegen Schubspannung aufträgt, erhält man charakterist. Fließkurven. Diese lassen sich durch eine Gammafunktion beschreiben u. in einem Summenwahrscheinlichkeitsnetz als Gerade darstellen. Die Neigung der Geraden gegen die Abscisse ist ein Maß für die Uneinheitlichkeit. Ebenso ist Proportionalität der Schnittpunkte mit der 50%-Geraden der Wahrscheinlichkeitsskala ein Maß für das Molekulargewicht. Die Uneinheitlichkeit steigt mit wachsendem Mol.-Gew. an. Der Vgl. von viscosimetr. ermittelten Mol.-Geww. nach HOUTZ (C. **1951.** I. 1821) mit osmotisch festgestellten Mol.-Geww. geben nach der Formel $M_w/M_n - 1 = U$ (U = Uneinheitlichkeit, M_w = Gewichtsmittel nach HOUTZ, M_n = Zahlenmittel osmotisch) ebenfalls die Uneinheitlichkeit an, lassen aber keine Abhängigkeit vom Mol.-Gew. erkennen. Es wird das Viscositätsverh. extrem verd. Lsgg. diskutiert. (Faserforsch. u. Textiltechn. **6.** 269—77. Juni 1955. Berlin, Dtsch. Akad. der Wiss., Inst. für Faserforsch. Teltow.) A. HUNYAR. 4010

F. Bueche, *Viscoelastizität von Polymethacrylaten.* In Fortführung der früher (vgl. J. chem. Physics **22.** [1954.] 603) vom Vf. angestellten Unterss. über das viscoelast. Verh. von Hochpolymeren wurde von *Polymethylmethacrylat* (I, hergestellt durch Blockpolymerisation bei 60° u. vorzeitigem Abbruch der Polymerisation) die Abhängigkeit der Viscosität η von der Temp. (30—140°), von der Konz. 100 — c an Weichmacher (wo c = Konz. von I = 8—100%) u. vom Mol.-Gew. M von I (5000—5000000, Fraktionen, erhalten durch Fällfraktionierung aus der Lsg. in Aceton mit PAe. oder Methanol) bestimmt. η wurde teils mit Capillarviscosimetern gemessen, teils auf Grund von Dehnungsverss. bei sehr geringer Belastung. Als Weichmacher diente Diäthylphthalat (II). $\log\eta$ steigt bis c = 50 linear mit c an, bei höherem c zunehmend steiler. Ferner wächst $\log\eta$ bei kleinem c linear mit 1/T, bei höherem c ist der Anstieg steiler. Die daraus berechnete Aktivierungsenergie E steigt mit c stark an, u. zwar um so stärker, je niedriger T (s. auch unten). Oberhalb M = 42000 gilt die Beziehung (bei 60° u. für c = 25%): $\log\eta = 3{,}4\cdot\log M - 14{,}2$ u. unterhalb $\log\eta = 1{,}4\cdot\log M - 5{,}5$ (log bezogen auf die Basis 10). Dieses Ergebnis steht im Einklang mit den theoret. Voraussagen des Vf. (vgl. C. **1954.** 1266). Aus dem Vgl. dieser Daten mit den für Polyisobutylen (vgl. FOX u. FLORY, C. **1952.** 1835) u. Polystyrol (vgl. BUECHE, C. **1954.** 1964) erhaltenen folgt, daß die 3 Hochpolymeren im höheren M-Bereich den gleichen Schlüpfrigkeitsfaktor besitzen (die Viscosität der Polystyrollsgg. ist dagegen unter sonst gleichen Bedingungen um den Faktor 100 kleiner). Bei höheren c-Werten u. für $M > (1{,}18/c')$ 10 500, wo c' = g I/cm³ Mischung, gilt $\eta = K\cdot M^{3,4}$, wo K eine Konstante bedeutet. Weiter stellt Vf. eine viscoelast. Theorie der Hochpolymeren auf. Für die Dehnung eines Hochpolymerstreifens bei Belastung sollen hiernach vier mol. Mechanismen maßgebend sein: 1. die sofortige Deformation, verbunden mit einer Streckung der VAN DER WAALSschen Kräfte u. einer Verbiegung der Bindungskräfte; 2. elast. Streckung des hochpolymeren Netzwerkes durch Entknäuelung der Hochpolymerketten; 3. eine weitreichende Streckung der Ketten; 4. viscoses Fließen (vgl. hierzu BUECHE, 2. Zitat). (1), (2) u. (3) sind reversibel, nicht (4). Die Anwendung der abgeleiteten Beziehungen auf die vorliegenden Messungen ergibt, daß sich das Fließverh. von I durch Angabe einer charakterist. Zeit $\tau_c = (4\eta_0/\pi^2 \nu\, k\, T)$ $(M_c/M)^2$ (η_0 = η-Wert bei Fehlen des 2. Einfl., ν = Kettenzahl/cm³, M_c = krit. M-Wert für Knäuelbldg.) beschreiben läßt. log$(1/\tau_0)$ beträgt z. B. für die in ( ) genannten Tempp.: $-9{,}10$ (60°), $-5{,}35$ (90), 3,55 (120), 8,68 (150) (τ_0 in Min.). Die aus $E = R\,[d\ln(1/\tau_0)/d(1/T)]$ berechnete Aktivierungsenergie von **II**-freiem **I** steigt von ca. 50 kcal/Mol bei 60° an auf 250 (Maximum) bei ca. 110° u. fällt dann wieder ab auf 60 bei 155°; eine befriedigende Erklärung für diesen Befund läßt sich nicht geben. Schließlich werden noch einige Daten für folgende Systeme mitgeteilt: **I** + 39% Trikresylphosphat, *Polybutylmethycrylat* unverd., *Copolymeres* (40:60) aus *Methylmethacrylat* u. *Decylmethacrylat* unverdünnt. Auch diese Werte lassen sich durch die entwickelte Theorie darstellen; speziell läßt sich so der Einfl. der Seitenketten im Hochpolymeren auf dessen Fließverh. verstehen. Der bes. Wert der theoret. Betrachtungen besteht darin, daß auf Grund relativ weniger Messungen allg. Angaben über das Fließverh. der Hochpolymeren auch unter anderen Bedingungen, wie sie den Messungen zugrunde lagen, gemacht werden können. (J. appl. Physics **26**. 738–49. Juni 1955. Philadelphia, Pa., Rohm & Haas Comp.) O. FUCHS. 4010

E. G. Hoffmann und **H. Hoberg**, *Molekulargewichtbestimmung durch radioaktive Indizierung an Polyestern.* Die ebullioskop. Meth. zur Mol.-Gew.-Best. wurde zur Erfassung von Mol.-Geww. bis ca. 20000 erweitert u. durch Mol.-Gew.-Bestimmungen an *Polyestern* [in *Chlorbenzol* (I), *Äthylbenzol* (II), $CCl_2{=}CCl_2$ (III) u. *Toluol* (**IV**)], deren Mol.-Geww. (2750–16500) mit Hilfe der radioakt. Endgruppenbest. ermittelt wurden, nachgeprüft. Die sich dabei ergebenden Abweichungen liegen nur in der Größenordnung von ca. 1,5%. Das Verf. der ebullioskop. Mol.-Gew.-Best., die Eichung mit definierten niedermol. Substanzen im Mol.-Gew.-Bereich bis 4046 (Raffinosehendekabehenat in I) u. Messungen an *Polyäthylen* mit Mol.-Geww. von 2990–17960 (in **I**, **II**, **III** u. **IV**) werden beschrieben. Die verwendeten Polyester aus Sebacinsäure u. Decan- bzw. Octadecandiol wurden mit einem Überschuß an Diol nachkondensiert, fraktioniert u. mit p-Toluolsulfochlorid, das mit radioakt. S gekennzeichnet war, verestert. (Z. Elektrochem., Ber. Bunsenges. physik. Chem. **58**. 646–51. 1954. Mülheim/Ruhr, Max-Planck-Inst. für Kohlenforschung.) R. SCHÄFF. 4010

A. H. Frazer und **J. C. Shivers**, *Die Synthese langkettiger α.ω-Dicarbonsäuren.* Dehydrochlorierung von Sebacylsäuredichlorid (Kp.$_1$ 146–147°) mit Triäthylamin in Bzl. lieferte polymere *Diketene* **I**, die mit CH_3COOH–HCl (4:1, über Nacht gekocht) zu den entsprechenden *Polymethylenketo-α.ω-dicarbonsäuren* [**II**; F. 145–150° (Xylol); 66% (Ausbeute)] hydrolysiert u. dann nach CLEMMENSEN (in A.–Xylol) zu den entsprechenden *Polymethylen-α.ω-dicarbonsäuren* [F. 125–130° (Bzl.); 85% Ausbeute, wobei ca. die Hälfte der Ketogruppen red. wurde] red. wurden. Die **II** hatten Mol.-Geww.

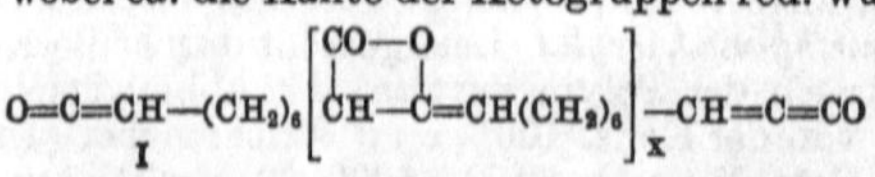

zwischen 2800 (F. 145–150°) u. 600 (F. 125–130°), je nach der Menge des verwendeten Bzl. u. der Reaktionstemp. (Raumtemp. bis 135°). Die Polysäuren vom Mol.-Gew. <1000 sind in organ. Solventien (Bzl., Toluol. Cycloxan) lösl., jedoch nicht in 10%ig. NaOH, die vom Mol.-Gew. >1000 nur in sd. Solventien. (J. Amer. chem. Soc. **77**. 5595–97. 5/11. 1955. Wilmington, Del., E. I. du Pont de Nemours and Co., Textile Fibers Dep., Pioneering Res. Div.) J. ROTHE. 4010

Daniel Swern und **William S. Port**, *Polymerisierbare Derivate langkettiger Fettsäuren.* 6. Mitt. *Darstellung und Anwendbarkeit von Harnstoff–Vinylester-Komplexen.* (5. vgl. PORT u. Mitarbeiter, Ind. Engng. Chem. **43**. [1951.] 2105.) Ester langkettiger Fettsäuren, wie *Vinylpelargonat* (**II**), *-laurat*, *-palmitat* (**III**) u. *-stearat* bilden mit *Harnstoff* (**I**) in Ausbeuten zwischen 56–99% *1:3-Komplexe.* Sie dienen zur Abtrennung u. Reinigung der monomeren Ester von polymeren vernetzten Beimengungen u. Verunreinigungen, die auch durch wiederholte fraktionierte Dest. nicht zu entfernen sind.

V e r s u c h e: *Vinylpalmitat–Harnstoff-Komplex*, aus 5 g **III** (JZ. 87,9) u. 15 g **I** in 100 cm³ Methanol unter Erwärmen (50°) u. Kühlen; JZ. 22; 75% (Ausbeute). Analog weitere **I**-*Komplexe mit Vinylpelargonat* (**II**; 56%), *mit Vinyllaurat* (61%) u. *mit Vinylstearat* (70%). Zur Reinigung von **II** (JZ. 136,2; n_D^{30} 1,4280) wurden 200 g u. 800 g **I** in 4000 cm³ Methanol gelöst; 320 g; hieraus mit W. 99% **II** als Öl, n_D^{30} 1,4284. Aus 26 g eines Gemisches von **III** mit Polymeren, Inhibitor u. farbigen Verunreinigungen wurde **III** mit 74 g **I** in Methanol als Komplex gefällt (44 g); daraus 83% **III**. (J. Amer. chem. Soc. **74**. 1738–39. 5/4. 1952. Philadelphia, Pa., Eastern Regional Res. Labor.) G. BANKWITZ. 4010

J. J. Jennen, *Die Wasserstoffbrücken in Polypeptidketten* (*H-Brücken*, 2. Mitt). (1. vgl. C. **1953**. 8314.) Übersicht über die Art der H-Brücken in Polypeptidketten (Segmentschreibweise, Hemitropisomerie der Amidgruppe, Synform, α–β-Übergang, Antiform). — 59 Schrifttumshinweise. (Meded. vlaamse chem. Veren. **17.** 17—44. Jan./Febr. 1955. Antwerpen-Mortsel, N. V. Gevaert, Photo Producten, Scheikundige Opzoekingsdienst.) W. WESLY. 4010

R. R. Becker und **Mark A. Stahmann,** *Die Bildung von Polypeptiden durch Reaktion von N-Carboxyaminosäureanhydriden in gepufferten wässerigen Lösungen.* Vff. zeigen, daß bei der Zers. von *Glycin-, l-Leucin-, Glutaminsäure-γ-äthylester-* u. *DL-Phenylalanin-N-carbonsäureanhydrid* durch eine gepufferte wss. Lsg. in guter Ausbeute Polypeptide gebildet werden. Die größte durchschnittliche Kettenlänge entsteht bei Anwendung physiolog. Bedingungen bzgl. des p_H u. der Temperatur. Sie variiert zwischen 7 (für *Poly-L-leucin*) u. 17 (für *Poly-L-glutaminsäure-γ-äthylester*) Säureresten. Für die Polymerisation der N-Carbonsäureanhydride wurden Phosphat-, Pyrophosphat-, Citrat-, Maleat-, Arsenat- u. Kakodylatpuffer (0,03—0,1 mol. bei p_H 7,4 u. 37° in 48 Std.) verwendet, unter denen sich die drei erstgenannten bei annähernd neutralem p_H als am günstigsten erwiesen. Zur Darst. der Anhydride wurden die N-Carbobenzoxyaminosäuren in Ae. mit PCl_5 im Eisbad behandelt, bei 35° im Vakuum zum Sirup eingeengt u. aus Ae. kristallisiert: *N-Carboxyglycinanhydrid*, Zers. bei 100°; 71% (Ausbeute). — *N-Carboxy-L-leucinanhydrid*, F. 76—77,5°; 30%. — *N-Carboxy-DL-phenylalaninanhydrid*, F. 126—128°; 80%. (J. biol. Chemistry **204.** 737—44. Okt. 1953. Madison, Wis., Univ., Coll. of Agric., Dep. of Biochem.) K. HEYNS. 4010

Harold S. Olcott, *Reaktion von Tyrosin mit Formaldehyd in saurer Lösung.* Durch Umsetzung von 0,11 Mol Tyrosin, 0,11 Mol 12,7n H_2SO_4 u. 0,11 Mol wss. Formalinlsg. im Autoklaven (20 lbs., 17 Std.) erhielt Vf. nach Dialyse ein hochmol. Prod. in 40 bis 70%ig. Ausbeute, das in verd. Säure u. Alkali lösl. war, nicht aber im neutralen Medium. Auf Grund der NH_2-Analyse, der Rkk. auf NH_2- u. OH-Gruppen schließt Vf., daß hauptsächlich eine Verknüpfung durch Methylengruppen in o-Stellung zur phenol. OH-Gruppe u. daneben eine gewisse Vernetzung der NH_2-Gruppen vorliegt. (J. Amer. chem. Soc. **77.** 5434. 20/10. 1955. Albany, Calif., U. S. Dep. of Agric.) H. GNICHTEL. 4010

Robert R. Stromberg und **Max Swerdlow,** *Die Elektronenmikroskopie synthetischer elastomerer Latexe.* Für vier synthet. elastomere Latexe aus Co-Polymeren von *Butadien–Styrol, Butadien–Acrylonitril* u. *Butadien–Styrol–Acrylonitril* wurden mit dem Elektronenmikroskop im Bereiche von ca. 100—2100 Å die Größenverteilungen bestimmt. Der Einfl. von Präparationsmethoden u. Artefakten wird beschrieben u. eine einheitliche, reproduzierbare Untersuchungsmeth. statist. entwickelt, die qualitative u. semi-quantitative Ergebnisse liefert. (J. appl. Physics **24.** 113. Jan. 1953. Washington, D. C., Nat. Bureau of Standards.) W. SCHEFFELS. 4030

Karl Freudenberg, *Beiträge zur Chemie der hochmolekularen Naturstoffe.* Beitrag des Vf. zu Ehren von HERMAN MARK anläßlich seines 60. Geburtstages. Vf. berichtet über eigene Arbeiten der letzten 35 Jahre, die zur Aufklärung des Aufbaues der hochmol. Naturstoffe *Cellulose, Stärke,* der *Phlobatannine* u. des *Lignins* beitrugen. (J. Polymer Sci. **16.** 155—62. April 1955. Heidelberg, Univ., Chem. Inst.) R. LAFFERENZ. 4050

P. G. Alfthan, *Über die Carboxymethylcellulose.* Übersicht über Zus., Herst., Analytik u. Verwendung der Carboxymethylcellulose. (Suomen Kemistilehti A **27.** 173—75. 1954.) S. BECKMANN. 4050

K. Maekawa und **T. Nakazima,** *Über die Oxydation des Inulins mit Perjodat.* Bei der Glykolspaltung von *Inulin* (**Ia**) mit $NaJO_4$ werden ein polymerer Aldehyd, „*Oxy-Inulin*" (**I**), u. eine daraus mit J_2 + Alkali gewonnene *polymere Säure* (**II**) in krist. Form isoliert. In schlechter Ausbeute wird durch Red. von **I** mit Al-Amalgam ein *polymerer Alkohol* (**III**) erhalten. Aus Säurehydrolysaten von **I, II** bzw. **III** werden *Glycerinaldehyd* bzw. *Glycerinsäure* bzw. *Glycerin* oder deren Derivv. gewonnen. Der Abbau bestätigt die theoret. Vorstellungen über **Ia**. (J. agric. chem. Soc. Japan [Nippon Nôgeikagâku Kaishi] **28.** 357—63. Mai 1954. Matsuyama, Landw. Hochsch. [Orig.: japan., Auszug: dtsch.]) L. SCHULER. 4050

Piotr Wierzchoswki, *Methoden der Analyse der in Eiweißkörpern vorkommenden Aminosäuren.* Chemie der Aminosäuren, Verff. zu ihrer Reindarst., Hydrolyse, Veresterung, Fällung mit Schwermetallsalzen, Elektrophorese u. Chromatographie. Chromatograph. Technik, Beschreibung einer Caseinsäurehydrolyse, Papierchromatograph. Analyse eines Aminosäurengemisches u. elektrophoret. Unters. eines Caseinhydrolysats. (Farmacja polska **7.** 181—97. Aug. 225—33. Sept. 259—61. Okt. 1951. Warszawa, Akad. Med., Zakl. Chem. fizjol.) E. FISCHOEDER. 4070

Gert Ehrlich und **G. B. B. M. Sutherland,** *Der Einfluß der Seitenketten auf die Infrarotspektren von Proteinen: Die 6,5 μ-Bande.* Obwohl die meisten Proteine Seitenketten tragen, befinden sich die ionisierbaren Gruppen in der Polypeptidhauptkette u. die Proteine liegen am isoelektr. Punkt in Form dipolarer Ionen vor. Da die ionisierbaren Gruppen zum großen Teil aus Carboxylgruppen bestehen, vermuten Vff., daß sie einen großen Beitrag zur Absorption der Proteine liefern. Vff. untersuchten deshalb die Absorption synthet. polymerer Säuren u. Ampholyte in D_2O-Lsgg. u. fanden, daß die für die nichtionisierte Gruppe charakterist. 5,87 μ-Bande nach Zugabe von NaOD verschwindet u. durch eine sehr intensive bei 6,4–6,45 μ u. eine weniger starke bei 7,1 μ ersetzt wird. Analoge Verss. bei Fett- u. Aminosäuren zeigten die gleiche Tendenz. Somit fällt die 6,4 μ-Bande der Proteine mit der starken 6,5 μ-Bande der Peptidabsorption zusammen. Durch das Arbeiten in D_2O wurden die H-Atome der Peptidbindungen völlig gegen D ausgetauscht u. damit die Peptidschwingung nach 6,95 μ verschoben. Die Deuterierung von isoion. Rinderplasma-Albumin bewirkt dagegen keine Änderung der 6,4 μ-Bande, jedoch verschwindet sie (genau wie die 7,13 μ-Bande) nach Zugabe von DCl. Zusatz von NaOD läßt beide Banden wieder entstehen. Diese Bandenverschiebungen sind auf den Ionisationswechsel der Carboxylgruppen zurückzuführen und das Auftreten der 6,5 μ-Bande bei den nichtdeuterierten Proteinen ist offenbar eine Folge ihres Ionisationszustandes. (Nature [London] **172.** 671–72. 10/10. 1953. Michigan, Univ., Labor. of Physic.) H. Röpke. 4070

H. Dieu und **J. Oth,** *Reinheitskontrolle von Proteinen durch Ultrazentrifugierung.* Ausführliche Mitt. zu der C. **1956.** 1328 referierten Arbeit. (Bull. Soc. chim. belges **63.** 424–35. Aug./Okt. 1954. Lüttich, Univ., Inst. de Chim.-Phys.) K. Nehring. 4070

George A. Feigen und **I. L. Trapani,** *Einfluß von Oxybenzoesäure-Isomeren auf die Schmelztemperaturen von Gelatine und Oxypolygelatine.* Untersucht wird der Einfl. der *Na-Salze* der 3 *Oxybenzoesäure*-Isomeren auf die Protein–Protein-Bindung, indem die FF. 1, 3 u. 5%ig. *Gelatine* (**I**)- u. *Oxypolygelatinegele* bei verschied. Konzz. der 3 Isomeren gemessen werden. Alle 3 Na-Oxybenzoate bewirken eine F.-Depression; dabei verursacht das o-Isomere die größte Erniedrigung, erklärbar durch die stärkere Schwächung der Protein–Protein-Anziehung infolge der durch Chelatbldg. verstärkten Polarität der o-Oxybenzoesäure (**II**). Der Vgl. der depressiven Wrkg. höherer Konzz. von **II** u. Acetyltryptophan (**III**) (0,5–1,0 mol.) auf 1,1%. **I**-Lsgg. zeigen, daß in diesem Konzentrationsbereich **III** den F. etwas stärker erniedrigt. (Arch. Biochem. Biophysics **53.** 184–91. Nov. 1954. Stanford, Calif., Univ., Dep. of Physiol.) W. Königsdorf. 4070

A. Courts, *Die N-endständigen Aminosäurereste der Gelatine.* 1. Mitt. *Intakte Gelatine.* Es werden die N-endständigen Reste einer Reihe von Gelatineproben verschied. Herkunft mittels der Sangerschen Fluordinitrobenzolmeth. untersucht u. als vorherrschende Endgruppe *Glycin* gefunden, jedoch traten auch *Serin-*, *Threonin-*, *Alanin-*, *Asparaginsäure-* u. *Glutaminsäurereste* auf. Unter der Annahme eines N-endständigen Restes je Mol. errechnet sich ein Mol.-Gew. von 60000, in Übereinstimmung mit Werten, die aus dem osmot. Druck erhalten wurden. Über 90% der ε-Aminogruppen des *Lysins* waren im allg. dem Reagens zugänglich. (Biochem. J. **58.** 70–74. Sept. 1954. London, British Gelatine and Glue Res. Association.) K. Nehring. 4070

A. Courts, *Die N-endständigen Aminosäurereste der Gelatine.* 2. Mitt. *Thermischer Abbau* (1. vgl. vorst. Ref.) Es wurden die N-endständigen Reste beim therm. Abbau von Gelatine unter verschied. Bedingungen untersucht, wobei gezeigt werden konnte, daß die relative Labilität verschied. Typen von Peptidbindungen mit dem p_H variiert. Als mittlere Aktivierungsenergie für die Hydrolyse der Peptidbindung bei p_H 5,1 wurden 18960 cal/Mol. errechnet. Die Kinetik der Hydrolyse wird im Zusammenhang mit früheren Arbeiten diskutiert. Der Umfang des Abbaus, gemessen an den N-endständigen Resten, wird mit viscosimetr. erhaltenen Werten verglichen. (Biochem. J. **58.** 74–79. Sept. 1954.) K. Nehring. 4070

A. Courts, *Die N-endständigen Aminosäurereste der Gelatine.* 3. Mitt. *Enzymatischer Abbau.* (2. vgl. vorst. Ref.) Vf. führt den partiellen Abbau von Gelatine (**I**) mit Pepsin, Trypsin, Chymotrypsin u. Papain durch u. bestimmt die N-endständigen Reste nach der Sangerschen Dinitrophenylmethode. Es scheinen alle 4 Enzyme ähnliche Peptidbindungen anzugreifen, wenn auch in verschied. Ausmaß. Vf. nimmt an, daß die Proteolyse auf zwei Wegen erfolgt: 1. durch zufällige Spaltung von Peptidbindungen, ähnlich dem thermischen Abbau u. 2. durch spezif. Spaltungen. (Biochem. J. **59.** 382–86. März 1955.) K. Nehring. 4070

O. Kratky, A. Sekora, H. Zahn und **E. R. Fritze,** *Kleinwinkel-Röntgeninterferenzen bei nitrierten Faserkernen.* 3. Mitt. *Über die Einwirkung von Salpetersäure auf Skleroproteine und Aminosäuren.* (2. vgl. Zahn u. Mitarbeiter, C. **1953.** 6901.) Menschen- u. Roßhaar wurden mit 0,15–1,2 n HNO_3 bei 70–90° 24 Std. nitriert u. die nitrierten Prodd. auf chem. sowie physikochem. Veränderungen u. röntgenometr. untersucht. Die eingebauten *Tyrosin* (**I**)-Reste werden zu *3-Nitro-* u. *3.5-Dinitrotyrosinresten* nitriert. 25% der eingebauten *Cystin* (**II**)-Bindungen u. ca. 55% der Säureamidgruppen werden umgesetzt. Dabei ließ sich ein Teil von **II** nach Hydrolyse als *Cysteinsäure* nachweisen.

Nitrierungsmodellverss. an I, II, Phenylalanin u. Methionin zeigten, daß die Rk. bei diesen freien Aminosäuren teilweise zu anderen Abbauprodd. führt als bei den in die Peptidkette eingebauten Aminosäureresten. Wasserdampfaufnahme u. Säurebindungsvermögen der nitrierten Haare sind erheblich herabgesetzt, die Alkalilöslichkeit nimmt zu infolge Anstiegs der sauren Nitro- u. Carboxylgruppen. Ein nitriertes Haarpräp. zeigt im Röntgenogramm auf dem Meridian Kleinwinkelreflexe bei 19,6, 24,4, 28,3, 39,3, 64,2 u. 96,4 Å. Es wird angenommen, daß es sich um höhere Ordnungen einer Langperiode von 194 Å handelt, welche der etwas größeren Langperiode von 198—200 Å des intakten α-Keratins entspricht. Ein nitriertes Roßhaar ergab Meridian-Langperiodenreflexe, die einer Periode von 186 Å entsprechen. (Z. Naturforsch. **10b**. 68—72. Febr. 1955. Graz, Univ., Inst. für theoret. u. physik. Chemie; Heidelberg, Univ., Chem. Inst.)
W. KÖNIGSDORF. 4070

Th. Nemetschek, W. Grassmann und **U. Hofmann,** *Über die hochunterteilte Querstreifung des Kollagens.* (Vgl. HOFMANN u. Mitarbeiter, C. **1953**. 5516.) In einigen Fibrillen von mit Phosphorwolframsäure vorbehandeltem *Kollagen* (I) ließ sich die Querstreifung in 13 Einzelstreifen mit einer Ausdehnung der schmalsten hellen u. dunklen Streifen in Faserrichtung von nicht mehr als 15 Å auflösen. In jedem Fall scheint eine besondere Vorbehandlung die Vorbedingung für das Sichtbarwerden einer weitgehenden Unterteilung der Querstreifung zu sein. Während an natürlichen I-Fibrillen bisher nur eine Unterteilung hat festgestellt werden können, gelang Vff. die Sichtbarmachung außer nach Behandlung mit Schwermetallverbb. auch nach Erwärmung (1 Min. im Hochvakuum bei 275°) oder Röntgenbestrahlung. Beugungseffekte im Elektronenmikroskop als Ursache für die Erscheinung der Querstreifung sind ausgeschlossen, ebenfalls eine wesentliche Beeinflussung durch derartige Effekte. Ein Vgl. der relativen Lagen der gleich indizierten Streifen zeigt, daß diese bei allen Fibrillen innerhalb der Periode annähernd ident. sind, unabhängig von der biol. Herkunft (Katzenschwanzsehne, menschlichem Nackenband, Achillessehne vom Kalb) sowie der Art der Vorbehandlung. Zu Bündeln vereinte Fibrillen berühren sich, im Gegensatz zu bisherigen anderen Untersuchungsbefunden, nicht stets mit gleichen Strukturelementen der Querstreifung. Die Intensitäten der Einzelstreifen einer hochunterteilten Querstreifung sind nicht stets die gleichen. Die Länge der Periode kann von 620 Å bis zu 1200 Å betragen. Bei allen diesen verschied. Erscheinungsformen bleibt aber die relative Lage der Einzelstreifen innerhalb der Periode nahezu die gleiche. Der festgestellten Variabilität der Periodenlänge sollte jedes Strukturmodell für I Rechnung tragen. (Z. Naturforsch. **10b**. 61—68. Febr. 1955. Darmstadt, TH, Eduard-Zintl-Inst.; Regensburg, Max-Planck-Inst. für Eiweiß- u. Lederforschung.)
W. KÖNIGSDORF. 4070

L. A. Manson und **J. O. Lampen,** *Über einige chemische Eigenschaften von Desoxyribonucleosiden.* Zwecks Unters. der chem. Eigg. wurden aus Thymusnucleinsäure durch enzymat. Hydrolyse mit Nucleotidase nach KLEIN die folgenden Nucleoside hergestellt: *Hypoxanthindesoxyribosid* (I) in Nadeln, die nach Erweichen bei 218° erstarren u. dann sich zers., ohne zu schmelzen. *Thymidin* (II), nach Entfärben mit Norit aus Isopropylalkohol, F. 184,5—185,5°. *Cytosindesoxyribosid* (III), aus dem *Pikrat* (Zers. bei 191°; A.) u. 50%ig. KOH unter Erwärmen u. Reinigung an Amberlite IR-4 B, F. 206—208° (CH_3OH-Ae.); 65% (Ausbeute, bezogen auf das Pikrat). Aus der spektrophotometr. Unters. u. den Absorptionsspektren geht hervor, daß die glykosid. Bindung in I u. II zwischen Desoxyribose u. Base der Bindung in III gleich ist. Die Rk. von Desoxyribonucleosiden- u. nucleotiden wurde mit der bei 2-Desoxy-D-ribose mittels der Cystein–Schwefelsäuremeth. verglichen u. die Grenzen der Meth. zur Best. von Desoxyribonucleinsäure in biol. Material diskutiert. Die Oxydation mit $NaJO_4$ weist auf die Furanosidstruktur der untersuchten Verbb. hin. (J. biol. Chemistry **191**. 87—93. Juli 1951. St. Louis, Miss., Washington Univ., School of Med., Dep. of Biol. Chem.; Cleveland, O., Western Res. Univ., School of Med., Dep. of Microbiol.)
WOLFGANG ALBRECHT. 4090

E. Biologische Chemie. Physiologie. Medizin.

E_1. Allgemeine Biologie und Biochemie.

J. W. Lovett Doust, J. Hoenig und **Robert A. Schneider,** *Der Einfluß der kritischen Flimmerfrequenzen auf den Sättigungsgrad des arteriellen Blutes mit Sauerstoff.* Frequenzen von 3 u. 8—9 pro Sek. riefen eine Abnahme der O_2-Sättigung des Blutes hervor; bei Frequenzen von 4—6 pro Sek. betrug die Sättigung bis zu 88%, während bei Frequenzen zwischen 9 u. 11 pro Sek. keine wesentliche Änderung der O_2-Sättigung gegenüber dem Ruhewert zu beobachten war. Ein zweites Sättigungsminimum wurde bei den Frequenzen 12—17 gefunden; bei den Frequenzen 18—22 war der Sättigungswert derselbe wie in der Ruhepause. Bei Frequenzen von 22—32 pro Sek. betrug die O_2-Sättigung 100%. Alsdann war die Schwelle erreicht, wo das Flimmern zu einem einheitlichen Lichteindruck verschmolz; bei Steigerung der Frequenz über diesen Schwellenwert ging die O_2-Sättigung auf ihren Ruhewert zurück u. beharrte auf ihm. Ähnlich verhielt sich die O_2-Sättigung, wenn man an Stelle intermittierender Lichtreize intermittierende Gehörsreize benutzte. (Nature [London] **169.** 843—44. 17/5. 1952. London, Labor. of Psychophys. Relationships, Dep. of Psychiatry, Univ. of London, Inst. of Psychiatry, Maudsley Hosp.) W. Brandt. 4102

J. Frédéric, *Wirkungen verschiedener Wellenlängen des sichtbaren Spektrums auf lebende, in vitro gezüchtete Zellen.* Bericht über Beobachtungen im Phasenkontrastmikroskop über den Einfl. der Belichtung mit Wellenlängen von 436—623 mμ auf Fibroblasten u. Myoblasten (Hühnerembryo) mit besonderer Berücksichtigung der Chondriosomen nach Vitalfärbung mit Janusgrün. Die Empfindlichkeit der Zellen ist im Gebiet von 436—511 mμ erhöht u. nimmt dann schnell ab, über 580 mμ kein nachweisbarer Effekt auf die Zellen mit Ausnahme größerer Beweglichkeit der Mitochondrien. Bei 550 mμ u. großer Intensität erleiden von den Zellbestandteilen nur die Chondriosomen morphol. Veränderungen, die reversibel sind. Die nachgewiesene Entfärbung des Janusgrüns in den Chondriosomen hängt offenbar mit einem an diese gebundenen enzymat. Prozeß zusammen, der beeinflußbar ist durch Temp., Oxydationszustand der Kulturen sowie durch Wellenlänge u. Intensität der Belichtung. (C. R. Séances Soc. Biol. Filiales **148.** 1678—82. Okt. 1954. Liège, Univ., Inst. de Histologie et Fonds national de la Recherche scientifique.) H. Dossmann. 4150

M. Behrens und **H. R. Marti,** *Zur Reingewinnung Charcot-Leydenscher Kristalle.* Bei der mehrfachen, wechselweisen Passage einer Suspension von Charcot-Leydenschen Kristallen (I) u. Zellen bzw. Zelltrümmern durch eine Sandschicht kommt es zu einer Trennung. **I** werden nach unten geführt, alle anderen Teilchen nach oben. Die Isolierung von **I** gelingt durch Zentrifugieren. (Naturwissenschaften **43.** 86. Febr. 1956. Gießen, Justus-Liebig-Hochschule, Physiol. chem. Inst.; Zürich, Med. Univ. Klinik.) F. Lingens. 4150

O. Jalling, *Die Wirkung von β-Methyl-β-äthylglutarimid und Amytal auf die Atmung der Rattenlebermetochondrien.* Der O_2-Verbrauch von Rattenlebermitochondrien nahm bei Incubation in Ggw. von Glutamat, Orthophosphat, Adenylsäure, Glucose u. Hefehexokinase mit steigenden Mengen *Amytal* (*5-Äthyl-5-isoamylbarbitursäure*; **I**) ab. Zusätze von 0,8 u. 1,6 μ Mol/cm³ *β-Methyl-β-äthylglutarimid* (**II**) beeinflußten den O_2-Verbrauch nicht, während Konzz. von 3,2 μ Mol/cm³ u. mehr diesen senkten. Niedrige **II**-Konzz. waren auf die durch **I** gehemmte Atmung von Mitochondrien ohne Einfl., höhere, die an sich schon auf den O_2-Verbrauch hemmend wirkten, verstärkten die **I**-Wirkung. (Nature [London] **177.** 330—31. 18/2. 1956. Denmark, Univ. of Aarhus, Dep. of Physiol.) K. Maier. 4150

T. J. Bond und **James L. Gilleland,** *Der Einfluß von einigen polycyclischen Kohlenwasserstoffen auf die Nucleinsäurekonzentration in E. coli.* Die carcinogenen Substanzen *7.12-Dimethylbenz-(α)-anthracen* (**I**) u. *3-Methylcholanthren* (**II**) wurden mit Tween 80 gelöst u. so in Agarplatten eindringen gelassen, die dann mit *Escherichia coli* bebrütet wurden. Aufarbeitung der Bakterien auf Nucleinsäuren zeigte, daß **I** u. **II** eine Erhöhung des *Ribonucleinsäure* (**III**)-Geh. bewirken, so daß das Verhältnis von **III** zu *Desoxyribonucleinsäure* (**IV**) von 2,78—3,77 (n. Wert) auf 4,28—4,90 bzw. 5,22—6,76 ansteigt. Das nicht carcinogene *Benzanthron* hat keinen Einfl. auf das Verhältnis von **III** zu **IV**. (Arch. Biochem. Biophysics **58.** 189—93. Sept. 1955. Waco, Tex., Baylor Univ., Dep. of Chem.) A. Trebst. 4160

P. Danneberg und **H. A. Nieper,** *Fehlen einer cancerogenen Wirkung des Putrescins.* 15 Ratten, die in einem Zucker-Mehl-Gemisch wöchentlich *Putrescin* (*1.4-Diaminobutan*; **I**), erhalten hatten (Tagesdosis 5 u. 10 mg), wurden nach einer Gesamtdosis von 1000, 1000—1500 bzw. 1715—3000 mg nach Absetzen von **I** bis zu ihrem natürlichem Tode beobachtet. Die Tiere verhielten sich n., die Lebensdauer lag im n. Bereich, pathol. Veränderungen traten nicht auf, in keinem Falle wurde ein Tumor beobachtet. **I**, das mutagene Eigg. hat, besitzt hiernach keine cancerogene Wirkung. (Naturwissenschaften **43.** 21. Jan. 1956. Freiburg, Chirurg. Univ.-Klinik., Labor.) K. Maier. 4160

Günther O. Schenck, *Cancerogene Kohlenwasserstoffe als Photosensibilisatoren. (Zum Problem phototoxischer Wirkungen.)* Photoakt. cancerogene KW-stoffe sind zur Bldg. O_2-affiner phototrop-isomerer Diradikale befähigt u. können daher als Photosensibilisatoren unter Bldg. von Peroxyden u. Hydroperoxyden O_2 auf geeignete Acceptoren übertragen. *20-Methylcholanthren* (**I**) u. *3.4-Benzpyren* wirken in diesem Sinne. UV-Bestrahlung von 7 g Cholesterin in 100 cm³ Bzl. bei Durchleitung von O_2 ergibt keine

Reaktion. Zusatz von 20 mg I führt zu O_2 Aufnahme u. Bldg. von vermutlich Δ_4-Cholestenol-6-hydroperoxyd u. tert. Δ_6-Cholestenol-5-hydroperoxyd. In gleicher Weise wird die O_2-Addition an Δ_5-Cholestenon zum hochgradig cancerogenen Δ_4-Cholestenon-6-hydroperoxyd katalysiert. Photosensibilisatoren des gleichen Typs finden sich in Hämatoporphyrin, Hypericin u. a. Diese Rk. ist streng zu unterscheiden von einem zweiten Photosensibilisationsmechanismus der photodehydrierend auf den Acceptor wirkt u. wobei die entstehenden Radikale in Folge-Rk. mit O_2 zu Endprodd. führen. Die Bedeutung dieser Vorgänge für Photobiologie allg. u. für die Lichtkrankheit werden erörtert. (Naturwissenschaften **43.** 71—72. Febr. 1956. Göttingen, Univ., Org.-Chem. Inst.) H. WRBA. 4160

B. Polettini und **A. Narpozzi,** *Über die vermutete mutagene Wirkung der cancerogenen Substanzen.* Nachdem Vff. Mäuse mit *Chloramin* (*Methyl-bis-[β-chloräthyl]-amin*), das nach neuen Unterss. schwach cancerogen wirkt, u. *Na-Glykolat,* zwei mutagenen Substanzen, vorbehandelt hatten, wurden diese häufig (231 mal) mit Crotonöl auf der Haut gepinselt. Nach 15 Monaten war keine — weder benigne noch maligne — Tumorneubldg. festzustellen. — 8 Literaturangaben. (Boll. Soc. ital. Biol. sperim. **29.** 1064—66. Mai 1953. Padua, Univ., Ist. di Patologia Generale.) G. KIRMSE. 4160

A. Narpozzi, *Über die mutmaßliche krebserzeugende Wirkung von N-Lost.* (Vgl. auch vorst. Ref.) Vf. hat 138 weißen Mäusen 0,3—0,4 mg *N-Lost* (Methyl-bis-[β-chloräthyl]-aminhydrochlorid)/kg in physiol. Lsg. wöchentlich einmal bis zu 64 Wochen subcutan injiziert. Die Tiere starben bis auf 6—7 Exemplare schon vorher u. zeigten Anschwellungen der Leber, Milz, Lymphdrüsen u. Thymus u. histol. Veränderungen in der Leber, Lunge u. Niere; ein Tier hatte ein Brustfellymphom. Krebsbldg. wurde jedoch in keinem Tiere festgestellt. (Boll. Soc. ital. Biol. sperim. **30.** 1168—70. Aug./Nov. 1954. Padua, Univ., Inst. für allg. Pathol.) E. DEHN. 4160

A. Haddow und **G. M. Timmis,** *Myleran bei chronischer myeloider Leukämie. Chemische Konstitution und biologische Wirkung. Myleran* (*1.4-Dimethylsulfonyloxybutan*) zeigt eine wachstumshemmende Wrkg. auf Carcinome bei Ratten u. beim Menschen. Eine Dosis, die die Zahl der Neutrophilen um 50% oder mehr verringert, red. die Lymphocytenbldg. unwesentlich. (Lancet **264.** 207—08. 31/1. 1953. London, Royal Cancer Hospital.) F. GÜNTHER. 4160

Wilhelm Fular, *Ein Beitrag zur Honvanbehandlung des Prostatacarcinoms.* Es wird ausführlich über einen Fall berichtet, der allerdings durch Herzversagen ad exitum kam, in welchem aber durch Injektionen von *Honvan* (*Diäthyldioxystilbendiphosphat*) erstmalig ein klin. sicheres Prostatcarcinom in eine hyalinisierte Schwielenmasse umgewandelt wurde. (Die Medizinische **1956.** 285—88. 25/2. Würzburg, Juliusspital, Chir. Abt.) H. AMAN. 4160

Boland Hughes, Margaret Reed Lewis und **Aubrey L. Bates,** *Remission der Lymphocytenleukämie 8 der Ratte nach intravenöser Zufuhr von 4-[p-Diäthylaminostyryl]-chinolindihydrochlorid.* 16 Ratten (150—200 g) erhielten intraperitoneal 1 cm^3 Blut einer Ratte mit einem 14—18 Tage alten *Lymphom 8*-Implantat. Am 12. Tage bekamen 12 der schwerkranken Tiere intravenös 4 mg *4-[p-Diäthylaminostyryl]-chinolindihydrochlorid* (in W.). Die 4 unbehandelten Ratten u. eine behandelte gingen am 13. Tag ein, während die übrigen ab 3. Tag nach Behandlung einen n. Geh. an n. Leukocyten aufwiesen, der die folgenden 14 Tage anhielt. (Nature [London] **177.** 331—32. 18/2. 1956. Philadelphia, Univ. of Pennsylvania, Hospital, Dep. of Urologic Surg., Wistar Inst. of Anat. and Biol.) K. MAIER. 4160

J. Einhorn, L. G. Larsson und **Inger Ragnhult,** *Radioaktives Y* (^{90}Y) *als mögliches Mittel zur Behandlung der Papillomatosis der Harnblase.* Als energiereicher β-Strahler schien ^{90}Y zur Behandlung der Harnblasen-Papillomatosis geeignet, bes., weil unerwünschte γ-Strahlung nicht auftritt. Da die in W. lösl. Salze — verwendet wurde $^{90}YCl_3$ — mit Harn im physiol. p_H-Bereich als Phosphate ausfallen, wurden sie in Kombination mit Chelatbildnern in die Harnblase eingeführt. Hierbei erwies sich das Ca-di-Na-Salz der *Äthylendiamintetraessigsäure* durch Bldg. von Komplexen, die gegen p_H-Änderungen vergleichsweise stabil waren, als geeigneter, als Na-Citrat. Das akt. Material wurde fast quantitativ im entleerten Urin u. der Spülflüssigkeit wiedergefunden. Das Blut enthielt nur 0,004—0,010%/Liter der verabfolgten Aktivität. (Acta radiol. [Stockholm] **43.** 298—304. April 1955. Stockholm, Karolinska Sjukhuset, Radiumhemmet and Inst. of Radiophysics.) D. PÄTZE. 4160

E_2. Enzymologie. Gärung.

K. S. Dodgson, B. Spencer und **K. Williams,** *Beispiele für antikompetitive Hemmung.* Bei antikompetitiver (nichtkompetitive) Hemmung verbindet sich der Hemmkörper mit dem Enzym–Substrat-Komplex, nicht aber mit dem Enzym. (Vgl. BURK zitiert von EBERSOLE, GUTTENTAG u. WILSON, Arch. Biochemistry **3.** [1944.] 399.) Außer den hierfür bekannten Beispielen (oxydiertes Atmungsferment gehemmt durch Azid nach WINZLER sowie vielleicht Hemmung von Pepsin durch Hydrazin nach SCHALES) wurden jetzt als neue Beispiele aufgezeigt: Hemmung der *Arylsulfatase* aus Alcaligenes metalcaligenes durch NaCN u. durch Hydrazinhydrochlorid. (Nature [London] **177.** 432—33. 3/3. 1956. Cardiff, Univ. Coll., Dep. of Biochem.) A. HESSE. 4210

Vincent P. Cirillo, *Induktion und Hemmung von adaptiver Enzymbildung bei einer Phytoflagellate.* Die Induktion einer adaptiven Enzymsynth. bei einer Phytoflagellate, Polytoma uvella, wird beschrieben. Es wurde gezeigt, daß Anpassung vorkommt in nicht proliferierenden Zellsuspensionen u. daß sie abhängt von einer exogenen N-Quelle. Die adaptive Enzymsynth. wird selektiv gehemmt durch UV-Bestrahlung. Die Aktivität der schon vorhandenen Enzyme wird nicht beeinflußt. Bei geringer UV-Intensität wird die Anpassungsfähigkeit nur schwach gehemmt, während die Lebensfähigkeit um 80% zurückgeht. (Proc. Soc. exp. Biol. Med. **88.** 352—54. März 1955. Oklahoma City, Univ. Med. School, Dep. of Preventive Med. and Public Health.) R. HÄHNEL. 4210

G. Gambassi und **A. Pirrelli,** *Cytochrom c und Phosphorfraktionen.* (Vgl. auch C. **1956.** 10521.) Vff. haben 12 Personen 25, 30 u. 40 mg *Cytochrom c* injiziert u. nach 15 u. 45 Min. die verschied. P-Fraktionen im Blut der Armvene bestimmt. Die Anteile waren fast überall inkonstant; oftmals zeigten sich Abnahmen des anorgan. u. des total säurelösl. P sowie des P aus der Diphosphoglycerinsäure, während die Mengen aus ATP häufig größer waren. Der P-Geh. der Hexoseester schwankte am stärksten. Die erhaltenen Werte erklären Vff. durch die Insulin-ähnliche Wrkg. des Cytochroms c. (Boll. Soc. ital. Biol. sperim. **29.** 1648—49. Juli/Aug. 1953. Bari, Univ., Inst. für med. Pathol.) E. DEHN. 4210

R. R. Fergusson, *Über die Oxydation der Peroxydase durch Oxydationsmittel mit einem Oxydationsäquivalent.* Nach GEORGE kann *Peroxydase* (Meerrettich) (I) durch verschied. 1- u. 2-wertige Oxydantien, wie K_2IrCl_6, $K_3Mo(CN)_8$, $NaClO_2$, NaOCl, ClO_2 u. O_3 zu Verbb. oxydiert werden, die dem enzymat. akt. *Komplex I* u. *II* von **I** ähnlich sind u. 2 bzw. 1 Oxydationsäquivalent(e) mehr als **I** selbst aufweisen. Die stöchiometr. u. kinet. Verhältnisse bei der Einw. von K_2IrBr_6 auf **I** wurden im Hinblick auf den Reaktionsmechanismus untersucht. Das Oxydationspotential von K_2IrCl_6 wurde polarograph. zu $E^0 = -0{,}93$ V, das von K_2IrBr_6 zu $-0{,}92$ V ermittelt. Oberhalb p_H 7 tritt Hydrolyse ein. Zur Oxydation von 1 Mol **I** zu *I* sind >4 Mol K_2IrBr_6 notwendig. Direkte *II*-Bldg. aus **I** wurde in keinem Fall beobachtet. Sie erfolgt stets über *I*. Möglicherweise erfolgt die Komplexbldg. durch intermediäre H_2O_2-Bldg., die vielleicht durch eine HABER-WEISS-Rück-Rk., z. B. vom Typ $Ce^{4+}OH^- + OH^- \rightarrow Ce^{3+} + H_2O_2$, oder als Ergebnis der Rk. von K_2IrBr_6 mit Eiweißgruppen, wie Histidin, stattfinden könnte. Die Annahme von GEORGE, daß Ferrimyoglobin mit K_2IrCl_6 in einer Einelektronübertragungs-Rk. reagiert, scheint für den Mechanismus der **I**-Rk. nicht zuzutreffen. (J. Amer. chem. Soc. **78.** 741—45. 20/2. 1956. Univ. of Pennsylvania, Eldridge Reeves Johnson Foundation for Med. Physics.) K. MAIER. 4210

J. Domonkos und **L. Huszák,** *Über die Katalaseaktivität von Histamin- und Antihistaminhäminkomplexen. Histamin* (**I**) u. *Antihistamine* (**II**) bilden mit *Hämin* leicht Komplexe. **I** steigert die sonst schwache *Katalase*-Wrkg. des Hämins in erheblichem Maße; **II** setzen die ursprüngliche Katalasewrkg. herab; **II** in entsprechender Konz. heben die Katalasewrkg. der Histamin–Hämin-Komplexe auf. Die Verss. erbringen einen weiteren Beweis dafür, daß die **I**/**II**-Wrkg. an den Schwermetallproteinen stattfindet, u. daß **I** nach einem Eintritt in das Schwermetallkatalysatorenmol. dessen biol. Verh. weitgehend verändern kann. (Acta physiol. Acad. Sci. hung. **4.** 225—28. 1953. Szeged, Med. Univ., Hirnforschungsinst.) H. GOEBEL. 4210

W. W. Kay und **K. C. Murfitt,** *Bestimmung der Cocarboxylase im Blut. Cocarboxylase* (**I**) wird manometr. nach Vereinigung mit *Apocarboxylase* (**II**) unter Verwendung von Brenztraubensäure als Substrat bestimmt. **II** wurde aus Hefe gewonnen u. mit Tierkohle von **I** befreit. *CN^-*, *Citrat* u. *Thiosulfat* steigerten die CO_2-Entwicklung. Die stark aktivierende Wrkg. von Plasma machte die Verwendung von „inneren Standards" notwendig. 105 Patienten hatten eine **I**-Blutkonz. von $7{,}0 \pm 1{,}7$ μg/100 ml. (Biochem. J. **62.** 601—05. April 1956. Epsom, Surrey, West Park Hosp., Mental Hosp. Group Labor.) H.-G. SCHWEIGER. 4210

S. di Bella, *Wirkung der Röntgenstrahlen auf die Succinodehydrogenasen der Leber und des Knochenmarks.* Nach 24- u. 48 std. Bestrahlung von männlichen weißen Ratten mit Röntgenstrahlen wurde im Leber- u. Knochenmarkhomogenat die Aktivität der *Succinodehydrogenase* gemessen. Strahlen von 500 r gaben nach 24 Std. keine, nach 48 Std. nur eine geringe Abnahme des O_2-Respirationsquotienten der Leber, während 600 u. 800 r beträchtliche Verminderungen ergaben. Im Knochenmark zeigten alle

Messungen nach 24- u. 48std. Bestrahlung mit 500, 600 u. 800 r einen konstanten Rückgang von 77%. Glutathion u. Cystein hatten keinen Einfl. auf die Aktivität der Succinodehydrogenasen, weder in der Leber, noch im Knochenmark. (Boll. Soc. ital. Biol. sperim. **29.** 1147—48. Juni 1953. Turin, Univ. Inst. f. biol. Chem.) E. DEHN. 4210

Volker Franzen, *Wirkungsmechanismus der Glyoxalase.* 1. Mitt. Wenn die Umwandlung von Methylglyoxal zu Milchsäure (I) (mittels Aceton-Hefe) in schwerem W. durchgeführt wird, so enthält die gebildete I kein an C gebundenes Deuterium. Hieraus ergibt sich, daß der Reaktionsmechanismus der katalyt. CANNIZZARO-Rk. in Ggw. bas. Thiole u. der Wirkungsmechanismus der *Glyoxalase I* gleichartig sind. (Chem. Ber. **89.** 1020—23. 1956. Heidelberg, Max-Plank-Inst. f. med. Forschung, Inst. f. Chemie.) A. HESSE. 4210

Richard O. Recknagel und **Van R. Potter,** *Mechanismus der ketogenen Wirkung von Ammoniumchlorid.* Die bei Unterss. an Leberschnitten (Ratten) in WARBURG-App. festgestellte Erhöhung der Ketonbldg. bei Zusatz von NH_4Cl, kann auch bei Verwendung von Leberhomogenat beobachtet werden, dem u. a. Adenosintriphosphat, Mg^{2+}, K^+ u. PO_4^{3-} zugesetzt waren. Es wurde festgestellt, daß NH_4Cl zuerst reduktive Aminierung von *α-Ketoglutarsäure* zu *Glutaminsäure* verursacht. Hierdurch wird der KREBS'sche Citronensäurecyclus unterbrochen, u. es erfolgt Abbau von *Pyruvat* u. *Octanoat* zu *Acetacetat* (I). Zusatz von *Cytochrom c* oder *Diphosphopyridinnucleotid* bewirkt keine Änderung der Abbaurichtung, dagegen unterbricht nachträglicher Zusatz von Fumar- oder anderen C_4-Dicarbonsäuren die Bldg. von I. (J. biol. Chemistry **191.** 263—75. Juli 1951. Madison, Wis., Univ., Med. School, Ardle Memorial Labor.) H. FINDEISEN. 4210

Nat D. Wilson und **Dean B. Seabrook,** *Die klinische Bedeutung des Serum-Amylase-Testes.* Bei 10 Fällen mit erhöhter Serum-Amylase u. operativ oder autopt. gesicherter Diagnose fanden sich 5 mal eine Cholecystitis, 2 mal Ulcera peptica u. nur 3 mal akute Pankreatitiden. Vff. halten daher eine Erhöhung der Serum-Amylase nicht für pathognomon. bei akuter Pankreatitis u. das therapeut. Handeln sollte sich nicht nur nach ihr richten. (Western J. Surgery, Obstetr. Gynecol. **61.** 456—58. Aug. 1953. Portland, Oregon.) J. BROSEMANN. 4210

S. Schultz-Haudt, M. Dewar und **B. G. Bibby,** *Wirkungen von Hyaluronidase auf menschliches Zahnfleischepithel.* Histol. Unters. über Veränderung von Epithel u. darunterliegendem Bindegewebe durch *Hyaluronidase* (I)-Einwirkung. Möglicherweise ähnliche Vorgänge bei der Pathogenese der Gingivitis infolge I-produzierender Bakterien. (Science [Washington] **117.** 653—55. 12/6. 1953. Rochester, N. Y., Eastman Dental Dispensary.) H. GIBIAN. 4210

D. Brandes, H. Zetterquist und **H. Sheldon,** *Histochemische Technik für die Elektronenmikroskopie: Alkalische Phosphatase.* Die Vff. machen den Ort, an dem sich die alkal. Phosphatase im Bürstenbesatz des intestinalen Epithels der Maus befindet, durch histochem. Präparierung für das Elektronenmikroskop sichtbar. Die Zellen werden höchstens 8 Min. mit 1%ig. gepufferter, isoton. OsO_4-Lsg. behandelt, in TYRODEs Lsg. gewaschen, in GOMORIs alkal. Phosphatasemischung incubiert u. das niedergeschlagene Ca-Phosphat mit 0,5%ig. $AgNO_3$-Lsg. in Ag-Phosphat übergeführt, das elektronenmkr. als ein dichter körniger Niederschlag sichtbar ist. (Nature [London] **177.** 382—83. 25/2. 1956. Stockholm, Karolinska Inst., Dep. of Anat.) H. GNICHTEL. 4210

D. Brandes und **R. N. Elston,** *Eine elektronenmikroskopische Untersuchung der histochemischen Lokalisierung alkalischer Phosphatase in der Zellwand von Chlorella vulgaris.* An Hand von elektronenmkr. Aufnahmen (Vergrößerung 4000mal) wird die Anwendung der Technik von GOMORI zum Nachweis der alkal. Phosphatase auf ultradünne Schnitte von Chlorella vulgaris gezeigt. (Nature [London] **177.** 274—75. 11/2. 1956. Argentina, Comision Nac. de la Energía Atomica; Stockholm, Karolinska Inst., Anatomiska Inst.) A. HESSE. 4210

G. M. S. Capurro und **D. Zaccheo,** *Untersuchungen über die Gegenwart alkalischer Phosphatasen in Geweben und Organen von Mollusken (Octopus vulgaris).* Epithelzellen der Leber u. die tubili der Extraktionsorgane zeigen deutliche, die Kerne der Ovocyten, bzw. ihre Umgebung schwache *Phosphatase*-Reaktion. Muskelgewebe, Bindegewebe, Zellen u. Fasern der Armnerven sowie Epithelien anderer Organe verhalten sich negativ. (Boll. Soc. ital. Biol. sperim. **29.** 382—85. März 1953. Genua. Univ. Inst. f. normale menschl. Anatomie.) E. DEHN. 4210

S. L. Friess und **H. D. Baldridge,** *Die Acetylcholinesterase-Oberfläche.* 5. Mitt. *Einige neue kompetitive Inhibitoren mittlerer Wirkungsstärke.* (4. vgl. C. **1956.** 7836.) Nach früheren Unterss. sind *Diamine* des Typs I u. die *Monomethojodide* starke (in vitro-)*Acetylcholinesterase* (II)-Inhibitoren, wenn $C_{(\alpha,\beta)}$ unsubstituiert sind. Eintritt einer einzigen CH_3-Gruppe an einem der beiden C-Atome setzt die Hemmwrkg. erheblich herab, wobei die II-Inhibitor-Dissoziationskonstanten K_J um einen Faktor von $> 10^2$ ansteigen. Sub-

I

stitution von C_β ist hierbei wirksamer als eine in C_α. Da wirksame Inhibitorbindung an die katalyt. Oberfläche ein polymethyliertes N-Atom erfordert, wurden die $2 CH_3$-Gruppen von I durch o-Ring-C-Atome (*Äthylendipiperidin*) ersetzt, was eine beträchtliche Abnahme der Hemmwrkg. zur Folge hatte. Addition einer einzelnen quaternisierenden CH_3-Gruppe (*N.N'-Äthylendipiperidinmonomethojodid*) erhöhte die Inhibitorwrkg. wieder erheblich.

Versuche: *β-Piperidinoisopropanol*, Kp.$_{50}$ 107—109°, aus Piperidin u. absol.-methanol. Propylenoxydlsg. durch 3 std. Kochen, n_D^{25} 1,4579; Ausbeute 86%. — *β-Piperidinoisopropylchloridhydrochlorid*, F. 202—204°, aus vorst. Verb. u. $SOCl_2$ in Chlf.; 72%. — *Dimethyl-β-piperidinoisopropylamin* (**III**), Kp.$_{34}$ 108—110°, vorst. Chlorid u. 25%ig. wss. $(CH_3)_2NH$ in absol. A. über Nacht auf 100° (Druckgefäß) erhitzen, nach Alkali- u. KCl-Zusatz mit Ae. extrahieren; n_D^{25} 1,4583; 63%. *Pikrat*, F. 194—196° — *Trimethyl-β-piperidinoisopropylammoniumjodid* (**V**), $C_{11}H_{25}N_2J$, F. 182—184° (CH_3OH-Ae.), vorst. Amin (5 g) in trockenem Ae. mit CH_3J 25 Std. schütteln; 4,5 g. *Pikrat*, F. 187—188°. — *Dimethyl-β-piperidinopropylamin* (**IV**). Kp.$_{35}$ 109—110°, Piperidin u. Dimethyl-β-chlorpropylaminhydrochlorid 45 Std. kochen; n_D^{25} 1,4579; 54%. *Pikrat*, F. 86—88°. — *Trimethyl-β-piperidinopropylammoniumjodid* (**VI**), $C_{11}H_{25}N_2J$, F. 168 bis 169° (Zers.), 4,6 g vorst. Verb. mit CH_3J in trockenem Ae. über Nacht schütteln; 2,6 g *Pikrat*, F. 150—151°. — *Trimethyl-β-chlorpropylammoniumjodid* (**VII**), F. 186 bis 187° (Zers.) (Aceton), äther. Lsg. von Dimethyl-β-chlorpropylamin (aus 20 g Hydrochlorid), mit CH_3J 3 Tage stehenlassen; 26,4 g *Pikrat*, F. 156—157°. — *N.N'-Äthylendipiperidin* (**VIII**), Kp.$_{15}$ 132—134°, aus $C_2H_4Br_2$ u. Piperidin. *Dihydrochlorid*, $C_{12}H_{26}N_2Cl_2$) Sublimation > 250° (CH_3OH–Ae., 95%ig. A.). *Monomethojodid* (**IX**), F. 156° (Ae.-CH_3OH), aus vorst. Verb. u. CH_3J in absol. Ae.; 72%. — K_J-Werte (25°, p_H 7,4, Ionenstärke 0,125, Best. der enzymat. Hydrolyse nach J. Amer. chem. Soc. **76.** [1954.] 1363 u. C. **1955.** 610): $K_J \cdot 10^5$, **III**, 1,00 ± 0,07; **IV**, 1,04 ± 0,06, **V**, 0,91 ± 0,3; **VI**, 1,45 ± 0,07; **VII**, 1,68 ± 0,7; **VIII**, 1,47 ± 0,03; **IX**, 0,11 ± 0,004; **I**, 0,0064. (J. Amer. chem. Soc. **78.** 966—68. 5/3. 1956. Bethesda, Md., U.S. Naval Med. Res. Inst.) K. MAIER. 4210

I. N. Winogradowa, I. P. Platonowa und **W. A. Petrenko,** *Ein neues Verfahren zur Gewinnung proteolytischer Fermente hoher Aktivität aus dem Schimmelpilz Aspergillus terricola. Aspergillus terricola* (As. t.), auf steriler Weizenkleie gezüchtet, besitzt die höchste Aktivität der *Protease* (2500 E.), wenn der Wassergeh. der Kleie nach der Sterilisation u. Impfung 45—55% beträgt. Das Maximum ist erreicht, wenn ein dichter Sporenrasen erschienen ist. Für das Auskeimen ist eine Temp. von 26—28° am vorteilhaftesten. Höhere Tempp. beschleunigen zwar das Wachstum, verursachen aber auch unerwünschtes Austrocknen. Wird die Temp. bis zur Bldg. eines kräftigen Mycels bei 26° gehalten, zu Beginn der Sporenbldg. aber auf 18° gesenkt, so steigert sich die Aktivität auf 10000 Einheiten. Die Innentemp. steigt rasch auf 42—43°, um dann bei 16° Außentemp. schnell auf 28° u. dann weiter langsam auf 20° abzufallen. Sie ist damit 11—13° niedriger als bei 26° Außentemperatur. Dadurch bleibt die Feuchtigkeit besser erhalten (nach 168 Std. noch 26,6% gegenüber nur 18,8% bei konstanter Außentemp. von 28°), u. das Reifen der Sporen wird verlangsamt. Die Anreicherung der Kleie mit Myceleiweiß ist bes. erfolgreich, wenn nach der Mycel-Bldg. der Nährboden nochmals sterilisiert u. nach Ansäuern mit HCl ein 2. Mal beimpft wird. Die Aktivität steigt dadurch auf 10000 u. in Kombination mit der Temperatursenkung von 28° während der ersten 22 Std. auf 18° sogar auf 30000 Einheiten. Da ein wss. Auszug von As. t. keine Wrkg. zeigte, dürfte für die Aktivitätssteigerung das Myceleiweiß verantwortlich sein. (Микробиология [Mikrobiologie] **21.** 692—99. Nov./Dez. 1952. Moskau, Gamaleja-Inst. für Epidemiol. u. Mikrobiol.). W. SCHMELZ. 4210

Elijah Adams und **Emil L. Smith,** *Proteolytische Aktivität der Hypophysenextrakte.* Wss. Extrakte der Rinder- u. Schweinehypophysen enthalten verschied. *Exopeptidasen.* In lyophilisierten Extrakten der Vorderhypophyse des Schweines werden 2 *Proteinasen* (I) nachgewiesen, die denaturiertes *Hämoglobin* bei p_H 3,8 (*Proteinase I*) bzw. 8,3 (*Proteinase II*) hydrolysieren. Die beiden **I** wurden voneinander getrennt u. gereinigt. Proteinase II wird durch Phosphat gehemmt, Fe^{2+} fördert Proteinase I etwas, ansonsten konnten jedoch keine Inhibitoren oder Aktivatoren für die 2 **I** ermittelt werden. Die verschied. synthet. Substrate, die z. B. durch Kathepsin u. durch **I** des Magendarmtraktus hydrolysiert werden, werden durch Hypophysen-**I** nicht beeinflußt. Schweine-*ACTH*, das keine Peptidase-Wrkg. zeigt, enthält Spuren an Hypophysenproteinase, die sicherlich für die in verschied. Verss. beobachtete Instabilität des ACTH verantwortlich sein dürfte. (J. biol. Chemistry **191.** 651—64. Aug. 1951. Salt Lake City, Ut., Univ. of Utah, Coll. of Med., Labor of Study of Hereditary and Metabol. Disorders and Dep. of Biol. Chem. and Med.). H. P. FIEDLER. 4210

Frank L. Engel und **Theodore B. Schwartz,** *Nebennierenrinde und Peptidaseaktivität von Rattengewebe.* Verabreichen von *ACTH* (ARMOUR-Labor.) an hungernde Ratten ist ohne ersichtlichen Einfl. auf die *Peptidase*-Wrkg. gegen *l-Leucylglycylglycin,* gegen *Glycylglycylglycin* oder (aktivierbar durch Co) *Glycylglycin* der rohen Extrakte aus Leber, Muskel, Lunge, Milz, Niere oder Haut. (Proc. Soc. exp. Biol. Med. **77.** 615—17. Aug. 1951. Durham, N. C., Duke Univ. School of Med., Dep. of Med.) A. HESSE. 4210

M. P. Tschernikow, *Der Abbau von Serumalbumin durch verschiedene Mengen von Chymotrypsin und die Autolyse des Chymotrypsins.* Als Ferment diente *α-Chymotrypsin* (I), als Substrat *Pferdeserumalbumin* (II). Bei 35° u. p_H 7,9 durchgeführte Verss. ergaben eine Abhängigkeit der I-Autolyse von der I-Konzentration. II schützte I vor dem Verlust der Aktivität. Die Unters. der Proteolysegeschwindigkeit von nativem u. denaturiertem II in Abhängigkeit vom I/II-Verhältnis (1:1000 bis 1:1) ergab eine kompliziertere Beziehung, als bei einer monomol. Rk. der Proteolyse zu erwarten wäre. Die Anfangsgeschwindigkeit der Hydrolyse von nativem II durch I nahm mit steigender Fermentmenge vom I/II-Verhältnis 1:1000 bis 1:50 zu, danach ab. Für die Spaltung von denaturiertem II ergaben sich 2 Optima bei 1:5 u. 1:50 u. 3 Minima bei 1:2, 1:10 u. 1:100. Das Verhältnis der Anfangsgeschwindigkeiten der Spaltung von nativem u. denaturiertem II war abhängig vom I/II-Verhältnis. Es wird ein Schema der Proteinasewrkg. zur Erklärung der Versuchsergebnisse aufgestellt. (Биохимия [Biochemie] **20.** 657—64. Nov./Dez. 1955. Moskau, Inst. für biol. u. med. Chem. der Akad. der med. Wiss. der UdSSR.) O. LEBTAG. 4210

T. Viswanatha, M. J. Pallansch und **Irvin E. Liener,** *Die Hemmung von Trypsin.* 2. Mitt. *Die Wirkung synthetischer anionischer Detergentien.* (1. vgl. C. **1955.** 4376.) Die Unters. der Wrkg. von 5 synthet. anion. Detergentien auf die proteolyt. Aktivität krist. *Trypsins* (I) ergab, daß I durch die *Alkylsulfate K-Octylsulfat, Na-Decylsulfat* u. *Na-Dodecylsulfat* in steigendem Maße inaktiviert wird. *K-Octylbenzolsulfonat* u. *Na-Decylbenzolsulfonat* zeigten in Abhängigkeit vom Detergens/I-Verhältnis 2 Inaktivierungspunkte, zwischen denen ein beträchtlicher Teil der ursprünglichen Aktivität erhalten bleibt. Die enzymat. Aktivität innerhalb dieses Bereiches, die stark resistent gegenüber Selbstverdauung war, ging durch Zusatz von Ba^{2+} oder Ca^{2+} rasch verloren. Das experimentelle Material läßt sich durch das angegebene Schema zusammenfassen, wo E das ursprüngliche I-Mol., das vollständig in eine inakt. Form E_i übergeht, wenn Detergens–Protein-Verhältnis (D/P) = 3, E' einen aktiven Enzym–Detergens-Komplex, der bei D/P = 5 bis 10 entsteht, u. E'_i eine inakt. I-Form, die durch großen Detergensüberschuß gebildet wird, bedeuten. E_i könnte ein Primärkomplex sein, der durch Bindung kleiner Detergensmengen an Stellen höchster Bindungsenergie entstanden ist.

$$E \xrightarrow{D/P=3} E_i \xleftarrow{Ba^{2+}\text{ oder }Ca^{2+}} E' \xrightarrow{D/P=50} E'_i \qquad (E \xrightarrow{D/P=5-10} E')$$

(J. biol. Chemistry **212.** 301—09. Jan. 1955. St. Paul, Univ. of Minnesota, Dep. of Agric. Biochem.) K. MAIER. 4210

Gursaran Parshad Talwar, Jacques Basset und **Michel Macheboeuf,** *Einfluß von sehr hohen Drucken auf die Veränderung von Gelatinelösungen in Gegenwart von Trypsin.* Werden Erzeugnisse der enzymat. Hydrolyse bes. von *Gelatine* sehr hohen Drucken in Ggw. von *Trypsin* ausgesetzt, so ist ein Anwachsen der Viscosität zu beobachten; doch handelt es sich im Gegensatz zu BRESSLER u. Mitarbeitern (Nachr. Akad. Wiss. UdSSR, physik. Serie. **12.** [1948.] 695; **13.** [1949.] 392) nicht um eine Synth. von Proteinen, da u. a. das Enzym nicht notwendig ist. (C. R. hebd. Séances Acad. Sci. **235.** 393—95. 4/8. 1952.) E. W. HAAS. 4210

Emil L. Smith, B. V. Jager, Rufus Lumbry und **Ruby R. Glantz,** *Präcipitation und Hemmung der Carboxypeptidase durch spezifische Antiseren.* Kristallin. Rindercarboxypeptidase bewirkt in Mischung mit Falba die Bldg. eines reinen Antikörpers, wie durch quantitative Präcipitation u. im Agardiffusionsverf. nachgewiesen wird. Bei der langsamen Rk. des Antikörpers u. des Enzyms tritt eine nicht substrateigene Hemmung auf, da der Grad der Hemmung durch die Substratkonz. unbeeinflußt bleibt. Substrateigene niedermol. Inhibitoren der Carbooxypeptidase haben keinen Einfl. auf die Antigen-Antikörper-Rk. (Vgl. C. **1952.** 2188). Bei Tempp. v. 25—39° beruht die Hemmung auf einer Rk. zwischen 1 Mol Antikörper mit 1 enzymakt. Gruppe. Bei 6,4° dagegen reagieren 2 Mol Antikörper mit 2 enzymakt. Gruppen. (J. biol. Chemistry **199.** 789—99. Dez. 1952. Salt Lake City, Ut., Univ. of Utah, Coll. of Med., Labor, of Study of Hereditary and Metabol. Disorder u. Dep. of Biol. Chem. and Med.)
E. FISCHOEDER. 4210

Hugo Fricke, *Wirkung ionisierender Strahlung auf Proteindenaturierung.* Die Denaturierung des Proteins, die bei bei niedrigen Tempp. vorgenommenen Bestrahlungen kaum eine Rolle spielt, ist wahrscheinlich einer der Hauptfaktoren für die wohl bekannten Wärme-Nach-Effekte, die bei der Bestrahlung von *Protein-Enzymen* gefunden wurden. (Nature [London] **169.** 965—66. 7/6. 1952. Cold Spring Harbor, N.Y., Biol. Lab.) D. ITZEROTT. 4210

N. G. Heatley, *Hemmt Mucin die Wirkung von Pepsin? Mucin* (**I**) wurde aus Pylorus vom Schwein oder aus einer Blindfistel vom Kaninchen-Duodenum entnommen. Bei einer Konz. von 65% Pylorussaft in je 3 cm^3 Verdauungssaft bei p_H 1,6 wurde keine Hemmung der Hämoglobin-Verdauung durch krist. Schweine-Pepsin festgestellt. Auch **I**-Fraktionen u. hydrolysiertes **I** wirkten nicht hemmend. Von analogen Autoren beobachtete Hemmungen beruhen nach Ansicht des Vf. entweder darauf, daß die Viscositätszunahme durch **I** die Pepsin-Wrkg. auf ein nicht-dispergiertes Substrat hemmt oder daß das p_H-Optimum nicht berücksichtigt wurde. (Quart J. exp. Physiol. cognate med. Sci. **41.** 25—30. Jan. 1956. Oxford, Univ.,W. Dunn-School of Pathol.) H. CARLS. 4210

Elbert A. Peterson, Theodore Winnick und **David M. Greenberg,** *Verstärkter Einbau von Aminosäuren in Protein von Lebergranula durch Mitwirkung des Adenylsäuresystems.* Im Hinblick auf den hohen Energieverbrauch bei der Synth. von Peptidbindungen u. auf die Schlüsselstellung der *Adenosinphosphate* beim Energieaustausch in biol. Oxydationen ist mit Sicherheit anzunehmen, daß das *Adenylsäure* (**I**)-System bei dem überall vorkommenden Prozeß des Aminosäure-Einbaues in Proteine ebenfalls beteiligt sein wird. Die Synth. von Peptidmodellen: *p-Aminohippursäure-, Glutathion* sowie die Acetylierung von *Sulfanilamid* unter Beteiligung des **I**-Systems wiesen darauf hin. — Vff. beschreiben Verss. über den Einbau von ^{14}C-Aminosäuren in Lebergranula. — Das durch Trocknen von lösl. Anteilen befreite Präp. zeigt nur geringe Aktivität in bezug auf Aminosäuren-Einbau, jedoch tritt eine Aktivierung (nur unter aeroben Bedingungen) ein durch Zugabe von Mg^{2+}, *ATP, Citrat* u. einem Gemisch von *l-Aminosäuren.* (J. Amer. chem. Soc. **73.** 503—04. Jan. 1951. Berkeley, Univ. of California, Div. of Biochem.) W. POLA. 4210

M. Elizabeth Marsh, Louis D. Greenberg und **James F. Rinehart,** *Die Beziehung zwischen Pyridoxinaufnahme und Transaminaseaktivität.* 1. Mitt. *Bluthämolysate.* (Vgl. GREENBERG u. RINEHART, Proc. Soc. exp. Biol. Med. **70.** [1949.] 20.) Vff. wendeten die Meth. von TONHAZY, WHITE u. UMBREIT (C. **1951.** I. 2169) zur Best. der *Glutaminsäure-Asparaginsäure-Transaminase* (**I**) auf Gesamtblut an. Die Affen, welche verschied. Dosen von *Vitamin* B_6 (**II**) bei einer synthet. Diät erhielten, sowie bei Menschen, die Extragaben von *Pyridoxin*hydrochlorid erhielten, stieg im Blut der Geh. an **I** u. **II**, sank aber bei Verringerung von **II**. (J. Nutrit. **56.** 115—27. 10/5. 1955. San Francisco, Univ. of California School of Med., Dep. of Pathol.) A. HESSE. 4210

Kimiyo Michi und **Harumi Nonaka,** *Enzymatische Spaltung racemischer Aminosäuren.* 1. Mitt. *Überblick über die Schimmelpilzstämme Aspergillus und Penicillium bezüglich einer enzymatischen Aktivität in der asymmetrischen Hydrolyse racemischer Aminosäuren.* 119 Stämme von *Aspergillus* u. 20 von *Penicillium* werden auf festen Medien (Weizenkleie) gezüchtet u. die Auszüge aus den Kulturen auf asymm. *N-Acylase*-Aktivität an Acetyl-DL-Glutaminsäure (24 Std. bei 37°, p_H 5,8) geprüft. Größte Aktivität zeigen 5 Stämme von *Asp. tamarii,* ferner *Asp. oryzae, Pen. vinaceus, Pen. oxalicum var. pectinoporum nov.* u. *Pen. corymbiferum.* Bei der Prüfung der Penicillien erwies sich die Ggw. von $CaCO_3$ für die Enzymproduktion als notwendig, um einen p_H-Abfall abzupuffern. (J. agric. chem. Soc. Japan [Nippon Nôgeikagaku Kaishi] **28.** 343—46. Mai 1954. Japan. Frauen-Univ. [Orig.: japan., Auszug: engl.]) L. SCHULER. 4210

Kimiyo Michi und **Harumi Nonaka,** *Enzymatische Spaltung racemischer Aminosäuren.* 2. Mitt. *Spaltung von DL-Glutaminsäure und DL-Valin.* (1. vgl. vorst. Ref.) Aus 30 g *DL-N-Acetylglutaminsäure* (**I**; Monohydrat F. 199°) werden z. B. mit 0,35 g aus dem Kulturmedium von *Penicillium vinaceus* isolierter *N-Acylase* (**II**) 11,3 g L-Glutaminsäure (95% der Theorie) u. aus dessen Filtrat 7,5 g (64%) D-Glutaminsäure erhalten. In ähnlicher Weise wird aus synthet. *Chloracetyl-DL-Valin* (F. 130°) L-Valin (70,6%) u. D-Valin (72%) erhalten. Der Einfl. des p_H auf die enzymat. Wrkg. u. die Hydrolysegeschwindigkeit bei den Enzymen aus *Asp. tamarii, Asp. oryzae, Asp. flavus, Pen. vinaceus, Pen. oxalicum* var. *pectinoporum* nov. u. *Pen. viridicatum* werden bestimmt. *Asp. tamarii* u. *Pen. vinaceus* ergaben beste Ausbeuten an **II. II** wird durch Fraktionierung der wss. Auszüge des Kulturmediums mit $(NH_4)_2SO_4$ u. Aceton gewonnen. 0,11—0,2 g des festen Enzympräp. genügen zur Hydrolyse von 10 g **I**. (J. agric. chem. Soc. Japan [Nippon Nôgeikagaku Kaishi] **28.** 346—49. Mai 1954. Japan. Frauen-Univ. [Orig.: japan., Auszug: engl.]). L. SCHULER. 4210

M. Rohrlich und **R. Rasmus,** *Über γ-Aminobuttersäure und eine Glutaminsäuredecarboxylase in Weizen- und Roggenkeimen.* In Weizen- u. Roggenkeimen wurde *γ-Aminobuttersäure* (I) papierchromatograph. nachgewiesen. Sie entsteht durch Decarboxylierung aus Glutaminsäure. In wss. Keimextrakten wurde die Aktivität der *Glutaminsäuredecarboxylase* sowohl durch quantitative papierchromatograph. Analyse der entstandenen I als auch durch Messung der CO_2-Entw. im WARBURG-App. bestimmt. Die Werte stimmen gut überein. Als Coferment wirkt *Pyridoxalphosphat.* NH_2OH, Semicarbazid, sowie viel $KBrO_3$ hemmen die Rk., während wenig $KBrO_3$ aktivierend wirkt. (Naturwissenschaften **43.** 88. 2. Febr.-H. 1956. Berlin, Versuchsanst. für Getreideverwertung.) A. DILLMANN. 4210

George E. Connell und **Charles S. Hanes,** *Die enzymatische Bildung von Pyrrolidoncarbonsäure aus γ-Glutaminylpeptiden.* Aus Lebergeweben wurde ein Enzym isoliert, das γ-Glutamylpeptide in Pyrrolidoncarbonsäure u. Aminosäure oder Peptid mit endständiger Aminogruppe spaltet. Es wird hierfür der Name *γ-Glutamyllactamase* vorgeschlagen. Mit *γ-Glutaminylpeptidase* ist es nicht identisch; diese verliert nach sorgfältiger Reinigung die Fähigkeit, Pyrrolidoncarbonsäure zu bilden. Ein Homogenisat aus Schweineleber in 0,25 mol. Saccharoselsg. wird mit 105 g zentrifugiert (30 Min., 0°) u. die Lsg. mit $(NH_4)_2SO_4$ zu 70% gesättigt (p_H 7,0°). Nach 1 Std. wird die abgetrennte Lsg. auf 85% gesätt. u. das ausfallende Prod. in W. gelöst u. gegen W. dialysiert. Die Messung der Aktivität wurde bei p_H 8,0 in 0,10 mol. Li-Boratpuffer vorgenommen u. nach chromatograph. Trennung das aus γ-Glutaminylglycin gebildete Glykokoll bestimmt. Es wurden untersucht: *γ-Glutamylglycin, γ-Glutamylglutaminsäure, γ-Glutamylphenylalanin* u. *Glutathion.* Die beiden letzten wurden langsamer gespalten. Glutamin u. Glutaminsäure werden nicht umgewandelt. In allen Fällen wurde vollständige Bldg. von Pyrrolidoncarbonsäure beobachtet. Der Prozeß ist nicht reversibel. Das Enzym zeigt keine hydrolyt. Aktivität. (Nature [London] **177.** 377–78. 25/2. 1956. Toronto, Univ., Dep. of. Chem.) H. GNICHTEL. 4210

L. G. Loginowa, *Vergärung von Maltose durch thermophile Hefe.* Durch Züchtung von *Saccharomyces cerevisiae XII* auf Bierwürze bei allmählich gesteigerten Tempp. gelang es, eine thermophile Hefe (TH) zu erhalten, die bis 44° beständig ist u. sich bei 28–30° 1,5–2 mal rascher vermehrt als die Ausgangshefe (AH). Sie bewahrt ihre Eigg. nunmehr schon seit 6 Jahren. Die Gärungsintensität, gemessen an der CO_2-Entw., ist in Phosphatpuffer von p_H 5,5 mit 4% Maltose u. in Bierwürze bei 30° nach 3 Std. bei beiden Hefen annähernd gleich, bei 40° aber bei TH kräftiger (37,3 cm^3 gegenüber 26,3 cm^3 bei AH). Bei noch höheren Tempp. (45–55°) läßt die Intensität bei beiden nach, bei TH aber wesentlich langsamer. Ggw. von Hefeautolysat im synthet. Nährmedium beschleunigt die Gärung mit TH u. AH. Die Intensität der hydrolyt. Wrkg. der aus TH isolierten Maltase ist größer: 4 cm^3 Fermentlsg. aus TH ergeben mit 100 mg Maltose in 5 cm^3 Lsg. nach 1 Std. bei 40° 92,2 mg reduzierende Substanz gegenüber nur 71,2 mg mit derselben Menge Fermentlsg. aus AH. Bei längerer Gärdauer (2 Tage) ist in Bierwürze die Ausbeute an Gärprodd. mit TH bei 40° die gleiche wie mit AH bei 30°. (Микробиология [Mikrobiologie] **21.** 684–91. Nov./Dez. 1952. Moskau, Akad. der Wiss., Inst. für Mikrobiologie.) W. SCHMELZ. 4270

Mario E. Scevola und **Virgilio Bolcato,** *Isolierung des Formaldehyds während der Acetatvergärung durch Hefe.* Bei Wiederholung der Unterss. von Vff. u. VALCURONE (Naturwissenschaften **39.** [1952]. 211) über die in Ggw. von *Phenylhydrazin* (I)-Oxalat stattfindende Oxydation des Acetals durch lebende Zellen von Bäckerhefe, wobei infolge von Acetylierung das *β-Acetylphenylhydrazin* gefunden wurde, konnten jetzt auch noch *Acetophenon* u. *Benzaldehyd* nachgewiesen werden. Es ist anzunehmen, daß diese beiden Substanzen über während der Atmung gebildeten *Acet-* u. *Formaldehyd* (II) entstanden sind, u. zwar in getrennter Rk. des I mit den beiden einzelnen Aldehyden. Bes. wichtig erscheint die Bldg. des **II**, der aus Acetat, also über C_1-Zwischenprodd., oder als Glied des allg. Stoffwechselcyclus der Hefe entstanden sein mag. — Die in einer Nährlsg. suspendierte Bäckerhefe wurde 12 Std. gelüftet, damit sie ihre Reservematerialien aufbrauchen sollte. Dann wurde Na-Acetat u. danach in 2 Stufen **I**-Oxalat bzw. -Acetat zugefügt. Nach 12 Std. Incubationszeit wurde filtriert. Das Kulturfiltrat wurde teils durch Fällung mit 2.4-Dinitrophenylhydrazin, teils durch Dest. aufgearbeitet; in gleicher Weise wurde aber Acetophenon-2.4-dinitrophenylhydrazon, das von Hefezellen stark mit orange-gelber Farbe adsorbiert wird, auch aus diesen gewonnen. 2 Tabellen über die Ausbeuten, aus denen sich ergibt, daß die beiden Rkk., Acetylierung des **I** u. Spaltung in die beiden Aldehyde, einander mehr oder weniger vertreten können. (Ann. Chimica **44.** 39–43. Jan. 1954. Pavia, Univ., Ist. Chim. farm. e tossicol.) W. METZENER. 4270

S. Jackson und **B. C. Kilkenny,** *Das Wachstum eines Aneurin-bedürftigen Hefestammes in verschiedenen Substraten in Beziehung zum Tricarbonsäurecyclus.* Aus Brauereihefe wurde ein reiner Stamm isoliert, der auf die Zufuhr von *Aneurin* (I) angewiesen ist. In einem Glucose (II)-$(NH_4)_2SO_4$-Medium war bis zu 10^{-8} mol. I-Konz. die Gesamtzellenzahl proportional, unter 10^{-9} mol. Lösungen u. bei viel höheren I-Konzz. war das Wachstum konstant. Mit $(NH_4)_2SO_4$ (N-Lieferant) war *Acetat* die einzige C-Verb., die in Abwesenheit von I Wachstum ermöglichte; Zwischenprodd. des Tricarbonsäurecyclus waren unwirksam. Mit II als C-Lieferant trat in Ggw. von *Aminosäuren* Vermehrung nur in I-haltigem Medium ein; stärkstes Wachstum wurde erreicht mit $(NH_4)_2SO_4$ oder *Asparagin* als N-Lieferanten. (J. chem. Soc. [London] **1951.** 1561–64. Juni. Oxford, Physical. Chem. Labor.). H. Goebel. 4270

G. Ewald und **E.-E. Bruchmann,** *Elektrochemische Messung der Atmung von Hefe bei Einwirkung von Azid und Jodacetat.* Vff. führten Messungen der Atmungshemmung von Hefe durch Natriumazid (I) u. Natriumjodacetat (II) nach dem elektrochem. Verf. von Tödt durch. Die Ergebnisse zeigen, daß durch I die Atmung stark gehemmt wurde, während II keinen Einfl. hatte. (Biochem. Z. **324.** 156–58. 1953. Berlin, Inst. für Gärungsgewerbe.) W. Knöpke. 4270

Laurence M. Corwin, L. J. Schroeder und **Willard G. McCullough,** *Die Umwandlung des Squalens durch zellfreie Hefeextrakte.* Aus Bäckerhefe wurde ein zellfreier Extrakt hergestellt, der in Ggw. von Adenosintriphosphat, $MgCl_2$, Coenzym A u. Diphosphopyridinnucleotid aus *Acetat* (I) *Sterine* (II) bildete. Bei Zusatz zellfreien Extraktes zu einem $^{14}C_{(1)}$-I enthaltenden Medium u. mehrstd. Schütteln bei 30° konnte markiertes *Squalen* (III) isoliert werden, das niedrigere spezif. Aktivität als II besaß, während intakte Hefezellen ein III mit höherer als die von II synthetisieren. ^{14}C-III aus Ganzzellen wurde bei Incubation mit zellfreiem Hefeextrakt vorwiegend zu Fettsäuren oxydiert mit einer geringen Umwandlung in II. Der Verminderung der ^{14}C-I-Umwandlung in II durch Zusatz von inakt. III scheint keine wesentliche Bedeutung zuzukommen. Nach diesen Befunden stellt in der Hefe III keine obligator. Zwischenstufe der II-Synth. dar. (J. Amer. chem. Soc. **78.** 1372–75. 5/4. 1956. Detroit, Mich., Wayne Univ., Coll. of Med., Dep. of Physiol. Chem.). K. Maier. 4270

E₃. Mikrobiologie. Bakteriologie. Immunologie.

Isaac Harary, *Der bakterielle Abbau der Nicotinsäure.* Durch Beimpfen einer *Nicotinsäure* (I) u. Na_2S enthaltenden Nährlsg. mit Flußschlamm u. anaerober Züchtung der Bakterien konnte nach mehreren Passagen schließlich ein anaerobes, sporenbildendes Bakterium isoliert werden, das I abbaut u. hohe I-Konzz. für das Wachstum verwertet (maximale Entw. mit 0,6% Hefeextrakt, 0,2% Pepton, 0,4% I). Mit Hefeextrakt u. Pepton oder mit I allein erfolgt kein Wachstum. Wachsende Kulturen bildeten aus I *Essigsäure* (II) u. *Propionsäure* (III). Zellsuspensionen bauten I zu NH_3, CO_2, II u. III ab. (Nature [London] **177.** 328–29. 18/2. 1956. Bethesda, Md., Nat. Inst. of Health, Nat. Heart Inst., Labor. of Cell. Physiol. and Metabolism.) K. Maier. 4320

Saul Roseman, Frances E. Moses, Julio Ludowieg und **Albert Dorfman,** *Die Biosynthese von Hyaluronsäure durch A-Streptokokken.* 1. Mitt. *Verwertung von $^{14}C_{(1)}$-Glucose.* Nach Kultivierung von *Streptokokken* (A 1 1 1) auf $^{14}C_{(1)}$-Glucose-haltigen Nährböden wurde die Verteilung der Radioaktivität über das Medium u. über die einzelnen Bruchstücke der gebildeten *Hyaluronsäure* (I) untersucht. Glucose ist danach direkter Vorläufer des Glucosaminanteils der I u. dürfte auch ohne C-Kettenspaltung den Glucuronsäureanteil liefern. Ebenso stammt von ihr die im Medium gefundene Milchsäure, sowie zumindest ein Teil der Essigsäure; der Acetylrest der I steht mit dieser im Gleichgewicht.

Versuche: Isolierung der I durch Acetonfällung der filtrierten, dialysierten Kulturlsg., Wiederaufnahme in W., Beseitigung von Proteinen durch Phosphormolybdänsäure (Überschuß durch Amberlite IRA-400 entfernen), nochmalige Acetonfällung. Gewinnung der freien Säure mittels Amberlite IR-120 (H-Form); $[\alpha]_D^{25}$ − 67,5°; nach Analysendaten prakt. rein; frei von S u P; elektrophoret. einheitlich wandernd. Saure Hydrolyse (4n HCl, 8 Std. Kochen) lieferte CO_2 (frei von Radioaktivität; aus $C_{(6)}$ der Glucuronsäure) u. Glucosamin; dieses wurde durch Ionenaustausch an Dowex 1 Carbonatform] bei p_H 9 von sauren Verunreinigungen befreit u. isoliert als *N-[2-Oxy-1-menaphthyliden]-D-glucosamin*, $C_{17}H_{19}O_6N$, nach Chromatographie an Silicagel (1% $NaHCO_3$/Chlf.–Butanol 9:1) F. 209–209,4°; Zers. mit n HCl liefert pro 150 mg I 10 bis 20 mg *Glucosaminhydrochlorid*, $C_6H_{14}O_5NCl$. Oxydation mit gelbem HgO liefert *Glucosaminsäure*, $C_6H_{13}O_6N$, die mit Ninhydrin das $C_{(1)}$ als CO_2 liefert (voll radioaktiv). Bei Benutzung von Chloramin T kann die $C_{(2)}$–$C_{(5)}$-Kette nach Entionisierung über Amberlite IR-4 B u. IR-120 (H-Form) als *Benzoylhydrazon* der *Arabinose* isoliert werden, $C_{12}H_{16}O_5N_2$, F. 205–206° (nicht radioaktiv). Der Acetylrest der I wurde nach Chromsäureoxydation oder H_2SO_4-Hydrolyse als Benzimidazolderiv. F. 175–176° isoliert u. zeigte in der Methylgruppe ~ 1/3 der Radioaktivität der Ausgangsglucose. Essigsäure

u. L-Milchsäure wurden aus dem $AgNO_3$-Filtrat der Kulturlsg. mittels Ausäthern gewonnen u. jeweils als Benzimidazolderivv. identifiziert. *2-α-Oxyäthylimidazol*, $C_9H_{10}ON_2$, F. 175–177°, $[\alpha]_D^{25} = -33,2^0$ (c = 2% in A.). Der oxydative Abbau dieser Derivv. gab Aufklärung über die Isotopenverteilung auf die einzelnen C-Atome. Radioaktivität war auch hier nur in den Methylgruppen zu finden. (J. biol. Chemistry **203.** 213–25. Juli 1953. Chicago, Ill., Univ., Dep. of Pediatrics and Biochem.). H. GIBIAN. 4320

Saul Roseman, Julio Ludowieg, Frances E. Moses und **Albert Dorfman,** *Die Biosynthese von Hyaluronsäure durch A-Streptokokken.* 2. Mitt. *Herkunft der Glucuronsäure.* (1. vgl. vorst. Ref.) Mittels der l. c. beschriebenen Technik wird nachgewiesen, daß auf $^{14}C_{(6)}$-Glucose (I) gezüchtete A-Streptokokken *Hyaluronsäure* produzieren, von der sowohl die Glucuronsäure- wie die Glucosaminhälfte ohne vorhergehende C-Kettenspaltung ganz aus der **I** entstammen. Die Milch- u. Essigsäure des Kulturmediums dürften durch 3,3-Spaltung der **I** gebildet werden. (J. biol. Chem. **206.** 665–69. Febr. 1954. Chigaco, Ill., Univ., Dep. of Biochem. and Pediatrics, und La Rabida Jackson Park Sanitarium.) H. GIBIAN. 4320

D. Parvis und **C. Sirtori,** *Morphologische und cytochemische Veränderungen an Bakterien durch cancerogene Substanzen.* Vff. untersuchten die Wrkg. cancerogener Stoffe auf verschied. Bakterien (E. coli, Staphylococcus aureus, B. subtilis). Während das wasserunlösliche 2-Acetylaminofluoren keine wesentlichen Änderungen hervorrief, verursachten *Methyl-bis-[β-chloräthyl]-amin* u. *Äthylurethan* bei E. coli abnorme Formen (Fadenbildungen, Schwellung, Riesenformen) mit auffallend atyp. Zellkern. Diese morpholog. Veränderungen waren jedoch nicht erblich u. daher kann keine Analogie zur Krebsmutation der Zellen höherer Organismen festgestellt werden. — 44 Literaturangaben. (Boll. Ist. sieroterap. milanese **32.** 368–79. Sept./Okt. 1953. Urbino, Univ., Ist. d'Igiene.). G. KIRMSE. 4330

R. A. Ssaweljewa, *Über die baktericide Wirkung des natürlichen Magensaftes des Menschen auf Tularämie-Mikroben.* Der natürliche Magensaft eines gesunden Menschen mit n. p_H (1,7) besitzt gegenüber *Bacterium tularense* ausgesprochen baktericide Eigenschaften. Bei Ggw. von 20 Mikrobenzellen in 1 ml Magensaft erfolgt die Abtötung in 5 Min., bei 2000–2 Millionen Mikrobenzellen in 30 Minuten. Der achyl. Magensaft zeigt gegen dieses Bacterium keine baktericide Wirkung. Künstlicher Magensaft u. HCl mit ähnlichem p_H zeigen die gleiche baktericide Wrkg. wie n. Magensaft. Hauptträger der baktericiden Eigg. des Magensaftes ist HCl. Die Ggw. von Pepsin ist ohne Einfl. auf die baktericiden Eigenschaften. Aus den Versuchsergebnissen wird geschlossen, daß eine Tularämieinfektion durch den Magen-Darmkanal nur bei hypacidem Katarrh, bes. bei Achylie, u. bei Kleinkindern mit labiler Sekretfunktion des Magens möglich ist. (Журнал Микробиологии, Эпидемиологии и Иммунобиологии [J. Mikrobiol., Epidemiol. Immunobiol.] **27.** Nr. 2. 42–47. Febr. 1956.) O. LEBTAG. 4330

K. B. Björnesjö, *Über die Anwesenheit eines tuberkulostatischen Faktors in Organextrakten der Kuh.* Wss. Extrakte aus Organen der Kuh (Milz, Lunge, Leber, Nieren u. Muskel) hatten einen tuberkulostat. Effekt. Die aktive aus diesen Extrakten gewonnene Substanz ist dem Urinfaktor insofern ähnlich, als sie thermostabil ist u. an aktive Kohle adsorbiert wird. Sie kann mit Essigsäure wieder aus der Kohle eluiert werden. Eine ähnliche Substanz scheint im Rinderserum enthalten zu sein. Sie läßt sich durch Dialyse vom Serumprotein trennen. (Acta chem. scand. **5.** 1412–13. 1951. Uppsala, Univ., Dep. of Med. Chem.) D. ITZEROTT. 4330

A. Mōri, *Der Einfluß zweiwertiger Ionen und von Aminosäuren auf die Vermehrung der Salmonella typhosa (Ihara-Stamm)-Bakteriophagen.* Durch Na-Citrat u. durch Ca^{2+}, Mg^{2+}, Mn^{2+} u. Ni^{2+} wird der Bakteriophage nicht inaktiviert u. vermehrt sich, desgl. bei Zusatz von L-Asparagin u. L-Glutaminsäure zum synthet. Nährboden. L-Tryptophan inaktiviert den Phagen u. dessen Vermehrung. — 15 Literaturangaben. (Tokyo Jikeikai med. J. **69.** 532–38. 1/9. 1954. [Orig.: japan.]) L. SCHULER. 4331

Ernest Pollard und **Marjorie Reaume,** *Thermische Inaktivierung von Bakteriophagen.* (Arch. Biochem. Biophysics **32.** 278–87. Juli 1951. New Haven, Conn., Yale Univ., Sloane Physics Labor., Biophysics Div.) M. WIEDEMANN. 4331

Roy A. Machlowitz, Jesse Charney, Alfred A. Tytell und **W. P. Fisher,** *Pleomycin, ein neues kristallisiertes Antibioticum. Streptomyces pleofaciens* bildet in Tauchkultur (p_H 6,8; 30°) ein Antibioticum, das aus dem Kulturfiltrat durch Extraktion mit Butanol, Essigester oder Ae. bei p_H 7 oder 9 gewonnen u. *Pleomycin* (**I**) benannt wurde. **I** präcipitiert beim Ansäuern (p_H 2) u. krist. aus A. oder Essigester in glitzernden rechteckigen Platten; es ist unter n. Druck bei 200° oder im Vakuum sublimierbar ohne Aktivitätsverlust, lösl. in CH_3OH, A., Essigester, Ae., Bzl., sein Alkalisalz in W.; DL_{50} (Maus) ca. 35 mg/kg; es trübt die Cornea (Kaninchenauge); seine Toxizität macht eine therapeut.

Verwendung unwahrscheinlich. *Pleomycin*, $C_{14}H_{12}O_8$ (empir.), F. 253°; UV-Absorption in 0,13 mol. Phosphatpuffer: λ_{max} 270 u. 330–340 mμ ($E^{1\%}_{1\,cm}$ 4500 bzw. 350); λ_{min} 227,5 bis 232,5 u. 294–297 mμ. (Antibiotics Annu. **1954/55.** 806–08. West Point, Penna., Sharp & Dohme Div. of Merck & Co., Inc., Res. Labor.) H. Goebel. 4340

Fred W. Tanner jr., B. A. Sobin und **J. F. Gardocki,** *Einige chemische und biologische Eigenschaften von Anisomycin. Anisomycin* (I), ein krist. einbas. Antibioticum wurde aus 2 verschied. Streptomycesstämmen isoliert, von denen einer als Str. griseolus identifiziert wurde. Darst. durch Extraktion des Kulturfiltrats bei p_H 9 mit Methylisobutylketon, dann konz. Ketonextrakt mit W. von p_H 2 extrahieren, auf p_H 9 einstellen u. mit Chlf. ausschütteln. *Anisomycin*, $C_{14}H_{19}O_4N$, F. 140–141°; Nadeln aus Essigester; $[\alpha]_D^{23}$ – 30° (c = 1%; CH_3OH). UV-Absorption: λ_{max} 224, 277 u. 283 mμ (ε = 10800; 1800 bzw. 1600). I bildet ein *Hydrochlorid*. In saurer Lsg. wird es langsam, alkal. sehr rasch inaktiviert. Gegen alle grampositiven u. negativen Bakterien inakt., besitzt aber gute Wrkg. gegen Protozoen (völlige Hemmung von Trichomonas vaginalis, T. foetus u. Endamoeba histolytica durch 1,5–3,1 μg/cm³). DL_{50}: (Maus u. Ratte) 140 bzw. 167 mg/kg intravenös; oral: 146 mg/kg (Maus), 72 mg/kg (Ratte), > 200 mg/kg (Meerschweinchen, Kaninchen, Katze, Hund u. Affe). (Antibiotics Annu. **1954/55.** 809–12. Brooklyn, N. Y., Chas. Pfizer & Co., Inc., Biochem. Res. Labors.) H. Goebel. 4340

B. A. Sobin, A. R. English und **W. D. Celmer,** *P. A. 105, ein neues Antibioticum.* Aus Streptomyces antibioticus wurde in Tauchkultur unter aeroben Bedingungen ein neues bas. Antibioticum, *P. A. 105* (I) isoliert. Gewinnung u. Reinigung von I durch Filtration, Extraktion des Filtrats mit Methylisobutylketon, Verteilung in verd. wss. Säure, Einstellen der wss. Lsg. auf p_H 9 u. Verteilung in Methyläthylketon u. daraus Fällung mit der äquivalenten Menge HCl. *P. A. 105-Hydrochlorid* bildet verschied. Hydrate; das *Dihydrat*, F. 134–135° $[\alpha]_D$ – 54° (CH_3OH) ist bei Zimmertemp. stabil. Das wasserfreie *Hydrochlorid* hat die empir. Zus. $C_{37}H_{67}O_{13}N \cdot HCl$, F. 125–128°, u. wurde aus dem Dihydrat durch 18std. trockenen bei 100° erhalten (kein Aktivitätsverlust). Das UV-Absorptionsspektr. besitzt eine breite Bande geringer Intensität bei 286–289 mμ ($E^{1\%}_{1\,cm}$ ca. 0,9). I red. Fehlingsche Lsg. langsam, gibt einen positiven Tollens-Test, negative Fe^{3+}- u. Ninhydrin-Rk.; die wss. Lsg. erleidet bei 24 std. Stehen (20°), bei p_H 2,2; 5,0; 7,0 u. 9,0 keine Aktivitätsminderung. Abb. der Infrarotabsorptionsspektren. I wirkt gegen grampositive Bakterien, Mycobakterien, Rickettsien, Virus u. Protozoen; es ist inakt. gegen gramnegative Erreger mit Ausnahme von Neisseria, Hämophilus u. Brucella. Gegenüber Penicillin, Streptomycin, Oxy- u. Chlortetracyclin, Chloramphenicol, Polymyxin B oder Bacitracin entwickelt I keine Kreuzresistenz, während mit Erythromycin u. Carbomycin Kreuzresistenz auftritt. DL_{50} (Maus) intravenös 550 mg I·HCl/kg. Orale Applikation ist möglich. Bei der Behandlung infizierter Tiere wurden ausgezeichnete Ergebnisse erzielt. (Antibiotics Annu. **1954/55.** 827–30. Brooklyn, N. Y., Chas. Pfizer & Co., Res. Labor.). H. Goebel. 4340

C. DeBoer, A. Dietz, J. R. Wilkins, C. N. Lewis und **G. M. Savage,** *Celesticetin — ein neues kristallisiertes Antibioticum.* 1. Mitt. *Biologische Untersuchungen an Celesticetin.* Aus dem Kulturmedium des Actinomyceten Streptomyces caelestis nov. sp. wurde als neues krist. Antibioticum *Celesticetin* (I) isoliert. I ist in vitro u. in vivo akt. gegen eine Reihe grampositiver Bakterien, je nach Konz. zeigt es bakteriostat. oder bactericide Wrkg.; mit steigender Alkalität wächst die Empfindlichkeit von Bakterien gegen I. Seine Aktivität wird durch menschliches Serum, Methionin u. Cystein nicht beeinflußt. I ist inakt. gegen Newcastle- u. Influenzavirus (Eikultur), Trichomonas vaginalis u. wenig akt. gegen humane pathogene Pilze. In Konz. von 0,5 μg/cm³ zeigte sich in vitro Aktivität gegen pathogene Pflanzenbakterien (Bacterium stewartii, Phytomonas fascians u. Xanthomonas pruni). In Konz. von 1000 p.p.m. hat I keine phytotox. Wrkg. auf Blätter von Apfel, Kirsche u. Pfirsich. Zwischen I u. Erythromycin besteht Kreuzresistenz. (Antibiotics Annu. **1954/55.** 831–36.) H. Goebel. 4340

Herman Hoeksema, Glen F. Crum und **William H. DeVries,** *Isolierung und Reinigung von Celesticetin.* Vff. isolierten aus der auf p_H 7,8 eingestellten Kultur-Fl. von Streptomyces caelestis durch Extraktion mit CH_2Cl_2, Einengen des Extrakts u. Füllung mit PAe. als bräunlichen Nd. *Celesticetin* (I) der Zus. $C_{24}H_{36-40}O_9N_2S$ (empir.) mit 75% Reinheit. I hat Erythromycin (II)-ähnliche Eigg., ist jedoch chem. u. physikal. verschied. von II, Carbomycin u. Griseomycin. Elektrometr. Titration in W. u. in 67%ig. Dimethylformamid zeigten eine besondere Funktion mit pKá 7,7 u. eine saure Gruppe mit pKá 9,8; Äquivalentgewicht der freien Base 517 ± 20. I ist lösl. in saurer oder stark alkal. wss. Lsgg., unlösl. im p_H-Bereich 7,0–10,0 sowie in polaren organ. Lösungsmitteln, unlösl. in Ae. u. KW-stoffen; bei p_H > 9 bei 24° wird es in wss. Lsg. rasch zerstört, bei p_H 5–7 war es bei 24° über 60 Tage beständig. I gibt positive Fe^{3+}-, Molisch- u. Ekkert-Rk., mit Bromwasser, MILLONS-Reagens u. $HgCl_2$ bildet es weiße Präcipitate; mit $AgNO_3$ oder Pb-Acetat bildet sich kein Nd., die Rk. nach BENEDICT, die Ninhydrin- u. die Jodoform-Rk. sind negativ; die Nitroprussid-Rk. ist negativ, wird aber beim Stehen mit 6nHCl nach einigen Tagen positiv. Gegenstromverteilung von I in Butanol/W./CH_3·COOH 4/5/1; Verteilungskoeff. 0,70. *Celesticetin*, $[\alpha]_D^{24}$ +126,6° (Chlf.; c = 0,5%); $[\alpha]_D^{24}$ +124, 0° (n. HCl, c = 0,5); krist. nicht; UV-Absorption in 0,01 n alkoh. KOH: λ_{max} 248 u. 341 mμ (ε = 1303 bzw. 1039); in 0,01 n alkoh. H_2SO_4: λ_{max} 240 u. 310 mμ (ε = 1837 bzw. 806). *Oxalat*, F. 147–152°; aus CH_3OH/Ae. Nadeln; $[\alpha]_D^{24}$ +106,6° (W.; c = 0,5%); $[\alpha]_D^{24}$ +105,8° (n HCl; c = 0,5%). *Salicylat*, F. 139° (Essigester); $[\alpha]_D^{24}$ +90,2° (W.; c = 0,5%). $[\alpha]_D^{24}$ +99,0° (n HCl; c = 0,5%). Abb. der Gegenstromverteilungskurve, der Ultrarot- u. Infrarotspektren; Papierchromatogramm. (Antibiotics Annu. **1954/55.** 837–41.) H. GOEBEL. 4340

Leo C. Vining, Willard A. Taber und **Francis J. Gregory,** *Die Candidin–Candicidin-Gruppe der Antifungusantibiotica.* Ein Vgl. der Heptaen-Antifungusantibiotica *Candidin* (I), *Candicidin, Ascosin* u. *Trichomycin* durch Papierchromatographie erbrachte den Beweis, daß I von den andern Verbb. verschieden ist. Präpp. aller vorst. Antibiotica waren inhomogen u. enthielten 2 oder mehr akt. Fraktionen. Im Falle von I wurden 2 Fraktionen gefunden; I-*B* konnte durch Behandlung mit A. in I-*A* übergeführt werden; I-A dürfte ein während der Extraktion entstandenes Prod. sein. Die DL_{50} (Maus) für I-*B* ist intravenös 1,5 mg/kg, subcutan 30 mg/kg u. oral >100 mg/kg. Orale Applikation bewirkt Verminderung des Milzgewichts u. völlige Unterdrückung der Fäcalflora. – Abb. der Gegenstromverteilungskurven, Absorptionskurven von I-A u. -B. (Antibiotics Annu. **1954/55.** 980–87. New Brunswick, N. J., State Univ. of New Jersey, Rutgers Univ., Inst. of Microbiol.) H. GOEBEL. 4340

J. H. Martin, A. J. Shay, L. M. Pruess, J. N. Porter, J. H. Mowat und **N. Bohonos,** *Papierchromatographische Untersuchungen von durch Streptomyces aureofaciens gebildeten Antibioticis.* Streptomyces aureofaciens bildet in der Fermentations-Fl. als Antifungusstoff *Chlortetracyclin* (I) u. daneben antibakterielle Stoffe, die als „*Activity X*" (II) bezeichnet werden. Das Verhältnis I/II ist abhängig vom Kulturmedium. II ist im Mycel in größerer Menge vorhanden als im Kulturfiltrat; durch Entw. des Chromatogramms mit Bzl./Äthylmethylketon/W. konnte II in zwei akt. Komponenten aufgespalten werden (R_F 0,02 = γ; R_F 0,90 = β). β verliert bei 3std. Erhitzen auf 70° 50% seiner Aktivität, während γ dabei in eine Substanz δ (R_F 0,90) übergeht, die mehrere hundertmal aktiver ist. – Abb. der Chromatogramme. (Antibiotics Annu. **1954/55.** 1020–24. Pearl River, N. Y., American Cyanamid Comp.) H. GOEBEL. 4340

Jean Desbordes und **Etienne Fournier,** *Neue Angaben über die Labilität der Säure–Alkohol-Resistenz einiger Mycobakterien.* Die Abtrennung der Säure–Alkohol-resistenten Substanzen vom virulenten KOCH-Bacillus ist durch Lösung mit einem einheitlichen Prod., wie Igepal (konz. Laurylsulfat) schwieriger als mit einer komplexen Mischung. Diese Lsg. ist bes. empfindlich für Bacillen der paratuberkulösen Gruppe. Zwei Eigg. physiko-chem. Art des Mycobakteriums lassen sich aus diesen Tatsachen ableiten: 1. Die große Schwierigkeit der Entfettung des virulenten M. t. u. 2. die Anwesenheit von Kohäsionskräften, die außerordentlich stark zwischen den mikrobiellen Körpern dieses Bakteriums sein müssen. (C. R. Séances Soc. Biol. Filiales **146.** 40–42. Jan. 1952.) D. ITZEROTT. 4350

Je. W. Pokrowskaja und **A. A. Saitzew,** *Zur Frage der Kultur und der biochemischen Eigenschaften von Bacterium tularense.* Alle 46 untersuchten Stämme von *Bacterium tularense* produzieren H_2S, jedoch kein Indol. Keiner der untersuchten Stämme zers. Kohlenhydrate u. mehrwertige Alkohole. Sie sind deshalb unabhängig von der Virulenz u. der Art der Gewinnung, als biochem. inakt. zu bezeichnen. Das Unvermögen der Tularämiemikroben, Kohlenhydrate u. mehrwertige Alkohole zu spalten, erklärt wahrscheinlich ihr Unvermögen, auf den gewöhnlichen Nährböden zu wachsen. Sie wachsen auf festen Eidotternährböden. Die immunogenen Eigg. werden eingehend beschrieben. (Журнал Микробиологии, Эпидемиологии и Иммунобиологии [J. Mikrobiol., Epidemiol., Immunobiol.] **27.** Nr. 2. 19–24. Febr. 1956. Pjatigorsk, Tularämie-Gebietsstation.) O. LEBTAG. 4350

Ju. W. Galajew, *Die Aminosäurenzusammensetzung von Proteinen der Diphtheriemikroben.* Aus der fettfreien M. von Corynebacterium diphtheriae PW Nr. 8 wurden die in Lauge lösl. Eiweißstoffe in die Fraktionen *Diphthein* (I), *Diphtheroglobulin* (II) u. *Eiweiß III* (III) zerlegt. Mit Hilfe der zweidimensionalen Papierverteilungschromatographie wurden in I, II u. III die nachstehenden Aminosäuren nachgewiesen: Asparaginsäure, Cystin, Serin, Glutaminsäure, Glykokoll, Threonin, Alanin, Valin, Tyrosin, Lysin, Arginin, Leucin, Isoleucin, Phenylalanin u. Prolin. Aus I-Hydrolysaten wurden isoliert:

Alanin, Leucin, Isoleucin, Prolin, Glutaminsäure, Tyrosin, Lysin, Asparaginsäure, Phenylalanin. Mit Ausnahme von Phenylalanin waren alle diese Verbb. linksdrehend. Das Vorliegen einer racem. Form von Phenylalanin erklärt sich aus der Ggw. von Racemase in den Zellen der Diphtheriebakterien. (Биохимия [Biochemie] **20.** 673–78. Nov./Dez. 1955. Rostow Don, Med. Inst., Lehrstuhl für Biochemie.) O. Lebtag. 4350

Masahiko Yoneda, *Geringe Toxizität von Diphtheriekulturfiltraten und ihre Beziehungen zur Abwesenheit von Tyrosin im Nährboden.* — C. **1956.** **1633.** (Nature [London] **168.** 879–80. 17/11. 1951. Nagoya, Univ., School of Med., Dep. of Bacteriol.) E. Fischoeder. 4350

Je. Ja. Raschba, *Zur Frage der Ausscheidung von Desoxyribonucleinsäure aus Breslau-Stäbchen.* Es wurde die Möglichkeit der Abscheidung von *Desoxyribonucleinsäure* (I) aus *Bacterium Breslau 353* nach verschied. Verff. untersucht. Nach dem modifizierten Verf. von McCarty u. Avery (J. exp. Medicine **83.** [1946.] 97) u. nach dem Verf. von Gandelman, Zamenhof u. Chargaff (Biochim. biophysica Acta [Amsterdam] **9.** [1952.] 399) konnten nur geringe Mengen an reiner **I** gewonnen werden; diese Präpp. waren jedoch nicht polymer. Die Behandlung der Bakterienmasse mit Lauge in der Hitze führte zu teilweise dephosphorylierter **I**. Die Verss. mit dem Citratautolysat der Bakterien führten zu keinen reproduzierbaren Ergebnissen. Die erhaltenen **I**-Präpp. erwiesen sich gegenüber Bacterium coli bereits nach einigen Umsaaten als toxisch. Die **I** von B. Breslau ist gegenüber B. coli entweder an sich schon tox., oder sie wird es im Laufe der Gewinnung nach den beschriebenen Verfahren. (Мікробіологічний Журнал (Киев) [Mikrobiol. J. (Kiew)] **18.** Nr. 1. 47–51. 1956. Mikrobiol. Inst. der Akad. der Wiss. der UkrSSR.) O. Lebtag. 4350

A. N. Beloserski, A. Ss. Spirin, D. G. Kudlai und **A. G. Skawronskaja,** *Vergleichende biochemische und immunobiologische Untersuchung der gelenkten Veränderlichkeit bei einigen Bakterien der Darmgruppe.* Der aus *Bacterium coli commune* unter der Einw. von getötetem Bacterium Breslau (B. Br.) entstandene Basenbildner unterscheidet sich chem. u. nach den antigenen Eigg. sowohl von der Ausgangsform als auch von B. Br. Der bei weiterer Einw. der toten Zellen von B. Br. entstehende Paratyphoid ist dem B. Br. ähnlich. Für die Ausgangs- u. Zwischenformen werden in den einzelnen Fraktionen *Gesamt-N*, *Gesamt-P*, *Purinbasen*, *Pentosen*, *Nucleinsäuren*, *Nucleoproteide* u. *Proteide* bestimmt. Danach fehlen beim Alkalibildner die Nucleoproteidfraktion I der beiden Salzauszüge u. die Proteidfraktion I des NaOH-Auszuges. Unter den Eiweißkomplexen gibt es streng spezif., die sich von einer biol. Form zur anderen verändern, sowie stabilere Protoplasmakomponenten, die für eine breitere Gruppe spezif. sind. (Биохимия [Biochemie] **20.** 686–95. Nov./Dez. 1955. Moskau, Univ., Fakultät für Bodenbiol.; Inst. für Epidemiol. u. Mikrobiol. der Akad. der med. Wiss. der UdSSR.) O. Lebtag. 4350

Ch. G. Sinowjewa, *Das Verhalten spezialisierter Azotobacter-Kulturen gegenüber verschiedenen Kohlenstoffnährstoffen.* Als Untersuchungsobjekte dienten die Ausgangsstämme *Azotobacter chroococcum* K u. 53 sowie ihre Varianten aus der Rhizosphäre von Weizen, Hafer, Mais, Kartoffel, Zuckerrübe u. Baumwolle, deren N-Fixierung u. Vermehrungsintensität beim Wachstum auf Ashby-Nährboden unter Zusatz von *Glucose*, *Saccharose*, *Lactose*, *Maltose*, *Dextrin*, *lösl. Stärke*, *Ca-Lactat*, *Na-Acetat*, *Na-Benzoat* oder *Na-Tartrat* untersucht wurde. Das Verh. gegenüber verschied. C-Quellen war nicht nur von der Struktur der organ. Substanz, sondern auch von der Variante des Azotobacters abhängig. Die aus der Rizosphäre der verschied. Pflanzen gewonnenen Varianten zeigten in den meisten Fällen in Ggw. der C-Quellen im Vgl. zu den Ausgangsstämmen eine verstärkte N-Fixierung u. eine verstärkte Vermehrung. Die aus der Rhizosphäre von Weizen u. Hafer stammenden Varianten zeigten die stärkste N-Fixierung in Ggw. von Na-Benzoat, die aus der Rhizosphäre von Mais in Ggw. von Saccharose. (Мікробіологічний Журнал (Киев) [Mikrobiol. J. (Kiew)] **18.** Nr. 1. 13–19. 1956. Mikrobiol. Inst. der Akad. der Wiss. der UkrSSR.) O. Lebtag. 4350

A. G. Kratinow und **M. A. Maximenko,** *Über den Einfluß der Pestmikroben und ihrer toxischen Stoffe auf die Empfindlichkeit des Organismus gegenüber Histamin.* In Verss. mit weißen Mäusen u. Meerschweinchen bewirkte die einmalige subcutane Zufuhr einer lebenden Kultur von *Bacterium pestis* (B. p.), Stamm EV, eine Erhöhung der Empfindlichkeit gegenüber *Histamin* (**I**). Die minimale letale **I**-Dosis wurde bei sensibilisierten Mäusen um das 12–30fache, bei Meerschweinchen um das 1,5fache herabgesetzt. Nach experimenteller Pest war die Reaktivität gegenüber **I** erhöht. Nach intraperitonealer Zufuhr der im Autolysat von B. p. enthaltenen Toxine zeigten weiße Mäuse u. Ratten sowie Meerschweinchen eine Sensibilisierung gegenüber **I**. Die Sensibilisierung gegenüber **I** durch B. p. oder dessen Toxine konnte vorübergehend durch intraperitoneale Zufuhr von Dimedrol abgeschwächt werden. Bei akuter Pestintoxikation trat die erhöhte Reaktivität gegenüber **I** bereits einige Min. nach der Zufuhr der Autolysate von B. p. ein. Die latente

Periode war um so kürzer, je stärker die Intoxikation war. (Журнал Микробиологии, Эпидемиологии и Иммунобиологии [J. Mikrobiol., Epidemiol., Immunobiol.] **27.** Nr. 2. 83–91. Febr. 1956. Wiss. Forschungsinst. für Kaukasus u. Transkaukasien des Gesundheitsmin. der UdSSR.) O. LEBTAG. 4370

P. Nélis und **A. Lafontaine,** *Versuche zur Stabilisierung der mit Formol in schwacher Konzentration behandelten Glycerinpockenlymphe. Wirkung von Cystein und Lanolin. Rolle des p_H.* Pockenlymphe, die mit Formol (0,01%) u. dann zur Unterbrechung der Formolwrkg. mit NH_3 u. CO_2 behandelt wurde, unterliegt rascher Wirksamkeitsabnahme, die durch Zusatz von Cystein oder Lanolin nicht aufgehalten werden kann. Das p_H einer Pockenlymphe schwankt immer beträchtlich, ist aber für die Aktivität der Lymphe ausschlaggebend. (C. R. Séances Soc. Biol. Filiales **146.** 164–67. Jan. 1952. Brüssel, Minist. de la Santé publique, Labor. central d'Hygiène.) E. FISCHOEDER. 4370

P. Nélis und **A. Lafontaine,** *Stabilisierung der formolisierten Glycerinpockenlymphe durch Phosphatpuffer und Gelatine.* Die Haltbarkeit der formolisierten u. mit NH_3 u. CO_2 neutralisierten Pockenlymphe kann verlängert werden, wenn sie anschließend mit Phosphatpuffer auf p_H 7,3 eingestellt wird. Sie wird noch weiter verbessert, wenn außerdem durch Zusatz von 1% Gelatine die Wrkg. von Formolresten getrennt wird. (C. R. Séances Soc. Biol. Filiales **146.** 167–70. Jan. 1952.) E. FISCHOEDER. 4370

Je. L. Ssemenowa, N. A. Ponamarewa, Je. N. Tolstuchina, A. L. Kartaschowa, G. F. Abramowa, L. G. Lopatuchina und **M. N. Durassowa,** *Über die Heilwirkung einzelner Fraktionen der Proteine von Antipestserum.* An weißen Mäusen u. Meerschweinchen wurde die Wrkg. der *β-Globulinfraktion* (**I**), *γ-Globulinfraktion* (**II**) u. des *Globulins* (**III** = dialysiertes Serum) des Antipestserums untersucht. Die stärkste Heilwrkg. zeigte fl. gereinigtes **II**, das in seiner Wrkg. das Ausgangsserum weit übertraf. Die Zufuhr von **I**, **II** oder **III** begünstigte die Lokalisierung der Pestinfektion in den regionären Lymphknoten. **I** u. **II** besitzen die Eigg. von Antikörpern, erkennbar an der Bldg. eines Präcipitatringes bei Zusatz des somat. Kapselantigens der Pestmikroben. (Журнал Микробиологии, Эпидемиологии и Иммунобиологии [J. Mikrobiol., Epidemiol., Immunobiol.] **27.** Nr. 2. 78–83. Febr. 1956. Moskau, Metschnikow-Inst. für Vaccine u. Seren; Mittelasiat. Wiss. Forschungsinst.; Tarassewitsch-Kontrollinst.) O. LEBTAG. 4370

Frank M. Gogolak und **Martin R. Ross,** *Die Eigenschaften und die chemische Beschaffenheit des Psittacosevirus-Hämagglutinins.* Das Psittacosevirus-Hämagglutinin (**I**) ist ein Lecithin–Nucleoprotein-Komplex, der aus den gleichen elementaren Bausteinen (Lecithin, Aminosäuren, Nucleinsäuren) besteht wie das Psittacosevirus (**II**) selbst. Serolog. wird eine nahe Verwandtschaft, wenn nicht Idendität von **I** u. **II** dadurch wahrscheinlich, daß das von Hähnen gewonnene Immunserum den Agglutinationshemmungsfaktor enthält, ganz gleich, ob die Impfung mit intaktem **II** oder mit dem mittels UV-Strahlen, die **I** inaktivieren, abgetötetem **II** vorgenommen wird. Meerschweinchen bildeten nach Impfung mit durch Ultraschall abgebautem Virusmaterial komplementbindende Antikörper, die in Ggw. von Nucleoprotein aus **I** oder **II** gleich wirksam waren, u. hämagglutinationshemmende Antikörper. Eine spezif. Hämagglutination (Hä.A.) gelingt nur mit Mäuseerythrocyten. Die komplette Bindung des **I** geht dabei langsam (25 Min.) u. nur in Abwesenheit von Ca-Ionen vonstatten. Dagegen ist eine unspezif. Bindung von **I** an Celit auch in Ggw. von Ca ein momentaner Vorgang. Eine Dissoziation der Bindung tritt spontan nicht ein, aber Immunantikörper sind fähig, sie zu sprengen. Die Hä.A.-Technik kann daher so modifiziert werden, daß die bereits mit **I** sensibilisierten Mäuseerythrocyten in die fortlaufenden Serumverdünnungen eingebracht werden. Die Hä.A. ist gruppenspezif. für die ganze Psittacose–Lymphogranulom-Gruppe. (Virology **1.** 474–96. Dez. 1955. Frederick, Md., Camp Detrick.) E. FISCHOEDER. 4374

Horst Drawert und **Ilse Tischer,** *Über Redoxvorgänge bei Cyanophyceen unter besonderer Berücksichtigung der Heterocysten. 2.3.5-Triphenyltetrazoliumchlorid* (**I**) wird von manchen Cyanophyceen rascher red., wenn das Salz in Leitungswasser statt in dest. W. angeboten wird. Die Heterocysten der Gattungen Anabaena, Nostoc, Cylindrospermum Calothrix u. Scytonema reduzieren **I** viel rascher als die vegetativen Formen; das gleiche gilt für die Oxydation von Nadi-Reagens (α-Naphthol + Dimethyl-p-phenylendiamin). Die Erscheinung beruht wohl nicht auf Permeabilitätsunterschieden, sondern auf einer höheren Stoffwechselaktivität der Heterocysten. (Naturwissenschaften **43.** 132. März 1956. Berlin-Dahlem, Freie Univ. Berlin, Pflanzenphysiol. Inst.) A. DILLMANN. 4380

John A. Scigliano, Thomas C. Grubb und **Donald E. Shay,** *Untersuchung der fungiciden Wirkung einiger organischer Cu-Verbindungen.* Eine vorläufige Untersuchungsmeth. antimycot. Eigg. entstand im Gebrauch der nach MCCREA abgeänderten Meth. von SCHAMBERG-KOLMER. Da hierbei jedoch Irrtümer nicht ausgeschlossen waren, wurden Fehlerquellen untersucht. — Folgende 8 organ. Cu-Komplexe wurden gegen Salicylsäure als Kontrollsubstanz auf antimycot. Eigg. untersucht: *p-Nitrophenyl-Cu-tripyridin*; *Phenyl-Cu-stearinsäurenitriltripyridin*; *p-Tolyl-Cu-tripyridin*; *p-Sulfonamidophenyl-Cu-tripyridin*; *p-Nitrophenyl-Cu-propionitriltripyridin*; *m-Nitrophenyl-Cu-tripyridin*; *m-Nitrophenyl-Cu-caprylsäurenitriltripyridin*; *Phenyl-Cu-tripyridin*. – Mit Ausnahme der Salicylsäure wurde die Aktivität vorst. Verbb. als sehr schwach befunden. Änderungen im p_H-Wert der Lsgg. dieser Verbb. geben keinen sichtbaren Effekt bzgl. antimycot. Eigenschaften. (J. Amer. pharmac. Assoc., sci. Edit. **39**. 673–76. Dez. 1950. Baltimore, Md., Univ. of Maryland; New York, N. Y., Vick Chemical Co.) H. v. Osten. 4380

E_4. Pflanzenchemie. Pflanzenphysiologie. Pflanzenpathologie.

Paul Jaeger und **Pierre Duquénois**, *Lösliche und kristallisierte Oxalate im Oxalis acetosella L. und O. stricta L.* Der *Oxalat*-Geh. (I) von *Oxalis acetosella* u. *O. stricta*, welche an der gleichen Lokalität gewachsen waren, wird untersucht. Der Gesamt-I war bei beiden Species etwa gleich u. von derselben Größenordnung wie bei Datura u. anderen Solanaceen. Beide Species enthalten quadrat. Kristalle von *Calciumoxalat–Trihydrat*, *O. stricta* mehr als *O. acetosella*. Die Kristalle finden sich im Stengel nur vereinzelt u. häufen sich im oberen Blattstiel in der Nähe des Blattgrundes. Ähnliche Verhältnisse wurden auch bei Fagopycum esculentum beobachtet. Dies spricht dafür, daß der Blattgrund der Entstehungsort des Ca-Ions ist. Die histochem. Unters. ergab bei beiden Species einen großen Geh. an *lösl. Oxalaten*, auch an Stellen, wo keine Kristalle sichtbar sind. (Bull. Soc. bot. France **100**. 278–80. 1953.) E. Hanschke. 4420

Charles C. Woodward und **Glenn S. E. Rabideau**, *Die Zusammensetzung von mit 80%igem Alkohol extrahierten Pflanzenfraktionen.* Junge Maisschößlinge werden unter Treibhausbedingungen u. Belichtung 15 Std. $^{14}CO_2$ ausgesetzt u. Proben des frischen Materials (Anfangs-p_H 5,7) mit A. unter verschied. Bedingungen extrahiert. Die Rückstände der Extrakte werden z. T. mit Ae. extrahiert u. die Radioaktivität der A.- u. Ätherextrakte nach verschied. langer Extraktionsdauer (bis 528 Std.) mit dem Geiger-Müller-Zähler gemessen; nach 72std. Extraktionsdauer sinkt die Radioaktivität auf einen ziemlich konstanten Wert. Die alkoh. Extrakte werden papierchromatograph. untersucht u. die Mengen an *Aconit-*, *Adipin-*, *Citronen-*, *Glycol-*, *Äpfel-*, *Oxal-*, *Wein-*, *Asparagin-* u. *Glutaminsäure*, *Lysin*, *Methionin*, *Serin*, *Valin*, *Glutamin*, *Glucose*, *Fructose*, *Cellobiose* (?) (I), *Saccharose* (II) u. *Raffinose* (III) in den verschied. Extraktionsintervallen festgestellt; die Zus. des extrahierten Materials ist abhängig von der Extraktionsdauer. **I**, **II** u. **III** werden in 24 Std., alle anderen Zucker in 72 Std. vollständig extrahiert. Möglicherweise durch Hydrolyse von Glucosiden entstandene reduzierende Verbb. konnten mittels der Cu_2O-Meth. noch nach 432 Std. nachgewiesen werden. Analoge Verss. mit Maispflanzen u. *Andropogon ischaemum L.* ergaben gleiche Resultate. – Die Ergebnisse werden tabellar. gegeben. (Plant Physiol. **28**. 535–38. Juli 1953. Austin, Tex., Univ., Plant Res. Inst.) E. Hanschke. 4420

Monte A. Greer, *Die Isolierung von Progoitrin, der Vorstufe der natürlich vorkommenden antithyroiden Verbindung Goitrin (L-5-Vinyl-2-thiooxazolidon) aus Rutabagasamen.* Aus dem gemahlenen u. mit Ae. extrahierten Rutabagasamen wird nach Zerstörung der Enzyme durch Eintragen in sd. W. u. Extraktion mit W. die Vorstufe des Goitrins, das *Progoitrin* (I) isoliert, das bei Behandlung mit Myrosin je 1 Mol $NaHSO_4$, Glucose u. Goitrin liefert. – *Progoitrin* (I), $C_{11}H_{18}O_{10}NS_2Na$, F. 135–145° (Zers.), aus

$CH_2{=}CH{-}CHOH{-}CH_2{-}N{=}C(S{-}C_6H_{11}O_5){-}OSO_3Na$ I

dem konz. wss. Extrakt nach Entfernung der Proteine mittels 80%ig. A. durch Chromatographie an Al_2O_3; aus A. feine nadelähnliche Kristalle; $[\alpha]_D$ $-22,3^0$ (W.); λ_{max} 227 mμ, mol. Extinktion 7700. (J. Amer. chem. Soc. **78**. 1260–61. 20/3. 1956. Long Beach, Calif., Veteran Admin. Hosp., Radioisotope Serv.; Los Angeles, Univ., Dep. of Med.) E. Hanschke. 4420

Alfred Heilbronn, *Über einen Mechanismus der Transpirationserniedrigung durch ätherische Öle.* Da äther. Öle in der Atmosphäre transpirierender Pflanzen eine Verminderung der Wasserabgabe herbeiführen können, wurde eine Vorr. entwickelt, die eine Prüfung ermöglicht, ob die Oberflächenspannung des capillar festgehaltenen W. durch Öldämpfe der Pflanzen verringert wird. Alle in die Versuchskammer gebrachten „Exhalatoren" für äther. Öl (Filterscheiben + Öl, Labiatenblätter, Jasminumblütenblätter) bewirkten, in verschied. Maße, ein Absinken des Wassermeniskus innerhalb einer Capillare durch Oberflächenspannungsverminderung. Nach den Verss. können die von lebenden Pflanzenorganen gebildeten äther. Öle selbst noch in 11 mm Entfernung von der Blattoberfläche noch in Capillaren von 1 mm Durchmesser eine solche Erniedrigung des Wasserstandes bewirken, daß die Wasserabgabe aus denselben durch Vertiefung des windstillen Raumes meßbar gesenkt wird. (Naturwissenschaften **43**. 64. Febr. 1956. Istanbul, Univ., Biol. Inst.) K. Maier. 4450

L. A. Sujew und **P. F. Golubewa,** *Ausnutzung des Vorratsphosphors der Samen bei der Keimung.* (Vgl. C. **1955.** 3893 u. 11233.) Bei Flachskeimlingen wurde nach einem Wachstum in einer Nährlsg. mit zugesetztem radioakt. P durch Best. der Aktivität nach 7 Tagen der Geh. an *Gesamt-P, anorgan. P,* in 1% ig. HCl unlösl. *Phosphaten, Phosphosacchariden* (I) u. *Phytin* (II) ermittelt. Es zeigte sich, daß weder in der Wurzel noch im Sproß eine II-Synth. stattfindet. Der II-Zerfall verläuft parallel zur Verwertung der Grundreserven des Samens. Hierbei entstehen I, die teilweise in der Keimpflanze fortbewegt werden u. weniger als andere P-organ. Verbb. ihren P gegen den aus der Nährlsg. aufgenommenen P austauschen. Ein Teil von I wird an Ort u. Stelle für die Atmung verbraucht. (Доклады Академии Наук СССР [Ber. Akad. Wiss. UdSSR] **104.** 929–31. 21/10. 1955. Moskau, Lomonossow-Univ.) O. LEBTAG. 4455

J. S. D. Bacon und **R. Loxley,** *Jahreszeitliche Veränderungen der Kohlenhydrate von Jerusalem-Artischockenknollen.* Vff. bestimmen Trockenmasse u. Menge der *gesamten* (I) u. freien *red. Substanzen* (Ia) in wss. Auszügen von Jerusalem-Artischockenknollen innerhalb eines Jahres (Juni 1950 bis Mai 1951). Es wird auf chromatograph. Wege ein Anstieg der Gehh. an Trockensubstanzen u. I während der Wintermonate beobachtet. Parallel mit dem Ansteigen der Kohlenhydratkomponenten mit niedrigen Mol.-Gewichten (Ketosen) verändert sich die opt. Drehung der deproteinisierten Auszüge in positiver Richtung. Die Ia-Konz. zeigt dagegen von Aug. bis März einen Abfall, der einem Anstieg des *Glucose*-Geh. um das 3–4fache entspricht. Die beobachteten Veränderungen stehen im Zusammenhang mit Wachstum, Ruheperiode u. Keimung der Knollen. (Biochem. J. **51.** 208–13. Mai 1952. Sheffield, Univ., Dep. of Biochem.) P. FAHRNLAENDER. 4460

A. A. Krassnowski und **L. M. Kossobutzkaja,** *Die aktive Form von Chlorophyll in kolloiden Lösungen von Stoffen grüner Blätter und ihre reversible photochemische Umwandlung.* Die bei Belichtung eintretende Veränderung der Fluorescenz des *Chlorophylls* in „Grünlsgg." von Zuckerrübenblättern wird durch Übergang der photoakt. fluorescierenden monomeren Form des Chlorophylls in aggregierte Formen erklärt. Die bei Belichtung nach einer Periode der Verdunkelung gewöhnlich beobachtete anfängliche Zunahme der Fluorescenz der Blätter wird mit der Bldg. einer akt. monomeren Form des Chlorophylls entweder durch Photodesaggregation oder durch Neubldg. erklärt. Das Absinken der Fluorescenz bei längerer Belichtung der Blätter ist durch Umwandlungen der monomeren Form, Verminderung ihrer photostationären Konz. bei Einbeziehung des Chlorophylls in das Syst. der Rkk. der Photosynth., zu erklären. Die photoakt. monomere Chlorophyllform der „Grünlsgg." zeigt umkehrbare photochem. Umwandlungen, ähnlich den Umwandlungen in den wahren Lösungen. (Доклады Академии Наук СССР [Ber. Akad. Wiss. UdSSR] **104.** 440–43. 21/9. 1955.) A. JACOB. 4460

N. G. Doman, *Untersuchung der Wege der photobiochemischen Reduktion der Kohlensäure außerhalb der Zellen.* (Vgl. FAGER, C. **1953.** 8632. 8633.) In Verss. mit Bohnenblättern unter Anwendung von $^{14}CO_2$ wird gezeigt, daß die unter Erhaltung der Aktivität der Fermentsysteme hergestellten Suspensionen der zerriebenen grünen Zellen eine starke CO_2-Fixierung aufweisen. Diese Fixierung wird bei Belichtung u. in Ggw. von H_2, *Ascorbinsäure, Adenosintriphosphorsäure* u. *Cystein* verstärkt. Die Geschwindigkeit der Photosynth. in der Blattsuspension beträgt 0,001–0,01 der n. Photosynthese. Die Prodd. der Photosynth. sind bei CO_2-Fixierung durch die Blattsuspension nicht festzustellen. Durch Fraktionierung der Fixierungsprodd. an Anioniten u. Kationiten läßt sich nachweisen, daß mit u. ohne Lichtzutritt vorwiegend saure Stoffe entstehen, unter denen sich Äpfelsäure nachweisen läßt. Bei Lichtzutritt zeigen die Stoffe in der Zone der hochmol. Stoffe u. der Phosphorsäureester eine starke Radioaktivität. (Биохимия [Biochemie] **20.** 734–39. Nov./Dez. 1955. Moskau, Bach-Inst. für Biochemie der Akad. der Wiss. der UdSSR.) O. LEBTAG. 4460

N. Coppens, *Biosynthese von Fettsäuren durch Samen von Ricinus communis.* Schnitte der Keimblätter von Ricinus communis, var. sanguineus, wurden mit Substrat 6 Std. bei 30° bebrütet (WARBURG-App.), mit A. u. Ae. (3:1) eluiert, das Rohöl verseift u. die Fettsäuren, nach Extraktion des Unverseifbaren mit PAe., chromatographiert. Ein Teil des $^{14}C_{(1)}$-Acetats (Substrat) wird in CO_2 verwandelt; der Rest wird in die C_{18}-Fraktion eingebaut, während die *Ricinolsäure* (I) inakt. ist. Zugabe von Glucose zum Substrat erhöht den Acetateinbau in die Fettsäurefraktionen u. erniedrigt den respirator. Quotienten. Die Entstehung von I u. Stearinsäure wird zugunsten der C_{14}- u. C_{16}-Fraktionen zurückgedrängt. Die Aktivität findet sich jetzt überwiegend in der C_{16}-Fraktion. Das Unverseifbare zeigt ebenfalls beträchtliche Aktivität. Dies deutet auf die Wichtigkeit des Acetats für die Biosynth. der Phytosterine hin. (Nature [London] **177.** 279. 11/2. 1956. Ghent, Univ., Pharm. Inst. and Labor. of Physical Biochem.) R. BEHNISCH. 4460

Jerome L. Rosenberg, *Verwendung einer Glaselektrode zur Messung rascher Veränderungen der Photosynthesegeschwindigkeiten.* Zur kontinuierlichen Messung rasch verlaufender Änderungen der CO_2-Konz. in *Algensuspensionen* wurde ein BECKMAN-p_H-Meter mit Glaselektrode benutzt. Die Lsg. befand sich in einer LUCITE-Küvette von 3 cm Durchmesser u. 5 mm Dicke mit flachen Fenstern. Die Anordnung erfaßte Änderungen von 0,1 p_H/sec. Der Anwendungsbereich (p_H 6,5—8,5), der Einfl. der Konz., die Wrkg. von Phosphat u. Cyanid wurden untersucht. Mittels dieser Anordnung wurden die Photosynthesegeschwindigkeiten ermittelt. Ferner wurden Experimente im stetigen Zustand durchgeführt, indem Gasmischungen mit verschied. CO_2-Partialdruck durch die Küvette geleitet wurden. Hierdurch konnte der Abfall der Photosynthesegeschwindigkeit bei hoher Lichtintensität bei einem CO_2-Druck von $<$0,5% des atmosphär. bewiesen werden. (J. gen. Physiol. **37.** 753—74. 20/7. 1954. Chicago, Ill., Univ., Inst. of Radiobiol. and Biophys.; Pittsburgh, Pa., Univ., Dep. of Chem.) M. WIEDEMANN. 4460

E_5. Tierchemie. Tierphysiologie. Tierpathologie.

Aaron S. Posner, Claudine Fabry und **Marcel J. Dallemagne,** *Gruppen defekter Apatite bei synthetischen und natürlichen Calciumphosphaten: Der Begriff von Pseudoapatiten.* Es wird dargelegt, daß der Begriff von fehlendem Ca in der Hydroxylapatitstruktur das Bestehen einer Serie von Ca-Phosphaten mit wechselndem Ca:P-Verhältnis, jedoch gleichem Röntgenbild zu erklären vermag. Es wird die Annahme begründet, daß diese defekten Apatite, die bei oder unter 100° gebildet werden, fein verteilt u. von den bei höherer Temp. gebildeten defekten Strukturen verschied. sind, als Pseudoapatite klassifiziert werden können. Das Vorhandensein einer defekten Serie mit mehr oder weniger in den Strukturstellungen fehlenden Ca-Ionen ist auch in der Whitlockitserie anzunehmen. Beim anorgan. Teil von Zähnen u. Knochen liegt Grund zur Annahme vor, daß ihre von der Carbonatphase verschied. Apatitphase zur Pseudoapatitklasse gehört. (Biochim. biophysica Acta **15.** 304—05. Okt. 1954. Lüttich, Univ., Inst. de Thérapeut. Expérimentale.) J. SCHWAIBOLD. 4510

Sheena M. Clark und **John Iball,** *Orientierung von Apatitkristallen im Knochen.* Unterss. an Rattenknochen mit einer Röntgenapp., die beschrieben wird, ergaben bei Schnitten quer zur Längsachse der Knochen, daß die Apatitkristalle mit der c-Achse tangential zur Oberfläche des Knochens angeordnet sind. Im Knochen als ganzem ist die Mehrzahl der Kristalle mit der c-Achse etwa parallel zu der Längsachse des Knochens angeordnet. (Nature [London] **174.** 399—400. 28/8. 1954. Dundee, Univ. Coll., Carnegie Labor. of Physics.) J. SCHWAIBOLD. 4510

G. Laxer und **C. S. Whewell,** *Der Eisengehalt von aus pigmentierten Säugetierhaaren isolierten Melaningranula.* Zur Isolierung der Granula wird das Material mit Ae. u. A. im Soxhlet extrahiert, mehrmals mit HCl bei p_H 2,5 u. dann mit W. gewaschen. 1 g des gereinigten Materials wird 24 Std. mit 100 ml einer Fe-freien Lsg. von 94 g Phenol, 9 g W. u. 8,2 ml Thioglykolsäure unter dem Rückflußkühler gekocht. Zur Entfernung fremder Bestandteile wird die Suspension durch dichtgepackte Glaswolle u. durch einen Glasfiltertiegel mittlerer Feinheit filtriert. Die Granula werden durch 10 Std. Zentrifugieren bei 3500 Umdrehungen gesammelt, 3mal mit 100 ml Phenollsg. gewaschen u. zentrifugiert, dann 3mal mit Aceton u. zuletzt mit Äther. Das dunkelbraune Pulver wird 48 Std. in fließendem dest. W. mit HCl-Zusatz (p_H 2,5) dialysiert u. das Pigment im Vakuum mit Phosphorpentoxyd getrocknet. Die Fe-Gehh. der Granula verschied. Haararten schwankten zwischen 0,538 (schwarze Ziege) u. 0,149% (schwarzer Pudel). Der Fe-Geh. von *Welsh mountain*-Wolle (0,019%) entspricht dem Geh. dieses Materials an *Melanin* (5,45% mit 0,352% Fe). Die so isolierten Melanine vermögen Fe aus schwach sauren Ferrisulfatlsgg. zu adsorbieren. (Chem. and Ind. **1954.** 127. 30/1. Leeds, Univ., Dep. of Textile Industries.) J. SCHWAIBOLD. 4510

J. Rechenberger und **G. Hevelke,** *Über den Magnesiumgehalt der Aorta in Abhängigkeit vom Lebensalter.* Unterss. an den Aorten von 36 n. Personen ergaben, daß der Mg-Geh. im Alter von 10—29 Jahren am höchsten ist (bis 50 mg% in Trockensubstanz). In den weiteren Jahren bis zum hohen Alter tritt eine erhebliche Abnahme des Mg-Geh. ein (bis 10 mg%). Der Ca-Geh. zeigt dagegen eine stete Zunahme in Richtung der älteren Jahresklassen (von 200—500 mg). Bei Geweben von 28 Fällen mit schwerster Arteriosklerose wurde dagegen mit zunehmendem Alter eine z. T. erhebliche Zunahme des Mg-Geh. (bis 85 mg%) festgestellt, die parallel zu der starken Ca-Vermehrung in der Gefäßwand geht. Demnach trägt auch Mg zur „Verschlackung" der Aortenwand bei. (Verh. dtsch. Ges. inn. Med. **60.** 906—08. 1954. Leipzig, Univ., Med. Klinik.) J. SCHWAIBOLD. 4510

Dorothy M. Kraemer und **Howard Miller,** *Elastingehalt der Albuminoidfraktion von menschlichen Aorten.* Frische thorakal. Aorten Verstorbener in Altersstufen zwischen Geburt u. 89 Jahren wurden nach wiederholter Behandlung mit NaCl u. Na_2HPO_4 mehrfach mit NaOH bis zur Entfärbung hydrolysiert, mit absol. A. entwässert u. bei 70° getrocknet. Obwohl das so erhaltene *Elastin* (I)-Mineralsalze, bes. Ca-Salze, in verschied. Mengen enthielt, schwankten die Mittelwerte von I, unabhängig von Alter, Geschlecht u. dem Grade der Erkrankung, nur wenig um den Wert 34,8%. Für gesunde Aorten betrug der Mittelwert nur 30,8%, während er in patholog., wahrscheinlich infolge des Ca-Geh., auf 36,2% anstieg. (A. M. A. Arch. Pathol. **55.** 70–72. Jan. 1953. New York City, Univ. of New York, Coll. of Med., anatom. Dep.) E. DEHN. 4520

A. Bolognari, *Über die Bestimmung des Glutathions im weißen Köper der Cephalopodenmollusken.* Um festzustellen, ob das im weißen Körper von Octopus macropus in größeren Mengen vorkommende *Glutathion* mit der Nierenfunktion u. der Xanthinbldg. in Beziehung steht, wurde es mit 10%ig. Trichloressigsäure extrahiert. Die darauf folgende Best. des Glutathions deutet nur Beziehungen mit der Nierenfunktion an. (Boll. Soc. ital. Biol. sperim. **29.** 371–72. März 1953. Messina, Univ., Inst. f. Zoolog. u. vgl. Anatom.) E. DEHN. 4520

Stian Erichsen, *Histochemische Veränderungen im Endometrium des Hundes während der Brunstzeit.* Angabe von Verss. mit Nachw. des Auftretens zweier verschied. Substanzen im Verlauf der Brunstperiode der Hündin: 1. eine diastaseresistente, Perjodsäure-SCHIFF-positive Substanz, die mit Toluidinblau eine purpurne Metachromasie ergibt u. offenbar entweder ein neutrales *Mucopolysaccharid* oder ein *Mucoprotein* darstellt; 2. eine mit Sudanrot anfärbbare Substanz, die auf eine Zellverfettung hinweist. (Acta pathol. microbiol. scand. **33.** 263–67. 1953. Oslo, Veterinary College of Norway, Dep. of Pathalogic Anatomy.) H. DOSSMANN. 4520

A. Castellani, *Photodynamische Wirkung des Hämatoporphyrins auf die Viscosität der Mucine mesenchymalen Ursprungs.* Aus der Nabelschnur gewonnenes *Mucin* zeigt bei Ggw. von *Hämatoporphyrin* eine starke Abnahme seiner Viscosität, wenn es vorher mittels einer 200 W-Lampe bestrahlt wird; Stärke u. Beginn der Abnahme ist vom Hämatoporphyringeh. abhängig. (Boll. Soc. ital. Biol. sperim. **29.** 284–86. März 1953. Perugia, Univ., Allgem. pathol. Inst.) E. DEHN. 4520

Marcel Guillot und **Guillaume Valette,** *Die physikochemischen Bedingungen der Hautresorption.* 1. u. 2. Mitt. Zusammenfassender Bericht über die stoffliche Durchlässigkeit der menschlichen Haut u. die dabei auftretenden verschiedenartigen physikochem. Mechanismen. (J. de Physiol. **46.** 31–49. 51–98. 1954. Paris, Faculté de Pharmacie.) GERDA SCHULZE. 4550

Leighton E. Cluff und **Morgan Berthrong,** *Hemmung der lokalen Schwartzmann-Reaktion durch Heparin.* Bei Kaninchen hemmte *Heparin* (5 mg/$^1/_2$ Std. für 4 Std.) das Auftreten einer lokalen SCHWARTZMANN-Rk. völlig. (Bull. Johns Hopkins Hosp. **92.** 353 bis 363. Mai 1953. New York, N. Y., Johns Hopkins Univ., School of Med., and Hosp. of the Rockefeller Inst. for Med. Research.) J. BROSEMANN. 4551

D. M. Fawcett und **S. Kirkwood,** *Die Rolle der Speicheldrüsen beim extrathyroidalen Jodstoffwechsel.* Früher waren Hinweise dafür erhalten worden, daß die Speicheldrüsen den Thyroxinspiegel durch Abbau des *Thyroxins* (I) regeln, wobei ein langsamer Abbau von I beobachtet worden war, aber kein Nachw. von *Dijodtyrosin* (II) oder Monojodtyrosin außer in der Schilddrüse möglich war. Ratten mit u. ohne Speicheldrüsen erhielten Injektionen von mit ^{131}J markiertem II. Die Unters. von nach 2–60 Min. entnommenem Blut (chromatograph. Trennung von Jodid u. II) ergab, daß bei n. Tieren ein rascher Abbau von II erfolgt, bei Tieren ohne Speicheldrüsen dagegen kein merklicher Abbau. Die Speicheldrüse besitzt demnach eine der Schilddrüse entgegengesetzte Funktion. (Science [Washington] **120.** 547–48. 1/10. 1954. Hamilton, Ontario, Univ., Dep. of Chem.) J. SCHWAIBOLD. 4555

Jørn Hess Thaysen, Niels A. Thorn und **Irving L. Schwartz,** *Ausscheidung von Natrium, Kalium, Chlorid und Kohlendioxyd in menschlichem Parotisspeichel.* Der Speichel wurde bei 3 Versuchspersonen bei verschied. Sekretionsgeschwindigkeiten (Stimulation durch *Mecholyl*) gewonnen. Die Na-Konz. stieg mit zunehmender Bildungsgeschwindigkeit, war aber immer geringer als die Na-Konz. im Plasma. Die K-Konz. blieb konstant u. höher als die des Plasmas. Die Cl-Konz. verhielt sich wie die des Na. Die CO_2-Konz. war unabhängig von der Sekretionsgeschwindigkeit bei Mengen von $>$1,5 ml/Min. u. etwa doppelt so hoch wie im Plasma. Bei geringerer Produktion sanken die CO_2-Werte auf die des Plasmas. Die Summe der Konzz. von Cl u. CO_2, berechnet als Bicarbonat, entsprach in allen Fällen zu 90% derjenigen von Na u. K. Es wird angenommen, daß Na u. K in die Ausgangs-Fl. des Speichels proportional dem Speichelfluß übergehen u. Na durch einen folgenden Vorgang mit beschränkter Kapazität z. T. rückresorbiert wird, K dagegen nicht. (Amer. J. Physiol. **178.** 155–59. Juli 1954. New York, Hosp. of the Rockefeller Inst. for Med. Res.) J. SCHWAIBOLD. 4555

Jørn Hess Thaysen und **Niels A. Thorn,** *Ausscheidung von Harnstoff, Natrium, Kalium und Chlorid in menschlichen Tränen.* Die Tränen-Fl. wurde von 2 Versuchspersonen durch Stimulierung mit Zwiebelschnitten erhalten. Die Konz. von Harnstoff war die gleiche wie die im Plasma u. unabhängig von einer 5fachen Steigerung der Bildungsgeschwindigkeit. Das Verhältnis der Konz. in den Tränen zu der im Plasma blieb trotz 4facher Schwankung der Konz. im Plasma konstant. Der Übergang des Harnstoffs erfolgt demnach nicht durch einen Sekretionsvorgang, sondern durch einfache Diffusion. Die Konzz. von Na, K u. Cl in den Tränen waren unabhängig von einem weiten Schwankungsbereich der Sekretionsgeschwindigkeit. Das Verhältnis der Konzz. der 3 Ionen in Tränen zu denjenigen im Plasma war bei Na im Mittel 1, bei K u. Cl höher. Bei der Tränensekretion erfolgt demnach keine Rückresorption von Na. (Amer. J. Physiol. **178.** 160—64. Juli 1954.) J. Schwaibold. 4555

Fritz Bramstedt, Adolf Kröncke und **Rudolf Naujoks,** *Über die Aktivierung des Kohlenhydratabbaus im Speichel durch niedrige Fluorkonzentrationen.* Vff. untersuchen den Abbau von *Glucose* (I) u. *Fructose-1.6-diphosphat* (II) (Konz. je $^1/_{100}$ mol.) im Speichel cariesresistenter (a) u. -anfälliger (b) Personen unter dem Einfl. niedriger F-Konzz. ($^1/_{10000}$ mol. NaF) bei 37°. Es wird festgestellt, daß F den aeroben u. anaeroben Abbau von I bei b um 35% bzw. 90% erhöht, während bei a die Umsatzsteigerung nur etwa $^1/_3$ so stark ist wie bei b. Auf die **II**-Spaltung besitzt dagegen F in diesen Konzz. keinen Einfluß. Es wird angenommen, daß diese F-Wrkg. auf der Beschleunigung des bei b verlangsamten Kohlenhydratumsatzes im Speichel beruht. (Naturwissenschaften **43.** 109—10. März 1956. Hamburg, Univ., Physiol.-chem. Inst. u. Klinik u. Poliklinik für Zahn-, Mund- u. Kieferkrankheiten.) P. Fahrnlaender. 4555

Allen H. Gates, *Lebensfähigkeit und Entwicklungskapazität der Eier von mit Gonadotropinen behandelten nichtgeschlechtsreifen Mäusen.* Eier, die aus einer bei nichtgeschlechtsreifen Mäusen mittels *Gonadotropin* induzierten Ovulation stammen u. in Mäuse transplantiert wurden, welche zur gleichen Zeit wie die Spender ovulierten, zeigen n. Lebensfähigkeit. Auch die Entw. der transplantierten Eier entspricht der Entw. der Eier, die aus der spontanen Ovulation der geschlechtsreifen Mäuse stammten. (Nature [London] **177.** 754—55. 21/4. 1956. Edinburgh, Univ., Inst. of Animal Genetics.)
H. P. Fiedler. 4559

F. Tinacci und **C. Agostini,** *Die Wirkung des Testosteronpropionats auf den Fettgehalt des Knorpelgewebes in Beziehung zum Phänomen der Knochenbildung.* Vff. haben nach täglicher subcutaner Injektion von 2 mg *Testosteronpropionat* in Öl Schnitte aus Luftröhre, Rippe u. Schienbein von Ratten histolog. untersucht u. festgestellt, daß bei jungen Ratten der Fettgeh. der Chondroblasten größer ist als bei den Kontrolltieren, während in älteren die Knochenbldg. auch ohne Testosteron fortschreitet. (Boll. Soc. ital. Biol. sperim. **29.** 280—82. März 1953. Perugia, Univ., Inst. für allg. Pathol.) E. Dehn. 4559

I. David und **O. Montersino,** *Mikrorespirometrische Beobachtungen an der mit ACTH behandelten Nebenniere.* Vff. haben an Nebennieren des Rindes den durch 125, 250, 500 u. 1000 γ *ACTH* erhöhten O_2-Verbrauch nach $^1/_2$ u. 1 Std. gemessen u. festgestellt, daß die mit den Kontrollverss. verglichenen, prozentual berechneten O_2-Mengen mit der Erhöhung der ACTH-Dosen abnehmen. Eine Gesetzmäßigkeit hierfür wurde nicht gefunden. (Boll. Soc. ital. Biol. sperim. **29.** 1156—58. Juni 1953. Turin, Univ., Inst. für Pharmakol. u. exp. Therap.) E. Dehn. 4560

I. David, *ACTH-Wirkung im Spiel einiger Stoffwechselprodukte der Nebennierenrinde, erforscht in vitro.* Nebennierenrinden von Ratten, denen die Hypophyse entfernt war, wurden mit *ACTH* behandelt, u. die vorhandenen Ascorbinsäuremengen wurden sofort, nach $^1/_2$ Std. u. nach 1 Std. bestimmt. Sie nehmen mit zunehmender Konz. des Hormons ab u. stehen zu ihm in logarithm. Abhängigkeit. (Boll. Soc. ital. Biol. sperim. **29.** 1154—56. Juni 1953. Turin, Univ., Inst. für Pharmakol. u. exp. Therap.)
E. Dehn. 4560

A. A. G. Lewis und **T. M. Chalmers,** *Nicotin zur Diagnose des Diabetes insipidus.* Durch Inhalation oder intravenöse Injektion zugeführtes *Nicotin* (I) hindert die Diurese; es verursacht einen Anstieg der Chloridkonz. im Harn. Das beweist die Unabhängigkeit der Wrkg. von der glomerulären Filtration, die durch Inulinclearance gemessen wird. Der antidiuret. Effekt beruht auf der Freimachung eines antidiuret. Hormons. Im Vgl. zur Wrkg. des *Pitressins* (II) zeigt sich, daß bei n. Personen die Inhalation einer Zigarette so viel antidiuret. Hormon freimacht wie 100 mE. **II** entspricht. Diese Unters. kann zur Diagnose des Diabetes insipidus herangezogen werden. (Proc. Roy. Soc. Med. **43.** 845. Nov. 1950.) U. Balzer. 4560

Horst Helmut Krüger, *Die Behandlung des Status asthmaticus mit Depotformen des adrenocorticotropen Hormons.* Bei 5 sonst völlig therapieresistenten Patienten im Status asthmaticus konnte mit *Depot-ACTH* (einmalige Dosis von 40—60, höchstens 80 I.E., zur Weiterbehandlung gegebenenfalls bis zu höchstens 300—400 I.E.) vorübergehend völlige Beschwerdefreiheit erzielt werden. Diese Behandlung sollte aber schwersten Fällen vorbehalten bleiben. (Aerztl. Wschr. **8.** 1197—1203. 11/12. 1953. Berlin, Freie Univ., Med. Klinik.) J. Brosemann. 4560

Henry J. Buehler, Philip A. Katzman und **Edward A. Doisy,** *Die Hydrolyse der Konjugate neutraler Ketosteroide.* In Hinblick auf die Unters. des Steroidstoffwechsels durch Dest. der verschied. Steroide im Harn untersuchen Vff. die Hydrolyse von Steroidkonjugaten nach 5 Methoden. Das übliche 10 Min. Kochen in 15% ig. HCl führt teilweise zu erheblichen Steroidverlusten. Die höchsten Werte wurden erhalten bei der kontinuierlichen Extraktion von Harn, der auf eine Acidität von 7,2n HCl gebracht worden war, mit sd. Ae. über 24 Stunden. Die so erhaltenen Werte ergaben annähernd die Summe der Ketosteroide, die durch β-Glucuronidase einerseits u. durch kontinuierliche Ae.-Extraktion von Harn, der auf einen HCl-Geh. von 0,7n angesäuert war, andererseits in Freiheit gesetzt wurden. (Proc. Soc. exp. Biol. Med. **78.** 3—8. Okt. 1951. Saint Louis, Mo., Saint Louis Univ., School of Med., Dep. of Biochem.) W. Fruhstorfer. 4561

F. Brown und **H. Jackson,** *Das Schicksal von mit* ^{131}*Jod markierten homologen und heterologen Thyreoglobulinen bei Ratte, Hund, Affe und Kaninchen.* Vff. untersuchten den Stoffwechsel von ^{131}J-*Thyreoglobulinen*(I), die von Ratte, Hund, Affe u. Kaninchen gewonnen worden waren. Ratte, Hund u. Affe verändern das homologe Protein schnell unter Bldg. von Jodid, Jodtyrosin u. Thyroxin. Kaninchenthyreoglobulin verschwindet nach intravenöser Injektion beim Kaninchen nur langsam aus dem Plasma. Bei allen Versuchstieren konnte eine Ausbldg. von Immun-Rkk. gegen fremdes I beobachtet werden. Heterologes Schilddrüsenprotein wird im allg. vom Plasma nichtimmuner Tiere der 4 Species ohne Auftreten signifikanter Mengen einfacher Metaboliten im Plasma abgebaut. Wird jedoch Affen-I Ratten injiziert u. umgekehrt, so findet eine schnelle Stoffwechselumwandlung statt, u. Thyroxin erscheint im Plasma. (Biochem. J. **62.** 295—301. Febr. 1956. Manchester, Christie Hosp. and Holt Radium Inst.) K. Böhm. 4562

A. A. Woitkewitsch, M. Ja. Ssidorkina, G. W. Chomullo, Ss. N. Gordina, G. A. Munaitbassowa, Ss. A. Tukajewa, A. W. Negowskaja und **Je. P. Smirnow,** *Die Rolle des Schilddrüsenhormons bei der Aktivität des makrophagen Systems.* Der Allgemeineffekt der Behandlung mit physiol. Dosen des *Schilddrüsenhormons* (I) zeigt Beschleunigung der Regeneration verschied. Gewebe, größere Widerstandsfähigkeit der Versuchstiere gegen Infektionen (Pneumokokken u. Ruhrstäbchen), Hemmung der Bldg. u. Entw. von Malignomen. Führte man antithyreoide Stoffe ein, so trat bei starker Herabsetzung der oxydativen Prozesse eine Umkehrung dieser Verhältnisse ein. I aktiviert verschied. Elemente des Bindegewebes. Die phagocytäre Fähigkeit der Makrophagen steigt an. Die Phagocytose wird bei nichtimmunisierten u. bei immunisierten Tieren beschleunigt. Die Leukocyten selbst werden größer, die Reifung der Makrophagen wird beschleunigt. Bei gleichzeitiger *Sulfanilamid* (II)-Therapie wird die Zahl der überlebenden Tiere bei Einführung auch von mehrfachen letalen Dosen der Erreger höher. I allein verfügt weder über bakteriostat. noch über bakterieide Eigenschaften. Die den II eigene hemmende Wrkg. auf die Phagocytose wird durch die gleichzeitige Verabreichung von I behoben. Die Mobilisierung der Bindegewebeelemente an der Stelle der Transplantation eines Sarkoms wird bei der Verabfolgung von I stark intensiviert, ebenso die Regeneration im Bereich der Epidermis, der Muskeln, der Knochen u. der Drüsengewebe verschied. Versuchstiere. Bei verminderter I-Konz. bzw. bei vollständiger Athyreose wird eine Schwächung der Aktivität der Bindegewebeelemente beobachtet. Ähnliche Veränderungen sieht man auch unter Bedingungen des medikamentösen Dauerschlafs. I fördert alle physiol. Prozesse, die der Bldg. von Schutz-Rkk. zugrunde liegen. (Проблемы Эндокринологии и Гормонотерапии [Probleme Endokrinol. Hormontherap.] **1.** Nr. 2. 20—25. März/April 1955. Kasach. Molotow u. Woronesch, Med. Inst.) F. du Mans. 4562

Erich Klein, *Altersveränderungen im Jodstoffwechsel.* Kurze Ausführungen über die in C. **1955.** 6061 referierten Untersuchungen. (Verh. dtsch. Ges. inn. Med. **60.** 909—12. 1954. Stuttgart-Bad Cannstatt, Krankenhaus, Inn. Klinik.) J. Schwaibold. 4562

A. Rabbi, C. Rossi und **R. Viviani,** *Methylierung der Guanidinoessigsäure im Leberhomogenat mit Thyroxin experimentell überbehandelter Ratten.* Nach 5tägiger intramuskulärer Verabreichung von je 200 E. *Thyroxin* an Ratten wurden ihre Lebern homogenisiert u. mit 0,025mol. Phosphatlsg. (p_H 7,4) auf 30 cm³ Lebergewebe verdünnt. Nach Zusatz von 3 cm³ eines Gemisches aus 0,0015mol. ATP-Lsg., 0,001mol. Guanidinoessigsäure, 0,05mol. dl-Methionin in 0,0025mol. Phosphatlsg. zu 1 cm³ Homogenat wurde nach 2std. Erwärmen auf 37,5° dessen enzymat. Wirksamkeit durch 0,5 cm³ Trichloressigsäure (30%) blockiert. Die Analysen ergaben bei nicht mit Thyroxin behandelten Tieren eine Kreatinneubldg. von 17,50, bei behandelten dagegen einen Zuwachs von **44,72**

±4,27 μMol auf 1 g Leber. Auf parallele Ergebnisse mit N_1-Methylnicotinamid u. auf Beziehungen zwischen Schilddrüse u. *Vitamin* B_{12} wird hingewiesen. (Boll. Soc. ital. Biol. sperim. **29.** 318—20. März 1953. Bologna, Univ., Chem.-biol. Inst.) E. DEHN. 4562

Bernard L. Hallman und **J. Willis Hurst**, *Geschmacksverlust als toxische Wirkung von Behandlung mit Methimazol (Tapazol).* Bei 3 Patienten, die in antithyroider Therapie täglich 30—40 mg *Methimazol (1-Methyl-2-mercaptoimidazol)* erhielten, trat im Verlauf dieser Therapie nach ca. 4 Wochen plötzlicher Verlust des Geschmackssinnes auf, der nach Absetzen der Therapie wiederkehrte. (J. Amer. med. Assoc. **152.** 322. 23/5. 1953. Atlanta, Ga., Emory Univ., Hosp.) F. KRUSEN. 4562

Pierre Brocq und **Paul C. J. Roth,** *Wirkung isolierter Hormone auf Entwicklung und experimentelle Metamorphose des Axolotls in Abhängigkeit des sukzessiven Ausfalls der Hauptsalze der Umwelt. Fortfall von K und Na.* Unreife Albinoaxolotl, denen 65 γ *DL-Thyroxin* (**I**), 25 mg *Testosteron* (**II**), 1 mg *Dihydrofolliculin* (**III**) u. 2 E. *somatotropes Hormonpropionat* (*Antuitrin S*; **IV**) injiziert worden waren, wurden a) im K-freien Medium, das sich aus 0,01 g Na_2HPO_4, 0,01 g NaCl u. dest. W., auf 1000 cm^3 aufgefüllt (p_H 6 bis 6,5) zusammensetzt, dann darin unter sukzessivem Entzug von b) Na_2HPO_4, also in NaCl u. W., von c) NaCl, also in Na_2HPO_4 u. W. u. d) beider Na-Salze, mithin in dest. W. allein, untersucht. Im Medium a zeigten mit **I** behandelte Tiere intensive, kongestive Störungen, wobei ein Tier am 19. Tag in der 3. Phase der Metamorphose einging, das andere in 28 Tagen sich völlig umwandelte. Diese Symptome ergaben sich auch in den drei anderen Medien, hören jedoch zwischen dem 15. u. 18. Tag nach **I**-Injektion auf. Die 3 anderen Hormone bewirken in a Abmagerung von 1—5 g, Regeneration der Gliedmaßen, **II** u. **III** außerdem merkliche Entw. sek. Geschlechtsmerkmale. Die mit **I** injizierten Axolotl zeigen in b in 23, in c in 30 Tagen Metamorphose unter Gewichtsverlust um mehr als die Hälfte, der im Falle von **II** in Medium b u. c 11 u. 12 g, von **III** u. **IV** 6 u. 9 g beträgt, wobei ein Tier 10 Tage nach **IV**-Injektion eingeht. In d gelten für mit **I** behandelte Axolotl die gleichen obigen Befunde, **II** u. **III** verursachen 7,5 g Gewichtsabnahme bei allg. Wachstum, **IV** bes. ein solches der Gliedmaßen. (C. R. Séances Soc. Biol. Filiales **148.** 1565—67. Okt. 1954. Paris, Hôtel Dieu.) ANTJE SCHMIDT. 4562

C. v. Holt und **L. v. Holt,** *Die Wirkung von Kobalt und Cadmium auf die A-Zellen der Langerhansschen Inseln.* An den Inselzellen u. bes. den A-Zellen des Kaninchens wurden 48 Std. nach Injektion von 12,5 bzw. 25 mg $CoCl_2$/kg keine patholog. Veränderungen gefunden. Die durch Co-Injektion verursachte Hyperglykämie wird durch vorherige Gaben von Cystein u. Glutathion vermindert. Bei adrenalektomierten Tieren tritt nach Co-Injektion geringe anfängliche Blutzuckersteigerung sowie Hypoglykämie auf. Durch laufende Co-Gaben während 10—11 Tagen werden die A-Zellen im Mittel um 43% erhöht, in geringerem Maße nach vorangehender Cysteininjektion. Die O_2-Aufnahme eines Rattenleber-Vollhomogenats wird durch $3{,}3 \cdot 10^{-4}$ Mol Co/Liter um 40% vermindert. Durch Injektion von 26 mg $CdSO_4$/kg tritt nach Hyperglykämie bei stark erniedrigten Blutzuckerwerten der Tod ein, ohne daß patholog. Veränderungen an den LANGERHANSschen Inseln auftreten. Durch 5—7 Gaben von 5,2 mg $CdSO_4$/kg täglich wird neben langandauernder Hypoglykämie eine deutliche Zellhyperplasie mit Werten von 48% im Mittel bewirkt. Nach Cd-Gaben wurden Leberverfettung u. Blutungen der Nebennierenrinde beobachtet. (Z. Naturforsch. **9b.** 319—25 April 1954 Hamburg, Univ., Physiol.-chem. Inst.) J. SCHWAIBOLD. 4564

Günther Weitzel, Ursula Roester, Eckhart Buddecke und **Franz-Josef Strecker,** *Zinkgehalt und blutzuckersteigernde Wirkung von Organextrakten.* Zwischen dem Zn-Geh. roher, *Insulin*-haltiger Pankreasextrakte u. der Größe des blutzuckersteigernden Primäreffektes (= Glukagoneffekt) bestehen enge Beziehungen. Rohinsulin mit hohem Zn- u. Glukagongeh. läßt sich in Zn-arme Kristalle überführen, die keinen Glukagoneffekt zeigen, während der blutzuckersteigernde Faktor mit der Hauptmenge des Zn in der Mutterlauge bleibt u. dieser hyperglykäm. Effekt verbleibt. Fötales Kalbspankreas enthält pro g Trockensubstanz 280—320 γ Zn gegenüber 132 γ Zn für Pankreas erwachsener Tiere. Ebenso ist die blutzuckersteigernde Wrkg. fötaler Gewebeextrakte wesentlich größer als die erwachsener Tiere. Die Prostata des Hundes ist reich an Zn. Daraus hergestellte Extrakte wirkten nicht blutzuckersteigernd. Carcinoide enteraler u. bronchialer Herkunft besitzen hohen Zn-Geh., der etwa demjenigen des Pankreas-Inselgewebes entspricht. Die blutzuckersteigernde Wrkg. konnte nicht bestimmt werden. *Serotonin,* ein wesentlicher Inhaltsstoff der Carcinoide, zeigt keine solche Wirkung. (Hoppe-Seyler's Z. physiol. Chem. **303.** 161—75. 1956. Göttingen, Max-Planck-Gesellschaft, Med. Forschungsanst., Biochem. Abt.) R. BEHNISCH. 4564

Fritz Bischoff und **Abolfath Khan Bakhtiar,** *Reaktionsprodukte des Insulins in Harnstofflösung.* Vff. isolierten nach Einw. von 40%ig. wss. *Harnstoff* (**I**)-Lsg. auf krist. oder amorphes *Insulin* (**II**) je nach Temp. u. Zeit 5 Reaktionsprodd., die sie als OU-**II**

IU-**II**, IIU-**II**, IIIU-**II** u. IVU-**II** bezeichnen. OU-**II** wird erhalten, wenn **II** durch Wasserzusatz sofort wieder gefällt wird; es ist bei p_H 7,0 unlösl., u. seine Suspension besitzt eine verzögerte biol. Wrkg., während die saure Lsg. eine n. Wrkg. zeigt. Bei längerer **I**-Einw. (24 Std. bei 38° oder $1^1/_2$ Std. bei 55°) wird IU gebildet, das bei p_H 6,5 lösl. ist u. die n. **II**-Wrkg. besitzt. Bei noch längerer **I**-Einw. (100 Std. bei 38° oder 5 Min. bei 99°) entsteht IIU, das in 0,03n Na_2SO_4 unlösl., bei p_H-Werten der Körper-Fll. jedoch lösl. ist u. auch bei intravenöser Zufuhr eine verzögerte biol. Wrkg. aufweist. IIIU, das bei weiterer **I**-Einw. entsteht (30 Min. bei 99°), unterscheidet sich von IIU durch die Unlöslichkeit in verd. HCl oder Citronensäure bei p_H 2—3 u. die halbe biol. Wirksamkeit. IVU besitzt keine biol. Aktivität. Die Hitzefällungen von n. u. IIU-**II** u. der **I**-Einfl. auf die Fällung wurden untersucht. Die Bldg. der verschied. **II**-Formen wird im Hinblick auf die Reaktionskinetik diskutiert. (J. Amer. chem. Soc. **78.** 1343—47. 5/4. 1956. Santa Barbara, Calif., Cottage Hosp. Res. Inst., Chem. Labor.) E. SCHWERDTFEGER. 4564

H. Osswald, *Zur Wirkung des Kallikreins und Peristons auf den hypoglykämischen Krampf der Mäuse. Kallikrein* u. im geringeren Maße *Periston-N* verzögern Schock u. Tod in Abhängigkeit von der Dosis. Ebenso verbessert sich die nach *Insulinierung* verminderte Capillarisierung der Großhirnrinde zur Norm. — 28 Literaturangaben. (Z. ges. exp. Med. **126.** 208—13. 1955. Köln, Univ., Inst. für norm. u. patholog. Physiol.) G. WELTZIEN. 4569

J. G. Fletcher, *Eine Bemerkung zu den Dosis-Wirkungs-Kurven am Rattenuterus in vivo und in vitro.* Zur Erzielung des gleichen Effektes sind am Rattenuterus in situ, bei erhaltener Gefäß- u. Nervenversorgung, wesentlich höhere Konzz. *Acetylcholin* notwendig als am isolierten Organ. (J. Pharmacy Pharmacol. **5.** 251—53. April 1953. Nottingham, Univ., Pharmacy Dep., Pharmacol. Labor.) A. DAUTZENBERG. 4569

Jean-Claude Dreyfus, Georges Schapira und **Marco Harari,** *Einbau von radioaktivem Eisen in vitro in die roten Blutzellen des Neugeborenen (fötales Hämoglobin und Erwachsenen-Hämoglobin).* Die Einverleibung von radioakt. Fe in das Hämoglobin (Hb) des Blutes der menschlichen Nabelschnur findet auf zweierlei Weise statt. Die Trennung des Erwachsenen-Hb vom fötalen Hb durch vorsichtige alkal. Denaturierung zeigt, daß die Erwachsenen-Fraktion das Fe rascher aufnimmt als die fötale Fraktion. Die erhöhte Umsatzgeschwindigkeit des Nabelschnurblutes in vitro im Vgl. zum Erwachsenenblut ist also nicht auf die Ggw. von fötalem Hb zurückzuführen. (C. R. Séances Soc. Biol. Filiales **148.** 1798—1800. Nov. 1954.) TH. MARSSON. 4572

M. Wendy Smaridge, *Eisenausscheidung durch Daphnia während Hämoglobinverlust.* Bei Daphnia steigt u. fällt der Hämoglobingeh. der Blut-Fl. mit abnehmendem u. zunehmendem Sauerstoffgeh. des Umgebungswassers. In den Ausscheidungsorganen solcher Organismen mit abnehmendem Hämoglobin wurden histochem. erhebliche Mengen Fe nachgewiesen. Gallenfarbstoff oder Porphyrin war in diesem Stadium nicht nachweisbar. Beim Hämoglobinabbau bei diesen Organismen wird demnach das Fe ausgeschieden u. das Häm weiter abgebaut. (Nature [London] **173.** 782—83. 24/4. 1954. London, Univ., Bedford Coll.) J. SCHWAIBOLD. 4572

W. H. Sebrell jr. und **Ernest G. McDaniel,** *Aminosäuren bei der Bildung von Blutbestandteilen bei Ratten.* Männlichen 4 Wochen alten Ratten, die eine 5tägige proteinfreie Diät erhielten, wurde während der ersten 4 Tage Blut entnommen (insgesamt 8% des Körpergewichtes) u. durch 0,85%ig. NaCl-Lsg. ersetzt. Nach anschließender 10tägiger Ernährung mit *Valin* (**I**), *Leucin* (**II**), *Tryptophan* (**VIII**), *Histidin* (**III**), *Isoleucin* (**IV**), *Threonin* (**X**), *Methionin* (**VII**), *Phenylalanin* (**IX**), *Arginin* (**VI**) u. *Lysin* (**V**) waren der Hämatokritwert, der Geh. des Blutes an Hämoglobin, roten Blutzellen u. Serumprotein wieder n.; der Geh. an Gesamtleukocyten, polymorphonuclearen Leukocyten u. das Körpergewicht lagen dagegen noch unter den n. Werten. Mangel an **I**, **II** oder **III** verzögerte die Normalisierung des Geh. an roten Zellen, **IV**- oder **V**-Mangel die des Hämoglobingeh.; **VI**-, **VII**- oder **VIII**-Mangel hatten die geringste Wirkung. **I**-Mangel beeinträchtigte die Regeneration der polymorphonuclearen Granulocyten u. der weißen Blutzellen, während Mangel an **X**, **I**, **V** oder **VIII** sowie den übrigen Aminosäuren außer **II**, **VI** u. **VII** die Regeneration des Serumproteins zu hemmen scheint. Bei Fehlen einer Aminosäure, außer **VI**, nahmen die Tiere nicht an Körpergewicht zu. Das Wachstum der **VI**-Mangel-Ratten war geringer als das der Kontrolltiere. Mangel an **I**, **II**, **III**, **VI**, **VIII** oder **IX** führte zu Tremor. (J. Nutrit. **47.** 477—86. 11/8. 1952. Bethesda, Md., Federal Security Agency, U. S. Public Health Service, Nat. Inst. of Health, Nat. Inst. of Arthritis and Metabol. Diseases, Labor. of Biochem. and Nutrit.) G. BRESSAU. 4572

Albert S. Gordon, Sam J. Piliero, William Kleinberg und **Henry H. Freedman,** *Ein Plasmaextrakt mit erythropoetischer Aktivität.* Ratten wurden mit Phenylhydrazin behandelt, um eine starke Anämie u. Reticulocytose zu induzieren. Plasma dieser Ratten wurde n. Ratten subcutan injiziert. Es konnte eine Erhöhung der Menge roter Zellen, der Hämoglobinkonz., der Hämatokritwerte u. des Reticulocytenprozentsatzes beobachtet werden. Eine Erhöhung der weißen Zellen u. Eosinophilen wurde nicht festgestellt. Das Knochenmark zeigt eine 30%ig. Erhöhung an kernhaltigen Erythrocyten. Es muß also ein Faktor im Plasma vorhanden sein, der entweder mit dem Hämopoietin in Beziehung steht oder aber mit ihm ident. ist. (Proc. Soc. exp. Biol. Med. **86**. 255—58. Juni 1954. New York, N. Y., New York Univ., Graduate School of Arts and Sci., Dep. of Anat., New York Med. Coll., and Princeton, N. J., Princeton Labor., Inc.) H.-R. SCHÜTTE. 4573

Andrew Kuna und **Robert Chambers,** *Wirkung von Sacchariden auf die Leukocytenbewegung.* Granulocyten von Ratten, die verschied. Graden von Unterernährung ausgesetzt worden waren, wurden in eigens hierfür entwickelten Gewebe-Kultur-Verff. untersucht. Granulocyten von Ratten, die nach 36 Std. nicht gefüttert waren, neigten stärker zum Agglutinieren als solche von Ratten, die 5—6 Tage gehungert hatten. Solche von gut genährten Ratten agglutinierten nicht in meßbaren Werten. Stärkepartikel, die zu groß zum Verdauen waren, waren häufig von einer einzigen Granulocytenschicht umkleidet, die von wohlgenährten Ratten stammte. Granulocyten von Ratten, die 36 Std. nicht gefüttert waren, neigten zur Bldg. vieler Schichten rund um die Stärkekörner. — Wenn man von einer zusammengeklumpten Granulocytenmasse ausging, bewegten sich die Einzelzellen von gutgenährten Ratten immer von der klumpigen Masse weg ohne Rücksicht auf die Anwesenheit nahebei befindlicher anziehender oder nichtanziehender Stoffe. Ähnlich verhielten sich Granulocyten von Ratten, die 36 Std. nicht gefüttert waren, abgesehen von ihren schnelleren Bewegungen. Granulocyten von Ratten, die 5 oder 6 Tage nicht gefüttert waren, bewegten sich nur selten weg. — Granulocyten von gut gefütterten Ratten wurden immer von Glykogen oder Stärke angezogen, nicht aber von Mono- oder Disacchariden. Granulocyten von 36 Std. hungernden Tieren wurden sowohl von Polysacchariden als auch von Mono- oder Disacchariden angezogen. — Stärke rief keine meßbare Anziehung hervor, wenn die Zellen von Ratten stammten, die 5 oder mehr Tage nicht gefüttert waren. — Die Möglichkeit, daß Glykogen das natürliche granulocytenanziehende Mittel ist, das bei Gewebeverletzung ausgeschieden wird, wird diskutiert. — Die Bewegung der Granulocyten wird als immer zufällig betrachtet mit Ausnahme solcher Fälle, wo Granulocyten von 36 Std. hungernden Ratten sich in einer möglichen Konz.-Gradientenzone einer anziehenden Substanz befanden. (J. clin. Invest. **32**. 436—43. Mai 1953. New York, N. Y., Univ., Washington Square Coll. of Arts and Sci., Dep. of Biol.) E. FRÜHWALD. 4573

D. S. Amatuzio und **Robert L. Evans,** *Isotopenkurven von roten Blutzellen.* Die Überlebensdauer von roten Blutzellen kann mit Hilfe von Isotopen (^{55}Fe, ^{14}C oder ^{15}N) bestimmt werden. Aus der graph. Darst. der zeitlichen Isotopenverteilung können Aussagen gemacht werden über die Ausnützung u. Wiederausnützung der einverleibten Substanz. Es wird eine Gleichung für die Überlebensdauer des Isotops aufgestellt u. diskutiert. (Nature [London] **171**. 797—98. 2/5. 1953. Minneapolis, Minn., Univ. of Minnesota.) R. HEERDT. 4573

H. Goldeck, *Erfolgsbeurteilung antimegaloblastischer Wirkstoffe.* (Neue med. Welt **1**. 1018—21. 29/7. 1950. Hamburg-Eppendorf, Univ., II. Med. Klinik.) J. BROSEMANN. 4573

Fritz Micheel und **Fritz Suthaus,** *Fucose als Baustein des Kohlenhydrates aus γ-Globulin.* Vff. weisen im *γ-Globulin* des Rinderserums nach dessen Hydrolyse (5n HCOOH, 9 Std. am Rückfluß) u. Entfernung der Aminosäuren u. Peptide (Hg^{II}-Acetat in W.-Methanol) u. vollständigem Abbau des erhaltenen rohen Kohlenhydrats (n-HCl, 2 Std. bei 100°) auf chromatograph. Wege *Fucose(II)* (Lösungsm.: n-Butanol–W.-tert.-Butanol 16 : 1,6 : 1,0) nach. Sie wird durch Behandlung mit Perjodsäure, Glykol, Piperazin u. Nitroprussid-Na in den aus der 6-Desoxyhexose gebildeten Acetaldehyd übergeführt, der charakterist. Blaufärbung liefert. Zucker ohne CH_3-Gruppen geben diese Rk. nicht. (Naturwissenschaften **43**. 108. 1. März-H. 1956. Münster/Westf., Univ., Organ.-chem. Inst.) P. FAHRNLAENDER. 4574

D. F. Sharman und **Frank M. Sullivan,** *5-Oxytryptamin im Serum.* Der Geh. des aus den Blutplättchen stammenden *5-Oxytryptamins* (I) im Blute hängt von der Art der Behandlung der entnommenen Blutproben ab. Läßt man das Blut in Ruhe gerinnen, so ergeben sich erheblich höhere Werte an I, als wenn die Probe während des Gerinnungsprozesses leicht geschüttelt wird. Nach dem Gerinnen spielt Schütteln keine Rolle mehr, auch nicht in Ggw. des Blutkuchens (BK). I ist im BK nicht nachweisbar. (Nature [London] **177**. 332—33. 18/2. 1956. Edinburgh, Univ., Dep. of Pharmacol.) D. NEUBERT. 4574

Charles Tanford und **William S. Shore,** *Beseitigung von Verunreinigungen aus Rinderserumalbumin und ihre Wirkung auf die Bindung von Zink.* Durch Ionenaustauscher konnte das im Rinderalbumin vorkommende Citrat zu 90% beseitigt werden. Das Albumin hatte vor u. nach der Reinigung das gleiche Bindungsvermögen für $Zn(NO_3)_2$. (Science [Washington] **118.** 167–68. 7/8. 1953. Iowa, Io., State Univ., Dep. of Chem.)
E. FISCHOEDER. 4574

F. R. N. Gurd, *Wirkung der Temperatur auf die Wechselwirkung von menschlichem Serum-Mercaptalbumin mit Zinkionen.* In der Wechselwrkg. zwischen menschlichem Serum-*Mercaptalbumin* (I) mit Zn-Ionen bei 0° war kein Unterschied gegenüber der schon früher beschriebenen (vgl. COHN, C. **1951.** II. 581) Rk. mit dem gesamten menschlichen Serumalbumin festzustellen. Bei Temperaturerhöhung von 0 auf 25° tritt hinsichtlich der Bindung von Zn^{2+} durch I keine wesentliche Änderung ein, jedoch nimmt die Löslichkeit des Proteons ab. Bei 37° verstärkt sich die Bindung, u. gleichzeitig machen sich irreversible Löslichkeitsänderungen von I bemerkbar. Harnstoff (II)-Zusatz bei 0° erhöht die Bindungsfestigkeit etwas, jedoch nicht in gleichem Maß wie die Temperaturerhöhung auf 37° ohne II-Zusatz. (J. physic. Chem. **58.** 788–91. Sept. 1954. Boston, Mass., Harvard Univ., Labor. of Physic. Chem. Related to Med. and Public Health.)
W. KÖNIGSDORF. 4574

Virgil L. Koenig und **J. D. Perrings,** *Korrektur. Revidierte Sedimentationskonstanten für Fibrinogen, die bei verschiedenen Temperaturen und Rotationsgeschwindigkeiten bestimmt wurden.* (Vgl. C. **1956.** 5330.) Es werden Tabellen für Sedimentationskonstanten von Fibrinogen in verschied. Lösungsmitteln (0,2mol. NaCl u. 0,2mol. Na_2HPO_4) bei verschied. Tempp. (20, 25 u. 30°) u. konstanter Rotationsgeschwindigkeit u. bei konstanter Temp. (20°) u. verschied. Geschwindigkeiten gegeben. Die Formel, die zur Korrektur der Sedimentationskonstanten benutzt wurde (l. c.), erweist sich für verschied. Solventien, die bei 20° angewandt wurden, als genau genug, doch ergeben sich Abweichungen, sofern eine andere Temp. gewählt wird. Die Differenzen hängen dann sowohl von der gewählten Lsg. als auch von der Temperaturabweichung ab. (Arch. Biochem. Biophysics **40.** 218–21. Sept. 1952. Los Alamos, N. Mex., Univ. of California, Los Alamos Scientific Labor.)
D. ITZEROTT. 4574

L. W. Roth, I. M. Shepperd und **R. K. Richards,** *Antikoagulierende und andere pharmakologische Wirkungen von sulfiertem Chitin in Tieren.* Es wird die antikoagulierende Wrkg. des Na-Salzes vom Schwefelsäureester des Chitins beschrieben. Es besitzt in vivo $^1/_4$–$^1/_5$ der Heparinaktivität. Die Dauer der Wrkg. u. die Toxizität sind vom mittleren Mol.-Gew. abhängig. Tox. Neben-Rkk. u. Grenzen der klin. Anwendbarkeit werden diskutiert. (Proc. Soc. exp. Biol. Med. **86.** 315–18. Juni 1954. North Chicago, Ill., Abbott Labor., Dep. of Pharmacol.)
H.-R. SCHÜTTE. 4574

H. Hofmann, *Experimentelle Untersuchungen zur Frage der Blutungszeitveränderung durch Salicylate. Salicylate* (I) bewirkten bei Verss. an weißen Mäusen erst bei tox. Dosengrößen eine signifikante Verlängerung der Blutgerinnungszeit. Perorale Zufuhr von *Natriumsalicylat* wirkte stärker als subcutane Gaben. Kombinationsanalgetica mit geringem I-Geh. wirkten entsprechend schwächer. *2-Methyl-1.4-naphthohydrochinon* (*Synkavit*) vermag prophylakt. die Verlängerung der Blutgerinnungszeit nach I zu verhindern. (Med. Mschr. **10.** 84–87. Febr. 1956.)
H. CARLS. 4574

C. Heymans und **R. Charlier,** *Experimentelle Untersuchungen an Adrenochrommonosemicarbazon als Bestandteil eines Blutplasmaersatzes.* (Arch. int. Pharmacodynam. Thérap. **96.** 105–23. 15/10. 1953. Bruxelles, Soc. des Labor. Labaz., Dep. de Pharmacodynamie, u. Gand, Univ., Inst. de Pharmacodynamie.)
F. GÜNTHER. 4576

Newton B. Everett, Walter E. Garrett und **Barbara S. Simmons,** *Die Lymphe bei der Resorption und dem Transport von Eisen.* Durch Verss. mit Ratten unter Verwendung von ^{59}*Fe* u. verschiedenartiger Zufuhr wurden die Ergebnisse anderer Autoren bestätigt, daß die Lymphe bei der Resorption u. dem Transport von Fe aus dem Darm keine Rolle spielt. Die Resorption von Fe nach subcutaner Zufuhr erfolgt prim. durch die Blutgefäße, während subcutan plasmagebundenes Fe fast vollständig in die Lymphe übergeht. Intravenös zugeführtes Fe erscheint rasch in der Lymphe, wahrscheinlich wegen der Fe-Bindung an Plasmaprotein. Die Leukocyten von Blut u. Lymphe spielen bei jeder Art der Zufuhr kaum eine Rolle bei der Fe-Resorption. (Amer. J. Physiol. **178.** 45–48. Juli 1954. Seattle, Wash., Univ. of Washington, School of Med., Dep. of Anatom.)
J. SCHWAIBOLD. 4578

Walther Pribilla, *Tierexperimentelle Untersuchung über den Eisenaustausch zwischen Mutter und Fet.* Es wurden Unterss. bei Kaninchen durchgeführt, die keine Fe-Behandlung oder eine intravenöse Gabe von 50 bzw. 100 mg Ferrisaccharat pro kg in der ersten oder zweiten Hälfte der Trächtigkeit erhalten hatten. Der Fe-Austausch zwischen Muttertier u. Foetus erfolgte erst in der zweiten Hälfte der Trächtigkeit (Erhöhung des

Fe-Geh. in Leber u. Milz). Eine Schrankenfunktion der Placenta für Fe war demnach nicht nachweisbar. Als Speicherform des Fe fand sich beim erwachsenen Tier vorwiegend Hämosiderin, beim Foetus überwiegend Ferritin, u. zwar dieses vor dem Hämosiderin. Die Vorgänge dieser Art bei anderen Tierarten u. beim Menschen werden besprochen. (Verh. dtsch. Ges. inn. Med. **60.** 935—38. 1954. Köln-Merheim.) J. SCHWAIBOLD. 4583

L. J. Bruce-Chwatt und **J. Hayward,** *Aufnahme von radioaktivem Phosphor durch Larven und ausgewachsene Moskitos.* Larven von Aedes aegypti wurden in wss. Lsgg. von $Na_2H^{32}PO_4$ gebracht mit ^{32}P-Konzz. zwischen 17 u. 4480 mμC/ml. Hohe Konzz. verzögerten die Verpuppung, auch stieg die Mortalität proportional der ^{32}P-Menge. Ab Konzz. von 140 mμC/ml war die Zahl der ausgeschlüpften Insekten stark herabgesetzt. Die Radioaktivität der täglich aus dem Bad entfernten Moskitos wurde abgeschätzt. Sie war proportional der ^{32}P-Konz. im Bad; die weiblichen Insekten hatten mehr ^{32}P aufgenommen als die männlichen. — Ferner wurden die durch Lack auf einer Unterlage befestigten Insekten auf einen Filmstreifen gelegt. Auf diese Weise ist eine einfache Identifizierung der radioakt. Exemplare möglich. Auch läßt die Größe der erhaltenen Flecken eine Abschätzung des ^{32}P-Geh. zu. (Nature [London] **177.** 661—62. 7/4. 1956. Nigeria, Federal Med. Dep., Malaria Serv.) H. D. BELITZ. 4583

M. Piccioni, *Einige Antibiotica als Wachstumsfaktoren für die Ratte.* Vf. hat den Ratten neben ihrer n. Nahrung täglich 2,5 mg *Aureomycin* oder *Terramycin* bzw. 5 mg *Streptomycin* verabreicht u. sie wöchentlich gewogen. Die Wägungen zeigten für die ersten Wochen eine bedeutende Gewichtszunahme an, während nach 3—4 Monaten kaum noch Gewichtsdifferenzen zwischen den mit Antibioticis behandelten u. den nicht damit behandelten Tieren feststellbar waren. (Boll. Soc. ital. Biol. sperim. **29.** 322—24. März 1953. Bologna, Univ., Chem.-biol. Inst.) E. DEHN. 4585

Fr. E. Koch und **H. Haase,** *Tierexperimentelle Untersuchungen über die Beeinflussung von Kalkmangelzuständen mit natürlichen Kalksubstanzen.* 1. Mitt. Kennzeichnung der physiol. Bedeutung des Ca u. der therapeut. Wrkg. kombinierter Ca-Präparate. In vergleichenden Fütterungsverss. bei rachit. Ratten wurde die Wrkg. von synthet. Kalksubstanz (Gemisch von 25% Ca-Citrat, 5% sek. Calciumphosphat u. Milchzucker) ohne u. mit Vitamin-D-Zusatz u. von Knochenmehl (nach besonderem Verf. aus Knochen junger Kälber hergestellt) ohne u. mit Vitamin D geprüft. Es wurde festgestellt, daß die durch das Knochenmehl erfolgende Verkalkung in den ossalen Wachstumszonen ausreichend ist. Sie vollzieht sich weniger schnell als unter Vitamin-D_2-Anwendung. Dagegen wird der Allgemeinzustand der Tiere durch das Knochenmehl wesentlich günstiger beeinflußt als durch Vitamin D_2 oder durch die Kalksubstanz. (Arzneimittel-Forsch. **4.** 437—41. Juli 1954. Köln-Merheim, Biol. Inst. Madaus.)
J. SCHWAIBOLD. 4585

G. A. Garton, W. R. H. Duncan, K. L. Blaxter, R. F. McGill, G. A. M. Sharman und **M. K. Hutcheson,** *Muskeldystrophie beim Rind und ungesättigte Fette.* Bei Saugkälbern in Nordschottland tritt sporad. eine enzoot. Muskeldystrophie auf, die durch Gaben von *α-Tocopherol* (I) verhindert werden kann. Da ungesätt. Fette verschlimmernd wirken, wurde untersucht, ob neben dem I-Mangel ein Überschuß an *ungesätt. Fettsäuren* in der Nahrung als weiterer Faktor für die Entstehung der Krankheit verantwortlich ist. Die Unterss. der Vff. ergaben jedoch, daß weder die Milchfette der Muttertiere noch die Blutserumlipide der Kälber erhöhte Konzz. an ungesätt. Fettsäuren aufwiesen. (Nature [London] **177.** 792—93. 28/4. 1956. Bucksburn, Aberdeenshire, Rowett Res. Inst., Kirkhill, Ayr, Hannah Dairy Res. Inst. u. Inverness, North of Scotland Coll. of Agric.) E. SCHWERDTFEGER. 4585

Robert Tarjan, *Die physiologische Bedeutung der Eiweißstoffe in der Ernährung.* Junge Versuchstiere, die 11—13% Protein mit der Nahrung erhielten, blieben im Wachstum hinter jenen zurück, denen man 15 bzw. 18% gab. Wurden jedoch 21% Protein verabfolgt, so wuchsen die Tiere nur bis zur 9. Woche n. u. fielen dann im Gewicht ab. Weitere Verss. ergaben, daß der Proteingeh. der Nahrung wichtiger ist als deren Ca-Geh., obwohl die Tiere mit wenig Protein u. viel Ca eine bessere Entw. u. ein rascheres Wachstum zeigten als bei viel Protein, aber ungenügender Ca-Menge. Bei Tieren, welche 15—18% Protein erhielten, waren die Knochen wesentlich solider als bei kleineren bzw. größeren Proteinrationen. Ein Geh. von ca. 20% Protein erwies sich beim erwachsenen Tier als optimal, auch bzgl. der Erhöhung der Immunität des Organismus. (Гигиена и Санитария [Hyg. u. Sanitätswes.] **21.** Nr. 1. 38—44. Jan. 1956.) E. RENTZ. 4585

H. Fink und **K. W. Hoppenhaus,** *Eigenartige Beobachtungen bei der Bestimmung der biologischen Eiweißqualität von Steinpilz* (*Boletus edulis*) *und Champignon* (*Psalliota bispora*) *in diätetischer und therapeutischer Hinsicht. Ein Beitrag zur alimentären Lebernekrose der Ratte.* Wachsende Albinoratten, deren Diät 4 Monate lang als Eiweißquelle einwandfreien Steinpilz (Boletus edulis) neben 8% Bierhefe enthielt, wurden im Wachstum so gefördert, daß bei einer Verdaulichkeit des Eiweißes von 61% dessen biol. Wert – auch beim Trockenpilz – dem des tier. Eiweißes nahekommt. Wiesen- u. Zuchtchampignons haben Lebernekrose hervorgerufen. Beide Pilzarten unterscheiden sich u. a. dadurch, daß der Steinpilz 0,18 u. der Champignon 0,71% Harnstoff in der Trockenmasse führen. – 1 Diagramm, 1 Tabelle. (Naturwissenschaften **43**. 133–34. März. 1956. Köln, Inst. für Gärungswissenschaft u. Enzymchem.) H. GUDE. 4585

Hermann Fink und **Ilse Schlie,** *Verbesserung des Champignoneiweißes für das Wachstum junger Ratten durch Zusätze von Cystin, Methionin und Tocopherol. Ein Beitrag zur alimentären Lebernekrose der Ratte.* (Vgl. auch vorst. Ref.) Zusätze von *Cystin* + *Methionin* zur Champignon-Eiweißdiät junger Albinoratten steigerten deren Wachstum u. verlängerten ebenso wie *Vitamin E* durch Leberschutz deren Überlebensdauer. – 2 Diagramme. (Naturwissenschaften **43**. 134–35. März. 1956. Köln, Inst. für Gärungswissenschaft u. Enzymchem.) H. GUDE. 4585

Haripada Chattopadhyay und **Sachchidananda Banerjee,** *Der Effekt der Keimung auf den biologischen Wert von Protein und auf die Trypsinhemmungsaktivität einiger gemeiner indischer Hülsenfrüchte.* Der biol. Wert des Eiweißes steigt nach 48 Std. Keimung der Samen bei Cicer arientum, Phaseolus mungo u. Lens esculenta, fällt dagegen bei Phaseolus radiatus u. Pisum sativum. Die Trypsinhemmungsaktivität, bestimmt durch die Caseinverdauungsmeth. nach KUNITZ (J. Gen. Physiol. **30**. [1947.] 291), wird durch 48 Std.-Keimung nicht beeinflußt. (Indian J. med. Res. **41**. 185–89. April 1953. Calcutta, Presidency Coll., Dep. of Physiol.) W. GRÜTZ. 4585

M. W. McDonald, *Wirkung von Cholin und Methionin auf den Folsäurebedarf von Küken.* Vf. gab Küken bis zum Alter von 6 Wochen zu einer Basaldiät relativ große Mengen *Cholin* (I; 0,066%) bzw. *dl-Methionin* (II; 0,2%). Der bei I-Applikation auftretende Gewichtsverlust gegenüber Kontrolltieren konnte durch Zugabe von *Folsäure* (III) kompensiert werden. Nach II-Gabe trat eine Abnahme des Körpergewichtes bei den Tieren nicht so deutlich hervor, es kam vielmehr zu einer Gewichtszunahme, da sie offenbar unter einer II-Mangeldiät gehalten wurden. Durch III-Zugabe konnte aber auch in diesen Verss. ein weiterer Gewichtsanstieg beobachtet werden. Vf. glaubt, daß III für Transmethylierungsvorgänge u. für die Verwertung überschüssiger labiler Methylgruppen wichtig ist. (Nature [London] **177**. 343. 18/2. 1956. Sven Hills, New South Wales, Poultry Exp. Stat.) D. NEUBERT. 4585

Je. W. Borowski, *Umsatz von Phosphor und Calcium in den harten Zahngeweben bei experimenteller B_1-Avitaminose des Hundes.* Der Sr-Geh. des festen Zahngewebes ist nach subcutaner ^{89}Sr-Zufuhr in Zahnemaille, Zement u. Dentin bei avitaminösen Hunden 1,5–2mal größer als bei den Kontrolltieren. Der P-Geh. ist ebenfalls erhöht. Die B_1-Avitaminose ruft Veränderungen des peripheren u. zentralen Nervensyst. hervor, wodurch es zu Störungen der Trophik des harten Zahngewebes kommt. (Стоматология) [Stomatologie] **1955**. Nr. 6. 16–20. Nov./Dez. Moskau, Med. Stomatol. Inst., Lehrstuhl für pathol. Physiol. u. Lehrstuhl für therapeut. Stomatol.) G. BREHM. 4587

G. Ferrari, *Verhalten der Brenztraubensäure im Blut bei Unterernährung.* An weißen Ratten, die unter verschied. Bedingungen ernährt wurden, zeigte sich, daß nur Mangel an *Vitamin B_1* einen erhöhten *Brenztraubensäure*-Geh. im Blut hervorruft. (Boll. Soc. ital. Biol. sperim. **29**. 290–92. März 1953. Pavia, Univ., Ist. di Physiol. umana.) E. DEHN. 4587

L. Montanari und **M. Marchetti,** *Urinabscheidung von Vitamin B_1 und B_2 bei der hypophyseneklomierten Ratte.* Ratten, denen die Hypophyse herausgeschnitten war, zeigen eine viel höhere *Vitamin-B_1*- u. -*B_2*-Ausscheidung mit dem Harn, u. zwar ist in den ersten Tagen der B_2-Anteil bedeutend höher als die B_1-Menge. (Boll. Soc. ital. Biol. sperim. **29**. 320–22. März 1953. Bologna, Univ., Chem.-biol. Inst.) E. DEHN. 4587

G. Gambassi und **V. Maggi,** *Riboflavinphosphorsäureester und Phosphorfraktionen.* Vff. haben 10 Personen je 10 mg *Riboflavinphosphorsäureester* intramuskulär injiziert u. nach 30, 60 u. 90 Min. den P-Geh. im Blut der Armvene gemessen. Dabei zeigten der anorgan. P u. der der ATP zuweilen beträchtliche Abnahmen, während der der Hexoseester in entsprechender Weise zunahm. Der Geh. an total säurelösl. P u. des P der Diphosphoglycerinsäure schwankte. Die Messungen zeigten, daß der Ester hypoglykäm. Wirkungen ausübt. (Boll. Soc. ital. Biol. sperim. **29**. 1644–46. Juli/Aug. 1953. Bari, Univ., Inst. für med. Pathol.) E. DEHN. 4587

G. Gambassi und **L. del Gatto,** *Riboflavinphosphorsäureester und Katalasen.* (Vgl. vorst. Ref. u. C. **1956**. 10498.) Vff. haben 10 Personen je 10 mg *Riboflavinphosphorsäureester* intramuskulär injiziert u. nach 30, 60 u. 90 Min. im capillaren Blut die *Katalasen* gasvolumetr. bestimmt. Zahl u. Index zeigten beträchtliche Zunahmen. (Boll. Soc. ital. Biol. sperim. **29**. 1646–48. Juli/Aug. 1953. Bari, Univ., Inst. für med. Pathol.) E. DEHN. 4587

William B. Bean und **Robert E. Hodges,** *Bei menschlichen Subjekten induzierter Pantothensäuremangel.* Bei 4 gesunden Männern zwischen 19–31 Jahren wurde ein abnormer Stoffwechselzustand hergestellt durch eine Pantothensäure (I)-Mangeldiät u. durch Verabreichen eines I-Antagonisten. Dabei traten Stoffwechselabnormalitäten auf, die vor allem auf eine Störung der Nebennierenrinde zurückzuführen sind. Weiterhin wurde eine periphere Neuropathie festgestellt. I allein hob nicht sofort den abnormen Zustand auf. Eine vollständige Diät, die alle notwendigen Nahrungsmittel u. Vitamine enthielt, bewirkt eine schnelle Normalisierung des Zustandes. (Proc. Soc. exp. Biol. Med. **86.** 693–98. Aug./Sept. **1954.** Iowa City, Io., State Univ. of Iowa, Dep. of Internal Med., Metabolic Ward.) H.-R. SCHÜTTE. 4587

A. Rabbi, *Der Citrovorumfaktor und die Faktoren der Folsäuregruppe.* Zusammenfassung über Geschichte der Entdeckung, Isolierung, Chemie, Test, biochem. Wrkg. u. therapeut. Verwendung von *Folsäure* u. dem *Citrovorumfaktor*, ferner ein Überblick über die Therapie mit Folsäureantagonisten. (Quaderni Nutriz. **13.** 1–19. Jan./Febr. 1953. Bologna, Ist. di Chim. Biol.) G. GERBER. 4587

George B. Jerzy Glass, Linn J. Boyd, Gerald A. Gellin und **Loukia Stephanson,** *Aufnahme von radioaktivem Vitamin B_{12} durch Leber beim Menschen: Test zur Messung der Darmresorption von Vitamin B_{12} und „intrisic factor"-Aktivität.* Es wird ein Test angegeben zur Best. der Darmabsorption von *Vitamin B_{12}* u. der An- bzw. Abwesenheit von „*intrinsic factor*" im Magen. Der Test beruht auf der Messung der Leberaufnahme von radioakt. Vitamin B_{12} u. wird ausgeführt durch Best. der Scintillation auf der Hautprojektion der Leber. (Arch. Biochem. Biophysics **51.** 251–57. Juli 1954. New York, New York Med. Coll., Dep. of Med., and Gastroenterol. Res. Labor., u. Fifth Avenue Hosp.) H.-R. SCHÜTTE. 4587

M. C. Nath und **C. H. Chakrabarti,** *Biosynthese von Ascorbinsäure und Verhinderung von Glykogenabbau in Leber und Muskel.* In Konzz. bis zu 200 mg/kg Körpergewicht stimulieren Injektionen von *Natriumacetat* (I) die Biosynth. der *Ascorbinsäure* (II) bei Ratten, ohne den Kohlenhydratstoffwechsel zu stören. In höheren Konzz. (600 mg/kg Körpergewicht) von I wird die Synth. von II zurückgedrängt, der Blutzuckerspiegel wird erhöht u. der Glykogengeh. von Leber u. Muskel wird vermindert. *Natrium-β-oxybutyrat* (III) vermindert die Biosynth. von II bei Ratten. Die Hemmung der Biosynth. von II geht in Tieren einher mit einer Störung des Kohlenhydratstoffwechsels. Kaninchen vermögen nach Injektionen von I u. III immer sehr wenig II zu synthetisieren. (Proc. Soc. exp. Biol. Med. **86.** 851–54. Aug./Sept. 1954. Nagpur, Indien, Univ., Dep. of Biochem.) H.-R. SCHÜTTE. 4587

J. LeBlanc, M. Stewart, G. Marier und **M. G. Whillans,** *Untersuchungen über Akklimatisation und über die Wirkung von Ascorbinsäure auf Menschen, die der Kälte ausgesetzt sind.* Vff. untersuchten die Wrkg. von *Ascorbinsäure* bei Kälte in zwei verschied. Versuchsreihen, erstens bei n. Nahrung u. zweitens bei Mangeldiät. Nur bei der zweiten Versuchsreihe konnten beachtenswerte Unterschiede gegenüber den Kontrollen festgestellt werden. Die Unterss. erstreckten sich auf Stoffwechseländerungen, Wassergleichgewicht, Blutanalyse, Körpertemp., Nierenaktivität u. Vitamin-C-Bestimmungen. (Canad. J. Biochem. Physiol. **32.** 407–27. Juli 1954. Toronto, Can., Defence Res. Med. Labor.) H.-R. SCHÜTTE. 4587

Morton A. Schwartz, Miriam de Salegui und **J. N. Williams jr.,** *Die Wirkung einer Aminopterin und Sulfasuccidin enthaltenden Diät auf die Biosynthese von Ascorbinsäure in Ratten.* Vff. haben bei Ratten u. Meerschweinchen bewiesen, daß die Verminderung des *Ascorbinsäure*-Geh. der Leber durch *Aminopterin* (I) u. *Succinylsulfathiazol* (II; *Sulfasuccidin*) durch eine Hemmung der Biosynth. bedingt ist. I wirkt dabei vielleicht als Folsäureantagonist. II wird sehr wenig durch die Darmwand resorbiert. Daraus ist zu schließen, daß die Hemmwrkg. von II u. vielleicht auch von I im Darmtrakt stattfindet. Da I u. II Bakterienhemmstoffe sind, nehmen Vff. an, daß diese Stoffe gewisse Darmmikroorganismen hemmen, die die notwendigen Verbb. des Ascorbinsäuresyntheseweges produzieren. (Proc. Soc. exp. Biol. Med. **86.** 858–62. Aug./Sept. 1954. Madison, Wis., Univ., Dep. of Biochem.) H.-R. SCHÜTTE. 4587

E. Graser, *Die Verhütung der englischen Krankheit (Rachitis).* Hygien. u. ernährungsphysiol. Gesichtspunkte unter besonderer Behandlung der Bestrahlung u. Vitaminisierung der Milch u. ihrer Kontrolle. (Milchwissenschaft **8.** 367–72. Okt./Nov. 1953. Frankfurt/M., Stadtgesundheitsamt.) F. GÜNTHER. 4587

Theodor Hellbrügge und **Dietrich Vogt,** *Über die Rachitisverhütung im Säuglingsalter.* Vff. beweisen durch statist. Material die Überlegenheit der „stummen Prophylaxe" durch Vitaminisierung der gesamten Trinkmilch gegenüber einer auf das Säuglingsalter beschränkten Prophylaxe durch Vigantolfrühstoß u. *Vitamin-D*-Zusatz in der Säuglingsnahrung. (Milchwissenschaft **8.** 372–76. Okt./Nov. 1953. München, Univ., Kinderpoliklin.) F. GÜNTHER. 4587

N. Bargoni, M. Cafiero, S. di Bella und **M. A. Grillo,** *Beziehungen des Tocopherols und des Axerophthols zu einigen Enzymen der Rattenleber bei eiweißfreier Diät.* Die durch eiweißfreie Diät entstehende Aktivitätsminderung einiger Leberfermente wird durch *Axerophthol* (**I**) u. bes. durch *Tocopherol* (**II**) gemildert. **I** u. **II** übten auf *Adenosintriphosphatasen,* **II** übte außerdem auf *Arginasen, Katalasen* u. *Cholindehydrogenasen* Schutzwirkungen aus. Der verminderte N-Geh. wird durch die beiden Vitamine nicht beeinflußt. (Boll. Soc. ital. Biol. sperim. **29.** 1144–46. Juni 1953. Turin, Univ., Inst. für biol. Chem.) E. DEHN. 4587

Heinz Gartmann und **Heinz Sieler,** *Zur Vitamin-E-Behandlung der Induratio penis plastica.* 21 Kranken mit Induratio penis wurden 250 mg *Vitamin E* (**I**; *Tokopharm forte,* PHARMASAN GMBH, Halle, enthaltend α-, β- u. γ-*Tocopherol*) täglich verabreicht, teilweise nach erfolgloser Vorbehandlung mit Röntgenstrahlen unter Tiefenbedingungen oder nach CHAOUL. Die besten Ergebnisse ergaben sich nach 12monatiger Behandlung mit **I.** (Dermatol. Wschr. **128.** 1213–19. 1953. Leipzig, Univ., Hautklin.) F. GÜNTHER. 4587

A. Candeli und **E. Polito,** *Untersuchungen über den Mechanismus der antibakteriellen Wirkung der K-Vitamine.* Untersucht wurden die Redoxpotentiale der *Vitamine* K_1 (*Na-2-Methyl-1.4-naphthochinondisulfit*) u. K_2 (*Na-2-Methyl-1.4-naphthochinondisulfonat*) u. von $NaHSO_3$ vor u. nach dem Sterilisieren; nur K_1 zeigte eine Abnahme von 230 auf 40 mV bei p_H 6,8. Da die Chinongruppe in ihm erhalten bleibt, wirkt K_1 antibakteriell; K_2 u. $NaHSO_3$ haben diese Wrkg. nicht. (Boll. Soc. ital. Biol. sperim. **29.** 287–90. März 1953. Perugia, Univ., Hygien. Inst.) E. DEHN. 4587

Haireddin Jacobi und **Walter Rummel,** *Ein temperaturabhängiges Maximum der Säurebildung des isolierten Darmes.* Bei der Unters. der Abhängigkeit des Cysteindurchtritts von der Temp. am isolierten Meerschweinchendarm, wobei die Suspensions-Fl., eine *Tyrodelsg.* mit Glucosezusatz, innen u. außen über die Darmwand strömte, u. die Zirkulation mittels Durchblasen von O_2 betrieben wurde, ergab sich bei 34° auf der Mucosaseite eine viel stärkere Säurebldg. u. größerer Glucoseverbrauch als auf der Serosaseite des Darmes, während bei Tempp. von 27 u. 37° keinesfalls so hohe Säuremengen gebildet wurden u. der Glucoseverbrauch entsprechend tiefer lag. *Cysteinzusatz* ist auf diese Temperaturabhängigkeit ohne entscheidende Wrkg., während eine verschied. Temperaturabhängigkeit der oxydativen u. anoxydativen Stoffwechselprozesse oder etwa die Lage des Temperaturoptimums eines entscheidend wirkenden Enzyms um 34° durchaus als Gründe annehmbar wären. (Naturwissenschaften **43.** 88–89. Febr. 1956. Düsseldorf, Med. Akad., Pharmakol. Inst.) H. HRUSCHKA. 4594

Harold C. Hodge, *Fluorstoffwechsel, seine Bedeutung bei der Trinkwasserfluorierung.* Die im Rahmen der „Caries-Fluor-Unterss. in Newburgh u. Kingston" angestellten Unterss. an der Bevölkerung von Rochester, N. Y., mit einem Trinkwasser, das ungefähr 0,06 p.p.m. F (vor der Trinkwasserfluorierung) enthielt, u. an Bewohnern von Newburgh mit einem Geh. von 1,1 p.p.m. F im Trinkwasser bzgl. der Ausscheidung von F durch den Harn u. der Ablagerung in Knochen u. Zähnen ergaben, daß entsprechend der größeren aufgenommenen F-Menge auch mehr F ausgeschieden wird, aber im Verhältnis gleich viel bei den beiden Bevölkerungsgruppen u. mehr als Cl. F wird also in den Nieren langsamer resorbiert als Cl. In den Knochen u. Zähnen wird jeweils ungefähr ein Viertel bis die Hälfte des aufgenommenen F abgelagert. Störungen durch Aufnahme von F treten nur bei sehr hohen F-Konzz. auf. So wurde Steifigkeit des Rückens (durch Calcifizierung der Rückenbänder) bei Arbeitern in Fluorwerken beobachtet, die jahrelang täglich 20–80 mg F aufnahmen (hauptsächlich durch die Atemluft); Osteosklerosis ist noch seltener: sie wurde bei 13 von 114 alten Bewohnern von Bartlett, Tex., gefunden, die Zeit ihres Lebens Trinkwasser mit 8 p.p.m. F verbraucht hatten. Gefleckter Schmelz tritt auf bei Trinkwasser mit einem F-Geh. über 2 p.p.m. Ebenso üben nur hohe F-Konzz. einen Einfl. auf Herz, Schilddrüse u. Nieren aus, während F auf die Häufigkeit von Krebserkrankungen überhaupt keinen Einfl. hat. Damit ist die Ungefährlichkeit einer Trinkwasserfluorierung für die Stoffwechselvorgänge bewiesen, während ihre cariesprophylakt. Wrkg. unbestritten ist. (J. Amer. Dental Assoc. **52.** 307–14. März 1956. Rochester, N. Y., Univ. of Rochester, School of Med. and Dentistry, Dep. of Radiat. Biol., Div. of Pharmacol. and Toxicol.) G. KLESSE. 4596

P. W. Kent, J. Jowsey, L. M. Steddon, R. Oliver und **J. Vaughan,** *Die Ablagerung von* ^{35}S *in Knochenrinden.* An Knochenpräpp. (Tibia) von Kaninchen, die 24 Std. oder 7 Tage vorher Injektionen von $Na_2{}^{35}SO_4$ erhalten hatten, wurden Unterss. durch Fraktionierung (Entkalkung mit Äthylendiamintetraessigsäure, Extraktion der entkalkten

Knochensubstanz, Papierelektrophorese des radioakt. Prod., Dialyse) u. Autoradiographie durchgeführt. Es wurde gefunden, daß ^{35}S in 2 Formen im Knochen eingelagert wird, in einer labilen im ganzen Knochen, großenteils durch entkalkende Mittel entfernbar, u. in einer nichtlabilen Form, die in hoher Konz. in Gebieten von akt. Knochenwachstum vorkommt. Das aus entkalktem Knochen extrahierte radioakt. Material wurde als Chondroitin-^{35}S-sulfat oder eine nahe damit verwandte Substanz identifiziert. (Biochem. J. **62.** 470—76. März 1956. Oxford, Univ., Nuffield Dep. of Med., Dep. of Biochem.; Churchill Hosp., Dep. of Radiotherapy.) J. SCHWAIBOLD. 4596

H. J. Rogers, S. M. Weidmann und **H. G. Jones,** *Untersuchungen am Knochengewebe.* 3. Mitt. *Die Austauschgeschwindigkeit von anorganischem Phosphat in verschiedenen Knochen und Knochenabschnitten einiger Säugetiere.* (2. vgl. C. **1956.** 3615.) Nach Injektion von ^{32}P wird der Austausch von Phosphat zwischen Plasma u. Knochen an verschied. Knochen einiger Säugetiere (Katzen, Ratten, Kaninchen) untersucht. Es zeigt sich, daß der Phosphatstoffwechsel je nach der Tierspecies lebhafter oder langsamer verläuft. Auch die lokale Verteilung des ^{32}P in Femur u. Tibia (Kaninchen) ist heterogen. Sie ist in den nahe dem Mark gelegenen Schichten am dichtesten. Der Einfl. von Diffusion u. enzymat. Vorgängen wird diskutiert. (Biochem. J. **54.** 37—42. April 1953. Leeds, Univ., Biol. Res. Unit, Dental School and Hosp.) U. BAUMANN. 4596

S. M. Weidmann, *Untersuchungen am Knochengewebe.* 4. Mitt. *Die Erneuerung von anorganischem Phosphat in Knochen verschiedener Arten von kleinen Säugetieren als Funktion der Zeit.* (3. vgl. vorst. Ref.) Durch Verabreichung von trägerfreier $H_3{}^{32}PO_4$ an Ratten, Katzen u. Kaninchen soll der Phosphorstoffwechsel in den Knochen beobachtet werden. Untersucht werden die drei Zonen (Periost, Endost u. Mark) von Schienbein- u. Oberschenkelknochen, die entweder insgesamt mit $(NH_4)_2SO_4$-Lsg. extrahiert werden oder partiell, wobei der nicht zu extrahierende Teil durch eine Paraffinschicht geschützt wird. Es wird festgestellt, daß die Zeit zur Regeneration der Knochen innerhalb der Arten variiert. Bei Kaninchen u. Ratten geht der Einbau des ^{32}P schneller als bei Katzen. Die Abnahme der ^{32}P-Konz. im Serum geht parallel mit der Zunahme im Knochengewebe. Die Aktivitäten in den Zonen unterscheiden sich stark. So kann im Endost 6—7 mal mehr ^{32}P nachgewiesen werden als im Periost. Die Abnahme des ^{32}P-Geh. mit der Zeit wird dadurch erklärt, daß die markierten Salze in schwerlösl. ^{31}P-Salze eingebaut werden u. dann nicht mehr in der lösl. Fraktion nachgewiesen werden können. (Biochem. J. **62.** 593—601. April 1956. Leeds, Univ., Dental School and Hosp., Biol. Res. Unit.) U. BAUMANN. 4596

Colette l'Hélias, *Phosphatstoffwechsel bei Dixipus morosus nach Entfernung der Corpora allata.* Bei Dixipus morosus kommt es nach Entfernung der Corpora allata im 5. Stadium zu einer Erhöhung des anorgan. P in Geweben u. im Blut u. zu gleichzeitiger Abnahme des organ. P in den Geweben. Ob dieser Vorgang durch Aktivitätserhöhung der Phosphatasen oder Hemmung der Phosphorylasen hervorgerufen wird, ist noch ungeklärt. (C. R. hebd. Séances Acad. Sci. **238.** 2352—54. 14/6. 1954.) F. KRUSEN. 4596

Sidney Mittler, *Die Verwertbarkeit von Kobaltoxyd, Co_2O_3, in der Ernährung.* Zur Nachprüfung der Verwertbarkeit von Co_2O_3 erhielten 2 junge Schafe (35 kg) während 7 Tagen täglich 3 mg, die mit ^{60}Co markiert waren. Ein Tier erhielt 10 mg in einer Gabe. Die Unters. der Tiergewebe erfolgte am 8. bzw. 3. Tage. Es wurde gefunden, daß ca. 80% des Co_2O_3 in den Faeces ausgeschieden u. 20% resorbiert wurden. Ein großer Teil des resorbierten Co fand sich in der Leber (165—615 γ ^{60}Co/kg Gewebe). Co_2O_3 wird demnach ähnlich gut resorbiert wie $CoCO_3$. (Nature [London] **174.** 88—89. 10/7. 1954. Chicago, Ill., Inst. of Technol., Armour Res. Foundat.) J. SCHWAIBOLD. 4596

Arthur W. Wase, Donald M. Goss und **M. John Boyd,** *Der Stoffwechsel von Nickel.* 1. Mitt. *Räumliche und zeitliche Verteilung von ^{63}Ni in der Maus.* Zusammenfassender Hinweis auf die biol. Wirkungen des Ni. Im Hinblick auf die mögliche biol. Bedeutung des Ni wurden Stoffwechselunterss. 2—72 Std. nach Injektion von ^{63}Ni durch Prüfung zahlreicher Organe, des Harns u. der Faeces durchgeführt, die ergaben, daß Ni allg. in die Gewebe u. Organe übergeführt wird. Es erfolgt ein rascher Umsatz in den Geweben mit Ausnahme von Lunge u. Hirn. Ni wird kurz nach der Zufuhr rasch in Harn u. Faeces ausgeschieden. (Arch. Biochem. Biophysics **51.** 1—4. Juli 1954. Philadelphia, Pa., Hahnemann Med. Coll., Div. of Biol. Chem.) J. SCHWAIBOLD. 4596

R. Kulwich, Sam L. Hansard, C. L. Comar und **G. K. Davis,** *Zusammenhang zwischen Kupfer, Molybdän und Zink bei Ratte und Schwein.* Bei Zugabe von 1000 p.p.m. *Mo* zu einer natürlichen Nahrung wurden das Gewebe-Cu u. die Einlagerung von radioakt. Cu deutlich erhöht, bes. in Niere u. Leber. Damit wird die Annahme bestätigt, daß bei erhöhter Mo-Zufuhr physiol. inakt. *Cu* sich in den Geweben anreichert. Ein Geh. von 1000 p.p.m. *Zn* in der Nahrung scheint keine Wrkg. auf den Cu-Stoffwechsel auszuüben. Die durch 1000 p.p.m. Mo in der Nahrung verursachte Wachstumshemmung wurde durch Zusatz von 200 p.p.m. Cu nicht verhindert. Das Schwein scheint gegen Mo-Giftwrkg. widerstandsfähiger zu sein als die Ratte. Bei Zufuhr von 1000 p.p.m. Mo oder Zn während 7 Monaten traten keine degenerativen Veränderungen in Rückenmark, Beingelenken oder Muskelgeweben des Schweines auf. Zn scheint keinen Einfl. auf das gestörte Cu–Mo-Gleichgewicht zu haben. (Proc. Soc. exp. Biol. Med. **84.** 487–91. Nov. 1953. Oak Ridge, Tenn., Univ. of Tennessee, Atom. Energy Commiss., Agric. Res. Program; Florida Agric. Exp. Stat.) J. Schwaibold. 4596

D. F. Evered, *Die Aminosäureausscheidung durch den Menschen. Eine quantitative Untersuchung mittels Ionenaustauscherchromatographie.* Vf. untersucht mittels Säulenchromatographie an Dowex 50 X 12 die tägliche Ausscheidung von *Aminosäuren* (**I**) u. den Mittagsspiegel des Plasmas bei einer Reihe n. Personen u. Aminoacidurie-Patienten. Die Entsalzung der Harne erfolgte durch Chromatographie an Zeo-Carb 265 u. Elution der **I** mit 0,1 n NH_3. Die Best. der *β-Aminoisobuttersäure* (**II**) im Harn wurde durch Chromatographie an Dowex 50 X 4-Säulen durchgeführt. Die n. Versuchspersonen u. jeder der Patienten zeigten ein bestimmtes Bild der **I**-Ausscheidung, das bei Patienten mit dem gleichen Syndrom charakterist. Ähnlichkeiten aufweist. Bei Phenylketonurie ließen sich eine hohe *Phenylalanin* (**III**)-Ausscheidung u. ein erhöhter **III**-Spiegel im Plasma bei n. Clearance nachweisen. Im Gegensatz dazu wurden n. oder erniedrigte Plasmawerte bei Aminoacidurie, bedingt durch Fanconi-Syndrom, Hartnup-Syndrom u. **II**-Acidurie, gefunden. Dies deutet nach Ansicht des Vf. auf Defekte der Reabsorption spezif. **I** in den Renaltubuli hin. Von 24 n. Personen schieden neunzehn 4–28 mg, drei 41–55 mg u. zwei 116–177 mg **II**/Tag aus. (Biochem. J. **62.** 416–27. März 1956. London, Univ. Coll. Hosp. Med. School, Med. Unit.) E. Schwerdtfeger. 4596

L. Musajo, A. Spada und **D. Coppini,** *Untersuchungen über die Umformungsprodukte des Tryptophans im Menschen.* Vff. erhielten aus dem Harn eines Kranken nach Verabreichung von 5 g *Tryptophan* per os wenige mg *3-Oxyanthranilsäure,* F. 93°, als Zwischenprod. der Biosynth. der Nicotinsäure. (Atti Soc. Naturalisti Matematici Modena **82–84.** 1. 1951/1953. Modena, Univ., Inst. für pharmaz. Chem.) E. Dehn. 4596

Morris J. Mandel, Donald G. Vidt und **Leo A. Sapirstein,** *Das Verschwinden von p-Aminohippursäure aus Hundeplasma nach einmaliger intravenöser Injektion.* Die exkretor. Reinigung des Hundeblutplasmas von *p-Aminohippursäure* (**I**) wurde aus der Abnahmekurve nach einmaliger Injektion von **I** berechnet u. stimmt in 11 von 15 Fällen gut mit den Werten, die aus Infusionsverss. erhalten wurden, überein. Das gesamte Vol. für die **I**-Verteilung im Hund scheint etwas größer zu sein als das Vol. der extracellulären Flüssigkeit. (Amer. J. Physiol. **182.** 428–32. Sept. 1955. Columbus, O., Ohio State Univ. Dep. of Physiol.) A. Dillmann. 4596

F. Marott Sinex und **Donald D. van Slyke,** *Entstehung und Zustand des Oxylysins im Kollagen.* Um zu untersuchen, auf welchem Wege das *Oxylysin* (**I**) im *Kollagen* (**III**) des Tierorganismus gebildet wird, wurden 3wöchentliche Fütterungsverss. an jungen Ratten mit einheitlich markiertem *^{14}C-L-Lysin* (**II**) durchgeführt. Die aus dem hydrolysierten Haut-**III** isolierten **I** u. **II** (Phosphorwolframsäurefällung mit anschließender chromatograph. Trennung an Dowex 50) zeigten fast die gleiche spezif. Aktivität. Dabei scheint die einheitliche ^{14}C-Markierung des verfütterten **II** erhalten geblieben zu sein, da die spezif. Aktivität sowohl in der Carboxylgruppe als auch im C-Kettenrest in beiden Aminosäuren die gleiche ist. Daraus geht hervor, daß **I** im Tierkörper aus **II** gebildet wird u. daß höchstens ein sehr kleiner **I**-Teil auf andere Weise entstehen kann. Aus Hundeschwanzsehne ließ sich nur ein sehr geringer Bruchteil des PO_4^{3-} isolieren, das hätte gefunden werden müssen, wenn die OH-Gruppe von **I** mit H_3PO_4 verestert wäre. (J. biol. Chemistry **216.** 245–50. Sept. 1955. Upton, N. Y., Brookhaven Nat. Labor., Dep. of. Med. W. Königsdorf. 4956

Margery G. Ord und **L. A. Stocken,** *Kreatin- und Kohlenhydratstoffwechsel.* Vff. beobachteten in der Leber von (mit u. ohne Röntgenstrahlen behandelten) Meerschweinchen beiderlei Geschlechts nach einer Hungerperiode von 24–48 Std. einen 2–3fachen Anstieg des *Kreatin* (**I**)- u. *Phosphokreatin* (**II**)-Gehaltes. Bei Ratten ist unter gleichen Bedingungen die Erhöhung der **I**-Konz. in der Leber u. im Blut weniger stark; es wird aber eine bis zu 20fache Steigerung der **I**-Ausscheidung mit dem Urin festgestellt. Diese ist dem Abfall der *Glucose* (**III**)-Konz. im Blut nach 6-, 24- u. 30std. Nahrungsentzug direkt proportional. Perfusionsverss. an den hinteren Extremitäten zeigen, daß der **I**-Geh. im Skelettmuskel der Ratte von der **III**-Konz. beeinflußt wird, indem eine Erniedrigung der **III**-Menge (von 200 auf 50 mg/100 ml) oder Hemmung der **III**-Oxydation durch *Jodacetat* (18,6 mg) einen Anstieg der **I**-Konz. hervorruft. Zufuhr von **III** erniedrigt die **I**-, erhöht jedoch die **II**-Menge. Auch Ratten, denen Nebennieren, Hypophyse oder Thyreoidea exstirpiert worden sind, zeigen nach 24std. Hungerzeit die gleichen Veränderungen des **I**- u. **II**-Geh. wie n. Tiere. Aus den Verss. geht hervor, daß zwischen der **I**-Konz. in den Geweben u. dem **III**-Verbrauch enge Beziehungen bestehen, u. zwar derart, daß durch Kohlenhydratentzug oder Störung des Kohlenhydratstoffwechsels die Verteilung von **I** u. **II** in den verschied. Geweben verändert wird, wobei eine Mobilisierung von **I** stattfindet. (Biochem. J. **59**. 272—79. Febr. 1955. Oxford, Univ., Dep. of Biochem.) P. FAHRNLAENDER. 4596

F. Fretwurst und **H. A. Ahlhelm,** *Untersuchungen über den Glucuronsäurestoffwechsel beim Menschen nach peroraler und intravenöser Zufuhr.* (Naunyn-Schmiedebergs Arch. exp. Pathol. Pharmakol. **217**. 382—98. 1953. Hamburg, Allg. Krankenhaus St. Georg, Chem. physiol. Inst. u. I. Med. Abt.) F. GÜNTHER. 4596

Allan V. N. Goodyer, Louis G. Welt, James H. Darragh, William A. Abele und **William H. Meroney,** *Die Wirkung von Glucosediurese auf die renale Ausscheidung von Bicarbonat.* Bei Unterss. an 3 Versuchspersonen unter Versuchsbedingungen, die die Ausscheidung von Bicarbonat begünstigen sollten (Bicarbonatinfusion), wurde gefunden, daß die Geschwindigkeit der Bicarbonatausscheidung sinkt, während die Ausscheidungsgeschwindigkeit anderer Elektrolyte bei einer osmot. Diurese (Glucose) steigt. Erklärungsmöglichkeiten für diesen Vorgang werden erörtert. (Proc. Soc. exp. Biol. Med. **86**. 19—22. Mai 1954. New Haven, Conn., Univ., School of Med., Dep. of Intern. Med.) J. SCHWAIBOLD. 4596

I. A. Kamil, J. N. Smith und **R. T. Williams,** *Ein neuer Gesichtspunkt zum Stoffwechsel des Äthanols: Isolierung von Äthylglucuronid.* Vff. stellen fest, daß A. von Kaninchen in geringem Ausmaß als *Äthylglucuronid* (**I**) ausgeschieden wird, wobei die **I**-Menge mit steigender A.-Dosis anwächst. Mit Hilfe der Naphthoresorcinmeth. läßt sich zeigen, daß bei Zufuhr von 1 ml/kg 0,5%, 2,4 ml/kg 0,7% u. 4,6 mg/kg 1,6% der applizierten A.-Menge als **I** erscheinen (tox. A.-Dosis: 10—12 ml/kg). Aus dem Urin wird **I** als *Triacetylmethylester* ($C_{15}H_{22}O_{10}$, F. 144°, $[\alpha]_D^{20}$ —32,8° [Chlf.]) isoliert. Die **I**-Abgabe dauert bis zu 24 Std. nach A.-Zufuhr an. Die Hauptmenge A. wird dagegen in vivo rasch oxydiert. (Biochem. J. **51**. XXXII—XXXIII. Juli 1952. London, St. Mary's Hosp. Med. School, Dep. of Biochem.) P. FAHRNLAENDER. 4596

G. Je. Wladimirow und **L. N. Rubel,** *Über die Geschwindigkeit der Regenerierung von Adenosintriphosphorsäure und Phosphokreatin im Gehirn von Ratten.* Bei subcutaner Zufuhr von $Na_3{}^{32}PO_4$ (**I**) beobachtet man im Rattenvers. selbst nach 1 Std. einen Austausch der labilen Gruppen von *Adenosintriphosphorsäure* (ATP) u. *Phosphokreatin* (**II**) von nur 33—46%, bedingt durch die Blutbeimengungen im Hirngewebe. Bei subarachnoidaler **I**-Zufuhr beträgt die relative Aktivität von ATP 46—71%. Berechnet man den Blutgeh. des Hirngewebes nach dem Fe-Geh. u. berechnet danach die spezif. Aktivität von ATP, so ergibt sich der gleiche Wert wie für die spezif. Aktivität des anorgan. P. Bei 1std. Verss. ist die spezif. Aktivität der anorgan. Phosphate im blutfreien Hirngewebe ca. 70mal geringer als die spezif. Aktivität im Blut. Die rasche Erneuerung von ATP im Hirngewebe ermöglicht es nicht, nach den Werten der spezif. Aktivität diese Erneuerung richtig zu beurteilen. Bei Erregung des Zentralnervensyst. können die Änderungen der spezif. Aktivität des labilen P von ATP nicht nachgewiesen werden. Die gleichen Überlegungen gelten auch für **II**. (Доклады Академии Наук СССР [Ber. Akad. Wiss. UdSSR] [N. S.] **96**. 1021—24. 11/6. 1954. Pawlow-Inst. für Physiol. der Akad. der Wiss. der UdSSR.) O. LEBTAG. 4596

J. H. Kellgren, J. Ball, W. T. Astbury, R. Reed und **E. Beighton,** *Biophysikalische Untersuchungen von rheumatischem Bindegewebe.* Vorläufiger Bericht über die histolog. Unters. von fibrinoiden Bezirken bei rheumat. Leiden mittels Röntgendiagramm u. Elektronenmikroskop; Schilderung der Methoden u. Reproduktion typ. Befunde. (Nature [London] **168**. 493—94. 22/9. 1951. Manchester, Roy. Infirmary, Rheum. Res. Centre, u. Leeds, Univ.) R. HEINZE. 4597

B. Hocking, *Autolyse von Flugmuskeln bei einem Moskito.* Bei ca. 20 untersuchten Arten von befruchteten Moskitoweibchen mit verschieden starker Autolyse der Flugmuskeln besteht eine wechselseitige Beziehung zwischen dem Grade der Ei-Entw. u. dem Grade der Autolyse dieser Muskeln. Der N-Geh. der Flugmuskeln ist etwa gleich dem von ca. 60 Eiern, entsprechend dem beobachteten Durchschnittswert von 64 Eiern bei den untersuchten Moskitoarten. (Nature [London] **169**. 1101. 28/6. 1952. Edmonton, Univ. of Alberta, Inst. of Entomologie.) E. ERBE. 4597

Rolf Danneel und **Berthilde Eschrich,** *Untersuchungen über den gelben Augenfarbstoff der Mutante „sepia" von Drosophila melanogaster.* Zur chromatograph. Unters. wurden die Köpfe, Körper u. isolierten MALPIGHI-Gefäße von 500—700 Fliegen mit W. oder A. extrahiert u. mit wassergesätt. Benzylalkohol als mobile Phase chromatographiert.

Zur Absorptionsmessung im BECKMAN-Spektrophotometer dienten die mit W. oder 0,1 n NaOH eluierten Flecke der Chromatogramme. Vornahme der gesamten Operationen bei Rotlicht oder im Dunkeln. Ergebnisse: Die Chromatographie der Köpfe der „se"- u. „cn"-Fliegen lieferte einen einheitlichen gelben, im UV-Licht gelbgrün fluorescierenden Fleck, der nach Elution mit 0,1 n NaOH 3 Absorptionsmaxima bei 2550, 3750 u. 4400 Å aufwies; bei Belichtung verschwand das 3. längerwellige Maximum. In wss. Lsg. wurden die 3 Maxima zu 2700, 3600 u. 4200 Å ermittelt, durch Belichtung schlug die Fluorescenz nach Blaßblau um, die beiden verbleibenden Maxima erlitten dabei eine Verschiebung nach 2800 u. 3450 Å. Der vorliegende „se"-Farbstoff gab mit dem Reagens nach DÉNIGÈS (1 g HgO in 4 cm³ H_2SO_4 + 20 cm³ W.) die von Riboflavin bekannte rotorange Färbung; die typ. rote Fluorescenz blieb jedoch aus. Aus den MALPIGHI-Gefäßen konnte ein Farbstoff extrahiert werden, der bei der Chromatographie den gleichen R_F Wert wie *Riboflavin* aufwies. Da die geringe Substanzmenge zur Absorptionsmessung nicht ausreichte, wurde diese Beobachtung an dem als ident. angenommenen Farbstoff aus den MALPIGHI-Gefäßen von 50 Stubenfliegen durchgeführt. Die Absorptionsmaxima lagen wie bei Riboflavin bei 2900, 3700 u. 4450—4500 Å. Die Fluorescenzfarbe war reiner gelb als bei Riboflavin, die Lichtempfindlichkeit konnte wegen Substanzmangel nicht überprüft werden. Es ergibt sich, daß in den Augen u. den MALPIGHI-Gefäßen der sepiaäugigen Drosophila zwei verschied., dem Riboflavin sehr nahe verwandte Farbstoffe vorhanden sind. (Z. Naturforsch. **11b.** 105—10. Febr. 1956. Bonn, Univ., Zoolog. Inst.) K. ZOPFF. 4598

L. Napolitano und **V. G. Longo,** *Pharmakologie des vestibulo-oculären Reflexes. 2. Mitt. Wirkung der Cholinesterase-hemmenden Mittel auf den Drehnystagmus beim Kaninchen.* (1. vgl. LONGO u. NAPOLITANO, C. **1953.** 6082.) In Unterss. am Kaninchen wurde festgestellt, daß die die Cholinesterase hemmenden Mittel den postrotator. Nystagmus verschieden beeinflussen. *Physostigmin* u. *Diisopropylfluorphosphat* bewirkten eine Verlängerung des Nystagmus u. seiner Amplitude. *Neostigmin* hat in höheren Dosen die gegenteilige Wrkg., in kleinen Dosen ist es wirkungslos. *Tensilon* hat nur eine geringe Zunahme der Amplituden zur Folge. (Arch. int. Pharmacodynam. Thérap. **99.** 206—14. 15/9. 1954. Roma, Ist. Sup. di Sanità.) P. G. SCHEURLEN. 4598

V. G. Longo und **L. Napolitano,** *Pharmakologie des vestibulo-oculären Reflexes. 3. Mitt. Wirkung des o-Toluoloxypropandiol (Mephenesin), des Morphins, Eserins und des DFP auf den Drehnystagmus beim Kaninchen nach Entfernung des Endhirns.* (2. vgl. vorst. Ref.) Die Entfernung der grauen u. weißen Substanz des Großhirns hat beim Kaninchen keinen Einfl. auf die Hemmung des postrotator. Drehnystagmus durch *o-Toluoloxypropandiol* u. auf dessen Beschleunigung durch *Eserin* u. *Diisopropylfluorphosphat.* Die hemmende Wrkg. des *Morphins* wird durch die Decorticalisierung eher potenziert. Es wird geschlossen, daß die Wrkg. der genannten Substanzen auf einer direkten Beeinflussung des vestibulo-oculären Reflexbogens beruht. (Arch. int. Pharmacodynam. Thérap. **99.** 215—23. 15/9. 1954. Roma, Ist. Sup. di Sanità.) P. G. SCHEURLEN. 4598

Dietrich Schneider und **Erich Hecker,** *Zur Elektrophysiologie der Antenne des Seidenspinners Bombyx mori bei Reizung mit angereicherten Extrakten des Sexuallockstoffes.* Die bei der isolierten Antenne des Seidenspinners in der Ruhe vorhandenen Spontanentladungen chemosensor. Elemente unterliegen einer Frequenzmodulation bei Reizung durch angereicherten Extrakt des Sexuallockstoffes; Cycloheptanon oder Sorbinol [Hexadien-(2.4)-ol]. Ae.- u. Chloroformdampf narkotisierten reversibel. Bei simultaner chem. u. Luftstromreizung treten langsame Potentialschwankungen auf. Von den Antennen weiblicher Tiere konnten Vff. bisher keine durch Sexuallockstoff ausgelöste langsamen Potentialschwankungen oder Spikes ableiten. (Z. Naturforsch. **11b.** 121—24. März 1956. Tübingen, Max-Planck-Inst. für Biol. [Abt. Kühn] u. Biochem.) H. REMBOLD. 4598

J. A. Colin Nicol, *Leuchtreaktionen bei Chaetopterus und die Wirkungen von Eserin.* Wenn auch schwach lassen sich die Leucht-Rkk. von Chaetopterus, die unter nervösem Einfl. stehen, mit einem Galvanometer oder „Scilloskop" aufzeichnen. Durch elektr. Stimulierung kann die Rk. intensiver werden, dadurch daß man entweder die Frequenz oder die Zahl der Impulse erhöht. *Acetylcholin* ($^1/_{1,000}$, $^1/_{10,000}$) erzeugte sehr verschied. Resultate bei den Tieren (mehr oder weniger helles Leuchten). *Eserin* ($^1/_{10,000}$) erhöhte die Licht-Rk. bis zum Grad der elektr. Stimulierung. Diese positiven Ergebnisse für beide Substanzen werden bzgl. der Wrkg. als chem. Überträger bei der Leucht-Rk. diskutiert. (Nature [London] **169.** 665—66. 19/4. 1952. Plymouth, Marine Biol. Assoc.) D. ITZEROTT. 4598

Carlos Chagas, *Ausnützung des Acetylcholins während der Entladung bei Electrophorus electricus.* Vf. untersuchte die Rolle des *Acetylcholins* (I) im elektr. Organ bei Electrophorus electricus u. fand, daß die Potentialänderungen bei der Entladung von einer depolarisierenden Wrkg. des **I** herrühren. **I** wird sofort durch die Wrkg. der *Cholinesterase*, die wahrscheinlich intracellulär vorkommt, hydrolysiert. (C. R. hebd. Séances Acad. Sci. **234.** 663–65. 4/2. 1952.) K. BÖHM. 4598

E6. Pharmakologie. Therapie. Toxikologie. Hygiene.

Erik Odeblad und **Donato Ziliotto,** *Die Aufnahme von Radiosulfat in verschiedenen Organen nach Ganzkörperbestrahlung.* Ratten u. Mäuse erhielten subcutane Injektionen mit 10 μC/g trägerfreiem $Na_2{}^{35}SO_4$. Die Ratten waren vorher mit 300, 600 oder 1200 r bestrahlt worden, die Mäuse mit 600 r. Bestrahlungsdaten: 165 kV, Filter: 0,5 mm Cu + 1,0 mm Al, Dosisleistung 44 r/min. Kontrolltiere wurden unbestrahlt injiziert. 48 Std. nach der Injektion wurden die Tiere getötet u. Gewebeproben aus Intestinum, Trachea, Rückenhaut, Ovaren u. Nieren entnommen u. autoradiographiert. Bzgl. der Einlagerung von ^{35}S in den Geweben besteht bei bestrahlten u. unbestrahlten Tieren kein merkbarer Unterschied. (Acta radiol. [Stockholm] **44.** 313–16. Okt. 1955. Stockholm, Karolinska Inst., Sabbatsbergs Sjukhus, Dep. of Gynecol., Isotope Labor.) W. REUSSE. 4601

A. G. Bearn und **Henry G. Kunkel,** *Lokalisation von ^{64}Cu in Serumfraktionen nach oraler Zufuhr: Eine Veränderung bei Wilsonscher Krankheit.* Nach oraler Zufuhr von ^{64}Cu bei der Ratte wurde eine unmittelbare Aufnahme des Cu durch die Albuminfraktion des Serums nachgewiesen (Elektrophorese). Später ging das Cu auf das vorwiegend Cu bindende Protein über, das etwa die Beweglichkeit eines α_1-Globulins aufweist. Nach Zufuhr von ^{64}Cu bei n. Personen u. Patienten mit Cirrhose der Leber wurde das Cu ebenfalls unmittelbar durch die Albuminfraktion des Serums aufgenommen. Innerhalb weniger Std. ging die Radioaktivität auf das α_2-Globulin, Coeruloplasmin, über. Nach Zufuhr von ^{64}Cu bei Patienten mit WILSONscher Krankheit wurde das Cu an das Albumin gebunden, u. es trat nur ein geringer oder kein Übergang auf die α_2-Globulinfraktion ein. (Proc. Soc. exp. Biol. Med. **85.** 44–48. Jan. 1954. New York, N. Y., Hosp. of Rockefeller Inst. for Med. Res.) J. SCHWAIBOLD. 4601

Walter Becker, *Über zwei Fälle ausgedehnter Thorotrastspeicherung mit Spätschädigung nach Arteriographie.* In Milz, Leber u. Lymphknoten am Hals wurden bei 2 Patienten 15 bzw. 13 Jahre nach einer *Thorotrast*-Injektion Reste des Kontrastmittels gefunden. Es sind Thorotrastgranulome entstanden. (Die Medizinische **1955.** 1800–02. 24/12. Fulda, Städt. Krankenhaus, Röntgenabt.) W. REUSSE. 4601

Eberhard Clerc, *Die Ausscheidung von Biligrafin beim Hund nach verschiedenen Arten parenteraler Darreichung durch Niere und Leber.* Beim Hund ist die Resorption bei intramuskulärer Verabfolgung von *Biligrafin* (**I**) so günstig, daß in der Leber etwa die gleichen Mengen zur Ausscheidung gelangten wie nach intravenöser Gabe. Bei der guten lokalen Verträglichkeit von **I**-*Methylglucamin*-Lsg. (50%ig) kann diese Applikationsart als Ausweichmeth. empfohlen werden. (Aerztl. Wschr. **10.** 1156–59. 16/12. 1955. Berlin West], Haupt-Labor. der Schering A. G.) WOLFGANG ALBRECHT. 4601

Theodore L. Orloff, *Gallenblasenröntgenographie mit einem neuen Kontrastmittel. Natriumacetrizoat* (*3-Acetylamino-2.4.6-trijodbenzoesäure*) wird als Kontrastmittel intravenös bei Gallenblasenaufnahmen gegeben. Die Konz. der Verb. in der Gallenblase ist der Nierenfunktion umgekehrt proportional. (A. M. A. Arch. Surgery **71.** 620–22. Okt. 1955. Philadelphia, Pa., Albert Einstein Med. Center, Northern Div., Dep. of Radiol.) H. D. BELITZ. 4601

Carl Sandström, *Sind die Nebenwirkungen der Kontrastmittel von allergischer Natur oder nicht?* Aus einem Material von 7104 Urographien mit *Umbradil*, darunter 1557 mit 2–10facher Wiederholung, wird gefolgert, daß die Nebenwirkungen der Kontrastmittel, auch wenn sie in den Symptomen den allerg. Rkk. ähneln, nicht von allerg. Natur sind. Es handelt sich anscheinend mindestens teilweise um eine tox. Rk. des Organismus, wobei die physikal.-chem. Eigg. des Kontrastmittels eine wichtige Rolle spielen. (Nord. Med. **53.** 389–92. 10/3. 1955. Stockholm, S:t Eriks sjukhus, Röntgenavd.) R. K. MÜLLER. 4601

Francis Lothe und **Finn Devik,** *Die Schutzwirkung von Cysteamin gegen Röntgenschädigungen am Kaninchenohr nach Bestrahlung unter vollständiger Anoxie.* Die Ohren von 24 ♂ u. ♀ Kaninchen wurden vor dem Strahlaustrittsfenster einer Röntgenröhre fixiert u. ohne Filter bestrahlt. Bestrahlungsdaten: 50 kV, 2 mA, HWS 0,30 mm Al. Die Dosisleistung betrug 1400 r/Minute. Es wurden Einzeldosen von 5000, 8000 u. 12000 r verabfolgt. Die Ohren wurden bei einem Teil der Tiere im Zustand einer totalen Anoxie bestrahlt, indem sie abgebunden u. mit einer Lsg. von Dextran in RINGER-Lsg. injiziert wurden. Die Ohren wurden dann in ein Condom eingehüllt, das mit N_2 durchspült wurde. Teilweise wurde vorher *Cysteamin* (**I**) injiziert. Die unter n. Bedingungen auftretenden Röntgenschäden (Erythem, Epilation) wurden sowohl durch die Anoxie als auch durch **I**

reduziert. Bei gleichzeitiger Anwendung beider Mittel steigert sich die Schutzwirkung. Beide Einfll. wirken auf verschied. Wegen auf den radiobiol. Prozeß ein. (Acta radiologica [Stockholm] **44**. 306—12. Okt. 1955. Oslo, Univ. of Oslo, Inst. of Gen. and Exp. Pathol.) W. REUSSE. 4601

Russell F. Miller und **Paul H. Phillips**, *Die Verstärkung der Toxizität von Natriumfluorid bei der Ratte durch fettreiche Nahrung.* Die Erhöhung des Nahrungsfettes von 5 auf 15% verstärkt bei Ratten den wachstumsverzögernden Effekt des Zusatzes von 0,1% *NaF* zum Futter. Das veränderte Verhältnis von Protein zu energieliefernden Nährstoffen hat dabei keinen Einfluß. Die Anreicherung des Futters mit *Pantothensäure* (I), *Methionin* oder *Ascorbinsäure*, sowie Injektionen von *ATP*, I oder *Cystein* verhindern nicht die toxizitätssteigernde Wrkg. des Nahrungsfettes. Auch die Art des Fettes ist ohne Einfluß. Die Einlagerung von F bei 0,1% F-Geh. des Futters in die Femurae wird bei erhöhtem Nahrungsfett gesteigert. (J. of Nutrit. **56**. 447—54. 10/8. 1955. Madison, Wis., Univ. of Wisconsin, Coll. of Agric., Dep. of Biochem.) F. KRUSEN. 4606

F. Obál und **S. Incze**, *Vorkommen der Schwefelwasserstoffvergiftung und ihre Wirkung auf die Muskelfunktion.* Da die H_2S-Intoxikation durch zunehmende Häufigkeit in der Industrie an Interesse gewonnen hat, untersuchten Vff. am Nerv-Muskel-Präp. des Frosches die H_2S-Wirkung. Nach den experimentellen Ergebnissen ermüdet ein mit H_2S vergifteter Muskel früher, seine Arbeitsleistung ist herabgesetzt, seine Erholung schwächer u. verzögert. Störungen am peripheren Nerven wurden nicht festgestellt. Es wird behauptet, daß durch die Vergiftung eine Schädigung des fermentativen Kohlenhydrat- u. Eiweißstoffwechsels die Muskelfunktion beeinträchtigt. (Acta physiol. Acad. Sci. hung. **8**. 409—23. 1955. Târgu-Mures, Rumänien, Med. Univ., Physiol. Inst.) D. BACHMANN. 4606

G. W. H. Schepers und **T. M. Durkan**, *Die Wirkung von Talcumstaub auf tierisches Gewebe.* Während sich *Dolomit* u. *Serpentin* nach intravenöser u. intratrachealer Applikation im Lungengewebe relativ inert verhalten, kommt es durch *Talcum* zu Zell-Rkk., durch *Anthophyllit* u. *Tremolit* zu Zell- u. Bindegewebs-Rkk. Zusatz von Quarz modifiziert die durch die einzelnen Prodd. hervorgerufenen Veränderungen im Sinne einer Fibrose. (A. M. A. Arch. ind. Health **12**. 317—28. Sept. 1955. Saranac Lake, N. Y., Saranac Labor.) H. ZELLER. 4606

G. W. H. Schepers, T. M. Durkan und **A. B. Delahant**, *Die Wirkung von inhaliertem handelsüblichem hydriertem Calciumsilicatstaub auf tierisches Gewebe. Experimentelle Untersuchung.* Durch wiederholte Inhalation von handelsüblichem hydriertem *Ca-Silicatstaub* kommt es bei Ratten, Meerschweinchen u. Hamstern zu chron. Bronchiolitis, Bronchiektasen u. Epithelisierung der atelektat. Alveolen, einem Bild, wie es auch bei experimenteller Asbestose gesehen wird. (A. M. A. Arch. ind. Health **12**. 348—60. Sept. 1955. Saranac Lake, N. Y., Saranac Labor.) H. ZELLER. 4606

G. W. H. Schepers, *Die biologische Wirkung von Glaswolle.* Histopatholog. Unters. des Lungengewebes. Intratracheal zugeführter *Glaswollstaub* (I) bewirkt frühzeitig Schädigungen der Bronchien, welche zwar länger als ein Jahr bestehen, jedoch zu keiner Fibrose führen. Nach Inhalation von I kommt es neben Pneumonitis, endo- u. peribronchialen Schädigungen zu Hyperplasie des Bronchialepithels. (A. M. A. Arch. ind. Health **12**. 280—87. Sept. 1955. Saranac Lake, N. Y., Saranac Labor.) H. ZELLER. 4606

Peter Marquardt und **Hansheiner Schumacher**, *Zum Mechanismus der Calciumwirkung.* Die Ca-Wrkg. am Blutdruck bei Katzen zeigte eine auffallende Ähnlichkeit mit der von Adrenalin bzw. Noradrenalin. Beide Wirkungen zeigten nach Vorbehandlung mit einem Sympathicolyticum gelegentlich Umkehrbarkeit. Bei adrenalektomierten Tieren war keine pressor. Ca-Wrkg. mehr nachweisbar. Unregelmäßigkeiten dieser Ca-Wrkg. werden auf individuelle Verschiebung der Wirkungsqualitäten von Adrenalin (endogene Ausschüttung durch Ca^{2+}) zurückgeführt. In den vorliegenden Verss. verhielt sich die Ca-Wrkg. analog zum „Sympathin" u. nicht zum Adrenalin (kein Angriff der Ca^{2+}-Ionen am sympath. Nervensyst., sondern durch diese eine Ausschüttung der Hormone des Nebennierenmarks). (Arzneimittel-Forsch. **4**. 329—30. Mai 1954. Freiburg/Br., Univ., Med. Fak., Abt. für exp. Therapie.) J. SCHWAIBOLD. 4606

G. W. H. Schepers, T. M. Durkan und **A. B. Delahant**, *Die biologische Wirkung von calciniertem Gipsstaub. Experimentelle Untersuchung an tierischen Lungen.* Unters. der Gewebs-Rk. in der Lunge von Meerschweinchen, die über 2 Jahre täglich calcinierten *Gipsstaub* (I) u. Gemische von *Gips* u. *Quarz* (II) inhalierten. I bewirkte keine Pneumokoniose, bei Inhalation von II kam es offenbar durch Anwesenheit von I in dem II-Gemisch zu einem Schutz des Lungengewebes gegen die bekannte fibroseauslösende Wrkg.

von Quarz. Der Verlauf der experimentellen Meerschweinchentuberkulose ist bei Inhalation von II leichter als bei Inhalation von Quarz allein. (A. M. A. Arch. ind. Health **12.** 329–47. Sept. 1955. Saranac Lake, N. Y., Saranac Labor.) H. ZELLER. 4606

W. Bludau und **H.-J. Heite,** *Untersuchungen über die Bedeutung des Anions bei vergleichender Prüfung der exsudationshemmenden Wirkung verschiedener Erdalkalisalze am Eiweißödem der Rattenpfote.* Beim Vgl. der gluconsauren Salze äquimol. Mengen von Be, Mg, Ca u. Sr erwies sich Mg als unwirksam, Ca als schwach u. die beiden körperfremden Be u. Sr als stark wirksam. Sr zeigte auch tox. Wirkungen. Von verschied. Anionen zeigten die aminoessigsauren Salze (Ca, Sr) die stärkste, die anderen untersuchten Säuren eine schwächere u. die Gluconsäure sowie die Äthylendiamintetraessigsäureverb. die schwächste Wirkung. Die Wirkungsweise dieser Verbb. bzw. Ionen wird erörtert. (Arzneimittel-Forsch. **4.** 639–43. Nov. 1954. Marburg/Lahn, Univ., Hautklinik.) J. SCHWAIBOLD. 4606

G. W. H. Schepers, Anthony B. Delahant und **Andrew J. Redlin,** *Experimentelle Untersuchung über die Wirkung von Seltenen Erden auf tierisches Lungengewebe.* 2 Proben Seltener Erden mit verschied. Fluorid- u. Oxydgeh. wurden Meerschweinchen intratracheal instilliert bzw. wurden von den Tieren inhaliert. Makroskop. konnten keine patholog. Veränderungen im Sinne einer pneumokoniot. Fibrose festgestellt werden. (A. M. A. Arch. ind. Health **12.** 297–300. Sept. 1955. Saranac Lake, N. Y., Saranac Labor.) H. ZELLER. 4606

James O. Hoppe, G. Marie Agnew Marcelli und **Maurice L. Tainter,** *Eine experimentelle Untersuchung über die Toxizität von Ferrogluconat.* Vff. bestimmen die akute intravenöse u. orale Toxizität von *Ferrogluconat* (I) u. $FeSO_4$ an Mäusen (a) u. Ratten (b), die 1 cm^3/100 g Körpergewicht der Fe-Verbb. in wss. Lsg. erhalten, sowie an Katzen (c) u. Hunden (d). Vor oraler Applikation werden a) u. b) einer 4std., c) u. d) einer 18std. Hungerperiode ausgesetzt. Die DL_{50} von I beträgt für a) 114 $\pm$ 7,6 mg/kg intravenös, ($FeSO_4$: 65 $\pm$ 4,5) bzw. 3700 $\pm$ 145 mg/kg oral ($FeSO_4$: 1520 $\pm$ 130); für b) 4600 $\pm$ 560 mg/kg oral ($FeSO_4$: 1480 $\pm$ 184). Bei c) führen die Fe-Verbb. zu örtlichen gastr. Reizungen u. Vomitus, die die Best. der akuten oralen Toxizität verhindern. Diese Wirkungen werden nach Zufuhr von 400 mg/kg I (bzw. 200 mg/kg $FeSO_4$) beobachtet. Auch bei d) treten Erbrechen u. Diarrhoe durch Einw. von I oder $FeSO_4$ auf, die angenäherte DL_{50} wird für I zu 3200 mg/kg ($FeSO_4$: 800 mg/kg) ermittelt. Wiederholte tägliche orale Applikation von I (Versuchsdauer 2 Wochen) in hypertherapeut. Dosen (100–1600 mg/kg) läßt bei c) keine kumulative Wrkg. oder Mortalität erkennen, während $FeSO_4$ (25–400 mg/kg) unter den gleichen Bedingungen zu vereinzelten Todesfällen führt. Bei beiden Verbb. steigt mit steigender Dosis die Intensität der tox. Erscheinungen an. Intracutan wird doppelt soviel Fe in Form von I wie in Form von Sulfat ohne Schädigung der Gewebe vertragen. Der Vgl. der intravenösen mit der oralen Toxizität zeigt, daß vorst. Fe-Verbb. nur in geringem Ausmaß von den Verdauungsorganen resorbiert werden. Ferner geht aus den Verss. hervor, daß die tox. Wirksamkeit von $FeSO_4$ mehr als doppelt so groß ist wie die von I. (Amer. J. med. Sci. **230.** 491–98. Nov. 1955.) P. FAHRNLAENDER. 4606

A. Enders, G. Körting und **D. Weiland,** *Das Blutbild und die Geschlechtsabhängigkeit bei chronischer Parathionvergiftung.* Die 4 Wochen dauernde Zufuhr von *Parathion* (I) an Ratten in Dosen beginnend mit 4 mg/kg steigend auf 10 mg/kg täglich führt zu Erythrocytenverminderung u. Hämoglobinabnahme, die durch Medikation von *Co* u. *Vitamin* B_{12} verhindert werden. Bei gleichbleibender Applikation von täglich 5 mg/kg I kommt es dagegen zu einem Anstieg von Erythrocyten u. Hämoglobin; da gleichzeitig Reticulocytenvermehrung festzustellen ist, erscheint diese Rk. als anfängliche „reakt. Überleistung". Bei der chron. I-Intoxikation mit Dosen von 4 auf 60 mg/kg zeigten sich weibliche Tiere deutlich resistenter als männliche, was im Gegensatz zu den Beobachtungen bei akuter I-Vergiftung steht. Bei den weiblichen Ratten traten bei chron. Dosen von mehr als 5 mg/kg I Cyclusstörungen auf. (Naunyn-Schmiedebergs Arch. exp. Pathol. Pharmakol. **219.** 43–49. 1953. Freiburg/Br., Univ., Pharmakol. Inst.) F. KRUSEN. 4607

M. J. Millar, M. I. Fischer, C. A. Mawson und **P. V. Elcoate,** *Einfluß von Äthylendiamintetraessigsäure auf die Ausscheidung von Zink durch die Ratte.* Versuchstiere erhielten 3 Tage je 100 mg *Calciumdinatriumäthylendiamintetraacetat* intraperitoneal. Die Zn-Ausscheidung wurde vor u. bis 18 Std. nach der Gabe festgestellt. Es wurde gefunden, daß die n. Ratte nur ca. 1,6–5,9 γ Zn in 18 Std. ausscheidet, u. daß die Ausscheidung durch diese Behandlung bis zu 115 γ erhöht wird. Die Wrkg. tritt sehr rasch ein u. scheint nach 6 Std. schon wieder abzuklingen. Die Gewebe der Tiere wiesen nach dem Vers. einen n. Zn-Geh. auf, außer Ileum u. Pankreas, deren Geh. so niedrig war wie bei Zn-Mangeltieren (Zusammenhang mit der Ausscheidung, die durch Pankreas u. Verdauungskanal erfolgt). (Nature [London] **174.** 881. 6/11. 1954. Chalk River, Atom. Energy of Canada, Ltd., Biol. Branch.) J. SCHWAIBOLD. 4607

Robert Charlier, *Wirkungen von Cysteamin und Cystein auf das Schlagvolumen und den Sauerstoffgehalt von venösem Blut.* Im Hinblick auf die Radioschutzwrkg. von *Cysteamin* (I) u. *Cystein* (II) wurde ihre Wrkg. auf Schlagvol., systol. Vol., Lungenventilation, Sauerstoffverbrauch u. Sauerstoffgeh. des gemischten venösen Blutes des rechten Herzventrikels nach intravenöser Injektion untersucht. Bei I war keine beachtenswerte Wrkg. zu erkennen. II induziert in großen Dosen eine Anoxämie. Diese kann jedoch nicht der alleinige Grund zur Radioschutzwrkg. sein, denn letztere besteht nach 30 Min. immer noch, obwohl die Anoxämie schon abgeklungen ist. (Proc. Soc. exp. Biol. Med. **86.** 290—93. Juni 1954. Lüttich, Univ., Inst. of Exp. Therapeut.; Brüssel, Soc. des Labors. Labaz, Dep. of Pharmacol.) H.-R. SCHÜTTE. 4607

W. Ss. Lussenko, *Einfluß der Thyreoektomie auf den Ammoniak- und Glutamingehalt im Kaninchenhirn.* Im Kaninchenvers. bewirkt eine Zufuhr von 2 mg *Phenamin* (I) je 1 kg Körpergewicht in den Hirnhemisphären eine durchschnittliche Zunahme des Geh. an *NH_3-N* (II) von 0,98 mg% auf 1,46 mg%; der Geh. an *Glutamin-N* (III) nimmt von 6,76 mg% auf 4,23 mg% ab. Bei Zufuhr von 5 ml einer Lsg. von *Urethan* (IV) + Medinal (15 g IV + 0,75 g Medinal in 100 ml W.) je 1 kg Körpergewicht wird der II-Geh. auf 0,59 mg% gesenkt, der III-Geh. auf 9,29 mg% erhöht. Nach Entfernung der Schilddrüse beträgt der II-Geh. der Hirnhemisphären im Durchschnitt 0,43 mg%, der III-Geh. 8,43 mg.%. Die Zufuhr von 2 mg I je 1 kg Körpergewicht bewirkt beim thyreoektomierten Tier eine II-Zunahme auf 1,03 mg% u. eine III-Abnahme auf 8,43 mg%. I ist danach auch nach Entfernung der Schilddrüse wirksam. (Фізіологічний Журнал (Киев) [Physiol. J. (Kiew)] **2.** Nr. 2. 53—57. März/April 1956. Bogomoletz-Inst. für Physiol. der Akad. der Wiss. der UkrSSR, Labor. für endokr. Funktionen.) O. LEBTAG. 4607

Robert W. Wissler, William F. Bethard, Patricia Barker und **Hideo D. Mori,** *Wirkungen von Polyoxyäthylensorbitmonolaurinat (Tween 20) auf die gastrointestinale Eisenresorption bei Hamstern.* Im Hinblick auf die Verwendung von *Tween 20* (I) als Emulgierungsmittel für Lebensmittel u. seine Hämosiderose erzeugende Wrkg. wurden 3 ähnlich angelegte Fütterungsverss. unter Verwendung von ^{59}Fe durchgeführt, um weitere Aufklärung über die Wrkg. von I zu erhalten. Die Versuchstiere erhielten ein Spezialgebäck mit 5% I. Bei diesen Tieren war die Fe-Resorption deutlich erhöht, wie die Unters. verschied. Organe ergab. Die Ausscheidung von Fe war erheblich verringert. Bei verschied. Organen war die Erhöhung der Fe-Ablagerung auch durch die Ggw. von Fe-Pigment u. auf chem. Wege nachweisbar (Abb.). Die Versuchstiere zeigten im übrigen keine tox. Erscheinungen. (Proc. Soc. exp. Biol. Med. **86.** 170—77. Mai 1954. Chicago, Univ., Dep. of Pathol. and Med.) J. SCHWAIBOLD. 4607

H. G. Bray, W. V. Thorpe und **K. White,** *Kinetische Studien über den Stoffwechsel von artfremden organischen Verbindungen.* 1. Mitt. *Die Bildung von Benzoesäure aus Benzamid, Toluol, Benzylalkohol und Benzaldehyd und ihre Kupplung mit Glykokoll und Glucuronsäure beim Kaninchen.* (Vgl. auch C. **1952.** 3203.) Die *Hippursäure* (I)-Ausscheidung bei Kaninchen, welche Na-Benzoat erhalten haben, erfolgt in konstantem Ausmaß von 115—166 mg/Stunde. *Glykokoll* erhöht die I-Ausscheidung. Die Bldg. von *Benzoylglucuronid* (II) ist eine Rk. 1. Ordnung mit der Geschwindigkeitskonstanten 0,08 Std.$^{-1}$. Auch die Umwandlung von *Benzamid, Toluol, Benzylalkohol* u. *Benzaldehyd* in *Benzoesäure* ist eine Rk. 1. Ordnung mit Geschwindigkeitskonstanten von 0,32, 0,11, 1,00 bzw. 0,33 Std.$^{-1}$. Die beobachteten kinet. Verhältnisse geben eine Erklärung für die verschieden starke Ausscheidung von II u. I nach Verabreichung verschied. Mengen von *Na-Benzoat* oder der Vorläufer der Benzoesäure. Der bekannte, durch die Tierart bedingte Unterschied im Ausmaß der Kupplung von Benzoesäure an Glucuronsäure wird zu erklären versucht. (Biochem. J. **48.** 88—96. Jan. 1951. Birmingham, Univ., Med. School.) F. RUPPERT. 4607

H. G. Bray, Brenda G. Humphris, W. V. Thorpe, K. White und **P. B. Wood,** *Kinetische Untersuchungen über den Stoffwechsel von artfremden organischen Verbindungen.* 2. Mitt. *Die Bildung von Phenolen aus bestimmten Vorstufen.* (1. vgl. vorst. Ref.; vgl. auch C. **1952.** 3203.) Die Unters. der Kinetik der Hydroxylierung von *Anisol* (I) (zu *p-Methoxyphenol*; **Ia**), *N-Phenylharnstoff* (II) (zu *N-p-Oxyphenylharnstoff*; **IIa**) u. *Benzoxazolon* (III) (zu einem *Oxabenzoxazolon*; **IIIa**) im Kaninchen ergab, daß die Geschwindigkeit dieses Vorganges anscheinend dem Körperspiegel dieser Verbb. proportional ist. Die Geschwindigkeitskonstante (in Std.$^{-1}$) betrug für I 0,11, II ca. 0,20, III ca. 0,28. Der Vgl. mit den Geschwindigkeitskonstanten für Konjugations- (**Ia, IIa, IIIa** + Glucuronsäure bzw. H_2SO_4) u. Umwandlungs-Rkk. (Toluol u. Benzamid in Benzoesäure) zeigt eine größenordnungsmäßige Übereinstimmung. (Biochem. J. **52.** 412—15. Nov. 1952. Birmingham, Univ., Med. School, Physiol. Dep.) K. MAIER. 4607

H. G. Bray, Brenda G. Humphris, W. V. Thorpe, K. White und **P. B. Wood,** *Kinetische Untersuchungen über den Stoffwechsel von artfremden organischen Verbindungen.* 3. Mitt. *Die Paarung von Phenolen mit Glucuronsäure.* (2. vgl. vorst. Ref.) Die Unters. der Kinetik der Paarung von *Phenol* (**I**), *Brenzcatechin, Resorcin, Hydrochinon, m-* u. *p-Methoxy-, p-Chlor-* (**II**) u. *p-Cyanphenol, 2.6-* (**III**) u. *3.4-Xylenol-(1)* mit *Glucuronsäure* ergab, daß die Geschwindigkeit der Glucuronidbldg. der Phenolkonz. des Organismus proportional u. 1. Ordnung ist. Die Glucuronidbldg. von Phenolen mit kleinen Substituenten, ausgenommen **III**, hat Geschwindigkeitskonstanten/kg, die sich nicht merklich von denjenigen von **I** unterscheiden. Phenole mit Substituenten, deren Rest $>$ als der von **II** ist, weisen niedrigere kg-Werte auf. Bei den untersuchten *p*-substituierten Phenolen besteht zwischen kg-Wert u. dem elektr. Einfl. des Substituenten anscheinend keine Beziehung. (Biochem. J. **52.** 416–19. Nov. 1952.) K. MAIER. 4607

H. G. Bray, Brenda G. Humphris, W. V. Thorpe, K. White und **P. B. Wood,** *Kinetische Untersuchungen über den Stoffwechsel von artfremden organischen Verbindungen.* 4. Mitt. *Die Paarung von Phenolen mit Schwefelsäure.* (3. vgl. vorst. Ref.) Beim hungernden Kaninchen ist die Geschwindigkeit der Paarung von *Phenolen* mit H_2SO_4 von der oberhalb eines bestimmten Körperspiegels liegenden Phenolmenge unabhängig. Gleichzeitige Zuführung einer Verb., die in vivo in Sulfat übergeführt wird, z. B. Na_2SO_3, L-Cystin, wandelt den Prozeß in einen solchen 1. Ordnung um. Die Unters. der Wrkg. verschied. Substituenten auf den Wert der Geschwindigkeitskonstanten K_s der Sulfatveresterung zeigte, daß zwischen Größe oder elektr. Ladungswrkg. des Substituenten anscheinend keine Beziehung besteht. (Biochem. J. **52.** 419–23. Nov. 1952.) K. MAIER. 4607

H. G. Bray, W. V. Thorpe und **K. White,** *Kinetische Untersuchungen über den Stoffwechsel von artfremden organischen Verbindungen.* 5. Mitt. *Eine, das an Phenolen, Benzoesäuren und ihren Vorstufen sich abspielende Stoffwechselgeschehen ausdrückende mathematische Formel.* (4. vgl. vorst. Ref.) Für Stoffwechselsysteme, in denen eine Vorstufe durch eine Rk. 1. Ordnung in eine Zwischenstufe umgewandelt wird u. letztere in 2 Reaktionsprozessen gebunden wird, einem 1. Ordnung u. einem 1. Ordnung unterhalb eines bestimmten Körperspiegels u. nullter Ordnung oberhalb desselben, wurde eine mathemat. Formel abgeleitet. Sie ist auf den Verbleib u. das Verh. gewisser *Benzoesäuren* u. *Phenole* sowie bestimmter Vorstufen derselben im Stoffwechselgeschehen anwendbar. Die Wirkungen von Veränderungen in der Höhe der zugeführten Dosis, Kernsubstitution aromat. Verbb. u. Zus. der Nahrung werden diskutiert u. Daten kinet. 24 Std.-Unterss. an Kaninchen auf Übereinstimmung mit dem mathemat. Modell geprüft. (Biochem. J. **52.** 423–30. Nov. 1952.) K. MAIER. 4607

H. G. Bray, Brenda G. Humphris, W. V. Thorpe, K. White und **P. B. Wood,** *Kinetische Untersuchungen über den Stoffwechsel artfremder organischer Verbindungen.* 6. Mitt. *Reaktionen einiger kernsubstituierter Benzoesäuren, Benzamide und Toluole beim Kaninchen.* (5. vgl. vorst. Ref.) Die Kinetik der Paarung verschied. *p*-substituierter *Benzoesäuren* mit *Glykokoll* (**I**) u. *Glucuronsäure*, der Oxydation *p*-substituierter *Toluole* (CN, NO_2, OCH_3, Cl, F, CH_3, $NHCOCH_3$, SO_2NH_2) u. der Hydrolyse *p*-substituierter *Benzamide* (CN, NO_2, OCH_3, Cl, F, CH_3) wurde in der früher beschriebenen Weise (Biochem. J. **52.** [1952.] 419 u. früher) beim Kaninchen untersucht. Alle Prozesse verliefen hinsichtlich der zugeführten Verb. als Rkk. 1. Ordnung. Die **I**-Paarung mit *p-Methoxy-, p-Jod-, p-Chlor-, p-Fluor-* u. *p-Methylbenzoesäure* erfolgte in einer Rk. nullter Ordnung, außer wenn gleichzeitig **I** gegeben wurde (1. Ordnung). Werte für die Geschwindigkeitskonstanten werden angegeben. Zwischen deren Größe u. dem elektr. Charakter oder der Größe der Substituenten bestand keine Korrelation. (Biochem. J. **59.** 162–67. Jan. 1955. Birmingham, Univ., Med. School, Dep. of Physiol.) K. MAIER. 4607

Raymond Michel, Roger Truchot und **Henri Tron-Loisel,** *Einfluß verschiedener Salicylsäurederivate auf den Ascorbinsäuregehalt der Nebenniere und des Blutes. Salicylsäure, Salicylsäureamid,* die *Salicylate* von *Äthylendiamin* (**I**) u. *Morpholin* (**II**), *Acetylsalicylsäure* u. *Salicylsäuresalicylester* vermindern an der Ratte u. am Meerschweinchen den Geh. der Nebenniere an *Ascorbinsäure*, deren Konz. im Blut gleichzeitig ansteigt. Den stärksten Effekt zeigen **I** u. **II**. (Arch. int. Pharmacodynam. Thérap. **99.** 412–19. 1/10. 1954. Dijon, École de Méd. et de Pharm., Labor. de Chim. analyt.) R. LAFFERENZ. 4607

H. Kuratate, *Toleranz gegen Natriumsalicylat und Überempfindlichkeit gegen Eiweiß und Formalin.* Meerschweinchen, die gegen Eialbumin u. Formalin überempfindlich gemacht werden, haben eine niedrigere letale Dosis von *Na-Salicylat* (**I**). Wird bei diesen durch erneute Injektion des Allergens eine Haut-Rk. induziert, so zeigen sie eine erhöhte Toleranz gegen sonst bei n. Tieren letale Dosen von **I**. Die Erscheinung geht nicht parallel mit der Hemmung der Leberfunktion. (Tokyo Jikeikai med. J. **69.** 726–28. 1/10. 1954. [Orig.: japan.]) L. SCHULER. 4607

W. Eger, *Über histologische Veränderungen der Nebenniere bei Alloxanvergiftung.* Bei Ratten, denen 200—300 mg/kg *Alloxan* (I) intraperitoneal zugeführt wurden, war 1—2 Std. später vermehrte Produktion u. Ausschüttung von *Adrenalin* im Nebennierenmark, gek. durch Abnahme der Chromierbarkeit u. vermehrte Vakuolen, zu beobachten. Im weiteren Verlauf nehmen die Vakuolen wieder ab, die Chromierbarkeit nimmt wieder zu. In der Nebennierenrinde beginnt nach 30 Min. allmähliche Lipoidabnahme, gesteigerte Funktion findet sich hier histolog. deutlich erst 8—10 Std. nach I-Zufuhr. Wurden den Tieren 48—72 Std. vor I-Applikation die Hypophysen entnommen, so waren die Rkk. der Nebennieren im Prinzip sehr ähnlich wie bei n., sie erscheinen nur verzögerter u. unregelmäßiger. (Verh. dtsch. Ges. Pathol. **1953.** 173—76. Göttingen.) F. KRUSEN. 4607

K. F. Kloos, *Wachstumsabnormitäten bei Ratten nach Einwirkung von Alloxan als Folge inkretorischer Dysregulationen.* Die Behandlung gravider Ratten mit *Alloxan* (I) führte zur Entbindung von übernormal großen Jungtieren. Diese zeigten einen hypoplasierten Inselapparat, verbunden mit hochgradiger B-Zellenvermehrung. Häufig kam es nach dem Partus zu Verschlimmerung des mütterlichen I-Diabetes, während bei den Jungtieren gelegentlich in den ersten Monaten noch weiter übersteigertes Wachstum sowie Poly- u. Glykosurien zu beobachten waren. (Verh. dtsch. Ges. Pathol. **1953.** 209—13. Kiel.) F. KRUSEN. 4607

L. Mazzanti und **M. Lopez,** *Untersuchung über das Verhalten der Leber unter der Einwirkung von α-Naphthylisothiocyanat. — Gesamtfett und Cholesterin.* Weiße Ratten wurden mit Suspensionen von 25 u. 50 mg *α-Naphthylisothiocyanat* (*ANI* in Gummi arabicum-Schleim oder mit Lsgg. in Olivenöl parenteral u. per os behandelt. Nur bei den parenteral behandelten Tieren stellte man eine schwache Verminderung des Fettgeh. fest. Dagegen war der *Cholesterin*-Geh. in den mit Öllsg. behandelten Tieren höher als bei Verwendung der Suspensionen, u. zwar bes. bei oraler Verabreichung. (Boll. Soc. ital. Biol. sperim. **29.** 307—08. März 1953. Pisa, Univ., Pharmakol. u. anat.-pathol. Inst.) E. DEHN. 4607

L. Mazzanti und **M. Lopez,** *Untersuchung über das Verhalten der Leber unter der Einwirkung von α-Naphthylisothiocyanat-Glykogen und Eiweißstickstoff.* (Vgl. vorst. Ref.) Lsgg. von 25 mg *ANI* in 1 kg Olivenöl führten bei parenteraler Verabreichung zu einer Vermehrung, Suspensionen in Gummi arabicum dagegen zu einer Verminderung des Leberglykogens, bei oraler Einführung jedoch immer zu einer Verminderung. Parenteral angewendete Prodd. zeigten Tendenz zu einer Verminderung, oral verabreichte dagegen leichte Vermehrung des Geh. an Eiweißstickstoff. In beiden Fällen werden die Leberzellen anscheinend gereizt, die zugeführten Prodd. entweder zu adsorbieren oder zu verbrauchen. (Boll. Soc. ital. Biol. sperim. **29.** 308—10. März 1953. Pisa, Univ., Pharmakol. u. anat.-pathol. Inst.) E. DEHN. 4607

E. Costa, *Über einige pharmakologische Analogien zwischen Treburon (Ro 2—3053) und Heparin.* Bei gleichen Konzz. sind für Treburon die Koagulationszeiten länger, die inhibierenden Wirkungen auf das Wachstum von Lupinenwurzeln ca. 10 mal schwächer u. der hemmende Effekt auf Suspensionen von Micrococcus lysodeikticus etwa 5 mal schwächer. Bzgl. ihrer hemmenden Wrkg. auf Hyaluronidase zeigten *Treburon* u. *Heparin* keine nennenswerten Unterschiede. (Boll. Soc. ital. Biol. sperim. **29.** 332—35. März 1953. Cagliari, Univ., Pharmakol. Inst.) E. DEHN. 4607

K. W. Osstaschkow, *Der Einfluß von Coffein und Brom auf die Prozesse der Erschöpfung und Regeneration im Rückenmark.* (Vgl. C. **1956.** 4786.) An decerebrierten Katzen wurde der Einfl. von *Coffein* (I) u. *NaBr* (II) auf das Rückenmark untersucht. In mäßigen Dosen verstärkte I die Dissimilation u. die Schutzhemmung u. beschleunigte die Wiederherstellung der Rückenmarkfunktion. Große I-Dosen führten zu einer raschen Erschöpfung der Tätigkeit, einer Störung der Regenerationsprozesse u. zu einer Herabsetzung der Arbeitsfähigkeit des Rückenmarkes. II bewirkte einen Schutz der Rückenmarkzentren gegen Erschöpfung, eine Intensivierung der Regenerationsprozesse u. eine Erhöhung der Arbeitsfähigkeit. Bei kombinierter Anwendung von I u. II zeigt jedes Präp. seine typ. Wrkg. auf die Erschöpfung u. die Regeneration. (Фізіологічний Журнал (Киев) [Physiol. J. (Kiew)] **2.** Nr. 2. 25—32. März/April 1956. Winniza, Med. Inst., Lehrstuhl für Normalphysiol.) O. LEBTAG. 4608

K. Maekawa, K. Kitazawa und **M. Kushibe,** *Reinigung und Kristallisation des allergenen Stoffs von Fasciola hepatica.* Ein Homogenat des Lebergels *Fasciola hepatica* (Fh) wird mit dest. W. ausgezogen u. mit $(NH_4)_2SO_4$ gefällt, das gefällte Rohallergen mit Phenol (II) ausgezogen u. erneut mit A. gefällt, der Nd. in verd. NH_4OH oder Essigsäure (III) gelöst u. bei verschied. p_H bzw. A.-Konzz. fraktioniert gefällt. Nach Dialyse u. Vakuumtrocknung erhält man den bei Fasciolasis für die *allergene* Wrkg. verantwortlichen Stoff (I). 30 γ I verursachen Schwellung u. Steifheit der inneren Schwanzwurzel beim Rind, das eine subcutane Injektion von Fh erhalten hatte. **I** ist lösl. in **II**, **III** u. NH_4OH, kaum in W. u. unlösl. in organ. Lösungsmitteln. Bei der Elektrophorese erweist es sich homogen. Zers. bei 213—215°, $[\alpha]_D^{18}$ — 71,16° (W.), λ_{max} 274 mμ, gibt Ninhydrin-, Biuret- u. MOLISCH-Rk. — 14 Literaturangaben. (J. agric. chem. Soc. Japan [Nippon Nôgukagaku Kaishi] **28**. 365—68. Mai 1954. Matsuyama Agr. Univ. [Orig.: japan., Auszug: franz.]) L. SCHULER. 4609

Paul E. Thompson, Alexander M. Moore, J. W. Reinertson und **Anita Bayles,** *Wirksamkeit gegen Malaria von β-Resorcylsäure und Analogen und Umkehr durch p-Oxybenzoesäure.* Vff. untersuchten bei weißen Leghornküken die Wirksamkeit gegen Impfmalaria (Plasmodium lophurae) von *Resorcin, 2.4-Dioxybenzaldehyd, 2.4-Dioxybenzaldazin, 2.4-Dioxybenzaldoxim, 2.4-Dioxyacetophenon, 2.4-Dioxybenzoesäuremethylester, 2.4-Dioxybenzamid, 2.4-Dioxyphenylpropionsäure, 2.4-Dioxyphenylarsonsäure, 2.4-Dichlor-, 2-Brom-, 3.4.5-Tribrom-, 2.3.5-Trijod-* (**V**), *2-Oxy-* (**VI**), *4-Oxy-, 2-Oxy-4-methyl-, 3 Oxy-5-methyl-, 4-Oxy-2-methyl-, 2-Oxy-3-allyl-, 4-Oxy-2-chlor-, 2-Oxy-3.5-dichlor-, 4-Oxy-3-brom-, 2-Oxy-4-jod-, 2-Oxy-3.5-dijod-, 4-Oxy-3.5-dijod-, 2.3-Dioxy, 2.4-Dioxybenzoesäure* (**I**), deren *Na-Salz* u. deren *Diacetylderiv. 2.5-Dioxy-, 3.4-Dioxy-* (**VII**), *3.5-Dioxy-, 2.6-Dioxy-4-methyl-, 2.4-Dioxy-5-brom, 2.3.4-Trioxy-, 2.4.5-Trioxy, 2.4.6-Trioxy-* (**IX**), *3.4.5-Trioxy-, 3-Methoxy-, 3-Methoxy-4-brom-5-methyl-, 3-Methoxy-4-oxy-, 4-Methoxy-2-oxy-, 4-Äthoxy-2-oxy-, 2.4-Dimethoxy-, 3.4-Diäthoxy-, 2.6-Dimethoxy-4-amyl-, 2-[p-Phenylbenzoyl]-, 4-Mercapto-, 4-Mercapto-2-oxy-, 4-Amino-* (**III**), *4-Amino-3-methyl-, 3-Amino-2.4.6-trimethyl-, 2-Amino-3.5-dijod-, 4-Amino-2-oxy-* (**IV**), *4-Methylamino-2-oxy-, 4-Amino-2-oxy-5-jod-, 4-Acetamino-2-acetoxy-, 3-Amino-2.4-dioxy-* (**II**), *4-Amino-2.6-dioxy-, 3-Acetamido-4-acetoxy-2-oxy-, 4-Amino-2-carboxy-, 2-Amino-5-carboxy-4-oxy-, 4-Nitro-, 3-Nitro-3-oxy-, 3-Nitro-4-oxy-, 4-Nitro-2-oxy-, 2-[p-Nitrophenoxy]-* u. *2-Nitro-4.5-dimethoxy-6-carboxybenzoesäure, Phloroglucin, 1.2.4-Triacetoxybenzol, 3.4-Dioxy-, 2-Oxy-3-methoxy-, 3.4-Dimethoxy-, 2.4-Dinitrobenzaldehyd, 3-Methoxy-4-oxyacetophenon, 2.6-Dioxy-4-methylbenzoesäuremethylester, 2-Oxy-4-carbäthoxyaminobenzoesäuremethylester, 2-Oxy-3-aminobenzoesäureäthylester, 2-Oxy-4-nitrobenzamid, 4-Oxybenzhydrazid, 2-Oxy-4-aminobenzolsulfonsäure, 2.4.6-Trimethyl-, 2-Chlor-, 4-Chlorsäure-, 2.4-Dichlor-, 3.4-Dichlor-, 4-Oxy-, 2.5-Dioxy-* (**VIII**), *3.5-Dimethoxyphenylessigsäure, β-[3.4-Dioxyphenyl]-acrylsäure, β-[3-Methoxy-4-oxyphenyl]-propionsäure, 1-Oxy-2-naphthoesäuremethylester, 1.3-Dioxy-2-naphthoesäure, 1.3-Dioxy-2-naphthoesäureäthylester, 4-Oxy-α-pyron-5-carbonsäure, Picolinsäure, 6-Oxynicotinsäure, 8-Oxychinolin-5-* u. *-7-carbonsäure, 4-Oxy-7-chlorchinolin-3-carbonsäure* u. die *Phenanthrolinverb. 1-Oxy-10-methoxy-4.5-diazaphenanthren-2-carbonsäure.* Von den untersuchten Verbb. waren 18 wirksam. Am interessantesten waren vom Standpunkt der Wrkg. u. Toxizität **I** u. **II**. **I** scheint mehr plasmodistat. als plasmodicid zu wirken. **I**, **II**, **III** u. **IV** wurden durch gleichzeitige Gaben von *p-Oxybenzoesäure* (*POB*) antagonist. beeinflußt, nicht aber **V** u. **VI**. Keine antagonist. Wrkg. gegen **I** haben *Benzoesäure*, **V**, **III**, **VIII**, **VII**, **IX**, *l*(—)-*Tyrosin, Rutin* oder *Pantothensäure.* Hinweise auf Bldg. von POB im Stoffwechsel der Plasmodien werden diskutiert. (Antibiotics and Chemotherapy **3**. 399—408. April 1953. Detroit, Mich., Parke, Davis & Comp.) K. BÖHM. 4610

R. Camphyn, *Bemerkung zur vorbeugenden Wirkung von Daraprim im Vergleich zu der von Camoquine u. Nivaquine. Daraprim* erwies sich in Dosen von 2 mg/kg dem *Camoquine* (13,5 mg/kg) u. dem *Nivaquine* (22 mg/kg) überlegen. Die Gametocyten verschwinden aus dem peripheren Blut u. die Schizonten werden vernichtet. Eine einmalige Gabe behält ihre Wrkg. 45 Tage sehr gut u. 90 Tage befriedigend. (Ann. Soc. belge Méd. trop. **33**. 553—61. 31/12. 1953.) L. BERGER. 4610

G. Mußgnug, *Furacin, ein neues Prinzip zur Wundbehandlung. Furacin* oder *Nitrofurazon* (*5-Nitro-2-furaldehydsemicarbazon*) erwies sich bei der Wundbehandlung von baktericider bzw. bakteriostat. Wrkg. ohne nennenswerte Toxizität. Besonders günstig sind seine Wasserlöslichkeit, die große Eindringtiefe u. hygroskop. Eigenschaften. (Zbl. Chirurg. **80**. 1803—08. 1955. Bottrop, Chirurg. Abt. des Knappschaftskrankenhauses). WOLFGANG ALBRECHT. 4610

E. Günther Schubert, *Erfahrungen mit Furacin-Sol.* Zahlreiche therapeut. Erfahrungen mit *Furacin-Sol* (BOEHRINGER, Mannheim) = *5-Nitro-2-Furaldehydsemicarbazon* 0,2% ig. in *Glykogen*-Gemisch mit beachtlicher bakteriostat. u. baktericider Wrkg. bei breitem Wirkungsspektrum in neuartiger Salbenform mit guter Tiefenwrkg. an infektiösen u. sek. infizierten Hauterkrankungen. (Therap. d. Gegenwart **94**. 384. Okt. 1955. München.) H. BASFELD. 4610

G. Braun und **P. Körtge,** *Vergleichende Untersuchungen zur Frage des Einflusses von 2.3-Dithiopropanol (BAL) auf den Ablauf der akuten Virushepatitis.* 48 Personen mit akuter Virushepatitis wurde nach der üblichen Grundbehandlung *2.3-Dithiopropanol* (*BAL*) intramuskulär verabfolgt. Wie ein Vgl. der Serumbilirubinspiegel von Versuchs-

u. Kontrollpersonen zeigte, ist ein entscheidender Einfl. auf den Ablauf der Hepatitis auch bei frühzeitiger Anwendung von BAL nicht zu verzeichnen. (Aerztl. Wschr. **10.** 275–79. 25/3. 1955. Berlin, Freie Univ., Med. Klinik.) H. D. BELITZ. 4610

F. Sagher und **N. Brand,** *Vergleich von Diaminodiphenylsulfon und Thiosemicarbazon in der Behandlung der Knotenlepra. Klinischer und bakteriologischer Bericht bei sechzig hospitalisierten Patienten.* 27 Patienten erhielten *Diaminodiphenylsulfon* (**I**; 1. Woche 100 mg täglich, 2. Woche 200 mg, 3. Woche 300 mg, dann eine Woche Pause) 2 Jahre lang. 21 Patienten erhielten 6–16 Monate *Thiosemicarbazon* (**II**; von 25 bis 150 mg ansteigend, dann Pause). Bei der Mehrzahl der Patienten deutlich klin. Besserung. I u. **II** waren etwa gleich wirksam. Es kam zu häufigen tox. Effekten, aber meist ohne schweren Verlauf. (Int. J. Leprosy **21.** 161–67. April/Juni 1953.) G. GERBER. 4610

F. Kossmann, *Erfahrungen mit Buscopan während der Chemotherapie der Lungentuberkulose.* (Therap. d. Gegenwart **94.** 386–87. Okt. 1955. Homburg/Saar, Univ., Med. Klin.) H. BASFELD. 4610

E. Chiti und **R. Inzerillo,** *Das Hydrazid der p-Aminosalicylsäure bei der experimentellen Tuberkulose der Maus.* 75 Mäuse wurden mit 0,05 cm^3/100 g einer homologen Suspension von Tuberkelbacillen geimpft, u. einem Teil von ihnen wurden 2,5–10 mg *p-Aminosalicylsäurehydrazid* per os u. subcutan 120 Tage lang verabfolgt. Die so behandelten Tiere überlebten die nicht behandelten. Makro- u. mikroskop. Unterss. zeigten, daß die Milz am meisten geschädigt war u. ihr Lymphdrüsen, Leber u. Lunge in absteigender Reihe folgten, während Nieren, Nebennieren, Schilddrüse, Hoden bzw. Eierstock keinen Tuberkuloseherd besaßen. Bei übermäßiger Hydrazidzufuhr konnten beginnende Todeserscheinungen durch Vitamine B_1 u. C wieder rückgängig gemacht werden. (Boll. Soc. ital. Biol. sperim. **29.** 380–82. März 1953. Genua, Univ., Inst. für klin. Med.) E. DEHN. 4610

K. A. Jensen, Kjeld Tørning, Jørgen Haarhøj und **Inger Kiær,** *Tuberkulosechemotherapie.* Vff. äußern auf Grund eigener Erfahrungen u. der Literatur die Meinung, daß die Behandlung der Tuberkulose allein mit *Isonicotinsäurehydrazid* contraindiziert sei, mit Ausnahme der wenigen Fälle, in denen die Tuberkulosebakterien sowohl gegen *Streptomycin* als auch gegen PAS resistent sind. In allen anderen Fällen ist kombinierte Behandlung angebracht. (Ugeskr. Laeger **115.** 1267–72. 20/8. 1953. Tuberk. Abt., Krankenh. Øresund, Inst. allg. Pathol.) B. KRAFT. 4610

W. Hellriegel und **R. Kraus,** *Über die cytostatische Wirkung des Isonicotinsäurehydrazids.* Gesunde männliche Mäuse, die täglich 2,5 mg *Isonicotinsäurehydrazid* (**I**) subcutan erhielten, zeigten nach 20 Tagen bei histolog. Unters. der Hoden Bindegewebevermehrung im Interstitium, Auftreten von Riesenzellen als Folge von Kernteilungsstörungen, Atrophie des Keimepithels sowie Nachlassen der Spermiogenese. Die Generationsfähigkeit blieb jedoch erhalten; Dauerschäden am Keimepithel wurden nicht festgestellt. Demnach hat **I** nur eine schwache, zeitlich begrenzte cytostat. Wrkg. auf den Mäusehoden. — 25 Literaturangaben. (Tuberkulosearzt **9.** 653–60. Nov. 1955. Frankfurt/M., Univ., Röntgeninst.) F. KRUSEN. 4610

William E. Schatten und **William E. Abbott,** *Intraperitoneale Anwendung von Terramycin in der Behandlung experimenteller Peritonitis.* Bei Hunden wurde künstlich eine Peritonitis gesetzt. Eine Gruppe davon erhielt dann kein Antibioticum, eine andere *Terramycin* (**I**) intravenös, eine weitere **I** intravenös u. n. Salzlsg. intraperitoneal, die letzte Gruppe **I** intraperitoneal, das in einer Konz. von 2 mg/1 g gut vertragen wurde. Während alle Tiere der ersten 3 Gruppen starben, überlebten von der letzten 47,1%. (Surgery, Gynecol. Obstetr. **97.** 445–55. Okt. 1953. Cleveland, O., Western Reserve Univ., School of Med. u. Univ. Hosp. of Cleveland.) J. BROSEMANN. 4611

Hans Joachim Kähler, *Paraxin und Pyrifer in der Behandlung der unspezifischen chronischen Prostatitis.* Vf. berichtet über Behandlungserfolge bei chron. Prostatitis durch Verabreichung von 4 Tage lang täglich 2 g *Paraxin* (*Chloramphenicol* „BOEHRINGER") in Dragées zu 0,25 g nach Erregung einer Fieber-Rk. durch Injektion von 50–100 E. *Pyrifer.* (Z. Urol. **48.** 706–11. 1955. Freiburg/Br., Lorettokrankenh.) F. KRUSEN. 4611

Richard Koch, *Oxytetracyclin-Serum- und Cerebrospinalflüssigkeitsspiegel bei Meningitis. Oxytetracyclin* (**I**) diffundiert rasch in die Cerebrospinal-Fl. bei eitriger Meningitis. Bei Kontrollfällen ohne Infektion des Zentralnervensyst. konnten nur minimale **I**-Mengen in der Spinal-Fl. nachgewiesen werden. Von 8 Fällen mit eitriger Meningitis sprachen 7 sofort auf **I** an, 1 Fall mit Meningococcus-Meningitis sprach nicht auf **I** an u. wurde mit Penicillin-Sulfadiazin behandelt. (Antibiotics Annu. **1954/55.** 908–10. Los Angeles, Calif., Univ. of Southern California, Childrens Hosp. u. School of Med., Dep. of Pediatr.) H. GOEBEL. 4611

Jerry Zaslow, Edwin M. Cohn und **William Ball,** *Exkretion und Konzentration von Oxytetracyclin in der Galle nach intramuskulärer Anwendung des Stoffes.* Gaben von 100 mg *Oxytetracyclin* (I) in 6std. Abständen intramuskulär erzeugen einen hohen I-Spiegel in der Galle bei Personen mit n. Leberfunktion. Bei Gallentraktinfektionen wird während der ersten 24 Std. intravenöse u. intramuskuläre I-Applikation empfohlen, nachher Fortsetzung der intramuskulären Verabreichung. (Antibiotics Annu. **1954/55.** 964—65. Philadelphia, Pa., Albert Einstein Med. Center.) H. GOEBEL. 4611

Edwin M. Cohn, Jerry Zaslow, Janet Dickens und **Henry J. Tumen,** *Wirkung von Oxytetracyclin auf die Funktion und die Struktur der Leber.* Bei oraler Verabreichung von 14—36 g *Oxytetracyclin* (I) innerhalb von 7—21 Tagen sowie bei intramuskulärer Anwendung (6std. 100 mg bis zur Gesamtdosis von 2,8 g) wurde keine Veränderung von Leberstruktur oder -funktion festgestellt. I kann unbedenklich auch bei Lebererkrankungen angewandt werden. (Antibiotics Annu. **1945/55.** 966—72. Philadelphia, Pa., Albert Einstein Med. Center, Northern Div.) H. GOEBEL. 4611

P. Dirnberger und **S. Witte,** *Über das Verhalten der Koagulationsfaktoren Prothrombin, Faktor VII, Faktor V, Antithrombin und Thrombininhibitor bei Behandlung mit Oxytetracyclin.* In therapeut. Dosen hat *Oxytetracyclin* keine Wrkg. auf die Koagulationsfaktoren u. das Plasmaprotein. (Antibiotics Annu. **1954/55.** 973—79. Erlangen, Univ., Med. Klinik u. Würzburg, Univ., Med. Poliklinik.) H. GOEBEL. 4611

D. E. Tisch, J. B. Hoekstra, D. S. Fisher und **H. L. Dickison,** *Pharmakologische Untersuchungen mit Amphomycin.* Vff. untersuchten die pharmakol. Eigg. von *Amphomycin* (I) an Mäusen, Ratten, Kaninchen u. Hunden. DL_{50} (Maus) 177,8 $\pm$ 9,07 mg/kg für das Na-Salz, 120,2 $\pm$ 13,2 mg/kg für das Ca-Salz intravenös. DL_{50} (Hund) intravenös ca. 100 mg/kg; oral $>$ 500 mg/kg. 100 mg/kg intraperitoneal 5 mal wöchentlich werden von der Maus toleriert. Hunde vertrugen 5 mal wöchentlich intramuskulär 20—40 mg/kg über 9 Monate ohne Veränderung des Blutes; im Urin trat Albumin auf. Dosen über 50 mg/kg intravenös oder intramuskulär rufen Nieren- u. Herzschädigungen hervor, die aber bei nicht zu hoher Dosierung reversibel sind. I wird intramuskulär gut u. intravenös sehr rasch, oral schlecht absorbiert; es wird im Urin ausgeschieden. (Antibiotics Annu. **1954/55.** 1011—19. Syracuse, N. Y., Bristol Labors., Inc., Res. Div.) H. GOEBEL. 4611

John F. Codington, *Untersuchungen über die Beziehung zwischen biologischen Eigenschaften und Zusammensetzung von Bacitracin.* Eine Unters. verschied. Handelspräpp. von *Bacitracin* führte zu dem Schluß, daß Unterschiede in der Wirkungsstärke u. in der Nephrotoxizität hauptsächlich auf Differenzen im Verhältnis *Bacitracin A/F* zurückzuführen sind (*F* ist ein Dehydrierungsprod. von A). *Bacitracin A* u. *F* besitzen dieselbe Nephrotoxizität auf Gewichtsbasis, jedoch hat *F* nicht die gleiche starke Wrkg. gegen Testorganismen; ein Präp. mit einer bestimmten Zahl von Einheiten muß also eine größere Menge *F* enthalten, um dieselbe Wrkg. zu zeigen wie ein *A*-reiches Präparat. Es ist wahrscheinlich, daß beim Übergang von Bacitracin *A* in *F* der Thiazolinring des Mol. durch Dehydrierung in einen Thiazolring übergeführt wird. (Antibiotics Annu. **1954/55.** 1118—24. New York, N. Y., Columbia Univ., Coll. of Phys. and Surgeons, Dep. of Biochem. and Surg.) H. GOEBEL. 4611

J. W. Grossmann, J. G Riley, R. MacQuigg, H. Meredith und **M. Bivens,** *Antibiotica intraarteriell als Zusatz bei der Behandlung maligner Tumoren durch Bestrahlung und Chemotherapie.* Beschreibung einer kombinierten Behandlungsmeth. weit fortgeschrittener, stark infizierter maligner Tumoren an Kopf u. Cervix uteri durch intraarterielle Anwendung von Antibioticis in Verbindung mit Mustargen u. Strahlentherapie. Die Antibiotica verhindern lokale Entzündungen u. geben gleichzeitig den nötigen Infektionsschutz bei der intraarteriellen Anwendung der Chemotherapeutica. (Antibiotics Annu. **1954/55.** 1025—36. Albuquerque, N. Mex., Lovelace Clinic u. Found. for Med. Education and Res.) H. GOEBEL. 4611

J. N. Spencer und **H. G. Payne,** *l-Ephenamin-Penicillin und Procain-Penicillin: Vergleichende Untersuchungen.* Vff. untersuchten vergleichend *l-Ephenamin-Penicillin* (*l-N-Methyl-1.2-diphenyl-2-oxyäthylaminbenzylpenicillin*; I) u. *Procain-Penicillin* (II) an Mäusen, Ratten, Hunden u. Kaninchen. Bei Mäusen war DL_{50} für I intraperitoneal gegeben größer als für II, bei subcutaner Injektion bestanden zwischen I u. II keine Unterschiede für Mäuse, Ratten u. Hunde. Die akuten Toxizitätserscheinungen von I u. II kommen ihren Basen, dem *l*-Ephenaminhydrochlorid u. Procainhydrochlorid zu u. werden als zentralnervös bedingt angesehen. Tägliche subcutane Injektionen von I in Dosen von 2500 mg/kg für 45 Tage hatten bei Ratten keinen Einfl. auf Wachstum oder Sterblichkeit der Tiere. Tägliche intramuskuläre Injektionen von I in Dosen von 66700 E./kg für 24 Tage bewirkten bei Hunden keine hämatolog. oder Urinveränderungen. I wirkte bei intramuskulärer Injektion an Ratten u. Kaninchen nicht stärker reizend als

II. (Antibiotics and Chemotherapy **3.** 421–28. April 1953. Terre Haute, Ind., Pharmaceut. Res. Div. Commercial Solvents Corp.) K. BÖHM. 4611

Willi Plettenberg, *Besonderheiten im Verlaufe der Osteomyelitis bei antibiotischer und chemotherapeutischer Behandlung.* Bei 2 Kindern mit Osteomyelitiden kam es unter *Penicillin* (I) bzw. I + *Supronal* zu metastat. Entzündungsherden. Heilung erfolgte erst nach Kombination mit *Streptomycin* (II) bzw. nur II + *Chloromycetin.* (Dtsch. med. Wschr. **78.** 1034–36. 17/7. 1953. Essen, Städt. Krankenanst.) J. BROSEMANN. 4611

Henning Juncher und **Flemming Raaschou,** *Penicillinkonzentration im Plasma nach peroraler Penicillin-V-Gabe.* Die maximalen Plasma-*Penicillin*-Konzz. nach peroraler Penicillin-V-Gabe waren nicht höher als nach der gleichen Dosis K- oder Na-Penicillin-G. Sie waren rund 4mal niedriger als nach intramuskulärer Verabreichung von Na-Penicillin-G. Angewandte Präpp.: *Ospen* (*Phenoxymethylpenicillinsäure,* BIOCHEMIE, Kundl, Tirol); *Romecil* (*RMC*; *Phenoxymethylpenicillinkalium,* ROSKILDE). (Ugeskr. Laeger **117.** 1131–34. 25/8. 1955. Kommunehosp., Med. Afd. III, u. NOVO Terap. Labor. A/S.) K. RINTELEN. 4611

D. E. Tribe, Jillian M. Bond und **A. D. Osborne,** *Das Verhalten von Schafen mit Kobaltmangel gegen orale Zufuhr von Penicillin.* An 2 Tiere von einer Farm mit Co-Mangel wurden Heu u. Kraftfutter von der gleichen Farm mit einem Geh. an 0,06 bzw. 0,07 p.p.m. Co u. 86 bzw. 122 p.p.m. Fe verfüttert. Dabei war keine Gewichtszunahme zu beobachten. Ca. 3 Wochen nach Beginn der Zufuhr von 50000 E. krist. Na-Penicillin-G per os begannen die Tiere in einem Ausmaß zu wachsen, als wenn sie Co oder *Vitamin* B_{12} (I) erhalten hätten. Die Unters. des Mageninhalts ergab eine qualitative Veränderung der Bakterienpopulation. Es wird angenommen, daß diese durch das Penicillin zu einer besseren Co-Ausnutzung oder stärkeren I-Synth. angeregt wird. (Nature [London] **173.** 728. 17/1. 1954. Bristol, Univ., School of Veterin. Sci.) J. SCHWAIBOLD. 4611

William Pease und **John T. Alexander,** *E.coli-Meningitis. Bericht über einen erfolgreich mit Streptomycin und Terramycin behandelten Fall.* Vff. berichten über eine Escherichia coli-Meningitis bei einem 33jährigen Mann, die durch Pyelonephritis u. Bakteriämie kompliziert war u. mit *Streptomycin* u. *Terramycin* erfolgreich behandelt wurde. (Med. Ann. District Columbia **22.** 608–09. Nov. 1953. Georgetown, Univ., Med. Div., District of Columbia General Hosp.) K. BÖHM. 4611

Elizabeth L. Hazen, Rachel Brown und **Alice Mason,** *Schützende Wirkung von Fungicidin (Nistatin) bei der Maus gegen den virulenzsteigernden Einfluß von Oxytetracyclin bei Candida albicans.* Es wurden Verss. unternommen, Candida albicans Nr. 4657 in Verbindung mit *Penicillin, Chloramphenicol, Streptomycin* u. *Oxytetracyclin* (I) auf die steigernde letale Wrkg. zu prüfen. Nur I mit C. albicans bewirkte einen höheren tödlichen Effekt, im Verhältnis zu C. albicans allein. Wenn *Fungicidin* zum C. albicans–Oxytetracyclin-Gemisch injiziert wurde, so wurde die letale Wrkg. aufgehoben. (Antibiotics and Chemotherapy **3.** 1125–28. Nov. 1953. New York, N. Y., State Dep. of Health.) H. HENNERSDORF. 4611

Ardzroony Packchanian, *Chemotherapie der experimentellen Chagas-Krankheit mit dreißig Antibioticis.* Zur Ermittlung eines spezif. Mittels gegenüber Trypanosoma cruzi wurden in vitro- u. in vivo-Teste mit folgenden Präpp. durchgeführt: *Actidion, Antibiotic S* (I), *Aureomycinhydrochlorid, Bacillin-Kulturfiltrat* (+), *Bacitracin* (+), *Borrelidin-Na* (+), *Bristol A 6786–52* (+), *Chloramphenicol, Circulin* (*Antibiotic Q-19*), *Dihydrostreptomycinsulfat* (+), *Endomycin, Fracidin, Fumagillin* (+), *Gliotoxin, Gramicidin* (+), *Neomycinsulfat* (+), *Na-Penicillin-G, K-Penicillin-O* (*Allylmercaptomethylpenicillin*) (+), *1.2-Diphenyl-2-methylaminäthanolpenicillin* (+), *Pleocidin, Polymyxin-B-Sulfat, Rimocidin, Streptomycinsulfat* (+), *Subtilin, Terramycinhydrochlorid, Thiolutin, Tyrocidinhydrochlorid, Tyrothricin, Viomycinsulfat* (+), *Viridin.* Vergleichsverbb. *Phenol* u. *Merthiolat.* Die mit (+) versehenen Präpp. waren in vitro völlig unwirksam, die anderen zeigten einen gewissen trypanociden Effekt. In vivo bei infizierten Mäusen war mit keinem Präp. eine Heilung zu erzielen, trotzdem bei einigen eine Beeinflussung des Erregers festzustellen war. Alle Tiere starben innerhalb 2 Wochen an akuter Trypanosomiasis. Die deutlichste Wrkg. zeigte I, aber Heilung wurde mit I nicht erzielt. (Amer. J. trop. Med. Hyg. **2.** 243–53. März 1953. Galveston, Univ. of Texas, School of Med., Dep. of Bacteriol. and Parasitology and Labor. of Microbiol.) H. DOSSMANN. 4611

L. P. E. Laurent und **J. W. Scopes,** *Hyaluronidase zur Behandlung der exophthalmischen Ophthalmoplegie.* Bericht über einen sehr günstig verlaufenen Fall. (Lancet **269.** 537–38. 10/9. 1955. Ealing, King Edward Memorial Hospital.) H. GIBIAN. 4614

H. P. Harding und **G. R. Sumner,** *Hyaluronidase zur Behandlung von Nierensteinen.* Laufende *Hyaluronidase*-Injektionen führten zum Abgang u. Nichtwiederauftreten von Blasensteinen bei einem Hund, der schon 2mal wegen Ureterenverschluß operiert worden war. (Veterin. Rec. **67.** 771–72. 8/10. 1955. Liverpool, Univ., Dep. of Veterinary Pathol.) H. GIBIAN. 4614

Horst Grigat, *Die Behandlung neurovegetativ-dystoner Zustände mit Thilovegin.* 40% Heilungen u. 40% wesentliche Besserungen neurovegetativ-dystoner Zustände mit *Thilovegin* (DR. THILO & CO., Mainz) = *Ergocristin* 0,0001 (g), *l-Hyoscyamin* 0,0001, *Phenyläthylbarbitursäure* 0,015. (Therap. d. Gegenwart **94.** 387–88. Okt. 1955. Hamburg-Bahrenfeld.) H. BASFELD. 4620

J. J. Pocidalo und **B. Damoiseau,** *Experimentelle Lungenembolie. Neurovegetative Inhibitoren.* Übersicht über Arbeiten zur Frage der experimentellen Lungenembolie, den Anteil des neurovegetativen Nervensyst. sowie über Therapieverss. mit neurovegetativ wirksamen Hemmstoffen. Vff. setzten bei Hunden durch Injektion von Bimssteinpulver eine Lungenembolie u. untersuchten den Einfl. von *quartären Ammoniumverbb.* u. *Chloropromazin* (*RP 4560* „*Megaphen*") auf die dabei auftretenden Symptome. Die Beeinflussung der postembol. Hypotension, der pulmonären Hypertension u. der Atemstörungen war nicht befriedigend. (Presse méd. **61.** 1623–26. 9/12. 1953. Paris, Hôpital Claude-Bernard, Clin. des Maladies infect.) K. BÖHM. 4620

Bruno Haid, *Die Cyclopropannarkose.* Nach Besprechung der Chemie u. Pharmakologie des *Cyclopropans* berichtet Vf. über 321 eigene Narkosen mit *Cyclopropan.* Größere Komplikationen traten nicht auf. In 27% der Fälle bestand nach dem Erwachen Brechreiz, in 14% trat Erbrechen ein. In 11% kam es zu Rhythmusstörungen der Herztätigkeit. Demgegenüber stehen die Vorteile: rasche Einleitung u. Erreichung tiefer Narkose sowie rasches Erwachen. Subjektiv wird die *Cyclopropan*-Narkose als angenehm empfunden. (Anaesthesist **2.** 128–31. Aug. 1953. Innsbruck, Univ., Chirurg. Klinik.) A. DAUTZENBERG. 4627

J. Bureš, *Die lokale Wirkung einiger Arzneimittel auf die Gehirnrinde im Vergleich mit ihrer Gesamtwirkung.* Durch 20%ig. Lsgg. von *Evipan* (I) oder *Novocain* (II) in lokaler Anwendung auf die Gehörregionen der Hirnrinde werden die elektr. Rinden-Rkk. auf Schall unterdrückt, nicht aber, auch in höheren Konzz., durch *Chloralhydrat* (III). Durch *Strychnin* erhöhte Gehörpotentiale werden durch 5%ig. I- u. II-Lsgg. oder 10%ig. III-Lsg. normalisiert. Sek. Rinden-Rkk. werden weniger als prim. beeinflußt. In der antiepilept. u. narkot. Wirksamkeit gilt die Reihenfolge I > III > II, gegenüber den sensor. Rinden-Rkk. I = II > III. (Českoslov. Fysiol. **4.** 78–86. 28/2. 1955. Praha, Čs. akad. věd., Fysiol. úst.) R. K. MÜLLER. 4627

Hiroshi Takeda, *Studien über den Procainstoffwechsel in Kaninchen. Procain* (I) wurde Kaninchen intravenös u. intraperitoneal injiziert u. die Konzz. von I u. *p-Aminobenzoesäure* (II) im Blut gemessen. Außerdem wurde I zu Blut- u. Extraktlsgg. aus Leber- u. Hirnhomogenaten in Phosphatpuffern gegeben u. die I- u. II-Konzz. in bestimmten Zeitintervallen gemessen, um die Entgiftungsfähigkeit jedes Organs feststellen zu können. I wird durch seine Esterase gespalten u. durch Bindung an Eiweiß entgiftet. Die Leber hat geringe Aktivität zur Esterspaltung, bindet aber die Spaltprodd. an Glucuronsäure] oder Glycin. I wird hauptsächlich durch Blut zers.; im Gehirn dauert der I-Abbau am längsten. Durch die Nieren wird wenig I ausgeschieden, während der größte Teil der gebildeten II durch sie ausgeschieden wird. — Das Schicksal von ca. $^1/_3$ des injizierten I bleibt unbekannt. (Acta med. biol. [Japan] **2.** 549–65. Juli 1954. Niigata, Univ., School of Med.) H. W. GRAMM. 4627

R. Völker, *Narkose und Anästhesie bei Kleintieren.* Kurze Darst. der *Ae.*- u. *Barbiturat*-Narkose bei Kleintieren nach Prämedikation mit *Polamidon* oder *Morphin* sowie der Periduralanästhesie. (Mh. Veterinärmed. **8.** 375–79. 1/9. 1953. Hannover, Klinik für kleine Haustiere.) A. DAUTZENBERG. 4627

W. Albrecht und **K. Kocourek,** *Plexonal in der Therapie psycho-physischer Syndrome.* Das sedativ-hypnot. wirkende *Plexonal* (pro Dragée 45 mg *Na-Diäthylbarbiturat,* 15 mg *Na-Phenyläthylbarbiturat,* 25 mg *Na-Allylisobutylbarbiturat,* 0,08 mg *Scopolaminhydrochlorid* u. 0,16 mg *Dihydroergotaminmethanosulfonat*) hatte in 73% der behandelten Fälle von pseudoneurasthen., Angst- u. Depressionszuständen bei niedriger, individueller Dosierung Erfolg. Nebenerscheinungen traten selten, Süchtigkeit nie auf. — 30 Literaturangaben. (Praxis [Bern] **44.** 1161–65. 29/12. 1955. Wien, Städt. Poliklin.) F. KRUSEN. 4627

J. R. Harris und **Nelta Hyder,** *Die Verwendung von Secobarbital-Natrium und Mephenesin als Narkoticum für Hunde.* An 15 gesunden Hunden wurde die zur vollständigen Narkose notwendige Dosis *Secobarbital* ermittelt. Gleichzeitige Gabe von *Mephenesin* verringert diese Menge. Die Wrkg. trat schneller ein u. war von kürzerer Dauer als nach Pentobarbital. (J. Amer. veterin. med. Assoc. **123.** 297–98. Okt. 1953. Bristol, Tenn.) E. CARSTENS. 4627

F. M. Sturtevant, *Verlängerung des Hexobarbitalschlafes durch Iproniazid, Serotonin und Reserpin. Serotonin* u. *Reserpin* verlängern den *Hexobarbital*-Schlaf bei Mäusen. Dieser Effekt wird durch Vorbehandlung mit Mezcalin nicht aufgehoben. *Iproniazid* verhindert den Abbau von Serotonin, so daß die potenzierende Wrkg. von Iproniazid vermutlich durch nichtzerstörtes, endogenes Serotonin sek. zustande kommt. (Naturwissenschaften **43.** 67. Febr. 1956. Chicago, Ill., G. D. Searle & Co., Div. of Biol. Res.) E. RUPP. 4627

Kai Bent Hansen, *Über Codeingaben bei Kleinkindern.* Auf Grund von Literaturangaben u. von 4 eigenen Fällen weist Vf. darauf hin, daß *Codein*-Gaben auch in therapeut. Dosen bei Kleinkindern contraindiziert seien, wenn auch nur die geringste Andeutung einer Sekretanhäufung in den Bronchien festgestellt wurde. (Ugeskr. Laeger **115.** 1276–77. 20/8. 1953. Aalborg. Stadtkrankenh., Med. Abt.) B. KRAFT. 4627

H. M. Mohelsky und **H. Rubén,** *Genügt Stickoxydul als einziges Anästheticum in Kombination mit Curare?* Kurzer Bericht über 50 Narkosen mit *N_2O-Curare* ohne Rückatmung bei starkem Gasstrom (10 Liter N_2O + 2,5 Liter O_2/Min.), ohne starke Prämedikation. Es wurde ausreichende Anästhesie erzielt. (Anaesthesist **2.** 97–99. Juni 1953. Kopenhagen ,Finseninst., Chirurg. Abt.) A. DAUTZENBERG. 4627

A. Kukowka, *Zur Therapie der Darmparalysen speziell bei künstlich beatmeten Patienten.* Erfolgreiche Soforttherapie lebensbedrohlich darmparalyt. Patienten, u. a. in Eiserner Lunge, mit Injektionen von *Doryl* (E. MERCK, Darmstadt) = *Carbaminoylcholinchlorid.* (Therap. d. Gegenwart **94.** 389. Okt. 1955. Greiz.) H. BASFELD. 4628

Marcel J. Dallemagne und **E. Philippot,** *Antagonistische Wirkungen an der neuromuskulären Synapse.* Ähnlich wie die Blockierung der neuromuskulären Erregungsübertragung mittels *Dekamethonium* durch *Tubocurarin* aufgehoben werden konnte, wurde auch die Blockade mit *Amyltrimethylammonium* durch *Tubocurarin* beseitigt; eine weitere Dosis *Tubocurarin* rief dann wieder eine Lähmung hervor, die nun umgekehrt durch *Amyltrimethylammonium* nur wenig gebessert werden konnte. — Die Verss. wurden am Musc. soleus u. tibialis ant. der Katze durchgeführt. (Brit. J. Pharmacol. Chemotherapy **7.** 601–04. Dez. 1952. Liège, Univ., Inst. of Exper. Therap.) A. DAUTZENBERG. 4628

P. G. Marshall und **D. K. Vallance,** *Pharmakologische und toxikologische Untersuchungen an α-Methyl-α-phenylglutarimid.* Die DL_{50} von *α-Methyl-α-phenylglutarimid* (I) für Mäuse wurde zu 630 mg/kg bestimmt damit ist **I** etwas toxischer als *Methylpentynol* (II). Die anticonvulsive Wrkg. von **I** gegenüber *Leptazol* (**III**) ist ca. 3 mal größer als die von *Aloxidon.* Im Mittel verhindern 55–65 mg/kg **I** die durch 60 mg/kg **III** induzierten Krämpfe. Die narkot. Wrkg. von **I** ist ca. 1,3 mal größer u. die Narkosedauer um 50% länger als die von **II**; die mittlere DN_{50} betrug in 2 Verss. 340 bzw. 430 mg/kg. Durch 150 mg/kg **I** intravenös wird bei Kaninchen eine mehrere Std. anhaltende Anästhesie erzielt. Bei 7 Wochen dauernder Zufuhr von täglich 150–210 mg/kg **I** wurden keine tox. Einfl. u. keine Wachstumsverhinderung beobachtet. Als Lösungsm. bei intravenöser Zufuhr wird für **I** *Polyäthylenglykol 400* empfohlen. (J. Pharmacy Pharmacol. **7.** 406–15. Juni 1955. Alderley Edge, Cheshire, Brit. Schering Res. Labor. Ltd.) F. KRUSEN. 4628

Herschel S. Murphy, *Die Beeinflussung des dritten Stadiums der Wehen durch Anwendung einer Kombination von Pitocin und Methylergonovin* (*Methergin*). Vf. berichtet über sehr günstige Beeinflussung der Geburt durch Injektion von 1 cm³ *Pitocin,* anschließend von 1 cm³ *Methergin* (**I**; *Methylergonovintartrat*). Zusätzlich wurden noch **I**-Tabletten verabreicht. Keine tox. Wirkungen durch **I**. Zur Beruhigung der Patientinnen im Bedarfsfalle Verabreichung von *Seconal* u. *Demerol.* (Amer. J. Obstetr. Gynecol. **64.** 419–21. Aug. 1952. Roselle, N. J., Rahway Hosp.) H. DOSSMANN. 4628

Hans-Jürgen Jahn, *Röntgenologische gastroskopische und klinische Untersuchungen über die Wirkung des Buscopans.* 3–4 Min. nach 0,01 g *Buscopan* (**I**; intravenös) war röntgenolog. deutlich eine Hemmung, z. T. auch Aufhebung der Magen- u. Duodenalperistaltik erkennbar. Dem entsprachen auch gastroskop. Befunde. Nach ca. 20 Min. nahm der Tonus wieder zu. Nach 0,02 g **I** subcutan blieb trotz eines Cholekineticums bei der Cholecystographie die Kontraktion aus. Klin. blieben die Säurewerte des Magens unverändert. Bei 165 Kranken ergab sich gute Wrkg. bei spast. Schmerzen, nicht bei peritonealen. (Therap. d. Gegenwart **92.** 301–03. Aug. 1953. Korbach/Waldeck, Rüdiger- u. Bangerstiftung, Stadtkrankenhaus.) J. BROSEMANN. 4628

W. Irmer, F. Rotthoff und **H. Schneider,** *Vergleichende spirometrische Untersuchungen nach Anwendung verschiedener Muskelrelaxantien an nichtnarkotisierten Menschen.* Je 2 Versuchspersonen erhielten nach Intubation in Lokalanästhesie *d-Tubocuraninchlorid* (*Curarin-„Asta“*), *Retensin* (ASTA) u. *Succinylcholin* (*Succinyl-„Asta“*) intravenös. Blutdruckkontrolle u. spirometr. Registrierung der Atmung zeigten, daß beim Eintreten einer peripheren Muskelerschlaffung in jedem Fall auch die Atmung eingeschränkt wird. Bes. konnte bei *Retensin* im Gegensatz zu den Feststellungen anderer Autoren kein deutlicher Unterschied zwischen apnoischer u. abdominell entspannender Dosis gefunden werden. (Anaesthesist **2.** 103—06. Juni 1953. Düsseldorf, Med. Akad., Chirurg. Klinik.) A. DAUTZENBERG. 4628

A. Cerletti und **E. Rothlin,** *Experimenteller Beitrag zur Frage: Mutterkornalkaloide und psychomotorische Erregungszustände.* Besser als n. Versuchstiere eignen sich patholog. psychomotor. übererregte Tiere. Vff. studierten die sedative Wrkg. von *Mutterkornalkaloiden* an einem Stamm drehsüchtiger Mäuse. (Helv. physiol. pharmacol. Acta **11.** C 3. 1953. Basel, Pharmakolog. Labor. der Sandoz A.G.) F. v. GIZYCKI. 4628

Charles J. Imig, Barbara F. Randall und **Harry M. Hines,** *Wirkung von Epinephrin und Norepinephrin auf den Blutstrom durch normale und denervierte Gliedmaßen von Hunden.* Bei nichtanästhesierten Hunden wurden nach intravenösen Injektionen u. Infusionen von *Epinephrin* (*Suprarenin*) u. *Norepinephrin* der allg. arterielle Blutdruck u. der Blutstrom durch die Femoralarterie im n. innervierten u. im denervierten Glied elektromagnet. gemessen. Die durch beide Stoffe erzielten Effekte waren ähnlich. (Amer. J. Physiol. **169.** 22—25. 1/4. 1952. Iowa State Univ., Dep. of Physiol.) E. G. DUCHO. 4630

A. Fleckenstein, *Quantitative Untersuchung von Adrenalinantagonisten an den Gefäßen des Kaninchenohres.* Am isoliert durchströmten Kaninchenohr wurden folgende Verbb. auf ihre Antiadrenalinwrkg. untersucht (in der Reihenfolge der Wirksamkeit): *Ergotoxinäthansulfonat* (*B P 1932*), *Ergotamintartrat, Regitin* (*C 7337*; *2-[N-p-Tolyl-N-m'-oxyphenylaminomethyl]-imidazolinhydrochlorid*), *Dibenamin, Phenindamin* (*Thephorin*), *Promethazin* (*Phenergan*), *Yohimbin, Lergigan* (*RP 3389*; *10-[1'-Dimethylamin-2'-propyl]-phenothiazin*), *F 933, Antazolin* (*Antistin*), *Tripelennamin* (*Pyribenzamin*), *Mepyramin* (*Neoantergan*), *Tolazolin* (*Priscol*), *Chinidin, Chinin, Cinchocain* (*Nupercain*), *Diphenhydramin* (*Benadryl*), *Atropin, Pethidin, Amethocain* (*Pantocain*), *Strychnin, Procain* u. *Cocain.* Die Wrkg. des *Dibenamins* war irreversibel, während alle übrigen Substanzen gut durch LOCKE-Lsg. auswaschbar waren. Eine große Zahl dieser Verbb. zeigte auch Antihistaminwirkung. (Brit. J. Pharmacol. Chemotherapy **7.** 553—62. Dez. 1952. Oxford, Univ., Dep. of Pharmacol.) A. DAUTZENBERG. 4630

H. Hammerl und **A. Mostbeck,** *Experimentelle und klinische Erfahrungen mit Effortil.* Bei 5 kreislaufgesunden Personen zwischen 25 u. 30 Jahren wurde der Einfl. von *Effortil* (**I**), das Äthylhomologe des Adrianols: *l-1-[3-Oxyphenyl]-1-oxy-2-äthylaminoäthan*) untersucht, u. a. im SCHELLONGschen Test u. EKG, die Kreislaufzeiten mittels *dehydrocholsaurem Na,* wonach **I** in Ruhe Minutenvol., Frequenz u. Blutdruckamplitude steigert, den peripheren Widerstand senkt, bei Belastung jedoch die Frequenz verringert u. das Schlagvol. erhöht (Steigerung der Reservekraft). — Bei klin. Anwendung verkürzte sich gegebenenfalls der Herzkammerkomplex oder die Kreislaufzeit. **I** ist bes. angezeigt bei Hypotonien (ca. 100 Fälle) u. geeignet in Strophanthinkombination zur intracardialen Gabe. **I** wirkt ähnlich wie *Sympatol* u. *Adrenalin,* ohne Stoffwechselsteigerung des letzteren. (Klin. Med. **10.** 168—75. April 1955. Wien, Wilhelminenspital, I. Med. Abt.) P. HOLZLÖHNER. 4630

A. Masoni, *Das Benzylimidazolin in der therapeutischen Praxis bei Überdruck. Benzylimidazolin* vermag den arteriellen Überdruck im Menschen für einige Zeit herabzusetzen. Es kann in verschied. Weise u. wiederholt verabreicht werden, da seine Giftigkeit äußerst gering ist. (Boll. Soc. ital. Biol. sperim. **29.** 1639—41. Juli/Aug. 1953. Bari, Univ., Inst. für med. Pathol. u. klin. Methodol.) E. DEHN. 4630

Sheila Anderson und **Wylie McKissock,** *Kontrollierte Hypotonie mit Arfonad in der Neurochirurgie mit besonderer Berücksichtigung von Gefäßschäden. Arfonad* (*d-3.4-[1'.3'-Dibenzyl-2'-ketoimidazolidino]-1.2-trimethylenthiophan-d-camphersulfonat*) ist ein Vasodepressor mit ganglienblockierender u. direkt gefäßerweiternder Wirkung. Bei 52 Kraniotomien wurde damit eine Hypotonie herbeigeführt zur Operationserleichterung u. Einschränkung der Gefahren. Anwendung erfolgte als intravenöse Infusion. Nur in 2 Fällen wurde eine Bluttransfusion notwendig. 2 mal kam es zu einer Nachblutung. 4 starben postoperativ. Bei keinem war die Hypotonie Todesursache. Nur in 1 Fall konnte der Blutdruck nicht auf den gewünschten Wert gesenkt werden ($\sim$80 mg Hg systol.), 2 mal konnte er nur mit Procainamid niedrig gehalten werden. Nach Absetzen von Arfonad kam es sofort zum Blutdruckanstieg, nur 2 mal mußte Methedrin gegeben werden. (Lancet **265.** 754—57. 10/10. 1953. London, St. George's Hosp., Neurosurgical Unit.) J. BROSEMANN. 4630

S. A. Kaplan und **N. S. Assali,** *Wirkungen von Apresolin, Veratrumalkaloiden, hoher Spinalanästhesie und Arfonad auf die Nierendynamik von Schwangeren mit Toxämie und essentieller Hypertonie.* Frauen mit Schwangerschaftstoxämie oder essentieller Hypertonie in der Schwangerschaft erhielten *Apresolin* (**I**; *1-Hydrazinophthalazin*), *Veratrum*-Präpp. (**II**; *Verenteral, Protoveratrin* oder *IN-66*), hohe Spinalanästhesie (0,2 u. 1%ig. *Procain*-Lsg.) oder *Arfonad* (**III**; *Ro 2-2222*). **I** senkte gleichmäßig den renalen Gefäßwiderstand u. den Blutdruck, erwies sich so als wirksames Mittel, in den meisten Fällen wurde durch **II** der renale Gefäßtonus gesteigert. Spinalanästhesie u. **III** waren wirkungslos. (Surgery, Gynecol. Obstetr. **97.** 501—07. Okt. 1953. Cincinnati, O., Univ. of Cincinnati, Coll. of Med.) J. BROSEMANN. 4630

Robert Hoyer, *Die Probleme des Praktikers bei der Behandlung feuchter Insuffizienzen mit Cynosid compositum.* Von Wert erwies sich *Cynosid compositum* (alkoh. Lsg. gereinigter *Apocynumglykoside* kombiniert mit *Crataegutt* u. *Convallaria*) bei 41 von 43 Fällen, da es nicht kumuliert, sehr gut verträglich ist, bei allen Formen von Herzschwäche u. peroral wirkt u. stets auf *Strophanthin* übergegangen werden kann. (Therap. d. Gegenwart **92.** 304. Aug. 1953. Oldenburg.) J. BROSEMANN. 4630

M. A. Angarskaja und **Ja. I. Chadshai,** *Zur Pharmakologie des Convallosids.* (Vgl. C. **1954.** 10995.) Im Katzenvers. wurden biol. Aktivität, Toxizität u. kumulative Wrkg. von *Convallosid* (**I**) untersucht. Das krist. **I** ist ein hochakt. Präp. der Gruppe der Herzglucoside. Es ist etwas weniger tox. als Convallatoxin u. Strophanthin. Am ausgeprägtesten wirkt es intravenös, während per os seine Wrkg. stark gemindert wird. Es zeigt geringe kumulative Wirkung. Die biol. Aktivität der Herzglucoside der Strophanthinreihe (Cymarin, Strophanthin, Convallatoxin, Convallosid) ändert sich gemäß der Menge u. der Natur der Zuckerkomponente. **I** ist seiner chem. Struktur u. dem Wirkungscharakter nach dem Strophanthin sehr verwandt. **I** besitzt nur die halbe biol. Aktivität von Convallatoxin. (Фармакология и Токсикология [Pharmakol. u. Toxikol.] **17.** Nr. 5. 42—45. Sept./Okt. 1954. Charkow, Wiss. Chem.-Pharm. Forschungsinst., Pharmakol. Labor.) B. KRAFT. 4630

P. I. Onitzew, *Die Eliminierung des Periplocymarins.* Die Eliminierung des *Periplocymarins* (**I**; Glucosid von Periploca graeca) wurde durch Verss. an Katzen auf Grund der Erhöhung der letalen Dosis bei verschied. Geschwindigkeit der intravenösen Zufuhr (0,0359—0,462 mg/kg/Std.) zu 0,0136—0,0157 mg/kg/Std., entsprechend 5,0—6,2% der letalen Dosis, festgestellt. Die krit. Infusionsgeschwindigkeit beträgt weniger als 0,0359 mg/kg/Stunde. Die Eliminierung ist 5—8 mal höher als bei Digitoxin. Eine kumulative **I**-Wrkg. zeigt sich erst bei wiederholter Zufuhr. (Фармакология и Токсикология [Pharmakol. u. Toxikol.] **17.** Nr. 5. 45—48. Sept./Okt. 1954. Charkow, Wiss. Chem.-Pharm. Forschungsinst., Pharmakol. Labor.) B. KRAFT. 4630

Robert W. Gardier und **Robert A. Woodbury,** *Der renale Angriffspunkt von Quecksilberdiureticis.* An Hunden in leichter Pentobarbitalnarkose untersuchen Vff. die Wrkg. von einem organ. Hg-Präp. (Mercaptomerinnatrium; WYETH INC., Philadelphia) im Hinblick auf die Bicarbonatrückresorption, Na^+- u. Cl^-- Ausscheidung, Harnmenge, Plasma p_H u. titrierbare Säuren des Urins: Sie finden, daß die Schwelle für die Rückresorption des Bicarbonats unter der Einw. von 5 mg Hg/kg Körpergewicht (intravenös) um 35% sinkt. Die Cl^-- u. Na^+-Ausscheidung steigt um das 20—30 fache. Die Harnmenge nimmt zu, während der Filtrationswert etwas absinkt. Da die Rückresorption des Bicarbonats nur im proximalen Tubulus beeinflußt wird, schließen Vff., daß die organ. Hg-Präpp. an diesem Teil der Niere angreifen. Die Befunde legen ferner den Schluß nahe, daß auch die Na^+- u. Cl^--Rückresorption im proximalen Tubulusanteil durch Hg-Präpp. gehemmt wird. (J. Pharmacol. exp. Therapeut. **114.** 453—60. Aug. 1955.) H. SCHIMASSEK. 4634

Marisa Tronca und **Furio Cifarelli,** *Das Methylbromid des β-Diisopropylaminoäthylesters der Xanthin-9-carbonsäure* (*Propanthelinbromid*) *zur Behandlung des Magen-Darm-Geschwürs.* 20 Patienten mit Magen-, Duodenalgeschwür u. Ulcus pepticum (nach Operation) wurden mit *Propanthelin* (*Neo-Metantyl*) behandelt (2 Monate lang, alle 6 Std. 15 mg in Tablettenform). Klin. u. radiolog. Heilung in 85% der Fälle (6 Monate Beobachtungszeit). (Arch. ital. Sci. med. Parassitol. **36.** 124—54. März 1955. Rom, Univ., Klin. für trop. u. subtrop. Krankheiten.) K. RINTELEN. 4645

T. Lewis Dunn, *Die Wirkung von Piperazinderivaten auf bestimmte Darmhelminthes.* Behandlungsverss. an Kindern zeigten, daß *Diäthylcarbamazine* (*Diäthylcarbamylmethylpiperazindihydrocitrat*, „*Hetrazan*", „*Banocide*") bei Ascariasis unwirksam ist. *Piperazinadipat* in Dosen von maximal 75 mg/kg („*Entacyl*") war gegen Ascaris lumbricoides u.

Trichocephalus dispar in 95 bzw. 90% der Fälle wirksam, während *Piperazinhydrat* („*Antipar*") in gleicher Dosierung nur gegen Ascaris l. einen Effekt hatte. Tox. Nebenerscheinungen traten nicht auf. (Lancet **268.** 592—93. 19/3. 1955. Newcastle, New South Wales, Med. Officer of Health.) F. KRUSEN. 4649

G. Vianello und **V. Vicenzoni,** *Die anthelminthische Wirkung von Piperazinadipinat auf Ascariden, Strongyliden und Oxyuren beim Pferd.* Piperazinadipinat (300 mg/kg) entfernte beim Pferd 100% der Ascariden (reife u. unreife Formen) u. der Oxyuren sowie mehr als 50% der Strongyliden. Nebenwirkungen wurden nicht beobachtet. (Clinica veterin. **78.** 263—66. Sept. 1955. Ist. Sieroterap. Milan. S. Belfanti.) K. RINTELEN. 4649

Ole J. Rafaelsen, *Mit Mepacrin behandelte Taeniasis.* Vf. gibt nach schlackenarmer Diät, Laxativen u. Klistier am 3. Tag 800 mg *Mepacrin* (*Atebrin*) in etwas Milch oder W., dann wieder Laxativa u. Klistier u. erzielt in den meisten Fällen vollständigen Bandwurmabgang. (Ugeskr. Laeger **117.** 54—56. 13/1. 1955. Kolding, By- og Amtssygehus.) R. K. MÜLLER. 4649

H. Gebauer, *Weiteres zur Frage der antirachitischen Wirkung von Fluor.* 2. Mitt. (1. vgl. C. **1955.** 11620.) Um den Einwänden von KNAPPWOST u. Mitarbeitern (vgl. C. **1955.** 11620) bzgl. der Verfügbarkeit von freien F-Ionen bei Ca-reicher Diät zu begegnen, wurden die Verss. zur Prüfung der antirachit. Wrkg. von *F* bei Verfütterung einer rachitogenen Kost so angesetzt, daß *F* als leicht lösl. NaF mehrere Std. vor Verabreichung des Ca-reichen Futters gegeben wurde u. daß das F in der gleichen Form im Trinkwasser gelöst den Versuchstieren zur Verfügung stand. Trotzdem wurde keine antirachit. Wrkg. bei den Ratten festgestellt. (Dtsch. zahnärztl. Z. **11.** 198—201. 15/2. 1956. Potsdam-Rehbrücke, Anstalt für Vitaminprüfung u. Vitaminforschung.) G. KLESSE. 4655

A. Knappwost und **A. Effinger,** *Untersuchungen zur antirachitischen Wirkung physiologischer Fluoridgaben.* (*Zugleich Entgegnung zu der vorstehenden Arbeit von H. Gebauer.*) (Vgl. vorst. Ref.) Entgegen den Befunden von GEBAUER (vgl. l. c.) konnten Vff. erneut bei Verabreichung von *F* in Form von Na_2SiF_6 bei stark Ca-haltiger Kost an Ratten eine merklich antirachit. Wrkg. beobachten u. damit ihre früheren Ergebnisse reproduzieren (vgl. C. **1955.** 11620). Da GEBAUER mit NaF keine Wrkg. beobachtet hat, vermuten Vff. als Ursache der Diskrepanz, daß das Si einen integrierenden Faktor für das Zustandekommen der antirachit. Wrkg. zumindest bei mit Ca-haltiger rachitogener Kost gefütterten Ratten darstellt. (Dtsch. zahnärztl. Z. **11.** 202—11. 15/2. 1956. Tübingen, Univ., Zahnärztl. Inst., Abt. für Physikal. Chem. u. Werkstoffkunde.) G. KLESSE. 4655

H. Eggers Lura, *Die Oxydationsvorgänge der Speichelmikroflora und ihre Bedeutung für die Cariesprophylaxe.* Übersicht über die Bldg. von Säure im Speichel, ihre Oxydation zu CO_2 u. W. durch Oxydationsenzyme der Speichelmikroflora u. die Notwendigkeit, diese Oxydationsvorgänge zu beschleunigen, um eine wirksame Cariesprophylaxe zu betreiben. — Vf. wendet sich gegen die Verwendung von Zahnpasten, deren Wrkg. nur in der rein mechan.-reinigenden liegt, u. tritt für den Gebrauch von reinem W. ein. (Dtsch. Zahnärztebl. **10.** 75—77. 8/2. 1956. Holbaek, Dänemark.) G. KLESSE. 4655

Petr Frágner und **Jaroslav Krauskopf,** *Die Wirkung von Chinosol gegen Mykosis.* Die Lokaltherapie mit 1%ig. wss. *8-Oxychinolinhydrochlorid-* u. 5%ig. wss. alkoh. *Chinosollsgg.* (8-Oxychinolin-K-bisulfat) ergab bei 40 Fällen, die an Oberflächen- u. Tiefenmykosis erkrankt waren (durch Trychophyton gypseum var. Kaufmann-Wolfii, = purpureum gypseum var. asteroides, = Schönleini var. album, Microsporon gypseum u. Candida albicans), 9 vollständige u. 14 teilweise Heilungen. Bei der Tiefenform wurde die Heilung nur durch zusätzliches Einsalben mit 10%ig. Salicylsäure u. Ichthyol erzielt. (Československ. Dermatol. [J. Dermatol. Syphilol. Chechoslov.] **31.** 15—18. Febr. 1956. Praha, Krajská hygienicko-epidemiologická stanice KNV u. II. Kožní klinika.) O. POLLAK V. EMHOFEN. 4661

H. Nolte, *Erfahrungen mit einem neuen Calciumpräparat Mosatil in der Dermatologie.* Mit der Indikation der üblichen Ca-Therapie empfiehlt Vf. *Mosatil* (Mosatil pro injektione-Calcium, BAYER; Äthylendiamintetraessigsäure in steriler wss. Lsg. mit 8,3% Ca-Geh.). Lästige Nebenwirkungen anderer Ca-Präpp. fielen bei diesem fort, auch scheint seine Wrkg. besser zu sein. (Therap. d. Gegenwart **92.** 306—07. Aug. 1953. Offenburg.) J. BROSEMANN. 4661

M. Schou, N. Juel-Nielsen, E. Strömgren und **H. Voldby,** *Behandlung von manischen Psychosen mit Lithium.* Durch Behandlung mit Li als Li_2CO_3 oder *Li-Citrat* (24 oder 56 m-Äquivalent/Tag) bei 48 Fällen von man.-depressiver Psychose werden 18 Fälle deutlich gebessert, 21 gebessert mit möglicher Remission, 9 nicht oder wenig beeinflußt. (Ugeskr. Laeger **117.** 93—101. 27/1. 1955. Aarhus, Sindssygehosp.) R. K. MÜLLER. 4670

Harvey C. Knowles jr. und **S. A. Kaplan,** *Behandlung der Hyperkaliämie bei akuter Nephritis mit Austauschharzen.* Von 10 Patienten mit Oligurie infolge akuter Nephritis, die in üblicher Weise behandelt wurden, erhielten 4 zusätzlich *Kationenaustauschharze* (Ammoniumcarboxylat). Bei diesen kam es zu einem ständigen Abfall des Serum-K, bei den anderen zu einem Anstieg. (A.M.A. Arch. intern. Med. **92.** 189—94. Aug. 1953. Cincinnati, Univ. of Cincinnati Coll. of Med., Dep. of Pediatrics and Internal Med.) J. BROSEMANN. 4670

Chris J. D. Zarafonetis, William A. Steiger, I. W. Ginsburg und **Arthur J. Heather,** *Behandlung der rheumatoiden Arthritis mit p-Aminobenzoat und Acetylsalicylsäure.* 44 Patienten mit Arthritis rheumat. wurden mit *p-Aminobenzoat* (K- oder Na-Salz; 6mal 2 g/Tag) u. *Acetylsalicylsäure* (4mal 0,6 g/Tag) kombiniert behandelt. Besserung wurde in 34 Fällen erzielt. Nebenwirkungen waren gering u. verschwanden nach Absetzen der Präparate. (A.M.A. Arch. intern. Med. **92.** 204—15. Aug. 1953. Philadelphia, Pa., Temple Univ., School of Med., Dep. of Med.; Wilmington, Del., Delaware Hosp.) J. BROSEMANN. 4670

Georges Ungar, Evelyn Damgaard und **Fred P. Hummel,** *Wirkung von Salicylaten und verwandten Verbindungen auf die Entzündung.* Vff. fanden, daß die Wrkg. der *Salicylate* u. verwandter Verbb. auf einer Stimulierung der Hypophyse u. Nebennierenrinde beruht. (Amer. J. Physiol. **171.** 545—53. Dez. 1952. Chicago, Ill., Univ. Med. School, Rheum. Fever Res. Inst.) J. BROSEMANN. 4670

Martti Oka, *Ein Nicotinsäureester („Trafuril")-Hauttest bei rheumatischen Erkrankungen.* Mit einer 5%ig. Salbe von *Nicotinsäuretetrahydrofurfuryl-(2)-ester* wurde nach Einreibung eines kleines Bezirkes des Unterarmes bei gesunden Kontrollpersonen nach 10—15 Min. eine Rötung hervorgerufen (positiver Test), desgleichen bei Patienten mit Arthrosis deformans u. rheumat. Purpura. Bei Patienten mit rheumat. Arthritis, Morbus BECHTEREW u. Arthritis psoriatica blieb diese Rötung überwiegend aus (68—100% negativer Test), bes. bei hoher Blutsenkung. (Acta med. scand. **145.** 258—62. 8/5. 1953. Heinola, Finnland, Hosp. of Rheumatism Foundation.) J. BROSEMANN. 4670

J. Breinlich, *Zur Beständigkeit des Natriumnitrits bei der Nitritvergiftung, Ausscheidung von Nitrit und Nitrat im Urin, Nitrit- und Nitratveränderung in wässeriger Lösung.* Bericht über 2 Fälle von Nitritvergiftung. *$NaNO_2$* (I) wird in der Leber sehr schnell reduktiv abgebaut. Wss. I- u. $NaNO_3$- (II)-Lsgg. sind ziemlich stabil, Lsgg. von Nitritpökelsalz weniger. II wird bei Lichteinw. zu I red., II ist gegen Körperfermente stabiler als I. I erscheint zu 14—17% als II im Harn. (Pharmaz. Zentralhalle Deutschland **94.** 293—302. Aug. 1955. Braunschweig.) PH. FRESENIUS. 4675

James O. Hoppe, G. Marie Agnew Marcelli und **Maurice L. Tainter,** *Ein Überblick über die Toxizität von Eisenverbindungen.* Übersicht über die tox. Wirkungen von Fe-Verbb. (bes. $FeSO_4$) bei Menschen u. Tieren. Aus den angeführten Vergiftungsfällen wird als DL für $FeSO_4$ ca. 900 mg/kg angenommen. Auch $FeCl_2$, $FeCl_3$ u. Fe–NH_4-Citrat wirken tox., während *Ferrogluconat* in keinem Falle Vergiftungserscheinungen hervorruft. — 81 Literaturangaben. (Amer. J. med. Sci. **230.** 558—71. Nov. 1955. New York, N. Y., Sterling-Winthrop-Res.-Inst., Rensselaer.) P. FAHRNLAENDER. 4675

A. Illchmann-Christ, *Zur Pathologie der akuten Thalliumvergiftung.* Vf. beschreibt die patholog. Befunde bei 3 Fällen von akuten *Tl*-Vergiftungen bei Kindern mit letalem Ausgang u. kommt zu dem Ergebnis, daß Tl ein allg. Gefäßgift, bes. ein Nierengefäßgift ist. Die eigentliche Todesursache sind die Störungen der terminalen Strombahn u. der Blut–Gewebes-Schranke mit besonderer Beteiligung der Lungen, des Gehirnes, der Nebennieren u. bes. der Nieren. (Verh. dtsch. Ges. Pathol. **1953.** 412—15. Kiel.) F. KRUSEN. 4675

Gerhard Weber, *Über einen Fall von Blasenbildung der Haut nach Leuchtgasvergiftung.* Nach lebensbedrohlicher *Leuchtgas*-Vergiftung traten bei einem 39jährigen Patienten im Bereich der dorsalen Anteile der Finger kirschgroße, prall serös gefüllte Blasen auf. Diskussion der möglichen Ursachen. (Dermatol. Wschr. **127.** 175—76. 1953. Mainz, Univ., Hautklinik.) F. GÜNTHER. 4675

Roy F. Garrison, *Akute Vergiftung durch Verwendung von Isopropanol zur Kühlung.* Bei einem Kind, das wegen hohen Fiebers mit *Isopropanol* (I)-Abreibungen behandelt wurde, traten Vergiftungserscheinungen auf. Im Blut wurden 128 mg% I gefunden. (J. Amer. med. Assoc. **152.** 317—18. 23/5. 1953. Kansas City, Mo., St. Joseph Hosp.) F. KRUSEN. 4675

John W. Dundee, Thiopentone and other Thiobarbiturates. London: E. & S. Livingstone. 1956. (320 S. m. Abb.) 8°. 22 s 6 d.

Volker Klingmüller, Biochemie, Physiologie und Klinik der Glutaminsäure. Aulendorf i. Württ.: Editio Cantor. 1955. (312 S. m. 21 Abb.) 8° = Arzneimittel-Forschung. Beih. 5. DM 32,—.

F. Pharmazie. Desinfektion.

A. Säubert, *Gedanken über die neuen Rezeptformeln RF aus dem Arzneimittelverzeichnis 2. Ausgabe.* Vgl. zwischen den Reichsformeln RF u. den Rezeptformeln RF aus dem Arzneimittelverzeichnis 2. Ausgabe der DDR. (Pharmaz. Praxis **1955**. Nr. 11. 97–99. Beilage zu Pharmazie **1955**. Nr. 11. Erfurt.) Ph. Fresenius. 4750

K. Bournot, *Zur Definition der ätherischen Öle unter Berücksichtigung der Vorschläge für die 7. Ausgabe des Deutschen Arzneibuches.* (Vgl. C. **1956**. 7030.) Zur Aufnahme in das DAB 7 wird eine neue Definition für äther. Öle in Vorschlag gebracht, die im Gegensatz zu der von Rosenthaler (C. **1953**. 7192) gegebenen Definition eine synthet. Herst. nicht berücksichtigt. Die von Schirm gegebene Erklärung (C. **1953**. 5882) ist zu umfassend u. für das DAB 7 nicht geeignet. (Pharmazie **8**. 611–12. Juli 1953. Miltitz bei Leipzig, VEB Schimmel.) Ph. Fresenius. 4750

O. Zekert, *Zur Frage des österreichischen Arzneibuches.* Vortrag. — Eingehende Darst. der Arbeiten am österreich. Arzneibuch von 1918 bis zur Ggw. u. Überblick über die Probleme, die bei den Sitzungen der „Arzneibuchkommission" der Fédération Internationale Pharmaceutique in London behandelt werden. (Österr. Apotheker-Ztg. **10**. 261–63. 28/4. 1956.) M. Negwer. 4750

—, *Zur Frage des österreichischen Arzneibuches.* (Vgl. Zekert, vorst. Ref.) Allg. Ausführungen u. Besprechung von Nomenklaturfragen unter besonderer Berücksichtigung einer diesbezüglichen Studie von Vieböck. (Österr. Apotheker-Ztg. **10**. 293–94. 12/5. 1956.) M. Negwer. 4750

T. D. Whittet, *Der zweite Band der internationalen Pharmakopoe.* Besprechung der Besonderheiten des 2. Bandes der internationalen Pharmakopoe vom brit. Standpunkt. (Chemist and Druggist **164**. 640–41. 3/12. 1955.) Ph. Fresenius. 4750

A. B. Dutta, *Verschlechterung des flüchtigen Prinzips von Riechsalz.* In trop. Ländern, wie Indien, müssen verschied. Faktoren in Betracht gezogen werden, die eine Wertminderung von pharmazeut. Präpp. in dem Zeitraum zwischen Herst. u. Gebrauch bewirken können. Vf. zeigt an Hand der Verschlechterung des auf Ammoniak basierenden flüchtigen Prinzips von *Riechsalz* (I), welchen Einfl. die Art des Verschlusses der Aufbewahrungsgefäße auf die Qualitätskonstanz von pharmazeut. Präpp. hat. Nur wenn die Aufbewahrungsgefäße mit Glasstopfen gut verschlossen waren, konnte die Qualität des **I** ein Jahr lang unvermindert erhalten werden. Beim Verschließen der Gefäße mit bes. präparierten oder nichtpräparierten Gummistopfen trat dagegen eine starke Qualitätsminderung des **I** auf, die eine Verwendung von Gummistopfen in trop. Ländern nicht geeignet erscheinen läßt. (Pharmac. J. (**176** [4] **122**). 214. 28/4. 1956. Jalpaiguri, India, Pharmacy Training Centre.) M. Negwer. 4758

Elvin A. Holstius und **H. Heorge DeKay,** *Statistische Untersuchung einiger Spreng- und Bindemittel in gepreßten Tabletten.* Die Unterss. wurden an zu diesem Zweck hergestellten Sulfathiazol–$NaHCO_3$- u. „compound"-Aspirin-Tabletten vorgenommen. Als Bindemittel dienten Gelatine–Acacia-Lsg., Zuckerlsg. oder Stärkepaste, als Sprengmittel Arrowroot, Mais, Kartoffel, Süßkartoffel, Reis, Hirse, Tapioka, Weizenstärke, Bentonit oder Na-Alginat. Die statist. Auswertung der Zerfallsgeschwindigkeit ergab, daß diese nicht von dem Einfl. des einzelnen Spreng- oder Bindemittels auf den wirksamen Bestandteil abhängt, sondern sich aus der gegenseitigen Beeinflussung aller 3 Hauptbestandteile ergibt. Auch zeigte sich, daß die Wrkg. des gleichen Sprengmittels bei verschied. Tabletten unterschiedlich ist. (J. Amer. pharmac. Assoc., sci. Edit. **41**. 505–09. Sept. 1952. Lafayette, Ind., Purdue Univ., School of Pharmacy, Res. Labors.) W. Spitaler. 4766

C. H. Brieskorn, *Die Polymorphie der Kakaobutter. Einige Bemerkungen für Theorie und Praxis.* Überblick an Hand von 19 Literaturangaben über die verschied. Modifikationen der *Kakaobutter* (I) u. Darlegung der günstigsten Bedingungen, um beim Schmelzen u. Erstarren der **I** als Suppositoriengrundlage das Auftreten von unerwünschten instabilen Modifikationen zu verhindern. (Dtsch. Apotheker-Ztg. **96**. 303–04. 5/4. 1956. Münster, Univ., Inst. für Pharmazie u. Lebensmittelchemie.) M. Negwer. 4786

Samuel W. Goldstein, *Hydrophile Suspensionsträgersubstanz als geeignetes Hilfsmittel zum Verschreiben und zur Rezeptur dermatologischer Zubereitungen.* Erörterung der guten dermatolog. Eigg. von Carboxymethylcellulose u. ihre Eignung zur Herst. von hydrophilen filmbildenden Suspensionen. Mitt. von Erfahrungen mit 34 rezepturmäßig hergestellten dermatolog Zubereitungen. Angabe der Herstellungsvorschrift einer Suspensionsbasis, die vorrätig gehalten werden kann, u. solcher, die frisch zu bereiten sind, mit Erörterung der Zweckmäßigkeit der sauren Pufferung sowie eines Zusatzes von Netz- u. Konservierungsmitteln. (J. Amer. pharmac. Assoc., pract. Pharmacy Edit. **13**. 550–52. 578. Aug. 1952. Amer. Pharmac. Assoc., Labor.) W. Spitaler. 4786

W. Awe und **Irmgard Reinecke,** *Mixtura Antihypertonica DRF.* Die Vorschrift der *Mixtura antihypertonica DRF* ergibt eine durch das Vorhandensein von zwei Inkompatibilitäten des *Papaverins* (I) bedingte Schüttelmixtur, da eine Ausfällung des I sowohl durch die Ggw. von Halogenionen als auch durch das ein schwach bas. Milieu erzeugende $NaHCO_3$ hervorgerufen wird. Vff. untersuchten vom pharmazeut.-galen. Standpunkt der Bldg. einer klaren Lsg. die Möglichkeit, I durch andere Spasmolytica zu ersetzen. Sie fanden, daß sich hierzu bes. gut das *Avacan* {*α-[N-(β-Diäthylaminoäthyl)]-aminophenylessigsäureisoamylesterhydrochlorid*}, dem eine kombinierte I- u. Atropinwrkg. zukommt, eignet. Es bildet eine klare, farblose Lsg., die auch nach 1½ Jahren keine Ausscheidungen zeigt u. als *Mixtura antihypertonica nova* im Gegensatz zu der bisherigen Schüttelmixtur eine einwandfreie Dosierung der Einzelgaben ermöglicht. (Apotheker-Ztg. **5.** 102—04. Mai 1953. Braunschweig, TH, Inst. für angew. Pharmazie.) M. NEGWER. 4790

W. Schneider, *Über Salben und Emulsionen.* Vortrag. Erörterung der klin. Anwendung von Salben u. Emulsionen unter Berücksichtigung ihrer Tiefenwrkg., Reizwrkg., der Möglichkeit zur Inkorporierung wasserlösl. Arzneistoffe u. Abwaschbarkeit. Hinweis auf die Bedeutung der Phosphatide für chem., physikal. u. biol. Vorgänge in der lebenden Haut. Zur Herst. von Salbenemulsionen wird Verwendung synthet. P-Verbb. vorgeschlagen unter Ausschaltung des labilen Glycerinesters. Diese organ. P-Verbb. lassen sich durch entsprechende Variierung in ihrer Hydro- u. Lipophilie beliebig beeinflussen. (Arch. Pharmaz. Ber. dtsch. pharmaz. Ges. **286/58.** Nr. 8; Mitt. dtsch. pharmaz. Ges. **23.** 100—02. 1953. Augsburg.) W. SPITALER. 4792

Miloš Borovička und **Vladimír Hach,** *Naturstoffe als Heilmittel. Fortschritte 1954.* Überblick über Arbeiten des Jahres 1954: Antibiotica, Vitamine, Steroide, Herzglykoside, ACTH, blutdrucksenkende Stoffe, Colchicin, entzündungswidrige u. andere Naturstoffe. — 196 Literaturangaben. (Českoslov. Farmac. **4.** 478—88. Nov. 1955. Praha, Výzk. úst. Pfarm. biochem.) E. VEVERA. 4800

Wladyslaw Wiśniewski und **Stefan Jabłoński,** *Der Einfluß von Eisenverbindungen aus Ampullenglas auf Injektionslösungen von Natriumsalicylat.* Eine 10%ig. Natriumsalicylat (I)-Injektionslsg. in Ampullen verfärbt sich bei Lagerung gelb oder braun. Die Färbung wird durch Fe-Spuren im Ampullenglas oder/u. im I hervorgerufen. Zur Vermeidung der Verfärbung soll Ampullenglas mit einem Fe-Geh. unter 0,0002 g Fe in 1 g Glas verwendet werden. (Acta polon. pharmac. **10.** 223—28. 1953. Warszawa, Akad. Med., Zakt. Farm. stasowanej.) E. FISCHOEDER. 4806

José Erdos und **Leonardo Ortiz E.,** *Komplexverbindungen des Kobalts mit Sulfaverbindungen.* Im Anschluß an frühere Arbeiten von ERDOS (Ciencia [Mexico] **8.** [1948.] 265) stellen Vff. Komplexverbb. aus Co, Äthylendiamin (I) u. Sulfaverbb. her; 0,2 Mol der letzteren werden mit 0,2 Mol I u. 0,1 Mol Co-Hydroxyd umgesetzt u. mit A. u. Ae. gefällt. Die Verbb. haben folgende FF.: mit: *Sulfanilamid*, F. 133°, *Sulfapyridin*, F. 209°, *Sulfadiazin*, F. 232°, *Sulfathiazol*, F. 234°, *Sulfamerazin*, F. 254°, *Sulfaguanidin*, F. 263°. — Ausführliche Tabellen über Elementarzus. u. Löslichkeit der Verbb. in W., HCl, NaOH u. Eisessig. (Bol. Soc. quím. Perú **17.** 3—9. März 1951. México, Inst. Politécnico Nacional.) J. ALTPETER. 4806

F. Hertwig, *Die Stabilität gebrauchsfertiger Penicillinpräparate bei verschiedenen Lagerungstemperaturen.* Unterss. von 3 wss. *Penicillin* (I)-Lsgg. (I-*G-Natrium*; JENAPHARM, I-*G-Natrium AWD* u. I-*Calcium*; JENAPHARM), 3 *Depot*-I (*Depot*-I *AWD oleosum, Jenacillin O* [*oleosum*] u. *Jenacillin A* [*aquosum*] [II]), dem *Oral*-I *AWD* u. dem I-*Wundpuder* (JENAPHARM) auf ihre Stabilität bzw. den eingetretenen Wirkungsverlust, wenn sie bei geöffneter Originalpackung — die wss. Injektionslsgg. in gebrauchsfertigem Zustand — eine Zeit bis zu 4 Wochen bei —18, +4, +18 oder +37° aufbewahrt wurden. Es zeigte sich, daß die öligen Depot-I, das Oral-I u. der I-Wundpuder selbst nach 4 Wochen bei keiner der Versuchstempp. ein Nachlassen der Aktivität aufwiesen. Die wss. I-Lsgg. waren bei —18° die ganze Zeit hindurch voll wirksam, bei +4° traten nach 3 Wochen die ersten Wirkungsminderungen auf, bei +18° bereits nach 3—7 Tagen mit völliger Wirkungslosigkeit nach 3 Wochen u. bei +37° schon nach 1 Tag mit völliger Inaktivierung teilweise schon nach 2 Tagen. II zeigte ähnliche, nicht ganz so schnell auftretende Wirkungsminderungen wie die wss. I-Lösungen. — Ein Entstehen tox. Stoffe bei der Inaktivierung von I konnte im Tiervers. nicht festgestellt werden. (Dtsch. Gesundheitswes. **11.** 663—67. 17/5. 1956. Berlin, Humboldt-Univ., Hygien. Inst.) M. NEGWER. 4810

Kurt Schwarz und **George S. Rolph,** *Actinomycin C. Actinomycin C* (I), wegen seiner relativ hohen Toxizität als Antibioticum weniger gebraucht, hat durch seine cytostat. Eigg. an Interesse gewonnen. Es werden die allg. Eigg., die Toxizität u. die Anwendungsmöglichkeiten von I kurz besprochen. — 11 Literaturangaben. (Pharmac. J. **176** ([4] **122**). 215. 28/4. 1956.) M. NEGWER. 4810

Gonzalo Pallares Prieto, *Die Anwendung der Kälte zum Trocknen des Blutplasmas.* Überblick über die Methoden (Lyophilisierung, „freeze drying"), ihre Grundlagen u. Anwendungen. (Metalurgia y Electr. **18.** Nr. 204. 91–96. Sept.; Nr. 205. 92–96. Okt. 1954.) R. K. MÜLLER. 4812

K. I. Kotkowa, *Physikalisch-chemische Eigenschaften der Proteine des Blutersatzstoffes BK–8.* Die Proteine des aus Rinderblut gewonnenen Blutersatzmittels *BK–8* sind elektrophoret. homogen u. besitzen die gleiche Beweglichkeit wie das Serumalbumin. Die Homogenität dieser Proteine zeigt sich auch bei der Unters. nach der Aussalzmethode. Aus der Abhängigkeit des Absorptionskoeff. von BK–8 für UV-Strahlen vom p_H folgt, daß bei der Behandlung des Rinderserums das Tyrosin nicht verändert wird. Die chem. bestimmten Mengen an Tyrosin u. Tryptophan bleiben im Präp. die gleichen wie im nativen Serum der gleichen Konzentration. Das Präp. BK–8 enthält 4,0–4,2% Eiweiß, 25–45 mg-% Rest-N; D. 1,024; p_H 7,4–7,6; Viscosität 1,4–1,6. (Український Біохімечний Журнал [Ukrain. biochem. J.] **27.** 503–09. 1955. Kiew, Biochem. Inst. der Akad. der Wiss. der UkrSSR.) O. LEBTAG. 4812

G. M. Abdullajew, *Die klinische Anwendung der Transfusion des mit ZOLIPK Nr. 10 konservierten Blutes.* Empfehlung von *ZOLIPK Nr. 10*, einer neben Glucosecitrat Chinindihydrochlorid enthaltenden konservierenden Lsg. für Blut, durch welche die Hämolyse bei Aufbewahrung des Blutes bei 4–6° bis zu 50–60 Tagen hinausgezögert werden konnte. Die Brauchbarkeit des Präp. hat sich an 135 Blutübertragungen erwiesen. (Клиническая Медицина [Klin. Med.] **33 (36).** Nr. 11. 45–48. Nov. 1955. Zentralinst. für Hämatol. u. Bluttransfusion, Chir. Klinik.) E. RENTZ. 4812

R. S. Manly, *Enzyminhibitoren für Zahnpflegemittel.* Ausgehend von der Erkenntnis, daß Enzyminhibitoren in 1. Linie die Säurebldg. in der Mundhöhle verhindern sollen, ohne die Bakterienflora, deren Vitalität durch Säureabwesenheit nicht beeinträchtigt wird, zu zerstören, werden 156 Amine auf ihre Eig., als Enzyminhibitoren zu wirken, mit Hilfe einer ausführlich beschriebenen Meth. ausgetestet. Verbb., welche die Säurebldg. nachhaltig hemmten, waren alkylierte Amine, Äthylendiamine, Imidazole u. Piperazine. Inwieweit die als wirksam erkannten 26 Amine nichttox. u. für die prakt. Verhältnisse geeignet sind, muß noch geprüft werden. (Amer. Perfumer essent. Oil Rev. **65.** Nr. 5. 21–25. Mai 1955. Tufts Coll. Dental School.) H. P. FIEDLER. 4822

P. O. Knishko, A. I. Wassjutinski und **Je. Ss. Worobjewa,** *Die quantitative Bestimmung von Quecksilberamidchlorid und Zinkoxyd in Salben.* Vff. empfehlen folgendes maßanalyt. Verf. zur Best. von Zn neben Hg in der Salbe aus $Hg(NH_2)Cl$, ZnO u. Vaselin: 2–3 g Salbe (genaue Einwaage) werden in einem 200–300 ml-Kolben auf dem Wasserbad erhitzt, mit 20 ml 1/10n H_2SO_4-Lsg. u. 3–4 g NaCl versetzt u. bis zur Klärung der beiden Schichten auf dem Wasserbad stehengelassen. Nach dem Erkalten filtriert man durch Watte in einen Meßkolben von 100–200 ml, behandelt den Rückstand noch 2–3mal mit je 10 ml W. (unter Erwärmen), filtriert wie oben, füllt auf u. titriert 20 ml wie üblich mit 0,1n $K_4[Fe(CN)_6]$. In Ggw. von genügend NaCl wird das Hg als $[HgCl_4]^-$-Komplex gebunden u. stört die Zn-Titration nicht. Das Quecksilberamidchlorid wird mit 0,1n NaOH-Lsg. titriert. Hierbei ist die bei der Zn-Titration verbrauchte H_2SO_4 zu berücksichtigen. Die Best. ist schnell auszuführen u. gibt befriedigende Resultate. (Аптечное Дело [Apothekenwesen] **4.** Nr. 1 32—33. Jan./Febr. 1955. Odessa, Pharm. Inst. des Gesundheitsmin. der UkrSSR, Lehrstuhl für analyt. Chem.) B. KRAFT. 4880

Léopold Martin, *Grundlagen der biologischen Standardisierung.* Zusammenfassende Übersicht über die statist. Grundlagen der biol. Standardisierung von Medikamenten (Digitalis, Fungicide) mit Angabe einer mathemat.-statist. Transformationsmeth. für Vergleichsuntersuchungen. (J. Pharmac. Belgique [N. S.] **7.** 332–53. Juli/Aug. 1952. Bruxelles, Univ., Fac. de Méd. et de Pharmacie.) E. RUPP. 4880

Fr. Jaminet, *Die mikropapierchromatographische Trennung einiger Polymerer des Äthylenoxyds.* Die in der Arzneikunde verwendeten Verbb. Polyäthylenglykol u. Wachs lassen sich durch Anwendung einer aus mit W. gesätt. n-Butanol u. Essigsäure bestehenden Phase papierchromatograph. trennen. Die Arbeitsweise wird im einzelnen beschrieben. (J. Pharmac. Belgique [N. S.] **9 (36).** 318–24. Sept./Okt. 1954. Liège, Univ., Labor. de Pharmacie Pratique.) W. WESLY. 4880

L. M. Ssolz und **F. M. Ssolz,** *Eine refraktometrische Methode zur quantitativen Bestimmung einiger Präparate und Arzneimittelgemische.* Vff. errechnen mit Hilfe von empir. ermittelten Faktoren für *Formalin, Chloralhydrat, Na-Norsulfazol, Zucker, Antipyrin, Pyramidon, Analgin* u. *weißes Streptocid* die Konz. beim Refraktometrieren von Arzneimittellösungen. Sie empfehlen diese Meth. zur Kontrolle der Konz. von Arzneimitteln in den Apotheken. Bei Arzneimittelgemischen kann allerdings nur die Abweichung von der Vorschrift festgestellt werden, nicht aber, welche Komponente abweicht. (Аптечное

Дело [Apothekenwesen] **4.** Nr. 1. 19—25. Jan./Febr. 1955. Charkow, Gebietsstelle der Apotheken-Hauptverwaltung der UkrSSR, Labor. für Analyse u. Kontrolle.) B. Kraft. 4880

J. Büchi, X. Perlia und **A. Strebel,** *Vakuummikrosublimate einiger Lokalanästhetica und ihre Identifizierung.* 2. Mitt. (1. vgl. C. **1953.** 5544.) Von den Lokalanästheticis Anästhesin (**I**), Propäsin (**II**), Cycloform (**III**), Scuroform (**IV**), Monocain (**V**), Amylcain (**VI**), Larocain (**VII**), Pantocain (**VIII**), Intracain (**IX**), Surfacain (**X**), Xylocain (**XI**) wurden die kristallopt. Eigg. der Mikrosublimate beschrieben. Holocain (**XII**) u. **X**, Eucain B (**XIII**) u. **IX, VII** u. **V, III** u. **VIII** liefern ähnlich aussehende Kristalle; **VI, V** u. **X** können Sublimate von verschied. Aussehen u. Habitus liefern, während **VI, IX, VIII** u. **X** auf demselben Sublimat Kristalle von verschied. Aussehen u. Habitus aufweisen können. Ein auf dem Kristallbild beruhender Identitätsnachw. ist deshalb äußerst gewagt u. unsicher. Das Sublimat soll vielmehr als gereinigtes Isolierungsprod. für die sichere Identifizierung mit physikal. u. chem. Methoden dienen. Hiervon werden die kristallopt. Unters. u. die Mikroschmelzpunktsbest. bzw. die mikrochem. Fällungs-Rkk. der Sublimate von **I**—**XI** mit Pikrinsäure, Trinitroresorcin, KJ, KBr, $KMnO_4$, $K_2Cr_2O_7$, HCl, J_2-Lsg. u. Br_2-Wasser eingehender beschrieben u. die Ergebnisse z. T. durch Abb. belegt. Die mikrokristallinen Reaktionsprodd. sind in ihrem Aussehen z. T. recht charakterist., es kommt ihnen jedoch nur beschränkte Beweiskraft zu, da das Kristallbild von verschied. Reaktionsbedingungen (Temp., Konzentrationsverhältnisse usw.) abhängt, die nicht immer übersehbar sind. (Pharmac. Acta Helvetiae **28.** 109—19. 30/4. 1953. Zürich.) E. Scheibe. 4880

S. Rohatgi, *Die Identifizierung von Digitoxin und Digoxin neben ihren Acetylverbindungen durch Papierchromatographie. Digitoxin* (**I**), *α-Acetyl*-**I** (**II**) u. *β-Acetyl*-**I** (**III**) werden durch Papierchromatographie mit Propylenglykol als stationärer u. Bzl./Chlf. 90 : 10 als mobiler Phase getrennt. **II** wandert rasch u. kann nach 24 Std. von den beiden anderen getrennt u. identifiziert werden. Die Trennung von **I** u. **III** erfordert bis zu 72 Std., dann ist **I** über **III** hinaus gewandert. **I** u. **II** geben bei der Raymond-Rk. (Analyst **64.** [1939.] 113) mit m-Dinitrobenzol u. Alkali purpurfarbene Flecke, **III** einen tief blauenFleck. **I** u. **II** lassen sich auch mit Bzl./Chlf. 30 : 70 als mobiler u. Foramamid als stationärer Phase trennen. (J. Amer. pharmac. Assoc., sci. Edit. **44.** 428—31. Juli 1955. Minneapolis, Minn., Univ. of Minneapolis, School of Pharmacy.) Ph. Fresenius. 4880

W. H. McMullen, H. J. Pazdera, S. R. Missan, L. L. Ciaccio und **T. C. Grenfell,** *Analytische Methoden für Reserpin.* Das UV-Spektr. von *Reserpin* (**I**) wird nach Ausschüttelung der Chloroformlsg. mit n/100 HCl zur Entfernung von **I**-Säure u. mit 1%ig. $NaHCO_3$ zur Entfernung von Trimethoxybenzoesäure bei 295 u. 268 mμ aufgenommen. Die Identität von **I** steht fest bei einem Absorptionsverhältnis 268 mμ/295 mμ = 1,83 ± 0,05. **I** wird ferner bestimmt durch Absorptionsmessung bei 380 mμ nach Entfernung von **I**-Säure mit $NaHCO_3$ aus Chloroformlsg., Übernahme in Essigsäure u. Erhitzen nach Zusatz von konz. H_2SO_4. Bei Erhitzen von **I** nach Ausschütteln mit $NaHCO_3$ in Methanol–Essigsäure mit H_2SO_4–Essigsäure–NaCl-Lsg. bildet sich eine fluorescierende Substanz bei Bestrahlung mit Licht von 365 mμ, die gleiche Substanz entsteht aus **I**-Säure. Die Art der Substanz u. der Fluorescenz (Fl) hängt von der verwendeten Säure ab. Die **I**-Best. erfolgt durch Fl-Messung. **I** kann von *Serpentin, Ajmalin, Ajmalicin, Yohimbin, Reserpinsäure* u. anderen Stoffen durch Papierverteilungschromatographie getrennt werden. Als immobile Phase dient ein Gemisch von 50 ml *Propylenglykol* (**II**) + 50 ml Methanol + 1 ml Eisessig, das täglich frisch zu bereiten ist, als mobile Phase ein Gemisch gleicher Voll. Bzl. u. mit **II** gesätt. Cyclohexan. **I** wird unter N_2 aufgebracht, Entw. absteigend, Identifizierung mit 390 mμ-Lichtquelle durch Fl, Elution mit Chlf. u. Best. durch Absorptionsmessung. (J. Amer. pharmac. Assoc., sci. Edit. **44.** 446—53. Juli 1955. Chas, Phizer & Co., Inc.) Ph. Fresenius. 4880

J. A. Campbell, J. M. McLaughlan und **D. G. Chapman,** *Eine Methode zur Unterscheidung von Hydroxocobalamin von Cyanocobalamin mit Hilfe der Ascorbinsäurereaktion.* Zur Best. von *Hydroxocobalamin* (Vitamin B_{12a} u. B_{12b}) (**I**) in Ggw. von *Cyanocobalamin* (Vitamin B_{12}) (**II**) wurde die Tatsache herangezogen, daß **I** in Lsgg., die Ascorbinsäure enthalten, zerstört wird, während **II** relativ stabil ist. Da die Rk. p_H-abhängig ist, wird mit einer Na-Acetat–HCl-Pufferlsg. bei p_H 5 gearbeitet. Völlige Zerstörung von **I** tritt unter den beschriebenen Versuchsbedingungen erst bei Erhitzen auf 70° ein, **II** wird dabei nicht angegriffen. Die Verss., die mit krist. **I** u. **II** vorgenommen wurden, verliefen auch mit handelsmäßigen **II**-Konzentraten (durch Fermentation gewonnen) erfolgreich, während bei Leberextrakten das vorhandene Fe die Zerstörung von **I** verhindert. (J. Amer. pharmac. Assoc., sci. Edit. **41.** 479—81. Sept. 1952. Ottawa, Can., Food and Drug Div., Dep. of Nat. Health and Welfare.) W. Spitaler. 4880

Dorothy J. Hiscox, *Die Ultraviolettbestimmung von Aureomycin und Terramycin.* Vf. untersucht den Einfl. von H_2SO_4 u. NaOH auf die UV-Absorption von *Aureomycin* (I) u. *Terramycin* (II) u. entwickelt daraus quantitative Bestimmungsmethoden. **I**: 5 ml wss. I-Lsg. (100–500 γ I) werden mit 5 ml 2n H_2SO_4 8 Min. im sd. Wasserbad erhitzt. Die abgekühlte Lsg. wird mit W. auf 25 ml verdünnt. Die Absorption dieser Lsg. wird bei 274 u. 350 mμ im Spektrophotometer gemessen. Aus der Differenz der Absorptionen wird mit Hilfe der Beziehung y = 15,427258 x + 0,1236 (y = γ I/ml Endlsg.; x = Absorptionsdifferenz) der I-Geh. berechnet. **II**: 3 ml wss. II-Lsg. (25–250 γ I) werden mit 3 ml 1n H_2SO_4 30 Min. im sd. Wasserbad erhitzt. Die abgekühlte Lsg. wird mit W. auf 25 ml verdünnt. Best. der Absorption bei 249 u. 312 mμ. Aus der Beziehung y = 9,407564 x + 0,0272 (y = γ II/ml Endlsg.; x = Absorptionsdifferenz) wird der II-Geh. berechnet. Ein Vgl. dieser Methoden mit biochem. Verff. zeigt bei pharmazeut. Zubereitungen (Kapseln, Salben, Pastillen) gut übereinstimmende Werte. (J. Amer. pharmac. Assoc., sci. Edit. **40.** 237–40. Mai 1951. Ottawa, Can., Dep. of Nat. Health and Welfare, Labor. of Hygiene.) R. REISS. 4880

Bristol Laboratories, Inc., Syracuse, N. Y., V. St. A. (Erfinder: **Lee Cannon Cheney** und **Stephen Bennet Binkley**), *Basische Äther von Aralkylphenolen* der Formel **I**, worin

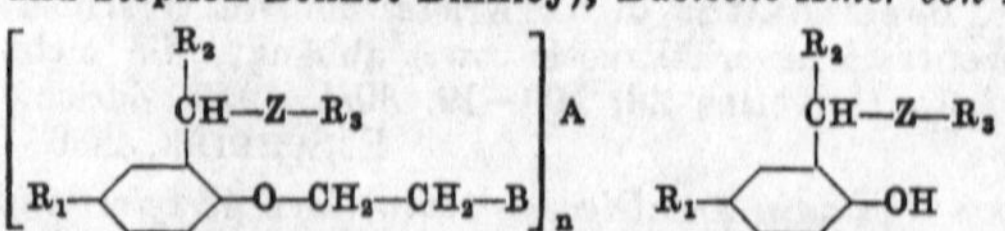

I II

R_1 u. R_3 H, niederes Alkyl, Halogen oder Alkoxy, R_2 H oder Methyl, Z einen 2wertigen Rest des Bzl., Thiophens, Furans oder Pyridins, B eine Dialkylamino-, 1-Pyrrolidyl-, 1-Piperidyl- oder 4-Morpholinylgruppe u. A eine Polycarbonsäure, wie Citronen-, Äpfel-, Wein-, Bernstein-, Malein- oder Fumarsäure, bedeuten, wobei n = 1–3 bedeutet, wenn A eine Tricarbonsäure ist, u. n = 1–2 bedeutet, wenn A eine Dicarbonsäure ist. Die Verbb. entstehen, wenn man ein Aralkylphenol der Formel **II** oder eine Mischung isomerer Phenole in einem inerten, nicht-wss. organ. Lösungsm. mit einem Alkalihydroxyd in das Alkaliphenolat bzw. Alkaliphenolatgemisch überführt, dieses mit einem β-disubstituierten Aminoäthylchloridhydrochlorid in Ggw. eines Alkalihydroxyds oder -carbonats umsetzt u. mit einer Polycarbonsäure versetzt. — Die Verbb. wirken *antihistamin., lokalanästhet.* u. *fungicid.* — *2-Benzylphenyl-β-dimethylaminoäthylätherdihydrocitrat.* Man versetzt ein Gemisch aus o- u. p-Benzylphenol in Toluol mit NaOH, kocht, versetzt mit β-Dimethylaminoäthylchloridhydrochlorid u. weiterem NaOH, kocht u. versetzt mit Citronensäuremonohydrat u. W., F. 139–140°. — Analog wurden hergestellt: *β-Dimethylaminoäthyl-2-(2'-thenyl)-phenylätherdihydrocitrat,* F. 150–151°. — *β-Dimethylaminoäthyl-2-furfurylphenylätherdihydrocitrat.* — *2-Benzylphenyl-β-dimethylaminoäthylätherhydro-dl-malat,* F. 129,5–131°. — *2-Benzylphenyl-β-diäthylaminoäthylätherdihydrocitrat,* F. 127,5–128,5°. — *2-Benzylphenyl-β-(1'-pyrrolidyl)-äthylätherdihydrocitrat,* F. 135–136°. — *2-Benzylphenyl-β-(1'-piperidyl)-äthylätherdihydrocitrat,* F. 145,5–146°. — *2-Benzylphenyl-β-(4'-morpholinyl)-äthylätherdihydrocitrat,* F. 125–126°. — *2-Benzylphenyl-β-dimethylaminoäthylätherhydro-d-tartrat,* F. 121,5–123°. — *2-Benzylphenyl-β-dimethylaminoäthylätherhydrosuccinat,* F. 104–105°. — *2-Benzylphenyl-β-dimethylaminoäthylätherhydromaleat,* F. 118–119°. — *2-Benzylphenyl-β-dimethylaminoäthylätherhydrofumarat,* F. 144–145°. — *2-Benzyl-4-chlorphenyl-β-dimethylaminoäthylätherdihydrocitrat,* F. 143–144°. — *2-Benzyl-4-äthoxyphenyl-β-diäthylaminoäthylätherdihydrocitrat.* — *β-Diäthylaminoäthyl-2-(α-methylbenzyl)-phenylätherdihydrocitrat,* F. 126–129°. — *β-Diäthylaminoäthyl-2-(α-methylbenzyl)-4-methylphenylätherdihydrocitrat,* F. 125–128°. — *β-Dimethylaminoäthyl-2-(2'-pyridylmethyl)-phenylätherdihydrocitrat,* F. 149–150°. — *2-(4'-Brombenzyl)-phenyl-β-dimethylaminoäthylätherhydromalat.* — *β-Diäthylaminoäthyl-2-(4'-isopropylbenzyl)-phenylätherdihydrocitrat.* — *β-Dimethylaminoäthyl-2-(3'-thenyl)-phenylätherdihydrocitrat,* F. 136–137,5°. — *2-Benzylphenyl-β-dimethylaminoäthylätherdihydrocitrat.* — *β-Dimethylaminoäthyl-2-(4'-methoxybenzyl)-phenylätherhydromaleat,* F. 139–140°. (**E. P. 741 982** vom 25/4. 1951, ausg. 14/12. 1955.) G. LANGER. 4807

Dow Chemical Co., übert. von: **Floyd L. Beman,** Midland, Mich., V. St. A., *Hydrazide phenylsubstituierter Dioxybenzoesäuren.* Man setzt $N_2H_4 \cdot H_2O$ oder $C_6H_5NH \cdot NH_2$ in üblicher Weise mit den Methylestern der Carbonsäuren um. Hergestellt werden: *3-Phenyl-2.5-dioxybenzoesäurehydrazid,* F. 174–175°; *6-Phenyl-2.5-dioxybenzoesäurehydrazid;* *4-Phenyl-2.5-dioxybenzoesäurehydrazid,* F. 201–203°; *5-Phenyl-2.3-dioxybenzoesäurehydrazid,* F. 197,5–198,5°; *4-Phenyl-2.5-dioxybenzoesäurephenylhydrazid,* F. 122–124° (Hydrochlorid). — Mittel zur Bekäpmfung von *Salmonella typhosa* u. *Staphylococcus aureus.* (**A. P. 2 716 663** vom 9/7. 1953, ausg. 30/8. 1955.) K. FABEL. 4807

American Home Products Corp., New York, N. Y., V. St. A. (Erfinder: **William Fausset Bruce**), *Sekundäre Amine* der Formel $R \cdot C_6H_4 \cdot CH_2—C(CH_3)_2—NH \cdot CH_3$ wirken *sympathomimetisch.* – Man setzt einen R-substituierten Benzaldehyd (R eine Alkyl-, Oxy-, Alkyloxy- oder Methylendioxygruppe) mit Isopropylmagnesiumhalogenid um, hydrolysiert zum sek. Alkohol, setzt diesen mit HCN zu einem Formylamin um u. red. letzteres mit einem Metallhydrid zu I; oder es wird der sek. Alkohol erst zu einem Olefin dehydratisiert u. dieses dann mit HCN zum Formylamin umgesetzt u. wie oben weiterverfahren. – *1.1-Dimethyl-2-oxy-2-(p-methoxyphenyl)-äthan.* Aus Anisaldehyd u. Magnesiumpropylchlorid in Ae. bei nachfolgender Zers. mit H_2SO_4, $Kp._1$ 104–106°; n_D^{20} 1,5323; $D._{20}^{20}$ 1,0501. – *1.1-Dimethyl-2-p-methoxyphenyläthylen* (II). Beim Erhitzen von I mit konz. H_2SO_4, $Kp._2$ 90°; n_D^{20} 1,5515; $D._{20}^{20}$ 1,0081. – *N-Methyl-ω-(p-methoxyphenyl)-tert.-butylamin* (III). Man behandelt II mit HCN u. red. das entstandene Prod. ($Kp._1$ 200°) mit $LiAlH_4$, $Kp._{24}$ 100–110°. – *N-Methyl-ω-(p-oxyphenyl)-tert.-butylamin.* Aus III beim Kochen mit konz. HBr. *Hydrochlorid*, F. 224–227°. – Analog werden erhalten: *2.2-Dimethyl-1-(3.4-methylendioxyphenyl)-äthanol* ($Kp._6$ 121–123°) → *N-Methyl-ω-(3.4-methylendioxyphenyl)-tert.-butylamin* → *N-Methyl-ω-(3.4-dioxyphenyl)-tert.-butylamin.* (**E. P. 733 425** vom 15/4. 1952, ausg. 13/7. 1955.) G. LANGER. 4807

Abbott Laboratories, Nord-Chicago, Ill., V. St. A., *Herstellung von analgetisch und lokalanästhetisch wirkenden Verbindungen.* Man gibt z. B. eine Lsg. von 85 (g) 2.2-Diphenyl-3-dimethylaminopropionitril in 400 cm³ absol. Ae. (I) innerhalb 1 Std. zur auf 0° gekühlten Suspension von 25,8 LiAl-Hydrid in 700 cm³ I unter N_2 (Reaktionstemp. unterhalb 4°), rührt unter Kühlung $1^1/_2$ Std., gießt dann unter N_2 auf Eis, filtriert, extrahiert das Filtrat mit Ae. u. erhält aus diesen *2.2-Diphenyl-3-dimethylaminopropylamin* (II), $(C_6H_5)_2C\langle{}^{CH_2N(CH_3)_2}_{CH_2NH_2}$, $Kp._{0,2}$ 126°, F. 37–39°, n_D^{24} 1,5737. – *2.2-Diphenyl-3-piperidinopropylamin* (III), $Kp._{0,2}$ 155–160°; n_D^{23} 1,5762. – *2.2-Diphenyl-3-pyrolidinopropylamin* (IV), F. 54–55°. – 0,03 Mol IV u. 0,3 $HCOOC_2H_5$ (V) werden 15 Std. im Autoklaven bei 100–110° erhitzt, V-Überschuß abdest., Rückstand in Ae. aufgenommen, die Ae.-Lsg. mit verd. HCl extrahiert, saure Lsg. mit 40%ig. NaOH alkal. gemacht, ausgefallenes Öl in Ae. aufgenommen u. hieraus nach Umkristallisieren aus wss. CH_3OH *2.2-Diphenyl-3-pyrrolidino-N-formylpropylamin*, F. 111–113°, erhalten. II-*N-Formylverb.*, F. 113–114°. – III-*N-Formylverb.*, F. 95–96°. – II + C_6H_5COCl → II-*N-Benzoylverb.*, F. 95–96°. – II-*N-Acetylverb.*, F. 97–98°. – II-*N-Propionylverb.*, F. 81–82°. – II-*N-Butyrylverb.*, F. 69–71°. – II-*N-Phenylacetylverb.*, F. 86–88°. – IV-*N-Propionylverb.*, F. 92–94°. – IV-*N-Butyrylverb.*, F. 79–80°. – III-*N-Acetylverb.*, F. 119–120°. – III-*N-Propionylverb.*, F. 89–90,5°. – III-*N-Butyrylverb.*, F. 72–74°. – III-*N-Phenylacetylverb.*, F. 80–81°. – IV-*N-Acetylverb.*, F. 86–87°. – IV-*N-Benzoylverb.*, F. 152 bis 153°. – IV-*N-Phenylacetylverb.*, F. 87–89°. – *2.2-Diphenyl-3-piperidino-N-benzoylpropylamin*, F. 133–134°. (**E. P. 731 626** vom 11/12. 1952, ausg. 8/6. 1955. A. Prior. 14/12. 1951.) O. MÜLLER-MEININGEN. 4807

G. D. Searle & Co., Chicago, übert. von: **Robert R. Burtner**, Skokie, Ill., V. St. A., *Acylguanidine.* Durch Rk. von p-Chlor-α-methylzimtsäuremethylester mit Guanidin erhält man *p-Chlor-α-methylcinnamoylguanidin*, F. 157°. Analog werden dargestellt: *3.4-Dichlorcinnamoylguanidin*, F. 201° (Zers.); *β-(3.4-Dichlorphenyl)-α-methylcinnamoylguanidin*, F. 175°; *p-Methoxycinnamoylguanidin*, F. 183°; *β-(2-Thienyl)-acrylylguanidin*, F. 163°; *α-Methyl-β-(2-thienyl)-acrylylguanidin*, F. 143–144°; *β-(2-Furyl)-acrylylguanidin*, F. 260° (Zers.); *β-(2-Furyl)-α-methacrylylguanidin*, F. 138°; *β-(2-Furyl)-α-methylpropionylguanidin*, F. 137–138°; *β-(4-Pyridyl)-acrylylguanidin*, F. 218° (Zers.). – *Diuretica.* (**A. P. 2 734 904** vom 6/4. 1954, ausg. 14/2. 1956.) A. BRÖSAMLE. 4807

Hoffmann-La Roche, Inc., übert. von: **Sidney Teitel**, Nutley, und **Moses Wolf Goldberg**, Upper Montclair, N. J., V. St. A., *N-[1-Methyl-3-(2.6.6-trimethyl-1-cyclohexen-1-yl)-propyl]-α-chloracetamid*, F. 68–69°, erhält man durch Kondensation von 1-Methyl-3-(2.6.6-trimethyl-1-cyclohexen-1-yl)-propylamin mit Chloracetylchlorid bei 4°. Nach 2 Std. wird das p_H mit 15%ig. wss. NaOH auf 8,5 eingestellt. – *Amöbicid wirkendes Heilmittel.* (**A. P. 2 705 244** vom 18/9. 1953, ausg. 29/3. 1955.) G. KRAUSS. 4807

Ciba Soc. An., Basel, Schweiz, *Neue Thiosemicarbarzone*, welche die Tätigkeit der *Hypophyse* beeinflussen. In bekannter Weise werden die *Thiosemicarbazone* folgender alicycl. Ketone dargestellt: *1-Oxo-1.2.3.4-tetrahydronaphthalin*, F. 198–200°; *1-Oxo-6-oxy-1.2.3.4-tetrahydronaphthalin*, F. 199–201°; *1-Oxoindan*, F. 175–176°; *3-Oxo-1-phenylindan*, F. 160–163°; *1-Oxo-4-carbomethoxy-5-methyl-6-methoxy-1.2.3.4-tetrahydronaphthalin*, F. 211–213°; *1-Oxo-5-methyl-6-oxy-1.2.3.4-tetrahydronaphthalin*, F. 208 bis 212°; *1-Oxo-4-phenyl-1.2.3.4-tetrahydronaphthalin*, F. 225–229°. (**Belg. P. 509 974** vom 15/3. 1952, ausg. 11/9. 1953. Schwz. Priorr. 16/3. 1951 u. 19/2. 1952.)
A. BRÖSAMLE. 4807

Ed. Geistlich Söhne Akt.-Ges. für Chemische Industrie, Wolhusen, Luzern, Schweiz (Erfinder: **A. E. Wilder Smith** und **Emil Hofstetter**), *Herstellung einer Verbindung aus Isonicotinsäurehydrazid und p-Aminosalicylsäure* (I), gelbe Kristalle vom F. 142–144° (Zers.), dad. gek., daß man auf eine den Rest der I abgebenden Verb. (freie Säure oder Salz) in einem Lösungsm. (A., W.) in der Wärme das Hydrazid einwirken läßt. – *Tuberkulosemittel.* (**Schwz. P. 307 812** vom 25/9. 1952, ausg. 16/8. 1955.) R. LINK. 4807

Olin Mathieson Chemical Corp., New York, N. Y., übert. von: **Jack Bernstein,** New Brunswick, und **Erwin R. Spitzmiller,** Highland Park, N. J., V. St. A., *Triazinderivate* von *curareähnlicher* Wrkg., die *pharmazeut.* Verwendung finden sollen. *1.3.5-Triazino-2.4.6-tris-oxyäthylen-tris-triäthylammoniumbromid.* Man läßt Diäthylaminoäthanol-Na mit Cyanurchlorid in Bzl. bei ca. 75–80° reagieren u. setzt das erhaltene 2.4.6-Tris-(diäthylaminoäthoxy)-1.3.5-triazin, $Kp._{0,2-0,3}$ 178–182°, mit C_2H_5Br um. F. 266–267°. – Analog werden dargestellt: *1.3.5-Triazino-2.4.6-tris-aminoäthylen-tris-triäthylammoniumbromid,* F. 235–238° (Zers.). – *1.3.5-Triazino-2.4.6-tris-oxyäthylen-tris-diäthylbenzylammoniumchlorid,* F. 115–125°. – *1.3.5-Triazino-2.4.6-tris-oxypropylen-tris-triäthylammoniumbromid,* F. 235–238°. – *1.3.5-Triazino-2.4.6-tris-oxytrimethylen-tris-diäthylbenzylammoniumchlorid,* F. 155–156° (Zers.). – *1.3.5-Triazino-2.4.6-tris-oxyäthylen-tris-trimethylammoniumjodid.* – *1.3.5-Triazino-2.4.6-tris-aminoäthylen-tris-N-methylmorpholinoammoniumjodid,* F. 130–135°. – *1.3.5-Triazino-2.4.6-tris-aminotrimethylen-tris-γ-diäthylbenzylammoniumchlorid,* F. 138° (Zers.). – *1.3.5-Triazino-2.4.6-tris-mercaptoäthylen-tris-diäthylbenzylammoniumchlorid.* (**A. P. 2 725 379** vom 20/7. 1953, ausg. 29/11. 1955.) A. BRÖSAMLE. 4807

Peter Tibor Mora, West Chester, Pa., und **Eugene Pacsu,** Princeton, N. J., V. St. A., *Herstellung von polymeren Kohlenhydraten mit verzweigter Kette.* Man behandelt niedrigmol. Kohlenhydrate mit 1–10 Einheiten u. 3 OH-Gruppen in jeder Einheit, von denen 1 auch acetalisiert oder veräthert sein kann, bes. Glucose, in einem inerten Lösungsm., z. B. W., in Ggw. von 0,01–5% eines sauren Katalysators, bes. HCl, bei –80° bis +110° im Vakuum (bis 100 mm Hg) u. zerlegt die polymeren Prodd., z. B. durch fraktionierte Fällung oder Dialyse. Sie haben *pharmakolog. Bedeutung.* (**A. P. 2 719 179** vom 25/1. 1951, ausg. 27/9. 1955.) K. FABEL. 4807

Magyar Állam (Erfinder: **Imre Halmos** und **Ogostné Kahán**), Budapest, Ungarn, *Herstellung von 2-Methyl-4-amino-5-aminomethylpyrimidin* (I). Man hydriert 2-Methyl-4-aminopyrimidin-5-nitril in wss. saurem Medium in Ggw. eines Edelmetallkatalysators zu *2-Methyl-4-aminopyrimidin-5-aldehyd,* F. 189–191°, welcher nach Abscheiden aus der

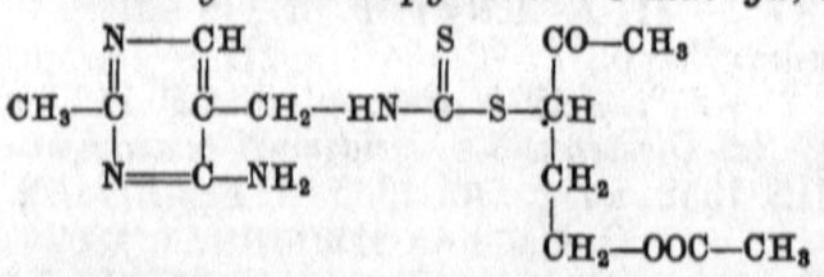

Reaktionslsg. oder nach Abfiltrieren des Katalysators mittels Hydroxylamin oderOxyamindisulfonsäure in das Oxim übergeführt wird. Das erhaltene *2-Methyl-4-aminopyrimidin-5-aldoxim* (Zers. unter Sublimieren bei 265–270°) wird bei n. oder erhöhtem Druck in einem ammoniakal.-methanol. Medium mittels RANEY-Ni hydriert. Der Edelmetallkatalysator (Pd) kann mit organ. S-Verbb. vergiftet werden. I in W. oder in wasserhaltigem A. gelöst, wird mit Kaliumdithioformiat oder CS_2 u. γ-Aceto-γ-chlorpropylacetat in ammoniakal. Medium zur Rk. gebracht, u. man erhält z. B. eine Verb. der vorst. Formel. – Zwischenprod. für die Herst. von *Vitamin B_1.* (**Ung. P. 142 570** vom 25/4. 1953, ausg. 15/3. 1955.) G. KÖNIG. 4809

Sankyo Kabushiki Kaisha, übert. von: **Shigeru Yishida** und **Makoto Unoki,** Tokio, Japan, *Vitamin B_1-Hydrochlorid* (I). α-Aceto-α-chlorbutyrolacton gibt mit HCl in Eisessig γ-Aceto-α.γ-dichlorpropan (**III**), das mit 2-Methyl-4-amino-5-aminomethylpyrimidin (**II**) u. CS_2 in Ggw. von wss. NH_3 nach 2–3 Min. Erhitzen 2′-Methyl-2′-chlortetrahydrofuryl-(3′)-[2-methyl-4-aminopyrimidyl-(5)]-methyldithiocarbamat (**IV**) liefert, prismat. Kristalle, das beim Erhitzen auf 90–100° (100 mm Druck, 30 Min.) unter Aufschäumen HCl abspaltet u. **V** vom F. 176° ergibt. Man kann das Carbamat auch mit NaOH

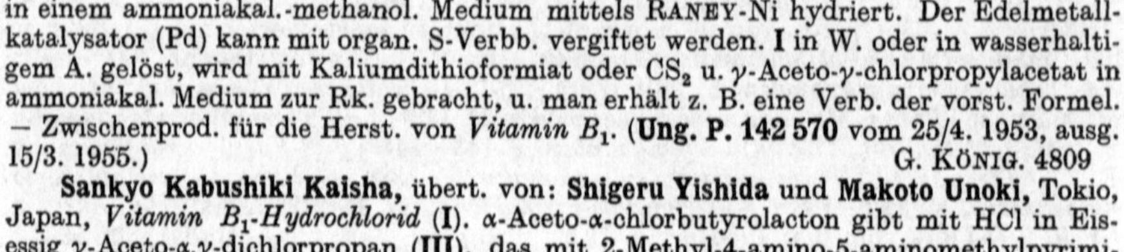

in Methanol erhitzen u. erhält das unter HCl-Abspaltung gleiche 2'-Methyl-4'.5'-dihydrofuryl-(3')-[2-methyl-4-aminopyrimidyl-(5)]-methyldithiocarbamat (V) mit dem gleichen F. u. daraus mit 30%ig. H_2O_2 in Ggw. von HCl → *N-[2'-Methyl-4'-amino-*

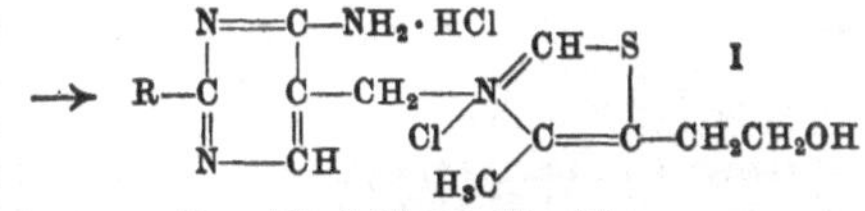

I

R = Alkyl (CH_3); X = Halogen

pyrimidyl-(5')]-methyl-(4-methyl-5-β-oxyäthylthiazolium)-chloridhydrochlorid (I). — *Vitamin B_1*. (**A. P. 2 676 175** vom 18/2. 1953, ausg. 20/4. 1954. Japan. Prior. 15/3. 1952.) G. KRAUSS. 4809

United States of America, übert. von: **Thomas D. Fontaine** und **Harry M. Doukas,** Silver Spring, Md., V. St. A., *Sapogenine.* Man behandelt ein gesätt. oder ungesätt. Sapogenin der Spirostanreihe mit $LiAlH_4$ in Ggw. von Säure. Hierbei erfolgt die Öffnung des Ringes F unter Bldg. eines entsprechenden Deriv. der Furostanreihe. — 22-Iso-5-spirosten-3β-ol (Diosgenin) in Ae. + HCl + $LiAlH_4$ → *22-Iso-5-furosten-3β.26-diol* (Dihydrodiosgenin), F. 158—160°; $[\alpha]_D^{20}$ —35°. — Analog: 22-Isoallospirostan-3β-ol (Tigogenin) → *22-Isoallofurostan-3β.26-diol* (Dihydrotigogenin), F. 163—166°; $[\alpha]_D^{20}$ —4°. — 22-Spirostan-3α-ol (Sarsasapogenin) → *22-Furostan-3β.26-diol,* F. 157—160°; $[\alpha]_D^{20}$ —2°. — *Zwischenprodd.* für die Herst. von *Steroidhormonen.* (**A. P. 2 716 116** vom 16/9. 1952, ausg. 23/8. 1955.) U. SIEVERS. 4809

Upjohn Co., übert. von: **Robert H. Levin, Barney J. Magerlein** und **John L. Thompson,** Kalamezoo, Mich., V. St. A., *Cortison-3-thioglykolsäureketal,* F. 119—122°, erhält man durch Rk. von Cortison mit Thioglykolsäure in Ggw. eines sauren Katalysators (HCl, HCl–$ZnCl_2$, wasserfreies Na_2SO_4 oder $ZnCl_2$) bei 0—100°. — *Heilmittel* u. Zwischenprod. für die Herst. von Steroidhormonen. (**A. P. 2 719 856** vom 27/10. 1952, ausg. 4/10. 1955.) U. SIEVERS. 4809

Merck & Co., Inc., Rahway, übert. von: **Max Tishler,** Westfield, N. J., und **John C. Sheehan,** Arlington Heights, Mass., V. St. A., *Alkalimetallsalze von Penicillin G* (I) erhält man durch Umsalzen eines Salzes aus I u. einem Amin (Trimethyl-, Triäthylamin, N-Methylpiperidin, N-Äthylpiperidin, N-Methyl- bzw. -äthylmorpholin) mit einem Na-, Li-, K-Thiocyanat in Ggw. eines organ. Lösungsm. (Chlf., β.β'-Dichlordialkyläther, Nitromethan, Aceton, Methyläthylketon, Äthylacetat, Butanol, 2-Äthylbutanol, Acetonitril), bes. bei 25°. Die I-Alkalisalze sind im organ. Lösungsm. unlösl. u. daher leicht abtrennbar. Ausbeute an I-*Na* 95%. (**A. P. 2 687 412** vom 9/8. 1949, ausg. 24/8. 1954.) G. KRAUSS. 4811

Distillers Co. Ltd., Edinburg, England (Erfinder: **Ernest Godfrey Gross**), *Reinigung von Penicillin* (I). I oder dessen Salz wird mit *Oxycain* [II = Diäthylaminoäthyl-o-oxy-p-aminobenzoat] oder dessen Salz in einem Lösungsm. umgesetzt, indem die entstandene I—II-Verb. nicht lösl. ist (W., Alkanole, Alkylcarbonsäureester, Ae., Isopropyläther, Alkylketone u. deren Mischungen). Der Nd. aus I–II wird dann in W. in Ggw. eines im wesentlichen mit W. nicht mischbaren Lösungsm. (Alkanole, Ketone, Carbonsäureester, Chlor-KW-stoffe, Äther) entweder mit Säuren, bes. bei p_H 1,5—2,5, oder mit Alkalien oder Erdalkalien bei 0—5° zers., wobei in Ggw. von Säure I in das Lösungsm. geht u. II in W. gelöst bleibt, während in alkal. Lsg. II in das organ. Lösungsm. übergeht. — Eine I-Lsg. (30000 Einheiten/cm^3) in Butylacetat wird mit 2 Äquivalenten II in Butylacetat versetzt, der Nd. nach $^1/_2$ Std. abgetrennt, mit Aceton gewaschen, in Butylacetat–W. suspendiert, mit verd. HCl auf p_H 2 angesäuert, I mit Butylacetat extrahiert u. aus dem Extrakt I durch Ausziehen mit W. bei p_H 7 in Ggw. von NaOH gewonnen. Nach der Gefriertrocknung reines *Na*-I. (**E. P. 714 082** vom 26/10. 1951, ausg. 25/8. 1954. **Zusatz zu E. P. 655 649; C. 1952. 2720.**) G. KRAUSS. 4811

American Home Products Corp., New York, N. Y., V. St. A., *N.N'-Dibenzyläthylendiamindipenicillin G,* in W. schwer lösl., F. 120—123°, wird hergestellt durch Rk. von N.N'-Dibenzyläthylendiamin (erhalten durch Kondensation von 1 Mol Äthylendiamindiformiat mit 2 Mol Benzaldehyd in 88—100%ig. Ameisensäure) oder einem Salz desselben mit Penicillin G oder einem Salz desselben. (**Schwz. P. 308 692** vom 16/7. 1953, ausg. 1/10. 1955.) H. BRÄUCKER. 4811

Nippon Kayako Co. Ltd., übert. von: **Kunio Yamanaka, Hiroshi Yamamoto, Yoshio Kawamura** und **Shimpei Ito,** Tokio, Japan, *Nicht toxisch wirkende Pyrimidinpenicillinsalze* der Formel I (Pen = Penicillinsäurerest; R u. R_1 = H, Alkyl, Alkoxy; R_2 = H, niedermol. Alkyl) erhält man durch Rk. von Penicillin oder dessen Salzen mit den entsprechenden Pyrimidinen oder dessen Salzen in einem organ. Lösungsm. (Äthyl-, Propyl-, Butyl-, Amylacetat oder -äther) bei niedriger Temperatur. — Aus Penicillinsäure in Butylacetat u. 2-Amino-4-methylpyrimidin <5° → *2-Amino-*

4-methylpyrimidinpenicillin, F. 101° (Zers.). Ferner wird *Penicillin* umgesetzt mit: *2-Aminopyrimidin*, F. 94°; $[\alpha]_D^{15,5}$ +225°. — *2-Amino-4-methyl-6-methoxypyrimidin*, F. 144°; $[\alpha]_D^{15}$ +216°. — *2-Amino-4-methyl-6-äthoxypyrimidin*, F. 120°; $[\alpha]_D^{15}$ +182°. — *2-Amino-4.6-dimethoxypyrimidin*, F. 130,5°; $[\alpha]_D^{17}$ +200°. — *2-Amino-4-methoxypyrimidin*, F. 100°; $[\alpha]_D^{17}$ +218°. — *2-Amino-4.6-dimethylpyrimidin*, F. 98°; $[\alpha]_D^{15}$ +205°. — *2-Amino-4.5-dimethyl-6-methoxypyrimidin*, F. 129°. Die Salze geben bei der intravenösen u. intramuskulären Injektion verlängerte u. hohe Blutspiegelkonzz., verfärben sich nicht beim Lagern u. sind kaum hygroskopisch. — Verwendung bei *Pneumococceninfektionen* (Tabellen). (**A. P. 2 681 339** vom 12/6. 1953, ausg. 15/6. 1954. Japan. Prior. 2/12. 1950.) G. KRAUSS. 4811

Merck & Co., Inc., Rahway, übert. von: **Armin G. Wilson**, Newark, und **Max Tishler**, Westfield, N. J., V. St. A., *Dihydrostreptomycintri-(p-aminosalicylat)*, $C_{42}H_{62}O_{21}N_{10}$, gibt in W. über 50% ig. Lsgg.; man erhält es durch Rk. von Ba-p-Aminosalicylat mit Dihydrostreptomycinsulfat. Die Rk. kann auch mit der freien Säure in Ggw. eines Ionenaustauscherharzes, wie Ionac-A 300 oder Amberlite IR-4 B, durchgeführt werden. *Heilmittel*. (**A. P. 2 669 562** vom 10/12. 1948, ausg. 16/2. 1954.) G. KRAUSS. 4811

Bristol Laboratories Inc., übert. von: **Alexander Gourewitch**, Syracuse, und **Joseph Lein**, Manlius, N. Y., V. St. A., *Biologische Gewinnung von Tetracyclin, Chlortetracyclin oder Oxytetracyclin* durch Züchtung in Nährlsgg. mit den das entsprechende Antibioticum bildenden Streptomyceten, wobei durch Zusatz von Chinasäure, 5-Dehydrochinasäure, Shikimisäure oder 5-Dehydroshikimisäure zur Nährlsg. die Ausbeuten erhöht werden können. — Beispiele, Tabellen. (**A. P. 2 712 517** vom 3/3. 1954, ausg. 5/7. 1955.) H. SCHINDLER. 4811

Burroughs Wellcome & Co. (U. S. A.), Inc., Tuckahoe, N. Y., V. St. A., übert. von: **Geoffrey Clough Ainsworth**, Exeter, und **Clifford George Pope**, London, England, *Erzeugung von Polymyxin A, B und C* oder Mischungen davon durch Züchtung von *Bacillus polymyxa* in einem Glucose, Eiweißstoffe u. einen Phosphatpuffer enthaltenden Nährmedium, dem 0,002 (%) $MnSO_4$ u. 0,6 NH_4HSO_4 zugesetzt sind. Gärdauer 20 bis 24 Std., Gärtemp. 22—28°. — Mengen- u. Extraktionsbeispiel. — Vgl. A. P. 2 565 057; C. **1952.** 4818, u. Schwed. P. 125 444; C. **1950.** I. 1760. (**A. P. 2 695 261** vom 30 7. 1951, ausg. 23/11. 1954. E. Prior. 21/12. 1946.) H. SCHINDLER. 4811

Bristol Laboratories Inc., Syracuse, N. Y., V. St. A., *Antibioticum Amphomycin* wird durch übliche Züchtung u. Kultur von Streptomyces canus oder dessen Mutanten erhalten u. mit Butanol oder Amylalkanol bei p_H unter 3,5 aus der Nährlsg. extrahiert. Reindarst. über das Reineckat. Morphologie u. Physiologie des Mikroorganismus. — Mengenbeispiele, Tabellen. (**E. P. 736 325** vom 26/11. 1952, ausg. 7/9. 1955. A. Prior. 27/11. 1951.) H. SCHINDLER. 4811

Upjohn Co., Kalamazoo, Mich., V. St. A., *Antibioticum Chartreusin* wird auf üblichem biol. Wege durch Züchtung des Stammes „NRRL 2287" des Streptomyces chartreusis erhalten u. aus der Nährlsg. durch Lösungsmittelextraktion, aus dem Mycel durch wss. Alkalien gewonnen. Das Antibioticum hat ein charakterist. Infrarotspektr. u. bildet leicht Na-, K- u. andere Metallsalze sowie Aminoverbindungen. — Mengenbeispiele, Tabellen, Kurven. (**E. P. 735 543** vom 18/5. 1953, ausg. 24/8. 1955. A. Prior. 4/6. 1952.) H. SCHINDLER. 4811

Merck & Co., Inc., Rahway (Erfinder: **Rudoph Paul Buhs**, Union, **Edwin Gerald Newstead**, Newark, **Nelson Richard Trenner**, Westfield, N. J., und **Irving Putter**, Long Island City, N. Y.), V. St. A., *Reinigen des auf biologischem Wege gewonnene Antibioticums 106—07* (Gewinnung vgl. D. B. P. 933 053; C. **1956.** 6199), dad. gek., daß man eine rohe, angesäuerte Lsg. des Antibioticums oder die Fermentations-Fl. mit einem stark sauren Kationenaustauschharz in Salz- bzw. Na-Form behandelt, das Adsorbat mit einer Base, bes. NH_4OH, eluiert u. lyophylisiert. In gleicher Weise ist es möglich, mittels eines stark bas., Anionen austauschenden quaternären Ammoniumharzes in seiner Hydroxylform zu arbeiten. Das Adsorbat wird dann mit wss. Essigsäure- oder NaOH-Lsg. eluiert. — Mengenbeispiele, Tabellen. (**D. B. PP. 934 428** Kl. 30h vom 15/8. 1954, ausg. 20/10. 1955. Anmeldung bekanntgemacht 28/4. 1955. A. Prior. 9/9. 1953, u. **934 542** Kl. 30h vom 15 7. 1953, ausg. 27/10. 1955. Anmeldung bekanntgemacht 10/2. 1955. A. Prior. 14/7. 1952.) H. SCHINDLER. 4811

Olin Mathieson Chemical Corp., New York, N. Y., übert. von: **Tillman D. Gerlough**, Highland Park, N. J., V. St. A., *Fraktionieren von Plasma*, dessen Fibrinogen ausgefällt u. abgetrennt ist, durch Zusatz von so viel absol. A., daß der Geh. 35—45%, bes. 40%, beträgt, Einstellen des p_H-Wertes auf 6—6,2, bes. 6,1, u. Aufarbeiten der bei —14° gewonnenen Fällung auf γ-Globulin. — Verarbeitung des Filtrates zu Albumin. (**A. P. 2 710 294** vom 2/11. 1953, ausg. 7/6. 1955.) K. HEINZE. 4813

Commercial Solvents Corp., übert. von: **Homer E. Stavely**, Terre Haute, Ind., V. St. A., *Blutersatzmittel*, enthaltend 6% Dextran, wobei das Mol.-Gew. von 5—10% der Dextranmenge nicht <25000 u. von 5—10% nicht >200000 liegt. 95% der Dextranmoll. weisen 1—6 Glucosebindungen auf. Die Viscosität bei 25° beträgt zwischen 2,5 u. 3,5 cs. (**A. P. 2 708 174** vom 15/11. 1952, ausg. 10/5. 1955.) K. HEINZE. 4813

Unilever Ltd., Port Sunlight, England, *Zahnpflegemittel*, Es enthält neben wasserlösl. Chlorophyllderivv. (I) u. Poliermitteln, wie Ca- oder Mg-Phosphaten u. -Carbonaten, wasserlösl. Phosphate oder Polyphosphate bzw. Polymetaphosphate, z. B. ein Alkalisalz von $H_{12}P_{10}O_{31}$ oder ein Aminopolyphosphat zur Verhinderung oder Verminderung der Adsorption von I an die Poliermittel. — Beispiel: 96 (%) $CaCO_3$, 1,0 $Na_4P_2O_7$, 0,2 Saccharin, 0,1 Na–Cu-Chlorophyllin, 1,4 Geschmackstoffe, 1,3 Na-Laurylsulfat. (**E. P. 732 484** vom 4/5. 1953, ausg. 22/6. 1955. A. Prior. 10/5. 1952.) E. PETERSEN. 4823

Metallgesellschaft Akt.-Ges., Frankfurt/M., *Mund- und Zahnpflegemittel*, gek. durch einen Geh. an nichtscheuernden, oberflächenakt. Derivv. der Orthophosphor- (I) oder Phosphonsäure, bes. den Estern der I bzw. deren Alkalisalze, allein oder im Gemisch mit anderen oberflächenakt. Derivv. von I. Der p_H-Wert liegt bei 5—7. — Geeignet sind z. B. Ester aus I u. Polyäthylenglykol, Polyglycerin oder Sorbit. Den Mitteln können noch scheuernde, keimtötende sowie geschmackverbessernde Stoffe zugesetzt werden. — Beispiel: 10 (Teile) Na-Salz des prim. Esters aus I u. Octadecylalkohol, 2 Methylsalicylat, 40 A., 1 Farb- u. Geschmackstoffe, 57 W.; p_H-Wert auf 6,5—7 einstellen. — Mundwasser. (**E. P. 735 374** vom 27/1. 1953, ausg. 17/8. 1955. D. Prior. 29/1. 1952.) E. PETERSEN. 4823

Colgate-Palmolive-Peet Co., Jersey City, N. J., V. St. A. (Erfinder: **William James King** und **Gerhard Martin Salzmann**), *Antienzymatisches Zahnpflegemittel.* Es enthält neben den üblichen Bestandteilen als antienzymat. wirkende Substanz bis 5%, bes. 0,5—4%, eines Amids aus einer höhermol. Fettsäure u. einer niedrigmol. Aminosäure bzw. dessen Alkalisalz, z. B. Na-Laurylsarkosid. Das Mittel kann außerdem bis zu 15% einer höhermol. Fettsäure oder der entsprechenden Seife, ferner bis 5%, bes. 0,1 bis 3,0%, einer Substanz enthalten, welche den Geh. an Ca- oder Mg-Ionen herabsetzt, z. B. ein wasserlösl. Alkaliphosphat u. Äthylendiamintetraessigsäure u. Alkalicitrat; als Poliermittel enthält das Mittel bes. unlösl. Ca- u. Mg-Carbonat u. Phosphat, z. B. Di-Ca-Phosphat u. Na-Metaphosphat. (**E. P. 728 243** vom 8/10. 1952, ausg. 13/4. 1955.) E. PETERSEN. 4823

—, Epitome of the pharmacopeia and national formulary. Philadelphia: Lippincott. 1956. (322 S.) D. $ 3,—.

G. Analyse. Laboratorium.

G. C. Mönch, *Diffusionspumpe mit Quecksilber und Öl als Treibstoffen.* Kurze Mitt. über Verss. zur Füllung des Siedekolbens einer Glasdiffusionspumpe mit Hg u. Öl, wobei sich beide Treibmittel übereinander schichten. Es gelingt, durch sinnvolle Anordnung, während des Betriebes Öl u. Hg zu trennen u. mit den Dämpfen der getrennten Fll. die verschied. Düsen einer Pumpe zu betreiben. Eine derartige Diffusionspumpe vereinigt in sich eine Öldiffusionspumpe u. eine ihr vorgeschaltete Hg-Diffusionspumpe. Der Vorteil liegt neben der Vereinfachung der Anordnung darin, daß an das Vorvakuum weniger hohe Anforderungen als bei einer n. Öldiffusionspumpe gestellt zu werden brauchen. (Naturwissenschaften **43.** 103. 1. März-H. 1956. Halle/S., Martin-Luther-Univ., II. Phys. Inst.) R. STEIN. 5026

N. D. Morguliss, *Einige Besonderheiten der Ionisationsmethode zur Gewinnung sehr hoher Vakua.* Zur Herabsetzung des Vakuums von 10^{-6} bis 10^{-7} Torr auf 10^{-9} bis 10^{-10} Torr wird ein modifiziertes Ionisationsmanometer benützt, bei dem die ionisierten Moleküle der Restgase an der Oberfläche: Glas, Spiegel u. Metallteile, adsorbiert werden. Die Wrkg. einer Bedeckung der Oberfläche mit Ba wurde geprüft. Auf die Unters. der Restgase mittels eines Massenspektrometers sowie auf ihre Adsorption an einer gekühlten Oberfläche wird eingegangen. (Журнал Технической Физики [J. techn. Physik] **25.** 1667 bis 1670. Sept. 1955.) M. WIEDEMANN. 5026

W. Rentschler, *Eine rasch laufende Kleinzentrifuge für präparative Zwecke.* Vf. beschreibt eine rasch laufende, billig herzustellende Kleinzentrifuge zur Präparation elektronenmikroskop. Objekte. Durch einen direkt gekuppelten Kleinmotor einer BOSCH-Handschleifmaschine wird ein kleiner Al-Rotor von 80 mm Durchmesser, der 4—8 Zentrifugengläschen von 1 ml Inhalt aufnehmen kann, angetrieben. Die Laufgeschwindigkeit des Motors, durchschnittlich 23000 U/Min., ist regelbar u. kann kurzfristig bis auf 28000 U/Min. gesteigert werden. (Naturwissenschaften **43.** 127. 2. März-H. 1956. Stuttgart-Hohenheim, Landw. Hochschule Hohenheim, Inst. für Phys. u. Meteorol.) H. PLUSKAL. 5036

Motoharu Tanaka, *Ausfällen aus homogenen Lösungen.* Überblick über die Anwendung der Meth. des Ausfällens aus homogenen Lsgg. in der anorgan. analyt. Chemie. — 52 Literaturangaben. (Kagaku-no-Ryôiki [J. Jap. Chem.] **9.** Nr. 7. 457—62. Juli 1955. Nagoya-Tikusa, Univ., Abt. Chem. [Orig.: japan.]) E. MAEKAWA. 5050

Henri Guérin und **André Artur,** *Über die Bestimmung von Kristallwasser in Salzen.* Vff. leiten eine Beziehung ab, mit deren Hilfe der Wassergeh. (Hydrat- u. konstitutionell gebundenes W.) in Salzen berechnet werden kann. Diese Meth. wird weiterhin colorimetr. ausgebaut, indem in die Lsg. vor dem Auskristallisieren Farbstoffe gebracht werden. Aus der colorimetr. gemessenen Farbtiefe im Kristall u. in der Mutterlauge wird auf den Kristallwassergeh. geschlossen. (Bull. Soc. chim. France, Mém. [5] **1954.** 1085—87. Sept. Nancy, Fac. des Sci., Labor. de Chim. Minérale Ind., und École Nat. Supér. des Ind. Chim.) H.-G. MOSLÉ. 5052

Svend G. Johnsen, *„Kippendes Glas". Ein einfacher Fraktionsschneider für die chromatographische Analyse.* (Acta endocrinol. [Copenhagen] **16.** 386—88. Aug. 1954. Copenhagen, Statens Seruminst., Hormone Dep.) K. F. MÜLLER. 5062

H. S. Burton, *Acetylierung von Papier zur Verwendung in der Chromatographie.* In Anlehnung an bekannte Verff. schlägt Vf. als Richtlinie die Senkung der Reaktionstemp. vor. Es wird als Rezept empfohlen: Papier 45 Min. in 10%ig. $HClO_4$ tauchen, trocken blasen oder abquetschen, dann 75 Min. in ein bewegtes Gemisch von 150 Teilen Essigsäureanhydrid u. 350 Teilen Bzl. bei 0° tauchen. Ein Zusatz von 4% H_2SO_4 verkürzt die Reaktionszeit auf 15 Min., wodurch die Festigkeit des Papiers weniger gemindert wird. (Chem. and Ind. **1953.** 1229—30. 14/11. Oxford, Univ., William Dunn School of Pathol.) H. ENDRASS. 5062

K. Schlögl und **A. Siegel,** *Eine einfache Methode zur weiteren Auftrennung papierchromatographisch vorgetrennter Substanzgemische.* Die einzelnen Flecken des zunächst eindimensional papierchromatograph. aufgetrennten Gemisches werden nach Anfärbung eines Leitchromatogramms „blind" ausgeschnitten u. auf die Startlinie eines 2. Chromatogrammbogens aufgelegt. Mittels zweier Glasstreifen, die durch Gummiringe unter leichtem Druck zusammengehalten werden, lassen sich die ausgeschnittenen Flecken in Kontakt mit dem Chromatographiepapier bringen. Für das Ausschneiden der Flecken empfiehlt sich eine fünfeckige Form, wobei sich oben 3 rechtwinklig zusammenstoßende Kanten befinden, während eine Spitze nach unten zeigt. Die Oberkante wird zweckmäßig gerissen (nicht geschnitten), um einen besseren Lösungsmitteltransport zu gewährleisten. Die Anwendung der Meth. auf die Auftrennung von *Aminosäuren, Azofarbstoffen* u. *Aryloxyessigsäuren* wird beschrieben. (Hoppe-Seyler's Z. physiol. Chem. **292.** 263—68. 1953. Wien, Univ., II. Chem. Labor.) E. SCHWERDTFEGER. 5062

E. Treiber und **H. Koren,** *Auswertung von Papierchromatogrammen mit dem Beckman-Photometer.* Vff. beschreiben ein Verf. zur Auswertung der getrockneten Papierchromatogramme von farblosen Substanzen, die keine geeigneten Farb-Rkk. zeigen, durch Verwendung eines BECKMAN-Spektrophotometers mit gefiltertem UV-Licht, Photozelle u. entsprechender Zusatzeinrichtung. Es soll damit bes. die Erkennung u. Best. von R_F-Werten von im UV stark absorbierenden Verbb. ermöglicht werden. Von *Methylorange* (bei 470 mμ gemessen) u. *Kakothelin* (Nitrierungsprod. des Brucins) (350 mμ) sind R_F- u. Extinktionswerte nach der angegebenen Meth. graph. dargestellt; volle Übereinstimmung mit visuell ermittelten Werten. (Mh. Chem. **84.** 478—81. 1953. Graz, Univ., Inst. f. theor. u. physik. Chemie.) H. WINGCHEN. 5062

A. M. Schuchtin, *Bestimmung der Dichteänderung und der Zusammensetzung der Dampfgemische im Entladungsraum mit optischen Methoden.* Das Verf. der anomalen Dispersion wird dahin abgeändert, daß das ROSHDESTWENSKI-Interferometer einerseits eine Entladungsröhre mit Cs-Dämpfen, andererseits eine mit Cs-Dämpfen gefüllte Küvette erhält. Die Ofentempp. werden so gewählt, daß die opt. Länge der Dampfsäule in der Entladungsröhre das vielfache der der Küvette beträgt. Sobald diese opt. Längen einander gleich sind, zeigen die Interferenzbanden keinen Neigungswinkel mehr. Dies tritt bei einer bestimmten Stromstärke ein. Die so bestimmten Dampfdichteänderungen stimmen mit den Werten nach der unmodifizierten Meth. überein. Eine Änderung der Zus. eines Dampfgemisches wird dann angezeigt, wenn unter dem Einfl. der Entladung die Dampfdichteänderung für verschied. Elemente des Gemisches verschied. ist. (Известия Академии Наук СССР, Серия Физическая [Nachr. Akad. Wiss. UdSSR, physik. Ser.] **19.** 15. Jan./Febr. 1955. Leningrad, Shdanow-Univ., Phys. Inst.) O. LEBTAG. 5063

Vincent J. Coates und **Harry Hausdorff,** *Eine interferometrische Methode zur Messung der spektralen Spaltbreite von Spektrometern.* Unter spektraler Spaltbreite wird die Halbwertsbreite der vom Spalt durchgelassenen Frequenzen verstanden. Der Monochromator wird in Analogie zu einer elektr. Schaltung betrachtet. Ein FABRY-PEROT Interferometer wird als Generator sinusförmiger Signale benutzt. Er liefert Interferenzstreifen mit konstantem Wellenzahlabstand bei bekannter Eingangsamplitude. Streifenintensität u. -abstand hängen von der Intensitätsverteilung des Ausgangsspaltes ab. Daraus kann die spektrale Spaltbreite berechnet werden. Die Empfindlichkeit der Meth. hängt von der Streifenamplitude des Interferometers ab. (J. opt. Soc. America **45**. 425—30. Juni 1955. Norwalk, Conn., Perkin-Elmer Corp.) H. Lindberg. 5063

Ss. G. Rautian, *Wahl des Kondensors bei der Untersuchung der Ramanstreuung.* Vf. erläutert allg. die bei Raman-Unterss. zweckmäßigen Bedingungen für das Kollimatorsyst. u. gibt speziell Anleitungen zu dessen Abänderungen beim Spektrographen ISsP-51. (Журнал Экспериментальной и Теоретической Физики [J. exp. theoret. Physik] **27**. 625—35. Nov. 1954. Physikal. Lebedew-Inst. der Akad. der Wiss. der UdSSR.) R. Amberger. 5063

A. Simon, H. Kriegsmann und **E. Steger,** *Untersuchungen zur Verbesserung der ramanspektroskopischen Aufnahmetechnik.* 1. Mitt. *Die Entwicklung von neuen Hg-Brennern.* Vff. beschreiben neue wassergekühlte Gleich- u. Wechselstrom-Hg-Brenner höherer Intensität mit „Mitteldruck"-Entladung von verschied. Form, z. B. einen für axiale Ausnutzung der Entladung. Beobachtungen über das Auftreten von Störlinien u. Veränderungen der Intensitätsverteilung in gestreuten Hg-Spektren von Hochpolymeren werden mitgeteilt. Vgll. zwischen Hochdruck- u. Mitteldruckbrennern werden durchgeführt. Die Brenner sind unabhängig von nicht zu großen Schwankungen in der Kühlwasserversorgung u. haben eine günstige Intensitätsverteilung innerhalb des blauen Tripletts. (Z. physik. Chem. **205**. 190—201. März 1956. Dresden, Inst. für anorg. u. anorg.-techn. Chem.) L. Meyer. 5063

A. Simon, H. Kriegsmann und **E. Steger,** *Beiträge zur Verbesserung der ramanspektroskopischen Aufnahmetechnik.* 2. Mitt. *Eine Apparatur für Pulveraufnahmen.* (1. vgl. vorst. Ref.) Es wird eine App. zur Aufnahme pulverförmiger Substanzen unter Verwendung von Metallinterferenzfiltern u. 3 wassergekühlten „Mitteldruckbrennern" (s. 1. Mitt.) beschrieben. Vorteile: 1. geringerer Untergrund, so daß meist ein Metallinterferenzfilter als Primärfilter ausreicht; 2. die Spektren werden — ohne merkliche Verlängerung der Belichtungszeiten — durch Verwendung eines weiteren Metallinterferenzfilters als 2. Sekundärfilter verbessert. 3. Die Lichtstärke wird durch Mehrfachanordnung gesteigert. Die Substanzen werden in Kegelküvetten bzw. Kegelröhrchen belichtet. Die günstigste Körnung der Substanzen lag bei den untersuchten Pulvern zwischen 0,15 u. 0,50 mm. Die App. liefert auch bei schwerer anregbaren Stoffen gute Spektren. (Z. physik. Chem. **205**. 181—89. März 1956.) L. Meyer. 5063

M. A. Herman, *Infrarotspektrometrie.* 1. Mitt. *Geschichte und Technik.* Übersicht über geschichtliche Entw., Grundzüge u. prakt. Ausführung der Infrarotspektrometrie u. ihre Anwendung in der Chemie. — 65 Schrifttumshinweise. (Meded. vlaamse chem. Veren. **16**. 207—23. Nov./Dez. 1954. Gent, Rijksuniv., Labor. voor algem. en toxicol. Chem.) W. Wesly. 5063

Karl Friedrich Luft, *Über eine neue Analysenmethode mittels Infrarotabsorption. Die selektive Modulation.* Die Meth. zur spektralanalyt. Unters. von Fll. bedient sich einer selektiven Lichtmodulation im Gebiet infraroter Absorptionsbanden. Zwei von einer Lichtquelle ausgehende Lichtbündel, die sich in einem Punkt kreuzen, werden durch Spiegel auf zwei entgegengeschaltete Strahlungsempfänger gelenkt. Im Kreuzungspunkt rotiert eine keilförmige Küvette mit der selektiv absorbierenden Fl., so daß die Strahlung im Bereich der Absorptionsbande infolge der period. mit der Schichtdicke schwankenden Absorption moduliert wird, während die Modulation des außerhalb der Absorptionsbande liegenden Lichtes prakt. Null ist. Wird die zu analysierende Fl. in einer zweiten Küvette in eines der Lichtbündel gebracht, so können schon geringe Mengen analyt. bestimmt werden. Verss. mit dem Syst. der drei Fll., *Bzl.*, *Cyclohexan* u. CCl_4, ergaben u. a., daß Spuren von 10^{-3} Vol.-% CCl_4 in Bzl. nachweisbar sind. (C. R. hebd. Séances Acad. Sci. **238**. 1651—53. 21/4. 1954.) J. Rudolph. 5063

R. D. Elsey und **R. N. Haszeldine,** *Die Kaliumbromidtechnik in der Infrarotspektroskopie.* Vff. bringen den Beweis dafür, daß die Trennung u. Bandenschärfe bei Benutzung der Kaliumbromidtechnik in der Infrarotspektroskopie im Gegensatz zu der gebräuchlichen Nujol-Mull-Technik keine wesentliche Verbesserung erfährt. Jedoch hat die KBr-Scheiben-Technik Vorteile bei der quantitativen Arbeit u. zur Verringerung von Streuungsverlusten. (Chem. and Ind. **1954**. 1177—78. 18/9. Cambridge, Univ., Chem. Labor.) E. Hahn. 5063

Kagehira Ueno, *KBr-Tablettenmethode, neue Technik der ultravioletten Absorptionsspektren.* Überblick über die Abmessungsmeth. der UV-Absorptionsspektren mittels KBr-Tablette. — 7 Literaturangaben. (Kagaku-no-Ryôiki [J. Jap. Chem.] **9**. Nr. 2. 129—35. Febr. 1955. Kumamoto, Dôzin-Inst. für Pharm. Chem. [Orig.: japan.]) E. Maekawa. 5063

Akira Takahashi, *Coulometrische Titration.* Überblick. — 59 Literaturangaben. (Kagaku-no-Ryôiki [J. Jap. Chem.] **9.** Nr. 7. 463—74. Juli 1955. Tokio-Mitaka, Denkisiki Kagakukeiki-Keiki Ken. [Orig.: japan.]) E. Maekawa. 5066

John G. Nikelly und **W. Donald Cooke,** *Amperometrische Titrationen von mikromolaren Lösungen.* Unter Verwendung einer Hg-Indicatorelektrode führen Vff. amperometr. Titrationen verd. Lsgg. von Metallionen mit *Di-Natriumäthylendiamintetraacetat* durch. Einige Probleme der Hg-Polarographie, wie die Reproduzierbarkeit der Elektrodenfläche u. das konstante Rühren, werden ausgeschaltet. Die Fläche der verwendeten Elektroden beträgt 1—2 cm^2, u. die Lsg. wird durch Durchleiten von N_2 gerührt. Mit gutem Erfolg werden *Cd, Cu, Pb, Ni* u. *Zn* bei Konzz., die unterhalb des gewöhnlichen Bereichs der Amperometrie mit Hg-Tropfelektrode liegen, titriert. In günstigsten Fällen wird bei Konzz. von ca. 10^{-7} mol. gearbeitet. So lassen sich z. B. Lsgg., die 0,02 γ Cd pro ml enthalten, mit einem mittleren Fehler von 0,0001 γ titrieren. Es ist also möglich, Ionenlsgg., die polarograph. mit einer Hg-Kathode bestimmt werden können, zu titrieren. (Analytic. Chem. **28.** 243—45. Febr. 1956. Ithaka, N. Y., Cornell Univ., Baker Labor.) H. Surawski. 5066

Marion Maclean Davis und **Hannah B. Hetzer,** *Titration von Basen mit Diphenylphosphat in einigen wässerigen und nichtwässerigen Lösungsmitteln.* Beschreibung der Eigg. u. Verwendung von *Diphenylphosphat* (**I**) zu Titrationen in wss. oder nichtwss. Medien bei potentiometr. Endpunktsanzeige oder Verwendung von Indicatoren. **I** ist nicht zur Basentitration in Eisessig an Stelle von $HClO_4$ geeignet. Als nichtwss. Medium dient ein Gemisch Bzl.–Methanol 4:1. Neben üblichen Indicatoren finden Bromphthalein Magenta E, 5-Phenyl-9-diäthyl-Nilblau u. die Anhydrobasen von Tamarack-Grün u. Victoriablau Verwendung. Bei **I** geht die Acidität entscheidend zurück, wenn das Lösungsm. von reinem Methanol (**II**) nach W. übergeht, bei Benzoesäure nimmt sie im gleichen Fall stark zu. In beiden Fällen ist die Änderung der Acidität gering beim Übergang von **II** zu Bzl.–**II** (17:3). **I** läßt sich in wasserfreiem Lösungsm. neben solchen Carbonsäuren mit Na-Methylat mit einem scharfen Endpunkt für jede Säure potentiometr. mit Glas- u. Calomelelektrode titrieren. (J. Res. nat. Bur. Standards **54.** 309—20. Juni 1955. Washington, D. C., U. S. Air Force, Off. of Scient. Res. of the Air, Res. and Developm. Command.) Ph. Fresenius. 5066

H. M. Irving und **R. J. P. Williams,** *Einige Faktoren, die die Selektivität organischer Reagentien bedingen.* Reagiert ein Kation Me mit einer organ. Substanz HA unter Komplexbldg. zu MeA_n u. hat MeA_n geeignete phys. Eigg., so kann HA als Reagens auf Me dienen. Vff. unterscheiden 2 Arten solcher komplexbildenden Reagentien. 1. Solche, die mit verschied. Me analoge Komplexe bilden. 2. Solche, die nur mit wenigen Me, im Idealfalle nur mit einem Me, unter Komplexbldg. reagieren. Für diese schlagen Vff. die Bezeichnung „*Ausnahmereagens*" (engl.: „singular", franz.: „réactif singulier") vor. Es werden an Beispielen der selektiven u. „*Ausnahmereagentien*" grundlegende Züge, die allen Arbeiten mit organ. Reagentien gemein sind, aufgezeigt, u. Vff. stellen fest, wieweit das Ideal der Spezifität erreicht werden kann. Die Komplexbldg. u. die Best. der dabei gleichgewichtsmäßig auftretenden Zwischenkomplexe wird an Hand der Gleichung für die Stabilitätskonstante besprochen. Es ergeben sich Beziehungen zwischen a) dem n. Verh. der Komplexe, b) ster. Hinderung, c) Bahnstabilisierung u. d) der analyt. Best., wie Absorptionsmessung, Niederschlagsbldg. usw. Vff. finden weitere Zusammenhänge zwischen der Stabilität der Metallkomplexe u. a) der Löslichkeit, b) Art des Me, c) Säuredissoziationskonstante der HA u. d) p_H-Wert der Ausfällung bzw. Extraktion. Die Reihenfolge Mn < Fe < Co < Ni < Cu > Zn ist unabhängig von der Art des Liganden maßgebend für die Stabilität der Komplexe 2wertiger Übergangsmetalle. Zum Schluß betrachten Vff. bes. die Verhältnisse bei den „*Ausnahmereagentien*" (z. B. Dimethylglyoxim, 2.9-Dimethyl-1.10-phenanthrolin usw.) u. geben als neuartige Typen dieser Gruppe solche an, die den 2-Azachinolin-Ring enthalten. Diese stellen empfindlichere Reagentien für Fe u. Cu dar, als alle bisher beschriebenen. (Analyst **77.** 813—29. Dez. 1952. Oxford, Inorg. Chem. Labor.) H.-G. Plust. 5072

E. Pilz, *Untersuchung eines neuartigen Taupunktmeßgerätes.* Ein neuartiges Taupunktmeßgerät, dessen Spiegel mit verdichteter Luft beaufschlagt wird, gestattet es, alle Messungen bei Taupunkttempp. über 0° mit einer Genauigkeit bis zu 1% auszuführen. VDI-Z. **98.** 222—23. 21/2. 1956. Rastatt.) W. Wesly. 5074

K. Peters und **H. Straschil,** *Neue Methoden zur Analyse Nitrose-haltiger Gase.* Für die rasche Best. nitroser Gase ($NO + NO_2$) absorbieren Vff. diese aus einer abgemessenen Gasmenge mit Hilfe gekörnter Absorptionsmittel. Nach Zugabe der für eine Devarda-Best. nötigen Menge Lauge erhitzt man das Absorptionsmittel in einem Destillationskolben zum Sieden u. führt die Best. des nun als Nitrat vorliegenden N wie üblich durch. Für das Absorptionsmittel stellt man sich zuerst ein $Al(OH)_3$-Gel durch Einleiten von CO_2 in eine Aluminatlsg. her. Dann vermischt man das Gel im Mol-Verhältnis 10:1 mit frisch gefälltem Ag_2CO_3, filtriert, trocknet bei 30° im Vakuum u. pulverisiert. Dann verreibt man mit der äquivalenten Menge $KMnO_4$, befeuchtet mit wenig W., das pro 1 Mol Al 5 ml Eisessig enthält (Gasentw.) u. trocknet den Brei auf einerGlasscheibe bei 25° im Vakuum so lange, bis die anfangs rotviolette Färbung in Hellrosa übergeht. Dann zerkleinert man bis zu einem Durchmesser von 0,5–2 mm. Den Fortgang der Absorption zeigt eine deutliche Grenze zwischen verbrauchter u. unverbrauchter Substanz an. Noch etwas wirksamer ist das Absorptionsmittel, wenn man das nicht ganz neutral gewaschene gepulverte $Al(OH)_3$ mit 0,3 Gewichtsteilen von 80%ig. $NaClO_2$, als Indicator 0,02 Teilen K_2CrO_4 u. 1 Teil W. zu einer Paste verrührt, die bei 50° im Vakuum getrocknet u. auf 0,5–2 mm Durchmesser zerkleinert wird. 1 g Absorptionsmittel nimmt ca. 25 ml NO oder 50 ml NO_2 auf. – Zur Best. des Oxydationsgrades nitroser Gase in Ggw. von O_2 absorbiert man prim. alle Stickoxyde außer NO durch Absorption mit 0,1nNaOH oder besser durch ein festes Absorptionsmittel. Zu seiner Gewinnung fällt man $Al(OH)_3$ aus Aluminatlsgg. durch CO_2 bei p_H 9, trocknet bei 80° u. verrührt 50 g davon mit 25 g wasserfreier Soda u. 50 ml W. zu einer Paste, die nur an der Luft soweit getrocknet wird, daß sie plast. bleibt. Die Absorption der auf 0,5–1 mm zerkleinerten M. gebraucht einige Zehntelsek. Zeit. Im Absorptionsmittel wird nach Auflösen in NaOH durch Titration mit $KMnO_4$ Nitrit u. nach DEVARDA der Gesamtstickstoff bestimmt. Die Best. des NO geschieht durch Sekundärabsorption wie oben beschrieben. Der Oxydationsgrad errechnet sich nach der Formel: $\omega = (3c-2a):2(c+d)$; a = Nitritgeh. bei der Primärabsorption, c = Gesamtstickstoffgeh. bei der Primärabsorption, d = NO-Geh. bei der Sekundärabsorption. Der Fehler beträgt höchstens $\pm 0,5\%$. (Angew. Chem. **68.** 291–95. 21/4. 1956. Wien, TH, Inst. für Verfahrenstechn. u. Technol. der Brennstoffe.)

H. PLUSKAL. 5086

Momčilo Mokranjac und **Dušan Jovanović**, *Beitrag zur polarographischen Bestimmung des Bleis in der Atmosphäre.* Um bei der polarograph. Best. von Pb in der Luft Fehler durch unveraschte organ. Substanz u. Fe auszuschließen, wird folgendes Verf. vorgeschlagen: 30—60 Liter Luft werden durch verd. HNO_3 (4:100) geleitet, die Lsg. eingedampft, der trockene Rückstand mit 5—10 Tropfen HNO_3 + 70%ig. $HClO_4$ (1:1) versetzt u. bei 200° eingedampft. Der farblose Rückstand wird zur Entfernung des Fe in 5 cm^3 6nHCl gelöst u. mit Ae. ausgeschüttelt. Die wss. Lsg. wird mit 5 cm^3 HCl (D. 1,19) u. dann 2–3mal mit 1–2 cm^3 W. abgedampft u. der Rückstand in 2 cm^3 folgender Lsg. gelöst: Es werden 21,008 g Citronensäure u. 200 cm^3 0,1nNaOH auf 1 Liter aufgefüllt, davon 54 cm^3 mit 0,1nHCl auf 100 cm^3 u. 4 cm^3 dieser Lsg. mit einer Lsg. von 50 γ Cd/cm^3 auf 100 cm^3 aufgefüllt. Durch die Analysenlsg. wird 15 Min. lang H_2 durchgeleitet u. bei –0,4 bis –0,8 V polarographiert. Die Stufenhöhe des Pb wird durch die des Cd dividiert u. aus dem Quotienten mit Hilfe einer Eichkurve das Pb berechnet. (Acta pharmac. jugosl. **4.** 52–61. 1954. Beograd, Farmac. fak., inst. za toksikol. hemiju.)

S. BECKMANN. 5088

a) Elemente und anorganische Verbindungen.

Panta S. Tutundžić, Ivan Doroslovački und **Ozra Tatić**, *Coulometrische Argentometrie. Quantitative Bestimmung von Chlor-, Brom- und Jodionen.* Durch elektrolyt. Oxydation von Metallanoden können die Ionen dieses Metalls quantitativ in Lsg. übergeführt werden. Das läßt sich ausnutzen für die coulometr. Best. von Anionen, die mit diesen Metallionen schwerlösl. Verbb. bilden. Es wurden Semimikro- u. Mikrobestimmungen von Cl^--, Br^-- u. J^--Ionen durch elektrolyt. erzeugte Ag^+-Ionen bei konstanter Stromstärke durchgeführt. Die Endpunktsbest. erfolgte mittels Adsorptionsindicatoren, Dichlor-R-fluorescein für Cl u. Eosin für Br u. J. Die Empfindlichkeit der Endpunktsbest. bedingt die untere Konzentrationsgrenze der Methode. Mit einem Fehler von höchstens 1% gelingt bei den angeführten Indicatoren die Best. bis zu den Konzz. (Mol./Liter) $8,3\cdot10^{-4}$ Cl, $2,5\cdot10^{-4}$ Br u. $1,0\cdot10^{-4}$ J. Als Leitelektrolyt diente eine 0,25–1,0 mol. KNO_3-Lsg., u. zwar für Br u. J in W., für Cl in wss. A., um die Löslichkeit für AgCl herabzusetzen. – Vf. bezeichnet die Meth. als Möglichkeit zur coulometr. Eichung volumetr. Lsgg. im Sinne eines früheren Vorschlags (C. **1954.** 5815.), das Coulomb als Ursubstanz in die gesamte analyt. Chemie einzuführen. (Analytica chim. Acta [Amsterdam] **12.** 481–88. Mai 1955. Belgrad, Univ., Technol. Fak., Inst. für phys. Chem. u. Elektrochem.)

F. UMLAND. G 245

Johan J. Lothe, *Differentialspektrophotometrische Fluoridbestimmung.* Es wird eine verbesserte, indirekte spektrophotometr. Fluoridbest. beschrieben, die auf der fortschreitenden Entfärbung des Th-Alizarinrot-S-Farbkomplexes bei p_H 2,80 durch zunehmenden F^--Geh. der Lsg. beruht. Die Genauigkeit wird gegenüber der älterer Methoden dadurch gesteigert, daß bei sorgfältig kontrolliertem u. konstant gehaltenem p_H-Wert gearbeitet, u. daß die Absorption der zu untersuchenden Lsg. gegen eine dem jeweiligen F^--Geh. ungefähr angepaßte Standardvergleichslsg. mit bekanntem F^--Geh. gemessen wird. Vf. ermittelt systemat. die optimale Zus. des Farbreagenses u. untersucht eingehend den relativ starken Einfl. des p_H-Wertes der Lsg. auf die Stabilität des Th-Alizarinrot-S-Farbkomplexes u. die Genauigkeit der Methode. Störende Fremdionen: SO_4^{2-} (Rk. mit Th) u. Al^{3+} (Rk. mit F^-); Störungen durch ClO_4^- u. Cl^- sind in den meisten Fällen zu vernachlässigen. Die Absorptionsmessungen erfolgen 60 ± 10 Min. nach Herst. der Lsg. bei 525 mμ unter Verwendung des Beckman-Spektrophotometers, Modell B mit 1 cm-Corex-Zellen. Der mittlere Fehler der Meth. wird im Bereich von $50-200\gamma$ F^-/50 ml mit $< \pm 1\%$, im Bereich von $25-50\gamma$ F^-/50 ml mit $< \pm 2\%$ angegeben. – Ausführliche Arbeitsvorschrift. (Analytic. Chem. **28.** 949–53. Juni 1956. Oslo, Blindern; Central Inst. for Ind. Res.) D. Ertel. G 246

R. E. Keller und **R. H. Munch,** *Titrimetrische Bestimmung von Sulfaten durch Diazotitration von Benzidinsulfat.* Sulfat wird aus wss. alkoh. Lsg. mit Benzidin gefällt u. anschließend potentiometr. die Diazotierung verfolgt. Die ca. 120 mg SO_4^{2-} entsprechende Menge Substanz wird in wenig H_2O gelöst u. mit der doppelten Menge A. versetzt, mit 0,1nHCl angesäuert u. tropfenweise mit einer Lsg. von 10 g Benzidinhydrochlorid/ 500 cm³ H_2O versetzt. Der Nd. wird auf Asbest abgesaugt, mit A. gewaschen u. in ein Becherglas übergeführt, mit HCl stark angesäuert u. unter Rühren mit 0,1 mol. KNO_2^--Lsg. potentiometr. titriert. In Endpunktsnähe wird nur noch langsam KNO_2-Lsg. zugesetzt u. die größte Potentialdifferenz festgestellt. Es wurden Sulfatbest. in Sulfonaten durchgeführt. PO_4^{3-}, CrO_4^{2-}, Cl^- stören (letzteres erst ab 500 mg NaCl). Die Rk. wurde mit Wolfram–Kalomel-Elektrode (auch Pt–Kalomel) verfolgt. (Analytic. Chem. **26.** 1518–19. Sept. 1954. St. Louis, Mo., Monsanto Chem. Co., Res. Dep.) K.-H. Küssner. G 253

C. E. Melton, L. O. Gilpatrick, Russell Baldock und **R. M. Healy,** *Verbesserte Technik für die massenspektroskopische Bestimmung von Borisotopen.* Bei den üblichen Methoden zur massenspektroskop. Best. von B-Isotopen unter Verwendung von BF_3 treten bes. bei Reihenbestimmungen von Proben, die an B-Isotopen angereichert sind, Störungen durch in der App. adsorbierte Reste aus vorherigen Bestimmungen auf. Es wird eine Meth. beschrieben, bei der BCl_3-Gas zur Entfernung des adsorbierten BF_3 verwendet wird. Nach 2maliger Spülung des Probenbehälters mit BCl_3 ist adsorbiertes BF_3 nicht mehr nachweisbar. Die Meth. ist bes. zur Analyse kleiner Mengen geeignet, da ca. $^1/_3$ der bei Anwendung der üblichen Methoden erforderlichen Menge zur Best. ausreicht. (Analytic. Chem. **28.** 1049–51. Juni 1956. Oak Ridge, Tenn., Oak Ridge Nat. Labor., Stable Isotope Res. and Prod. Div., Mass Spektrometer Dep.) H. Hofmann. G 258

Herbert C. Brown und **Alfred C. Boyd jr.,** *Argentometrisches Verfahren zur Bestimmung von Borhydrid.* Zur Best. von Borhydridlsgg. in alkal. Medium wird folgendes Verf. ausgearbeitet: 25 ml 0,2n $AgNO_3$-Lsg. werden mit 25 ml 0,7 mol. Äthylendiaminlsg. gemischt. Nach Zugabe der alkal. Borhydridlsg. scheidet sich unmittelbar Ag aus, das abfiltriert wird. Im Filtrat wird das unverbrauchte $AgNO_3$ mit NH_4SCN wie üblich zurücktitriert. Die Best. ist in Ggw. von KJO_3, $KClO_3$, $NaHCO_3$, Aceton, Cyclohexanon u. A. möglich. Benzaldehyd stört. Vff. zeigen, daß die analyt. ausgewertete Rk. zwischen BH_4^- u. KJO_3 sehr langsam verläuft. – Ammoniakal. $AgNO_3$-Lsg. wird als Tüpfelreagens auf Borhydrid vorgeschlagen. (Analytic. Chem. **27.** 156–58. Jan. 1955. Lafayette, Ind., Purdue Univ., Dep. of Chem.) H.-J. Becher. G 258

E. G. Brown und **T. J. Hayes,** *Die gleichzeitige volumetrische Bestimmung von Zink und Magnesium mit Dinatriumdihydrogenäthylendiamintetraacetat.* 1. Mitt. *Die Benutzung selektiver Kontrollen des p_H-Wertes.* Es wurde ein Komplexbildner gefunden, der ZnS-Fällung oder Cyanidmaskierung zur Trennung erübrigt. Solochromschwarz WDFA (ICI, gleichwertig dem Eriochromschwarz T) bildet stabile Komplexe mit Zn^{2+} bei einem niedrigeren p_H als Mg. In Ggw. von Di- u. Mononatriummaleinat (p_H 6,8) reagiert Zn^{2+} unter Komplexbldg., Mg^{2+} nicht. Ein Überschuß von Pufferlsg. ist zu vermeiden, da sonst der für die anschließende Titration von Mg^{2+} erforderliche p_H-Wert 10 nicht erreicht werden kann. Zur Einstellung der Komplexon(III)-Lsg. wurde 0,05 mol. Zn^{2+}-Lsg. verwandt, die durch Auflösen des Zn in wss. Bromlsg. dargestellt wurde (Überschuß von Br_2 wird durch Erhitzen mit HCl entfernt). Der 1%ig. (Gewicht/Vol.) Solochromindicator wurde durch Lösen in gleichen Voll. Triäthanolamin u. Isopropylalkohol hergestellt. Die der 0,01 mol. Zn^{2+}-Lsg. entsprechende Komplexonlsg. wird durch Auflösen von 3,75 g Komplexon(III) in 1 Liter 2fach dest. W. gewonnen. Die Maleinatpufferlsg. wird dargestellt durch Auflösen von 1,218 g Maleinsäure in 50 cm³ H_2O + 20 cm³ n-NaOH u. Auffüllen auf 100 cm³. Zur Titration wird soviel Probe genommen, daß eine ungefähr 0,01 mol. Zn^{2+}-Lsg. entsteht. In einem aliquoten Teil wird die zur Neutralisation erforderliche Menge Base ermittelt u. dann die restliche Hauptmenge ohne Indicator neutralisiert. Zu je 25 cm^3 ca. 0,01 mol. Zn^{2+}-Lsg. werden 10 cm^3 Maleinatpufferlsg. u. 3 Tropfen Solochromindicator zugesetzt. Es wird bis zum scharfen Umschlag von weinrot nach blaugrau titriert. Wenn Mg^{2+} anschließend titriert werden soll, werden 2 cm^3 $NH_4Cl \cdot NH_4OH$-Pufferlsg. zugesetzt u. bis zum Umschlag von Rot nach reinem Blau titriert. Vermeidung von Störungen durch Fe, Pb u. Ca werden erörtert. (Analytica chim. Acta [Amsterdam] **9.** 1–5. Juli 1953. Liverpool, Brit. Enka Ltd., Res. and Developm. Dep.) K.-H. KÜSSNER. G 288

E. G. Brown und **T. J. Hayes**, *Die gleichzeitige volumetrische Bestimmung von Zink und Magnesium mit Dinatriumdihydrogenäthylendiamintetraacetat. 2. Mitt. Die Verwendung des Zinkferrocyanid–Ferricyanid-Redoxsystems.* (1. vgl. vorst. Ref.) Bei Ggw. von Zn^{2+} hat das Syst. $K_3[Fe(CN)_6] + K_4[Fe(CN)_6]$ ein höheres Oxydationspotential als ohne deren Gegenwart. So wird 3.3'-Dimethylnaphthidin durch $K_3[Fe(CN)_6]$ in Ggw. von Zn^{2+} zu einem violettroten Farbstoff oxydiert. Wenn aber durch Komplexon (III) die Zn^{2+} maskiert werden, wechselt die Farbe, wenn das letzte freie Zn^{2+} verschwindet, nach graugrün. Der Umschlag benötigt etwas Zeit u. gute Durchmischung. Wenn anschließend noch Mg^{2+} titriert werden soll, wird $NH_4Cl–NH_4OH$-Pufferlsg. u. Solochromschwarz zugesetzt u. bis zum rein blauen Farbton titriert. (Analytica chim. Acta [Amsterdam] **9.** 6–9. Juli 1953.) K.-H. KÜSSNER. G 288

István Sajó, *Über eine titrimetrische Bestimmung des Ti-Gehaltes.* Die Lsg. wird mit überschüssiger 0,05 mol. Versenatlsg. versetzt, gegen Phenolphthalein mit konz. NH_3 bis zur Rotfärbung vermischt, mit einigen Tropfen HCl neutralisiert u. nach Zugabe von Acetatpuffer 3 Min. gekocht. In der kalten Lsg. wird der Versenatüberschuß mit Zinkacetat in Ggw. einer Indicatormischung, bestehend aus Benzidin, Eisencyanoferrat(II) u. -(III), bestimmt. Enthält die Lsg. außer Ti auch Fe u. Al, wird somit ihre gemeinsame Menge bestimmt. In diesem Fall wird Ti aus der titrierten Lsg. mit Ammoniumphosphat gefällt u. das so frei gewordene Versenat bzw. Ti bestimmt. Schließlich wird die Lsg. mit neutraler NaF-Lsg. gekocht, Al als Kryolith gefällt, u. eine neue Titration ergibt die Menge des Al. Die Differenz zeigt die Eisenmenge. (Magyar Kémiai Folyóirat [Ung. Z. Chem.] **60.** 331–33. Nov. 1954. Budapest, Forschungsinst. der Eisenind.) J. PLANK. G 321

P. R. Subbaraman und **K. S. Rajan**, *Eine einfache volumetrische Methode zur Zirkoniumbestimmung und ihre Anwendung auf Zirkon-Konzentrate und verwandtes Material.* Ein Aliquot einer Standard Zr-Lsg. (7 g Zr-Oxynitrat wird mit 20 ml 70% ig. $HClO_4$ abgeraucht u. auf 1 Liter mit W. aufgefüllt) wird mit einem Überschuß einer Standard KH_2PO_4-Lsg. (0,002366 g P_2O_5/ml) bei 60° bei ca. p_H 2 gefällt. Nach einer Std. wird das freie Alkaliphosphat, ohne den Nd. abzufiltrieren, mit *Wismutylperchlorat* (I) (7,8 g Bi_2O_3 in 15 ml 25% ig. $HClO_4$) titriert. Als Indicator dient gesätt. Lsg. von *Diallyldithiocarbamidohydrazin* [*N.N'-Bis-(allylthiocarbamido)-hydrazin*; hergestellt aus *Allylsenföl* u. *Hydrazin* in $CHCl_3$]. Die Titration wird bei Zimmertemp. durchgeführt. – Der Zr-Phosphat-Nd. adsorbiert freies Phosphat, von dem ein kleiner Teil nicht mit I reagiert, so daß die Phosphatlsg. am besten gegen eine Zr-Lsg. eingestellt wird. Die Zus. des Nd. entspricht beim Fällungs-p_H 1–3 u. der doppelten theoret. Menge KH_2PO_4 der Zus. $5\,ZrO_2 \cdot 4\,P_2O_5 \cdot H_2O$. Der Fehler der Best. liegt bei ca. 1%. – *Ti* stört die Best.; doch läßt sich der Fehler durch Korrekturen verringern. *Th* kann in Mengen bis zu 3% des Zr-Geh. anwesend sein. Fe stört in der 2-wertigen Stufe nicht. Es muß also mit einem Reduktor oder durch Mg-Späne red. werden. – Zur Best. von Zr in Mineralien werden 0,5 g Substanz mit 5 g Na_2O_2 aufgeschlossen, die Schmelze mit 50 ml W. extrahiert, 30 ml 70% ig. $HClO_4$ vorsichtig zugegeben u. auf dem Sandbad abgeraucht. Die Lsg. wird im 250 ml-Kolben mit W. aufgefüllt. Ein Aliquot (50–100 mg ZrO_2 enthaltend) wird durch einen JOHNS-Reduktor gegeben, auf p_H 1,5 mit NH_4OH gebracht, auf 60° erwärmt, 70 ml Standard KH_2PO_4-Lsg. zugegeben u. 1 Std. auf dem Wasserbad belassen. Nach dem Abkühlen werden 10 ml Indicator zugegeben u. das überschüssige PO_4^{3-} mit I-Lsg. bis zur Orangefärbung der $CHCl_3$-Schicht titriert. – Berechnungsbeispiel. (J. sci. ind. Res. [New Delhi] **13 B.** 31–34. Jan. 1954. Poona, Nat. Chem. Labor. of India.) H.-G. MOSLÉ. G 322

Gurupada Banerjee, *Direkte spektrophotometrische Bestimmung von Zirkonium mit „Spadns".* 2-(p-Sulfophenylazo)-1.8-dioxynaphthalin-3.6-disulfonsäure („Spadns"; I) bildet mit *Zr* einen rosa lösl., sehr säurebeständigen Komplex, der für eine spektrophotometr. Mikrobest. des Zr geeignet ist. Für eine Best. werden 0,07–50 γ Zr in 25 ml 0,5n HCl-Lsg. verwendet. Zur Ausbldg. des Komplexes sind für 40 γ Zr 3 ml 0,1% ig. I-Lsg. ausreichend. Die Messung der Absorption erfolgte in einem UNICAM SP 600-Spektrophotometer bei 580 mμ. Die Färbung ist mindestens 24 Std. haltbar. Das BEERsche Gesetz ist erfüllt. (Naturwissenschaften **42.** 177. 1955. Darjeeling, India, Darjeeling Governm. Coll.) H. Pluskal. G 322

J. F. Rodgers und **G. J. Harter,** *Bestimmung von Stickstoff in Zirkonium mittels Mikro-Kjeldahl-Dampfdestillation.* Zur Überwachung der Herstellungsverff. von Zr-Metall wird die Meth. von Beeghly (Ind. Engng. Chem., analyt. Edit. **14.** [1942.] 137) geringfügig modifiziert: Ca. 1 g Zr wird in einen 100 ml-Kolben gegeben, mit 25 ml HCl (1 : 1) u. 15 Tropfen 48% ig. H_2F_2 versetzt u. auf dem Wasserbad in Lsg. gebracht. Während die Probe sich löst, wird NH_3-freier Wasserdampf durch die App. geleitet, bis das Destillat negative Nessler-Rk. zeigt. Der Kolben mit der gelösten Probe wird mit der App. verbunden, sogleich nachdem 15—20 ml 60% ig. NaOH-Lsg. vorsichtig an der Innenseite des Kolbens eingelaufen sind, ohne daß sich die zwei Schichten gemischt haben. Das Destillat wird in einem 50 ml-Nessler-Rohr aufgefangen, 1 ml Nessler-Reagens hinzugefügt, bis zur Marke aufgefüllt u. gut durchgemischt. Die Durchlässigkeit wird dann unter Benutzung des Filters Nr. 425 B mit dem Fisher-Spektrophotometer gemessen, wobei der N-Geh. aus einer vorher hergestellten Vergleichskurve entnommen wird. (Analytic. Chem. **26.** 395—96. Febr. 1954. Pittsburgh, Pa., Westinghouse Electric Co.) H. Schöttler. G 322

Louis Silverman und **Dorothy W. Hawley,** *Spektrophotometrische Bestimmung von Zirkonium in Thorium.* In Ggw. von 200 mg Th können 10—700 γ Zr spektrophotometr. mit *Alizarinrot-S* (Na-3-Alizarinsulfonat) in HCl-Lsg. mit kontrolliertem, konstant gehaltenem p_H-Wert bestimmt werden. Acetonzusatz u. 30 Min. Erwärmen auf 70—90° im Wasserbad beschleunigen die Entw. der mehrere Std. stabilen Farbe. Die stark p_H-abhängige Absorptionsmessung erfolgt bei 540 mμ gegen dest. W. als Vergleich. Für Zr-Gehh. von 50—700 γ erhalten Vff. eine lineare Eichkurve; eine ausführliche Arbeitsvorschrift findet sich im Original. Die Zr-Best. in Ggw. von Th ist auf ca. 0,01% Zr reproduzierbar; die Standardabweichung der Meth. beträgt 0,002%. α-Oxycarbonsäuren. anorgan. Fluoride u. Sulfate, die stabile Komplexe mit Zr bilden, stören die Best.; Vff. empfehlen Entfernung durch Abrauchen mit HNO_3 u. $HClO_4$, bzw. durch Ca^{2+}-Zusatz (nicht Ba). Die Ggw. einer dem Th-Geh. der Lsg. vergleichbaren NO_3^--Menge vermindert die Geschwindigkeit der Farbentwicklung. Die Möglichkeit der Ggw. von Hf in den Proben u. Standardlsgg. lassen Vff. außer acht, obwohl dieses Element zweifellos eine Zunahme der Absorption verursachen würde. (Analytic. Chem. **28.** 806—08. Mai 1956. Canoga Park, Calif., Atom. Internat., Div. of North Amer. Aviat., Inc.) D. Ertel. G 322

F. S. Grimaldi und **Mary H. Fletcher,** *Thoron—Weinsäure-Systeme zur spektrophotometrischen Bestimmung von Thorium.* Das speziell zur spektrophotometr. Best. von Th entwickelte u. häufig verwendete Thoron [*Dinatriumsalz der 2-(2-Oxy-3.6-disulfo-1-naphthylazo)-benzolarsonsäure*] (I) besitzt die unerwünschte Eig. einer hohen Empfindlichkeit gegen Zr. Vff. versuchen durch Verwendung von Weinsäure als Maskierungsmittel für Zr diese Störung zu umgehen u. entwickeln 3 Weinsäure-**I**-Systeme, die sich hinsichtlich der Konzz. von **I** u. Weinsäure unterscheiden; um den Einfl. störender Elemente auf ein Minimum zu reduzieren, wird bei relativ hoher Acidität (p_H 0,65) gearbeitet. Dabei erweist sich Mesoweinsäure als bestes Zr-Maskierungsmittel. Die Einfll. von gewöhnlich in Th-Mineralien enthaltenen selteneren Elementen werden untersucht. Zur direkten spektrophotometr. Best. von Th in Monazitkonzentraten beschreiben Vff. eine Meth. unter Verwendung obiger Weinsäure-**I**-Systeme. (Analytic. Chem. **28.** 812—16. Mai 1956. Washington, D. C., U. S. Geol. Surv.) D. Ertel. G 324

Motoharu Tanaka, *Eine neue Methode zur colorimetrischen Bestimmung einer sehr kleinen Menge Vanadium mit Formaldoxim.* Unter den bisher bekannten Farb-Rkk. des V ist die des V^{IV} mit Formaldoxim die empfindlichste u. sie eignet sich vorzüglich für die colorimetr. Best. des V. Die zu untersuchende Probe wird mit Na_2CO_3 geschmolzen u. die erkaltete Schmelze mit dest. W. extrahiert. Vorhandenes Mn wird mit H_2O_2 zu MnO_2 red. u. durch Filtration entfernt. Das Filtrat wird mit 4n H_2SO_4 neutralisiert u. mit Acetat/Essigsäure-Puffer auf p_H 4 gebracht. Aus der erhaltenen Lsg. extrahiert man V u. Fe mit Chlf., das 0,1% Oxin enthält. Aus der Chloroformlsg. trennt man das V ab durch Extraktion mit einem NH_4NO_3–NH_4OH-Puffer vom p_H 9,4. Die erhaltenen wss. V-Lsg. dampft man mit 1 ml konz. HNO_3 u. 5 mg Ammoniumpersulfat zur Trockne ein, nimmt den Rückstand mit 2 ml 6n HCl auf u. dampft erneut zur Trockne ein. Den jetzt erhaltenen Rückstand löst man in 5 ml 0,2n HCl, gibt 5 mg $NaHSO_4$ hinzu, kocht, bis alles SO_2 entfernt ist, u. versetzt nach dem Abkühlen auf 10—20° mit 2 ml Formaldoxim, alkalisiert die Lsg. mit Ammoniak, füllt auf genau 10 ml auf u. mißt nach 15 Min. die Absorption bei 410 mμ. Aus einer Eichkurve erhält man den V-Geh. der Probe. Das Lambert-Beersche Gesetzt gilt für Konzz. zwischen 0—5 γ V^{IV}/ml. (Mikrochim. Acta [Wien] **1954.** 701—07. Nagoya, Japan, Univ., Inst. de Chim., Labor. de Chim. analyt.) A.-M. Fretzdorf. G 330

M. Bobtelsky und **Y. Welwart,** *Heterometrische Mikrotitration von Kupfer mit Oxin.* Vff. untersuchten die Möglichkeit der heterometr. Best. von Cu mit Oxin. Es zeigte sich u. a., daß eine quantitative Fällung des Cu-Oxinats bei $p_H \sim 3$ erfolgt u. daß eine Erhöhung des p_H auf die Fällung keinen Einfl. hat. Beim Arbeiten nach der mitgeteilten Vorschrift ist der Fehler 0,0—0,5 γ/ml. Best.: Zu 15 ml wss. Cu-Lsg. ($\gtrless$ 1 mg) werden 2—4 ml A. u. 2 ml 1 mol. Na-Acetat-Lsg. gegeben. Unter starkem Rühren wird mit 50% ig alkoh. 0,01—0,02 mol. Oxin-Lsg. titriert. Die Oxinzugabe erfolgt aus einer Mikrobürette (0,01 ml). Der Titrationsendpunkt wird durch Trübungsmessung erhalten. Dauer der Best. 10—15 Minuten. (Analytica chim. Acta [Amsterdam] **10.** 459—63. Mai 1954. Jerusalem, Hebrew Univ., Dep. of Inorg. and Analyt. Chem.) H.-G. PLUST. G 358

M. Bobtelsky und **F. Welwart,** *Direkte heterometrische Mikrotitration von Kupfer mit Oxin in Gegenwart anderer Metalle.* Die vorst. mitgeteilte heterometr. Cu-Best. mittels Oxins kann ohne Schwierigkeit auch auf Cu-Lsgg., die Überschüsse von 95% Mg oder Al, 98% Zn, Mn, Co, Ni, Cd oder Cr sowie 99,8% Pb enthalten, angewandt werden. Best. in Ggw. von überschüssigem Mg, Mn, Co, Ni, Al oder Cr: 18 ml der Cu-Lsg. ($\gtrless$ 1 mg Cu; als Chlorid oder Nitrat) werden mit 2 ml 1 mol. Na-Citralsg. versetzt u. die weitere Best. entsprechend vorst. Ref. durchgeführt. Fehler 0,0—1,0 γ/ml. Best. in Ggw. von überschüssigem Al, Mn, Cd oder Pb: zu 16 ml Cu-Lsg. ($\lesseqgtr$ 1 mg Cu; als Chlorid oder Nitrat) werden 2 ml 1 mol. K-Tartratlsg. u. 2 ml 1 mol. NH_3-Lsg. gegeben u. das Cu entsprechend vorst. Ref. bestimmt. Fehler 0,0—1,0 γ/ml. (Analytica chim. Acta [Amsterdam] **10.** 464—69. Mai 1954.) H.-G. PLUST. G 358

E. Gagliardi, M. Theis und **W. Klementschitz,** *Trennung geringer Mengen Silber von Blei mittels Extraktion durch Dithio-β-isoindigo.* Das Prinzip der beschriebenen Meth. beruht auf folgendem: Ag bildet mit *Dithio-β-isoindigo* (**I**) einen purpurroten Nd., der in Butanol lösl. ist. Schüttelt man eine Lsg., die Ag u. Pb enthält, mit einer Lsg. von 150 mg **I** in 1000 ml n-Butanol, löst sich das Ag als **I**-Komplex im Butanol, während das Pb in der wss. Phase zurückbleibt, in der es durch Titration mit Komplexon bestimmt werden kann. Zur Best. des Ag zerstört man den Ag-**I**-Komplex in Butanol mit konz. HNO_3 u. extrahiert das Ag mit W. aus dem Butanol zurück. In der erhaltenen wss. Lsg. titriert man das Ag nach VOLHARD. (Mikrochim. Acta [Wien] **1954.** 653—56. Graz, Univ., Inst. für anorgan. u. analyt. Chem. u. Inst. für Pharmakol.) A.-M. FRETZDORFF. G 359

Henri Triché und **Gilbert Rocques,** *Spektrographische Bestimmung von durch Eisenhydroxyd mitgerissenen Silberspuren.* Das aus einer ammoniakal. Ag-Lsg. ausgefällte Eisenhydroxyd reißt quantitativ das Ag aus dieser Lsg. mit sich. Auf Grund dieses Befundes lassen sich unter Verwendung eines Spektrographen hohen Auflösungsvermögens u. eines Wechselstromabreißbogens Ag-Spuren in Lsgg. bis zu einer Konz. von 10^{-8}n mit einer Genauigkeit von 3—5% spektrograph. bestimmen. Die Meth. wurde zur Best. von Ag-Spuren in Messing angewandt; es wurden hierbei 0,02% Ag gefunden. (Bull. Soc. chim. France, Mém. [5] **1955.** 1507—09. Nov./Dez. Toulouse, Fac. des Sci., Labor. de Chim. Analyt. et Spectrograph.) K. F. MÜLLER. G 359

Áprád Bardócz und **Ferenc Varsányi,** *Spektrographische Bestimmung von Rhodium in Platin–Rhodium-Legierungen.* Vff. entwickeln u. beschreiben eine neue Methodik der quantitativen spektrograph. Lösungsanalyse (rotating pin electrode technique). Eine langsam rotierende Scheibe, auf der vier um jeweils 90° versetzte Kohleelektroden befestigt sind, dreht sich gegen eine feststehende Kohleelektrode mit einer Frequenz von 3,75/Minute. Jeweils eine der Elektroden taucht während der Drehung in die auf einem Uhrglas befindliche zu analysierende Lsg. u. wird anschließend abgefunkt. Für jede Aufnahme sind ca. 0,3 ml Analysenlsg. erforderlich. Hinsichtlich Leistungsfähigkeit, Genauigkeit, Reproduzierbarkeit usw. vergleichen Vff. das neue Verf. eingehend mit anderen gebräuchlichen Methoden der quantitativen spektrograph. Lösungsanalyse. Anwendung des Verf. zur quantitativen Rh-Best. in Pt–Rh-Legierungen mit Rh-Gehh. von 1—25%. Analysenlinien: Rh 3434,89/Pt 3408,13 Å (für kleinere Rh-Konzz.) bzw. Rh 3396,85/Pt 3408,13 Å (für größere Rh-Konzz.); die Rh-Konzz. für gleiche Intensitäten der Rh- u. Pt-Analysenlinien betragen 2,66 bzw. 6,58%. Streuaufnahmen ergeben eine mittlere Abweichung für Rh 3434,89/Pt 3408,13 Å von $\pm$1,90% u. für Rh 3396,85/Pt 3408,13 Å von $\pm$1,81%; die maximale Abweichung vom Mittelwert beträgt —6,87%. Genauigkeit der Rh-Best. $\pm$2,8%. — Arbeitsbedingungen: Mittlerer Quarzspektrograph Typ I. Sz. P. 22 mit ZEISSscher Zwischenabbildung. Anregung: Elektron. gesteuerter, kondensierter Niederspannungsfunke (1000 V Wechselstrom, Kapazität 4 μF, Selbstinduktion ca. 20 μH, Widerstand 4 Ohm). Elektrodenabstand 1 mm; Spaltbreite 30 μ. Vorfunkzeit 1 Min. (effektiv 7,5 Sek.), Belichtungszeit 2 Min. (effektiv 15 Sek.). Photomaterial: AGFA Blau Extrahart. KODAK D 19-Entwickler (4 Min. bei 20°). Auswertung mit

Zeiss-Schnellphotometer (Meßspalt 0,4 mm) mit Seidel-Transformationsskala. (Analytic. Chem. **28.** 989–93. Juni 1956. Budapest, Hung. Acad. of Sci., Central Res. Inst. for Phys., Dep. for Spectrosc.) D. Ertel. G 364

L. M. Iwanzow, *Die Spektralanalyse in der Metallurgie.* Grundlagen der Spektralanalyse u. der in der Praxis gebräuchlichen Verff. u. Apparaturen, unter besonderer Berücksichtigung ihrer Anwendung zur schnellen Materialkontrolle in metallurg. Betrieben. (Природа [Natur] **44.** Nr. 8. 20–27. Aug. 1955.) V. Ehmcke. 5280

H. F. Beeghly, *Die Metallurgie der Eisenmetalle.* Literaturübersicht 1953/54 im Anschluß an C. **1954.** 157. Vf. beschränkt sich auf Analysenmethoden mit speziellen Anwendungsbereichen. – 91 Zitate. (Analytic. Chem. **27.** 611–14. April 1955. (Part II). Pittsburgh, Pa., Jones & Laughlin Steel Corp.) Gerhard Günther. 5280

Josef Švasta und **Zdeněk Šulcek,** *Aluminium- und titanreiche Rohstoffe.* Für Bauxit, Laterit, Boehmit, Diaspor, Hydrargillit u. Ilmenit werden erprobte Analysenverff. zur Best. von SiO_2, R_2O_3, TiO_2, Gesamt-Fe, CaO, MgO, Mn, P_2O_5, FeO, S, CO_2, W., Konstitutionswasser, Alkalien u. V zusammengestellt. (Chem. Rozbory nerostných Surovin **1953.** Nr. 3. 1–43.) R. K. Müller. 5290

Walter Willy, *Untersuchungsmethoden zur Analyse von Mineralfeinstaub sowie mineralogische Beiträge zur Abklärung der Pathogenese der Staublungenerkrankungen.* In der umfangreichen Arbeit werden die Methoden untersucht, die bei der qualitativen u. quantitativen Analyse der für die silicot. Erkrankungen wichtigen feinkörnigen Mineralgemische anzuwenden sind. Die verschied. Angaben zur Staubanalyse werden zusammengestellt u. auf ihre Anwendbarkeit geprüft. Auch die Gültigkeit der üblichen Methoden der Mineralbest. im Feinstaubbereich wurde untersucht. Sodann wird versucht unter Heranziehung von tierexperimentellen Ergebnissen die schädliche Wrkg. der in Frage kommenden Mineraleigg. festzustellen. (Schweiz. mineralog. petrogr. Mitt. **34.** 410–97. 1954. Zürich.) J.-E. Hiller. 5290

Giovanni Cocco, *Bestimmung der Mineralien in Gesteinen mittels thermischer Differentialanalyse: quantitative Bestimmung des Gipses.* Es wird eine App. beschrieben, die aus einem Ni-Block mit 3–7 symm. angeordneten Aushöhlungen besteht, in deren einer geglühtes Al_2O_3 (I) mit der Elektrode eines Thermoelements zur Messung des Temperaturanstiegs der App., in deren anderen sich einmal I u. sonst die Proben befinden, je mit einer Elektrode, die gegen die in I befindliche Elektrode geschaltet, Thermoelemente bilden, welche eine auftretende Temperaturdifferenz zwischen I u. den Proben anzeigen. Bei sorgfältiger Beachtung aller Vorsichtsregeln beobachtet man bei bestimmten Tempp. Ausschläge dieser Thermoelemente, welche endotherme oder exotherme Rkk. anzeigen, deren Größe dem Geh. an reagierender Substanz proportional ist. Die App. wurde mit Mischungen von natürlichem *Gips* (II) u. I geeicht, wobei der bei 190° erfolgende Wasserverlust zum Halbhydrat zwischen 20 u. 70% I eine Gerade lieferte, wenn Thermoelementausschlag gegen Konz. aufgetragen wurde. Die Best. des **II** in 5 verschied. Mineralien ergab Übereinstimmung mit der chem. Analyse, wobei der Fehler von 25% auf 1,8% abnahm für Gehh. von 3–90%. (Chimica [Milano] [N. S.] **9 (30).** 48–51. Febr. 1954. Firenze, Ist. Mineralog., Petrograf. e Geochim., u. C. N. R., Centro Studi Geochim.) W. Metzener. 5290

Ernst Schumacher, *Isolierung von K, Rb, Sr, Ba und Seltenen Erden aus Steinmeteoriten.* Es wird eine Meth. zur Isolierung von K, Rb, Sr, Ba u. der Seltenen Erden aus Steinmeteoriten für massenspektrometr. Unterss. beschrieben u. diskutiert. Die Substanz wird mit HF–$HClO_4$ in Pt-Schalen aufgeschlossen u. über den Kationenaustauscher Dowex 50 (8% vernetzt, Korngröße 37–74 μ) in Polyäthylensäulen chromatographiert. Das Harz wird durch 1 std. Erhitzen in verd. NaOH-Lsg. aktiviert u. zur Entfernung von Schwermetallen, Erdalkalien u. Na mit 0,1 mol. Komplexon (III)-Lsg. u. danach 0,1 mol. Ammoniumuramildiacetatlsg. aufgekocht. Zur Elution wird 2,5 bis 3n HCl verwendet. Zur Best. der Verteilungskurven werden Na, K u. Ca flammenphotometriert. Da Rb u. Cs nicht vollständig voneinander getrennt werden, wird Cs mit ^{137}Cs indiziert u. die damit lokalisierten Fraktionen werden auf Rb geprüft. Cs stört das Massenspektr. von Rb nicht. Sr wird mit ^{89}Sr oder ^{90}Sr, die Seltenen Erden werden mit ^{90}Y markiert. Ba wird genügend sicher interpoliert. Die isolierten Elemente erwiesen sich als für die massenspektrometr. Analyse geeignet. Störende Begleiter konnten nicht festgestellt werden. Vf. hält auf Grund der Reproduzierbarkeit quantitativer Bestimmungen von Rb u. Sr durch Isotopenverdünnung (vgl. nachst. Ref.) diese Extraktionsmeth. für einwandfrei. (Helv. chim. Acta **39.** 531–37. 15/3. 1956. Zürich, Univ., Chem. Inst.) H. Hofmann. 5292

Ernst Schumacher, *Quantitative Bestimmung von Rubidium und Strontium in Steinmeteoriten mit der massenspektrometrischen Isotopenverdünnungsmethode.* (Vgl. vorst. Ref.)

Die Altersbest. von Steinmeteoriten mittels des radioakt. Zerfalls von ^{87}Rb—^{87}Sr erfordert eine genaue Best. des Rb–Sr-Verhältnisses in diesen Körpern. Als dazu geeignetes Verf. wird die massenspektrometr. Isotopenverdünnungsmeth. u. ihre Anwendung unter Verwendung von Eichisotopen beschrieben. Auf die bei der prakt. Durchführung bes. zu achtenden Vorkehrungen wird eingegangen u. eine vollständige theoret. Ableitung zur Auswertung der Ergebnisse angegeben, die die Eliminierung apparativ bedingter systemat. Fehlerquellen erlaubt. Die Ergebnisse werden mit denen anderer Vff. verglichen. Die Reproduzierbarkeit beträgt $\pm$ 1—2%. (Helv. chim. Acta **39.** 538—47. 15/3. 1956. Zürich, Univ., Chem. Inst.) H. HOFMANN. 5292

b) Organische Verbindungen.

Harold K. Hughes und **John W. Wilczewski,** *K-Einfang-Spektroskopie. Bestimmung von Schwefel in Kohlenwasserstoffen mit Hilfe der Absorption der Röntgenstrahlen von* ^{55}Fe. Es wird eine neue Variante der in der Petroleumindustrie vielfach angewandten Röntgenabsorptionsmethoden beschrieben. Zur Best. von S in KW-stoffen wird die von dem K-Strahler ^{55}Fe (T = 2,94a) ausgesandte Röntgenstrahlung (MnKα,Kβ; effektive Wellenlänge 2,04 Å) verwandt. Die Substanz befindet sich in einer Zelle mit ca. 1,5 ml, zur Absorptionsmessung dient ein GEIGER-Zähler. Die einfache Anordnung erlaubt die Best. von S im Bereich von 0,05—2,7% (mit einem Fehler von 0,05% S). Das C—H-Verhältnis muß bekannt sein, andere Elemente stören. Die Meth. arbeitet schneller als die anderen gebräuchlichen Verfahren. (Analytic. Chem. **26.** 1889—93. Dez. 1954. Brooklyn, N. Y., Socony-Vacuum Labor.) A. FAESSLER. 5352

M. Lora Tamayo und **Carmen Estada,** *Konjugation einer Doppelbindung mit einem aromatischen Kern.* 23. Mitt. *Die Dienometrie von Fetten mit Lösungen des p-Benzochinons.* (22. vgl. C. **1956.** 1572.) Vff. untersuchen die Umsetzung von *p-Benzochinon* (I) mit *Lein-, Baumwollsamen-, Chinaholz-* u. *Palmöl* in Abhängigkeit von Temp., Zeit u. Konzentration. Sie schlagen vor, das Maleinsäureanhydrid (II) bei der Best. der Dienzahl durch I zu ersetzen, um Störungen durch Neben-Rkk. des II zu vermeiden. (An. Real Soc. españ. Física Quím., Ser. B **47.** 815—18. Dez. 1951.) H. SCHMEISS. 5358

Horace S. Isbell, *Bestimmung von Carbonylgruppen durch Reaktion mit radioaktivem Cyanid und ein einfaches Mittel für die Molekulargewichtsbestimmung in Polysacchariden.* Läßt man die reduzierende Endgruppe eines Polysaccharids mit ^{14}C markiertem NaCN reagieren, so erhält man nach der Verseifung ein radioakt. Kohlehydrat mit 1 C mehr als in dem ursprünglichen Polysaccharid. Die Trennung u. Reinigung kann mit Hilfe bas. Ionenaustauscher erfolgen. Aus der Messung der Radioaktivität kann dann auf das durchschnittliche Mol.-Gew. des reagierenden Polysaccharids geschlossen werden. (Science [Washington] **113.** 532—33. 4/5. 1951. Washington, D. C., Nat. Bur. of Stand.) H. ROSSOW. 5364

Z. M. Zielińska, *Die Bestimmung von Aminosäuren in Gegenwart von Ammoniak und Harnsäure.* Die Zuverlässigkeit der α-Aminosäurebest. nach FOLIN in Ggw. von NH_3 u. *Harnsäure* (I) wird geprüft. Kleine Mengen I stören die N-Best. nicht. Große Mengen I erhöhen dagegen den N-Wert beträchtlich. NH_3-Stickstoff in kleinen Mengen wird als Aminosäure-N bestimmt. (Acta Biol. exp. [Łódź] **16.** 265—70. 1952. Lodz, Nencki Inst. of Exp. Biol., Dep. of Biochem.) A. LEUSCHNER. G 950

B. T. Commins und **R. L. Cooper,** *Eine neue Mikromethode zur Analyse von Phenolen.* Die Meth. von COOPER (Chem. and Ind. **1953.** 516) zur Analyse mehrkerniger aromat. Verbb. wurde auf die Analyse einfacher Phenole ausgedehnt. Hierbei werden die Phenole zu ihren Methyläthern (bisher mit ca. 75% Ausbeute) methyliert, die an einer Säule von akt. Al_2O_3 unter Verwendung von Cyclohexan als Lösungsm. chromatographiert werden; die Eluate werden spektroskop. untersucht. Enthält die Probe lediglich Phenole, so kann auch Silicagel an Stelle des Al_2O_3 benutzt werden. Die Verbb. werden durch ihre Lage im Chromatogramm u. ihre Absorptionsspektren charakterisiert. Die Verbb. werden im allg. um so langsamer eluiert, je mehr OCH_3-Gruppen sie besitzen. Die Meth. wurde auf die Analyse von Zigarettenrauch angewandt. Sie hat Vorteile vor bisher bekannten Methoden; allerdings können Phenole mit OCH_3-Gruppen nicht von solchen, die nur OH-Gruppen enthalten, unterschieden werden. Brenzcatechin u. Guajacol lassen sich z. B. nicht unterscheiden. (Chem. and Ind. **1954.** 1110. 4/9. London, Sir John Cass Coll., Dep. of Chem. and Biol., u. St. Bartholomew's Hosp., Dep. of Pathol.) K. F. MÜLLER. G 1060

F. Feigl und **L. Hainberger,** *Nachweis von o-Diphenolmethylenäther.* Beim Erhitzen von *cycl. Methylenäthern von o-Diphenolen* mit konz. H_2SO_4 auf 170° wird CH_2O abgespalten, der mit Chromotropsäure u. konz. H_2SO_4 eine empfindliche Violettfärbung gibt. Die Rk. verlief positiv bei folgenden Verbb.: *Piperin, Narcotin, Hydrastin,*

Berberin, Chelidonin, Narcein u. *Safrol.* Die Erfassungsgrenzen liegen bei 0,1—0,58 μg Methylenäther. (Mikrochim. Acta [Wien] **1955.** 806—11. Rio de Janeiro, Minist. da Agricult., Labor. da Produção Mineral.) K. F. MÜLLER. G 1060

Vernon F. Raaen und **Gus A. Ropp,** *Die Genauigkeit, die mit Hilfe des vibrierenden „reed Elektrometers" bei der Bestimmung m- und p-substituierter [$^{14}C_\alpha$]-Benzoesäuren durch Messung der Radioaktivität erzielt wird.* Für eine quantitative Unters. der Isotopeneffekte auf die alkal. Hydrolyse einer Reihe m- u. p-substituierter, in der COOH-Gruppe ^{14}C-markierter Äthylbenzoate wurden genaue Messungen der spezif. Aktivitäten durchgeführt. Unter den angewandten Bedingungen betrug die durchschnittliche Genauigkeit des Gesamtprozesses (nasse Verbrennung nach VAN SLYKE, Überspülen des $^{14}CO_2$ mit CO_2 in eine Ionisationskammer u. Messung der Radioaktivität mit Hilfe des vibrierenden „450 cycle reed Elektrometers" [Modell 30] der APPLIED PHYSICS CORP.) ±0,3% des „95% Konfidenzintervalls des Mittels" (±0,29%) bei 6—9 Bestimmungen. (Analytic. Chem. **25.** 174—75. Jan. 1953. Oak Ridge, Tenn., Carbide & Carbon Chem. Co.; Oak Ridge Nat. Labor., Chem. Div.) K. F. MÜLLER. G 1210

Ch. Cimerman und **M. Selzer,** *Makro- und Mikrovolumetrische Bestimmung von Anthranilsäure und deren Anwendung in der anorganischen quantitativen Makro- und Mikroanalyse.* Anthranilsäure (**I**) wurde als analyt. Reagens von FUNK u. DITT [1933] eingeführt. Neben der gravimetr. Best. wurde von diesen auch eine Titrationsmeth. durch Dibromierung beschrieben. Es wird gezeigt, daß die Tribromierung genauere Werte als die Dibromierung ergibt. Ferner wird die Anwendbarkeit auf mikrovolumetr. Methoden u. zur Best. von Co^{2+}, Zn^{2+}, Cd^{2+} nachgewiesen. Bei der Unters. der Dibromierungsmeth. wurde gefunden, daß ein Überschuß von KBr–$KBrO_3$-Lsg. u. zu lange Reaktionszeit zur Tribromierung u. damit zu höheren Werten führt. Genaue Werte werden bei einer Säurestufe über 1,6 n u. möglichst geringem Überschuß an Bromierungslsg. erhalten. Der relativ beste Indicator war p-Äthoxychrysoidin. Zur Mikrobest. ist mangels besserer Indicatoren die Dibromierung nicht geeignet. Näheres zur Tribromierungsmeth.: Es ist ein Überschuß (70—160%) an KBr–$KBrO_3$-Lsg. (Acidität 2,2 n), Bromierungsverweilzeit 30 Min. u. Temp. 15° sowie eine einfache Vakuumapp. erforderlich. Zur makro- (bzw. mikro-) volumetr. Best. von mit **I** fällbaren Metallen werden 50 ml 0,003—0,007 mol. (0,7—1,1 ml 5—10·10^{-6} mol.) Sulfatlsgg. von Co^{2+}, Zn^{2+} oder Cd^{2+} nach FUNK (C. **1942.** I. 2805) sd. mit 3%ig. Na-I-Lsg. gefällt, der Nd. nach Filtrieren u. Auswaschen in 3n HCl gelöst u. die freigesetzte **I** nach Tribromierung durch Jodometrierung des Bromüberschusses bestimmt. Die Fehlergrenze ist maximal ±0,3%. (Analytica chim. Acta [Amsterdam] **9.** 26—43. Juli 1953. Haifa, Israel, Hebrew Inst. of Technol., Labor. of Analyt. Chem. and Microchem.) K.-H. KÜSSNER. G 1350

Č. Michalec, *Papierchromatographie von Cholesterin und Cholesterinestern.* Mit *Essigsäure* (**I**) als Lösungsm. wurden bei aufsteigender Chromatographie auf WHATMAN Nr. 3-Papier, das mit einer 10 Vol.-%ig. Lsg. von Paraffinöl in Bzl. getränkt worden war, folgende R_F-Werte erhalten: *Cholesterin* 0,62, *Cholesterinacetat* 0,34, *-capronat* 0,16, *-palmitat* 0,02, *-stearat* 0,02 u. *-oleat* 0,03. Angefärbt wurde mit 10% Phosphorwolframsäure in A. oder mit 50% $SbCl_3$ in **I.** (Naturwissenschaften **42.** 509—10. 2. Sept.-H. 1955. Prag, Univ. Hosp., Centr. Biochem. Labor.) K. PRCHAL. G 3700

Maurice Lambiotte, *Bestimmung von Desoxycholsäure und Cholsäure.* Die Rk. von KAZIRO u. SHIMADA (Hoppe-Seyler's Z. physiol. Chem. **254.** [1938.] 57 u. J. Biochem. Japan **28.** [1938.] 169) zur Best. von *Desoxycholsäure* (**I**) wird verbessert. Der **I**-haltige Rückstand wird erst nach Zugabe von wenig A. mit Benzaldehyd/H_2SO_4 versetzt. Im weiteren Verlauf wird statt Essigsäure Äthylacetat zugegeben. Die H_2SO_4 (p. a. 75 Vol.-%) muß frei von HNO_3 sein. Die Best. von Cholsäure erfolgt nach bekannten Methoden mit Furfurol/H_2SO_4. (Bull. Soc. Chim. biol. **37.** 1023—30. 1955. Paris, Inst. de Biol. Physicochim.; Brüssel, Univ. Libre, Fac. de Méd.) PH. FRESENIUS. G 3700

Elijah B. Romanoff und **Charlotte A. Hunt,** *Der Nachweis von Steroiden mit einer $C_{(21)}$-Glycerinseitenkette in Papierchromatogrammen.* Die alkal. Perjodatoxydation von *Steroiden* mit einer *17.21.21-Trioxy*-Seitenkette gibt *17-Ketosteroide*, die im Papierchromatogramm spezif. durch die ZIMMERMANNsche Rk. (mit 2%ig. Dinitrobenzollsg. in absol. A.) nachweisbar sind. (Endocrinology **57.** 499—502. Okt. 1955. Shrewsbury, Mass., Worcester Found. for Exp. Biol.) K. MAIER. G 3750

Elwood H. LaBrosse, *Ersatz von Methanol durch Äthanol bei der Porter–Silber-Reaktion.* Bei der PORTER-SILBER-Rk. (J. biol. Chemistry **185.** [1950.] 201) zur Best. von Verbb. mit einer Dioxyacetongruppierung, wie *Cortison, Oxycortison*, werden mit 95%ig. A. als Lösungsm. besser übereinstimmende Resultate als mit dem schwieriger zu reinigenden CH_3OH erhalten. A. ist nach einmaliger Dest. über 2.4-Dinitrophenylhydrazin ausreichend rein. (Arch. Biochem. Biophysics **49.** 451—52. April 1954. Randolph Field, Tex., U. S. Air Force School of Aviat. Med.) K. MAIER. G 3750

D. O. Jordan, A. R. Mathieson und **Sheila Matty,** *Desoxypentosenucleinsäuren. 7. Mitt. Eine Neuuntersuchung der Titrationskurven von Na-Desoxyribonucleat.* (6. vgl. COSGROVE, C. **1950**. I. 1985.) Das erstmals von GULLAND u. Mitarbeitern beobachtete anomale Verh. von *Na-Desoxyribonucleat* (I) bei der Hin- u. Rücktitration („Hysteresis"-Effekt) wurde untersucht u. der pG'-Wert der zu titrierenden Gruppen für beide Titrationen berechnet. Eine Deutung für die Änderung der pG'-Werte bei der Hin- u. Rücktitration ist auf Grundlage der H-Brückenbindungshypothese möglich. *Adenin* u. *Cytosin* zeigen bei der Hintitration den gleichen pG'-Wert, während dieser bei der Rücktitration stark differiert. Die durch I-Titration von p_H 2 mit Alkali u. von p_H 12 mit Säure erhaltenen Rücktitrationskurven fallen nicht zusammen. Eine Deutung dieses Effekts ist z. Z. noch nicht möglich. (J. chem. Soc. [London] **1956**. 154–57. Jan. Nottingham, Univ., Chem. Dep.; Adelaide, Univ., Chem. Dep.) K. MAIER. G 3950

D. O. Jordan, A. R. Mathieson und **Sheila Matty,** *Desoxypentosenucleinsäuren. 8. Mitt. Der Einfluß von Konzentration und Ionenstärke auf die elektrometrische Titration von Na-Desoxyribonucleat.* (7. vgl. vorst. Ref.) Die Titrationskurven von Na-Desoxyribonucleat wurden bei verschied. Konzz. u. in Lsgg. verschied. Ionenstärke untersucht u. eine auf Konz. u. Ionenstärke 0 extrapolierte Titrationskurve erhalten. Die Kurven wurden analysiert, der Einfl. von Konz. u. Ionenstärke auf die Dissoziationskonstanten der zu titrierenden Gruppen bestimmt u. aus der Kurve bei Konz. u. Ionenstärke 0 die thermodynam. Dissoziationskonstanten dieser Gruppen berechnet. Die Titrationskonstanten, pG', ergeben sich aus der Gleichung $p_H = pG' - \log[\beta/(1-\beta)]$, wobei β der Dissoziationsgrad der betreffenden Base. Die Werte von pG' bei Konz. u. Ionenstärke 0 der Lsg. sind die thermodynam. Dissoziationskonstanten, pK, der Basen. Zunahme von Konz. u. Ionenstärke bewirken eine Abnahme der pG'-Werte, die bei hohen Konzz. u. Ionenstärken weniger ausgeprägt ist. Die Ionenstärke beeinflußt pG' der Basen wesentlich stärker als die Nucleatkonzentration. Sie ist ohne Einfl. auf die alkal. Hysteresis, die durch das Gebiet der Hin- u. Rücktitrationskurven zwischen p_H 10 u. 12 gemessen wird. Die entsprechende saure Hysteresis zwischen p_H 4 u. 7 ist der Nucleatkonz. direkt proportional. Für Lsgg. von verschied. p_H, Konz. u. Ionenstärke wurde die elektr. Ladung des Nucleations berechnet. (J. chem. Soc. [London] **1956**. 158–63. Jan.) K. MAIER. G 3950

R. Consden und **Winifred M. Stanier,** *Papierionophorese von Zuckern und einige Anwendungen. Zur Analyse von Protein–Polysaccharid-Komplexen.* (Vgl. C. **1954**. 5137.) Vff. untersuchen die Ionophorese einiger *Zucker* (I) in Boratpuffer bei einem Potentialgradianten von 10 V/cm. Die Beweglichkeiten, die bei p_H 6 zu vernachlässigen sind, erhöhen sich mit steigendem p_H, u. deren Maximum liegt bei den meisten I oberhalb 9,2. Unterschiede in den Wanderungsgeschwindigkeiten bei optimalen p_H-Werten ermöglichen eine Trennung der verschied. I voneinander. Die ionophoret. Meth. ist anwendbar für Proteinhydrolysate, die nur sehr geringe Mengen von Polysacchariden enthalten. Infolge der hohen Beweglichkeiten, die die I bei bestimmten p_H-Werten (z. B. p_H 8,6) besitzen, lassen sie sich auch von Peptiden u. Aminosäuren, die bei der chromatograph. Analyse Störungen verursachen, auf ionophoret. Wege abtrennen. Bei der Unters. eines Streptokokkenhydrolysates werden nach vorst. Meth. *Hexosamin* (II), *Rhamnose, Ribose* u. *Glucose* nachgewiesen. Menschliches Fibrin enthält II, *Mannose* u. *Galaktose*, die als Bestandteile eines Polysaccharids anzusehen sind. (Biochem. J. **51**. XIX. Juni 1952. Maidenhead, Berks., Canad. Red Cross Mem. Hosp., Taplow.) P. FAHRNLAENDER. G 4050

Elbert A. Peterson und **Herbert A. Sober,** *Chromatographie von Proteinen.* 1. Mitt. *Adsorbentien mit Ionenaustauschereigenschaften auf Cellulosebasis.* Es werden Verff. zur Herst. von Ionenaustauschern aus *Cellulose* beschrieben, wobei besonderer Wert auf Prodd. gelegt wird, die als Säulenfüllung verwendet werden können. Als ion. Gruppen werden eingebaut: *Carboxymethyl-* (I), *Diäthylaminoäthyl-* (II), *Phosphat-* (III), *Triäthanolamin-* (IV); letzte Gruppe wird durch Epichlorhydrin mit der Cellulose verknüpft. Für die beschriebenen Ionenaustauscher werden die ionisierenden Gruppen (in Milliäquivalent/g; erste Zahl der folgenden Aufstellung) u. die spezif. Absorption angegeben (in mg Protein, die an 100 g Adsorbens adsorbiert werden, wenn die Endkonz. in der Lsg. an Protein 2 mg/ml beträgt). I 0,73; 98; II 0,10–1,34; 7–122; III 20,60; 93; IV 0,29; 5. Die Titrationskurven der 4 Ionenaustauschertypen werden angegeben. (J. Amer. chem. Soc. **78**. 751–55. 20/2. 1956. Bethesda, Md., Nat. Inst. of Health, Nat. Cancer Inst., Labor. of Biochem.) W. WALTER. G 4070

Herbert A. Sober, Frederick J. Gutter, Mary M. Wyckoff und **Elbert A. Peterson,** *Chromatographie von Proteinen.* 2. Mitt. *Fraktionierung von Serumprotein am Anionenaustauscher auf Cellulosebasis.* (1. vgl. vorst. Ref.) An einer Cellulosesäule, die durch Einführung von Diäthylaminoäthylresten als Anionenaustauscher wirkt, können Serumproteine getrennt werden. Die Elution erfolgt mit Pufferlsgg., wobei ein fallender Gradient des p_H-Wertes u. ein steigender Gradient der Salzkonz. angewandt werden. Die meisten Proteine treten in der Reihenfolge ihrer isoelektr. Punkte aus der Säule aus, wobei die Komponenten mit dem höheren Wert für den isoelektr. Punkt bei dem verwendeten Gradienten schneller wandern. Die Analyse wurde UV-spektroskop. verfolgt u. die Fraktionen wurden durch Elektrophorese identifiziert. Bei einer Beladung von 170 mg Protein pro g Austauscher können reproduzierbare Chromatogramme mit guter Auflsg. hergestellt werden. Bei einer Beladung von 3—23 mg Proteinstickstoff pro g Austauscher können $87 \pm 12\%$ des Stickstoffs wieder im Eluat nachgewiesen werden. Die größte Trennschärfe besitzt die Meth., die auf die Analyse von menschlichen Serum u. Pferdeserum angewendet wurde, im Bereich der Globuline. Eine Anzahl von gefärbten Proteinen u. spezif. Bestandteilen wurde charakterisiert u. identifiziert. (J. Amer. chem. Soc. **78.** 756—63. 20/2. 1956.) Wolfgang Walter. G 4070

Sidney W. Fox und Eleanor Plaisted, *Die Fällbarkeit von zwei modifizierten Proteinen.* Vff. führten Verss. über die Fällbarkeit von *Jodcasein* u. *Arsonobenzolazocasein* verschied. Konzz. bei verschied. p_H-Werten im Hinblick auf Modellverss. für die Präcipitin-Rk. durch. Je nachdem, ob für die p_H-Einstellung HCl oder H_2SO_4 verwendet wird, wurden unterschiedliche Fällungskurven erhalten. Da außerdem die Ggw. von Salzen verschied. Konz. u. verschied. Typs sowie die Ggw. von anderen Proteinen die Fällung beeinflussen kann, so ist eine scharfe Kontrolle der Versuchsbedingungen bei immunochem. Unterss. zur Erzielung reproduzierbarer Ergebnisse von größter Wichtigkeit. (Proc. Soc. exp. Biol. Med. **84.** 392—94. Nov. 1953. Ames, Io., Iowa State Coll., Chem. Labor.) K. Nehring. G 4070

d) Medizinische und toxikologische Analyse.

Leland C. Clark jr., Richard Wolf, Donald Granger und Zena Taylor, *Kontinuierliche Aufzeichnung der Sauerstofftension im Blut durch Polarographie.* Beschreibung einer mit Cellophan überzogenen Elektrode aus blankem Pt zur polarograph. O_2-Messung im Blut. Durch die Membran wird der unerwünschte Einfl. der Erythrocyten verhindert u. der „Rühreffekt" fast ganz ausgeschaltet. (J. appl. Physiology **6.** 189—93. Sept. 1953. Yellow Springs, O., Fels Res. Inst. for Study of Human Developm., Antioch Coll.) W. Willenberg. 5727

Masahiko Ohira, *Eine Methode zur Bestimmung von Kohlenoxyd im Blut mit einem japanischen Elektrophotometer.* Zur Unters. dienen ein photoelektr. Röhrencolorimeter AKA-50, ein Interferenzfilter, das Licht von 660 mμ durchläßt, eine gewöhnliches Gelatinefilter S 55 u. vom Vf. angegebene Zentrifugenglaszylinder mit Glasdeckel zwecks Abschlusses von der Luft u. einige Glasperlen. Man füllt den Zylinder mit 0,1%ig. Na_2CO_3-Lsg., bringt die Blutprobe mit einer Hohlnadel auf den Boden der Lsg., gibt etwas $Na_2S_2O_4$-Pulver zu, schließt mit dem Deckel u. mischt durch kräftiges Schütteln mit den Glasperlen. Man zentrifugiert unter Luftabschluß 20 Min. mit 2000—3000 U/Min. u. mißt die opt. Dichte der oberen Schicht bei 660 mμ. Durch Messung der Extinktion der ursprünglichen Blutprobe nach 200facher Verdünnung mit $K_3[Fe(CN)_6]$- u. KCN-Lsg. erhält man die Gesamtkonz. an Hämoglobin (Hb). Aus den Kurven opt. Dichte gegen Konz. von reinem Hb u. reinem HbCO wird ein Nomogramm entworfen, mittels dessen man aus den Meßwerten den CO-Sättigungsgrad des Hb entnehmen kann. (Fukuoka Acta med. [Fukuoka-Igaku-Zassi] **45.** 76—80. Okt. 1954. Kyushu, Univ., Dep. of Public Health. [Orig.: japan., Auszug: engl.]) R. Hähnel. 5727

L. N. Lapin, *Eine mercurimetrische Methode zur Mikrobestimmung der Chloride im Blut.* Diphenylcarbazid u. Diphenylcarbazon geben mit schwachen $Hg(NO_3)_2$-Lsgg. nur dann einen scharfen Farbumschlag beim Äquivalenzpunkt, wenn die Titration der Chloride nicht im wss., sondern in alkoh. Medium durchgeführt wird. Durch Verwendung von A. wird der Umschlag derart scharf erkennbar, daß selbst ein Arbeiten mit 0,001n $Hg(NO_3)_2$-Lsg. noch möglich ist. Eine unter diesen Bedingungen durchgeführte mercurimetr. Chloridtitration ist empfindlicher als die jodometr. Methoden u. steht der objektiven Nephelometrie nicht nach. — Die Titration eines durch Behandlung mit 1%ig. $CdSO_4$-Lsg. u. 0,1n NaOH-Lsg. von Proteinsubstanzen befreiten alkoh. Blutfiltrats gibt hinsichtlich der Genauigkeit sehr gute Resultate (Fehlergrenzen 0,5—1%). (Биохимия [Biochemie] **19.** 521—27. Sept./Okt. 1954. Samarkand, Med. Inst., Lehrstuhl für Biochem.) H. v. Pezold. 5727

J.-L. Delsal und H. Manhouri, *Vergleichende Untersuchungen über die colorimetrische Bestimmung des Phosphors. Suche nach einer Methode hoher Empfindlichkeit zur Anwendung auf die Bestimmung organischen Phosphors in Chromatogrammflecken.* Ein Vgl. der in der Literatur beschriebenen Meth. zur colorimetr. P-Best. ergibt, daß das Verf. nach Berenblum u. Chain (Biochem. J. **32.** [1938.] 286. 295) die Best. von

1–10 γ P bei Ablesung bei 635 mμ gestattet. 0,5–4 γ werden mit einem vereinfachten Verf. bei Red. mit $SnCl_2$, überführen der Blaufärbung in möglichst wenig n-Butanol (I) u. Ablesung bei 700 mμ je nach Spektrophotometer bestimmt. Bei einem Gerät mit größerem Meßbereich arbeitet man nach HORECKER, MA u. HAAS (J. biol. Chemistry **136.** [1940.] 775) mit der Modifikation einer Farbextraktion nach der Erhitzung mit I, Ablesung bei 800 mμ. Zur Best. von organ. P wird Zerstörung mit $H_2SO_4 + H_2O_2$ empfohlen. Das Verf. ist dann zur Best. des Verhältnisses Cholesterin/*Phosphatide* (II) in Lipoproteinen nach Papierelektrophorese des Serums u. zur Best. der Serum-II nach ihrer chromatograph. Trennung auf mit Kieselsäure imprägniertem Papier geeignet. (Bull. Soc. Chim. biol. **37.** 1041–54. 1955. Hessarek, Iran, Inst. d'État des Serums et Vaccins Razi.) PH. FRESENIUS. 5728

G. Hunter und **F. D. Stott,** *Mikrobestimmung von Magnesium im Serum mit einem neuen Titrationsabsorptiometer.* Eine gleiche Menge Eriochromschwarz τ u. Puffer wird in 2 Röhren gebracht, die im App. bei Lichtdurchgang durch die Achse auf Null eingestellt werden. In einer Röhre wird die Probe mit Mg zugesetzt. Dann wird zur anderen Röhre so viel einer Mg-Standardlsg. zugegeben, bis die Nullstellung wieder erreicht ist. Hieraus ergibt sich der Mg-Geh. der Probe. Das Serum muß von Ca u. Protein befreit werden. Wegen der störenden Wrkg. von Oxalat u. CCl_3COOH wird Ca mit einer Mindestmenge Oxalat u. Protein nach dem früher beschriebenen Verf. der sauren Fällung in der Hitze entfernt. Nach Entfernung von Ca u. Mg aus Serum mittels Ionenaustauscher wurde zugesetztes Mg innerhalb 1% wiedergefunden. (Biochem. J. **62.** 29P. März 1956. Aylesbury, Stoke Mandeville Hosp.) J. SCHWAIBOLD. 5728

Ingeborg Syllm-Rapoport, *Eine einfache komplexímetrische Bestimmung von Calcium im Blutserum mit Murexid als Indicator.* 0,5 ml Serum oder Plasma werden in einem 25 ml-Becherglas mit 3 ml 0,5n NaOH u. einer sehr geringen Menge von trockenem Murexid versetzt u. mit 0,001n Komplexon III (Äthylendiamintetraacetat; 0,19 g/Liter mit Ca-Standardlsg. eingestellt) gegen eine übertitrierte Vergleichslsg. bis zum Farbumschlag von Rosenrot nach Blauviolett titriert. Verbrauch in ml mal 4 = mg% Ca. Der Fehler liegt unter 2%. (Dtsch. Gesundheitswes. **10.** 1278–80. 29/9. 1955. Berlin, Humboldt-Univ., Physiol.-chem. Inst.) F. KRUSEN. 5728

P. H. Schulitz, *Komplexometrische Bestimmung von Calcium im Serum.* Die bei der Anwendung der von verschied. Autoren angegebenen Arbeitsweisen auftretenden Schwierigkeiten u. Fehlerquellen werden beschrieben. Es wurde ein Verf. unter Verwendung von Kresolphthalein-Komplexon ausgearbeitet, durch das diese Störungen ausgeschaltet werden. Dabei wird Ca mit Oxalat gefällt, vor dem Zentrifugieren zum vollständigeren Auslaufen der Fl. aus den Zentrifugengläsern Sterox–W.-Mischung zugesetzt u. das Ca-Oxalat durch Behandlung mit Bromid–H_2SO_4 u. Bromat zerstört. Vergleichsanalysen mit der oxydimetr. u. flammenphotometr. Meth. ergaben gute Übereinstimmung. (Hoppe-Seyler's Z. physiol. Chem. **303.** 257. 1956. Hamburg, Krankenhaus Barmbek, Chem.-physiol. Abt.) J. SCHWAIBOLD. 5728

D. Davidsson, *Bestimmung von Calcium in biologischen Flüssigkeiten mit Äthylendiamintetraessigsäure.* Zur Vermeidung von Ca-Verlusten beim Auswaschen des Ca-Oxalat-Nd. u. Erzielung eines besseren Endpunktes als bei der Permanganattitration wurde ein Verf. ausgearbeitet, nach dem man folgendermaßen vorgeht: 1 ml W. wird im Zentrifugierglas zu 1 ml frischem Serum zugesetzt, dann 1 ml Oxalatlsg., nach 30 Min. wird zentrifugiert. Nach dem Abgießen der Fl. wird das Glas 5 Min. umgekehrt auf Filtrierpapier gestellt, dann der Nd. mit 0,2n HCl warm gelöst, in ein Titriergefäß übergeführt, mit 3 ml Puffer–Indicatorlsg. versetzt u. mit Äthylendiamintetraessigsäure titriert. Bei *Harn* wird ähnlich verfahren (Auffangen in Säure, Zusatz von NaOH in Ggw. von Bromphenolblau bis zur Blaufärbung). (Biochem. J. **62.** 37P–38P. März 1956. London, Postgrad. Med. School.) J. SCHWAIBOLD. 5732

J. C. Smith, J. E. Kench und **R. E. Lane,** *Bestimmung von Cadmium im Harn und Beobachtungen über Harncadmium und Eiweißausscheidung bei Menschen, die Cadmiumoxydstaub ausgesetzt waren.* Es wurde eine genaue u. empfindliche Meth. zur Best. von Cd im Harn entwickelt. Zur spektrophotometr. Messung gelangt die rosafarbene Lsg. des Cd–*Dithizon* (I)-Komplexes bei 506 mμ u. nicht die aus dem Komplex regenerierte grüne I-Lsg. in Chlf., da die rosa Lsg. photostabil ist. Cd-Verluste während des Waschens mit 6%ig. NaOH werden durch Zugabe einer wss. I-Lsg. in 1,5%ig. NH_3 vermieden. KCN-Zusatz erfolgt nach SALTZMAN (C. **1954.** 5132) mit 0,05% bei der 1. u. 1% bei der 2. Waschung. Zur Vermeidung einer Störung durch das im sauren (HNO_3, H_2SO_4, H_2O_2) Harnaufschluß enthaltene $(NH_4)_2SO_4$ beim Alkalisieren wird nach Neutralisation des Aufschlusses mit NH_3 eine Abtrennung der Spurenmetalle, darunter Cd, durch gemeinsame Ausschüttelung der I-Komplexe mit Chlf. vorgenommen, woraus eine Überführung in 1%ig. HNO_3 erfolgt. Es wurde festgestellt, daß bei Cd-Staub aus-

gesetzten Arbeitern gegenüber den Kontrollpersonen vermehrt Proteinurie auftritt, Harn-Cd u. -Eiweiß scheinen unabhängig voneinander zu variieren. (Biochem. J. **61**. 698–701. Dez. 1955. Manchester, Univ., Nuffield Dep. of Occupat. Health.)
PH. FRESENIUS. 5732

Evan E. Campbell und **Billye Marie Head**, *Die Bestimmung von Quecksilber im Harn. Methode mit einmaliger Extraktion.* Hg wird aus Harn nach Oxydation mit $KMnO_4/H_2SO_4$ u. Beseitigung von Störelementen nach Komplexbldg. mit Versenat durch einmalige Ausschüttelung mit Dithizon/CCl_4 extrahiert u. durch Absorptionsmessung bei 490 mμ bestimmt. Das Verf. erfordert genaue Einstellung der p_H-Bereiche. Die Empfindlichkeit beträgt 1 μg Hg mit einer Genauigkeit von $\pm 5\%$. (Amer. ind. Hyg. Assoc. Quart. **16**. 275–79. Dez. 1955. Los Alamos, N. Mex., Univ. of California, Los Alamos Scient. Labor.)
PH. FRESENIUS. 5732

John C. Vanatta und **Roy M. Landers jr.**, *Die Bestimmung der Gesamtbasen im Harn mit einem mit Jodat beladenen Austauscherharz.* (Vgl. C. **1955**. 6583.) Die gebundenen Harnbasen (total fixed base) werden titrimetr. nach der für Serum angegebenen Meth. bestimmt, nachdem vor der Harnveraschung die Phosphate durch Fällung mit Eisenalaun entfernt wurden. Wenn der Gesamtbasengeh. 300 mÄquivalent/Liter übersteigt, müssen die Mengen Phosphorwolframsäure u. KJ verdoppelt werden. Zur Best. der Gesamtbasen wird wie bei Serum verfahren u. mit einer Verdünnung von 1 ml Harn auf 100 ml gearbeitet. Zuerst muß der ,,Säulenfehler" der jodatbeladenen Harzsäule mit einer Standardlsg. bestimmt werden. (J. biol. Chemistry **216**. 351–55. Sept. 1955. Dallas, Tex., Univ. of Texas, Southwestern Med. School, Dep. of Physiol.) PH. FRESENIUS. 5732

Frank W. Fales, *Identifizierung des Harnzuckers.* Harn wird so verd., daß 1 ml ca. 0,2 mg reduzierbaren Zucker enthält; davon werden 20 ml mit 20 ml n/20 Oxalsäure u. 4 g LLOYD-Reagens (hydratisiertes Al-Silicat) 2 Min. geschüttelt u. filtriert. 12 bis 14 ml Filtrat werden mit 6–7 ml einer Suspension von gut gewaschener Bäckerhefe (5 g/25 ml W.) versetzt u. unter Rühren 10 Min. bei Raumtemp. gehalten. Man behandelt in gleicher Weise eine gleiche Menge Hefe mit W., zentrifugiert u. bestimmt in beiden Proben den Zuckergeh. nach dem Blutzuckerbestimmungsverfahren. Liegt vergärbarer Zucker vor, so sind die Werte beider Proben sehr niedrig, im anderen Fall liegt die Harnprobe wesentlich höher. Die Identifizierung der Zucker erfolgt durch eindimensionale Papierchromatographie des Harnes unter Verwendung reiner Substanzen als Vergleiche. Lösungsmittel: Phenol/W. (9:1); Entw. mit $AgNO_3$–Aceton (0,1 ml gesätt. $AgNO_3$-Lsg. zu 30 ml Aceton) u. Einw. von NH_3. (Amer. J. clin. Pathol. **25**. 336–39. März 1955. Georgia, Emory Univ., Univ. Hosp. and Dep. of Biochem.) F. KRUSEN. 5732

Alan S. Cohen und **Nathan Kantor**, *Eine vereinfachte papierchromatographische Methode zur Trennung der Glucose von Fructose im Urin.* Vff. trennen *Glucose* (**I**) von *Fructose* (**II**) im Urin diabet. Personen auf papierchromatograph. Wege unter Verwendung eines Gemisches aus n-Propylalkohol u. W. (3:1) u. erhalten für **I** einen R_f-Wert von 0,35; für **II** 0,44. Der Nachw. der Zucker wird mit 0,2%ig. Lsg. von Naphthoresorcin in A. u. Versetzen mit 0,1 Vol. konz. H_3PO_4 durchgeführt, dabei erscheint **I** auf dem Chromatogramm nach dem Trocknen (5–10 Min.; 90°) als purpurroter u. **II** als blauer Fleck. Der zu untersuchende Urin läßt sich direkt chromatographieren, u. die erhaltenen Farbintensitäten werden mit den durch Standard-**I**- u. **II**-Lsgg. in CH_3OH (0,5%ig) hervorgerufenen verglichen. (Amer. J. clin. Pathol. **25**. 1328–30. Nov. 1955. Boston, Mass., Diab. Serv., Boston City Hosp., U. S. Publ. Health Serv., Div. of Spec. Health Servv., Diab. Field Res. and Training Unit.) P. FAHRNLAENDER. 5732

René Truhaut, *Über eine Farbreaktion des Chloromycetins.* Vf. prüft die Farb-Rk. der Dichloressigsäuregruppe mit Pyridin in alkal. Medium auf Eignung für eine quantitative Best. des *Chloromycetins* (**I**) im Blut u. Urin. Als Optimum der Farb-Rk. wird angegeben: 5 ml der **I**-Lsg. in Pyridin werden mit 2 ml einer wss. 50%ig. Pottaschelsg. 5 Min. auf dem Wasserbad erwärmt. Als Bezugslsg. dient eine $CoSO_4$-Lsg. bestimmter Konzentration. Die Ergebnisse zeigen, daß die Farb-Rk. für Bestimmungen der angegebenen Art nicht geeignet ist, da sie nicht empfindlich genug ist u. in manchen Seren einen gelben Ton zeigt, der bes. bei Bestimmungen im Urin stört. (Ann. pharmac. franç. **9**. 347–49. Mai 1951. Paris, Fac. de Pharmac., Labor. de Toxicol.)
H. ENDRASS. 5732

J. Derkosch und **F. X. Mayer**, *Über den Nachweis und die Bestimmung des Schädlingsbekämpfungsmittels E 605 in der gerichtlichen Chemie.* (Vgl. C. **1955**. 4917.) *Diäthyl-* u. *Dimethylthiophosphorsäure-O-p-nitrophenylester* (E 605 forte u. E 605 Staub) lassen sich bei toxikolog. Unterss. mit Wasserdampf von biol. Material trennen u. übertreiben. Das Destillat wird ausgeäthert u. der Verdunstungsrückstand nach Lösen in A. UV-spektrograph. untersucht. Durch Aufnahme der Infrarotspektren läßt sich die Art des

Esters ermitteln. Bei der Wasserdampfdest. erhält man je nach Ausgangsmenge 10—80% der Ester. (Mikrochim. Acta [Wien] **1955**. 495—504. Wien, Univ., II. Chem. Labor. u. Inst. für gerichtl. Med.) PH. FRESENIUS. 5762

Miltiadès Papamiltiadès, Seine, Frankreich, *Schnellfärbung von Vaginalabstrichen*, bes. zur Krebsdiagnose. Man färbt nach bekannten Methoden nacheinander mit 3 Farblsgg., u. zwar einer Farbe zur Kernfärbung, einer acidochromen u. einer basochromen Farbe u. verwendet bei letzter ein Salz ($ZnSO_4$ oder Na_2HPO_4) als Puffer, das den p_H-Wert auf 3,5—5,5 stellt. Einzelheiten über die Herst. der einzelnen Farblösungen. (**F. P. 1 092 272** vom 9/4. 1953, ausg. 20/4. 1955.) G. WELTZIEN. 5661

A. S. Aloe Co., St. Louis, übert. von: **Theodore E. Weichselbaum**, Normandy, Mo., V. St. A., *Herstellung von Standardreagentien* für klin. Analysen durch Gefriertrocknung genau abgemessener Reagens-Fll. u. Verschließen des Trockenprod. in Ampullen, z. B. Hämatin in Boratpufferlsg. von p_H 9,4 für Hämoglobinbest. oder Standardrinderserum in 0,85%ig. NaCl-Lsg. für Bluteiweißbestimmung. Für colorimetr. oder spektrophotometr. Untersuchungen. (**A. P. 2 664 403** vom 25/6. 1951, ausg. 29/12. 1953.) K. HEINZE. 5725

Peter Walter Danckwortt und **Josef Eisenbrand**, Lumineszenz-Analyse im filtrierten ultravioletten Licht. Ein Hilfsbuch beim Arbeiten mit d. Analysen-Lampen. 6. erw. Aufl. Leipzig: Akademische Verl.-Ges. 1956. (VIII + 328 S. m. 60 Abb. u. 22 Tab.) 8°. DM 24,—.

Ch. Wunderly, Électrophorèse sur papier. Paris: Vigat frères. (132 S.) fr. 650.—.

H. Angewandte Chemie.

I. Allgemeine chemische Technologie.

Ewald Merkel, *Fluorhaltige Äthylenpolymerisate als Werkstoffe für Dichtungselemente.* (Chemie-Ing.-Techn. **27**. 279—83. Mai 1955. Hamburg-Wilhelmsburg, Asbest- u. Gummiwerke Martin Merkel K. G.) P. ECKERT. 5810

K. Mehnert, *Fluorpolymerisate als Dichtungsmaterial unter Berücksichtigung ihrer thermoplastischen Eigenschaften.* (Chemie-Ing.-Techn. **27**. 284—86. Mai 1955. Frankfurt/M.-Höchst, Farbwerke Hoechst AG.) P. ECKERT. 5810

F. Borowiak, *Neue kalthärtbare säure- und laugenbeständige Kitte.* Die auf Grund des CIOS XXXIII Rep. 26, 131—33 hergestellten Resole wurden auf chem. u. mechan. Widerstandsfähigkeit geprüft. Als bester Härtungszusatz erwies sich p-Toluolsulfochlorid. (Przemysł chem. **10 (33)**. 370—72. Juli 1954. Inst. Tworzyw Sztucznych.) F. URBAN. 5810

G. R. Gillespie und **H. F. Johnstone**, *Teilchengrößenverteilung in einigen hygroskopischen Aerosolen.* Es wurde die Verteilung der Teilchengrößen in Aerosolen von H_2SO_4, H_3PO_4, HCl, HBr u. $ClSO_3H$ gemessen u. der Einfl. der relativen Feuchtigkeit des Luftstroms, des Zusatzes von fremden Kernen, der Konz. der Aerosolteilchen u. der Zeit auf die Größenverteilung untersucht. Die Aerosole bildeten sich sofort bei Mischen des hygroskop. Dampfes mit einem feuchten Luftstrom, wobei die Teilchen Wasserdampf bis zum Gleichgewicht mit ihrer Umgebung aufnahmen. Die Versuchseinrichtung u. die Technik werden beschrieben. Wenn die Teilchenkonz. $10^6/cm^3$ übersteigt, tritt Wachsen der Teilchen durch Koagulation ein. Die Teilchengröße von 0,1—6,0 μ Durchmesser scheint vom Verf. der Kernbldg. abzuhängen. Muster von H_2SO_4-Nebel aus den Abgasen einer Kontaktsäurefabrik zeigte eine Teilchengrößenverteilung, die fast ident. war mit der von Aerosolen, gewonnen unter gleichen Bedingungen im Labor. aus SO_3 u. H_2O-Dampf. (Chem. Engng. Progr. **51**. 74F—80F. Febr. 1955. Urbana, Ill., Univ.) K. SEIFERT. 5824

A. Romwalter und **A. Hauer**, *Neue Anwendungsmöglichkeiten des aktivierten Aluminiums.* (Acta techn. Acad. Sci. hung. **2**. 43—58. 1951. Sepron, Inst. für allg. Chem. — C. **1954**. 10788.) M. BLUTH. 5854

Ja. D. Selwenski und **W. A. Schalygin**, *Prüfung der Rektifikationskolonnen mit Hilfe verdünnter Flüssigkeiten. Anwendung der Methode der radioaktiven Indicatoren.* Beschrieben wird ein Verf. zur Beurteilung der Trennwrkg. von Rektifizierkolonnen unter Verwendung von verd. ^{35}S-Thiophen (I)-Lsg. in Benzol. Die Herst. von **I** erfolgt aus $H_2{}^{35}S$ u. Furan über Al_2O_3 bei 400°. Es konnte gute Übereinstimmung bei der Berechnung der theoret. Böden an den Gemischen Bzl./Dichloräthan u. Bzl./**I** erhalten werden. Bei der Mischung Bzl./CCl_4 wurden dagegen weniger theoret. Böden ermittelt, was vermutlich auf unterschiedliche physikal. Eigg. der Komponenten zurückzuführen ist. Das Verf. mit radioakt. Indicatoren ermöglicht eine wesentliche Vereinfachung der

Prüfmethodik bzgl. der Trennwrkg. von Kolonnen bis zu einer theoret. Bodenzahl von 75. (Нефтяное Хозяйство [Petroleum-Wirtsch.] **33.** Nr. 8. 65—74. Aug. 1955.) A. Hoyningen-Huene. 5864

E. Plumat und **E. Deliere,** *Trocknung mit durch elektrisch leitfähiges Glas erzeugten Infrarotstrahlen.* Durch Behandlung von Fensterglas bei ca. 500° mit Chloriden, wie $SnCl_2$ u. $CdCl_2$, in oxydierendem Milieu wird eine halbleitende Oxydschicht von 0,2—1 μ Stärke erzeugt, die die opt. Eigg. des Glases nicht merklich ändert. Der elektr. Widerstand einer solchen Schicht ist so groß, daß durch Anlegen der Netzspannung eine Temp. von 50—200° erreicht wird. Das Glas ist infolge seines hohen Emissionsvermögens ein idealer Strahlungskörper mit hohen Energieausbeuten u. kleinen Konvektionsverlusten. Die Strahlung kann zur Trocknung von Textilien, Anstrichen, keram. Prodd. usw. benutzt werden; ihre spektrale Zus. muß auf die Absorption des Trockengutes abgestimmt werden. (Ind. chim. belge **20.** 961—71. Sept. 1955. Gilly, Union des Verreries Mécaniques Belges, Labor. Central.) D. Bredtschneider. 5874

Herbert Weil, *Chromatographische Fabrikation.* Übersicht über die technolog. Anwendbarkeit der Chromatographie. (Chemiker-Ztg. **79.** 206—08. 12/4. 1955. London.) E. Moisar. 5886

Donald R. Mason, *Betrachtungen zur chemischen Verfahrenstechnik.* Vortrag. Erörterungen über den verfahrenstechn. Wert der Klassifizierung der chem. Rkk. nach dem chem. Vorgang (unit processes) bzw. nach physikal.-chem. Gesichtspunkten, bes. hinsichtlich des Phasenzustandes. Ferner Diskussion des Ablaufs von Rkk. in n. Mischbehältern, in stufenweise angeordneten Behältern sowie im kontinuierlich betriebenen Reaktionsraum. (Chim. et Ind. **71.** 477—81. März 1954.) Gerhard Günther. 5896

Tibor Blickle und **Pál Fejes,** *Einleitung in die Fluidisationstechnik.* Überblick über die theoret. Grundlagen, über qualitative u. quantitative Gesetzmäßigkeiten, über den Wärmeübergang bei Fluidsystemen. Die technolog. Prozesse, bei denen die Fluidtechnik sich bewährt hat, werden beschrieben. (Magyar Kémikusok Lapja [Z. Ver. ung. Chemiker] **10.** 116—22. 25/4. 1955.) R. Birthler. 5904

II. Betriebsschutz. Feuerschutz.

P. P. Dikun, L. M. Schabad und **W. L. Norkin** *Einige neue Angaben über die Verunreinigung der Luft von Industriestädten durch 3.4-Benzpyren.* Unter Verwendung der Meth. der chromatograph. Fraktionierung durchgeführte Unterss. von 2½ Monate altem Schnee aus Leningrad ergaben eine starke Verunreinigung der Atmosphäre durch *3.4-Benzpyren* (**I**). Noch in einer Entfernung von 2½ km einer Fabrik fand man 0,01 mg **I**/m². Es wird errechnet, daß die Fabrik im Laufe 1 Jahres mehrere kg **I** an die Atmosphäre abgibt. In anderen Teilen Leningrads wurden 0,2—7,8 mg **I**/m² gefunden. Das bedeutet, daß während einer Heizperiode (6 Monate) mindestens 200 g **I** auf 1 km² Großstadtfläche entfallen. Der Zusammenhang zwischen dem Auftreten von Krebs bei der Bevölkerung von Industriestädten u. dem **I**-Geh. der Luft ist nach Ansicht der Vff. noch nicht genügend geklärt. (Гигиена и Санитария [Hyg. u. Sanitätswes.] **21.** Nr. 1. 6—11. Jan. 1956. Onkol. Inst. der Akad. der Med. Wiss. der UdSSR, Labor. für exp. Onkologie.) E. Rentz. 5930

C. S. Gibson, *Tagesprobleme bei der Staubbeseitigung in Metallbergwerken.* Betrachtungen über die im Bergwerksgebiet von Ontario bei der Förderung von Au, Ag, Co, Cu, Ni, Fe, Talkum, Flußspat u. Gips gegebenen Möglichkeiten zur Bekämpfung kieselsäurehaltigen Staubes in der Atmosphäre, beim Bohren u. bei den modernen Förderverfahren. (A. M. A. Arch. ind. Health **12.** 167—73. Aug. 1955. Timmin, Ontario, Can.) H. Eisenbarth. 5932

A. Hudson, *Sicherheit und Gesundheit im Steinkohlenbergbau.* Übersicht über die seit 1851 im engl. Steinkohlenbergbau erfolgten Unfälle mit Hinweisen auf die Fortschritte in der Unfallverhütung u. Ausblick auf die in der Zukunft zu erwartenden Unfallmöglichkeiten. (Iron Coal Trades Rev. **171.** 373—82. 12/8. 1955. National Coal Board, South Western Div., Div. Safety Engng.) H. Eisenbarth. 5936

Je. I. Schneider, *Einige Fragen der Arbeitshygiene bei der Bearbeitung von Zellwolle.* Bei Verspinnung von mit S-Farbstoffen spinngefärbter Zellwolle (sowjet. u. ausländ.) wurde eine Ausscheidung von CS_2 beobachtet, wobei in der Luft der Arbeitsräume bis zu 0,0008 mg/Liter CS_2 festgestellt wurde. Als Ursache wird die Verzögerung der Zers. von Xanthogenaten durch die zusammen mit dem Farbstoff eingeführte Glucose angenommen. Der CS_2-Geh. im gepreßten Ballen erreicht bis zu 3,6 mg/kg nach 1 Woche u. bis zu 0,8 mg/kg nach 16 Wochen Lagerzeit. Obwohl die Luftverunreinigung unterhalb der Schädlichkeitsgrenze liegt, wird die Verwendung anderer Färbeverff. empfohlen.

(Гигиена и Санитария [Hyg. u. Sanitätswes.] **1955**. Nr. 10. 41—43. Okt. Moskau, Sanit.-Epidemiol. Stat.) N. STSCHERBINA. 5940

A. Krüger und **R. Radusch**, *Untersuchungen zur Ermittlung des Brandverlaufs bei Lagertanks brennbarer Flüssigkeiten.* Da immer größer werdende Lagertanks für brennbare Fll. gebaut werden, ist damit zu rechnen, daß bei Tankbränden die Gefahren für die Umgebung u. der Löschwiderstand des Feuers unverhältnismäßig stark zunehmen. Der vorbeugende u. abwehrende Brandschutz muß sich auf erhöhte Anforderungen einstellen, deren Ausmaß durch prakt. Erfahrungen allein nicht bestimmt werden kann. Zur Ermittlung des Abbrandverlaufes u. der Temperaturverhältnisse wurden Modellverss., die beschrieben werden, durchgeführt. Sie ergaben, daß der Brandverlauf von der Art des Brennstoffes, den Tankabmessungen, der Füllhöhe u. äußeren Einfll. (räumliche Umgebung, Wind) abhängt. Entsprechendes gilt auch für den Temperaturverlauf u. die Wärmestrahlung während des Brandes. Diese vorläufigen Erkenntnisse haben für die Löschtaktik bei Tankbränden schon eine gewisse Bedeutung. Die Verss. werden fortgesetzt. (Erdöl u. Kohle **8**. 482—86. Juli 1955. Karlsruhe, TH, Forschungsstelle für Feuerlöschtechnik.) H. EISENBARTH. 5944

III. Elektrotechnik.

Joachim Euler, *Elektrete.* Aus Wachs–Harz-Mischungen kann man durch Einw. eines (magnet.) elektr. Feldes (Magnete) Elektrete erzeugen, die nach dem Formieren ein permanentes elektr. Feld zeigen. Die als Ursachen angesehenen, räumlich getrennten Ladungen nimmt man als (fiktive) Oberflächenladungen an. Nach dem Abschaben der Oberfläche erweist sich die Ggw. von elektr. Ladungen auch im Inneren der Elektrete (Volumeffekt). Die Polarität bleibt manchmal erhalten; in anderen Fällen kehrt sie sich im Laufe der Zeit um, die von der Formierungsstärke abhängt. Die Oberflächenladung ist bis zu 30 kV/cm der Formierungsfeldstärke proportional. Elektrete können im Elektrometer zur Erzeugung von Hilfsspannungen u. zum Bau von Mikrophonen verwendet werden. Ein Elektret kann nur ein elektr. Feld aufrechterhalten, aber keinen galvan. Strom liefern. (Z. Ver. dtsch. Ing. **94**. 481—83. 1/6. 1952. Braunschweig.) W. WESLY. 5958

J. M. Serra Martinez, *Entsulfatisierung von Akkumulatoren.* Nach einem Überblick über die gebräuchlichen Maßnahmen gegen die Erschöpfung von Akkumulatoren durch Beläge von $PbSO_4$ wird ein Verf. empfohlen, das auf der depolarisierenden Wrkg. des Syst. (+)$Pb/PbSO_4/ZnSO_4/Zn$(—) beruht. Die entladenen Elemente werden ausgewaschen u. mit 40%ig. $ZnSO_4$-Lsg. gefüllt, dann werden Zn-Hilfselektroden eingesetzt u. mit den Pb-Elektroden kurzgeschlossen; nach beendeter Regeneration u. kurzer „Erholung" wird wieder ausgewaschen u. mit frischer Säure gefüllt. (Rev. Ci. apl. **9**. 31—39. Jan./Febr. 1955.) R. K. MÜLLER. 5970

L. E. Pucher, *Die Kupfer(I)-chlorid-Magnesium-Reservebatterie.* Die Batterie besteht aus: Kathode: Cu-Netz oder Bronzesieb mit Cu_2Cl_2-Paste (aus Cu_2Cl_2-Pulver mit Polystyrol–Toluol-Binder). Anode: Mg-Blech. Separator: natürliche oder synthet. Textilfasern. — Mechanismus: $Cu_2Cl_2 + Mg + 6\ H_2O \rightarrow 2\ Cu + MgCl_2 \cdot 6\ H_2O$. Die Batterie muß trocken aufbewahrt werden, da Cu_2Cl_2 hygroskop. ist. Die Spannung erreicht 1,7—1,8 V, die Aktivierung mit W. erfolgt in 1—10 Minuten. Da die Entladungs-Rk. exotherm verläuft, kann die Zelle bis zu niedrigen Tempp. (—50°) verwendet werden. (J. electrochem. Soc. **99**. 203C—204C. Aug. 1952. Cleveland, O., Willard Storage Battery Comp.) J. KLEFFNER. 5970

L. E. Pucher, *Die Bleidioxyd–Cadmium-Reservetypzelle.* Die Zelle besitzt als Kathode Pb-plattierte Cu-Gitterplatten, die mit CdO–H_2O-Pasten bedeckt u. zu Cd-Schwamm formiert wurden. Es wurden auch Cd-Blech oder elektrolyt. niedergeschlagenes Cd verwendet. Als Anode dienen n. Pb–Sb-Gitterplatten oder Pb-plattierte Cu-Schirme (hierdurch Gewichtsersparnis), als Elektrolyt H_2SO_4 (D. 1,300). Entladungs-Rk.: $PbO_2 + Cd + 2\ H_2SO_4 \rightarrow PbSO_4 + CdSO_4 + 2\ H_2O$. Als Separator zwischen den Platten wird Spezialpapier, Fibermaterial oder mikroporöser Gummi genommen. Die Zellen mit Cd-Schwamm haben höhere Entladungsspannung, größere Kapazität bei höheren Entladungsbeträgen, geringeres Gewicht u. können bei niedrigerer Temp. gebraucht werden als die Pb–PbO_2-Zellen. Die Haltbarkeit der Zelle ist begrenzt, da der Cd-Schwamm heftig unter H_2-Entw. mit H_2SO_4 reagiert. (J. electrochem. Soc. **99**. 204C—205C. Aug. 1952. Cleveland, O., Willard Storage Battery Co.) J. KLEFFNER. 5970

W. J. Schlotter, *Die Bleidioxyd–Zink-Reservetypzelle.* Die Zelle besitzt als Kathode dünnes gerolltes Blech aus reinem Zn (amalgamiert). Die Oberfläche wird entfettet u. in HCl geätzt. Als Anode dienen Pb-Gitterplatten mit PbO_2. Die Zus. der Pb-Legierung bestimmt stark die Lebensdauer der unaktivierten Zelle. Als Elektrolyt dient reine

H_2SO_4 (37 bzw. 50%). Eine hohe Säurekonz. ergibt eine erhöhte Leistungsfähigkeit der Anode, aber auch eine erhöhte Polarisation der Kathode. Entladungs-Rkk.: Zn → Zn^{2+} + 2e, Pb^{4+} → Pb^{2+} − 2e. Wegen der starken Reaktionsfähigkeit der Kathode muß die Zelle gut trocken aufbewahrt werden. Der Elektrolyt wird vor Gebrauch eingefüllt oder in einer getrennten Abteilung der Zelle gehalten. Die Separatoren aus plast. Holz oder porösem Papier müssen gasdurchlässig sein. Wegen des Polarisationseffektes der Kathode ist die Zelle sehr empfindlich gegen niedere Temperaturen. Betriebstemp.: >27 bzw. 32°. Die Zellen haben hohe Spannungen (2,2—2,5 V), ziemlich hohe Stromdichten, niedrige Kosten. Nachteilig sind die starke Gasentw. u. die Unverwendbarkeit bei niederen Temperaturen. (J. electrochem. Soc. **99.** 205C—206C. Aug. 1952. Philadelphia, Pa., Electric Storage Battery Co.) J. KLEFFNER. 5970

Paul L. Howard, *Die Chlor-Zink-Primärzelle.* In der Cl_2-Zn-Primärzelle wird Cl_2 zur Depolarisation benutzt. Kathode: gepreßter Ruß mit einer $ZnCl_2$-Lsg.; Anode: Zn, Al oder Mg; Separator: Methylcellulosegel; Depolarisator: poröse Kohleschicht mit Cl_2. Das Cl_2 wird kurz vor Gebrauch im fl. Zustand der Batterie zugeführt. Der Cl_2-Partialdruck in der Batterie entspricht der Temp. (bei 20° ca. 6,3 kg/cm²). Mechanismus: $Cl_2 + 2e \rightarrow 2\,Cl^-$; $Zn = Zn^{2+} + 2e$; $Cl_2 + Zn \rightarrow ZnCl_2$. Spannung: 2,1 V, auch abhängig vom Cl_2-Druck. Entladungsdauer 1—30 Minuten. (J. electrochem. Soc. **99.** 206C—207C. Aug. 1952. Washington, D. C., Nat. Bur. of Stand.) J. KLEFFNER. 5970

Jacques Suchet und **N'Guyen Thien-Chi,** Paris, Frankreich, *Heißleiter* mit konstantem hohem negativem Temperaturkoeff. besteht aus einem homogen gesintertem Gemisch von Mn_2O_3, NiO u. 10—50% Al_2O_3 oder SiO_2 (wobei das Mol-Verhältnis zwischen Mn u. Ni 1—4 beträgt) mit einem Schutzüberzug aus Silicaten u. Borsilicaten von Pb u. Zn. (**A. P. 2 720 471** vom 9/3. 1953, ausg. 11/10. 1955. F. Prior. 12/3. 1952.) H. KESSEL. 5953

Siemens-Schuckertwerke Akt.-Ges., Berlin und Erlangen (Erfinder: **Wilhelm Gebhardt,** Nürnberg, **Karl Knoll,** Feucht bei Nürnberg, und **Hans Prinz,** Nürnberg), *Elektrische Isolation* besteht aus höchstens 5 μ starken Glas-, Quarz- oder Glasurfolien mit dazwischen gelagerten anorgan. Faserstoffen u. einem anorgan. Bindemittel, z. B. einer wss. Suspension von Glas-, Glimmer-, Ton- oder Kaolinstaub. (**D. B. P. 938 677** Kl. 21c vom 6/7. 1939, ausg. 2/2. 1956. Anmeldung bekanntgemacht 27/8. 1953.) H. KESSEL. 5957

Robert Bosch G. m. b. H., Stuttgart, *Hochfrequenzmagnetkern.* Aus Folien eines isolierenden organ. oder anorgan. Trägerstoffs (z. B. Kondensatorpapier, Glimmerplättchen, Kollodium- oder Polystyrolhäutchen) wird ein homogenes ferromagnet. Material in ca. 1 μ dicken feldparallelen Streifen im Vakuum aufgedampft, bes. in mehreren, durch nichttragende Isolierschichten (z. B. aufgedampfte u. oxydierte Metallschichten oder unmittelbar aufgedampfte Metalloxydschichten) voneinander getrennten Schichten. (**D. R. P. 755 102** Kl. 21g vom 20/5. 1936, ausg. 1/2. 1954.) H. KESSEL. 5959

Owens-Corning Fiberglas Corp., übert. von: **Meredith St. George Jensen,** Toledo, O., V. St. A., *Herstellung von Glasscheidern für Akkumulatoren.* Auf ein Glasmattenband werden Glasfasern in Büschelform mit Hilfe von Bindemitteln, wie Stärke, Gelatine oder Kunstharze, aufgebracht, wobei die Fasern der Büschel quer zu den Fasern der Matte liegen u. die Seiten der Büschel sich überlappen, so daß eine wellige Oberfläche entsteht. Zwischen die Elektroden werden diese Scheider zusammen mit Holzfolien eingesetzt. Die wellige Oberfläche verhindert das Herauslösen der positiven akt. M., ohne jedoch die entstehenden Gasblasen am Aufsteigen zu hindern. (**A. P. 2 677 007** vom 3/2. 1949, ausg. 27/4. 1954.) F. LAASS. 5971

Accumulatoren-Fabrik Akt.-Ges., Deutschland, *Sammlerelektrode.* Die sich bei der Entladung des Sammlers bildenden voluminösen Ndd., durch die mit der Zeit die Sammlerkapazität herabgesetzt wird, sind prakt. ohne Einfl., wenn die Elektrode enge, nach oben u. unten offene Hohlräume oder Kanäle erhält, durch die der Elektrolyt umlaufen u. vom Innern der Elektrode her an die akt. M. gelangen kann. Die Hohlräume können mit gewellten Separatoren, mit Glaswolle usw. gefüllt sein. — 9 Zeichnungen. (**F. P. 1 091 946** vom 23/1. 1954, ausg. 15/4. 1955. D. Prior. 24/1. 1953.) B. SCHMIDT. 5971

Accumulatoren-Fabrik Akt.-Ges., Deutschland, *Stromsammlerelektrode.* Die positive Elektrode für alkal. Sammler wird lediglich durch Pressen oder durch Pressen unter Erwärmung von Pulver, das aus Metall (Cu oder Ag), dessen Oxyd oder einem Gemisch davon besteht, hergestellt. Der fertige Elektrodenkörper enthält ein tragendes metall. Skelett, das z. T. bei Aufladung des Sammlers oxydiert u. bei Entladung wieder red. wird. (**F. P. 1 100 216** vom 27/4. 1954, ausg. 19/9. 1955. D. Prior. 27/4. 1953.) B. SCHMIDT. 5971

Accumulatoren-Fabrik Akt.-Ges., Deutschland, *Gasdichter Stromsammler*. Beide Flächen der positiven Elektrode sind mit feinporigen, den Elektrolyten aufsaugenden Separatoren u. mit Elektrodenplatten abgedeckt, die zusammen die negative Elektrode von großer Kapazität bilden. Die Rückseiten der Platten sind unbelegt, so daß der sich bei Aufladung des Sammlers entwickelnde O_2 an die freien Rückseiten gelangen u. mit diesen reagieren kann. Die Separatoren tauchen mit ihrem Rand in jeder Lage des Sammlers in eine kleine Reservemenge des Elektrolyten ein. — 2 Zeichnungen. (**F. P. 1 092 903** vom 9/2. 1954, ausg. 28/4. 1955. D. Prior. 6/3. 1953.) B. SCHMIDT. 5971

Yardney International Corp., V. St. A., übert. von: **Venner Ltd.**, *Silber-Zink-Stromsammler*. Zur Erleichterung der Diffusion des alkal. Elektrolyten an der positiven Elektrode u. zur Verhütung von schädlicher Zn-Abscheidung aus dem Elektrolyten wird nur die negative Elektrode mit Separatorfolie umkleidet, u. zwar bes. $>$6fach. — Zeichnung. (**F. P. 1 096 997** vom 18/2. 1954, ausg. 28/6. 1955. E. Prior. 20/2. 1953.) B. SCHMIDT. 5971

Sylvania Electric Products, Inc., übert. von: **Leonard W. Kates**, Hempstead, N. Y., V. St. A., *Glühkathodendraht* von hoher Warmfestigkeit besteht aus 5—30 (%) W, 0,05—2 Al u. 68—94,5 Ni. (**A. P. 2 720 458** vom 29/4. 1952, ausg. 11/10. 1955.) H. KESSEL. 5975

Licentia Patent-Verwaltungs-G. m. b. H., Hamburg (Erfinder: **Siegfried Poganski**, Belecke/Möhne), *Trockengleichrichter*, bes. Se-Gleichrichter. Beim Aufspritzen der Cd-Gegenelektrode ist der Spritzdruck so groß, daß die Berührungsflächen der einzelnen, feinstverteilten Tröpfchen mit der Unterlage von freien Flächen umgeben sind, deren Gesamtfläche etwa gleich der gesamten Berührungsfläche ist. Vor dem Aufbringen der Gegenelektrode wird eine Substanz (bes. SeO_2 oder ZnO) in feinster Verteilung aufgebracht, die durch ihren elektr. Widerstand oder dadurch, daß sie gute Kontaktbldg. zwischen Halbleiterschicht u. Gegenelektrode verhindert, den Stromübergang auf die von ihr freien Flächenelemente beschränkt. (**D. B. P. 939 220** Kl. 21g vom 9/4.1949, ausg. 16/2. 1956. Anmeldung bekanntgemacht 16/8. 1951.) H. KESSEL. 5977

IV. Wasser. Abwasser.

Gerhard Höhnl, *Ein Beitrag zur Physiologie der Eisenbakterien*. Nach einer krit. Besprechung der Literatur (28 Angaben) über die Frage, ob Eisenbakterien sich autotroph durch die bei der Oxydation von Fe^{2+} zu Fe^{3+} freiwerdende Energie u. die CO_2 der Luft ohne jede organ. Substanz ernähren können, beantwortet Vf. dies mit „nein" auf Grund eigener Verss., bei denen sterile Nährlsg., mit sterilem Leitungswasser stark verd., unter sterilen Bedingungen ein Gefäß durchströmte, in dem sich Reinkulturen von *Leptothrix ochracea* bzw. *Sphaerotilus natans* befanden. Diese wuchsen noch bei analyt. nicht mehr erfaßbaren Nährstoffmengen. Der Geh. an Zuckerstoffen, bei denen noch ein Wachstum eintrat, schwankte zwischen 0,02—0,07 mg/Liter. Ggw. von Fe oder Mn war dazu nicht erforderlich. Das Vork. dieser Eisenbakterien in der Natur ist ebenfalls nur auf das Vorhandensein verwertbarer organ. Stoffe in natürlichen Wässern zurückzuführen. Die Oxydation der Fe^{2+}-Salze im W. u. den Gallertscheiden der Chlamydobakterien bewirkt ausschließlich der im W. gelöste O_2, unabhängig von der Lebenstätigkeit der Zellen. Eine Ausnahme macht vielleicht *Gallionella ferrugina*. (Vom Wasser **22**. 176—93. 1955. München.) H. MÜHLMEISTER. 6010

Höfer, *Über die Bekömmlichkeit und Genußfähigkeit von phosphatbehandeltem Wasser*. Auswertung der Literatur (21 Angaben) u. eigener Verss. sowie Würdigung der physiol. Verhältnisse im menschlichen Organismus führen zu dem Schluß, daß bis zu 7 mg P_2O_5/Liter enthaltende Trinkwässer unschädlich sind, einerlei, ob der Zusatz als Ortho- oder Polyphosphat erfolgt. Die durch Lebensmittel aufgenommenen Mengen mit 3,6—4,5 g P_2O_5/Tag liegen weit höher, sie bedingen eine Aufnahme von mindestens 1 g Kalk/Tag, um das Gleichgewicht $Ca:P_2O_5$ nicht zu stören. (Gesundheits-Ing. **77**. 45—49. 15/2. 1956. Berlin-Dahlem, Inst. für Wasser-, Boden- u. Lufthyg.) H. MÜHLMEISTER. 6014

Michael Sivetz und **C. H. Scheibelhut**, *Anwendung des Mischbettionenaustausches zur Wasserreinigung in Kernreaktoren*. Bei Kernreaktionsprozessen dient schweres W. zur Kühlung u. als Moderator. Um Korrosionen der Kühlrohre zu vermeiden, keine radioakt. Zerfallsprodd. im D_2O außerhalb des Reaktorherzens auftreten zu lassen u. die Neutronenausbeute nicht zu vermindern, ist völlig reines W. Grundbedingung. Im zirkulierenden Kühlwassersyst. war ein Mischbettionenaustauscher eingebaut. Verss. mit den Harzen *Amberlite IR 120*, *IRA 400*, *IRA 410*, *Dowex 2*, *Nalcite HCR* u. *SAR* ergaben im Zeitraum mehrerer Monate einen deutlichen Reinigungseffekt. So wurden bei nahezu konstantem p_H (6—8) Leitfähigkeiten unter 0,1 Mikrosiemens·cm^{-1} erreicht. Dabei zeigte sich die Meth. des Mischbettionenaustausches qualitativ u. ökonom. den Destillationsprozessen überlegen. (Ind. Engng. Chem. **47.** 1020—22. Mai 1955. Lemont, Ill., Argonne Nat. Labor.) R. Böhm. 6020

J. Holluta und **H. Armbruster,** *Über die Entsäurung aggressiver Wässer durch halbgebrannte Dolomite, insbesondere durch Magnomasse.* Ergebnisse der Entsäuerung durch halbgebrannte Dolomite (I), bes. Magnomasse (II), werden in 15 Diagrammen u. 10 Tabellen gegeben. Die Gleichgewichtsfiltrationsgeschwindigkeit (**G**) sinkt bei weichen Wässern bei steigender Rohwasser-Carbonathärte (**C. H.**) u. geht bei 8° deutscher (**d**) **C. H.** durch ein Minimum. Von 3—8° **d. C. H.** entsäuert vorwiegend das $CaCO_3$, über 8° das MgO, bei 8° gilt $MgO \cdot CaCO_3 + 3CO_2 + 2H_2O = Mg(HCO_3)_2 + Ca(HCO_3)_2$. Der auf gleiche CO_2-Mengen bezogene Härtezuwachs ist also bei höheren Härten u. niedrigen CO_2-Geh. wesentlich geringer als bei weichem W., erlaubt daher die Magnoentsäuerung von W. mit > 12 **d. C. H.** Elektronenmkr. Aufnahmen von rohem u .halbgebranntem I sowie von ein- u. abgearbeiteter II zeigen, daß nach dem Brande die Struktur von I aufgelockert u. freies MgO vorhanden ist. Nach der Einarbeitung verlieren die Strukturen an Schärfe, die der ausgearbeiteten deuten auf neue CO_2-Bindung durch Einbau von CO_2^- in das Gitter hin. Dies erklärt auch die zusätzliche Zurückhaltung von CO_2 in der II selbst. Beziehungen zwischen **G**, Korngröße, Geh. an aggresiver CO_2 u. **C. H.** lassen sich durch 2 Gleichungen ausdrücken, mit denen sich die Gleichgewichtsentsäuerungsgeschwindigkeit für W. von **d. C. H.** 3—14° mit 20—70 mg aggresiver CO_2/Liter berechnen läßt u. so die wirtschaftliche Bemessung einer Entsäuerungsanlage gestattet. Ein Nomogramm dient zur graph. Ermittlung der zum Erreichen eines befriedigenden Entsäuerungseffektes erforderlichen Filtriergeschwindigkeit bei verschied. Körnung von II u. Rohwasser verschied. Zusammensetzung. Bei Verdoppelung der Schichthöhe kann nur die 1,94fache Geschwindigkeit gerechnet werden, Erhöhung der Temp. um 10° bewirkt 85%ig. Steigerung von **G.** Der Temperaturkoeff. liegt bei weichem W. niedriger als bei hartem mit einem Mittelwert bei 8° **d. C. H.** Je MgO-reicher ein I ist, desto rascher entsäuert er unter Verschiebung der Anteile, mit denen sich $CaCO_3$ u. MgO an der Entsäuerung beteiligen. Anwendung der entwickelten Berechnungsgrundlagen brachte wirtschaftliche Vorteile bei der Erstellung von Entsäuerungsanlagen (23 Literaturangaben). (Vom Wasser **22.** 368—412, 1955. Karlsruhe, TH, Gasinst.)
H. Mühlmeister. 6024

L. N. Falkowskaja, *Entseuchung von Trinkwasser durch Ultraschall.* Verss. ergaben, daß der Ultraschall sowohl die vegetativen Formen als auch die Sporen von Mikroorganismen (Bact. Coli, Bact. aerogenes, Bac. subtilis), unabhängig von der Trübung (bis zu 5 mg/Liter) u. der Farbe des W. abtötet. Für die bactericide Wrkg. des Ultraschalls ist die Intensität der Schwingungen wichtig, die zur Entseuchung des W. 2 W/cm² bei einer Frequenz von 46000/Sek. betragen muß. (Гигиена и Санитария [Hyg. u. Sanitätswes.] **21.** Nr. 1. 11—14. Jan. 1956. Pamfilow-Akad. für Kommunalwirtschaft).
E. Rentz. 6028

Herbert Köhle, *Schwierigkeiten der Speisewasseraufbereitung, verursacht durch die Verschmutzung der Wasserläufe.* An Beispielen der Verunreinigung von Oberflächenwasser durch organ. Stoffe, Beizsäuren, NaCl u. a. werden ihre Auswirkungen bei der Verwendung als Kesselspeisewasser u. Vorschläge zu seiner Aufbereitung besprochen. Bisher aufgetretene Schwierigkeiten konnten behoben werden. (Vom Wasser **22.** 355—67. 1955. Düsseldorf, Techn. Überwach. Ver. Köln, Inst. für Wassertechnol.)
H. Mühlmeister. 6030

Józef Kucharski, *Abwasserprobleme der chemischen und elektrochemischen Metallbearbeitungsbetriebe.* Charakterisierung der Abwässer aus den Metallbearbeitungsbetrieben; Wrkg. der einzelnen Bestandteile vor allem auf die Kanalisationseinrichtungen. Übersicht über Reinigungsmethoden. (Gaz, Woda Techn. sanit. **28.** 181—85. Juni 1954. Warszawa, Polit., Zakł. Techn. Wody i Ściekow.) F. Urban. 6036

C. Gwilliam, K. Crudge und **S. H. Jenkins,** *Tropfkörperbehandlung des Gaswassers und einiger seiner Bestandteile.* Bericht über Betriebsergebnisse von Tropfkörperversuchsanlagen, die zur Behandlung von Gaswasser u. einiger seiner Hauptbestandteile betrieben wurden. Dabei ergab sich, daß Phenole bis zu 40 mg/Liter nach Gewöhnung im Tropfkörper vollständig abgebaut werden können mit nur geringer Verschlechterung der Abbauleistung; das Gleiche gilt für $Na_2S_2O_3$-Gehh. bis zu 50 mg/Liter S_2O_3. SCN-Verbb. werden nach Gewöhnung bis zu 5 mg/Liter abgebaut, allerdings bei deutlicher Verschlechterung des Ablaufes. Gaswassergehh. von je nach Herkunftsart 0,25—0,625% in n. städt. Abwasser lassen sich durch Tropfkörperbehandlung so weit reinigen, daß in ihren belüfteten Abläufen Fische nicht mehr geschädigt werden. (J. Proc. Inst. Sewage Purificat. **1954.** 377—93. Vortrag). W. Niemitz. 6044

Frau Béla Cserneczky und **Dezsö Mosó**, *Bestimmung geringer Mengen Sauerstoff im Kesselspeisewasser.* Für die Best. sehr kleiner O_2-Konzz. im Kesselspeisewasser wurde die klass. WINKLER-Meth. weiterentwickelt, indem statt Stärke CCl_4, Bzl., Toluol u. Chlf. verwendet werden. Der bei Anwesenheit von J auftretende rosa Farbton wird bis zur Entfärbung titriert. – Da J außer O_2 noch mit vielen andern Stoffen reagiert, wird die Empfindlichkeit der O_2-Best. stark beeinträchtigt. Deshalb verwendet man bei der o-Tolidin (I)-Meth. statt J I als Redox-Indicator. Die Auswertung erfolgt dann colorimetrisch – Mit der modifizierten WINKLER- sowie o-Tolidin-Meth. kann der O_2-Geh. des Kesselspeisewassers bis zu 5 γ/Liter mit einer Genauigkeit von ± 2 γ/Liter bestimmt werden. – 21 Literaturangaben. (Magyar Energieagazdaság [Ung. Energiewirtsch.] **9.** 19–25. Jan. 1956.) R. SCHRAUF. 6060

V. Anorganische Industrie.

L. Je. Berlin, *Über die Produktion von Borsäure, Borax und Bordüngemitteln.* Zusammenfassender Überblick über die Fabrikation von *Borsäure* u. *Borax* aus Ascharit- u. Ascharit-Hydroboraciterzen u. Datolithen sowie die Herst. von B-Düngemitteln aus Fabrikabfällen in der Sowjetunion. (Журнал Прикладной Химии [J. angew. Chem.] **28.** 785–801. Aug. 1955.) O. LEBTAG. H 258

Buffalo Electro-Chemical Co., Inc., Buffalo, N. Y., V. St. A., *Stabilisieren von wässrigen Wasserstoffperoxydlösungen,* indem man in der Lsg. koll. metall. Sn dispergiert, z. B. in Mengen von 2 (Teilen) auf 1000000 H_2O_2. (**Schwz. P. 312 173** vom 29/9. 1953, ausg. 29/2. 1956.) K. DEMMLER. H 241

Soc. An. Ammoniaque Synthétique et Dérivés, Belgien, *Herstellung von Salpetersäure* aus nitrosen Gasen, welche durch katalyt. Oxydation von NH_3 erhalten worden sind, u. O_2. Die Reaktionsteilnehmer werden in zwei voneinander getrennten Anlagen komprimiert, von denen die eine (NO) aus nicht korrodierendem, die andere (O_2 oder Luft) aus gewöhnlichem Stahl hergestellt ist. Hierdurch werden Teil-Rkk. zwischen NO u. O_2 oder Luft bei der Kompression vermieden. (**F. P. 1 033 842** vom 12/3. 1951, ausg. 16/7. 1953. Belg. Prior. 17/2. 1951.) W. WITTHOLZ. H 243

Antonin Royer, Frankreich, *Herstellung von kolloidalem Schwefel.* In erster Stufe wird ein Gemisch von SO_2 u. Leuchtgas (1:5) über einen FeS–NiS-Katalysator bei ca. 380° geleitet, wobei beträchtliche Mengen H_2S gebildet werden. In zweiter Stufe wird durch Behandlung von H_2S mit SO_2 in Ggw. von W. koll. S erhalten. Das Restgas kann durch Verbrennung als Wärmequelle verwendet werden. (**F. P. 1 036 117** vom 25/4. 1951, ausg. 3/9. 1953.) W. WITTHOLZ. H 253

Allied Chemical & Dye Corp., New York, übert. von: **Walter S. Allen,** Flushing, N. Y., V. St. A., *Reinigen von Alkalisulfitlösungen,* die $CaSO_3$ u. andere, Trübung verursachende Verunreinigungen enthalten. Man fügt zu der Lsg. ein lösl, Salz, bes. $CuSO_4$, in solcher Menge, daß sie 0,004–0,008% Cu enthält, u. fällt anschließend die Verunreinigungen u. das Cu durch Zusatz eines wasserlösl. Sulfids, bes. Na_2S, bei einem p_H von wenigstens 7,0, bes. 8,6–9,8, aus. – Fließbild. (**A. P. 2 719 075** vom 21/1. 1952, ausg. 27/9. 1955.) A. ZÜRN. H 253

Deutsche Gold- & Silberscheideanstalt vormals Roessler, Deutschland, *Herstellung von Ruß* aus gasförmigen oder flüssigen KW-stoffen in Ggw. von O_2 oder O-haltigen Gasgemischen u. gegebenenfalls von Heizgasen, dad. gek., daß die Reaktionsteilnehmer homogen gemischt u. dann sofort einer Flamme zugefügt werden. Außerdem leitet man überhitzten Wasserdampf in die Reaktionszone ein. Hierdurch werden die gebildeten Rußteilchen aktiviert u. gleichzeitig ein an CO u. H_2 reiches Abgas erzeugt, das man als Synthesegas, zum Verdampfen fl. KW-stoffe oder als Heizgas bei der Rußherst. selbst verwenden kann. – 2 Vorrichtungen. (**F. P. 1 081 576** vom 23/7. 1953, ausg. 21/12. 1954. D. Prior. 23/7. 1952.) T. OPPERMANN. H 260

Horizons, Inc., Princeton, N. J., V. St. A., *Wasserfreie Chloride, Bromide oder Jodide des Siliciums, Bors und der Metalle.* Das wasserfreie stöchiometr. Reaktionsgemisch (das brikettiert sein kann) eines Mols Alkalidoppelfluorid, z. B. des B, Al, Sb, Ta, Fe, Sn, Mo, W, u. 2 Mol eines Chlorids, Bromids oder Jodids des Mg, Ca oder Li werden in einer inerten Atmosphäre auf 500–1000° erhitzt u. das Halogenid in Dampfform aus dem Gemisch abgetrennt. (**E. P. 735 617** vom 29/10. 1953, ausg. 24/8. 1955. A. Prior. 10/11. 1952.) W. MATTHAES. H 270

Merck & Co., Inc., Rahway, N. J., V. St. A., *Herstellung von Zinkoxyd* mit einer Teilchengröße < 300 Å u. von Lederfarbe durch Erhitzen (unter Rühren) von ammoniakhaltigem $ZnCO_3$ (**I**) auf 100–400°, bes. 250°, bis CO_2 u. NH_3 vollständig ausgetrieben sind. **I** erhält man durch Zugabe von ZnO zu NH_4OH. (**E. P. 742 452** vom 16/12. 1953, ausg. 30/12. 1955. A. Prior. 2/1. 1953.) H. NEBELSIEK. H 288

Süd-Chemie Akt.-Ges., München (Erfinder: **Werner Franz**, Moosburg), *Aufarbeiten der beim Aufschluß von Rohtonen mit Salzsäure zu Bleicherde anfallenden Abwässer* durch Zusatz von Sulfationen, z. B. von Na_2SO_4. Aus diesem mit Sulfat vorbereiteten Abwasser erhält man ein bes. leichtes Tonerdegel durch umgekehrte Fällung, indem man die benötigte Sodamenge vorlegt u. die sauren Abwässer unter kräftiger Durchmischung in diese einfließen läßt, bis ein p_H-Wert von ca. 5,8 erreicht ist. Dabei zeigt sich, daß durch Variieren das p_H-Wertes (5,8—4,3) die Oberflächenausbldg. des gewonnenen $Al(OH)_3$-Gels sich weitgehend verändern läßt in der Richtung, daß bei p_H 5,8—5,6 ein bes. leichtes Tonerdegel erhalten wird, während dieses bei Erniedrigung des p_H-Wertes immer schwerer wird. (**D. B. P. 941 061** Kl. 12m vom 14/8. 1952, ausg. 5/4. 1956. Anmeldung bekanntgemacht 6/10. 1955.) H. Nebelsiek. H 294

VI. Silicatchemie. Baustoffe.

Eva Schramke, *Physikalische Chemie der Silicate. Veröffentlichungen des Jahres 1954.* (Vgl. C. **1956**. 4251.) 228 Schrifttumsnachweise. (Keram. Z. **7**. 619—22. 1955.) P. Eckert. 6160

Rezsöné Moldvai, *Die Rolle des Lithiums in der Silicatchemie.* Zusammenfassung über die Kenntnisse u. industrielle Verwertung der Lithiumsilicate. (Építöanyag [Baumaterial] **7**. 345—49. Sept. 1955.) J. Plank. 6160

Mario Medici, *Über die Anwendung von Naturgas in der Glasindustrie.* Vf. erörtert die bei der Umstellung der Beheizung von Glasschmelzöfen auf CH_4 (I) zu beachtenden Maßnahmen. Eine Vorheizung des I ist unzweckmäßig, da sie zu teilweiser Spaltung führen kann, dagegen gestattet Vorheizung der Verbrennungsluft eine bequeme Regelung der Wärmezufuhr. Gegenüber der Ölheizung bietet die Verwendung von **I**, bes. bei Pb-Gläsern, Vorteile durch die S-Freiheit des **I**. (Atti Ist. Veneto Sci., Lettere Arti, Cl. Sci. mat. natur. **111**. 23—27. 1953.) R. K. Müller. 6172

Günter Schilling und **Hans Heinrich Franck**, *Braunfärbung von Gläsern beim Läutern mit Ammoniumsalzen.* An Stelle von Kohlenstoff kann durch Läutern mit Ammonsalzen bei Alkali–Kalk-Silicatgläsern bestimmter Zus. eine Braunfärbung erzielt werden, die durch Ggw. von Nitraten verhindert wird. Dieser Bereich liegt bei 10% CaO zwischen 53 u. 62% SiO_2, bei 5% CaO zwischen 45 u. 65% SiO_2; der Rest ist Na_2O. Die Arbeiten anderer Autoren werden kurz erörtert, sie erwähnen jedoch die hier beschriebene reduzierende Wrkg. des Ammoniaks nicht. (Silikattechnik **7**. 46—48. Febr. 1956.) W. Freyer. 6176

N. J. Kreidl und **J. R. Hensler**, *Die Bildung von Farbzentren im Glas durch γ-Strahlung.* Der Einfl. von γ-Strahlung eines ^{60}Co-Präp. auf ein UV-durchlässiges Glas [40% $Al(PO_3)_3$, 17% $Ba(PO_3)_2$, 43% KPO_3] wurde untersucht, bes. der Grund für die Verfärbung des Glases. Es wurde gefunden, daß sich durch die Unterdrückung einer Absorptionsbande im sichtbaren Spektralbereich durch Cer eine starke Bande im UV ausbildet, was durch Änderung der Elektronenkonfiguration bedingt ist. Übergangselemente mit ähnlichen Elektronenhüllen, wie Fe, Mn, Co, Ni V, Cu, unterdrücken das Auftreten sichtbarer Absorptionsbanden, wobei, wie beim Ce, mehr oder weniger komplizierte UV-Banden auftreten. Beim Co kann diese Bande je nach Strahlungsintensität ins Sichtbare hineinreichen, womit die Möglichkeit einer Strahlungsmessung gegeben wäre. (J. Amer. ceram. Soc. **38**. 423—32. 1/12. 1955. Rochester, N. Y., Bausch u. Lomb., Opt. Comp.) H. Saalfeld. 6200

Heinz Wilke, *Emailrohware und Zunder von der Beize.* Es werden die Bedingungen erörtert, unter denen möglichst wenig Zunder, u. zwar von leicht entfernbarer, blätteriger Art entsteht. Zweckmäßig ist beim Glühen mit geringem Luftüberschuß der Brennerflamme zu arbeiten u. außerdem eine Temp. von 800° nicht zu überschreiten. Der Zus. des Brenngases ist besondere Beachtung zu schenken. (Glas-Email-Keramo-Techn. **6**. 386—90. Nov. 430—32. Dez. 1955.) F. Markhoff. 6212

Zoltán Fodor, *Bei der Fabrikation von Porzellanwaren vorkommende Fehler.* Vf. beschreibt die von der Porzellanmasse (ungenügendes Mahlen, Quarzkörner, Fe u. Fe_2O_3-Geh., ungleicher Feuchtigkeitsgeh.) herrührenden Fehler, ferner Verarbeitungsfehler (unrichtiges Verkleben u. Entfernen der Gußnahten, Luftblasen, Risse beim Trocknen), Brennfehler (Risse beim Anwärmen u. Abkühlen, Verzerrung, Blasenbldg.), Glasurfehler (Haarrisse u. Sprünge, Absplittern, Verfärbung, Fleckigkeit, Nadelstich) u., soweit bekannt, deren Ursache u. Vermeidung. (Építöanyag [Baumaterial] **7**. 358—63. Sept. 384—87. Okt. 1955.) J. Plank. 6214

Zoltán Juhász, *Wirkung des Dispersitätsgrades, Oberflächenzustandes und der Morphologie der Lehmarten auf ihre physikalischen Eigenschaften in besonderer Hinsicht auf den Kaolin von Nadap.* Die Unters. einiger physikal. u. chem. Eigg. ausgewählter Proben des Kaolins von Nadap im Vgl. von Zettlitzer Kaolin ergab, daß die koll.-chem. Eigg. der beiden verschieden sind, sich aber beim Brennen gleich verhalten. Es konnte aus den Verss. festgestellt werden. daß die Festigkeit der Xerogele der Tonarten, die Plastizität u. das Verh. während des Trocknens der Liogele prakt. von der Abmessung der Körner, ihrer Größenverteilung, Form u. dem energet. Zustand der Oberfläche bedingt ist, solange die Temp. niedrig ist. (Épitöanyag [Baumaterial] **7.** 336–45. Sept. 1955.) J. PLANK. 6216

A. Dietzel und **H. Mostetzky,** *Vorgänge beim Wasserentzug aus einem keramischen Schlicker durch die Gipsform.* 2. Mitt. *Berechnung der Diffusionskoeffizienten von Schlickerwasser in Scherben und Schlicker. Überprüfung der auf das Dreiphasensystem Gips/Scherben/Schlicker erweiterten Theorie auf ihre Leistungsfähigkeit.* (1. vgl. C. **1956.** 10319.) Die Diffusionstheorie wird auf das Dreiphasensyst. Gips/Scherben/Schlicker erweitert, so daß sie die Berechnung der Diffusionskoeffizienten D_2 (Schlickerwasser in Scherben) u. D_3 (Schlickerwasser in Schlicker) zu berechnen gestattet. An Rechenbeispielen wird die Gültigkeit der Theorie überprüft. Hierbei sind folgende Voraussetzungen gemacht: a) Diffusionskoeffizienten werden als konstant angesehen; b) In der Grenzfläche Gipsform/Scherben u. Scherben/Schlicker wird die Gültigkeit des NERNSTschen Verteilungssatzes u. Stetigkeit des Diffusionsstromes vorausgesetzt. c) Vorgabe einer bekannten Anfangsverteilung der Wasserkonzentration. Vgl. des berechneten Konzentrationsablaufes im Scherben u. Schlicker mit den experimentellen Werten führt zu befriedigender Übereinstimmung. Lediglich beim Gips weichen die Werte ab, was durch Benetzungsvorgänge bedingt ist. Die Meth. der Berechnung der Diffusionskoeffizienten nach BOLTZMANN u. JOST versagt. (Ber. dtsch. keram. Ges. e. V. **33.** 47–52. Febr. 1956.) H. SAALFELD. 6216

Eiji Munakata und **Haruo Sagawa,** *Die Herstellung von Schlackenzement als kohlesparende Zementerzeugung.* Es wird über Verss. berichtet, in deren Verlauf geschmolzene Kohlenschlacken, die mit W. schnell gekühlt wurden, nachdem verschied. Beimengungen zugesetzt waren, zu Zement vermahlen u. auf zementtechn. Eigg. geprüft. wurden Der gekühlten Schlacke wurden verschied. Anreger zugesetzt: $CaCl_2$, $CaSO_4 \cdot 2H_2O$ u. Portlandzementklinker. Die besten von diesen Versuchszementen waren in ihren Eigg. dem Portlandzement oder dem Hüttenzement „Sealithor" ähnlich. (J. Fuel Soc. Japan **34.** 490–97. Aug. 1955. [Orig.: japan., Auszug: engl.]) K. SEIDEL. 6222

Renichi Kondo, *Gipsschlackenzement.* 1. Mitt. *Feinheit und Menge des zugesetzten Klinkers.* Es wurde die Höchstmenge an Klinker, der dem Gipsschlackenzement zugesetzt werden kann, in engen Grenzen bestimmt. Die Menge schwankt je nach der verwendeten Schlacke u. außerdem wird sie beeinflußt durch die Mahlfeinheit von Schlacke u. Klinker. Daher ist es wünschenswert, vor Beginn der Anfertigung eines solchen Zementes das Höchstmaß an Klinker, welcher zugesetzt werden sollte, experimentell zu bestimmen. Die Zugabe von Alkali in größeren Mengen setzt die Festigkeit herab u. bringt noch andere Nachteile. Es scheint ratsam zu sein, die Feinheit des Zements zu erhöhen u. die Schlacke möglichst hoch in der Basizität zu wählen, um die Eigg. des Fertigprod. zu verbessern. (J. ceram. Assoc., Japan [Yogyo Kyokai Shi] **63.** 697–702. 1954. [Orig.: japan., Auszug: engl.]) K. SEIDEL. 6222

J.-E. Lafon, *Feuerfester Beton.* Zusammenfassende Darst. über Herst., Eigg. u. Verwendung des feuerfesten Betons. (Métallurgie Construct. mécan. **85.** 717–21. 731. Sept. 1953.) K. SEIDEL. 6224

H. Andrews, *Das Brennen von Kalk im Drehofen.* Drehöfen sind bes. zum Brennen von kleinstückigem Kalk vorteilhaft. Vf. hat einen Querstromvorwärmer konstruiert, der aus einem schräg eingebauten Rost besteht, auf dem der Rohstein zur Aufgabe gleitet, wobei er durch die Abgase eine beträchtliche Vorwärmung, zum Teil sogar Entsäuerung erfährt. Die Schicht auf dem Rost scheidet auch einen großen Teil des Staubes ab. Die Geschwindigkeit, mit der der Rohstein auf dem Rost gleitet, wird durch die Aufgabe kontrolliert. Der Einbau des Vorwärmers erhöht die Ofenleistung u. verringert den Kohlenverbrauch. Für eine in England betriebene Anlage mit 4 Drehöfen, die mit dem ANDREWSschen Vorwärmer ausgerüstet sind, werden Betriebsdaten genannt. (Zucker **8.** 52–55. 1/2. 1955. Sheffield, England). P. NEY. 6226

P. Jolibois und **A. Nicol,** *Änderung der Druckfestigkeit ternärer Bindemittel: Hochofenschlacke, Kalk, Calciumsulfat, in Auswirkung der Prozentgehalte und der Zeit.* Reihenunterss. der Druckfestigkeitsentw. an Pur- u. Mörtelproben abgestufter Bindemittelgemische aus bas. Hochofenschlacke, chem. reinem Kalk u. gefälltem $CaSO_4$. Ältere Forschungen wurden weitgehend bestätigt. Wichtigste Feststellung: Hohe Gipszusätze bei niedrigen Kalkgehh. beeinflussen die Festigkeit am günstigsten. Ein Gemisch aus 25% Kalk, 75% Schlacke u. 20% Gips hatte dagegen keine Zementeigenschaften. –

3 Zahlentafeln, 11 Diagramme. (Rev. Matér. Construct. Trav. publ., Edit. C **1952.** 33—38. Febr. Centre d'études et de recherches de l'ind. des liants hydrauliques.) F. MAUNE. 6226

Shoichiro Nagai, Yasushi Fukumori und **Mitsuichi Sase,** *Untersuchungen über Spezial-Gips-Dolomit-Mischungen.* 1. Mitt. In der Absicht, die langsame Erhärtung u. Schwindung des Dolomitkalkhydrates u. die schnelle Erhärtung u. Dehnung des Stuckgipses zu verbinden, wurden drei verschied. Herstellungsmethoden angewandt: 1. Gebrannter Dolomit wurde mit verd. H_2SO_4 gelöscht u. die Temp. bei 150—180° gehalten, um das gebildete $CaSO_4 \cdot 2H_2O$ in $CaSO_4 \cdot {}^1/_2 H_2O$ umzuwandeln; 2. Feingemahlener gebrannter Dolomit wurde bei 150—180° unter Zusatz von feingemahlenem $CaSO_4 \cdot 2H_2O$ mit gewöhnlichem W. gelöscht; 3. Normales Dolomitkalkhydrat wurde mit n. Stuckgips vermischt. Es zeigte sich, daß die mörteltechn. Eigg. des nach 1. entstandenen Prod. die besten waren, dann folgte das nach 2. hergestellte Prod., während die nach 3. hergestellte Mischung die schlechtesten Eigg. aufwies. (Gypsum & Lime [Tokyo] **1954.** Nr. 12. 537—41. [Orig.: japan., Auszug: engl.]) K. SEIDEL. 6226

VII. Agrikulturchemie. Schädlingsbekämpfung.

M. A. Nyun und **S. B. McCaleb,** *Die rötlichbraunen lateritischen Böden der North Carolina Piedmont Region: Davidson- und Hiwassee-Serie.* Profilunterss. zeigen, daß die rötlichbraunen laterit. Böden von North Carolina leicht podsoliert sind u. einige Eigg. der rotgelben podsoligen Böden aufweisen. Mineralog. sind die Profile durch fast vollkommenen Verlust der FeMg- u. Feldspatmineralien charakterisiert. Das Auftreten von Ton u. Fe_2O_3 in einem Textur-B-Horizont scheint durch einen sauren Typus der Bodenbldg. verursacht zu sein. (Soil Sci. **80.** 27—41. Juli 1955. North Carolina State College.) A. JACOB. 6300

R. Fauck, *Pedologische Untersuchung des Gebietes von Sedhiou (Moyenne Casamance).* Auf Grund klimat., pedolog. u. pflanzengeograph. Betrachtungen werden die Böden in 3 Typen: rote Böden, gelbbraune Böden u. graue Böden mit Lateritkruste eingeteilt u. Subtypen unterschieden. Für die Unterschiede der Böden ist vor allem die Topographie verantwortlich. Die weitere Entw. dieser Böden wird durch die landwirtschaftliche Nutzung beeinflußt; vor allem wird das unter Urwald bestehende unstabile Gleichgewicht durch den Nährstoffentzug der Ernten gestört. Der Humus geht verloren, der N-Geh. wird vermindert, eine leichte Versauerung tritt ein, u. ein niedriger Wert des Verhältnisses organ. Substanz zu Humus entsteht. Für die landwirtschaftliche Nutzung wird empfohlen, die trockene Bewirtschaftung zu vermeiden, die Zahl der Bearbeitungen zu vermindern u. nicht tiefer als 12 cm zu pflügen. Als Gründünger erwies sich Sorghum als vorteilhaft. Die Anwendung anorgan. Dünger ist zu empfehlen. (Agronom. tropicale **10.** 752—93. Nov./Dez. 1955.) A. JACOB. 6304

F. J. Veihmeyer und **A. H. Hendrickson,** *Die Geschwindigkeit der Verdunstung aus feuchten und trockenen Böden und ihre Bedeutung.* Die Verdunstung erfolgt ebenso rasch aus einem trockenen Boden wie aus einem feuchten. Die Geschwindigkeit ändert sich aber merklich beim Welkepunkt (W. P.). Messungen der Verdunstungsgeschwindigkeit können zur indirekten Best. der Feuchtigkeit beim W. P. dienen. (Soil Sci. **80.** 61—67. Juli 1955. Univ. of California.) A. JACOB. 6304

Owen B. Williams, *Wirkung des Feuchtigkeitsgehaltes auf Porosität und Luftraum in einem Riverine-Ton unter bewässerter Weide.* Die auf Weiden mit unterird. Klee u. Weidelgras als Folge später Herbstbewässerung beobachtete Chlorose u. Rotfärbung der Blätter ist, wie Bestimmungen der Porosität u. des Luftraumes in diesen Böden anzeigen, als Folge ungenügender Durchlüftung anzusehen. (J. Austral. Inst. agric. Sci. **21.** 91—93. Juni 1955.) A. JACOB. 6304

F. C. Crofts, J. S. Pulsford und **H. V. Jenkins,** *Ernährung der Leguminosen auf roten basaltischen Böden des Richmond River-Distrikts von New South Wales.* Düngung mit NaH_2PO_4 u. mit Superphosphat bewirkte eine starke Erhöhung der Klee-Erträge; auch Düngung mit KCl u. $CaCO_3$ hatte eine deutliche Ertragssteigerung zur Folge. Anwendung von Spurenelementen war ohne Erfolg, höchstens Na-Molybdat u. $ZnSO_4$ bewirkten eine gewisse Erhöhung. (J. Austral. Inst. agric. Sci. **21.** 94—98. Juni 1955. Sidney Univ.) A. JACOB. 6304

C. A. Black und **O. Kempthorne,** *Willcox's Agrobiologie.* 1. Mitt. *Theorie der Stickstoffkonstante 318.* Die Behauptung von WILLCOX, daß alle Pflanzen 318 lbs N/acre aufnehmen, wird als mathemat. fehlerhaft bezeichnet. (Agronomy J. **46.** 303—07. Juli 1954. Ames, Iowa Agricult. Exp. Station.) A. JACOB. 6304

C. A. Black und **O. Kempthorne,** *Willcox's Agrobiologie.* 2. Mitt. *Anwendung der Stickstoffkonstante 318.* (1. vgl. vorst. Ref.) Auf Grund von Verss. wird festgestellt, daß die N-Konstante 318 weder theoret. noch experimentell begründet ist. (Agronomy J. **46**. 307—10. Juli 1954.) A. JACOB. 6304

W. C. White und **C. A. Black,** *Willcox's Agrobiologie.* 3. Mitt. *Die umgekehrte Proportionalität von Ertrag und Stickstoff.* (2. vgl. vorst. Ref.) Im Gegensatz zu der Hypothese von WILLCOX, nach der sämtliche Pflanzen in der oberird. Trockensubstanz-Produktion eines Jahres die gleiche N-Menge enthalten, wofür die Ursache in den quantitativen u. stöchiometr. Eigg. des Plasmas zu suchen ist, wird die Ähnlichkeit des Geh. an Gesamt-N, die man oft bei verschied. Pflanzen unter gleichen Umgebungsbedingungen findet, darauf zurückgeführt, daß die N-Aufnahme durch den beschränkten Vorrat des Bodens an aufnehmbarem N begrenzt ist. Bei reichlicher Zufuhr von aufnehmbarem N können dagegen große Unterschiede in der Stickstoffaufnahme durch verschied. Pflanzen auftreten. (Agronomy J. **46**. 310—15. Juli 1954.) A. JACOB. 6304

O. W. Willcox, *Quantitative Agrobiologie.* 1. Mitt. *Die umgekehrte Proportionalität Ertrag zu Stickstoff.* Erwiderung auf die Aufsätze von BLACK, KEMPHTORNE u. WHITE (vgl. vorst. Reff.) Vergleiche zwischen vollkommen unähnlichen Früchten, wie Erbse u. Mais, Weizen u. Kartoffeln, Zuckerrüben u. Zuckerrohr werden als nicht geeignet bezeichnet, um das Gesetz zu widerlegen, das bisher bei vergleichbaren Pflanzen sich als gültig erwiesen hat. (Agronomy J. **46**. 315—20. Juli 1954. Ames, Iowa Agricult. Exp. Station.) A. JACOB. 6304

O. W. Willcox, *Quantitative Agrobiologie.* 2. Mitt. *Die Stickstoffkonstante 318.* (1. vgl. vorst. Ref.) Diese Konstante ist begründet durch Verhältnisse, die bei allen Pflanzen u. ihren Wachstumsfaktoren durch das allgemeine Massenwirkungsgesetz gegeben sind. (Agronomy J. **46**. 320—22. Juli 1954.) A. JACOB. 6304

O. W. Willcox, *Quantitative Agrobiologie.* 3. Mitt. *Die Mitscherlich-Gleichung und ihre Konstanten.* (2. vgl. vorst. Ref.) Die MITSCHERLICH-Gleichung, welche die Grundlage der Agrobiologie nach WILLCOX ist, wird auf Grund der in Deutschland durchgeführten 27000 Feldverss. als gültig bezeichnet. (Agronomy J. **46**. 323—26. Juli 1954.) A. JACOB. 6304

O. W. Willcox, *Quantitative Agrobiologie.* 4. Mitt. *Scheinbare Ausnahmen vom Mitscherlich-Gesetz.* (3. vgl. vorst. Ref.) Durch die Ausführungen von BLACK u. KEMPTHORNE, sowie von WHITE u. BLACK (vgl. vorst. Reff.) ist weder die Gültigkeit des MITSCHERLICH-Gesetzes noch die Konstanz der Wachstumsfaktoren widerlegt worden. Die quantitative Agrobiologie zeigt, daß die Erzeugung von Eiweiß nach dem Gesetz der abnehmenden Ertragszunahmen nur innerhalb bestimmter Grenzen möglich ist. Man kann sich jedoch dadurch helfen, daß die Züchtung die umgekehrte Proportionalität von Ertrag u. N ausnutzt. (Agronomy J. **46**. 326—28. Juli 1954.) A. JACOB. 6304

P. K. De und **S. Digar,** *Verlust von gasförmigem Stickstoff aus Böden mit stauender Nässe.* Wenn Böden mit stauender Nässe mit N-haltigen Düngemitteln behandelt wurden, entwich eine beträchtliche Menge von gasförmigem N. Der Verlust begann 7—12 Tage nach der Anwendung; er erfolgte rascher aus anorgan. Düngemitteln als aus organischen. Eine erhebliche Menge von N wurde auch durch die Dränage verloren. Es wird die Folgerung gezogen, daß durch Anwendung von $(NH_4)_2SO_4$ u. $NaNO_3$ als Kopfdüngung von Reisfeldern während der akt. vegetativen Wachstumszeit der Verlust von N als Gas stark vermindert werden kann. (J. agric. Sci. **44**. 129—32. April 1954. West-Bengal, Agricult. Res. Inst.) A. JACOB. 6304

F. E. Moon, *Die Zusammensetzung und der Nährwert von im Osten von Schottland gewachsenem Heu und der Einfluß später Anwendungen von Stickstoffdüngemitteln.* Die Gehh. an Gesamtprotein u. an verdaulichen Protein waren niedrig. Im Nährwert waren die Samenheu-Proben deutlich denjenigen von England u. Wales unterlegen. Wiesenheu war von ähnlichem Stärkewert, aber etwas reicher an Protein; das Verhältnis Eiweiß/Stärke war ausgeglichener. Anwendungen von *$NaNO_3$* oder *Nitrochalk* (N-Dünger, Zus. nicht angegeben) ca. 10—20 Tage vor dem Mähen hatte in einigen Jahren deutliche Zunahmen des Protein-Geh. zur Folge. In trockenen Jahren war eine frühere Anwendung von N vorzuziehen, in n. Jahren erhöhte diese aber den Heuertrag u. verminderte dadurch die Wrkg. auf den Proteingehalt. Der Proteingeh. des im Heu enthaltenen Rotklees wurde durch diese Düngung nicht beeinflußt. Die Verdaulichkeit des Proteins wurde vor allem bei Samenheu durch die späte N-Düngung günstig beeinflußt. Der von den Pflanzen aufgenommene N scheint vollkommen in verdauliches Protein umgewandelt worden zu sein, 30—35% des angewandten N fanden sich in der Heuernte wieder, 25% in der Grummeternte. (J. agric. Sci. **44**. 140—51. April 1954. Edinbourgh and East Scotland Agricult. Exp. Station.) A. JACOB. 6304

Vetter, *Die Wirkung der Ernterückstände.* Vf. berichtet über die Bedeutung der Ernterückstände der verschied. Kulturpflanzen auf den Düngerhaushalt des Bodens.

(Mitt. dtsch. Landwirtschafts-Ges. **70.** 126—30. 10/2. 1955. Kiel, Inst. für Pflanzenbau u. Pflanzenzüchtung.) W. KNÖPKE. 6304

D. J. D. Nicholas und **W. A. Forster**, *Über den Einfluß von Metallen im Überschuß auf Feldfrüchte in Bodenkulturen.* I. *Einfluß von Kupfer, Zink, Blei, Kobalt, Nickel und Mangan auf das Wachstum von Tomaten in einem sauren Boden.* II. *Einfluß von Kupfer und Zink auf Feldfrüchte, die auf verschiedenen Böden gezogen wurden.* I. Topfverss. mit sandigem Lehmboden (p_H 5,5) unter Zusatz von 5 bzw. 10 Milliäquivalenten Cu, Zn, Co, Ni, Pb u. Mn als Sulfate bzw. Pb-Acetat. Tomatenstengel, junge u. alte Blätter wurden nach einer besonderen Technik mazeriert u. im Auszug sowie im Rückstand Fe nebst den zugesetzten Metallen bestimmt. Die gefundenen Mengen standen nicht in direkter Beziehung zur relativen Giftigkeit, welche in absteigender Reihe über Mn, Zn, Cu, Pb, Co u. Ni verläuft. Während sich der wss. Extrakt in seinem Geh. an Cu, Zn, Pb u. Ni kaum änderte, nahm er in den Rückständen bei höherer Gabe zu. Eine Ausnahme machten Co u. Mn. Der Fe-Geh. ging durch die Metallzusätze zurück. Fe-Mangelsymptome wurden am stärksten durch Co- oder Ni-Gaben erzeugt, weniger durch Cu oder Zn. Mn u. Pb verhielten sich neutral u. bewirkten keine Fe-Chlorose, obwohl Pb das gesamte Wachstum sehr nachteilig beeinträchtigte. In den jungen Blättern sank der Chlorophyllgeh. durch die Zusätze deutlich ab, in den älteren Blättern weniger. Eingehende Beschreibung der visuellen Symptome, welche durch überschüssige Dosen an Co, Ni, Cu, Zn, Pb u. Mn entstehen. II. Gefäßverss. mit Tomaten (**I**), Zuckerrüben (**II**), Blumenkohl (**III**) u. Hafer (**IV**) auf verschied. Kompostböden mit Torfzusatz (p_H 6,8—5,0) ergaben, daß Cu zu **I**—**III** giftiger wirkt als Zn (gleiche Milliäquivalente), bes. unterschiedlich bei **I**, weniger bei **II** u. **III**. Auf sauren Böden traten die Unterschiede nicht so stark in Erscheinung. Best. der optimalen Cu- bzw. Zn-Mengen, welche das Absterben von 50% aller Pflanzen bewirken. Sie liegen wesentlich höher als bei Wasser- u. Sandkulturen. Die Krankheitssymptome waren nicht einheitlich u. sind von der Jahreszeit, der Verteilung u. Häufigkeit der Gaben innerhalb der Vegetationszeit abhängig. Teilweise ergaben sich Anzeichen von Fe-Chlorose, welche durch Behandlung mit verd. $FeSO_4$-Lsg. nicht behoben werden konnte. Im Geh. an K, Ca, Mg, P, Al, Mn u. Fe traten bei **I**—**IV** keine wesentlichen Veränderungen auf. Dagegen konnte Nitratanreicherung festgestellt werden. Die visuellen Symptome, welche durch hohe Cu- oder Zn-Gaben entstehen, werden in einem besonderen Anhang genauer beschrieben. (Annu. Rep. agric. horticult. Res. Stat., Long Ashton Bristol **1950.** 96—114.) W. SCHULTZE. 6304

I. Szladits, *Der Gebrauch von Chelaten in der Landwirtschaft.* Übersicht über die Anwendung von Chelaten zur Verbesserung der Ausnutzbarkeit verschied. Spurenelemente. — 26 Literaturangaben. (Commonwealth Bur. Soil Sci., Soils Fertilizers **19.** 1—4. Febr. 1956.) W. KNÖPKE. 6304

Sheldon S. Goldberg und **P. L. Gainey**, *Die Rolle von Oberflächenerscheinungen bei der Nitrifikation.* Eine gepufferte Lsg. von Mineralsalzen, welche eine geringe Menge von Bodenextrakt enthielt, bewährte sich als Medium für die *biol. Nitrifikation* (**a**). Setzte man der filtrierten Lsg. fein gemahlene Bodenmineralien, wie Bentonit, Montmorillonit, Muscovit, Kaolin u. elektrodialysierten Putnam-Ton zu, die sich in ihrer *Kationenaustauschfähigkeit* (**b**) stark unterscheiden, so wurde je nach dem betreffenden Mineral die **a** angeregt oder unterdrückt. Ein Faktor, welcher die Wrkg. des Minerals auf die **a** beeinflußte, war die Adsorption von NH^{4+} durch das Mineral, bevor es dem Medium zugesetzt wurde. Es bestanden jedoch keine Beziehungen zwischen der Wrkg. des zugesetzten Minerals u. seiner Menge oder seiner **b**. Die Verfügbarkeit von NH_4^+ für die Nitrifikationsbakterien schien direkt in Beziehung zu stehen mit der Menge von nichtadsorbiertem NH_4^+ oder der Menge von NH_4^+, die aus dem zugesetzten Mineral durch Austausch mit anderen Kationen in der Salzlsg. in Freiheit gesetzt wurden. (Soil Sci. **80.** 43—53. Juli 1955. Kansas Agricult. Exp. Stat.) A. JACOB. 6306

Robert Fischer, *Beobachtungen, Untersuchungen und Versuche an Apfelmehltau.* Bei jungen, noch nicht tragenden Apfelbäumen konnte durch Spritzungen mit *Schwefelkalkbrühe* (2%ig. Zusatz von Netzmittel bzw. Schmierseife) der Mehltaubefall auf rund ein Achtel (im Vgl. zu den Kontrollen) vermindert werden. Spritzungen mit *Kristallsoda* (1,5%ig, Netzmittelzusatz) waren weniger wirksam, außerdem traten am Laub Verbrennungen auf. — Bei stark befallenen Ertragsbäumen konnte mit Schwefelkalkbrühe (2% ig.) ebenfalls ein gewisser Erfolg erzielt werden. Hierbei erwies sich die besondere Wichtigkeit möglichst frühzeitiger Spritzungen. — Bei mehrjähriger Behandlung mit *Netzschwefel* konnte auch ein stark chron. Mehltaubefall unter schwierigsten Bedingungen allmählich zurückgedrängt werden. (Pflanzenschutzberichte [Wien] **1956.** 212—44. Wien, Bundesanst. für Pflanzenschutz.) M. WINIKER. 6312

S. V. Pingale und **V. Balu**, *Frühere und derzeitige Methoden zur Bekämpfung von Schadinsekten bei lagerndem Getreide in Indien.* Zusammenfassender Überblick. — 51 Literaturhinweise. (Bull. centr. Food technol. Res. Inst., Mysore **4.** 62—66. Dez. 1954. Myson, Central Food Technol. Res. Inst.) M. WINIKER. 6312

Helene Böhm, *25 Jahre San José-Schildlaus* (*Quadraspidiotus perniciosus Comst.*) *in Österreich.* Überblick über Verbreitung, Wirtspflanzen, Lebensweise, natürliche Feinde u. Möglichkeiten zur Bekämpfung des Schädlings. Es wird bes. hervorgehoben, daß Sommerbehandlungen (z. B. Phosphorsäureestermittel) eine Winterspritzung (z. B. mit Mineralölobstbaumkarbolineum) nicht ersetzen können. — 27 Literaturhinweise. (Pflanzenschutzberichte [Wien] **1956.** 245—66. Wien, Bundesanst. für Pflanzenschutz.) M. WINIKER. 6312

L. W. Miller, *Die Bekämpfung von Milben in Apfelgärten Tasmaniens.* Zur Bekämpfung der Milbe Paratetranychus pilosus C. l. F. erwiesen sich als geeignet: *Parathion, Systox* u. *Pestox 3 H* sowie *P. C. P. B. S.* (p-Chlorphenylbenzolsulfonat). (Tasmanian J. Agric. **24.** 347—57. Nov. 1953.) M. WINIKER. 6312

E. J. Martyn und **N. M. Hudson,** *Bekämpfung von Persectania ewingii Wester in Tasmanien.* Bei der Bekämpfung von Persectania ewingii Wester bewährte sich *DDT.* (Tasmanian J. Agric. **24.** 330—39. Nov. 1953.) M. WINIKER. 6312

J. R. Busvine, *Normale Resistenz von Anopheles gambiae gegenüber verschiedenen Insekticiden.* Die DL_{50} bei Anopheles gambiae betrug von *DDT* 0,95%, *γ-Benzolhexachlorid* 0,015% u. *Dieldrin* 0,25%. (Nature [London] **177.** 533—34. 17/3. 1956. London, School of Hyg. and Trop. Med.) F. KRUSEN. 6312

R. Elliott und **V. Ramakrishna,** *Insekticid-Resistenz bei Anopheles gambiae Giles.* Bei Anopheles-Fliegen aus einem mit *Dieldrin* (I) besprühten Gebiet wirkte im in vitro-Vers. I in einer Konz. von 2% tödlich, bei Tieren aus unbehandeltem Gebiet jedoch schon 0,25%. (Nature [London] **177.** 532—53. 17/3. 1956. Yaba, Lagos, Nigeria, Federal Dep. of Med. Serv.) F. KRUSEN. 6312

M. M. Barnes, G. E. Carman, W. H. Ewart und **F. A. Gunther,** *Oberflächenrückstände an Früchten von DDT und Parathion bei der Ernte.* Rückstände von DDT (I) u. Parathion (II) nach Spritzungen von Äpfeln, Birnen, Apfelsinen u. Citronen mit diesen Präpp. werden nach der Dehydrohalogenierungsmeth. bzw. der *Magenta*-Farb-Rk. von AVERELL u. NORRIS bestimmt. Sie betrugen für **I** bis zu 2,2 p.p.m. bei einer Anwendung von 4 oz/100 Gall. an Äpfeln u. 2,6 p.p.m. bei Birnen (8 oz/100 Gall. Spritzbrühe). Bei täglicher I-Anwendung von 8 oz/100 Gall. wurden bis zu 16,1 p.p.m. von **I** gemessen. Der Saft von Früchten, an deren Oberfläche noch geringe Mengen von **II** gefunden wurden, enthielt keine Spuren davon. (Advances Chem. Ser. **1950.** Nr. 1. 112—16. April. Riverside, Calif., Univ. of California, Citrus Exp. Stat.,) G. LENHARD. 6312

J. W. Fitts, W. V. Bartholomew und **H. Heidel,** *Voraussage des Bedarfs an Stickstoffdüngern auf Iowa-Böden.* 1. Mitt. *Auswertung und Kontrolle der Faktoren bei der Nitratbildung und Analyse.* Um die Nitratbldg. für die Best. der Fähigkeit der Böden, die Pflanze mit N zu versorgen, auszunutzen, wurde eine Schnellmeth. entwickelt, bei welcher der Einfl. der Umgebungsfaktoren auf die Nitratbldg. während der Incubation im Labor. bestimmt wird. Proben von 10 g Boden geben die gleiche Genauigkeit wie Proben von 25 u. 100 g, wenn durch Verschluß der Flaschen für die richtige Feuchtigkeit während der Incubation gesorgt wird. Eine Tension von 100 cm^3 W. erwies sich als optimale Feuchtigkeit für die Nitratbildung. Dies entspricht je nach der Textur der Proben einem Feuchtigkeitsgeh. von 25—35% u. liegt etwas oberhalb der Feldkapazität. (Proc. Soil Sci. Soc. America **19.** 69—73. Jan. 1955. Ames, Io., Agricult. Exp. Stat.) A. JACOB. 6324

George Stanford und **John Hanway,** *Voraussage des Bedarfs an Stickstoffdüngern auf Iowa-Böden.* 2. Mitt. *Eine vereinfachte Technik zur Bestimmung der relativen Nitratproduktion in Böden* (1. vgl. vorst. Ref.) Eine 10 g-Probe Boden, vermischt mit Vermiculit, wird in einem Filterrohr mit dest. W. bis zur Nitratfreiheit gewaschen u. abgesaugt. Auf diese Weise wird gleichzeitig die annähernd optimale Feuchtigkeit für die Mikrobentätigkeit eingestellt. Nach 2 Wochen Incubation in einem feuchten Raum bei 39° wird die Probe wiederum ausgewaschen u. das gebildete Nitrat wird mit Phenoldisulfonsäure bestimmt. Der Zusatz von Vermiculit erleichtert die Aufrechterhaltung des notwendigen Feuchtigkeitsgehalts. Die mit dieser Meth. erzielte, um 56% verbesserte Genauigkeit wird durch die verbesserte Kontrolle von Feuchtigkeit u. Durchlüftung erreicht. (Proc. Soil Sci. Soc. America **19.** 74—77. Jan. 1955.) A. JACOB. 6324

B. M. Tucker, *Phthaleinkomplexon als Indicator für Calcium und Magnesium bei der Titration von Bodenextrakten.* Bei der Titration von Bodenextrakten zur Best. von *Ca* u. *Mg* mit *Äthylendiamintetraessigsäure-Dinatriumsalz* treten bei Verwendung von Eriochromschwarz Störungen durch Schwermetallspuren auf. Als dadurch nicht beeinflußter Indicator wird *Phthaleinkomplexon* empfohlen, das von violettrot nach schwach rosa umschlägt. — Herst. des Indicators: 20 g NH_4Cl feinst pulvern u. mit ebenfalls feinst gepulverten 100 mg Phthaleinkomplexon (dargestellt durch Kondensation von 2 Moll. Iminodiessigsäure mit 1 Mol. o-Kresolphthalein mittels 2 Moll. Formaldehyd) u. 75 mg Naphtholgrün B mischen u. unter Feuchtigkeitsausschluß aufbewahren. (J. Austral. Inst. agric. Sci. **21.** 100—01. Juni 1955. Adelaide, S. A., Waite Agric. Res. Inst., Div. of Soils.) F. KRUSEN. 6324

P. J. Viro, *Die Benutzung von Äthylendiamintetraessigsäure bei der Bodenanalyse. 2. Mitt. Bestimmung der Bodenfruchtbarkeit.* (1. vgl. C. **1956.** 2005.) Die Gehh. an Cu, Zn, Mo, Ca u. P in finn. Waldböden wurden nach der EDTA-Meth. bestimmt. Die Meth. eignet sich für die Best. des Ca-, Cu- u. Zn-Zustandes von sauren Waldböden, dagegen weniger für die Best. des Mo- u. P-Zustandes. (Soil Sci. **80.** 69—74. Juli 1955.) A. JACOB. 6324

L. A. Richards, *Transportable Leitfähigkeitsbrücke und Zellen für die Abschätzung der Versalzung.* Beschreibung eines App. zur Abschätzung der Versalzung eines Bodens, der mit $\pm$ 10% Genauigkeit arbeitet. (Soil Sci. **80.** 55—59. Juli 1955. Riverside, U. S. Dep. of Agricult., U. S. Salinity Labor.) A. JACOB. 6324

Monsanto Chemicals Ltd. (Erfinder: **Marjorie Mary Baron** und **Raymond Charles Tincknell**), London, England, *Unkrautbekämpfungsmittel,* bestehend aus einem Gemisch aus einem oder mehreren aliphat. oder cycloaliphat. Aminen (I) u. einer oder mehreren Chloraryloxyalkylcarbonsäuren (II), wobei letztere in > 5% Überschuß vorhanden sein sollen. — Beispiele für I: Mono-, Di- oder Trimethyl- oder -äthyl- oder -äthanolamine oder Äthylendiamin oder Cyclohexylamin, für II: 2.4-Dichlorphenoxyessigsäure; 4-Chlorphenoxyessigsäure; 2-Methyl-4-chlor- oder 2.4.5-Trichlor- oder 2.4-Dichlor-5-methylphenoxyessigsäure. (**E. P. 739 198** vom 18/5. 1953, ausg. 26/10. 1955.) H. NEBELSIEK. 6313

Dow Chemical Co. (Erfinder: **Keith Converse Barrons**), Midland, Mich., V. St. A., *Mittel zur Kontrolle des Pflanzenwuchses,* bes. zur *Unkrautbekämpfung,* bestehend aus *α.α-Dichlorpropionsäure* oder einem ihrer Salze im Gemisch mit einem Netzmittel oder dispergiert in einem fl. Petroleumdestillat. (**E. P. 734 141** vom 3/3. 1953, ausg. 27/7. 1955.) H. NEBELSIEK. 6313

Emanuel Merck, offene Handelsgesellschaft, Darmstadt (Erfinder: **Ulrich Ruge,** Hannover, und **Erich Heidenreich,** Darmstadt), *Verfahren zur Erhöhung des Fruchtertrages.* Man bringt die Isomeren des Hexachlorcyclohexans oder ihre Mischungen in wss. Lsg. oder sehr feiner, wss. Suspension, zusammen mit Lösungsvermittlern, Netzmitteln, Haftstoffen oder anderen Pflanzenwuchsstoffen durch Vernebeln oder Spritzen in die Blüten der in Frage kommenden Pflanzen. Dabei wendet man die Isomeren in solcher Konz. an, daß eine deutliche insekticide Wrkg. nicht beobachtet wird. (**D. B. P. 941 396** Kl. 451 vom 24/4. 1952, ausg. 12/4. 1956. Anmeldung bekanntgemacht 13/10. 1955.) H. NEBELSIEK. 6313

E. I. du Pont de Nemours & Co., übert. von: **David R. V. Golding** und **Bert Lorin Richards,** Wilmington, Del., V. St. A., *Fungicides Mittel,* bestehend aus *Mangan-äthylen-bis-dithiocarbamat* im Gemisch mit einer wss. Lsg. von Methylcellulose. Verhältnis 100:0,25—5 Teile. (**A. P. 2 710 822** vom 13/1. 1953, ausg. 14/6. 1955.) H. NEBELSIEK. 6313

N. V. de Bataafsche Petroleum Mij., Den Haag, Holland, *Fungicides Mittel* aus 10—75% Füll- u. Wirkstoffen, wie Bentonit, DDT, Cu-Salzen, S u. dgl., Emulgiermitteln u. Mineralöl. Die Feststoffe werden mit der Lsg. des Emulgiermittels, wie Fettalkoholsulfonaten, in Mineralöl fein vermahlen. (**E. P. 714 042** vom 16/12. 1952, ausg. 18/8. 1954. Holl. Priorr. 17/12. 1951 u. 14/7. 1952.) K. HEINZE. 6313

Riedel-de-Haën Akt.-Ges., Seelze (Erfinder: **Albrecht Heymons** und **Willy Schnabel,** Berlin), *Bekämpfung von Pilzen und anderen Mikroorganismen* durch Verwendung von alkal. Hydrolyseprodd. der gesamten, bei der Sulfonierung von reinem oder techn. Chinolin nach weitgehender Abtrennung der Chinolin-8-sulfonsäure anfallenden Nebenprodd. oder den Metallsalzen, bes. Cu-Salzen, dieser Hydrolyseprodd. in an sich üblichen Anwendungsformen. (**D. B. P. 940 555** Kl. 451 vom 6/2. 1953, ausg. 22/3. 1956. Anmeldung bekanntgemacht 29/9. 1955.) H. NEBELSIEK. 6313

Säntis Verwaltungs- und Handelsanstalt, Vaduz, Liechtenstein, *Herstellung eines Produktes mit insekticider Dauerwirkung.* Zwei verschied. krist. insekticide Wirkstoffe werden verschmolzen, bes. 10—50 (Teile) α- oder γ-Hexachlorcyclohexan mit 90 bis 50 „DDT". Komponenten u. Mengenverhältnis müssen so gewählt werden, daß das Gemisch einen niedrigeren F. aufweist als jeder der Wirkstoffe u. plast. bleibt. Zweckmäßig sind noch schwerflüchtige Lösungsmittel u. Weichmacher (perchloriertes Diphenyl, Tetrahydronaphthalin, Cyclohexanol, Cyclohexanon, α-Methylnaphthalin, fl. Fettalkohole oder Wachsester) u. gegebenenfalls Lockmittel (Cantharidin) zuzusetzen. — Anwendung in Wand- u. Deckenanstrichen, in Leim-, Öl- u. Lackfarben, Bohnerwachsen, Möbelpolituren u. -pflegemitteln oder zum Imprägnieren von saugfähigen Stoffen (Papier, Pappe). (**Schwz. P. 307 236** vom 20/11. 1951, ausg. 14/1. 1956.) W. GRÄGER. 6313

Bergwerksverband zur Verwertung von Schutzrechten der Kohlentechnik G.m.b.H. (Erfinder: **Walter Klempt**), Dortmund, *Herstellung von Schädlingsbekämpfungsmitteln.* Man behandelt Benzolvorlauf in einem mit Rückflußkühler ausgestatteten Behälter bei n. Temp. mit gasförmigem Cl_2, entfernt die dabei entstehende HCl u. bringt das erhaltene Gemisch gegebenenfalls mit Emulgatoren in feinverteilte Form oder läßt es von fein verteilten Stoffen, wie $CaCO_3$, Kieselgur, Ton u. dgl., aufsaugen. Den im Benzolvorlauf enthaltenen CS_2 trennt man vor oder nach der Chlorierung durch Dest. ab. (**D. B. P. 938 400** Kl. 451 vom 2/6. 1949, ausg. 26/1. 1956. Anmeldung bekanntgemacht 10/8. 1950.) H. NEBELSIEK. 6313

Pedro Maron und **Juan Nebrera,** Madrid, Spanien, *Herstellung eines insekticiden Mittels.* Man stellt sich ein Gemisch aus α-Pinen u. polymerisiertem α-Pinen her durch Behandeln des Öls von Terpentin- oder Terpen-KW-stoffen ($C_{10}H_{16}$) mit 3—6% konz. H_2SO_4, indem man diese unter Rühren allmählich einträgt. Dann kühlt man die M. $< 0^0$ ab, sättigt das erhaltene Gemisch aus α-Pinen u. polymerisiertem Pinen bei n. Temp. mit einem chlorierten Insekticid, z. B. Benzolhexachlorid oder dem γ-Isomeren des Benzolhexachlorids u. fügt ein Emulgiermittel zu. (**E. P. 726 678** vom 4/12. 1952, ausg. 23/3. 1955. Span. Prior. 27/10. 1952.) H. NEBELSIEK. 6313

Mary P. Rogers, Hilo, Hawaii, *Schutz von geschnittenen Pflanzen,* z. B. Blattfarnen. Man taucht die abgeschnittenen Stengel in 50—65° warmes W., dann in kaltes W., bis sie abgekühlt sind. Dann taucht man den Farn zuerst in eine schwache, wss. Essenz, die man durch Auskochen von „Pipturus albidus", nämlich des Laubs u. der Samen gewonnen hat, u. anschließend in eine 2. Essenz, die man durch Auskochen der Stengel u. Rinde der „Pipturus albidus" gewonnen hat. Die so behandelten Pflanzen sollen sich mehrere Wochen frisch halten. (**A. P. 2 713 233** vom 10/11. 1952, ausg. 19/7. 1955.) H. NEBELSIEK. 6313

VIII. Metallurgie. Metallographie. Metallverarbeitung.

L. E. Fielding, *Bemerkungen zur Verwendung von Sulfiten bei der Kupferflotation mit dem Roseberg-Konzentrator der Elektrolytic. Zinc Company of Australasia Ltd.* Auf Grund einer Cu-Verknappung war es notwendig, aus Roseberg-Erz [mit rund 0,5 (%) Cu neben 19 Zn; 6 Pb; 0,03‰ Ag; 0,003‰ Au] Cu zu gewinnen, wozu NaCN nicht verwendet werden konnte, weil es bei der Flotation neben Zn u. Fe auch Cu unterdrückt. Es wurden Verss. (auch halbtechn.) mit Sulfiten unter Abwandlung der Bedingungen gemacht, wobei $ZnSO_3$ u. bes. SO_2 bessere Wrkg. hatten als Na_2SO_3. (Australas. Inst. Mining Metallurgy, Proc. [N. S.] **1952.** Nr. 166—67. 71—77. Sept./Dez.) H. ECKHARD. 6364

Kurt Hedden, *Kohlenoxyd im Kupolofen.* Auf Grund einer krit. Schrifttumsübersicht kommt Vf. zu folgendem Schluß: Es bestehen 3 Möglichkeiten zur Verminderung des CO-Geh. im Abgas, wobei die Frage nach der günstigsten Füllkokshöhe u. dem Einfl. von Streu- oder Lagenfeuerung nicht angeschnitten wird. a) Ein großer Teil des Gases wird aus dem Ofen abgezogen, bevor es in die Zone *BC* eintritt. Dieses Verf. scheiterte an der geringen Haltbarkeit der Absaugedüsen bei Tempp. bis 1700°. b) Die Reaktionsfähigkeit des Kokses für die BOUDOUARD-Rk. wird herabgesetzt. Hierzu stellt man in Amerika reaktionsträgen Koks dadurch her, daß man seine Poren durch pechartige Zusätze verstopft. c) Der Temperaturgradient wird verstärkt u. dadurch die Zone *BC* verkürzt. Hierfür sind unter Umständen geeignet die Verwendung von Heißwind oder sauerstoffangereicherter Luft. Das Brechen des Einsatzeisens auf kleinere Stückgrößen bringt im Verhältnis zur Koksersparnis keinen Vorteil. — Schrifttumsangaben. Diskussion. (Stahl u. Eisen **75.** 1046—48. 11/8. 1955.) J. PAHL. 6372

R. H. Greenlee, *Neuzeitliche Kernsandtechnik.* In der Wärme aushärtende Kunstharze (**I**) verkürzen die Kernbrennzeit ohne Preisgabe der wesentlichen Kerneigenschaften. Der Wassergeh. spielt eine entscheidende Rolle bei der Überwachung der Härte der Kernoberfläche. Die Neigung der **I,** an den Sandkernen kleben zu bleiben, bekämpft man mit geeigneten „Lösungsmitteln", z. B. Leichtölen, bes. Kerosin, gemeinsam mit Fettsäuren, z. B. Stearin- oder Ölsäure. Die Lagerfähigkeit von Phenolharzen ist begrenzt. vor allem bei höheren Temperaturen. — Diskussion. (Trans. Amer. Foundrymen's Assoc. **59.** 412—17. 1951. St. Joseph, Mich., Auto Specialties Mfg. Co.) W. WESLY. 6382

A. Talbot, *Kerne und Formen beim CO_2-Prozeß.* Es werden die Entw., Anwendung u. Vorteile des CO_2-Prozesses beschrieben, der in einer Behandlung des Kern- u. Formsandes mit CO_2 besteht. Verss. haben ergeben, daß die beste Rk. zwischen CO_2 u. Bindemittel erfolgt, wenn ein Gasdruck von 1,4 atü während 20 Sek. angewandt wird. Gasmangel ist besser als Gasüberschuß, weil bei Mangel das Bindemittel noch CO_2 aus der Atmosphäre aufnehmen kann, während bei Überschuß die Gefahr der Bldg. einer bröckeligen Sandoberfläche besteht. (Foundry Trade J. **98.** 559–68. 26/5. 1955. Southall, Middlesex, Western Foundries.) H. SCHÖBERL. 6382

Wm. H. Moore, *Die Prüfung von Sand durch Schlag.* Ein zur Unters. von Sand nach dem IZOD-Schlagprüfverf. dienendes Gerät wird im einzelnen beschrieben. Die Schlagzahl ist ein Maß für die Zähigkeit des Formsandes bei hohen Temperaturen. Die an zahlreichen Sandarten ausgeführten Unterss. zeigen: Der in der 1. Min. der Schockerhitzung erfolgende Zähigkeitsabfall ist innig mit der Bldg. von Buckeln u. anderen Ausdehnungsfehlern gekoppelt. Eine Erhöhung der Warmzähigkeit in der 1. Min. überwindet diese Fehler. Manche aus Getreide gewonnene „Dämpfungsmittel" (cushioning agents, z. B. Kordek, Glutrin usw.) steigern die Warmzähigkeit rasch, so daß ein geringer Zusatz davon die Ausdehnungsfehler ausgleicht. — Diskussion. (Trans. Amer. Foundrymen's Soc. **59.** 451–61. 1951. Clevelands, Heights O., Meehanite Metal Corp.) W. WESLY. 6382

Béla Körös, *Aufnahme von Erhitzungs- und Abkühlungskurven für Wachstumsversuche von Kokillenwerkstoffen.* Um die Formänderung von Kokillen zu bestimmen, wurden im Stahlwerk Erhitzungs- u. Abkühlungsmessungen ausgeführt. In der Mittelhöhe der Kokillen wurden in 3 verschieden tiefen Bohrungen Thermoelemente eingesetzt, um die Temp. nahe zum Block bzw. zur Außenfläche u. in der Mitte zu ermitteln. Die Messungen wurden in 1, 2 u. 3 Std. Strippzeit der Blöcke ausgeführt, hieraus die für das Wachstum maßgebenden cycl. Kurven aufgenommen u. diskutiert. (Kohászati Lapok **10 (88).** Nr. 3. Öntöde **6.** Nr. 3. 41–44. März 1955.) J. PLANK. 6382

B. H. C. Waters, *Kontinuierliches Gießen von Nichteisenmetallen.* 1. Mitt. *Gießeinrichtung für Gußstücke.* Beschreibung einer Gießmaschine u. Laboratoriumsverss. mit verschied. Metallen. (Metal Treatment Drop Forging **19.** 379–84. Sept. 1952.) H.-J. HEINRICHS. 6382

B. H. C. Waters, *Kontinuierliches Gießen von Nichteisenmetallen.* 2. Mitt. *Experimentelle Gießtechnik für verschiedene Metalle.* (1. vgl. vorst. Ref.) Für das kontinuierliche Gießen sind verschied. Erscheinungen wichtig, wie die Gießgeschwindigkeit, Form u. Oberfläche der Gießform u. die Verfestigungsgeschwindigkeit. Für die Messung dieser Einfll. wird eine Versuchsapp. beschrieben, ferner werden Gießverff. für Pb, Zn, Al, Cu, Gußeisen, Stahl u. für eine eutekt. Bi–Sn-Legierung geschildert. (Metal Treatment Drop Forging **19.** 433–38. Okt. 1952.) H.-J. HEINRICHS. 6382

B. H. C. Waters, *Kontinuierliches Gießen von Nichteisenmetallen.* 3. Mitt. *Einflüsse auf die zulässige Gießgeschwindigkeit.* (2. vgl. vorst. Ref.) Verss. zeigten, daß beim kontinuierlichen Gießen eine bestimmte Gießgeschwindigkeit nicht überschritten werden darf, da sonst Brüche auftreten. Brüche können außerdem durch die Oberfläche der Gießform oder durch das Schmiermittel bedingt sein. (Metal Treatment Drop Forging **19.** 474–78. 482. Nov. 527–30. 532. Dez. 1952.) H.-J. HEINRICHS. 6382

B. H. C. Waters, *Kontinuierliches Gießen von Nichteisenmetallen.* 4. Mitt. *Porosität und andere beeinflussende Faktoren.* (3. vgl. vorst. Ref.) Porosität von Gußstücken wird meist durch Einschluß von Gas hervorgerufen. Um dies zu vermeiden, muß die Gießgeschwindigkeit beachtet werden, um die sogenannte Turbulenzzone möglichst klein zu halten. Dieses kann auch durch ein möglichst großes Verhältnis der Formtiefe zur Turbulenzzone erreicht werden. Ferner wird der Einfl. der Tempp. u. der Gießgeschwindigkeit auf die Makrostruktur von verschied. Legierungen untersucht. (Metal Treatment Drop Forging **20.** 3–22. Jan. 1953.) H.-J. HEINRICHS. 6382

B. H. C. Waters, *Kontinuierliches Gießen von Nichteisenmetallen.* 5. Mitt. *Aussehen der Oberfläche.* (4. vgl. vorst. Ref.) Unterss. von Oberflächen der nach den mitgeteilten Verff. hergestellten Gußstücke. Diese Oberflächen zeigen stets markante Rippen, bes. bei Pb u. Zn. Häufigkeit sowie Abstand u. Tiefe der Rippen werden gemessen. (Metal Treatment Drop Forging **20.** 79–83. Febr. 1953.) H.-J. HEINRICHS. 6382

B. H. C. Waters, *Kontinuierliches Gießen von Nichteisenmetallen.* 6. Mitt. *Aussehen der Oberfläche.* (5. vgl. vorst. Ref.) Eine Reihe von Photographien zeigen nochmals die verschied. Rippenbildungen auf den Oberflächen von Gußstücken. Vf. erörtert die Gründe für diese Erscheinung u. gibt eine eigene Theorie. (Metal Treatment Drop Forging **20.** 103–09. März 1953.) H.-J. HEINRICHS. 6382

J. M. Harrison, *Die geologischen Verhältnisse der Eisenerzlager in Canada.* Kurze geolog. Beschreibung der 5 wichtigsten Fe-Erzlagerstätten. Ausdehnung, Entstehungsgeschichte, Begleitmineralien. — 28 Literaturstellen. (Canad. Mining metallurg. Bull. **48.** 217–19. April 1955. Geol. Survey of Canada.) H. ECKHARD. 6390

K. W. Downes, *Auf Eisenerz und eisenführendes Material angewandte Aufbereitungsverfahren.* (Vgl. vorst. Ref.) Zusammenstellung u. Kurzbeschreibung der auf Fe-Erze angewandten Aufbereitungsverff., wie Zerkleinern, Waschen, Schwerkraft- u. magnet. Trennung, Flotation, Trocknen, Sintern, Pelletisieren, Brikettieren. — 14 Literaturstellen. (Canad. Mining metallurg. Bull. **48.** 219—21. April 1955. Ottawa, Mines Branch, Min. Dressing Div.) H. ECKHARD. 6390

S. L. Gertsman, *Eisenerzschmelzung.* (Vgl. vorst. Reff.) Kurze Beschreibung des Hochofen-Niederschachtofen- u. KRUPP-Renn-Verfahrens. — Diskussion, auch der vorst. beiden Referate. (Canad. Mining metallurg. Bull. **48.** 221—26. April 1955. Ottawa, Mines Branch, Phys. Metallurg. Div.). H. ECKHARD. 6390

H. Trivedi, *Reduktion von Eisenerz.* Da metallurg. Koks in Indien schwer zu beschaffen ist, stellte Vf. Verss. an zur Red. von *Magnetit* u. *Hämatit* mit H_2 u. mit einer Mischung von H_2 u. CO. Die Red. von Magnetit durch H_2 beginnt etwas unterhalb 350° u. erreicht ein Maximum bei 600°. Die Sinterung des Erzes setzt bei < 650° ein u. verhindert bis ca. 900° stark die reduzierende Wrkg. des H_2; oberhalb 900° nimmt die Reduktionsgeschwindigkeit wieder zu. Das red. Erz wird durch O_2 sehr schnell wieder oxydiert; aus diesem Grund ist das Ablassen des Fe erst bei einer genügend niedrigen Temp. durchzuführen. Die Reduktionsgeschwindigkeit mit H_2 ist größer als mit CO. Auch Gemische von CO u. H_2 im Verhältnis **3 : 1** lieferten günstige Ergebnisse. Verss. mit Hämatit ergaben, daß es sich leichter reduzieren läßt als Magnetit. Ein zu 90% red. Eisenerz enthielt ca. 89% Gesamteisen, ca. 81% metall. Fe, S < 0,008% u. **P** < 0,02%. Das Ausgangserz enthielt ca. 0,06% P. (Sci. and Cult. **17.** 423—24. April 1952. Tanagar, Jemco Ltd.) C. GOTTFRIED. 6390

J. Astier, *Untersuchung der Entschwefelung eines barytischen Eisenerzes (Khénifra, Französisch-Marokko) durch Agglomerieren auf dem Rost.* Die günstigsten Bedingungen werden ermittelt. Hierbei wird zunächst der Einfl. verschied. Faktoren, wie Erzkörnung, Natur des Brennstoffs u. a., untersucht u. die Bedingungen zur Gewinnung eines Agglomerates mit 0,2% S werden festgelegt. Besprochen wird die Arbeitsweise des Verf., mit dem es gelingt, bei Verminderung der Luftmenge den S-Geh. bis auf 0,1% zu senken. Es wird nachgewiesen, daß der Grad der Entschwefelung eng mit dem S-Geh. der zu agglomerierenden Charge zusammenhängt. — 22 Schrifttumsangaben. Diskussion. (Rev. Métallurgie **52.** 47—62. Jan. 1955.) H. HOCHSTEIN. 6390

Béla Vécsey, *Thermische Untersuchung von Eisenerzen mit dem Habicht-Apparat.* Beschreibung u. Anwendbarkeit des Apparates. (Kohászati Lapok **10** (88). 149—51. April 1955.) J. PLANK. 6390

G. N. Oiks und **K. G. Trubin,** *Varianten der Weiterverarbeitung von Kertsch-Roheisen.* Zur rationellen Weiterverarbeitung des P-reichen, V enthaltenden Roheisens auf Basis der Kertsch-Erze empfehlen Vff. die Anwendung des Duplexverf.: THOMAS-Birne–MARTIN-Ofen, im wesentlichen bestehend in einem kurzzeitigen Vorblasen mit O_2-angereicherter Luft im Konverter, Abkippen der an V-Oxyden u. SiO_2- reichen Schlacke, weiterem Verblasen nach Zusatz von Kalk bis auf ca. 0,1% P u. Fertigverarbeiten des Halbprod. nach Aufkohlen im SIEMENS-MARTIN-Ofen auf die gewünschte Stahlqualität. In Variierung dieses Verf. erfolgt das 2. Vorblasen mit reinem O_2 im Konverter nach Zugabe (an Stelle von Kalk) von in einem Schlackenmischer aktivierter fl. SIEMENS-MARTIN-Schlacke, wodurch ein Voreilen des Entphosphorungsprozesses gegenüber der Entkohlung erreicht u. die Notwendigkeit der Aufcarburierung vermieden wird. Als Vorteile dieser Arbeitsweise werden genannt: Die Möglichkeit der V-Gewinnung, das Erhalten einer weiter zu verwertenden, an Phosphat reichen Schlacke, als Nebenprod., u. eines zur Weiterverarbeitung auf jede Art von unlegiertem u. legiertem Stahl geeigneten vorraffinierten, N_2-armen Halbproduktes. (Известия Академии Наук СССР, Отделение Технических Наук [Nachr. Akad. Wiss. UdSSR, Abt. techn. Wiss.] **1954.** Nr. 9. 110—13. Sept.) V. EHMCKE. 6400

R. P. Dunphy und **W. S. Pellini,** *Erstarrung von Grauguß in Sandformen.* Therm. Unterss. über die Erstarrung von Grauguß an Sandflächen zeigen, daß die Erstarrung in wellenartiger Weise verläuft. Die Austenitdendritwellen verlaufen nacheinander, d. h. die Anfangswelle legt ihren Weg zur Gußstückmitte zurück, bevor die Endwelle sich ausbreitet, so daß im gesamten Gußstück ein Zustand der Halberstarrung auftritt. Die Eutektika bilden sich infolge der gleichzeitigen Ausbreitung der Anfangs- u. Endwellen als schmales Band. Die Anfangswelle verläuft durch eine isotherm. Schmelze. Die Abhängigkeit der Ausbreitung der Erstarrungswellen von Überhitzung u. C-Geh. zeigen mehrere Diagramme. — Diskussion. (Trans. Amer. Foundrymen's Assoc. **59.** 425—34. 1951. Washington, Naval Res. Labor., Metallurgy Div., Metal Processing Branch.) W. WESLY. 6402

H. F. Bishop, F. A. Brandt und **W. S. Pellini,** *Erstarrung von Stahl an Sand- und Kokillenflächen.* Die Erstarrung verläuft in ähnlicher Weise, wie in vorst. Ref. geschildert. An den Kokillenwänden, die die Wärme gut fortleiten, bilden Anfangs- u. Endwelle ein Erstarrungsband, das durch eine isotherm. Schmelze der Vollendung entgegenstrebt. An den Sandflächen, die die Wärme verhältnismäßig schlecht abführen, breitet sich die Anfangswelle durch eine isotherm. Schmelze aus, so daß im gesamten Gußstück ein Zustand der Halberstarrung auftritt. Die Abhängigkeit der Ausbreitung der Erstarrungswellen von Wandstärke u. Überhitzung des Metalls zeigen mehrere Diagramme. — Diskussion. (Trans. Amer. Foundrymen's Soc. **59.** 435—50. 1951.) W. WESLY. 6402

R. P. Frohmberg, W. J. Barnett und **A. R. Troiano,** *Sprödbruch nach Alterung und die Wasserstoffversprödung im Stahl.* Die Erscheinung des Sprödbruches nach einer Alterung wird mit der Ggw. von elektrolyt. in den Stahl eingeführten H_2 in Verbindung gebracht. Der Sprödbruch kann bereits bei verhältnismäßig geringen Beanspruchungen auftreten, ist kerbempfindlich u. hängt von der Alterungszeit nach der Einführung von H_2 ab. Die Empfindlichkeit gegen diese Art von Sprödbruch kann schon vorhanden sein, wenn auch noch die n. Prüfungen auf Zug eine volle Zähigkeit des Stahles vermuten lassen. Die Abnahme der Zähigkeit ist von der Tiefe des Eindringens von H_2 u. dem Grad der H_2-Versprödung abhängig. Der Einfl. einer Alterung unter einer Belastung des Werkstoffs auf den Sprödbruch wird erörtert. Dieser Bruch tritt auch in Abwesenheit von Restaustenit auf u. kann daher nicht auf eine Zers. von Austenit zurückgeführt werden. — 49 Schrifttumsangaben. (Trans. Amer. Soc. Metals **47.** 892—925. 1955.) H. HOCHSTEIN. 6408

F. Garofalo und **G. V. Smith,** *Der Einfluß von Zeit und Temperatur auf die verschiedenen mechanischen Eigenschaften während der Reckalterung von normalisierten niedriggekohlten Stählen.* Der Einfl. der Alterungszeit u. -temp. nach einer bleibenden Verformung auf die Kerbschlagzähigkeits-Übergangstemp., die Streckgrenze, Zugfestigkeit u. Härte wurde bei drei Stählen mit 0,25 (%) C, 0,56 Mn, 0,13 Si, 0,013 Al, 0,017 P, 0,028 S u. 0,011 N bzw. mit 0,07 C, 0,43 Mn, 0,007 Si, 0,006 P, 0,026 S, 0,005 Al u. 0,005 N bzw. mit 0,08 C, 0,47 Mn, 0,012 Si, 0,075 P, 0,032 S, 0,006 Al u. 0,016 N im normalisierten Zustande untersucht. Die Kerbschlag-Zähigkeits-Ergebnisse, welche Alterungszeiten bis zu mehreren Jahren u. Tempp. zwischen 75 u. 1200° F umfassen, ergeben nur einen geringen Unterschied bei den verschied. Stählen. Auch eine Spannungsfreiglühung bei 900—1200° F hatte einen nur geringen Einfl. auf die Übergangstemp. der reckgealterten Stähle. Eine Vorverformung durch Druck u. nachfolgende Alterung bei 75—450° F hat die gleiche Wrkg. auf die Übergangstemp. wie eine Vorverformung durch Zug. Nach einer Vorverformung durch Zug u. einer Alterung bei 75° F zeigen die Veränderungen der Streckgrenze u. Zugfestigkeit an, daß der mit Si u. Al desoxydierte Stahl weniger schnell altert als die beiden anderen Stähle. Ein Einfl. einer Zugverformung u. einer Alterung bei 75 u. 450° F auf die Härte zeigt sich nicht. Die Veränderung der Warmhärte mit der Temp. zwischen 75 u. 500° F u. die Veränderung der Härte mit der Alterungszeit bei 200, 250 u. 300° F wurden untersucht. Erörtert werden verschied. Theorien der Reckalterung u. der Einfl. der Erholung während der Reckalterung. — 26 Schrifttumsangaben. (Trans. Amer. Soc. Metals **47.** 957—83. 1955.) H. HOCHSTEIN. 6408

John Vajda und **Paul E. Busby,** *Einfluß der Zusammensetzung auf die Querfestigkeitseigenschaften von einer Stirnabschreckung unterworfenen Stählen.* (Vgl. C. **1955.** 6607.) Untersucht wird der Einfl. der Zus. auf die Querfestigkeitseigg. von Gefügen, die bei der kontinuierlichen Abkühlung während der JOMINY-Stirnabschreckprüfung bei Stählen mit 0,2—0,51% C erhalten werden. 10 Stahlzuss. werden ausgewählt, um den Einfl. von *B, Seltenen Erdmetalloxyden, Si, Ni* u. *C* auf die Härtbarkeit in großen Stahlquerschnitten sowie auf die Festigkeitseigg. der angelassenen kopfgehärteten Gefüge zu zeigen. Die Wirksamkeit von *Ferrobor* sowie *Grainal No. 79* (an B u. Ti angereichert) auf die Härtbarkeit der Stähle wurde verglichen. Hierbei zeigte sich, daß das an B u. Ti reiche *Grainal* auf die Verbesserung der Härtbarkeit wirksamer ist als Ferrobor. Zusätze von B, C, Si u. Ni verbesserten die Härtbarkeit, wie an 1''- u. 7''-Proben nachgewiesen wurde. Seltene Erdmetalloxyde, die zu einem mit Ferrobor behandelten Stahl zugesetzt wurden, hatten auf die Härtbarkeit keinen großen Einfluß. B verringert die Querschlagfestigkeit. Seltene Erdmetalloxydzusätze zu einem mit B behandelten Stahl hatten einen geringen schädlichen Einfl. auf die Quereinschnürung u. die Querschlagfestigkeit. Bei bestimmten Abkühlungsgeschwindigkeiten erhöhte Si die Schlagfestigkeit infolge der verbesserten Härtbarkeit; bei hinreichend niedrigen Abkühlungsgeschwindigkeiten verringerte Si im allg. diese Eigenschaft. Ni verbesserte die Schlagfestigkeit ohne Beeinträchtigung der Zugfestigkeit. Stähle mit erhöhtem C-Geh. hatten im Durchschnitt eine geringere Streckgrenze, eine geringere Querduktilität u. eine höhere Zähigkeit. Stähle mit größerem Querschnitt von 7″ Durchmesser haben gegenüber den mit nur 1″ Durchmesser eine verringerte Querschlagfestigkeit u. vielleicht auch eine erniedrigte Streckgrenze. — Diskussion. (Trans. Amer. Soc. Metals **47**. 408—22. 1955.) H. HOCHSTEIN. 6410

E. C. Roberts, N. J. Grant und **Morris Cohen**, *Kriech–Anlaß-Beziehungen in einem gehärteten Stahl mit 4,5% Chrom.* Das Verh. von drei gehärteten Stählen mit 0,16, 0,40 u. 0,68% C u. mit ca. 4,5% Cr wurde vom Standpunkt der Anlaßerscheinungen u. des Kriechverh. im Temperaturbereich von 425—705° untersucht. Hierbei zeigte sich, daß die Stähle bei 425 u. bei 540° wegen eines auftretenden intergranularen Bruches vor dem Auftreten eines merklichen Kriechens nicht einer Dauerstandprüfung zugänglich sind. Bei kurzzeitiger Prüfung u. beim Anlassen auf 650 u. 705° hat der Stahl mit 0,68% C u. 4,5% Cr eine höhere Festigkeit als die Stähle mit 0,16 bzw. 0,4% C bei gleichem Cr-Geh., jedoch nimmt mit zunehmender Prüfzeit die Festigkeit des hochgekohlten Stahles rascher ab als die der niedriggekohlten Stähle, was auf die bei hochgekohltem Stahl auftretende intergranulare Fehlererscheinung zurückgeführt wird. Die zweite, dritte u. vierte Stufe des Anlassens kann durch elektr. Messungen leicht verfolgt werden. Die zweite Anlaßstufe ist durch eine Zunahme des elektr. Widerstandes gekennzeichnet. Die dritte u. vierte Stufe wird von einer Abnahme des elektr. Widerstandes begleitet. Durch elektrolyt. Extraktion wird gezeigt, daß das in der dritten Anlaßstufe gebildete $(Fe, Cr)_3C$ während der vierten Anlaßstufe durch $(Cr, Fe)_7C_3$ ersetzt wird. Die Anlegung einer Spannung während des Anlassens hat keinen wesentlichen Einfl. auf den Gesamtverlauf der vierten Anlaßstufe. Nur bei 705° nimmt die Härte unter einer Spannung schneller als ohne angelegte Spannung ab, was auf eine erhöhte Zusammenballungsgeschwindigkeit der Carbide beim Anlassen unter Spannung zurückgeführt wird. — 12 Schrifttumsangaben. (Trans. Amer. Soc. Metals **47**. 650—64. 1955.) H. HOCHSTEIN. 6410

Kurt Laue, *Die thermische und mechanische Beanspruchung der Strangpreßwerkzeuge.* Die therm. u. mechan. Beanspruchung der Strangpreßwerkzeuge ergibt sich aus den Verformungsbedingungen der verschied. *Nichteisenmetalle.* Ein Überblick über *Warmarbeitsstähle*, die für die Strangpreßwerkzeuge zur Verfügung stehen, zeigt, daß die therm. Beanspruchung bes. der Verschleißwerkzeuge Preßmatrize u. Preßdorn bei dem schwerpreßbaren Schwermetallegierungen die Grenzen der Anlaßbeständigkeit der Stähle überschreitet. Die Bemessung sämtlicher Strangpreßwerkzeuge muß so vorgenommen werden, daß die therm. u. mechan. Beanspruchung innerhalb der zulässigen Grenze liegt. Die Stahlauswahl der Werkzeuge muß derart erfolgen, daß die therm. Beanspruchung dem jeweiligen Preßgut angepaßt ist; eine Unterschreitung der notwendigen Legierungselemente zur Erhaltung der Warmfestigkeit u. Anlaßbeständigkeit muß vermieden werden. (Z. Metallkunde **46**. 1—6. Jan. 1955. Frankfurt/M.) H. HOCHSTEIN. 6410

T. W. Harker, *Sorgfältige Herstellung und genaue Wärmebehandlung für legierte Hochtemperaturschraubenbolzen.* Schrauben, die bei hohen Tempp. für Gas- u. Dampfturbinen, Düsenantriebe u. Atomkraftwerke verwendet werden, erfordern Werkstoffe mit großem Widerstand gegen Verzundern, Korrosion u. Kriechen, mit hoher Dauerfestigkeit u. niedriger Kerbempfindlichkeit. Die hierfür entwickelten, mit W, Mo, Co u. Cr legierten austenit. *Stähle* entsprechen diesen Anforderungen, besitzen aber eine erhöhte Warmfestigkeit, die das Verarbeiten erschwert. Das Kaltstauchen dieser legierten Stähle ist infolge der hohen Streckgrenze u. Kaltverfestigung schwierig. Für das Aufstauchen werden drei Verff. verwendet, nämlich das Kaltstauchen, das Warmschmieden oberhalb der Rekristallisationstemp. u. das Kalt–Warm-Verformen etwas unterhalb der Rekristallisationstemp., meist mit induktiver Erwärmung. Einige der warmfesten Stähle lassen sich nur durch Warmformen ohne Bruch aufstauchen. Dieser Vorgang erfordert jedoch eine genaue Temperaturführung, wobei die Tempp. bis zu 1260° betragen können. Bei der sehr wichtigen anschließenden Wärmebehandlung der aushärtbaren u. der nichtaushärtbaren austenit. Stähle zum Erreichen der gewünschten mechan. Eigg. u. zum Spannungsfreiglühen darf der Korrosionswiderstand nicht herabgesetzt werden. Die Wärmebehandlung wird in Flammrohröfen mit einer Schutzgasatmosphäre durchgeführt. Diese besteht aus reinem N_2 mit einem regelbaren Geh. an H_2. (Iron Age **174**. Nr. 12. 171—73. 16/9. 1954. Morton Grove, Ill., H. M. Harper Co.) H. HOCHSTEIN. 6410

T. Tanaka, *Über elektrolytische Zinnraffination.* Übersicht mit 25 Literaturangaben. (J. electrochem. Soc. Japan **21**. 103—11. März 1953. Osaka, Mitsubishi Met. and Min. Co. [Orig.: japan.]) L. SCHULER. 6428

I. R. Polywjanny, *Untersuchung eines mehrschichtigen Sinterröstverfahrens für Bleisulfidkonzentrate.* Aus Verss. wurde ermittelt, daß das Sinterverf. zur Röstung von Bleisulfiden wirtschaftlicher arbeitet, wenn die Beschickung schichtweise vorgenommen

u. ebenso entzündet wird. Die Verss. mit jeweils denselben Bleisulfidmengen ergeben: Einschichtverf.: Dauer 17 Min.; lineare Abbrandgeschwindigkeit 13,0 mm/Min.; Ausbeute an Rückstand 59,20%; Entschwefelung 67,70%; Festigkeit des Rückstandes 85,00; Zweischichtverf.: 17 Min.; 19,30 mm/Min.; 68,20%; 67,00%; 84,60; Dreischichtverf.: 15 Min.; 17,33 mm/Min.; 60,00%; 58,76%; 78,70. Das Erz hatte die Zus.: Pb 30,52%; S 8,05%; FeO 16,17%, SiO_2 9,70%; CaO 6,0%; H_2O 6,20%; Korngrößen: bis 5 mm 27%, 5–10 mm 73%. Volumengeschwindigkeit der Gebläseluft 0,35 m^3 pro Min·m^2. (Вестник Академии Наук Казахской ССР [Nachr. Akad. Wiss. KasachSSR] **1955.** Nr. 12. 93–95. Dez. 1955.) H. HUBER-EMDEN. 6430

Marvin Glassenberg, L. F. Mondolfo und **A. H. Hesse,** *Die Raffination binärer Kupferlegierungen.* Verss. zur Beseitigung der üblichen Verunreinigungen aus geschmolzenen bin. Cu-Legierungen durch Einleiten von Luft oder O_2 zeigen: Die Fremdelemente werden in der Reihenfolge *Al, Mn, Si, P, Fe, Zn* oxydiert. Obwohl der Grad der Entfernung dieser Elemente verschieden ist, können sie gleichzeitig beseitigt werden. Die Verwendung von O_2 statt Luft hat auf die Raffination von Messing nur geringen Einfluß. Fe wird jedoch aus Zn-reichem Messing durch O_2 leichter beseitigt. — Diskussion. (Trans. Amer. Foundrymen's Assoc. **59.** **465**–71. 1951. Chicago, Ill., Inst. of Technol. u. R. Lavin and Sons, Inc.) W. WESLY. 6432

J. W. Pugh, *Die Zugfestigkeit von Molybdän bei erhöhten Temperaturen.* Untersucht wird die Abhängigkeit der Zugfestigkeit von Mo von der Temp. im Bereich von 870 bis 1095°. Hierbei wird festgestellt, daß die gute Warmfestigkeit von Mo von einer Reckalterung herrührt. — 12 Schrifttumsangaben. (Trans. Amer. Soc. Metals **47.** 984–1001. 1955.) H. HOCHSTEIN. 6440

R. Levi, *Verformung von Wolfram mit Hilfe eines neuen Verfahrens.* Poröses *W* wird mit einem geeigneten geschmolzenen Metall, bes. *Au* oder *Cu*, „imprägniert" u. dann gepreßt, bis 90% der D. von festem *W* erreicht sind. Die so erhaltenen Körper können mit n. Werkzeugen aus Carbid oder Schnelldrehstählen spanabhebend bearbeitet werden. Das Füllmetall wird durch Verdampfung entfernt. (Canad. Machinery Manufact. News **67.** Nr. 1. 102–04. Jan. 1956. Irvington-on-Hudson, N. Y., Philips Labors.) D. BREDTSCHNEIDER. 6440

C. Panseri und **F. Gatto,** *Die Dauerfestigkeitsprüfung von Leichtlegierungen unter Drehbiegebeanspruchung. Einfluß der Versuchsfaktoren.* Versuchsbericht über den Einfl. der Form, Dimension u. Oberflächenbehandlung auf die Dauerfestigkeit der Probestücke. Obgleich die Wrkg. dieser Faktoren auf die Dauerfestigkeit wegen zahlreicher Unsicherheitsgrade sich schwer beurteilen läßt, was nach Vf. bes. für die avionalähnlichen Legierungen gilt, scheint bei den Anticorodaltypen ein solcher Einfl. sicher zu sein. — 11 Literaturhinweise. (Alluminio **24.** **447**–58. Sept./Okt.; Ist. Sperim. Metalli leggeri, Mem. Rapp.[7.] Nr. 151. 1–14. 1955. Milano-Novara, Ist. sperim. metalli leggeri I.S.M.L.) A. SANDER. 6442

R. C. Cornell, *Magnesiumspritzgußlegierungen.* Übersicht über Herst., Bearbeitung u. Verwendung von Mg-Spritzgußlegierungen. — Diskussion. (Trans. Amer. Foundrymen's Assoc. **59.** **398**–400. 1951. Jackson, Mich., Litemetal Dicast, Inc.) W. WESLY. 6444

Pál Nagy, *Möglichkeiten zur Verbesserung des Ampère-Nutzeffektes bei der Aluminiumelektrolyse.* Der Mechanismus der Aluminiumelektrolyse ist noch nicht ganz erforscht, daher ist auch nicht bekannt, warum dem FARADAY-Gesetz nicht Genüge geleistet werden kann. Die zur Erklärung ausgeprochenen Meinungen sind ungenügend u. widersprechend, daher versucht Vf. die sich bietenden Möglichkeiten. Zugabe von CaF_2 senkt den F. des Bades, doch können sich bei Stromstörungen an den Kathoden nur mit beträchtlicher Spannungssteigerung wieder schm. Anlagerungen bilden. Besseren Erfolg sichert Erhöhung des Metallniveaus, wodurch die Temp. der Schmelze gleichmäßiger u. die Poldistanz vergrößert werden kann, ohne die Temp. zu steigern. Auch Vergrößerung der anod. Stromdichte kann den AMPÈRE-Effekt steigern, doch ist damit auch die Erhöhung der Spannung verbunden. Die Zus. der Schmelze ist ausschlaggebend. Diese kann sich auch während der Elektrolyse durch Ausfrieren an der Wand der Wanne ändern, die Schmelze wird saurer u. die Ausbeute nimmt ab. Es besteht ein Zusammenhang zwischen Basizität der Schmelze u. Stromdichtesteigerung. (Kohászati Lapok **10** (**88**). 124–30. März 1955.) J. PLANK. 6446

E. G. Thomsen und **J. Frisch,** *Spannungen und Verzerrungen beim kalten Strangpressen von 2S—O-Aluminium.* Beim kalten Strangpressen von 2S—O-Al zeigen sich die gleichen Spannungen u. Verzerrungen wie bei Pb. Die Fließeigg. sind nicht abhängig vom Material, sondern werden von der Form u. der Reibung beeinflußt. Zahlreiche

Diagramme, Kurven u. Formeln geben Aufschluß über die Kräfteverteilung in den einzelnen Abschnitten. — Diskussion. (Trans. ASME **77.** 1343—53. Nov. 1955. Univ. of California.) H.-J. HEINRICHS. 6446

Robert E. Frenkel, Oleg D. Sherby und **John E. Dorn,** *Einfluß der Kaltverformung auf die Dauerstandfestigkeit bei hohen Temperaturen von Aluminiumlegierungen mit geringen Gehalten an Legierungselementen.* Die Kriechgeschwindigkeit von geglühten u. kaltverformten Al-Legierungen mit 0,003 (%) Si, 0,003 Fe, 0,006 Cu u. 0,001 Mg oder mit 1,617 Mg, 0,003 Si, 0,004 Fe u. 0,006 Cu oder mit 0,101 Cu, 0,003 Si, 0,003 Fe, 0,0006 Mg u. 0,001 Mn bei erhöhten Tempp. kann durch die Gleichung ausgedrückt werden: $\varepsilon = S e^{-\Delta H_c/RT} \cdot e^{B\sigma}$, worin ΔH_c die Aktivierungsenergie (**I**) für das Kriechen, R die Gaskonstante, T die absol. Temp., σ die angelegte Spannung, B den Spannungs- u. S den Gefügeparameter bedeutet. Die **I** für das Kriechen wird durch die Kaltverformung nicht beeinflußt u. S wird nur schwach durch die voraufgehende Kaltverformung erhöht. Der wesentliche Einfl. der Kaltverformung auf den Kriechwiderstand von Al scheint von der Abnahme von B herzurühren. — 21 Schrifttumsangaben. Diskussion. (Trans. Amer. Soc. Metals **47.** 632—49. 1955.) H. HOCHSTEIN. 6446

C. Panseri und **F. Gatto,** *Untersuchungen über Dauerfestigkeitsanisotropie der Legierung Ergal 65 TA.* Versuchswerte der aus einem Preßstrang der Legierung vom Querschnitt 50×150 mm geschnittenen Probestücke wurden mit den Ergebnissen anderer Autoren verglichen. Die starken Streuungen der Versuchswerte deuten nach Vff. auf unbekannte Unsicherheitsfaktoren hin, doch ergab sich, daß die Ergalproben prakt. keine Anisotropiewrkg. zeigen. (Alluminio **24.** 459—63. Sept./Okt.; Ist. Sperim. Metalli leggeri, Mem. Rapp. [**7.**] Nr. 152. 1—7. 1955. Milano-Novara, Ist. sper. metalli leggeri.) A. SANDER. 6446

H. Hug, *Einfluß der Barrenhochglühung auf Gefügeausbildung und Eigenschaften von AlMn-Legierungen (Aluman).* Nach einem Hinweis auf die Möglichkeit, durch Zusätze die Neigung zur Grobkornbldg. beim Verarbeiten von Barren aus Al–Mn-Legierungen zu unterdrücken, u. die daraus sich ergebenden Nachteile wird über die „Barrenhomogenisierung" berichtet, ein Verf., bei dem die Gußbarren vor ihrer Verarbeitung während längerer Zeit bei möglichst hohen Tempp. geglüht werden. Unterss. der Gefügeausbldg., der mechan. Eigg. u. der Zipfelbldg. ergaben, daß bei Al–Mn- u. Al–Mg–Si-Legierungen nach dem Barrenhochglühen eine Verbesserung der Halbzeuge. (Metall **9.** 176—80. März 1955. Neuhausen, Schweiz, Aluminium-Industrie Akt.-Ges.) F. VIER. 6446

P. Krekel und **K. Reichel,** *Aluminiumwerkstoffe.* Übersicht über die im Flugzeugbau für Bleche, Strangpreßprofile u. Schmiedeteile angewandten Al- (Knet-) Legierungen (*AlCuMg, AlSi 5, AlMg 5, AlMgSi, AlZnMgCu, Al-Sinterwerkstoff SAP*) u. deren Eigenschaften. (VDI-Z. **98.** 500—01. 11/4. 1956. Düsseldorf.) W. WESLY. 6446

Cyrille Jelačić, *Beitrag zur Kenntnis der Übergänge des Germaniums bei der pyrometallurgischen Umarbeitung (Aufbereitung) eines Zinkkonzentrats.* Die Zn-Konzentrate in Meshiza (mit ca. 0,007% Ge) wurden allein u. im Gemisch mit den Konzentraten von Trepča im Zinkwerk Celje agglomeriert u. in den Horizontalretorten der Öfen dest., wobei das Ge fast ausschließlich im Agglomerat u. im Destillationsrückstand zurückbleibt. Nach der magnet. Separation dieser Rückstände findet sich das Ge fast nur in der magnet. Fraktion (0,025% im Meshiza-Rückstand). Die pyrometallurg. Behandlung (in Celje noch nicht abgeschlossen) sowie Verss., Ge mit HCl, H_2SO_4 oder NaOH, Na_2CO_3 in Lsg. zu bringen, haben den Weg zur Gewinnung des Ge aus den Zn-Konzentraten noch nicht genügend geklärt. (Гласник Хемиског Друштва Београд [Ber. chem. Ges. Belgrad] **18.** 319—24. 1953. Celje, Slowenien, Zinkwerk, u. Belgrad, Metallurg. Serb. Inst.) A. v. WILPERT. 6448

C. Gordon-Smith, *Die Pulvermetallurgie. Anwendung auf Nickel und seine Legierungen.* Übersicht über die in der Pulvermetallurgie, bes. des Ni u. seiner Legierungen, angewandten Verfahren. — 25 Schrifttumshinweise. (Rev. du Nickel **22.** 1—10. Jan./März 1956. Mond Nickel Co. Ltd., Dev. and Res. Dep.) W. WESLY. 6474

H. Fahlenbrach, *Fortschritte auf dem Gebiete der Dauermagnetwerkstoffe.* Bei Beschränkung auf die Alni- u. Alnico-Magnetlegierungen, auf die Oxydmagnete u. die Fe–Co–V–(Cr)-Legierungen wird über die Fortschritte in der Entw. u. Fertigung dieser Dauermagnetwerkstoffe unter besonderer Berücksichtigung der Arbeiten des Vf. berichtet. Darüber hinaus enthält die Arbeit noch nicht veröffentlichte Meßwerte über die Temperaturabhängigkeit u. über den Einfl. von Entmagnetisierungen bei diesen Werkstoffen. (Techn. Mitt. Krupp **14.** 2—11. April 1956. Essen, Fried. Krupp, Widia-Fabrik.) H. FAHLENBRACH. 6474

Wilhelm Hofmann und **Wolfgang Scheel,** *Blei als Hilfsmittel zur Herstellung von Wolframrohren auf pulvermetallurgischem Wege.* Die Herst. von W-Rohren durch hydraul.

Verpressen von W-Pulver zwischen einer Kern- u. einer Mantelform, von denen eine starr, die andere nachgiebig aus Pb ist, wird beschrieben. Das Pressen wird in 2 Stufen vorgenommen, in der 1. bei 250 at, in der 2. bei 13000 at. Dann wird bei 1800° gesintert. (Z. Metallkunde **45.** 512—13. Aug. 1954. Braunschweig, TH.) F. VIER. 6474

Arthur Adler, *Teile aus rostfreiem Stahlpulver.* Zur Herst. von Filtern für Labor., biol. Arbeiten u. Enteisungsauflagen für Tragflächen empfiehlt sich Sintern ohne Vorpressen von rostfreiem Stahlpulver, hergestellt durch mechan. Zerkleinerung von vorlegiertem Stahl, für Ölfilter ist Vorpressen erwünscht. Am gebräuchlichsten ist 150 Maschen-Pulver, größere Anteile feinkörnigen Pulvers erhöhen Zugfestigkeit u. Dehnung. Preß- u. Sinterbedingungen, sowie Eigg. werden angegeben. Andere Anwendungen: Zahnräder für Gas- u. Wassermesser. Mischen von vorlegiertem Stahlpulver mit „Teflon" erhöht Festigkeit, Abrieb u. Verschleiß der Teflonerzeugnisse. (Materials and Methods **41.** Nr. 3. 118—20. März 1955.) M. CLASING. 6474

H. Bückle, *Gefügebeobachtungen und Mikrohärtemessungen an hochwolframhaltigen Sinterlegierungen des Systems Wolfram–Chrom–Nickel.* Mkr. Unterss. von Pulvergemischen aus 0—6 Gew.-% Ni, 2—30 Gew.-% Cr, Rest W zeigen nach Verpressen mit 3800 kg/cm² u. 1—4 std. H_2-Sinterung (1500—1900°) ein metastabiles Zweiphasengefüge (W-reiche Phase u. Bindemittelphase). Aus dem Gefügeaufbau wird der W–Cr-reiche Teil des tern. Syst. im metastabilen Zustand skizziert u. durch Unterss. der Mikrohärte die Legierungsbldg. in den einzelnen Phasen verfolgt. Vgl. mit den Hartmetallen auf WC/Co- u. TiC/Co-Basis werden gezogen. (Planseeber. Pulvermetallurgie **3.** 2—16. Febr. 1955. Paris, O. N. E. R. A., Werkstofflabor.) M. CLASING. 6476

K. Pfaffinger, *Hartmetalle auf Titankarbidbasis für Hochtemperaturanwendungen.* Die Gesichtspunkte für Weiterentw. hochwarmfester Werkstoffe auf Hartmetallbasis für Tempp. oberhalb des Anwendungsbereiches eisenfreier Superlegierungen werden aufgezeigt u. der Entwicklungsstand durch Besprechung der Eigg. der WZ-Hartmetalle auf TiC-Basis mit Ni–Cr- u. Co–Cr-Bindern besprochen sowie Hinweise auf ihre Anwendung in der Materialprüfung gegeben. — 16 Literaturzitate. (Planseeber. Pulvermetallurgie **3.** 17—33. Febr. 1955. Reutte, Tirol.) M. CLASING. 6476

Walter Rienäcker, *Bimetalle.* Nach allg. Hinweisen auf bimetall. Werkstoffe, z. B. Kontaktbimetalle, wird über Thermobimetalle berichtet. Legierungen mit hohem u. geringem Ausdehnungskoeff., welche zur Thermobimetallherst geeignet sind, werden behandelt, bes. die Legierungen der *Ni–Fe*-Reihe. Es wird dargelegt, wie die therm. Ausbiegung eines Thermobimetalls sich aus den physikal. Eigg. der Komponenten errechnen läßt. Für eine Reihe techn. wichtiger Bimetalle werden die therm. u. elektr. Eigg. angegeben. — Schrifttumsangaben. (Z. Metallkunde **46.** 429—34. Juni 1955. Pforzheim, Firma G. Rau.) H. HOCHSTEIN. 6478

Nándor Hajtó, *Zusammenhang zwischen den spezifischen Schlagarbeitswerten, gemessen an Probekörpern von Charpy oder Mesnager.* Aus einer größeren Versuchsreihe mit Probekörpern aus gleichem Material u. Wärmebehandlung, jedoch den beiden Vorschriften entsprechenden verschieden tiefen Einschnitten ergab sich, daß die spezif. Schlagarbeit an *Mesnagar* (y)- u. *Charpy* (x)-Probekörpern mit der empir. Gleichung $y = 0,04\,x^2 + x$ berechenbar ist. Der Fehler liegt unterhalb 20%. Einfacher ist die Rechnung, wenn man bei einer CHARPY-Schlagarbeit bis 8 mkg/cm² für y 1,25x, darüber 1,75x — 4 setzt. (Kohászati Lapok **10** (**88**). 136—37. März 1955.) J. PLANK. 6480

W. H. Bruckner, *Der Mikromechanismus des Bruchvorganges beim Schlag–Zerreiß-Versuch.* (Vgl. C. **1956.** 9569.) Diskussionsbeitrag zu der C. **1952.** 3075 referierten Arbeit des Verfassers. (Welding J. **30.** Welding Res. Council Engng. Foundat. 168-s. März 1951.) M. GEHLEN-KELLER. 6480

E. Fiedler, *Das Prüfen von Schweißverbindungen.* Kurzer Überblick über die zur Zeit gebräuchlichsten Methoden zur Prüfung von Schweißverbindungen. (Industrie-Anz. **75.** 577—79. 12/6. 1953. Duisburg.) M. WINIKER. 6480

S. T. Ross, R. P. Sernka und **W. E. Jominy,** *Eine elektronen-metallographische Untersuchung des Zusammenhangs des Feingefüges und der Härtbarkeit.* Die Natur der nichtmartensit. Umwandlungsprodd. in mehreren *Stählen* mit 0,4% C wird aus den Abkühlungs–Umwandlungs-Schaubildern vorausgesagt u. durch ein Elektronenmikroskop identifiziert. Unvollkommen umgewandelte Martensitflächen von nach dem Kopfabschreckhärtungsverf. behandelten Proben wurden untersucht. Drei randhärtende Stähle (*SAE 1040, 1340* u. *4040*) enthalten dabei carbidfreien Ferrit, Perlit u. die obere Bainitstufe im Martensit. Drei tiefer einhärtende Stähle (*SAE 4340, 5140* u. *8640*) enthalten dagegen carbidfreien Ferrit sowie oberen u. unteren Bainit im Martensit. Eine martensit. Unterkornstruktur wird ebenfalls beobachtet. Die Genauigkeit der voreutektoiden Ferritfläche des Abkühlungs–Umwandlungs-Schaubildes für den Stahl *SAE 4340* wird auf Grund der Versuchsergebnisse besprochen. — 17 Schrifttumsangaben. Diskussion. (Trans. Amer. Soc. Metals **47.** 727—47. 1955.) H. HOCHSTEIN. 6482

G. Sommerkorn, *Vorrichtung zur röntgenographischen Texturüberprüfung großkristalliner dünner Metallbänder.* Bes. bei Fe–Si-Legierungen im magnet. hochwertigen Zustand wird die röntgenograph. Texturbest. durch die starke Grobkristallisation gestört. Vf. beschreibt eine Vorr. zur Bewegung des Texturbandes bei der Röntgendurchstrahlung, damit möglichst viele Kristalle erfaßt werden. (Techn. Mitt. Krupp **14.** 16—17. April 1956. Essen, Fried. Krupp, Widia-Fabrik.) H. FAHLENBRACH. 6484

K. W. Michler, *Die spanlose Kalt- und Warmverformung.* Beschreibung der Vorrichtungen. Es werden Matrizen mit Hartmetalleinsätzen verwendet. Für Preßstähle haben sich legierte *Werkzeugstähle* mit 0,6 (%) *C*, 4,0 *Cr*, 0,4 *Mn*, 0,2 *Si*, 10 *W*, 0,6 *Mo* u. 0,2 *V* bewährt. (Metall **9.** 259—66. April 1955. Bad Vilbel.) F. VIER. 6490

Takeo Fukutomi, *Die Einflüsse des Verdrillens auf Wolframdrähte bei hohen Temperaturen.* Das Verh. von zwei Arten W-Drähten unter dem Einfl. einer Verdrillung bei hohen Temppp. wurde miteinander verglichen. Die Probendrähte wurden verdrillt u. nach einer bestimmten Erhitzungszeit wieder ausgelöst. Die Beziehungen des Winkels der freien Rotation nach der Auslsg. zu dem Winkel der vorgenommenen Torsion wurden bei verschied. Tempp. gemessen. Es wurde nur ein kleiner Unterschied zwischen den Werten dieses Verhältnisses von „*Nonsag*"-Drähten (*NT-2-Drähte*) u. den von *NS-2-29*-Drähten (*Sag-Drähten*) bis zu einer bestimmten Temp. festgestellt. Bei höheren Tempp. jedoch ändert sich plötzlich das Verh. der *Nonsag*-Drähte, deren Verhältniswerte stark abnehmen, während die der *NS-2-29*-Drähte nur wenig erniedrigt werden. Über die Beziehung zwischen dem Korngefüge der W-Drähte u. ihrem Widerstand gegen eine Torsionsverformung wird berichtet. — Schrifttumsangaben. Diskussion. (Trans. Amer. Soc. Metals **47.** 599—604. 1955.) H. HOCHSTEIN. 6490

G. T. Colegate, *Die Oberflächenhärtung von Stahl.* 5. Mitt. *Aufkohlung durch Gas.* (4. vgl. Metal Treatment Drop Forging **18.** [1951.] 163; 3. vgl. C. **1953. 1394.**) Dieses Arbeitsverf. hat gegenüber anderen Verff. Vorteile. Die üblichen Gase sind *CO* u. CH_4. CO hat den Nachteil, daß es mit steigenden Tempp. stabiler wird. Schädlich ist die Bldg. von CO_2, das durch starken Gasstrom weggeschwemmt werden muß. Das Verdünnen des CO mit NH_3 oder besser mit H_2 erhöht die Reaktion. Völlig inert ist N_2. Das Verdünnungsverhältnis liegt bei ca. 95 : 5. CH_4 dissoziiert schon bei 600° u. ist deshalb der beste Aufkohler; es wird mit steigenden Tempp. aktiver. Höhere Homologe des CH_4 sind wegen der Rußbldg. wenig geeignet. Obgleich Wasserdampf bei der Aufkohlung zu vermeiden ist, wird angenommen, daß er katalyt. wirksam ist. Eine gleiche Wrkg. haben Ni u. eine durch Aufrauhung aktivierte Fe-Oberfläche. Bei der Aufkohlung mit Gas spielen nicht nur die Zeit u. Temp. eine große Rolle auf die Eindringtiefe (*case depth*) u. den *C-Gradienten*, sondern auch die Zus. der Gase. (Metal Treatment Drop Forging **18.** 249—56. Juni 1951.) J. FISCHER. 6492

G. T. Colegate, *Die Oberflächenhärtung von Stahl.* 6. Mitt. *Aufkohlung durch Gas.* (5. vgl. vorst. Ref.) Für die Vermeidung der Rußbldg. werden verschied. Arbeitsverff. angegeben. Bes. werden die techn. Möglichkeiten der Aufkohlung besprochen. Die Grundlage der Wirksamkeit der techn. verwertbaren Gase werden bes. hervorgehoben. (Metal Treatment Drop Forging **18.** 317—22. Juli 1951.) J. FISCHER. 6492

W. G. Stephenson jr., *Wärmebehandlung verbessert die Plattierung von Zink-Spritzgußstücken.* Die durch kalte Pfannenreste, Lötflecke, Blasen u. Ablaufmuster verunstaltete Oberfläche von Zn-Spritzgußstücken läßt sich durch 1std. Erhitzen auf 210° u. anschließende Luftkühlung glätten. Diese Behandlung bewirkt eine geringe Verminderung der Härte, eine Zerstörung der dendrit. Struktur, die Bldg. eines gleichmäßigeren Kornes u. die Neigung zu amorphen Korngrenzen. (Products Finishing **20.** 28—32. 34. Jan. 1956. General Electric Co., Materials Labor., Dev. Dep.) W. WESLY. 6492

Charles Sykes, *Innere Ermüdungserscheinungen in gewissen Schmiedestücken.* Bei der Wärmebehandlung von Schmiedestücken entstehen im Werkstück Eigenspannungen, welche bei Normalisierungsbedingungen geringfügig, jedoch in allen anderen Fällen erheblich sein können. Die Abhängigkeit von der Abkühlungsgeschwindigkeit wird besprochen. (Bull. techn. Bureau Veritas **36.** 132—45. Mai 1954.) A. SCHAAL. 6492

A. Keil, *Weichlote für Sonderzwecke. Pb–Sn*-Legierungen mit oder ohne Ag-Zusatz sowie die entsprechenden *Cd–Zn*-Lote werden bzgl. ihrer Eigg. u. Einsatzmöglichkeiten besprochen. Für versilberte Kleinteile sind Lote mit Ag-Zusatz zu empfehlen. Wichtig ist die Einhaltung niedriger Löttempp. u. kurzer Lötzeiten. Lötmittel auf Kolophoniumbasis gewähren den besten Korrosionsschutz. — Schrifttumsangaben. (Metall **9.** 689—92. Aug. 1955. Pforzheim, Platinschmelze Dr. E. Dürrwächter K. G.) F. VIER. 6504

H. F. Tremlett, *Schweißen von hitzebeständigen Stählen.* 2. Mitt. (1. vgl. C. **1954.** 407.) Behandlung beim Schweißen von verschied. hitzebeständigen Stählen infolge ihrer eigentümlichen Merkmale auftretende Probleme, die Schweißeigg., Arbeitstempp. u. geeignete Elektroden zum Lichtbogenschweißen. (Welding Metal Fabricat. **20.** 299–303. Aug. 1952.) G. Weitbrecht. 6506

Z. J. Fabrykowski, *Ferritische Schweißelektroden als Ersatz für legierte Elektroden ergeben bessere Schweißungen.* Mitgeteilt werden die Werte der Kerbschlagzähigkeit u. Härte des Schweißgutes in Abhängigkeit von der Dicke von 5–8 mm der ferrit. Schweißelektrode mit unlegiertem Kerndraht mit ca. 0,1% C u. einer H_2-armen Hülle, aus der die Legierungsbestandteile (ca. 2 [%] Ni, 0,6 Mo u. 0,1 V) entnommen werden, zum Schweißen von Panzerblechen bis $^5/_8$ in. Dicke. Ein Verf. zur Prüfung der Elektroden auf Schweißnahtrissigkeit wird beschrieben. (Iron Age **170.** Nr. 4. 93–97. 24/7. 1952. Detroit Arsenal.) H. Hochstein. 6506

Edward Engel, *Bemerkungen über die Verwendung von Wasser zum Reinigen und Elektroplattieren.* Übersicht über die Anforderungen, die an W. bes. für galvan. Bäder gestellt werden u. die Maßnahmen u. Verff. zur Aufbereitung des Wassers. (Products Finishing **20.** 38–46. 50. Jan. 1956.) W. Wesly. 6514

G. T. Sink, *Ein kritischer Vergleich zwischen Überzugsverfahren für Aluminium.* Verglichen wurde das *Iridite-*, *Alodine-*Verf., die anod. Oxydation in H_2SO_4- u. in CrO_3-Lsgg. sowie in H_2SO_4 mit einem Spezialzusatz (SF–166). Das zuletzt genannte Verf. arbeitet mit Badspannungen bis zu 150 V. Es liefert die dicksten u. korrosionsbeständigsten Schichten. (Light Metal Age **13.** Nr. 10/11. 20–23. 35. Okt. 1955.) F. Markhoff. 6516

J. K. Taylor und **A. Brenner,** *Elektrolytische Niederschläge unter Verwendung von Elektrolyten, die fluorierte Säuren enthalten.* Bericht über das elektrolyt. Abscheiden von Cr-, Ni- u. Co-Ndd. aus Bädern, die Trifluoressigsäure oder Perfluorbuttersäure enthalten. Die Säuren stellen für Cr keinen Ersatz an Stelle von H_2SO_4 dar. Die Ni-Ndd. hatten brauchbare Eigg., ohne sich bes. auszuzeichnen. (Plating **42.** 413–14. April 1955.) F. Vier. 6516

J. D. Thomas und **S. R. Rouse,** *Anwendung des Interferenzmikroskopes zur Dickenmessung von dekorativen Chromüberzügen.* Beschreibung des anzuwendenden Verfahrens. — (Plating **42.** 55–57. Jan. 1955. General Motors, Res. Labors.) F. Markhoff. 6518

H. A. J. Stelljes, *Beitrag zur Oberflächenbeschaffenheit von Leichtmetallhalbzeugen vor der anodischen Oxydation.* Das Auftreten feiner Risse beim Gießen, Warmwalzen u. Kaltwalzen wird beschrieben u. auf die dadurch auftretenden Fehler beim Eloxieren verwiesen. Die nach dem Eloxieren als ein Netz meist paralleler Linien auftretenden Fehler, „Réticulage" genannt, stehen mit der ursprünglichen Struktur des Gußbarrens in Zusammenhang u. mit der Verteilung der Fe- u. Si-Verunreinigungen, die sich vorwiegend als $Al_{12}Fe_3Si$ an den Korngrenzen u. im Gußkorn selbst abscheiden. Durch Vorpressen der Walzbarren, Kornverfeinerung u. Homogenisierungsglühen kann eine Verbesserung erzielt werden. — Schrifttumsangaben. (Metall **9.** 748–51. Sept. 1955. Rive-De-Gier, Loire, Comp. Générale du Duralumin et du Cuivre.) F. Vier. 6530

P. C. Bardin, *Entfernung des Schlammes aus Phosphatierungslösungen.* Beschreibung der Abtrennung des Rohschlammes von der Phosphatierungslsg. mittels Zentrifuge. (Ind. Finishing **32.** Nr. 2. 26–28. 30. Dez. 1955.) H. Spindler. 6532

Hellmuth Fischer, *Inhibitoren der Korrosion.* Nach einer Definition des Begriffs Inhibition werden Beispiele für physikal. u. für chem. wirkende Inhibitoren gegeben. An Hand einer Tabelle wird ihre Verwendungsmöglichkeit erläutert. Danach werden im sauren Medium in der Hauptsache physikal. Inhibitoren verwendet, in neutralem Medium dagegen chem. wirkende. In alkal. Lsgg. werden physikal. verwendet, wenn sich bei der Einw. H_2 entwickelt. Der Mechanismus der Inhibition wird erörtert. Der sicherste Nachw. einer Inhibitorwrkg. ist die analyt. Best. der ohne u. mit Zusatz gelösten Metallmengen. Die Unters. der kathod. Abscheidung von H_2, die anod. Auflsg. von Metall u. die kathod. Red. von oxydierenden Mitteln kann ebenfalls herangezogen werden. Die Einflußgrößen der Inhibition u. die Zusammenhänge von Inhibitorwrkg. u. der Art des zu schützenden Metalls u. seiner Oberfläche werden diskutiert. (Z. Metallkunde **46.** 350–57. Mai 1955. Karlsruhe.) F. Vier. 6538

Noel S. Hanson, *Mittel zur Korrosionsverhütung.* Übersicht über Korrosionsbeständigkeit verschied. metall. u. nichtmetall. Werkstoffe gegenüber Dünge- u. Pflanzenschutzmitteln, von denen rostfreier Stahl Typ 302 u. 316 nur von wss. KCl-Lsgg. angegriffen werden. Erprobung verschied. nicht näher angegebener Schutzüberzüge u. Inhibitoren durch Experiment Station HSPA. (Rep. Hawaiin Sugar Technologists **14.** 85. 1955.) H. Spindler. 6538

A. Parker, *Die schädlichen Einflüsse der Luftverunreinigung auf Werkstoffe.* Überblick über Art u. Umfang der Luftverunreinigungen durch Verbrennungsgase, Rauch,

Sand, Staub, CO_2, S-Oxyde sowie deren zerstörenden Einfl. auf metall. u. nichtmetall. Werkstoffe. (Colliery Guardian **191.** 447–50. 13/10. 1955. Fuel Res.) H. SPINDLER. 6538

Peter W. Sherwood, *Verhütung der Korrosion durch Wasser.* (Vgl. C. **1954.** 10311; **1955.** 11086.) Überblick. (South African Mining Engng. J. **65 II.** 171. 2/10. 1954.) H. SPINDLER. 6538

Lee Streicher, *Einflüsse der Wasserqualität auf verschiedene Metalle.* Vf. zeigt an Hand dreier Beispiele (*Colorado*-Wasser, roh u. aufbereitet, *Owens*-Wasser mit Cl_2- u. SO_4''-Zusatz u. Long Beach- Quellwasser, roh u. aufbereitet), welchen Einfl. die Wasserzus. auf die Korrosion von einzelnen Metallstreifen bzw. von ungleichen Metallstreifenpaaren, die durch Messingschrauben u. -muttern miteinander verbunden waren, ausübt. Ergebnisse: Schwarzblech, galvanisiertes Fe u. Gelbguß werden am schnellsten u. intensivsten angegriffen, bes. vom Coloradowasser, was wahrscheinlich auf die hohe Leitfähigkeit u. den hohen O_2-Geh. des W. zurückzuführen ist. Vf. empfiehlt 1. direkte Berührung zwischen ungleichen Metallen, z. B. bei Rohrverbindungen, zu vermeiden; 2. falls das nicht möglich ist, Isolierstücke einzubauen; 3. Vermeidung der vollständigen Enthärtung, bes. im Hinblick auf die Verwendung in Warmwasseranlagen; 4. Ersatz der Zn- oder Messingarmaturen in Wasserzählern durch Cu oder Hartgummi; 5. Verwendung von Na-Hexametaphosphat in Perioden stark schwankender Wasserqualität. (J. Amer. Water Works Assoc. **48.** 219–38. März 1956. La Verne, Calif., Metropol. Water Dist. of Southern California.) H. ECKSTEIN. 6538

M. O. Charmandarian und **N.-N. Andronikova,** *Korrosion und Bildung von negativ geladenem Eisen(III)-hydroxyd-Sol.* Die Korrosion von Fe ist in W., in NaCl- u. Na_2SO_4-Lsgg. in Ggw. von *Gummi arabicum* (I) von der Bldg. von negativ geladenem $Fe(OH)_3$-Sol begleitet. Korrosion u. Solbldg. werden durch Licht verschieden beschleunigt. Der photochem. Effekt ist in NaCl-Lsg. u. W. am stärksten. Beschreibung von verschiedenartigen Verss. über die Abhängigkeit der Korrosion vom Geh. an koll. u. verschied. Konzz. der Elektrolyte in Ggw. u. Abwesenheit von **I** sowie der **I**-Menge. (Bull. Soc. chim. France, Mém. [5] **19.** 99–101. Jan./Febr. 1952.) W. KATZ. 6538

D. S. Kemsley, *Die Brüche von Stahl-Steinbohrstäbe durch Ermüdung.* Systemat. Unters. der Ermüdungsbrüche an 50 Bohrstäben aus niedriglegiertem, gehärtetem Cr–Mo-Stahl (0,97 [%] C, 0,20 Si, 0,25 Mn, 1,15 Cr, 0,25 Mo). Ca. 75% Brüche traten jeweils neben einer Zone sphäroid. Carbides auf, die beim Anschmieden des Kragens oder beim Härten bei ca. 600–760° entstanden ist. Durch die so vorhandenen Potentialdifferenzen im Material tritt Spannungskorrosion auf, die zum Bruch führt. Beschreibung der Maßnahmen zur Herabsetzung der Ermüdungsbrüche in Steinbohrern. – 21 Literaturangaben. (Australas. Inst. Mining Metallurgy, Proc. **1955.** Nr. 175. 1–19. Sept.) H.-G. MOSLÉ. 6538

D. S. Kemsley, *Mechanische Faktoren bei der Ermüdung von Stahl-Steinbohrstäben.* (Vgl. vorst. Ref.) Vf. berechnet nach den Gleichungen von COOPER (Engng. J. **24.** [1941.] 534) die Anzahl der Bohrerumdrehungen u. die notwendigen Kräfte, die zum Bruch von Stahlsteinbohrstäben führen ohne Berücksichtigung von Korrosionserscheinungen. Unter bestimmten Voraussetzungen läßt sich die Lebensdauer vorhersagen. (Australas. Inst. Mining Metallurgy, Proc. **1955.** Nr. 175. 21–34. Sept.) H.-G. MOSLÉ. 6538

Franz Aebi, *Untersuchungen über die Spannungskorrosion von α-Messing in Ammoniakdampf.* 1. Mitt. *Statistische Untersuchungen über den Einfluß des Gefügezustandes auf die Lebensdauer von Ringproben.* Ringproben aus α-Messing mit 72% Cu werden in NH_3-Dampf der Spannungskorrosion unterworfen. Die Lebensdauer der Proben bei Ausgangsspannungen von 1,0 u. 1,5 kg/mm² wurden an Versuchsserien von 10 u. 20 Einzelproben bestimmt. Die Ringproben stammten aus gezogenen, stark kaltgereckten Näpfchen, welche eine ausgeprägte Ziehtextur nach [1 1 1] (1 1 0) + [1 0 0]·(1 1 0) aufwiesen. Durch Anwendung eines statist. Auswertungsverf. wurde festgestellt, daß die Proben mit dem ursprünglichen Gefügezustand des Näpfchens eine längere Lebensdauer aufweisen als solche, die nachträglich 4 Std. lang bei 300° getempert waren. Aus röntgenograph. u. mkr. Unterss. wird geschlossen, daß durch die Temperung eine Polygonisation sowie die Anfänge einer Rekristallisation des gereckten Materials eintreten. Die kürzere Lebensdauer der getemperten Proben wird so gedeutet, daß die durch die Polygonisation entstandenen geordneten Bezirke mit ihren Grenzflächen aus angesammelten Versetzungen (Subgrenzen) zusätzliche Angriffsstellen für die interkristalline Rißbldg. darstellen. Durch die Verwendung von zwei Legierungen mit verschieden hohem Geh. an Fremdmetall konnten die Resultate anderer Autoren bestätigt werden, wonach die Lebensdauer durch kleine Fremdmetallzusätze, wie Sb, Sn u. Pb, eher gesteigert, keinesfalls aber vermindert wird. – 17 Schrifttumsangaben. (Z. Metallkunde **46.** 547–51. Aug. 1955. Hilterfingen, Schweiz.) H. HOCHSTEIN. 6538

D. K. Priest, F. H. Beck und **M. G. Fontana,** *Spannungskorrosionsvorgang in einer Magnesiumlegierung.* Der Vorgang der Spannungskorrosion (I) in einer Mg-Legierung mit 6 (%) Al, 1 Zn u. 0,2 Mn wurde bei Raumtemp. in einer 3% ig. NaCl–3% ig. K_2CrO_4-Lsg. untersucht. Dabei wurden die Einfll. der Wärmebehandlung, Korngröße, Gitterorientierung, des Kathodenschutzes u. p_H-Wertes der Prüflsg. auf die I festgestellt. Beobachtungen über eine Rißfortpflanzung wurden mittels eines über den Lösungsbehälter angeordneten Mikroskops ausgeführt. Proben von kleiner Korngröße u. mit Ofenabkühlung von Lösungstemperaturrissen zeigten bei der Spannungskorrosionsprüfung intergranulare I. Eine Wasserabschreckung von feinkörnigen Proben führte zu einer transgranularen I. In Proben mit Korngrößen, die größer als nach *ASTM No. 7* waren, trat transgranulare I unabhängig von der voraufgegangenen Wärmebehandlung auf. Der p_H-Wert der NaCl-Chromatprüflsg. hatte bei geglühten Proben keinen Einfl. auf das Auftreten einer transgranularen oder intergranularen Rißbildung. Nur die Wärmebehandlung war für diese Art von Fehler ausschlaggebend. Transgranulare I trat längs der (0 0 0 1)-Ebene des HCP-Gitters dieser Legierung auf. Ein Kathodenschutz verhinderte die Einleitung sowohl der trans- als auch der intergranularen I. Auch hielt der Kathodenschutz eine fortschreitende I auf. Es wird angenommen, daß der Vorgang dieser Korrosion im wesentlichen elektrochem. Natur ist. HEIDENREICH, GEROULD u. MCNULTY haben nachgewiesen, daß eine Ausseigerung von kathod. FeAl in einer Mg-Legierung auftritt, die aus dem Gebiet der festen Lsg. abgeschreckt wurde. Das Vorhandensein dieser Verb. erhöhte die Empfindlichkeit gegen I. Die Ausscheidung scheint sich nur auf einer Ebene auszuscheiden. Die transgranulare I tritt vorwiegend längs der Grundebene auf. Dieser bevorzugte Angriff wird durch die Ggw. von FeAl bedingt. — Schrifttumsangaben. Diskussion. (Trans. Amer. Soc. Metals **47.** 473—92. 1955.)
H. HOCHSTEIN. 6538

A. Ungar und **T. E. Caywood,** *Vergleichende Betrachtung von Messungen der Kocherkorrosion.* Die verschied. Stahlsorten, Heizungsarten, alkal. Verff. u. geograph. Lagen hatten keinen besonderen Einfl. auf die Korrosionsgeschwindigkeit. (Tappi **37.** 177—90. Mai 1954. Chicago, Ill., Inst. of Technol. u. Caywood-Schiller Assoc.) H. BECKER. 6538

Alvah D. Hadsel, Auburn, Calif., V. St. A., *Chlorieren von Erzen.* Die Konzentrate sulfid. Erze werden mit W. zu einer leichtfl. Trübe gemischt, die Trübe wird in einem Behälter in kreisende Bewegung versetzt u. Cl eingeleitet, wodurch der gebundene S frei wird. Der Fluß der Trübe wird dann an einem Punkt gestaut u. dadurch Wirbel erzeugt, die zur Bldg. von S-Schäumen führen, die kontinuierlich abgezogen werden. — Zeichnung. (**A. P. 2 697 034** vom 15/5. 1950, ausg. 14/12. 1954.) G. APEL. 6361

Mond Nickel Co. Ltd., London, England, *Herstellung von feuerfesten Gußformen* aus einem hochschm. Stoff, wie *Quarz, Sillimanit* oder *Zirkon* in Pulverform u. 0,01—2% *Na-Hexametaphosphat* in wss. Lösung. Die Form wird unter stufenweisem Erwärmen auf 800° getrocknet. Sie ist gegen starken Wärmewechsel beständig. (**Schwz. P. 305 473** vom 5/2. 1953, ausg. 2/5. 1955.) F. VIER. 6383

Josef Jacobs, Deutschland, *Erzeugung von Gußeisen- oder Stahlschrott aus einer Gußeisenlegierung.* Die geschmolzene Gußeisenlegierung wird durch Einblasen von Luft entkohlt, wobei jedoch die Entkohlung nicht bis zum Ende durchgeführt wird, worauf das z. T. entkohlte Material in W. pulverisiert u. in bekannter Weise einer Härtung unterworfen wird. Zweckmäßig wird die Entkohlung des fl. Gußeisens bis auf einen C-Geh. von 0,15—3,0%, vorzugsweise von 0,5—2,5%, durchgeführt. Der entkohlten fl. Legierung können noch zur Verbesserung des Schrotts Legierungsmetalle zugesetzt werden. Vor oder nach der Zerkleinerung wird der Schrott einer Wärmebehandlung unterworfen, indem er auf 700—800° erhitzt, mindestens 1 Std. bei dieser Temp. gehalten u. dann gehärtet wird. (**F. P. 1 086 658** vom 6/11. 1953, ausg. 15/2. 1955. D. Prior. 8/11. 1952.) H. HOCHSTEIN. 6403

Ruhrstahl Akt.-Ges. (Erfinder: **Werner Rauterkus),** Hattingen/Ruhr, *Glatte oder profilierte Stahlwalzen* zur Verwendung beim Auswalzen von warmem Stahl, bes. von Stahlblöcken, bestehen aus einem Stahl einer für solche Walzen bekannten Zus., jedoch mit zusätzlich 0,05—1, bes. 0,2—0,5% *Ti.* (**D. B. P. 940 591** Kl. 18d vom 17/11. 1954, ausg. 22/3. 1956. Anmeldung bekanntgemacht 22/9. 1955.) H. HOCHSTEIN. 6411

Gußstahlwerk Witten Akt.-Ges. (Erfinder: **Alfred Büttinghaus** und **August Dammer),** Witten/Ruhr, *Herstellung von Zylinderlaufbuchsen und ähnlich beanspruchten Maschinenteilen,* dad. gek., daß aus Eisen–Kohlenstoff-Legierungen mit ca. 0,8—3 (%) *C,* 0,1 bis 1,5 *Mn,* 0,2—3 *Al,* Rest techn. Eisen, bei denen innerhalb der angegebenen Bereiche die genannten Elemente so einander angepaßt sind, daß einerseits Warmverformung, andererseits nach Abschrecken aus fester Lsg. ein Graphitisieren durch Anlassen möglich ist, entsprechende Rohlinge durch Warmverformung hergestellt, diese von Tempp. oberhalb A_3 beschleunigt abgekühlt, zur Wiederausscheidung von Graphit angelassen, schließlich an der Gleitfläche, vorzugsweise nach der Bearbeitung, nitriert werden. (**D. B. P. 939 694** Kl. 18d vom 16/1. 1953, ausg. 1/3. 1956. Anmeldung bekanntgemacht 4/8. 1955.) H. HOCHSTEIN. 6411

Singmaster & Breyer, New York, N. Y., übert. von: **Frank G. Breyer,** Wilton, Conn., und **Andre Delrulle,** Trooz, Belgium, V. St. A., *Kontinuierliche Gewinnung von Zink aus oxydischen Zinkerzen.* Das Zinkerz wird auf einem Wanderrost mit C-haltigem Brennstoff vermischt u. durch die Schicht ein O_2-haltiges Gas gedrückt, um den Brennstoff partiell zu verbrennen u. die erforderliche Hitze für die Red. des Erzes zu erzeugen. Über der Beschickung befindet sich ein wärmeisolierter Raum, in dem sich die Reduktionsgase mit 3–5% Zn-Dämpfen ansammeln. Unter Vermeidung des Eindringens irgendwelcher O_2-haltiger Gase werden die Dämpfe in einen Kondensator geleitet, plötzlich auf eine Temp. abgekühlt, bei der die Zn-Dämpfe in unoxydierter metall. Form kondensieren. (**A. P. 2 668 760** vom 24/2. 1949, ausg. 9/2. 1954.)] C. GÖTZE. 6427

Hermann Schwarz, K. G., übert. von: **Willy Eggemann,** Wuppertal-Elberfeld, und **Eberhard von Kampenhausen,** Wattenscheid (Erfinder: **Theodor Breiing, Wilhelm Heusner** und **Walter Bunghardt**), *Reibungsfutter für Grubenstempel* besteht aus 1—4 (%) *Cu*, Rest *Zn* (99,9). Die Legierungen können außerdem noch bis 0,3 *Ni*, 0,3–0,7 *Mn*, bis 0,5 *Fe*, bis 0,2 *Cr* u. bis weniger als 0,1 *Mg* enthalten, wobei der Geh. an einem oder mehreren der Metalle Ni, Fe u. Cr mindestens 0,5 beträgt, wenn der Cu-Geh. unter 1 liegt. Zur Verfeinerung des Kornes können den Legierungen bis 1 *Ce*, bis 1 *Zr* oder bis 2 *Cd* zugesetzt werden. (**E. P. 732 227** vom 30/5. 1951, ausg. 22/6. 1955.) C. GÖTZE. 6427

Unterharzer Berg- und Hüttenwerke G. m. b. H. (Erfinder: **Kurth-Heinz Lange-Eichholz,** Goslar), *Entsilbern von Werkblei* durch Zn, dad. gek., daß das Ag-haltige Pb-Bad während des gesamten Entsilberungsvorganges auf konstanter Temp. von 330 bis 400° gehalten wird, wobei man dem Pb-Bad zunächst bis zur Sättigung *Zn* zugibt, durch weiteren Zn-Zusatz eine Ausseigerung von Ag–Zn-Mischkristallen bewirkt u. dem Bad dann laufend Zn in einer die sich jeweils ergebende Sättigung etwas übersteigenden Menge zusetzt, bis durch die fortwährende Ausseigerung der Mischkristalle eine vollständige oder nahezu vollständige Ausscheidung des Ag aus dem Metallbad erfolgt ist. Aus dem entsilberten Metallbad wird ein Teil des in Lsg. befindlichen Zn durch Abkühlung ausgeschieden u. als Zusatz für einen weiteren Entsilberungsvorgang verwendet. — Zeichnungen. (**D. B. P. 933 589** Kl. 40a vom 13/8. 1951, ausg. 29/9. 1955. Anmeldung bekanntgemacht 15/5. 1952.) G. APEL. 6431

COP-SYL-LOY, Inc., V. St. A., *Legierungen aus Blei mit Kupfer und/oder Silber.* In einer Schmelze aus Cu u./oder Ag, die durch eine Schmelze aus 90–98 (%) *Hämatit*, 0,5–3 *Holzkohle*, 0,25–2 SiO_2, 0,25–5 NH_4Cl u. 0,25–3 Na_2CO_3 abgedeckt ist, wird *Pb* portionsweise unter starkem Rühren eingetragen u. die Schmelze nach jedem Eintragen wieder auf die ursprüngliche Schmelztemp. erhitzt. Zum Schluß wird die Schmelze noch einige Zeit auf dieser Temp. gehalten u. dann abgekühlt. Man erhält eine vollkommen homogene Legierung mit hohem Reibungskoeff., die sich bes. für Bremsen u. Kuppelungen eignet. (**F. P. 1 080 616** vom 10/4. 1953, ausg. 10/12. 1954.) C. GÖTZE. 6431

Wickman Ltd., Coventry, England (Erfinder: **Arthur George Gardner** und **Thomas Stott Lister**), *Bronzelegierungen* bestehen aus 10—30% *Sn*, Rest *Cu*. Sie werden aus den Oxyden hergestellt indem diese ca. 2 Std. bei 500° einer reduzierenden Atmosphäre ausgesetzt werden. Hierdurch wird eine Legierung in der δ-Phase erhalten, die brüchig ist u. leicht zerkleinert werden kann. Das dabei erhaltene Pulver wird unter Druck bei 500° gesintert. Die Legierungen finden bes. mit einem Geh. an Diamantsplitter als Schleifscheiben Verwendung. (**E. P. 733 215** vom 29/1. 1953, ausg. 6/7. 1955.) C. GÖTZE. 6433

Soc. des Forges et Chantiers de la Méditerranée und **Henry Lepp,** Seine, Frankreich, *Entschwefelung von Nickel und seinen Legierungen* im Schachtofen durch Oxydation des S mittels CO_2, dad. gek., daß das Verf. so geleitet wird, daß keine endotherme Rk. entsteht. Die Rk. verläuft bei einer Temp. von ca. 1733°. Der Gebläsewind ist dabei auf 650–800° vorzuwärmen u. muß so geregelt werden, daß der Koks der Charge vollständig zu CO_2 verbrennt. Um den S aus dem Koks zu binden, wird mit einem $BaCO_3$-haltigen Zuschlag, vorzugsweise mit $BaNa_2(CO_3)_2$, gearbeitet. — Abbildungen. (**F. P. 1 074 891** vom 16/2. 1953, ausg. 11/10. 1954.) G. APEL. 6435

Union Carbide & Carbon Corp., New York, übert. von: **Howard R. Spendelow jr.,** Snyder, und **Walter Crafts,** Niagara Falls, N. Y., V. St. A., *Nickellegierungen* bestehen aus 20–23 (%) *Cr*, 17–25 *Fe*, 8–10 *Mo*, bis 2,5 *Co*, bis 1 *W*, bis 1 *Mn*, bis 1 *Si*, 0,05 bis

0,15 *C*, Rest *Ni*. Die Legierungen sind gut gieß- u. verformbar, korrosionsfest, bes. gegen Beiz-Fll. u. besitzen gute Festigkeit bei hohen Temperaturen. (**A. P. 2 703 277** vom 12/6. 1952, ausg. 1/3. 1955.) C. GÖTZE. 6435

Thompson Products, Inc., übert. von: **Lewis J. Jones** und **Eugene Wainer**, Cleveland, O., V. St. A., *Molybdän-Nickel-Legierungen* bestehen aus 8—25 (%) *Ni*, 1—5 *Al*, 0—25 *Cr*, Rest *Mo*. Die Legierungen können außerdem noch bis insgesamt 3 *Co*, *Mn*, *Si*, *Ti*, *Zr* u. *B* enthalten. Der Cr-Geh. erhöht die Widerstandsfähigkeit gegen Oxydation, setzt aber die Schmiedbarkeit herab. Für schmiedbare Werkstücke ist daher der Cr-Geh. gering zu halten oder ganz fortzulassen. Die Legierungen sind korrosionsfest u. eignen sich für Gegenstände, die hohen Tempp. ausgesetzt sind, z. B. Turbinenschaufeln. (**A. P. 2 698 786** vom 14/5. 1951, ausg. 4/1. 1955.) C. GÖTZE. 6441

Westfalenhütte Akt.-Ges. (Erfinder: **Hubert Hoff, Paul Werthebach** und **Wilhelm vor dem Esche**), Dortmund, *Herstellen von Schweißelektroden mit eisenpulverhaltigen Umhüllungen* unter Verwendung von aus Eisenoxyden red. Fe-Pulver, dad. gek., daß *Gichtstaub* aus auf P- u. S-arme Roheisensorten gehenden Hochöfen durch Aufbereitung auf 55—60% Fe_2O_3 angereichert u. alsdann red. wird, worauf dem Reduktionsgut die übrigen für die Umhüllung notwendigen Stoffe, wie *Erdalkalicarbonate*, *Alkali-Tonerde-Silicat*, *Flußspat*, TiO_2, Legierungen von *Fe* mit *Mn*, *Si*, *Cr* oder dgl. unter Tränkung mit Bindemitteln, wie *Wasserglas* usw., zugesetzt werden u. wobei schließlich diese Mischung als Umhüllung um den Kerndraht herumgepreßt wird. (**D. B. P. 933 429** Kl. 49h vom 21/11. 1952, ausg. 22/9. 1955. Anmeldung bekanntgemacht 31/3. 1955.) G. APEL. 6507

Union Carbide & Carbon Corp., New York, N. Y., übert. von: **Samuel G. MacNeill**, Kokomo, Ind., und **William J. Lindner**, Bethlehem, Pa., V. St. A., *Schweißstab für Auftragsschweißung* besteht aus einer Legierung aus 12—16 (%) *Cr*, 12—16 *W*, 13—17 *Co*, 2,5—3,5 *B*, 0,6—1,0 *C*, bis 1 *Si* bis 0,25 *Mn*, bis 2 *Fe*, Rest Ni. (**A. P. 2 699 993** vom 29/6. 1951, ausg. 18/1. 1955.) G. APEL 6507

Coast Metals, Inc., Little Ferry, N. J., V. St. A. (Erfinder: **Arthur Tregoning Cape**), *Legierung für Schweißstäbe*. Die Legierung besteht aus 24—40 (%) *Cr*, 0,5—3 *Cu*, 0,5 bis 1,75 *C*, Rest *Fe*. Sie ist beständig gegen geschmolzenes Cu, CuO u. Cu-Stein u. wird als Auftragsschweißstab für Konverterschnauzen, Gießpfannen, Schlackenkübel u. andere Teile verwendet, die mit solchen Material in Berührung kommen. (**E. P. 725 054** vom 29/5. 1953, ausg. 2/3. 1955.) G. APEL. 6507

Siemens-Schuckertwerke Akt.-Ges. (Erfinder: **Paul Wenk**), Berlin und Erlangen, *Verschweißen, besonders Widerstandspunktschweißen, von leicht oxydierbaren Metallen* unter Anwendung von Schall- oder Ultraschallschwingungen, dad. gek., daß die Schweißstelle mit einer Paste mit schmirgelartigen Beimischungen bedeckt wird, die vor oder/u. während des Schweißens unter dem Einfl. der Schwingungen steht. Die Paste kann gasundurchlässig sein u. ein Flußmittel enthalten. (**D. B. P. 941 528** Kl. 49h vom 23/1. 1954, ausg. 12/4. 1956. Anmeldung bekanntgemacht 25/8. 1955.) F. VIER. 6507

Konrad Müller (Erfinder: **Gottfried Schmidt**), München, *Elektrolytisches Polieren metallographischer Schliffe und technischer Oberflächen*. Das vorzugsweise horizontal bewegbare anod. geschaltete Werkstück wird auf seiner Unterseite von dem aus einer nach oben gerichteten Düse ausströmenden Elektrolyten ganz oder z. T. bespült. Alsdann wird der Meniskus der ausströmenden Fl. von der zu polierenden Oberfläche nur so weit entfernt, daß infolge der Adhäsionskraft die Verbindung zwischen Fl. u. Metalloberfläche erhalten bleibt. — Abbildung. (**D. B. P. 939 660** Kl. 48a vom 29/1. 1954, ausg. 1/3. 1956. Anmeldung bekanntgemacht 4/8. 1955.) H. HÄNLE. 6515

Dr. W. Kampschulte & Co., Solingen (Erfinder: **Wilhelm Meyer**, Hamburg), *Bad zur elektrolytischen Schnellabscheidung dicker Messing- und Tombakniederschläge aus cyanidischen Lösungen*. Der Geh. an freiem Alkalicyanid beträgt 120—250% des Gesamtmetallgeh. von Cu u. Zn. Es wird bei einer Temp. von 45—95° mit Stromdichten von 10—90 A/dm² gearbeitet. (**D. B. P. 939 663** Kl. 48a vom 30/4. 1953, ausg. 1/3. 1956. Anmeldung bekanntgemacht 4/8. 1955.) H. HÄNLE. 6517

Udylite Research Corp., Detroit (Erfinder: **Henry Brown**, Oakland), Mich., V. St. A., *Galvanisches Chrombad*. Einer sechswertigen Chromsalzlsg. werden eine oder mehrere F—C-Sulfon- oder S-Verbb. der allg. Formel $H(CF_2 \cdot CF_2)_x(CH_2)_yZM$ zugesetzt, wobei x eine ganze Zahl von 2—15, y von 1—3, M ein Kation u. Z das $-SO_3-$ oder $-OSO_3$-Radikal bedeutet. Das F—C-Radikal muß außerdem ein End- oder ω-H-Atom enthalten. — Beispiel: 150—400 (g/Liter) CrO_3, 1—6 Sulfation, 0,05—3 $H(CF_2 \cdot CF_2)_6CH_2SO_3H$. Es wird eine Kathodenstromdichte von 10—50 A/dm² bei einer Temp. von 20—80° angewandt. (**D. B. P. 939 661** Kl. 48a vom 18/8. 1954, ausg. 1/3. 1956. Anmeldung bekanntgemacht 4/8. 1955. A. Prior. 31/8. 1953.) H. HÄNLE. 6519

Karl Rexer (Erfinder: **Hans Rexer**), Pforzheim, *Galvanische Herstellung von verchromten Uhrgehäusen mit Mehrfarbenwirkung.* Zunächst werden die nicht zu vergoldenden Oberflächenteile der vorgedrehten Lünette, u. zwar entweder die Hornpartie oder der Glasrand, glanzgedreht. Anschließend wird die ganze Lünette verchromt, dann nacheinander die ganze Oberfläche des Uhrgehäuses abgedeckt, die zu vergoldenden Flächenteile glanzgedreht u. mit Au überzogen, worauf die Lünette nach Entfernen des Abdeckmittels glanzpoliert wird. Es ist auch möglich, die nicht zu vergoldenden Teile erst nach dem Glanzdrehen der zu vergoldenden Oberflächenteile abzudecken. (**D. B. P. 940 861** Kl. 48a vom 27/7. 1952, ausg. 29/3. 1956. Anmeldung bekanntgemacht 15/9. 1955.) H. HÄNLE. 6519

Dr. Eugen Dürrwächter Doduco, Pforzheim, *Saures galvanisches Silberbad* besteht aus einer wss. Lsg. von Ag-Salzen der *Propionsäuren,* bes. der *Oxypropionsäuren.* Einem solchen Bad können härtende u. glanzbildende Zusätze wie z. B. *Pb-Lactat,* $SnCO_3$, H_3BO_3, Na_3BO_3, *Eiweißlsg* u. *HCHO* zugefügt werden. Der p_H-Wert soll unter 6 liegen u. eine Stromdichte von 2—6 A/dm² bei einer Temp. von vorzugsweise 40—50° angewandt werden. — Beispiel: 40 (g) *Ag-Lactat,* 3 *Pb-Lactat,* 5 H_3BO_3, 0,5 *HCHO* (30%), 1 Liter Wasser. (**D. B. P. 939 720** Kl. 48a vom 15/6. 1954, ausg. 1/3. 1956. Anmeldung bekanntgemacht 18/8. 1955.) H. HÄNLE. 6527

Rhondda Plating Works Ltd., Dinas (Erfinder: **Erwin Bernstiel,** Cardiff), Glamorgan, England, *Anodische Oxydation einer Vielzahl von elektrisch miteinander verbundenen metallischen Gegenständen.* Das Band wird zickzackförmig durch das Bad geführt. Hierbei werden die entstandenen Oxydschichten auf den auf dem Band befestigten Metallteilen stets auf ein u. derselben Seite an verschied. Stellen des Weges durch das Bad geschabt. Die stromzuführenden Führungsrollen folgen möglichst dicht der Schabevorr., so daß die geschabten Stellen mit den stromführenden Rollen in Berührung kommen. (**D. B. P. 940 862** Kl. 48a vom 20/2. 1953, ausg. 29/3. 1956. Anmeldung bekanntgemacht 26/8. 1954. E. Prior. 26/2. 1952.) H. HÄNLE. 6531

Standard Oil Development Co., V. St. A. (Erfinder: **John Harold Putman**), *Rostschutzmittel.* Sie enthalten in Öl lösl. Erdölsulfonate (Mol.-Gew. 300—600, vorzugsweise 400—500), welche durch nicht gelbildende organ. Säuren (Benzoesäure) u. Fettsäureester (z. B. Polyglykoldiestern der Trimeren der Ricinolsäure) neutralisiert sind. (**F. P. 1 079 551** vom 23/6. 1953, ausg. 1/12. 1954. E. Priorr. 17/7. 1952 u. 22/5. 1953.) T. OPPERMANN. 6529

IX. Organische Industrie.

E. Bonauguri, L. Bicelli und **G. Spiller,** *Untersuchungen über Destillation.* 1. Mitt. *Aromatische Kohlenwasserstoffe und Alkohole.* Untersucht wurden die Destillationskurven bzw. Zus. der Dämpfe im Gleichgewicht mit der Fl. von Benzol–KW-stoffen (**I**)–Alkohol (**II**)-Gemischen mit den Apparaturen von OTHMER [1928] u. von GILLESPIE (Ind. Engng. Chem., analyt. Edit. **18.** [1946.] 575); **I** = Bzl., Toluol, m-Xylol; **II** = n-Propyl-, Isopropyl-, n-Butyl-, Isobutyl-, n-Hexyl-, n-Octyl-, Isoamyl-, tert.-Amylalkohol. Mitgeteilt werden die Kurven der Kpp. sowie der Brechungsindex der Gemische. (Chim. e Ind. [Milano] **33.** 81—90. Febr. 1951. Mailand, Univ., Ist. di Chim. Ind.) B. SCHEIFELE. 6560

B. Krajewski und **H. Niebojewska,** *Synthese von Vinylacetylen.* Rkk., Eigg. u. Verwendung von Vinylacetylen (**I**). Auf Grund von Verss. mit verschied. in der Literatur beschriebenen Katalysatoren wurde eine Meth. ausgearbeitet, die aus C_2H_2 bei Anwendung von $Cu_2Cl_2 : NH_4Cl = 1 : 1$ in 5%ig. HCl u. in Ggw. von Cu eine 76%ig. Ausbeute bei 11%ig. Umsatz gibt. Das Optimum der Reaktionstemp. liegt bei 60°. Höhere Einleitgeschwindigkeit erhöht die Ausbeute. Monomeres **I** wird an akt. Kohle adsorbiert u. mit Wasserdampf desorbiert. Einheim. akt. Kohle absorbiert bis 15% des Eigengewichtes an **I.** (Przemysł chem. **10** (**33**). 350—54. Juli 1954.) F. URBAN. H 530

S. Chudzyński, *Synthese von Dimethylvinyläthinylcarbinol.* Die Darst. von Dimethylvinyläthinylcarbinol (**I**) nach NASAROW wurde in Hinblick auf Erhöhung der Ausbeute untersucht. Die größten Schwierigkeiten bereitet die Reinigung des monomeren Vinylacetylens vom Acetylen. Der E. von **I** wurde zu —22,5 bis —21,5° bestimmt. Es tritt leicht Unterkühlung auf. Zur analyt. Kontrolle der Reinheit von **I** kann der Brechungsindex dienen: er wurde zu n_{20} 1,4750 bestimmt, der Temperaturkoeff. für den Bereich 12—28° beträgt —0,0005. Die Anwendung von **I** als Klebstoff für Stahl, Aluminium u. Glas wird beschrieben. (Przemysł chem. **10** (**33**). 347—50. Juli 1954. Inst. Tworzyw Sztucznych.) F. URBAN. H 560

Peter W. Sherwood, *Äthyl- und Isopropylbenzol als Grundlagen der petrolchemischen Industrie.* Bedeutung von Äthyl- u. Isopropylbenzol für die Gewinnung von Styrol u. Phenol. Verff. u. Hersteller werden aufgeführt. Bebilderter Bericht über bekannte u. neu entwickelte Verff. zur Herst. von Äthyl- u. Isopropylbenzol, z. B. Alkylierung von Bzl. in der fl. u. Dampfphase, sowie die Dehydrierung von Äthylbenzol zu Styrol. — Abb. u. Beschreibung der Anlagen. (Ind. Chemist **30.** 25—28. Jan. 71—74. Febr. 1954.)

K. O. MÜLLER. H 1010

Purdue Research Foundation, übert. von: **Earl T. McBee** und **James A. Bittles,** West Lafayette, Ind., V. St. A., *Chlorierungen* von aliphat. oder aromat. KW- oder Chlor-KW-stoffen in Dampf- oder fl. Phase werden in Ggw. von weniger als 15, bes. weniger als 5 Gew.-% F_2, berechnet auf Cl_2, als Aktivator durchgeführt. — Beispiele: Cyclohexan → *Pentachlorcyclohexan,* $C_6H_7Cl_5$; n-Pentan → *Pentachlorpentan,* $C_5H_7Cl_5$, → *Hexachlorpentan,* $C_5H_6Cl_6$; n-Hexan → *Hexachlorhexan* → *Oktachlorhexan,* $C_6H_6Cl_8$; Chloroktafluorpentan → *Trichloroktafluorpentan,* $C_5HF_8Cl_3$; Trichloroktafluorhexan → *Tetrachloroktafluorhexan*; Toluol → *Dichlor-(trichlormethyl)-cyclohexadien,* $C_7H_5Cl_5$; Bzl. → *Benzolhexachlorid,* $C_6H_6Cl_6$, Dibutyläther → *Nonachlordibutyläther*; Äthan → *Chloräthyl, 1.1-* u. *1.2-Dichloräthan*; Propan → *Monochlorpropan*; Trifluorpropan → *2-* u. *3-Chlor-1.1.1-trifluorpropan.* (**A. P. 2716140** vom 15/1. 1948, ausg. 23/8. 1955.)

O. MÜLLER-MEININGEN. 6565

Farbenfabriken Bayer Akt.-Ges., Leverkusen, *Organische Fluorverbindungen* erhält man durch Elektrolyse von Br- u./oder J-Derivv. aliphat. KW-stoffe mit bis zu 3 C-Atomen in fl. HF in Ggw. eines Elektrolyten (**I**). Die Rk. erfolgt zweckmäßig bei 0—20° bei einer Spannung $>$3,2 V u. einer Stromdichte von 1—20 A/dm² der Anodenoberfläche, gegebenenfalls in Ggw. eines inerten Lösungsm., wie $C_2F_3Cl_3$. Als **I** kann W. oder ein Alkalifluorid dienen. In einer Zelle mit Ni-Rohr als Anode u. Stahlzylinder als Kathode wird ein Gemisch von wasserfreiem HF, feinverteiltem asymm. 1.1-Dibrom-1.2.2.2-tetrachloräthan, KF u. CaF_2 bei 200—300 A u. 6—7 V 12 Std. bei 15—20° elektrolysiert. Der entweichende H_2 wird auf —70° abgekühlt, wobei das Kondensat von HF u. organ. Stoffen in die Zelle zurückfließt. Bei der Dest. des Reaktionsprod. erhält man *1.1-Difluor-1.2.2.2-tetrachloräthan* in ca. 90% ig. Ausbeute. Analog erhält man: *1.2.2-Trifluor-1.1.2-trichloräthan, 1.1.2.2-Tetrafluor-1.2-dichloräthan* u. *1.1.1.2.2.3-Hexafluor-3.3-dichlorpropan* aus 1-Brom-1.2.2-trichloräthylen, 1.2-Dibrom-1.2-dichloräthylen u. 1.1.1.2-Tetrafluor-3.3-dichlor-2.3-dibrompropan. (**E. P. 741399** vom 18/9. 1953, ausg. 30/11. 1955. D. Prior. 8/10. 1952.)

J. MÜHLEISEN. H 510

Imperial Chemical Industries of Australia and New Zealand Ltd., Melbourne, Commonwealth of Australia, *Abspaltung von Chlorwasserstoff aus chlorierten Kohlenwasserstoffen* durch Erhitzen in der Damphphase, wobei die Hitze zur Durchführung dieser endothermen Rk. durch Verbrennung von trockenem H_2 mit trockenem Cl_2 gewonnen wird. (**E. P. 736740** vom 7/8. 1953, ausg. 14/9. 1955. Aust. Prior. 28/8. 1952.)

P. UNGER. H 520

General Aniline & Film Corp., New York, N. Y., V. St. A., *Entfernen der farbverändernden Stoffe aus technischem 1.4-Butandiol* (**I**), das frei von ungesätt. Verunreinigungen ist, erfolgt durch Behandeln der 20—60 gew.-%ig. wss. Lsgg. des **I** mit H_2 in Ggw. eines Ni enthaltenden Katalysators bei 150—170° u. 50—500 at während 1 bis 10 Stunden. Bei 100 at genügen 3 Stunden. Bes. geeignet ist ein Ni–Cu–Mn-Katalysator auf Kieselsäuregel. Fe, Pd auf SiO_2 oder Cu–Cr-Katalysatoren sind für das Verf. ungeeignet. (**E. P. 729841** vom 5/1. 1953, ausg. 11/5. 1955. A. Prior. 17/1. 1952.)

G. KÖNIG. H 570

Ruhrchemie Akt.-Ges., Oberhausen/Rhld. (Erfinder: **Hans Feichtinger,** Duisburg), *Herstellung von aliphatischen Aminosulfonsäuren,* dad. gek., daß man aliphat. Aminhydrochloride mit 3 bis ca. 20 C-Atomen in Ggw. von Chlor-KW-stoffen unter Bestrahlung mit aktin. Licht mit Cl_2 u. SO_2 enthaltenden Gasen behandelt, die entstehenden Sulfochlorierungsprodd. von vorhandenen Lösungsmitteln u. entstandenem SO_2Cl_2 befreit u. mit W. zu Aminosulfonsäuren hydrolysiert, die durch Eindampfung u. Fällung des Rückstandes mit absol. A. isoliert werden können. — *1-Aminopentansulfonsäure-(x).* Man führt in CCl_4 gelöstes n.-Pentylamin durch Einleiten von HCl in das Hydrochlorid über u. leitet dann unter Belichten mit einer Hg-Dampflampe gasförmiges Cl_2 u. SO_2 im Verhältnis 1:2,2 bei 45—55° ein. Das Reaktionsprod. wird in W. gelöst u. 1 Std. gekocht. — Analog werden erhalten: *1-Aminohexansulfonsäure-(x), 1-Aminodecansulfonsäure-(x), Gemisch aus 1-Aminobutansulfonsäure-(3)* u. *1-Aminobutansulfonsäure-(4), 1-Aminopropansulfonsäure-(3), 1-Methylaminobutansulfonsäure-(x)* u. *1-Dimethylaminobutansulfonsäure-(x).* (**D. B. P. 931951** Kl. 12q vom 25/6. 1952, ausg. 22/8. 1955. Anmeldung bekanntgemacht 20/1. 1955.)

G. LANGER. H 600

Celanese Corp. of America, New York, N. Y., V. St. A., *Hochprozentige und nahezu wasserfreie Lösungen von Formaldehyd* erhält man, wenn man dessen nicht $>$15% W. enthaltenden Dampf mit dem Dampf eines ein- oder mehrwertigen aliphat. Alkohols vermischt, einen Teil dieser Dämpfe zwecks Abscheidung von W. kondensiert u. den Rest der Dämpfe getrennt kondensiert. Es ist vorteilhaft, letztgenannte Kondensation langsam durchzuführen u. das Kondensat längere Zeit auf einer Temp. ca. 15—25° unter dem Kp. des verwendeten Alkohols zu halten, damit sich die Halbacetale bilden. Bei Verwendung der handelsüblichen, ca. 40%ig. wss. Lsg. des CH_2O muß der daraus erhaltene Dampf zunächst einer partiellen Kondensation unterworfen werden, damit die Hauptmenge des W. vorher abgetrennt wird. Mit CH_3OH erhält man z. B. eine 79,6%ig. Lsg. von CH_2O, die bei 61° erstarrt. Sie enthält nur 1,3% Wasser. — Zeichnung. (**E. P. 737 023** vom 18/3. 1953, ausg. 21/9. 1955. A. Prior. 18/3. 1952.) O. SCHÖN. H 670

N. V. de Bataafsche Petroleum Mij., Den Haag, Holland, *Gewinnung von Ketonen* (**I**) *aus ihren Gemischen mit Alkoholen* (**II**), deren Kp. um höchstens 20° von dem der **I** abweicht, erfolgt durch Überleiten des Gemisches in Dampfform über einen Reduktions-dehydrierkatalysator oberhalb 200°, bes. 275—550°, u. unterhalb 100 lbs./sq. in., wobei die **II** in **I** übergehen, die durch Dest. aus dem Reaktionsgemisch entfernt werden. — Man erhält so z. B. aus einem Methylisobutylketon–CH_3OH-Gemisch *Äthylisobutylketon* u. *2-Methylpentan-4-ol*. (**E. P. 730 486** vom 29/9. 1952, ausg. 25/5. 1955. A. Prior. 1/10. 1951.) O. MÜLLER-MEININGEN. H 710

Eastman Kodak Co., übert. von: **Noel H. Kuhrt**, Rochester, N. Y., V. St. A., *Gegen das Ranzigwerden stabile Teilester*, bes. Monoglyceride, erhält man durch Rk. von Fetten oder Ölen mit Glycerin in Ggw. eines Alkalisalzes der *Äthylendiamintetraessigsäure* bei mindestens 100°. (**A. P. 2 714 113** vom 12/10. 1951, ausg. 26/7. 1955.) O. MÜLLER-MEININGEN. H 810

National Research Council, Ottawa, Ontario, Can., *Herstellung von 15-Oxopentadecansäure* (**I**) *oder 1.14-Dioxotetradecan* (**II**) vom F. 71—72° bzw. 42—45° oder deren Gemischen erfolgt durch Rk. von 15.16-Dioxyhexadecansäure $CH_2OH-CH(OH)-(CH_2)_{13}-COOH$ oder 2.15.16-Trioxyhexadecansäure $CH_2OH-CH(OH)-(CH_2)_{12}-CH\cdot OH-COOH$ („ustilic acids") oder deren Gemischen mit CH_3COOH u. Na-Wismutat ($NaBiO_3$) oder Pb-Tetraacetat bei 45—65°, worauf man die Reaktionsprodd. aus ihrer mit Alkalihydroxyd neutralisierten Lsg. in A. mit Ae. extrahiert. — Ultrarot-Spektralkurven. (**E. P. 737 606** vom 1/4. 1953, ausg. 28/9. 1955. A. Prior. 9/4. 1952.) O. MÜLLER-MEININGEN. H 860

Armour & Co., Chicago, Ill., übert. von: **Robert J. Vander Wal**, Chicago, **James Harwood**, Western Springs, und **Richard A. Reck**, Chicago, V. St. A., *9- und 10-Oxyoctadecylamine* dienen zur Herst. von wachsartigen Verbb. u. quaternärer Amine. — *Gemisch aus 9- u. 10-Oxyoctadecylamin* (**I**). Man red. ein Gemisch aus 9- u. 10-Oxystearonitril mit H_2 u. RANEY-Ni, $Kp._{0,35}$ 173—180°. Nebenprod. Gemisch aus *Bis-[9- u. Bis-[10-oxyoctadecyl]-amin*, F. 82—83°. — *Esteramidwachs*. Beim Erhitzen von **I** mit Stearinsäure auf 250—260°, F. 40—50°. — *N.N-Dimethyloxyoctadecylamin* (**II**). Aus **I**, Ameisensäure u. CH_2O. — *Trimethyloxyoctadecylammoniumchlorid*. Aus **II** u. CH_3Cl. — *Acetoxyoctadecylamin*. Durch Red. von Acetoxyoctadecannitril mit H_2 u. RANEY-Ni, $Kp._{1,0}$ 160—170°. (**A. P. 2 712 558** vom 18/12. 1950, ausg. 5/7. 1955.) G. LANGER. H 920

Deutsche Maizena Werke G. m. b. H. (Erfinder: **Kurt Heyns**), Hamburg, *Herstellung von freien und N-substituierten α-Aminoaldehyden*, dad. gek., daß α-Oxyketone mit endständiger OH-Gruppe oder α-Oxyaldehyde, welche unter den Reaktionsbedingungen leicht in Oxyketone umlagerbar sind, mit NH_3 oder Aminen umgesetzt u. die entstandenen Aminoaldehyde aus dem Reaktionsgemisch direkt oder in Form geeigneter Derivv. abgetrennt werden. — Beispiele: 18 g Fructose werden in 300 cm³ trockenem fl. NH_3 gelöst u. 6 Std. auf 100° erhitzt. Nach Aufarbeitung erhält man 4—5 g *Glucosaminhydrochlorid*. Ferner werden erwähnt: *N-Carbobenzoxy-d-glucosamin, N-Butylglucosamin, Gulosamin, Idosamin, Arabinosaminhydrochlorid* (F. 259°, Zers.), *Serinaldehyd* u. *Alaninaldehyd*. (**D. B. P. 935 009** Kl. 12o vom 6/6. 1954, ausg. 10/11. 1955. Anmeldung bekanntgemacht 18/5. 1955.) O. SCHÖN. H 930

Metallgesellschaft Akt.-Ges., Frankfurt/M., *Herstellung von Organosilanen* aus Si u. KW-stoffe enthaltenden Gasen. Man läßt die Gase durch einen elektr. Lichtbogen (**I**) zwischen heißen u. kalten Elektroden passieren u. läßt sie mit Si von geringer Korngröße entweder während des Durchgangs durch **I** oder kurz hinterher reagieren. Man kann auch die Gase u. Si auf eine Temp. erhitzen, bei der das Si verdampft oder die KW-stoffe dissoziieren. Weiter kann man die Gase durch eine Si enthaltende Schmelze leiten u. die Reaktionsprodd. sofort nach ihrer Entstehung abkühlen. — Bei der Rk. von Ferro–Si-Staub (98% Si) unter Verwendung eines **I** zwischen einer Cu-Kathode u. einer Fe-Anode mit Erdgas erhält man neben C_2H_2, C_2H_4, H_2, N_2 u. nichtumgesetzten KW-stoffen geringe Mengen von Alkyl- u. Arylsilanen, bes. *Dimethylsilan*. (**E. P. 741 067** vom 11/9. 1953, ausg. 23/11. 1955. D. Prior. 16/9. 1952.) J. MÜHLEISEN. H 980

Ethyl Corp., New York, N. Y., V. St. A., *Katalytische Alkylierung von aromatischen und cycloaliphatischen Kohlenwasserstoffen* erfolgt durch deren Behandlung mit einem Olefin mit einer nichtkonjugierten Doppelbindung bei ca. 0–350°, bes. 100–200°, höchstens 90 at in Ggw. von ca. 0,01–10% einer Organoalkalimetallverb., wie Na- u. K-Verbb., z. B. von tert. Aminen, Chinolin, Acridin, Benzol. – Aus 955 (Teilen) Toluol u. Äthylen (I; Verhältnis 1:0,4) in Ggw. von 57 Benzyl-Na bei 125° u. 34 at → *n-Propylbenzol*, $Kp._{745}$ 157–157,5°; n_D^{20} 1,4911; $D.^{20}{}_4$ 0,860, neben *3-Phenylpentan*, $Kp._{745}$ 186°; n_D^{20} 1,4883; D. 0,861. – Mit 2-Buten → *2-Benzylbutan*. – 1-Hexen → *2-Benzylhexan*. – 1-Dodecen → *2-Benzyldodecan*. – sek.-Butylbenzol + I → *3-Phenyl-3-methylpentan*. – α-Isopropylnaphthalin → *α-(tert.-Amyl)-naphthalin*. – 1-Methyl-1.2.3.4-tetrahydronaphthalin → *1-Methyl-4-äthyl-1.2.3.4-tetrahydronaphthalin*. – 1.4-Dimethyl-1.2.3.4-tetrahydronaphthalin → *1.4-Dimethyl-1-äthyl-1.2.3.4-tetrahydronaphthalin*. – Diisopropylbenzol → *p-(tert.-Amyl)-isopropylbenzol*. – Cumol + I → *tert.-Amylbenzol*, $Kp._{737}$ 188,5°; n_D^{20} 1,4970; $D.^{20}{}_4$ 0,875. – Cyclohexen + I → *3-Äthylcyclohexen*, $Kp._{740}$ 132,6–135°; n_D^{20} 1,4550. – Trimethylbenzol + I → Mischung aus *Dimethyl-n-propylbenzolen*, $Kp._{745}$ 202–210°. – Toluol + Propylen → *Isobutylbenzol*, Kp. 170,5–171°. – Das Verf. kann in fl. Phase oder in der Gasphase oder in fl. u. Gasphase durchgeführt werden. – Zwischenprodukte. (**E. P. 740 978** vom 16/10. 1952, ausg. 23/11. 1955. A. Prior. 29/4. 1952.) G. KRAUSS. H 1010

Dow Chemical Co., übert. von: **Warren B. Crummett** und **Vernon A. Stenger**, Midland, Mich., V. St. A., *Isolierung von p-Oxybenzaldehyd*. Die Umsetzung von Alkaliphenolat mit Chlf. nach REIMER-TIEMANN liefert ein mit teerigen Nebenprodd. verunreinigtes Gemisch von *o- u. p-Oxybenzaldehyd*, aus dem das o-Deriv. leicht durch Dest. mit Wasserdampf rein gewonnen werden kann. Zur Gewinnung des p-Deriv. wird der Destillationsrückstand in mindestens 2%ig., bes. 5–15%ig., NaOH oder KOH gelöst u. so stark mit W. verd., daß auf 1 Teil Rückstand insgesamt mindestens 50 Teile W. treffen. Durch Neutralisation oder schwaches Ansäuern mit starken Säuren (z. B. HCl, H_2SO_4) scheidet man die Schmieren ab, gibt sodann die Lsg. auf eine, aus einem Salz einer stark bas. quaternären Ammoniumbase bestehende Anionenaustauschersäule u. wäscht mit W. nach. Durch Eluieren mit CH_3OH, A. oder Aceton gewinnt man schließlich (unreinen) *p-Oxybenzaldehyd*. (**A. P. 2 709 710** vom 12/8. 1953, ausg. 31/5. 1955.) O. SCHÖN. H 1140

United States of America, übert. von: **Leonard L. McKinney, Eugene A. Setzkorn** und **Eugene H. Uhing**, Peoria, Ill., V. St. A., *Kondensationsprodukte aus α-Aminosäuren und Phenolen* der Formel I, worin x = 1 u. 2, y = 1, 2 oder 3, R = H u. Alkyl, R_1 = H, CH_2CH_2COOX oder einen organ. Acylrest, X ein Kation oder einen Alkylrest u. R_2 die

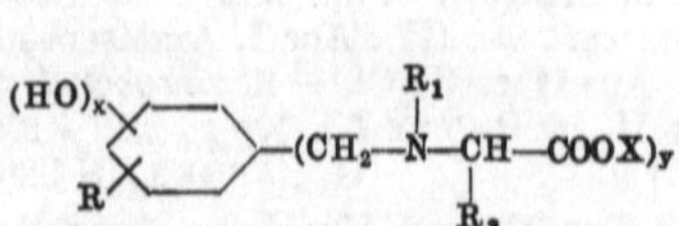

I

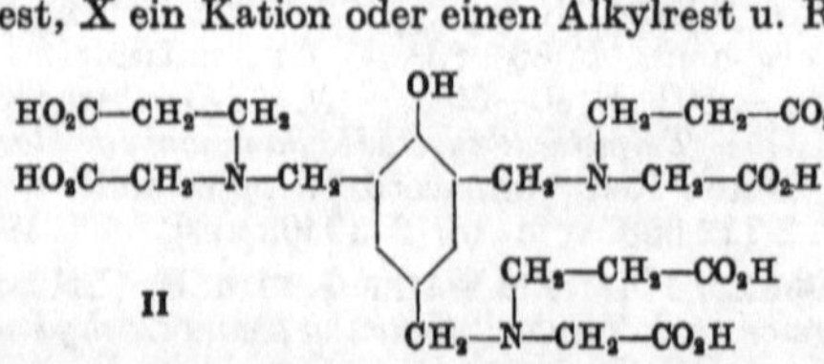

II

Restgruppe einer natürlich vorkommenden α-Aminosäure bedeuten, dienen als Zwischenprodd.; die Alkalisalze schäumen u. dienen als Emulgatoren. – *Gemisch aus N-(2- u. 4-Oxybenzyl)-dl-alanin*. Man kondensiert dl-Alanin mit CH_2O in NaOH bei n. Temp., versetzt mit Phenol u. kocht. *Ba-Salz, Äthylester, Äthylesterhydrochlorid, N-Acetyläthylester*, F. 110–116°. – Analog: *Phenol-2.4.6-tris-(methylenaminoessigsäure)*. – *N.N-Bis-(oxybenzyl)-glykokoll*. – Kondensationsprod. aus Leucin, CH_2O u. Kresol; aus Leucin, CH_2O u. Phenol. – Kondensationsprod. aus N-(2-Carboxyäthyl)-glykokoll, CH_2O u. Phenol der Formel II. – *Phenolharze* aus Phenol, CH_2O u. Alanin bzw. Aminosäuren, die als Nebenprodd. bei der Glutaminsäuregewinnung anfallen. (**A. P. 2 717 263** vom 3/10. 1952, ausg. 6/9. 1955.) G. LANGER. H 1350

Dow Chemical Co., Midland, Mich., V. St. A. (Erfinder: **Clarence Llewellyn Moyle**), *O.O-Di-(halogenphenyl)-N-substituierte Amidothiophosphate* der Formel I (wenn n = 3, 4 oder 5, dann R_1 = H, Alkyl, Cycloalkyl, R_2 = Cycloalkyl oder Alkyl u. X = Cl, Br; wenn n = 1 u. X = Cl, dann R_1 = Alkyl u. R_2 = H, Alkyl) erhält man durch Kondensation eines Alkalimetallhalogenphenolats mit einem N-substituierten Dichlorthiophosphoramid der Formel II in Ggw. eines inerten Lösungsm. (nie-

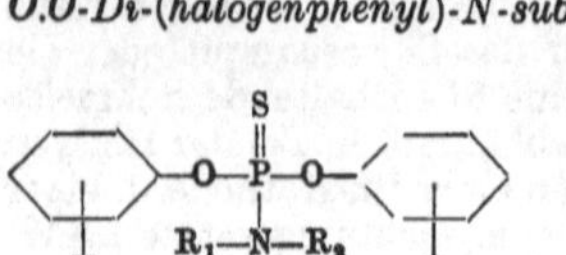

I

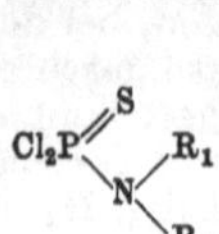

II

dermol. Alkanole, Bzl.) bei 30—110°. — Aus 2.4.5-Trichlorphenol in Methanol in Ggw von KOH u. N.N-Dimethyldichlorthiophosphoramid bei 50—60° → *O.O-Di-(2.4.5-trichlorphenyl)-N.N-dimethylatp.* (-amidothiophosphat = atp.), orangegelbes Öl, D.^{31} 1,35; n_D^{35} 1,5737. — 4-Brom-2.6-dichlorphenol + N-Isopropyldichlorthiophosphoramid → *O.O-Di-(4-brom-2.6-dichlorphenyl)-N-isopropylatp.*, gelbes Öl, D.^{30} 1,22; n_D^{35} 1,5103. — 2.3.4.6-Tetrachlorphenol + N-Äthyldichlorthiophosphoramid → *O.O-Di-(2.3.4.6-tetrachlorphenyl)-N-äthylatp.*, braunes Öl, D.^{30} 1,22; n_D^{35} 1,5608. — Pentachlorphenol → *O.O-Di-(pentachlorphenyl)-N-äthylatp.*, braunes Öl, D.^{30} 1,36; n_D^{35} 1,5536. — N-n-Amyldichlorthiophosphoramid → *O.O-Di-(2.4.6-trichlorphenyl)-N-n-amylatp.*, orangefarbenes Öl, D.^{31} 1,07; n_D^{36} 1,4956. — N-Cyclohexyldichlorthiophosphoramid → *O.O-Di-(2.4.5-trichlorphenyl)-N-cyclohexylatp.*, F. 66—72°. — *O.O-Di-(pentachlorphenyl)-N-n-octylatp.* — *O.O-Di-(2.4.6-tribromphenyl)-N-(4-phenylcyclohexyl)-atp.* — *O.O-Di-(2.3.4.6-tetrachlorphenyl)-N.N-di-sek.-butylatp.* — *O.O-Di-(2.4.6-trichlorphenyl)-N.N-dicyclohexylatp.* — *O.O-Di-(pentachlorphenyl)-N-(2.4-dimethylcyclohexyl)-atp.* — *O.O-Di-(2.4.6-trichlorphenyl)-N-n-dodecylatp.* — *O.O-Di-(2.3.4.6-tetrachlorphenyl)-N-(4-methylcyclohexyl)-atp.* — *O.O-Di-(2.4.5-tribromphenyl)-N-methyl-N-cyclohexylatp.* — 4-Chlorphenol + N-Methyldichlorthiophosphoramid in Methanol in Ggw. von KOH bei 50° → *O.O-Di-(4-chlorphenyl)-N-methylatp.*, Öl, D.^{26} 1,26; n_D^{35} 1,5356. — *O.O-Di-(4-chlorphenyl)-N-äthylatp.*, n_D^{35} 1,5290; D.^{28} 1,15. — *O.O-Di-(4-chlorphenyl)-N-isopropylatp.*, D.^{19} 1,13; n_D^{35} 1,5250. — *O.O-Di-(4-chlorphenyl)-N.N-dimethylatp.*, D.^{24} 1,16; n_D^{35} 1,5533. — *O.O-Di-(4-chlorphenyl)-N.N-diäthylatp.*, D.^{28} 1,16; n_D^{35} 1,5458. — *O.O-Di-(4-chlorphenyl)-N.N-di-sek.-butylatp.* — *O.O-Di-(4-chlorphenyl)-N-dodecylatp.* — *O.O-Di-(4-chlorphenyl)-N-n-butyl-N-n-hexylatp.* — *O.O-Di-(4-chlorphenyl)-N-n-octylatp.* — Die Verbb. sind licht- u. luftbeständig, greifen die Haut von Mensch u. höheren Tieren nicht an. — *Modifizierungsmittel* für *plast. Massen, Zusatzmittel* zu *Hochdruckschmierölen*; *Insekticide* u. *Fungicide*, bes. gegen *Spinnenmilben* u. *mexikan. Bohnenkäfer*. (**E. PP. 705 646** vom 26/6. 1952 u. **705 807** vom 25/6. 1952, beide ausg. 17/3. 1954.) G. KRAUSS. H 1380

Kemisk Vaerk Køge A/S, Kopenhagen, Dänemark, *Herstellung von 2.5-Dialkoxy-2.5-dihydrofuranen* gemäß E. P. 682 736 durch elektrolyt. Behandlung in einem organ. Lösungsm., bes. in Ggw. einer Halogenverbindung. Als Ausgangsstoffe dienen Furane, die in α-Stellung eine veresterte COOH-Gruppe, CHO-Gruppe (gegebenenfalls acetalisiert) u. andere substituierte Gruppen enthalten. Hergestellt werden: *2.5-Dimethoxy-2.5-dihydrofurfurylacetat*, Kp.$_{12}$ 117—119°; *2.5-Dimethoxy-2.5-dihydrofurfuroldimethylacetal*, Kp.$_{13}$ 107—110°; *2.5-Dimethoxy-4-isopropyl-2.5-dihydrofuran-2-carbonsäuremethylester*, Kp.$_{0,1}$ 69—71°; *2.5-Dimethoxy-4-isopropyl-2.5-dihydrofurfuroldimethylacetal*, Kp.$_{0,1}$ 64—65,5°; *2.5-Dimethoxy-2.5-dihydrofurfurolcyanhydrinacetat*, Kp.$_{0,2}$ 101—102°; *2.5-Dimethoxy-2.5-dihydro-2-acetamidomethylfuran*, Kp.$_{0,6}$ 119—134°; *2.5-Dimethoxy-2.5-dihydrofuran-2-carbonsäuremethylester*, Kp.$_{13}$ 119—121°; *2.5-Dimethoxy-2.5-dihydrofurfurylcarbaminsäuremethylester*, Kp.$_{0,2}$ 100—107°; *2.5-Dimethoxy-2.5-dihydrofurfuroldimethylacetal* im Gemisch mit etwas *2.5-Dimethoxy-2.5-dihydrofurfurol*, Kp.$_{10}$ 94—110°. — Zwischenprodukte. (**E. P. 737 034** vom 21/4. 1953, ausg. 21/9. 1955. Dän. Prior. 23/4. 1952. **Zusatz zu E. P. 682 736; C. 1954. 11 600.**) K. FABEL. H 3061

American Cyanamid Co., New York, N. Y., übert. von: **Lennart A. Lundberg,** Stamford, Conn., V. St. A., *Reinigen roher Cyanursäure.* Zu verunreinigter Cyanursäure fügt man 1—2 Mol Formaldehyd unter Bldg. eines lösl. Formaldehyd-Cyanursäure-Komplexes. Die unlösl. Verunreinigungen trennt man von der den Komplex enthaltenden Lsg. ab, zerstört den Komplex durch Zufügen von NH_4OH oder NaOH unter Bldg. eines Cyanurates u. erhält mit Hilfe einer Säure reine Cyanursäure. (**A. P. 2 712 002** vom 11/6. 1954, ausg. 28/6. 1955.) H. NEBELSIEK. H3313

X. Färberei. Organische Farbstoffe.

—, *Farbstoffe und Textilhilfsmittel.* Prodd. der BADISCHEN ANILIN- & SODA-FABRIK AG., Ludwigshafen/Rh.: *Cellitongelb 5 GS* färbt das grünste ätzbare Gelb. — *Cellitazol GL-Entwickler ON* ergibt verhältnismäßig lichtechte Marineblautöne bei guter Naßechtheit. — *Cellitazol AZN-Entwickler ON* färbt auf glämzendem, wie auch Mattacetat ein gutes Schwarz. Bis zu einer bestimmten Farbtiefe ist auch dieser Farbstoff — wie der GL-Entwickler ON — weiß ätzbar u. läßt in Mischgeweben aus Acetat mit Baumwolle bzw. Viscose die letztgenannten Anteile gut rein. — Eine Musterkarte veranschaulicht das *Sortiment der Perliton-Farbstoffe.* — „*Palatinechtfarbstoffe auf Teppichgarn*", eine Farbkarte in zwei Farbtiefen. — Eine weitere Musterkarte enthält eine ausführliche Beschreibung der „*Basolanchromfarbstoffe*". — Desgleichen eine Musterkarte über „*Färbungen auf Kokosgarn*". — Prodd. der BÖHME FETTCHEMIE GmbH., Düsseldorf: *Beatol ND* ist ein Vorreinigungs-, Wasch-, Walk- u. Färbereihilfsmittel, anionakt., die gelbe gießbare Fl.

ist in kaltem W. leicht lösl., eignet sich auch zum Abkochen u. Beuchen. Besitzt gutes Benetzungs-, Durchdringungs-, Reinigungs- sowie hohes Dispergier- u. Emulgiervermögen. — *Beatol SH* eine nichtionogene, rötlichbraune, hochviscose, noch gießbare Fl., wird als Spezialwaschmittel für Rohwolle u. mineralölgeschmälzte Streichgarnstoffe verwendet. — *Beatol W* ist eine nichtionogene, bräunliche, weiche, leicht lösl. Paste von gutem Dispergier-, Emulgier- u. Waschvermögen. Bes. anwendbar zum Vorreinigen, Beuchen u. Nachseifen. Im Färbebad wirkt es farbstoffaffin. — *Defindol S* wird für alle Netzvorgänge sowie zum Vorreinigen u. Beuchen eingesetzt. Die hellgelbe, weiche, leicht lösl., anionakt. Paste wird auch zur Herst. von Olein- bzw. Mineralölschmälzen verwendet. — *Lanasint N* ist ein Netz-, Wasch- u. Reinigungsmittel für alle Faserarten mit ausgeprägter fettlösender Wirkung. Die Lsgg. weisen gute Beständigkeit gegen Wasserhärte, Säuren u. Alkalien sowie in Cl- u. H_2O_2-Flotten auf. — *Schlichtewachs PA* ist ein nichtionogenes weißes, wachsartiges Appreturprod. in Schuppenform. Seine Verwendung mit Stärke oder Stärkederivv. fördert das Eindringen der Schlichteflotten in den Faden u. erhöht die Elastizität u. das Dehnvermögen, erzielt gute Oberflächenglätte u. größere Haftfähigkeit. — Prodd. der FARBWERKE HOECHST AG., Frankfurt/M.-Höchst: *Lanigan W* u. *Lanigan R* für die Walke u. Wäsche von Wollwaren verwendbar. Beide Prodd. lassen sich im alkal., neutralen u. sauren Bereich anwenden. Lanigan W dient zur Ausrüstung von schweren Walk- u. Kammgarnstückwaren; Lanigan R hingegen für Artikel mit offenem Warenbild. (Melliand Textilber. **36.** 1302. Dez. 1955.)
P. ECKERT. 7018

M. R. Blondel, *Das Färben von Textilien, seine Entwicklung im Gebiete von Rouen.* Übersicht. (Normandie ind. **1953.** 1—10.) P. ECKERT. 7020

Heinrich Schönefeld, *Färben und Drucken von Polyacrylnitrilfasern und deren Gemischen.* Besprochen wird die Fixierung von Phosphaten, Schwermetallen u. Silicaten auf Polyacrylnitrilfasern im Sinne der WILSON-Gerbung. Hieraus wurde das Färben u. Drucken von Oxydationsfarbstoffen entwickelt. Es wurde festgestellt, daß sich mit polymeren Metaphosphaten, Al-Salzen, Phosphorsäure u. organ. Gerbstoffen vorbehandelte Polyacrylnitrilfasern mit Triphenylmethan-, Diphenylmethan- u. Xanthenfarbstoffen sowie nach dem Säureküpenverf. mit Küpenfarbstoffen färben läßt. Beschrieben wird ferner ein Hochtemperaturverf. zum Färben von Polyacrylnitrilfasern in sd. $MgCl_2$-Lauge mit Acetatseidenfarbstoffen. — Prakt. Arbeitsvorschriften werden gegeben. (Textil- u. Faserstofftechn. **6.** 205—09. Mai 1956. Forst, Lausitz, Fachschule für Textilindustrie.)
P. ECKERT. 7020

Gustav Bernardy und **Wilh. Küppers,** *Die Rongalitentwicklung beim Zweiphasendruckverfahren für Küpenfarbstoffe.* Vff. unterziehen die chem. u. physikal. Vorgänge u. bes. den reibungslosen techn. Ablauf der Entw. von Küpenfarbstoffdrucken unter eingehender Beachtung der maschinellen Einrichtungen u. der dabei maßgeblichen Faktoren, namentlich des Zusammenwirkens von Foulard, Luftgang u. Dämpfen, einer sehr ausführlichen Betrachtung. Rezepte u. zahlreiche Erfahrungshinweise geben der Praxis wichtige Arbeitsunterlagen. Ein 10—20%ig. Ersatz von Rongalit durch Hydrosulfit u. auch gewisse Erhöhungen der Alkalimenge in der Klotzflotte ermöglichen die Kürzungen der Dämpfzeit. (Textil-Prax. **10.** 1255—65. Dez. 1955. Ludwigshafen/Rh., Bad. Anilin- u. Soda-Fabrik AG., Anwendungstechn. Abt.) E. WAGNER. 7022

Imperial Chemical Industries Ltd., London, England (Erfinder: **George Trapp Douglas** und **Leslie Robishaw**), *Färben von Fasermaterial aus regenerierter Cellulose* in dichtgepackter Form mit einer zirkulierenden Färbeflotte, dad. gek., daß das Gewicht der Flotte nicht mehr als 8mal, vorzugsweise 4mal, soviel als das Gewicht des zu färbenden Materials beträgt. Hierdurch wird die übliche Färbezeit von 3—4 Std. bei Direktfarbstoffen oder Küpenfarbstoffen auf $^1/_2$—$1^1/_2$ Std. herabgesetzt. (**E. P. 743 660** vom 12/1. 1953, ausg. 18/1. 1956.) H. v. SCHILLER. 7021

Richard Hardwick und **Leonard Wood,** Blackley, Manchester, und **Imperial Chemical Industries Ltd.,** London, England, *Färben von Polyestern* in Form von Fasern, Filmen u. dgl. geformten Gebilden, dad. gek., daß man das Material vor dem Färben einer Hitzebehandlung auf 230—255° unterwirft. Dieses kann durch Berühren mit einer heißen Metalloberfläche, Leiten durch ein Metallbad, Bestrahlen mit Infrarotlampen oder dgl. geschehen. Das Material kann vor der Erhitzung wieder entspannt werden. (**E. P. 684 046** vom 12/6. 1950, ausg. 10/12. 1952.) H. v. SCHILLER. 7021

Farbwerke Hoechst Akt.-Ges., vormals Meister Lucius & Brüning, Frankfurt/M. (Erfinder: **Ernst Fischer** und **Franz Muris,** Offenbach/M.), *Herstellung von wasserunlöslichen Monoazofarbstoffen,* dad. gek., daß man die Diazoverbb. aus Aminen der allg.

Formel **Ia** (R = Methyl- oder Arylrest) mit Naphthylamiden der 2.3-Oxynaphthoesäure der allg. Zus. **IIa** (Y = H, Alkoxygruppe oder Halogen; X = H oder Alkoxygruppe) für sich oder auf reiner Grundlage kuppelt. — Baumwollgarn wird mit

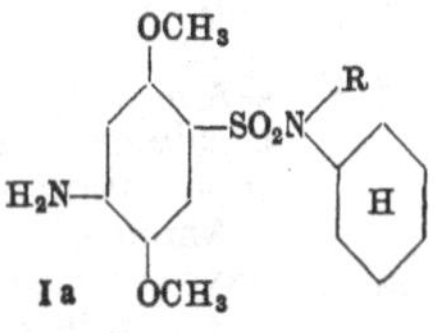
Ia

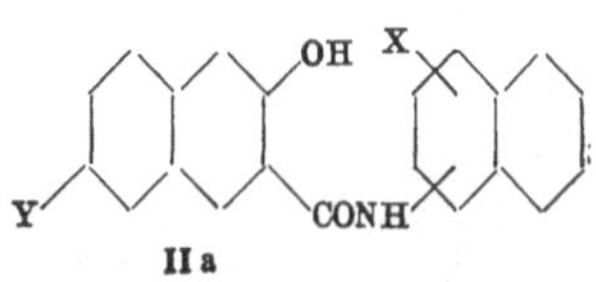
IIa

1-(2'.3'-Oxynaphthoylamino)-naphthalin (I) grundiert u. mit diazotiertem 1-Amino-2.5-dimethoxybenzol-4-sulfonsäure-N-methyl-N-cyclohexylamid (II) entwickelt. Färbung bordorot. — I ← (II + Methyltaurin) wird mit Stärke–Tragant-Mischung versetzt; Druckfarbe für Baumwolle u. Viscose. — II → 2-(2'.3'-Oxynaphthoylamino)-naphthalin. Bordorotes Pulver, für Pigmentdruck geeignet. — II → 1-(6'-Methoxy-2'.3'-oxynaphthoylamino)-naphthalin. Violetter Farbstoff zum Färben von Kunststoffen. — (**D. B. P. 925 244** Kl. 22a vom 3/4. 1953, ausg. 17/3. 1955. Anmeldung bekanntgemacht 26/8. 1954.) U. SIEVERS. 7053

Farbwerke Hoechst Akt.-Ges., vormals Meister Lucius & Brüning, Frankfurt/M., *Antidiazotate von im Kern basisch substituierten Aminen.* Zu D. B. P. 896 046; C. **1954.** 5403 ist noch nachzutragen: *1-Amino-2.6-dibrombenzol-4-antidiazotat-K.* Man diazotiert 1-Acetylamino-4-amino-2.6-dibrombenzol, läßt bei höchstens 5° in 40%ig. KOH einlaufen, versetzt dann man mit einer Lsg. von KOH in W. (12:3) u. erhitzt auf 130—140°. Braunes Kristallpulver. Verwendung zur Herst. von *Rapidechtfarben.* — Analog: *1-Amino-2.5-dichlorbenzol-4-antidiazotat-K.* (**Schwz. PP. 310 413** u. **310 414** vom 17/11. 1951, ausg. 16/12. 1955. Beide D. Prior. 25/11. 1950. **Zusätze zu Schwz. P. 302537; C. 1955. 11748.**) G. LANGER. 7053

Badische Anilin- & Soda-Fabrik Akt.-Ges. (Erfinder: **Helmut Pfitzner** und **Hans Baumann**), Ludwigshafen/Rh., *Herstellung von wasserlöslichen kupferhaltigen Dis- und Polyazofarbstoffen* durch oxydierende Kupferung von o-Monooxyazofarbstoffen nach D. B. P. 807 289; C. **1951.** II. 2806, dad. gek., daß man Azofarbstoffe der Zus. A — $(N{=}N{-}Z)_n$—N=N—E—OH (A = einwertiger Rest der Benzol- oder Naphthalinreihe; Z = zweiwertiger Rest der Benzol- oder Naphthalinreihe, wobei die —N=N-Gruppen in p-Stellung zueinander stehen; n = 1, 2 oder 3; E—OH = einwertiger, aromat. Mono-oxy-Rest der Benzol- oder Naphthalinreihe oder eines Enols, bei dem die —N=N—-Gruppe in o-Stellung zur OH-Gruppe steht; das Gesamtmol. kann bis 6 SO_3H-Gruppen enthalten, aber in den Resten A u. Z keine zu den —N=N—-Gruppen o-ständigen OH-, OCH_3-, COOH- oder NH_2-Gruppen) in neutralem bis schwach saurem Medium mit ungefähr der äquivalenten Menge eines wasserlösl. Cu-Salzes versetzt u. mit H_2O_2 behandelt. — 4-Amino-1.1'-azobenzol-4'-sulfonsäure → 2-Oxynaphthalin-3.6-disulfonsäure (I). Der Farbstoff wird mit $CuSO_4$-Lsg. u. H_2O_2 in Ggw. von Na-Acetat gekupfert. Leder violett. — 1-Aminobenzol-4-sulfonsäure → 1-Aminonaphthalin-6-sulfonsäure (II) → I. Der Farbstoff wird oxydierend gekupfert; Leder blau. — 4-Nitro-1-aminobenzol → II u. 1-Aminonaphthalin-7-sulfonsäure (techn. Gemisch) → 1-Oxynaphthalin-4.8-disulfonsäure; anschließend wird oxydierend gekupfert; Leder grünblau. — 1-Aminobenzol-2.5-disulfonsäure → 1-Aminonaphthalin → I; anschließend wird oxydierend gekupfert; Leder blau. — 2-Aminonaphthalin-5.7-disulfonsäure → 3-Amino-1-methylbenzol → 1-Acetylamino-8-oxynaphthalin-3.6-disulfonsäure. Anschließend wird oxydierend gekupfert; Leder marineblau. (**D. B. P. 930 770** Kl. 22a vom 13/2. 1953, ausg. 25/7. 1955. Anmeldung bekanntgemacht 3/2. 1955.) U. SIEVERS. 7055

Farbenfabriken Bayer Akt.-Ges. (Erfinder: **Josef Hilger,** Leverkusen, und **Ottmar Wahl,** Opladen), *Herstellung von gelben substantiven Azofarbstoffen* durch Alkylieren der aus tetrazotierter 4.4'-Diaminostilben-2.2'-disulfonsäure (I) u. 2 Mol Phenolen erhältlichen Disazofarbstoffe, dad. gek., daß man als Alkylierungsmittel dichlorierte Äther oder Acetale verwendet, bei denen die Chloratome nicht in o-Stellung zum Äther-O-Atom stehen. — Phenol (II) ← I → II. Der Farbstoff wird mit verd. A. zu einer Paste verrührt u. mit $\beta.\beta'$-Dichlordiäthyläther (III) in Ggw. von NaOH im Autoklaven 48 bis 60 Std. auf 90—97° erwärmt. Die Alkylierung kann auch in wss. Lsg. ohne Druck ausgeführt werden. Statt III können auch dessen Homologen verwendet werden. (**D. B. P. 935 565** Kl. 22a vom 2/10. 1953, ausg. 24/11. 1955. Anmeldung bekanntgemacht 2/6. 1955.) U. SIEVERS. 7055

J. R. Geigy Akt.-Ges., Basel, Schweiz, *Saure Farbstoffe der Anthrachinonreihe,* die Wolle (**B**), Seide (**C**) u. Polyamidfasern (**N**) aus neutralem bis schwach saurem Bad in naßechten rotvioletten, violetten oder grünen Tönen färben, erhält man durch Rk.

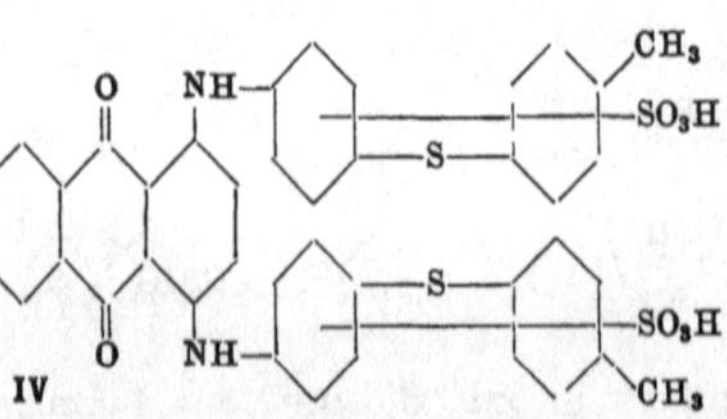

IV

von Anthrachinonverbb., die in α-Stellungen 2 austauschbare Substituenten enthalten, mit 4-Aminodiphenylthioäthern u. Sulfonieren der erhaltenen Anthrachinon-bis-(p-phenylmercaptophenylamino)-Verbindungen. — 75,4 (Teile) 4-Amino-4'-methyldiphenylsulfid (I), 24 1.4-Dioxyanthrachinon (II) u. 8 30%ig. HCl werden unter Rühren in kleinen Anteilen innerhalb von 20—30 Min. bei 80—90° mit 2 Zn-Staub versetzt. Man setzt dann 5 H_3BO_3 hinzu u. hält die Temp. 24 Std. auf 100—110°, gibt 200 n-Butanol (**III**) hinzu, rührt 30 Min. bei 70°, filtriert, wäscht mit **III**, mit stark verd. Mineralsäure u. schließlich mit Wasser. Nach dem Sulfonieren der erhaltenen Base mit H_2SO_4-Monohydrat oder mit $ClSO_3H$ erhält man den Farbstoff der Zus. **IV**, ein dunkles Pulver, färbt als Na-Salz **B**, **C** u. **N** sehr echt grün u. zeigt ein sehr gutes Ziehvermögen aus neutralem Bade. In ähnlicher Weise können weitere Farbstoffe erhalten werden, durch Sulfonieren von Umsetzungsprodd. aus: **II** u. 4-Aminodiphenylsulfid (**V**), färbt **B** u. **C** gut walk-, seewasser- u. lichtecht grün; **II** u. 4-Amino-4'-chlordiphenylsulfid (**VI**) (Farbstoff **VII**), in W. rein grünblau, in konz. H_2SO_4 rotstichigblau lösl., färbt echt grün; **II** u. 4-Amino-4'-bromdiphenylsulfid (**VIII**), färbt echt grün; 6-Chlor-1.4-dioxyanthrachinon u. **V**, färbt gut wasch-, walk- u. lichtecht grün; 6.7-Dichlor-1.4-dioxyanthrachinon u. **V**, färbt wasch-, walk- u. lichtecht grün; **II** u. 4-Amino-2-chlordiphenylsulfid, färbt echt grün; **II** u. 4-Amino-2'-methyldiphenylsulfid, färbt echt grün. — Durch 10std. Erhitzen von 1.5-Dichloranthrachinon (**IX**) mit **I** bei 190 bis 195° in Ggw. von K-Acetat u. CuCl u. Sulfonieren der erhaltenen Farbbase erhält man einen Farbstoff, der **B** u. **N** sehr echt rotviolett färbt. Weitere Farbstoffe durch Sulfonieren der Kondensationsprodd. aus: 1.4-Dichlor-, 1-Chlor-4-nitro- oder 1.4-Dibromanthrachinon u. **VI**, entspricht Farbstoff **VII**; **IX** u. **VI**, färbt naß- u. lichtecht rotviolett; 1.8-Dichloranthrachinon (**X**) u. **I** oder **VI**, färbt **B**, **C** u. **N** gut wasch-, walk- u. lichtecht violett; **X** u. 4-Amino-4'-methoxydiphenylsulfid (**XI**), färbt echt violett, ähnlicher Farbstoff bei Verwendung von 1-Chlor-8-nitro- oder 1-Brom-8-nitroanthrachinon an Stelle von **X**. — Durch 24std. Verrühren von 1.4-Diaminoanthrachinon (**XII**), Leuko-**XII**, H_3BO_3, 30%ig. HCl u. **I** bei 100—110° u. Sulfonieren der Farbbase wird **IV** erhalten. Durch 15std. Erhitzen von 29,8 1.5-Dinitroanthrachinon (**XIII**) mit 250 4-Amino-2-chlor-4'-methyldiphenylsulfid bei 180—185° erhält man eine Farbbase, die nach dem Sulfonieren **B** u. **C** aus neutralem Bade rotviolett färbt. Derselbe Farbstoff wird erhalten, wenn an Stelle von **XIII** 27,7 1.5-Dichlor- oder 36,6 1.5-Dibromanthrachinon in Ggw. von K-Acetat u. Cu-Acetat verwendet werden. — Durch 20—24std. Verrühren von 16 **II**, 8-Leuko-**II**, 81 **XI**, 4 H_3BO_3 u. 100 n-Butanol bei 105—115° erhält man 1.4-Bis-(4'-p-methoxyphenylmercaptoanilido)-anthrachinon, das sulfoniert **B** u. **C** aus neutralem Bade echt grün färbt. — 1 Färbebeispiel. (**E. P. 736 187** vom 27/7. 1953, ausg. 7/9. 1955. Schwz. Priorr. 31/7. 1952 u. 26/6. 1953 **Schwz. PP. 308 569** vom 31/7. 1952, ausg. 1/10. 1955, **310 698, 310 700, 310 701, 310 702, 310 703, 310 704** u. **310 705** [Zusatz-Patente] vom 31/7. 1952, ausg. 14/1. 1956.) O. ROICK. 7059

XIa. Farben. Anstriche. Lacke. Naturharze.

Sam Ruggeri, *Überblick über die Anstrichindustrie (für das Jahr) 1955.* Das Gesamtgebiet der Farben u. Anstriche umfassender Fortschrittsbericht. (Paint Varnish Product. **46.** Nr. 3. 5—15. 18—33. 35—50. 52—57. 59—60. 62. 64—65. 67. 71—78. 81. 83. 85. 87—88. 91—93. 96—121. 123—33. 135—61. Febr. 1956.) M. WINIKER. 7090

A. Foulon, *Zinkoxyd und Korrosionsschutz.* Es wird auf die Bedeutung der durch Verdampfen von Pb–Zn-Erzen erhaltenen unter dem Namen „Cofumed Leaded Zinc Oxyde" bekannten Rostschutzpigmente hingewiesen. Die äußerst feinen ZnO-Teilchen haben ein sehr hohes Reflexionsvermögen u. schützen die Anstriche vor Zerfall u. Alterung. (Metall **9.** 123. Febr. 1955. Darmstadt.) F. VIER. 7092

A. Gillone, *Über die Anwendung von Aluminiumbronzepaste bei Herstellung von Bronzier- und Metallisierlacken.* (Vgl. C. **1952.** 3738.) Hervorhebung der Vorteile, welche die Anwendung von Al in Pastenform statt in Pulverform ergibt. (Pitture e Vernici **9.** 249—50. April 1953.) B. SCHEIFELE. 7092

P. F. de Winter, *Das V. P. I. von Shell, eine Revolution im Kampf gegen die Korrosion.* Eigg. u. Anwendung des Dampfphaseninhibitors V. P. I. 260. (Chim. Peintures **16.** 215—18. Juni 1953.) B. SCHEIFELE. 7096

S. Rubin und **J. Fejgin,** *Cyclohexanon–Formaldehyd-Lackharz.* Verss. zur Herst. von Lackharzen durch Kondensation von Cyclohexanon (I) mit CH_2O (II). Als optimale

Bedingungen wurden festgestellt: Molverhältnis **I**:**II** = 1:1,75; 30% ig. NaOH in einer Menge von 6,5% von **I**. Das so erhaltene Prod. CF-53 entspricht dem deutschen Lackharz AF S. (Przemysł. chem. **10** (**33**). 365—68. Juli 1954. Inst. Tworzyw Sztucznych.) F. URBAN. 7096

Amleto Poluzzi, *Drei- und mehrwertige Alkohole in der Synthese von Lackharzen.* Beschrieben werden Eigg. und Anwendungsmerkmale von Polyalkoholen u. analogen Verbb., z. B. Pentaerythrit, Polypentaerythrite, Butantriol usw., ferner von Silantriol für Veresterung u. Synthese von Alkydharzen. (Pitture e Vernici **9.** 463—70. Juli 1953.) B. SCHEIFELE. 7096

N. Krawtschenko und **W. Zibanowa,** *Schutzüberzug für Schwarzmetalle.* Vff. empfehlen als haltbaren Schutzüberzug für Gegenstände aus Schwarzmetall, die mit Lebensmitteln in Berührung kommen, den Metalleim BF-2, der mit A. (1:1) einen Lack liefert. Dieser wird 3mal aufgetragen (Dicke des Films 0,1—0,3 mm). Nach jedem Auftragen wird bei 14—20° 40—50 Min., 30—40 Min. bei 60°, dann bei 180—190° 60—90 Min. getrocknet. Der letzte Überzug wird zusätzlich 15—20 Min. bei 200° getrocknet. Das Verf. hat sich in einer Sektfabrik bewährt. (Мясная Индустрия СССР [Fleisch-Ind. UdSSR] **25.** Nr. 2. 32—33. 1954.) B. KRAFT. 7100

D. Cannegieter, *Einfluß der Struktur der Metalloberfläche auf die Eigenschaften der darüber aufgetragenen Lackfarben.* Inhaltlich ident. mit der C. **1953.** 6981 referierten Arbeit. (Pitture e Vernici **9.** 45—50. Jan. 1953.) B. SCHEIFELE. 7106

Kenneth Tator, *Hinweistabelle für organische Überzüge.* 1. Mitt. Tabelle zur Orientierung über das Verh. der wichtigsten organ. Überzüge gegen verschied. chem. u. physikal. Einflüsse. (Chem. Engng. Progr. **51.** 40. Aug. 1955. Coraopolis, Pa., K.T.A. Assoc.) L. KEMPF. 7106

C. Y. Hopkins und **B. C. Smart,** *Experimentelle Untersuchung der Blasenbildung von Anstrichfarben auf Holz.* Nach Vorverss., die zeigten, daß Blasenbldg. auf Anstrichen nur bei Vorliegen von Feuchtigkeit u. einer Temperaturdifferenz erfolgt, wurde eine Prüfapp. verwendet, wobei Weißkiefertafeln verschied. Dicke auf der Vorderseite u. zuweilen auch auf der Rückseite mit Anstrichen bestimmter Filmdicke versehen u. über die offene Seite eines wärmeisolierten Metallkastens gespannt wurden, welcher mit einem wassergefüllten, thermostat. erwärmten Metallrohr in Verbindung stand. Die gestrichene Vorderseite der Tafeln wurde durch einen aufgelegten Kühlkasten mit zirkulierendem Kaltwasser gekühlt. Die Temperaturunterschiede betrugen 15—20°. Geprüft wurden meist dreifache Anstriche mit Öl- u. Lackfarben u. Klarlacken. Resultate: Systeme, die innerhalb 14 Tagen keine Blasen warfen, wurden als immun bezeichnet. Größere Holzdicke verzögerte die Blasenbldg., ebenso vorherige Alterung der Anstriche. Bleiweiß–Zinkweiß-Leinölfarben waren durchweg empfindlicher als Lackfarben u. Klarlacke. Grundierung der Tafelrückseite mit Al-Lack verhinderte das Blasenwerfen. Starke Pigmentierung wirkte günstig; eine Titanox–Bleiweiß–Asbestine (50:35:15)-Rohleinöl–Standöl (10:8)-Farbe blieb blasenfrei, ebenso pigmentierte u. klare Alkydharz- u. Phenolharz–Leinöllacke. Blasenwerfen bei Leinölfarben erfolgte nach Überschreitung eines Feuchtigkeitgeh. von 30%. (Chem. in Canada **5.** Nr. 9. 35—40. Sept.; Amer. Paint J. **38.** Nr. 1. 72—81. 21/9. Nr. 3. 66—78. 5/10. 1953. Ottawa, Can., Nat. Res. Council of Canada.) B. SCHEIFELE. 7106

Allen L. Alexander, *Neue Entwicklungen auf dem Gebiet der Antifouling-Farben.* Beschreibung der wirtschaftlichen Folgen der Zerstörung u. Korrosion der Farbanstriche auf Schiffsrümpfen sowie der Methoden zur Verhinderung. Phosphatierung im Heißverf. oder im „Gel"-Verf. (die Phosphatlsg. wird in ein Gel eingearbeitet, das nach dem Auftrag mit W. ausgewaschen wird) gibt wie Washprimer einen guten Korrosionsschutz. Als tox. Komponente wird CuO vorgeschlagen. Als Bindemittel haben sich Aufbauten auf Vinylbasis (bes. Lösungsm. freie Heißauftragsüberzüge) bewährt. Diskussion der Anwendung von kathod. Korrosionsschutz (1—3 mA/sq.ft) im Zusammenhang mit das Faulen verhindernden Anstrichen (antifouling). (Org. Finishing **16.** Nr. 9. 5—12. Sept. 1955. Washington, D. C., Naval Res. Labor.) H.-G. MOSLÉ. 7106

Anatol Allas, *Über den Schutz von Baustoffen.* 1. Mitt. Schutz von Holz, bes. durch Anstrich gegen Befall durch Pilze u. Insekten. (Pitture e Vernici **9.** 611—15. Sept. 1953.) B. SCHEIFELE. 7106

P. Lion, *Die Beflockung und ihre Anwendungsgebiete.* Bericht über die Beflockung durch Siebung u. Andrücken, durch Druckluft oder auf elektrostat. Wege. Für die Verklebungszwischenstriche werden Filme aus natürlichem oder synthet. Kautschuk, Nitrocellulose, trocknenden Ölen, Vinylharzen u. anderen Harzen herangezogen. (Ind. Plast. mod. **5.** Nr. 1. 16—18. Jan. 1953. Soc. „Le Flockage".) K. LÖFFLER. 7106

A. Pass, *Zinkpigmente. Cooperative Bewitterungsteste.* Ca. 30 verschied. Weiß- u. Zn-Pigmente sowie deren Mischungen wurden in Öl u. ölreichem Phenolharzlack jeweils in Duplikaten auf Holztafeln an 6 verschied. Orten 3 Jahre lang bewittert. Die Bewertungsskala erstreckte sich über 5 Grade (0 intakt, 4 völlig zerstört). Gewisse Normen dienten für Kreiden, Schmutzansatz, Erosion, Schüppchenbldg., Riß- u. Sprungbldg. sowie für Nachdunkeln, Glanz- u. Farbtonbeständigkeit. Für die Wetterangaben dienten die Daten der jeweils nächstgelegenen meteorolog. Station. Photograph. Aufnahmen der bewitterten Proben wurden durchgeführt. Die Ergebnisse zeigten starke Schwankungen. Abänderungen u. Verbesserungen bei Gemeinschaftsunterss. werden diskutiert. (Paint, Oil Colour J. **123.** 225—227. 23/1. 1953. Zinc Pigment Developm. Ass.) B. SCHEIFELE. 7158

Badische Anilin- & Soda-Fabrik Akt.-Ges. (Erfinder: **Karl Wintersberger** und **Willi Schwab**, Ludwigshafen/Rh., und **Friedrich Ebel**, Mannheim), *Herstellung farbiger Pigmente.* Auf feingepulverte Silicate des Montmorillonittyps oder auf Mineralien, die solche enthalten, läßt man bei höheren Tempp. u. bes. bei vermindertem Druck die Dämpfe unzers. verdampfbarer organ. Farbstoffe einwirken, bes. indem man Gemische aus Silicaten der genannten Art u. der Farbstoffe der genannten Art erhitzt. (**D. B. P. 935 389** Kl. 22f vom 30/12. 1953, ausg. 17/11. 1955. Anmeldung bekanntgemacht 26/5. 1955.) R. SCHREINER. 7093

Märta Josefina Ringström (Erfinder: **Gustav Arvid Werling**), Schweden, *Härtungsmittel für Lacke, Firnisse und Farben,* bestehend aus einer organ. Verb., welche befähigt ist, nach dem Auftragen des Anstrichs *Benzoesäure* zu bilden. Eine solche Verb. ist z. B. *Benzaldehyd,* welcher sich mit W. umsetzt: $2C_6H_5CHO + H_2O \rightarrow C_6H_5COOH + C_6H_5CH_2OH$. (**F. P. 1 091 498** vom 19/1. 1954, ausg. 12/4. 1955. Schwed. Prior. 4/3. 1953.) M. F. MÜLLER. 7097

Rütgerswerke Akt.-Ges., Deutschland, *Dehydratisieren von Ricinusöl.* Man dehydratisiert das Ricinusöl durch Erhitzen in Ggw. einer Kontaktsubstanz u. eines Schutzgases auf 200—300°, vorzugsweise 250—270°, bis das gebildete W. abdest. ist. — Z. B. erhitzt man 300 (Teile)Ricinusöl (JZ. 85) in CO_2-Atmosphäre mit 5 SiO_2-Aerogel („Aerosil") 8 Std. auf ca. 270°. Man erhält 290 g *Ricinolöl* (JZ. 115). Dieses Öl gibt, in Testbenzin gelöst, einen harten, durchsichtigen, schnell trocknenden Film. (**F. P. 1 080 213** vom 30/6. 1953, ausg. 7/12. 1954. D. Prior. 1/7. 1952.) T. OPPERMANN. 7107

Firestone Tire & Rubber Co., Akron, O., V. St. A., *Herstellung eines gefrierbeständigen Latex bzw. eines daraus hergestellten, wässerig-dispergierten Anstrichmaterials.* Ein wässeriges Emulsionsmischpolymerisat von ca. 61—73 (Gew.-%) eines Vinylbenzols u. ca. 39—27 eines konjugierten Diolefins wird in Ggw. von 0,65—2 Teilen eines lösl. Persulfats u. 0,02—2 Teilen eines der Ausgangscharge zugesetzten anion. Emulgiermittels u. durch Zuführung eines zusätzlichen stabilisierten anion. u./oder nicht ion. Emulgiermittels hergestellt u. ihm ein wss. dispergiertes Anstrichpigment zugesetzt. Das zusätzlich stabilisierende Emulgiermittel wird erst nach ca. 50%ig. Polymerisation zugesetzt, der p_H-Wert bei der Polymerisation bei 8—10 gehalten u. mit $Na_4P_2O_7$ oder $Na_2B_4O_7$ geregelt. Verhältnismäßig kleine Mengen einer darin lösl. Ba-Verb. verhindern die Bldg. einer rauhreifartigen Oberfläche des Anstrichs. — Man polymerisiert 37 (Gew.-Teile) Butadien, 63 Styrol, 1,2 $K_2S_2O_8$, 0,56 MP-189-S Emulgator (Na-Alkansulfonat) bei 70°, setzt nach 60%ig. Umsetzung 2,2 Nacconol NRSF (Alkansulfonat) pro 100 Teile Monomeres zu u. polymerisiert zu Ende, dest. Butadien ab, stabilisiert mit 3 Triton X-100 (nicht ion. Emulgator) u. 3 Ammoniumresinat u. mischt nun mit einer Pigmentdispersion; man nimmt z. B. 20—40 Pigment, 14—30 W., 1—10 Caseindispersion, 0,75—3 Antischaummittel u. 20—55 Mischpolymerisatlatex. Die Dispersionen vertragen Abkühlungen auf —30°. (**Oe. P. 183 149** vom 2/3. 1953, ausg. 10/9. 1955. A. Prior. 18/10. 1951.) M. PANKOW. 7107

XIb. Plaste (Kunstharze. Plastische Massen).

—, *Plaste.* Fortschrittsberichte 1954 über Polymerisationsprodd. allg. (429 Literaturangaben), Plaste aus natürlichen Polymeren (141 Literaturangaben), über Polykondensationsprodd. (170 Literaturangaben). (Rep. Progr. appl. Chem. **39.** 551—605. 1954.) G. TREWENDT. 7170

Giovanni Saccenti, *Die Kunststoffe in der Holzbehandlung.* Allg. Ausführungen. (Materie plast. **19.** 114—22. März/April 1953.) B. SCHEIFELE. 7170

R. Hayes und **D. A. Lannon**, *Die Kältebiegsamkeit von weichgemachtem* (im Original irrtümlich *nicht weichgemachtem*) *Polyvinylchlorid.* Vff. bestimmten nach dem Verf. von CLASH u. BERG (Ind. Engng. Chem. **34.** [1942.] 1218) die Kalt-Biegsamkeit (Versteifung) dadurch, daß sie auf senkrecht zwischen zwei Klemmen eingespannte Bänder

(63,5 × 6,35 × 1,27 mm, Klemmenabstand 38,1 mm) bei abgestuften Tempp. ein Drehmoment von 5,68 · 10^5 dyn durch Drehen der oberen Klemme ausübten u. nach 5 Sek. den Drehungswinkel ablasen. Die Temp., bei der sie einen Drehwinkel von 200° feststellten, bezeichneten sie als Kaltbiegetemperatur. Mit 95% Wahrscheinlichkeit weichen die bestimmten Werte um weniger als 2,7° C von den tatsächlichen ab. Ergebnisse an Geon 101-Mischungen mit verschied. Weichmachern: Kaltbiegetemp. u. Weichmacherkonz. (im Bereich von 0—35%) gegeneinander aufgetragen, ergeben gerade Linien, so daß nur 2 Mischungen geprüft zu werden brauchen, um das Verh. beliebiger anderer Mischungen voraussagen zu können. Berücksichtigt wurden *DOP* (*Dioctylphthalat*), *TKP* (*Trikresylphosphat*), *DBP* (*Dibutylphthalat*), *DOS* (*Dioctylsebacat*) u. der polymere Weichmacher *Paraplex G 60*. Davon zeigte DOS das beste u. TKP das schlechteste Kälteverhalten. Berücksichtigt man auch noch die Härte bei Raumtemp., so ist DOP besser als DBP. Bei Verwendung von Weichmachergemischen beeinflussen die einzelnen Weichmacher die Kaltbiegetemp. rein additiv. Bei Verwendung eines bekannten Weichmachers kann man umgekehrt aus dem Kälteverh. auch auf den Weichmachergeh. zurückschließen. (Brit. Plastics **26**. 301—05. Aug. 1953. Brit. Resin Prod. Ltd. u. Brit. Geon. Ltd.) H. J. SCHENCK. 7172

R. Hayes und **D. Lannon**, *Kältebiegsamkeit von weichgemachtem Polyvinylchlorid.* (Vgl. vorst. Ref.) Bei der Auftragung der Kaltbiegetemp. gegen den Prozentsatz von Bis-[2-äthylhexyl]-sebacat (I) in der I/Tritolylphosphat-Mischung werden Gerade im Gegensatz zu den Kurven von WILLIAMSON (vgl. nachst. Ref.) erhalten. Es wird angenommen, daß die Unterschiede in den Befunden auf Unterschiede in den 2 Testmethoden zurückzuführen sind. (Brit. Plastics **26**. 480. Dez. **1953**.) R. SCHÄFF. 7172

I. Williamson, *Kältebiegsamkeit von weichgemachtem Polyvinylchlorid.* Bei Nacharbeitung der von HAYES u. LANNON (vgl. vorst. Ref.) mit Tritolylphosphat/Bis-[2-äthylhexyl]-sebacat-Mischungen durchgeführten Unterss. ergab sich befriedigende Übereinstimmung. (Brit. Plastics **26**. 480. Dez. 1953. The Geigy Co. Ltd.) R. SCHÄFF. 7172

J. Iskra, *Das Bedrucken von Polyvinylchloridfolien.* Für den Farbdruck auf PVC-Folien wird eine Farbe auf PVC-Basis in 15%ig. Lsg. von Cyclohexanon mit 20—25% Pigment vorgeschlagen. Es wird eine teure, aber künstler. anspruchsvollere Meth. des „Filmdruckes" u. eine einfachere, kontinuierliche Meth. des Walzendruckes angegeben. (Przemysł chem. **10** (**33**). 372—73. Juli 1954. Inst. Tworzyw Sztucznych, Zakł. Klej. Synt.) F. URBAN. 7172

Z. Roszkowski, *Polyvinylchlorid-Schaumstoffe.* Übersicht über Herst., Eigg. u. Verwendung. Verss. über die Abhängigkeit der D. von der angewandten Menge Azoisobuttersäurenitril u. des Weichmachers Trikresylphosphat zeigten Übereinstimmung mit den Angaben des BIOS Final Rep. Nr. 1729. (Przemysł chem. **10** (**33**). 369—70. Juli 1954. Inst. Tworzyw Sztucznych.) F. URBAN. 7172

Björn Olsen, *Erfahrungen mit der Nachbehandlung von Polyamidformteilen.* 1. Mitt. *Untersuchungsergebnisse bei einigen bekannten Nachbehandlungsverfahren.* Aus *Ultramid A* (Polyadipinsäurehexamethylendiamid), *Ultramid BM* (Poly-ε-caprolactam) sowie *Ultramid S* (Polysebacinsäurehexamethylendiamid) wurden in üblicher Weise Spritzgußflachstäbe hergestellt, die in trockenem Zustand folgenden Nachbehandlungen unterworfen wurden: a) Lagerung in Weißöl (48 Std. bei 120°), dann weitere 48 Std. in Luft bei 70°; b) Aufbewahrung während 12 Std. bei 120° in CO_2-Atmosphäre, anschließend je ½ Std. Lagerung in Weißöl (120°) u. in kochendem W., schließlich noch ½ Std. Aufbewahrung in der CO_2-Atmosphäre bei 120°; c) Lagerung während 48 Std. in strömendem Wasserdampf (100°); d) Lagerung während 48 Std. in W. von 70°, anschließend während 10 Std. bei 150° in einer Salzschmelze ($NaNO_2$, KNO_3 u. $NaHCO_3$ im Verhältnis 5:4:1), schließlich Abschreckung mit Wasser. Die größte Wrkg. hatte d; c war wirksamer als a; b zeigte keine besonderen Vorteile hinsichtlich der erzielbaren Eigenschaften. Generell konnte hinsichtlich des Effekts einer Nachbehandlung der Polyamidformteile folgendes festgestellt werden: Die Feuchtigkeitsaufnahme u. die dadurch bedingten Änderungen in den Abmessungen können nicht herabgesetzt werden, und ihre Geschwindigkeit wird etwas verringert. Die inneren Spannungen der Teile lassen sich, bes. bei Anwesenheit von W., merklich vermindern. Die große Biegefestigkeit unmittelbar nach den Behandlungen verliert sich bei Aufnahme von W. weitgehend wieder. Die Oberflächenhärte liegt nach Sättigung mit W. nur noch etwas höher als bei nicht behandelten Teilen. (Kunststoffe **46**. P19—P22. März 1956. Ludwigshafen/Rh.) M. WINIKER. 7180

General Aniline & Film Corp., V. St. A., übert. von: **Charles P. Albus**, **Richard E. Field** und **J. M. Wilkinson**, *Plastiziermittel für Celluloseester, -äther und Vinylharze,* bestehend aus Diestern einer aliphat. Monocarbonsäure mit 2–18 C-Atomen oder Polyestern von Dicarbonsäuren mit Dioxyalkanen wie Butandiol-(1.4) (I) oder Hexandiol-(1.6), letztere der Formel $RO-(R_3OOC\cdot R_4\cdot COO)_n-R_3OR$ (R = H oder Säurerest mit 2–18 C-Atomen; R_3 = Methylenkette mit 4–6 C-Atomen, R_4 = Alkylen, Arylen, Cycloalkylen oder Oxydialkylen; n = ganze Zahl von 2–20; Mol.-Gew. 500–3000). – *Hexandiol-(1.6)-dibutyrat*, farblos, $Kp._2$ 112–114°. – *-di-2-äthylhexoat*, klargelb, $Kp._{0,5}$ 157–160°. – I-*Dilaurat*; gelbe Paste. – *-Diacetat*, farblos, $Kp._{1,5}$ 62–65°. – *-Di-2-äthylhexoat*, farblos, $Kp._{0,4}$ 148–152°. – *-Stearatacetat*, festes Produkt. – Die verwendeten Polyester enthalten zweckmäßig endständige Monocarbonsäureester. – Man erhitzt 110 (g) Adipinsäure, 87 Neo-Fat 15 (90% Caprinsäure, 7% Laurinsäure, 3% Caprylsäure) u. 180 I in 1½ Std. auf 150–200° u. unter Wasserentfernung 5½ Std. auf 200–220° unter N_2 u. bei 0,3–0,5 mm 1 Std. auf 200–225°, hält ½ Std. mit 26 $(CH_3CO)_2O$ bei Raumtemp. u. 1 Std. zur Entfernung flüchtiger Stoffe bei 105–217°, 1 Std. unter N_2 bei 214–240° u. 0,9–1,2 mm. Orangegelbe Flüssigkeit. Andere Polyester sind Fll. bis wachsartige Stoffe. Sie verfärben die plast. Massen nicht, entweichen nicht in der Hitze, schwitzen nicht aus u. wandern beim Aufeinanderliegen nicht in andere plast. Massen. (**F. P. 1 074 634** vom 15/11. 1952, ausg. 7/10. 1954. A. Prior. 16/11. 1951.) M. PANKOW. 7171

General Aniline & Film Corp., V. St. A., übert. von: **Joseph M. Wilkinson** und **Richard E. Field**, *Herstellung von Plastiziermitteln für Vinylharze, Celluloseester und -äther* der Formel $R_1\cdot O[\cdot R_4\cdot OOC\cdot R_3\cdot COO]_n\cdot R_4\cdot O\cdot R_2$ (R_1 = aliphat. einbas. Acylgruppe mit 2–18 C-Atomen; R_2 = H oder R_1; R_3 = 2wertiges Alkylen oder Arylen; R_4 = Polymethylenkette mit 2–6 C-Atomen, wobei 50% der Moll. wenigstens 4–6 C-Atome enthalten; n = ganze Zahl von 2–15) mit einem Mol.-Gew. von 600–3000. Man erhält sie, wenn man zuerst 1 Mol einer Dicarbonsäure mit 4–10 C-Atomen oder Mischungen solcher Carbonsäuren bei 100–250° mit einem Überschuß von 20–120% (der äquimol. Menge) eines Polymethylenglykols mit 4–6 C-Atomen verestert u. die endständigen OH-Gruppen des Polyesters mit 1 oder 2 Mol einer Monocarbonsäure mit 2–18 C-Atomen behandelt. – 110 (g) Adipinsäure, 87 Neo-Fat 15 (90% Caprinsäure, 7% Laurinsäure, 3% Caprylsäure) u. 180 Butandiol-(1.4) erhitzt man unter trockenem N_2 1½ Std. auf 150–200°, 5½ Std. unter Wasserentfernung auf 200–220° u. 1 Std. bei 0,3–0,5 mm Hg bei 200–225°, rührt das Material ½ Std. bei Raumtemp. mit 26 Essigsäureanhydrid (I) u. erhitzt 1 Std. unter Abdest. von CH_3COOH u. I auf 105–217° u. unter trockenem N_2 1 Std. bei 214–240° u. 0,9–1,2 mm Hg; orangegelbe Flüssigkeit. (**F. P. 1 078 377** vom 15/11. 1952, ausg. 17/11. 1954. A. Prior. 16/11. 1951.) M. PANKOW. 7171

United States Rubber Co., New York, N. Y., V. St. A., *Thermoplastische Kunstharze* hoher Schlagfestigkeit erhält man durch Erhitzen eines Gemisches aus 97–65 (Teilen) *Polyvinylchlorid* u. 3–35 *Neopren*. Geringe Mengen Füllmittel oder Pigmente sowie Stabilisierungsmittel können zugesetzt werden; Lösungsmittel, bes. Weichmachungsmittel, sind zu vermeiden. (**E. P. 735 006** vom 15/10. 1953, ausg. 10/8. 1955. A. Prior. 19/11. 1952.) H. MÖLLERING. 7173

Chemische Werke Albert, *Kunstharze* durch Rk. von 1 Mol $NiSO_4$ oder Sulfaten anderer Metalle der gleichen Gruppe des Period. Syst. oder $MnSO_4\cdot H_2O$ mit wenigstens 1 Mol tautomer reagierenden Verbb., die enol. oder ketol. Gruppen zu bilden vermögen, bes. β-Diketone oder Ketosäureester (vgl. D. B. P. 918 836; C. **1955.** 8275). – Man mischt 169 g $MnSO_4\cdot H_2O$ in 400 cm³ W. u. 100 g NH_4Cl in 350 cm³ W., gibt 260 g Acetessigester (I) u. 136 g 25%ig. NH_4OH zu, rührt, filtriert ab u. trocknet den Nd., gibt zur Mutterlauge erneut I u. NH_4OH, wiederholt den Vorgang u. kocht 1 Mol des erhaltenen Mn-Acetessigesters mit 2 Mol I, entfernt die flüchtigen Anteile u. erhält bei 180° ein braunes, kolophoniumartiges Harz. Ähnlich kann man aus $CoSO_4\cdot 7H_2O$ ein Harz herstellen. (**F. P. 63 494** vom 12/11. 1952, ausg. 28/9. 1955. D. Priorr. 29/12. 1951 u. 20/9. 1952. **Zusatz zu F. P. 1 046 428; C. 1954. 11 607.**) M. PANKOW. 7177

Hercules Powder Co., Wilmington, übert. von: **George E. Hulse**, Newark, Del., V. St. A., *Polymere von 3.3-Bis-(chlormethyl)-oxacyclobutan* (I) erhält man durch Polymerisation einer Lsg. von I in fl. SO_2 bei 25° bis –80° mit HF, BF_3 oder einer Mol.-Verb. von BF_3, z. B. BF_3-Ätherat oder der BF_3-CH_3COOH-Verbindung. Die Polymeren fallen als nichtklebrige Prodd. an, die direkt mit A. oder einem Lösungsm. zur Entfernung des Katalysators behandelt werden können. (**A. P. 2 722 520** vom 25/1. 1954, ausg. 1/11. 1955.) J. MÜHLEISEN. 7177

Paul Schlack, Berlin, *Herstellung von Polyurethanen*. Inhaltlich ident. mit D. B. P. 929 322; C. **1955.** 9922. (**D. P. [DDR] 5 318** Kl. 39c vom 15/3. 1942, ausg. 22/5. 1954 [Ausschließungspatent].) M. PANKOW. 7181

VEB Filmfabrik Agfa Wolfen, Wolfen, Kr. Bitterfeld (Erfinder: **William Edward Hanford,** Wilmington, Del., V. St. A.), *Herstellen von Polyamiden* aus acycl. Monoaminocarbonsäuren, deren Aminogruppe an ein sek. C-Atom gebunden u. von der COOH-Gruppe durch mindestens 5 C-Atome bzw. Heteroatome getrennt ist u. wobei der zweite Rest des sek. C-Atoms 5—9 kettenförmig gebundene C-Atome bzw. Heteroatome enthält, durch Erhitzen auf polyamidbildende Temp., auch zusammen mit anderen polyamidbildenden Stoffen. Statt der genannten Aminocarbonsäure der Formel $R'\cdot CH(NH_2)R\cdot COOH$ [R = 2wertiger organ. Rest mit wenigstens 4 C- oder Heteroatomen; R' = einwertiger organ. Rest mit 5—9 C- oder Heteroatomen (O,S,N)] können auch deren Anhydride, Ester, Amide oder Säurehalogenide angewandt werden. — Methyl-12-aminostearat wird 3½ Std. auf 200° im geschlossenen Rohr, dann 2 Std. bei 200° u. 1 Torr u. 3 Std. bei 255° erhitzt. Die niedrigmol. Polyamide dienen in feinverteilter Form als Träger für Farbstoffe bei der Herst. organ. Pigmente, die hochmol. zur Herst. von Fäden, Fasern, Überzügen, Imprägnierungen, Klebmassen, Trägerschichten für Photofilme. (**D. P. [DDR] 5 369** Kl. 39c vom 19/3. 1941, ausg. 6/1. 1955. A. Prior. 1/4. 1940 [Wirtschaftspatent].) M. PANKOW. 7181

Soc. An. des Manufactures des Glaces et Produits Chimiques de Saint-Gobain, Chauny & Cirey, Seine, Frankreich, *Herstellung von polymeren Glykolpolyurethanen* durch Rk. von Diisocyanaten mit Verbb., die 2- oder mehrmals die Glykolurethanfunktion aufweisen, z. B. die Reaktionsprodd. der Formel $HO\cdot CH(R)\cdot NR'\cdot[CH(R)\cdot NR']\cdot CH(R)\cdot NHR'$ von Aldehyden (RCHO) auf Glykolmonourethane ($R' = -COO\cdot CH_2CH_2\cdot OH$; n = ganze Zahl). Die bei der Rk. entstehende geringe Wassermenge führt zur CO_2-Entw., die bei erhöhter Temp. poröse Harze geben kann. — 126 g eines aus 1 Mol Formol u. 1 Mol Äthylenglykolurethan erhaltenen dimeren Harzes werden mit 87 g Toluylendiisocyanat auf 60° erwärmt. Die Temp. steigt schnell auf 95°; man hält hier 2—3 Std. u. erhält ein weißes, unlösl. Harz. (**F. P. 63 221** vom 15/11. 1951, ausg. 12/9. 1955. **Zusatz zu F. P. 1 046 631; C. 1955. 11697.**) M. PANKOW. 7181

Farbenfabriken Bayer Akt.-Ges. (Erfinder: **Karl Zaunbrecher,** Ludwigshafen/Rh., und **Herbert Barth**), Leverkusen, *Herstellung hochporöser Leichtstoffe fester oder elastischer Natur,* bes. für *Bau-* u. *Isolierzwecke* sowie für Schwämme, deren Trägersubstanz aus Umsetzungsprodd. von Diisocyanaten oder wie diese reagierenden Verbb. mit solchen hochmol. Stoffen besteht, welche mindestens 2 austauschbare H-Atome im Mol. enthalten, gemäß D. B. P. 913 474, dad. gek., daß als Treibmittel W. oder niedrigmol. organ. OH-Verbb. (Methanol, A., Glykole, Butanole), jedoch nicht in Emulsion angewandt werden. (**D. B. P. 936 113** Kl. 39b vom 15/12. 1942, ausg. 7/12. 1955. Anmeldung bekanntgemacht 28/4. 1955. **Zusatz zu D. B. P. 913 474; C. 1954. 11065.**) G. SALZMANN. 7181

Vereinigte Glanzstoff-Fabriken Akt.-Ges., Deutschland, *Herstellung von Polykondensationsprodukten* von Alkylen-, Alkyliden- oder Aralkyliden-bis-halogencarbonsäureamiden durch Rk. mit Sulfiden oder Polysulfiden unter wasserfreien Bedingungen, z. B. in wasserfreien Alkoholen. — 11,4 g Methylen-bis-chlorpropionsäureamid u. 8,7 Xylylendichlorid in absol. A. werden mit 31,6 g wasserfreiem Na-Hyposulfit 20 Std. unter Rückfluß gerührt u. das abgekühlte Polykondensat mit 25,6 g filtrierter Na_2S-Lsg. in 60 absol. CH_3OH gefällt. F. des Prod. 210°. (**F. P. 63 888** vom 3/3. 1953, ausg. 13/10. 1955. D. Prior. 5/3. 1952. **Zusatz zu F. P. 1 058 743; C. 1955. 2794.**) M. PANKOW. 7185

United Gas Improvements Co., übert. von: **Frank J. Soday,** Swarthmore, Pa., V. St. A., *Plastiziermittel für Celluloseester, -äther, Vinylharze, Acryl-, Methacrylharze, Polyesteramide* u. *Naturharze,* bestehend aus Verbb. der Formel I (eine der Gruppen $R_1-R_6 = CH_3$, der Rest = H; A_1 = Alkyl, Aryl, Alkaryl, Aralkyl; A_2 = H, Alkyl, Aryl, Alkaryl, Aralkyl), wie *Dimethyl-3-methyl-Δ^4-tetrahydrophthalat,* $Kp._4$ 124—134°; $D.^{20}_4$ 1,1196; n_D^{20} 1,4720. — *Dibutyl-3-methyl-Δ^4-tetrahydrophthalat,* $Kp._3$ 164—170°; $D.^{20}_4$ 1,0102; n_D^{20} 1,4635. — *Diäthyl-4-methyl-Δ^4-tetrahydrophthalat,* $Kp._5$ 135—140°; $D.^{20}_4$ 1,0816; n_D^{20} 1,4680. — *Di-sek.-butyl-3-methyl-Δ^4-tetrahydrophthalat,* $Kp._2$ 140—160°; $D.^{20}_4$ 1,0178; n_D^{20} 1,463. — *Di-n-amyl-4-methyl-Δ^4-tetrahydrophthalat,* $Kp._3$ 176—190°; $D.^{20}_4$ 0,9882; n_D^{20} 1,4641. — Farb- u. geruchlose Flüssigkeiten. Verwendung zur Herst. von Lacken, Filmen, Preßmassen. (**A. P. 2 384 855** vom 1/1. 1942, ausg. 18/9. 1945. **Can. P. 493 731** vom 2/3. 1942, ausg. 16/6. 1953.) M. PANKOW. 7205

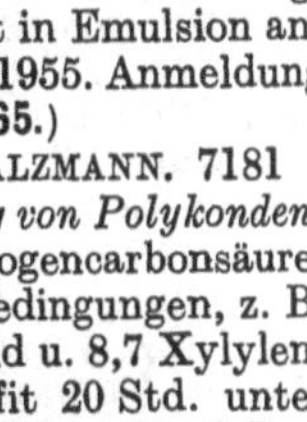

I

Jacques Wexler und **Boris Carnaut,** Frankreich, *Schallplattenmasse,* bestehend aus 500 (Teilen) Polyvinylchlorid, 750 Tetrahydronaphthalin, 165 Phthalsäuremethylester, 165 Milchsäureäthylester, 450 magnet. Eisenoxyd. (**F. P. 1 102 622** vom 9/4. 1954, ausg. 24/10. 1955.) M. F. MÜLLER. 7205

XII. Kautschuk. Guttapercha. Balata.

T. H. Messenger, *Kautschuk.* Fortschrittsberichte 1954. — 184 Literaturangaben. (Rep. Progr. appl. Chem. **39.** 413—31. 1954.) G. Trewendt. 7220

J. Royo, *Eigenschaften von Kautschuken in Beziehung zu ihrer Struktur.* Vgl. der Eigg. u. Struktur von Polyäthylen, Polyisobutylen, Polybutadien, Naturkautschuk, Polystyrol, Polychloropren, Polyvinylchlorid, Polyvinylacetat, Polyvinylalkohol, Polyamid u. andere. (Rev. Plásticos **4.** 49—52. 64. Jan./Febr. 1953. Dep. de Plásticos.) B. Scheifele. 7220

Th. G. F. Schoon, *Kautschukhydrogel.* Vf. untersuchte die Erscheinung der Synerese von Kautschukkoagulat im Serum u. in W. sowie die Dehydratisierung von Kautschukkoagulat. Von einem kristallograph. Standpunkt aus werden diese Befunde erörtert. Es erweist sich als nahezu sicher, daß in einer Gelphase Struktursysteme mit einem Aufbau ähnlich einem kristallinen Feststoff vorhanden sind. Diese modifizierten Raumgitter werden durch koll. Teilchen von meist kugeliger Form gebildet. Diese Ideen bedürfen noch der Bestätigung durch vielleicht Röntgenstreuungsunterss. bei sehr kleinen Winkeln oder elektronenmkr. Untersuchungen. — Diskussionsbemerkungen. (Arch. Rubbercultuur **30.** 1—31. Okt. 1953. Indones, Rubber Res. Inst.) R. Schäff. 7222

J. P. McNamee, *Butylkautschuk.* Überblick über Herst., Verarbeitung, wichtigste Eigg. (bes. Chemikalienbeständigkeit) u. Anwendungsmöglichkeiten. (Chem. Engng. **61.** Nr. 10. 238. 240. 242. 244. 246. Okt. 1954. Providence, R. I., U. S. Rubber Co.) M. Winiker. 7224

Z. Brojer, *Synthese von Nitrilkautschuk.* Bericht über den Verlauf der Labor.- u. halbtechn. Verss. zur Polymerisation von Butadien u. Acrylnitril, die aus einheim. Rohstoffen gewonnen wurden, auf Grund der BIOS- u. CIOS-Berichte. Im halbtechn. Maßstab werden erzeugt: Butacryl 26 (Perbunan) u. Butacryl 40 (Perbunan extra). (Przemysł chem. **10** (**33**). 344—47. Juli 1954. Inst. Tworzyw Sztucznych.) F. Urban. 7224

A. E. Lever, *Mischpolymerisate.* 2. Mitt. *Bildung thermoplastischer Materialien durch Mischpolymerisation.* (1. vgl. C. **1954.** 7068.) Übersicht über Mischpolymerisate des Vinylchlorids, Styrols, Acrylnitrils sowie trocknender Öle, Acrylester, Isobutylen u. andere. — 88 Literaturangaben. (Plastics **18.** 445—47. Dez. 1953.) R. Schäff. 7224

A. P. Landall, *Konstruktive Planung bei Kautschukphenolharzen.* Erörterung der Konstruktionsprinzipien bei Verwendung von Kautschuk–Phenolharz-Materialien an Hand von Beispielen. (India Rubber Wld. **128.** 776—81. Sept. 1953. Pittsfield, Mass., Gen. Electric Co., Chem. mat. Dep.) R. Schäff. 7230

Robert Brown, *Kautschukprüfung bei niedrigen Temperaturen. Beschreibung einer neuartigen subarktischen Prüfapparatur und deren Anwendung auf 5 unabhängige und verschiedenartige Gebrauchsprüfungen.* In einer neu entwickelten Kühltruhe, die die Einstellung von Tempp. bis -70^0 gestattet, wurden der Bent Loop Test, Compression Set Freeze Test, Jolly Balance Stiffness Test, Cellular Rubber Compression-Deflection Test u. Youngs Modul Test durchgeführt. Das Verf. wird beschrieben u. erörtert. (Rubber Age [New York] **78.** 245—47. Nov. 1955. Union, N. J., Tenney Engng. Inc., Developm. Eng.) R. Schäff. 7248

Rubber-Stichting, Delft, übert. von: **Gerrit Schuur,** Den Haag, Holland, *Herstellen von Kautschukhydrochlorid* (**I**). Feinteiliges **I** wird erhalten, wenn man nach dessen Herst. aus stabilisierter saurer Kautschukmilch durch Hydrochlorierung die Dispersion bes. bei höherer Temp. einige Zeit stehenläßt, bevor die Abscheidung vorgenommen wird. (**E. P. 726 142** vom 1/7. 1953, ausg. 16/3. 1955. Holl. Prior. 22/7. 1952.) W. Overbeck. 7223

Polymer Corp. Ltd., Sarnia, Ontario, Can., übert. von: **Harry Leverne Williams,** *Polymerisierverfahren.* Butadien, gegebenenfalls zusammen mit einem Monoolefin, wie Styrol, wird mittels eines ,,Alfin"-Katalysators, z. B. Na-Isopropylat u. Allyl-Na, in Ggw. eines Verdünnungsmittels, z. B. n-Propan, u. bis zur gleichen Menge wie das Butadien eines möglichst reinen Schmieröls polymerisiert, worauf das Verdünnungsmittel entfernt wird. (**E. P. 726 076** vom 3/2. 1953, ausg. 16/3. 1955.) W. Overbeck. 7225

Monsanto Chemical Co., V. St. A., übert. von: **George L. Wesp, Richard R. Morner, David T. Mowry** und **Eugene L. Ringwald,** *Herstellung von polymeren Cyanätherestern und ihren Vulkanisaten.* Die nach A. P. 2 687 402; C. **1955.** 8046 hergestellten Polymeren können wie Kautschuk gefüllt u. vulkanisiert werden. — Man erhitzt 130 (g) Acrylsäure, 180 2-[2'-Oxyäthoxy]-propionitril, 3 Pyrogallol, 300 cm^3 Toluol u. 5 cm^3 Benzolsulfonsäure bis zum Aufhören der Wasserentw. auf 110—118°, wäscht kalt mit Sodalsg. u. dest. nach Toluolentfernung das *2-[2'-Cyanäthoxy]-äthylacrylat* ($Kp._{5-1}$ 109—111°), das

in wss. Emulsion mit $K_2S_2O_8$ zu einem festen Polymeren bei 41° unter N_2 polymerisiert wird. 100 (Gewichtsteile) des Polymeren, 0,5 Mercaptobenzothiazol, 10 ZnO, 2 Stearinsäure, 2 S, 30 Ruß u. 1 Tetramethylthiuramdisulfid werden bei 35 kg/cm² u. 298° 4 Std. vulkanisiert.. — *2-[2'-Cyanpropoxy]-äthylacrylat*, $Kp._1$ 110—112°; *2-[2'-(2''-Cyanäthoxy)-äthoxy]-äthylacrylat*, $Kp._1$ 140°; *2-[2'-Cyanäthoxy]-propylacrylat*, $Kp._{0,5}$ 105—110°. (**F. P. 1 071 846** vom 10/11. 1952, ausg. 6/9. 1954. A. Prior. 17/12. 1951.)
M. PANKOW. 7225

International General Electric Co., Inc., New York, N. Y., V. St. A. (Erfinder: **M. M. Safford** und **D. T. Hurd**), *Herstellung von Siloxangummi* durch Vulkanisieren eines wärmehärtbaren Polysiloxans, das 1,75—2,25% organ. Gruppen pro Si-Atom enthält, wobei 0,25—3 Gew.-% Borhydrid, bes. Decaboran, zugesetzt werden. Die Härtung erfolgt bei 150°. — Vgl. auch Schwed. P. 138 169; C. **1954**. 3589. (**Schwed. P. 142 988** vom 8/9. 1951, ausg. 17/11. 1953. A. Prior. 12/9. 1950.) K. H. KÄHLER. 7225

B. F. Goodrich Co., V. St. A., übert. von: **Leonard Cale Kreider** und **Robinson Frank Nichols**, *Herstellung kautschukartiger Elastomerer*. Man läßt 1 (Mol) eines linearen Polyesters, 0,1—1 W. u. 1—2 eines organ. Polyisocyanats miteinander reagieren. Das so erhaltene Polyesterurethan wird mit 2—20% eines organ. Polyisocyanats oder eines CH_2O-abgebenden Stoffes vulkanisiert. — Man erhitzt eine Mischung aus 3 (Mol) Äthylenglykol u. 1 Adipinsäure 4—6 Std. auf 185°, hält dann 6 Std. bei 30—60 mm Hg u. 4—6 Std. bei 1—2 mm. F. des *Oxypolyäthylenadipats* (I) 40—46°, Mol.-Gew. 600—1200. Zu 1 des wasserfreien I gibt man 0,3 W. bei 50—60° u. 1,25 p-Phenylendiisocyanat, hält 30 Min. bei 110° u. 2 Std. auf 135°. Elast. kautschukartige M., die auf dem 2-Walzenstuhl bei 71° bearbeitet werden kann, der man dabei 6% Naphthylen-1.5-diisocyanat zumischt u. die man mit Heißdampf bei 138° 5—80 Min. vulkanisiert. Gute Lösungsmittelfestigkeit, hohe Zugfestigkeit, Abrieb u. Alterungsbeständigkeit. Verwendung für Überzüge, Klebstoffe, Reifen. (**F. P. 1 084 369** vom 17/7. 1953, ausg. 19/1. 1955. A. Prior 18/7. 1952.) M. PANKOW. 7239

XIII. Ätherische Öle. Parfümerie. Kosmetik.

Rudolf Panradl, *Eigenschaften und Verwendungsmöglichkeiten der Ester des Tetrahydrolavandulols* (*Lavandor BASF*). Das synthet. hergestellte *Tetrahydrolavandulol* $(CH_3)_2>CH \cdot CH_2 \cdot CH_2 \cdot CH(CH_2OH) \cdot CH(CH_3) \cdot CH_3$ hat zwar einen fruchtigen Geruch, ihm fehlt aber das blumige. Dagegen weisen seine Ester interessante Gerüche auf, die hauptsächlich in Richtung Rosa, Lavendel liegen. Für das Acetat, Mono- u. Trichloracetat, Propionat, Butyrat, Isobutyrat, Valerianat, Isovalerianat, Oenanthat, Pelargonat, Phenylacetat u. Undecylenat werden Eigg., Geruch u. Verwendungsmöglichkeiten angegeben. (Riechstoffe u. Aromen **5**. 304. 306. 308. Okt. 1955.)
H. MÜHLMEISTER. 7262

P. Teisseire, *Neue Anwendungen und Verallgemeinerung der Carroll'schen Reaktion*. Durch Verwendung einer Reihe wirkungsvoller Katalysatoren an Stelle der von CARROLL verwendeten alkal. Äthylate u. Acetate gelang es, die Ausbeuten bei der nach diesem genannten Rk. der Bldg. von Ketonen aus Alkoholen $C_nH_{2n-1}OH$ mit Acetessigestern (I) von 40 auf 80% zu steigern u. sie einerseits auf Alkohole $C_nH_{2n-3}OH$ u. einige cycl. Alkohole auszudehnen, andererseits auch substituierte u. disubstituierte I zu verwenden, wobei ein akt. H-Atom unentbehrlich ist. Als Beispiele werden u. a. die Ausgangsprodd. Dehydrolinalool u. Methyldehydrolinalool angeführt, die zu *Pseudojononen* u. Pseudoironen führten, das 2.3-Dimethylbuten-1-ol-3 zum Iron. Auch die Darst. der Ausgangsprodd. sowie die Trennung u. Identifiziernng der erhaltenen Reaktionsgemische wird eingehend beschrieben. — 24 Literaturangaben. (Recherches **1955**. Nr. 5. 3—15. Juni. Grasse, Ets. Roure-Bertrand Fils & Justin Dupont, Serv. de Rech.)
H. MÜHLMEISTER. 7262

J. N. Tandon und **G. N. Gupta**, *Die Herstellung von Agarbatties*. Agarholz (I) (*Aquilaria agallocha*), seines angenehmen Aromas wegen geschätzt, wird als Räuchermittel u. für verwandte Zwecke verwendet. Agarbatties (II), in Indien auch „Joss-Sticks" genannt, sind dünne Stifte bzw. Rohre, des hohen Preises von I wegen hauptsächlich aus Sandelholz, Gewürzen, äther. Ölen u. Holzkohle bestehend. Aroma, Brenndauer, Stärke des Überzugs von II schwanken je nach Herkunftsort. Eine Standardqualität wird durch folgendes Rezept vorgeschlagen: Feines Holzkohlepulver 6 (g), Sandelholzpulver 6, Gummi Acacia 1, Benzoeharz 2, Tolubalsam 2, Salpeter (III) 1. III fördert die Verbrennung, ergibt jedoch eine schwarze Asche. Eine Verdoppelung des Anteils von Sandelholzpulver ergibt dichteren Rauch. Rezeptur der Aromamischung für II: Benzylacetat

15 (cm³), Sandelholzöl 30, Benzylalkohol 5, Linalol 10, Linalylacetat 5, α-Amylzimtaldehyd (10% ig) 2, Indol (10% ig) 5. (Indian Soap J. **20.** 49—53. Aug. 1954. Kanpur, H. B. Technol. Inst.) J. BÖSS. 7262

Joseph Kalish, *Nichtölige Cremes.* 16 Rezepte mit Fertigungsvorschriften werden angeführt, bei denen die emulgierenden oder „Körper"-bildenden Eigg. von Glyceryl-, Di- u. Polyäthylenglykol-, Propylenglykolmonostearat (*Tegin, Tegacid* u. a.), Mg-Al-Silicat (*Veegum*) für Tages-, Hand- u. Rasiercremes verwertet werden. (Drug Cosmet. Ind. **77.** 326—27. 424—25. Sept. 1955.) H. MÜHLMEISTER. 7284

Hans Schwarz, *Sommersprossen.* Besprechung der Ursache der Sommersprossenbldg. u. der bisher empfohlenen Mittel zu ihrer Entfernung. Vf. schlägt vor, ein Mittel einzusetzen, das aus einer zuerst aufzutragenden Milchsäurecreme: 14 (Teile) Emulgade F, 6 Ceresin, 24 Paraffinum liquidum, 6 Milchsäure u. 50 W. u. aus einer anschließend anzuwendenen Peroxydcreme: 1 Mg-Superoxyd (25% ig), 2 Paraffinum liquidum u. 7 Vaseline, die in getrennte Tuben abgefüllt werden, besteht. (Seifen-Öle-Fette-Wachse **81.** 587—88. 28/9. 1955. München.) H. P. FIEDLER. 7284

M. Juon, *Vergleichende Untersuchungen über die Wirksamkeit der Pantothensäure und des „Ronikol" bei Erkrankungen des Haarbodens.* Klin. Verss. lassen erkennen, daß die *Pantothensäure* eine spezif. Wrkg. besitzt, die sich nach entsprechend langer Applikation, bes. alkoh. Lsgg., im Zustand u. Aussehen des Haarkleides mehr oder weniger deutlich manifestiert. (Parfümerie u. Kosmet. **36.** 567—68. Nov. 1955. Lausanne.) H. P. FIEDLER. 7284

Harry Hilfer, *Wellenfestiger.* Als Wellenfestiger dienen Schleime u. Lacke; von ersteren werden solche aus Quittenkernen u. Karaya, von letzteren solche auf der Grundlage von Schellack, ihre Herst. u. Anwendung besprochen. Als Aerosol wird Polyvinylpyrrolidon zur Verminderung des feuergefährlichen Geh. an absol. A. mit einer geringen Menge Schellack verwendet. (Drug Cosmet. Ind. **77.** 322—23. 423—24. Sept. 1955.) H. MÜHLMEISTER. 7284

XIV. Zucker. Kohlenhydrate. Stärke.

P. A. Wlassjuk, P. S. Lissowal und **O. M. Dobrotworskaja,** *Die Eigenschaften organomineralischer Komposte und ihr Einfluß auf den Ernteertrag der Zuckerrübe.* Die Kompostierung von *Stallmist* mit *Superphosphat* u. *KCl* im Verhältnis 1 : 1 führt zu einer Erhöhung der lösl. C- u. N-haltigen Verbb., wodurch die Tätigkeit der Mikroorganismen intensiviert wird. In der Rhizosphäre der Zuckerrübe wird hierbei die Entw. der anaeroben N-fixierenden u. der Cellulosebakterien sowie der ammonifizierenden Bakterien intensiviert. Die Kompostierung mit PK erhöht die Aktivität der Katalase u. der Protease, bewirkt eine Anreicherung der organ. Substanz mit leichtlösl. Mn, erhöht die Zuckerrübenernte von 329 auf 359 dz/ha u. erhöht den Zuckergeh. der Rüben von 52,8 auf 59,3 dz/ha. (Мікробіологічний Журнал (Киев) [Mikrobiol. J. (Kiew)] **17.** Nr. 4. 15—21. 1955. Inst. für Pflanzenphysiol. u. Agrochem. der Akad. der Wiss. der UkrSSR.) O. LEBTAG. 7406

Hans Schlosser, *Die stetige Filtration in der Kampagne 1954.* Bericht über in 4 Betrieben gewonnenen Erfahrungen. Es wird, unterstützt durch Mikrophotos, die Auffassung vertreten, daß die stetige Filtration über Trommelfilter gut geht, solange man eine Vielzahl von $CaCO_3$-Kristallen von ungefähr gleicher Größe in der Vorscheidung, Hauptscheidung u. Saturation als Skelett für die Aufnahme der Kolloide erzeugt. Die Hohlräume zwischen den Kristallen bleiben dann in geordneten Grenzen groß u. lassen den Saft gleichmäßig u. blank durchtreten. (Zucker **8.** 212—20. 15/5. 1955. Braunschweig.) M. WINIKER. 7412

G. Saccenti und **M. Morini,** *Die Reinigung von Zuckersäften mittels Austauschharzen.* Überblick über die Anwendung von Austauschharzen zur Reinigung von rohem Diffusionssaft, Dünnsaft, Ablauf I u. Melasse u. die Gewinnung von Nebenprodd. aus den vom Harz aufgenommenen Verunreinigungen, z. B. Betain u. Glutaminsäure. (Ind. saccarif. ital. **47.** 37—41. Jan./Febr. 1954.) R. K. MÜLLER. 7412

Aleksander Żelazny und **Zbigniew Nitschke,** *Kristallkornbildung mit Einwurf.* Unterss. zeigten, daß gleichmäßig kleine Korngröße der Zuckerkristalle erhalten wird, wenn man bei kleiner Übersättigung der Lsg., also bei Übersättigungsfaktoren 1,15 bis 1,20, eine dieser Konz. entsprechende Menge Puderzucker zugibt, die die nötige Zahl von Kristallkeimen erzeugt. (Gaz. Cukrownicza **57.** Nr. 11. 215—16. Nov. 1955.) F. URBAN. 7416

F. Evans Farwell, *Natürliche Bodenverbesserer. Humus.* Inhaltlich ident. mit der C. **1956.** 589 referierten Arbeit. (Sugar News **31.** 638—41. Dez. 1955.) R. WALCKER. 7440

J. A. Radley, *Stärke.* Fortschrittsberichte 1954. — 77 Literaturangaben. (Rep. Progr. appl. Chem. **39.** 771—78. 1954. Reading, Berks., Chem. Consultant.)
G. TREWENDT. 7448

Eric F. W. Dux, *Kaltwasserlösliche Stärken.* 2. Mitt. (1. vgl. C. **1955,** 942, vgl. auch C. **1955,** 4474.) Es wird auf 2 Fehlerquellen, die bei der Unters. von alkal. *Quellstärken* (I) leicht vorkommen hingewiesen. Bei der Best. der Alkalizahl nach SCHOCH kann fest gebundene NaOH zu falschen Werten führen. Die I sind gewöhnlich schon teilweise mit Lauge gesätt., so daß bei der weiteren Erhitzung mit NaOH nur noch ein beschränktes Aufnahmevermögen für Lauge vorliegt. Da alkal. I in A. nur begrenzt lösl. sind, darf die übliche Meth. für die quantitative Best. der Stärke durch Fällung in A. nicht angewandt werden. Abschließend werden die Eigg. von nach 4 verschied. Methoden hergestellten I untersucht, wobei Vf. darauf hinweist, daß sich I aus Kartoffelstärke ohne merklichen Abbau herstellen läßt. (Stärke **7.** 81—85. 1955. Richmond, Surrey.) M. ULMANN. 7448

—, *Bestimmung von Blei in Zuckern.* Pb wird in Weißzuckern u. Zuckerprodd. mit Hilfe von *Dithizon* (I) durch Vgl. mit der von einer zu bestimmenden Menge Standard-Pb-Lsg. hervorgerufenen gleichen I-Färbung quantitativ bestimmt. Die Meth. wird beschrieben. (Int. Sugar J. **57.** 169. Juni 1955.) R. RUTKOWSKI. 7474

Pfeifer & Langen, Köln, Elsdorf/Rhld., **Braunschweigische Maschinenbauanstalt,** Braunschweig, **Gustav Bredt,** Köln, und **Eugen Gottlieb von Langen,** Waldort/Neu Etzweiler, und **Ottmar von Loesse,** Elsdorf, *Turmextraktion von Rübenschnitzeln,* dad. gek., daß der abgezogene Rohsaft zum Einmaischen der Schnitzel u. ein dem Frischwasserzusatz entsprechender Teil zum Brühen der Schnitzel verwendet wird. (**E. P. 738 025** vom 7/1. 1953, ausg. 5/10. 1955. D. Priorr. 7/1. u. 22/3. 1952.)
A. GRADL. 7413

N. V. Lijempf, Leeuwarden, Holland, *Gewinnung kleinster Milchzuckerkristalle* durch Unterkühlen einer gesätt. Lsg. u. starkes Rühren bei beginnender Kristallisation. Es können Kristallisationsverzögerer, wie Invert- oder Rohrzucker, Glucose bzw. Galaktose zugesetzt werden. p_H-Wert der Ausgangslsg. über 8,5 zwecks Bldg. von α-Lactose. (**E. P. 740 255** vom 7/4. 1953, ausg. 9/11. 1955.) K. HEINZE. 7445

Hoffmann's Stärkefabriken Akt.-Ges. (Erfinder: **Hans Ritter**), Bad Salzuflen, *Gewinnung von Roggenstärke.* Das im D. R. P. 742 638 beschriebene Gewinnungsverf. wird dahin abgeändert, daß die nötigenfalls zerkleinerte Roggenfrucht mit stark verd. Alkalilauge (z. B. 0,04—0,08%ig) ausgewaschen wird. Die alkal. gebliebene Waschlauge wird von der Stärke abgetrennt u. diese analog der Reisstärke gegebenenfalls nach weiterem Alkalizusatz verarbeitet. Die Waschlauge wird neutralisiert u. eingedampft. (**D. P. [DDR] 3 992** Kl. 89k vom 16/7. 1943, ausg. 22/5. 1954 [Ausschließungspatent]. **Zusatz zu D.R.P. 742 638; C. 1944. I. 710.**) T. OPPERMANN. 7449

Hans Herth, Dresden, *Aufschließen von Stärke.* Das im D. P. [DDR] 5 178 beschriebene Aufschließungsverf. wird dahin geändert, daß der dabei verwendete Harnstoff vor dem Zusatz in einer wss. Lsg. von Zucker oder Dextrin oder tier. Leim gelöst u. in dieser Form angewendet wird. (**D. P. [DDR] 6 477** Kl. 89k vom 15/8. 1943, ausg. 29/1. 1954 [Ausschließungspatent]. **Zusatz zu D.P. [DDR] 5 178; C. 1955. 6413.**)
T. OPPERMANN. 7449

Wallerstein Co., übert. von: **Irwin Stone,** New York, N. Y., V. St. A., *Dextrose* aus Stärke oder Stärkekonversionsprodd. durch Behandlung mit Stärke–Glucogenase-Enzym, wobei das Enzym in prakt. wasserunlösl. Form auf einem wasserunlösl. Träger zur Anwendung kommt. Als Träger dient bes. Aktivkohle. (**A. P. 2 717 852** vom 18/8. 1949, ausg. 13/9. 1955.) A. GRADL. 7461

XV. Gärungsindustrie.

Stanisław Soczyński, *Bisherige Untersuchungsergebnisse der angelieferten Melasse für das Gärungsgewerbe.* Die in den Jahren 1952—1955 aufgetretenen Störungen bei der Verarbeitung der Melasse zu Hefe u. Spiritus sind die Folgen einer ungenügenden Reinigung der Säfte von Kolloiden, einer stärkeren Invertierung bzw. Caramelbldg. u. einer ungenügenden mikrobiol. Reinhaltung. Alle diese Faktoren bewirken eine Erhöhung des Geh. an flüchtigen Säuren auf $>$1,6% u. das Auftreten von Nitritbakterien. (Gaz. Cukrownicza **57.** Nr. 12. 228—30. Dez. 1955.) F. URBAN. 7510

Erich Walter, *Trübungen von Branntwein und Likören in Flaschen.* Es werden häufiger auftretende Trübungen in Branntweinen u. Likören, ihre Ursache u. ihre Vermeidung besprochen: Ausscheidungen von $CaCO_3$ (aus dem W., dem Flaschenreinigungsmittel u. auch dem Faßholz stammend), von Terpenen, Dextrin, Eiweiß. (Alkohol-Ind. **68.** 234—36. 15/5. 1955. Berlin.) E. KIELHÖFER. 7536

Lorand Macher, *Die mikroskopische Überprüfung der Verzuckerung.* Inhaltlich ident. mit der C **1956.** 5705 referierten Arbeit. (Brewers J. **112.** 30—38. Sept. 1955. München.) H.-G. SCHULTZE-BERNDT. 7540

H. F. P. Webber, L. Taylor und **A. S. Marsh,** *Beobachtungen über Spuren von Kupfer beim Brauen insbesondere mit Rücksicht auf die Hefe.* Von den Ausgangsstoffen für Bier enthält Gerste im Durchschnitt 5 (p.p.m.) Cu, Hopfen schwankende Werte von ca. 85, Hefe (berechnet auf Trockengewicht) ziemlich konstant 102; Faßbier dagegen enthält 1,5, Flaschenbier 0,9. Bei der Gärung stört ein Cu-Geh. von 5—10. Es werden Hefen bei völligem Cu-Ausschluß mit denen in Cu-Kesseln verglichen (175 p.p.m.). Vff. nehmen an, daß das im Malz u. Hopfen enthaltene Cu größtenteils im ersten Hefeschaum bleibt. Es wird auf die Schwierigkeit der Probenahme hingewiesen, außerdem auf die verschied. Wrkg. des Cu in der Würze. (J. Inst. Brewing **61** ([N.S.] **52**). 231—37. Mai/Juni 1955. London, Horselydown Anchor Brewhouse Labor.) J. MILLER. 7544

J. Larinkari, *Über die englischen Biertypen.* Entw. u. Eigg. der 4 Haupttypen obergäriger engl. Biere (*pale ale, mild ale, stout* u. *Burton*) sowie des Porters werden erläutert. (Mallasjuomat **1955.** 203—10. Juli.) S. BECKMANN. 7550

T. N. Jewreinowa, L. I. Jukelsson und **Je. Ss. Chromowa,** *Fermentatitve Prozesse im thermophilen Methantank.* Vff. untersuchten die amlylolyt. u. proteolyt. Prozesse bei der Methanvergärung von Abwässern durch Mikroorganismen bei 45—60°. Es wurde festgestellt, daß bei der Zers. der organ. Substanz im Methantank amylolyt. Fermente an den Ndd. der Abwässer adsorbiert werden, die als Präp. isoliert werden können. Die amylolyt. Aktivität des Nd. nimmt mit zunehmender Verweilzeit der Abwässer im Methantank ab. In Verss. über die thermophile u. mesophile (33—37°) Zers. von Stärke wurde mit der Stärkezunahme bis 500 mg das Maximum der amylolyt. Aktivität unter thermophilen Bedingungen von 6 nach 14 Std. verschoben, bei mesophiler Zers. schon durch 300 mg Stärke. Im Unterschied zu den Amylasen wurden die Proteasen sowohl im Nd. wie im Filtrat der Abwässer nachgewiesen. Amylase- u. Proteaseaktivität waren bei thermophiler Zers. größer als bei mesophiler. Trotz der Vielartigkeit der Mikroorganismen u. der Nebenprozesse im Abwasser verlaufen hier die fermentativen Prozesse in ähnlicher Weise wie in reinen Bakterienkulturen. (Вестник Московского Университета, Серия Физико-Математических и Естественных Наук [Nachr. Moskauer Univ.] **9.** Nr. 6. [physik.-math. naturwiss. Ser.] Nr. 4. 111—19. Juni 1954. Lehrstuhl für Biochem. der Pflanzen.) O. LEBTAG. 7578

S. N. Mitra, *Die Charakterisierung von Weinessig durch seinen Gehalt an Albuminoidammoniak.* Zur Charakterisierung von Weinessig wird vom Vf. der Geh. an Albuminoidammoniak herangezogen, der in einem engen Zusammenhang zum Gesamtstickstoff steht. Zur Best. wird eine Probe mit alkal. $KMnO_4$-Lsg. dest. u. der Ammoniak mit NESSLERs-Reagens colorimetr. gemessen. Genaue Arbeitsdaten. (Analyst **78.** 499. Aug. 1953. Calcutta, West Bengal Public Health Labor., School of Trop. Med.) W. KNÖPKE. 7612

VEB Filmfabrik Agfa Wolfen, Wolfen, Kr. Bitterfeld (Erfinder: **Gustav Butschek,** Dessau-Haideburg), *Züchtung von Hefe oder ähnlichen Mikroorganismen.* Man löst die unverd. u. nicht sterilisierte Melasse in dem zur Einstellung der gewünschten Zuckerkonz. nötigen W. erst unmittelbar vor Einfüllen in den Gärbottich oder führt Melasse u. W. getrennt dem Gärbottich zu u. verwendet gegebenenfalls zur Verdünnung u. p_H-Einstellung (4,3—4) saure Sulfitablauge. (**D. P.** [**DDR**] **5 656** Kl. 6a vom 16/5. 1952, ausg. 7/1. 1955 [Wirtschaftspatent].) G. WELTZIEN. 7507

Backhefe G. m. b. H., Stuttgart-Vaihingen, *Gleichzeitige Gewinnung von Hefe und Spiritus,* dad. gek., daß man zunächst die Gärung unter Anwendung von das Wachstum der Hefe hemmenden Maßnahmen, die zu einer hohen A.-Konz. in der Würze führen, vornimmt, den gebildeten A. von der Hefe abtrennt, hierauf die das Wachstum der Hefe hemmenden Maßnahmen bis zu einer vorübergehenden Herabsetzung des Hefewachstums fortsetzt, worauf anschließend durch Übergang zu den üblichen Gärmaßnahmen eine Beschleunigung des Hefewachstums herbeigeführt wird. (**D. B. P. 933 443** Kl. 6a vom 1/11. 1949, ausg. 29/9. 1955. Anmeldung bekanntgemacht 7/8. 1952.) J. KETTNER. 7507

Dow Chemical Co., übert. von: **Miles A. Weaver,** Ithaca, und **George K. Greminger jr.,** Midland, Mich., V. St. A., *Stabilisieren des Schaumes gegorener Malzgetränke* durch Beigabe von 0,005—0,05 Gew.-% Oxypropylmethylcellulose mit 0,05—0,2 Oxypropyl- u. 1,5—2 Oxymethylgruppen je C_6-Ring, deren 2%ig. Lsg. in W. bei 20° eine Viscosität von wenigstens 1000 Centipoise aufweist. (**A. P. 2 712 500** vom 21/9. 1953, ausg. 5/7. 1955.) J. KETTNER. 7541

A. P. V. Co. Ltd., London, England (Erfinder: **Stanley William Thomas Paine),** *Behandlung von Bierwürze.* Die Vorderwürze u. Nachgüsse werden, ohne das übliche Hopfenkochen in der Pfanne, in ununterbrochenem Strom zunächst über einen Plattenapp. (Wärmeaustauscher) mit Zwischengefäß, dann über einen Hopfenentlauger u. 2 Sedimentiergefäße (davon eines für Vorderwürze u. das 2. für Nachgüsse) u. weiter über eine Zentrifuge u. einen weiteren Wärmeaustauscher (Kühler) in den Gärbottich geführt. — Einrichtung. (**E. P. 737 782** vom 29/11. 1951, ausg. 5/10. 1955.) J. KETTNER. 7545

Otto Hromatka, Salzburg, und **Heinz Ebner,** Linz, Österreich, *Gewinnung von Essig* durch submerse, oxydative Vergärung von wss., alkoholhaltigen Lsgg. mittels Essigbakterien durch zeitlich u. örtlich ununterbrochene Belüftung des Gärsubstrates, um ein schon bei ganz kurzzeitiger Unterbrechung der Luftzufuhr eintretendes Absterben der Essigbakterien zu verhindern u. fortwährende Abfuhr der verbrauchten Luft aus der Gärlösung. (**A. P. 2 707 683** vom 11/12. 1951, ausg. 3/5. 1955. Oe. Prior. 3/5. 1949.) J. KETTNER. 7565

XVI. Nahrungs-, Genuß- und Futtermittel.

R. S. Hannan, *Elektronische Sterilisierung von Lebensmitteln.* Kurze Übersicht über den gegenwärtigen Stand der Konservierung von Lebensmitteln durch Röntgenstrahlen u. hochbeschleunigte Elektronen mit Angabe der Strahlungsdosierung, der Schutzmaßnahmen, die bei Bestrahlung von Fleisch, Fisch, Molkereiprodd., Obst u. Gemüse zu beachten sind, der Nachteile u. der wirtschaftlichen Gesichtspunkte. — 22 Literaturangaben. (Research **6.** 376—83. Okt. 1953. Cambridge, Mass., Low Temp. Stat. for Res. in Biochem. and Biophys.) F. KRUSEN. 7634

Antonino Porretta, *Erkenntnisse und Möglichkeiten in bezug auf die Sterilisation von Lebensmitteln durch ionisierende Strahlen.* Diskussion der Strahlenarten u. der Vorteile einer Bestrahlungssterilisation gegenüber der Hitzesterilisation. Vor Anwendung ionisierender Strahlen zur Haltbarmachung von Lebensmitteln in industriellem Maßstab sind noch verschied. Fragen zu klären, u. a. hinsichtlich der Inaktivierung der Enzyme ohne chem. oder organolept. Veränderung der Lebensmittel selbst; auch muß bewiesen sein, daß sich bei der Bestrahlung in den Lebensmitteln keine tox. Substanzen bilden. (Ind. Conserve **30.** 7—11. Jan./März 1955. Parma, Staz. Sperim. per l'Ind. delle Conserve Alimentari.) R. WOLLER. 7634

E. Sauter, *Anwendungsmöglichkeiten der Ultraviolettstrahlung in der pharmazeutischen und Nahrungsmittelindustrie.* Zusammenfassender Überblick. Behandelt werden: Mikroben als schädliche u. nützliche Organismen, UV-Strahlung zur Mikrobenabtötung, Projektierung von UV-Bestrahlungsanlagen, Anwendungen in der pharmazeut. u. Nahrungsmittelindustrie (Fleischwarenindustrie, Milchwirtschaft, Brauereibetriebe, Großbäckereien. — 21 Literaturhinweise. (Fette Seifen einschl. Anstrichmittel **57.** 354—62. Mai 1955. Erlangen, Siemens-Schuckertwerke A. G., Techn. Stammabt.) M. WINIKER. 7634

B. Thomas und **E. Anders,** *Die Beschaffenheit des Brotgetreides der Ernte 1954.* Analysendaten von Roggen- u. Weizenproben deutscher Provenienz. (Bäcker u. Konditor **8.** Nr. 12. 22—25. Dez. 1954. Potsdam-Rehbrücke, Inst. für Ernährungsforschung.) M. WINIKER. 7664

A. J. Millington, *Der Proteingehalt einiger australischer Weizenvarietäten.* Der experimentelle Anbau von verschied. Weizenvarietäten in verschied. Gebieten Australiens zeigte, daß, unabhängig vom Protein (I)-Geh. der Varietät, das pro acre in einem Gebiet gewonnene I immer etwa konstant war, wenn nicht durch Harnstoffsprühungen der Boden bes. fruchtbar gemacht wurde. Weizen mit höherem I-Geh. u. damit höherer Wasserabsorption ergab Brote besserer Struktur u. längerer Haltbarkeit. Auf die wirtschaftlichen Aspekte dieser Tatsache wird näher eingegangen. — 15 Literaturangaben (J. Austral. Inst. agric. Sci. **21.** 59—68. Juni 1955. Univ. of Western Australia, Inst. of Agric.) F. KRUSEN. 7664

Dale K. Mecham und **Ali Mohammad,** *Extraktion von Lipoiden aus Weizenprodukten.* Bei vergleichenden Unterss. fanden Vff., daß *H_2O-gesätt. n-Butylalkohol* (**I**) sich am besten zur Extraktion von *Lipoiden* (**II**) aus Weizen, Weizenmehl, Kleie u. Kleber eignet. Z. B. werden aus 3 Weizenmehlsorten mit **I** bei Zimmertemp. durchschnittlich 1,62% $CHCl_3$-lösl. **II** gegenüber 1,43% mit heißem A. im SOXHLET extrahiert. Größere Unterschiede werden bei Kleie u. Weizen festgestellt. Die **I**-Extrakte enthalten daneben kleinere Mengen an *Zuckern*, die neben *P* u. *N* bestimmt werden. Im Gegensatz zu anderen wirkungsvollen **II**-Extraktionsmitteln beseitigt **I** nicht vollständig die den Weizenproteinen eigene Zähigkeit. (Cereal Chem. **32.** 405—15. Sept. 1955. Albany, Calif., U. S. Dep. of Agricult., Agricult. Res. Serv.) H. KOCKERT. 7664

Doyle C. Udy, *Das Farbstoffbindungsvermögen von Weizenmehlproteinfraktionen.* Vf. bestimmt den Geh. verschied. Fraktionen von Weizenmehlproteinen (**I**) an sauren u. bas. Gruppen durch deren Farbstoff (**II**)-Bindungsvermögen. Bei den Fraktionen handelt es sich um in Phosphatpuffer (**III**) lösl. **I** (= Fraktion A), in **III** unlösl. **I** (= Fraktion B, im wesentlichen aus Gluten bestehend), in 0,03n Essigsäure (**IV**) lösl. **I** (= Fraktion C = A + B) u. um in **III** u. in **IV** unlösl. **I** (= Fraktion D). Das **II**-Bindungsvermögen aller geprüften Weizenmehlvarietäten ist bei den bas. Gruppen der **I** (Test-**II**: Orange G, p_H 2,2) weitgehend konstant; es ist am größten bei der Fraktion A, am kleinsten bei D. Die sauren Gruppen (Test-**II**: Safranin O, p_H 11,2) verhalten sich wohl ähnlich, doch sind die Unterschiede nicht so deutlich; einige Varietäten geben sogar die niedrigsten Werte in der Fraktion A. — Das **II**-Bindungsvermögen für saure Gruppen wird ausgedrückt in Basenäquivalenten Safranin O/g $\mathbf{I}\cdot 10^4$, für bas. Gruppen in Säureäquivalenten Orange G/g $\mathbf{I}\cdot 10^4$. (Cereal Chem. **31.** 389—95. Sept. 1954. Washington, State Coll. of Washington, Washington Agric. Exp. Stat., Div. of Agric. Chem., Western Wheat Quality Labor.) R. WOLLER. 7670

D. J. Cosgrove, D. G. H. Daniels, E. N. Greer, J. B. Hutchinson, T. Moran und **J. K. Whitehead,** *Isolierung von Methoxy- und 2.6-Dimethoxy-p-benzochinon aus fermentierten Weizenkeimen.* Aus Weizenkeimen wurde Methoxy-p-benzochinon (**I**; F. 143—144°) u. 2.6-Dimethoxy-p-benzochinon (**II**; F. 259—260°) isoliert. Beide Chinone haben beachtliche bakteriostat. Aktivität in vitro auf grampositive Bakterien. **I** verbessert das Brotvol. wie Struktur der Brotkrume (optimaler Zusatz zum Mehl 60 p.p.m.). **II** zeigt die gleichen Wirkungen in geringerem Grad. Beide jedoch geben dem Brot eine rötlich braune Färbung, so daß diese Substanzen als Brotverbesserer nicht in Frage kommen. *p-Benzochinon* bei einem Zusatz von ca. 80 p.p.m. ist ebenso wirksam ohne den unerwünschten Farbeffekt. (Nature [London] **169.** 966—67. 7/6. 1952. St. Alban, Herts., Res. Assoc. of British Fluor-Millers Cereals Res. Stat.) D. ITZEROTT. 7674

A. Schulz und **H. Stephan,** *Der Einfluß von Backzeit und Backtemperatur auf die Brotqualität.* Unter Zugrundelegung eines Brotgewichts von 1500 γ bei freigeschobener Backweise ergaben sich bei Roggenmischbrot die besten Qualitäten bei Backzeiten von 50—60 Min., hinsichtlich der Temp. war ein mittlerer Abfall von 240 auf 200° am zweckmäßigsten. Bei Weizenmischbrot ist ebenfalls eine Backzeit von ca. 50 Min. bei einem Temperaturgefälle von 240 auf 200° zu empfehlen. Bei Roggenschrotbrot bewährte sich eine Backdauer von 3 Std. bei 210—185°. (Brot u. Gebäck **9.** 186—89. Nov. 1955. Detmold, Bundesforschungsanst. für Getreideverarbeitung.) M. WINIKER. 7674

Börje Emilsson, Roland Nilsson und **H. O. Wraghe,** *Die Anwendung keimhemmender Mittel beim Lagern von Speisekartoffeln.* 3. Mitt. *Versuche in den Lagerungsjahren 1952 bis 1953 und 1953—54.* (2. vgl. C. **1956.** 3171.) Die Anwendbarkeit von *Maleinsäurehydrazid* (**I**) u. einiger anderer Präpp. als keimungshemmende Mittel für Kartoffeln unter schwed. Verhältnissen wurde untersucht. 2,5 kg **I**/ha ergaben eine prakt. befriedigende, 5 kg **I**/ha eine vollständige Keimungshemmung. Beim Spritzen 2 Wochen vor der Ernte war die Wrkg. von **I** schwächer als 4—6 Wochen vor der Ernte. Der Gewichtsverlust war bei mit **I** behandelten Kartoffeln größer als bei unbehandelten. **I** war ohne Wrkg. auf Verluste durch Krankheiten; in einigen Fällen wurden diese erhöht. **I** wird für die schwed. Kartoffelwirtschaft im allg. nicht empfohlen. — *Isopropylphenylcarbamat* (IPC) hat eine 10 mal so starke, *Dinitrotoluol* (DNT) eines etwas stärkere keimungshemmende Wrkg. als *Tetrachlornitrobenzol* (TCNB). (Kungl. Lantbruksakad. Tidskr. **94.** 141—58. 1955.) S. BECKMANN. 7678

N. P. Nicolaisen und **L. Nicolaisen-Scupin,** *Ergebnisse von Erbsengefrierversuchen.* In einleitenden Bemerkungen weisen Vff. darauf hin, daß die mit dem Texturemeter gemessene Druckfestigkeit ein sorteneigener Wert ist, der zur Best. des Reifegrades von Erbsen nur bedingt brauchbar ist. Organolept. Prüfungen von gefrorenen Erbsen, die verschied. blanchiert wurden, zeigten beste Ergebnisse mit Erbsen, die nur mit W. blanchiert wurden. Blanchierung mit 2—5%ig. NaCl-Lsgg. beeinträchtigt den Geschmack, die Konsistenz u. bei längerer Lagerung auch die Farbe. Die Gewichtsverluste von gefrorenen Erbsen überschreiten nach 10 monatiger Lagerung in Cellophan 2% nicht, erreichen jedoch in Kartons 20%. Durch Ausfrieren von W. tritt im Verlauf der Lagerung eine leichte Erhöhung des Trockensubstanzgeh. auf. Diese Erhöhung wie auch der Gewichtsverlust sind bei kleineren Korngrößen geringer. Abschließend wird über Verss. mit verschied. Erbsensorten berichtet. (Kältetechnik **7.** 191—94. Juli 1955. Wehrda).
F. KRUSEN. 7684

N. Maltschewsky, *Über den Verderb von Obstdauerwaren durch Schimmelpilze.* Zusammenfassender Überblick. Behandelt werden: Vorkommen von Schimmelpilzen (**a**) in Rohzucker, Verderb von Zuckerlsgg. durch **a**, Vorkommen von **a** im Obst, Wrkg.

verschied. Umweltbedingungen auf die Entw. von **a.** — 112 Literaturhinweise. (Z. Lebensmittel-Unters. u. Forsch. **102.** 172—85. Sept. 1955. Karlsruhe, Bundesforschungsanst. für Lebensmittelfrischhaltung). M. WINIKER. 7688

H. Burmeister, *Sind Höchstwerte für flüchtige Säure und Milchsäure in den Handelsklassen berechtigt?* Vf. kritisiert den Entwurf einer neuen Handelsklassenordnung, wonach Obstsüßmoste, -säfte u. -dicksäfte mit Werten über 0,4 g/Liter *flüchtiger Säure* (I) u. 0,6 g/Liter *Milchsäure* (II) nicht mehr verkehrsfähig sein sollen. Es wird darauf hingewiesen, daß nach anderweitigen Unterss. z. B. Apfelsüßmoste mit II-Werten bis zu 0,78 g/Liter noch geruchlich u. geschmacklich einwandfrei sein können. Die geschmackliche Wrkg. der I hängt weitgehend von deren Zus. ab. (Flüssiges Obst **21.** Nr. 10. 6—7. Okt. 1954. Berlin, Hermann Meyer & Co. A. G.). F. KRUSEN. 7706

Baumann, *Entgegnung zu vorstehendem Aufsatz „Flüchtige Säure und Milchsäure".* Vf. verteidigt die neue Handelsklassenordnung u. weist an Hand eigener Unterss. darauf hin, daß Obstsüßmoste, die trotz einwandfreier geruchlicher u. geschmacklicher Eigg. die Grenzwerte von 0,4 g/Liter *flüchtiger Säure* u. 0,6 g/Liter *Milchsäure* überschreiten, nur sehr selten vorkommen, weshalb im Interesse einwandfreier Marktqualitäten diese Werte beibehalten werden sollen. (Flüssiges Obst **21.** Nr. 10. 7—8. Okt. 1954.) F. KRUSEN. 7706

J. Koch, *Zur Frage des Gehaltes der Süßmoste an flüchtigen Säuren und Milchsäure.* Von 263 untersuchten Apfelsäften lagen die Mittelwerte für *flüchtige Säuren* (I) bei 0,15g/Liter u. für *Milchsäure* (II) bei 0,33 g/Liter. 2 Proben hatten mehr als 0,4 g/Liter I u. 21 mehr als 0,6 g/Liter II. Alle Säfte mit II-Werten über 0,6 g/Liter zeigten typ. Tankgeschmack, weshalb Vf. die Grenzwerte der neuen Handelsklassenordnung befürwortet. — 19 Literaturangaben. (Flüssiges Obst **21.** Nr. 10. 8—9. Okt. 1954. Geisenheim/Rhein). F. KRUSEN. 7706

W. Boyle, *Gewürze und ätherische Öle als Konservierungsmittel.* (Amer. Perfumer essent. Oil Rev. **66.** Nr. 1. 25—28. Juli 1955. — C. **1956.** 2045.) W. SPITALER. 7714

R. Heiss, *Übersicht über neuere Forschungs- und Entwicklungsarbeiten auf dem Gebiet der Schokoladeherstellung.* (Vortrag.) Behandelt wurden: Meßmethoden zur objektiven Qualitätsbeurteilung von Schokoladenmassen (Viscosität, Korngröße), Technologie der Verarbeitung von Kakao u. Schokolade (Vorbehandlung, Verarbeitung u. Haltbarkeit der Fertigerzeugnisse) sowie Ersatzüberzugsmassen. — 51 Literaturhinweise. (Zucker- u. Süßwaren-Wirtsch. **8.** 870—78. 5/9. 1955. München, Inst. für Lebensmitteltechnologie u. Verpackung, Süßwarenlabor.) M. WINIKER. 7726

A. Barmasch, W. Dyklop und **A. Arens,** *Die Herstellung von Schinkenkonserven.* Der Schinken wird durch das Blutgefäßsyst. unter einem Druck von 1,5—1 at mit einer Sole von D = 1,085 bis zu 15% seines Gewichts gefüllt u. in eine Sole von D = 1,11 in der Menge von 50% des Schinkengewichts für die Dauer von 3 Tagen gelegt. Zus. der Spritzsole: 10,9% NaCl, 2,4% Zucker, 0,27% $NaNO_3$ u. 0,08% $NaNO_2$. Zus. der Lagersole: 14% NaCl, 3% Zucker u. 0,27% $NaNO_3$. Es wird 9—10 Tage gelagert, dann 3 Std. bei 60° getrocknet u. 12 Std. bei 30—35° geräuchert. Das Räuchern kann auch ohne vorheriges Trocknen erfolgen. Der Schinken wird von Knochen befreit, in Aluminiumformen gepreßt, in W. gekocht (30 Min.) u. 2 mal (3,5 u. 2,5 Std.) bei 100° sterilisiert. Es scheiden sich ca. 30% Bouillon ab. Der gekochte Schinken wird geschnitten, in Konservenbüchsen gegeben, im Vakuum verlötet, u. im Autoklaven 2 mal bei 100° sterilisiert u. unter Druck mit W. gekühlt. (Мясная Индустрия СССР [Fleisch-Ind. UdSSR] **25.** Nr. 2. 22—26. 1954. Allunions Wiss. Forschungsinst. für die Fleischind.) B. KRAFT. 7750

R. Grau und **A. Böhm,** *Die Beeinflussung der Farbhaltung von Pökelfleischwaren.* Es wurde festgestellt, daß anorgan. (Phosphorsäure, Salzsäure) u. organ. Säuren [Milchsäure, Citronensäure, Essigsäure, Ascorbinsäure (I)] gleicherweise befähigt sind, die Farbhaltung von Pökelfleisch zu verlängern bzw. bereits vergraute Anschnitte wieder zu röten. Der Effekt war um so ausgeprägter, je größer die durch die Säurekonz. erzielte p_H-Senkung war. Durch die genannten Verbb. lassen sich bactericide Veränderungen jedoch weder überdecken noch rückgängig machen. Das Verh. von I wurde bes. eingehend untersucht. (Fleischwirtschaft **7.** 652—55. Nov. 1955. Kulmbach, Bundesforschungsanst. für Fleischwirtschaft, Chem.-physikal. Inst.). M. WINIKER. 7750

J. Dammers, *Haben rohe und gedämpfte Kartoffeln auf Milchvieh eine spezifische Wirkung bezüglich Milcherzeugung oder Fettansatz?* An Kühen ausgeführte Futterverss. zeigen, daß gedämpfte Kartoffeln keine größere Gewichtszunahme als rohe Kartoffeln verursachen. Auch die Kondition der Tiere u. die erzeugte Milchmenge hängt nicht davon ab, ob rohe oder gedämpfte Kartoffeln verfüttert werden. Die Theorie über die spezif. Wrkg. roher (gedämpfter) Kartoffeln auf die Milcherzeugung (den Fettansatz) kann nicht bestätigt werden. Gedämpfte Kartoffeln riefen in allen Verss. eine Verminderung des Fettgeh. der Milch um 0,08—0,2% hervor. In 3 von 4 Verss. wurde der Fettgeh. durch

Fütterung von rohen Kartoffeln beträchtlich erhöht. (Veren. Exploitat. Proefzuivelboerderij Hoorn, Versl. **1954.** Versl. landbouwkund. Onderz. Nr. 60. 6. 1–27. 1954. Hoorn, Rijkslandbouwproefstat.) W. WESLY. 7756

Walther Kundrat, *Neue Erkenntnisse und technische Fortschritte auf dem Gebiete der Yoghurt- und Sauermilchgetränke-Herstellung.* Bei 42° stellt sich das optimale Verhältnis der Stäbchen zu den Streptokokken auf 1:1 bis 1:2 ein. Das acetaldehydhaltige Aroma erzeugen die Stäbchen erst bei höheren Säuregraden. In Yoghurtkammern wird die Bereitung durch ein p_H-Meßgerät automat. gesteuert. Der p_H-Wert erfaßt den Geschmack „mild" oder „sauer" besser als der SH°. Die Festigkeit von Vollmilchyoghurt läßt sich steigern durch Homogenisieren der Milch nach dem Pasteurisieren bei über 84°. Die Infektion des Yoghurts durch Kahmhefen u. Oospora-Arten wird durch die Schnellkatalaseprobe erfaßt (5 ml mit 1 ml 10%ig. H_2O_2-Lsg. schäumen). Das im Darm sich ansiedelnde, aber gegen Sporen empfindliche Thermobacterium acidophilum des Reformyoghurts wird bei 37° in sterile Milch eingebracht, um in 8 Std. die maximale 50% der Yoghurtfestigkeit zu erreichen. Der auf ein optimales Wachstum bei 37° umgezüchtete Taette-Streptokokkus erzeugt in Symbiose mit Darmvarianten des Thermobacterium acidophilum aus pasteurisierter Milch bei 38–39° in 90–100 Min. Bioghurt, der 15% fester als Yoghurt u. im Eisschrank 3 Wochen haltbar ist. — 3 Mikrobilder u. 11 Literaturhinweise. (Molkerei- u. Käserei-Ztg. **6.** 1556–58. 27/10. 1955. Freising-Weihenstephan, Süddeutsche Versuchs- u. Forschungsanst. für Milchwirtschaft, Bakteriol. Inst.) H. GUDE. 7756

H. Lagoni und **E. Samhammer,** *Untersuchungen an Butter und Margarine über Zusammenhänge verschiedenartiger Kennzahlen.* Unterss. von Schnittfestigkeit, Streichfähigkeit, Ausölen, Erstarrungspunkt, Tropfpunkt u. JZ. von Butter aus Butterfertigern ergaben bei gemeinsamer graph. Darst. deutliche Zusammenhänge der Werte, die bei Alfa-Butter nicht in diesem Maße auftraten. Errechnung der Korrelationskoeffizienten für diese Merkmale gegeneinander (0 = fehlende, 1 = völlige Korrelation) ergab Werte zwischen 0,68 u. 0,95. Der Grad der Bestimmtheit des Korrelationsverhältnisses in % ausgedrückt lag zwischen 46 u. 90%. Bei gleichartigen Unterss. an Margarine ergaben sich Korrelationskoeffizienten von mehr als 0,50 nur bei den Gegenüberstellungen: Schnittfestigkeit : Streichfähigkeit, JZ. : Fließpunkt, JZ. : Tropfpunkt, JZ. : Schnittfestigkeit, JZ. : Ausölen, Fließpunkt : Ausölen u. Tropfpunkt : Ausölen. (Molkerei- u. Käserei-Ztg. **6.** 1350–53. 8/9. 1955. Kiel, Bundesversuchs- u. Forschungsanst. für Milchwirtsch., Physikal. Inst.). F. KRUSEN. 7758

Andrea Monzini und **Anna Artom,** *Beitrag zur Kenntnis des Vitamingehaltes landwirtschaftlicher und landwirtschaftlich verwendeter Produkte.* 4. Mitt. *Der Vitamin-B_2-Gehalt von Futter von mit Abwasser gewässerten Rieselwiesen im Vergleich zu mit Reinwasser gewässerten.* (2. vgl. ANTOMIANI, C. **1951.** I. 1955.) Durch Berieselung mit Abwasser steigt der Vitamin-B_2-Geh. der Ernteprodd. ziemlich erheblich. (Ann. Sperimentaz. agrar. **6.** [N. S.] 875–79. 1952. Mailand, Kälte-Vers.-Station). C. GRIMME. 7780

J. T. Sullivan und **V. G. Sprague,** *Reservekohlenhydrate in gemähtem Knaulgras.* Die Beziehungen zwischen der Zeit der Düngung (Harnstoff) u. dem Geh. an Protein u. *Fructosan* bzw. *Saccharose* in Wurzeln, Stoppeln u. Halmen von Knaulgras vor u. nach dem Mähen sowie das Wachstum u. Zus. des Grummets werden untersucht u. die Ergebnisse graph. u. tabellar. zusammengestellt. Eine Abhängigkeit des Grummetwachstums vom Geh. der Reserveorgane an Kohlenhydraten wurde nicht festgestellt. (Plant Physiol. **28.** 304–13. April 1953. Pennsylvania State Coll., US. Reg. Pasture Res. Labor.) E. HANSCHKE. 7782

N. D. Dijkstra und **S. Brandsma,** *Über die Verdaulichkeit und den Futterwert von frischer Luzerne.* An Hammeln ausgeführte Futterverss. zeigten: Mit zunehmendem Alter nimmt der Geh. von Frühjahrsluzerne an Roheiweiß in Trocken- u. organ. Substanz ab u. der Geh. an Rohzellstoff zu. Die Verdaulichkeitskoeffizienten aller organ. Bestandteile nehmen mit zunehmendem Wachstum ab. Die Verdaulichkeit des rohen Zellstoffs ist geringer als die der übrigen Kohlenhydrate. Der Geh. an verdaulichem Roheiweiß wird fast völlig durch den Geh. an Roheiweiß bestimmt; das Stärkeäquivalent ist vom Rohzellstoffgeh. abhängig. Diese Ergebnisse werden in Formeln festgelegt; sie gestatten es, das Stärkeäquivalent u. das verdauliche Roheiweiß in Frühjahrsluzerne zu schätzen. (Veren. Exploitat. Proefzuivelboerderij Hoorn, Versl. **1954.** Versl. landbouwkund. Onderz Nr. 61. 5. 1–22. 1955. Hoorn, Rijkslandbouwproefstat.) W. WESLY. 7782

N. D. Dijkstra und **J. J. I. Sprenger,** *Versuche über den Rückgang der Verdaulichkeit beim künstlichen Trocknen von Gras.* An Hammeln ausgeführte Fütterungsverss. zeigten: Die neuzeitlichen, mit Öl statt mit Kohlen oder Koks arbeitenden Gras-Hochtemperaturtrockner erzeugen ein ebenso gutes Prod. wie die bei niedriger Temp. arbeitenden Vorrichtungen. Grasmehl wird weniger gut verdaut als das ungemahlene Prod. eines Hochtemperaturtrockners. Die durch Best. mit HCl u. Pepsin ermittelten Gehh. des getrockneten Grases an *verdaulichem Roheiweiß* (I) sind prakt. den mit Hilfe der Versuchstiere ermittelten Gehh. gleich. Daher ist es wünschenswert, die Korrekturfaktoren (1,2% für frisches, 1,8% für getrocknetes Gras), die zur Umrechnung des chem. ermittelten Geh. an I auf „tierverdauliches" dienen, zu überprüfen. (Veren. Exploitat. Proefzuivelboerderij Hoorn, Versl. **1954.** Versl. landbouwkund. Onderz. Nr. 61. 1. 1—24. 1955. Hoorn, Rijkslandbouwproefstat., u. Wageningen, Centr. Inst. voor Landbouwkundig Onderzoek.) W. WESLY. 7782

N. D. Dijkstra und **S. Brandsma,** *Versuche über das Silieren von vorgetrocknetem Gras.* Die Gehh. des in 8 Verwelkungssilagen in den Jahren 1951—1953 erhaltenen Grases an Trockensubstanz, Buttersäure, NH_3-N, verdaulichem Roheiweiß u. Stärkeäquivalent werden untersucht u. in Zahlentafeln wiedergegeben. (Veren. Exploitat. Proefzuivelboerderij Hoorn, Versl. **1954.** Versl. landbouwkund. Onderz. Nr. **61.** 3. 1—46. 1955. Hoorn, Rijkslandbouwproefstat.). W. WESLY. 7782

F. W. Sacharowa, *Der Chlorophyllgehalt im Grünfutter und Faktoren, die seine Veränderungen bewirken.* Allg. über den Chlorophyllgeh. in verschied. Wiesengräsern, Heuarten, Silagen von Wiesengräsern u. Kartoffelkraut sowie in der nach SUBILIN hergestellten Eiweiß—Vitamin-Paste an Hand der Literatur (keine Literaturhinweise). (Животноводство [Tierzucht] **1955.** Nr. 10. 112—13. Okt. Forsch. Inst. für Ernähr. landwirtsch. Tiere der UdSSR). F. DU MANS. 7786

N. D. Dijkstra, *Versuche über die Aufbewahrung von nassen Trebern.* Verss. über die Aufbewahrung von nassen *Trebern* (I) zeigen, daß die Beschaffenheit der in einem Betonsilo gelagerten I besser ist als die der in einer Bodengrube gelagerten. (Veren. Exploitat. Proefzuivelboerderij Hoorn, Versl. **1954.** Versl. landbouwkund Onderz. Nr. 61. 4. 1—16. 1955. Hoorn, Rijkslandbouwproefstat.) W. WESLY. 7786

Gerhard Bochmann, *Untersuchungen über die Eignung des Vakuumtrocknungsverfahrens als Normalverfahren der Wassergehaltsbestimmung von Getreide.* Auf Grund seiner Unterss. hält Vf. das Vakuum-Trocknungsverf. nach ROHRLICH als Normalverf. zur Wassergehaltsbest. von Getreide für geeignet. Eine Meßgenauigkeit von $\pm$ 0,1% ist gewährleistet, wenn bei genügend langer Trockendauer (in den meisten Fällen sind $1^1/_2$ Std. ausreichend) die Trockentemp. von 105° auf $\pm$ 2° u. der Druck von 20 Torr auf $\pm$ 3 Torr eingehalten werden. Außerdem ist eine Capillare zu verwenden, die bei abgestellter Pumpe, ausgehend von 20 Torr, in einer Min. eine Druckzunahme von 20 bis 40 Torr ergibt, entsprechend ca. 17—33 ml/Minute. — 23 Literaturhinweise. (Müllerei **8.** 681—82. 26/11. 694—95. 3/12. 1955. Berlin-Charlottenburg, Physikal.-techn. Bundesanst.) M. WINIKER. 7796

R. A. Knight und **D. W. Kent-Jones,** *Einige Beobachtungen bei der Bestimmung von Benzoylperoxyd in Mehl und Brot.* Vff. verglichen die verschied. Methoden zur Best. von Benzoylperoxyd, das als Bleichmittel für Mehl verwendet wird. Bei Kontrollanalysen mit dem Verf. von NICHOLLS (Dest. mit Salicylsäure u. Messung der Farb-Rk. mit $FeCl_3$) konnten keine befriedigenden Ergebnisse erzielt werden. Die Meth. wurde durch Benutzung der MOHLER-Rk. (Rotfärbung mit Diaminobenzoesäure) etwas genauer. Befriedigende Resultate (80—90% der Theorie) ließen sich nur mit der Meth. der ASSOCIATION OF OFFICIAL AGRICULTURAL CHEMISTS (A. O. A. C.) erzielen. Das Mehl wird mit Ae. extrahiert u. die MOHLER-Rk. zur photoelektr. Messung benutzt (Absorption bei 510 mμ mit grünem Filter). Beim Backprozeß wird nur ca. 5% des Bleichmittels zerstört. (Analyst **78.** 467—69 Aug. 1953. Willesden, Dudden Hill Lane, The Labors.) W. KNÖPKE. 7800

Jonathan W. White jr. und **Jeanne Maher,** *Selektive Adsorptionsmethode zur Bestimmung der Zucker des Honigs.* Aus einer mit ca. 1 g Honig beschickten Kohle-Celite-Säule werden nacheinander die Monosaccharide mit 1%ig. A., die Disaccharide mit 7%ig. A. u. die höheren Zucker mit 50%ig. A. eluiert u. sodann aus den Fraktionen die einzelnen Zucker durch geeignete Standardverff. mit größerer Genauigkeit als bisher bestimmt. — 14 Literaturangaben. (J. Assoc. off. agric. Chemists **37.** 466—78. 15/5. 1954. Philadelphia, Pa., Eastern Utiliz. Res. Branch.) F. RANG. 7812

O. Winkler, *Beitrag zum Nachweis und zur Bestimmung von Oxymethylfurfurol in Honig und Kunsthonig.* Vf. beschreibt eine einfache Meth. zum Nachw. bzw. zur quantitativen Best. von *Oxymethylfurfurol* (I) in Honig u. Kunsthonig, die auf der Farb-Rk. (Rosafärbung) des I mit Barbitursäure u. p-Toluidin beruht. Bei unverfälschten Honigen wurde ein I-Geh. zwischen 0 u. 4 mg/100 g u. bei Kunsthonigen zwischen 50 u. 150 mg/100 g ermittelt. (Z. Lebensmittel-Unters. u. -Forsch. **102.** 161—67. Sept. 1955. Marburg/Lahn, Univ., Inst. für Pharmazeut. Chemie u. Lebensmittelchemie). M. WINIKER. 7812

H. Furrer und **M. Staub,** *Die Mikrojodbestimmung in jodiertem Kochsalz.* Die Meth. zur Best. des J im NaCl beruht auf der Oxydation zu Jodat, das bei Zusatz von J^- als

J_2 ausgeschieden u. mit Thiosulfat titriert wird. Vff. verbesserten die Genauigkeit durch die Erhöhung der Einwaage auf 50 g, Verwendung einer 0,01n Thiosulfatlsg., Oxydation bei p_H 5–5,5 u. Entfernung des Oxydationsmittels durch kurzes Kochen u. Zerstörung des Restes mit Ameisensäure. Genauigkeit +0,05 bis –0,15 mg KJ/kg Salz. (Mitt. Gebiete Lebensmittelunters. Hyg. [Bern] **44.** 252–56. 1953. Zürich, Labor.) W. KNÖPKE. 7826

K. W. Gerritsma und **J. Koers,** *Bestimmung von Theobromin in Kakaorückständen.* Vff. beschreiben folgende einfache Meth. zur Best. von Theobromin: Die Probe wird mit Chlf. in ammoniakal. Lsg. geschüttelt, mit wasserfreiem Na_2SO_4 dehydriert u. filtriert. Im Filtrat wird das Chlf. abdest., der Rückstand in W. gelöst u. mit $AgNO_3$ versetzt. Die entstandene HNO_3 wird mit NaOH titriert (Indicator Phenolrot). Genaue Arbeitsanweisungen. (Analyst **78.** 201–05. April 1953. Utrecht, T. N. O. Central Inst. for Nutrit. Res.) W. KNÖPKE. 7832

J. Kleinert, *Die Fettbestimmung in Kakaoprodukten.* Eine eingehende Prüfung der von LEITHE u. HEINZ vorgeschlagenen Meth. zur Best. des Fettgeh. von Kakaowaren führte zu folgender modifizierter Arbeitsweise: Von einem raspel- oder pulverförmigen Durchschnittsmuster werden genau 2,0 g in einen Mörser eingewogen. Dazu werden 3—4 g entfetteten u. ausgeglühten Seesands sowie genau 3,0 ml α-Bromnaphthalin von 20° gegeben. Mittels eines Pistills wird mindestens 2 Min. kräftig verrieben, sodann wird durch ein Faltenfilter (SCHLEICHER & SCHÜLL Nr. S 60) filtriert. Aus der Differenz des Brechungsindices des α-Bromnaphthalins u. der Fettlsg. wird schließlich der prozentuale Fettgeh. berechnet. (Zucker- u. Süßwaren-Wirtsch. **8.** 880–84. 886. 888. 890. 892. 894. 896. 5/9. 1955. Kilchberg, Zürich, Lindt & Sprüngli A. G.) M. WINIKER. 7832

K. Woidich und **L. Schmid,** *Eine einfache Methode zur Bestimmung des Neutralisationsgrades von Milch.* Ausgehend von der Beobachtung, daß bei der Titration unveränderter *Milch* (**I**) mit Säure auf einen p_H-Wert > 4,5 der Säureverbrauch für den jeweils gewählten p_H-Wert immer konstant ist (unabhängig davon, welchen p_H-Wert oder wieviel °SH die **I** zu Beginn der Titration hatte), entwickelten Vff. eine einfache Meth. zur Best. des Neutralisationsgrades von **I.** Dieselbe besteht darin, durch potentiometr. Titration den Alkalitätsgrad (= Anzahl ml 0,25n HCl, die zu 25 ml **I** zugesetzt werden müssen, um sie auf ein p_H von 2,7 zu bringen) zu ermitteln, aus dem mit einer 0,5 °SH entsprechenden Genauigkeit auf Neutralisation geschlossen werden kann. (Z. Lebensmittel-Unters. u. -Forsch. **102.** 167–71. Sept. 1955. Wien, II. Chem. Universitätslabor. u. Lebensmittelversuchsanst.). M. WINIKER. 7856

John Norman Read, London, England, *Verfahren zum Verschließen von Behältern,* bes. von *Konservendosen.* Man versieht die zu verbindenden Teile, z. B. Dose u. Deckel, mit einem Überzug eines Epoxydharzes, z. B. des als „Araldit" bekannten Harzes, z. B. in Form einer Lsg. gegebenenfalls mit Zusatz von Härtern, kalt oder warm härtbaren Harzen, u. verbindet sie durch Erhitzen. (**E. P. 743 242**, vom 26/4. 1950, ausg. 11/1. 1956.) C. LÜTTGEN. 7635

Fritz Höppler, Medingen, *Aufschließen von tierischen oder pflanzlichen Stoffen.* Man preßt zwischen 2 rotierende beheizte Walzen (ca. 180°, p = 15000 kg) Cerealien, grobgemahlene Colanüsse, Milchsäurecasein u. a., so daß die Stoffe schnell unter Abgabe von W. in hauchdünne Lamellen übergeführt werden, die ein Trockenpräp. darstellen, das den vollen Geh. an Vitaminen, Hormonen, Auxonen, Geschmacksstoffen u. wärmelabilen Aminosäuren in gegenüber dem Frischpräp. unverminderter Wirksamkeit enthält. — Vorrichtung. (**D. P. [DDR] 5 666** Kl. 53k vom 13/1. 1950, ausg. 29/10. 1953 [Ausschließungspatent].) G. WELTZIEN. 7637

Emil A. Busch, Sturgeon Bay, Wis., V. St. A., *Pastetenteigkonserve.* Mehl wird mit einem hohen Anteil an Mürbungsmittel, bestehend aus hydriertem Fett mit Zusatz von Mono- u. Diglyceriden, sowie mit Zucker u. Salz zu einer cremeartigen M. verarbeitet, sodann nach Zugabe von abgekochtem W. zu einem weichen Teig. Zwecks Erhöhung der Haltbarkeit erfolgt ein Zusatz von Propylgallat u. Citronensäure in Propylenglykol. Das Prod. wird verpackt u. bei 21–27° gelagert. (**A. P. 2 731 350** vom 2/1. 1952, ausg. 17/1. 1956.) W. KRANZ. 7673

Stadlauer Malzfabrik Akt.-Ges. (Erfinder: **Alois Weith**), Wien, *Teigsäuerungsmittel für die Brotbearbeitung,* dad. gek., daß es krist. neutrale Kalksalze aliphat. Säuren mit 1–3 C-Atomen u. saure NH_4- oder Alkaliphosphate enthält. — Z. B. mischt man 75 (Gewichtsteile) eines milchsauren Quellmehles von ca. 150 Säuregraden mit 16 Ca-Acetat 8 NaH_2PO_4 u. 1 Ca-Propionat. Von diesem Trockensauer verwendet man bei der Brotherst. 80 g/Liter Teigflüssigkeit. (**Oe. P. 184 531** vom 15/12. 1953, ausg. 25/1. 1956.) T. OPPERMANN. 7675

United States of America, übert. von: **William H. King, Francis H. Thurber** und **Aaron M. Altschul,** New Orleans, La., V. St. A., *Behandlung von ölhaltigen Samen.* Sojabohnen oder Baumwollsamen werden in Flockenform auf 20—50% Wassergeh., sowie p_H 4—9,5 eingestellt. Der p_H-Wert muß um wenigstens 0,5 im Vgl. zum Ausgangsmaterial differieren. Die Flocken werden solange auf bis 225° F erhitzt, bis der Wassergeh. auf 9—13% gesunken ist. (**A. P. 2 726 155** vom 16/4. 1954, ausg. 6/12. 1955.) W. KRANZ. 7685

Smoked Foods Research Institute, Inc., Palisades Park, übert. von: **Arthur W. Betts,** New York, N. Y., V. St. A., *Würzmittel mit Rauchgeschmack.* Für Räucherzwecke geeignete Hölzer u. Beeren werden einer unvollständigen Verbrennung unterzogen. Die Rauchgase werden fraktioniert dest. u. auf einer mit einem neutralen Öl bedeckten kalten Fläche kondensiert. Das Prod. wird mit einem Trägerstoff, z. B. Senf oder einem Gewürz, vereinigt. (**A. P. 2 722 482** vom 8/9. 1952, ausg. 1/11. 1955.) W. KRANZ. 7715

XVII. Fette. Seifen. Wasch- u. Reinigungsmittel. Wachse. Bohnermassen usw.

Carl Fred. Holmboe, *Auszüge aus der Geschichte der Fetthärtung.* Übersicht. (Norsk Hvalfangst-Tid. **44.** 249—58. Mai 1955.) G. MEINHARDT. 7880

H. C. Bijawat und **S. G. Bedekar,** *Wiedergewinnung von Nickel und Fett aus gebrauchten Hydrierkontakten.* Entw. eines einfachen Verf. zur Wiedergewinnung des Ni u. Fettes aus verbrauchten Kontakten durch Behandeln mit H_2SO_4 u. selektive Fällung des Ni u. Fe mit Soda, anschließend Extraktion des Fettes mit Petroläther. Ausbeute je ca. 90%. Wirtschaftlich durchführbar bei Ni-Gehh. über ca. 5%. (J. sci. ind. Res. [New Delhi] **13B.** 572—75. Aug. 1954. Poona, Nat. Chem. Labor. of India.) H. ECKHARD. 7880

I. W. Gawrilenko und **I. Je. Besuglow,** *Die Gewinnung von leicht raffinierbarem Baumwollsamen-Extraktionsöl.* Qualitätsverbesserungen des rohen Baumwollsamen-Extraktionsöles sind möglich durch Herabsetzen des Geh. an Gossypol im Vorpreßölkuchen, Herabsetzung der Temp. beim Abdest. des Lösungsbenzins u. bei der Dest. des Öles. (Маслобойно-Жировая Промышленность [Öl- u. Fett-Ind.] **21.** Nr. 8. 5—9. 1955. Allunions Wiss. Forschungsinst. für Fette.) J. BÖSS. 7894

Giovanni Jacini, *Versuche über die Hydrierung von Lecithin.* An Hand von 10 Literaturhinweisen u. eigenen Verss. berichtet Vf. über die Härtung des Ölanteiles in Sojalecithin. Ein Einfl. auf die Eigg. des Lecithins war nicht festzustellen. (Olii minerali, Grassi Saponi, Colori Vernici **32.** 101—05. Mai 1955. Staz. sperim. per le Industrie degli Oliie dei Grassi.) C. GRIMME. 7894

W. A. Masjukewitsch, *Die Milchbearbeitung für Margarine.* Saure, der Margarine zugesetzte Milch muß mindestens 1 mg/100 ml Diacetyl (I) enthalten. Unter den Erregern der Milchsäuerung sind auch solche, die 10—50 mal mehr **I** erzeugen u. dadurch der Margarine einen zu starken **I**-Geruch verleihen. Solche Kulturen verzögern, rein angewandt, die Säuerung oder entwickeln sich gar nicht, wodurch eine andere Mikroflora, bes. die der Darmgruppe, entsteht. Dem **I** gleichwertig als Aromageber ist die Brenztraubensäure. Für die Aromaverbesserung von Margarine genügt ein Zusatz von 1% Sauermilch oder 15—20 g Citronensäure je Tonne. (Маслобойно-Жировая Промышленность [Öl- u. Fett-Ind.] **21.** Nr. 7. 13—15. 1955. Allunions Wiss. Forschungsinst. für Fette). J. BÖSS. 7900

B. G. Martinenghi, *Ein neues Verfahren zur Fettspaltung durch Perkolation.* Beschreibung der Anlage mit Fließdiagramm. Die Hydrolyse wird durch direkte Spaltung mit 20 atü-Dampf (214°) ohne Katalysator eingeleitet u. durch anschließende kontinuierliche Perkolation vervollständigt, also durch Berieselung u. Durchdringung der ruhenden Fettmasse im Autkolaven mit feinsten Wassertröpfchen. Dadurch kann das frei werdende Glycerin laufend abgezogen werden u. das Gleichgewicht wird fast vollständig auf die Seite der Spaltung geschoben (Spaltungsgrad 95% bei 20, 96% bei 25, 97% bei 30 atü). Chargen von 4 t Fett (auch solches niedriger SZ.) werden in 6 Std. aufgearbeitet. Das W. enthält 11—12% Glycerin. (Fette Seifen einschl. Anstrichmittel **57.** 570—75. Aug. 1955. Mailand.) H. OTTERBACH. 7908

M. W. Irodow, L. W. Parolo und **W. M. Ssudakow,** *Reagenslose Spaltung von Fetten im kontinuierlichen Autoklavenverfahren.* Der Nachteil der bestehenden Einrichtungen für reagenzlose Fettspaltung besteht in der Periodizität ihrer Arbeit u. dem Verlust von 40% der Arbeitszeit wegen Unterbrechung durch Hilfsoperationen. Bei einem neu ausgearbeiteten kontinuierlichen Verf. hat sich die Kapazität der Autoklaven, die mit 25 bis 26 atü bei 220—225° arbeiten, um 35% erhöht. Die Fettsäuren, die sich für alle Arten von Toiletteseifen eignen, sind heller, die Ausbeute erhöht sich um 0,5—1,5%, der Dampfverbrauch wird verringert, die Lebensdauer der Anlagen verlängert. (Маслобойно-Жировая Промышленность [Öl- u. Fett-Ind.] **21.** Nr. 8. 16–19. 1955. Rostow, Fettkombinat u. Allunions Wiss. Forschungsinst. für Fette). J. BÖSS. 7908

E. H. Palmason, *Fortschritte in der Entwicklung der Seifenherstellung.* Besprochen werden Sudpfannen u. Kessel; die kontinuierlichen Verff. von CROSFIELD u. SHARPLES, die Verwendung von Fettsäuren im KREBITZ-Verf., das kontinuierliche Autoklavensyst. u. die Verbesserung von Haushalt- u. Toilettenseifen. Neuerdings tritt das Mikro-Verf. hervor. – 4 Abbildungen. (Chem. and Ind. **1955.** 722–26. 25/6. Port Sunlight, Chesshire, Unilever Ltd., Res. Dep.) B. SCHEIFELE. 7910

N. M. Tschisskiss und **W. P. Pawlow,** *Die Ausnutzung von Fettabfällen für die Herstellung von Haushaltsseife.* Angaben über Gewinnung von Abfallfetten aus Bleicherde, Katalysatoren u. Goudronfett. Es wird empfohlen, Bleicherde u. Katalysator zusammen im Verhältnis 1:1 zu verarbeiten. Der Verbrauch an caust. Soda ist fast doppelt so hoch wie beim Verseifen von n. Fett. (Маслобойно-Жировая Промышленность [Öl- u. Fett-Ind.] **21.** Nr. 7. 34–35. 1955.) J. BÖSS. 7910

H. Stüpel, *Hautreaktion und Hautschutz mit synthetischen Wasch- und Reinigungsmitteln.* Inhaltlich ident. mit der C. **1954.** 7312 referierten Arbeit. (Parfümerie u. Kosmet. **35.** 168. 171–73. Mai 1954.) P. ECKERT. 7912

M. Rösch, *Waschmittelkombinationen.* Anionakt. Waschmittel untereinander ändern die Waschwrkg. nicht auffällig; mit polaren, echten nichtionogenen Stoffen steigt sie in bestimmten Fällen bes. im alkal. Gebiet an. Unpolare Stoffe (z. B. Alkylbenzol) stellen Ballast dar. Gemische von Polyglykolätherderivv. beeinflussen sich nicht wesentlich, es kann aber im sauren Gebiet zur Ausbldg. optimaler Bereiche kommen. Gemische kation- u. anionakt. Substanzen sind im stöchiometr. Verhältnis schädlich, dagegen sind geringe Zusätze des ersten Stoffes zum zweiten im alkal. Gebiet günstig; umgekehrt ist das nicht der Fall. Die Waschwrkg. von Seife fällt im alkal. Gebiet vorzeitig ab, wenn man ihr anion. oder Polyglykolätherderivv. zusetzt, im Neutralen zeigt sich dagegen eine Steigerung; jedoch ist auf die günstigste Konz. von Seife u. Synthetikum zu achten. Echte nichtionogene Stoffe stellen eine Belastung der Seife dar. Die Verss. wurden mit Wolle u. Baumwolle durchgeführt. — Zahlreiche Kurven. (Fette Seifen einschl. Anstrichmittel **57.** 583–90. Aug. 1955. Krefeld, Chem. Fabrik Stockhausen & Cie.) H. OTTERBACH. 7912

Achyut K. Phansalkar und **Robert D. Vold,** *Eine Spurenmethode zur Bestimmung der Ablagerung von Kohle auf Baumwolle.* Vff. markieren eine Dispersion von koll. Kohlenstoff mit Zr–Nb–^{35}P (0,39 u. 1,0 MeV β-Strahlung; 0,73 u. 0,92 MeV γ-Strahlung; HZ. 65 Tage), wodurch eine direkte Best. der C-Menge ermöglicht wird, die beim Eintauchen eines Baumwollstreifens in die Suspension auf dem Tuch niedergeschlagen wird. Der C-Suspension werden steigende Mengen *Na-Dodecylsulfat* (**I**) beigegeben u. so der Einfl. des Waschmittels auf die abgeschiedene Menge Verunreinigung untersucht. Die auf dem Tuch haftende Kohlenstoffmenge wird nach den ersten geringen Zusätzen von **I** rasch weniger; es wird bald eine Grenzkonz. an **I** gefunden, oberhalb der weiterer Waschmittelzusatz prakt. keine Wrkg. mehr ausübt. Die Ergebnisse werden mit solchen verglichen, die auf indirektem Weg, durch C-Best. mittels Reflexionsmessungen, erhalten wurden. Die indirekte C-Best. weist große Ungenauigkeiten auf, die von den Vff. auf Änderungen der Teilchengrößenverteilung der suspendierten Kohle mit wechselnden Waschmittelkonzz. zurückgeführt werden. (J. physic. Chem. **59.** 885–88. Sept. 1955. Univ. of Southern California, Dep. of Chem.). MAX SCHMIDT. 7912

W. Dewald und **H. Schmidt,** *Bestimmung von Pyrophosphat in Waschmitteln.* 1. Mitt. An Stelle der Meth. von BRITSKE-DRAGUNOW, die zu jeder Best. einen Korrekturfaktor aus einem Diagramm erfordert, wird eine andere Meth. (potentiometr. Grundlage) dargelegt, die diesen Nachteil vermeidet. Nicht vorhanden sein dürfen im Waschmittel: Tripolyphosphat u. Phosphatgläser einschließlich Na-Hexametaphosphat, sowie Orthophosphat, wenn dessen P_2O_5-Geh. 15% des Gesamtgeh. an P_2O_5 überschreitet. (Fette Seifen einschl. Anstrichmittel **55.** 500. Aug. 1953. Wiesbaden-Biebrich, Chem. Werke Albert Anorg.-analyt. Forschungslabor.) E. BOYE. 7942

Firma C. Hartung, Saargebiet, *Baktericide Seife.* Man versetzt wss. Seifenemulsionen, Seifenpaste oder feste Seife mit Derivv. der Isonicotinsäure, bes. dem Hydrazid. (**F. P. 1 080 568** vom 12/3. 1953, ausg. 10/12. 1954. D. Prior. 26/9. 1952.) T. OPPERMANN. 7911

Heinrich Schuldes, Genthin, *Herstellung von Seifen aus paraffinsulfonsauren Salzen,* dad. gek., daß paraffinsulfonsaure Alkalisalze oder in solche überführbare Verbb. mit einem die Abscheidung von Seifen in fester Form bewirkenden Überschuß von Ca-Salzen umgesetzt werden. – Z. B. versetzt man 100 (Gewichtsteile) 32,5%ig. Alkalimersolat

bei n. oder höherer Temp. mit ca. 200 42%ig. $CaCl_2$-Lösung. Der gebildete Salzbrei wird abgetrennt, trocken genutscht oder geschleudert u. mit W. gedeckt. Die Mutterlauge wird zusammen mit dem Waschwasser eingedampft u. mit festem $CaCl_2$ erneut verwendet. Die gewonnene Seifenmasse kann in jede gewünschte Form gebracht werden u. in Verbindung mit anderen waschakt. Substanzen sowie gegebenenfalls Härte- u. Wassergehaltsregulierungsmitteln zu Seifenbrocken, -schnitzeln, -flocken, -bändern, -fäden oder -pulver verarbeitet werden. Ferner kann die Seifenmasse zusammen mit Füllmitteln, Streckungs-, Überfettungs-, Hautschutzmitteln sowie Duftstoffen in bekannter Weise durch Piliervorrichtungen zu festen Stück- oder Feinseifen verarbeitet werden. (**D. P.** [**DDR**] **5 921** Kl. 8i vom 25/5. 1949, ausg. 28/11. 1953 [Wirtschaftspatent].)
T. OPPERMANN. 7911

DEHYDAG Deutsche Hydrierwerke G. m. b. H., Düsseldorf (Erfinder: **Winfried Hentrich**, Riehen/Schweiz, **Erik Schirm**, Cubatao, Sao Paulo, Brasilien, und **Heinz-Joachim Engelbrecht**, Dessau), *Herstellung capillaraktiver Stoffe*, dad. gek., daß man organ. Verbb., die im Mol. wenigstens eine Sulfonamidgruppe u. wenigstens einen 3 oder mehr C-Atome enthaltenden aliphat. Rest aufweisen, oder deren Salze mit acylierenden Mitteln umsetzt, oder daß man Aminoalkyl- oder Aminoarylsulfonamide mit solchen Mengen eines Acylierungsmittels umsetzt, welches zur Acylierung der Amino- u. der Sulfonamidgruppe ausreicht, wobei im Falle der Umsetzung solcher Aminosulfonamidverbb., welche keinen aliphat. Rest mit mindestens 3 C-Atomen aufweisen, ein Acylierungsmittel angewendet wird, welches einen aliphat. Rest mit mindestens 3 C-Atomen enthält. — *N-Benzoyl-n-dodecansulfamid*, man erhitzt n-Dodecansulfamid mit Benzoylchlorid auf 140°, F. 77°. — Analog werden erhalten: *Gemisch isomerer N-Acetyldiiso butylnaphthalinsulfamide.* — *3-Caproylaminobenzolsulfonsäure-(1)-caprinoylamid.* — *Acetylderiv. von 5-Stearoylaminobenzol-1.3-dilsulfamid.* — *1-Capryloylaminobenzolsulfonsäure-(3)-capryloylamid.* — *Wasch-*, *Reinigungs-*, *Netz-*, *Dispergier-*, *Emulgiermittel.* (**D. B. P. 938 127** Kl. 12q vom 6/7. 1940, ausg. 26/1. 1956. Anmeldung bekanntgemacht 29/4. 1954.)
G. LANGER. 7913

Albright & Wilson Ltd., Birmingham, England, *Reinigungsmittel für Geschirr*, bestehend aus 80—20 (Teilen) Na-Tripolyphosphat u. 20—80 hydratisiertem u. chloriertem Na_3PO_4. (**E. P. 737 299** vom 24/7. 1953, ausg. 21/9. 1955. A. Prior. 1/8. 1952.)
C. LÜTTGEN. 7917

XVIII a. Holz. Cellulose. Zellstoff. Papier. Papierdruck. Celluloid. Linoleum.

Arthur B. Anderson, *Zunehmender Extraktstoffgehalt in Bäumen zur Harzproduktion. Extraktstoffanregung der Jeffrey-Kiefer.* Drei Bäume der Jeffrey-Kiefer (*Pinus jeffry*) erhielten ca. 40 cm über dem Boden 2 schräge Einkerbungen, von denen eine mit 40% H_2SO_4 gefüllt wurde. Nach einem Jahr wurden unter- u. oberhalb der Wunde Bohrproben entnommen u. analysiert. Während die Umgebung der nicht durch Säure gereizten Wunde im Splintholz nur 4,8% Extraktstoffe lieferte, steigerte die Säurebehandlung den Ertrag auf 20,4% u. erreichte damit fast die Höhe, die im n. Kernholz gefunden wird. Analysen ergaben, daß die Extraktstoffe des Kernholzes u. des stimulierten Holzes im Geh. an Harzsäuren übereinstimmen, nicht aber im Estergeh., der bei Kernholz niedriger liegt. Dagegen ist der Estergeh. von stimuliertem Holz u. Splintholz gleich. (Tappi **39.** 55—59. Jan. 1956. Richmond, Calif., Univ. of California, Forest Prod. Labor.)
W. WERGIN. 7952

K. M. Harrow, *Über ein Schnelltauchverfahren zur Diffusionsbehandlung von Pinus radiata mit Borverbindungen.* Es wird ein neues Holzschutzverf. vorgeschlagen, nach welchem sägefrisches Holz kurzzeitig in konz. Borax/Borsäure-Lsg. getaucht wird, wonach das Schutzsalz bei längerer Lagerung bis in die Holzmitte diffundiert, z. B. in 21 Tagen bei 50 mm starkem Material. Die Gehh. der einzelnen Holzschichten an Schutzsalz wurden bestimmt u. in vielen Tabellen u. Diagrammen die Verteilung der Konz. im Holz sowie das Anwachsen der Konz. in der Holzmitte unter verschied. Bedingungen mitgeteilt. Beispiele für die Behandlung von Holz verschied. Stärken werden gegeben. Mit dieser Arbeit wurde eine Theorie von MCNEBB u. TAYLOR, die die Verteilung von Lsgg. in Holz erklärt, überprüft, wobei sich eine gute Übereinstimmung ergab zwischen der auf Grund der Theorie errechneten u. den bei Schnelltauchverss. an Pinus radiata mit Borsäure beobachteten Konzentrationen. Die Theorie beschreibt mithin zutreffend die Bewegung von Borsäure in grünem Holz infolge Diffusion u. kann trotz der komplexen Natur der Diffusionsvorgänge zur Voraussage der Ergebnisse beim Schnelltauchen angewandt werden. (New Zealand J. Sci. Technol., Sect. B **36.** 56—81. Juli 1954. Auckland, Plant Dis. Div., Dep. of Sci. and Ind. Res.) K. SEIFERT. 7952

Sven Yllner und **Barbro Enström,** *Untersuchungen über die Adsorption von Xylan an Cellulosefasern während des Sulfatkochprozesses.* 1. Mitt. Es wird gezeigt, daß das Xylan, welches während des Sulfatkochens in der Kochlauge gelöst ist, von Cellulosefasern während der Kochung bis zu einem gewissen Grade adsorbiert werden kann. Die Adsorption wurde an Proben von reiner Cellulose untersucht, die während der Kochung in Behältern aus feinmaschigen Stahldrahtnetzen eingeschlossen waren. Diese ermöglichten einen freien Zufluß der Kochlauge, verhinderten jedoch ein Passieren der Fasern. Da das Verhältnis zwischen der Holzmenge u. der Celluloseprobe sehr groß war, können die Versuchsbedingungen als ident. mit denen einer gewöhnlichen Sulfatkochung angesehen werden. Die Menge des adsorbierten Xylans in der Cellulosenprobe wurde nach Totalhydrolyse durch quantitative papierchromatograph. Analyse der Kohlenhydratbestandteile bestimmt. Das Ergebnis kann in vier Punkten zusammengefaßt werden: Die Adsorption von Xylan ist von der Art der Cellulose, von der es adsorbiert wird, abhängig. So wird z. B. an Baumwolle doppelt soviel Xylan adsorbiert wie an mit kaltem Alkali veredeltem Viscosezellstoff aus Fichte. Die Adsorption von Xylan ist im wesentlichen proportional der Xylankonz. in der Kochlauge. Die Adsorption von Xylan ist irreversibel. Ungefähr 20% der nach 2std. Kochung bei 170° adsorbierten Xylanmenge können mit 10–20% Natronlauge bei 20° nicht in Lsg. gebracht werden. Bei niedrigerer u. höherer NaOH-Konz. ist die resistente Xylanmenge größer. (Svensk Papperstidn. **59.** 229–32. 31/3. 1956. Svedish Forest Products Labor., Dep. of Wood Chem.) P. ECKERT. 7962

J. W. T. Merewether, *Der Einfluß des Alkaliaufschlusses auf das Lignin von Eucalyptus regnans.* Durch Aufschluß des Holzes von austral. Eucalyptus regnans mit NaOH-Lsg. wurden 20% Alkalilignin A (I) erhalten, das durch Umlösen in Dioxan (II) von Xylan befreit wurde. I erweicht bei 183°, löst sich in Pyridin, II, Essigsäure u. NaOH-Lsg., wenig in A. u. Aceton. Aus seiner Wasserlsg. wird es bei p_H 4,1 gefällt u. hat das Äquivalentgewicht 670. Vf. stellte 9 Kondensationsprodd. von I her, aus denen sich das Mol.-Gew. von 1360 bzw. 1400 berechnet, woraus er die Formel $C_{68}H_{78}O_{27}$ für I mit dem Mol.-Gew. 1327 ableitet. Durch 48std. Kochen von Eucalyptus regnans-Holz mit 2%ig. alkoh. HCl wurden 18% rohes Äthanollignin „A" (III) erhalten; nach Reinigung mit II erhielt Vf. 9% (bezogen auf Holz) reines III vom Erweichungspunkt 198°, lösl. in A., Aceton, $CHCl_3$, Essigsäure, Äthylacetat, II u. Pyridin sowie wss. Alkali mit dem Äquivalentgewicht 1410. III enthält 24,6% Alkoxyl, berechnet als OCH_3, davon 20% als OCH_3, u. hat die empir. Formel $C_{72}H_{82}O_{28}$. Eine der beiden OC_2H_5-Gruppen von III läßt sich mit kalter 10%ig. NaOH-Lsg., die andere nur mit sd. HCl abspalten. I gibt beim Sieden mit 0,5%ig. alkoh. HCl Äthanol–Alkali–Lignin (IV) mit 9 OCH_3- u. einer OC_2H_5-Gruppe; dessen Kondensationsprodd. zeigten, daß es 6 OH-Gruppen enthält. Vf. folgert, daß in IV die OC_2H_5-Gruppe als Ester oder Äther gebunden ist, weiter, daß das Protolignin in Eucalyptus r. 3 saure u. 6 alkoh. OH-Gruppen enthält, ferner 2 CO-Gruppen. I enthält 3 saure u. 4 alkoh. OH-Gruppen sowie eine CO-Gruppe. Vf. nimmt daher an, daß 1 CO-Gruppe u. 2 alkoh. OH-Gruppen beim Alkaliaufschluß abgespalten werden. (Tappi **37.** 483–87. Nov. 1954.) E. BORCHERS. 7966

I. P. Zwetajewa, *Untersuchung der Hydrolyse einiger fernöstlicher Nadelhölzer.* Das Holz von Abies sacchalinensis, Abies nephrolepsis u. Picea ajanensis gibt bei der 3stufigen Hydrolyse (3 Std. bei 115°, 3 Std. bei 130° u. 1 Std. bei 180°) unter Laboratoriumsbedingungen 33,5–36,9% vom Holzgewicht an red. Substanzen. Hiervon sind 71,5–81,5% vergärbar. Insgesamt gehen bei der Hydrolyse 56,3–62,5% in Lösung. Von den vorliegenden leicht hydrolysierbaren Kohlenhydraten erhält man 8,8–13,4% vom Holzgewicht an red. Substanzen. Es handelt sich hierbei hauptsächlich um *Mannose* u. *Xylose*; bei A. nephrolepsis findet man auch *Uronsäuren* in größerer Menge. Die schwer hydrolysierbaren Kohlenhydrate geben 51,8–59,0% an red. Substanzen: *Glucose*, daneben Mannose, Xylose u. Uronsäuren. Die gefundenen Analysendaten ähneln den Werten, die man auch bei der Hydrolyse des Holzes der gewöhnlichen Tanne findet. Geringe Abweichungen beobachtet man nur bei P. ajanensis. (Журнал Прикладной Химии [J. angew. Chem.] **28.** 1000–05. Sept. 1955.) M. ULMANN. 7968

Stig K. L. Freyschuss, *Vergleichende Untersuchung einiger Methoden zum Schutze von nassem Holzschliff gegen Pilzbefall.* Eine Imprägnierung von nassem Holzschliff mit 8-Oxychinolin (Oxin) allein oder zusammen mit Phenylquecksilberacetat gibt einen sehr wirksamen Schutz gegen Lagerungsschäden. Nach einer derartigen Behandlung ist der Holzschliff sogar nach neunmonatiger Lagerung so gut wie fehlerfrei. Zum Vgl. wurden Imprägnierungen mit Phenylquecksilberacetat u. mit Na-Pentachlorphenolat durchgeführt. Eine gleichzeitige Behandlung mit beiden Fungiciden gibt einen sicheren Schutz bis zu fünfmonatiger Lagerung. Hierauf setzt eine Bldg. vor allem von Blaupilzen ein. Eine Behandlung mit nur einem der beiden obengenannten Fungicide gewährt

keinen Schutz gegen die Ausbildung von Blaupilzen. Der nicht behandelte Holzschliff war nach fünfmonatiger Lagerung stark von Fäulnis u. Blaupilzen befallen. (Svensk Papperstidn. **59.** 223—28. 31/3. 1956. Svedish Forest Products Res. Labor.)
P. ECKERT. 7974

S. G. Mason, *Faserbewegungen und Flockenbildung.* Die Flockenbldg. von Papierfasern wurde untersucht in einem nach dem COUETTE-Prinzip arbeitenden App., in dem die Suspension zwischen 2 sich gegensinnig mit verschied. Geschwindigkeit drehenden geschliffenen Glaszylindern mkr. beobachtet wurde. Aus den ermittelten hydrodynam. Strömungsverhältnissen werden theoret. Schlüsse über die räumlichen Kombinationen suspendierter Fasern bzgl. der Flockenbldg. gezogen. (Tappi **37.** 494—501. Nov. 1954. Montreal, Can., Pulp and Paper Res. Inst. of Canada.) E. BORCHERS. 7978

G. F. Underhay, *Entwässerungseinflüsse und Zweiseitigkeit.* Bei der Herst. füllstoffhaltiger Papiere auf Langsiebmaschinen enthält die Oberseite der Papierbahn doppelt so viele feine Anteile als die Unterseite. Zu Verss. über diese Zweiseitigkeit des Papieres entwickelte Vf. ein Laborgerät, womit eine senkrecht oscillierende Wrkg. zwischen dem Sieb u. dem ablaufenden W. erzeugt wurde. Die damit erzielten Ergebnisse wurden an einer langsam laufenden Versuchspapiermaschine nachgeprüft. (Tappi **37.** 547—53. Nov. 1954. London, England, Bowaters Dev. and Res. Ltd.) E. BORCHERS. 7980

J. A. van den Akker, *Strömung in Fasersuspensionen und ihre Einflüsse auf die Turbulenz.* Die Theorie der verd., wss. Fasersuspensionen mit 0,5% Fasergeh. wird bzgl. der Strömung durch Rohre erörtert, u. weiter werden Schlüsse für den Einfl. der Turbulenz auf das Verh. der Suspensionen im Stoffauflauf von Papiermaschinen gezogen. (Tappi **37.** 489—94. Nov. 1954. Appleton, Wis., Inst. of Paper Chemistry.)
E. BORCHERS. 7980

G. W. Reading, *Einige Eigenschaften des Papiers und der Pappe.* Allg. Übersicht unter besonderer Berücksichtigung der für das Packen von Lebensmitteln notwendigen Eigenschaften. (Food. Technol. Australia **7.** 249—55. Mai 1955. Matraville N. S. W., Australien Paper Manuf. Ltd.) H. ROSSOW. 7984

Eizo Nokihara, Ryuzo Tanaka und **Tetsuo Kono,** *Bestimmung des Sulfats in Sulfitablauge durch Hochfrequenztitration.* Da die konduktometr. Titration nach PENISTON [1947] durch das Absitzen von $BaSO_4$ auf dem Pt-Schwarz oft ungenau wird, sind Vff. zur Best. des SO_4 in *Sulfitablauge* durch Hochfrequenztitration übergegangen unter Benutzung zweier Oscillatoren vom HARTLEY-Typ mit der Frequenz 20 Mhz/sec (mit Pipettenzelle) für konz. Laugen (Verdünnung 1:12,5) bzw. 3 MHz/sec (mit Reagenzglaszelle) für verd. Laugen (Verdünnung 1:400). Diese ist genauer u. einfacher. — Apparat- u. Schaltskizzen. (J. agric. chem. Soc. Japan [Nippon Nôgeikagaku Kaishi] **28.** 409—13. Mai 1954. Tokyo Univ. [Orig.: japan., Auszug: engl.]) L. SCHULER. 8006

Karin Wilson, *Die Bestimmung des aktiven Mittels in Carboxymethylcellulosepräparaten.* Eine Meth. zur Best. des Geh. an Na-Carboxymethylcellulose in techn. niedrigviscosen Carboxymethylcelluloseprodd. wird beschrieben. Durch eine kombinierte Behandlung mit saurem u. neutralem A. wird das reine Na-Salz isoliert. Die Meth. wird mit anderen in der Literatur beschriebenen Methoden verglichen. (Svensk Papperstidn. **59.** 218—22. 31/3. 1956. Uddeholms A/B. Skoghallsverken Cellulose Res. Labor.)
P. ECKERT. 8008

Johann Karl Steinmetz, Wiesbaden, und **Hans Stiller,** Trutzhain über Treysa, *Imprägnieren von Rundholz* durch hydraul. Einpressen von mindestens 3 auf den Stammumfang verteilten Einspritzdüsen, Einspritzen bekannter antisept. wirkender oder die Feuerbeständigkeit erhöhender Imprägniermittel, hydraul. Ausziehen der Nadeln, wobei alle Maßnahmen gleichzeitig erfolgen. — Vorrichtung. (**D. B. P. 940 376** Kl. 38h vom 21/3. 1953, ausg. 15/3. 1956. Anmeldung bekanntgemacht 22/9. 1955.)
K. WOLK. 7953

Nopco Chemical Co., Harrison, übert. von: **Clark E. Snook,** East Orange, N. J., V. St. A., *Schaumbekämpfungsmittel für Zellstoff und Papierstoff,* bestehend aus einer wss. Emulsion, die ca. 3—15 (Teile) Paraffin-KW-stoff mit mindestens 12 C-Atomen, ca. 3—15 eines teilweise mit einer Fettsäure mit 14—22 C-Atomen veresterten mehrwertigen Alkohols, ca. 3—13 eines Esters aus einwertigem Alkohol mit höchstens 8 C-Atomen u. einer Fettsäure mit 14—22 C-Atomen, ca. 3—15 eines Esters aus Polyäthylenglykol (Mol.-Gew. 200—4000) u. einer Fettsäure mit 14—22 C-Atomen enthält. — Beispiel: 5 Paraffinwachs (scale wax F. 51—52°), 5 Paraffinöl, 5 Glycerinmonostearat, 10 Methylricinoleat, 10 Polyäthylenglykolmonostearat (Mol.-Gew. des Glykols ca. 400), 64,6 W. u. 0,4 CH_2O (40%ig.). Das Prod. wird mit W. auf eine Konz. von 0,1% verd. u. auf das Maschinensieb gesprüht. (**A. P. 2 715 614** vom 31/3. 1949, ausg. 16/8. 1955.) G. VOGEL. 7957

Badische Anilin- & Soda-Fabrik Akt.-Ges. (Erfinder: **Alfons Janson**), Ludwigshafen/Rh., *Herstellung von Zellstoff* aus Pflanzenmaterial, dad. gek., daß man den Aufschluß in Ggw. von Aldehyd- oder Ketonderivv. von Sulfoxylaten, gegebenenfalls im Gemisch mit Sulfiten, bes. von Alkalimetallen, durchführt. Statt der fertigen Derivv. können deren Komponenten zugesetzt werden. Es werden bes. oxymethansulfinsaures Na (I) oder ein Gemisch von $Na_2S_2O_4$ u. CH_2O verwendet. — Z. B. werden Fichtenspäne mit 3,5%ig. NaOH u. I 4 Std. auf 170° erhitzt. Der leicht zu zerfasernde Stoff wird mit 0,5%ig. H_2SO_4 angesäuert u. mit W. abgeschlämmt. Das Prod. hat große Festigkeit u. hohen Weißgehalt. (**D. B. P. 942 553** Kl. 55b vom 11/3. 1954, ausg. 3/5. 1956. Anmeldung bekanntgemacht 16/6. 1955.) G. VOGEL. 7959

Rhodia, Inc., New York, N. Y., übert. von: **Walter Christian Meuly**, New Brunswick, N. J., und **Breckenridge K. Tremaine**, Wilmington, Del., V. St. A., *Geruchsverbesserung bei der Sulfatzellstoffkochung*. Die durch die Anwesenheit von H_2S, Dimethylsulfid u. niedrigen Mercaptanen beim Abblasen oder Niederblasen auftretende Geruchsbelästigung wird durch Zugabe eines tern. Gemisches aus a) Butyr-, Valer-, Octylaldehyd, Cholin, Butylamin, Pyridin, Nitrobenzol, Octanol-1 bzw. -2 oder Benzaldehyd, b) Campher, Borneol, Acetophenon, Phenyläthylalkohol, Citronellal, Geraniol, Laurylalkohol, Zedernholzöl oder Terpentinöl u. c) Ionone, Terpene, Skatol, Indol, 2.5-Dimethylindol, α-Naphthylamin, α-Naphtholmethyläther, Benzophenon, Methylnaphthylketon, Diphenyloxyd, Diphenyl, Diphenylmethan, Benzalaceton oder Benzyltrimethylammoniumhydroxyd unterdrückt. (**A. P. 2 709 133** vom 4/3. 1953, ausg. 24/5. 1955.) G. SALZMANN. 7961

Hugues Rocco, Francesco Pancirolli und **Germano Centola**, Frankreich, *Herstellung von Zellstoff*. Man erhitzt Pflanzenmaterial im Autoklaven mit W. in Ggw. von Kalkmilch u. etwas S u. erhitzt es danach mit NaOH oder Sulfat. — Z. B. erhitzt man das Pflanzenmaterial zuerst bei 165° mit 6(%) CaO u. 1,2 S 75 Min. u. dann bei gleicher Temp. 2½ Std. mit 8% NaOH. (**F. P. 1 064 194** vom 8/10. 1952, ausg. 11/5. 1954.) T. OPPERMANN. 7965

Eastman Kodak Co., übert. von: **Robert F. Williams jr.**, Rochester, N. Y., V. St. A., *Stabilisieren von Cellulosefettsäureestern*, z. B. Celluloseacetat (**I**) oder Celluloseacetobutyrat (**II**). Man neutralisiert die im Ester noch vorhandenen Schwefelsäurereste im Fall **I** durch Kochen mit $Ba(OOCCH_3)_2$-Lsg. oder im Fall **II** z. B. durch Behandeln mit Mg-Acetat u. setzt geringe Mengen eines Phenols zu, z. B. Thymol sowie gegebenenfalls noch eines Glycidyläthers, bes. von Resorcin oder Hydrochinon. (**A. P. 2 713 546** vom 25/1. 1952, ausg. 19/7. 1955.) K. FABEL. 7971

Mo och Domsjö Aktiebolag, Örnsköldsvik, Schweden, *Herstellung in Wasser und/oder Alkali löslicher Cellulosederivate*, bes. *Celluloseäther*, z. B. *Äthyloxäthylcellulose*. Als Cellulose verwendet man „Siebrückstände", d. h. ein Abfallprod. der Herst. von Zellstoff, bes. aus Nadelhölzern, aber auch aus Harthölzern. (**E. P. 737 363** vom 13/11. 1953, ausg. 21/9. 1955. Schwed. Prior. 17/11. 1952.) K. FABEL. 7971

Wolfgang Herbig, Weiden/Köln, *Sicherheitspapier für Dokumente*. Das Papier erhält eine Färbung oder einen Aufdruck von *infrarotdurchlässigen Farbstoffen*; z. B. *Chlorophyll, Dianisidinviolett, Naphtholblauschwarz S* oder *Chromgrün*. Zur Unterscheidung von unpräpariertem Papier wird es mit einer Lichtquelle + Infrarotfilter bestrahlt u. der nichtabsorbierte λ-Bereich auf einer infrarotempfindlichen photograph. Schicht sichtbar gemacht, in den Strahlengang einer ebensolchen Selenzelle mit Meldewerk gebracht oder mit einer Infrarotfilter-Brille betrachtet. (**Schwz. P. 287 332** vom 14/12. 1949, ausg. 16/3. 1953. D. Prior. 1/10. 1948.) A. KALIX. 7981

Siemens-Schuckertwerke Akt.-Ges., Berlin und Erlangen (Erfinder: **Hermann Bösche**, Neustadt bei Coburg), *Acetylieren von Papieren* unter Verwendung von Derivv. organ. Basen an Stelle von Säuren oder Schwermetallsalzen als Katalysatoren, dad. gek., daß als Acetylierungs-Fl. Essigsäureanhydrid verwendet wird, das ca. 1% Pyridiniumchlorid enthält. Das Verf. kann bei Unterdruck durchgeführt werden. (**D. B. P. 939 127** Kl. 55f vom 12/6. 1938, ausg. 16/2. 1956. Anmeldung bekanntgemacht 3/12. 1953.) H. SCHINDLER. 7983

N. V. de Bataafsche Petroleum Mij., *Herstellung von stark glänzendem paraffiniertem Papier oder Pappe*. Man führt das mit einer Paraffinschicht bedeckte oder mit Paraffin imprägnierte Papier oder Pappe durch ein Hg-Bad von 0—20°. Das Paraffin kann einen Zusatz von Estern mehrwertiger Alkohole, bes. von Glycerinharzsäureester, oder von Polyäthylen enthalten. — Z. B. führt man Papierbahnen mit einer Geschwindigkeit von 10 m/Min. durch ein 90° heißes Bad von geschmolzenem makrokrist. Paraffin (F. 60°) u. kühlt die Bahnen dann im Hg-Bad auf 0° ab. (**F. P. 1 059 337** vom 30/6. 1952, ausg. 24/3. 1954. Holl. Prior. 2/7. 1951.) T. OPPERMANN. 7987

XVIIIb. Textilfasern.

H. A. Wannow, *Ein Beitrag zum Verhalten von mit härtbaren Harzen ausgerüsteten Geweben gegen chlorabspaltende Bleichmittel.* Vf. weist an Hand von Versuchsergebnissen nach, daß mit N-haltigen, härtbaren Harzen ausgerüstete Textilien bei der Behandlung mit Cl-Bleichmitteln Cl unter Bldg. von Chloraminen zurückhalten. Es können dadurch Vergilbungen u. Faserschädigungen eintreten. Es wurde ferner gefunden, daß Mängel dieser Art merklich vom Härtungskatalysator abhängig sind. Günstig in letzterer Funktion wirken Zn Cl_2, $MgCl_2$ u. NH_4NO_3. Auch zeigen modifizierte Harzbildner, z. B. partiell alkylveräthertes Methylolmelamin, im Vgl. zum nicht modifizierten Prod. weniger Neigung zum Vergilben bei der Bleicheinw., die natürlich vom Geh. an akt. Cl im Bleichmedium abhängig ist. Es wird eine Prüfmeth. an Hand von Tabellen u. Testfotos ausführlich beschrieben. (Textil-Prax. **10.** 1248—52. Dez. 1955. Frankfurt/M-Fechenheim, Cassella Farbwerke Mainkur AG., Colorist. u. Anwendungstechn. Abt.) E. WAGNER. 8032

Ernst-Joachim Schober und **Klaus-Christoph Menzel,** *Der Einfluß der Wasserverhältnisse auf die Flachspflanze.* Der Einfl. der Wasserversorgung während der Wachstumsperiode auf Ertrag, Ausbldg. des Stengels u. der Faserzellen wurde im Gefäßvers. an Faserlein u. Ölfaserlein untersucht. Variiert wurde die Menge des W. u. die Zeit der Wassergabe. Wassermangel von der Aussaat bis Blühbeginn verursacht starken Ertragsrückgang. Veränderungen am Holzkörper sowie an der Zahl u. Größe der Bastfasern treten ein. (Faserforsch. u. Textiltechn. **6.** 479—89. Nov. 539—45. Dez. 1955. Berthelsdorf, Saatzuchthauptgut; Pirna-Copitz, Inst. für Technol. der Fasern, D. A. d. W; Berlin.) W. WERGIN. 8050

Wolfgang Rodewald, *Der unterschiedliche Röstverlauf von Flachsstroh und dessen Ursachen.* Die Abhängigkeit des unterschiedlichen Röstverlaufs von der Quantität u. Qualität der Pektine wurde geprüft. Zu Unterss. über die Röstdauer wurden Stücke von Flachsstengeln zweier Sorten (Faserlein u. Ölfaserlein) verwendet, die mit verschied. Gaben von N, P u. K ernährt worden waren. Erhöhte N-Gaben verkürzen die Röstzeit (I). vermindern aber die Faserqualität. P-Düngung verlängert I, geringe P-Gaben in Verb. mit N u. K sind aber für die Qualität günstig. Unbedingt notwendig ist Kalidüngung zur Steigerung des Fasergeh., so daß die dadurch auftretende Verlängerung von I in Kauf genommen werden muß. Normale Volldüngung ist für Faserausbldg. u. Röste am zweckmäßigsten. Das Verhältnis von Pektingeh. zu I wurde festgestellt. Steigender Pektingeh. (hohe N-Gabe, K- u. P-Mangel) verkürzt I. Aus schnellröstenden Flächsen gewonnene Pektine besitzen höheren Methoxylgehalt. (Faserforsch. u. Textiltechn. **6.** 412—16. Sept. 1955. Dresden, TH, Inst. für Bot.) W. WERGIN. 8050

Hanna Klenk, *Das Verhalten von Flachs-, Hanf- und Ramiefasern in Kupferoxydammoniak.* Vf. gibt einen kurzen Überblick über die trotz gleicher Grundsubstanz vorhandenen Unterschiede im Feinbau der 3 Faserarten. In Kupferoxydammoniak (I) quellen vor allem die Celluloseanteile, u. fast gar nicht die Holz- u. Protoplasmareste. Aus der verschied. Lage der Faserschichten u. aus ihrem differierenden Aufbau resultiert das unterschiedliche Quellverh. in Lsg. von I. Die typischsten Unterscheidungsmerkmale beim Quellen sind: Protoplasmafäden im Faserinneren bei Flachs, zusammengeschobene, feingefaltete Mittellamellen bei Hanf u. eine senkrecht zur Faserachse erfolgende starke Quellung bei Ramie unter Bldg. von Rissen. — Mikroaufnahmen. (Textil-Prax. **10.** 1202—04. Dez. 1955. Reutlingen, Staatl. Technikum für Textilind.) E. WAGNER. 8050

Bengt G. Rånby, Hans Wilhelm Giertz und **Erich Treiber,** *Eine elektronenmikroskopische Untersuchung des Viscoseprozesses.* 2. Mitt. (1. vgl. C. **1956.** 10145.) In vorliegender Arbeit wird der Herstellungsprozeß sowie einige physikal. Eigg. von Viscosen aus Sulfit-, vorhydrolysiertem Sulfat- u. Linterszellstoffen mit Hilfe der Elektronenmikroskopie an Hand regenerierter, niemals getrockneter Cellulosepräpp. untersucht. — 71 Schrifttumsnachweise. (Svensk Papperstidn. **59.** 205—17. 31/3. 1956. Stockholm, Schweden, Inst. of Physical Chemistry, Central Labor of Swedish Cellulose Industry and Swedish Forest Products Res. Labor.) P. ECKERT. 8074

Paul A. Koch, *Chemiefasermerkblätter.* 7. Mitt. *Polyesterfasern: Terylene, Dacron.* (6. vgl. nachst. Ref.) In zusammenfassender Form wird ein Überblick über die Ausgangsmaterialien, die Herst. der Fasern sowie deren technolog., physikal. u. chem. Eigg. gegeben. Ferner wird eine ausführliche Zeitschriften- u. Patentliteratur gebracht. (Mod. Textiles Mag. **36.** Nr. 6. 38—40. 44. Juni 1955.) P. ECKERT. 8080

Paul A. Koch, *Chemiefasermerkblätter.* 6. Mitt. *Glasfasern. Glasfäden für Textilien.* (5. vgl. C. **1956.** 5992.) Nach einem geschichtlichen Überblick über die Entw. der Herst. der Glasfäden, werden die verschied. Herstellungsverff. u. die dazu erforderlichen Ausgangsmaterialien beschrieben. Anschließend werden die physikal., chem. u. technolog.

Eigg. der Glasfäden behandelt. Die Anwendungsmöglichkeiten werden besprochen u. eine ausführliche Zeitschriften- u. Patentliteratur wird angegeben. (Mod. Textiles Mag. **36.** Nr. 3. 37–38. 40. 42. März 1955.) P. ECKERT. 8082

W. A. Gordejew, *Untersuchung der elastischen Eigenschaften textiler Erzeugnisse unter dynamischen Deformationsbedingungen nach der Methode der Schwingungen.* Bei wiederholten kurzzeitigen Dehnungen von Textilmaterialien erfolgt die Deformation hauptsächlich durch die elast. u. hochelast. Bindungen. Der Elastizitätstkoeff. ist unter dynam. Bedingungen der Deformation viel größer als bei der stat. Deformation. Der bei geringer Deformationsgeschwindigkeit erhaltene Elastizitätskoeff. ist für die Berechnung der Prozesse bei der kurzzeitigen Deformation unbrauchbar. Die Reibungskräfte der Deformation können bei kurzzeitigen Prozessen der Deformationsgeschwindigkeit proportional gesetzt werden. Sie sind relativ gering. Das Schwingungsverf. kann bei Unterss. über die elast. Eigg. von Textilmaterialien bei wiederholten u. kurzzeitigen Deformationen angewandt werden. (Текстильная Промышленность [Textil-Ind.] **15.** Nr. 1. 37–41. Jan. 1955. Deutsche Übersetzung: Faserforsch. u. Textiltechn. **6.** 417–21. 1955.) O. LEBTAG. 8096

Franz Weber, *Über neue Methoden der Bestimmung der künstlichen Textilfasern.* Zusammenstellung der wichtigsten neueren Verff. zur Identifizierung textiler Fasern, bes. der synthet., auf Basis der unterschiedlichen Löslichkeit, der Farbtestung u. der spezif. chem. Trennungs-Rkk. unter Berücksichtigung von Fasermischungen u. der markenmäßig differierenden Typen. – Literaturhinweise. (Z. ges. Textilind. **58.** 313–15. 20/4. 1956.) E. WAGNER. 8100

Julien Dungler, Schweiz, *Reinigungsverfahren für Gewebe.* Die Textilien, z. B. Baumwolle, Leinen, Natur- oder Kunstseide usw., werden, auch in einem Arbeitsgang mit dem Entglänzen, Beuchen u. Bleichen, stark erhitzt, z. B. wird ein überhitzter Dampfstrom auf ein vorher mit einer Mischung aus 80 (Liter) W., 20 Eau de Javel u. 20 kg NaOH getränktes Gewebe geblasen. (**F. P. 1 092 693** vom 9/12. 1953, ausg. 26/4. 1955. Luxemburg. Prior. 24/12. 1952.) G. WELTZIEN. 8027

American Cyanamid Co., New York, N. Y., übert. von: **Tzeng Jiueq Suen,** Stamford, Conn., V. St. A., *Krumpf- und knitterfreies Textilgut.* Man imprägniert Textilwaren aus Baumwolle, Kunstseide, Wolle oder dgl. mit einer wss., z. B. 10%ig. Lsg. von Äthylenglykol-bis-glycidyläther (erhalten aus Äthylenglykol u. Epichlorhydrin in Ggw. von H_2SO_4). Nach einer Flottenaufnahme von 100% trocknet man 6 Min. bei 143°. Auch andere, ähnliche Äther sind geeignet, z. B. Propylenglykol- oder Trimethylenglykolglycidyläther. (**A. P. 2 730 427** vom 13/8. 1952, ausg. 10/1. 1956.) H. MÖLLERING. 8033

Luis Llobet Nicolau, Barcelona, Spanien, *Festigkeitserhöhung pflanzlicher oder tierischer Fasern* oder daraus hergestellter Textilwaren. Man imprägniert das Gut mit einer wss. oder alkoh., 2–20, bes. 3–8%ig. Lsg. von Pinenhydrochlorid oder Bornylchlorid, trocknet bei 100°, spaltet HCl durch Behandlung mit einer wss. Alkalilsg. ab u. oxydiert die in situ vorhandene Camphenverb. mit einem organ. HNO_3-Ester, z. B. Äthylnitrat. (**A. P. 2 714 078** vom 18/3. 1953, ausg. 26/7. 1955.) H. MÖLLERING. 8037

J. R. Geigy Akt.-Ges., Basel, Schweiz, *Die quaternäre Phosphoniumverbindung* der Formel **I** erhält man durch Rk. von (4-Phenylphenoxyäthyloxymethyl)-triphenylphosphoniumchlorid (**II**) mit chlorabgebenden Mitteln, wie Cl_2 u. $SOCl_2$, zweckmäßig in inerten Verdünnungsmitteln, wie halogenierten aliphat. aromat. KW-stoffe oder konz. Fettsäuren, wie Eisessig (**III**). – In 105 Teile **II** [aus Oxyäthyl-p-diphenyläther durch Rk. mit Paraformaldehyd, HCl u. $P(C_6H_5)_3$], suspendiert in 100 Volumenteilen **III**, wird bei 50–55° Cl_2 eingeleitet. Nach Abklingen der exothermen Rk. wird das Reaktionsprod. mit Ae. gefällt u. aus A.–Ae. umgelöst. Viscoser, hellgelber, wasserlösl. Stoff. – *Mottenschutzmittel* für *Wolle.* (**Schwz. P. 306 054** vom 6/3. 1952, ausg. 1/6. 1955.) J. MÜHLEISEN. 8063

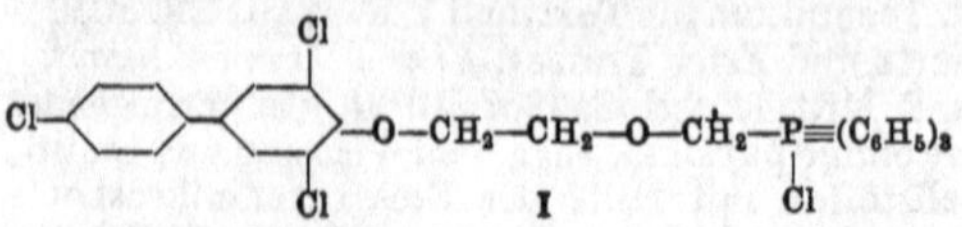

I

Xetal Products Ltd., London, England (Erfinder: **Peter Merriman**), *Polster- und Dämpfmaterial.* Fasern werden in Wirrlage an ihren Kreuzungspunkten mit einem nichtkautschukartigen Reaktionsprod. aus einem Polyester u. einem reaktionsfähigen organ. Polyisothiocyanat verbunden. – Ein geeignetes Bindemittel wird z. B. aus 100 (Teilen) im Vakuum bei 150° entwässertem Desmophen 2000 (Polyäthylenadipinat mit OH-Z. 40 u. SZ. 2) u. 18 Naphthalin-1.5-diisocyanat (Desmodur 15) durch 15 Min. Erhitzen auf 120–130° erhalten. Das in 300 wasserfreiem Äthyl- oder Butylacetat gelöste Prod. dient zum Befeuchten einer M. loser *Haare*, nachdem unmittelbar vorher 0,05 Co-Naphthenat zugesetzt werden. (**E. P. 734 594** vom 28/6. 1952, ausg. 3/8. 1955.) H. Möllering. 8067

Visking Corp., Chicago, übert. von: **Clifford J. B. Thor**, Western Springs, **Francis W. Tauber** und **George E. Tripp**, Chicago, Ill., V. St. A., *Herstellung von gefärbten Celluloseregeneratbehältern* für Nahrungsmittel, die durch den Farbstoff des Behälters oberflächlich gefärbt werden. Schläuche aus regenerierter Cellulose werden durch ein Wasserbad geführt, das einen Weichmacher u. einen ungiftigen wasserlösl. Farbstoff zum Färben von Nahrungsmitteln enthält u. mit einer flüchtigen NH_4-Verb. bei p_H 7,5—9,5 gehalten wird. Man trocknet die Schläuche bei einer Temp., bei der NH_3 verflüchtigt wird. Man führt die Schläuche z. B. durch ein wss. Glycerinbad u. dann durch ein Bad, das W., Glycerin u. einen Farbstoff enthält u. mit NH_3 auf p_H 7,5—9,5 gestellt ist. (**Can. P. 483 481** vom 30/12. 1949, ausg. 20/5. 1952. A. Prior. 4/1. 1949.) M. Pankow. 8075

Comptoir des Textiles Artificiels, Viscose Française & Givetizieul (Soc. en nom collectif), Seine, Frankreich, *Spinnen von Cellulosetriacetat*. Man verspinnt eine Acetylcellulose mit hohem Polymerisationsgrad (> 350) bei oder leicht unterhalb Raumtemp. in verd. Essigsäure ohne Neutralisation des H_2SO_4-Katalysators, streckt den Faden außerhalb des Bades stark (50—75%) u. wäscht. — Man verspinnt eine 12,4%ig. Cellulosetriacetatlsg. (Viscosität 600 poise) bei 18° in ein Bad mit 175 g/Liter CH_3COOH von 12°, streckt außerhalb des Bades, trocknet, wäscht den Faden u. bringt ihn nach Aufspulen nochmals 24 Std. in kaltes Wasser. Die Fäden enthalten ca. 60% CH_3COOH als Acetat, sehr wenig H_2SO_4-Gruppen u. werden in 7 Tagen bei 110° nicht braun; Bräunungspunkt 310—330°. (**F. P. 1 062 198** vom 26/8. 1952, ausg. 20/4. 1954.) M. Pankow. 8077

Celanese Corp. of America, New York, N. Y., übert. von: **Fred Fortess**, Summit, und **Marshall Duke**, Morristown, N. J., V. St. A., *Knitterfreie Textilien aus Celluloseacetat*. Man taucht Garne 30 Sek. in eine auf 50° gehaltene Dispersion eines auspolymerisierten Butadien-Styrol-Mischpolymerisates. Es sollen 0,625% Polymerisat aufgebracht werden. (**A. P. 2 731 368** vom 20/2. 1952, ausg. 17/1. 1956.) H. Möllering. 8077

Erhard Siggel, Kleinwallstadt, *Färben von Polyäthylenterephthalat*, das gemeinsam mit einem Indanthrenfarbstoff bei 240° in α-Methylnaphthalin, Diphenyl, Diphenyläther, -methan, Naphthalin oder Dekahydronaphthalin gelöst wird u. beim Abkühlen wieder ausfällt. Herst. von Fäden u. Filmen. (**A. P. 2 710 849** vom 3/7. 1952, ausg. 14/6. 1955. D. Prior. 5/7. 1951.) G. Salzmann. 8081

XIX. Brennstoffe. Erdöl. Mineralöle.

W. A. Usspenski, *Versuche einer Materialbilanz der bei der Metamorphose von Kohleschichten vor sich gehenden Prozesse*. Die Arbeit enthält die Durchschnittswerte für die chem. Zus. der Donez-Kohlen in verschied. Stadien der Metamorphose, die chem. Zus. der flüchtigen Prodd., die chem. Zus. der Kaustobiolithe sowie die Menge der flüchtigen Prodd. in verschied. Stadien der Metamorphose. Aus den Zahlen über den Grad der Metamorphose der Kohlen in den erdölführenden Gebieten wird geschlossen, daß die Abgabe der diffusen KW-stoffe aus dem Erdölmuttergestein in der Anfangsphase der Erdölbldg. kaum über das mittlere Steinkohlenstadium der Metamorphose hinausgehen kann. Zumindest bis zum frühen Braunkohlenstadium ist die Gasentw. in den Sedimenten von keiner Verschiebung großer Mengen fl. bituminöser Prodd. begleitet, so daß im Kollektor nur CH_4-Gas angereichert wird. (Известия Академии Наук СССР, Серия Геологическая [Nachr. Akad. Wiss. UdSSR, geol. Ser.] **1954**. Nr. 6. 94—101. Nov./Dez.) O. Lebtag. 8126

A. R. Myhill, *Asche und anorganisches Material in Kohle*. Es wird über die aschebildenden Verunreinigungen, über die Zus. von Kohlenaschen, die Auswirkungen der Asche bei der industriellen Verwendung der Kohlen, die Bldg. von Klinker, die Asche in Heizöfen u. über die Wichtigkeit der Laboratoriumsunterss. von Aschen berichtet. (Gas J. **284** (**107**). 457—64. 16/11. 1955.) E. Boye. 8126

J. W. Miller, T. R. Jolley und **M. Sokaski**, *Aufarbeitungscharakteristika von Kohle aus der Grafschaft Harlan, Kentucky*. Es werden die Unterss. u. Angaben über die Kohlen aus 13 Lagerstätten dargelegt. (U. S. Dep. Interior, Bur. Mines, Rep. Invest. **1955**. Nr. 5140. 1—44. Juli.) E. Boye. 8126

János Miklós Bcár, Tamás Csorba und **József Csaba**, *Versuche mit Kohle großen Aschengehalts zur Konstruktion der Stützflammenbrenner*. Zur Verbrennung aschereiner u. gasarmer Kohlen wurde ein Brenner entwickelt, welcher von der Kohlequalität in weiten Grenzen unabhängig u. ohne Gas- bzw. Ölzusatzbrenner (Stützflammbrenner) einen kontinuierlichen Betrieb gestattet. Vff. haben den Ledács-Kiss-Aladár-Brenner weiterentwickelt, in dem Primärluft u. Kohlenstaub bereits vermischt dem Brenner zugeführt werden. – Bei der Konstruktion des Brenners vermied man die Anwendung keram. Materialien, um eine Rk. zwischen der heißen Schlacke u. Brenner zu verhindern. Als Brennermaterial hat sich Sicromal am geeignetsten erwiesen. Die Leistungsgrenzen sind bei den Brennern noch relativ gering: 400–500000 kcal/h. (Magyar Energiagazdaság [Ung. Energiewirtsch.] **9.** 61–68. 1956.) R. Schrauf. 8128

W. L. Kornejew und **D. M. Chsmaljan,** *Intensivierung der Gasverbrennung.* Vff. behandeln die Verbrennungsvorgänge im Brenner mit Drahtnetz, im Brenner mit ungleichmäßiger Verteilung des Gemisches nach dem Querschnitt, im Brenner mit Drahtnetz für den inneren Gasstromanteil u. im flammlosen Tunnelbrenner. (Известия Академии Наук СССР, Отделение Технических Наук [Nachr. Akad. Wiss. UdSSR, Abt. techn. Wiss.] **1955.** Nr. 4. 131–35. April.) O. Lebtag. 8128

Gottfried Gerlach, *Untersuchungen über die Schrumpfung von Braunkohlenbriketts verschiedener Eigenschaften bei der Schwelung und über die Zusammenhänge zwischen Schrumpfung und Koksfestigkeit.* (Vgl. C. **1956.** 9333.) Bei sämtlichen Verss. wurde grundsätzlich gleicher Schrumpfungsverlauf festgestellt. Aus den Verss. werden die Erkenntnisse für die Anforderungen, die an ein Schwel- u. Verkokungsbrikett im Hinblick auf die Erzielung eines stückigen u. abriebfesten Kokses gestellt werden müssen, dargelegt. (Bergakademie [Freiberg] **7.** 374–75. Aug. 1955.) E. Boye. 8140

Jerzy Kowalski, *Methanisierung von Stadtgas, eine Möglichkeit seiner Verwendung als Treibstoff.* Die seit 1942 in Deutschland entwickelte Methanisierung von Kokereigas $CO + 3H_2 = CH_4 + H_2O$ wird beschrieben u. deren Wirtschaftlichkeit mit der des Fischer-Tropsch-Verf. verglichen. Die Anwendung dieser Meth. auf das Stadtgas, das schon ca. 20% CH_4 enthält, wird als bes. günstig angesehen. Der Aktionsradius eines Fahrzeugs, das mit methanisiertem Stadtgas betrieben wird, ist etwa doppelt so groß wie bei Verwendung von gewöhnlichem Gas. (Gaz, Woda Techn. sanit. **27.** 66–67. März 1953.) F. Urban. 8156

Horst Walther, *Mikrostruktur und Verformungseigenschaften von Braunkohlenteeren und Pechen.* 1. Mitt. An Hand zahlreicher Mikrobilder wird nachgewiesen, daß Braunkohlenteere u. Peche keine reinen oder koll. Stoffe sind, wie es bei Steinkohlenteeren u. Pechen der Fall ist, sondern als grobdisperse Systeme, wie Breie oder Schlämme, zu bezeichnen sind. Dies ist bedingt durch die Kristallisation der Inhaltsparaffine. Die Abkühlgeschwindigkeit beeinflußt die Verformungseigg. (Erweichungspunkt usw.), weil die Inhaltsparaffine sich in verschied. Kristallgröße u. Form ausscheiden. Richtige Konsistenzbeurteilung ist möglich durch die Meth. der Penetration, durch Messung der Eintauchgeschwindigkeit einer belasteten Nadel. Dabei sind keine Unterschiede für rasch u. langsam abgekühltes Material feststellbar. Bei mechan. unvorbehandeltem u. mechan. vorbehandeltem Material sind Viscositätsunterschiede vorhanden (Thixotropie), bei vorbehandeltem Material beobachtet man eine größere Fließgeschwindigeit. Die Viscositätsänderung mit der Temp. weist bei 41° einen deutlichen Knick auf. Die beiden letzten Eigg. bringen einen Unsicherheitsfaktor bei Verwendung im Straßenbau u. zur Herst. von Dachpappe. Abhilfe kann geschaffen werden durch Mischen mit Bitumen 1:1 oder mit schwerem Steinkohlenteeröl oder dünnem Steinkohlenteer, ohne daß aber dabei alle Nachteile beseitigt werden. Die grobdisperse Struktur müßte auf koll. Dimensionen verringert u. der Anteil der wasserlösl. phenol. Stoffe erniedrigt werden, um den Engpaß an qualitativ hochwertigen bituminösen Rohstoffen aus eigener Produktion zu überwinden. (Chem. Techn. **6.** 91–97. Febr. 1954. Weimar.) H.-R. Hähnel. 8178

K. Naumann, *Ein Beitrag zur Kenntnis der Isolierung und Identifizierung von Basen aus Braunkohlenrohsäure.* (Vgl. C. **1952.** 6958.) Es wurden die Basen eines Braunkohlen-Schwelteer-Destillates untersucht, deren Anteil 7,7% betrug. Sie liegen teils frei, teils als Additionsverbb. mit Phenolen vor. Zur Gewinnung wurde HCl verwendet, um Verharzungen zu vermeiden, die bei H_2SO_4 auftreten. Für die Fällung der Basen aus der salzsauren Lsg. (dunkelbraun u. schwerfließend) eignet sich am besten NH_3, wobei Überschuß zu vermeiden ist. Die Rohbasen haben eine D. von ca. 1 u. sind stark hygroskopisch. Die Einw. von Alkalien bewirkt eine starke Polymerisation, konz. H_2SO_4 erzeugt Verharzungen, konz. HNO_3 zers. die Basen völlig, während HCl sie nicht angreift. Da selbst die Feinfraktionierung keine Zerlegung der Basen ermöglichte (Gemisch von Homologen u. Isomeren), wurden fraktionierte Fällung als Pikrate u. pyrogene Zers. bei 800–1000° angewandt, die auch nur teilweise Erfolg hatten. Wegen der Azeotropbldg. vieler Stoffe im Braunkohlenschwelteer–Destillat (Basen–Phenole) ist eine destillative Aufarbeitung zu definierten Fraktionen fast unmöglich. (Chem. Techn., Sonderh. **1952.** 33–34. Leipzig, Inst. für organ.-chem. Ind). H. Schöberl. 8178

Inichar, *Die Verwendung von Schiefer aus der Kohlenwaschung. Vorläufige Untersuchungen.* Besprochen werden die analyt. Best. u. die halbindustrielle Vergasung. (Ann. Mines Belgique **53.** 528—33. Juli 1954. Louvain, Univ., Inst. de Chim. Ind.)
E. BOYE. 8180

C. J. Guillissen, *Der Einfluß der Petrochemie auf die Entwicklung des wissenschaftlichen Denkens.* Vf. befaßt sich mit der Entw. der Petrochemie in den letzten 30 Jahren u. behandelt den Einfl. derselben auf die Vorstellungen von der chem. Reaktivität der aliphat. KW-stoffe u. auf die Entdeckung neuer Reaktionstypen. Hierbei wird bes. die Bedeutung von Arbeiten von CHAVANNE erörtert. (Ind. chim. belge **20.** 499—505. Mai 1955. Bruxelles, Univ. libre.) GERHARD GÜNTHER. 8186

G. Spengler und **Karl A. Schmid,** *Kraftstoffe und Schmierstoffe.* Zusammenstellung der derzeit gebräuchlichen Flugkraftstoffe (Benzine, Turbinenkraftstoffe) u. Flugschmierstoffe (Triebwerkschmierstoffe für Kolbenmotoren u. Turbinen, Spezialschmierstoffe) u. der Verff. zu ihrer Prüfung. — 31 Schrifttumshinweise. (VDI-Z. **98.** 499—500. 11/4. 1956. München.) W. WESLY. 8204

—, *Durch Zusätze verbesserte Schmierwirkung von Mineralölen.* Setzt man Schmierölen eine geeignete S- oder Cl-haltige Verb. (S an eine Allyl- oder Benzylgruppe gebunden. Phenyl[di]sulfid) zu, so bleibt die Schmierwrkg. in Achslagern auch dann erhalten, wenn infolge hoher Druckbelastung das Öl aus der Lagerfläche vertrieben worden ist. Die Zusätze bilden bei dem hohen Druck u. der damit verbundenen hohen Reibungswärme an der Oberfläche der Achse FeS oder $FeCl_2$. Diese Verbb. weisen einen niedrigeren F. als Eisen auf. Unterss. haben die bisher gültige Annahme, daß eine Schmierwrkg. durch Schmelzen des Lagers entsteht, nicht bestätigt. Vielmehr ist die Schmierwrkg. dem Umstand zu verdanken, daß die Lauffläche bei Anwendung der S- u. Cl-haltigen Öle in Drehrichtung liegende Riefen oder Poren zeigt, die auch bei hohen Drucken noch Öl enthalten. Auch feste Schmiermittel, wie Graphit u. Mo-Sulfide, haben sich bewährt. Die Aufschlämmung dieser Zusätze wird durch Verwendung von Mo-Blau vermieden. (Z. Ver. dtsch. Ing. **98.** 525. 21/4. 1956. Düsseldorf.) W. WESLY. 8220

D. L. Carpenter, *Die Entflammbarkeit von Kohlenstaub.* (Vgl. C. **1955.** 1176.) App. u. Verf. zur Best. der Entflammbarkeit von Kohlenstaub werden beschrieben. Entflammbarkeit u. Entzündungstemp. in Abhängigkeit von Teilchengröße u. O_2-Konz. werden bestimmt. (Colliery Guardian. **188.** 289—94. 11/3. 1954.) F. VIER. 8246

Alfred Dierichs und **Gerhard Heinichen,** *Phenolbestimmung in Teeren.* Es wird festgestellt, daß bei der Unters. anderer u. eigener Methoden zur Best. von sauren Bestandteilen in Braunkohlenschwelteeren eine Reihe von Problemen entstanden ist, die den Ausgangspunkt weiterer Arbeiten bilden werden. (Freiberger Forschungsh., Reihe A **1955.** 36. 82—94. Juni.) E. BOYE. 8248

Deutsche Gold- & Silberscheideanstalt vormals Roessler, Frankfurt/M. (Erfinder: **Lajos von Szeszich,** Essen), *Herstellung von Synthesegas unter gleichzeitiger Gewinnung von Energie* durch Verbrennen von KW-stoffen, bes. CH_4, mit unterschüssigem O_2 in einem Gasmotor, dad. gek., daß ein Gasgemisch, welches auf 1 Atom C 1,52 oder weniger Atome O_2 enthält, verwendet wird u. indizierte Zünddrucke von mindestens 35 kg/cm^2 eingehalten werden. (**D. B. P. 936 624** Kl. 12i vom 25/12. 1953, ausg. 15/12. 1955. Anmeldung bekanntgemacht 23/6. 1955.) W. MATTHAES. 8153

British Oxygen Co. Ltd., London, England (Erfinder: **Thomas John Webster**), *Reinigen von Gasen.* Um O_2 oder H_2 aus einem Gemisch mit inerten Gasen abzutrennen, wird der Geh. an O_2 u. H_2 auf ein solches stöchiometr. Verhältnis durch Zugabe von O_2 oder H_2 gebracht, daß diese in W. übergeführt werden können. — Zeichnung. (**E. P. 744 373** vom 12/2. 1953, ausg. 8/2. 1956.) E. KAHLES. 8165

Richard D. Hoak, Whitehall, Pa., V. St. A., *Reinigung von Koksofengas.* Das Gas, welches NH_3, H_2S, HCN, HSCN u. Teerbasen enthält, wird mit einer wss. Lsg. von $FeSO_4$ u. H_2SO_4 gewaschen. Hierauf wird bei 45—50° u. einem p_H 6,5—7,5 die Lsg. oxydiert, damit aus dem FeS Eisenoxyd u. S entsteht. Nach Abtrennung der festen Anteile der Lsg., wie S, Fe-Oxyd, Fe-Ferrocyanid, wird aus der Lsg. $(NH_4)_2SO_4$ auskristallisiert. Die Mutterlauge, welche noch NH_4SCN enthält, wird auf NH_4SCN weiterverarbeitet. Die abgetrennten Feststoffe Fe-Oxyd, Fe-Ferrocyanid u. S werden mit einer alkal. Lsg. behandelt, um das Fe-Ferrocyanid zu gewinnen. Der S wird anschließend vom Fe-Oxyd abgetrennt. — Zeichnung. (**A. P. 2 712 980** vom 6/9. 1952, ausg. 12/7. 1955.)
E. KAHLES. 8173

Pintsch Öl G. m. b. H. (Erfinder: **Wolfgang Kehse**), Berlin, *Behandlung von mineralölhaltigen Bleicherden,* dad. gek., daß sie mit NH_3-Wasser, welches Spuren von organ. N-Verbb., wie Rhodan- oder Cyanverbb. enthält, bei >100° u. n. Druck behandelt werden. (**D. B. P. 942 654** Kl. 23b vom 29/5. 1952, ausg. 3/5. 1956. Anmeldung bekanntgemacht 10/11. 1955.) E. KAHLES. 8193

Standard Oil Development Co., übert. von: **Edward W. S. Nicholson** und **Robert I. Fritz**, Baton Rouge, La., und **Lewis D. Etherington**, Cranford, N. J., V. St. A., *Adsorption von Gasen mit Holzkohlen verschiedener Aktivität*, wobei eine Anzahl von Bestandteilen sinkender Adsorbierbarkeit aus einem Gasgemisch abgetrennt wird. Man leitet das Gasgemisch in eine Reihe von Adsorptionszonen, die Adsorptionsmittel von steigender Aktivität enthalten. Dabei werden die am leichtesten adsorbierbaren Bestandteile von dem Adsorbens geringster Aktivität aufgenommen; die nicht aufgenommenen Bestandteile des Gasgemisches werden durch die anschließenden Adsorptionszonen so lange geleitet, bis die Bestandteile geringster Adsorbierbarkeit von dem Adsorbens mit größter Aktivität festgehalten werden. – Zeichnung. (**A. P. 2 614 657** vom 19/6. 1951, ausg. 21/10. 1952.) P. UNGER. 8195

Standard Oil Development Co., Elizabeth, N. J., übert. von: **Albert J. Shmidl**, Houston, Tex., V. St. A., *Behandlung von Säureschlamm, der aromatische Sulfonsäuren enthält* u. aus der Behandlung olefinhaltiger aromat. Rückstände mit starker H_2SO_4 herrührt, wobei die Olefine entfernt werden. Man mischt den Schlamm, der aromat. Sulfonsäuren enthält, mit 1–4 Volumenteilen H_2SO_4 von 60–70% u. rührt die Mischung aus Schlamm u. Säure bei 300–330° F heftig durch, wobei sich Kohlekörnchen bilden, die fein genug sind, daß mindestens 60% durch ein 40-Maschensieb laufen. Nach dem Absetzen bilden sich 2 Schichten, die man trennt, eine saure, die die Kohlekörnchen enthält, u. eine KW-stoffphase, die die Aromaten enthält. (**A. P. 2 682 498** vom 21/5. 1951, ausg. 29/6. 1954.) P. UNGER. 8195

Standard Oil Development Co., Elizabeth, N. J., übert. von: **Morris R. Morrow** und **Linnie P. Hodges**, Baytown, Tex., V. St. A., *Lagerung hochsiedender Destillatfraktionen* (300–900° F), welche Sedimente bilden u. Fe-Metalle in Ggw. von W. korrodieren. Man setzt der Destillatfraktion einen phenol. Oxydationsverhinderer in einer Menge von 1–15 Pfund/1000 Barrels zu. Der wss. Schicht gibt man einen wasserlösl. Korrosionsverhinderer (Alkalinitrite oder -chromate) in einer Menge von 100–5000 p.p.m. zu, wodurch die Sedimentbldg. u. die Oberflächenkorrosion verhindert werden. Beispiele für Oxydationsverhinderer: Erdölphenol, 2.4.6-Tri-tert.-butylphenol, 2-tert.-Butyl-4-methoxyphenol, 4.4'-Isopropyliden-bis-[(2-isopropyl)-phenol] u. N.N'-Disalicyliden-1.2-diaminopropan. (**A. P. 2 693 997** vom 27/6. 1951, ausg. 9/11. 1954.) P. UNGER. 8195

Standard Oil Development Co., Del., übert. von: **Barney R. Strickland**, Westfield, N. J., V. St. A., *Entasphaltieren* von Rückstandsölen, welche man auf 750–920° F erhitzt, indem man 1–75 Vol. Öl pro Std. durch 1 Vol. der Heizzone leitet. So erhält man ein behandeltes Prod., von dem nicht >5% in <430° F sd. KW-stoffe umgewandelt wurden, die man durch Fraktionierung entfernt. Anschließend behandelt man den Rückstand mit einem Asphaltfällungsmittel (Propan oder Butan) unter solchen Bedingungen, daß sich der Asphalt vom behandelten Prod. trennt. Man erhält ein behandeltes Rückstandsöl, dessen Viscosität nicht wesentlich geringer ist als die des ursprünglichen Rückstandsöles u. das einen Geh. an unlösl. Material (unlösl. in Bzn. von 85° A.P.I.) aufweist u. dessen CONRADSON-C-Zahl sich der des ursprünglichen Rückstandsöles nähert. – Zeichnung. (**A. P. 2 696 458** vom 27/2. 1952, ausg. 7/12. 1954.) P. UNGER. 8195

Standard Oil Development Co., Elizabeth, N. J., V. St. A., *Reinigung von Kohlenwasserstoffölen*. Die KW-stofföle werden mit W. unter Emulsionsbldg. bei 150–350° F u. einem Druck, der ausreicht, um das W. in fl. Phase zu halten, in Berührung gebracht. Dabei bilden sich zwei Phasen, eine ungebrochene Emulsionsphase u. eine Ölphase. Die größere Ölphase wird abgetrennt u. der Crackung zugeführt. Die ungebrochene Emulsionsphase wird nach Brechung nochmals getrennt u. das Öl gleichfalls zur Crackung geleitet. – Zeichnung. (**E. P. 722 729** vom 7/3. 1952, ausg. 26/1. 1955. A. Prior. 25/9. 1951.) E. KAHLES. 8195

British Petroleum Co. Ltd., London, und **Frederick William Bertram Porter**, Sunbury-on-Thames, England, *Katalytische Entschwefelung von Spaltbenzinen*. Man leitet das Bzn. mit H_2 bei 780° F unter 50–100 lbs./sq.in. über einen Co-Mo-Katalysator (auf Al_2O_3), der F. enthält. (**E. P. 728 505** vom 13/12. 1951, ausg. 20/4. 1955.) P. UNGER. 8197

Lummus Co., New York, übert. von: **August H. Schütte**, Hastings-on-Hudson, N. Y., V. St. A., *Verkoken von Kohlenwasserstoffen*. Zur Umwandlung von schweren Rohölrückständen in Koks u. KW-stoffdämpfe werden diese in fl. Zustand in eine kontinuierlich fließende M. von granulierten Wärmeträgern eingeführt. Die Wärmeträger werden in eine Vorzone, die oberhalb der Reaktionszone angeordnet ist, eingebracht u. durch eine schmale Öffnung in den Reaktionsraum eingelassen, wobei gleichzeitig die fl. Charge den Wärmeträgern beigemischt wird. Die fl. Anteile haften auf den Wärmeträgern als dünner Film. — Vorr., Zeichnung. (**A. P. 2 701 788** vom 10/3. 1951, ausg. 8/2. 1955.) E. KAHLES. 8197

Phillips Petroleum Co. (Erfinder: **Walter Adolph Schulze**), Bartlesville, Okla., V. St. A., *Regenerierung von Katalysatoren*, dad. gek., daß der Katalysator mit auf $<440^0$ erhitztem Dampf gereinigt u. anschließend mit Dampf u. Luft behandelt wird, wobei die Entzündung der brennbaren Verunreinigungen stattfindet. Das Dampf–Luft-Gemisch wird durch ein rückgeleitetes Verbrennungsgas ersetzt, wobei eine Temp. von 440—500° eingehalten wird. Zur weiteren Verbrennung der brennbaren Verunreinigungen des Katalysators u. zur Regulierung der Regeneriertemp., die unterhalb der Temp. liegt, welche die Verschlechterung des Katalysators bewirkt, wird die Luftzufuhr geregelt. Während der letzten Verbrennungsstufen wird zur Aufrechterhaltung einer Temp. von $>500^0$ vorgewärmte Luft eingeleitet. Der regenerierte Katalysator wird vom O_2 mittels Dampf von 440° befreit. — Zeichnungen. (**D. B. P. 940 848** Kl. 23b vom 29/9. 1950, ausg. 29/3. 1956. Anmeldung bekanntgemacht 29/4. 1954. A. Prior. 26/1. 1942. **A. P. 2 353 508** vom 26/1. 1942, ausg. 11/7. 1944.) E. KAHLES. 8197

Robert Lauriat und **Pierre Robert Albert Gérard,** Frankreich, *Mittel zur Steigerung der Vergasung und Verbrennung von Kraftstoffen.* Es besteht z. B. aus 10—25 g Campher, 30—50 g Naphthalin, 0,5—2 cm^3 Ae., 1—3 Nitrobenzol u. 1 Liter eines Gemisches zu gleichen Teilen von Bzn. u. Gasöl. (**F. P. 1 081 974** vom 16/5. 1953, ausg. 24/12. 1954.) T. OPPERMANN. 8205

Standard Oil Co., Cleveland. O., übert. von: **Everett C. Hughes,** Shaker Heights, O., und **John D. Bartleson,** Franklin, Mich., V. St. A., *Herabsetzung des Octanzahlbedarfs von Brennkraftmaschinen,* in deren Zylindern sich bleihaltige Ablagerungen niederschlagen, indem man die Oberflächen der Zylinder mit einem Belag auskleidet, der zu 10—90 Gew.-% aus einem viscosen, an Metall adhärierenden, nichtkorrosiven Träger mit ca. 90—10% einer anorgan. B-Verb., z. B. Ag- oder Cu-Borat, besteht. (**A. P. 2 725 857** vom 19/3. 1954, ausg. 6/12. 1955.) P. UNGER. 8209

Farbenfabriken Bayer Akt.-Ges., Leverkusen, *N.N'-Dicyclohexyl-3.3'-dialkylbenzidine* u. die entsprechenden *3.3'-Dialkoxyderivv.* erhält man aus den entsprechenden Dialkyl- oder Dialkoxybenzidinen mit freien Aminogruppen durch Kondensation mit Cyclohexanol, bes. in Ggw. von RANEY-Ni. — Aus 3.3'-Dimethyl-4.4'-diaminodiphenyl + Cyclohexanol in Ggw. von RANEY-Ni bei 160° → *N.N'-Dicyclohexyl-3.3'-dimethylbenzidin.* — *N.N'-Dicyclohexyl-3.3'-diäthoxybenzidin.* — *Zusatzmittel* zu *Schmierölen.* (**E. P. 731 323** vom 21/4. 1953, ausg. 8/6. 1955. D. Prior. 22/4. 1952.) G. KRAUSS. 8221

XXI. Leder. Gerbstoffe.

Rinjirô Sasaki und **Yasushi Sato,** *Über die Reaktion zwischen Hautkollagen und Säure oder Alkali.* (*Chemische Untersuchung über die Gerbeigenschaften von Tierhaut.*) Als 1. Schritt der Unters. des Chemismus der pflanzlichen Gerbung von Tierhaut wird die säure- bzw. basenbindende Kraft von *Hautkollagen* (I) u. pflanzlich gegerbtem I untersucht. I u. *Knochenkollagen* (II) von Kaninchen zeigen etwa die gleiche p_H- u. Konzentrationsänderung von HCl bzw. NaOH wie die in der Literatur bekannten von Kuhhautkollagen (III). In der p_H-Zone 4—10 ist der isoelektr. Punkt von I 5,8, für II 5,2—5,5 mit einem End-p_H von 2,05 u. 0,73 mg Mol Säurebindung bei I u. p_H 2,39 u. 0,6 mg Mol bei II. Nach Herst. von pflanzlich gegerbtem III durch Waschen der gekratzten u. abgezogenen Lederfaser mit NaOH u. HCl, W. u. Ae. zeigt sich bei Wiederholung obigen Vers. eine Veränderung des amphoteren Charakters: Die Säurebindekraft ist bei p_H 3—4 gefallen u. die Basenbindekraft bei p_H 7—10 gestiegen. — 4 Diagramme, 10 Tabellen [engl.]. (J. agric. chem. Soc. Japan [Nippon Nôgeikagaku Kaishi] **28.** 510—16. Juli 1954. Tokyo, Univ. [Orig.: japan., Auszug: engl.]) L. SCHULER. 8336

A. M. Waks und **W. N. Iljuchina,** *Die Abhängigkeit zwischen den auswaschbaren Stoffen und der Konzentration der verbrauchten Gerblösung.* Durch das in der Technik übliche 5minütige Auswaschen des Halbfabrikats mit H_2O nach der Gerbung tritt ein Verlust von 4—5% an wasserlösl. Stoffen ein. Der Gesamtgeh. derselben bestimmt die H_2O-Aufnahmefähigkeit u. -Durchlässigkeit des Leders (a = durch H_2O auswaschbare Stoffe des fertigen Leders, b = Wasseraufnahmefähigkeit, beides in %, bezogen auf absol. trockene Substanz): a 14, b 58,1; a 16, b 54,3; a 18, b 52,6; a 20, b 50,2 (bei 2std. Versuchsdauer); a 14, b 65,4; a 16, b 62,1; a 18, b 61,0; a 20, b 58,1 (bei 24std. Versuchsdauer). Dabei werden schwach gebundene Gerbstoffe ausgewaschen (teilweise Entgerbung); die Struktur des Kollagens wird gelockert, die fermentative Beständigkeit verringert. Von a = 20% waren 3,5%, von a = 16% 2% Gerbstoffe. Der a-Wert nimmt mit der Endkonz. c der Gerblsg. zu. Nach Pressen des Halbfabrikats (250 at, 30 Min.) nimmt a bei der Fertigware um 2–3% ab. Zwischen dem Geh. an wasserlösl. Stoffen im Fertigprod. u. der Konz. der Gerblsg. im letzten Stadium der Gerbung besteht eine Beziehung. Durch die Gerbstoffanalyse zwecks Ermittlung der wasserlösl. Stoffe im Fertigprod. kann innerhalb 24 Std. festgestellt werden, ob das Leder ausgewaschen werden muß. In 50% der Fälle erübrigt sich dies nach den Betriebserfahrungen. Dabei wird eine Erniedrigung der H_2O-Aufnahmefähigkeit um 4–5% u. eine Einsparung an Gerbstoffen von 2–3% erreicht. (Легкая Промышленность [Leicht-Ind.] **15.** Nr. 12. 29–30. Dez. 1955. Schtscherbakow, Lenin-Lederwerk.) H. HUBER-EMDEN. 8336

K. G. A. Pankhurst, *Leder.* Fortschrittsberichte 1954. — 176 Literaturangaben. (Rep. Progr. appl. Chem. **39.** 432–48. 1954. Egham, Surrey, Brit. Leather Mfg. Res. Assoc.) G. TREWENDT. 8340

Carl G. Telander und **J. F. Wagoner,** *Die „3 position" Entnahme von Sohlleder.* Es wird empfohlen, ganz allg. auch für alle anderen Lederarten die bei Sohlleder von der JALCA vorgeschriebene „3 position"-Entnahmemeth. anzuwenden, da dieselbe die besten Durchschnittsmuster für die chem.-analyt. Prüfungen ergibt. (Leather and Shoes **130.** Nr. 25. 14–15. 17/12. 1955.) H. G. FRÖHLICH. 8368

Magyar Állam (Erfinder: **Lajos Füzi, Károly Skodnitz, Ernö Oltay** und **Hugó Kollár**), Budapest, Ungarn, *Sulfochloride* von aliphat. KW-stoffen, wie sie z. B. bei der FISCHER-TROPSCH-Synth. anfallen, erhält man durch Behandeln der an Aromaten freien KW-stoffe mit Cl_2 u. SO_2 unter Lichteinwirkung. Die Geschwindigkeit des Einleitens von Cl_2 u. SO_2 wird allmählich bis zur Hälfte der Anfangsgeschwindigkeit vermindert. — Synthet. *Gerbstoffe.* (**Ung. P. 142 577** vom 1/7. 1952, ausg. 15/3. 1955.) G. KÖNIG. 8337

Fernand Blanc, Genf, Schweiz, *Imprägnieren von Sämischleder,* dad. gek., daß dasselbe mit einem Weichmachungsmittel, wie einer Glycerinseife oder mit „Teepol", einer Mischung aus Na_2SO_4 u. Verbb. vom Typ $R_2CH-O-SO_3Na$, durch Eintauchen in eine konz. Lsg. u. nachfolgendes Trocknen, z. B. mit infraroten Strahlen, imprägniert wird. In der Formel bedeutet R einen Alkylrest. Das so behandelte Leder dient zum Waschen von Autoscheiben, Glas u. Spiegeln. (**Schwz. P. 305 727** vom 21/3. 1953, ausg. 16/5. 1955.) TH. SEIZ. 8341

Thames Industries Ltd. und **Egon Josef Radinger,** London, England, *Herstellen von Ledererersatz.* Das Verf. des E. P. 712 812 wird insofern abgeändert, als die Menge der konz. NH_3-Lsg. 5—15% beträgt. (**E. P. 714 583** vom 23/1. 1951, ausg. 1/9. 1954. **Zusatz zu E.P. 712 812; C. 1956. 2632.**) W. OVERBECK. 8353

Hans Eberle, Deutschland, und **Otto Saladin,** Schweiz, *Kunstleder.* Man streicht die Gewebe- oder Papierunterlage mit einer Dispersion von Vinylchloridpolymerisaten oder -mischpolymerisaten, die höchstens 30% W. enthält, läßt die flüchtigen Anteile entweichen u. gelatiniert ebenfalls. Um dem Kunstleder eine für Luft u. Wasserdampf durchlässige Porosität zu geben, kann man das Leder elektr. Funkenentladungen aussetzen oder in die Streichmasse gasentwickelnde Stoffe oder kurze Textilfasern oder Lederstaub einmischen. — Man mischt 44,5 (Gewichtsteile) Polyvinylchloridpulver, 11 Polymethylmethacrylat u. 44,5 Dioctylphthalat u. homogenisiert, gibt im Schnellmischer zu 1000 der Paste 300 W., bis eine Dispersion entsteht, streicht auf Gewebe u. gelatiniert nach dem Trocknen 20 Min. bei 175°. Die Härte des Leders kann durch eine Deckschicht aus einem Plastisol, seine Wasserfestigkeit durch Bedecken mit einer Paraffindispersion erhöht werden. (**F. P. 1 071 226** vom 18/11. 1952, ausg. 27/8. 1954. D. Priorr. 19/11. u. 30/11. 1951.) M. PANKOW. 8353

XXII. Leim. Klebstoffe usw.

—, *Klebstoffe.* Fortschrittsberichte 1954 über tier. Leime (63 Literaturangaben), synthet. Harzklebstoffe (15 Literaturangaben) u. Kautschukklebstoffe (18 Literaturangaben). (Rep. Progr. appl. Chem. **39.** 606–17. 1954.) G. TREWENDT. 8380

A. D. Tolotschko, I. A. Ljulkin und **G. Ss. Ljubomirski,** *Ein Leim aus Zuschneideabfällen von Chromleder und Lederstaub.* Das zerkleinerte Material wird mit 6,5—7,5 Gew.-% MgO bei 2maligem Ablassen der entstandenen Leimlsg. nach 6 bzw. 10 Std. gekocht. Nach Filtrieren oder Zentrifugieren der Lsg. wird in einer Zerstäubungstrockenanlage der Leim pulverförmig gewonnen. Er kommt unter der Bezeichnung „KO-Leim" in 3 Sorten auf den Markt. Die 1. Sorte hat folgende physikal. Eigg.: Viscosität einer 17,75%ig. Lsg. bei 30° 2,0; H_2O-Geh. 17%; Fäulnisbeständigkeit einer 17,75%ig. Lsg. bei 25° 5 Tage; p_H 5; maximale Schaumentw. der Lsg. 45 ml. (Легкая

Промышленность [Leicht-Ind.] **15.** Nr. 12. 45–46. Dez. 1955. Charkow, Lederwerk Nr. 7.) H. HUBER-EMDEN. 8384

A. E. Williams, *Gewinnung und Eigenschaften der Gelatine.* Inhaltlich ident. mit der C. **1956.** 4028 referierten Arbeit. (Ind. y Quím. **16.** 217–19. 45. Juni 1954.) M. WINIKER. 8384

A. G. Ward, *Neuere Fortschritte in der Gelatineforschung.* Kurze Übersicht über die Hauptforschungsrichtungen auf dem Gelatine (I)-Gebiet, bes. Umwandlung von Kollagen in I; chem. Konst. von I sowie ihre chem. u. physikal. Eigg.; biol. Eigg. u. Eigg., die von artfremdem Spurengeh. abhängig sind. Nach dem heutigen Stand der Forschung sind die Eigg. einer I zur Hauptsache von 3 Strukturfaktoren, nämlich dem isoelektr. Punkt, der Mol.-Gew.-Verteilung sowie dem bisher noch unbekannten Gelbildungsfaktor, abhängig. – 35 Literaturangaben. (Chem. and Ind. **1954.** 502–05. 1/5. Brit. Gelatine and Glue Res. Assoc., Director of Res.) W. KÖNIGSDORF. 8384

Armour & Co., V. St. A., übert. von: **Edward Rapkin,** *Herstellung von Leim aus tierischen kollagenen Geweben.* Das Gewebe wird z. B. mit HCl bei p_H 1,5–3,5 gehalten u. nach Quellung die vorhandene Säure durch eine solche (z. B. Oxalsäure) ersetzt, die mit $CaCO_3$ oder einer anderen in W. unlösl. bas. Verb. ein in W. unlösl. Salz bildet, das bei Extraktion von dem entstandenen Leim leicht getrennt werden kann. – Die gut gewaschenen Hautabfälle werden 3 Tage bei 37° mit wss. HCl bei p_H 4 in Ggw. von Na-Silicofluorid u. frischen Hefekulturen, anschließend bei Raumtemp. 4 Tage mit verd. Oxalsäure bei p_H 2–2,7 behandelt, kräftig ausgewaschen u. der Leim durch Kochen mit W. in Ggw. von $CaCO_3$ extrahiert. Der Überschuß von $CaCO_3$ u. Ca-Oxalat wird abzentrifugiert u. der an Fl. entfernt. (**F. P. 1 091 409** vom 14/1. 1954, ausg. 12/4. 1955. A. Prior. 16/1. 1953.) G. WELTZIEN. 8385

Ike Dovberg und **Maurice S. Dovberg,** Philadelphia, Pa., V. St. A., *Kleistermischung,* bes. für *Tapeten,* bestehend aus ca. 10,4 (Teilen) Kochsalz, 41,7 Zucker, 41,7 Methylcellulose, 5,5 Dextrin u. 0,8 eines Alkalisalzes von o-Phenylphenoltetrahydrat. Die feinpulverige Mischung der Stoffe wird zweckmäßig mit fl. Phenol u. Aloetinktur imprägniert. Das nichtklebrige Prod. löst sich in W. leicht zu einer Paste. (**A. P. 2718472** vom 9/7. 1952, ausg. 20/9. 1955.) H. SCHINDLER. 8389

Imperial Chemical Industries Ltd., London, England (Erfinder: **Douglas Norton Buttrey** und **Derek Lionel Clarkson**), *Flüssiger, heißhärtbarer Klebstoff,* bestehend aus einer wss. Lsg. eines Resols, bes. Phenol-CH_2O-Resols, u. 0,5–10, bes. 2–5%, eines Novolakes mit einem F. $>85°$ u. einer Mahlfeinheit von ca. 100 B.S.S. (**E. P. 741 689** vom 22/6. 1953, ausg. 7/12. 1955.) C. LÜTTGEN. 8389

United States Rubber Co., New York, N. Y., übert. von: **William K. Fischer,** Woodbury, Conn., V. St. A., *Klebstoff zum Verkleben von Polyperfluorvinylchlorid mit Metallen,* bestehend aus einer Lsg. von 100 (Teilen) eines Kunstkautschuks, der durch Erhitzen von Buna N mit 1–50% Maleinsäureanhydrid u. 1–10% eines Vernetzungs-Rkk. verhindernden Inhibitors, z. B. Phenyl-β-naphthylamin, auf bes. 205–210° erhältlich ist, 10–65 Polychloropren u. 75–150 Abietinsäure, Dehydroabietinsäure, Dihydroabietinsäure, isomerisiertem oder hydriertem Kolophonium in z. B. $CH_3COC_2H_5$. – Zeichnung. (**A. P. 2 710 821** vom 4/6. 1953, ausg. 14/6. 1955.) C. LÜTTGEN. 8389

Midland Silicones Ltd., London, England, *Klebstoff,* bestehend aus 5—70 (%) eines benzollösl. Siliconharzes, das SiO_2 u. $R_3SiO_{1/2}$-Gruppen u. 0–0,2 R_2SiO-Einheiten pro SiO_2-Einheit enthält (R = Alkylrest mit <4 C-Atomen oder Phenylrest), wobei mindestens 90 der R-Reste Alkylreste u. das Verhältnis der $R_3SiO_{1/2}$ + R_2SiO-Einheiten zu den SiO_2-Einheiten 0,6–0,9:1 beträgt, u. 95–30 eines benzollösl. Siloxans der Formel $R^1{}_2SiO_2$ (R^1 = Methyl- oder Phenylrest) mit einer Viscosität von mindestens 1000000 cP bei 25°. Das Prod. eignet sich bes. zur Herst. von *Klebbändern.* (**E. P. 740 573** vom 18/6. 1953, ausg. 16/11. 1955. A. Priorr. 2/7. u. 8/10. 1952 u. 1/4. 1953.) C. LÜTTGEN. 8389

XXIV. Photographie.

Eastman Kodak Co., übert. von: **Burt H. Carroll** und **Jean E. Jones,** Rochester, N. Y., V. St. A., *Supersensibilisierte photographische Emulsionen* erhält man aus Silberhalogenidemulsionen, indem man zur Sensibilisierung eine Kombination mindestens eines Cyaninfarbstoffes der Formel **I** oder **II** (R u. R_1 = Alkyl- oder Carbäthoxymethylgruppe; R_2 = 1-, 2- oder 3kerniger aromat. Rest; m u. n = 0 oder 1; Z u. Z_1 = die zur Bldg. eines 5- oder 6gliedrigen Heteroringes erforderlichen Metalloidatome; X = Säurerest; R_5 u. R_6 = H, Alkyl, Aryl oder beide zusammen die zur Bldg. eines Pyridinringes erforderlichen Ringglieder) mit mindestens einem nicht-

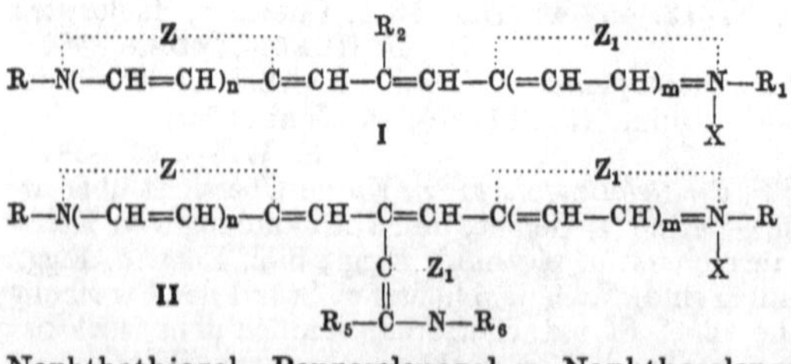

ionisierten Farbstoff der Formel III oder IV verwendet. (R_3 u. R_4 = Alkyl-, β-Oxyäthyl-, Carbäthoxymethyl-, Benzylgruppe; Q = die zur Bldg. eines Indandionkerns oder eines 5- oder 6gliedrigen heterocycl. Ringes erforderlichen Metalloidatome; Z_2 = die zur Bldg. eines 5- oder 6gliedrigen heterocycl. Ringes, bes. Benzothiazol, Naphthothiazol, Benzoselenazol u. Naphthoselenazol, erforderlichen Metalloidatome; Z_3 = die zur Bldg. eines Naphthothiazols oder -selenazols erforderlichen Metalloidatome; Q = bes. die zur Bldg. eines Barbitursäureringes erforderlichen Metalloid-

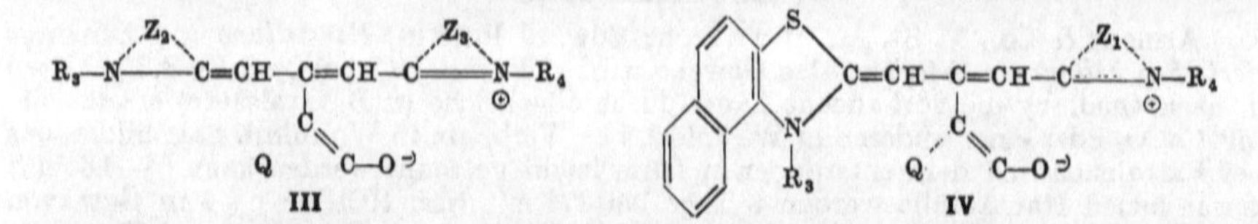

atome). Man verwendet von I oder II 50—300 mg u. von III oder IV 0,05—3,3 g/Mol AgX. Durch derartige Mischsensibilisatoren wird einerseits die Gelb- u. Rotempfindlichkeit gesteigert, andererseits die langwellige Empfindlichkeitsgrenze bis 7300 Å ausgedehnt. (**A. P. 2 704 715** vom 13/1. 1954, ausg. 22/3. 1955.) O. SCHÖN. 8605

Eastman Kodak Co., übert. von: **George A. Reynolds** und **Thomas H. James**, Rochester, N. Y., V. St. A., *Entwicklerlösungen*, die ein Gemisch aus 3-Pyrazolidonen (I) u. Iminoascorbinsäuren (II) enthalten, die beide nur schwache Entwicklungsenergie besitzen, bilden sehr akt. Entwickler für latente Kornoberflächenbilder u. können durch Zusatz von Halogensilberlösungsm. leicht in Entwickler für latente Innenkornbilder umgewandelt werden. Bes. geeignet sind einerseits: 1-Phenyl-**I**, 1-p-Chlorphenyl-**I**, 5-Methyl-**I**, 1-(p-Tolyl)-5-phenyl-**I**, 1-(p-Methoxyphenyl)-**I**, 1-Acetamidophenyl-**I**, 1-(m-Aminophenyl)-4-methyl-4-propyl-**I**, 1-(7-Oxy-2-naphthyl)-4-methyl-4-n-propyl-**I**, 1-(p-β-Oxyäthylphenyl)-**I** u. andererseits: d-Gluco-**II**, *l*-Erythro-**II**, 6-Desoxy-*l*-**II**, 1-Rhamno-**I**, 1-Fuco-**II** u. d-Glucohepto-**II**, Darst. z. B. nach J. chem. Soc. [London] **1934**. 1194. Beispiel: 12,5 g d-Gluco-**II**, 1 g 1-Phenyl-**I**, 0,01 g 1-Phenyl-5-mercaptotetrazol, 0,002 g KJ, 25 g $Na_2CO_3 \cdot H_2O$, 1 g KBr, 0,5 g Na-Hexametaphosphat in 1 Liter Wasser. — Die gleiche Wrkg. haben Gemische aus I u. *l*-Erythro-, d-Gluco-, 6-Desoxy-, *l*-Rhamno-, *l*-Fuco- u. d-Glucoheptoascorbinsäure (**A. PP. 2 688 548** u. **2 688 549** vom 3/8. 1953, ausg. 7/9. 1954.) A. KALIX. 8619

Eastman Kodak Co., übert. von: **Grant M. Haist** und **Harold D. Russell**, Rochester, N. Y., V. St. A., *Entwicklung von Direktpositivemulsionen*. Die Wrkg. hydrazinhaltiger Entwickler wird durch Zugabe von 0,2—0,4 g einer quaternären Ammoniumbase auf 1 Liter Lsg. erheblich gesteigert. Geeignet sind z. B.: 3-Methyl-2-β-phenäthyl- u. 2-Benzyl-3-methylisochinoliniumbromid, 1-β-Phenäthyl-β-picoliniumbromid, 1-β-Phenäthylchinoliniumbromid, 2-Methylbenzoselenazolmethojodid, 1-β-Phenäthyllepidiniumbromid u. N.N'-Äthylendioxymethylpyridiniumperchlorat. (**A. P. 2 685 514** vom 3/8. 1953, ausg. 3/8. 1954.) A. KALIX. 8619

Herausgeber u. verantwortlich für den Inhalt: Prof. Dr. Maximilian Pflücke, Berlin N 4, Schiffbauerdamm 19, Fernsprecher: 425571. Redaktion: Chefredakteure Dr. Eugen Klever und Prof. Dr. Maximilian Pflücke. Verlag: Akademie-Verlag GmbH, Berlin W 8, Mohrenstraße 39 (Fernsprecher 200386, Postscheckkonto Berlin 35021), u. Verlag Chemie, GmbH, Weinheim/Bergstraße (Fernsprecher 2017 u. 2965, Postscheckkonto Frankfurt/M. 145314 u. Berlin-West 7430). Bestell- u. Verlags-Nr.: 1007/127. Das Chemische Zentralblatt erscheint wöchentlich. Preis des Jahrgangs einschl. Autoren-, Patent-, Sach- und Formelregister: DM 680,—; einseitig bedruckte Ausgabe: DM 750,—. Abgabe der Zeitschrift nur mit sämtlichen Registern.

Satz u. Druck: VEB Leipziger Druckhaus, Leipzig, III/18/203. IX. 56.
Veröffentlicht unter der Lizenznummer 1212 des Amtes für Literatur und Verlagswesen der Deutschen Demokratischen Republik.
Printed in Germany. DDR.

FSC
www.fsc.org
MIX
Papier | Fördert gute Waldnutzung
FSC® C083411

Zeitfracht Medien GmbH
Ferdinand-Jühlke-Straße 7
99095 Erfurt, Deutschland
produktsicherheit@kolibri360.de